Molekulare Biotechnologie

Herausgegeben von
Michael Wink

Weitere Wiley-VCH Lehrbücher

Rolf D. Schmidt und Ruth Hammelehle

Pocket Guide to Biotechnology and Genetic Engineering

2003, ISBN 3-527-30895-4

Bruce Alberts, Dennis Bray, Alexander Johnson, Julian Lewis, Martin Raff, Keith Roberts und Peter Walter

Lehrbuch der Molekularen Zellbiologie (2. Auflage)

2001, ISBN 3-527-30493-2

Bruce Alberts, Alexander Johnson, Julian Lewis, Martin Raff, Keith Roberts und Peter Walter

Molekularbiologie der Zelle (4. Auflage)
mit CD-ROM "Cell Biology Interactive"

2003, ISBN 3-527-30492-4

Donald Voet, Judith G. Voet und Charlotte W. Pratt

Lehrbuch der Biochemie
mit CD-ROM
'Biochemical Interactions'

2002, ISBN 3-527-30519-X

Ulla Wollenberger, Reinhard Renneberg, Frank F. Bier, Frieder W. Scheller

Analytische Biochemie
Eine praktische Einführung
in das Messen mit Biomolekülen

2003, ISBN 3-527-30166-6

Reinhard Rauhut

Bioinformatik
Sequenz – Struktur – Funktion

2001, ISBN 3-527-30355-3

Rainer Merkl und Stefan Waak

Bioinformatik Interaktiv
Algorithmen und Praxis
CD-ROM mit interaktiven und
Internet-basierten Übungsaufgaben

2002, ISBN 3-527-30662-5

Alfred Pingoud, Klaus Urbanke, Jim Hoggett, Albert Jeltsch

Biochemical Methods
A Concise Guide for Students
and Researchers inkl. CD-ROM

2002, ISBN 3-527-30299-9

Molekulare Biotechnologie

Konzepte und Methoden

Herausgegeben von
Michael Wink

WILEY-
VCH

WILEY-VCH Verlag GmbH & Co. KGaA

Herausgeber

Prof. Dr. Michael Wink

Ruprecht-Karls-Universität Heidelberg
Institut für Pharmazie
und Molekulare Biotechnologie
Fakultät für Biowissenschaften
Im Neuenheimer Feld 364
69120 Heidelberg

**Bibliografische Information
Der Deutschen Bibliothek**
Die Deutsche Bibliothek verzeichnet diese Publika-
tion in der Deutschen Nationalbibliografie; detaillierte bibliografische Daten sind im Internet über
<http://dnb.ddb.de> abrufbar

Satz   K+V Fotosatz GmbH, Beerfelden
Druck   Strauss GmbH, Mörlenbach
Bindung   Litges & Dopf Buchbinderei GmbH,
Heppenheim

ISBN   3-527-30992-6

Titelbild: Western Psychology, 2nd edition
© 1999 John Wiley & Sons, Inc.

Vorwort

Der Begriff Biotechnologie wurde erst 1919 durch den ungarischen Ingenieur Karl Ereky geprägt, der damit Verfahren zusammenfasste, mit denen wertvolle Produkte durch Mikroorganismen erzeugt werden können. Die Menschheit nutzt biotechnologische Verfahren jedoch schon seit der Antike; man denke an den Einsatz von Hefen oder Bakterien zur Herstellung von Bier, Wein, Essig oder Käse.

Die Biotechnologie zählt zur Schlüsseltechnologie des 21. Jahrhunderts. Sie umfasst etablierte klassische Bereiche, die von der Herstellung von Milch und Milchprodukten, Bier, Wein und anderen alkoholischen Getränken bis hin zur Produktion und Biotransformation von Aminosäuren, Vitaminen und Antibiotika reichen. Dieser Bereich der Biotechnologie inklusive der zugehörigen Verfahrenstechnik, der auch als „**graue Biotechnologie**" bezeichnet wird, ist gut etabliert und wird in diesem Lehrbuch kursorisch nur in einem Kapitel (Kapitel 33) behandelt, da es ausreichend viele und gute Bücher gibt, die diesen Bereich abdecken.

Der rasante Fortschritt auf den Gebieten der Molekular- und Zellbiologie in den letzten 50 Jahren, vor allem in den letzten 20 Jahren, eröffnet neue und industriell interessante Anwendungsgebiete. Diesen Bereich der angewandten Biologie kann man als „**Molekulare Biotechnologie**" von der klassischen Biotechnologie abgrenzen. Vermutlich wird aber auch dieser Bereich in wenigen Jahren, wenn er sich erfolgreich etabliert hat, der klassischen Biotechnologie zugerechnet werden.

Die Molekular- und Zellbiologie hat völlig neue Erkenntnisse zur Funktion und Struktur der Makromoleküle der Zelle und zur Funktion der Zelle erarbeitet. Große Fortschritte gibt es insbesondere auf den Gebieten der Genomik (z. B. wurde das humane Genom 2001 sequenziert) und Proteomik. Diese Erkenntnisse haben unmittelbare Auswirkungen auf die Medizin und die medizinische Therapie. Zum ersten Mal ist es nun möglich, gezielt nach den genetischen Grundlagen von Krankheiten zu suchen und diese nicht nur symptomatisch, sondern hoffentlich auch kausal zu therapieren. Daraus ergibt sich die Chance für die Biotechnologieindustrie („**rote Biotechnologie**"), neue Diagnostika und Therapeutika, u. a. rekombinante Hormone, Enyzme und Antikörper, zu entwickeln, die vor der genetischen Revolution nicht verfügbar waren. Im Bereich der „**grünen Biotechnologie**" ergibt sich die Möglichkeit, Kulturpflanzen gezielt zu verändern und ihre Eigenschaften (z. B. Resistenz gegen Schadorganismen; Synthese neuartiger Produkte) zu verbessern. Im Bereich der **mikrobiellen Biotechnologie** können z. B. Pro-

Molekulare Biotechnologie: Konzepte und Methoden.
Herausgegeben von M. Wink
Copyright © 2004 WILEY-VCH Verlag GmbH & Co. KGaA, Weinheim
ISBN: 3-527-30992-6

duktionsverfahren verbessert und neue Produkte durch kombinatorische Biosynthesen erschlossen werden.

Unter dem Oberbegriff „Molekulare Biotechnologie" lassen sich auch die aktuellen Themenbereiche wie Genomforschung, funktionelle Genomik, Proteomik, Transkriptomik, Gentherapie oder molekulare Diagnostik einordnen. Methodisch und konzeptionell kommen die Ansätze der molekularen Biotechnologie aus der Zell- und Molekularbiologie, Strukturbiologie, Bioinformatik und Biophysik.

Die Molekulare Biotechnologie kann schon beachtliche Erfolge vorweisen (man denke an die wissenschaftlichen und ökonomischen Erfolge von Biotechnologie-Firmen wie Genentech, Biogen etc.). Dennoch bleiben sehr viele wichtige Forschungs- und Entwicklungsaufgaben.

Neben den etablierten Studiengängen Biotechnologie und Verfahrenstechnik entstanden in den letzten Jahren bereits an mehreren Universitäten neue Studiengänge für Molekulare Biotechnologie. Da es keine aktuellen deutschsprachigen Lehrbücher zu dieser neuen Disziplin gibt, haben wir uns entschlossen, die facettenreiche Thematik unter Einbeziehung erfahrener Dozenten und Experten als einführendes Lehrbuch aufzuarbeiten.

Ein umfangreiches Einführungskapitel (**Teil I**) fasst die wichtigsten Bausteine und Prozesse der Zelle, ihren Aufbau und ihre Funktion in einer Art Kompendium kurz zusammen. Diese Information stellt eine wichtige Voraussetzung für das Verständnis der nachfolgenden Kapitel dar. Dieses Kapitel ersetzt jedoch nicht das Studium umfangreicherer Lehrbücher der Zell- und Molekularbiologie, z. B. Alberts et al., (2002), Campbell & Reece (2003), sondern dient eher zur schnellen Rekapitulation und Übersicht.

Teil II enthält kurze Kapitel zu den wichtigsten Methoden der Molekularen Biotechnologie. Eine ausführliche Zusammenstellung geben Lottspeich & Zorbas (1998) im Lehrbuch „Bioanalytik".

Teil III beschäftigt sich mit den zentralen Fragestellungen der Molekularen Biotechnologie; wie Genomforschung, funktionelle Genomik, Proteomik, Transkriptomik, Gentherapie oder molekulare Diagnostik. Er fasst den aktuellen Kenntnisstand zusammen und gibt Ausblicke auf Anwendungen und weitere Entwicklungen.

Teil IV des Buches beschäftigt sich mit dem industriellen Umfeld der Molekularen Biotechnologie. Hier geht es um Rahmenbedingungen, Schwierigkeiten und Erfolgschancen der jungen Biotechnologieindustrie.

Dieses kurze Lehrbuch versucht einen aktuellen Überblick über ein Forschungsfeld zu geben, dass so stark in Bewegung wie kaum ein anderes ist. Es kann deshalb nicht ausbleiben, dass einige Aspekte bereits bei Drucklegung von neuen Entwicklungen überholt wurden. Ebenso kritisch ist die Auswahl der behandelten Themen. Der Umfang des Buches erlaubt es nicht, alle relevanten Themen abzuhandeln.

An diesem Buch haben 37 Koautoren mitgearbeitet. Wenn auch versucht wurde, den Schreibstil anzugleichen, kann es doch nicht ausbleiben, dass die Handschrift eines jeden einzelnen Autors sichtbar bleibt. Unterschiedliche Ansichten und Bewertungen können bei einer komplexen Materie zudem nicht ausbleiben.

Verlag und Herausgeber möchten sich bei allen Autoren für ihre konstruktive Mitarbeit bedanken. Ein besonderer Dank geht an die Mitarbeiterinnen von Wiley-VCH (Dr. A. Pillmann, Dr. W. Wüst, Dr. R. Kirsten, Dr. P. Henheik), die dieses Lehrbuch mit Enthusiasmus gefördert und unterstützt haben.

Heidelberg, im Frühjahr 2004

Michael Wink

Inhaltsverzeichnis

Molekulare Biotechnologie: Konzepte und Methoden.
Herausgegeben von M. Wink
Copyright © 2004 WILEY-VCH Verlag GmbH & Co. KGaA, Weinheim
ISBN: 3-527-30992-6

Autorenverzeichnis

Dr. C. Amshoff
Isenbruck/Bösl/Hörschler/Wichmann/
Huhn – Patentanwälte
Büro Heidelberg
Im Neuenheimer Feld 582
69120 Heidelberg

Dr. M. Breuer
BASF Aktiengesellschaft
GVF/E – A030
67056 Ludwigshafen

Dr. B. Brors
DKFZ
Div. Intell. Bioinformatics Systems
B080
Im Neuenheimer Feld 280
69120 Heidelberg

Dr. U. Deuschle
PheneX Pharmaceuticals AG
Im Neuenheimer Feld 515
69120 Heidelberg

Prof. Dr. S. Dübel
TU Braunschweig
Institut für Biochemie &
Biotechnologie
Spielmannstr. 7
38106 Braunschweig

Dr. K. Fellenberg
DKFZ
Im Neuenheimer Feld 280
69120 Heidelberg

Prof. Dr. R. Fink
Universität Heidelberg
Institut für Physiologie
und Pathophysiologie
Medizinische Biophysik
Im Neuenheimer Feld 326
69120 Heidelberg

Prof. Dr. G. Fricker
Universität Heidelberg
Institut für Pharmazie & Molekulare
Biotechnologie
Abteilung Pharmazeutische
Technologie
Im Neuenheimer Feld 366
69120 Heidelberg

Dr. M. Frohme
DKFZ
Im Neuenheimer Feld 280
69120 Heidelberg

Molekulare Biotechnologie: Konzepte und Methoden.
Herausgegeben von M. Wink
Copyright © 2004 WILEY-VCH Verlag GmbH & Co. KGaA, Weinheim
ISBN: 3-527-30992-6

Prof. Dr. R. Gessner
Humboldt Universität Berlin
Institut für Labor Medizin
und Biochemie
Klinikum Charite,
Virchow Krankenhaus
Augustenburger Platz 1
13353 Berlin

Prof. Dr. B. Hauer
BASF Aktiengesellschaft
GVF/E – A030
67056 Ludwigshafen

Prof. Dr. R. Hell
Universität Heidelberg
Heidelberger Institut
für Pflanzenwissenschaften
Abt. IV Molekulare Biologie
der Pflanzen
Im Neuenheimer Feld 360
69120 Heidelberg

PD Dr. I. Herr
DKFZ
Im Neuenheimer Feld 280
69120 Heidelberg

Dr. R. Herzog
DKFZ
Im Neuenheimer Feld 280
69120 Heidelberg

Dr. H. Hillebrand
BASF Plant Science GmbH
Abt. Technology Management
Agrarzentrum Limburgerhof
BPS – Li 554
67117 Limburgerhof

Dr. D.-E. Jarasch
BioRegion Rhein-Neckar-Dreieck e.V.
Im Neuenheimer Feld 582
69120 Heidelberg

Dr. A. Kitanovic
Forschungszentrum Lobeda
Klinikum Friedrich-Schiller-Universität
Erlanger Allee 101
07747 Jena

Dr. M. Kögl
PheneX Pharmaceuticals AG
Im Neuenheimer Feld 515
69120 Heidelberg

Dr. Robert Kraft
Freie Universität Berlin
Institut für Pharmakologie
Thielallee 69–73
14195 Berlin

Dr. C. Kremoser
PheneX Pharmaceuticals AG
Im Neuenheimer Feld 515
69120 Heidelberg

Prof. Dr. W.-D. Lehmann
DKFZ
Im Neuenheimer Feld 280
69120 Heidelberg

Dr. Susanne Lutz
Universität Heidelberg
Institut für Pharmakologie &
Toxikologie
Fakultät für Klinische Medizin
Mannheim
Maybachstr. 14–16
68169 Mannheim

Prof. N. Metzler-Nolte
Universität Heidelberg
Institut für Pharmazie & Molekulare
Biotechnologie, Abteilung Chemie
Im Neuenheimer Feld 364
69120 Heidelberg

Dr. Andrea Mohr
Universitätsklinik für Kinder-
und Jugendmedizin Ulm
Prittwitzstr. 43
89075 Ulm

Prof. Dr. S. Patt
Universität Jena
Institut für Pathologie
Ziegelmühlenweg 1
07740 Jena

Dr. E. Pohl
Swiss Light Source
Paul Scherrer Institut
CH-5232 Villingen

Dr. A. Schlosser
Institut für Medizinische Immunologie
Charité, Universitätsmedizin Berlin
Schumannstr. 20/21
10117 Berlin

Dr. J. Schüler
Ernst & Young AG
Theodor-Heuss-Anlage 2
68165 Mannheim

Prof. Dr. R. Sprengel
Max-Planck-Institut für medizinische
Forschung
Jahnstrasse 29
69120 Heidelberg

Dr. R. Tolle
PheneX Pharmaceuticals AG
Im Neuenheimer Feld 515
69120 Heidelberg

Dr. P. Uetz
Forschungszentrum Karlsruhe
Institut für Genetik
Postfach 3640
76021 Karlsruhe

Dr. M. Vogel
Universität Heidelberg
Institut für Physiologie
und Pathophysiologie
Medinische Biophysik
Im Neuenheimer Feld 326
69120 Heidelberg

Prof. Dr. H. Weiher
Fachhochschule
Bonn-Rhein-Sieg
Von Liebig Strasse 20
53359 Rheinbach

Prof. Dr. T. Wieland
Universität Heidelberg
Institut für Pharmakologie &
Toxikologie
Fakultät für Klinische Medizin
Mannheim
Maybachstr. 14–16
68169 Mannheim

Dr. St. Wiemann
DKFZ
Im Neuenheimer Feld 280
69120 Heidelberg

Prof. Dr. M. Wink
Universität Heidelberg
Institut für Pharmazie & Molekulare
Biotechnologie (IPMB)
Abteilung Biologie
Im Neuenheimer Feld 364
69120 Heidelberg

Prof. Dr. S. Wölfl
Universität Heidelberg
Institut für Pharmazie & Molekulare
Biotechnologie (IPMB)
Abteilung Biologie
Universität Heidelberg
69120 Heidelberg

Dr. R. Zwacka
Universität Ulm
Universitätsklinikum
Abt. Klinische Molekularbiologie
Helmholtzstr. 8/1
89081 Ulm

Abkürzungen

Å	= 10 nm
aa-tRNA	Aminoacyl-tRNA
AAV	Adeno-assoziiertes Virus
ABC	*ATP binding cassette*
Acetyl-CoA	Acetyl-Coenzym A
AcNPV	*Autographa californica nuclear polyhedrosis virus*
ACRS	*amplification-created restriction sites*
ACTH	adrenocorticotropes Hormon
ADA	Adenosin-Desaminase
ADEPT	*antibody-directed enzyme pro-drug therapy*
ADME-T	*absorption, distribution, metabolism, excretion and toxicity*
ADP	Adenosindiphosphat
ADRs	*adverse drug actions*
AEC	Aminoethylcystein
AFLP	*amplified fragment length polmorphism*
AG	Aktiengesellschaft
AIDS	*acquired immune deficiency syndrome*
AktG	Aktiengesetz
AMP	Adenosinmonophosphat
Amp^r	Ampicillin-Resistenzgen
AMV	*avian myeloblastosis viru*s
ANN	*artificial neural network*
AO	Acridinorange
AOX1	Alkohol-Oxidase 1
ApoB100	Apolipoprotein B100
ApoE	Apolipoprotein E
APP	amyloid precursor protein
ARMS	*amplification refractory mutation system*
ARS	autonom replizierende Sequenz
ATP	Adenosintriphosphat
att	*attachment site*
BAC	*bacterial artifical chromosome*
bcl2	Apoptose-Schutzprotein (*B-cell leukemia lymphoma 2*)

Molekulare Biotechnologie: Konzepte und Methoden.
Herausgegeben von M. Wink
Copyright © 2004 WILEY-VCH Verlag GmbH & Co. KGaA, Weinheim
ISBN: 3-527-30992-6

β-Gal	*β*-Galactosidase
BGH	Bundesgerichtshof
BHK-21	*baby hamster kidney cells*
BLAST	*basic local alignment search tool*
BMBF	Bundesministerium für Bildung und Forschung
bp	Basenpaare
BrdU	Bromodesoxyuridin
CA	*correspondence analysis*
CAD	verstopfte Herzkranzgefäße
CaM-Kinase	Ca^{2+}/Calmodulin-abhängige Proteinkinase
cAMP	cyclisches AMP
cap	AAV-Gen, vermittelt die Einkapselung
CARS	*coherent anti raman scattering*
CCD	charge coupled devise-
CDK	cyclinabhängige Kinase
cDNA	copy-DNA
CDR	*complementary determining region*
CEO	*chief excecutive officer*
CFP	cyanfloreszierendes Protein
CFTR	*cystic fibrosis transmembrane regulator*
CGAP	*cancer genome anatomy project*
CGH	*comparative genome hybridization*
CHO	Chinese Hamster Ovar
CIP	*calf intestinal phosphatase*
CML	chronische myeloische Leukämie
CMV	*cauliflower mosaic virus*
CMV	Cytomegalievirus
CNM	*Corynebacterium-Mycobacterium-Nocardia*-Gruppe
COS	*CV-1 transformed by origin defective mutant of SV40*
cpDNA	Chloroplasten-DNA
CPMV	*cowpea mosaic virus*
cPPT-Sequenz	*central polypurine tract* – Regulationselement lentiviraler Vektoren, das die Zweitstrangsynthese sowie den Transport des Prä-Integrationskomplexes in den Zellkern erleichtert
CSF	*colony stimulating factor*
CSO	*contract service organisation*
CTAB	Cetyltrimethylammoniumbromid
2D	zweidimensional
Da	Dalton
DAG	Diacylglycerol
DAPI	4,6-Diamidino-2-phenylindol
dATP	Desoxyadenosintriphosphat
DBD	DNA-bindende Domäne
DCA	„divide-and-conquer" (-Strategie)
DD	*differential display*

DDBJ	*DNA Data Bank of Japan*
ddNTP	Didesoxynucleotid
DEAE	Diethylaminoethyl
dHPLC	denaturierende HPLC
DIC	Differenzial-Interferenzkontrast
DIP	*Database of Interacting Proteins*
DKFZ	Deutsches Krebsforschungszentrum
DNA	Desoxyribonucleinsäure
DNAse	Desoxyribonuclease
dNTP	Desoxynucleosidtriphosphat
Dox	Doxycyclin
DPMA	Deutsches Patent- und Markenamt
ds diabodies	Disulfidbrücken-stabilisierte Diabodies
dsDNA	*double stranded DNA*
dsFv-Fragment	Disulfidbrücken stabilisiertes Fv-Fragment
DSMZ	Deutsche Sammlung für Mikroorganismen und Zellkulturen GmbH
dsRNA	*double stranded RNA*
Ebola-Z	Hüllprotein des Ebola-Zaire-Virus, das eine hohe Affinität zu Lungenepithelzellen besitzt
EC_{50}	*effective concentration;* Konzentration, bei der 50% Hemmung eintritt
ECD	*electron capture dissociation*
EDTA	Ethylendiamintetraessigsäure
EF2	Elongationsfaktor *2*
EF-Tu	Elongationsfaktor Tu
EGF	*epidermal growth factor* (epidermaler Wachstumsfaktor)
EGFP	*enhanced green fluorescent protein*
EGTA	Ethylenglykol-bis-(2-aminoethyl)-tetraessigsäure
EIAV	pferdespezifisches *equine infectious anaemia virus*
ELISA	*enzyme-linked immunosorbent assay*
EM	Elektronenmikroskop
EMBL	*European Molecular Biology Laboratory*
EMCV	Encephalomyokarditis-Virus
EMEA	*European Agency for the Evaluation of Medicinal Products*
ENU	N-Ethyl-N-nitroso-urea
env	retrovirales Gen, codiert für Proteine der Virushülle
EPA	Europäisches Patentamt
EPO	Europäischen Patentorganisation
EPR-Effekt	*enhanced permeability and retention effect*
EPÜ	Europäischen Patentübereinkommen
ER	Endoplasmatische Reticulum
ESI	Elektrospray-Ionisation
EST	*expressed sequence tags*
ES-Zellen	embryonale Stammzellen

EtBr	Ethidiumbromid
Fab-Fragment	Antigen bindendes Fragment
FACS	*fluorescence activated cell sorter*
FAD	Flavinadenindinucleotid
FDA	*Food and Drug Administration*
FGF	*fibroblast growth factor* (Fibroblastenwachstumsfaktor)
FISH	Fluoreszenz-*in-situ*-Hybridisierung
FIV	katzenspezifisches *feline immunodeficiency virus*
FKBP	FK506-bindendes Protein
FLIPR	fluorescent imaging plate reader
FMN	Flavinmononuleotid
FPLC	*fast performance liquid chromatography*
FRET	*fluorescence resonance energy transfer*
FT-ICR-Analyse	*fourier transformation cyclotron resonance*
FtsZ	prokaryotisches Zellteilungsprotein
Fur	*ferric uptake regulator*
Fv-Fragment	variables Fragement
FWHM	*full width at half maximum*
GABA	γ-Aminobuttersäure
Gag	retrovirales Gen, codiert für Strukturproteine
Gal	Galactose
GAP	Glycerinaldehyd-3-phosphat-Dehydrogenase
GAP	*GTPase-activating protein*
Gb	Gigabasen
GbR	Gesellschaft Bürgerlichen Rechts
GCC	*German cDNA consortium*
GCP	*good clinical practise*
ΔG_d	freie Enthalpie
GDH	Glutamat-Dehydrogenase
GDP	Guanosindiphosphat
GEF	*guanine exchange factor*
GEO	*gene expression omnibus*
GFP	grünes Fluoreszenzprotein
GmbH	Gesellschaft mit beschränkter Haftung
GM-CSF	*granulocyte/macrophage colony-stimulating factor*
GPCR	*G-protein coupled receptor*
GPI-Anker	Glykosylphosphatidylinositol-Anker
GRAS	„*generally regarded as safe*"
GST	Glutathion-S-Transferase
GTC	Guanidiniumisothiocyanat
GTP	Guanosintriphosphat
GUS	Glucuronidase
GVO	gentechnisch veränderter Organismus
HA	Hämaglutinin
HCM	hypertrophe Kardiomyopathie

HCV	Hepatitis-C-Virus
HEK	*human embryonic kidney*
HeLa-Zellen	Humane Krebszelllinie (aus Helene Larsen isoliert)
HER 2	*human epidermal growth factor 2*
HGH	*human growth hormone*
HIC	hydrophobe Interaktionschromatographie
His$_6$	Hexahistidin-Tag
HIV	*human immunodeficiency virus*, ein Retrovirus
HIV 1	humanes Immundefizienz-Virus 1
HLA	*human leucocyte antigen*
hnRNA	heterogene nucleäre RNA
HPLC	*high performance liquid chromatography*
HPT	Hygromycin-Phosphotransferase
HPV	*human papilloma virus*
HSP	*high-scoring segment pairs*
HSP	Hitzeschockprotein
HSV-1	Herpes simplex-Virus
HUGO	*Human Genome Organisation*
HV	Herpesvirus
IAS	*international accounting standard*
ICH	*International Conference on Harmonization of Technical Requirements for the Registration of Pharmaceuticals for Human Use*
ICP-MS	*inductively-coupled-plasma*-Massenspektrometrie
ICR-MS	Ionencyclotron-Resonanz-Massenspektrometer
IDA	Iminodiessigsäure
IEF	Isoelektrische Fokussierung
Ig	Immunglobulin
IHF	*integration host factor*
IHK	Industrie- und Handelskammer
IKK	Innungskrankenkassen
IMAC	*immobilized metal affinity chromatography*
IND-Status	*investigational new drug*-Status
IP$_3$	Inositol-1,4,5-triphosphat
IPO	*initial public offering*
IPTG	Isopropyl-β-D-thiogalactosid
IR	*inverted repeats*
IR	*investor relations*
IRES	*internal ribosome entry site* (interne Ribosomenbindungstelle)
ISH	*in situ-hybridisation*
ISSR	*inter simple sequence repeats*
ITC	Isothermale Titrations-Calorimetrie
ITR	*inverse terminal repeats* – Regulationselemente bei Adenoviren und AAV
i.v.	intravenös

k_a	Geschwindigkeitskonstante zweiter Ordnung für die bimolekulare Assoziation
Kan^r	Kanamycin-Resistenzgen
KapG	Kapitalgesellschaft
K_{av}	Spezifischer Verteilungskoeffizient
kb	Kilobasen
k_d	Geschwindigkeitskonstante erster Ordnung für die unimolekulare Dissoziation
$K_d = k_d/k_a$	Gleichgewichtskonstante der Dissoziation (K_a für Assoziation)
kDa	Kilodalton
KDEL	Aminosäuresequenz für Proteine, die im ER verbleiben
KDR-Rezeptor	*kinase insert domain containing receptor*
KG	Kommanditgesellschaft
KGaA	Kommanditgesellschaft auf Aktien
Lac	Lactose
LASER	*Light Amplification by Stimulated Emission of Radiation*
LB	*left border*
LB	Luria-Bertani-Medium
LCR	*ligation chain reaction* (Ligase-Kettenreaktion)
LDL	*low-density-lipoprotein*
LIMS	*laboratory information management systems*
LINE	*long interspersed elements*
LSC	Laser-Scanning-Cytometer
LTR	*long terminal repeats*; Regulationselemente bei Retroviren
MAC	*mammalian artifical chromosome*
mAChR	muscarinischer Acetylcholin-Rezeptor
MAGE-ML	*microarray gene expression markup language*
MALDI	Matrix-assistierte Laser-Desorption/Ionisation
6-MAM	6-Mono-acetyl-morphin
MAP	*microtubule associated protein*
MAP	*mitosis activating protein*
Mb	Megabasen
MCS	*multiple cloning site* (multiple Klonierungsstelle)
M-CSF	Makrophagen-Kolonie stimulierender Faktor
MDR-Protein	*multiple drug resistance*-Protein
MDS	multidimensionale Skalierung
MGC	*mammalian gene collection*
MHC	*major histocompatibility complex*
MIAME	*minimum information about a microarray experiment*
miRNA	microRNA
MIT	*Massachusetts Institute of Technology*
MoMLV	*moloney murine leukemia virus*
Mowse	*molecular weight search*
MPSS	*massively parallel signature screening*

Mreb/Mbl	Proteine des prokaryotischen Cytoskeletts
mRNA	Messenger-RNA
MS	Massenspektrometrie
MSG	*mono sodium glutamate*
MS-PCR	*mutationally separated* PCR
MTA	*material transfer agreement*
mtDNA	mitochondriale DNA
MW	*molecular weight*
nAChR	nicotinischer Acetylcholin-Rezeptor
NAD	Nicotinamid-Adenin-Dinucleotid
NCBI	*National Center for Biotechnology Information*
NDA	*new drug application*
NDP	Nucleosiddiphosphat
NDPK	Nucleosiddiphosphat-Kinase
NFκB	*nuclear factor B*
NIH	*National Institute of Health*
NK-Zellen	Natürliche Killerzelle
NMDA-Rezeptor	N-methyl-D-aspartat-Rezeptor
NMR	*Nuclear Magnetic Resonance* (Kernmagnet-Resonananz-Spektroskopie)
NPTII	Neomycin-Phosphotransferase II
NSAID	*non-steroidal anti-inflammatory drug*
NTA	Nitrilotriessigsäure
NTP	Nucleosidtriphosphat
OD	Optische Dichte
ODHC	2-Oxoglutarat-Dehydrogenase
OHG	Offene Handelsgesellschaft
ORF	Offener Leserahmen(*open reading frame*)
ori	*origin of replication* (bakterieller Replikationsursprung)
OXA-Komplex	Membrantranslokator in Mitochondrien
PAC	P1 *derived artificial chromosome*
PAGE	Polyacrylamid-Gelelektrophorese
PCA	*principal component analysis*
PCR	*polymerase chain reaction* (Polymerase-Kettenreaktion)
PDB	*protein data bank*
PEG	Polyethylenglykol
PersG	Personengesellschaften
PFAM	*protein families database of alignments and HMMs*
PFG	*pulsed-field*-Gelelektrophorese
PI	Propidiumiodid
PIR	*protein information resource*
PKA	Proteinkinase A
PKC	Proteinkinase C
PK-Daten	Pharmakokinetik-Daten
PMSF	Phenylmethylsulfonylfluorid

PNA	Peptid-Nucleinsäure
PNGase F	Peptid: N-Glycosidase F
PNK	T4-Polynucleotidkinase
pol	retrovirales Gen, codiert für die Reverse Transkriptase und die Integrase
P$_{PH}$	Polyhedrin-Promotor
PR	Public Relations
psi	retrovirales Verpackungssignal
PTI	Pankreas-Trypsin-Inhibitor
PVA	Patentverwertungsagentur
PVÜ	Pariser Verbandsübereinkunft plaque forming unit ???
Q-FT-ICR	*Q-Fourier-Transform-Ion-Cyclotron-Resonance*
RACE	*rapid amplification of cDNA ends*
Ran	am Kernimport beteiligtes Protein
RAPD	*random amplification of polymorphic DNA*
RAP-PCR	*RNA-arbitrary primed PCR*
RB	*right border*
Rb-Gen	Retinoblastomgen
RBS	Ribosomenbindungstelle
RDA	Repräsentative Differenzanalyse
RdRp	RNA-abhängige RNA-Polymerase
REM	Rasterelektronenmikroskop
rep	AAV-Gen, das die Replikation vermittelt
RES	reticuloendotheliales System
RFLP	(*restriction fragment length polymorphism* (Restriktionsfragment-Längenpolymorphismus)
RGS	*regulator of G protein signalling*
RISC-Komplex	*RNA-induced silencing complex*
RNA	Ribonucleinsäure
RNAi	RNA-Interferenz
RNP	Ribonucleoprotein
RRE	Regulationselement eines lentiviralen Vektors, das den nucleären Export der viralen RNA verbessert
rRNA	ribosomale RNA
RSV	*respiratory syncytial virus*
RSV	Promotor des *Rous sarcoma virus*
RT	Reverse Transkriptase
rtTA	tetracyclin-sensitive regulatory unit
SAGE	*Serial Analysis of Gene Expression*
SAM	S-Adenosylmethionin
sc diabodies	*single-chain diabodies*
scFv/sFv-Fragment	*single-chain* Fv-Fragment
SCID	schweres kombiniertes Immundefizienzsyndrom
SCOP	*structural classification of proteins*
SDS	Natriumdodecylsulfat

SDS-PAGE	Natriumdodecylsulfat-Polyacrylamid-Gelelektrophorese
SEM	*scanning electron microscope*
Sf-Zellen	Puppenovarzellen von *Spodoptera frugiperda*
SFV	Semliki-Forest-Virus
SH1	*Src-homology domain 1*=Kinase-Domäne
SH2	*Src-homology domain 2*
SH3	*Src-homology domain 3*
SHG	*second harmonic generation*
SIN	selbstinaktivierende lentivirale Vektoren durch eine Mutation im 3′-LTR
SINE	*scattered* oder *short interspersed elements*
siRNA	*small interfering RNA*
SIV	affenspezifisches *Simian immunodeficiency virus*
SNARE-Proteine	SNAP-Rezeptor Proteine
SNP	*single nucleotide polymorphism*
snRNA	*small nuclear RNA*
snRNP	*small nuclear* Ribonucleoprotein
SOP	Stock Option-Programm
SPA	*scintillation proximity assay*
SP-Funktion	*sum of pairs*
SRP	*signal recognition particle*
SSCP	*single strand comformation polymorphism*
ssDNA	*single stranded DNA*, Einzelstrang-DNA
SSH	supprimierende Subtraktive Hybridisierung
SssI-Methylase	Methylase aus *Spiroplasma*
ssRNA	*single stranded RNA*, Einzelstrang-RNA
STEM	*scanning transmission electron microscope*
stRNA	*small temporal* RNA
STS	*sequence tagged site*
SV40	Simian-Virus-Typ40
TBP	TATA-bindendes Protein
T_C	cytotoxische T-Zellen
Tc	Tetracyclin
T-DNA	Transfer-DNA
TEM	Transmissionselektronen-Mikroskop
T_H	T-Helferzelle
TIGR	*The Institute for Genome Research*
TIM	*translocase of inner membrane*
T_m	Schmelztemperatur einer ds-DNA
TNF	Tumor-Nekrose-Faktor
TOF	*time-of-flight*
TOM	*translocase of outer membrane*
t-PA	*tissue-plasminogen activator*
TRE	*tetracyclin responsive element*
TRIPs	*Trade Related Aspects of Intellectual Property Rights*

tRNA	Transfer-RNA
Trp	Tryptophan
t-SNARE	Protein der Targetmembran, an das v-SNARE bindet
TSS	*transformation and storage solution*
tTA	Tetracyclin kontrollierter Transaktivator
TY	*transposon from yeast*
Upm	Umdrehungen pro Minute
UPOV	internationales Übereinkommen zum Schutz von Pflanzenzüchtungen
US-GAAP	*US-generally accepted accounting principle*
UV	Ultraviolett
V_0	Leervolumen
VC	Venture Capital
V_e	Elutionsvolumen
VEGF	Blutgefäß-Wachstumsfaktor
VIP	vasoaktives Peptid
VNTR	*variable number tandem repeats*
v-SNARE	Protein an Vesikelmembran, das an t-SNARE bindet
VSV-G	Hüllprotein des *vesicular stomatitis virus*, mit großer Affinität zu vielen verschiedenen Zellen
V_t	Gesamtvolumen
WPRE-Sequenz	*woodchuck hepatitis virus posttranscriptional regulatory element* – Regulationselement lentiviraler Vektoren, das die Expression des Transgens durch eine effizientere Transduktion und Translation verbessert
X-Gal	5-Bromo-4-chloro-3-indolyl-β-D-galactopyranosid
YAC	*yeast artifical chromosome*
YEp	*yeast episomal plasmid*
YFP	gelbes Fluoreszenzprotein
YIp	*yeast integrating plasmid*
YRp	*yeast replicating plasmid*
293-Zellen	humane embryonale Nierenzellen, dienen als Verpackungszellen
ZMBH	Zentrum für Molekulare Biologie
ZNS	Zentralnervensystem

Farbtafel

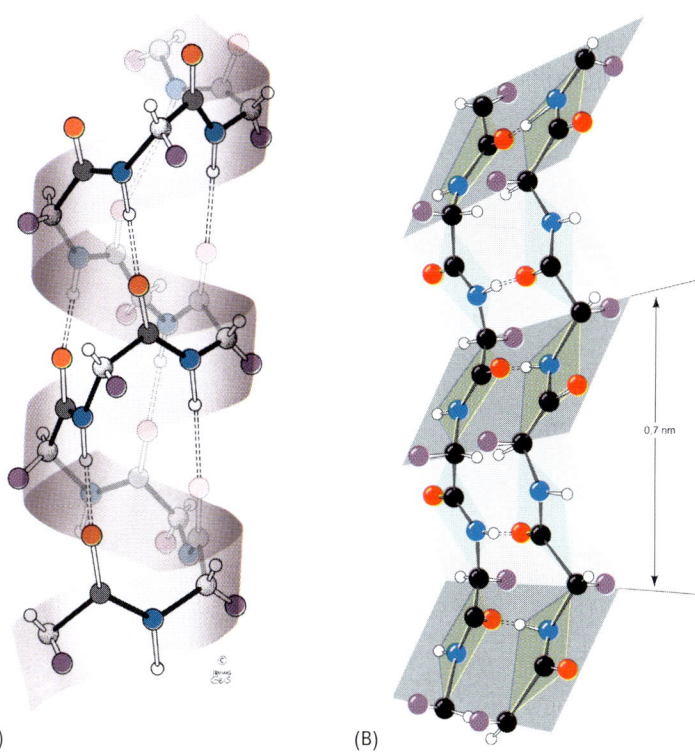

(A)   (B)

Abb. 2.11 Bedeutung der Wasserstoffbindungen für den Aufbau von α-Helix- und β-Faltblatt-Strukturen. (A) Die rechtsgängige α-Helix
hat 3,6 Reste pro Windung. Die gestrichelten
Linien stellen Wasserstoffbrückenbindungen
zwischen C=O- und N–H-Gruppen dar

(B) Zickzackförmiges Erscheinungsbild einer
β-Faltblattstruktur. Gestrichelte Linie symbolisieren Wasserstoffbrücken. Die Seitenketten
stehen abwechselnd ober- bzw. unterhalb der
Faltblattebene (Illustration: Ieving Geis. Rights
owned by Howard Hughes Medical Institute).

Molekulare Biotechnologie: Konzepte und Methoden.
Herausgegeben von M. Wink
Copyright © 2004 WILEY-VCH Verlag GmbH & Co. KGaA, Weinheim
ISBN: 3-527-30992-6

Abb. 2.13 Struktur des *src*-Proteins mit vier Domänen. Die vier Domänen sind: kleine Kinase-Domäne, große Kinase-Domäne, SH2-Domäne und SH3-Domäne.

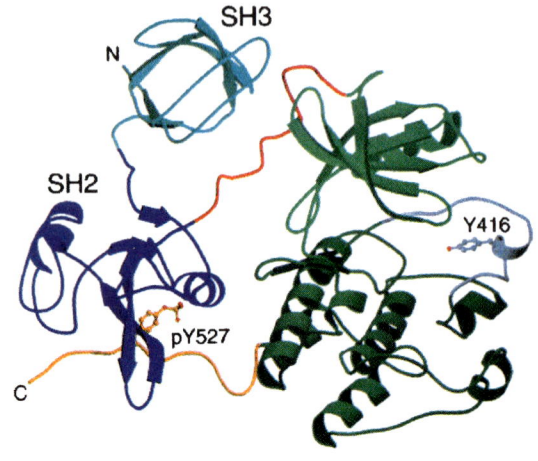

(A)

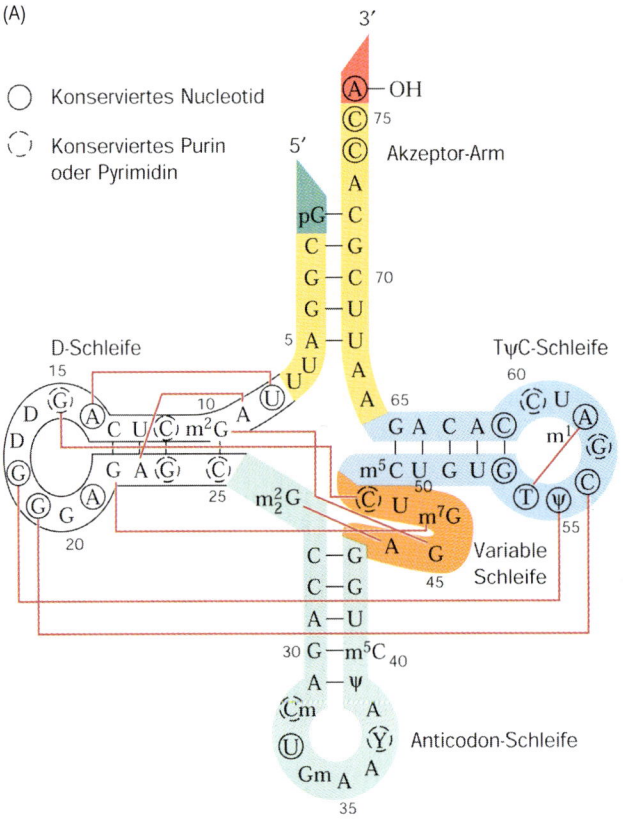

Abb. 2.20 (A)

Abb. 2.20 Strukturen von RNA-Molekülen.
(A) t-RNA aus Hefe. Die Basensequenz ist als Kleeblattstruktur gezeichnet. Tertiäre Wechselwirkungen zwischen Basenpaaren sind durch dünne rote Linien dargestellt. Mit Linien oder Strichen eingekreiste Basen sind solche, die in allen tRNAs konserviert bzw. semikonserviert sind (aus Voet et al., *Fundamentals of Biochemistry*, p. 852);
(B) Schematische Darstellung der Sekundärstruktur einer 16S rRNA; die vier Domänen sind jeweils unterschiedlich gefärbt (aus Voet et al., *Fundamentals of Biochemistry*, p. 863); (C) Beispiel einer 23S rRNA (aus *H. marismortui*), wobei die sechs Domänen unterschiedlich gefärbt sind (aus Voet et al., *Fundamentals of Biochemistry*, p. 864).

(B)

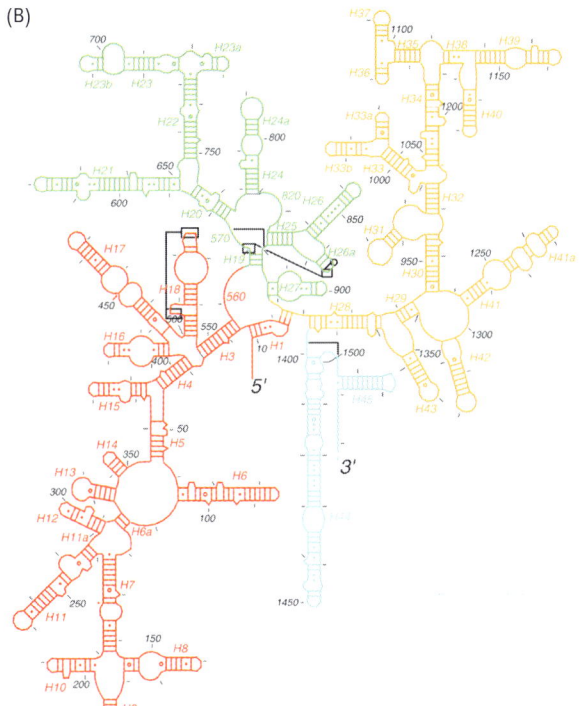

(C)

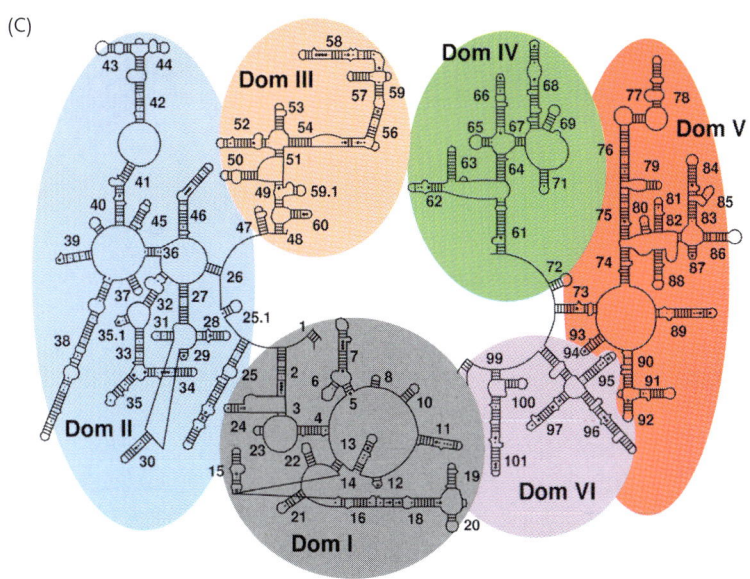

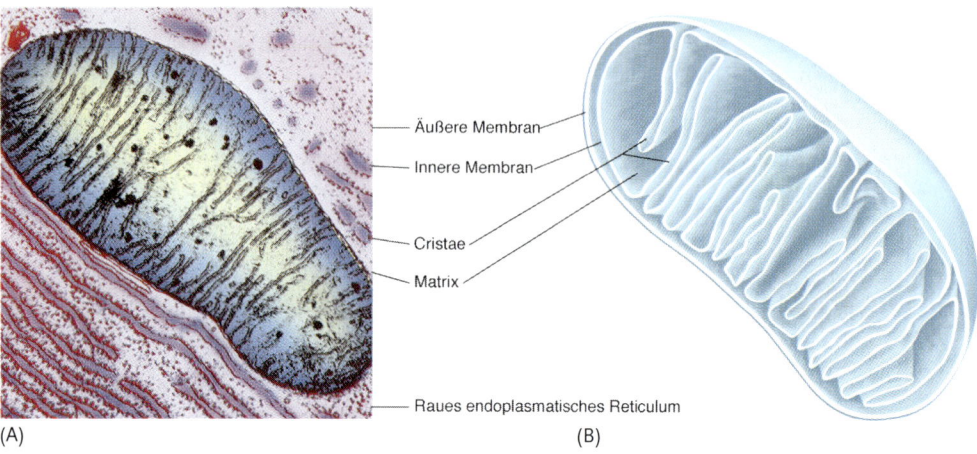

Äußere Membran

Innere Membran

Cristae

Matrix

Raues endoplasmatisches Reticulum

(A)   (B)

Abb. 3.14 Aufbau eines Mitochondriums. (A) Elektronenmikroskopische Aufnahme (K. R. Porter/ Photo Researchers, Inc.); (B) schematische Darstellung.

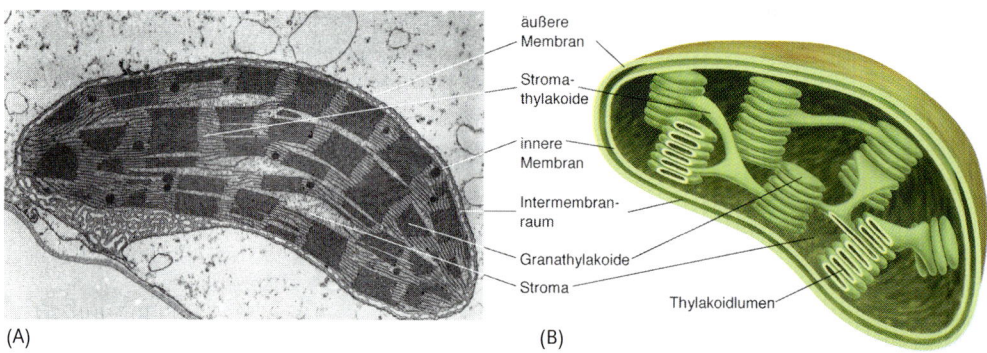

äußere
Membran

Stroma-
thylakoide

innere
Membran

Intermembran-
raum

Granathylakoide

Stroma

Thylakoidlumen

(A)   (B)

Abb. 3.18 Aufbau der Chloroplasten. (A) Elektronenmikroskopische Aufnahme eines Chloroplasten (mit freundlicher Genehmigung von T. Elliot Weier); (B) schematische Darstellung.

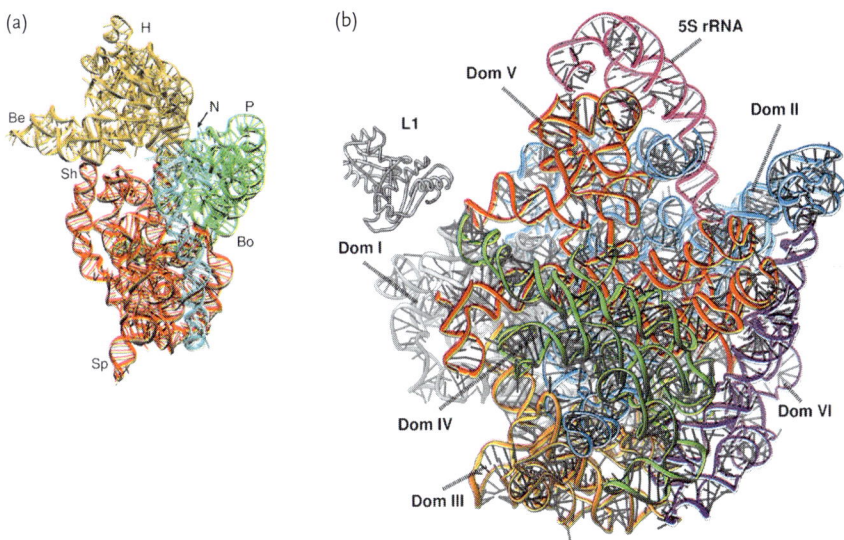

Abb. 4.20 Struktur der rRNAs in der großen Ribosomenuntereinheit von Bakterien. (a) Tertiärstruktur der 16S-rRNA mit vier unterschiedlich gefärbten Domänen (mit freundlicher Genehmigung von V. Ramakrishnan, MRC, Cambridge). (b) Tertiärstruktur der 23S-rRNA mit sechs unterschiedlich gefärbten Domänen (mit freundlicher Genehmigung von Thomas Steitz und Peter Moore, Yale University).

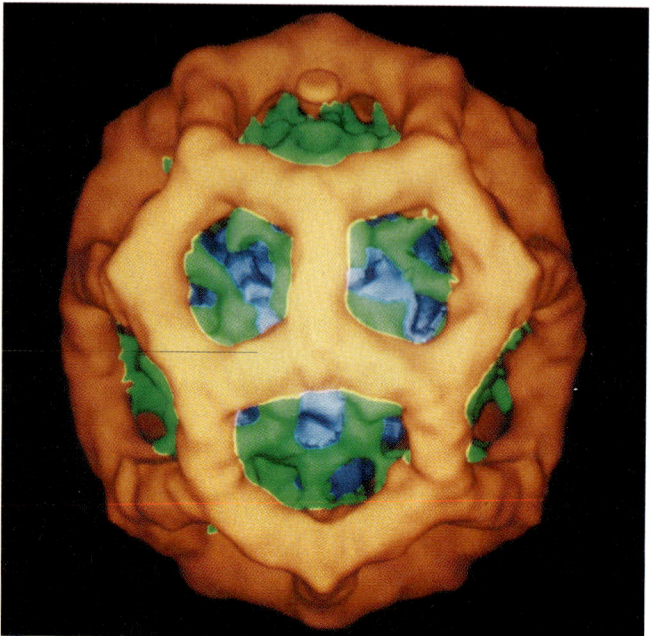

Abb. 5.9 b Aufbau von Clathrin umhüllten Vesikeln. Dreidimensionale Darstellung einer Clathrinhülle, die aus elektronenmikroskopischen Aufnahmen entwickelt wurde. Die polyedrische Clathrinhülle ist in orange gezeigt, die terminalen Clathrindomänen in grün und eine innere Schale zugehöriger Proteine in blau. (Mit freundlicher Genehmigung von Barbara Pearse, Medical Research Council, Cambridge.)

Abb. 11.6 *In situ*-Hybridisation von zwei Entwicklungsgenen [even skipped (blau) und fushi tarazu (braun)] im zellulären Blastodermstadium einer Larve von *Drosophila melanogaster*. (Mit Erlaubnis von Peter Gergen, State University of New York, Stony Brook, NY, USA.)

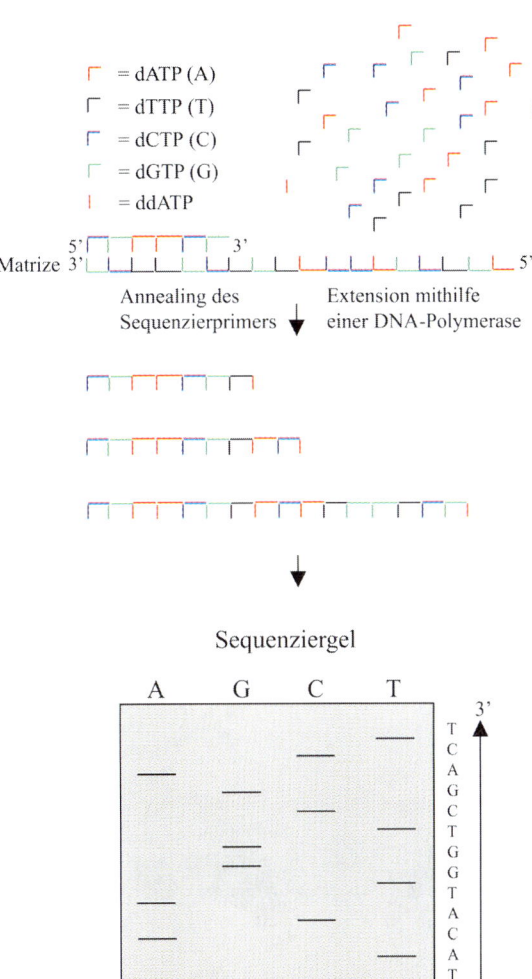

Abb. 14.1 Prinzipieller Verlauf einer Sanger-Sequenzierungsreaktion. Dabei ist die Markierung (früher ^{35}S, ^{33}P, ^{32}P, heute unterschiedliche Fluoreszenzmarkierungen) unberücksichtigt gelassen worden. In diesem Schema ist der Sequenzier-Primer, die vier dNTPs und exemplarisch ddATP abgebildet. Die DNA-Polymerase baut entsprechend der Matrize dNTPs ein, bis es durch Einbau des ddNTP zum Abbruch kommt. Diese Reaktion würde grundsätzlich parallel auch mit den anderen ddNTPs ablaufen. Das Resultat wären verschieden lange markierte Fragmente, je nach Vorkommen der komplementären Base auf dem Matrizenstrang. Die entstehenden Fragmente für die gezeigte Reaktion mit ddATP sind dargestellt und finden sich im Sequenziergel in der Spur „A" wieder. Das gezeigte Gel ist typisch für ein entsprechendes Autoradiogramm, das man nach Exposition eines Sequenziergels mit radioaktiver Markierung erhält. Diese Methode wird heute eigentlich nicht mehr verwendet, stellt aber hier das Prinzip der Sequenzierung sehr gut dar. Die Sequenz in 5′ → 3′-Richtung wird von unten nach oben gelesen. In der Praxis erhält man aber keine lesbare Sequenz direkt nach dem Sequenzieroligonucleotid, wie hier der Einfachheit halber angenommen, sondern erst im Abstand von ca. 30 bp.

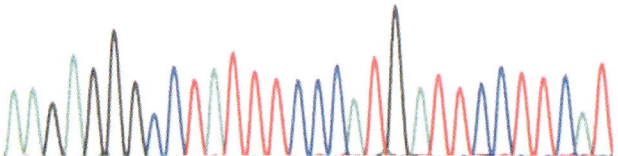

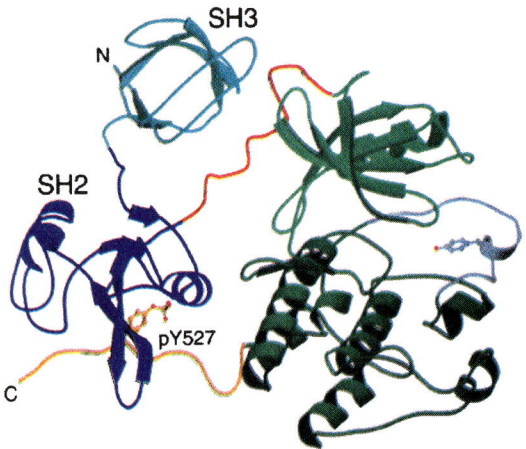

Abb. 14.2 Chromatogramm einer automatischen Sequenzierung durch Kapillarelektrophorese.

Abb. 23.1 Proteindomänen des Src-Onkoproteins. Das Src-Protein hat drei Hauptdomänen, die SH3-, SH2- und SH1-Domäne, wobei letztere der Kinasedomäne entspricht. Alle drei gehen zahlreiche, aber wohl definierte Proteininteraktionen ein. So interagieren die zwei kleineren Domänen nicht nur mit anderen Proteinen, sondern auch mit Sequenzen innerhalb von Src: SH3 bindet an eine prolinreiche Sequenz zwischen SH2 und der Kinasedomäne, die SH2-Domäne bindet an ein phosphoryliertes Tyrosin an Position 527 am C-Terminus des Proteins.

A

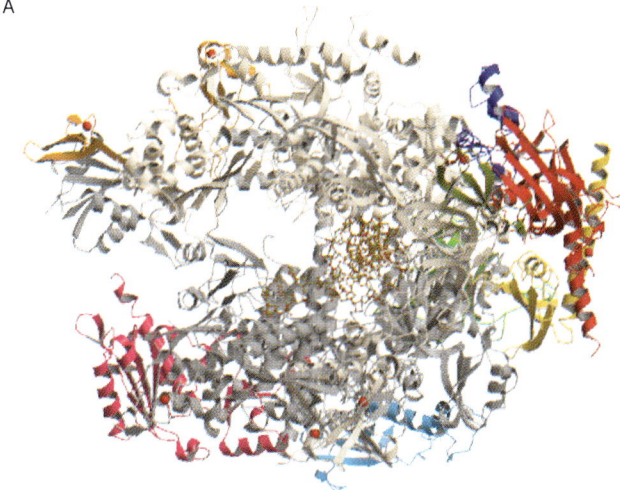

B

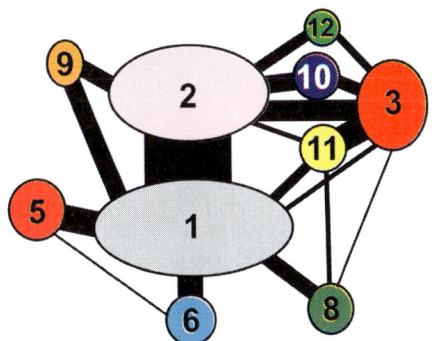

Abb. 23.2 Die RNA-Polymerase II – ein multimerer Protein-Komplex. (A) Diagramm der RNA Polymerase II der Hefe. (B) Schematisches Diagram der Interaktionen zwischen den 10 Untereinheiten. Die Dicke der Verbindungslinien entspricht der Größe der Kontaktflächen zwischen den Untereinheiten. Die Farben entsprechen denen in (A). (Nach Cramer et al. 2001.)

Abb. 23.3 Das Protein-Interaktionsnetzwerk einer Hefezelle. Diese „Karte" wurde aus publizierten Interaktionsdaten rekonstruiert und enthält 1548 Proteine, die durch 2358 Interaktionen verbunden sind. Die Proteine sind dabei anhand ihrer biologischen Funktion an- gefärbt: Proteine, die bei der Membranfusion eine Rolle spielen, sind blau, Chromatinproteine grau, Strukturproteine grün, Fettstoffwechsel gelb, Zellteilung rot. (Nach Schwikowski et al. 2000.)

Abb. 23.9   Helix-Turn-Helix-Proteine. Dieses Motiv wird durch zwei nahezu orthogonale α-Helices, die durch eine Schleife (*turn*) verbunden sind, charakterisiert. Die zweite Helix liegt normalerweise in der großen Furche der DNA. Ein Beispiel ist der λ-Repressor.

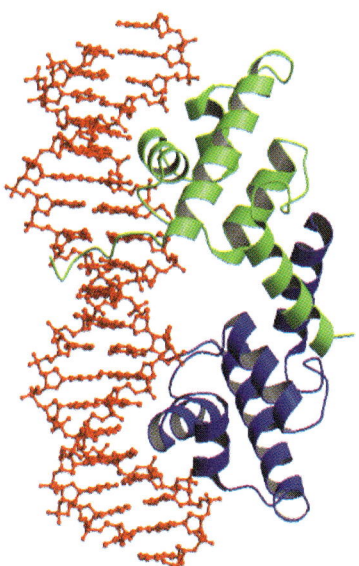

Abb. 23.10   Zink-koordinierende Proteine. Diese bisher größte Gruppe beinhaltet viele eukaryotische Transkriptionsfaktoren, die bereits anhand des Sequenzmusters identifiziert werden können. Das Merkmal der Gruppe sind ein oder zwei von konservierten Cysteinen und Histidinen koordinierte Zinkatome. Ein Beispiel ist der sog. „Zinkfinger" des Transkriptionsfaktors Zif268 der Maus. Hier erfolgt die DNA-Bindung ebenfalls durch eine Helix in der großen Furche der DNA.

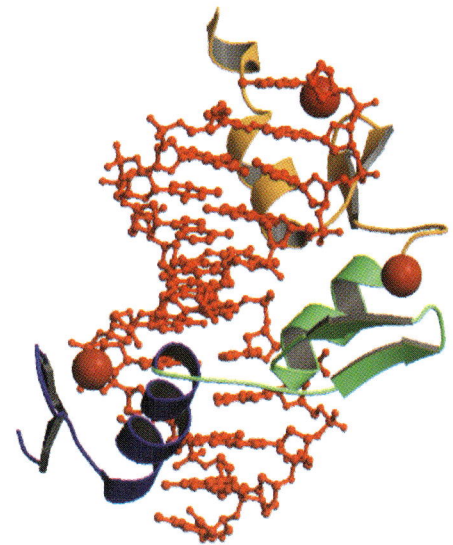

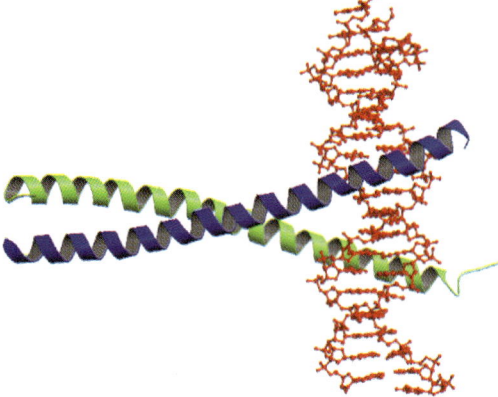

Abb. 23.11 *Zipper-Type*-Proteine. Diese Gruppe hat ihren Namen nach der Art der Dimerisierung, die einem Reißverschluss (*zipper*) ähnelt. Das eine Ende der langen α-Helices des hier gezeigten Hefe-Transkriptionsfaktors GCN4 liegt in der großen Furche der DNA.

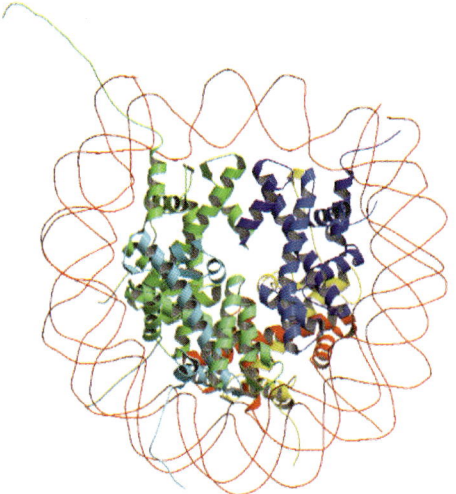

Abb. 23.12 α-Helix-Gruppe. In dieser Gruppe werden alle anderen Familien zusammengefasst, die eine α-Helix als DNA-bindendes Element verwenden. Das bekannteste Beispiel sind die Histone, die das Nucleosom bilden.

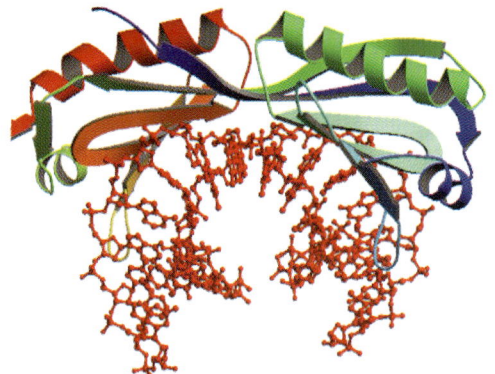

Abb. 23.13 β-Faltblatt-Gruppe. Diese Gruppe enthält bislang nur eine Familie, die der TATA-Box-bindenden Proteine (TBP), die eine essenzielle Komponente des Multiprotein-Transkriptionsinitiations-Komplexes darstellen. Das herausragende Merkmal dieser Strukturen ist die Biegung der DNA von nahezu 90°.

Abb. 23.14 *β-Hairpin/Ribbon*-Gruppe. Die Vertreter dieser Gruppe verwenden entweder kurze β-Faltblätter oder Schleifenmotive entweder in der großen oder in der kleinen Furche der DNA. Ein Beispiel dafür ist der Met-Repressor.

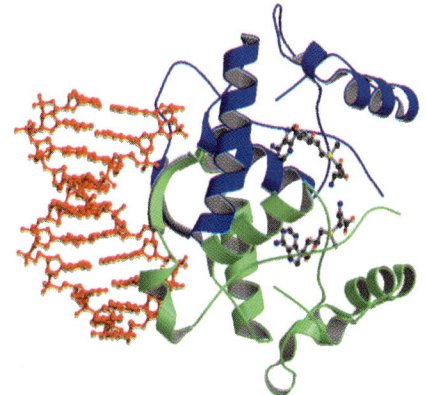

Abb. 23.15 Andere Protein-DNA-Wechselwirkungen. In dieser Gruppe werden bislang zwei Familien zusammengefasst, die kompliziertere Protein-DNA-Wechselwirkungen zeigen, in denen verschiedene Sekundärelemente eingesetzt werden. Das hier gezeigte Beispiel ist die sog. *Rel homology region*-Familie des eukaryotischen Transkriptionsfaktors NF-κB. Vergleiche auch mit Abb. 23.5.

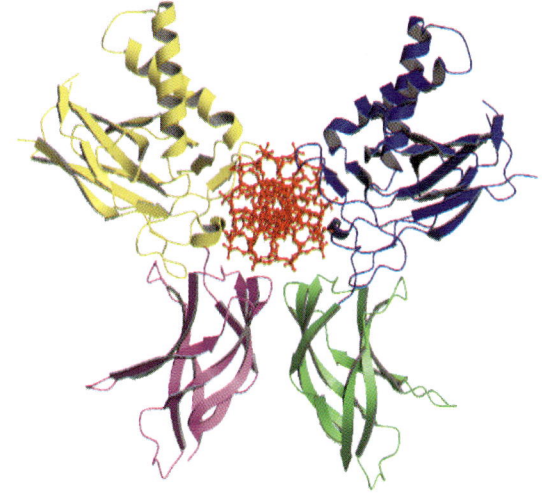

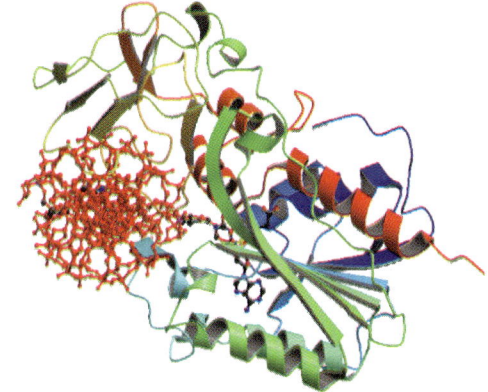

Abb. 23.16 Enzyme. In dieser Gruppe basiert die Einteilung in Familien weniger auf der Struktur, sondern auf ihrer enzymatischen Funktion. Ein Beispiel ist die Methyltransferase.

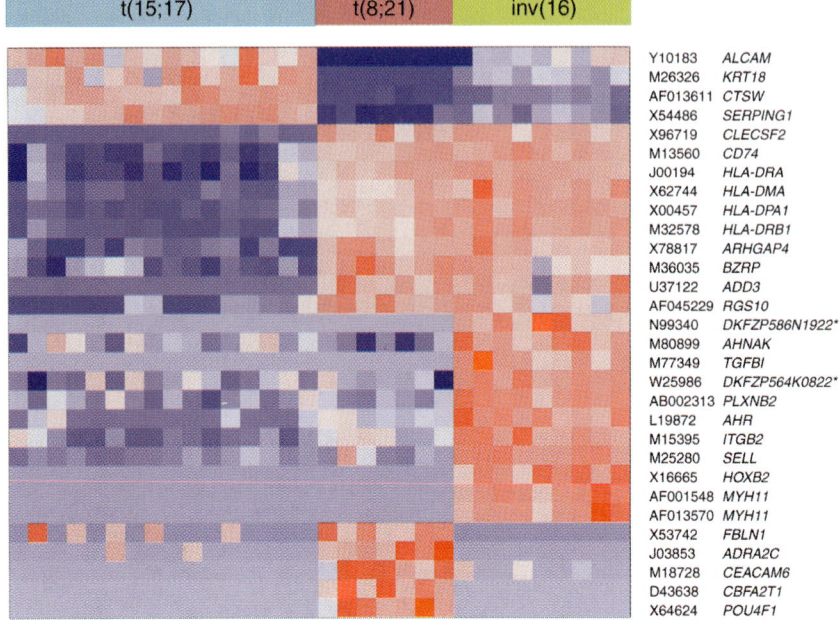

Abb. 24.9 Ergebnis eines Klassifikationsexperiments. Knochenmarksproben aus Leukämiepatienten, die zu drei unterschiedlichen Subgruppen gehörten, wurden durch DNA-Mikroarray-Analyse untersucht. Die Gruppen sind durch spezifische Chromosomenaberrationen [t(15;17), t(8;21) oder inv(16)] charakterisiert. Mit einem Klassifikator aus 15 Entscheidungsbäumen (s. Text) konnten 30 Gene selektiert werden, deren Expression große Unterschiede zwischen den Klassen aufweist. Die Expressionswerte sind hier in einer Farbmatrixdarstellung gezeigt. Jede Spalte gehört zu einer Probe, jede Zeile zu einem Gen. Die Abkürzungen (nach HUGO) und GenBank-Nummern der Gene sind rechts gezeigt, der Balken oben gibt die einzelnen Gruppen an. Die Werte wurden auf Mittelwert 0 und Standardabweichung 1 normiert. Man erkennt vier Gruppen von Genen, jeweils eine, die in einer der drei Klassen charakteristisch hoch exprimiert ist, sowie eine Gruppe, deren Gene höhere Expression in zwei Klassen [t(8;21) und inv(16)] zeigen.

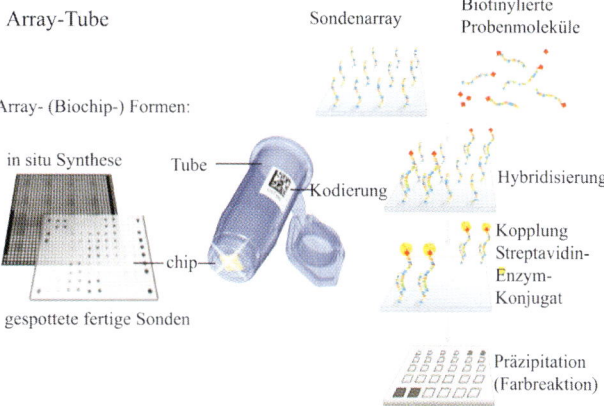

Array-Tube

Array- (Biochip-) Formen:

in situ Synthese

Tube

Kodierung

chip

gespottete fertige Sonden

Sondenarray

Biotinylierte
Probenmoleküle

Hybridisierung

Kopplung
Streptavidin-
Enzym-
Konjugat

Präzipitation
(Farbreaktion)

Abb. 27.13   DNA-Mikroarrays: Praktische Umsetzung.

Abb. 28.1   Struktur von Immunglobulinen und des antigenbindenden
Fragments (Fv). Unten: Die Struktur
der Immunglobulindomänen wird
von den β-Faltblatt-Bereichen (grün)
des Gerüstanteils (*framework*) bestimmt, wohingegen die Antigenbindungsstellen durch sechs Schleifen
(*loops*, H1–H3, L1–L3) gebildet werden. Der Carboxyterminus beider variablen Polypeptidketten eines Fv-
Fragments (C) liegt am der Antigenbindungsstelle entgegengesetzten
Ende der Moleküle; damit ist sie die
bevorzugte Ansatzstelle für Protein-
fusionen.

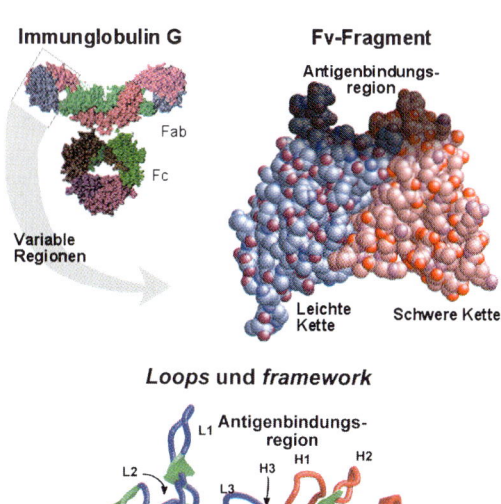

Immunglobulin G

Fab

Fc

Variable
Regionen

Fv-Fragment

Antigenbindungs-
region

Leichte
Kette

Schwere Kette

Loops und *framework*

L1 Antigenbindungs-
region

L2

L3

H3

H1

H2

variable
Region der
leichten
Kette

variable
Region der
schweren
Kette

C(V$_L$)

C(V$_H$)

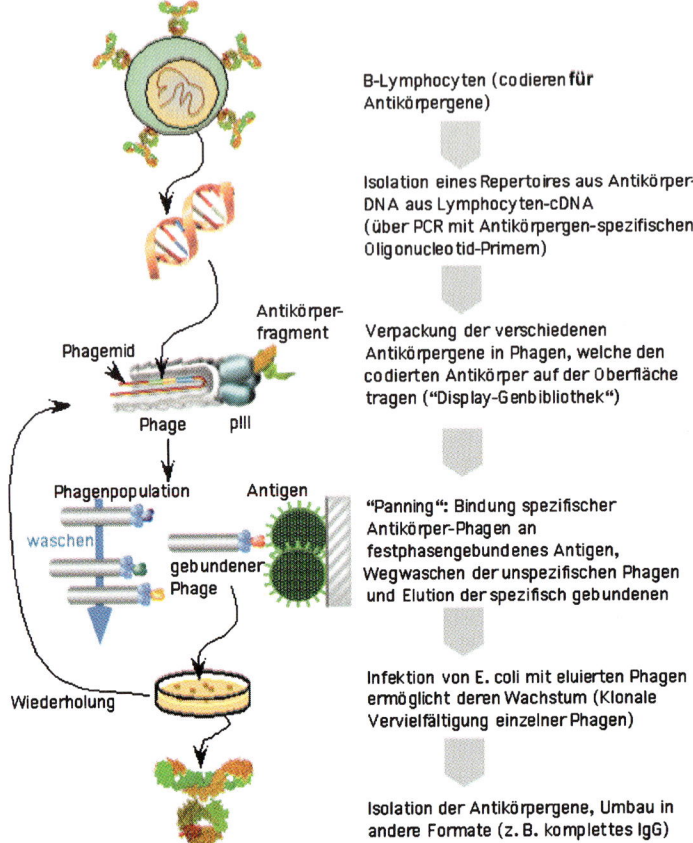

B-Lymphocyten (codieren **für**
Antikörpergene)

Isolation eines Repertoires aus Antikörper-
DNA aus Lymphocyten-cDNA
(über PCR mit Antikörpergen-spezifischen
Oligonucleotid-Primern)

Verpackung der verschiedenen
Antikörpergene in Phagen, welche den
codierten Antikörper auf der Oberfläche
tragen ("Display-Genbibliothek")

"Panning": Bindung spezifischer
Antikörper-Phagen an
festphasengebundenes Antigen,
Wegwaschen der unspezifischen Phagen
und Elution der spezifisch gebundenen

Infektion von E. coli mit eluierten Phagen
ermöglicht deren Wachstum (Klonale
Vervielfältigung einzelner Phagen)

Isolation der Antikörpergene, Umbau in
andere Formate (z. B. komplettes IgG)

Abb. 28.9 Experimentelles Flussschema der Selektion eines Antikörperfragments
durch Phagen-Display.

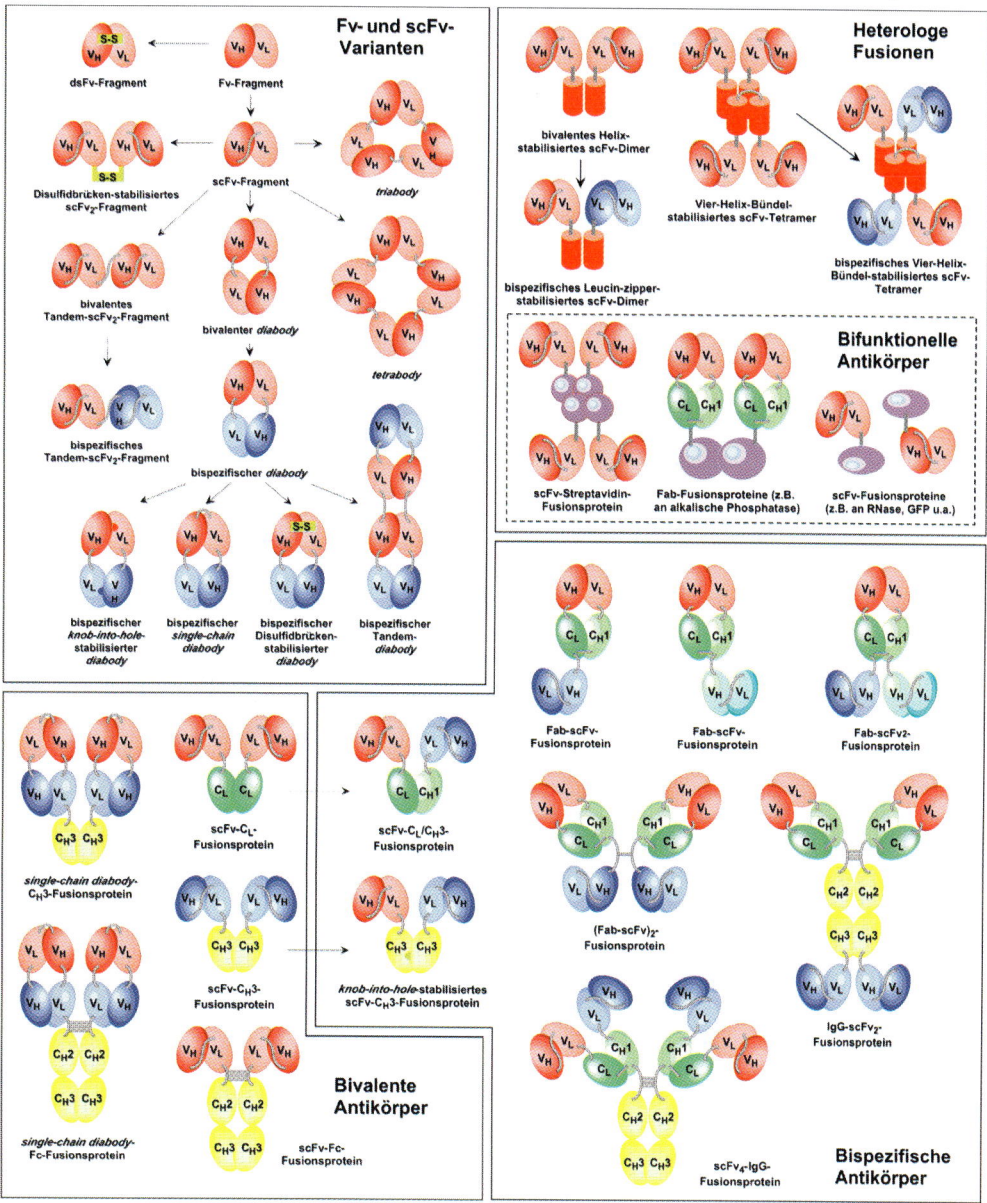

Abb. 28.10 Eine Auswahl verschiedener rekombinanter Antikörpervarianten und -fusionsproteine zeigt die enorme Vielfalt an Konstrukten mit neuen Funktionen, welche der Antigenbindungsstelle von Immunglobulinen mithilfe rekombinanter Technologien verliehen werden kann. Farbschlüssel: Rot: V-Regionen, blau: V-Regionen anderer Spezifität, türkis: V-Regionen dritter Spezifität, gelb: Regionen aus dem Fc-Teil, grün: C_H1- bzw. C_L-Regionen, orange und violett: heterologe Fusionsanteile zur Di-/Oligomerisierung (orange) oder mit neuen Funktionen (violett).

Abb. 29.3 Chimäre Gründertiere. Zwei Gründertiere (a), die aus injizierten Blastocysten der Mauslinie C57B16 (schwarzes Fell) hervorgingen. Es waren Zellen einer ES-Zelllinie, die aus SV129-Mäusen (braunes Fell) stammen, injiziert worden. Die Maus im Hintergrund hat ein fast reines braunes Fell (d. h. sie hat einen starken Anteil an Zellen mit SV129-Ursprung. Der Chirmärismus der Maus im Vordergrund ist geringer. Die Maus hat ein braun-schwarz gestreiftes Fell und damit einen relativ hohen Anteil an Zellen der Mauslinie C57B16. Fünf Gründertiere (b), die aus einer Aggregation von SV129-ES-Zellen mit Zellen aus DV1-Embryonen hervorgegangen sind. Mäuse der CD1-Linie besitzen ein weißes Fell, weshalb diese Chimären nun in ihrem Fell weiße Schattierungen zeigen. Bei der Kombination der Fellfarben weiß und braun ist der Chimärenanteil deutlicher zu erkennen als bei der Fellfarbenkombination braun-schwarz. Abbildung b wurde dem Autor freundlicherweise von Frank Zimmermann, dem Leiter der Biotechnologie Labors an der Universität Heidelberg, zu Verfügung gestellt.

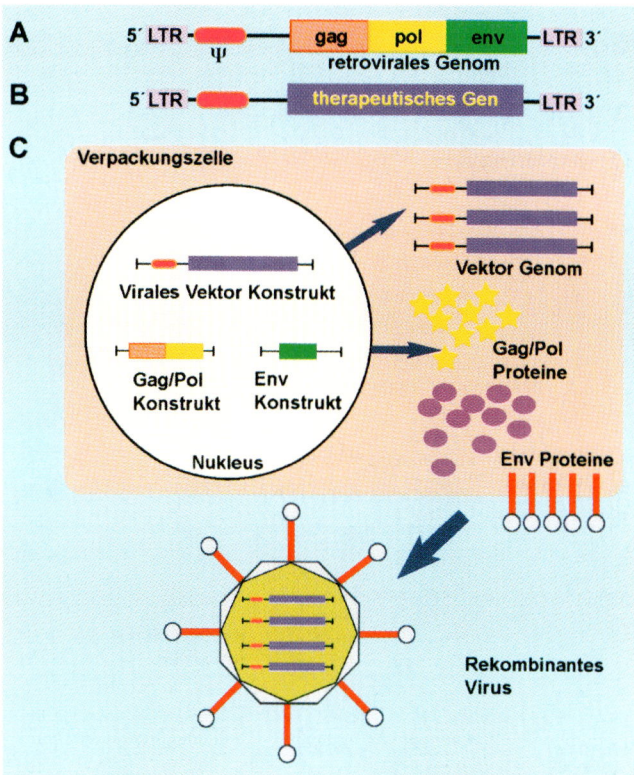

Abb. 30.9 Retroviraler Vektor auf MoMLV-Basis.

A. Das retrovirale Genom enthält die Gene *gag* (Strukturproteine), *pol* (Reverse Polymerase) und *env* (Hüllproteine). *Ψ* ist das Verpackungssignal, das die virale von der zellulären RNA unterscheidet und von viralen Verpackungsproteinen erkannt wird. Das virale Genom wird flankiert von *long terminal repeats* (LTR).

B. *gag, pol* und *env* sind im Vektorgenom durch ein therapeutisches Gen ersetzt.

C. Gag, Pol, Env werden von separaten Genen aus exprimiert, die in die Verpackungszelle transfiziert werden. Wird das virale Vektorkonstrukt mit dem Transgen in die Verpackungszelle cotransfiziert, rekombinieren die entsprechenden Proteinprodukte des Vektorgenoms mit Gag/Pol und Env zu infektiösem, aber replikationsdefizientem Virus.

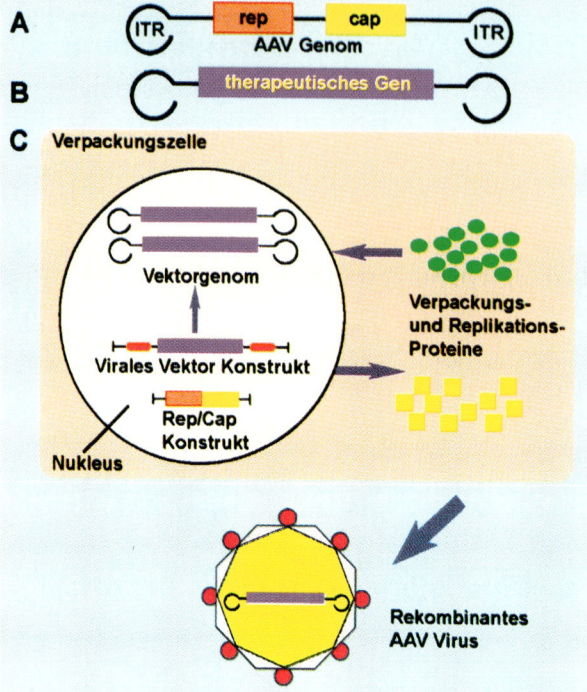

Abb. 30.14 Adeno-assoziierte virale Vektoren. A. Das AAV-Genom enthält Sequenzen, die essenziell für die Transduktion sind – die invertierten terminalen Repetitionen (ITRs) und die Gene *rep* und *cap*. B. Im Vektorgenom sind *rep* und *cap* durch das therapeutische Gen ersetzt. Falls das therapeutische Gen größer als 4,5 kb ist, kann es auf zwei konkatomere Vektorkonstrukte verteilt sein.
C. Die Rep- und Cap-Proteine werden durch die Verpackungszelle exprimiert und sind erforderlich für die Produktion einzelsträngiger DNA-Genome, die von einer Kapsel aus Hüllproteinen umgeben sind. Ein nicht umhülltes AAV-Virus sammelt sich im Nucleus an. Helferproteine von Adenoviren (E1A, E1B, E2A, E4orf6 und VA RNA) werden für die Replikation benötigt und werden ebenfalls in der Verpackungszelle exprimiert (hier nicht dargestellt). Die Replikation von Adenoviren ist lytisch, ein Mechanismus, der von AAV zum Austritt aus der Zelle benutzt wird.

Teil I
Grundlagen der Zell- und Molekularbiologie

Molekulare Biotechnologie: Konzepte und Methoden.
Herausgegeben von M. Wink
Copyright © 2004 WILEY-VCH Verlag GmbH & Co. KGaA, Weinheim
ISBN: 3-527-30992-6

1

Die Zelle ist die Grundeinheit des Lebens

Dieses Kapitel bietet eine kurze Einführung in den Aufbau von pro- und eukaryotischen Zellen sowie von Viren.

Die Grundeinheit des Lebens ist die **Zelle**. Sie bildet das Grundelement aller **Prokaryoten** (d.h. Zellen ohne Zellkern, z.B. Bakterien) und **Eukaryoten** (d.h. Zellen

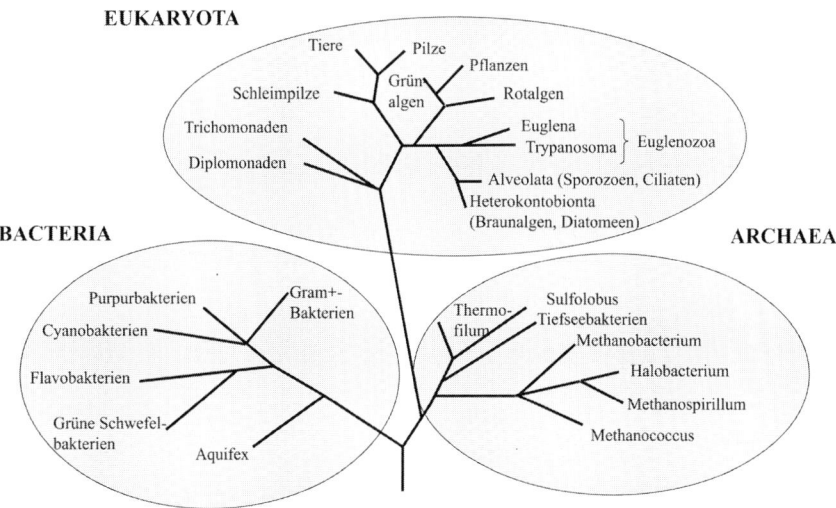

Abb. 1.1 *Tree of Life* – Phylogenie der Lebens-
domänen. Zur Rekonstruktion dieses Stammbaums wurden Nucleotidsequenzen der 16S
rRNA, Aminosäuresequenzen von Cytoskelettproteinen und Zellstrukturmerkmale herangezogen. Prokaryoten werden in Bacteria und
Archaea unterschieden. Bei den Eukaryoten
kann man mehrere monophyletische Gruppierungen erkennen (Diplomonaden/Trichomona-
den, Euglenozoa, Alveolata, Heterokontobion-
ta, Rotalgen und Pflanzen, Myxobionta und
Animalia; s. Tab. 6.3, 6.4 und 6.5 für Einzelheiten). Während in dieser Darstellung Archaea
und Eukaryota Schwestergruppen darstellen,
gibt es auch die alternative Vorstellung, dass
Bacteria und Archaea Schwestergruppen repräsentieren.

Molekulare Biotechnologie: Konzepte und Methoden.
Herausgegeben von M. Wink
Copyright © 2004 WILEY-VCH Verlag GmbH & Co. KGaA, Weinheim
ISBN: 3-527-30992-6

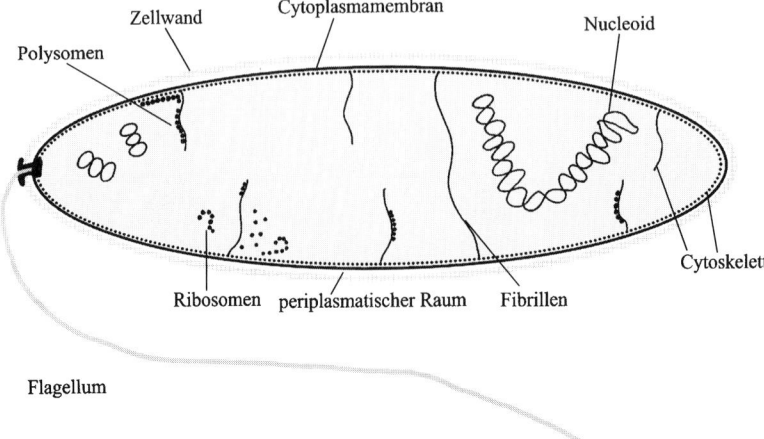

Polysomen

Zellwand

Cytoplasmamembran

Nucleoid

Cytoskelett

Ribosomen   periplasmatischer Raum   Fibrillen

Flagellum

(A)

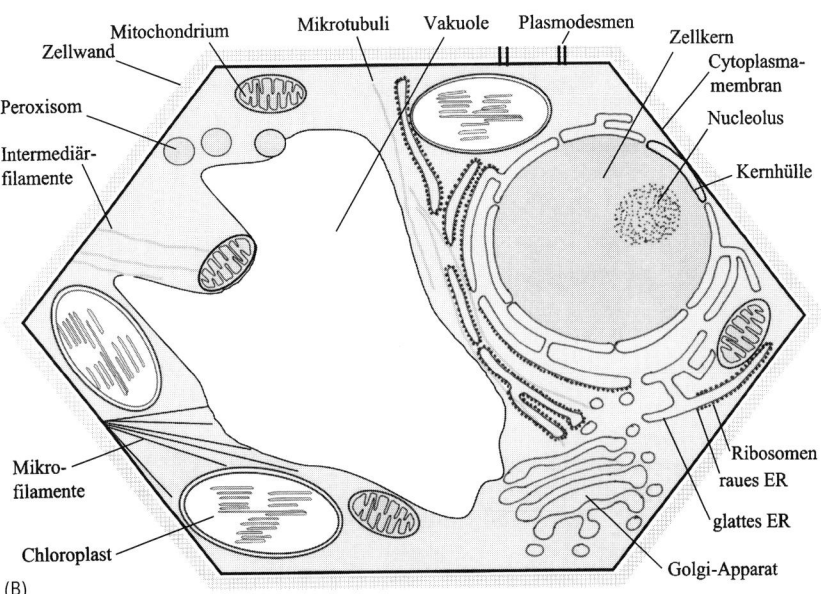

Mitochondrium

Zellwand

Mikrotubuli   Vakuole   Plasmodesmen

Zellkern

Cytoplasma-membran

Peroxisom

Nucleolus

Intermediär-filamente

Kernhülle

Mikro-filamente

Ribosomen
raues ER

glattes ER

Chloroplast

Golgi-Apparat

(B)

Abb. 1.2 Schematischer Aufbau prokaryotischer und eukaryotischer Zellen. (A) Bakterienzelle; (B) pflanzliche Mesophyllzelle; (C) tierische Zelle.

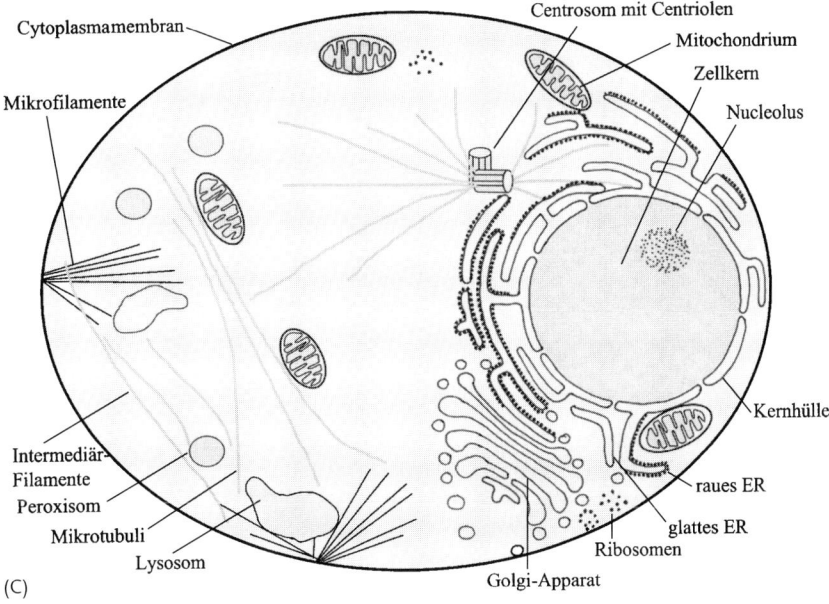

Cytoplasmamembran
Mikrofilamente
Intermediär-
Filamente
Peroxisom
Mikrotubuli
Lysosom
(C)

Centrosom mit Centriolen
Mitochondrium
Zellkern
Nucleolus
Kernhülle
raues ER
glattes ER
Ribosomen
Golgi-Apparat

Abb. 1.2 (C) Tierische Zelle

mit Zellkern, z. B. Einzeller, Pilze, Pflanzen und Tiere). Zellen sind kleine membranumschlossene Einheiten mit einem Durchmesser von 1 bis 20 µm, die mit konzentrierten wässrigen Substanzlösungen gefüllt sind. Zellen werden nicht neu geschaffen, sondern sind in der Lage, sich selbst zu kopieren, d. h., sie gehen durch Teilung aus einer anderen Zelle hervor. Dies bedeutet, dass alle Zellen seit Entstehen des Lebens vor ca. 4 Milliarden Jahren in einer kontinuierlichen Linie miteinander verbunden sind. R. Virchow prägte bereits 1885 den heute noch gültigen Lehrsatz „omnis cellula e cellulae".

Bedingt durch die gemeinsame Evolution und Phylogenie (Abb. 1.1) aller Organismen sind Aufbau und Zusammensetzung aller Zellen sehr ähnlich. Wir können die Betrachtung der allgemeinen Eigenschaften der Zelle deshalb auf wenige Grundtypen (Abb. 1.2) beschränken:

- Bakterienzelle
- Pflanzenzelle
- tierische Zelle

Viren und Bakteriophagen (Abb. 1.3) haben keinen eigenen Stoffwechsel und zählen deshalb nicht zu den Organismen im engeren Sinne. Sie sind jedoch auf Wirtszellen zur Vermehrung angewiesen und dadurch eng mit deren Physiologie und Struktur verbunden.

Bei den im Folgenden diskutierten Gemeinsamkeiten aller Zellen sollte man aber die diversen Differenzierungen, die bei mehrzelligen Organismen auftreten, nicht aus den Augen verlieren. Sie müssen im Einzelnen verstanden werden,

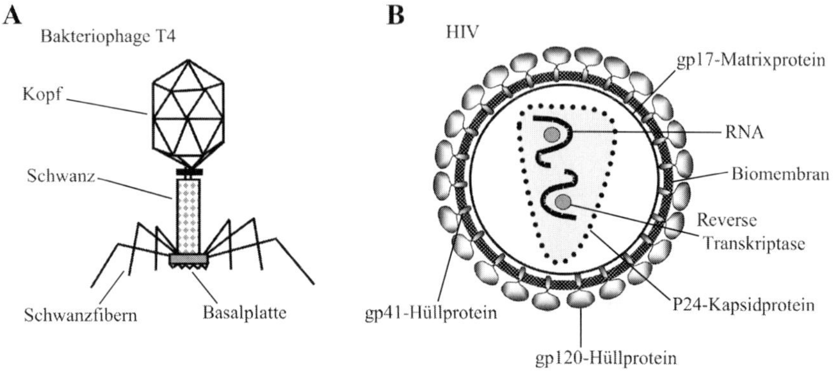

A

Bakteriophage T4

Kopf

Schwanz

Schwanzfibern   Basalplatte

B

HIV

gp17-Matrixprotein

RNA

Biomembran

Reverse
Transkriptase

P24-Kapsidprotein

gp41-Hüllprotein

gp120-Hüllprotein

Abb. 1.3 Schematischer Aufbau von Bakteriophagen und Viren. (A) Bakteriophage T4; (B) Struktur von HIV

wenn man z. B. zellspezifische Störungen wie z. B. Krebserkrankungen verstehen und behandeln möchte.

Bevor die zellulären Strukturen und ihre Funktion im Einzelnen besprochen werden (s. Kap. 3), erfolgt im nächsten Abschnitt eine kurze Zusammenfassung der biochemischen Grundlagen der Zell- und Molekularbiologie.

2
Aufbau und Funktion der zellulären Makromoleküle

Dieses Kapitel führt in den Aufbau von Polysacchariden, Lipiden, Proteinen und Nucleinsäuren aus einfachen Monomeren ein und fasst ihre wichtigsten Funktionen zusammen.

Im Gegensatz zur Formenmannigfaltigkeit der Natur weisen die Zellen, aus denen all diese diversen Organismen aufgebaut sind, nur eine begrenzte Zahl an Molekültypen auf (Tab. 2.1). Zu den wichtigen **Makromolekülen** der Pro- und Eukaryotenzelle zählen **Polysaccharide**, **Lipide**, **Proteine** und **Nucleinsäuren**, die aus vergleichsweise wenigen monomeren Grundbausteinen aufgebaut werden (Tab. 2.2). Auch die Membranlipide (Phospholipide, Cholesterol) sind in diesem Zusammenhang zu betrachten, da sie im wässrigen Milieu spontan supramolekulare Biomembranstrukturen ausbilden.

Zu den **niedermolekularen Bestandteilen** und Bausteinen der Zellen rechnet man die anorganischen Ionen, Zucker, Aminosäuren, Fettsäuren, organischen Säuren, Nucleotide und die diversen Stoffwechselmetabolite. Die qualitative Zu-

Tab. 2.1 Molekulare Zusammensetzung von Zellen

Inhaltsstoff	Bakterium % des Zellgewichts	Tierzelle % des Zellgewichts
Wasser	70	70
Anorganische Ionen	1	1
Niedermolekulare Stoffe (Zucker, Säuren, Aminosäuren)	3	3
Proteine	15	18
RNA	6	1,1
DNA	1	0,25
Phospholipide	2	3
Andere Lipide	–	2
Polysaccharide	2	2
Zellvolumen [ml]	2×10^{-12}	4×10^{-9}
Relatives Zellvolumen	1	2000

Molekulare Biotechnologie: Konzepte und Methoden.
Herausgegeben von M. Wink
Copyright © 2004 WILEY-VCH Verlag GmbH & Co. KGaA, Weinheim
ISBN: 3-527-30992-6

Tab. 2.2 Aufbau und Funktion der zellulären Makromoleküle

Grundbaustein	Makromolekül	Funktion
Einfachzucker	Polysaccharide	**Gerüstsubstanzen**: Aufbau der Zellwände (Cellulose, Chitin, Peptidoglykan); Bestandteil des Bindegewebes **Speichersubstanzen**: Stärke, Glykogen
Phospholipide, Cholesterol		**Aufbau der Biomembran**
Aminosäuren	Proteine	**Enzyme**: wichtigste Katalysatoren für anabole und katabole Reaktionsprozesse **Hämoglobin**: O_2 und CO_2-Transport **Rezeptoren**: Erkennung von äußeren und inneren Signalen **Ionenkanäle, Ionenpumpen, Transporter**: Transport von polaren Molekülen über Biomembranen **regulatorische Proteine**: Signaltransduktion durch Protein-Protein-Wechselwirkungen **Transkriptionsfaktoren**: Steuerung der Genaktivität **Antikörper**: Erkennung von Antigenstrukturen **Strukturproteine**: strukturelle Organisation von supramolekularen Komplexen **Cytoskelett**: Aufbau von molekularen Netzwerken in der Zelle, die wichtig für Form und Funktion sind **Motorproteine**: Muskelkontraktion
Desoxynucleotide	DNA	Speicherung, Replikation und sichere Weitergabe der genetischen Information; Rekombination
Nucleotide	RNA	**rRNA**: Gerüstmolekül zum Aufbau der Ribosomen **Ribozyme und siRNA**: katalytische und regulative Prozesse **tRNA**: Mediator bei der Translation **mRNA**: Bote und Mittler zwischen Gen und Protein **snRNA**: Spleißen der mRNA

sammensetzung der Zellen ist bei Pro- und Eukaryoten ähnlich, wenn auch Eukaryotenzellen in der Regel einen höheren Proteingehalt und Bakterienzellen einen höheren RNA-Gehalt aufweisen. Tierische Zellen haben ein um drei Zehnerpotenzen größeres Volumen als eine Bakterienzelle.

Bedingt durch die gemeinsame Evolution ist der Aufbau und die Funktion der wichtigen zellulären Moleküle bei allen Organismen sehr ähnlich, oft sogar identisch. Offenbar wurden in der frühen Evolution Biomoleküle entwickelt und selektiert (Tab. 2.2), die sich bewährt haben und deshalb bis heute beibehalten wurden.

2.1
Aufbau und Funktion der Zucker

Monosaccharide kommen in der Zelle entweder als **Aldosen** oder **Ketosen** vor (Abb. 2.1 A). Die wichtigsten Monosaccharide haben eine Kettenlänge von 3, 5 und 6 C-Atomen, die als **Triosen**, **Pentosen** und **Hexosen** bezeichnet werden. Unter physiologischen Bedingungen können Pentosen und Hexosen durch Halbacetal- bzw. Halbketalbildung Ringstrukturen ausbilden (Abb. 2.1 B).

Ausgehend von Glucose und Galactose gibt es wichtige N-haltige Derivate (Abb. 2.1 C) dieser Monosaccharide, wie Glucosamin, N-Acetylglucosamin oder Glucuronsäure, die als Glykoside vorliegen oder in Polysaccharide eingebaut werden.

Zucker kondensieren miteinander in Form von **glykosidischer Bindung** unter Abspaltung eines Wassermoleküls. Da die Hydroxylgruppen in α- oder β-Stellung vorliegen, ist die Stereochemie von großer Bedeutung. Die Kondensation von zwei Zuckermolekülen ergibt **Disaccharide** (Abb. 2.1 D), die von drei Zuckern entsprechend Trisaccharide. Den **Oligosacchariden** aus wenigen Zuckerbausteinen werden die **Polysaccharide** aus vielen Zuckermonomeren gegenübergestellt. Zuckermoleküle können leicht mit Säuren verestert und dadurch aktiviert werden; wichtig sind z.B. die Ester mit der Phosphorsäure, die als Zuckerphosphate in der Glykolyse benötigt werden.

Das wichtigste Polysaccharid der tierischen Zelle ist **Glykogen**, das als Energiespeicher in Leber oder Muskeln gelagert wird. Glykogen kann schnell in Glucose-1-phosphat umgewandelt und in die Glykolyse eingeschleust werden. Glykogen ist ein verzweigtes Polysaccharid, das aus Glucoseeinheiten aufgebaut ist, die α-$(1 \rightarrow 4)$-glykosidisch oder α-$(1 \rightarrow 6)$-glykosidisch gebunden sind (Abb. 2.1 D). Auf diese Weise entstehen sehr viele freie Enden, an denen die Glykogen-Phosphorylasen gleichzeitig mit dem Abbau beginnen können.

Stärke oder Amylose (Abb. 2.1 D) besteht aus α-$(1 \rightarrow 4)$-glykosidisch gebundenen Glucoseresten. In Amylopektin sind zusätzlich α-$(1 \rightarrow 6)$-glykosidisch gebundene Glucosereste eingebaut. Amylopektin hat damit eine ähnliche Struktur wie Glykogen, ist aber weniger stark verzweigt. Stärke wird photosynthetisch in der Pflanzenzelle gebildet, wo sie in Amyloplasten gelagert wird. Stärke kann von Tieren sehr leicht abgebaut werden und stellt einen wichtigen Nahrungsbestandteil für die menschliche Ernährung dar.

Glucose dient auch zum Aufbau der **Cellulose** (Abb. 2.1 D), die zum Aufbau der pflanzlichen Zellwand benötigt wird. Cellulose ist ein unverzweigtes Polymer aus Glucose, die β-$(1 \rightarrow 4)$-glykosidisch verknüpft wurde. Cellulose kann im menschlichen Verdauungstrakt nicht aufgeschlossen werden. Dagegen haben Wiederkäuer im Rumen Mikroorganismen, die **Cellulase** produzieren. Auf diese Weise können z.B. Kühe auch Cellulose als Nahrungsmittel nutzen. Weitere Polymere der pflanzlichen Zellwand sind Glykane, die Cellulosefibrillen quer vernetzen, Pektin (aus Galacturonsäureeinheiten) und Lignin (aus Cumaryl-, Coniferyl- und Sinapylalkoholen). Mittels Cellulasen kann man die Zellwände von Pflanzenzellen abverdauen. Die zellwandfreien Zellen werden als **Protoplasten** bezeichnet. Sie sind in der Pflanzenbiotechnologie wichtig, da sie sich leicht transformieren las-

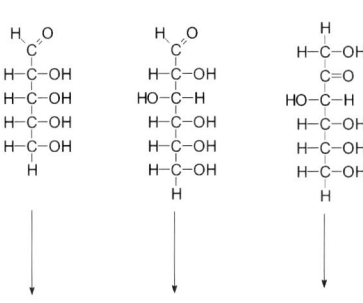

(A) ALDOSEN

TRIOSEN   PENTOSEN   HEXOSEN

Glycerinaldehyd   Ribose   Glucose

KETOSEN

Dihydroxyaceton   Ribulose   Fructose

(B)

Ringschluss

Ribose   α-D-Glucose   α-D-Fructose

Galactose   Mannose

Abb. 2.1 Aufbau und Struktur von Zuckermolekülen. (A) Struktur von wichtigen Aldosen
und Ketosen; (B) Ringschluss der Pentosen
und Hexosen (Halbacetal- bzw. Halbketalbildung); wichtige Isomere der Glucose;

(C) wichtige Derivate der Glucose und Galactose; (D) Bildung von Disacchariden und
Polysacchariden (Stärke [Amylose], Amylopektin, Glykogen, Cellulose).

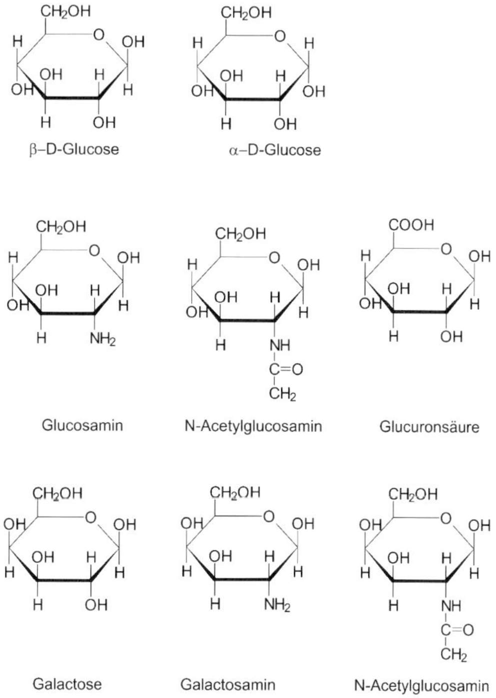

CH₂OH CH₂OH
β–D-Glucose α–D-Glucose

Glucosamin N-Acetylglucosamin Glucuronsäure

Galactose Galactosamin N-Acetylglucosamin

Abb. 2.1 (C)

sen (s. Kap. 32). Bei vielen Pflanzenarten ist es möglich, aus Protoplasten wieder intakte Pflanzenzellen zu generieren.

Im tierischen Körper kommen weitere wichtige Polysaccharide vor: **Hyaluronsäure** besteht aus vielen Disaccharidbausteinen, die aus Glucuronsäure und N-Acetylglucosamin aufgebaut sind. Hyaluronsäure weist eine sehr hohe Viskosität auf und wird in den Gelenken als Synovialflüssigkeit und in den Augen als Glaskörper verwendet. Des Weiteren liegen im Bindegewebe Polysaccharide aus Disacchariden vor, die aus **sulfatierten** Glucuronsäure- und N-Acetylglucosamin- bzw. N-Acetylgalactosamin-Einheiten bestehen: Chondroitin-4-sulfat, Chondroitin-6-sulfat, Dermatansulfat und Keratansulfat. Auch **Heparin** fällt in diese strukturelle Gruppe; es dient jedoch der Kontrolle der Blutgerinnung.

2.2
Struktur der Membranlipide

Biomembranen bestehen aus einer zweifachen Lipidschicht (*bilayer*) (Abb. 2.2). Sie werden aus **Phospholipiden**, **Glykolipiden** und **Sterolen** (wie z. B. **Cholesterol** in tierischen Membranen) gebildet, die einen **lipophilen** (fettliebenden bzw. was-

α-D-Glucose   β-D-Fructose

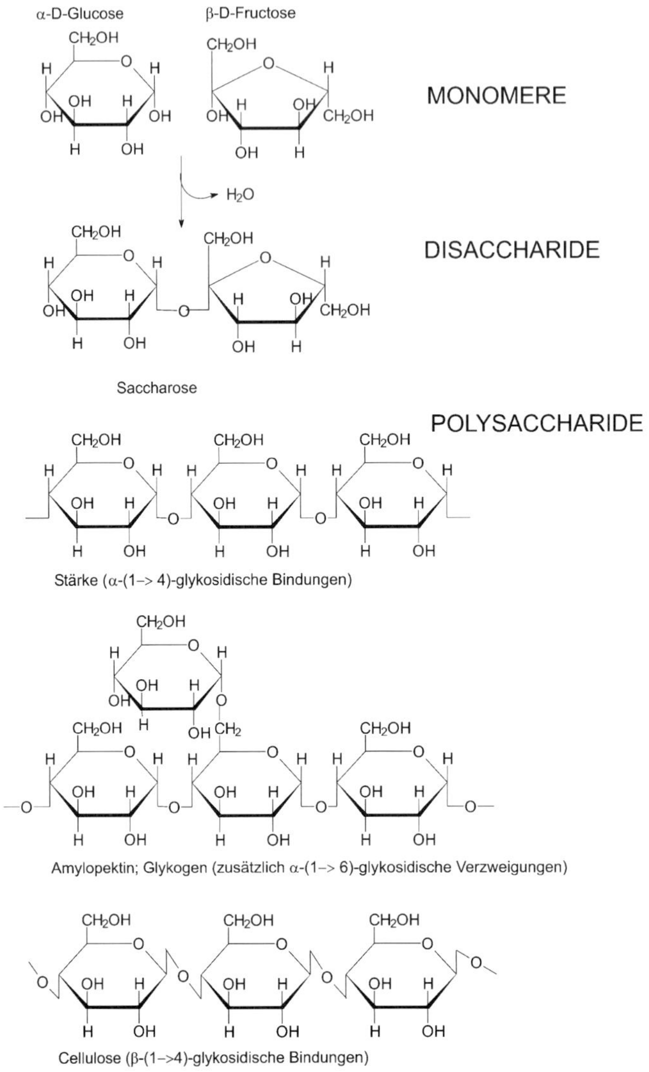

MONOMERE

DISACCHARIDE

Saccharose

POLYSACCHARIDE

Stärke (α-(1–> 4)-glykosidische Bindungen)

Amylopektin; Glykogen (zusätzlich α-(1–> 6)-glykosidische Verzweigungen)

Cellulose (β-(1–>4)-glykosidische Bindungen)

Abb. 2.1 (D)

serabstoßenden) und **hydrophilen** (wasserliebenden bzw. fettabstoßenden) Aufbau aufweisen.

Abb. 2.3 beschreibt den Aufbau von Phospholipiden. Von den drei Hydroxylgruppen des Alkohols **Glycerol** sind zwei mit Fettsäuren (Länge meist 16 oder 18 Kohlenstoffatome; Tab. 2.3) und die dritte mit einem Phosphatrest esterartig verbunden. Der negativ geladene Phosphatrest ist zusätzlich mit einem Aminoalkohol (Cholin oder Ethanolamin), der Aminosäure Serin oder dem Zuckeralkohol Inositol verestert. Im Fall von Phosphatidylcholin (Lecithin) ist das Stickstoffatom

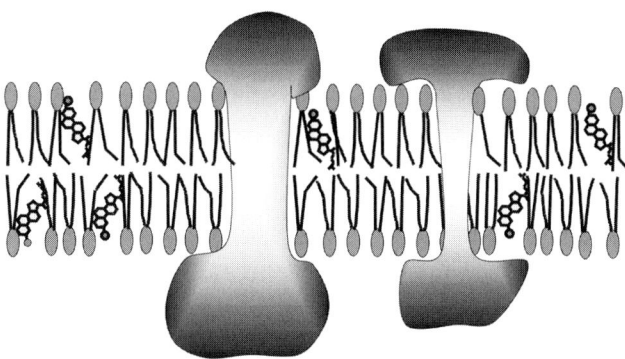

Abb. 2.2 Aufbau der Cytoplasmamembran. Schematische Darstellung des Lipid-Bilayers mit Phospholipiden, Cholesterol und Membranproteinen.

quarternär und daher positiv geladen. Phosphatidylinositol dient als Vorstufe für einen wichtigen Signaltransduktionsweg der Zelle (s. Abschnitt 3.1.1.3).

Phospholipide sind **amphiphile** Moleküle: Ihre Fettsäurereste sind stark lipophil, während die geladene Kopfgruppe hydrophil ist. Von den beiden Fettsäuren ist eine in der Regel ungesättigt, d. h., sie weist eine oder mehrere Doppelbindungen auf. Da die einzelnen Phospholipide sich ständig um sich selbst drehen, beansprucht die durch die starre Doppelbindung abgeknickte Fettsäure einen wesentlich größeren Radius als zwei gesättigte Fettsäuren. Dadurch wird die Fluidität der Biomembran erhöht und die Ausbildung parakristalliner Strukturen verhindert. In Bakterien oder Hefezellen, die unterschiedlichen Temperaturen ausgesetzt sind, wird die Fluidität ständig den Umgebungstemperaturen angepasst, indem Phospholipide mit unterschiedlicher Länge der Fettsäurereste bzw. mit oder ohne Doppelbindungen eingebaut werden.

Neben den Membranlipiden, die sich vom Glycerol ableiten lassen, enthalten tierische Zelle auch Lipide und Phospholipide, die den Aminoalkohol **Sphingosin** als Basis aufweisen. Sie werden als **Sphingolipide** bezeichnet. Die N-Acyl-Fettsäurederivate des Sphingosins werden **Ceramide** genannt. **Sphingomyelin**, einer der wichtigen Vertreter der Sphingolipide, ist analog zum Phosphatidylcholin aufgebaut (Abb. 2.3). Es kommt besonders häufig in den Myelinscheidenmembranen der neuronalen Axone vor.

Wird die Kopfgruppe des Sphingomyelins durch einen Zuckerrest, z. B. Galactose oder Glucose, ersetzt, liegen **Cerebroside** vor. Diesen Membranlipiden fehlt der Phosphatrest; sie sind deshalb ungeladen. Cerebroside sind im Gehirn verbreitet und zur Zellaußenseite orientiert. **Ganglioside** sind besonders komplex aufgebaute Sphingolipide, die Oligosaccharide mit mindestens einer Sialinsäureeinheit enthalten (Abb. 2.4). Im Gehirn liegen 6% der Lipide als Ganglioside vor. Medizinisch wichtig sind Sphingolipid-Speicherkrankheiten (z. B. Tay-Sachs-Erkrankung), die zu einem frühen neurologischen Verfall führen.

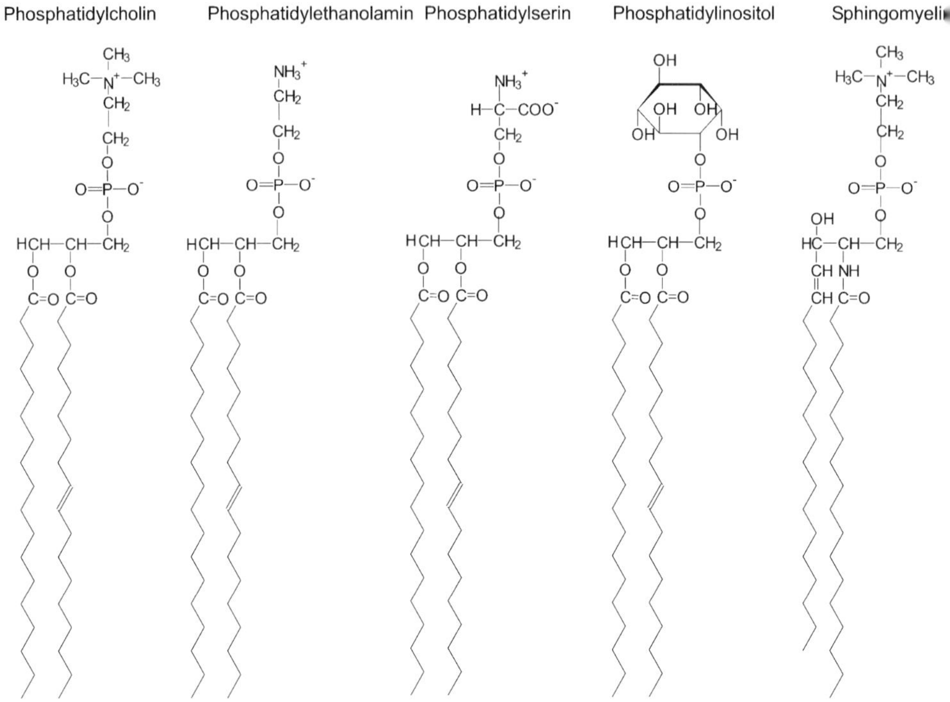

Phosphatidylcholin Phosphatidylethanolamin Phosphatidylserin Phosphatidylinositol Sphingomyelin

Abb. 2.3 Struktur von wichtigen Phospholipiden. Phosphatidylcholin, Phosphatidylethanolamin, Phosphatidylserin, Phosphatidylinositol, Sphingomyelin (ein Ceramid).

Tab. 2.3 Wichtige Fettsäuren in Membranlipiden

Trivialname	Abkürzung	Schmelz-temperatur	Struktur
Gesättigte Fettsäuren			
Myristinsäure	14:0	52,0 °C	$CH_3(CH_2)_{12}COOH$
Palmitinsäure	16:0	63,1 °C	$CH_3(CH_2)_{14}COOH$
Stearinsäure	18:0	69,1 °C	$CH_3(CH_2)_{16}COOH$
Ungesättigte Fettsäuren			
Palmitoleinsäure	16:1	−0,5 °C	$CH_3(CH_2)_5CH=CH(CH_2)_7COOH$
Ölsäure	18:1	13,2 °C	$CH_3(CH_2)_7CH=CH(CH_2)_7COOH$
Linolsäure	18:2	−9,0 °C	$CH_3(CH_2)_4(CH=CHCH_2)_2(CH_2)_6COOH$
γ-Linolensäure	18:3	−17,0 °C	$CH_3(CH_2)_4(CH=CHCH_2)_3(CH_2)_3COOH$
Arachidonsäure	20:4	−49,5 °C	$CH_3(CH_2)_4(CH=CHCH_2)_4(CH_2)_2COOH$

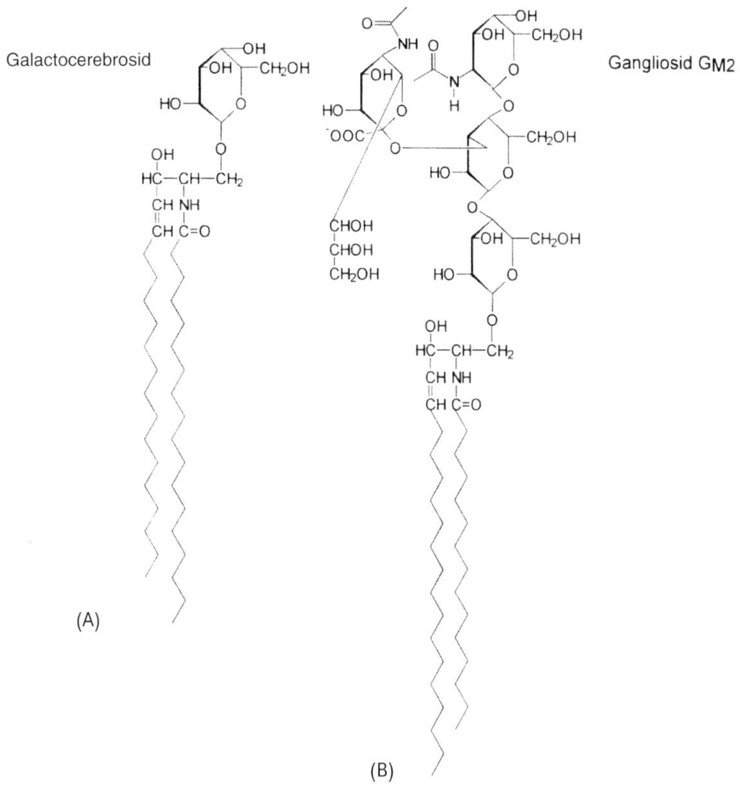

Galactocerebrosid

Gangliosid GM2

(A)

(B)

Abb. 2.4 Chemischer Aufbau von Cerebrosiden (Glykolipiden). (A) Galactocerebrosid, (B) Gangliosid (GM2).

Im **Speichergewebe** von Pflanzen und Tieren liegen keine Phospholipide, sondern **Triacylglyceride** vor. Sie werden durch **Lipasen** abgebaut.

Phospholipide werden durch unterschiedliche **Phospholipasen** gespalten. Die Phospholipase A_2 spaltet die mittlere Fettsäure am C2 des Glycerols ab. Die entstehenden Lysophospholipide können Zellmembranen lysieren; interessanterweise enthalten viele Schlangengifte hohe Dosen an **Phospholipase A_2**. Die **Phospholipase A_1** hydrolysiert die Fettsäure am C1 des Glycerols während die **Phospholipase C** die Phosphatesterbindung zum Glycerol öffnet.

Auf eine pharmakologisch wichtige Lipidklasse, die **Eicosanoide**, kann an dieser Stelle nur kurz verwiesen werden. Darunter fasst man die **Prostaglandine, Thromboxane** und **Leukotriene** zusammen. Sie sind an vielen Reaktionen, wie Schmerz, Fieber, Entzündung, Blutdruck und Blutgerinnung als parakrine Mediatoren beteiligt. Aus Phosphatidylcholin, das in der C2-Position die vierfach ungesättigte **Arachidonsäure** enthält, setzt die Phospholipase A_2 Arachidonsäure frei. Die Arachidonsäure wird z. B. durch Cyclooxygenase in Prostaglandine umgewandelt. Dieses Enzym ist ein wichtiges *Target* für etliche Pharmaka (sog. nichtsteroidale Entzündungshemmer, NSAID), unter denen Aspirin (Acetylsalicylsäure) am bekanntesten ist.

Entzündungsreaktionen können wirksam auch durch Hemmung der Phospholipase A_2 mittels **Corticoide** (z. B. Cortisonpräparate) unterdrückt werden.

Das Steroid **Cholesterol** (Cholesterin) (Abb. 2.5) ist ein wichtiger und häufiger Baustein tierischer Membranen (es fehlt in Membranen von Bakterien, Pilzen und Pflanzen). Es lagert sich parallel zu den Phospholipiden in die Membranen ein (s. Abb. 2.2). Die polare Hydroxylgruppe ist nach außen hin orientiert. Cholesterol ist ein starres Molekül, das Biomembranen stabilisieren, ihre Fluidität und die Durchlässigkeit herabsetzen kann. In Biomembranen wurden lokale Ansammlungen von Membranproteinen nachgewiesen, sog. *rafts* (Flöße), die meist reich an Cholesterol sind. Cholesterol wird als **Cholesterolester** (z. B. Cholesterol-3-stearat) in Lipoproteinen transportiert (s. Kap. 5.4).

Cholesterol kann im Körper selbst synthetisiert werden; der größte Teil wird jedoch über die Nahrung aufgenommen. Es ist nicht nur für die Membranfunktion wichtig, sondern auch als Vorstufe für die Synthese wichtiger Hormone und Vitamine (Abb. 2.5):

- **Glucocorticoide**: z. B. **Cortisol** (aus Nebennierenrinde) beeinflusst den Stoffwechsel von Kohlenhydraten, Proteinen und Lipiden; Cortisol hemmt die Phospholipase A_2 und unterdrückt dadurch Entzündungsprozesse.
- **Mineralocorticoide**: z. B. **Aldosteron** (aus Nebennierenrinde) reguliert die Sekretion von Salzen und Wasser über die Nieren.

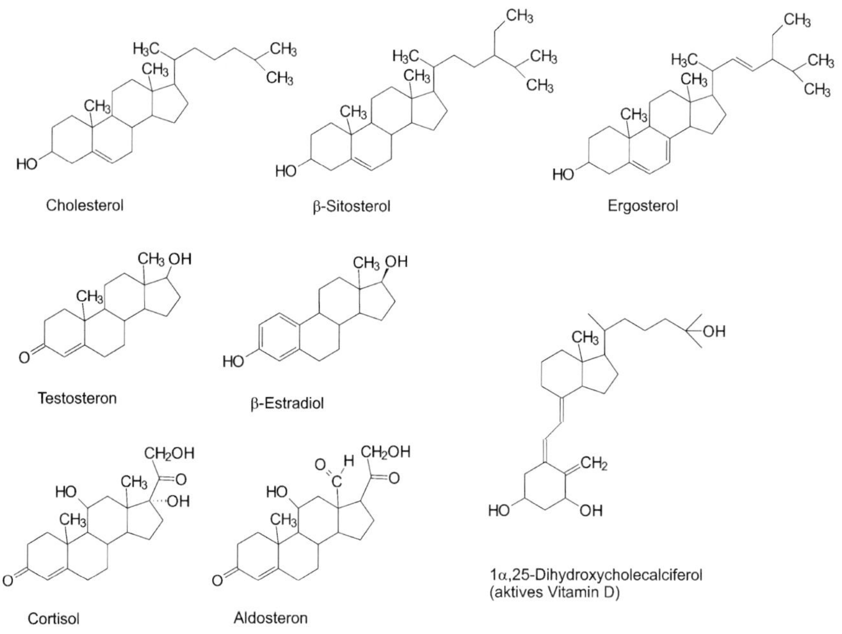

Abb. 2.5 Cholesterol und verwandte Sterole. Cholesterol; *β*-Sitosterol ersetzt Cholesterol in Pflanzen; Ergosterol liegt in Membranen von Pilzen vor; Testosteron; *β*-Estradiol; Cortisol; Aldosteron; aktives Vitamin D.

- **Sexualhormone**: **Androgene** (**Testosteron**, in den Hoden gebildet) und **Östrogene** (*β*-**Estradiol**; in Eierstöcken gebildet) sind wichtige Vertreter für männliche bzw. weibliche Geschlechtshormone. Sie binden an intrazelluläre Rezeptoren, die als Transkriptionsfaktoren die Expression geschlechtsabhängiger Gene steuern (s. Abschnitt 4.2).
- **Vitamin D**: erhöht die Ca^{2+}-Konzentration im Blut und fördert die Bildung von Knochen und Zähnen. Vitamin D-Mangel ist als **Rachitis** bekannt.

2.3
Aufbau und Funktion der Proteine

Proteine stellen die wichtigsten Werkzeuge der Zelle dar (s. Tab. 2.2), die chemische Reaktionen katalysieren, Metabolite über Membranen transportieren, andere Moleküle erkennen und Genaktivitäten regulieren können. Stellen die Gene so etwas wie die Legislative dar, so funktionieren die Proteine als Exekutive, d. h. als ausführende Organe. Proteine sind bei Pro- und Eukaryoten nach denselben Prinzipien aufgebaut.

Als Bausteine für Peptide und Proteine dienen 20 Aminosäuren, die über Peptidbindungen miteinander verknüpft werden (Abb. 2.6). Polypeptide sind somit Polymere aus Aminosäuren. Polypeptide sind gerichtete Moleküle, die an einem Ende mit einer NH_2-Gruppe (**N-Terminus**), am anderen Ende mit einer COOH-Gruppe (**C-Terminus**) abschließen. Die vielfältigen Aufgaben und Funktionen der Proteine ergeben sich aus den unterschiedlichen Anordnungen (Sequenzen) der Aminosäuren.

Die 20 Aminosäuren unterscheiden sich in ihren Seitenketten (Abb. 2.7). Die funktionellen Gruppen der Seitenketten, die vom *α*-C-Atom ausgehen, sind für

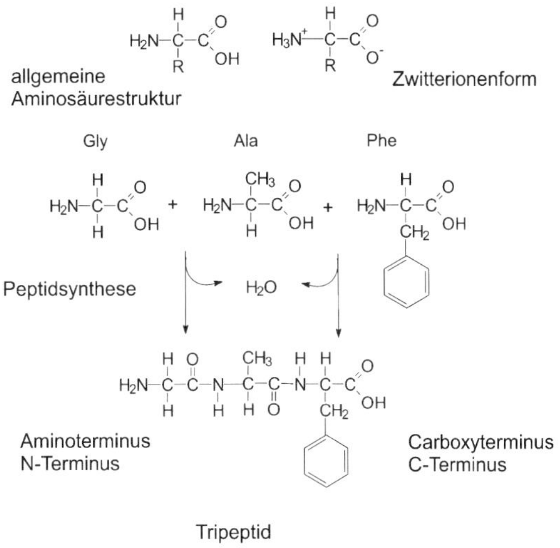

Abb. 2.6 Genereller Aufbau von Aminosäuren und Peptiden.

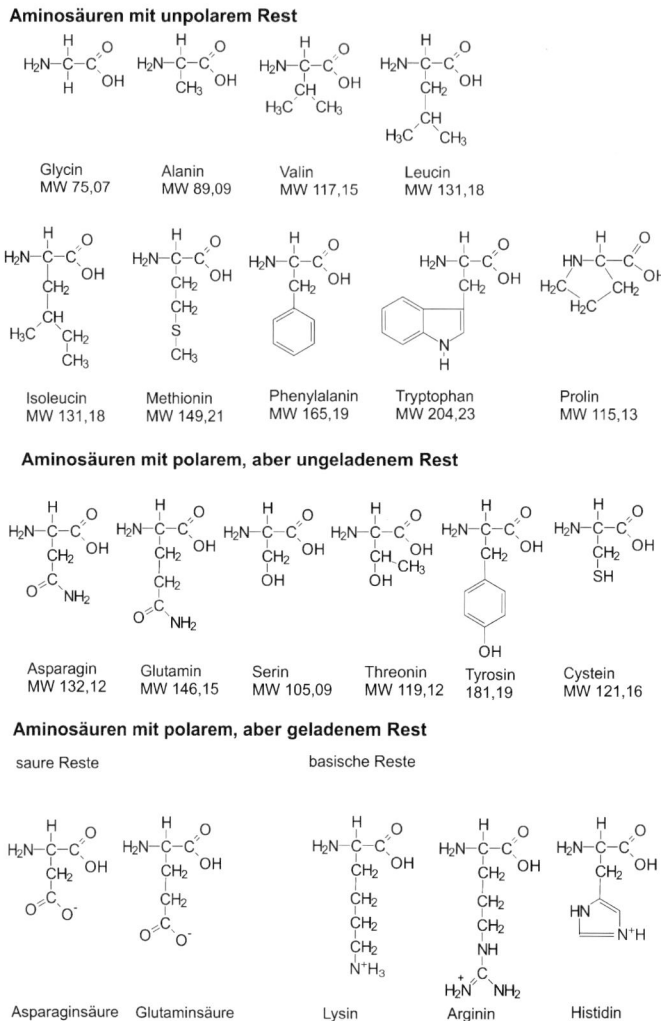

Abb. 2.7 Strukturen der proteinogenen Aminosäuren.

die spätere Funktionalität der Proteine bei der molekularen Erkennung oder die Biokatalyse entscheidend. Aminosäuren kommen in jeweils zwei optischen Isomeren vor, der D- und L-Form. Polypeptide sind ausschließlich aus L-Aminosäuren zusammengesetzt. D-Aminosäuren findet man in der bakteriellen Zellwand und in vielen Antibiotika (z. B. Gramicidin, Valinomycin). Da Proteasen nur Peptide aus L-Aminosäuren spalten können, bewirkt der Einbau von D-Aminosäuren einen gewissen Schutz vor vorzeitigem Abbau.

Die proteinogenen Aminosäuren kann man aufgrund ihrer funktionellen Gruppen und Reste in mehrere Gruppen ordnen (Abb. 2.7; Tab. 2.4):

Tab. 2.4 Zusammenstellung und Gruppierung der proteinogenen Aminosäuren: Zwei Typen von Abkürzungen werden international verwendet, die entweder aus drei oder einem Buchstaben bestehen. Außerdem sind die Codonsequenzen aufgeführt, durch die eine jeweilige Aminosäure im genetischen Code repräsentiert wird

Klassifizierung	Symbole	Codons					
Neutrale und hydrophobe Aminosäuren							
Glycin	Gly; G	GGA	GGC	GGG	GGU		
Alanin	Ala; A	GCA	GCC	GCG	GCU		
Valin	Val; V	GUA	GUC	GUG	GUU		
Leucin	Leu; L	UUA	UUG	CUA	CUC	CUG	CUU
Isoleucin	Ile, I	AUA	AUC	AUU			
Tryptophan	Trp, W	UGG					
Phenylalanin	Phe,F	UUC	UUU				
Methionin	Met, M	AUG					
Neutrale und polare Aminosäuren							
Cystein	Cys, C	UGC	UGU				
Serin	Ser, S	AGC	AGU	UCA	UCC	UCG	UCU
Threonin	Thr, T	ACA	ACC	ACG	ACU		
Tyrosin	Tyr, Y	UAC	UAU				
Asparagin	Asn, N	AAC	AAU				
Glutamin	Gln, Q	CAA	CAG				
Basische Aminosäuren							
Lysin	Lys, K	AAA	AAG				
Arginin	Arg, R	AGA	AGG	CGA	CGC	CGG	CGU
Histidin	His, H	CAC	CAU				
Saure Aminosäuren							
Aspartat	Asp, D	GAC	GAU				
Glutamat	Glu, E	GAA	GAG				

- Aminosäuren mit apolaren, lipophilen Resten;
- Aminosäuren mit polaren, aber ungeladenen Resten (d. h. mit Hydroxyl- oder Säureamidgruppen);
- Aminosäuren mit Säuregruppen, die negativ geladen sind;
- Aminosäuren mit basischen Gruppen, die positiv geladen sind.

Der menschliche Körper kann einige Aminosäuren selbst aufbauen; andere muss er über die Nahrung (essenzielle Aminosäuren) erhalten. Zu den **essenziellen Aminosäuren** zählen: Phenylalanin, Tryptophan, Lysin, Methionin, Valin, Leucin, Isoleucin und Threonin.

Proteine werden häufig **posttranslational** modifiziert, indem **Oligosaccharidreste** auf Asparagin- (**N-glykosidisch**) oder Serinreste (**O-glykosidisch**) übertragen werden (s. Abschnitt 5.4). **Glykoproteine** treten häufig auf der Zellaußenseite, in Zellwänden und in der extrazellulären Matrix, insbesondere im Bindegewebe auf. Die Glykosylierung ist für die biologische Aktivität und Antigenität wichtig.

Während die **Peptidbindung selbst starr** ist, können sich die Substituenten am α-C-Atom einer Aminosäure frei drehen. Dadurch kann eine Polypeptidkette eine Vielzahl von Raumstrukturen (**Konformationen**) eingehen. Die Polypeptidketten liegen im wässrigen Milieu der Zelle nicht linear vor, sondern bilden spontan **Sekundär- und Tertiärstrukturen** aus, die energetisch günstiger sind. Diese Strukturen beruhen auf vielen **nichtkovalenten Bindungen** und Kräften; wichtig sind:

- **Wasserstoffbrückenbindungen** (Bindungsenergie: 20 kJ/mol in wässrigem Milieu)
- **Ionische Bindungen** (Bindungsenergie: 86 kJ/mol)
- **Van der Waals-Kräfte** (Bindungsenergie: 2 kJ/mol)
- **Hydrophobe Anziehungskräfte.**

Abb. 2.8 fasst die häufigsten Wasserstoffbrückenbindungen, die in der Zelle auftreten, zusammen. Elektronegative Atome, wie Sauerstoff und Stickstoff, versuchen Elektronen von benachbarten Atomen, wie z. B. Wasserstoff, abzuziehen. Dadurch werden O und N leicht negativ geladen, während der Wasserstoff eine positive Ladung erhält. Bekanntlich ziehen sich positive und negative Ladungen an. Wir sprechen von Wasserstoffbindungen oder Wasserstoffbrücken. Die Fähigkeit, Wasserstoffbrückenbindungen einzugehen, ist besonders für das Wassermolekül (die Wasserstoffe sind positiv, das Sauerstoffatom negativ geladen) gegeben, das deshalb als universelles Lösungsmittel der Zelle gilt. Biomoleküle mit polaren Gruppen lagern leicht Wassermoleküle an (sie sind wasserlöslich), während unpolare Reste Wasser abstoßen (hydrophob) und sich eher mit anderen apolaren Molekülen zusammenlagern (sie sind fettlöslich). Abb. 2.9 illustriert die Bedeutung nichtkovalenter und kovalenter Bindungen für die Ausbildung von Proteinfaltungen. Durch Ausbildung von **Disulfidbrücken** zwischen zwei Cysteinresten kann die Konformation eines Proteins auch kovalent beeinflusst werden (Abb. 2.9).

Im Vergleich zu kovalenten Bindungen (Bindungsenergie 348–469 kJ/mol) sind nichtkovalente Bindungen um 20- bis 100-mal schwächer. Viele gleichzeitig vorhandene nichtkovalente Bindungen wirken jedoch kooperativ und führen dazu, dass Polypeptide relativ stabile Strukturelemente ausbilden können. Hydrophobe Aminosäurereste neigen dazu, sich über diese Reste zusammenzulagern, um Wasser auszuschließen. Bei Polypeptiden kann dies zu einer globulären Tertiärstruktur führen, wobei die hydrophoben Reste nach innen und die polaren und geladenen Reste nach außen orientiert sind (Abb. 2.10). Proteine falten sich in

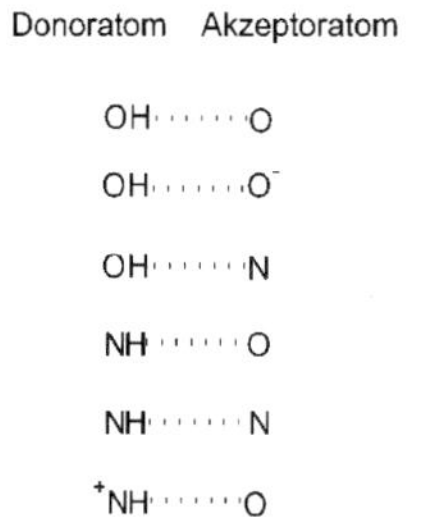

Donoratom Akzeptoratom

OH $\cdots\cdots$ O

OH $\cdots\cdots$ O$^-$

OH $\cdots\cdots$ N

NH $\cdots\cdots$ O

NH $\cdots\cdots$ N

$^+$NH $\cdots\cdots$ O

Abb. 2.8 Wichtige Wasserstoffbrücken in Biomolekülen.

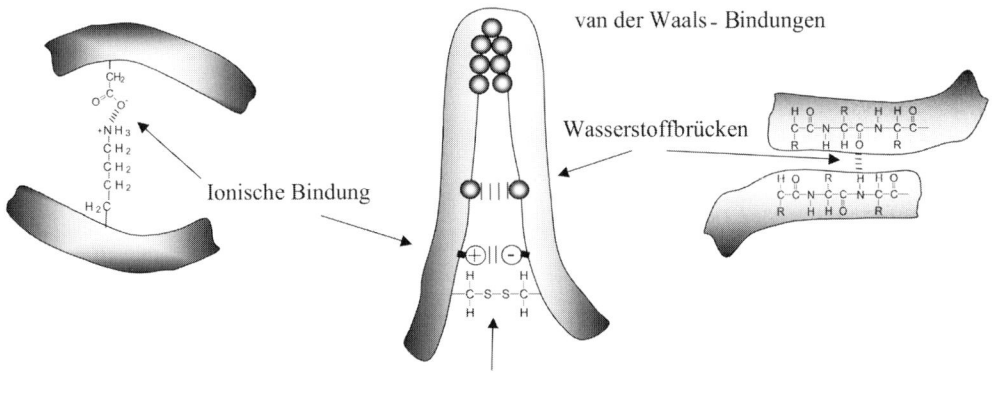

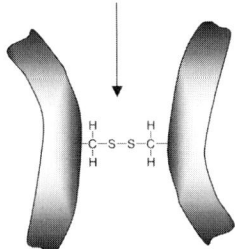

Abb. 2.9 Nichtkovalente Bindungen und Disulfidbrücken führen zu einer räumlichen Faltung und Stabilisierung von Peptiden. Bindungstypen: Wasserstoffbrücken, ionische Bindungen, van der Waals-Kräfte und Disulfidbrücken.

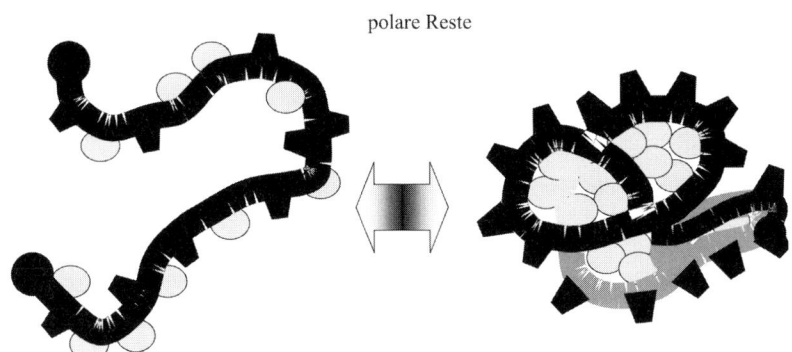

Abb. 2.10 Die Faltung der Peptidkette im wässrigen Milieu führt zu einer kompakten globulären Konformation.

wässrigem Milieu meist spontan in eine stabile **Konformation**, in der die freie Energie am geringsten ist.

Die Konformation von Proteinen kann sich jedoch leicht verändern, wenn diese mit anderen Proteinen oder Inhaltsstoffen der Zelle in Kontakt treten. Auch die Modifikation von Proteinen, z.B. durch Phosphorylierung bzw. Dephosphorylierung, geht meist mit einer Konformationsänderung einher. Man kann die Konformation eines Proteins experimentell leicht durch Detergenzien oder durch Harnstoff verändern. Löst man z.B. globuläre Proteine in einer 4-molaren Harnstofflösung, so entfaltet sich die Polypeptidkette; wir sprechen davon, dass ein solches Protein **denaturiert** wurde. Entfernt man den Harnstoff jedoch wieder, so faltet sich die Polypeptidkette in die frühere Konformation zurück (**Renaturierung**).

Vergleicht man die Strukturen vieler Proteine miteinander, kann man zwei regelmäßig auftretende Faltungsmuster erkennen, obwohl jedes Protein für sich eine einzigartige Konformation aufweist. Diese Strukturelemente sind:

- α-Helix-Strukturen
- β-Faltblatt-Strukturen.

α-Helix-Strukturen und β-Faltblatt-Strukturen entstehen durch Wasserstoffbrückenbindungen zwischen den N–H- und C=O-Gruppen im Rückgrat der Polypeptidkette. Funktionelle Gruppen der Seitenketten sind daran nicht beteiligt. Abb. 2.11 beschreibt die Struktur von α-Helix-Strukturen und β-Faltblatt-Strukturen genauer.

Im inneren Zentralbereich vieler Proteine findet man häufig zahlreiche β-Faltblatt-Strukturelemente. Die **β-Faltblatt-Strukturen** können zwischen benachbarten Polypeptidketten auftreten, die dieselbe Orientierung haben (**parallele Ketten**). Wenn sich eine Polypeptidkette zurückfaltet und sich parallel ausrichtet, so erhält man **antiparallele Ketten**. In beiden Fällen werden beide Ketten durch Wasserstoffbindungen fest zusammengehalten (Abb. 2.11).

Eine **α**-Helix bildet sich aus, wenn eine einzelne Peptidkette sich um sich selbst windet und einen festen Zylinder ausbildet. Dabei bildet sich eine Wasserstoffbrücke jeweils zwischen jeder vierten Peptidbindung aus, d.h. zwischen der C=O-Gruppe der einen Peptidbindung und der N–H-Gruppe der anderen Peptidbindung. Daraus resultiert eine regelmäßig aufgebaute Helix, die alle 3,6 Aminosäuren eine komplette Windung aufweist. Kurze α-Helix-Strukturen findet man in Membranproteinen, die eine **Transmembranregion** aufweisen. In diesem Fall enthält die α-Helix ausschließlich Aminosäuren mit apolaren Resten. Die apolaren Reste sind zum Äußeren der Helix orientiert und schirmen das hydrophile Rückgrat der Peptidkette ab und interagieren mit den lipophilen Bestandteilen der Phospholipide.

In fibrillären Proteinen (z.B. α-Keratin) können sich zwei oder drei längere α-Helices umeinander verdrehen (*coiled coil*) und lange seilartige Strukturen bilden.

Die Struktur von Proteinen ist sehr komplex, da es Tausende mögliche kovalente und nichtkovalente Bindungsmöglichkeiten zwischen den Atomen der Peptidkette und den Aminosäureresten gibt. Durch Röntgenstruktur- und NMR-Unter-

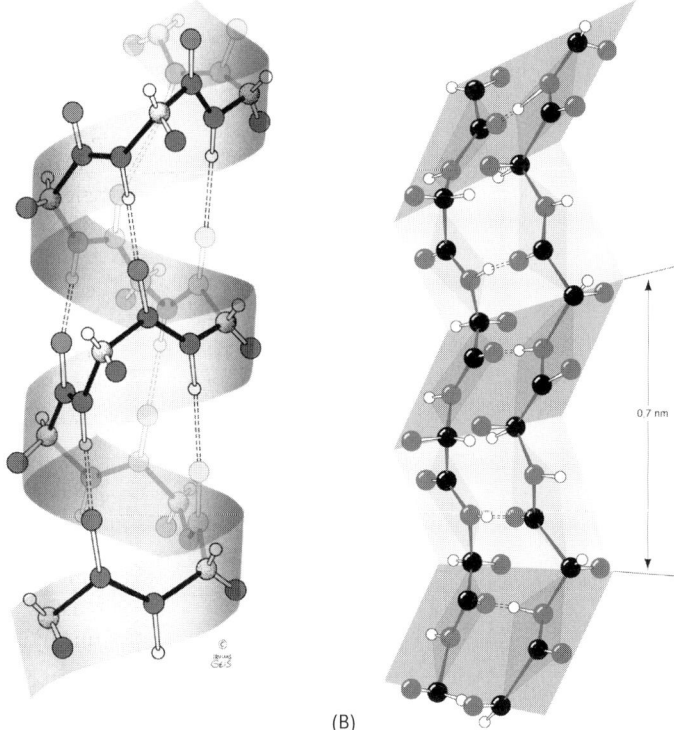

(A)   (B)

Abb. 2.11 Bedeutung der Wasserstoffbindungen für den Aufbau von α-Helix- und β-Faltblatt-Strukturen. (A) Die rechtsgängige α-Helix hat 3,6 Reste pro Windung. Die gestrichelten Linien stellen Wasserstoffbrückenbindungen zwischen C=O- und N–H-Gruppen dar (aus Voet et al., *Fundamentals of Biochemistry*, p. 129 (B) Zickzackförmiges Erscheinungsbild einer β-Faltblattstruktur. Gestrichelte Linie symbolisieren Wasserstoffbrücken. Die Seitenketten stehen abwechselnd ober- bzw. unterhalb der Faltblattebene (aus Voet et al., *Fundamentals of Biochemistry*, p. 131).

suchungen ist es inzwischen bereits gelungen, die Raumstrukturen von etlichen Hundert Proteinen aufzuklären. Die Strukturanalyse ist eine besondere Herausforderung nicht nur für die Grundlagenforschung, sondern auch die angewandte Pharmaforschung. Kennt man die Struktur einer Bindungstasche eines Rezeptors oder eines Enzyms in allen Details, so sollte es möglich sein, neue Wirkstoffe zu „designen", die genau passen und entweder als Agonist oder Antagonist wirken. Bisherige Erfolge des rationalen *Drugdesign* betreffen Wirkstoffe im Bereich von AIDS (HIV-Proteasehemmer; Viracept, Agenerase) und Grippe (Neuraminidase-Inhibitoren: Relenza, Tamiflu).

Bei der Beschreibung von Proteinstrukturen unterscheidet man vier Strukturebenen:

- **Primärstruktur**: entspricht der Aminosäuresequenz
- **Sekundärstruktur**: α-Helix- und β-Faltblatt-Strukturen

- **Tertiärstruktur**: dreidimensionale Konformation einer Polypeptidkette
- **Quartärstruktur**: Besteht ein Proteinkomplex aus mehreren Untereinheiten, so wird die Gesamtstruktur als Quartärstruktur bezeichnet.

Die Proteine der Zelle tragen meist zwischen 50 und 2000 Aminosäureresten. Theoretisch kann jede der 20 Aminosäuren an jeder Stelle einer Polypeptidkette auftreten. In einem Oligopeptid von 4 Aminosäure Länge gibt es $20 \times 20 \times 20 \times 20 = 160\,000$ unterschiedliche Oligopeptide. Die Zahl der möglichen Peptidmoleküle lässt sich als 20^n berechnen, wobei n die Kettenlänge angibt. Für ein Protein mit der mittleren Länge von 300 Aminosäuren (Abb. 2.12) ergeben sich $20^{300} = 10^{390}$ mögliche Varianten. Aber so viele Atome enthält nicht einmal unser Universum. Aus der großen Anzahl an Varianten hat die Natur scheinbar nur eine vergleichbar kleine Zahl realisiert. Vermutlich wurden im Verlauf der Evolution jedoch wesentlich mehr Proteine erzeugt. Aber durch die natürliche Selektion sind nur solche Proteine übrig geblieben, die sich bewährt haben. Ausgehend von den ersten Proteinen mit definierten Funktionen haben sich im Verlauf der Evolution durch Genduplikation **Proteinfamilien** entwickelt, in denen die ursprüngliche Sequenz abgewandelt wurde.

Bei der Analyse der Genomprojekte konnte man mithilfe der Bioinformatik in vielen Proteinen einzigartige strukturelle Domänen nachweisen. Große Proteine setzen sich meist aus mehreren funktionellen Domänen oder Modulen zusammen. Domänen haben meist definierte Strukturen und Funktionen (Abb. 2.13 und 2.14). Diese Bereiche entsprechen häufig den Exons in einem Eukaryotengen (s. Abschnitt 4.2). Sie entstanden in der frühen Evolution offenbar unabhängig voneinander. In einer späteren Evolutionsphase wurden die Genabschnitte, die für eine Domäne codieren, neu kombiniert. Durch Kombinatorik (**Domänen-Shuffling**) konnten so Proteine mit neuen Eigenschaften geschaffen werden. Die meisten Proteine kann man daher als Varianten bestehender Proteine oder deren Domänen ansehen. Als Beispiel ist in Abb. 2.13 die Struktur des *src*-Proteins dargestellt, das vier Domänen aufweist. Beispiele für Domänenvariation sind in Abb. 2.14 illustriert. Die Domänenkombinatorik ist für die Erklärung evolutionärer Weiterentwicklung sehr wichtig. Denn es sind nicht die einzelnen Punktmuta-

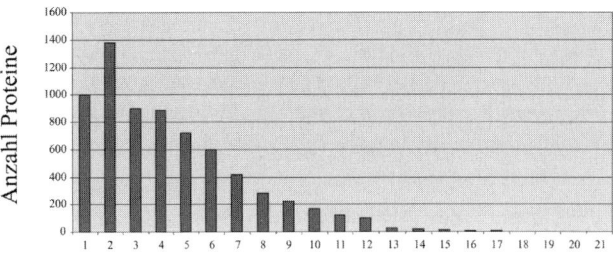

Abb. 2.12 Größe von Proteinen in der Hefe (*Saccharomyces cerevisiae*). Über die Auswertung des Hefe-Genomprojekts kann eine erste Abschätzung der Proteingröße vorgenommen werden.

Abb. 2.13 Struktur des *src*-Proteins mit vier Domänen. Die vier Domänen sind: a) kleine Kinase-Domäne, b) große Kinase-Domäne, c) SH2-Domäne und d) SH3-Domäne.

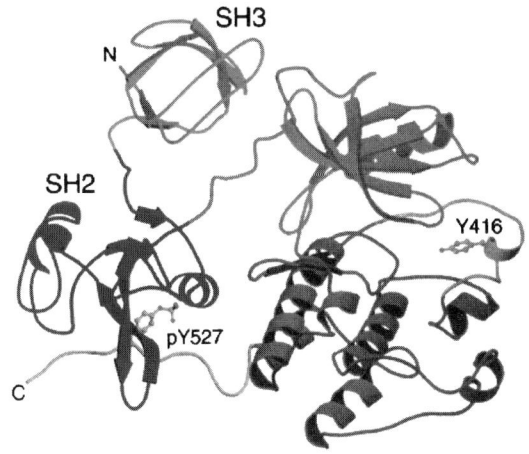

tionen, die den Fortschritt bringen, sondern die Neukombinationen funktionsfähiger Module (Fertighausprinzip).

Viele Proteine weisen **Bindungsstellen** für **Liganden** auf; Liganden können niedermolekulare Verbindungen, aber auch Makromoleküle, wie Nucleinsäuren oder andere Proteine sein. Das Binden eines Liganden in einer Bindungsstelle kann als **molekularer Erkennungsprozess** betrachtet werden. Solche molekularen Erkennungsprozesse sind in der Zelle mannigfaltig vorhanden, aber nur in den wenigsten Fällen im Detail verstanden. Sie sind aber für das Funktionieren der Zelle, den Stoffwechsel und grundsätzlich für das Leben von nicht zu unterschätzender Bedeutung. Die Untersuchungen der Strukturbiologie haben bereits gezeigt, dass die Bindung eines Liganden in einer Bindungsstelle nach dem **Schlüssel-Schloss-Prinzip** funktioniert. Die Bindungsstelle weist eine spezifische Raumstruktur auf, in die ein Ligand selektiv passt. Dabei kommt es zur Ausbildung von mehreren nichtkovalenten Bindungen (Abb. 2.15) zwischen den funktionellen Gruppen des Liganden und denen des Proteins. Eine Bindung bewirkt in der Regel eine Änderung der Proteinkonformation. Die Bindungsstelle wird nicht durch Aminosäurereste gebildet, die auf der Peptidkette nebeneinander liegen. Eine Bindungsstelle setzt sich aus Aminosäuren zusammen, die auf unterschiedlichen Teilen einer Peptidkette angeordnet sind und räumlich eine Bindungsstelle durch entsprechende spezifische Faltung bilden (Abb. 2.15).

Besonders enge und selektive Wechselwirkungen treten zwischen **Antigenen** und **Antikörpern** (s. Kap. 28), zwischen Liganden und **Hormonrezeptoren** sowie zwischen **Enzymen** und ihren Substraten auf. Die Thematik der Protein-Protein-Wechselwirkung wird in Kap. 23 ausführlicher dargestellt.

Die meisten der zellulären Bausteine sind stabile Moleküle, die nicht ohne weiteres chemisch reagieren können. Für die Einleitung einer Energie verbrauchenden chemischen Reaktion muss eine signifikante Aktivierungsenergie aufgebracht werden. Im Labor geschieht dies z. B. durch Erhitzen und Zugabe von Säuren

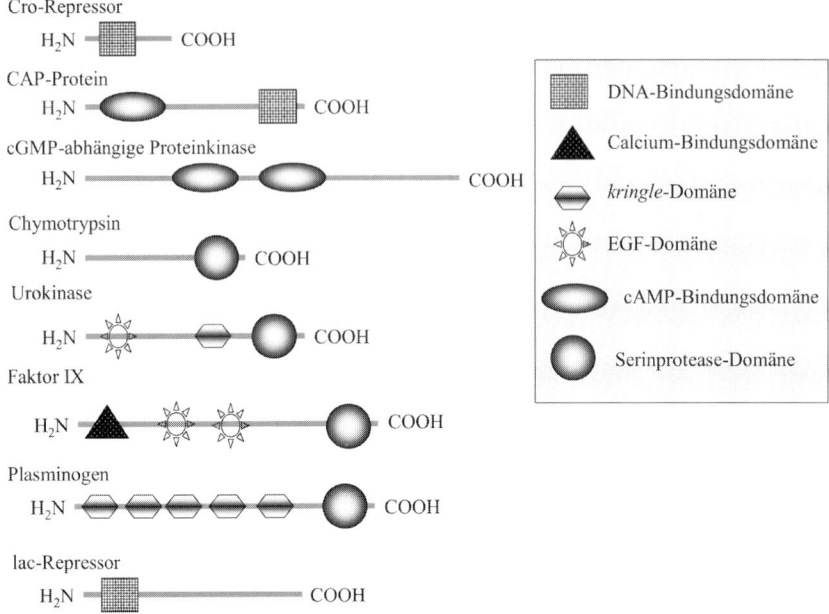

Abb. 2.14 Vorkommen von Domänen in unterschiedlichen Proteinen.

oder Basen. Im biologischen System wurden in der Evolution **Enzyme als Biokatalysatoren** entwickelt, die in der Lage sind, alle notwendigen Reaktionen zu katalysieren, ohne dass erhöhte Temperaturen notwendig wären. Enzyme verändern nicht das Reaktionsgleichgewicht, wohl aber die Reaktionsgeschwindigkeit. Enzyme enthalten ein aktives Zentrum, in dem ein Substrat gebunden wird. Nach der Enzymkatalyse wird ein Produkt freigesetzt, und das Enzym liegt unverändert für eine neue Reaktion bereit. Bei der Bindung und der Katalyse spielen nichtkovalente Wechselwirkungen (Wasserstoffbrücken, ionische Bindungen) und kovalente transiente Bindungen zwischen Protein und Substrat eine besondere Rolle. Die Aufklärung solcher Wechselwirkung im atomaren Detail ist Aufgabe der Biophysik und Biochemie. Diese Forschung ist aber auch für die Biotechnologie wichtig, wenn es gilt, neue Enzyminhibitoren oder -modulatoren zu synthetisieren.

Enzyme weisen eine hohe **Substratspezifität** auf. Wir gehen davon aus, dass für nahezu jeden Biosyntheseschritt, der in der Zelle abläuft, auch ein spezifisches Enzym vorhanden ist. Dies schließt nicht aus, dass Enzyme, die chemisch ähnliche Reaktionen katalysieren, sich von einem gemeinsamen ursprünglichen Enzym ableiten können. Man spricht davon, dass solche Enzyme einer Proteinfamilie angehören. Die meisten Enzyme weisen ausgeprägte pH- und Temperaturoptima auf. Enzyme werden nach den katalysierten Prozessen in verschiedene Klassen aufgeteilt (Tab. 2.5). An der Katalyse selbst sind häufig **Coenzyme** oder anorganische Ionen beteiligt. Biochemiker und Biotechnologen sind an der Aufklärung der enzymatischen Reaktionsmechanismen sehr interessiert, da man daraus Hinweise auf neue Kataly-

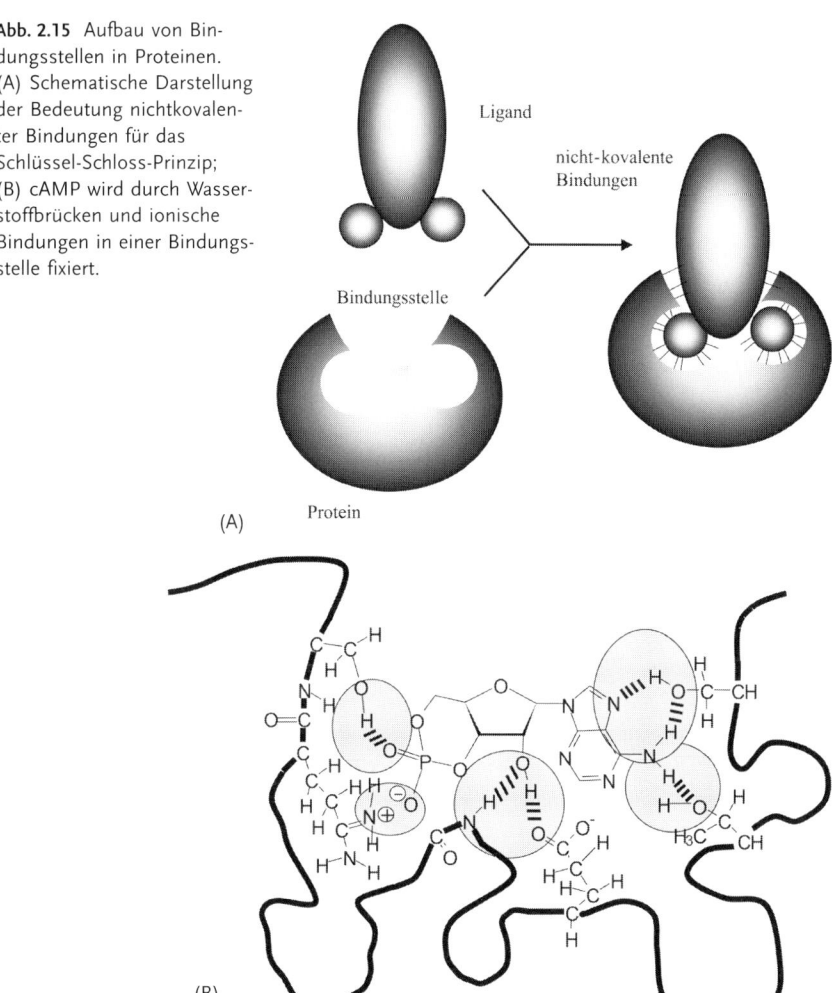

Abb. 2.15 Aufbau von Bindungsstellen in Proteinen. (A) Schematische Darstellung der Bedeutung nichtkovalenter Bindungen für das Schlüssel-Schloss-Prinzip; (B) cAMP wird durch Wasserstoffbrücken und ionische Bindungen in einer Bindungsstelle fixiert.

satoren für die organische Synthese erhalten kann. Außerdem wird versucht, durch Produktion künstlicher Enzyme neue Biokatalysatoren zu gewinnen.

Viele Enzyme haben neben dem katalytischen Zentrum ein **regulatorisches Zentrum**. Dort binden **allosterische Liganden**. Der Second Messenger cAMP bindet z. B. an tetramere Proteinkinase A-Komplexe; nach Bindung dissoziieren die beiden regulatorischen Proteinuntereinheiten von den beiden katalytischen Untereinheiten ab, welche dadurch erst aktiviert werden (s. Abb. 3.9).

Eine weitere wichtige Art und Weise, wie Enzyme oder regulatorische Proteine in ihrer Aktivität reguliert werden, erfolgt über **reversible Konformationsänderung** durch Phosphorylierung/Dephosphorylierung mittels Proteinkinase und Proteinphosphatasen bzw. durch Bindung von GTP bzw. GDP (Abb. 2.16). Eine rever-

Tab. 2.5 Wichtige Enzymklassen

Enzym	Katalysierte Reaktion
Hydrolasen	Enzyme, die hydrolytische Spaltungen katalysieren (Amylase, Lipase, Glucosidase, Esterase)
Nucleasen	Enzyme, die Nucleinsäuren hydrolysieren (DNAse, RNAse)
Proteasen	Enzyme, die Peptide spalten (Pepsin, Trypsin, Chymotrypsin)
Isomerasen	katalysieren das Rearrangement von Bindungen innerhalb eines Moleküls
Synthasen	allgemeine Bezeichnung für Enzyme, die bei anabolen Prozessen Kondensationsreaktionen katalysieren
Polymerasen	Enzyme, die die Bildung von RNA und DNA katalysieren
Kinasen	Enzyme, die Phosphatgruppen übertragen. Wichtig sind insbesondere die Proteinkinasen (PKA, PKC).
Phosphatasen	Enzyme, die Phosphatreste aus einem Molekül entfernen
ATPasen	Enzyme, die ATP verbrauchen (z. B. H^+-ATPase, Na^+, K^+-ATPase, Ca^{++}-ATPase)
Oxido-Reduktasen	Enzyme, die Redoxreaktionen katalysieren, bei denen ein Molekül reduziert und ein anderes oxidiert wird. Unterschieden werden Oxidasen, Reduktasen und Dehydrogenasen.

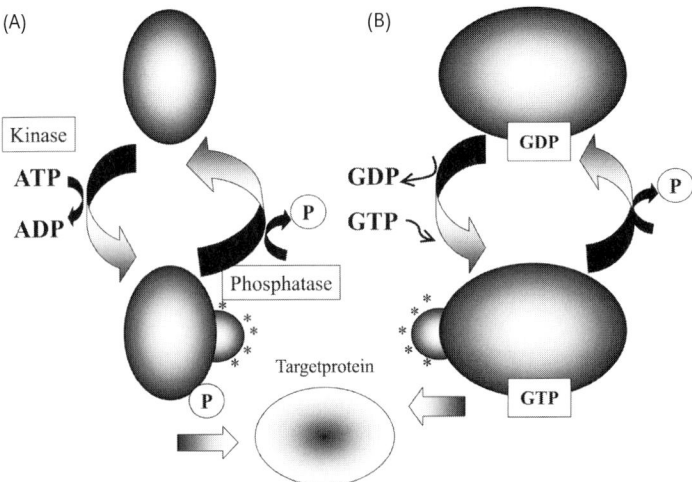

Abb. 2.16 Reversibles An- und Abschalten von Enzymen und regulatorischen Proteinen. (A) Phosphorylierung/Dephosphorylierung; (B) Binden von GTP/GDP.

sible Reduktion von Disulfidbrücken, z. B. durch Thioredoxin, spielt bei der Regulation von lichtabhängigen Chloroplastenenzymen eine Rolle. Biochemiker und Zellbiologen arbeiten heute intensiv daran, alle zellulären Proteine zu definieren, die über Phosphorylierung bzw. GTP reguliert werden, um ein besseres Verständnis von Regulationsvorgängen innerhalb der Zelle zu erhalten.

2.4
Aufbau von Nucleotiden und Nucleinsäuren (DNA und RNA)

Nucleotide spielen als Energieträger (ATP, ADP), als Coenzyme (FAD, NAD$^+$, Coenzym A), bei der Übertragung von Zuckerresten (ADP-Glucose) und als Bausteine für Nucleinsäuren eine wichtige Rolle in der Zelle (Abb. 2.17 A). Nucleotide bestehen aus den Purinbasen Adenin und Guanin und den Pyrimidinbasen Cytosin, Thymin oder Uracil, die N-glykosidisch mit Ribose bzw. Desoxyribose verbunden sind. Die 5′-Hydroxylgruppe der Pentose ist mit einem, zwei oder drei Phosphatresten verestert (Abb. 2.17 B).

Unsere Erbinformation wird bekanntlich in Form der **Desoxyribonucleinsäure (DNA)** gespeichert. Die DNA ist ein Makromolekül und wird aus linear gekoppelten Nucleotiduntereinheiten aufgebaut (Abb. 2.18). DNA enthält die Basen A, T, G und C, RNA die Basen A, U, G und C. Die Nomenklatur der Basen, Nucleoside und Nucleotide ist in Tab. 2.6 erläutert.

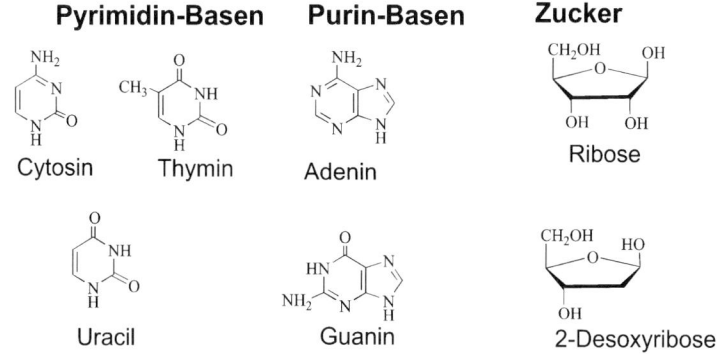

Pyrimidin-Basen **Purin-Basen** **Zucker**

Cytosin   Thymin   Adenin   Ribose

Uracil   Guanin   2-Desoxyribose

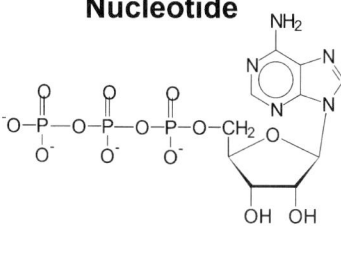

Nucleotide

(A)   ATP

Abb. 2.17 Struktur der Nucleotide. (A) Aufbau der Purin- und Pyrimidinbasen, Pentosen und ATP (als Beispiel für ein Nucleotid); (B) Aufbau von ATP, AMP, ADP-Glucose, FAD, NAD$^+$ und Coenzym A.

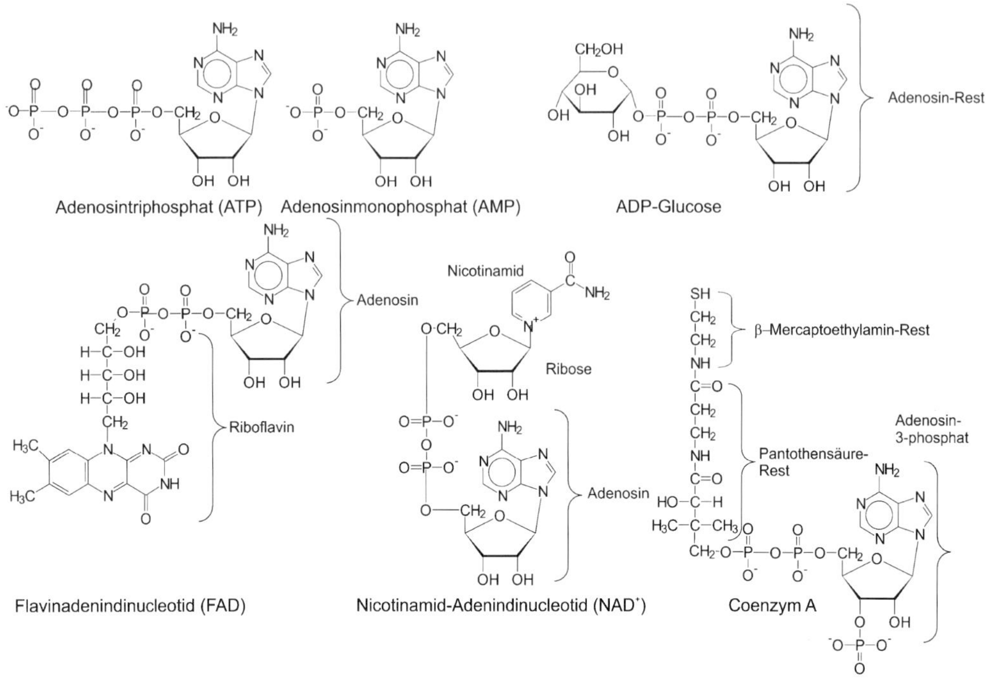

Abb. 2.17 (B)

Die Nucleotide stellen die Bausteine für DNA und RNA dar. Nucleotide sind über ein Phosphatrückgrat zu Polynucleotidketten verestert. Dabei wird jeweils die 5′-Hydroxylgruppe (sprich: „Fünf-Strich-Hydroxylgruppe") einer Pentose über eine Phosphodiesterbindung mit der 3′-Hydroxylgruppe einer zweiten Pentose verknüpft (Abb. 2.18). Bei der Biosynthese der Nucleinsäuren werden die jeweiligen Triphosphate benötigt, deren Phosphorsäureanhydrid-Bindungen besonders energiereich sind. In der fertigen Nucleinsäure liegen die jeweiligen Monophosphate vor. Nach Abspaltung eines Diphosphatrests greift die α-Phosphatgruppe am freien 3′-Ende des bereits bestehenden Nucleinsäurestrangs an und bildet eine neue Esterbindung. Man spricht davon, dass die Syntheserichtung von 5′ nach 3′ verläuft.

Die DNA liegt als Doppelhelix vor, wobei die Basen A und T bzw. G und C sich jeweils komplementär gegenüberstehen (Abb. 2.19). Die beiden DNA-Stränge sind antiparallel angeordnet, d.h., wenn man auf die Helix blickt, läuft einer der Stränge in 5′ → 3′-Richtung, während der komplementäre Partnerstrang in 3′ → 5′-Richtung orientiert ist. Die DNA-Doppelhelix weist einen Durchmesser von 2 nm auf.

Die **komplementäre Basenpaarung** kommt durch die spezifische Ausbildung von jeweils zwei bzw. drei Wasserstoffbrücken zwischen A-T- bzw. G-C-Paaren zustande (Abb. 2.19). Es handelt sich hierbei um ein wichtiges Beispiel für molekulare Erkennungsreaktionen durch nichtkovalente Bindungen. Die Basenpaarung

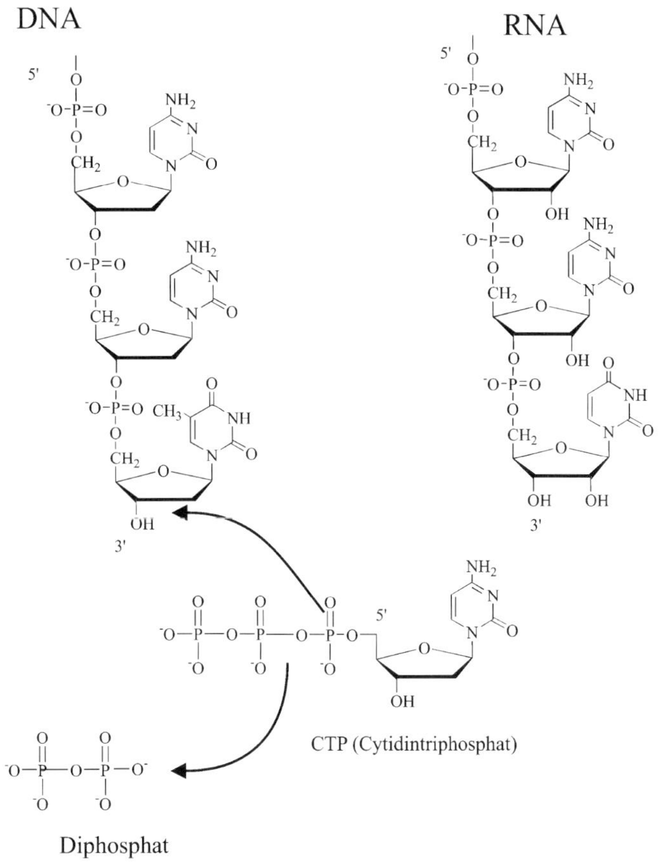

DNA

RNA

Abb. 2.18 Lineare Struktur der DNA und RNA. Bei der Biosynthese der Nucleinsäuren wird die α-ständige Phosphatgruppe von Trinucleotiden (NTPs bei RNA; dNTPs bei DNA) mit der freien 3'-OH-Gruppe des bereits vorliegenden Stranges verknüpft.

Tab. 2.6 Nomenklatur der DNA- und RNA-Bausteine

Base	Nucleosid (Abkürzung)	Nucleotid (Anzahl Phosphatgruppen)					
		RNA			DNA		
		1	2	3	1	2	3
Adenin	Adenosin (A)	AMP[a]	ADP[a]	ATP[a]	dAMP	dADP	dATP[a]
Guanin	Guanosin (G)	GMP	GDP	GTP	dGMP	dGDP	dGTP
Cytosin	Cytidin (C)	CMP	CDP	CTP	dCMP	dCDP	dCTP
Thymin	Thymidin (T)				dTMP	dTDP	dTTP
Uracil	Uridin (U)	UMP	UDP	UTP			

[a]   AMP: Adenosinmonophosphat, ADP: Adenosindiphosphat, ATP: Adenosintriphosphat; d: desoxy

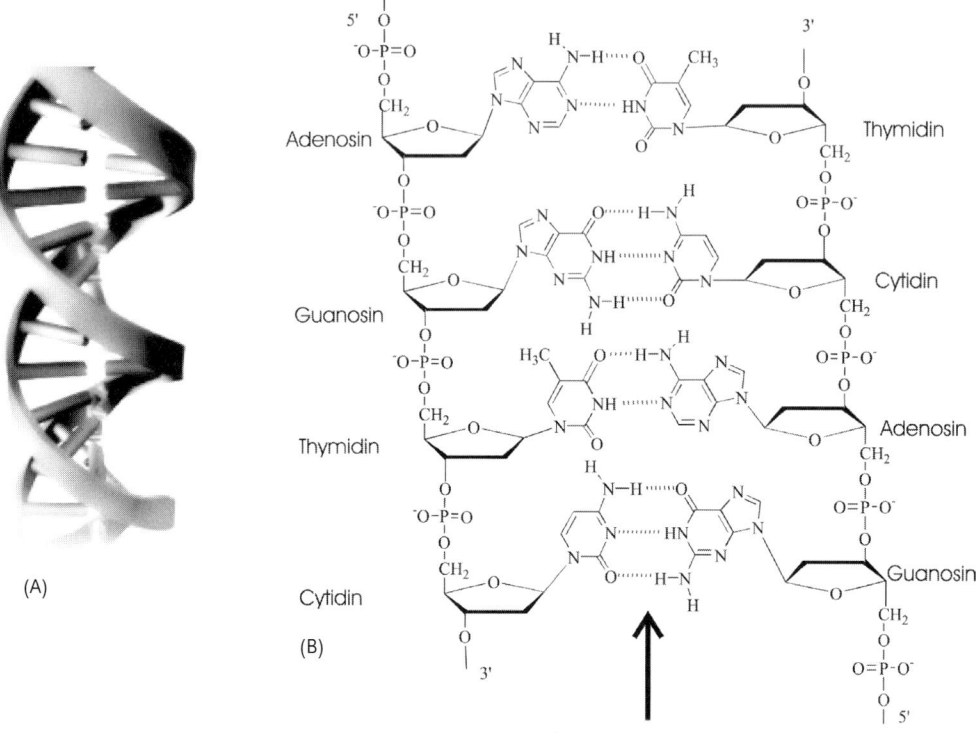

Wasserstoffbrücken

Abb. 2.19 Aufbau der DNA-Doppelhelix. Räumliche Orientierung der Basenpaare in der Doppelhelix und Prinzip der komplementären Basenpaarung zwischen A und T, bzw. G und C durch Ausbildung von Wasserstoffbrückenbindungen. (A) Schematischer Aufbau der Doppelhelix; (B) Strukturformeln.

erfolgt spontan, wenn sich die komplementären Basen begegnen. Daraus ergibt sich die Fähigkeit zur Selbstorganisation und zur Bildung supramolekularer Strukturen, ohne dass Energie oder ordnende Helfer notwendig wären. Die Selektivität der komplementären Basenpaarung ist eine wichtige Voraussetzung für grundlegende genetische Vorgänge (z. B. Replikation, Transkription und Rekombination) und diagnostische Verfahren (z. B. Southern-Hybridisierung, *DNA-Fingerprinting* mit DNA-Sonden; DNA-Mikrochips; s. Kapitel 21, 22 und 27).

Die nach außen vielfach negativ geladene DNA-Doppelhelix wird bei Eukaryoten durch basische, d. h. positiv geladene Histonproteine (s. Abb. 4.6) komplexiert; bei Prokaryoten übernehmen positiv geladene Polyamine diese Rolle. Die Basen sind ins Helixinnere gerichtet und bilden planare Stapel aus (Abb. 2.19). Das Innere der Helix ist wasserfrei, d. h., nur lipophile Substanzen, vor allem wenn sie ebenfalls planar sind, können sich zwischen die Basenstapel einlagern (sog. **DNA-**

Interkalatoren). Eine solche Interkalation führt meist zu Fehlern bei der Replikation, die *Frameshift*-Mutationen (s. Abschnitt 4.1.5) auslösen können.

Bedingt durch die Kooperativität vieler Wasserstoffbrücken und die lipophilen Wechselwirkungen zwischen den Basenstapeln ist die DNA-Doppelhelix sehr stabil und kann nur durch hohe Temperaturen in ihre beiden Einzelstränge getrennt werden. Dieser Vorgang wird auch als Schmelzen bezeichnet; T_m **kennzeichnet die Temperatur, bei der 50% der DNA bereits einzelsträngig vorliegt**. T_m ist abhängig vom GC-Gehalt der DNA, der zwischen den Organismengruppen deutlich schwankt. Je größer der GC-Gehalt, desto höher liegt die mittlere Schmelztemperatur (bedingt durch drei Wasserstoffbindungen in G-C-Paaren gegenüber zwei Wasserstoffbrücken in A-T-Paaren). Die unterschiedliche Bindungsstärke von G-C- zu A-T-Paaren ist für die Praxis wichtig, wenn es gilt, Primer oder DNA-Sonden zu konzipieren, die besonders stringent hybridisieren sollen (in diesem Fall werden Primer mit einem höheren Anteil von C und G bevorzugt).

Wichtige Enzyme, die DNA als Substrat benötigen, sind in Tab. 2.7 zusammengestellt. Viele dieser Enzyme sind wichtige Werkzeuge in der Molekularbiologie und Biotechnologie (s. Kap. 12).

Im Gegensatz zur DNA ist die RNA-Welt wesentlich komplexer. Der grundsätzliche Aufbau der RNA aus den vier **Ribonucleotiden** A, U, G und C gilt für alle RNA-Spezies. RNA-Moleküle treten zunächst als Einzelstränge auf. Da oft Teilsequenzen innerhalb eines RNA-Moleküls komplementär sind, bilden sich spontan RNA-Doppelstränge aus (sog. **Stammstrukturen**). Nicht gepaarte Bereiche bilden einzelsträngige *Loop*- oder Schleifenstrukturen aus. Über die nicht gepaarten Basen können RNAs mit diversen Molekülen wechselwirken und katalytisch aktiv sein (z. B. Ausbildung der Peptidbindung in der Proteinbiosynthese, Spleißen von Nucleinsäuren).

Tab. 2.7 Enzyme, die DNA als Substrat verwenden und in der Gentechnologie genutzt werden

Enzym	Reaktion
Restriktions-endonucleasen	schneiden DNA an spezifischen palindromischen Erkennungssequenzen, die 4 bis 6 b lang sind
DNA Polymerase I	Synthese des komplementären DNA-Stranges; benötigt einen Primer mit freiem 3'-Ende; wichtig für DNA-Sequenzierung
DNA-Ligase	verknüpft DNA-Stränge, indem sie die Phosphodiesterbindung zwischen benachbarten Phosphatresten knüpft
Telomerase	synthetisiert Telomersequenzen an die Enden der Chromosomen
DNA-Topoiso-merasen	schneiden DNA-Doppelstränge, einzelsträngig oder doppelsträngig
Taq-Polymerase	hitzestabile DNA-Polymerase aus *Thermus aquaticus*; wichtig für PCR
DNAse	Hydrolase, die DNA-Doppelstränge spaltet
RNAse	Hydrolase, die RNA-Einzelstränge oder RNA-Doppelstränge abbaut
RNA-Polymerase	kopiert DNA in mRNA und rRNA
Reverse Transkrip-tase	kopiert RNA in DNA

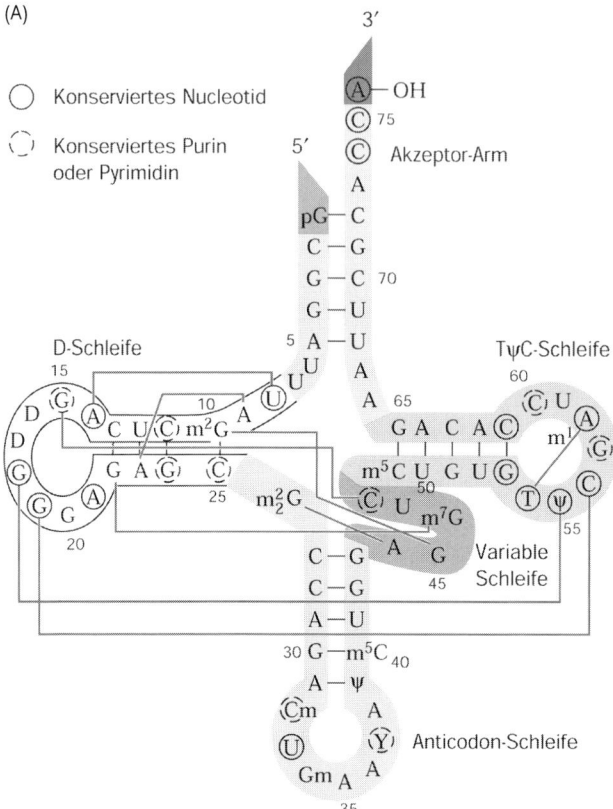

Abb. 2.20 Strukturen von RNA-Molekülen. (A) t-RNA aus Hefe. Die Basensequenz ist als Kleeblattstruktur gezeichnet. Tertiäre Wechselwirkungen zwischen Basenpaaren sind durch dünne Linien dargestellt. Mit Linien oder Strichen eingekreiste Basen sind solche, die in allen tRNAs konserviert bzw. semikonserviert sind (aus Voet et al., *Fundamentals of Biochemistry,* p. 852); (B) Schematische Darstellung der Sekundärstruktur einer 16S rRNA (aus Voet et al., *Fundamentals of Biochemistry,* p. 863); (C) Beispiel einer 23S rRNA (aus *H. marismortui*) mit sechs Domänen (Dom I–Dom VI) (aus Voet et al., *Fundamentals of Biochemistry,* p. 864).

RNAs weisen häufig charakteristische Strukturen und Funktionen (Abb. 2.20) auf:

- mRNA bei Eukaryoten mit Kappenstruktur am 5′-Ende und einem Poly(A)-Schwanz am 3′-Ende
- tRNAs mit posttranskriptionalen Basenmodifikationen in den Loop-Bereichen
- 5S, 23S und 16S rRNA in prokaryotischen Ribosomen mit charakteristischen Sekundär- und Tertiärstrukturen
- 5S, 5,8S, 18S und 28S rRNA in eukaryotischen Ribosomen mit charakteristischen Sekundär- und Tertiärstrukturen
- snRNA katalysiert das Spleißen der mRNA

Abb. 2.20 (B) und (C)

(B)

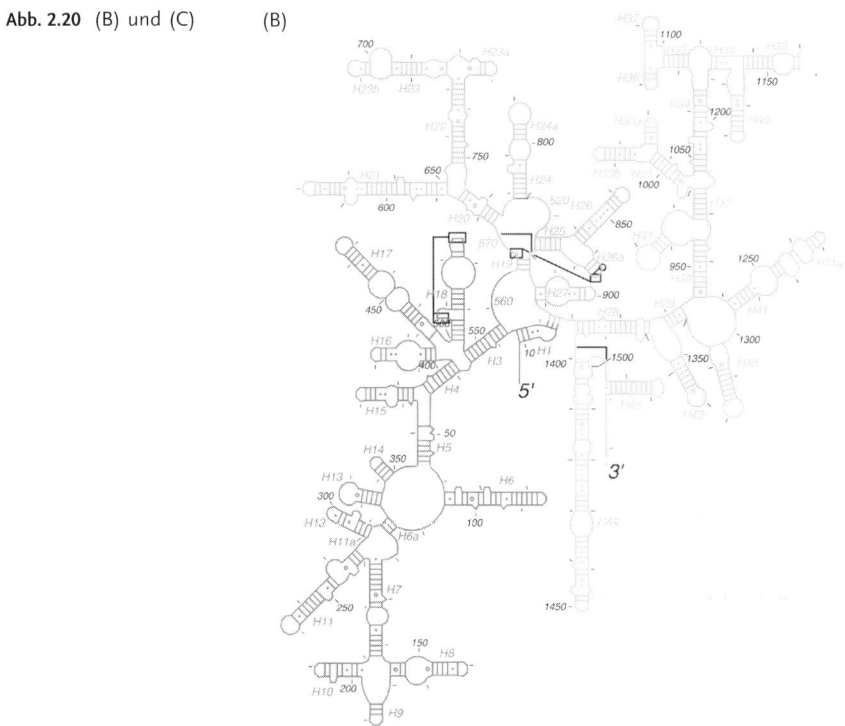

(C)

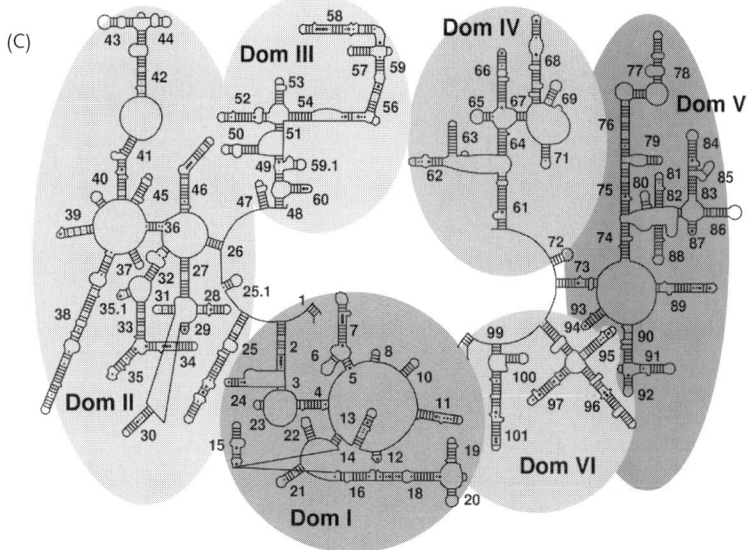

- siRNA (RNAi): kleine doppelsträngige RNA-Moleküle, welche die Genexpression beeinflussen können
- miRNA (*microRNA*): kleine einzelsträngige RNA-Moleküle, die Genaktivität, Entwicklung und Differenzierung steuern können
- Ribozyme mit katalytischer Aktivität.

RNA-Interferenz (RNAi) beschreibt ein Phänomen, bei dem doppelsträngige RNA-Moleküle (dsRNA) in eine Zelle eingebracht wird und zum Abbau komplementärer mRNA führt. In der Zelle kommt eine RNAse vor (sog. *Dicer*), die dsRNA in kurze, 21–25 Nucleotide lange siRNA-Moleküle (*small interfering RNA*) zerschneidet. Die siRNA lagert sich mit Proteinen zusammen und bildet den RISC-Komplex (*RNA-induced silencing complex*), der an mRNA bindet, die komplementär zur siRNA ist. Durch Zerschneiden der mRNA wird die zugehörige Genaktivität gehemmt. Die RNAi-Methode ist ein wichtiges Werkzeug für die Grundlagenforschung, um die Funktion von Genen zu untersuchen. Durch Einbringen von siRNA durch Transfektion oder mittels der Particle Gun kann die Genaktivität gezielt gehemmt werden. Außerdem ist es möglich, transgene Zelle zu produzieren, die selbst siRNA herstellen. siRNA hat aber auch eine endogene Funktion und wird von Zellen genutzt, um Viren zu bekämpfen, um Genaktivitäten und Gen-*Rearrangements* zu regulieren oder um Transposons abzuschalten.

Ribozyme sind kurze RNA-Moleküle, die ihre Target-RNA über gemeinsame Basensequenzen erkennen und spezifisch schneiden (Abb. 2.21). Durch Selektion

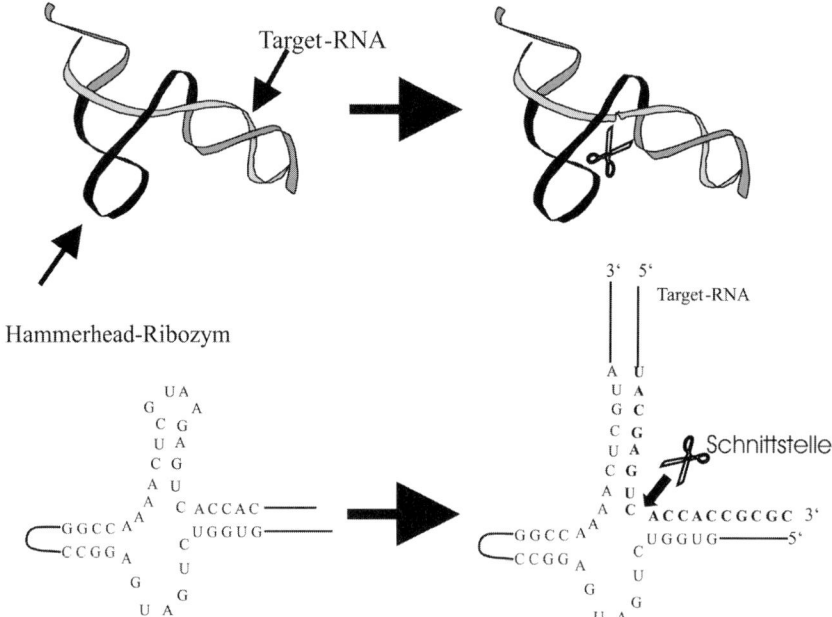

Abb. 2.21 Struktur und Funktion eines Hammerkopf-Ribozyms.

neuer Ribozyme wird in der Biotechnologie versucht, neue enzymähnliche Katalysatoren oder Therapeutika zum Abschalten unerwünschter Genaktivität zu entwickeln.

Eine weitere Gruppe kleiner RNA-Moleküle wurde kürzlich entdeckt, die microRNA (miRNA). Es handelt sich dabei um endogene, 21–23 Nucleotide lange einzelsträngige RNA-Moleküle, die aus einer Vorläufer-RNA durch Dicer produziert werden. miRNAs wurden in Pflanzen und Tieren vorgefunden. miRNAs binden und inaktivieren komplementäre mRNA-Moleküle und scheinen eine Rolle bei der Genregulation, Differenzierung und Gewebeentwicklung zu spielen. siRNAs und miRNAs sind eine Weiterentwicklung der *Antisense*-RNAs und spielen als Werkzeuge für die Zell- und Molekularbiologie eine wichtige Rolle; Biotechnologen arbeiten daran, diese Moleküle auch als Therapeutika zu entwickeln.

In der frühen Evolution lagen vermutlich zuerst katalytisch aktive RNA-Moleküle vor, die von einer einfachen Biomembran umgeben wurden. Diese RNAs enthielten die Erbinformation und waren zudem für Strukturbildung und Katalyse zuständig. Unter anderem führten sie die Proteinsynthese durch. Man vermutet, dass es im weiteren Verlauf der Evolution zu einer Arbeitsteilung kam, indem die DNA die Speicherung der Erbinformation und Proteine die Rolle der Katalysatoren und Strukturträger übernahmen. Heute ist die RNA ein Vermittler zwischen DNA und Protein sowie als katalytisches und regulatives Molekül von Bedeutung.

3
Struktur und Funktion der Zelle

In diesem Kapitel werden der Aufbau eukaryotischer und prokaryotischer Zellen und die darin enthaltenen Kompartimente vorgestellt und ihre Funktionen diskutiert. Alle Zellen sind von einer semipermeablen Cytoplasmamembran vollständig umgeben. Eukaryotenzellen haben in ihrem Inneren vielfältige Membransysteme, die **Kompartimente** einschließen und damit diverse voneinander abgegrenzte Reaktionsräume schaffen. Die Biomembranen verhindern, dass polare und geladene Moleküle oder Ionen die Zelle oder Kompartimente unkontrolliert verlassen oder in sie eindringen können. Biomembranen können leicht mit anderen Biomembranen verschmelzen, **Vesikel** aufnehmen oder Vesikel abgeben. Da Zellen Substanzen aus der Umgebung aufnehmen oder nach außen abgeben müssen, die durch Membranen nicht hindurchdiffundieren können, werden spezielle Membranproteine benötigt, die als Transporter (für polare oder geladene Moleküle) oder Ionenkanäle (für Na^+, K^+, Ca^{2+}, Cl^-) dienen. Zur Kommunikation mit anderen Zellen, Geweben und Organen weisen viele Zellen Rezeptoren auf, die Signalsubstanzen erkennen und die Information über komplexe Signalwege in das Zellinnere weiterleiten können. Dieses Kapitel fasst die wichtigsten Informationen zum Endoplasmatischen Reticulum, Golgi-Apparat, Lysosomen und Vakuolen, Mitochondrien, Chloroplasten (und ihre Evolution), das Cytoskelett und die Zellwände zusammen. In diesem Kapitel werden kurz auch Bakterien und Viren abgehandelt. Bakterien zählen zu den ersten Organismen, die in der Evolution entstanden. Ihre Struktur ist im Vergleich zu Eukaryotenzellen einfach aufgebaut. Bakterien stellen wichtige Modellsysteme für die Biochemie und Molekularbiologie dar, da an ihnen basale Prozesse besonders gut erforscht werden können. Bakterien sind aber auch als Krankheitserreger und als Produzenten in der Biotechnologie von besonderer Bedeutung. Viren haben keinen eigenständigen Stoffwechsel und bedienen sich Wirtszellen zur eigenen Vermehrung. Viren stellen wichtige Krankheitserreger für Pflanze und Tier dar. Sie sind aber auch wichtige Modellsysteme und Vektoren für die Molekularbiologie und Gentechnologie.

Molekulare Biotechnologie: Konzepte und Methoden.
Herausgegeben von M. Wink
Copyright © 2004 WILEY-VCH Verlag GmbH & Co. KGaA, Weinheim
ISBN: 3-527-30992-6

3.1
Aufbau der Eukaryotenzelle

3.1.1
Aufbau und Funktion der Cytoplasmamembran

Bedingt durch die hydrophilen und hydrophoben Wechselwirkungen vieler Lipid-moleküle im wässrigen Milieu der Zelle bilden sich spontan energetisch günstige Membran-Bilayer aus, die fluide, plastisch und beweglich sind (s. Abb. 2.2 und 3.1). Obwohl die einzelnen Phospholipide sich um sich selbst drehen (Spin) und ihren Platz ständig lateral verändern (Abb. 3.1), entsteht eine Membran, durch die Ionen, geladene und polare Moleküle nicht ohne weiteres durchdringen können.

Biomembranen liegen unter zellulären Bedingungen nicht teppichartig vor, son-dern sind bestrebt sich abzukugeln (Abb. 3.2A). In der Cytoplasmamembran ent-stehen Löcher oder Brüche höchstens transient und schließen sich sehr schnell wieder. Diese bemerkenswerte Fähigkeit zur Selbstorganisation und Ausbildung supramolekularer Strukturen war eine der wesentlichen Voraussetzungen für das Entstehen von Zellen und damit des Lebens überhaupt. Aus Membranen können leicht Vesikel abgeschnürt werden. Diese Vesikel können leicht mit anderen Membranen wieder verschmelzen. Werden Vesikel aus der Cytoplasmamembran abgeschnürt, spricht man von **Endocytose**. Nimmt die Cytoplasmamembran Vesi-kel auf, so liegt eine **Exocytose** vor.

Kleine, geschlossene Vesikel aus synthetischen Phospholipiden werden auch als **Liposomen** (Abb. 3.2 B) bezeichnet, die als Vehikel für Arzneistoffe von großer medizinischer und biotechnologischer Bedeutung sind. Die Liposomen können mit aggressiven Toxinen beladen werden. Die Forschung versucht, Liposomen so zu verändern, dass sie ihre Zielorte über Rezeptoren oder Antikörper finden, die in der Liposomenmembran eingelagert sind (s. *Drug Targeting*; Kap. 26). Damit könnte verhindert werden, dass Chemotherapeutika, die z. B. in der Krebstherapie eingesetzt werden, auch gesunde Zellen angreifen und schädigen.

Zelluläre Membranen sind asymmetrisch aufgebaut und weisen unterschiedli-che Bausteine nach außen bzw. zum Zellinneren auf (Abb. 3.3). Bedingt durch die Lokalisation des negativ geladenen Phosphatidylserins weist die Membranin-nenseite eine negative Ladung auf. Die Spezifität einzelner Biomembrantypen entsteht durch die Einlagerung besonderer Membranproteine und Membranlipide.

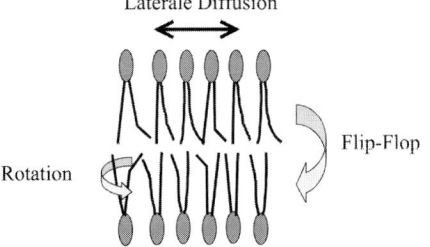

Abb. 3.1 Beweglichkeit der Phospholipide in einer Biomembran. Zu den drei Bewe-gungsmöglichkeiten zählen: Rotation (Spin), laterale Diffusion und „Flip-Flop", der je-doch nur selten auftritt. Ein Flip-Flop kann durch das Enzym Flippase herbeigeführt werden.

Abb. 3.2 Vesikel- und Liposombildung.
(A) Lipid-Bilayer bilden im wässrigen Milieu
spontan kugelförmige Vesikel aus, die energetisch begünstigt sind. (B) Schematisches
Bild eines Liposoms. Auf der Außenseite
können Rezeptoren, Antikörper oder Liganden eingebaut werden, die es den Liposomen ermöglichen, ihr Zielgewebe zu erkennen. Wirkstoffe können im Inneren des Liposoms oder aber auch mittels Nanopartikeln
oder Trägermolekülen auf der Membran-
außenseite gespeichert werden.

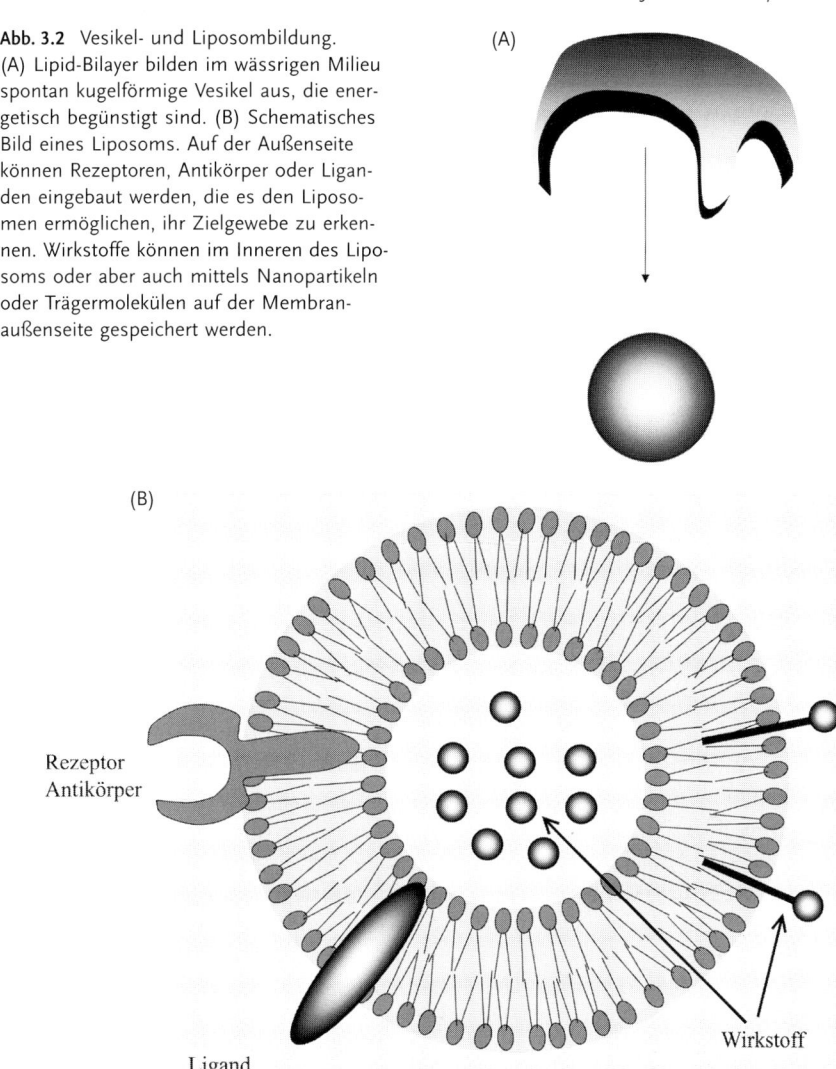

Die Synthese neuer Membranabschnitte erfolgt im **Endoplasmatischen Reticulum**,
in dem die Membran bereits asymmetrisch zusammengesetzt wird. Das **Enzym
Flippase** spielt eine zusätzliche Rolle in diesem Zusammenhang und ermöglicht
den Wechsel der Orientierung einzelner Phospholipide.

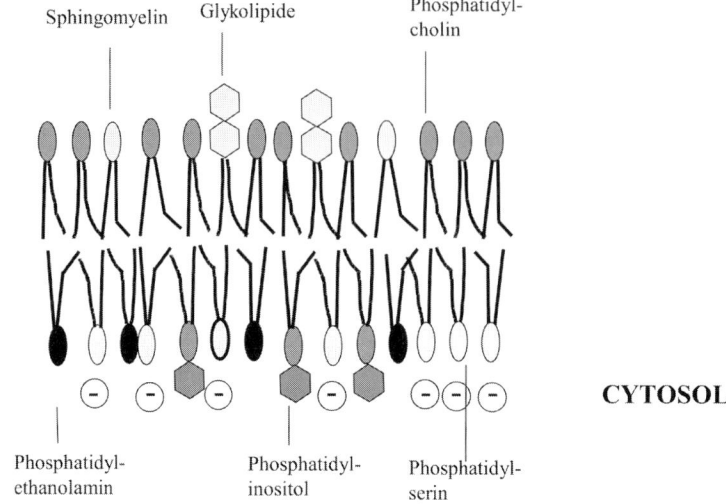

Sphingomyelin   Glykolipide   Phosphatidylcholin

CYTOSOL

Phosphatidyl-   Phosphatidyl-   Phosphatidylethanolamin   inositol   serin

Abb. 3.3 Asymmetrischer Aufbau von Biomembranen.

3.1.1.1 Membranpermeabilität

Biomembranen dienen primär als **Permeationsschranke**. Der lipophile Innen-
bereich der Membran wirkt als effektive Barriere für die Diffusion polarer und geladener Substanzen. Mithilfe von Membranproteinen wird jedoch ein kontrollier-
ter Ein- und Austransport von Ionen und Metaboliten ermöglicht. Die Effektivität
der Membran als Permeationsschranke wird ersichtlich, wenn man die unterschiedlichen Ionenkonzentrationen betrachtet, die innerhalb bzw. außerhalb der
Zelle vorliegen (Tab. 3.1). Die Konzentrationsunterschiede können mehrere Zehnerpotenzen groß sein.

Die Barrierefunktion ist in Abb. 3.4 schematisch am Beispiel eines künstlichen
Lipid-Bilayers erläutert. Wenn nur ausreichend viel Zeit vorhanden ist, diffundiert

Tab. 3.1 Ionenkonzentrationen im Inneren von Säugerzellen sowie im Extrazellularbereich

Ion	Intrazelluläre Konzentration	Extrazelluläre Konzentration
Kationen		
Na^+	5–15 mM	145 mM
K^+	140 mM	5 mM
Mg^{++}	0,5 mM [a]	1–2 mM
Ca^{++}	100 nM [a]	1–2 mM
H^+	$10^{-7,2}$ M (= pH 7,2)	$10^{-7,4}$ M (= pH 7,4)
Anionen		
Cl^-	5–15 mM	110 mM

a)   In der Zelle liegen Ca^{++}- und Mg^{++}-Ionen auch an Proteine gebunden vor (20 mM bzw.
     1–2 mM).

Abb. 3.4 Die Permeabilität einer künstlichen Lipidmembran für biologisch relevante Substanzen.

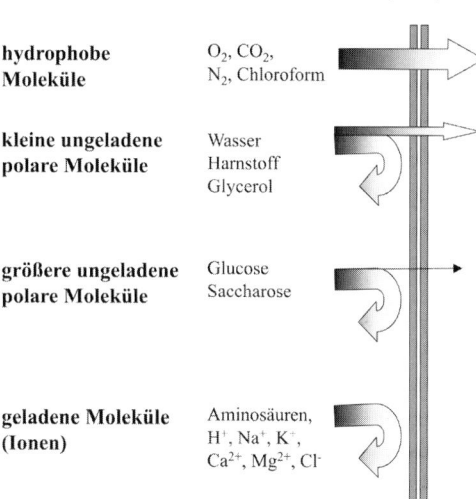

Lipidbilayer

hydrophobe Moleküle	O_2, CO_2, N_2, Chloroform
kleine ungeladene polare Moleküle	Wasser Harnstoff Glycerol
größere ungeladene polare Moleküle	Glucose Saccharose
geladene Moleküle (Ionen)	Aminosäuren, H^+, Na^+, K^-, Ca^{2+}, Mg^{2+}, Cl^-

letztendlich jede Substanz durch eine Membran. Die Diffusionsrate variiert stark mit der Größe, Ladung und Lipophilie eines Moleküls. Je kleiner und hydrophober ein Molekül, desto schneller diffundiert es über eine Biomembran. Es gelten nachfolgende Regeln:

- **Kleine, unpolare Moleküle**, wie O_2, CO_2, N_2, sind gut lipidlöslich und diffundieren schnell durch Biomembranen. Diese Eigenschaft gilt auch für lipophile organische Moleküle, wie z. B. Benzol oder Chloroform. Viele der medizinisch genutzten **Therapeutika** sind stark lipophil und können deshalb durch freie Diffusion in den Körper gelangen.
- **Kleine, ungeladene polare Moleküle** diffundieren etwas langsamer durch Membranen; in diese Klasse fallen Moleküle wie H_2O, Ethanol, Harnstoff oder Glycerol.
- Für **größere und geladene Moleküle** (Zucker, Aminosäuren, Nucleotide) stellt die Biomembran eine effektive Schranke dar.
- **Kleine geladene Ionen**, wie Na^+, K^+, Ca^{++} oder Cl^-, sind nicht der Lage, einen Lipid-Bilayer durch freie Diffusion zu durchdringen.

Die Membranpermeabilität wird durch einige Wirkstoffe beeinflusst. So kennt man aus Bakterien einige Antibiotika, wie z. B. die Peptidantibiotika Tyrothricin, Polymyxin B, Gramicidin und Valinomycin oder das Polyenantibiotikum Amphotericin B, die an der Biomembran angreifen und sowohl unspezifisch wie auch spezifisch (z. B. als Ionophoren) das Ionengleichgewicht stören. Viele Pflanzen produzieren Saponine, die unselektiv die Membranpermeabilität aufheben. Auch die betäubende Wirkung von Inhalationsanästhetika geht auf eine Störung der Biomembran und darin enthaltenen Ionenkanälen zurück.

3.1.1.2 **Transportvorgänge an Biomembranen**

Die Eigenschaften eines künstlichen Lipid-Bilayers (s. Abb. 3.4) sind auf Biomembranen übertragbar. Wasser und andere kleine unpolare Moleküle dringen durch freie Diffusion in eine Zelle ein. Zusätzlich haben Zellen auch spezifische Aufnahmemechanismen für Wasser (**Aquaporine**). Zellen müssen aber auch polare und geladene Nährstoffe aufnehmen oder Abfallstoffe freisetzen. Zu den polaren und geladenen Zellinhaltsstoffen zählen anorganische Ionen, Zucker, Aminosäuren, organische Säuren, Nucleotide und diverse andere Metabolite. Da die **Diffusion** für die Membranpassage zu langsam ist, setzt die Zelle spezifische Membranproteine (Abb. 3.5 A) ein:

- **Ionenkanäle** oder **Ionenpumpen** für anorganische Ionen; wichtig sind **Na$^+$-Kanäle**, **K$^+$-Kanäle**, **Ca^{++}-Kanäle** und **Cl$^-$-Kanäle**.
- **Transporter** oder **Carrier** für organische Moleküle.

Bei Transportvorgängen spielt die Konzentration einer zu transportierenden Substanz auf beiden Seiten einer Biomembran eine große Rolle (Abb. 3.5 B). Eine **freie oder erleichterte Diffusion** (soweit sie überhaupt möglich ist) erfolgt **spontan** von einem Kompartiment hoher Substanzkonzentration in ein Kompartiment, in dem nur wenige Moleküle dieser Substanz vorliegen. Die Diffusion läuft so lange ab, bis ein **Konzentrationsgleichgewicht** erreicht wird. Gegen ein Konzentrationsgefälle ist aus energetischen Gründen keine Diffusion möglich.

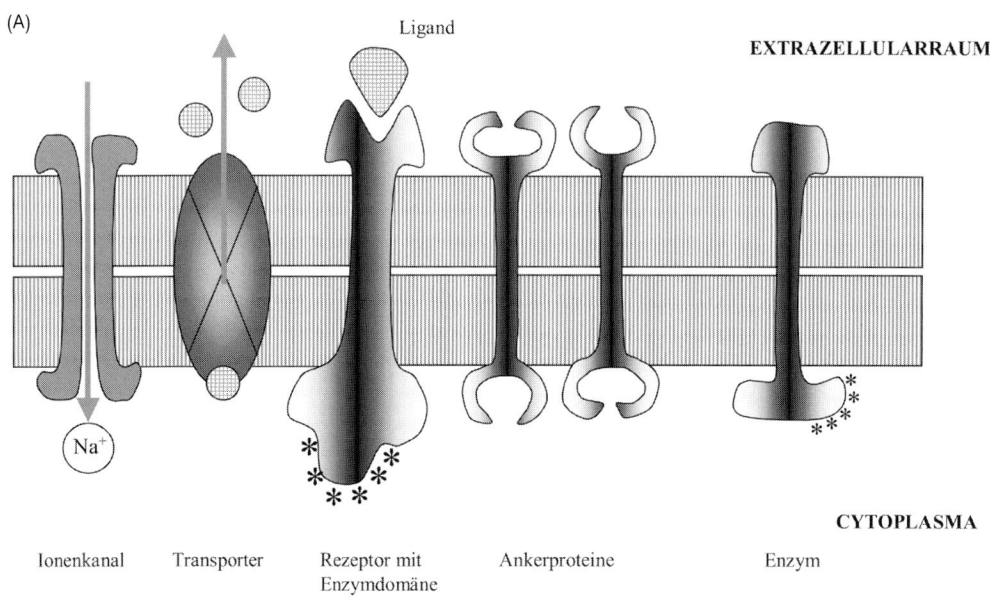

(A)   Ligand   **EXTRAZELLULARRAUM**

Na$^+$

CYTOPLASMA

Ionenkanal   Transporter   Rezeptor mit   Ankerproteine   Enzym
                             Enzymdomäne

Abb. 3.5 Wichtige Membranproteine und Transportvorgänge. (A) Schematische Darstellung von Ionenkanälen, Transportern, Rezeptoren, Enzymen und Proteinankern, (B) Vergleich von freier Diffusion, aktivem und passivem Transport, (C) Beispiele für Transporter und Ionenpumpen in einer tierischen Zelle.

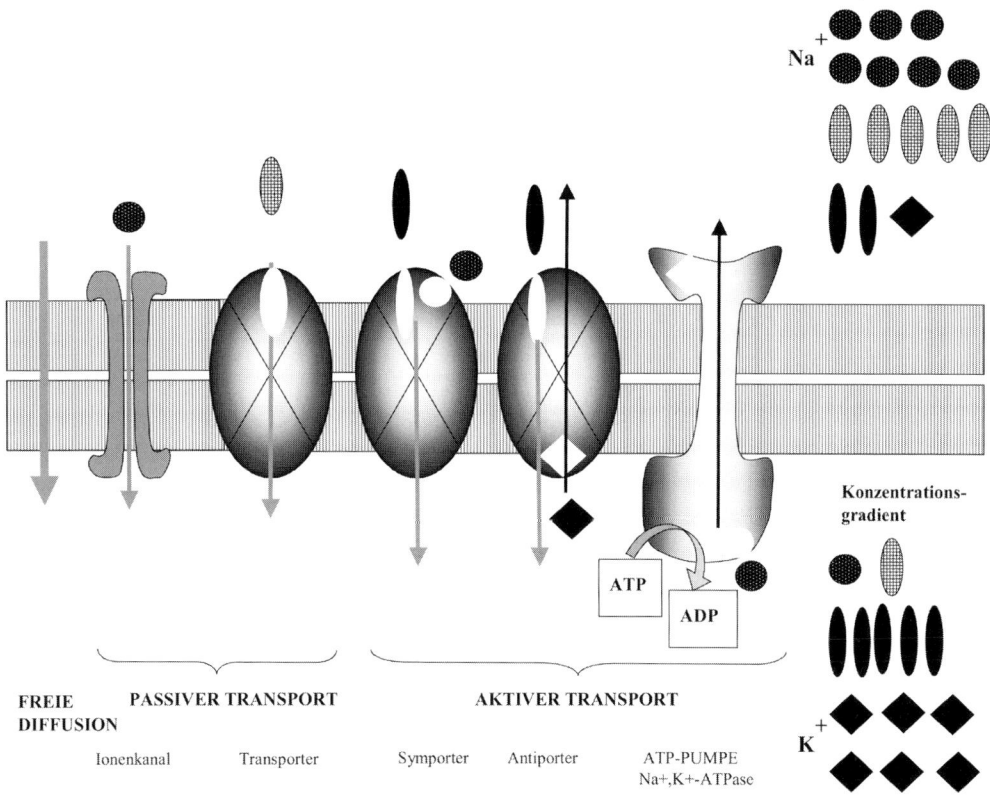

FREIE DIFFUSION **PASSIVER TRANSPORT**   **AKTIVER TRANSPORT**

Ionenkanal   Transporter   Symporter   Antiporter   ATP-PUMPE
Na+,K+-ATPase

Abb. 3.5 (B)

Diese Regeln gelten auch für den zellulären Bereich. Ionenkanäle und passive Transporter erlauben lediglich einen Konzentrationsausgleich. Sollen Ionen oder Metabolite gegen einen **Konzentrationsgradienten** bewegt werden, ist Energie notwendig. Für den Aufbau der in Tab. 3.1 beschriebenen Ionengradienten, die für viele Vorgänge in der Zelle wichtig sind (insbesondere sekundär aktiver Transport, Aktionspotenzial und Signaltransduktion), dienen spezifische membranständige **Ionenpumpen**:

- Die **Na$^+$, K$^+$-ATPase** pumpt unter ATP-Verbrauch Na$^+$-Ionen aus der Zelle hinaus und K$^+$-Ionen in die Zelle hinein.
- Die **Ca^{++}-ATPase** pumpt Ca^{2+} in das Endoplasmatische Reticulum.

Für organische Substanzen, die gegen ein Konzentrationsgefälle transportiert werden sollen, liegen in der Zelle mehrere Strategien vor (Abb. 3.5 B, C):

- Ein **aktiver Transport** kann unter ATP-Verbrauch erfolgen. Dazu dienen **ABC-Transporter** (ABC steht für *ATP-binding casette*), die in allen Organismen (Prokaryoten und Eukaryoten) weit verbreitet und in vielen Genen vorkommen. Die

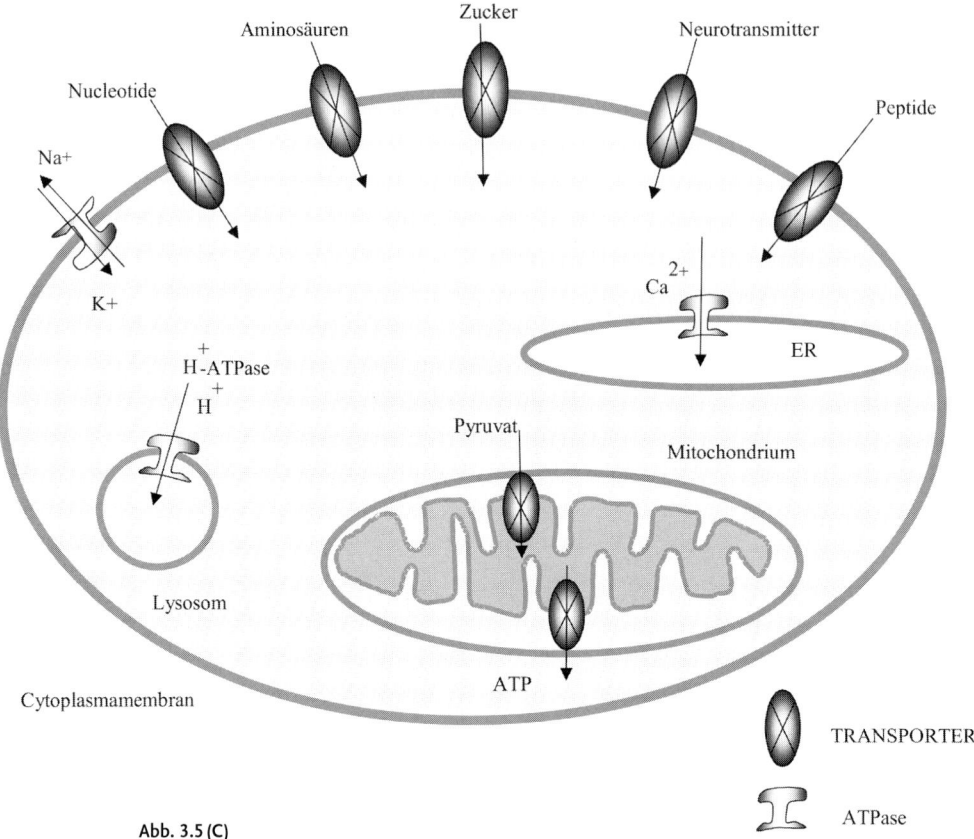

Nucleotide

Aminosäuren

Zucker

Neurotransmitter

Peptide

Na+

K+

Ca^{2+}

ER

H^{+}-ATPase

H^{+}

Pyruvat

Mitochondrium

Lysosom

Cytoplasmamembran

ATP

TRANSPORTER

ATPase

Abb. 3.5 (C)

ABC-Transportergene sind aber erst teilweise genauer analysiert und charakterisiert worden. Im Menschen wurden diese Transporter als **p-Glykoprotein** und **MDR-Proteine** (*multiple drug resistance*) bezeichnet, da sie häufig in erkrankten Geweben besonders stark exprimiert werden und bewirken, dass ein Wirkstoff, der über Diffusion z. B. in eine Tumorzelle eingedrungen ist, sofort wieder in den Extrazellularraum gepumpt und damit unwirksam wird. Diese Überexpression ist auch für die Therapieresistenz bei einigen Malaria-Erregern verantwortlich.

- Neben dem aktiven Transport unter unmittelbarem ATP-Verbrauch kennt die Zelle viele Transporter, die als **sekundär aktive Transporter** angesehen werden (Abb. 3.5 B), denn sie nutzen die unter Energieverbrauch aufgebauten Ionengradienten für den Transport eines spezifischen Metaboliten gegen ein Konzentrationsgefälle. Man unterscheidet dabei den **Symport** und den **Antiport**, je nachdem ob die Ionen, die cotransportiert werden, auf der gleichen oder gegenüberliegenden Seite der Biomembran konzentriert vorliegen. Bildhaft kann man den Vorgang mit einer Drehtür vergleichen, die von innen oder außen bewegt wer-

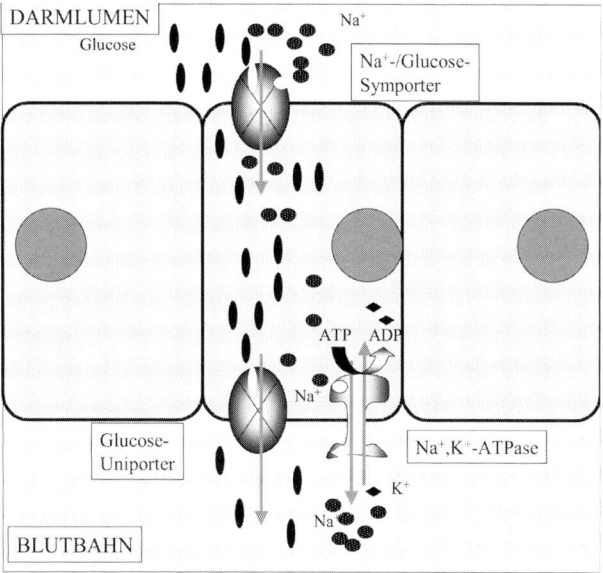

Abb. 3.6 Glucosetransporter in einer Darmzelle. Glucose wird aus dem Darm mittels eines Na^+/Glucose-Symporters in die Zelle gepumpt. Sie verlässt die Darmzelle mittels eines Symporters, dem Konzentrationsgefälle folgend.

den kann. Innerhalb einer einzelnen Zelle können selbst für ein und dieselbe spezifische Substanz mehrere Transporter notwendig werden, je nach Konzentration der zu transportierenden Substanz in der Zelle und im Extrazellularraum. Ein gut untersuchtes Beispiel stellen die Glucosetransporter in den Darmzellen dar (Abb. 3.6): Auf der Lumenseite sitzt ein Na^+-Symporter, der Glucose gegen ein Konzentrationsgefälle in die Darmzelle pumpt. Da die Glucosekonzentration im Blut geringer ist, wird auf der Basalseite der Darmzelle nur ein einfacher Uniporter benötigt, der Glucose entlang des Konzentrationsgradienten transportiert. Die in der Zelle angereicherten Natriumionen werden mittels einer Na^+, K^+-ATPase aus der Zelle wieder hinausgepumpt.

Die Genomprojekte haben zahlreiche Hinweise dafür gefunden, dass die Genome sehr viele Transportergene enthalten. Ihre Funktion und Spezifität ist jedoch in vielen Fällen noch nicht bekannt. Die Aufklärung dieser Fragen ist nicht nur für das Verständnis der zellulären Transportvorgänge wichtig, sondern hat eine große Bedeutung für die Pharmaforschung. Eine zentrale Frage betrifft die **Pharmakokinetik:** Wir wissen zwar häufig, dass ein Wirkstoff aufgenommen wird, d.h., dass er **bioverfügbar** ist. In vielen Fällen ist jedoch unbekannt, ob die Aufnahme durch Diffusion, einen Transporter, über Endocytose oder rezeptorvermittelte Endocytose erfolgt.

3.1.1.3 **Rezeptoren und Signaltransduktion an der Biomembran**

Neben Ionenkanälen und Transportern weist die Cytoplasmamembran ein Vielzahl anderer Membranproteine (Rezeptoren, Enzyme, Ankerproteine) auf. Wichtige Vertreter sind in Abb. 3.5 A schematisch dargestellt.

Die Zellen eines vielzelligen Organismus müssen in der Lage sein, Signale von außen, die von anderen Zellen oder Geweben ausgesandt wurden, zu erkennen und zu verarbeiten. Bei der zellulären Kommunikation unterscheiden wir mehrere Möglichkeiten (Abb. 3.7):

- **Endokrine Signale (Hormone)** werden von endokrinen Drüsenzellen produziert und in den Blutkreislauf abgegeben. Sie werden im Körper verbreitet und von Rezeptoren der Zielzellen, die in einem gänzlich anderen Körperteil liegen können, erkannt und entfalten dort ihre Wirkung. Hormone wirken deshalb systemisch. **Hydrophile und polare Hormone** (Adrenalin, Wachstumsfaktoren) binden an Membranrezeptoren. **Lipophile Hormone** (z. B. Steroidhormone) dagegen diffundieren in die Zielzelle und binden dort an intrazelluläre Rezeptoren, die als **Transkriptionsfaktoren** die Expression von hormonregulierten Genen steuern können.

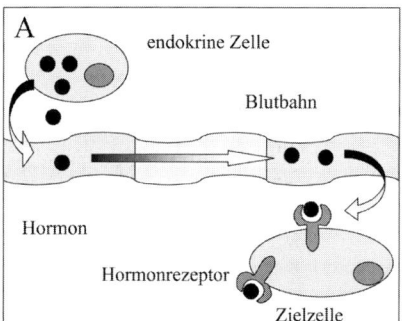
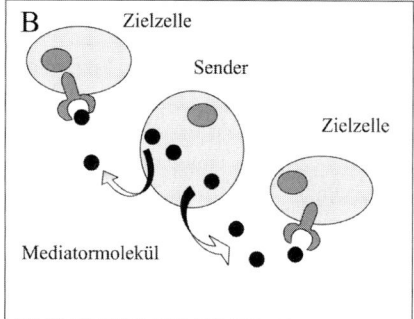
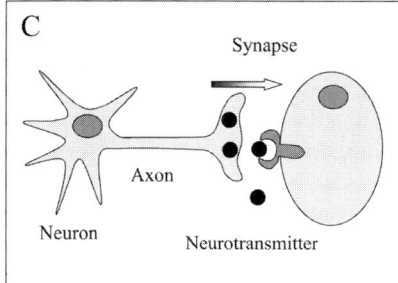
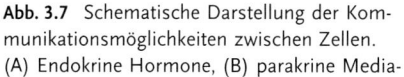
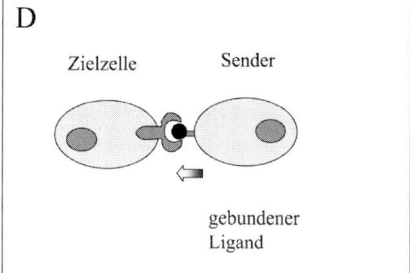

Abb. 3.7 Schematische Darstellung der Kommunikationsmöglichkeiten zwischen Zellen. (A) Endokrine Hormone, (B) parakrine Media- toren, (C) synaptische Signaltransduktion, (D) Zell-Zell-Kommunikation. (Nach Alberts et al. 2001).

- **Parakrine Signale** wirken im Nahbereich; sie werden von einer Zelle eines Gewebes abgegeben und von Zellen in der Nachbarschaft erkannt und verarbeitet. Parakrine Mediatoren wirken lokal (z. B. Prostaglandine).
- Zellen interagieren **direkt** miteinander, indem eine Zelle ein membrangebundenes Signalmolekül präsentiert, das von einer anderen Zelle über Membranrezeptoren erkannt wird. Beispiele finden wir z. B. im Immunsystem (z. B. MHC-Komplex und T-Zellrezeptoren).
- Bei der **neuronalen Signaltransduktion** wird ein elektrisches Signal (Aktionspotenzial) in der **Synapse** in chemische Signale umgewandelt. Neurotransmitter werden freigesetzt, die in der postsynaptischen Zielzelle von Rezeptoren erkannt und verarbeitet werden.

Polare Signalmoleküle, welche die Biomembran nicht durch Diffusion überwinden können, werden von Rezeptoren auf der Zelloberfläche erkannt. Man unterscheidet drei Klassen von solchen Rezeptoren (Abb. 3.8):

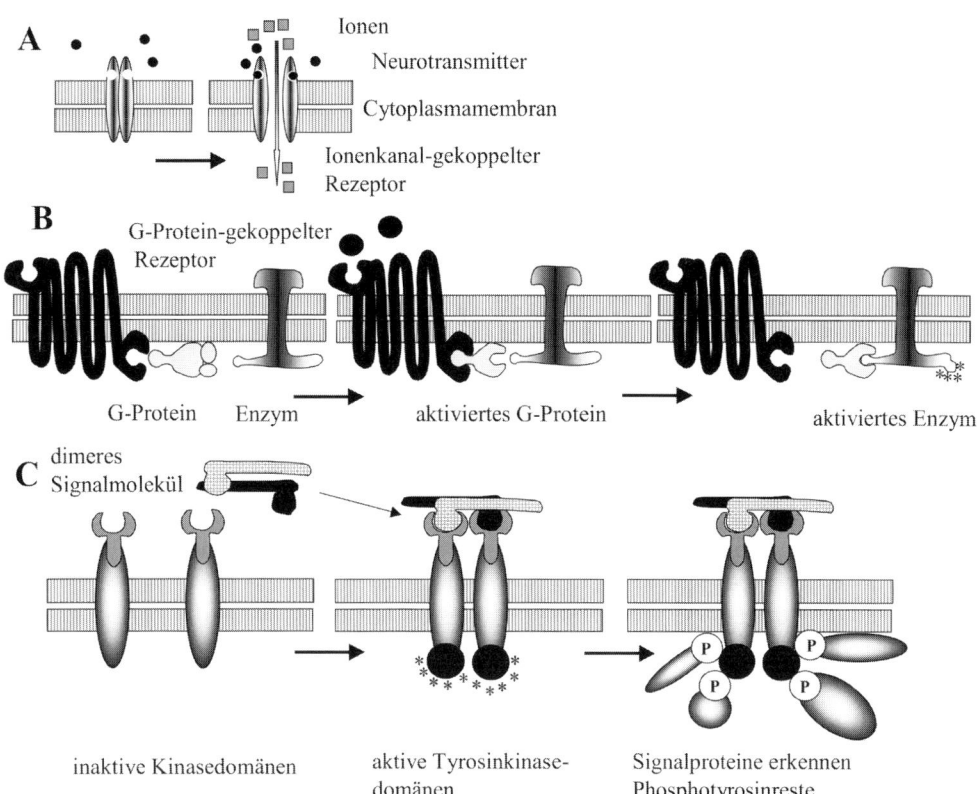

Abb. 3.8 Schematische Darstellung von Rezeptorklassen auf der Zelloberfläche. (A) Ionenkanal-gekoppelte Rezeptoren, (B) G-Protein-gekoppelte Rezeptoren, (C) enzymgekoppelte Rezeptoren (am Beispiel der Tyrosin-Kinasen). (Nach Alberts et al. 2002).

- **Ionenkanal-gekoppelte Rezeptoren** werden durch spezifische **Liganden** aktiviert. Als Reaktion kommt es zu einer **Konformationsänderung** des Kanalproteins und entweder zu Öffnung oder Schließen des Kanals und damit zum Ein- oder Ausströmen von Ionen. Die Veränderung der Ionenkonzentration führt zu einer Änderung des Membranpotenzials. Auf diese Weise können **spannungskontrollierte Ionenkanäle** moduliert oder neue Aktionspotenziale ausgelöst werden. Wichtige Beispiele von Ionenkanal-gekoppelten Rezeptoren finden wir im Nervensystem: u.a. den nicotinischen **Acetylcholin-Rezeptor** (nAChR), den **GABA-Rezeptor**, den **NMDA-Rezeptor** und den **Glycin-Rezeptor**.

- **G-Protein-gekoppelte Rezeptoren** kommunizieren mit einem **G-Protein**, das entweder GTP oder GDP gebunden hat. Wird ein solcher Rezeptor von einem Liganden aktiviert, kommt es zu einer Konformationsänderung, die vom G-Protein erkannt wird. Dadurch wird das G-Protein (genauer seine α-Untereinheit) aktiviert und kann seinerseits mit einem membranständigen Effektorprotein interagieren. Dieses Effektorprotein ist meist ein Enzym (**Adenylat-Cyclase** oder **Phospholipase**), das **Second Messenger** produziert. Da ein einzelnes Signalmolekül die Aktivierung vieler Effektorproteine bewirkt, die ihrerseits sehr viele Second Messenger freisetzen, kommt es über diesen Signaltransduktionsmechanismus zu einer wirksamen **Signalverstärkung**. Die **Adenylat-Cyclase** wandelt ATP in cAMP um, das als Second Messenger die **Proteinkinase A** allosterisch reguliert. Die aktivierte Proteinkinase A kann andere Enzyme oder Proteine (z. B. Transkriptionsfaktoren) phosphorylieren und damit aktivieren (Abb. 3.9 und 3.11). Auch die *$\beta\gamma$-Komplexe* des aktivierten G-Proteins (nach Abdissoziation der α-Untereinheit) können biologisch aktiv sein: Im Herzmuskel bindet Acetylcholin an einen muscarinergen Rezeptor (mAChR), der zur Aktivierung des $\beta\gamma$-Komplexes führt. Dieser bindet an K^+-Kanäle und führt zu ihrer Öffnung. cAMP wird durch die **Phosphodiesterase** abgebaut, einem Enzym, das als Zielstruktur für mehrere Pharmaka gilt. Tab. 3.2 fasst einige wichtige Hormone zusammen, die über cAMP verstärkt werden.

- Ein weiteres wichtiges Effektorprotein ist die **Phospholipase C**, die Phosphatidylinositol nach Aktivierung in **Inositol-1,4,5-triphosphat (IP$_3$)** und **Diacylglyerol (DAG)** spaltet (Abb. 3.10). IP$_3$ ist ein Second Messenger, der an Ryanodin-Rezeptoren des Endoplasmatischen Reticulums bindet und dadurch einen Calciumkanal aktiviert. Calcium dient als weitere Signalsubstanz, die u.a. die **Proteinkinase C, diverse CaM-Kinasen** und viele andere Proteine aktivieren kann (Abb. 3.11). DAG aktiviert ebenfalls die Proteinkinase C, die viele Zielproteine (u. a. Transkriptionsfaktoren) moduliert (Abb. 3.11). Wichtige Signalprozesse, die über die Phospholipase C laufen, sind in Tab. 3.2 aufgeführt. Die G-Protein-gekoppelten Signalwege sind für die Medizin von außerordentlichem Interesse, da eine Vielzahl der vorhandenen Pharmaka hier ihre Wirkung entfalten. Zahlreiche Zwischenglieder sind noch unbekannt, die potenziell interessante *Targets* für die Wirkstoffentwicklung darstellen.

- **Enzymgekoppelte Rezeptoren** werden von einem Signalmolekül (z. B. diverse **Wachstumsfaktoren**, die Zellen zur Zellteilung anregen) aktiviert (Abb. 3.8 und 3.11). Im Fall von dimeren Rezeptoren lagern sich zwei Einheiten zum aktiven

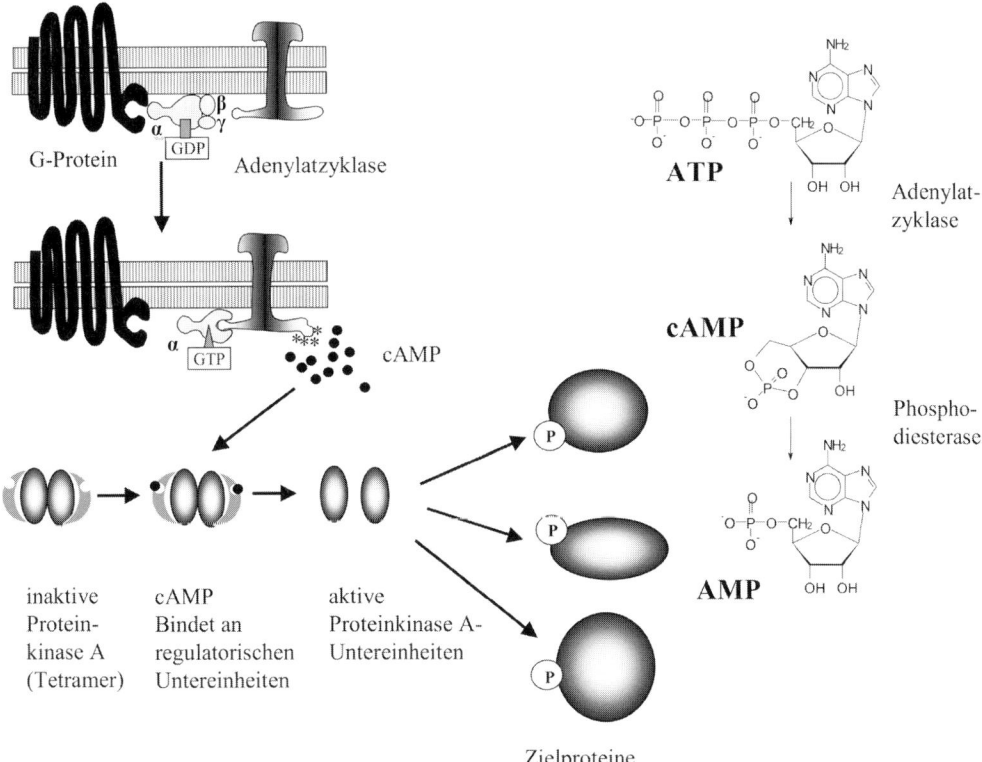

Abb. 3.9 Aktivierung der Adenylat-Cyclase und Bildung von cAMP als Second Messenger. (Nach Alberts et al. 2001).

Tab. 3.2 Rolle der Adenylat-Cyclase und Phospholipase C bei der Signaltransduktion

Signalmolekül	Zielgewebe	Hauptreaktion
Adenylat-Cyclase		
Adrenalin	Herz	Erhöhung des Herzschlags und der Herzkontraktion
	Muskel, Leber	Glykogenabbau
ACTH	Nebenniere	Sekretion von Cortison
ACTH, Adrenalin, Glucagon	Fettgewebe	Fettabbau
Phospholipase C		
Vasopressin	Leber	Glykogenabbau
Acetylcholin	Pankreas	Sekretion von Amylase
	glatte Muskeln	Muskelkontraktion
Thrombin	Blutplättchen	Plättchenaggregation

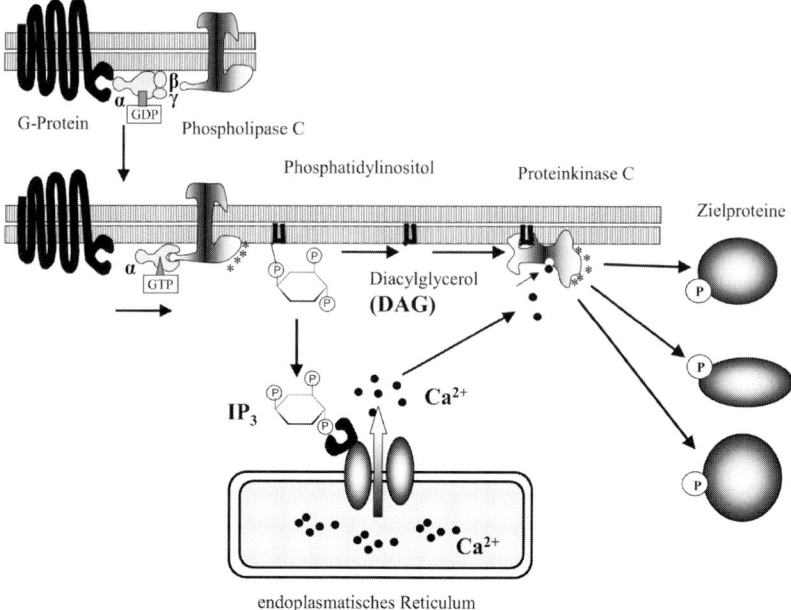

Abb. 3.10 Rolle der Phospholipase C bei der Produktion der Second Messenger IP$_3$ und DAG.

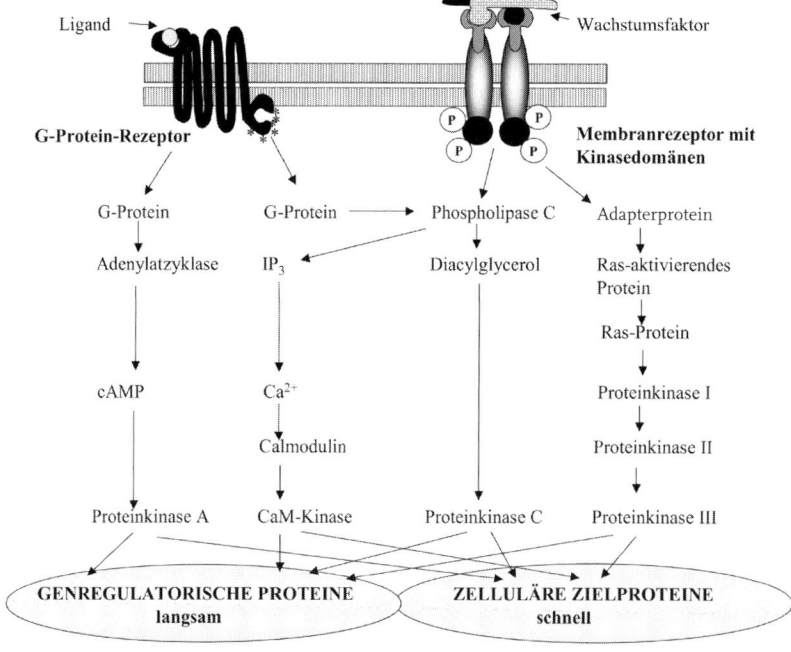

Abb. 3.11 Signaltransduktion nach Aktivierung von G-Protein- und enzymgekoppelten Rezeptoren. (Nach Alberts et al. 2001).

Rezeptor zusammen, der auf der cytosolischen Seite Enzymdomänen aufweist. Die **Dimerisierung** aktiviert **Tyrosin-Kinasen**, die sich jetzt gegenseitig phosphorylieren. Die Phosphotyrosinreste werden von **spezifischen Adapterproteinen** erkannt, die dadurch aktiviert werden und in Folge andere Signalproteine aktivieren. Da in Tumoren solche enzymgekoppelten Rezeptoren häufig überexprimiert oder permanent aktiviert vorliegen, stellt ihre Hemmung, insbesondere die Hemmung der Tyrosin-Kinase, eine wichtige Strategie bei der therapeutischen Behandlung von **Krebserkrankungen** dar.

3.1.2
Das Endomembransystem der Eukaryotenzelle

Bei den Eukaryoten findet man meist ein ausgeprägtes Endomembransystem, das den gesamten Innenraum ausfüllt. Besonders auffällig sind das **Endoplasmatische Reticulum (ER)** und der **Golgi-Apparat**. Aber auch die übrigen Kompartimente sind von einer Biomembran umschlossen, sodass abgeschlossene Reaktionsräume in der Zelle gebildet werden. Die inneren Biomembranen weisen unterschiedliche Charakteristika auf, die durch unterschiedliche Membranproteine und Membranlipide bedingt sein können.

Das ER (Abb. 3.12) besteht aus einem umfangreichen verschlungenen Schlauch- und Sacksystem, das die Eukaryotenzelle großräumig ausfüllt. Im ER werden die Komponenten der Biomembran zusammengesetzt; dies ist auch der Ort der posttranslationalen Modifikation von Proteinen. Am **rauen ER** binden Ribosomen, die Proteine herstellen (translatieren), welche für den Export bestimmt sind (s. Abschnitt 5.3 für Einzelheiten). Im **glatten ER** (hier binden keine Ribosomen) sitzen Enzyme, die eine lipophile Umgebung benötigen, wie z. B. die diversen Cytochrom-Oxidasen.

Das ER umgibt den **Zellkern** der Eukaryotenzelle, der auf diese Weise von zwei Biomembranen umschlossen ist (Abb. 3.12). Die Kernmembran weist charakteristische **Kernporenkomplexe** auf, die den geordneten Eintritt von Molekülen (z. B. Transkriptionsfaktoren) in den Zellkern bzw. den Transport aus dem Kern (z. B. für mRNA und Ribosomenuntereinheiten) hinaus regeln (s. Abschnitt 5.1 für Einzelheiten). Der Zellkern zählt zu den auffälligen und charakteristischen Organellen der Eukaryotenzelle. Er enthält bekanntlich die Erbinformation, die als DNA gespeichert wird. Die DNA liegt in meist mehreren linearen Doppelsträngen vor, den lichtmikroskopisch bekannten **Chromosomen**. Die DNA ist von Proteinen, z. B. Histonen, umgeben, die spezifische Strukturen ausbilden (**Nucleosomen**) (s. Abschnitt 4.1.2). Im Kernkörperchen (Nucleolus), das auf elektronenmikroskopischen (EM)-Bildern als auffällige Struktur erscheint, befinden sich die rRNAs, die als Gerüst zum Aufbau der Ribosomenuntereinheiten dienen.

Stapel von Membranschläuchen bilden den **Golgi-Apparat** (Abb. 3.12), der Vesikel mit Proteinen vom ER auf seiner *cis*-Seite erhält und mit Proteinen gefüllte Vesikel von der *trans*-Seite an die **Lysosomen** oder die Cytoplasmamembran zum Export weitergibt. Im Golgi-Apparat werden Proteine zusätzlich modifiziert; insbesondere werden Zuckerreste abgespalten oder angehängt (s. Abschnitt 5.3 und 5.4). Drüsenzellen haben einen besonders ausgeprägten Golgi-Apparat.

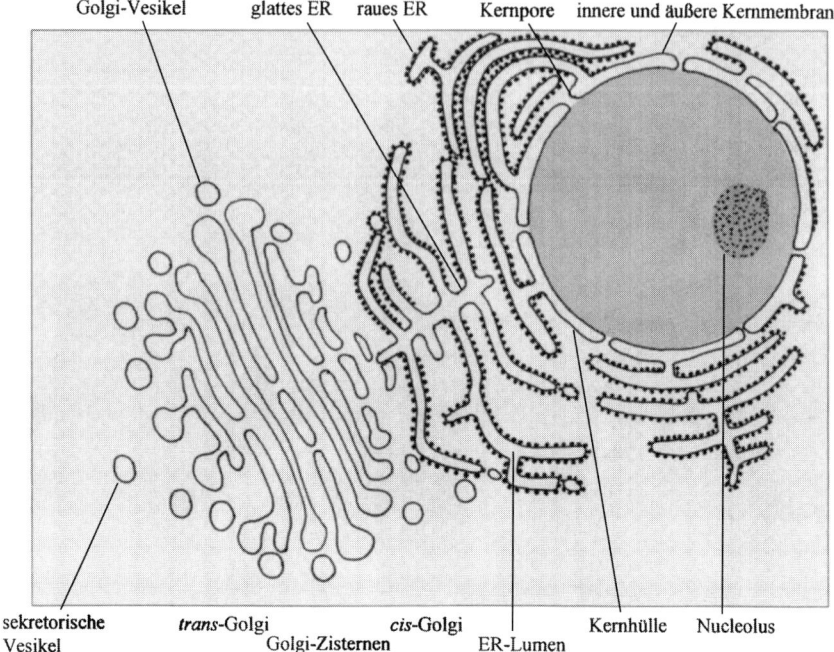

Golgi-Vesikel glattes ER raues ER Kernpore innere und äußere Kernmembran

sekretorische Vesikel *trans*-Golgi Golgi-Zisternen *cis*-Golgi ER-Lumen Kernhülle Nucleolus

Abb. 3.12 Schematische Darstellung des Endomembransystems der Zelle. Kernhülle, raues und glattes endoplasmatisches Reticulum (ER) und Golgi-Apparat.

Lysosomen (Abb. 3.13) sind kleine membranumschlossene Organellen mit irregulärer Struktur. Sie enthalten diverse **hydrolytische Enzyme (Nucleasen, Proteasen, Glykosidasen, Lipasen, Phosphatasen, Sulfatasen und Phospholipasen)**, die Lipide, Polysaccharide, Proteine und Nucleinsäuren abbauen können. In den Lysosomen werden auch defekte Makromoleküle oder Organellen abgebaut und recycelt, denn die aus Proteinen, Polysacchariden und Lipiden freigesetzten Monomere können häufig wiederverwendet werden. Lysosomen entstehen aus Vesikeln, die vom Golgi-Apparat abgeschnürt werden und zunächst als Endosom vorliegen. Sie weisen einen sauren pH-Wert auf, der durch membranständige **H$^+$-ATPasen** erzeugt wird, indem sie Protonen in die Lysosomen pumpen. Die hydrolytischen Enzyme weisen einen pH-Optimum von pH 4–5 auf und sind bei pH 7 inaktiv. Sollten die hydrolytischen Enzyme entkommen, so können sie daher im Cytoplasma (pH um 7,4) kein Unheil anrichten. Lysosomen fusionieren mit **Endosomen** oder **Phagosomen**, die durch Endocytose aus der Cytoplasmamembran abgeschnürt werden und mit Proteinkomplexen oder Mikroorganismen gefüllt sind (s. Abschnitt 5.4)

In **Pflanzenzellen** treten keine Lysosomen auf; sie werden hier offenbar durch die **Vakuole** ersetzt, die in ausgewachsenen Pflanzenzellen das größte Kompartiment darstellt (Abb. 1.2 und 3.13). Vakuolen dienen der Speicherung von anorganischen Ionen und niedermolekularen Metaboliten (z. B. Zucker, organische Säu-

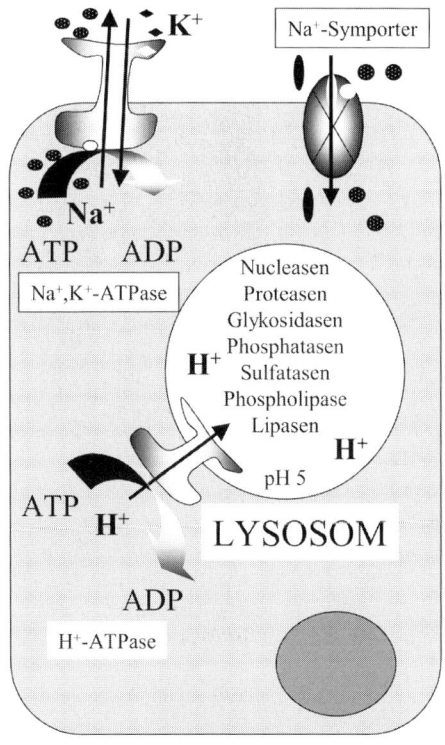
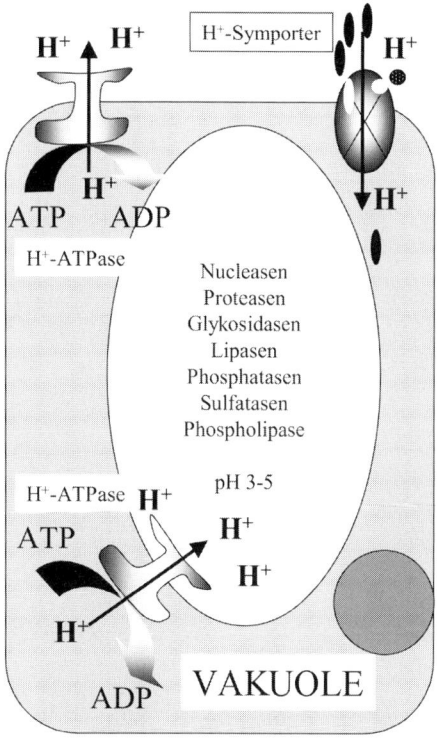

tierische Zelle   pflanzliche Zelle

Abb. 3.13 Ähnlichkeit von Lysosomen und pflanzlichen Vakuolen. (A) Schematischer Aufbau von Lysosomen, (B) Schematischer Aufbau von pflanzlichen Vakuolen.

ren und Aminosäuren). Alle Pflanzen produzieren **Sekundärstoffe**, wie z. B. Flavonoide, Phenylpropane, Gerbstoffe, Terpene, Iridoidglykoside, Alkaloide, Glucosinolate oder cyanogene Glykoside. Diese Substanzen werden nicht im Primärstoffwechsel benötigt. Sie sind jedoch keine Abfallstoffe, wie man früher annahm, sondern sind für das **Überleben der Pflanze** wichtig. Sie helfen der Pflanze, sich gegen **Pflanzenfresser** (Herbivoren) und gegen **Mikroorganismen** zu wehren. Sie dienen aber auch der Kommunikation, indem sie Pollen übertragende Insekten oder Samen verbreitende Tiere anlocken. Die polaren Sekundärstoffe werden meist in der Vakuole gespeichert, während die lipophilen Wirkstoffe in Ölbehältern, Harzkanälen oder Drüsenzellen gespeichert werden. In vielen Fällen liegen die Sekundärstoffe in der Vakuole als inaktive *Prodrugs* vor, die erst bei Verletzung oder Infektion aktiviert werden (meist durch Abspaltung eines Glucoserests durch eine *β*-Glucosidase). In Samen existieren Vakuolen, die der Speicherung von Reserveproteinen dienen. Vakuolen haben demnach mehrere Funktionen in der Pflanzenzelle: Sie dienen als intrazellulärer **Speicherraum**, aber auch als **Verteidigungs- und Signalkompartiment**. Bedingt durch die Speicherfunktion weisen Vakuolen einen hohen osmotischen Druck auf, der für die Stabilisierung der Pflanze (**Turgorregulation**) von entscheidender Bedeutung ist. Pflanzen setzen im Wesentlichen Protonengradienten für den aktiven Transport ein, während bei tierischen Zellen die Na^+/K^+-Gradienten wichtiger sind (Abb. 3.13). Die Protonengradienten werden über H^+-ATPasen aufgebaut, die Na^+/K^+-Gradienten durch die Na^+, K^+-ATPase (s. Abschnitt 3.1.1.2).

Peroxisomen sind kleine membranumschlossene, meist abgerundete Vesikel, in denen H_2O_2 produziert und abgebaut wird.

3.1.3
Mitochondrien und Chloroplasten

Ein besonders auffälliges und eigenartiges Organell stellt das **Mitochondrium** (Abb. 3.14) dar, das in allen Eukaryotenzellen vorkommt. Mitochondrien sind meist wurst- oder wurmförmig und ein oder mehrere μm lang und 0,5 μm dick.

Mitochondrien weisen zwei getrennte Membransysteme auf. Die innere Membran ist intensiv aufgefaltet und erzeugt somit eine große Oberfläche. Diese ist wichtig, da in oder an der inneren Mitochondrienmembran die Proteine und Enzyme der Atmungskette sitzen (Abb. 3.15).

Die **Atmungskette** ist bekanntlich für die Produktion von ATP aus den Reduktionsäquivalenten NADH und $FADH_2$ verantwortlich. Bei diesem Prozess werden Elektronen über diverse Zwischenstufen transportiert. Außerdem wird ein Protonengradient aufgebaut, der zur Energetisierung der ATP-Synthase genutzt wird. In der Atmungskette wird Sauerstoff verbraucht; deshalb spricht man auch von der **zellulären Atmung (Respiration)**. Ohne Mitochondrien wären Tiere, Pilze und Pflanzen nicht in der Lage, den Luftsauerstoff zur Oxidation organischer Materie, d. h. zur Energiegewinnung, zu nutzen (**aerobe Organismen**). Im Gegensatz zu

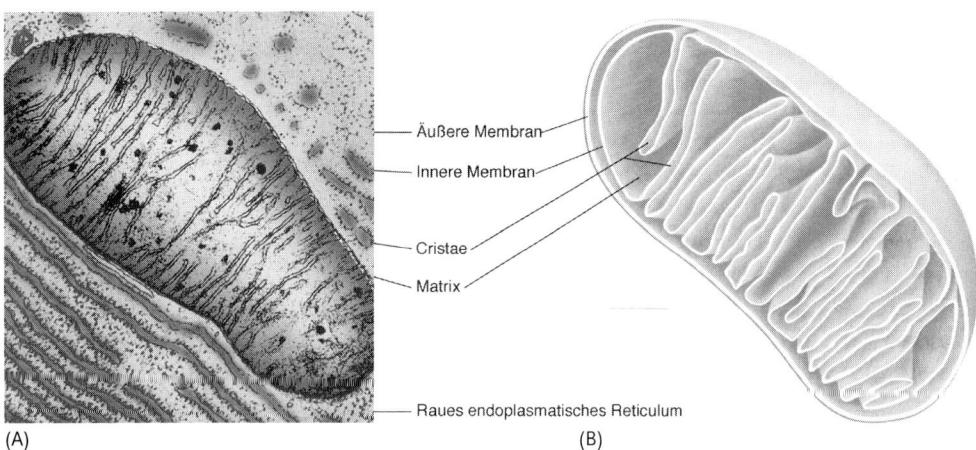

Äußere Membran

Innere Membran

Cristae

Matrix

Raues endoplasmatisches Reticulum

(A) (B)

Abb. 3.14 Aufbau eines Mitochondriums. (A) Elektronenmikroskopische Aufnahme; (B) schematische Darstellung. (Aus Voet et al. 2002).

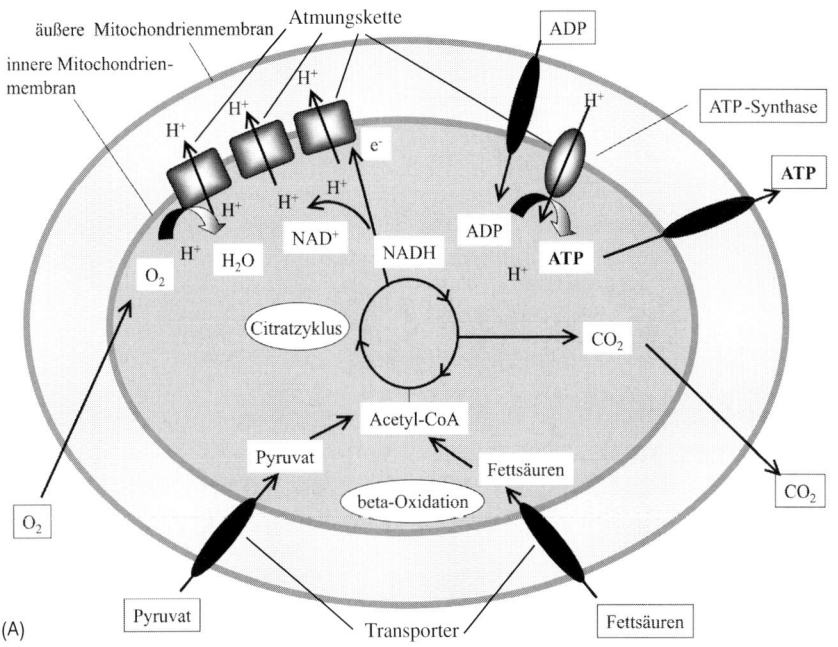

(A)

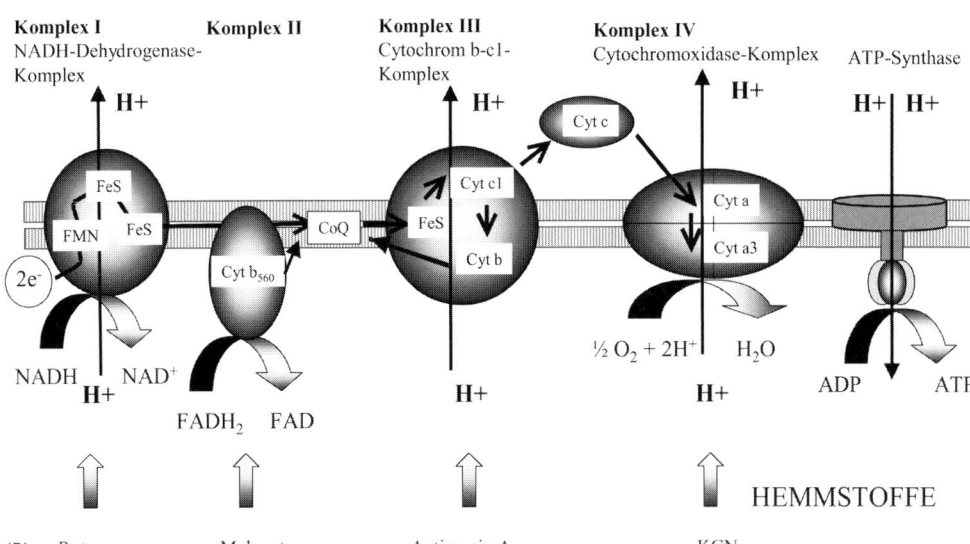

(B)

Abb. 3.15 Funktion der Mitochondrien: Stoffwechselwege und Atmungskette. (A) Energiestoffwechsel und Atmung in Mitochondrien, (B) Schematische Darstellung der Atmungskette mit den Komplexen I bis IV; der Protonengradient wird von der ATP-Synthase zur Produktion von ATP genutzt. Rotenon, Malonat, Antimycin A und KCN sind Hemmstoffe der einzelnen Komplexe I bis IV. FeS: Schwefel-Eisen-Cluster; Cyt: Cytochrom; CoQ: Ubichinon; FMN: Flavinmononucleotid.

den aeroben Organismen leben etliche Bakterien und wenige Eukaryoten **anaerob**, d. h. ohne Sauerstoff; ihnen fehlen Mitochondrien.

In den Mitochondrien verläuft der Tricarbonsäurezyklus, in den Acetyl-CoA eingeschleust wird. CO_2 und Reduktionsäquivalente werden bei jedem Umlauf des Tricarbonsäurezyklus generiert. Das Acetyl-CoA stammt aus dem in der Glykolyse produzierten Pyruvat, das in die Mitochondrien über einen Pyruvattransporter aufgenommen und dort mittels Pyruvat-Decarboxylase-Komplex zu Acetyl-CoA umgewandelt wird. Acetyl-CoA kann auch durch β-Oxidation von Fettsäuren generiert werden; ein Prozess, der ebenfalls in den Mitochondrien angesiedelt ist.

Mitochondrien enthalten eine eigenständige DNA, die ringförmig vorliegt (Abb. 3.16). Das **Mitochondriengenom (mtDNA)** ist bei **Tieren** mit ca. 16–19 kb deutlich kleiner als bei Pflanzen. Es enthält 13 Gene, die für Enzyme oder andere am Elektronentransport beteiligte Proteine codieren, und 22 Gene für tRNAs und 2 für rRNAs. Da jede tierische Zelle mehrere 100 bis 1000 Mitochondrien und jedes davon 5–10 mtDNA-Kopien enthält, liegt die Gesamtzahl der mtDNA-Kopien bei mehreren Tausend pro Zelle. Die mtDNA macht etwa 1% der Gesamt-DNA-Menge einer Zelle aus. **Pflanzliche Mitochondrien** haben dagegen große Genome (über 150 bis 2500 kb) und weisen zum Teil Gene mit Intron-/Exonstruktur auf.

Mitochondrien enthalten funktionelle Ribosomen, die dem **prokaryotischen 70S-Typ** entsprechen. Auch die Nucleotidsequenzen der mitochondrialen Gene bzw. die Aminosäuresequenzen der zugehörigen Proteine sind mit entsprechenden prokaryotischen Genen oder Proteinen näher verwandt als mit den Äquivalenten, die kerncodiert sind.

Aus diesen und weiteren Merkmalen (Tab. 3.3) hat man die **Endosymbiontenhypothese** aufgestellt, die besagt, dass Mitochondrien von α-Purpurbakterien abstammen, die von der **Ur-Eucyte** vor ca. 1,2 Milliarden Jahren aufgenommen und als **Endosymbionten** kultiviert wurden. Die Zelle sorgt für die Ernährung der Endosymbionten, die der Zelle als Gegenleistung ATP zur Verfügung stellen. Ein wahrscheinlicher Aufnahmeprozess der α-Purpurbakterien in die Eucyte ist in Abb. 3.17 illustriert. Man nimmt an, dass die frühe Ur-Eucyte dadurch entstand,

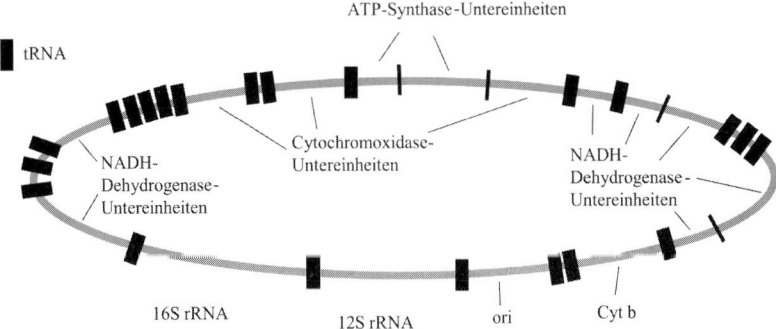

Abb. 3.16 Schematische Übersicht über die Anordnung der Gene in der mtDNA bei Säugetieren.

Tab. 3.3 Prokaryotische Eigenschaften von Plastiden und Mitochondrien

Genom:	meist zirkuläre DNA mit Membrananheftung, ohne Histone und Nucleosomen; mehrere Kopien in Nucleoiden konzentriert; Gene zum Teil in prokaryotischer Anordnung (Operonstruktur); repetitive Sequenzen selten bis fehlend
Ribosomen:	70S-Typ, Chloramphenicol-sensitiv
Translation:	keine *Cap*-Struktur am 5′-Ende der mRNAs; prokaryotisches Komplement von Initiationsfaktoren
Tubulin, Actin:	in den Organellen fehlend; bei der Teilung von Plastiden wirkt das bakterielle, Tubulin-homologe Zellteilungsprotein mit (FtsZ)
Plastidäre Fettsäuresynthese:	wie bei Bakterien mithilfe von Acylcarrier-Proteinen
Cardiolipin:	als Membranlipid bei Bakterien verbreitet; fehlt in Eucytenmembranen außer in der inneren Mitochondrienmembran

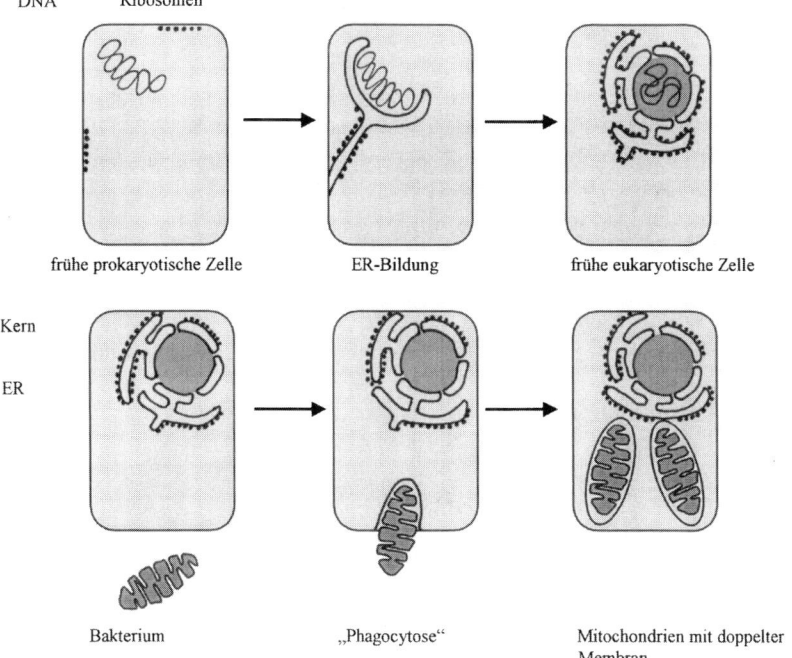

Abb. 3.17 Entstehung der Ur-Eucyte und Herkunft der Mitochondrien. α-Purpurbakterien wurden von der Ur-Eucyte durch eine Art Phagocytose aufgenommen. Daher stammt die äußere Membran der Mitochondrien von der Wirtszelle, während die innere Mitochondrienmembran der ursprünglichen bakteriellen Cytoplasmamembran entspricht.

dass sich die Cytoplasmamembran eines Bakteriums nach innen aufgefaltet und das ER gebildet hat. Indem sich diese Membran weiter um das Chromosom anordnete, entstand der Zellkern.

Grüne Pflanzen und **Algen** enthalten als zusätzliches Organell die auffälligen **Chloroplasten**, die wesentlich größer und komplexer als die Mitochondrien aufgebaut sind (Abb. 3.18). Neben zwei die Chloroplasten umschließenden Biomembranen, die äußere und innere Membran, finden wir im Inneren der Chloroplasten ein sehr stark aufgefaltetes Membransystem, die **Thylakoide.** Diese Membranen enthalten Chlorophyll sowie die Proteine und Enzyme der Photosynthese, mit der Pflanzen in der Lage sind, Sonnenlicht in chemische Energie in Form von ATP und NADPH umzuwandeln (Abb. 3.19). Der Elektronentransport zwischen Photosystem II und I sowie die Bildung von NADPH sind in Abb. 3.19 B erläutert. Bei der Lichtreaktion wird ein Protonengradient aufgebaut, den die **ATP-Synthase** zur Produktion von ATP nutzt. In der nachfolgenden CO_2-Fixierung wird CO_2 zunächst an Ribulose 1,5-bisphosphat gebunden, das danach in zwei C3-Körper (3-Phosphoglycerat) gespalten wird. 3-Phosphoglycerat wird in Glycerinaldehyd 3-phosphat umgewandelt, das zur Regeneration von Ribulose 1,5-bisphosphat und zum Aufbau der Glucose, Fettsäuren und Aminosäuren dient. Aus Glucose kann die Pflanzenzelle zusätzlich ATP für die Energieversorgung der Zelle generieren. Pflanzen sind somit **autotroph** und stellen letztendlich die Nahrungsbasis für alle **heterotrophen** Tiere, die sich von organischer Nahrung ernähren.

Auch Chloroplasten enthalten eigenständige ringförmige DNA, Replikation, Transkription und Proteinbiosynthese. Das Chloroplastengenom (**cpDNA**) ist 120–200 kb groß (Abb. 3.20) und kommt 20- bis 40-mal in einem Chloroplasten vor. Da eine Pflanzenzelle bis zu 40 Chloroplasten enthält, liegt die Gesamtzahl der cpDNA-Kopien zwischen 800 und 1600 pro Zelle.

Auch für Chloroplasten nimmt man eine **endosymbiontische Herkunft** an (Tab. 3.3). Die Nucleotidsequenzen der plastidären Gene bzw. die Aminosäuresequenzen der zugehörigen Proteine sind mit entsprechenden Genen oder Proteinen von **Cyanobakterien** näher verwandt als mit den entsprechenden Genen im Zellkern

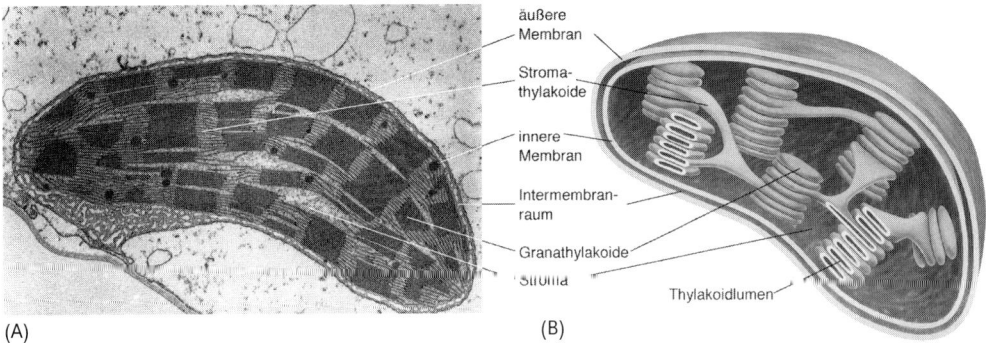

(A) (B)

Abb. 3.18 Aufbau der Chloroplasten. (A) Elektronenmikroskopische Aufnahme eines Chloroplasten; (B) schematische Darstellung. (Aus Voet et al. 2002).

(A)

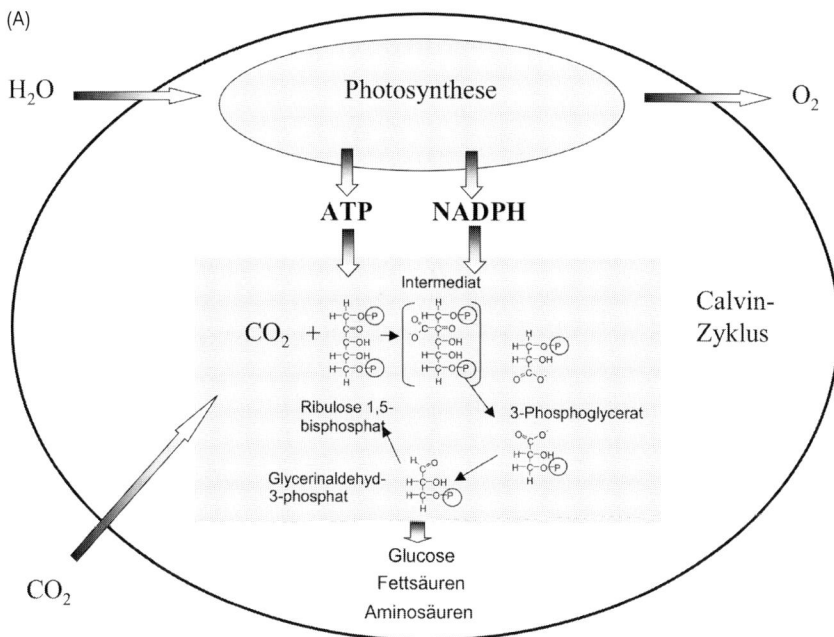

(B)

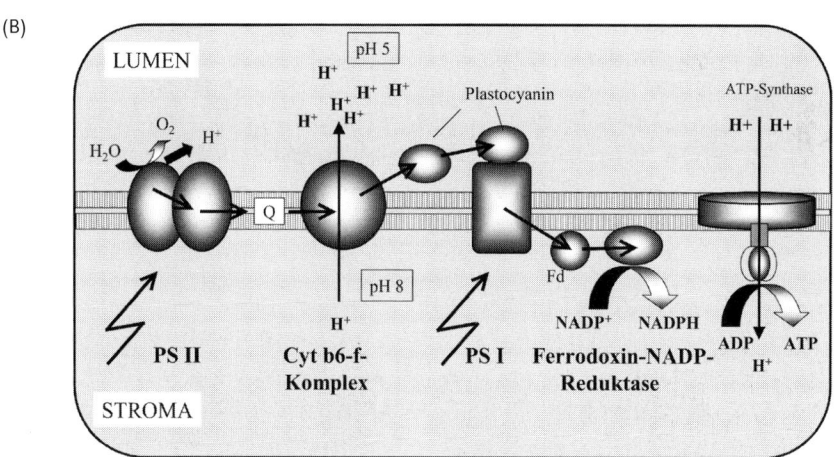

Abb. 3.19 Wichtige Schritte der Photosynthese. (A) Übersicht über die Photosynthesereaktionen im Chloroplasten; (B) Elektronentransport an der Thylakoidmembran zwischen Photosystem II und I sowie die Bildung von NADPH; die ATP-Synthase nutzt den Protonengradienten zur Produktion von ATP; Q: Plastochinon; FD: Ferrodoxin; PS I: Photosystem I.

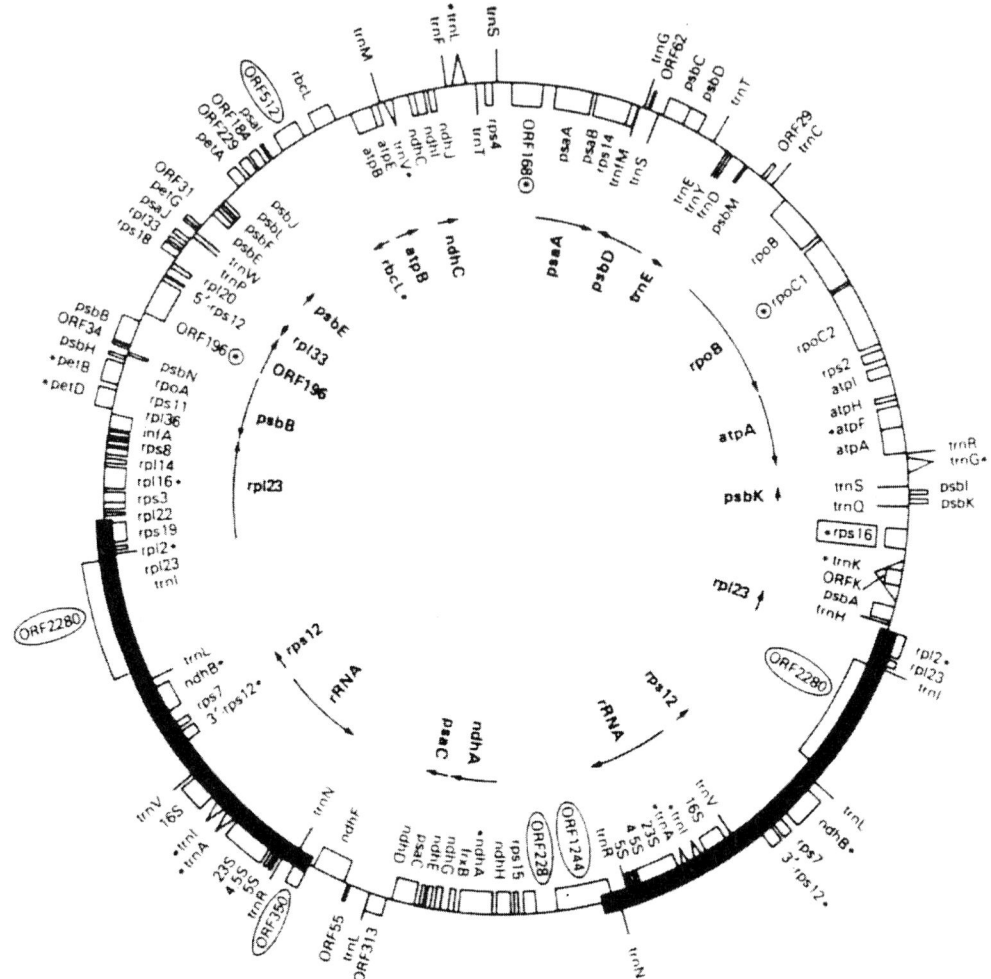

Abb. 3.20 Übersicht über die Anordnung der Gene im Chloroplastengenom.

einer Pflanze. Abb. 3.21 fasst die vermutliche Herkunft der Chloroplasten schematisch zusammen: Ähnlich wie bei dem Erwerb der Mitochondrien hat die frühe Eucyte photosynthetische Bakterien durch Phagocytose aufgenommen und als Endosymbionten gezähmt. Man vermutet, dass der Chloroplastenerwerb mehrfach in der Phylogenie der photosynthetisch aktiven Algen und Pflanzen erfolgte.

Mitochondrien und Chloroplasten werden niemals *de novo* gebildet, sondern vermehren sich durch Teilung. Bei jeder Zellteilung werden sie auf die Tochterzellen verteilt. Replikation, Transkription und Proteinbiosynthese laufen auch heute noch in den Mitochondrien und Chloroplasten ab, jedoch sind diese Organellen nicht länger autonom. Sie importieren die meisten ihrer Proteine aus dem Cytoplasma. Diese Proteine weisen Signalsequenzen auf, mit denen sie an Rezeptoren

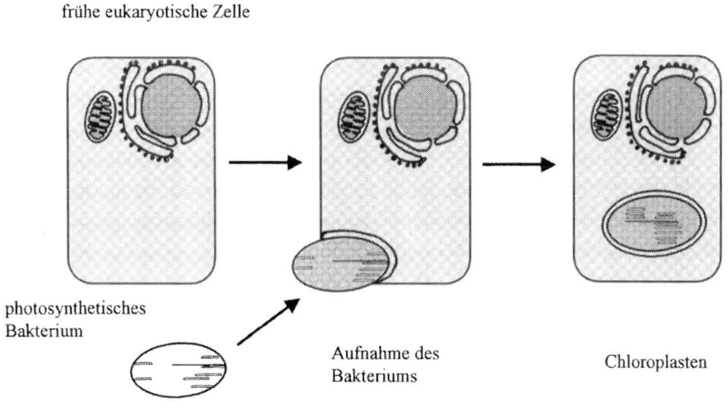

frühe eukaryotische Zelle

Abb. 3.21 Entstehung der Chloroplasten durch Phagocytose von Cyanobakterien.

an den Organellen binden können (s. Kap. 5). Durch komplexe Transportmechanismen werden die Proteine in das Innere der Mitochondrien und Chloroplasten transportiert und an den zukünftigen „Arbeitsplatz" geleitet. Die zugehörigen Gene waren ursprünglich einmal Bestandteil der Endosymbionten, wurden dann aber zunehmend in den Kern ausgelagert, sodass heute nur ein vergleichsweise kleiner Bausatz in Mitochondrien und Chloroplasten übrig geblieben ist (s. Abb. 3.16 und 3.20). Im Gegensatz zu vielen proteincodierenden Genen verblieben die tRNA- und rRNA-Gene in diesen Organellen.

3.1.4
Cytoplasma

Wenn wir alle Membransysteme und Organellen aus einer Eukaryotenzelle entfernen, bleibt das **Cytoplasma** oder **Cytosol** übrig. In den meisten Zellen stellt es das umfangreichste Kompartiment dar (bei Bakterien ist es das einzige zelluläre Kompartiment überhaupt). Im Cytoplasma finden wir eine Vielzahl von niedermolekularen Substanzen und Proteinen, darunter Hunderte von **regulatorischen Proteinen**, die untereinander im Kontakt stehen und durch komplexe Interaktionen (Phosphorylierung und Dephosphorylierung von Proteinen; Modulierung durch Bindung von GTP bzw. GDP; Konformationsänderungen) miteinander kommunizieren (die Zellbiologen sprechen salopp vom *„cross talk"* der Proteine), Signale aufnehmen und weitergeben (**Signaltransduktion**). Um die Einzelheiten zu verstehen, werden noch umfangreiche Forschungsarbeiten notwendig sein.

Betrachtet man den zellulären Stoffwechsel, so wird grundsätzlich zwischen **Katabolismus** und **Anabolismus** unterschieden. Der Katabolismus bezeichnet den Abbau organischer Materie (im Wesentlichen Polysaccharide, Proteine und Lipide) mit dem Ziel, durch Oxidation chemische Bindungsenergie zu gewinnen, die auf ATP übertragen werden kann. Polysaccharide werden zu Einfachzuckern, wie Glucose, abgebaut. Der Anabolismus umfasst die Biosynthese von Monomeren (z. B. Aminosäuren, organische Säuren, Fettsäuren), die für Makromoleküle benötigt werden, von Makromolekülen und anderen zellulären Bausteinen. Viele der katabolen und anabolen Stoffwechselwege laufen im Cytosol ab, aber auch andere Kompartimente, insbesondere Mitochondrien und Chloroplasten, können daran beteiligt sein (Abb. 3.22).

Wichtig für die Energiegewinnung ist der Abbau von Glucose über die **Glykolyse** zu Pyruvat. Die Glykolyse liefert in der Bilanz 8 Mol ATP pro Mol Glucose. Pyruvat wird in die Mitochondrien transportiert und dort unter NADH-Gewinnung zu Acetyl-CoA umgewandelt. Acetyl-CoA wird in den Mitochondrien im Citratzyklus weiter oxidiert, dabei wird O_2 verbraucht und CO_2 und H_2O freigesetzt (s. Abb. 3.15). Wichtig für die Energiebilanz ist die Bereitstellung von 3 Mol NADH, 1 Mol FADH$_2$ und 1 Mol GTP, die letztendlich in der Atmungskette (s. Abb. 3.15) 12 Mol ATP pro Mol Acetyl-CoA erzeugen. Ein Mol Glucose bringt bei kompletter Oxidation insgesamt 38 ATP ein. Lipide (z. B. Triglyceride) werden durch Lipasen in Fettsäuren hydrolysiert. Fettsäuren sind besonders energiereich.

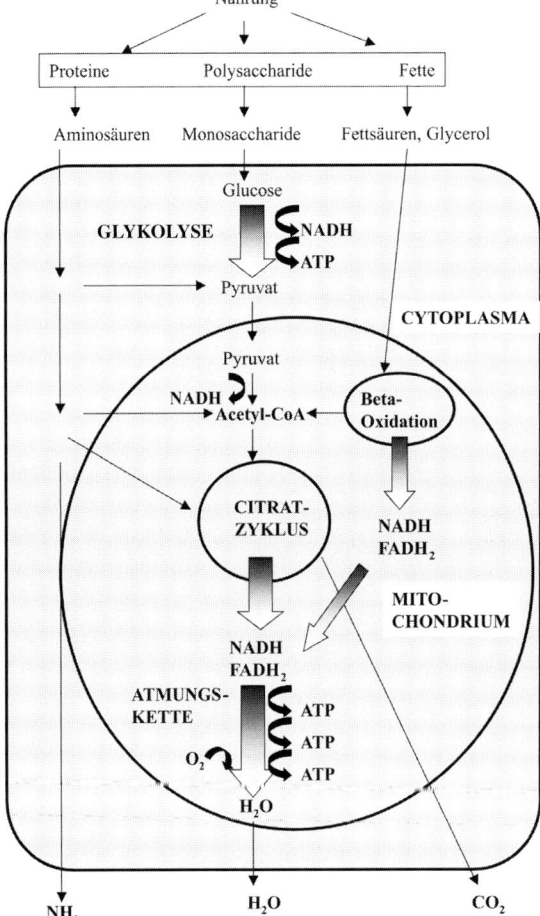

Abb. 3.22 Zusammenfassung der Abbauwege und Energiegewinnung in heterotrophen Organismen (z. B. im Menschen).

Abb. 3.23 Bedeutung von Glykolyse und Citratzyklus als Ausgangspunkt für diverse Biosynthesewege.

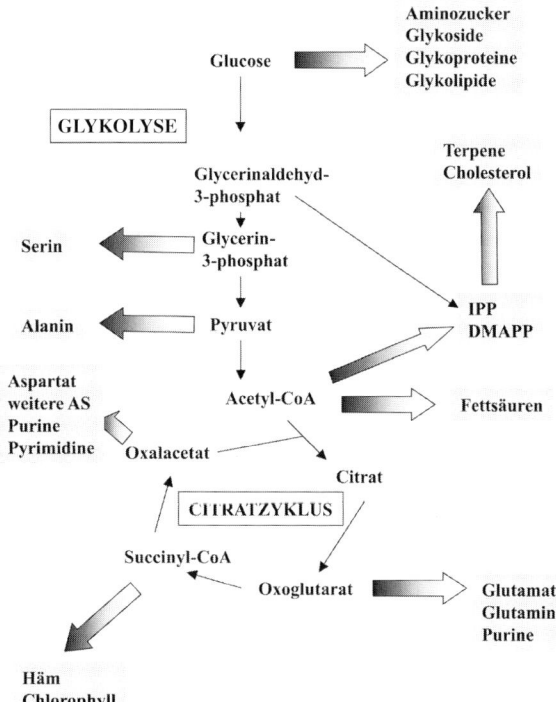

Sie werden in den Mitochondrien in der β-Oxidation unter Bereitstellung von NADH und FADH$_2$ zu Acetyl-CoA abgebaut. Ein Mol Ölsäure erbringt 9 Mol NADH, FADH$_2$ und Acetyl-CoA, das über den Citratzyklus weiter oxidiert wird. Gesamtbilanz 9×5 plus $9 \times 12 = 153$ Mol ATP. Proteine werden durch Proteasen (Pepsin, Trypsin, Chymotrypsin) in Aminosäuren zerlegt; diese können an unterschiedlichen Stellen in die Abbauwege eingeschleust werden und liefern so ebenfalls ATP.

Die Synthesewege der diversen niedermolekularen Bausteine sind komplex. Häufig lassen sie sich von Vorstufen ableiten, die in der Glykolyse oder im Citratzyklus anfallen (Abb. 3.23). Die Kenntnis der diversen Biosynthesewege ist jedoch für viele Bereiche der Zellbiologie, Physiologie, Medizin und Biotechnologie wichtig. Um den Umfang der Einleitung aber nicht zu sprengen, wird diese Thematik hier nicht weiter erörtert. Der Leser sei auf die Lehrbücher der Biochemie verwiesen.

3.1.5
Cytoskelett

Das Cytoplasma stellt aber keineswegs eine unstrukturierte „Suppe" dar, sondern weist ein komplexes Netzwerk von fädigen Proteinen auf, die dem Cytoskelett zugerechnet werden. Diese Netzwerke, die heute durch Fluoreszenzfarbstoffe und hoch auflösende Elektronenmikroskopie sichtbar gemacht werden können, sind häufig mit der Cytoplasmamembran oder mit zellulären Organellen verbunden.

Man unterscheidet:

- **Actinfilamente**
- **Intermediärfilamente**
- **Mikrotubuli**

Die dünnsten Filamente stellen die **Actinfilamente** dar (Abb. 3.24), die in allen tierischen Zellen verbreitet vorhanden sind. Sie werden aus G-Actin-Monomeren gebildet. Actinfilamente sind untereinander durch eine Vielzahl von Verknüpfungs- und Verankerungsproteinen verbunden. Sie stehen auch mit diversen Membranen in engem Kontakt. Eine besonders komplexe Interaktion von Cytoskelettproteinen liegt in einer Muskelzelle vor. Besonders gut untersucht sind quer gestreifte Muskeln. In einer Muskelfaser, die aus mehreren Zellen hervorgeht und deshalb mehrkernig ist, liegen zahlreiche Myofibrillen vor. In den Myofibrillen arbeiten Actin- und Myosinfilamente (auch als Motorproteine bezeichnet) in einer hoch organisierten Nanomaschine zusammen. Die Muskelkontraktion beruht auf einer koordinierten Interaktion zwischen Actinfilamenten und Myosin (Abb. 3.25).

Intermediärfilamente liegen in ihrer Dicke zwischen Actinfilamenten und Mikrotubuli. Sie dienen vornehmlich der Stabilisierung von Zellen. Diese Filamente stehen mit vielen weiteren Proteinen in enger Verbindung, sodass komplexe Netzwerke entstehen können, die fest mit der Cytoplasmamembran verankert sind.

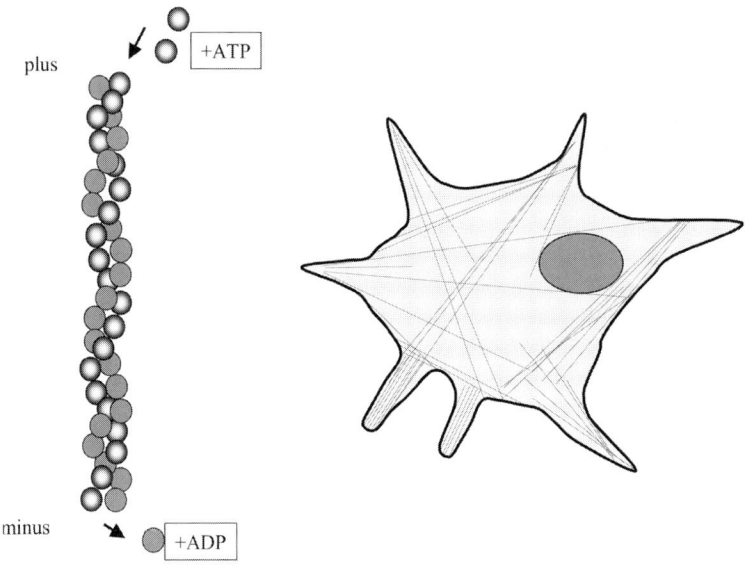

Actinfilament

Abb. 3.24 Schematischer Aufbau von Actinfilamenten (Mikrofilamenten).

(A)

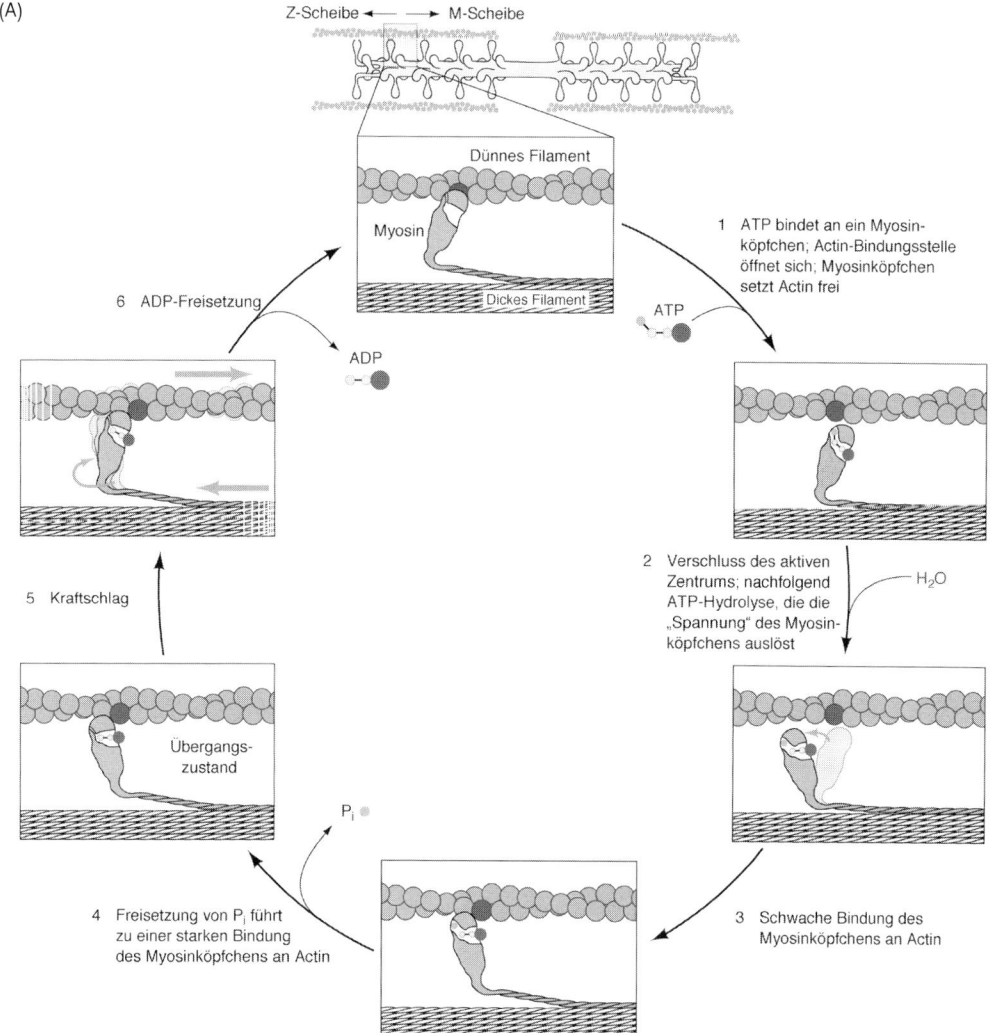

Abb. 3.25 Mechanismus der Muskelkontraktion. (A) Kontraktion von Myofibrillen; die dünnen Filamente sind Actinfilamente, die dicken Filamente bestehen aus Myosin.

82 (B) Molekularer Mechanismus der Muskelkontraktion (aus Voet et al., *Fundamentals of Biochemistry*, p. 185).

Die dicken Filamente des Cytoskeletts werden durch **Mikrotubuli** gebildet, die hohle Röhrensysteme darstellen und als Polymere von Tubulindimeren (α- und β-Tubulin) angesehen werden können (Abb. 3.26). Mikrotubuli spielen eine besondere Rolle für den intrazellulären Transport von Vesikeln und bilden den Spindelapparat während der Zellteilung, der die Chromosomen in die jeweiligen Tochterzellen transportieren muss. In der Metaphase sind die kondensierten Chromoso-

(B)

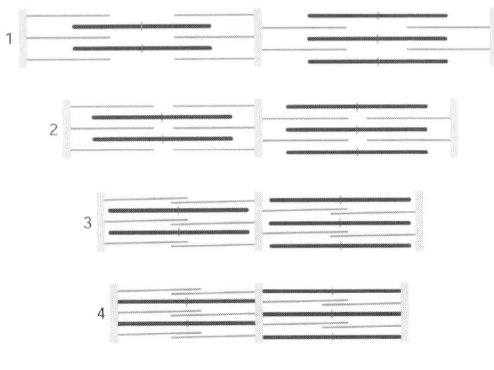

Abb. 3.25 (B)

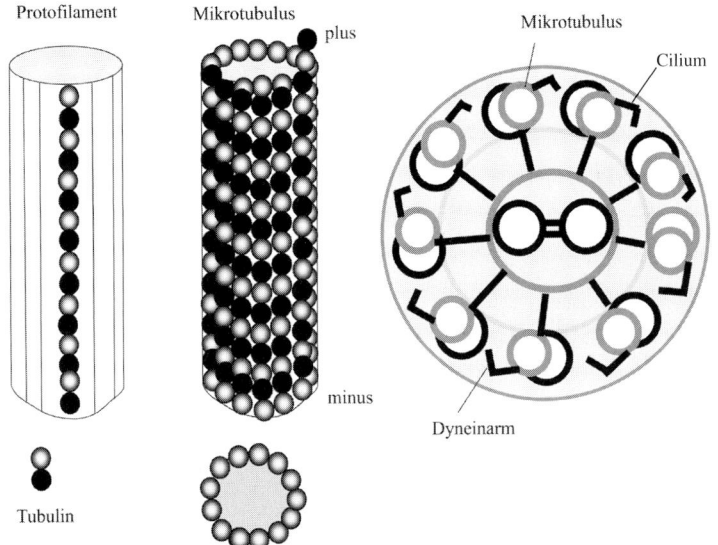

Abb. 3.26 Schematischer Aufbau von Mikrotubuli und Cilien. Tubulindimere polymerisieren, wenn sie GTP gebunden haben, zu Protofilamenten; 13 Protofilamente bilden einen Mikrotubulus.

men in der Äquatorialplatte angeordnet. Die Mikrotubuli binden am Centromer der Chromatiden und ziehen sie in die jeweilige neue Tochterzelle. Die Mikrotubuli orientieren sich von polständigen Centriolen aus.

In Geißeln und Cilien liegen die Mikrotubuli als supramolekulare Komplexe vor (9 + 2-Struktur; Abb. 3.26). Dynein vermittelt den Kontakt zwischen benachbarten Mikrotubuli. Die Verschiebung der Mikrotubuli zueinander bewirkt die Krümmung und damit das Schlagen der Cilien.

Mikrotubuli sind wichtige Zielstrukturen für **Chemotherapeutika**, die zur Krebs-behandlung eingesetzt werden. Die **Vinca-Alkaloide** Vinblastin und Vincristin oder Colchicin hemmen die Polymerisierung der Tubulindimere zu Mikrotubuli. Im Gegensatz dazu stabilisiert **Taxol** oder Paclitaxel aus der Eibe die Mikrotubuli und verhindert deren Depolymerisation.

Die Cytoskelettfilamente bilden komplexe Netzwerke aus; sie liefern aber auch eine Matrix, an der sich die übrigen Organellen und Multienzymkomplexe der Zelle organisieren können. Der Auf- und Abbau der Cytoskelettelemente ist kom-plex reguliert; ATP-verbrauchende Reaktionen (d. h. Phosphorylierung und De-phosphorylierung) und Mikrotubuli-bindende Proteine spielen dabei eine große Rolle (z. B. MAP, *microtubule associated proteins*).

3.1.6
Zellwände

Einige Zelltypen werden von einer **Zellwand** umschlossen:

- **Bakterienzellen** von einer Peptidoglykanschicht (Mureinsacculus). Bei grampositiven Bakterien (z. B. Vertretern der Gattung *Bacillus*) liegt eine dicke Zellwand vor, die direkt an das Außenmilieu angrenzt. Bei gramnegativen Bakterien (z. B. *Escherichia coli*) folgt auf eine dünne Zellwand eine weitere Lipopolysaccharid-membran als äußere Hülle. Die Zellwand ist eine wichtige Zielstruktur für An-tibiotika: Penicilline, und Cephalosporine hemmen die Ausbildung der Quer-vernetzung der linearen Glykopeptidstränge. Bacitracin hemmt die Polyprenolsyn-these, die für den Mureinsacculus wichtig ist.
- **Pilzzellen** von einer Chitinwand.
- **Pflanzenzellen** besitzen eine Zellwand aus Cellulose, Hemicellulose und Pektin. Die Zellwand kann enzymatisch durch Cellulasen abverdaut werden; es entste-hen dann **Protoplasten**, die für die pflanzliche Biotechnologie von Bedeutung sind.

Die Zellwände dienen vornehmlich dem Schutz und der Stabilisierung von Zel-len. Sie verhindern, dass die Zellen unter ungünstigen Bedingungen durch Os-mose zu viel Wasser aufnehmen und platzen.

3.2
Aufbau von Bakterien

Bakterien sind im Vergleich zu den Eukaryotenzellen relativ einfach aufgebaut (Abb. 1.2 A). Nach außen sind sie durch eine **Zellwand** aus Peptidoglykan, dem sog. **Mureinsacculus**, umgeben. Zwischen der Zellwand und der **Cytoplasma-membran** liegt der **periplasmatische Raum**, in dem bereits einige Stoffwechselpro-zesse ablaufen. Die Cytoplasmamembran enthält viele Membranproteine, darunter Transporter, ABC-Transporter, Rezeptoren und Enzyme (s. Abschnitt 3.1.1). Inner-halb der Bakterienzelle findet man keine Kompartimentierung, d. h., es fehlen Organelle. Die Cytoplasmamembran kann jedoch nach innen aufgefaltet sein und so dem Endomembransystem der Eukaryoten ähneln.

Entgegen früherer Ansichten enthalten Bakterien auch verschiedene **Cytoskelett-formen**, die entweder auf FtsZ-, Mreb/Mbl- oder EF-Tu-Proteinen basieren. FtsZ scheint mit dem Tubulin und Mreb/Mbl mit dem Actin der Eukaryoten verwandt zu sein. Nur EF-Tu hat kein Äquivalent bei den Eukaryoten. Alle drei Formen können nebeneinander in der Zelle vorkommen. Unterhalb der Cytoplasma-membran liegt bei Bakterien ein Cytoskelett, das aus monomeren Proteinbaustei-nen aufgebaut wird. Aus monomeren EF-Tu-Proteinen können sich z. B. Protofila-mente bilden. Auch innerhalb der Bakterienzelle gibt es cytoskelettartige Querver-netzungen („Fibrillen").

Die Proteinbiosynthese erfolgt an Ribosomen, die frei im Cytoplasma oder mit der Innenseite der Cytoplasmamembran assoziiert vorkommen (Abb. 1.2 A).

Bakterien enthalten als Erbinformation nur ein Chromosom, das als ringförmi-ge DNA (sog. **Nucleoid**) vorliegt. Zusätzliche genetische Elemente sind kleinere ringförmige DNA-Moleküle, sog. **Plasmide**, die u. a. Gene für Antibiotikaresisten-zen tragen. Modifizierte Plasmide sind als Klonierungsvektoren für die Molekular-biologie und Biotechnologie wichtig.

Bakterien zählen nach wie vor zu den wichtigsten „Haustieren" der Molekular-biologen und Biotechnologen. Die Grundlagen der Genetik, Molekularbiologie und Biochemie wurden oft zuerst in Bakterien, wie z. B. *E. coli*, entdeckt und er-forscht. Einige Bakterien sind für die Klonierung und Expression von DNA unent-behrlich.

Bakterielle Infektionen sind die Ursachen vieler Erkrankungen bei Mensch, Tier und Kulturpflanzen. Einige Bakterien schädigen den Wirt durch ausgefeilte Toxi-ne, die meist in die Signaltransduktion eingreifen. Die Tetanustoxine aus *Clostridi-um tetani* funktionieren als Proteasen, die in Synapsen spezifisch SNARE-Proteine (s. 5.4) hydrolysieren und dadurch die neuronale Signaltransduktion blockieren. *Vibrio cholerae*, der Erreger der Cholera, produziert ein Enzym, das den Transfer von ADP-Ribose aus NAD^+ auf die a-Untereinheit G_s eines G-Proteins überträgt. Die GTPase wird dadurch gehemmt und einmal aktivierte Adenylat-Cyclasen (s. Abschnitt 3.1.1.3) bleiben permanent aktiv und produzieren cAMP. Die Darm-zellen sezernieren als Konsequenz im Übermaß Cl^--Ionen und Wasser, was zu den Choleradurchfällen führt. *Bordetella pertussis*, der Erreger des Keuchhustens, erzeugt Enzyme, die die a-Untereinheit G_i des G-Proteins aktivieren. G_i ist dann nicht mehr in der Lage, seine Zielproteine zu regulieren.

Die Entdeckung und Entwicklung neuer Antibiotika aus diversen Streptomyce-ten und Pilzen seit Mitte des 20. Jahrhunderts war ein Meilenstein in der Medi-zin, der Millionen Menschen das Leben gerettet hat. Leider treten zunehmend Re-sistenzen bei pathogenen Bakterien (z. B. *Pseudomonas aeruginosa, Staphylococcus aureus*) auf, sodass gut wirksame Antibiotika nicht länger helfen. Deshalb zählt die Entwicklung und Produktion neuer Antibiotika nach wie vor zu den wichtigen Aufgaben der Biotechnologie.

Die Produktion von niedermolekularen Naturstoffen, wie z. B. Aminosäuren oder rekombinanten Proteinen, erfolgt häufig in Bakterien (s. Kap. 16). Durch genetische Manipulation kann die Ausbeute des Verfahrens unter Umständen verbessert werden.

3.3
Aufbau von Viren

Viren (bei Bakterien als **Phagen** bezeichnet) (Abb. 1.3) zählen nicht zu den selbstständigen Lebewesen. Obwohl sie zwar einige Elemente der Zelle (DNA oder RNA als Erbinformation) besitzen (Tab. 3.4), sind sie für ihre Vermehrung auf Wirtszellen, in die sie eindringen und welche sie parasitieren, angewiesen (Abb. 3.27). Virale Erkrankungen treten bei Bakterien, Pflanzen und Tieren verbreitet auf. Die starke Vermehrung der Viren in den Wirtszellen verursacht ein Absterben der befallenen Zellen, das unmittelbar zum Krankheitsbild beiträgt.

Die Virusnucleinsäure (Tab. 3.4) ist von einer Proteinhülle, dem Capsid, umgeben. Nach außen weisen viele Viren Biomembranen auf (die von der Wirtszelle stammen), in die virale Proteine eingelagert sind, die als Antigene fungieren. Die viralen Proteine weisen oft eine hohe Variabilität auf. Durch Veränderung der Oberflächenantigene bei jeder Vermehrung entgehen sie dem Immunsystem, das mit der Produktion spezifischer Antikörper nicht nachkommen kann. Die viralen

Tab. 3.4 Klassifizierung wichtiger tierischer und humanpathogener Viren

Klasse	*Beispiele/Krankheiten*
I. dsDNA (doppelsträngige DNA)	
Papovavirus	Papillome (Gebärmutterhalskrebs)
Adenovirus	Atemwegsinfektionen; Tumore bei Tieren
Herpesvirus (HV)	HV I (Hautbläschen); HV II (Genitalbläschen); Varicella zoster (Windpocken, Gürtelrose); Epstein-Barr-Virus; (Mononucleose, Burkitt-Lymphom)
Pockenvirus	Pocken; Vaccinia; Kuhpocken
II. ssDNA (einzelsträngige DNA)	
Parvovirus	Drei-Tage-Fieber
III. dsRNA (doppelsträngige RNA)	
Reovirus	Diarrhoe-Viren; Atemwegserkrankungen
IV. ssRNA (wird direkt als mRNA verwendet)	
Picornavirus	Poliovirus; Erkältungsviren; Enteroviren (Darmviren)
Togavirus	Röteln; Gelbfieber; Encephalitis
V. ssRNA (wird als Matrize für mRNA-Synthese verwendet)	
Rhabdovirus	Tollwut
Paramyxovirus	Masern; Mumps
Orthomyxovirus	Influenzaviren
VI. ssRNA (wird als Matrize für die DNA-Synthese verwendet)	
Retrovirus	RNA-Tumorviren
	HIV (AIDS)

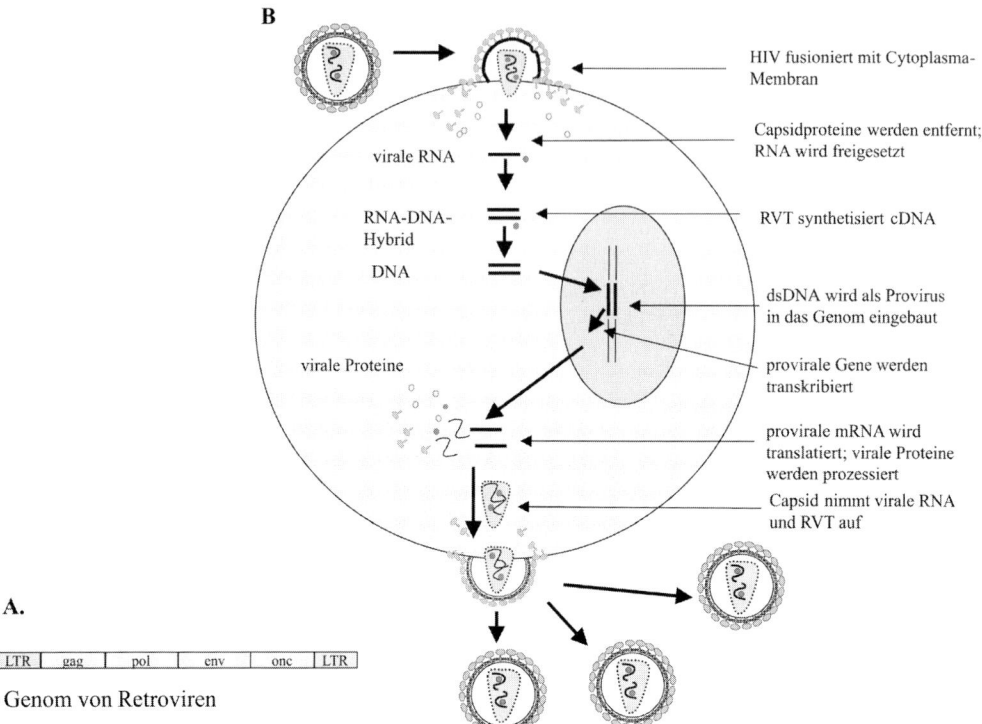

B

HIV fusioniert mit Cytoplasma-Membran

Capsidproteine werden entfernt; RNA wird freigesetzt

virale RNA

RNA-DNA-Hybrid

DNA

RVT synthetisiert cDNA

dsDNA wird als Provirus in das Genom eingebaut

provirale Gene werden transkribiert

virale Proteine

provirale mRNA wird translatiert; virale Proteine werden prozessiert

Capsid nimmt virale RNA und RVT auf

A.

| LTR | gag | pol | env | onc | LTR |

Genom von Retroviren

Abb. 3.27 Infektionszyklus und Genom von Retroviren. (A) Genomaufbau von Retroviren; *gag*: Gen codiert für Capsidproteine, die durch eine Protease weiter prozessiert werden; *pol*: codiert für Reverse Transkriptase; *env*: codiert für Hüllproteine, die ebenfalls noch proteolytisch verkleinert werden müssen; *onc*: Onkogen. (B) Infektionszyklus eines Retrovirus

Proteine sind so aufeinander abgestimmt, dass sie sich spontan zu supramolekularen Komplexen zusammenlagern und infektiöse Viruspartikel bilden.

Medizinisch wichtige Viren sind die **Retroviren**, zu denen auch der Erreger von AIDS zählt (HIV, *human immunodeficiency virus*) (Tab. 3.4). Die Erbinformation der Retroviren liegt als RNA (Abb. 3.27) vor. Das retrovirale Genom codiert nur für relativ wenige Genprodukte, u. a. für eine **Reverse Transkriptase** (übersetzt die Virus-RNA in DNA), Capsidproteine, Membranantigene und oft für sog. **Onkogene**. Die Reverse Transkriptase ist für die Forschung sehr wichtig, da sie es erlaubt, mRNA in DNA zu übersetzen (sog. **cDNA**). Onkogene können Zellen zu Tumorzellen transformieren. Die Entdeckung der viralen Onkogene war von zentraler Bedeutung für die Aufklärung der Regulationsmechanismen, die bei der Zellteilung und Zelldifferenzierung sowie bei Krebserkrankungen eine Rolle spielen (Tab. 3.5). Phagen und Viren sind nicht nur wichtige Krankheitserreger und Modellsysteme, sondern auch als **Vektoren** zur **Klonierung** und für die Gentherapie (s. Kap. 30) von großem Interesse.

Tab. 3.5 Virale Onkogene, die bei der Tumorentstehung wichtig sein können. Das zelluläre Äquivalent zu einem viralen Onkogen wird als Proto-Onkogen bezeichnet.

Onkogen	Proto-Onkogen-Funktion	Viruswirt	Virusinduzierter Tumor
abl	Tyrosin-Kinase	Maus, Katze	Prä-B-Zellleukämie
erb-B	Epidermaler Wachstumsfaktor (EGF)	Huhn	Sarkom
fes	Tyrosin-Kinase	Katze, Huhn	Fibrosarkom
fms	Rezeptor des Makrophagenkolonie-stimulierenden Faktors (M-CSF)	Katze	Sarkom
fos, jun	bilden zusammen genregulatorisches Protein	Maus, Huhn	Osteosarkom, Fibrosarkom
myc	genregulatorisches Protein	Huhn	Sarkom
raf	Serin/Threonin-Kinase	Huhn, Maus	Sarkom
H-ras	GTP-bindendes Protein	Ratte	Sarkom
rel	genregulatorisches Protein	Truthahn	Reticuloendotheliose
sis	Wachstumsfaktor aus Blutplättchen	Affe	Sarkom
src	Tyrosin-Kinase	Huhn	Sarkom

3.4
Differenzierung der Zellen

Auch wenn viele Merkmale der Zelle, die in den ersten Abschnitten besprochen wurden, für alle Zellen gelten, dürfen wir die Tatsache nicht aus den Augen verlieren, dass es Unterschiede zwischen den einzelligen Organismen gibt und dass in einem vielzelligen Organismus unterschiedliche Zellen mit **unterschiedlichen Differenzierungen**, **Aufgaben** und unterschiedlicher **Arbeitsteilung** vorkommen.

Viele der einfachen Organismen (Bakterien, aber auch Eukaryoten wie Hefen, Algen oder Protozoen) sind einzellig, während höher entwickelte Organismen vielzellig sind. Bereits auf der Ebene der Bakterien und einzelligen Eukaryoten beobachten wir eine faszinierende Differenzierung und Formenmannigfaltigkeit, die genetisch gesteuert wird.

In vielzelligen Organismen beobachtet man eine zunehmende Spezialisierung und Arbeitsteilung der Zellen. Zellen differenzieren sich und unterscheiden sich gewaltig in ihrem Aussehen, ihrer Größe und ihren Funktionen. Die differenzierten Zellen bilden spezifische Gewebe und Organe, die unter- und miteinander kommunizieren können. So finden wir Menschen über 10^{14} Zellen in über 200 Zelltypen (Tab. 3.6) und diversen Geweben und Organsystemen. Das menschliche Genom enthält etwa 30 000 Gene, von denen aber weniger als 1000 benötigt werden, um eine einfache Zelle mit den notwendigen Proteinen auszustatten. Die Diversität der Zellen und Gewebe wird durch eine differenzielle Expression des Genoms möglich: Während der Differenzierung kommt es zur Aktivierung von weiteren Genen, während das Gros der Gene in jeder Zelle abgeschaltet bleibt. Durch eine besondere Auswahl und Kombination der exprimierten Gene kann eine Vielzahl von Funktionen und Strukturen erreicht werden.

Tab. 3.6 Übersicht über wichtige Zelltypen bei Pflanzen und Tieren

Zell- und Gewebetyp	Funktion
A. Pflanzliche Zellen und Gewebe	
Alle Pflanzenorgane werden aus drei Grundgeweben zusammengesetzt, d. h. Abschluss-, Grund- und Leitgewebe.	
Abschlussgewebe	
Epidermis	Epidermiszellen bilden ein 1- bis 2-schichtiges Abschlussgewebe mit dicker Cuticula
Schließzellen	Gasaustausch
Trichome	Haarzellen der Epidermis; Speicherung von Terpenen; Verdunstungsschutz
Wurzelhaare	Wasser- und Ionenaufnahme
Endodermis	innerste Schicht der primären Rinde
Protoderm	primäres Meristem (Wachstum der Abschlussgewebe)
Grundgewebe	
Parenchym	relativ unspezialisiert; elastische Primärwände
Mesophyllzellen	Photosynthese
Speicherparenchym	Speichergewebe
Xylemparenchym	Aufnahme und Abgabe von Substanzen in die Xylem-Gefäßelemente
Kollenchymzellen	lebende Zellen mit verdickten Primärwänden (Stützfunktion); keine Sekundärwände und Lignin
Sklerenchym	tote Zellen mit Stützfunktion
Faserzellen	lang gestreckte lignifizierte Sklerenchymzellen
Sklereiden (Steinzellen)	unregelmäßig geformte Sklerenchymzellen mit dicken lignifizierten Sekundärwänden
Grundmeristem	primäres Meristem (Wachstum des Grundgewebes)
Leitgewebe	
Phloem	Transport der synthetisierten Nährstoffe (Saccharose, Aminosäuren) zu den Wurzeln, Spross oder Früchten
Siebröhrenglied	lebende Zelle ohne Kern und Ribosomen; Siebplatten zwischen benachbarten Siebzellen
Geleitzelle	Aufnahme und Abgabe von Substanzen in die Siebröhrenglieder
Xylem	Transport von Wasser und anorganischen Ionen
Tracheiden, Gefäßelement	lang gestrecktes Röhrensystem aus toten Zellen (Sklerenchym); lignifizierte Sekundärwände mit Tüpfeln; umgeben von lebendem Xylemparenchym
Prokambium	primäres Meristem (Wachstum der Leitgewebe)

Es ist eine der großen Aufgaben der Zell- und Molekularbiologie herauszufinden, welche Gene in welchem Zelltyp aktiv sind, wobei die Variation während der Entwicklung eines Organismus oder bei unterschiedlichen Umweltsituationen die Analyse noch komplexer macht. Dies ist das Teilgebiet der Funktionellen Genomik und Proteomik. Tab. 3.6 fasst die wichtigsten Zelltypen von Pflanze und Tier und ihre Hauptfunktionen zusammen.

Tab. 3.6 (Fortsetzung)

Zell- und Gewebetyp	Funktion
B. Tierische Zellen	
Der menschliche Körper weist über 200 verschiedene Zelltypen auf.	
Embryonale Stammzelle	omnipotente Zelle, die sich in alle anderen Zelltypen differenzieren kann
Epithelien	
Darmzellen	prismatische Epithelzellen; Sezernierung von Verdauungssäften; Resorption von Nährstoffen
Flimmerepithelzellen	prismatische Epithelzellen; Sekretion und Resorption; Transport von Schleim (Bronchialepithelien)
Drüsenzellen	kubische Epithelzellen der Drüsen und Nierentubuli; Sekretion als Hauptfunktion
Endothelzellen	einfache Plattenepithelzellen der Innenwand der Blutgefäße
Bindegewebe	
Fibroblast	Produktion der Proteine des extrazellulären Netzwerks; u. a. Kollagen und Elastin
Osteoblast	knochenbildende Zelle
Chondrocyt	Knorpelbildung; Sezernierung von Kollagen und Chondroitinsulfat
Adipocyt (Fettzelle)	Produktion und Speicherung von Fett im Fettgewebe
Mastzellen	speichern und setzen Histamin frei
Blut	
Hämatopoietische Stammzelle	Vorläuferzelle für alle anderen Blutzellen
Erythrocyt	Sauerstoff- und CO_2-Transport mittels Hämoglobin
Blutplättchen	Blutgerinnung
Lymphocyt	Spezifität und Vielfalt der Immunantwort
T-Zellen	T-Helferzelle (TH) erkennt Antigen und aktiviert B-Zellen und cytotoxische T-Zellen (TC); TC-Zellen erkennen Antigen und greifen infizierte Zellen an
B-Zellen	bilden Plasmazellen, die Antikörper sezernieren
Monocyten (Makrophagen)	wandern zu Infektionsherden und reifen zu Makrophagen, die Bakterien und Zelltrümmer „fressen"
Granulocyten (Leukocyten)	
neutrophile G.	phagocytieren Bakterien
eosinophile G.	zerstören Parasiten; wichtig bei Allergie
basophile G.	setzen Histamin bei einigen Immunreaktionen frei
Natürliche Killerzellen	zerstören infizierte Körperzellen und Tumorzellen

Tab. 3.6 (Fortsetzung)

Zell- und Gewebetyp	Funktion
Nervengewebe	
Neuron	Informationsaufnahme, -speicherung und -weiterleitung
Gliazelle	Stützzellen; unterstützen Struktur und Metabolismus der Neuronen
Schwann-Zelle	bilden Myelinscheide um Axone im peripheren Nervensystem
Oligodendrocyt	bilden Myelinscheide um Axone im zentralen Nervensystem
Astrocyt	große Gliazellen, die Neuronen strukturell und metabolisch unterstützen; wichtig für Blut-Hirn-Schranke
Sinneszellen	
Tastsinneszellen	Zellen mit Mechanorezeptoren, die Druck, Berührung, Dehnung, Bewegung und Schall wahrnehmen können
Haarzellen	Zellen (im Ohr der Vertebraten; Seitenlinienorgan der Fische) mit Mechanorezeptoren, die Bewegung relativ zur Umwelt oder Töne, Laute usw. wahrnehmen können
Schmerzsinneszellen	Zellen mit Schmerzrezeptoren (Nocirezeptoren); freie Nervenendigungen (Dendriten) z. B. in der Hautepidermis. Nocirezeptoren reagieren auf Hitze, Druck und Reizstoffe. Prostaglandine sensibilisieren Nocirezeptoren
Temperatursinneszellen	Zellen mit Thermorezeptoren, die Wärme und Kälte messen können
Geschmackssinneszellen	Zellen mit Chemo- und Geschmacksrezeptoren; Geschmacksrezeptoren erkennen die Kategorien süß, sauer, salzig und bitter
Geruchssinneszellen	Zellen mit Geruchsrezeptoren zur Geruchswahrnehmung
Lichtsinneszellen	Zapfen und Stäbchen dienen als Photorezeptoren in der Wirbeltierretina
Muskeln	
quer gestreifte Muskelzelle	schnelle und starke Kontraktionen (Skelettmuskel); Steuerung über willkürliches Nervensystem
glatte Muskelzelle	langsame, aber anhaltende Kontraktion (im Verdauungstrakt, in Blase, Arterien und Venen); keine Querstreifung; Steuerung über unwillkürliches Nervensystem
Herzmuskelzelle	quer gestreift; Herzkontraktion
Geschlechtszellen	
Spermien	männliche Geschlechtszelle (haploid)
Eizelle	weibliche Geschlechtszelle (haploid)

4
Biosynthese und Funktion der Makromoleküle (DNA, RNA und Proteine)

Dieses Kapitel führt in den Aufbau des Genoms sowie in die Struktur und Funktion der Chromosomen ein. Wichtige Prozesse, die an Chromosomen ablaufen, sind DNA-Replikation, DNA-Reparatur, Rekombination und Transkription. Die mRNA wird in den Ribosomen in Proteine übersetzt. Grundzüge der Genregulation werden erläutert.

Zur Synthese von Nucleinsäuren, Proteinen und Polysacchariden werden einfache Bausteine (Nucleotide, Aminosäuren, Zuckermonomere) in einer Kondensationsreaktion unter Wasserabspaltung miteinander verknüpft. Da die Kondensation ein energieaufwändiger Prozess ist, laufen diese Reaktionen nicht spontan ab, sondern benötigen Energie und vielseitig aufgebaute Multienzymkomplexe. Die Hydrolyse der Makromoleküle ist thermodynamisch begünstigt und wird durch einfach aufgebaute Enzyme katalysiert. Proteasen (z. B. Trypsin, Chymotrypsin, Pepsin) bauen Proteine und Peptide ab, DNAsen und RNAsen DNA bzw. RNA und Glucosidasen (z. B. Amylase) Polysaccharide.

4.1
Genome, Chromosomen und Replikation

In den letzten Jahren hat sich die **Genomik** (*genomics*) als neues Teilgebiet der Genetik und Biotechnologie entwickelt, mit dem Ziel, komplette Genome aller wichtigen Organismen molekular und funktionell zu charakterisieren. Es wird zwischen **Struktureller** und **Funktioneller Genomik** unterschieden (s. Kap. 22). Im Rahmen des **humanen Genomprojekts** (HUGO, *Human Genome Organisation*) wurde die Nucleotidsequenz eines haploiden Chromosomensatzes des Menschen inzwischen fast komplett ermittelt. Über 100 weitere Genome sind bereits (Stand 2004) vollständig sequenziert (Tab. 4.1). Über den Vergleich mit Nucleotidsequenzen, die aus umfangreichen organ- und gewebespezifischen cDNA- und EST-Banken gewonnen wurden, oder durch Konstruktion von ***Knock-out***- oder ***Antisense*-Mutanten** wird im nächsten Schritt versucht, die genomischen Sequenzen funktionellen Einheiten oder Genen zuzuordnen. Die **Funktionelle Genomik** (s. Kap. 22) wird letztlich eine genaue Antwort auf die Frage liefern, welche Berei-

Molekulare Biotechnologie: Konzepte und Methoden.
Herausgegeben von M. Wink
Copyright © 2004 WILEY-VCH Verlag GmbH & Co. KGaA, Weinheim
ISBN: 3-527-30992-6

Tab. 4.1 Übersicht über einige der bereits sequenzierten und publizierten Genome (Mb=1 Mio. Basen)

Organismus	Größe [Mb]
Archaebakterien	
Archaeoglobus fulgidus	2,18
Methanobacterium thermoautotrophicum	1,75
Methanococcus jannaschii	1,66
Pyrococcus horikoshii	1,80
Eubakterien	
Bacillus subtilis (grampositives Bakterium)	4,21
Borrelia burgdorferi (Borreliose-Erreger)	1,44
Chlamydia trachomatis (Lymphopathie-Erreger)	1,05
Escherichia coli (Darmbakterium)	4,64
Haemophilus influenzae (Erreger eitriger Rachenentzündungen)	1,83
Helicobacter pylori (Magengeschwür-Erreger)	1,67
Mycobacterium tuberculosis (Tuberkulose-Erreger)	4,45
Mycoplasma pneumoniae (Lungenentzündung-Erreger)	0,81
Rickettsia prowazekii (Fleckfieber-Erreger)	1,10
Treponema pallidum (Syphilis-Erreger)	1,14
Eukaryoten	
Plasmodium falciparum (Malaria-Erreger)	1,00
Saccharomyces cerevisiae (Bierhefe)	12,069
Arabidopsis thaliana (Ackerschmalwand)	142
Caenorhabditis elegans (Fadenwurm)	97
Drosophila melanogaster (Taufliege)	137
Mus musculus (Hausmaus)	3000
Homo sapiens (Mensch)	3200

che des Genoms eine Funktion haben (heute schätzt man die zum Überleben notwendige Information auf 85–90% bei Bakterien und auf nur 10% der Gesamt-DNA bei Vertebraten) und welche Teile als inzwischen funktionsloses evolutionäres Erbe anzusehen sind.

4.1.1
Genomgröße

Die Gesamtheit der DNA einer Zelle wird als **Genom** bezeichnet. Die Größe der Genome einiger Organismengruppen ist in Abb. 4.1 graphisch dargestellt. Betrachtet man die **minimale Genomgröße** in den Organismenreichen (d. h. nur die linke Seite der Balken), so beobachtet man eine Zunahme, die im Wesentlichen parallel zur Organisationshöhe verläuft. Einfach aufgebaute Bakterien und Pilze haben kleinere Genome als komplex aufgebaute multizelluläre Organismen. Man nimmt an, dass die Genome vor allem durch Genomduplikationen vergrößert wurden. Protostomia und die Deuterostomia-Vorfahren der Vertebraten (s. Kap. 6) enthalten in der Regel nur eine Ausführung eines Gens, während man in den Ge-

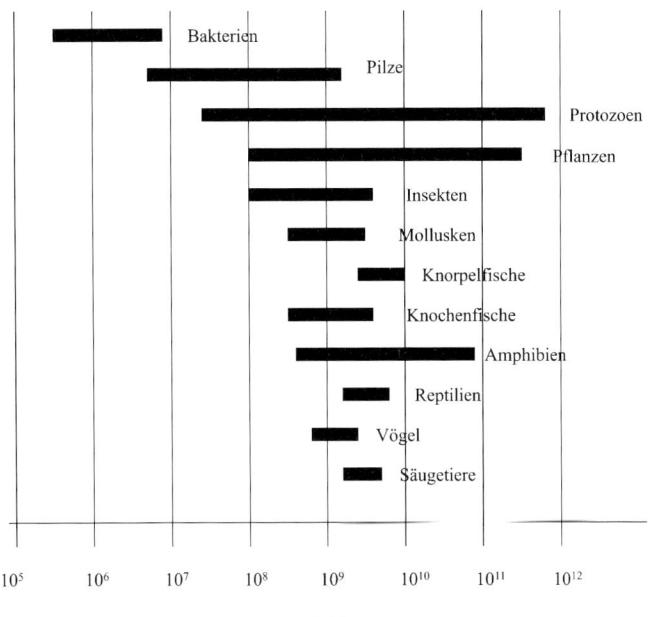

Nucleotide im haploiden Genom

Abb. 4.1 Anzahl der Nucleotide im haploiden Genom wichtiger Organismengruppen.

nomen der Chordata meist mehrere Kopien eines Gens vorfindet. Es wird deshalb angenommen, dass die Chordatengenome mindestens zweimal verdoppelt wurden (**1-2-4-Regel**). Die erste Genomduplikation während der Evolution der Chordaten erfolgte bereits vor der kambrischen Explosion, während die zweite und nächste Verdopplung im frühen Devon stattfand. In der Evolution der Fische erfolgte im späten Devon, nachdem sich bereits die Actinopterygii und Sarcopterygii abgetrennt hatten, eine weitere Verdopplung des Genom auf 8 Kopien des ursprünglichen Deuterostomia-Genoms (**1-2-4-8-Hypothese**). Zu den Sarcopterygii zählen die Coelacanthen, Lungenfische. Aus ihnen gingen alle Landwirbeltiere (Amphibien, Reptilien, Vögel und Säuger) hervor. Die **maximale Genomgröße** hat bei den Eukaryoten jedoch nur eine geringe Beziehung zur Entwicklungshöhe, denn viele Pflanzen und Amphibien haben Genome mit annähernd 10^{11} Basen, die damit 1 bis 2 Größenordnungen größer sind als das Genom des Menschen; offensichtlich kam es bei diesen Gruppen zu vielfachen Verdopplungen der Genome.

Betrachtet man das menschliche Genom, das inzwischen sequenziert wurde, so erkennt man schnell, welche gigantische Informationsmenge hier vorhanden ist. Würde man die DNA einer einzelnen Zelle des Menschen als Faden aufspannen, so wäre er etwa 2 Meter lang. Bei etwa 10^{13} Zellen in unserem Körper beträgt die Gesamtlänge der DNA aller Zellen 2×10^{10} km. Man könnte damit einen DNA-Faden spannen, der mehrfach von der Erde bis zur Sonne und zurück reicht.

Von den 3,2 Milliarden Basen, die z.B. im **haploiden Chromosomensatz** des Menschen vorhanden sind, betreffen ca. 25% der DNA definierte Gene, aber nur 1,5% der DNA codiert direkt für Proteine (Tab. 4.2; Abb. 4.2). Die restliche DNA besteht aus RNA-Genen und nicht codierenden Bereichen, die oft keine Funktion besitzen oder deren Funktion man noch nicht kennt.

Der vermutlich größte Teil des Genoms (über 50% bei vielen höheren Eukaryoten) wird nicht transkribiert und ist teilweise funktionslos. Wichtige Elemente stellen **Pseudogene** und **repetitive DNA-Sequenzen** dar (Abb. 4.2).

Durch Verdopplung oder Vervielfachung von Genen entwickelten sich im Verlauf der Evolution meist, aber nicht immer, neue funktionelle Gene. Im Gegensatz dazu stehen **Pseudogene**, bei denen es sich um nicht translatierbare Kopien von Genen handelt, die *Frameshift-, Nonsense*-Mutationen, Deletionen und Insertionen aufweisen s. Abschnitt 4.1.4. Pseudogene haben heute keine Funktion mehr. Bei Pseudogenen kann man zwei Gruppen unterscheiden: Die erste entsteht durch **Genduplikation**, die zweite durch **Retroposons**. Im zweiten Fall werden die Gene transkribiert und prozessiert und nach Rückübersetzung in DNA an irgendeiner Stelle im Genom inseriert. Diese **Retropseudogene** haben keine Introns, aber häufig Poly(A)-Schwänze und liegen nicht in Nachbarschaft zum Ursprungsgen, wie dies bei Pseudogenen, die durch Duplikation entstanden sind, der Fall ist. Erstaunlicherweise kann die Natur es sich leisten, diesen „Müll" (*junk-DNA*) mit jeder Generation weiter zu vermehren, obwohl die Replikation ein energieaufwändiger Prozess ist. Aber vielleicht sind ja diese DNA-Abschnitte, die heute funktionslos erscheinen, in einer späteren Evolutionsphase (als molekulares „Ersatzteillager") wieder von Nutzen.

Wird ein DNA-Bereich verdoppelt und neben dem ursprünglichen Gen positioniert, so sprechen wir von einem *Tandem-Repeat*. Diese Tandem-Repeats sind der

Tab. 4.2 Verhältnis zwischen Genomgröße und der Anzahl der Gene bei einigen Arten, deren Genom sequenziert wurde

Organismus	Genomgröße [bp]	Anzahl der Gene
Bakterien		
Mycoplasma genitalium	$0,58 \times 10^6$	468
Haemophilus influenzae	$1,83 \times 10^6$	1743
Escherichia coli	$4,64 \times 10^6$	4289
Hefen		
Saccharomyces cerevisiae (Bierhefe)	1207×10^7	6300
Pflanzen		
Arabidopsis thaliana (Ackerschmalwand)	$1,42 \times 10^8$	26000
Tiere		
Caenorhabditis elegans (Fadenwurm)	$0,97 \times 10^8$	19000
Drosophila melanogaster (Taufliege)	$1,37 \times 10^8$	14000
Mus musculus (Hausmaus)	$3,0 \times 10^9$	30000
Homo sapiens (Mensch)	$3,2 \times 10^9$	30000

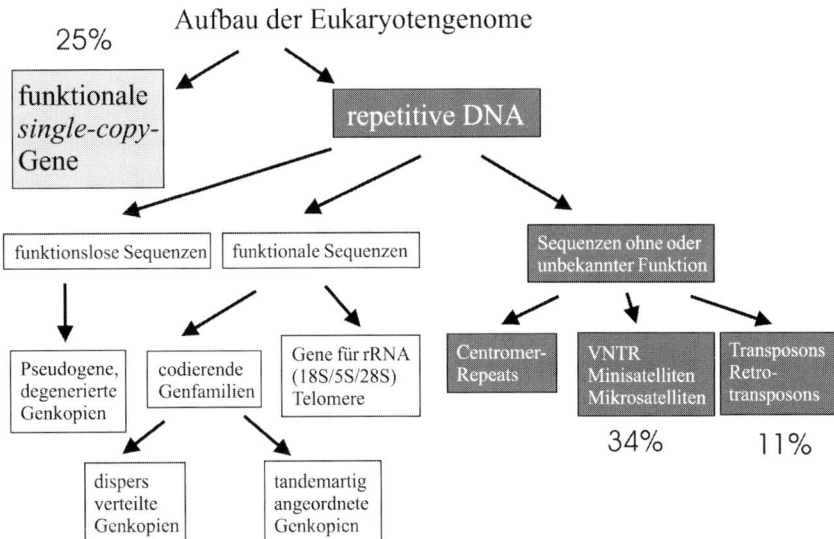

Abb. 4.2 Zusammensetzung von Eukaryotengenomen und Anteil einiger DNA-Elemente am gesamten menschlichen Genom.

Ausgangspunkt für weitere DNA-Amplifikationen, hervorgerufen durch ungleiches Crossing-over. Mengenmäßig bedeutsam ist die repetitive DNA, die man in mittelrepetitive DNA (umfasst Transposons und Retroelemente) und hochrepetitive DNA unterteilen kann. Die letzte Klasse umfasst kurze Nucleotidsequenzen, die tandemartig in großer Anzahl in den Chromosomen vorkommen. Man unterscheidet **Telomer-, Satelliten-, Minisatelliten- und Mikrosatelliten-DNA.**

Trennt man die Gesamt-DNA von Eukaryoten durch Caesiumchlorid-Gradientenzentrifugation auf, so findet man häufig zwei Banden, von denen eine kleinere die sog. **Satelliten-DNA** enthält. Diese Satelliten-DNA ist besonders reich an repetitiven Sequenzen und kann auf den Chromosomen bevorzugt im Bereich der Centromeren lokalisiert werden. Bei Insekten und anderen Arthropoden ist die Satelliten-DNA sehr homogen aufgebaut, d.h., ihre Sequenzelemente sind hoch konserviert. Bei Vertebraten sind die bis 1000fach wiederholten Sequenzeinheiten der Satelliten-DNA deutlich länger und variabler (Länge über 200 bp); in diesen Elementen findet man variierte Unterelemente, wie z.B. GA_5TGA. Durch ungleiches Crossing-over ist die Variabilität in der Satelliten-DNA etwa 10-mal höher als bei Genen, die nur in wenigen Kopien vorkommen. Verteilung und Organisation der repetitiven DNA-Elemente in den Centromerenbereichen sind chromosomen- und artspezifisch; vermutlich dient die repetitive Centromeren-DNA u.a. dazu, dass sich die homologen Chromosomen während der Meiose erkennen und zusammenlagern können.

Neben der eigentlichen Satelliten-DNA findet man bei Tieren und Pflanzen 5- bis 50fach wiederholte Sequenzelemente, die jeweils 15 bis 100 bp umfassen. Die Sequenzelemente lassen sich auf ursprüngliche Sequenzen zurückführen, die durch Punktmutationen variiert wurden. Diese repetitive DNA, die jeweils ca. 500–5000 Nucleotide umfasst, ist wesentlich kürzer als die eigentliche Satelliten-

DNA und wird als **Minisatelliten** oder **VNTR** (*variable number tandem repeats*) bezeichnet. Sie zeigt eine starke Längenvariabilität an jedem Locus und weist durch ungleiches Crossing-over eine besonders hohe Mutationsrate auf (indem z. B. die Zahl und Länge der Repeats verändert wird), die bis zu 5% pro Gamet betragen kann. Man hat die Minisatelliten-DNA deshalb auch als *Hot Spot* der meiotischen Rekombination bezeichnet. Minisatelliten-DNA eignet sich besonders zur Identifizierung von Individuen (z. B. in der forensischen Medizin oder Kriminalistik bei Aufklärung von Sexualstraftaten oder Mord) und zur Aufklärung von Paternität und Homozygotie in einer Population. Viele VNTR-Loci haben jeweils Dutzende von Allelen, die codominant vererbt werden. Diese Eigenschaft wird im **DNA-*Fingerprinting*** ausgenutzt. Die Wahrscheinlichkeit, dass zwei nicht verwandte Individuen identische Fingerprints aufweisen, ist kleiner als 1 zu 10 Millionen.

Daneben treten in tierischen und pflanzlichen Genomen noch kürzere repetitive Elemente auf, deren Grundeinheit aus 2 (manchmal bis 5) Nucleotiden [z. B. $(GC)_n$ oder $(CA)_n$] bestehen, die bis zu 100-mal wiederholt sind. Von diesen, als **Mikrosatelliten** oder STR (Short tandem repeats) bezeichneten Elementen, finden wir beim Menschen ca. 30 000 Loci, die für die Erkennung von Geweben, Individuen, für Paternitäts-, Populationsuntersuchungen und Genomkartierungen von großer Wichtigkeit sind. Die Allele lassen sich mittels Polymerase-Kettenreaktion (PCR) amplifizieren (s. Kap. 13). Da die Mikrosatelliten-PCR mit geringsten Mengen an DNA auskommt, ist sie heute für viele forensische, biotechnologische und biologische Fragen die Methode der Wahl. Die Variabilität von Mikrosatelliten-DNA wird während der Meiose durch ungleiches Crossing-over und *slippage* („Ausrutschen" der DNA-Polymerase) stark erhöht, indem die kurzen Sequenzelemente mutiert, verdoppelt oder verringert werden können.

Im Genom von Pflanzen und Tieren findet man zusätzlich bis 500 Basen lange DNA-Abschnitte, sog. *scattered* oder **short interspersed elements** (**SINE**) oder 1000 bis 5000 Nucleotide lange **long interspersed elements** (**LINE**), die in vielen Kopien auftreten (jedoch nicht in tandemartigen Wiederholungen) (Abb. 4.2). Zu den SINEs zählen die DNA-Elemente ***Alu*** (das durch das Restriktionsenzym Alu I erkannt wird), ***Kpn*** und **Poly-CA**. Im menschlichen Genom umfasst der Anteil dieser Elemente ca. 20% des Gesamtgenoms. Man vermutet, dass diese Elemente, die man auch als **mobile genetische Elemente** oder **Retrotransposons** bezeichnen kann, durch reverse Transkription entstehen. Aus evolutionärer Sicht könnte man die **Transposons** (mit *long terminal repeats*, LTR oder *inverted repeats*, IR), **Retrotransposons** und **Retroposons (**Transposons ohne LTR**)** als Beispiele für aktive **„egoistische" Gene** (*selfish DNA*) ansehen, die nur ihre Vermehrung im Sinn haben. Andererseits führen diese mobilen Elemente zur genetischen Variabilität (u. a. vermehrtes *Exon-Shuffling* oder *Enhancer-Shuffling*), die sich langfristig auch positiv auswirken kann. Chromosomen zeigen im Bereich von *Alu*-Sequenzen erhöhte Raten von Neuorientierung. Wenn *Alu*-Elemente in aktive Gene springen, so werden diese meist inaktiviert; umgekehrt können „schlafende" Gene aktiviert werden, indem springende Elemente als Enhancer fungieren. Letztendlich werden damit der Selektion neue Merkmale zur Verfügung gestellt. Sexuelle Isolation und Artbildung können durch diese Mechanismen verstärkt werden.

Der relative Anteil der nichtrepetitiven DNA liegt bei Bakterien bei 100% und nimmt bei höher entwickelten Eukaryoten ab: 70% bei *Drosophila,* ca. 55% bei Säugetieren und 33% bei Pflanzen. Der Anteil der repetitiven DNA nimmt entsprechend zu. Bedingt durch ungleiches Crossing-over wird der Anteil der repetitiven DNA im Genom der Eukaryoten in der zukünftigen Evolution vermutlich weiter wachsen. Wie bereits oben erwähnt, kennen wir die Funktion von über 50% des Genoms nicht. Ob es sich bei der repetitiven DNA wirklich um funktionslose oder „egoistische" DNA, wie manchmal angenommen wird, handelt, muss die weitere Forschung zeigen.

4.1.2
Aufbau und Funktion der Chromosomen

Bei den Eukaryoten liegt die DNA in Chromosomen als lineare Doppelhelix vor. Beim Menschen finden wird 22 paarweise auftretende Autosomen (jeweils eine Kopie von Vater und Mutter) und 2 Geschlechtschromosomen (XY im männlichen und XX im weiblichen Geschlecht), sodass insgesamt 46 Chromosomen im Zellkern vorhanden sind (Abb. 4.3). In etlichen Fällen ist es bereits gelungen, an Krankheiten beteiligte Gene spezifischen Chromosomen zuzuordnen. Eine Auswahl ist in Abb. 4.3 angeführt. Durch spezifische Hybridisierungsverfahren (z.B. FISH, *fluorescence in situ hybridisation*) kann man Gene auf einzelnen Chromosomen lokalisieren und sichtbar machen. Solche Lokalisierungen sind eine wichtige Aufgabe für die Humangenetik und die diversen Genomprojekte.

Chromosomen bestehen aus einem Centromer, an dem die Mikrotubuli während der Zellteilung angreifen, diversen Replikationsstarts (*origin of replication*) und Telomersequenzen an den Enden (Abb. 4.4). Diese **Telomere** bestehen aus über 1000 kurzen repetitiven Sequenzelementen (z.B. GGGTTA beim Menschen) und werden über eine **Telomerase** den Chromosomen angefügt (Abb. 4.5). Die Telomere verhindern, dass Exonucleasen die Chromosomen von den Enden her abbauen. Die Telomerase ist aber nur in embryonalen Zellen aktiv und synthetisiert lange Telomerreste an den Chromosomenenden. Die Telomerase wird später abgeschaltet (ausgenommen in Tumorzellen, in denen sie häufig permanent aktiviert ist), sodass die Telomeren bei späteren Replikationszyklen nicht mehr verlängert werden. Nach 70–80 Zellteilungen kommt die Zellteilung häufig zum Erliegen, da es die Exonucleasen bis dahin geschafft haben, die Telomere abzuknabbern und Teile der funktionswichtigen Gene zu zerstören. Es wird spekuliert, dass das Altern und der Tod über diese innere Uhr gesteuert werden.

Die DNA liegt in den Chromosomen nicht als freier Faden, sondern mit basischen **Histonproteinen** verbunden vor. Vier Histonproteine (H2A, H2B, H3, H4), die viele positiv geladene Lysinreste aufweisen, bilden octamere Zylinder aus, um die sich die DNA aufwindet (Abb. 4.6). Es bilden sich **Nucleosomen** aus, die ca. 145 bp DNA enthalten. Hierbei spielen ionische Wechselwirkungen zwischen den positiv geladenen Lysinresten und den negativ geladenen Phosphatgruppen der DNA eine wichtige Rolle. Zwischen zwei benachbarten Nucleosomen befindet sich meist ein linearer DNA-Abschnitt von ca. 80 bp, an dem sequenzspezifische Proteine binden.

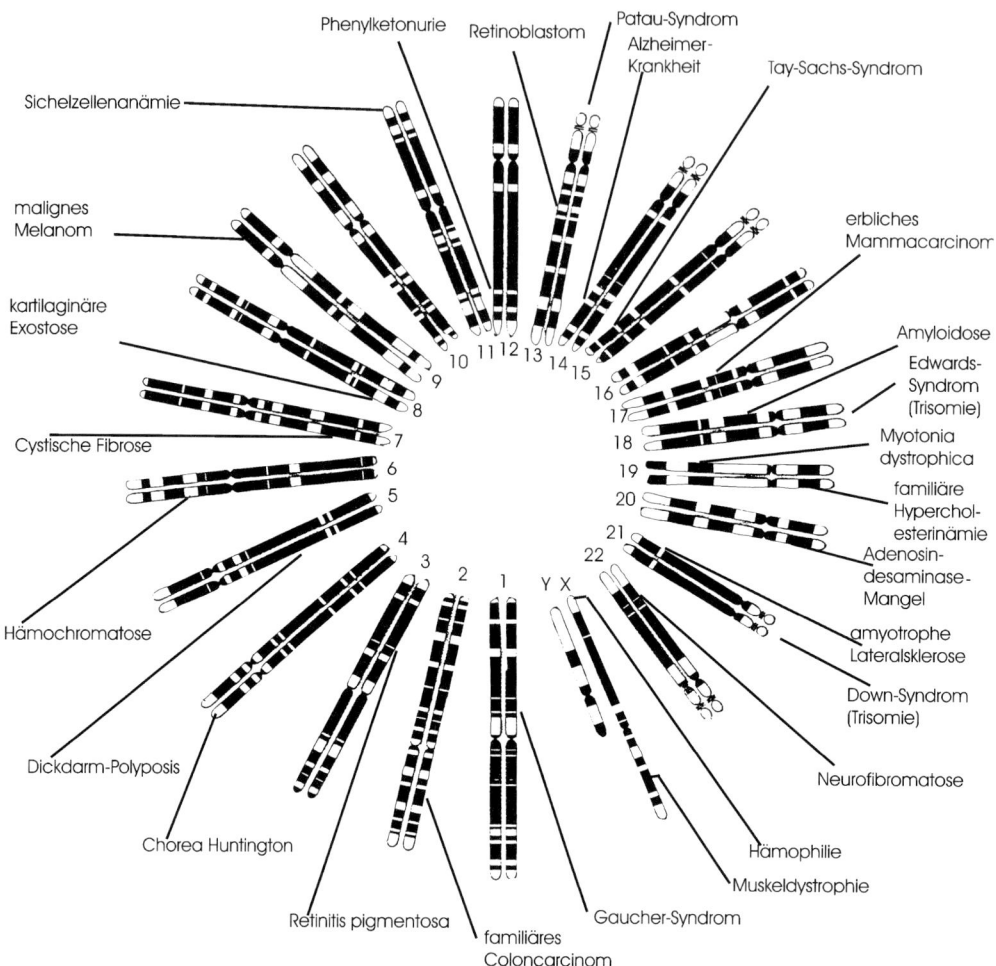

Abb. 4.3 Schematische Darstellung der menschlichen Chromosomen. Die Einschnürungen entsprechen den Centromeren. Durch Anfärbung der Chromosomen entstehen typische Bandenmuster. Einige der an Krankheiten beteiligten Gene sind bereits lokalisiert.

Wenn ein Gen transkribiert werden soll, muss die enge Komplexierung zwischen DNA und Histonen gelockert werden. Dazu dienen diverse Proteinmodifikationen, wie z. B. Acetylierung, Methylierung und Phosphorylierung und ATP-abhängige Chromatin-Modellierungskomplexe (zusammen mit Histon H1).

In der Interphase des Zellzyklus liegen die Chromosomen entknäuelt vor. Nur in der Metaphase beobachten wir die bekannten Metaphasechromosomen, in denen die DNA hoch kondensiert (1000-mal kürzer als in der entknäuelten Form) vorliegt (Abb. 4.6).

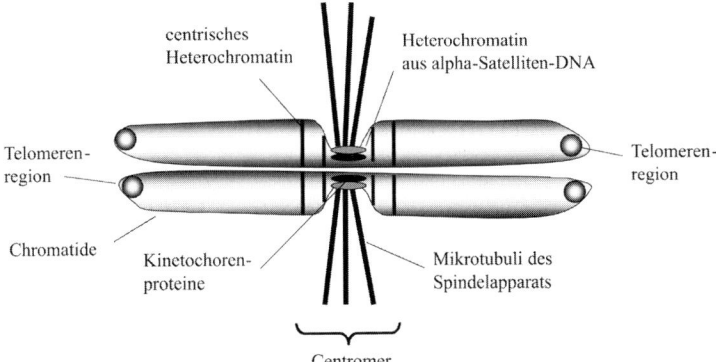

Abb. 4.4 Wichtige Strukturelemente der Chromosomen, die für die Replikation und Auftrennung von Chromatiden wichtig sind. Die Centromerenregion besteht aus repetitiver α-Satelliten-DNA, die reich an A-T-Paaren ist. Flankiert wird sie von zentrischem Hetero-chromatin. Im Bereich der α-Satelliten-DNA binden die Kinetochorenproteine, die eine innere und eine äußere Kinetochorenplatte bilden. Die Kinetochorenproteine binden die Mikrotubuli des Spindelapparats, die die Chromatidenhälften auseinander ziehen.

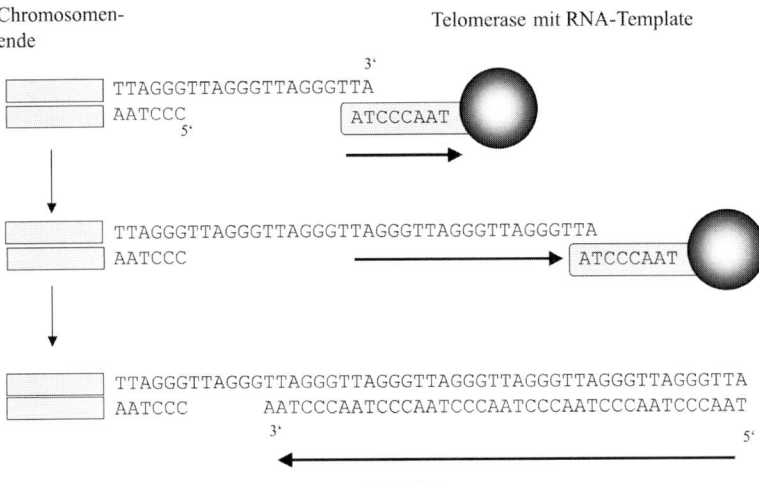

Abb. 4.5 Prinzip der Telomerenreplikation. Die Telomerase besitzt ein RNA-Template, mit dem sie an einem TA-Rest der DNA bindet. Die Telomerase verlängert den DNA-Strang komplementär zum RNA-Template. Wenn eine Repeat-Einheit synthetisiert ist, springt die Telomerase zum nächsten TA-Rest und setzt die Synthese fort. Dies kann sich über tausendmal wiederholen. Der Gegenstrang wird über DNA-Polymerase α synthetisiert, die am 5'-Ende zunächst einen komplementären RNA-Primer mittels eigener Primase setzt und an diesen die nächsten Nucleotide ankoppelt.

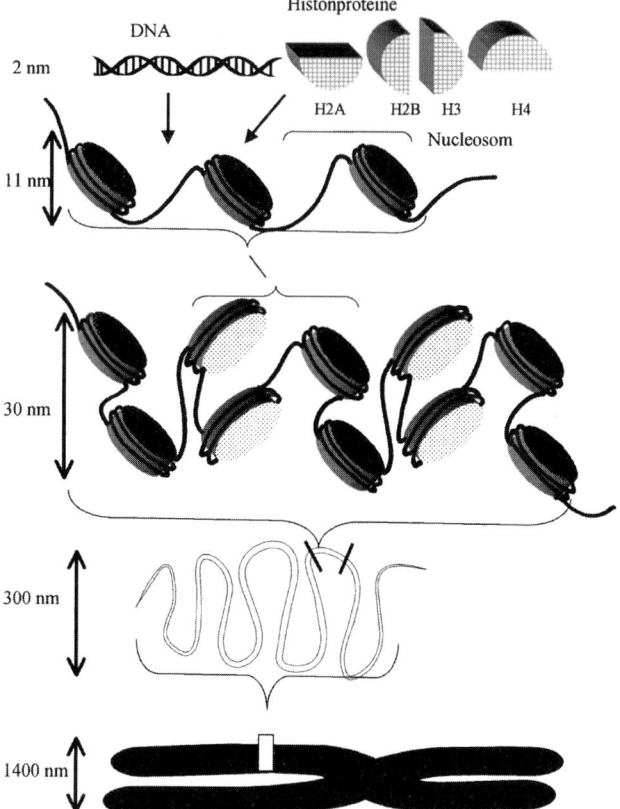

Abb. 4.6 Vom Nucleosom zum kondensierten Metaphasechromosom. Die DNA windet sich um die octameren Histonproteinkomplexe und bildet Nucleosomen aus. Die Nucleosomen sind in 30 nm dicke Chromatinfibrillen organisiert, die sich in der Interphase zu 300 nm dicken Knäueln zusammenlagern. Im Metaphasechromosom wird das Chromatin durch mehrfache Verknäuelung äußerst dicht gepackt.

4.1.3
Mitose und Meiose

Bei der Befruchtung fusioniert eine Eizelle mit einem Spermium; beide Zellen haben einen haploiden Chromosomensatz, der durch Meiose entstanden ist (Abb. 4.7). Die Zygote erhält dadurch einen diploiden Chromosomensatz. Alle durch weitere mitotische Teilungen entstehenden Körperzellen sind ebenfalls diploid. Nur die Geschlechtszellen sind haploid.

Bei der **mitotischen Zellteilung** wird die gesamte DNA zunächst verdoppelt (**Replikation**); es entstehen jeweils zwei parallel liegende identische **Schwesterchromatiden**, die über ein gemeinsames Centromer (s. Abb. 4.4) eng zusammenhängen. Die kondensierten Chromatiden werden über den Spindelapparat so auseinander gezogen, dass jede neue Zelle einen kompletten diploiden Chromoso-

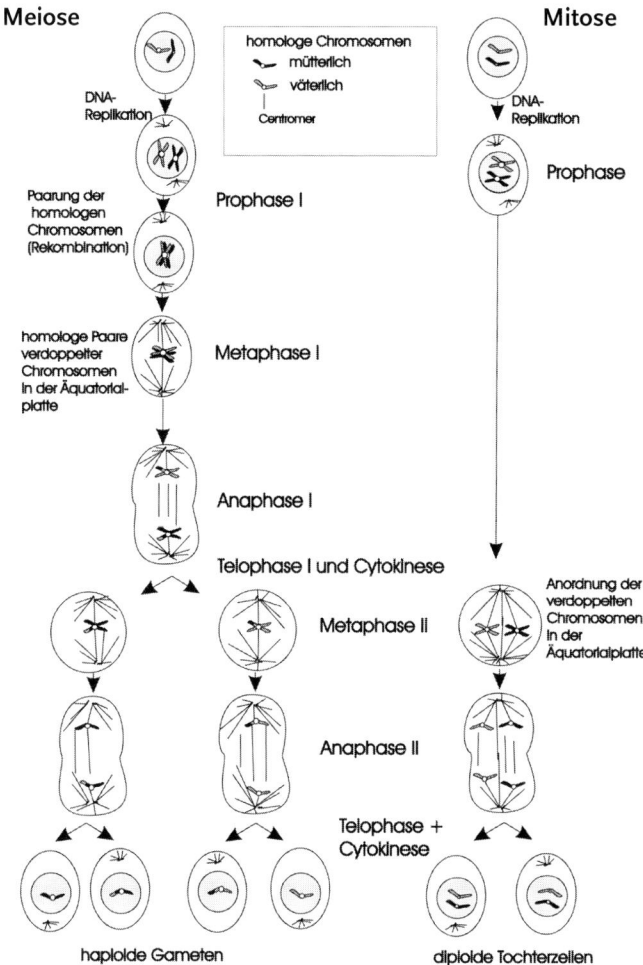

Abb. 4.7 Schematische Übersicht über die Mitose und Meiose.

mensatz erhält. Grundsätzlich werden bei den meisten Eukaryoten mehrere Phasen der Mitose unterschieden: Prophase, Metaphase, Anaphase und Telophase.

Nachdem die Chromosomen im **Interphasekern** (in der S-Phase) verdoppelt wurden, erfolgt in der **Prophase** eine Verdichtung des Chromatins zu diskreten Chromosomen (s. Abb. 4.6, 4.7), die aus zwei identischen Chromatiden bestehen. Am Ende der Prophase und vor Beginn der **Prometaphase** lösen sich Kernmembran und Nucleoli auf; die Kernspindel (bestehend aus polaren Mikrotubuli und Kinetochorenmikrotubuli) bildet sich aus. In der Prometaphase heften sich die Mikrotubuli über spezielle Proteinkomplexe (**Kinetochoren**) (s. Abb. 4.4) an die Centromeren der Chromosomen an. Die Chromosomen werden über die Mikrotubuli (s. Abb. 3.26) zum Zelläquator hin bewegt. In der **Metaphase** liegen die Chromosomen in der Äquatorialebene aufgereiht vor und Mikrotubuli verbinden die Centromeren mit den beiden Spindelpolen. In der **Anaphase** verkürzen sich die Kinetochorenmikrotubuli; dadurch werden die Chromatiden zu den jeweiligen Spindelpolen gezogen. In der darauf folgenden Anaphase II verlängern sich die polaren Mikrotubuli, sodass die Zelle sich zu strecken beginnt. In der **Telophase** befinden sich die Tochterchromosomen an den jeweiligen Spindelpolen; die Kernmembran bildet sich wieder aus; auch werden die Nucleoli sichtbar. Gleichzeitig schieben die polaren Mikrotubuli die Zellen weiter auseinander. In der anschließenden **Cytokinese** schnüren sich die beiden Tochterzellen vollständig ab; es entstehen zwei selbstständige Zellen mit jeweils identischen Chromosomensätzen.

Bei der **Meiose** werden die Chromosomensätze halbiert (**Reduktionsteilung**) und somit wieder in haploide Genome zurückgeführt. Die Meiose ist bei diploiden Organismen die Voraussetzung für die geschlechtliche Vermehrung. Wären die Gameten diploid, so würde jede neue Zygotenbildung eine Verdopplung der Chromosomensätze mit sich bringen. Nur durch haploide Gameten lässt sich dieses Dilemma lösen.

Der wesentliche Unterschied zur Mitose liegt in der Paarung homologer Chromosomen und der anschließenden Reduktion des Chromosomensatzes. Es werden zwei Teilungen unterschieden: die 1. und 2. Reduktionsteilung (oder Meiose I und Meiose II). In der **Prophase** der **1. Reduktionsteilung** unterscheidet man 5 Stadien: Leptotän, Zygotän, Pachytän, Diplotän und Diakinese. Nach der Verdopplung der Chromosomen in jeweils zwei Schwesterchromatiden werden diese im **Leptotän** sichtbar. **Im Zygotän beginnt die Paarung der homologen mütterlichen und väterlichen Chromosomen (Synapsis).** Die jeweils gepaarten Bereiche entsprechen sich auch auf der Sequenzebene, wodurch Crossing-over und **Rekombination** möglich werden. Im **Pachytän** wird die Paarung der homologen Chromosomen abgeschlossen. Im darauf folgenden **Diplotän** trennen sich die Chromosomenpaare, haften aber an den Stellen, an denen ein Crossing-over stattgefunden hat, zusammen (sog. **Chiasmata**). In dieser Phase sind die Chromosomen entspiralisiert und transkriptorisch aktiv. In der **Diakinese** hört die Transkription auf und die Chromosomen kondensieren erneut.

In der folgenden **Metaphase I** werden Kernmembran und Nucleoli aufgelöst und der Spindelapparat bildet sich aus. Die Chromosomenpaare ordnen sich in der Äquatorialplatte an, wobei die jeweiligen Centromeren zu den Spindelpolen ausgerichtet sind. Die Kinetochorenmikrotubuli setzen jedoch nicht an den Centromeren einzelner Chromatiden (wie in der Mitose) an, sondern an einem gemeinsamen Centromer jedes Chromatidenpaars. In der meiotischen Anaphase I werden die Chromosomenpaare über die sich verkürzenden Kinetochorenmikrotubuli zu den Zellpolen auseinander gezogen. An den Chiasmata trennen sich die rekombinierten Chromosomenbereiche. Die Schwesterchromatiden bleiben dabei über ihr Centromer vereint.

Nach einer kurzen **Interphase** setzt die **2. Reduktionsteilung** ein, die mechanistisch der Mitose entspricht. Die Chromosomen werden wieder in einer Metaphase, der Metaphase II, angeordnet. Die Chromatiden werden über Kinetochorenmikrotubuli zu den Zellpolen auseinander gezogen. Dieser Vorgang wird mit der

Anaphase II abgeschlossen. Nach der **Telophase II** und **Cytokinese** liegen vier haploide Zellen (sog. Meiosporen oder Meiogameten) vor, die jeweils über einen haploiden Chromosomensatz verfügen.

4.1.4
Replikation

Bei jeder Zellteilung (Mitose, s. Abb. 4.7) wird das gesamte Genom einer Zelle verdoppelt, d. h., aus jedem Chromosom entstehen zwei identische Chromatiden, die nach Trennung als identische Tochterchromosomen auf die Tochterzellen verteilt werden. Die Verdopplung der DNA, die als **DNA-Replikation** bezeichnet wird, verläuft **semikonservativ**.

Dabei wird der DNA-Doppelstrang zunächst lokal in seine Einzelstränge getrennt, indem sich eine Replikationsgabel bildet. Die Einzelstränge dienen nun als Matrize für die Synthese der jeweils **komplementären** neuen Stränge. Die DNA-Replikation ist ein komplexer Vorgang, an dem mehrere Proteine und Enzyme beteiligt sind (Abb. 4.8). Eine Helicase wird benötigt, um die Doppelstränge zu öffnen. Der *leading strand* (Leitstrang), der in 3′ → 5′-Richtung orientiert ist, kann direkt von der DNA-Polymerase kopiert werden, da die Syntheserichtung von 5′ nach 3′ läuft. Der Gegenstrang, der als *lagging strand* (Folgestrang) bezeichnet wird, kann nicht in gleicher Weise kopiert werden, da er von 3′ nach 5′ orientiert ist. Sobald die DNA als Einzelstränge vorliegt, binden spezifische Proteine

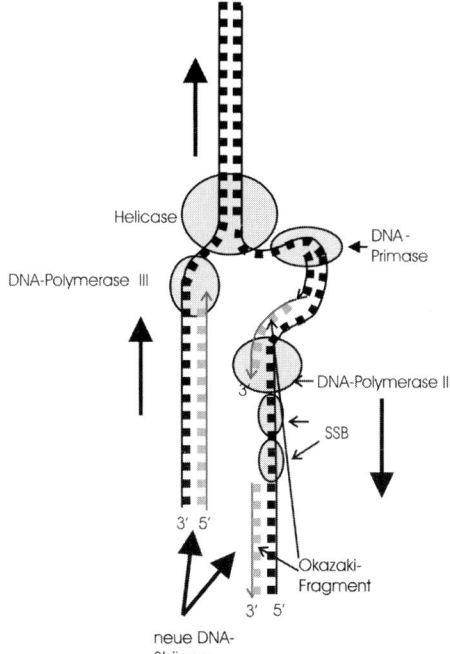

Abb. 4.8 Schematische Zusammenfassung der DNA-Replikation.

(*single strand binding proteins*) und verhindern die Ausbildung der Doppelhelix. In regelmäßigen Abständen setzt nun eine **DNA-Primase** kurze RNA-Primer, die zur DNA-Sequenz komplementär sind. Diese RNA-Primer können von der DNA-Polymerase verlängert werden, bis der nächste RNA-Primer erreicht wird (sog. **Okazaki-Fragmente**). Die RNA-Bereiche werden danach entfernt und durch dNTPs aufgefüllt. Verknüpft werden die Okazaki-Fragmente durch die DNA-Ligase. Die an der Replikation beteiligten Enzyme unterscheiden sich geringfügig zwischen Pro- und Eukaryoten, der generelle Aufbau als Multienzymkomplex ist jedoch ähnlich. Um eine Rotation der Doppelhelix um sich selbst zu verhindern, die bei der Öffnung der Doppelhelix entsteht, schneiden DNA-Topoisomerasen die DNA in regelmäßigen Abständen durch und verknüpfen sie wieder. Die **DNA-Topoisomerase I** katalysiert Einzelstrangschnitte, während die **DNA-Topoisomerase II** beide DNA-Stränge gleichzeitig durchschneiden kann.

Die Replikation beginnt an spezifischen DNA-Sequenzen, den *origins* (Replikationsstarts), indem sich die Replikationsblase öffnet und die Replikation parallel an der jeweils rechten und linken Replikationsgabel abläuft (Abb. 4.9). Während bei einem ringförmigen bakteriellen Genom nur 1 Replikationsstart vorhanden ist, liegt auf den linearen Chromosomen alle paar Tausend Basen ein Replikations-

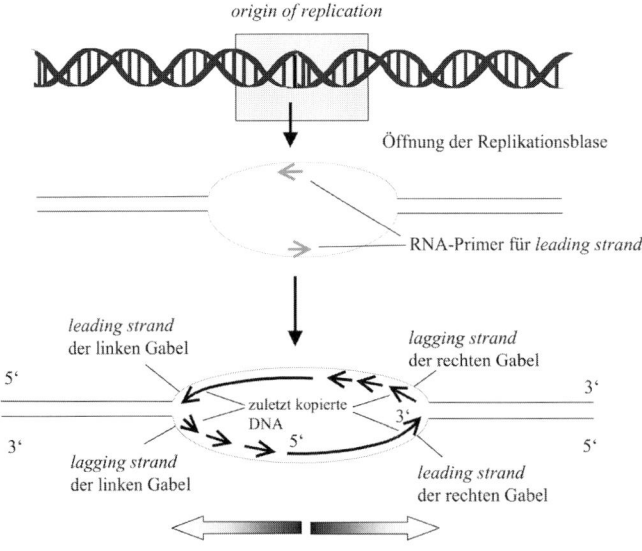

Abb. 4.9 Asymmetrischer Aufbau der Replikationsblase. Am Replikationsstart (*origin of replication*) wird die DNA geöffnet und es bildet sich eine Replikationsblase mit einer rechten und einer linken Replikationsgabel, in denen die Replikation parallel erfolgt. Zunächst muss auf dem jeweiligen *leading strand* mittels DNA-Primase ein RNA-Primer komplementär gesetzt werden, damit die DNA-Polymerase III mit der Arbeit beginnen kann. Die jeweiligen *lagging strands* werden wie in Abb. 4.8 gezeigt synthetisiert.

start. Auf diese Weise können auch lange Chromosomen in vergleichsweise kurzer Zeit repliziert werden.

DNA-Polymerasen kopieren die ursprüngliche Basensequenz äußerst exakt (ihre Fehlerrate liegt während der eigentlichen Synthese bei 1 falsch eingebauten Nucleotid pro 10 000 Nucleotiden), wobei spezielle **Korrekturlese- und Reparaturfunktionen** des Enzyms eine große Rolle spielen. Falsch gepaarte Nucleotide werden durch eine spezifische Exonuclease entfernt und dann durch DNA-Polymerase ersetzt; zuletzt wird die Phosphoesterbindung mittels DNA-Ligase kovalent verknüpft.

4.1.5
Mutationen und Reparaturmechanismen

Die Struktur der DNA muss relativ stabil sein und nahezu fehlerfrei repliziert werden, um als Informations- und Erbträger dienen zu können. Die DNA ist zwar ein relativ stabiles Makromolekül, doch unterliegt sie im Körper ständig Mutationen, die auf interne oder externe Auslöser zurückgehen. Interne Mechanismen gehen auf spontane **Depurinierung** und **Desaminierung** der DNA-Basen zurück; externe Faktoren umfassen energiereiche **Strahlung** (UV, Röntgen, Radioaktivität) und **mutagene Substanzen**. Natürliche **Mutationshäufigkeiten** schätzt man bei Bakterien auf 10^{-5} bis 10^{-6} Mutationen pro Genlocus und Generation. Bei Eukaryoten sind diese Häufigkeiten nur schwer zu bestimmen, dürften aber in derselben Größenordnung liegen.

Man spricht von **Punktmutationen**, wenn nur einzelne oder wenige Nucleotide ausgetauscht wurden, und von **Chromosomenmutationen** oder *Rearrangements* wenn größere Sequenzabschnitte herausgeschnitten (**Deletion**), eingefügt (**Insertion** oder **Translokation**), verdoppelt (**Duplikation**) oder in der Orientierung umgedreht wurden (**Inversion**). Erfolgen solche Mutationen innerhalb von Transkriptionseinheiten, sprechen wir von **Genmutationen**; sind mehrere Gene, Chromosomenabschnitte oder mehrere Chromosomen betroffen, handelt es sich um **Chromosomenmutationen.**

Im menschlichen Körper treten **Basendesaminierungen** mit einer Rate von 100 Desaminierungen pro Tag und Zelle auch spontan auf (Abb. 4.10). Bei einer nachfolgenden Replikation paart U mit A statt mit G, wie es das ursprüngliche C getan hätte. Dadurch ist das C-G-Paar letztlich durch ein T-A-Paar ersetzt worden (Abb. 4.11). Die Purinreste Guanin und Adenin können spontan durch Hydrolyse aus der DNA entfernt werden (Abb. 4.10). **Depurinierungen** zählen zu den häufigsten spontanen Veränderungen und führen meist zu Transversionen aber auch zu Deletionen einer einzelnen Base; über 5000–10 000 Purinbasen werden täglich in jeder menschlichen Zelle depuriniert. Unter UV-Bestrahlung (z. B. bei einem ausgiebigen Sonnenbad) können benachbarte Thymin- oder Cytosinreste aktiviert werden, die dann jeweils Dimere ausbilden (Abb. 4.10).

In seltenen Fällen können die Basen **tautomere Formen** einnehmen (Abb. 4.12), die zu Fehlpaarungen bei der Replikation führen. Normalerweise liegen G und T in der **Keto-Form** vor und nehmen selten die **Enol-Form** ein. Die Aminogruppe

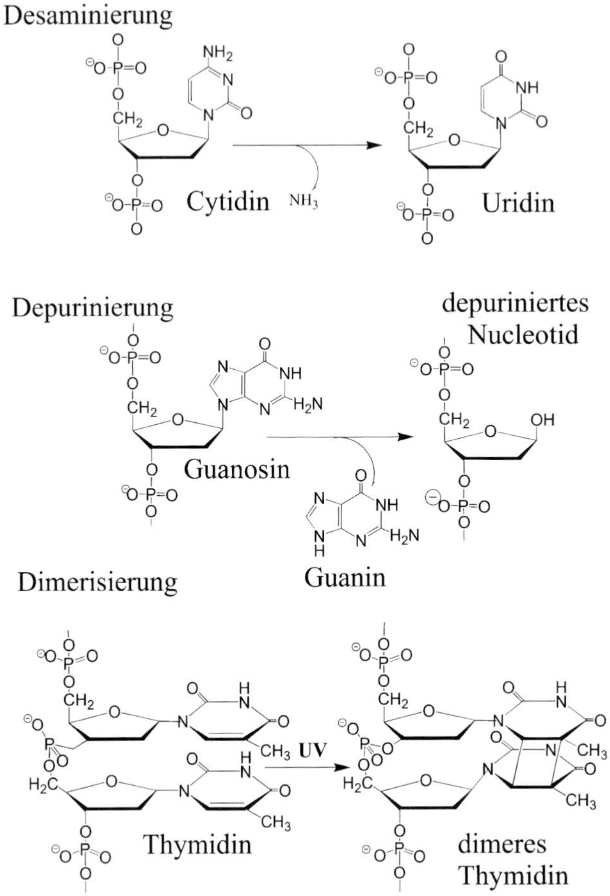

Desaminierung

Depurinierung

depuriniertes Nucleotid

Dimerisierung

Abb. 4.10 Depurinierung, Desaminierung und Dimerbildung als Beispiele für häufige Mutationen.

von A und C kann sich in seltenen Fällen zur Iminofunktion umlagern. Tautomeres Adenin paart mit Cytosin statt mit Thymin, und tautomeres Thymin mit Guanin statt mit Adenin und umgekehrt. Die dadurch bewirkten Nucleotidsubstitutionen fallen alle in die Klasse der **Transitionen.** Darunter versteht man die Substitution einer Pyrimidinbase durch eine andere, d. h. T zu C oder umgekehrt, oder einer Purinbase durch eine andere, d. h. A zu G oder umgekehrt. Man spricht von einer **Transversion,** wenn eine Purinbase durch eine Pyrimidinbase ausgetauscht wird, d. h. A → C oder T und G → C oder T oder umgekehrt.

Die meisten primären Veränderungen (Desaminierung, Depurinierung, Dimerisierung) werden von **Reparaturenzymen** (u. a. AP-Endonuclease; DNA-Glykosylasen) erkannt und herausgeschnitten (solange nicht auch der zweite DNA-Strang beschädigt wurde) und durch DNA-Polymerase und DNA-Ligase repariert. Aber auch Alkyltransferasen, Photolyasen und Fehlpaarungsreparatur- und Rekombinations-

Abb. 4.11 Auswirkungen von Desaminierung und Depurinierung. Wenn Cytidin desaminiert wird, entsteht Uracil, das bei der Replikation mit Adenin paart. Wird die Depurinierung nicht repariert, so übergeht die DNA-Polymerase die depurinierte Position bei der Replikation. Es entsteht eine Punktdeletion, die zur Frameshift-Mutation führen kann.

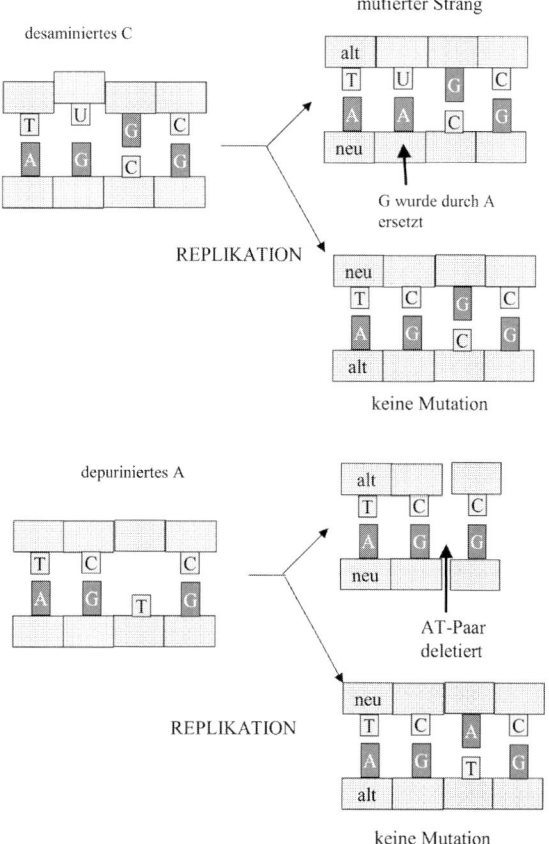

reparatursysteme, die nach der Replikation aktiv werden, sind vorhanden. In der Reparaturmöglichkeit liegt auch der große Vorteil der Doppelhelix, in der genetische Information komplementär gespeichert ist. Selbst wenn die Information auf einem Strang verloren geht, ist sie auf dem komplementären Strang noch vorhanden und kann genutzt werden, um eine entsprechende Korrektur durchzuführen. In einer **Keimbahnzelle**, z. B. der des Menschen, kommt es dank der Effektivität der Reparatursysteme nur zu 10 bis 20 Basensubstitutionen pro Jahr bezogen auf die vorhandenen $3,2 \times 10^9$ bp. Die Bedeutung der Reparatursysteme lässt sich gut bei Menschen erkennen, die an **Xeroderma pigmentosum**, einer seltenen autosomal-rezessiven neurocutanen Krankheit, erkrankt sind. Bei ihnen sind einzelne Elemente des Reparatursystems ausgefallen, die bei durch UV-Strahlung verursachter DNA-Schädigung benötigt werden. Als Folge der mutagenen UV-Strahlung des Sonnenlichts treten neben zahlreichen neurologischen und psychiatrischen Symptomen eine starke Hautfleckenbildung und Hautkrebs auf, die sich nur durch vollständige Vermeidung von Sonnenlichtexposition verhindern lassen. Tab. 4.3 illustriert weitere Erkrankungen, die auf defekte Reparaturenzyme zurückgehen.

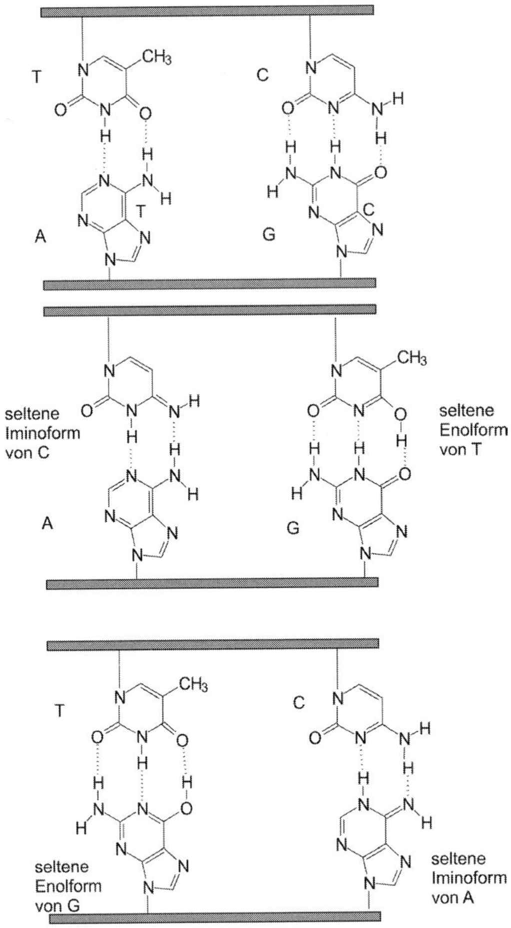

Abb. 4.12 Basenpaarung tautomerer DNA-Basen. In der ersten Reihe ist die korrekte Basenpaarung von A-T- und G-C-Paaren aufgezeichnet. In der zweiten und dritten Reihe befinden sich Basenpaarungen zwischen tautomeren A, G, C und T.

Bedingt durch den redundanten genetischen Code führt bei weitem nicht jede Punktmutation in einem Gen zu einer Veränderung der Aminosäuresequenz. 25% aller theoretisch möglichen Substitutionen sind synonym; 4% führen zu Stopp-Codons und 71% zu Aminosäureaustauschen. Die Nucleotidsubstitution in der 3. Codonposition führt in ca. 69% der Fälle zu keiner Veränderung der Aminosäure (man spricht von **stiller Mutation** oder *silent mutation*). Treten Deletionen oder Insertionen innerhalb von codierenden Sequenzen auf, kommt es zu einer Verschiebung des Leserasters (**Frameshift-Mutation**), die fast immer zu einer starken Schädigung des zugehörigen Proteins führt (Abb. 4.13).

Punktmutationen, die einen Aminosäureaustausch verursachen, führen häufig zu einer negativen Beeinflussung des zugehörigen Proteins. Tritt die Mutation in einem aktiven Zentrum oder in einer Bindungsstelle auf, so kann es zum totalen Funktionsverlust kommen. Da die diploiden Organismen von jedem Gen, das auf einem autologen Chromosom liegt, mindestens zwei Kopien besitzen, führt eine

Tab. 4.3 Vererbbare Erkrankungen, denen Defekte in der DNA-Reparatur zugrunde liegen

Syndrom	Phänotyp	Störung
MSH2,3,6; MLH1; PMS2	Kolonkrebs	*Mismatch-Repair*
Xeroderma pigmentosum	Hautkrebs, neurologische Störungen	*Excision-Repair*
BRCA-2	Brust- und Ovarialkrebs	Reparatur durch homologe Rekombination
Werner-Syndrom	vorzeitiges Altern, etliche Tumore	3-Exonuclease, DNA-Helicase
Bloom-Syndrom	etliche Tumore, Zwergwuchs, Genominstabilität	DNA-Helicase
Fanconi-Anämiegruppe A–G	Missbildungen, Leukämie, Genominstabilität	DNA-*cross-link-Repair*
46 BR-Patient	Hypersensitivität für mutagene Substanzen	DNA-Ligase I

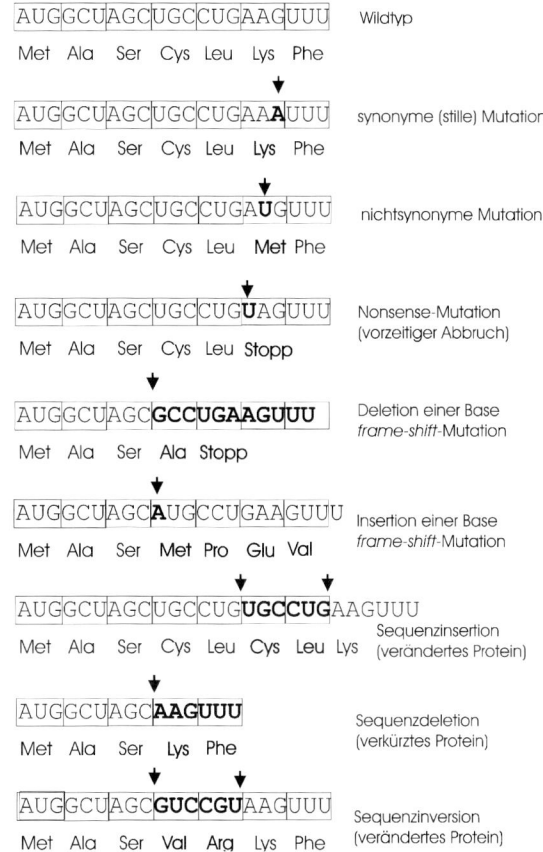

Abb. 4.13 Auswirkungen von Genmutationen.

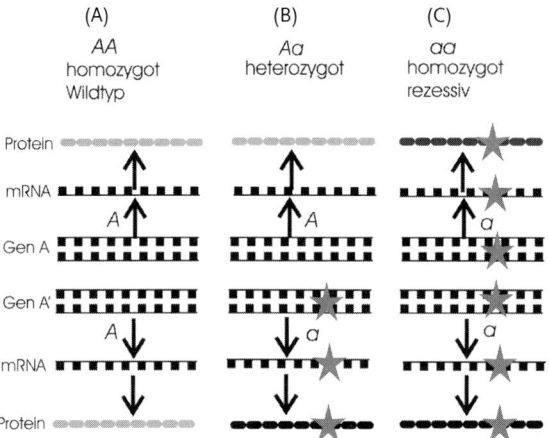

Abb. 4.14 Erbgang von Mutationen, die zur Funktionslosigkeit von Proteinen führen. Gen A codiert für ein funktionales Protein; Gen a für ein durch Mutation funktionslos gewordenes Protein. (A) Wildtyp Genotyp AA, (B) heterozygoter Genotyp Aa, (C) homozygoter rezessiver Genotyp aa.

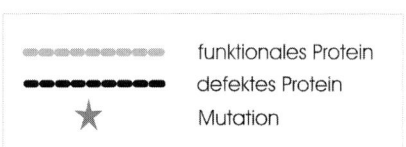

solche Punktmutation in der Regel dann nicht zu einer körperlichen Schädigung, wenn die Kopie des Gens noch intakt ist. Erst wenn beide Kopien geschädigt sind, kommt es zu Ausfall des entsprechenden Proteins (Abb. 4.14). Solche Störungen können die Grundlagen von Krankheiten sein. Dies gilt besonders, wenn die Mutationen in Keimbahnzellen auftreten und dadurch vererbbar werden. Tritt die Störung nur in einem Allel eines Genlocus auf, so sprechen wir von einem heterozygoten Merkmal. Sind beide Allele identisch, so haben wir ein homozygotes Merkmal (Abb. 4.14). In einer Reihe von Genen sind solche Punktmutationen und ihre gesundheitlichen Auswirkungen bereits bekannt. Man spricht von **SNP (***single nucleotide polymorphism***)**. Eine der wichtigen Aufgaben der molekularen Biotechnologie besteht in der Entwicklung von diagnostischen Systemen, um solche SNPs schnell und sicher zu detektieren. Dazu können DNA-Sequenzierungen, PCR-Verfahren und DNA-Chip-Strategien verwendet werden (s. Kap. 13, 14). Diese Information kann helfen, Krankheiten gezielter zu behandeln oder um ihre Ursachen besser zu verstehen.

4.2
Transkription: Vom Gen zum Protein

Ursprünglich wurden Mutations- und Rekombinationseinheiten als ein Gen bezeichnet; in den 50er Jahren wurde die „**Ein Gen-, ein Protein**"-Hypothese aufgestellt (*„DNA makes RNA, which makes proteins"*). Heute wird das Gen als **Transkriptionseinheit** definiert, da inzwischen sowohl die Intron/Exon-Struktur als

auch die nicht codierenden regulatorischen Sequenzen, die zu einem Gen gehören, erkannt wurden. Da mRNAs alternativ gespleißt werden können, gilt auch
die Aussage „Ein Gen-, ein Protein" in der strengen Form nicht mehr. Der **Fluss
der Erbinformation** verläuft bei allen Organismen vom Gen über die mRNA zum
Protein (s. Abb. 4.15). Nur Retroviren können RNA mittels Reverser Transkriptase
in DNA zurückübersetzen; aber in keinem Fall wurde eine Übersetzung der Aminosäuresequenz eines Proteins in ein Gen nachgewiesen.

Bei Eukaryoten finden wir drei verschiedene **RNA-Polymerasen**, die DNA in
mRNA (**RNA-Polymerase II**), DNA in rRNA (**RNA-Polymerase I**) oder in andere
funktionelle RNAs (z. B. tRNAs, 5S rRNA, snRNA; **RNA-Polymerase III)** umschreiben. Bei Prokaryoten liegt nur eine RNA-Polymerase vor. Die Übersetzung
von DNA in RNA wird als **Transkription** bezeichnet.

Auch bei der Transkription wird die DNA-Doppelhelix lokal geöffnet, sodass die
RNA-Polymerase die RNA (mRNA, rRNA oder tRNA) komplementär zum **Template**-DNA-Strang synthetisieren kann (Abb. 4.16). Der DNA-Strang, der die glei-

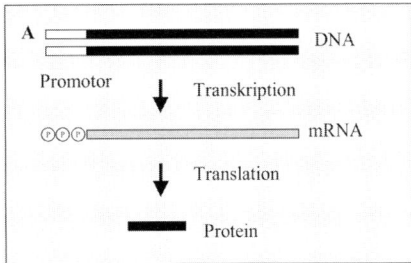

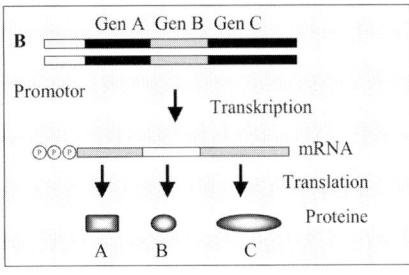

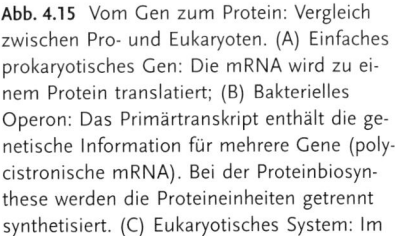

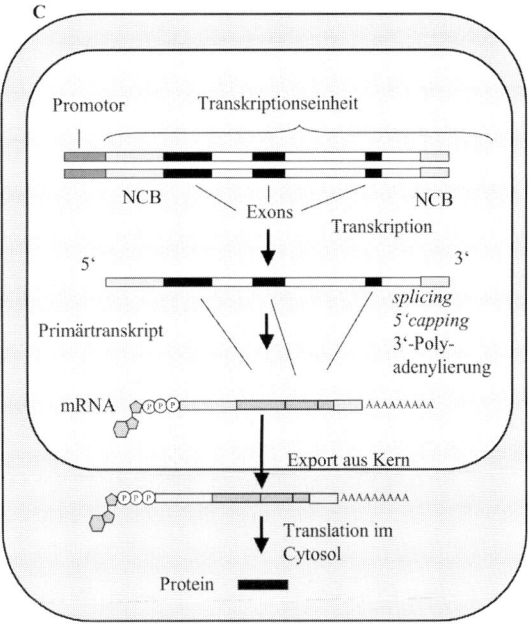

Abb. 4.15 Vom Gen zum Protein: Vergleich
zwischen Pro- und Eukaryoten. (A) Einfaches
prokaryotisches Gen: Die mRNA wird zu einem Protein translatiert; (B) Bakterielles
Operon: Das Primärtranskript enthält die genetische Information für mehrere Gene (polycistronische mRNA). Bei der Proteinbiosynthese werden die Proteineinheiten getrennt
synthetisiert. (C) Eukaryotisches System: Im
Kern wird ein Primärtranskript von der RNA-
Polymerase II gebildet, aus dem im nächsten
Schritt die Intronregionen herausgeschnitten
werden. Am 5′-Ende wird eine Kappe aus
7-Methylguanosin und am 3′-Ende ein Poly-
A-Schwanz angehängt. Die fertige mRNA wird
über den Kernporenkomplex in das Cytosol
transportiert und dort an Ribosomen in Protein übersetzt.

che Sequenz wie die mRNA aufweist (außer dass er T anstelle von U enthält), wird (in irreführender Weise) als **codierender Strang** bezeichnet. Üblicherweise wird die Sequenz des codierenden Stranges in 5′ → 3′-Orientierung abgebildet und auch so in Datenbanken hinterlegt.

codierender Strang	5′-GGC TCC CTA TTA GCA GTC TGC CTC ATG ACC-3′
Template-Strang	3′-CCG AGG GAT AAT CGT CAG ACG GAG TAC TGG-5′
mRNA	5′-GGC UCC CUA UUA GCA GUC UGC CUC AUG ACC-3′

Die bakterielle **RNA-Polymerase** ist ein Multienzymkomplex, der einen ablösbaren Sigma-Faktor enthält. Der Sigma-Faktor erkennt den Promotorbereich eines Gens und hilft so der RNA-Polymerase, den Transkriptionsstart zu finden. Bei *Escherichia coli* besteht der Promotor aus zwei hexameren Sequenzmotiven, die 10 bzw. 35 Basen vor einem Gen liegen. Die Konsensussequenzen lauten … TTGACA … TATAAT … Prokaryotische Gene sind häufig in Form eines **Operons** (Abb. 4.15 B) angeordnet: Zusammengehörige Gene, die z. B. für die Enzyme einer Biosynthesekette codieren, liegen hintereinander und werden von einem gemeinsamen **Promotor** gesteuert, der einen **Operator** als Kontrollelement aufweist (Abb. 4.17 A).

Transkription

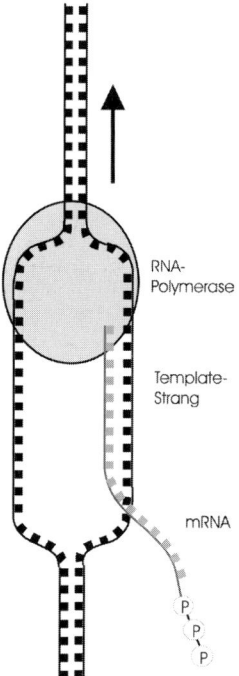

RNA-
Polymerase

Template-
Strang

mRNA

Abb. 4.16 Schematische Übersicht über die Funktion der RNA-Polymerase und die Transkription.

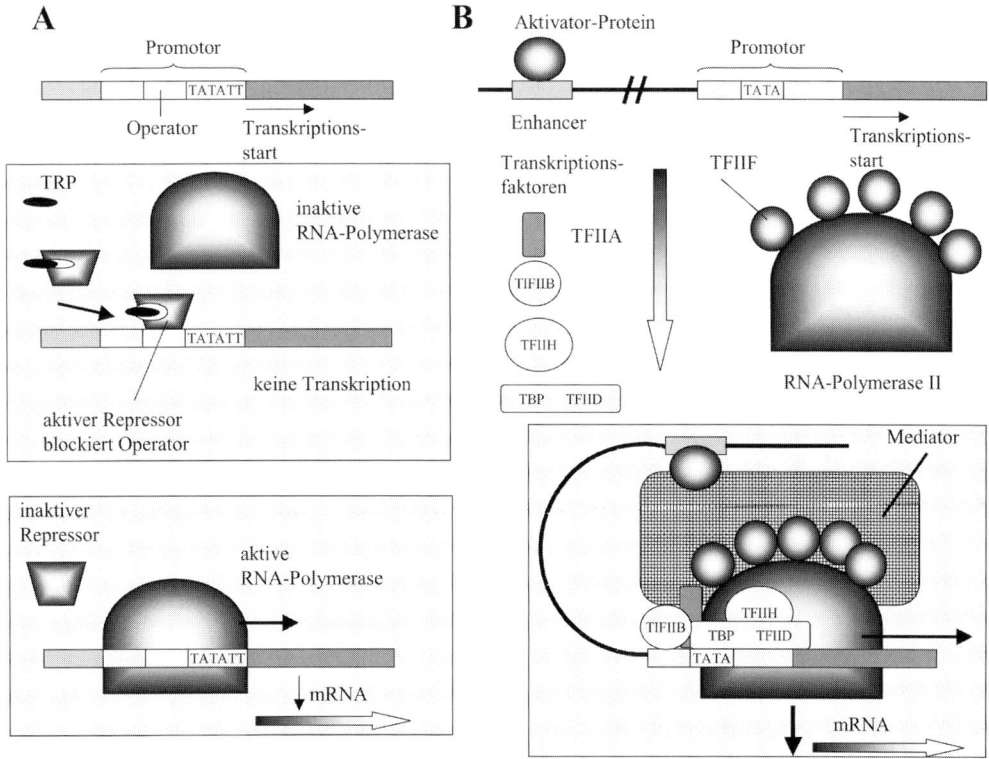

Abb. 4.17 Vereinfachte schematische Darstellung der Kontrolle der Genexpression bei Pro- und Eukaryoten. (A) Bakterien: Beispiel Tryptophan-Operon: Wenn die Aminosäure Tryptophan im Überschuss vorhanden ist, wird die Transkription der Tryptophan-Biosyntheseenzyme dadurch gehemmt, dass der durch Tryptophan aktivierte Repressor den Operatorbereich im Promotor blockiert. Ist kein Tryptophan vorhanden, dann dissoziiert der Repressor vom Operator ab und die RNA-Polymerase kann mit der Transkription beginnen (untere Darstellung). (B) Eukaryoten: Die Transkription kann erst beginnen, wenn ein Aktivator-Protein am Enhancer gebunden hat und sämtliche Transkriptionsfaktoren (s. Tab. 4.4) sich zusammen mit der RNA-Polymerase II zu einem Transkriptionskomplex zusammengelagert haben. Die Verbindung zwischen Aktivator-Protein und dem Transkriptionskomplex wird durch ein Mediator-Protein hergestellt. Zusätzlich sind Proteine vorhanden, die die Nucleosomkomplexe auflösen, damit die DNA für die RNA-Polymerase zugängig wird.

Bei den Eukaryoten ist die Kontrolle der **Genexpression** sehr komplex geregelt. Da im Genom der Eukaryoten wesentlich mehr Gene vorkommen als in einer einzelnen Zelle Proteine benötigt werden, besteht die Notwendigkeit, Gene selektiv, d.h. zell-, gewebe- und entwicklungsspezifisch zu exprimieren. Das heißt, von den vermutlich über 30 000 proteincodierenden Genen des Menschen wird in einer einzelnen differenzierten Zelle nur immer ein kleiner Teil der Gene spezifisch angeschaltet. Die Erforschung und Dokumentierung der differenziellen Genexpression gehört zu den großen Aufgaben der aktuellen Molekularbiologie.

Tab. 4.4 Konsensussequenzen in eukaryotischen Promotorregionen

Box	Konsensussequenz	Transkriptionsfaktor
BRE	G/C G/C G/A C G C C	TFIIB
TATA	T A T A A/T A /A/T	TBP
INR	C/T C/T A N T/A C/T C/T	TFIID
DPE	A/G G A/T C G T G	TFIID

Zur Lage der Boxen s. Abb. 4.17.

Die Transkription eines eukaryotischen Gens (Abb. 4.17 B) wird durch benachbarte **regulatorische DNA-Bereiche** (Promotorregion, Enhancer) mittels **Transkriptionsfaktoren** gesteuert, die darüber entscheiden, ob ein Gen angeschaltet und aktiv oder abgeschaltet und inaktiv ist. Neben einem Promotorbereich in unmittelbarer Nähe der codierenden Sequenz können weitere **Regelelemente** (*Enhancer, Silencer*) auch davon weit entfernt liegen (Abb. 4.17 B). Die eukaryotische RNA-Polymerase II kann erst dann aktiv werden, wenn diverse Transkriptionsfaktoren am Promotor gebunden haben (Abb. 4.17 B). Tab. 4.4 fasst die wichtigsten Kontrollelemente und die zugehörigen Konsensussequenzen zusammen. Da die meisten Gene in eukaryotischen Zellen zell-, gewebe- und entwicklungsspezifisch exprimiert werden, kommt zusätzlichen spezifischen Transkriptionsfaktoren eine entscheidende Rolle zu. Sehr viele dieser Faktoren sind bislang noch nicht beschrieben worden.

Im Gegensatz zu den Bakterien sind bei Eukaryoten die proteincodierenden Gene meist aus **Exons** und **Introns** aufgebaut (Abb. 4.18); wir sprechen deshalb auch von **Mosaikgenen**. Das bei der Transkription entstehende Primärtranskript wird anschließend noch im Zellkern so prozessiert („gespleißt"; abgeleitet von *splicing*), dass die jeweils nicht codierenden Intronregionen, die durch **GU-** und **AG-**Sequenzen flankiert sind, entfernt werden. Am Spleißprozess sind **snRNAs** (*small nuclear RNAs*) katalytisch beteiligt. Man kann die snRNA auch als eine Art Ribozym betrachten (s. Abschnitt 2.4).

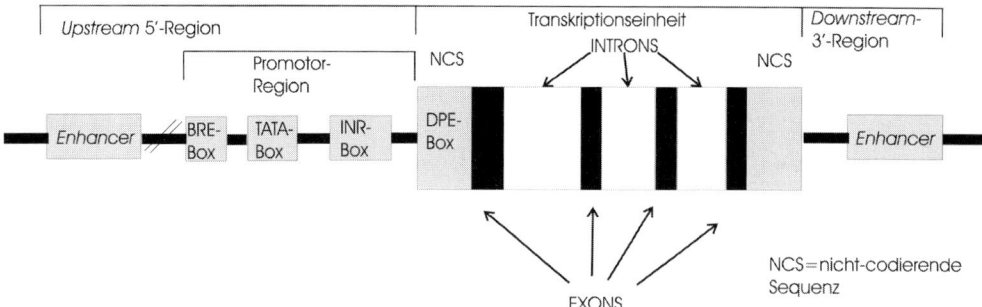

Abb. 4.18 Aufbau eines Eukaryotengens.

Die Festlegung, Template- oder codierender Strang, gilt nicht für ein komplettes Chromosom; innerhalb eines Chromosoms kann diese Funktion von Gen zu Gen wechseln, d.h., Gen A kann vom Template-Strang abgelesen werden, das benachbarte Gen B dagegen vom gegenüberliegendem Strang. Während bei Eukaryoten die Gene linear hintereinander im Chromosom angeordnet sind, findet man bei Prokaryoten auch überlappende Gene, die entweder von demselben oder dem gegenüberliegenden komplementären DNA-Strang codiert werden. Dies ermöglicht eine erhöhte Informationsdichte, behindert aber die unabhängige Evolution der DNA-Sequenzen. Bei den Eukaryoten wird bei etlichen Genen ein **differenzielles oder alternatives Spleißen** beobachtet (Abb. 4.19), d.h., nicht alle Exons werden in die reife mRNA überführt. So kann ein einzelnes Gen zu mehreren Proteinen führen (aus diesem Grund liegt die Anzahl der Proteine z.B. beim Menschen höher als die Anzahl der Gene).

Bei der **Genregulation** spielt außerdem die **Methylierung von Cytosin** (5-Methylcytosin bei Pflanzen und Wirbeltieren) und **Adenin** (N^6-Methyladenin bei Prokaryoten) eine wichtige Rolle. In der Regel sind Gene, die exprimiert werden, weniger methyliert als Gene, die abgeschaltet (*silent*) sind. Nach jeder Replikation muss die Methylierung des neuen replizierten DNA-Stranges erfolgen; eine Störung der Methyltransferasen kann die Genexpression und Differenzierung von

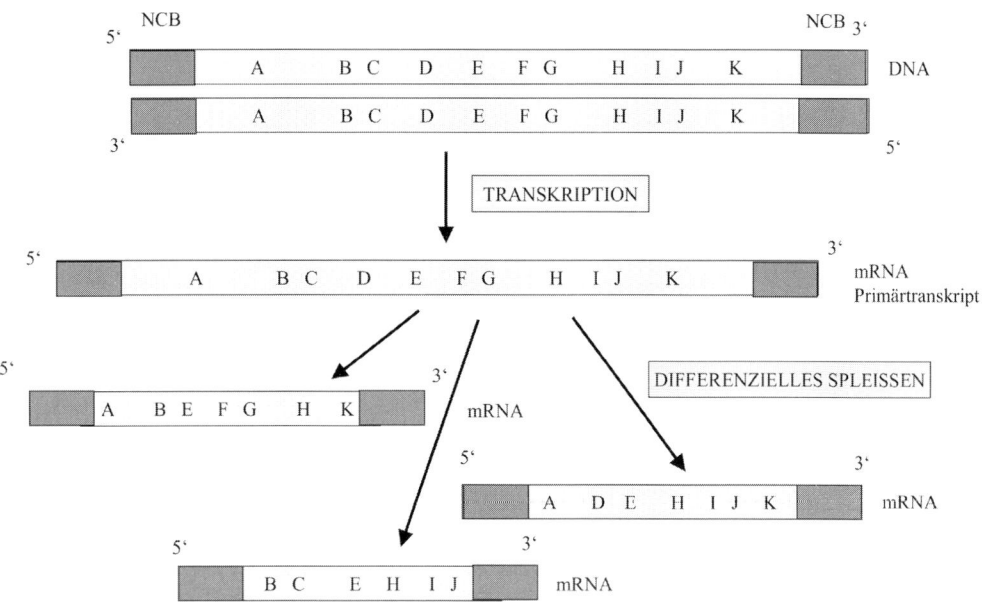

Abb. 4.19 Schematische Darstellung des alternativen Spleißprozesses. Die Buchstaben A, B, C usw. bezeichnen Exons. Nachdem zunächst das komplette Primärtranskript hergestellt wurde, kommt es beim Spleißprozess zu einer weiteren Selektion, indem nicht alle Exons erhalten bleiben, sondern einige mit den Introns entfernt werden. Auf diese Weise können aus einem Gen mehrere unterschiedliche Proteine synthetisiert werden, deren Domänenzusammenstellung sich unterscheidet.

Zellen (sog. *genomic imprinting*) stark beeinflussen. Die DNA-Methylierung ist auch für die DNA-Reparatur wichtig, da die Zelle einen neu gebildeten und fehlerhaften DNA-Strang am Fehlen der Methylierung erkennen kann.

Die Nucleotidsequenz der mRNA wird über den **genetischen Code** in eine Aminosäuresequenz umgesetzt. Die **tRNAs** mit ihrem spezifischen Anticodon dienen als Mittler zwischen der mRNA und dem Protein. Ein zentraler Fortschritt der Molekularbiologie war die Entdeckung des einheitlichen, kommalosen und nicht überlappenden genetischen Codes bei allen lebenden Organismen. Jeweils drei Nucleotide codieren für den Einbau einer spezifischen Aminosäure in das jeweilige Protein (s. Tab. 2.4). Bei einem **Triplett-Code** mit 4 Basen stehen $4^3 = 64$ Kombinationen zur Verfügung. Da aber nur **20 Aminosäuren** in Proteinen (s. Tab. 2.4) vorkommen, gibt es mehr Codons, als eigentlich notwendig wären. In der Evolution wurde dieses Problem so gelöst, dass einige Aminosäuren nicht von nur einem, sondern von zwei bis maximal sechs verschiedenen **synonymen Codons** codiert werden (s. Tab. 2.4).

Der weitgehend **universelle Triplett-Code** beginnt an einem spezifischen Startsignal. Da Methionin (bei Eukaryoten) bzw. N-Formylmethionin (bei Bakterien und Chloroplasten) als erste Aminosäure in Polypeptide eingebaut wird, heißt das universelle **Start-Codon AUG** (wesentlich seltener kommt GUG vor). Methionin wird jedoch nach der Translation in den meisten Fällen durch eine spezifische Protease wieder entfernt. Würde sich der Start der Translation auch nur um ein oder zwei Nucleotide verschieben, käme es zu einer Verschiebung des **Leserahmens**, einem sog. Frameshift, und damit zu einem gänzlich anderen neuen Protein. Das heißt, das Start-Codon muss streng eingehalten werden, um reproduzierbare Proteine herstellen zu können. In tierischen (nicht aber pflanzlichen) Mitochondrien gibt es kleine Abweichungen vom universellen genetischen Code: Zum Beispiel wird AUA zur Initiation verwendet und codiert für Methionin, während dieses Codon in eukaryotischen Ribosomen für Isoleucin steht; AGG/A wird bei Vertebraten als Terminationscodon eingesetzt, während es sonst für Arginin codiert. UGA, das gewöhnlich als Stopp-Codon eingesetzt wird, codiert in tierischer mtDNA für Tryptophan.

Häufig unterscheiden sich die Codons, die für dieselbe Aminosäure codieren, in der dritten Codonposition. Jedes Codon wird von einer tRNA über die Anticodonsequenz erkannt; bei sog. degenerierten Codons, die alle für dieselbe Aminosäure codieren, existiert häufig nur eine spezifische tRNA, die eine **Fehlpaarung** (*mismatching*) in der dritten Codonposition toleriert. Insgesamt wurden im eukaryotischen System ca. 31 tRNAs, in Mitochondrien 22 tRNAs nachgewiesen.

4.3
Proteinbiosynthese (Translation)

Die Proteinbiosynthese erfolgt in den **Ribosomen**, die komplex aufgebaute Multienzymkomplexe darstellen, in denen verschiedene rRNAs eine wichtige Rolle spielen (Abb. 4.20). **Ribosomale RNAs (rRNAs)** gehören zu den häufigsten Makromolekülen in einer Zelle; alleine für *E. coli* schätzt man die Zahl der rRNA-Moleküle auf 38 000. Die zahlreichen Kopien der rDNA-Kassetten in den Genomen

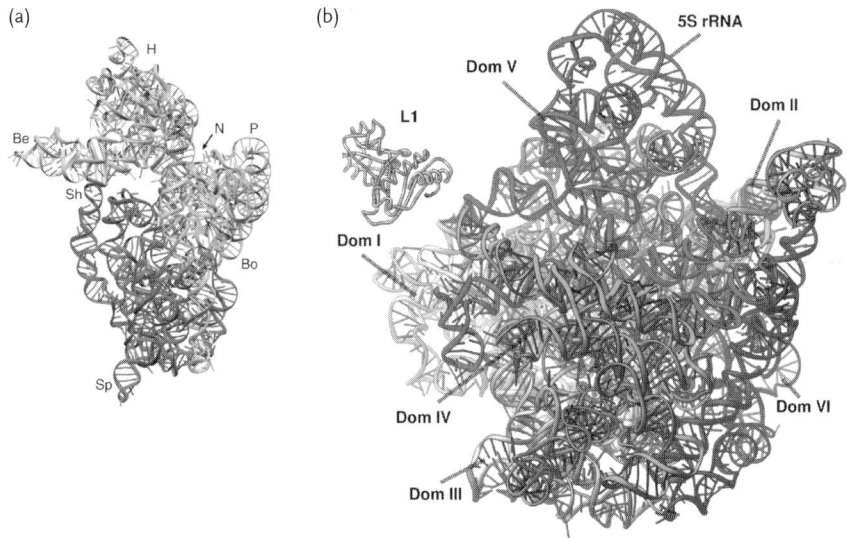

(a)

(b)

Abb. 4.20 Struktur der rRNAs in der großen Ribosomenuntereinheit von Bakterien. (a) Tertiärstruktur der 16S-rRNA mit vier Domänen.

(b) Tertiärstruktur der 23S-rRNA mit sechs Domänen (aus Voet et al., *Fundamentals of Biochemistry*, p. 863, 864).

(Abb. 4.21) beruhen sicher auf der Tatsache, dass diese Gene sehr häufig abgelesen werden müssen, um die große Zahl an rRNA-Molekülen zu produzieren, die jede Zelle benötigt. Die rRNA-Gene für 18S, 5,8S und 26S rRNA werden gemeinsam transkribiert und erst durch Spleißen werden die einzelnen rRNAs hergestellt (Abb. 4.21).

In Abb. 4.22 sind die Bausteine von prokaryotischen und eukaryotischen Ribosomen zusammengestellt. Da Mitochondrien und Chloroplasten eigene Ribosomen enthalten, die sich aus Bakterien ableiten (s. Abschnitt 3.1.3), finden wir in mtDNA und cpDNA erwartungsgemäß rRNAs, die denen der Bakterien weitgehend entsprechen (man beachte, dass in Mitochondrien eine 12S rRNA anstelle der 23S rRNA vorkommt).

Insbesondere 16/18S rRNA und 23/28S rRNAs weisen komplexe Raumstrukturen auf, die über große Bereiche der Organismen konserviert wurden (Abb. 4.20). Obwohl RNAs als Einzelstränge vorliegen, bilden sie im wässrigen Milieu an vielen Stellen komplementäre Doppelstränge aus, sog. **Stammstrukturen**. Die Nucleotidsequenz dieser Bereiche der rRNAs wurde in der Evolution meist sehr stark konserviert. Anders sieht es bei den nicht basengepaarten **Schleifen** (*loops*) aus, in denen die Nucleotide zudem noch nachträglich modifiziert werden. Das Phänomen der Basenmodifizierung beobachtet man insbesondere bei **tRNAs**, bei denen mehr als 50 modifizierte Nucleotide entdeckt wurden. Substituierte Basen sind Thiouracil, 5-Methylcytosin, Dihydrouracil, Thiothymin, Thiocytosin, N^4-Acetylcytosin, 1-Methylhypoxanthin, 1-Methylguanin oder N^6-Methyladenin. In den Loops

Eukaryotische RNA-Transkriptionseinheit

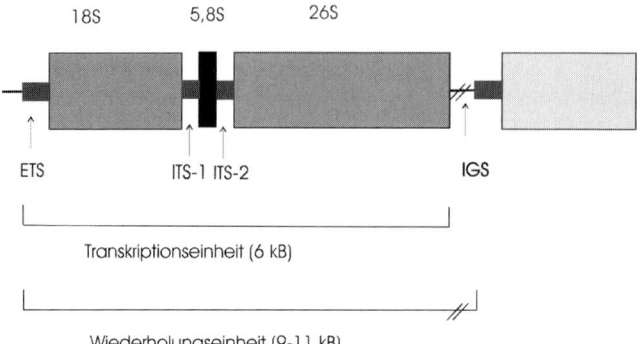

Abb. 4.21 Aufbau von RNA-Kassetten. ITS: *internal transcribed spaces*; IGS: *intergenic spaces*; Gene der 5S-rRNA werden getrennt transkribiert.

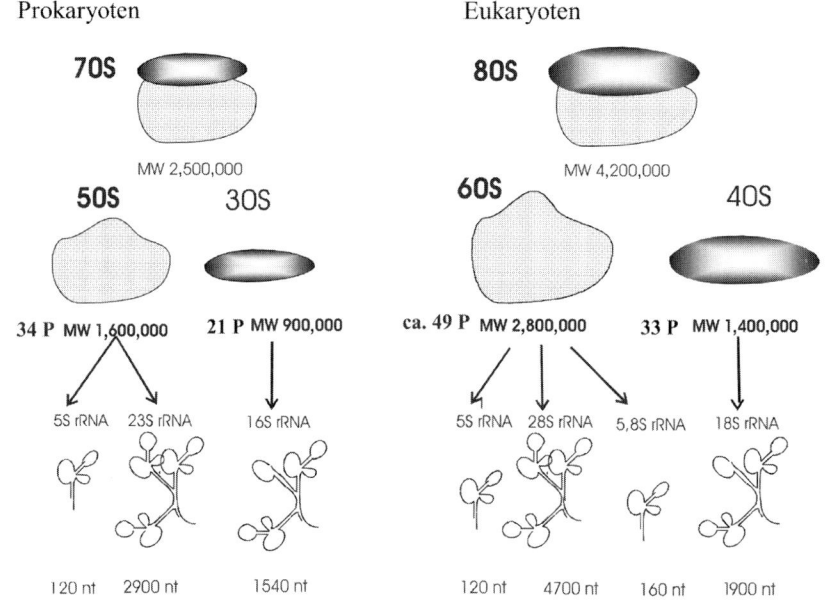

P= Proteine; nt= Nucleotide

Abb. 4.22 Aufbau von prokaryotischen und eukaryotischen Ribosomen. Zur Struktur der rRNA s. Abb. 2.20 und 4-20.

finden wir vergleichsweise viele Substitutionen, Deletionen, Insertionen und In- versionen. Für die molekulare Evolutionsforschung sind die Nucleotidsequenzen der rRNAs jedoch von großem Interesse, da man mit ihrer Hilfe Stammbäume über alle Organismengruppen hinweg erstellen kann. **Der *Tree of Life* und die davon abgeleitete Einteilung der Organismen beruhen u. a. auf der Analyse von konservierten rDNA-Genen** (s. Kap. 1).

Um die rRNA herum sind die ribosomalen Proteine angeordnet, die zusammen eine komplexe Nanomaschine, die **Ribosomen**, darstellen. Die beiden Ribosomen- untereinheiten werden im Zellkern assembliert und über die Kernporen ins Cytosol transportiert. Freie mRNA-Moleküle werden von der kleinen Untereinheit erkannt, die zuvor Methionin-tRNA und GTP-aktivierte Initiationsfaktoren (eIF-2) geladen hat. Die kleine Untereinheit rutscht der mRNA so lange entlang, bis das erste Start- Codon AUG erreicht ist; dort bindet die Methionin-tRNA über ihr Anticodon UTC. Nachdem der Initiationsfaktor eIF-2 abdissoziiert ist, kann die große Ribosomen- untereinheit binden und das Ribosom arbeitsfertig stellen. Im Ribosom werden drei Bindestellen formal unterschieden: In der A-Stelle binden ankommende Aminoacyl- tRNAs (aa-tRNAs), in der P-Stelle sitzt die tRNA mit der Peptidkette und die E-Stelle entlässt die unbeladene tRNA nach dem Peptidtransfer (Abb. 4.23).

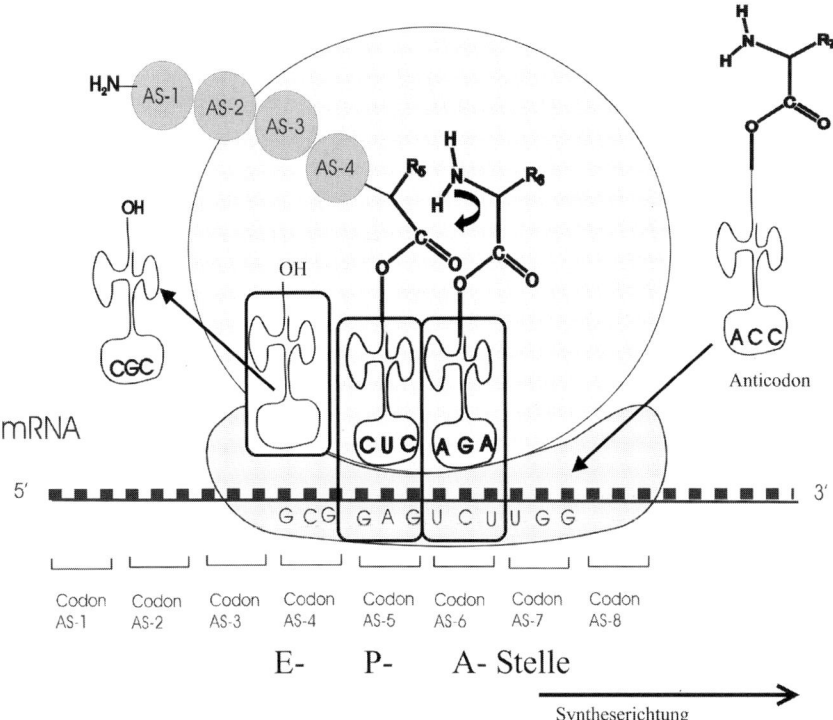

Abb. 4.23 Schematische Darstellung der Proteinbiosynthese im Ribosom. Im Ribosom werden drei Bindungsstellen E, P und A unterschieden.

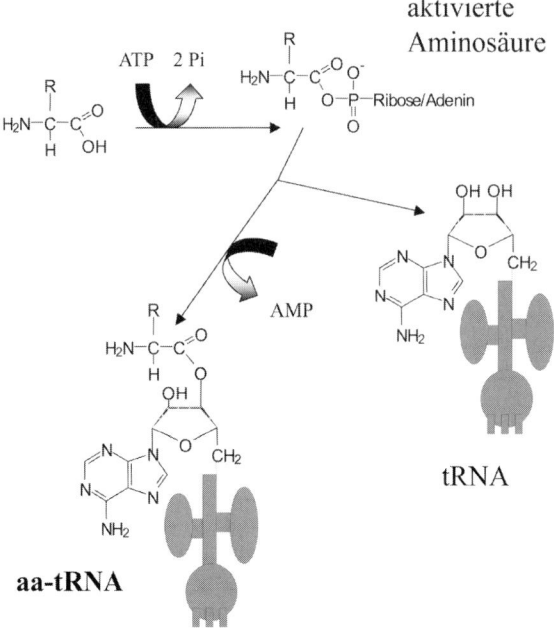

Abb. 4.24 Beladung der tRNA mit einer Aminosäure. Zunächst wird die Aminosäure durch Bindung an ATP aktiviert. Die aktivierte Aminosäure wird unter Abspaltung eines AMP-Restes auf die 3′-OH-Gruppe des endständigen Adeninrestes der tRNA übertragen. Diese Reaktion wird von der **Aminoacyl-tRNA-Synthetase** katalysiert, die für jedes Codon spezifisch ist. aa-tRNA: Aminoacyl-tRNA, d. h. eine tRNA, die mit einer Aminosäure beladen ist.

In der A-Stelle hybridisiert jeweils die ankommende, mit einer Aminosäure beladenen tRNA (Abb. 4.24) mit ihrem Anticodon an das entsprechende Triplett der mRNA. Dann kommt es zum Transfer des Peptidrests, der auf der tRNA in der P-Stelle sitzt, auf die Aminosäure in der A-Stelle (Peptidyltransfer durch die rRNA katalysiert; Abb. 4.25). Jetzt rückt das Ribosom drei Nucleotide auf der mRNA weiter und entlässt die freie tRNA aus der P-Stelle, die nun von der tRNA mit dem verlängerten Peptidylrest eingenommen wird. Diese Schritte wiederholen sich, bis ein Stopp-Codon erreicht wird. Denn dort bindet ein spezifischer *Release*-Faktor und blockiert den Zugang für weitere aa-tRNAs zur A-Stelle. Als Konsequenz kommt es zur Freisetzung der Peptidkette. Nach der Proteinsynthese falten sich die neu synthetisierten Proteine in die richtige Konformation. In vielen Fällen helfen **Chaperone** (z. B. diverse Hitzeschockproteine, HSP 70 und andere) als Hilfsenzyme bei der Konformationsfindung. Falsch gefaltete oder falsch synthetisierte Proteine (z. B. durch Strangbruch entstandene Proteinfragmente) werden mit dem Protein **Ubiquitin** gekoppelt und in einem zellulären „Shredder", den **Proteasomen,** abgebaut.

Die Proteinbiosynthese kann an freien Ribosomen im Cytoplasma stattfinden oder aber an Ribosomen, die sich an das raue ER anlagern (s. Kap. 5).

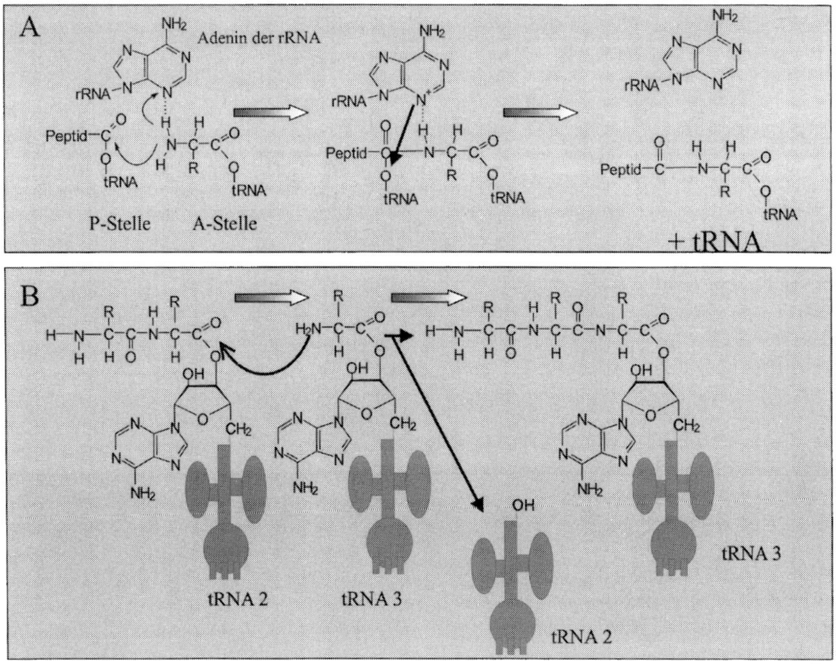

Abb. 4.25 rRNA-katalysierter Peptidtransfer im Ribosom. (A) Möglicher Reaktionsmechanismus, der einen Adeninrest der rRNA zur Kata-lyse berücksichtigt. (B) Reaktionsweg des Peptidyltransfers.

Tab. 4.5 Proteinbiosynthese als Angriffsort von Antibiotika

Antibiotikum	Wirkmechanismus
Tetracycline	blockieren A-Stelle im Ribosom
Aminoglykoside (Streptomycin)	Störung der Anticodon-Codon-Erkennung
Erythromycin	bindet an 50S-Untereinheit
Chloramphenicol	bindet an 50S-Untereinheit, hemmt die Zusammenlagerung der Ribosomenuntereinheiten

Prokaryotische und eukaryotische Ribosomen sind nach einem sehr ähnlichen Schema aufgebaut (s. Abb. 4.22) und die Proteinbiosynthese erfolgt nach sehr ähnlichen Prinzipien. Die einzelnen rRNAs und ribosomalen Enzyme weisen jedoch wichtige Unterschiede auf. Auf diesen Unterschieden beruht die wichtige Eigenschaft etlicher Antibiotika, spezifisch prokaryotische Ribosomen zu hemmen. Etliche Antibiotika greifen in die bakterielle Proteinbiosynthese ein (Tab. 4.5).

Durch ihre Selektivität sind Antibiotika in der Regel Substanzen mit geringen Nebenwirkungen auf den menschlichen Organismus. Die Suche nach neuen und besser wirksamen Antibiotika gehört nach wie vor zu den wichtigen Aufgaben der Biotechnologie.

5
Verteilung der Proteine in der Zelle (*Protein Sorting*)

In diesem Kapitel wird das Prinzip der Proteinverteilung in die einzelnen zellulären Kompartimente beschrieben. Dargestellt wird der Import und Export von Proteinen in oder aus dem Zellkern über den Kernporenkomplex. Die Aufnahme von
Proteinen in Mitochondrien, Chloroplasten und Peroxisomen erfolgt über spezifische Proteintransporter. Läuft die Proteinsynthese am rauen ER ab, so werden
die Proteine zunächst ins ER transportiert; von dort gelangen sie in den Golgi-Apparat. Über Vesikel gelangen sie aus dem Golgi-Apparat in Lysosomen und Endosomen oder durch Exocytose in den Extrazellularraum. Über Endocytose werden
Membranvesikel aufgenommen, die mit Endosomen verschmelzen können.

In Kap. 3 wurden die Kompartimente der Zelle vorgestellt. Alle Kompartimente
sind von einer Biomembran umgeben und enthalten eine Vielzahl an Proteinen.
In vielen Fällen ist die Verteilung der Proteine in einer Zelle kompartimentspezi-
fisch, d.h., jedes Kompartiment verfügt über einen eigenen Satz an Proteinen.
Jede tierische Zelle enthält ca. 10^{10} einzelne Proteinmoleküle, deren Synthese
grundsätzlich an **Ribosomen** im Cytoplasma beginnt. Jedes Protein muss anschließend an seinen Einsatzort gelangen. Eine der zentralen Fragen der Molekularbiologie betrifft die Frage nach dem Mechanismus des *Protein Sortings*. Das Verständnis dieser Zusammenhänge ist für die Biotechnologie wichtig, wenn es gilt,
ein rekombinantes Protein in das korrekte Kompartiment zu dirigieren.
   Drei wichtige Wege des *Protein Sortings* (Abb. 5.1) wurden inzwischen erkannt:

- Transport über den **Kernporenkomplex** in den **Zellkern**. Die Kernporen stellen
  selektive Schleusen dar, die nur ausgewählten Makromolekülen den Zutritt erlauben. Auch der Export aus dem Kern erfolgt selektiv über die Kernporen.
- Aufnahme eines im Cytosol produzierten Proteins in ein Organell über spezifische **Proteintranslokatoren**. Dieser Weg wird von Proteinen beschritten, die in
  die **Mitochondrien**, **Plastiden** und **Peroxisomen** aufgenommen werden.
- Proteine, die ins **ER** sezerniert werden, durchlaufen im ER und im Golgi-Apparat eine Serie von posttranslationalen Modifikationen. Die fertigen Proteine werden in Vesikel verpackt und zu den **Lysosomen**, den **Endosomen** oder zur Cytoplasmamembran befördert. Dort kommt es zur Fusion der Vesikel mit den
  Membranen der Organellen bzw. der Zelle, und der Inhalt der Vesikel wird
  durch **Exocytose** freigesetzt.

Molekulare Biotechnologie: Konzepte und Methoden.
Herausgegeben von M. Wink
Copyright © 2004 WILEY-VCH Verlag GmbH & Co. KGaA, Weinheim
ISBN: 3-527-30992-6

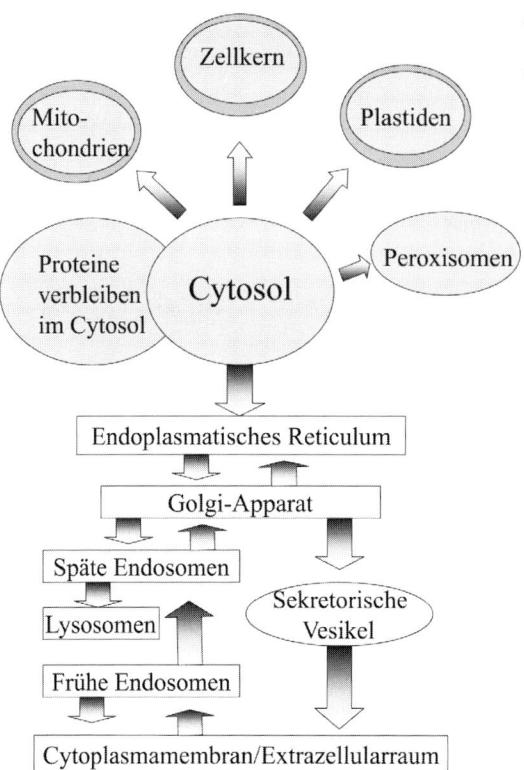

Abb. 5.1 Schematische Übersicht über den Proteintransport innerhalb einer Zelle.

Tab. 5.1 Beispiele für typische Erkennungssequenzen. Fett gedruckte Aminosäurereste sind besonders wichtig in einer Signalsequenz

Zielkompartiment	Sequenz
Kernimport	-Pro-Pro-**Lys-Lys-Lys-Arg-Lys**-Val-
Kernexport	-**Leu**-Ala-**Leu**-Lys-**Leu**-Ala-Gly-**Leu**-Asp-**Ile**-
Mitochondrien	H_3N^+-Met-Leu-Ser-Leu-**Arg**-Gln-Ser-Ile-**Arg**-Phe-Phe-**Lys**-Pro-Ala-Thr-**Arg**-Thr-Leu-Cys-Ser-Ser-**Arg**-Tyr-Leu-Leu-
Plastiden	H_3N^+-Met-Val-Ala-Met-Ala-Met-Ala-**Ser**-Leu-Gln-**Ser-Ser**- Met-**Ser**-Ser-Leu-**Ser**-Leu-**Ser-Ser**-Asn-**Ser**-Phe-Leu-Gly-Gln-Pro-Leu-**Ser**-Pro-Ile-**Thr**-Leu-**Ser**-Pro-Phe-Leu-Gln-Gly-
Peroxisom	-**Ser-Lys-Leu**-COO⁻
ER-Import	H_3N^+-Met-Met-Ser-Phe-Val-Ser-**Leu-Leu-Leu-Val-Gly-Ile-Leu**- Phe-**Trp-Ala**-Thr-**Glu**-Ala-**Glu**-Gln-Leu-Thr-**Lys**-Cys-**Glu**-Val-Phe-Gln-
ER-Retention	-**Lys-Asp-Glu-Leu**-COO⁻

Die Selektivität des Proteintransports beruht auf **Erkennungssignalen**, die Proteine tragen müssen. Enthalten sie kein Signal, so verbleiben sie im Cytoplasma. Alle anderen Proteine enthalten „Adressaufkleber", die den Bestimmungsort kennzeichnen. Es handelt sich dabei entweder um zusammenhängende Signalsequenzen von 15 bis 60 Aminosäureresten oder um Erkennungsflecken, die nur im dreidimensionalen Zustand zu erkennen sind und aus Signalsequenzen auf mehreren Proteinabschnitten bestehen.

Die Signalsequenzen sind sehr stark in ihrer Struktur konserviert. Wichtige Beispiele sind in Tab. 5.1 zusammengestellt. Signalsequenzen liegen häufig am N- oder am C-Terminus eines Proteins. Sie werden meist durch **Signalpeptidasen** entfernt, sobald ein Protein seinen Bestimmungsort erreicht hat.

5.1
Import und Export von Proteinen über die Kernpore

Jeder Zellkern weist über 3000–4000 Kernporenkomplexe (*nuclear pore complexes*) auf. Der Kernporenkomplex hat bei Tieren ein Molekulargewicht von 125 Millionen. und besteht aus 50 bis 100 Proteinen, die als Nucleoporine bezeichnet werden. Kernporenkomplexe sind in der Lage, in kurzer Zeit eine große Anzahl von Proteinen zu importieren (z. B. Histonproteine) oder zu exportieren (z. B. die Untereinheiten der Ribosomen, die im Nucleolus assembliert werden). Die Kernporen sind wassergefüllt und lassen Substanzen, die kleiner als 5000 Da sind, ohne Behinderung durch. Für größere Moleküle sind sie dagegen äußerst selektiv. *Cargo*-Proteine müssen die richtigen Signalsequenzen aufweisen (s. Tab. 5.1). Der Aufbau einer Kernpore ist in Abb. 5.2 schematisch dargestellt.

Für den Import oder Export werden **mobile Kernimportrezeptoren** (*nuclear import receptor*) bzw. **Kernexportrezeptoren** benötigt, die einerseits das Erkennungssignal der zu transportierende Proteine (Cargo-Protein) erkennen (s. Tab. 5.1), anderseits müssen sie mit den Nucleoporinen der Kernpore interagieren. In Abb. 5.3 ist der Import und Export schematisch dargestellt. Zunächst bildet sich ein Komplex aus Cargo-Protein und Kernimportrezeptor. Sobald ein Cargo-Protein/Importrezeptor-Komplex auf der Innenseite der Kernmembran angekommen ist, bindet ein GTP bindendes Protein (**Ran-GTP**) am Importrezeptor. Es kommt zu einer Konformationsänderung und der Freisetzung des Cargo-Proteins. Der Komplex

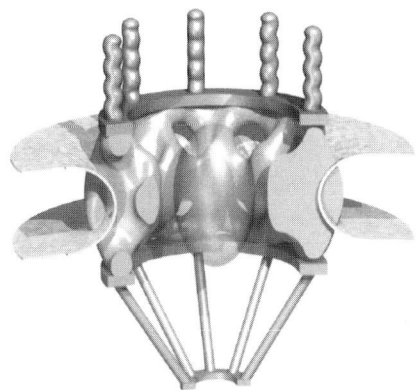

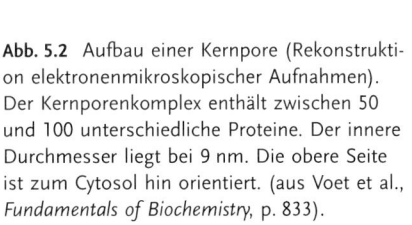

Abb. 5.2 Aufbau einer Kernpore (Rekonstruktion elektronenmikroskopischer Aufnahmen). Der Kernporenkomplex enthält zwischen 50 und 100 unterschiedliche Proteine. Der innere Durchmesser liegt bei 9 nm. Die obere Seite ist zum Cytosol hin orientiert. (aus Voet et al., *Fundamentals of Biochemistry*, p. 833).

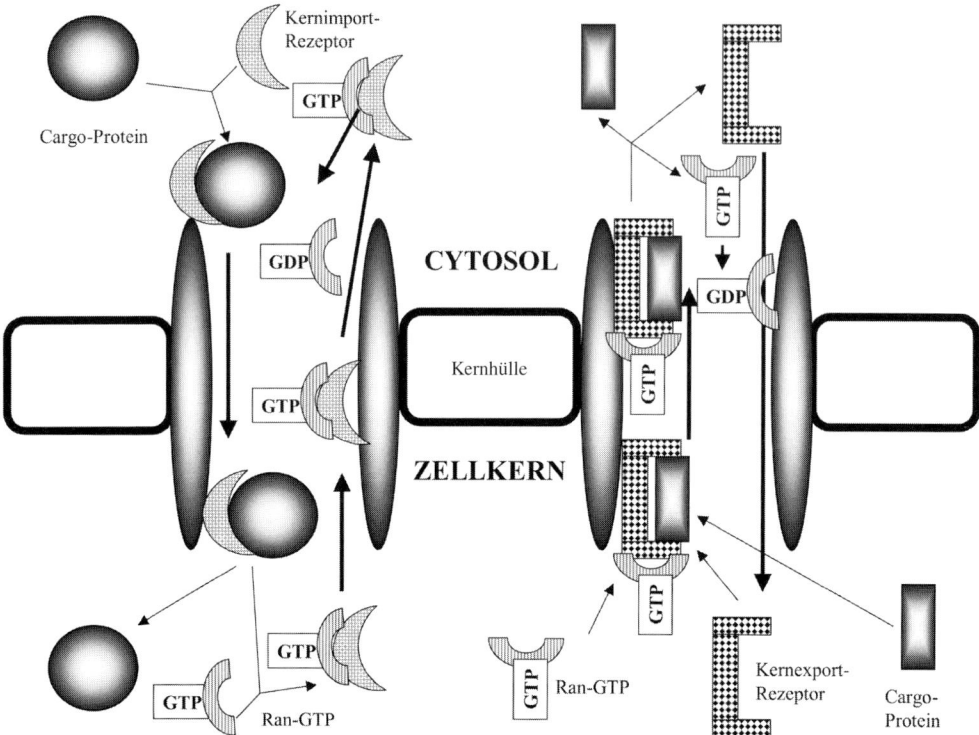

Abb. 5.3 Vereinfachtes Modell für den Import und Export von Proteinen über die Kernpore. Auf der linken Seite ist der Proteinimport über eine Kernpore dargestellt; rechts der Export von Cargo-Proteinen.

aus Ran-GTP und Importrezeptor bindet an Nucleoporine und wird über die Pore in Richtung Cytosol transportiert. Dort angekommen, wird Ran-GTP dephosphoryliert und dissoziiert als Ran-GDP vom Importrezeptor ab, der dadurch wieder aktiv wird. Der Export aus dem Kern verläuft nach einem ähnlichen Prinzip (Abb. 5.3). Der Wechsel von Ran-GTP zu Ran-GDP wird von einem *GTPase-activating protein* (GAP) katalysiert; der Austausch von GDP durch GTP im Kern wird von einem *guanine exchange factor* (GEF) gefördert.

5.2
Import von Proteinen in Mitochondrien und Chloroplasten

Proteine, die in **Mitochondrien** oder **Chloroplasten** arbeiten sollen, werden als Vorläuferproteine (*precursor proteins*) an cytosolischen Ribosomen synthetisiert und tragen eine **Erkennungssequenz am N-Terminus** (s. Tab. 5.1). Nach Aufnahme in die Organellen wird diese Signalsequenz durch eine **Signalpeptidase** entfernt. Der Import erfolgt über Multienzymkomplexe: Der **TOM-Komplex** bindet ein Vorläu-

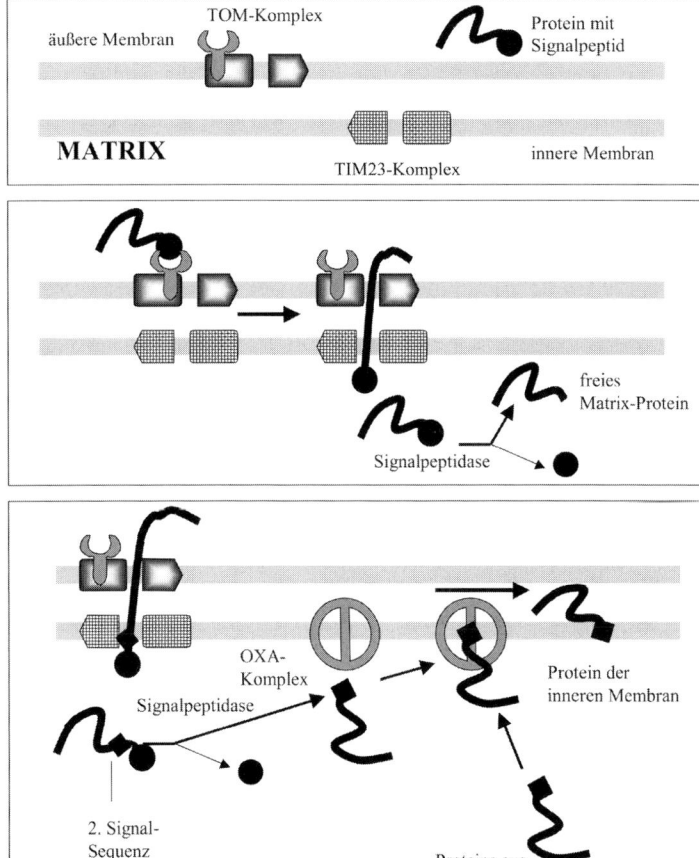

Abb. 5.4 Schematische Übersicht über die Aufnahme eines Vorläuferproteins in die Mitochondrien und Einbau von Membranproteine in die innere Mitochondrienmembran. TOM: *translocase of outer membrane*; TIM: *translocase of inner membrane*.

ferprotein und transportiert es über die äußere Mitochondrienmembran. Der weitere Transport über die innere Mitochondrienmembran wird vom **TIM-22- und TIM-23-Komplex** übernommen (Abb. 5.4). Werden Membranproteine importiert, so weisen diese eine weitere Signalsequenz auf, die vom **OXA-Komplex** erkannt wird. Der OXA-Komplex sorgt dafür, dass Membranproteine, die von den Mitochondrien selbst synthetisiert oder aus dem Cytosol importiert werden, richtig in die innere Mitochondrienmembran eingebaut werden.

Der Eintransport von Vorläuferproteinen in **Chloroplasten** erfolgt nach einem ähnlichen Schema. Zum Transport in die Thylakoide wird eine zweite Signalsequenz benötigt.

5.3
Proteintransport in das Endoplasmatische Reticulum

In elektronischen Aufnahmen erkennt man am rauen ER eine Vielzahl von Ribosomen, die mit der ER-Membran eng verbunden erscheinen (s. Abb. 1.2). Diese Ribosomen produzieren gerade Proteine, die in das ER-Lumen sezerniert werden. Diese Proteine sind durch ein spezifisches **Signalpeptid am N-Terminus** charakterisiert (s. Tab. 5.1).

Grundsätzlich beginnt die Proteinbiosynthese an freien Ribosomen im Cytoplasma. Wird ein Protein synthetisiert, das ein Signalpeptid für den ER-Import aufweist, so bindet ein **Signalerkennungsprotein** (*signal recognition particle*, SRP) an die Signalsequenz. Im nächsten Schritt bindet SRP an einen **SRP-Rezeptor** auf der ER-Membran und bringt so das translatierende Ribosom in die Nähe eines **Proteintranslokators**. Abb. 5.5 beschreibt schematisch den Import eines Proteins in das ER-Lumen. Sobald das Protein fertig synthetisiert und mit dem C-Terminus im ER-Lumen angelangt ist, schneidet eine **Signalpeptidase** die Signalerkennungssequenz ab, und das Protein befindet sich frei im Inneren des ER.

Bei **Membranproteinen** verläuft der Import ähnlich. Die wachsende Polypeptidkette wird so lange internalisiert, bis eine **zweite Signalsequenz**, die einem Transmembranbereich entspricht, erreicht wird (Abb. 5.6). Wenn die erste Signalsequenz abgeschnitten wird, entsteht ein Transmembranprotein mit einer Transmembranregion. Der C-Terminus liegt im Cytosol, der N-Terminus im ER-Lumen.

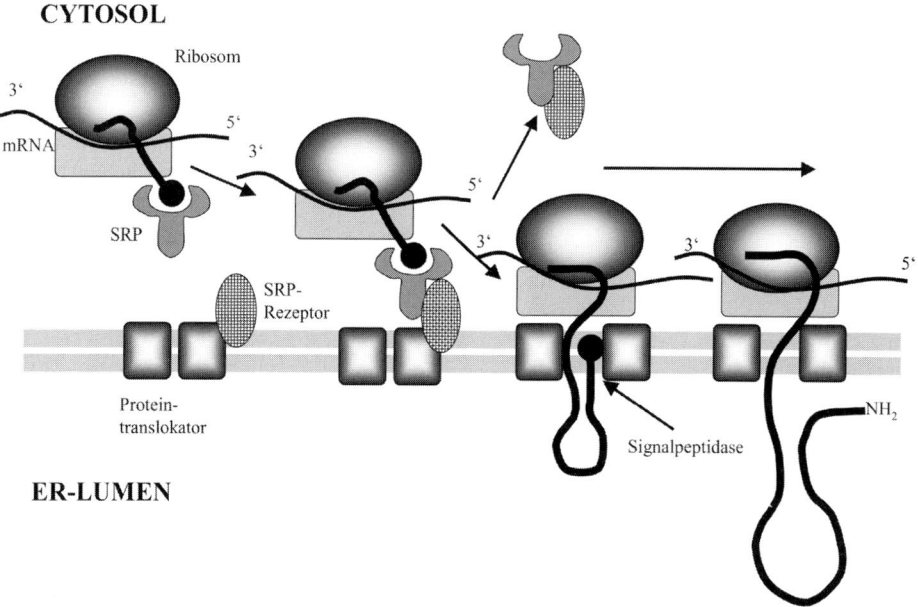

Abb. 5.5 Vereinfachtes Schema des Imports eines Proteins in das ER-Lumen. SRP: *signal recognition particle.*

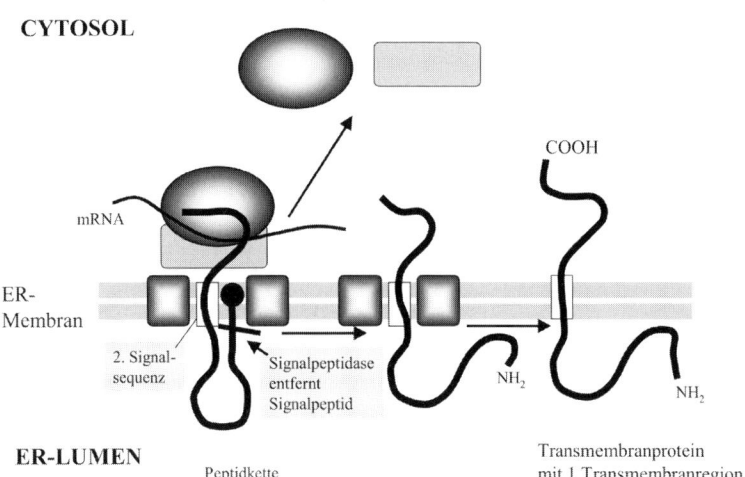

Abb. 5.6 Vereinfachtes Schema der Integration eines Membranproteins in die ER-Membran.

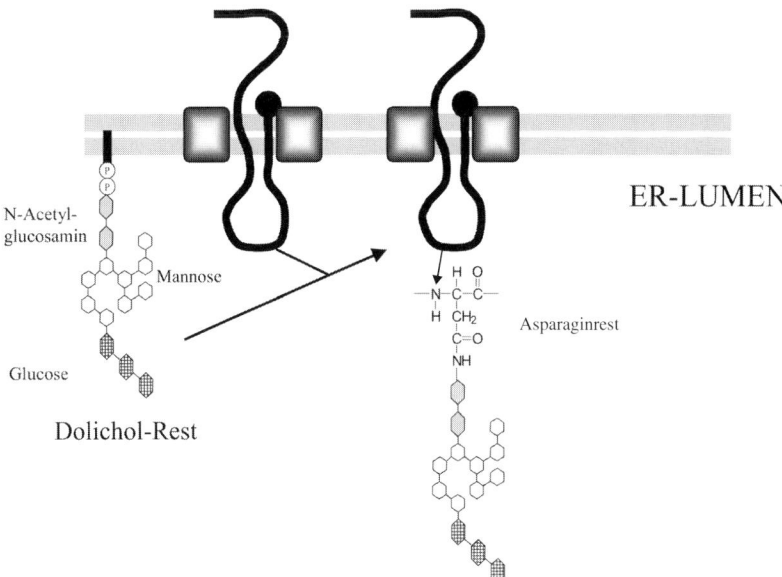

Abb. 5.7 Aufbau von Glykoproteinen im ER. Das Oligosaccharid liegt als Dolichol-Diphosphatester in aktivierter Form vor und kann auf einen Asparaginrest der wachsenden Peptidkette übertragen werden.

Die Bildung von Membranproteinen mit mehreren Transmembranregionen erfolgt analog.

Proteine, die im ER bleiben und nicht über den Golgi-Apparat ausgeschleust werden, tragen am C-Terminus ein Retentionssignal. Solche ER-Proteine dienen u. a. als Chaperone.

Beim Eintritt in das ER werden die meisten Proteine, die exportiert werden, mit einem Oligosaccharidrest verknüpft. An einem Asparaginrest wird ein Oligosaccharid N-glykosidisch gebunden. Das Oligosaccharid mit 14 Zuckeresten (vor allem N-Acetylglucosamin, Mannose und Glucose) liegt als **Dolichol-Diphosphatester** in aktivierter Form vor, wobei der lipophile Dicholrest in der Biomembran verankert ist (Abb. 5.7). In der Zelle existieren auch Glykoproteine, deren Zuckerreste O-glykosidisch an Threonin oder Serin gebunden sind. Ihre Synthese erfolgt im Golgi-Apparat und nicht im ER. Die Zuckerreste werden im Golgi-Apparat weiter umgewandelt und erhalten somit ihre endgültige Spezifität.

Einige Proteine liegen in der Zelle membranassoziiert vor. Dies erfolgt häufig durch einen Glykosylphosphatidylinositol (GPI)-Anker, der am C-Terminus eines Proteins angehängt werden kann.

5.4
Vesikeltransport vom ER via Golgi-Apparat zur Cytoplasmamembran

Die inneren Membransysteme der Zelle stehen durch Aufnahme und Abgabe von Vesikeln im ständigen Austausch. Auf diese Weise werden auch die Proteine vom ER in den Golgi-Apparat und vom Golgi-Apparat in die Lysosomen und Endosomen sowie zur Cytoplasmamembran transportiert (Abb. 5.8).

Das Abschnüren von Vesikeln und deren Aufnahme ist ein komplexer Prozess, an dem eine Vielzahl von internen und externen Proteinen beteiligt ist (von denen noch etliche bislang nicht erkannt wurden). Vesikel können sich nur abschnüren, wenn sie auf ihrer Oberfläche ein spezifisches Proteinnetz ausbilden:

- Vesikel, die sich vom ER abschnüren, tragen **COPII**-Proteine.
- Vesikel, die zwischen der *cis*- und *trans*-Seite des Golgi-Apparats wandern, tragen **COPI**-Proteine.
- Vesikel, die vom *cis*-Golgi zu den Endosomen geschickt werden, oder endocytotische Vesikel weisen ein Netz aus **Clathrinmolekülen** (Abb. 5.9) auf.

Diese Oberflächenproteine sind über Adapterproteine mit membranständigen Cargo-Rezeptoren verbunden, die ihrerseits wieder Cargo-Proteine erkennen können, die im Inneren der Vesikel vorliegen.

Vesikel müssen in der Lage sein, ein Zielkompartiment zu erkennen und ihre Ladung so an den rechten Ort zu bringen. Dazu dienen weitere Rezeptormoleküle, die als SNARE-Proteine bezeichnet werden. Jede Vesikel trägt spezifische **v-SNARE**-Proteine auf der Oberfläche, die vom Zielkompartiment mit spezifischen **t-SNARE**-Rezeptoren erkannt werden. In diesem Zusammenhang sind Rab-Proteine wichtig: **Rab-Proteine** sind monomere GTPasen und tragen dazu bei,

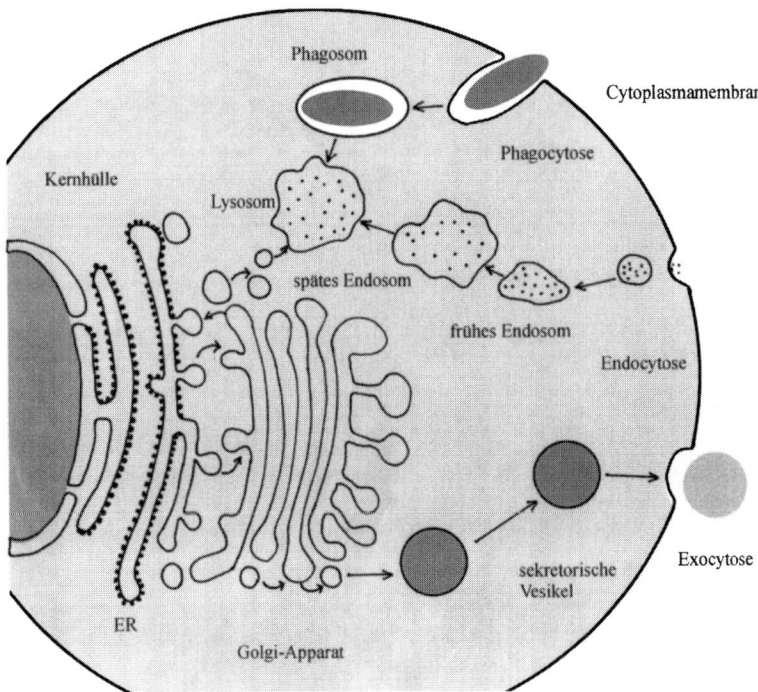

Abb. 5.8 Vesikeltransportwege in der Zelle.

dass Vesikel ihren richtigen Partner finden. Am besten untersucht sind die SNARE-Proteine bei Neurovesikeln in der Präsynapse. Neurovesikel können nur dann eine Exocytose durchführen, wenn Synaptobrevin (v-SNARE) auf der Vesikelmembran mit Syntaxin (t-SNARE) auf der Innenseite der Präsynapse interagiert. Zusätzlich muss ein weiteres peripheres Membranprotein Snap 25 (t-SNARE) in den Komplex eintreten. Ausgelöst wird die Exocytose durch ein Calciumsignal: Trift eine Aktionspotenzial in der Synapse ein, so öffnen sich spannungskontrollierte Calciumkanäle und Ca^{++} dringt kurzfristig in die Synapse ein.

In den verschiedenen Kompartimenten des Golgi-Apparats werden die Zuckerreste der Proteine in unterschiedlicher Weise verändert. z.B. werden die Mannosereste von lysosomalen Proteinen phosphoryliert und daher über ihre Mannose-6-phosphat-Reste zu erkennen. Bei anderen Proteinen werden die Mannosereste entfernt und durch N-Acetylglucosamin oder Galactose oder NANA ersetzt.

Im *trans*-Golgi werden Proteine mit **Mannose-6-phosphat-Resten** von einem spezifischen Transmembranrezeptor erkannt. Sobald diese Rezeptoren beladen sind, erfolgt eine Konformationsänderung, die von **Clathrinmolekülen** (Abb. 5.9) erkannt wird und zur Abschnürung von Vesikeln führt, die mit lysosomalen Enzymen beladen sind. Diese Vesikel fusionieren mit Vesikeln des späten Endosoms, aus denen letztlich die Lysosomen entstehen.

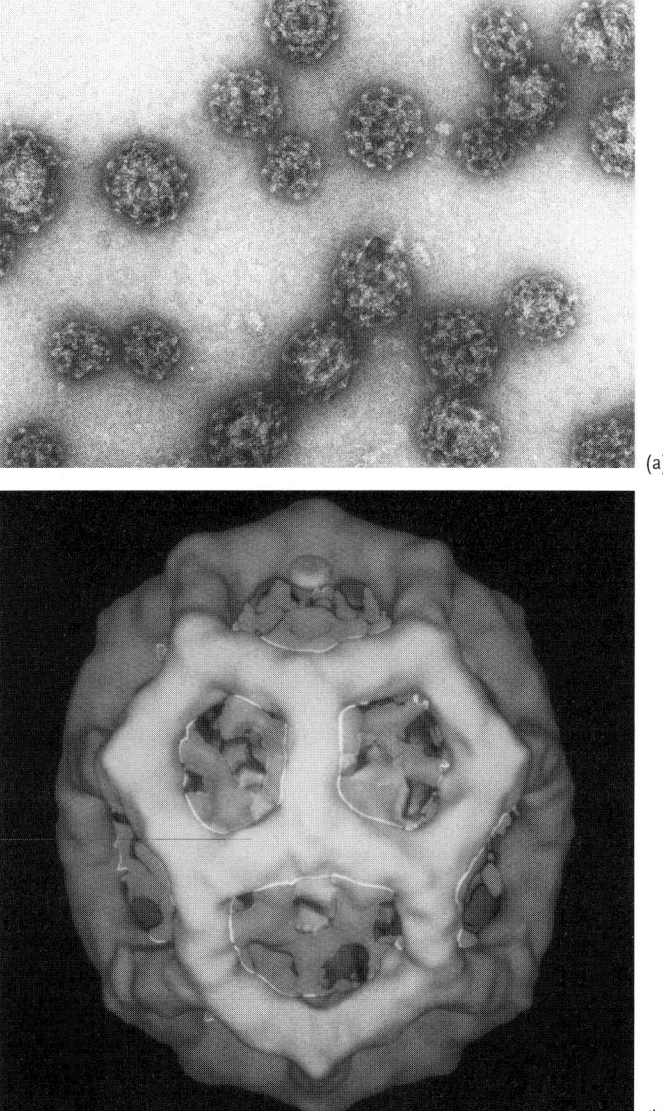

(a)

(b)

Abb. 5.9 Aufbau von Clathrin umhüllten Vesikeln. (a) elektronenmikroskopische Aufnahme, (b) Dreidimensionale Darstellung einer Clathrinhülle, die aus elektronenmikroskopischen Aufnahmen entwickelt wurde (aus Voet et al., *Fundamentals of Biochemistry*, p. 259).

Auch die Proteine, die zur **Cytoplasmamembran** geschickt und mittels Exocytose in den Extrazellularraum abgegeben werden sollen, werden im Golgi-Apparat prozessiert. Die Fusion der Golgi-Vesikel mit der Cytoplasmamembran wird als **Exocytose** bezeichnet. Dabei werden lösliche Proteine, z. B. Peptidhormone oder Antikörper, in den Extrazellularraum (z. B. das Blut) abgegeben. Membranständige

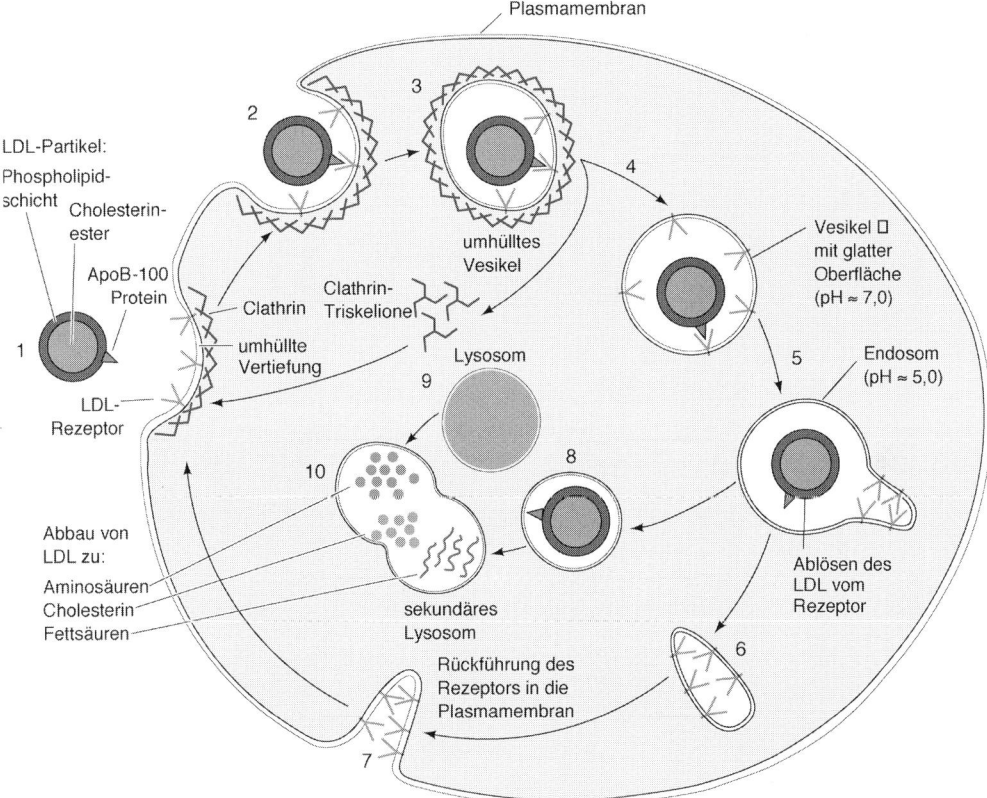

Abb. 5.10 Schematischer Verlauf der rezeptorvermittelten Endocytose von LDL. (aus Voet et al., *Fundamentals of Biochemistry*, p. 263).

Proteine bleiben als Membranproteine in der Cytoplasmamembran und weisen jetzt mit ihren Zuckerresten in den Extrazellularraum. Der Exocytoseprozess kann kontinuierlich oder signalgesteuert verlaufen. Ein Beispiel für den letzten Fall ist die Freisetzung von Insulin oder Histamin aus entsprechenden Speichervesikeln.

An der Cytoplasmamembran läuft auch ständig der umgekehrte Prozess der **Endocytose** ab, bei der sich Vesikel abschnüren, die über das frühe Endosom zum späten Endosom wandern und ihren Inhalt letztlich zu den Lysosomen oder zum Golgi-Apparat bringen (s. Abb. 5.8).

Man unterscheidet bei der Endocytose die Prozesse

- **Phagocytose** (Aufnahme von Mikroorganismen oder toten Zellen)
- **Pinocytose** (Aufnahme von Flüssigkeiten und kleineren Molekülen).

Phagocytose (s. Abb. 5.8) ist die Aufgabe der Phagocyten (Makrophagen, Neutrophile und dendritische Zellen) des zellulären Immunsystems. Die phagocytierten

Zellen werden im Lysosom abgebaut. (Für Einzelheiten zum Immunsystem s. einschlägige Lehrbücher.)

Die **Pinocytose** ist ein kontinuierlicher Prozess: Makrophagen nehmen pro Stunde etwa 25% ihres Zellvolumens durch Pinocytose auf; bezogen auf die Cytoplasmamembran entspricht dies einer Abschnürrate der Membran in Vesikel von 3% pro Minute. Die Fläche der Membranen, die durch Endocytose aufgenommen wird, entspricht natürlich der Membranfläche, die durch Exocytose freigesetzt wird (Endocytose-Exocytose-Zyklus). Bei der Endocytose werden die Vesikel mit Flüssigkeit und Molekülen gefüllt, die sich im Extrazellularraum befinden. Durch **Flüssigphasen-Endocytose** (*fluid-phase endocytosis*) können auch polare Moleküle in die Zelle gelangen, die ansonsten nicht durch Diffusion oder Carrier aufgenommen würden.

Eine wichtige Endocytosevariante betrifft die rezeptorvermittelte Endocytose (*receptor-mediated endocytosis*). So werden Lipoproteine, wie die LDL-Partikel (*low-density lipoproteins*), die im Blut mit Cholesterolester beladen sind, von LDL-Rezeptoren der Zielzellen erkannt und gebunden (Abb. 5.10). Nach Bindung werden Clathrin-vernetzte Endocytosevesikel abgeschnürt, die via Endosom zum Lysosom wandern. Dort werden die Rezeptoren mit Exocytosevesikel zur Cytoplasmamembran zurückgeschickt, während die Lipoproteine im Lysosom abgebaut werden. Auch die Cholesterolester werden durch eine Esterase gespalten. Cholesterol steht nun der Zelle für Synthesen oder als Membranlipid zur Verfügung. Patienten mit defekten LDL-Rezeptorgenen (Häufigkeit 1 in 500) haben ein erhöhtes Herzinfarktrisiko, da die erhöhten Cholesterolkonzentrationen zu Arteriosklerose führen können.

6
Diversität der Organismen

Die moderne Biologie beschäftigt sich weitgehend mit wenigen Modellorganismen. Für den Biotechnologen ist es dennoch wichtig, einen Überblick über die Diversität der lebenden Organismen zu haben. Dieses Kapitel erläutert kurz die Unterschiede zwischen Bakterien, Archaebakterien und Eukaryoten und gibt außerdem eine Kurzübersicht über die systematische Ordnung der Eukaryoten.

Die **molekulare Zellbiologie** konzentriert sich zunehmend auf **Modellorganismen.** Beispiele sind u. a. das gramnegative Bakterium *Escherichia coli*, die Bäckerhefe (*Saccharomyces cerevisiae*), der Fadenwurm *Caenorhabditis elegans*, die Taufliege *Drosophila melanogaster* (nicht Fruchtfliege, wie fälschlicherweise oft zu finden ist!), die Hausmaus (*Mus musculus*), der Mensch (*Homo sapiens*) oder die Ackerschmalwand (*Arabidopsis thaliana*) als Vertreter für höhere Pflanzen. Viele Erkenntnisse der Molekular- und Zellbiologie wurden an diesen Modellorganismen gewonnen. Da diese Organismen eine gemeinsame evolutionäre Basis haben, geht man davon aus, dass grundlegende Eigenschaften, die bei einem Organismus gefunden wurden, auch bei den anderen Organismen gelten. Dies kann, muss aber nicht immer stimmen. Manchmal hat die Natur auch unterschiedliche Lösungen für dasselbe Problem gefunden (**konvergente Evolution**).

Dennoch dürfen wir in der Biotechnologie die Diversität der Organismen mit vielleicht über 10 Millionen Arten und ihren komplexen Anpassungen nicht vernachlässigen. Viele von ihnen bieten evolutionär entstandene Lösungen für Probleme, die für biotechnologische Prozesse oder Nutzung von hohem Interesse sein können.

6.1
Prokaryoten

In Abb. 1.1 hatten wir bereits den Stammbaum des Lebens gezeigt, der die Entwicklungslinien zu den großen Organismengruppen darstellt. Innerhalb der Prokaryoten sind zwei große Domänen erkennbar: die **Eubakterien** (oder einfach Bakterien) und die **Archaeen** (oder Archaebakterien). Wichtige biochemische Unterschiede sind in Tab. 6.1 zusammengefasst.

Molekulare Biotechnologie: Konzepte und Methoden.
Herausgegeben von M. Wink
Copyright © 2004 WILEY-VCH Verlag GmbH & Co. KGaA, Weinheim
ISBN: 3-527-30992-6

Tab. 6.1 Einige Unterschiede zwischen Bakterien und Archaeen

Merkmal	Bacteria	Archaea
Peptidoglykan (Murein) in der Zellwand	vorhanden	fehlend
RNA-Polymerase	eubakteriell	archaebakteriell
Formylmethionyl-tRNA	vorhanden	fehlend
Methanogenese	fehlend	vorhanden
Isoprenylether-Lipide	fehlend	vorhanden
Acylester-Lipide	vorhanden	fehlend
Mosaikgene	fehlend	vorhanden
ATP-Synthase-Typ	F	V
Katabolischer Embden-Meyerhof-Weg	vorhanden	fehlend

6.2
Eukaryoten

Die Entwicklung der Ur-Eucyte und die Aufnahme von Bakterien war eine bemerkenswerte Innovation der frühen Evolution. Berücksichtigt man zusätzlich die endosymbiontische Herkunft der Mitochondrien und Chloroplasten, so kann man die großen Entwicklungslinien, wie in Abb. 1.1 gezeigt, vereinfacht darstellen. Während die Aufnahme von Mitochondrien vermutlich nur einmal in der Evolution stattfand, hat man gute Hinweise für die Annahme, dass die Aufnahme von Cyanobakterien mehrfach erfolgte (insbesondere bei den verschiedenen Algengruppen).

Zwischen Pro- und Eukaryoten besteht ein großer Unterschied in der zellulären Struktur und Funktion. Tab. 6.2 fasst wichtige Merkmale zusammen. Die **Eukaryotenzelle** ist deutlich weiterentwickelt (Abb. 1.2) und kann in einer einzigen Zelle viele unterschiedliche Prozesse zur gleichen Zeit ablaufen lassen. Voraussetzung dafür war die Entwicklung von abgetrennten Reaktionsräumen, den Kompartimenten, in der frühen Evolution.

Tab. 6.2 Wichtige Unterschiede zwischen Prokaryoten und Eukaryoten

Merkmal	Prokaryot	Eukaryot
Endomembranen (ER, Golgi-Apparat, Vesikel)	fehlend	vorhanden
Kernhülle mit Porenkomplexen	fehlend	vorhanden
Cytoskelett (Actinfilamente, Mikrotubuli)	wird durch analoge Proteine ersetzt	vorhanden
Exo- und Endocytose	fehlend	vorhanden
Genom/Chromosomen	1 zirkuläres DNA-Molekül	mehrere lineare Chromosomen
Histone, Nucleosomen	fehlend	vorhanden
Ribosomen	70S-Ribosomen	80S-Ribosomen
RNA-Polymerasen	1	3 (I–III)

Tab. 6.3 Wichtige Gruppen der Protisten (Modellorganismen oder Erreger parasitärer Erkrankungen). Die Rot-, Braun- und Grünalgen wurden früher zu den Pflanzen gerechnet; aufgrund neuer molekularer Systematik wird eine neue Anordnung vorgeschlagen. Wichtige Modellorganismen sind fett gedruckt

Großgruppe	Merkmal	Beispiel
Diplomonadida/Trichomonadida	sekundärer Verlust von Mitochondrien	
Diplomonadida (Diplomonaden)	zwei getrennte Zellkerne	*Giardia*
Trichomonadida (Trichomonaden)	undulierende Membran	*Trichomonas*
Euglenozoa	Flagellaten mit oder ohne Photosynthese	
Euglenophyta	Paramylon als Speicherpolysaccharid	**Euglena**
Kinetoplastida	mit Kinetoplast	**Trypanosoma** (Schlafkrankheit)
Alveolata	Alveoli unter Zelloberfläche	
Dinoflagellata	Panzer aus Celluloseplatten	*Pfiesteria*
Sporozoa (Sporentierchen)	apikaler Eindringkomplex	**Plasmodium** (Malaria); *Toxoplasma*
Ciliata (Wimpertierchen)	Cilien für Fortbewegung und Nahrungsaufnahme	*Paramecium*
Heterokontobionta	mit Flimmer- und Schleppgeißel	
Oomycota	Hyphen; Zellwände aus Cellulose	Falscher Mehltau
Bacillariophyceae (Diatomeen)	glasartig; zweigeteilte Wände	*Pinnularia*
Chrysophyceae (Goldalgen)	zweigeißlige Zellen	*Dinobryon*
Phaeophyceae (Braunalgen)	braune akzessorische Pigmente	*Laminaria*
Rhodobionta (Rotalgen)	ohne begeißelte Stadien; Phycoerythrin	*Porphyra*
Chlorobionta (Grünalgen)	mit Chloroplasten (ähnlich Landpflanzen)	*Chlamydomonas*
Charophyceae		
Myxobionta (Schleimpilze)	Saprophyten; amöboide Stadien bilden Kolonien	
Myxomycota	netzartiges Plasmodium als Fressstadium	*Physarum*
Acrasimycota	Koloniebildung	*Dictyostelium*
Rhizopoda (Wurzelfüßler)	lappenförmige Pseudopodien	*Amoeba* (Amöbenruhr)

Eine vereinfachte Übersicht über die Entstehung der Organismen ist in Abb. 1.1 dargestellt. Aus Platzgründen ist es nicht möglich, auf die verschiedenen Organismen in den einzelnen Domänen der Organismenreiche genauer einzugehen. Um dem Biotechnologen aber eine schnelle Orientierung zu geben, mit welchen Organismen er es im Wesentlichen zu tun hat und wo diese Organismen im System des Lebens stehen, wird nachfolgend eine kurze systematische Aufgliederung der Organismen zusammengestellt. Der Einfachheit halber werden nur die Großgruppen der Protisten (Tab. 6.3), Pflanzen (Tab. 6.4) und Tiere (Tab. 6.5) näher charakterisiert (eine gute Kurzübersicht geben Campbell und Reece (2003)).

Tab. 6.4 Systematische Gliederung der Landpflanzen. Wichtige Modellorganismen sind fett gedruckt

Unterabteilung	Klasse
Bryophytina (Moospflanzen)	Marchantiopsida (Lebermoose)
	Anthoceropsida (Hornmoose)
	Bryopsida (Laubmoose)
Pteridophytina (Farne und andere samenlose Gefäßpflanzen)	Lycopodiopsida (Bärlappgewächse)
	Psilotopsida (Gabelblattgewächse)
	Equisetopsida (Schachtelhalmgewächse)
	Filicopsida (Farne)
Spermatophytina (Samenpflanzen)	
Gymnospermae (Nacktsamer)	Ginkgopsida (Ginkgogewächse)
	Cycadopsida (Palmfarne)
	Gnetopsida (Gnetumgewächse)
	Coniferopsida (Nadelbäume)
Angiospermae (Bedecktsamer)	Magnoliopsida (**Arabidopsis thaliana, Nicotiana tabacum**)

Tab. 6.5 Systematische Gliederung der Tiere (wichtige Stämme). Wichtige Modellorganismen sind fett gedruckt

Kategorie	Stamm	Eigenschaften
Parazoa	Porifera (Schwämme)	einfache, vielzellige Tiere mit Kragengeißelzellen (Choanocyten), die Bakterien u. a. phagocytieren; Zellen meist totipotent
Eumetazoa		
Radiata	Cnidaria (Nesseltiere) (**Hydra**)	Nesselzellen (Cnidocyten) mit Nesselkapseln; entwickeltes Gastrovascularsystem (Gastralraum mit Mund, ohne After)
	Ctenophora (Rippenquallen)	Klebzellen (Colloblasten) zum Beutefang; 8 kammartige Wimpernplatten („Rippen"); Gastrovascularsystem
Bilateria		
Protostomia		
Lophotrochozoa	Plathelminthes (Plattwürmer)	dorsoventral abgeflacht; unsegmentiert; kein Coelom
	Rotatoria (Rädertiere)	Pseudocoelomat mit Verdauungstrakt; Kieferapparat im Pharynx; Räderorgan; ohne Kreislaufsystem
	Bryozoa (Moostierchen)	mit Coelom; mit bewimperten Tentakeln (Lophophor) zur Nahrungsaufnahme
	Nemertini (Schnurwürmer)	Rüssel in Rüsselscheide am Vorderende; geschlossenes Kreislaufsystem mit Blutgefäßen; Verdauungstrakt mit Mund und After
	Mollusca (Weichtiere)	mit kleinem Coelom; 4 Körperteile (Kopf, Fuß, Eingeweidesack, Mantel); Kopf oft reduziert
	Annelida (Ringelwürmer)	mit Coelom und Hautmuskelschlauch; gleichförmig segmentierter Körper

Tab. 6.5 (Fortsetzung)

Kategorie	*Stamm*	*Eigenschaften*
Ecdysozoa	Nematoda (Fadenwürmer) (***Caenorhabditis elegans***)	zylindrische, unsegmentierte Eucoelomaten; ohne Kreislaufsystem
	Arthropoda (Glieder-füßer)	mit Coelom und segmentiertem Körper; gegliederte Extremitäten; ektodermales Exoskelett
	Arachnida (Spinnen-tiere)	
	Myriapoda (Doppel- und Hundertfüßer)	
	Insecta (Insekten)	
	Crustaceae (Krebs-tiere)	
	Drosophila melanogaster	
Deuterostomia	Echinodermata (Stachelhäuter) (Seesterne, Seeigel, Seegurken)	mit Coelom; Larven bilateralsymmetrisch; adulte Tiere mit Radiärsymmetrie; Ambulakralsystem; Hautskelett mesodermal
	Hemichordata (Flügelkiemer, Eichelwürmer)	mit Coelom und trimerer Leibeshöhle; Chordarest; Kiemendarm
	Chordata (Chordatiere)	mit Coelom; Chorda dorsalis; dorsales Neuralrohr; Kiemendarm
	Tunicaten (Mantel-tiere)	
	Acranier (Schädel-lose)	
	Vertebrata (Wirbel-tiere) [a]	Neuralleiste; Cephalisation; Wirbelsäule; geschlosse-ner Kreislauf

[a] Petromyzonta (Neunaugen); Chondrichthyes (Knorpelfische); Osteichthyes (Knochenfische); Amphibia (Lurche); „Reptilia" (Reptilien) (Schildkröten, Echsen, Krokodile); Aves (Vögel); Mammalia (Säugetiere): ***Mus musculus, Homo sapiens***

6.3
Weiterführende Literatur für Kap. 1–6

ALBERTS, B., JOHNSON, A., LEWIS, J., RAFF, M., ROBERTS, K., WALTER, P. (2001) *Molecular Biology of the Cell,* 4. Aufl. Garland Science, New York.

AMBROS, V. (2003) MicroRNA pathways in flies and worms: growth, death, fat, stress, and timing. *Cell* **113**, 673–676.

CAMPBELL, N.A., REECE, J.B. (2003) *Biologie.* Spektrum-Verlag, Heidelberg.

CARRINGTON, J.C., AMBROS, V. (2003) Role of microRNAs in plant and animal development. *Science* **301**, 336–338.

DEY, P.M., HARBORNE, J.B. (1997) *Plant Biochemistry.* Academic Press, San Diego.

DINGERMANN, T. (1999) *Gentechnik und Biotechnik.* WVG, Stuttgart.

KARLSON, P., DOENECKE, D., HOOLMAN, J. (1994) *Kurzes Lehrbuch der Biochemie.* Thieme, Stuttgart.

KLUG, W. S., CUMMINGS, M. R. (1997) *Concepts of Genetics.* Prentice Hall, Upper Saddle River.

LEWIN, B. (1994) *Genes* V. Oxford University Press, Oxford.

LODISH, H., BALTIMORE, D., BERK, A., ZIPURSKY, S. L., MATSUDAIRA, P., DARNELL J. (1995) *Molecular Cell Biology,* 2. Aufl. Scientific American Books, New York.

LÖFFLER, G., PETRIDES, P. E. (1998) *Biochemie und Pathobiochemie,* 6. Aufl. Springer-Verlag, Heidelberg.

LOTTSPEICH, F., ZORBAS, H. (1998) *Bioanalytik.* Spektrum-Verlag, Heidelberg.

McMANUS, M. T., SHARP, P. A. (2002) Gene silencing in mammals by small interfering RNAs. *Nat. Rev. Genet.* **3**, 737–747.

MUTSCHLER, E., GEISSLINGER, G., KROEMER, H. K., SCHÄFER-KOTING, M. (2001) *Mutschler Arzneimittelwirkungen, Lehrbuch der Pharmakologie und Toxikologie,* 8. Aufl. WVG, Stuttgart.

NELSON, D. L., COX, M. M., (2000) *Lehninger Principles of Biochemistry.* Worth Publishers, New York.

SITTE, P., WEILER, E. W., KADEREIT, J. W., BRESINSKY, A., KÖRNER, C. (2002) *Strasburger Lehrbuch der Botanik.* Spektrum-Verlag, Heidelberg.

STORCH, V., WELSCH, U., WINK, M. (2001) *Evolutionsbiologie.* Springer-Verlag, Heidelberg.

VOET, D., VOET, J. G., PRATT, C. W. (2002) *Lehrbuch der Biochemie.* Wiley-VCH, Darmstadt.

VOET, D., VOET, J. G., PRATT, C. W. (2002) *Fundamentals of Biochemistry,* upgrade edition. John Wiley & Sons, New York.

WINK, M. (1999) *Biochemistry of Plant Secondary Metabolism.* Sheffield Academic Press, Annual Plant Reviews Vol. 2. Sheffield

WINK, M. (1999) *Function of Plant Secondary Metabolites and Their Exploitation in Biotechnology.* Sheffield Academic Press, Annual Plant Reviews Vol. 3. Sheffield.

Teil II

Standardmethoden der Molekularen Biotechnologie

Molekulare Biotechnologie: Konzepte und Methoden.
Herausgegeben von M. Wink
Copyright © 2004 WILEY-VCH Verlag GmbH & Co. KGaA, Weinheim
ISBN: 3-527-30992-6

7
Isolierung und Reinigung von Proteinen

Für viele Fragestellungen der modernen Biotechnologie benötigt man isolierte und reine Proteinpräparate. Dieses Kapitel führt in die wichtigsten Techniken ein, die man braucht, um Proteine zu isolieren und zu analysieren. Als Trennmethoden werden die verschiedenen Verfahren der Elektrophorese und Säulenchromatographie erörtert.

7.1
Einleitung

Eine Vielzahl von Untersuchungen zur Charakterisierung von Proteinen, z.B. bezüglich der Wirkungsweise eines Enzyms, führen erst dann zum Erfolg, wenn es gelingt, das zugehörige Protein zu isolieren und von den vielen anderen Proteinen einer Zelle bzw. eines Gewebes zu trennen. Die Sequenzanalyse, Röntgenstrukturaufklärung von Proteinkristallen, massenspektrometrische Untersuchungen und zahlreiche andere Techniken der Proteincharakterisierung erfordern ebenfalls homogene Proteine oder Proteinkomplexe. Den Grundstein zur Disziplin der Proteinreinigung legte Otto Warburg in den 30er Jahren des letzten Jahrhunderts mit zahlreichen Veröffentlichungen. Seitdem hat sich das Methodenrepertoire deutlich erweitert, wobei der Schwerpunkt der letzten Jahrzehnte vorrangig in der Miniaturisierung, Automatisierung und Optimierung bekannter Prinzipien lag. Die (Über-)Expression rekombinanter Proteine in *Escherichia coli*, Hefen, Insekten- oder gar Säugerzellen erleichtert uns heutzutage die Gewinnung größerer Mengen an gereinigten Proteinen (s. Kap. 16), wobei die Reinigungsstrategie durch Einbringung geeigneter zusätzlicher Peptidsequenzen (meist N- oder C-terminale Tags, z.B. Hexahistidin-Tag oder Glutathion-S-Transferase) stark vereinfacht wird (s. Abschnitt 7.6.1: Beispiel 1).

Bei Proteinen mit enzymatischer Aktivität lässt sich die Aufreinigung durch die spezifische Aktivität, dem Verhältnis von Aktivität zur Proteinmenge, verfolgen. Mit jedem erfolgreichen Reinigungsschritt sollte dieses Verhältnis zunehmen, bis es schließlich in einer homogenen Enzympräparation einen Maximalwert erreicht. Oft geht allerdings in der Praxis die Reinigung mit einer zunehmenden Instabilität des Proteins, d.h. einem Aktivitätsverlust des Enzyms, der die theoretisch zu

Molekulare Biotechnologie: Konzepte und Methoden.
Herausgegeben von M. Wink
Copyright © 2004 WILEY-VCH Verlag GmbH & Co. KGaA, Weinheim
ISBN: 3-527-30992-6

erwartende Zunahme des Anreicherungsfaktors schmälert, einher. Einmal aus dem schützenden physiologischen Zustand des Zellinneren befreit, geraten Enzyme während der Aufreinigungen unter Umständen in Kontakt mit Metallen, Sauerstoff, hohen Ionenkonzentrationen und weiteren potenziell schädlichen Einflüssen. Häufig führen diese Einflüsse dazu, die fragile räumliche Struktur (Konformation) von Proteinen irreversibel zu denaturieren. Proteine sollten deshalb als labile Biomoleküle betrachtet werden, welche beim Umgang besondere Aufmerksamkeit erfordern.

Ein paar allgemeine Regeln helfen jedoch die Aktivitätsverluste zu vermindern:

1. Zügig und kühl arbeiten. Wegen der Gefahr durch Proteasen sollten möglichst rasch Protease-Inhibitoren (Tab. 7.1) zugesetzt werden und Proteinlösungen grundlos nie bei Raumtemperatur aufbewahrt werden. Immer auf Eis oder im Kühlschrank lagern.
2. Kontakt mit Metall vermeiden. Metallische Oberflächen können Schwermetalle an die Lösung abgeben.
3. Kontakt mit Sauerstoff minimieren, d.h. starkes Schütteln oder Rühren vermeiden. Oft erweist es sich als günstig, Reduktionsmittel wie 2-Mercaptoethanol o.Ä. zuzusetzen.
4. Die Proteinlösung sollte nicht allzu sehr verdünnt sein, da es dann zu Adsorption an Oberflächen und somit zum Verlust von Aktivität kommt.

Es ist außerdem sehr sinnvoll, falls möglich, die nachstehenden Informationen aus der einschlägigen Fachliteratur zur Planung der Reinigungsstrategie vor Beginn der Arbeiten einzuholen:

Tab. 7.1   Gebräuchliche Proteasehemmstoffe bei der Proteinreinigung

Hemmstoff	*Wirksam gegen*	*Wirksame Konzentrationen*	*Besondere Eigenschaften*
Pefabloc SC[a), c)]	Serin-Proteasen	0,4–4 mmol/l	Gemisch aus Hemmstoff und Stabilisator
EDTA[a)]	Metalloproteasen	0,1–1 mmol/l	
Aprotinin[b)]	Serin-Proteasen	0,01–0,3 µmol/l	Wird bei pH > 10 inaktiviert
Pepstatin[b)]	Saure Proteasen	1 mmol/l	Stammlösung in Methanol 1 g/l
Leupeptin[b)]	Serin- und Cystein-Proteasen	1–10 µmol/l	

a)   Bei einer Reinigung eines rekombinanten Proteins aus Bakterien ist der Zusatz dieser Proteasehemmstoffe in den meisten Fällen ausreichend.

b)   Bei der Reinigung z.B. aus tierischen Geweben ist die Gefahr durch Proteasen wesentlich größer. Deshalb empfiehlt sich der Einsatz eines Gemisches von Proteasehemmstoffen. Eine Kombination der fünf hier angegebenen Inhibitoren deckt ein breites Spektrum an Proteasen ab und ist zudem als fertiger Cocktail erhältlich.

c)   Statt Pefabloc kann z.B. auch das preisgünstigere PMSF verwendet werden. Es ist allerdings schlecht wasserlöslich, in wässriger Lösung instabil und wesentlich toxischer.

1. In welchem pH-Bereich ist das zu reinigende Protein stabil (Auswahl des Puffer-pH-Werts)?
2. Benötigt das Enzym bestimmte Kationen wie Ca^{2+}, Mg^{2+} usw. als stabilisierende Cofaktoren?
3. Unter welchen Bedingungen ist es löslich? Dabei muss Folgendes bedacht werden:
   a) Einige Proteine lösen sich bei sehr geringen Ionenstärken nicht.
   b) Alle Proteine präzipitieren bei sehr hohen Ionenstärken.
   c) Membranverankerte Proteine lassen sich nur durch Detergenzien solubilisieren, die das Reinigungsverhalten stark beeinflussen können.

7.2
Herstellung eines proteinhaltigen Extrakts

Die Ausgangsmaterialien für die Gewinnung von Proteinen können sehr unterschiedlich sein. Im einfachsten Fall liegt das zu reinigende Protein schon in einer wässrigen Flüssigkeit (z.B. Blut, Milch oder Kulturüberstände von Zellen) vor, die direkt für den ersten Reinigungsschritt eingesetzt werden kann. In den meisten Fällen ist es jedoch nötig, einen proteinhaltigen Extrakt aus den unterschiedlichsten Ausgangsmaterialien herzustellen. Früher waren häufig tierische Gewebe und pflanzliche Gewebe die einzig verfügbare Quelle. Heute treten oft kultivierte Zellen, Hefen oder Bakterien, die rekombinante Proteine exprimieren, an deren Stelle.

Bei feuchtem Material, z.B. tierischen Geweben, werden oft Zerkleinerungsgeräte verwendet, die die Gewebe zerschneiden (Küchenmixer) oder mithilfe hoher Scherkräfte zerkleinern (Ultra-Turrax, Potter). Die Zerkleinerung erfolgt meist schon in Gegenwart eines Extraktionspuffers, der auf das zu reinigende Protein zugeschnitten ist (pH-Wert, Stabilisatoren, Detergenzien, Ionenkonzentration). Das Gewebe sollte schon in kleine Stücke geschnitten sein, bevor es zerkleinert wird. Alle genannten Homogenisierungsmethoden gehen mit einer Wärmeentwicklung einher. Es empfiehlt sich daher die Gefäße, in denen homogenisiert wird, von außen mit Eis zu kühlen, in kurzen Homogenisierungsintervallen (10–30 s) zu arbeiten und dazwischen entsprechend Kühlpausen einzuhalten.

Der Aufschluss von Hefen und insbesondere von Bakterien erfordert besonderen Aufwand: Es wird generell zwischen Methoden der enzymatischen Lyse und denen der mechanischen Lyse unterschieden. Methoden der enzymatischen Zelllyse basieren auf dem Verdau von bakteriellen Zellwandkomponenten (Peptidoglykangerüst) beispielsweise durch Lysozym. Die freigelegten hochsensiblen Protoplasten werden anschließend durch Detergenzien (Triton X-100), osmotischen Schock oder mechanisch ausgeübte Scherkräfte (Homogenisieren durch eine dünne Kanüle) geöffnet. Enzymatische Methoden der Zelllyse minimieren die Proteindenaturierung, funktionieren unabhängig von der Größe des Ansatzes und erlauben in einigen Fällen eine gewisse Selektivität im Freisetzen zellulärer Komponenten. Der Nachteil dieser Methode liegt im Zusatz von Substanzen (Lysozym, Detergenzien), die die nachfolgende Reinigung stören können.

Methoden der mechanischen Zelllyse werden z. B. mit einer Schwingmühle oder einer sog. *French Press* durchgeführt. Bei der Schwingmühle wird eine Zellsuspension in einer geschlossenen Kammer, zusammen mit feinen Glasperlen, unter hoher Frequenz geschüttelt. Die Wucht des Aufpralls der Perlen sowie gleichzeitig auftretende Scherkräfte fragmentieren die Zellen. In der *French Press* wird die Zellsuspension unter hohem Druck durch eine winzige Öffnung geleitet, hinter der es zur plötzlichen Entspannung und damit zum Auftreten starker Scherkräfte kommt.

Ultraschall ist eine weitere sehr verbreitete Methode der Lyse. Ein Ultraschall leitender Metallstab wird dabei direkt in die Zellsuspension getaucht und diese mehrmals 30 bis 45 s beschallt. Bei dieser Methode tritt eine starke Wärmeentwicklung auf. Eine intensive Kühlung und das Arbeiten in Intervallen ist unbedingt notwendig.

Das Ergebnis aller Aufschlussmethoden ist das Homogenisat. Der eigentliche Extrakt entsteht erst dann, wenn unlösliche Bestandteile entfernt werden. Dies erfolgt meist durch Sedimentation in einer Kühlzentrifuge (z. B. 30 min bei $1000\times g$). Der Überstand zeigt eine leichte Trübung (Opaleszenz). Sollten die sog. Mikrosomen (Bruchstücke des Endoplasmatischen Reticulums und des Golgi-Apparats), die diese Trübung verursachen, die weitere Reinigung stören, so können diese z. B. durch Ultrazentrifugation (60 min bei $100\,000\times g$) entfernt werden. Bei Aufbringung der Proben auf automatisierte Säulensysteme, die mit erhöhten Drücken arbeiten (FPLC, HPLC), ist die Ultrazentrifugation dringend anzuraten, um ein Verstopfen der Anlage zu vermeiden.

Im Folgenden sollen nun die wichtigsten Trennprinzipien der Proteinreinigung kurz erläutert werden und die erfolgreiche Proteinreinigung an zwei einfachen Beispielen anschaulich dargestellt werden.

7.3
Gelelektrophoretische Trennmethoden

7.3.1
Das elektrophoretische Prinzip

Ein Proteinmolekül besitzt in wässriger Lösung bei jedem pH-Wert, der nicht dem isoelektrischen Punkt entspricht, eine definierte Ladung. Das heißt, das Protein wandert in einem elektrischen Feld. Die spezifische Mobilität v ist dabei proportional zur Anzahl der Ladungen pro Molekül z und umgekehrt proportional zur Viskosität des Mediums η sowie zum Partikelradius r (Stokes'scher Radius):

$$v = z/6\pi\eta r. \tag{7.1}$$

Eine der Elektrophorese in freier Lösung in ihrer Trennleistung weit überlegene Technik ist die Gelelektrophorese. Hier findet die elektrophoretische Trennung innerhalb einer netzartigen Matrix statt, welche Poren unterschiedlichen Durchmessers aufweist. Diese Poren führen in Abhängigkeit von der Molekülgröße zu unterschiedlichen effektiven Viskositäten des Mediums. Die Gelelektrophorese trennt daher sowohl auf der Basis der Ladung als auch der Größe. Sie wird meist bei neutralem oder schwach alkalischem pH-Wert durchgeführt, bei dem die meisten Proteine zur Anode wandern. Das Gel kann über den Vernetzungsgrad für ein bestimmtes Trennproblem (einen aufzutrennenden Größenbereich) optimiert werden. Ein Vorteil von Gelsystemen liegt in der Minimierung von Konvektion und Diffusion von Proteinen. Dies führt zu scharf getrennten Proteinbanden während des gesamten Elektrophoreseprozesses. Ein entscheidender Nachteil sind die meist sehr limitierten Proteinmengen, die in solchen Gelen getrennt werden können. Sie eignen sich deswegen überwiegend zu analytischen Zwecken, z. B. Sequenzanalyse einer ausgeschnittenen Proteinbande zur Identifizierung unbekannter Proteine (s. Abschnitt 7.3.5).

7.3.2
Native Gelelektrophorese

Die Proteine werden hier in ihrer aktiven unveränderten (nativen) Form aufgetrennt. Proben- und Laufpuffer enthalten weder Natriumdodecylsulfat (SDS) noch Harnstoff. Die meisten Proteine sind in dem für diese Methode verwendeten schwach alkalischen Laufpuffer (pH 8–9) negativ geladen und wandern zur Anode. Alle unter diesen Bedingungen positiv geladenen Proteine gelangen allerdings nicht in das Gel, sondern diffundieren in den Kathodenpuffer. Vorteil: Proteine aus nativen Gelen sind nicht denaturiert und können nach Ausschneiden und Elution z. B. über ihre enzymatische Aktivität identifiziert werden. Oligomere Proteine, die aus mehreren nichtkovalent verknüpften Proteinketten bestehen, bleiben als solche erhalten.

7.3.3
Diskontinuierliche Natriumdodecylsulfat-Polyacrylamid-Gelelektrophorese (SDS-PAGE)

Bei dieser Standardmethode der Proteinanalytik werden die Proteine vor der gelelektrophoretischen Auftrennung mithilfe des Detergens Natriumdodecylsulfat (SDS) denaturiert. Zur Spaltung vorhandener Disulfidbrücken erfolgt die Denaturierung in Gegenwart von 2-Mercaptoethanol bzw. Dithiothreitol. SDS bindet stark an Proteine (Abb. 7.1 A). Die resultierenden Polypeptidketten enthalten ein Molekül SDS auf jeweils zwei Aminosäureresten. Oligomere Proteine, bei denen die Polypeptide nichtkovalent miteinander verbunden sind, werden in die individuellen Untereinheiten gespalten. Jedes SDS-Molekül besitzt eine negative Ladung, d. h., an eine Peptidkette von 180 Aminosäuren (ca. 20 000 Da) lagern sich 90 negative Ladungen an. An eine Polypeptidkette aus 900 Aminosäuren dementsprechend 450 Moleküle SDS inklusive der entsprechenden Ladung. Da diese Anzahl der negativen Ladungen bei weitem die Zahl der Nettoladungen eines Proteins beim pH-Wert des Elektrophoresepuffers übersteigt, ist das Ladungs-Größen-Verhältnis für alle Proteine praktisch gleich. Bei nicht modifizierten Proteinen ist die Auftrennung der Peptidketten im Gel somit ausschließlich ein Resultat des Molekularsiebeffekts der Gelporen und ist proportional zur Größe der einzelnen Polypeptidkette. Gegenüber der nativen Gelelektrophorese bietet die SDS-PAGE deswegen folgende Vorteile:

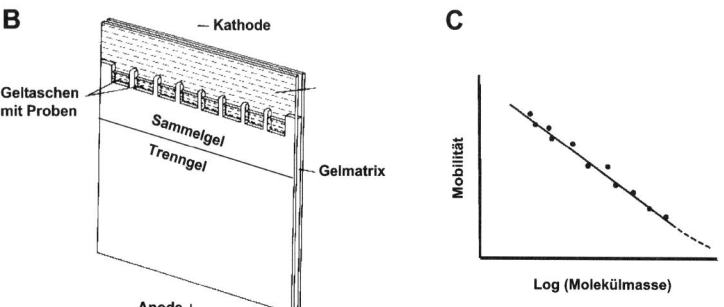

Abb. 7.1 SDS-Gelelektrophorese. (A) Denaturierende Wirkung von SDS; (B) Aufbau eines Gel-Sandwiches zur SDS-Gelelektrophorese;

(C) Auftrennung eines Standardproteingemisches. Auftragung der Wanderungsstrecke gegen die Molekülmasse.

1. Aggregate und unlösliche Partikel werden in SDS gelöst und in einzelne Polypeptidketten überführt.
2. Die Auftrennung ist nahezu ausschließlich von der Größe der Peptidkette abhängig.
3. Durch Auftragen von Größenstandards (Proteingemische definierter Zusammensetzung) kann das gesamte Gel kalibriert werden.
4. Die halblogarithmische Auftragung des Molekulargewichts der Proteine gegen ihre Mobilität im Gel liefert innerhalb eines gewissen Bereichs eine lineare Abhängigkeit (Abb. 7.1 C).
5. Der Vernetzungsgrad des Polyacrylamidgels und damit seine Porengröße kann über einen weiten Bereich der Größe der aufzutrennenden Proteine angepasst werden (Veränderung des Acrylamidgehalts (3–20%) bzw. des Quervernetzergehalts Bisacrylamid (0,1–1%).

Der Nachteil besteht in der Denaturierung des Proteins, d. h. dem Verlust von z. B. enzymatischer Aktivität, der in vielen Fällen irreversibel ist. Die Methode ist deshalb zur präparativen Reinigung eines Proteins nur bedingt geeignet. Sie eignet sich aber in Kombination mit den unter Abschnitt 7.3.5 genannten Anfärbemethoden hervorragend zur Überprüfung der Aufreinigung eines Proteins (s. Abschnitt 7.6: Beispiele).

7.3.4
Zweidimensionale (2D)-Gelelektrophorese, Isoelektrische Fokussierung (IEF)

Diese Kombination wird zur Auftrennung komplexer Proteingemische, z. B. bei Proteomik (*proteomics*) angewandt. Dabei wird die IEF als erste Dimension verwendet. Vorgefertigte Gelstreifen (*strips*) enthalten verschiedene Ampholyte und weisen dadurch einen linearen pH-Gradienten auf. Zugegebene Proteine wandern in einem elektrischen Feld im Gradienten bis zu der Stelle, an der der vorherrschende pH-Wert ihrem isoelektrischen Punkt entspricht, d. h. sie eine neutrale Gesamtladung haben. Das Gel hat hier lediglich die Aufgabe, den pH-Gradienten zu stabilisieren. Die Proteine sollen nicht durch Molekularsiebeffekte in ihrer Bewegung beeinträchtigt werden.

Es gibt allerdings Proteineigenschaften, die der Anwendung der IEF entgegenstehen:

1. Das Protein fällt am isoelektrischen Punkt aus (z. B. hydrophobe Membranproteine).
2. Das Protein ist am isoelektrischen Punkt nicht stabil (z. B. Zerfall in einzelne Proteinketten).
3. Das Protein bildet mit den Ampholyten Komplexe (dies macht sich in der Ausbildung mehrerer Banden bemerkbar).

Durch Kombination mit der SDS-PAGE als zweiter Dimension, wobei der Gelstreifen aus der IEF auf das Gel der SDS-PAGE aufgebracht wird, kann eine sehr hoch auflösende Trennung erreicht werden.

7.3.5
Detektion von Proteinen in Gelen

Nach der Elektrophorese müssen die aufgetrennten Proteine im Gel sichtbar gemacht werden. Die gebräuchlichste Methode besteht im Anfärben der Proteine mithilfe eines Farbstoffs, welcher fest an Proteine bindet. Die einzelnen Farbstoffe unterscheiden sich in ihrer Empfindlichkeit und ihrer Fähigkeit, alle Typen von Proteinen gleichmäßig zu färben. Der am häufigsten verwendete Farbstoff ist Coomassie Blau R-250 (Nachweisgrenze ca. 1 µg reines Protein). Alternativ werden Coomassie Blau G-250, Amidoschwarz oder Nigrosin verwendet. Die Färbung mit diesen Farbstoffen erfolgt prinzipiell nach einem einheitlichen Schema:

1. Direkt nach Entnahme des Gels aus der Elektrophoreseapparatur werden die Proteine zur Vermeidung der Diffusion durch Denaturierung fixiert. Sehr gebräuchlich ist ein Methanol/Essigsäure/Wasser-Gemisch im Verhältnis 3 : 1 : 6.
2. Anschließend wird das Gel in der Farbstofflösung bis zur völligen Durchtränkung geschwenkt. Durch Erhitzen, z. B. in der Mikrowelle, kann dieser Vorgang erheblich beschleunigt werden.

3. Der überschüssige, nicht gebundene Farbstoff wird durch Schwenken in einer Entfärbelösung entfernt. Hier kann der Vorgang durch Erhitzen und Adsorption des Farbstoffs z. B. an fusselfreie Papiertücher beschleunigt werden.

Die Anfärbung von Proteinen mit Silber (*Silver-Stain*-Methode) ist eine Methode, die um den Faktor 10–20 sensitiver ist als die Coomassie Blau-Färbung. Das Tränken des Gels in einer Silbernitratlösung führt zu einer nichtstöchiometrischen Bindung von Silberionen an Proteine. Diese Komplexe werden nach Reduktion als schwarze bis bräunliche Banden sichtbar. Neben der erheblich aufwändigeren Prozedur ist ein weiterer Nachteil der Silberfärbung das unterschiedliche Färbeverhalten der Proteine. Einige Proteine werden durch Silber kaum angefärbt. Insgesamt gesehen ist die Silberfärbung jedoch die empfindlichste Färbemethode für Proteine.

7.4
Präzipitationsmethoden

Diese Methoden gehen auf die frühen Tage der Proteinreinigung zurück. Die Präzipitation von Proteinen, basierend auf der Veränderung ihrer Löslichkeit, war damals oft die einzig verfügbare Strategie der Anreicherung. Heutzutage wird sie häufig durch eine hydrophobe Interaktionschromatographie (s. Abschnitt 7.5) ersetzt. Die Löslichkeit eines Proteins in einem Lösungsmittel wird hauptsächlich von der Verteilung hydrophiler und hydrophober Bereiche auf seiner Oberfläche bestimmt. Obwohl hydrophobe Strukturelemente oft bevorzugt im Inneren der Proteine vorliegen, befindet sich eine für das zu reinigende Protein charakteristische Menge davon auf der Oberfläche und gerät in Kontakt mit dem Lösungsmittel, das in den meisten Fällen Wasser ist. Die Lösungseigenschaften von Proteinen in Wasser können durch Änderungen der Ionenstärke, des pH-Werts, der Temperatur, durch Zugabe wasserlöslicher organischer Lösungsmittel, organischer Polymere oder einer Kombination verschiedener Faktoren verändert werden. Am gebräuchlichsten ist dabei die Verwendung neutraler Salze. Die am häufigsten benutzte Technik ist das „Aussalzen" bei hohen Salzkonzentrationen. Sie nutzt das Vorhandensein hydrophober und hydrophiler Oberflächenstrukturen auf dem Protein. Wassermoleküle lagern sich an hydrophile Bereiche eines Proteins an, die sich in direkter Nachbarschaft einer hydrophoben Oberfläche befinden. Sie bilden deshalb geordnete Hydrathüllen um die Proteinmoleküle. Dadurch wird die Annäherung und Assoziation zweier hydrophober Oberflächen verhindert. In dem Maß, wie nun Salz einem solchen System zugefügt wird, werden die Wassermoleküle zur Hydratisierung der Ionen benötigt und zunehmend von der Proteinhülle abgezogen. Die freien hydrophoben Flächen können nun aggregieren und das Protein fällt aus. Deshalb aggregieren Proteine mit einem höheren Anteil an hydrophoben Oberflächenstrukturen bei niedrigeren Salzkonzentrationen als solche mit überwiegend hydrophilen Anteilen. Die Art der Ionen spielt beim Aussalzen eine große Rolle. Günstig sind Salze aus einwertigen Kationen (NH_4^+, K^+, Na^+) und mehrwertigen Anionen (Sulfat-, Phosphationen). Ammoniumsulfat ist aus vielerlei Gründen das am häufigsten benutzte ionische Fällungsmittel. Es besitzt in Wasser eine Löslichkeit von 4 mol/l und löst sich endotherm, d. h., es besteht auch bei Zugabe des kristallinen Salzes zur Proteinlösung keine Gefahr der Proteindenaturierung durch Hitze. Es hat in wässriger Lösung eine günstige Dichte und verhindert in konzentrierteren Lösungen mikrobielles Wachstum. Ein großer Vorteil der Ammoniumsulfatfällung ist die häufig beobachtete Stabilisierung von Proteinen. Ein Enzym kann aus seinem Ammoniumsulfatpräzipitat auch nach längerer Zeit wieder zur vollen Aktivität herausgelöst werden. Muss eine Anreicherungsprozedur für längere Zeit unterbrochen werden, ist die Lagerung als Ammoniumsulfatpräzipitat bei 4 °C zu empfehlen. Ein Zusatz geringer Mengen von EDTA zur Komplexierung von Spuren von Schwermetallionen, die im Ammoniumsulfat enthalten sein können, ist vorteilhaft. Die Fällung mit Ammoniumsulfat wird oft als fraktionierte Fällung am Anfang einer Proteinreinigung (s. Abschnitt 7.6.2: Beispiel 2) durchgeführt.

Eine Fällung von Proteinen durch wasserlösliche organische Lösungsmittel (z. B. Aceton und primäre Alkohole) ist ebenfalls möglich, findet aber vergleichsweise geringe Anwendung. Da die Fällung hier auf der Erniedrigung der Löslichkeit geladener Moleküle beruht, stellt sie eine zusätzliche Möglichkeit zur Anreicherung nach einer bereits erfolgten Fällung durch Aussalzen dar.

7.5
Säulenchromatographische Methoden

7.5.1
Allgemein verwendbare Trennprinzipien

Die nachfolgend dargestellten Trennprinzipien sind grundsätzlich zur Reinigung der meisten Proteine anwendbar. Die Mehrzahl dieser Methoden basiert auf einer spezifischen Adsorption der Proteine an eine Gelmatrix, von der diese mit variablen Komponenten in der Elutionspuffer-Zusammensetzung, meist in Form eines linearen oder stufenartigen Konzentrationsgradienten, wieder abgelöst werden. Der Einsatz adsorptiver Techniken, insbesondere im Rahmen der Säulenchromatographie, ist populär und liefert zumeist höchste Anreicherungen. Der größte Erfolg und die beste Reproduzierbarkeit wird erreicht, wenn sie mit industriell vorgefertigten Säulen in automatisierten Pumpensystemen (FPLC, HPLC) durchgeführt werden.

7.5.1.1 Größenausschluss-Chromatographie (Gelfiltration)
Der noch häufig für diese Trennmethode gebrauchte Ausdruck „Gelfiltration" ist unglücklich gewählt, da im Gegensatz zur üblichen Filtration keine Komponenten des aufgetragenen Gemisches zurückgehalten werden. Die Fraktionierung von Proteinen erfolgt aufgrund von Größenunterschieden, deshalb findet die treffendere Bezeichnung Größenausschluss-Chromatographie zunehmend Verwen-

dung. Da bei der Gelfiltration eine adsorptive Interaktion der aufgetragenen Proteine mit der Gelmatrix nicht erwünscht ist, hat diese Methode eine Sonderstellung unter den chromatographischen Techniken zur Proteinreinigung. Die Abwesenheit adsorptiver Phänomene birgt Vor- und Nachteile. Einerseits werden empfindliche Proteine nicht durch Bindung an eine Matrix beeinträchtigt, andererseits verschlechtert das Fehlen einer spezifischen Bindung die chromatographische Auflösung dieser Technik, d.h., das Volumen, in dem ein Protein von der Säule eluiert, ist immer größer als das Volumen, in dem die Probe aufgetragen wurde. Ein Proteingemisch sollte in einem möglichst kleinen Volumen auf die Oberfläche einer Gelfiltrationssäule aufgegeben werden. Das Auftragevolumen sollte unbedingt kleiner als 5% des Volumens der Gelmatrix sein. Die besten Trennergebnisse werden erreicht, wenn das Probenvolumen 0,1–1% des Volumens der Gelmatrix beträgt. Die Gelmatrix besteht aus porösen Materialien mit möglichst genau definierter Porengröße (z.B. quer vernetzte Dextrane und quer vernetzte Agarose). Die Säule, die mit solchen kugelförmigen Gelpartikeln gepackt ist, besitzt zwei unterschiedlich definierte Flüssigkeitsvolumina. 1. Das Ausschlussvolumen, das dem Volumen der Flüssigkeit außerhalb und zwischen den Gelpartikeln entspricht. 2. Das Einschlussvolumen, das im Wesentlichen der Flüssigkeit innerhalb der Gelpartikel entspricht. Wandern nun die im Gemisch aufgetragenen Proteine mit dem Elutionspuffer durch die Gelmatrix, so werden sie aufgrund ihres unterschiedlichen Laufverhaltens getrennt. Sehr große Moleküle (z.B. Dextranblau 2000, Molekulargewicht > 2 Mio.) können nicht in die Poren diffundieren und wandern deshalb innerhalb des Ausschlussvolumens als erste durch die Säule. Kleinere Moleküle diffundieren anteilmäßig in die porösen Gelpartikel und eluieren entsprechend später (Abb. 7.2 A, B). Für die Trennung entscheidend ist sowohl die Porengröße als auch der Durchmesser des Moleküls der durch den Stokes'schen Radius definiert ist. Unter der Annahme, dass alle Proteine einer Mischung ähnliche kugelförmige Struktur aufweisen, ist die Reifenfolge der Elution umgekehrt proportional zu ihren Molekulargewichten.

Das Elutionsprofil einer Gelfiltration ist in Abb. 7.2 C, D skizziert. Das Leer- oder Ausschlussvolumen V_0 der Säule wird durch Elution einer Verbindung mit sehr hohem Molekulargewicht (z.B. Dextranblau 2000 MW) ermittelt. Das Gesamtvolumen V_t, mit dem ein komplett eingeschlossenes Molekül eluiert, entspricht der Summe aus Leervolumen V_0 und dem Einschlussvolumen der Gelmatrix. Jedes Protein besitzt ein spezifisches Elutionsvolumen (V_e; s. Abb. 7.2 C). Aus dem Elutionsvolumen und den beiden Säulenvolumina V_0 und V_c eines Proteins kann der spezifische Verteilungskoeffizient K_{av} errechnet werden:

$$K_{av} = V_e - V_0/V_c - V_0 \tag{7.2}$$

Eine halblogarithmische Auftragung des Molekulargewichts gegen K_{av} ergibt eine sigmoide Kurve. Das Trennverhalten einer Gelmatrix ist im linearen Bereich (K_{av} 0,2–0,8) am größten; dieser Bereich wird deshalb auch als Fraktionierungsbereich einer Gelmatrix angegeben. Zur Auftrennung von Proteinen mit großem Molekulargewichtsunterschied sollte eine Matrix mit entsprechend großem Fraktionie-

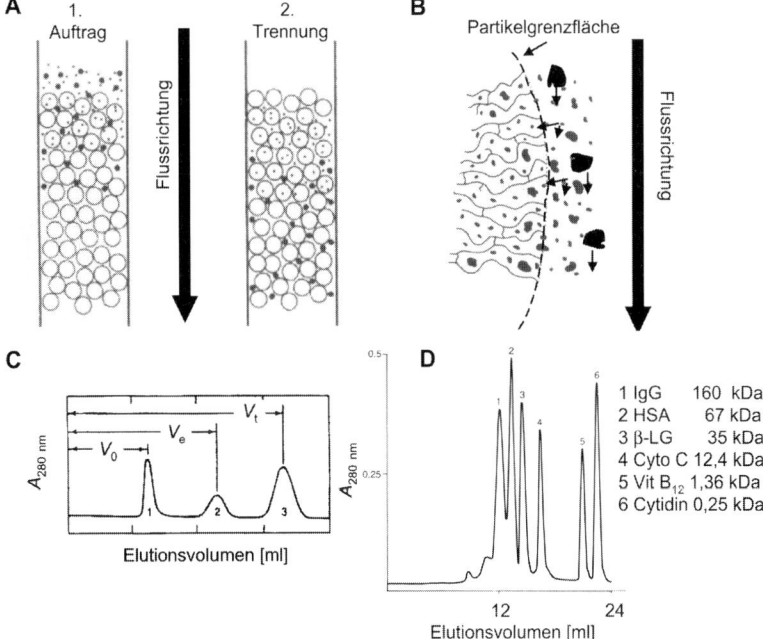

Abb. 7.2 Größenausschluss-Chromatographie. (A) Darstellung des zeitlichen Verlaufs einer Größenausschluss-Chromatographie: Große Moleküle werden vom größten Teil des vorhandenen Bettvolumens ausgeschlossen und wandern nahezu ungehindert durch die Matrix hindurch. (B) Schematische Darstellung der Trennung von unterschiedlich großen Molekülen an den Poren der Gelmatrix. (C) Trennung von drei Substanzen in einer Gelmatrix, von denen die erste vollkommen von der Gelmatrix ausgeschlossen ist und deshalb mit dem Ausschlussvolumen (V_o) eluiert, die zweite partiell und die dritte komplett eingeschlossen wird. Sie eluiert deshalb im Gesamtvolumen V_t der Säule. (D) Trennung eines komplexen Substanzgemisches auf einer kommerziell erhaltlichen Größenausschluss-Chromatographiesäule.

rungsbereich gewählt werden. Zur Auftrennung von Proteinen mit geringen Molekulargewichtsunterschieden wird Material mit möglichst kleinem Fraktionierungsbereich verwendet. Die Auftrennung von Proteinen mit geringen Molekulargewichtsunterschieden lässt sich zudem durch eine längere Trennstrecke (Säulenlänge) verbessern, wobei einschränkend zu bemerken ist, dass mit zunehmender Trennstrecke auch eine Verbreiterung der Protein-Peaks durch Diffusion stattfindet. Gute Trennungen mit einer Gelfiltrationssäule sind nur bei Proteingemischen, die maximal bis zu zehn verschiedene Proteine enthalten, zu erwarten. Der Anreicherungsfaktor durch eine Gelfiltration ist moderat. Zumeist wird die Größenausschluss-Chromatographie deshalb innerhalb einer Anreicherung zu einem relativ späten Zeitpunkt, an dem nur noch eine geringe Anzahl an Kontaminationen vorhanden ist, eingesetzt. Da mithilfe der Größenausschluss-Chromatographie allerdings auch die Abtrennung von kleinen Molekülen, z. B. Salzen und

Pufferbestandteilen, gelingt, wird sie gerne als Zwischenschritt zum schonenden Umpuffern bzw. Entsalzen von Proteinen verwendet. Entsprechend vorgefertigte, einfach zu handhabende Einmalsäulen sind kommerziell erhältlich.

7.5.1.2 Hydrophobe Interaktionschromatographie (HIC)

Auf die große Bedeutung hydrophober Wechselwirkungen für die biochemischen Eigenschaften eines Proteins ist schon bei der Besprechung der Präzipitationstechniken eingegangen worden. Hydrophobe Wechselwirkungen sind wesentlich an der Stabilisierung der Tertiärstrukturen von Proteinen sowie Protein-Protein-Interaktionen und an Enzym-Substrat-Bindungsreaktionen beteiligt. Unter hydrophober Interaktion versteht man das Phänomen, dass hydrophobe Moleküle in einer polaren Umgebung (z. B. Wasser) spontan aggregieren. Durch Lösen eines Salzes und Erhöhung der Ionenstärke des Mediums nimmt dessen Polarität zu. Da Proteine mehr oder minder hohe Anteile hydrophober Oberflächenstrukturen besitzen, sind sie in der Lage sich bei entsprechend hoher Ionenstärke an hydrophobe Oberflächen einer Matrix anzuheften. Die Stärke der Interaktion kann neben der Ionenstärke durch die Wahl des Adsorbens und die Lipophilie des Puffers, z. B. Anteil an Glycerol, Ethylenglykol oder Detergenzien gesteuert werden. Materialien mit geringer Hydrophobizität (kovalent an die Matrix gebundene Butylreste) werden bevorzugt für stark hydrophobe Proteine eingesetzt. Materialien mit hoher Hydrophobizität (z. B. Octylreste) entsprechend für hydrophilere Proteine. Matrices mit kovalent gebundenen Phenylresten sind in ihrer Hydrophobizität zwischen Butyl- und Octylresten einzuordnen. Sie sind daher für die meisten Proteine geeignet. Da die Adsorption in Gegenwart hoher Salzkonzentrationen erfolgt, wird zur Elution der Salzgehalt meist in einem linear absteigenden Gradienten erniedrigt. Bei lipophilen Proteinen, z. B. Membranproteinen, die sehr fest binden, kann die Elution durch einen ebenfalls linear ansteigenden Detergensgradienten (z. B. $500 \rightarrow 0$ mmol/l NaCl; $0{,}4 \rightarrow 4{,}0\%$ Na-Cholat) verbessert werden. Für die Wahl der Ionen gelten die gleichen Kriterien, wie sie bei den Präzipitationstechniken besprochen wurden.

7.5.1.3 Ionenaustausch-Chromatographie

Aufgrund von z. B. den Seitenketten bestimmter Aminosäuren (Aspartat, Glutamat, Histidin, Lysin, Arginin) (s. Kap. 2) haben Proteine geladene Oberflächen und können an der Oberfläche entsprechender Ionenaustauscher binden, wobei es zur Verdrängung einer entsprechenden Menge an Gegenionen kommt. Wegen der potenziell hohen Proteinbindungskapazität bietet sich die Ionenaustausch-Chromatographie als einleitender Schritt einer Anreicherung unmodifizierter nativer Proteine an. Generell gilt: Je größer ein Protein, desto geringer ist die Kapazität des Ionenaustauschers, es zu binden. Die Entscheidungskriterien für die Wahl der Matrix sind:

1. die Ladung des Proteins, d.h. positiv oder negativ bei einem definierten pH-Wert;
2. die chemische Natur der geladenen Gruppe des Ionenaustauschers; und
3. die Art der Matrix (Teilchenform und -größe, Bindungskapazität).

Die überwiegende Anzahl der Proteine besitzt bei einem pH-Wert zwischen 7 und 8 eine negative Gesamtladung und bindet unter diesen Bedingungen an ein Anionenaustauschermaterial (Abb. 7.3). Ein sehr gebräuchlicher Anionenaustauscher für den ersten Schritt einer Reinigung ist z.B. Diethyl-aminoethyl-sepharose (DEAE-Sepharose). Weiterhin finden Matrices mit z.B. Diethyl-(2-hydroxy-propyl) aminoethyl-Gruppen als Anionenaustauscher bzw. Carbon- oder Sulfonsäuregruppen als Kationenaustauscher Verwendung. Ist der isoelektrische Punkt des zu reinigenden Proteins bekannt, erleichtert dies die Auswahl des Austauschers und die Festlegung der Elutionsbedingungen (s. Tab. 7.2). Es ist dabei zu berücksichtigen, dass der pH-Wert innerhalb eines Ionenaustauschers nicht identisch mit dem des Elutionspuffers ist. Dieser Unterschied beruht auf dem Donnan-Effekt, der die Adsorption und Freisetzung von Protonen aus der Matrix beschreibt. Im Allgemeinen ist der pH-Wert innerhalb eines Anionenaustauschers ca. um 1 Einheit höher als der des Puffers. Umgekehrt ist der pH-Wert innerhalb von Kationenaus-

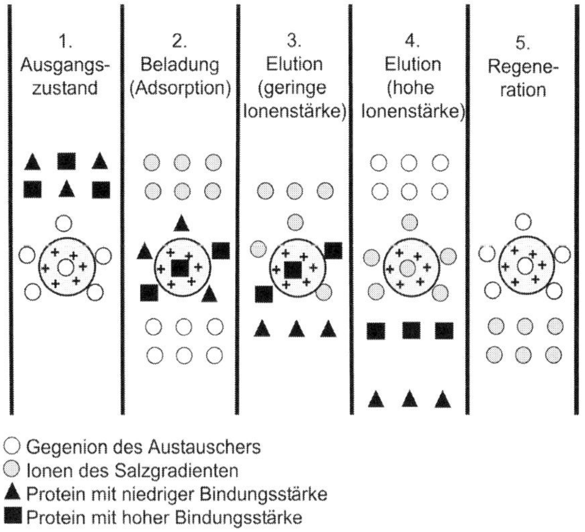

○ Gegenion des Austauschers
◎ Ionen des Salzgradienten
▲ Protein mit niedriger Bindungsstärke
■ Protein mit hoher Bindungsstärke

Abb. 7.3 Anionenaustauscher-Chromatographie. Darstellung des zeitlichen Verlaufs einer Anionenaustauscher-Chromatographie. Negativ geladene Proteine verdrängen die Gegenionen des kovalent an die Matrix gebundenen Austauschers und binden an die Matrix (2.). Ungeladene und positiv geladene Proteine wandern im Durchfluss. Schwach negativ geladene Proteine eluieren bei einer geringen Ionenstärke von der Säule (3.), während zur Elution von stark geladenen Proteinen hohe Salzkonzentrationen benötigt werden (4.) Durch sehr hohe Konzentrationen (in der Regel 1–2 mol/l) eines Salzes, das das ursprüngliche Gegenion des Austauschers als Anion enthält, werden alle anderen gebundenen Anionen von der Säule eluiert und somit die Matrix zur Wiederverwendung regeneriert (5.).

Tab. 7.2 Anhaltspunkte zur Auswahl eines Ionenaustauschers zur Anreicherung eines Proteins mit bekanntem isoelektrischen Punkt

Isoelektrischer Punkt	Ionenaustauscher	pH-Wert des Auftragungspuffers
8,5	kationisch	7,0
7,0	kationisch	8,0
	anionisch	6,0
5,5	anionisch	6,5

tauschern ca. um 1 Einheit niedriger als die des Puffers. Der Donnan-Effekt sollte im Hinblick auf das pH-Stabilitätsoptimum eines Proteins, soweit bekannt, stets berücksichtigt werden. Generell kommen zwei Methoden zur Elution gebundener Proteine in Betracht:

1. die Änderung des pH-Werts des Eluenten (pH-Erniedrigung bei Anionenaustauschern, pH-Erhöhung bei Kationenaustauschern);
2. die Erhöhung der Ionenstärke des Eluenten.

Da die pH-Methode oft mit Schwierigkeiten, z. B. bei der Generierung homogener pH-Gradienten, und Einschränkungen bezüglich der Stabilität der Proteine verbunden ist, wird – von wenigen Ausnahmen abgesehen – durch steigende Salzkonzentrationen eluiert. Häufig verwendete Salze zur Elution sind Natrium- und Kaliumchlorid. Die desorptive Wirkung beruht auf zwei Effekten. Einerseits verdrängen die Ionen des Salzes die geladenen Aminosäureseitenketten als Gegenion an der Matrix (Ionenaustauscheffekt). Andererseits schwächt die steigende Ionenstärke die zur Bindung notwendigen elektrostatischen Wechselwirkungen (s. „Aussalzen").

7.5.1.4 Chromatographie an Hydroxylapatit

Hydroxylapatit $[Ca_5(PO_4)_3OH)_2]$ ist eine kristalline Sonderform des Calciumphosphats, das zur Reinigung von Proteinen, Nucleinsäuren und anderen Makromolekülen eingesetzt werden kann. An der elektrostatischen Interaktion mit Proteinen sind sowohl die Ca^{2+}-Kationen als auch die Phosphatanionen beteiligt. Es ist generell schwer vorherzusagen, ob und wie stark ein Protein an Hydroxylapatit bindet. Es gilt aber als gesichert, dass saure Proteine, u. a. Phosphoproteine, gut mit der Matrix interagieren und sie sich deshalb zur Anreicherung solcher Proteine eignet. Die Elution erfolgt mit ansteigenden Konzentrationen an Phosphationen im Puffer.

7.5.2
Gruppenspezifische Trennprinzipien

Die kovalente Kopplung definierter Moleküle bzw. reaktiver Gruppen z. B. an Cyanbromid aktivierte Agarose erlaubt prinzipiell ein sehr großes Spektrum an proteinspezifischen Aufreinigungsstrategien. Unter Umständen, z. B. durch Kopplung eines spezifischen Antikörpers, der das native zu reinigende Protein erkennt, kann ein Protein deshalb mithilfe eines einzigen Reinigungsschrittes aus einem Zelllysat bis zur Homogenität aufgereinigt werden. Da die Vielzahl der spezifischen Reinigungsstrategien im Rahmen eines Lehrbuchkapitels nicht dargestellt werden kann, sollen im Folgenden nur ausgewählte, häufig eingesetzte Trennprinzipien dargestellt werden.

7.5.2.1 Chromatographie an Protein A oder Protein G

Protein A aus *Staphylococcus aureus* und Protein G von *Streptococcus* sp. binden Immunglobuline, insbesondere IgG, mit hoher Kapazität. Kovalent an Matrices gebundenes Protein A bzw. Protein G wird deshalb benutzt um z. B. monoklonale Antikörper aus Zellkultur-Überständen zu reinigen. Die Elution erfolgt durch eine Erniedrigung des pH-Werts im Puffer z. B. mit 0,1 mol/l Zitronensäure, pH 4,0 für Protein A bzw. 0,1 mol/l Glycin-HCl, pH 2,7 für Protein G.

7.5.2.2 Chromatographie an Cibacron Blue (Blaugel)

Der synthetische, polyzyklische Farbstoff Cibacron F3G-A ist ein aromatisches Anion und bindet verschiedene Proteine (Albumin, Interferon). Da das negativ geladene Farbstoffmolekül zudem strukturelle Ähnlichkeit zu Adenylyl- bzw. Guanylylresten aufweist, werden Purinnucleotid-bindende Proteine (z. B. Kinasen, GTP-bindende Proteine, NAD^+-abhängige Enzyme) ebenfalls gebunden. Zur Elution eignen sich Natrium- und Kaliumchlorid, die die zur Bindung notwendigen elektrostatischen Wechselwirkungen herabsetzen. Bei Nucleotid-bindenden Proteinen kann die Elution auch durch einen Überschuss des Nucleotids im Elutionspuffer erfolgen. Zeichnet sich ein Enzym z. B. durch eine hohe Spezifität (s. Abschnitt 7.6.1: Beispiel 1) für sein Nucleotidsubstrat aus, bietet die Verwendung des Nucleotidsubstrats als Eluent einen großen Vorteil gegenüber der unspezifischen Elution mit hohen Salzkonzentrationen, da das zu reinigende Protein relativ selektiv eluiert wird.

7.5.2.3 Chromatographie an Lektinen

Lektine sind Proteine, die spezifisch und reversibel mit bestimmten Zuckerresten interagieren. An eine Matrix gekoppelte Lektine eignen sich deshalb sehr gut, um Glykoproteine, z. B. Zellmembranoberflächen-Proteine, anzureichern. Die Auswahl des Lektins richtet sich dabei nach der bekannten bzw. zu erwartenden Zuckermodifikation des Proteins. Die Elution kann bei Lektin-Matrices theoretisch ebenfalls durch Erhöhung der Ionenstärke im Elutionspuffer erfolgen. Da aber Lektine als geladene Proteine auch als Ionenaustauscher fungieren können, erfolgt die Chromatographie zur Unterbindung dieses Effekts meist bei höheren Ionenkonzentrationen. Es werden deshalb in den meisten Fällen steigende Konzentrationen eines interagierenden Zuckers (Tab. 7.3), z. B. *α*-Methyl-mannosid bei einer Concanavalin A-Matrix, als Eluent verwendet.

Tab. 7.3 Gebräuchliche Lektine zur Anreicherung von Glykoproteinen

Lektin	Spezifität	Eluent	Besonderheiten
Concanavalin A	a-D-Mannosyl-, a-D-Glucosyl-Reste in Gegenwart von Mn^{2+} oder Ca^{2+}	Methyl-a-D-mannosid (0,1–0,2 mol/l)	kein EDTA im Puffer
Weizenkeim-agglutinin	N-Acetyl-β-D-Glucosaminyl-Reste	N-Acetyl-D-Glucosamin (0,02–0,2 mol/l)	stabil in 0,07% SDS und 1% Desoxy-cholat
Linsenlektin	a-D-Mannosyl-, a-D-Glucosyl-Reste in Gegenwart von Mn^{2+} oder Ca^{2+}	Methyl-a-D-mannosid (0,1–0,2 mol/l)	kein EDTA im Puffer, stabil in 1% Desoxycholat
Sojabohnenlektin	N-Acetyl-D-Galactosaminyl-Reste	N-Acetyl-D-Galactosa-min	

7.5.2.4 Chromatographie an Heparin

Heparin ist ein hoch sulfatiertes Glykosaminoglykan (s. Kap. 2), das mit einer Vielzahl von Biomolekülen interagiert. Heparin, das kovalent an eine Matrix gekoppelt ist, kann deshalb zur Anreicherung verschiedenster Proteine eingesetzt werden. Gute Anreicherungen wurden u.a. bei DNA-bindenden Proteinen (Initiations- und Elongationsfaktoren, Restriktionsenzymen, DNA-Ligase u.Ä.), Gerinnungsfaktoren (Antithrombin III), Wachstumsfaktoren (EGF, FGF), extrazellulären Matrixproteinen (Fibronectin, Vitronectin, Laminin), Corticoidhormon-Rezeptoren und Lipoproteinen erzielt. Heparin kann auf zwei Arten mit Proteinen interagieren. 1. Bei der Interaktion z.B. mit DNA-bindenden Proteinen imitiert Heparin die Polyanionenstruktur der DNA. 2. Bei der Interaktion z.B. mit Gerinnungsfaktoren ist Heparin ein spezifischer hochaffiner biologischer Interaktionspartner. In beiden Fällen kann die Interaktion durch Erhöhung der Ionenstärke im Elutionspuffer abgeschwächt werden. Deshalb werden zur Elution von Heparin-Matrices ebenfalls Hochsalzgradienten unter Verwendung von NaCl oder KCl eingesetzt.

7.5.3
Reinigung von rekombinanten Fusionsproteinen

Um größere Mengen an gereinigten Proteinen zu gewinnen, werden diese heute meist nicht mehr aus ihren natürlich vorkommenden Quellen gereinigt, sondern nach (Über-)Expression des rekombinanten Proteins in dazu geeigneten Organismen (s. Kap. 16). Die Abtrennung des rekombinanten Proteins von den Proteinen des Wirtsorganismus lässt sich oft durch Einbringung eines sog. *Tags* (Peptidsequenzen von definierter Größe und mit bekannten Eigenschaften) in die Sequenz des rekombinanten Proteins wesentlich erleichtern. Zudem kann der Tag z.B. mithilfe eines Tag-spezifischen Antikörpers zum Nachweis des rekombinanten Proteins im Wirtsorganismus benutzt werden. GST-Fusionsproteine, die die Glutathion-S-Transferase aus *Schistosoma japonicum* (GST) enthalten, und Fusionsproteine mit Polyhistidin-Tags, in der Regel Hexahistidine (His_6), sind die gebräuchlichsten Tags, die zum Zweck der erleichterten Aufreinigung in Proteine eingebracht werden. Oft werden die Tags N-terminal bzw. C-terminal mithilfe molekularbiologischer Methoden an das entsprechende Protein angefügt. In vielen dieser Konstrukte werden zudem Schnittstellen für Endoproteasen (Thrombin, Factor Xa) eingebaut, die die proteolytische Abspaltung des Tags vom gereinigten Protein erlauben.

7.5.3.1 Chromatographie an Chelatbildnern

Zur Aufreinigung Polyhistidin-enthaltender Proteine werden kovalent an eine Matrix gebundene Chelatbildner wie Iminodiessigsäure oder Nitrilotriessigsäure (NTA) verwendet, die üblicherweise mit Ni^{2+}-Ionen beladen sind. Alternativ gibt es Systeme, die mit Co^{2+} beladen sind. Die Polyhistidinsequenz bindet über ihre Imidazolylseitenketten an die komplexierten Metallionen. Da in natürlich vorkommenden Proteinen Polyhistidinsequenzen extrem selten sind, binden Proteine des Wirtsorganismus nur schwach an die Matrix und lassen sich meist in einem Waschschritt mit einem Puffer, der Imidazol im Bereich von 20–50 mmol/l enthält, entfernen. Die Elution der His-getaggten Proteine erfolgt anschließend üblicherweise mit Puffern, die Imidazol im Bereich von 200–500 mmol/l enthalten (s. Abschnitt 7.6.2: Beispiel 2). Alternativ kann auch mit Chelatbildnern, wie z. B. Ethylendiamintetraessigsäure (EDTA), eluiert werden. Zur Wiederbenutzung der Säule muss allerdings nach der Elution mit Chelatbildnern die Matrix erneut mit den entsprechenden Kationen beladen werden. Ein Vorteil der Aufreinigung mittels His-Tag besteht darin, dass diese Methode auch unter denaturierenden Bedingungen (6–8 mol/l Harnstoff bzw. 3–4 M Guanidinium-Hydrochlorid) erfolgen kann.

7.5.3.2 Chromatographie an Glutathion-Matrices

Matrices, an die kovalent Glutathion gebunden ist (Glutathion-Agarose, Glutathion-Sepharose), werden zur Aufreinigung von GST-Fusionsproteinen eingesetzt. Da im Gegensatz zu den Proteinen des Wirtsorganismus der GST-Anteil des Fusionsproteins mit hoher Affinität an Glutathion bindet, werden mit dieser Methode sehr hohe Anreicherungsfaktoren erzielt. Zur Elution der GST-Fusionsproteine wird üblicherweise Glutathion in einer Konzentration von 10 mmol/l dem Elutionspuffer zugesetzt. Ein weiterer Vorteil dieser Methode beruht auf der relativ starken Hydrophilie des GST-Anteils. Oft sind GST-Fusionsproteine z. B. im Cytosol von *E. coli* besser löslich als das entsprechende Protein ohne GST-Anteil, sodass bessere Ausbeuten erzielt werden. Der Nachteil eines GST-Fusionsproteins ist die Größe des GST-Anteils (ca. 25 kDa), der unter Umständen durch Veränderung der räumlichen Struktur die Funktionsfähigkeit des zu reinigenden Proteins beeinträchtigen und im Extremfall total blockieren kann.

7.6
Beispiele

7.6.1
Beispiel 1: Aufreinigung der Nucleosiddiphosphat-Kinase aus dem Cytosol
der Stäbchenzellen der Rinderretina

Nucleosiddiphosphat-Kinasen (NDPK) sind ubiquitäre, hauptsächlich cytosolisch vorkommende Enzyme, die den Transfer des tertiären energiereichen Phosphatrests von 5'-Nucleosidtriphosphaten (NTP) auf Nucleosiddiphosphate (NDP) ermöglichen und damit für die Synthese von anderen NTPs aus ATP und NDP in Zellen essenziell sind. Zur Charakterisierung ihrer enzymatischen Aktivität ist eine Aufreinigung und Abtrennung von anderen Enzymen des Nucleotidstoffwechsels notwendig. Zunächst werden die Retinae von mindestens 100 Rinderaugen herauspräpariert. Hundert isolierte Retinae werden in 170 ml NDPK-Isolationspuffer (10 mmol/l Na_2PO_4; 10 mmol/l K_2PO_4; 10 mmol/l H_2PO_4; 0,2 mmol/l $MgCl_2$; 0,2 mmol/l EGTA; 0,2 mmol/l Pefabloc; 0,02% NaN_3, pH 7,4) resuspendiert. Die Suspension wird in einem Becherglas für 30 min bei 4 °C im Kühlraum gerührt. Dabei brechen die Außensegmente der Stäbchenzellen ab und ihr Cytosol vermischt sich mit dem Isolationspuffer. Anschließend wird die Konzentration für Natriumchlorid bzw. Magnesiumchlorid im NDPK-Isolationspuffer auf 150 mM bzw. 4 mM erhöht. Die Suspension wird erneut für 30 min bei 4 °C im Kühlraum gerührt. Um das unlösliche Material abzutrennen, wird die Suspension bei 4 °C für 1 h mit 30 000× g in einer Kühlzentrifuge zentrifugiert. Der Überstand dieses Zentrifugationsschritts wird erneut bei 4 °C für 30 min bei 100 000× g zentrifugiert, um restliche Membranen von den gelösten Proteinen quantitativ abzutrennen. Der verbleibende Überstand wird in ein Becherglas dekantiert und mit demselben Volumen einer kalten gesättigten Ammoniumsulfatlösung versetzt. Die Suspension wird bei 4 °C für 2 h im Kühlraum gerührt. Das Präzipitat wird durch Zentrifugation bei 4 °C für 40 min bei 40 000× g abgetrennt. Da die cytosolische NDPK ein ausgesprochen hydrophiles Protein ist, wird sie bei 50% Ammoniumsulfat noch nicht präzipitiert. Deshalb wird der Überstand vorsichtig in ein Becherglas dekantiert und auf 75% mit der Ammoniumsulfatlösung aufgesättigt. Die Suspension wird nun bei 4 °C im Kühlraum über Nacht gerührt. Anschließend wird die Suspension gleichmäßig bei 4 °C für 40 min bei 40 000× g zentrifugiert. Der Überstand dieses Zentrifugationsschritts wird verworfen, das zweite Präzipitat, welches u. a. die NDPK enthält, wird in 40 ml TMED-Puffer (10 mM Tris-HCl, pH 7,4; 2 mM $MgCl_2$; 0,1 mM EDTA; 1 mM Dithiothreitol; 300 mM NaCl) resuspendiert. Die erhaltene Suspension wird erneut zur Abtrennung unlöslichen Materials bei 4 °C für 30 min mit 100 000× g zentrifugiert. Der klare Überstand dieses Zentrifugationsschritts enthält u. a. die gelöste cytosolische NDPK. Dieser NDPK-enthaltende Überstand wird durch einen Sterilfilter (∅ = 0,2 μm) gepresst und in einer FPLC-Anlage auf eine Cibacron Blue-Sepharose CL-6B-Säule (Volumen 20 ml) aufgebracht, die zuvor mit TMED-Puffer äquilibriert worden war (Pumpgeschwindigkeit 1 ml/min). Die NDPK als Purinnucleotid-bindendes Enzym bindet an den Farbstoff (s. 7.5.2.2). Nach

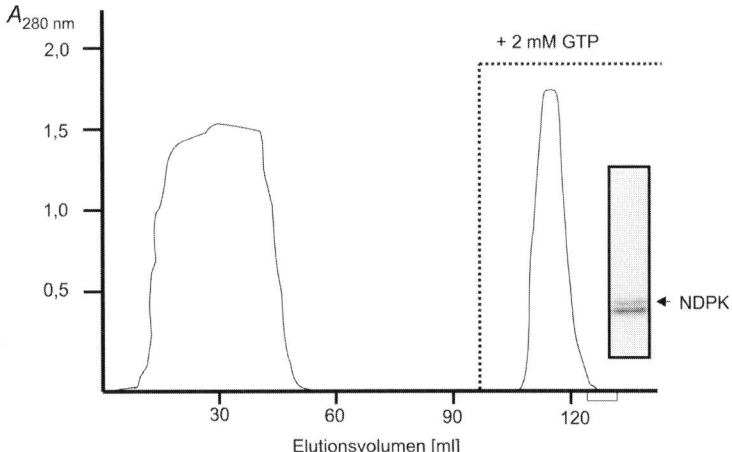

Abb. 7.4 Reinigung der NDPK über eine Blue-Sepharose®-Säule. Aufgetragen ist die Absorption von UV-Licht (280 nm Wellenlänge) durch die Proteine im Durchfluss der Säule gegen das Volumen des Durchflusses. Der breite, erste Peak enthält die Proteine, die nicht an die Matrix binden. Nach Aufbringen eines Puffers, der 2 mmol/l GTP enthält, elu-iert die NDPK in einem einzigen, scharfen Peak von der Säule. Die Reinheit des Enzyms zeigt eine Färbung mit Coomassie Blau R-250 nach SDS-Gelelektrophorese. Das Gel zeigt nur die für die NDPK typische Proteindoppel-bande in einem Molekulargewichtsbereich von ca. 20 000.

Waschen der Säule mit zwei Säulenvolumina TMED-Puffer wird die NDPK mit TMED-Puffer, dem 2 mM GTP zugesetzt wurde, spezifisch von dem Säulenmaterial eluiert. Die Spezifität beruht in diesem Fall auf der relativ hohen Affinität der NDPK für GTP, das vielen anderen ATP verwertenden Enzymen nicht als Substrat dient. Das Eluat wird in einem Fraktionssammler (Fraktionsvolumen 1 ml; Pump-geschwindigkeit 1 ml/min; Originalchromatogramm s. Abb. 7.4) aufgefangen. Der Gehalt und die Reinheit der gereinigten NDPK werden durch SDS-Gelelektrophore-se mit anschließender Silberfärbung überprüft (Abb. 7.5).

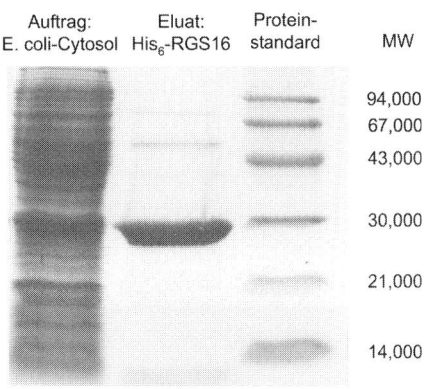

Abb. 7.5 Reinigung von His_6-RGS16. Die Abbildung zeigt die Coomassie Blau R-250-Färbung eines 15%igen SDS-Gels. Aufgetragen ist in Spur 1 das Cytosol der *E. coli*-Bakterien, das das rekombinante Protein enthält. Spur 2 zeigt das Eluat von der Ni-NTA-Matrix mit einem Puffer, der 400 mmol/l Imidazol enthält. In Spur 3 ist ein Molekulargewichtsstandard aufgetragen.

7.6.2
Beispiel 2: Reinigung von rekombinantem His$_6$-RGS16 nach Expression in *E. coli*

RGS16 ist ein GTPase-aktivierendes Protein, das spezifisch mit den α-Untereinheiten Signal übertragender heterotrimerer G-Proteine interagiert. Um diese Interaktion *in vitro* analysieren zu können, müssen beide Proteine, d.h. sowohl RGS16 als auch G-Protein α-Untereinheiten, in ausreichender Menge in gereinigter Form zur Verfügung stehen. Die Reinigung von rekombinantem, mit einem N-terminalen His$_6$-Tag versehenem, RGS16 aus *E. coli* ist nachstehend erläutert. Zur Induktion der Proteinexpression wurden *E. coli*-Zellen des Stammes BL21(DE3) verwendet, die mit dem prokaryotischen Expressionsvektor pET15b-RGS16 transformiert wurden. Zuerst wird eine Vorkultur gewonnen, indem Bakterien aus einer einzelnen Kolonie in 40 ml Bakterienwachstums-(LB)-Medium mit 100 µg/ml Ampicillin und über Nacht im Schüttelinkubator bei 37 °C kultiviert werden. Anschließend wird 1 l LB-Medium mit 100 µg/ml Ampicillin mit der Vorkultur angeimpft und bei 37 °C und 150 Upm im Schüttelinkubator bis zu einer optischen Dichte von 0,5 bis 0,7 bei 600 nm, inkubiert. Durch Zugabe von 0,1 mmol/l Isopropylthiogalactosid wird die Proteinexpression gezielt induziert. In der folgenden Inkubation der Bakteriensuspension für 2,5 h bei 30 °C im Schüttelinkubator synthetisieren die Bakterien das gewünschte Protein. Anschließend werden die Bakterien durch Zentrifugation bei 4 °C und 10 000× g für 10 min pelletiert und in 40 ml Puffer A (50 mmol/l Tris-HCl, pH 8,0; 100 mmol/l NaCl; 2 mmol/l MgCl$_2$; 6 mmol/l β-Mercaptoethanol; 5% [v/v] Glycerol) resuspendiert. Der Aufschluss der in Puffer A resuspendierten Bakterien erfolgt mit einem Ultraschallhomogenisator auf Eis in 5 Pulsintervallen zu 30 s mit je 2 min Kühlpausen. Anschließend werden Zelltrümmer und partikuläre Bestandteile bei 4 °C mit 25 000× g für 15 min pelletiert. Der proteinhaltige Überstand wird zu 1 ml Ni-NTA-Sepharose$^®$-Matrix gegeben, die vorher mit 10 ml Puffer A äquilibriert wurde. Die Proteinlösung mit der Ni-NTA-Matrix wird 20 min bei 4 °C geschwenkt und anschließend in eine Säule überführt. Nach Abtropfen des Durchflusses wird die Ni-NTA-Matrix mit 60 ml Puffer A plus 25 mM Imidazol gewaschen. Dadurch werden unspezifisch gebundene Proteine entfernt. Die Elution des RGS16-Proteins erfolgt anschließend mit 5 ml 400 mmol/l Imidazol in Puffer A. Der Erfolg der Reinigung wird mithilfe der SDS-Gelelektrophorese und anschließender Coomassie Blau R-250-Färbung (Abb. 7.5) überprüft.

7.7
Weiterführende Literatur

Deutscher, M. P. (ed.) (1990) *Methods in Enzymology*, Bd. 182, *Guide to Protein Purification*. Academic Press, San Diego.

Janson, J. C., Rydén, L. (1998) *Protein Purification, Principles, High Resolution Methods and Applications*, 2. Aufl. Wiley VCH, Weinheim.

Scopes, R. K. (1994) *Protein Purification, Principles and Practice*, 3. Aufl. Springer, Heidelberg New York.

Sofer, G., Hagel, L. (1997) *Handbook of Process Chromatography*. Academic Press, San Diego.

8
Peptid- und Proteinanalytik
mit Elektrospray-Tandem-Massenspektrometrie

Dieses Kapitel führt in eine sehr wichtige moderne Methode der Proteinanalytik ein. Die Elektrospray-Tandem-Massenspektrometrie ermöglicht die Ermittlung von Aminosäuresequenzen von Peptiden oder von posttranslationalen Modifikationen. Die Elektrospray-Ionisation (ESI)-Massenspektrometrie ist daher ein wichtiges Werkzeug der Proteomik und Bioanalytik.

8.1
Einleitung

Die Massenspektrometrie wurde vor etwa 90 Jahren in Cambridge, England, von den Physikern J. J. Thomson und F. W. Aston erfunden und zunächst zur Elementanalytik eingesetzt. Eingang in die Organische Chemie fand die Massenspektrometrie etwa ab den 1950er Jahren. Sie stellt ein hoch empfindliches Verfahren der instrumentellen, molekularen Analytik dar. Es gibt mittlerweile eine breite Palette von Massenspektrometertypen, die z. B. auf die Analytik von Elementen, von kleinen gasförmigen Molekülen oder auf die Analytik von Biomolekülen und Biopolymeren spezialisiert sind. Wir werden im Folgenden eine wichtige Ionisierungsmethode der Bio-Massenspektrometrie, die Elektrospray-Ionisation (ESI), methodisch und in ihren Anwendungen auf die Peptid- und Proteinanalytik beschreiben.

8.2
Prinzip der Massenspektrometrie

Ein Massenspektrometer besteht aus drei Funktionseinheiten: einer Ionenquelle, einem Massenanalysator und einem Detektor. Für die massenspektrometrische Analyse werden aus einer Probe in der Ionenquelle freie gasförmige Ionen erzeugt, die im Hochvakuum zu einem Ionenstrahl fokussiert werden. Die Ionen in diesem Strahl werden dann im Massenanalysator nach ihrem Masse-zu-Ladung-Verhältnis (m/z-Wert) aufgetrennt und mit einem Detektor registriert. Das Resultat wird in einem Massenspektrum mit den Achsen m/z (x-Achse) und Intensität

Molekulare Biotechnologie: Konzepte und Methoden.
Herausgegeben von M. Wink
Copyright © 2004 WILEY-VCH Verlag GmbH & Co. KGaA, Weinheim
ISBN: 3-527-30992-6

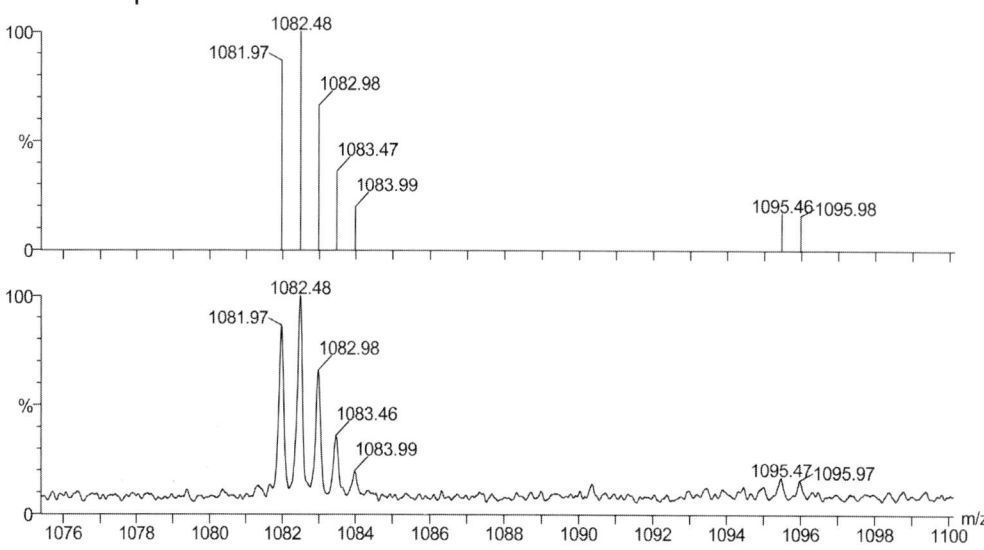

Abb. 8.1 Ausschnitt aus einem ESI-Massenspektrum mit zwei Signalen von doppelt geladenen Peptiden. Entlang der x-Achse wird der m/z-Wert (Masse-zu-Ladung) der registrierten Ionen aufgetragen, entlang der y-Achse deren Intensität. Zwei verschiedene Darstellungen des gleichen Spektrums; untere Spur: Profildaten (Rohdaten); obere Spur: Centroid-Daten nach Untergrundsubtraktion.

(y-Achse), wie in Abb. 8.1 gezeigt, dargestellt. Die MS-Rohdaten (Abb. 8.1, untere Spur) zeigen die experimentelle Breite der Peaks, die in erster Linie vom verwendeten Massenspektrometer abhängig ist. Zur Datenreduktion und zur genaueren Bestimmung der Peak-Mitte können die Rohdaten in Centroid-Daten umgewandelt werden. Dabei wird jeder Peak in einen Strich verwandelt, der an der Position der Peak-Mitte positioniert ist. Der m/z-Wert stellt die „harte" und gut reproduzierbare Information der Massenspektrometrie dar, während die Intensität in der Analytik von Biomolekülen als „weiche" Information bezeichnet werden muss, da sie wesentlich größeren Schwankungen unterliegt.

8.3
Massenpräzision, Auflösung und Isotopenverteilung

Zur genauen Massenbestimmung muss jedes Massenspektrometer mit einer Referenzsubstanz kalibriert werden (externe Kalibrierung). Noch präzisere Daten erhält man durch sog. interne Kalibrierung, bei der ein im Massenspektrum auftretender Peak mit bekanntem m/z-Wert verwendet wird. Hierfür werden entweder Substanzen verwendet, die *per se* in der Probe vorhanden sind (z.B. bekannte Verunreinigungen), oder der Probe werden Kalibriersubstanzen zugesetzt. Wie jede experimentelle Bestimmung einer Stoffeigenschaft erhält auch die Massenbestimmung ihre Signifikanz erst über die Angabe ihres Fehlers. Der wahre Fehler kann über wiederholte Messungen bekannter Analyten experimentell bestimmt werden. Er wird entweder absolut (in Da oder mDa) oder relativ (meist in ppm) angegeben. Die Fehler von aktuellen Massenbestimmungen reichen von etwa ±1000 ppm (das entspricht ±1 Da bei m/z 1000) bis zu etwa ±1 ppm (das entspricht ±1 mDa bei m/z 1000).

Ein Parameter, der direkten Einfluss auf die erreichbare Massengenauigkeit hat, ist die Auflösung. Je nach Massenspektrometertyp finden unterschiedliche Definitionen der Auflösung Anwendung. Eine einfache und insbesondere bei TOF-Analysatoren angewandte Definition ist die FWHM-Definition (*full width at half maximum*), bei welcher der Quotient aus dem m/z-Wert und der Peak-Breite bei halber Höhe die Auflösung ergibt. Je besser die Auflösung ist, desto genauer lässt sich die Peak-Mitte experimentell bestimmen.

Wie in Abb. 8.1 zu sehen, besteht jedes MS-Signal eines Biomoleküls aus einer Gruppe von Signalen mit unterschiedlichen m/z-Werten (Isotopomere: gleiche Substanz, unterschiedliche Isotope). Ursache dafür ist die natürliche Isotopenverteilung der „Bioelemente" C, H, N, O und S, die alle ein leichtes Hauptisotop und eines oder zwei seltenere, schwerere Isotope aufweisen. Aus der Bruttoformel eines Molekülions und den natürlichen Isotopenhäufigkeiten der inkorporierten Elemente lässt sich die Isotopenverteilung berechnen. Der Vergleich zwischen experimentellen und berechneten Isotopenmustern kann in der Bio-Massenspektrometrie zusätzliche Informationen liefern.

8.4
Prinzip der Elektrospray-Ionisation

Die Zeit etwa von 1970 bis 1990 war durch eine stürmische Entwicklung neuer Ionisierungsverfahren gekennzeichnet. Als Ergebnis haben sich seither zwei Ionisierungsverfahren in der Massenspektrometrie der Biomoleküle durchgesetzt, die Matrix-assistierte Laser Desorption/Ionisation (MALDI) und die Elektrospray-Ionisation (ESI). Mithilfe dieser schonenden Ionisierungsmethoden ist es möglich, auch große Biomoleküle, wie beispielsweise Proteine, unzersetzt in die Gasphase zu transferieren. Bekannte Peptide lassen sich schnell durch MALDI-MS identifizieren. Deshalb wird MALDI-MS auch zur Bioanalytik von tryptischen Peptidfragmenten aus 2D-Gelen routinemäßig eingesetzt. Die Elektrospray-Ionisation wurde von John Fenn entwickelt, der hierfür 2002 den Nobelpreis für Chemie erhielt. Bei ESI wird die Analytlösung unter Atmosphärendruck aus einer Mikrokapillare versprüht, die auf einem hohen (positiven oder negativen) Potenzial relativ zum Massenspektrometer liegt. Sobald die elektrostatischen Kräfte der angelegten Spannung größer sind als die Oberflächenspannung der Analytlösung, bildet sich an der Spitze der Mikrokapillare ein *taylor-cone* aus. Es entstehen hoch geladene Tröpfchen, die verursacht durch die Evaporation von Lösungsmittel in noch kleinere Tröpfchen zerfallen und einen feinen Sprühnebel bilden. Die Analytlösung wird in der Nähe einer Mikroöffnung zum Analysator versprüht, durch welche die Tröpfchen in den evakuierten Massenanalysator gesaugt werden. Im Interface-

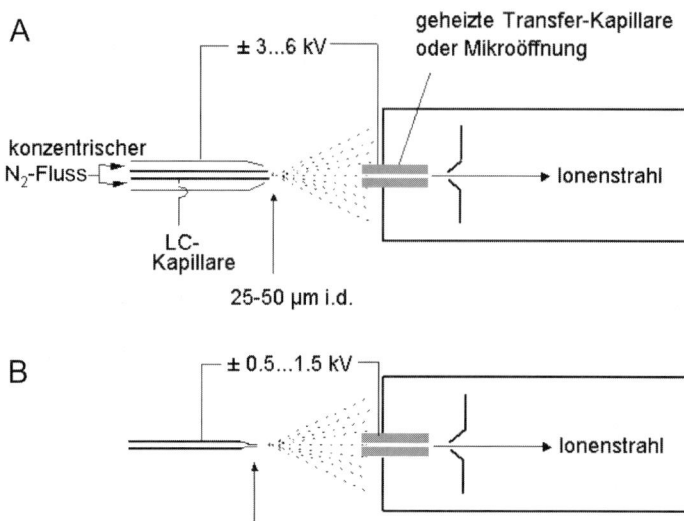

Abb. 8.2 Schematischer Aufbau einer Elektrospray-Ionenquelle. Die Analytlösung wird bei Atmosphärendruck versprüht, die Tröpfchen gelangen durch eine Mikroöffnung in den evakuierten Analysatorbereich, wo ein Ionenstrahl geformt wird; A. klassische ESI mit gasunterstützter Vernebelung und Flussraten von 2–5 µl/min; B. nanoESI mit Flussraten von 10–40 nl/min. Entsprechend der kleineren Sprühöffnung und Flussrate ist bei nanoESI die erforderliche Potenzialdifferenz kleiner als bei klassischer ESI (ca. 0,5–1,5 kV im Vergleich zu 3–6 kV).

Bereich geschieht eine Trocknung der Tröpfchen und die Ionenbildung. Abb. 8.2 zeigt den schematischen Aufbau einer ESI-Ionenquelle.

Die in den Biowissenschaften wichtigen Substanzklassen Lipide, Proteine, Nuleinsäuren und Kohlenhydrate können alle mit Elektrospray-Ionisation analysiert werden. Mit ESI lassen sich besonders empfindlich Verbindungen mit basischen oder sauren Gruppen nachweisen, weil die Ionisation vor allem durch Anlagerung von Protonen (Bildung positiver Ionen) oder durch Abstraktion von Protonen (Bildung negativer Ionen) zustande kommt. Dies führt dazu, dass Verbindungen wie beispielsweise Triacylglyceride schlecht analysierbar sind. Solche Verbindungen sind zwar als Anionen- (z. B. + Cl$^-$) oder Kationenaddukte (z. B. + Na$^+$) nachweisbar, aber im Allgemeinen mit einer wesentlich schlechteren Empfindlichkeit als protonierbare oder deprotonierbare Analyten. Ein typisches Phänomen der ESI ist das Auftreten von Ionenserien, die aus unterschiedlichen Ladungszuständen eines Analyten bestehen (s. z. B. Abb. 8.6A).

8.5
Tandem-Massenspektrometer

8.5.1
Massenanalysatoren

Die Einführung von leistungsfähigen und vor allem zuverlässigen Massenanalysatoren war neben der Einführung von ESI und MALDI ein zentraler Faktor für den Einzug der Technik in die Bioanalytik. Die Quadrupol-Analysatoren, die Ionenfallen und die Flugzeit (TOF)-Analysatoren (TOF: *time-of-flight*) sind dabei die Schlüsseltechnologien. Das Prinzip der Flugzeit-Massenspektrometrie wurde bereits in den 1940er Jahren entwickelt; das Konzept der Quadrupol-Analysatoren und der Ionenfallen wurde in den 1950er Jahren von Wolfgang Paul entwickelt, dem für diese Leistung 1989 der Nobelpreis für Physik verliehen wurde. Ein Quadrupol-Analysator besteht aus einer symmetrischen Anordnung von vier parallelen Stäben, durch die der Ionenstrahl zentral hindurchgeführt wird. An zwei gegenüberliegende Stäbe wird die Spannung

$$U_1 = U + V \cos(\omega t) \tag{8.1}$$

angelegt, an die beiden anderen Stäbe die Spannung

$$U_2 = -U - V \cos(\omega t) \tag{8.2}$$

Bei bestimmten Werten von U und V werden nur Ionen eines bestimmten m/z-Werts auf einer stabilen Flugbahn durch die Quadrupol-Stäbe zum Detektor transmittiert; Ionen mit anderen m/z-Werten haben instabile Flugbahnen. Ein Massenspektrum entsteht, indem der Quadrupol „gescannt" wird. Hierfür werden die Spannungen U und V variiert, wobei das Verhältnis U/V konstant bleibt. Die Weiterentwicklung des Quadrupol-Analysators führte zur Quadrupol-Ionenfalle, bei der die Ionen in einem dreidimensionalen Quadrupol-Feld gefangen werden.

Die Kombination von zwei Analysatoren mit einer dazwischenliegenden Kollisionszelle führte zu Tandem-Massenspektrometern. Die herausragenden Leistungen der Tandem-Massenspektrometrie in der Strukturanalytik führten dazu, dass heute ein großer Teil der in der Bioanalytik eingesetzten Geräte Tandem-Massenspektrometer sind. Die wichtigsten Gerätetypen sind im Folgenden kurz beschrieben.

8.5.2
Triple-Quadrupol

Bei einem Triple-Quadrupol-Spektrometer sind drei Quadrupol-Analysatoren hintereinander angeordnet, von denen Q1 und Q3 als Massenanalysatoren betrieben werden (s. Abb. 8.3). Das dazwischenliegende System Q2 hat die Funktion einer Kollisionszelle, in welche ein Kollisionsgas (meist Argon) eingeleitet werden kann. Durch Stöße der Ionen mit den Gasatomen wird eine Fragmentierung der Mole-

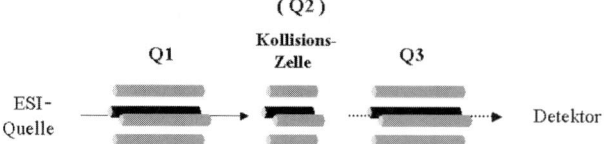

Abb. 8.3 Schematische Darstellung eines Triple-Quadrupol-Spektrometers. Q1: erster Quadrupol; Q2: Kollisionszelle zur Erzeugung von Fragmentionen; Q3: zweiter Quadrupol.

Diese Variante der Tandem-Massenspektrometrie wird auch als *tandem in space* bezeichnet, weil MS- und MS/MS-Analysen räumlich getrennt ablaufen.

külionen induziert. Ein Triple-Quadrupol-Spektrometer lässt sich in vier unterschiedlichen Scan-Modi betreiben: Produktionen-Scan, Neutralverlust-Scan, Vorläuferionen-Scan und *Selective Reaction Monitoring*. Häufig angewandt wird der Produktionen-Scan (z. B. zur Sequenzierung von Peptiden), bei dem mit Q1 ein bestimmtes Molekülion selektiert wird, um dieses in der Stoßkammer zu fragmentieren. Die in der Stoßkammer gebildeten Fragmentionen werden mit Q3 analysiert. Die anderen Scan-Modi eignen sich besonders zur selektiven Detektion einzelner Analyten oder von Verbindungsklassen aus komplexen Gemischen. So wird beispielsweise sowohl der Neutralverlust-Scan als auch der Vorläuferionen-Scan zur selektiven Detektion von Phosphopeptiden eingesetzt, wobei Fragmentierungsreaktionen genutzt werden, die für Phosphopeptide spezifisch sind.

Neben den vielfältigen Möglichkeiten, welche die unterschiedlichen Scan-Modi eines Triple-Quadrupol-Spektrometers bieten, eignet sich dieser Spektrometertyp aufgrund seines großen dynamischen Bereichs auch besonders gut für die quantitative Analyse. Die Möglichkeiten werden nur dadurch eingeschränkt, dass Quadrupol-Analysatoren in der Regel Spektren mit niedriger oder mittlerer Auflösung und moderater Massenpräzision liefern.

8.5.3
Ionenfalle (Paul-Falle)

Eine Quadrupol-Ionenfalle besteht aus einer Ringelektrode und zwei davon isolierten „Endkappen". Die Ionen werden durch eine Kappe eingeführt und durch ein elektromagnetisches Wechselfeld im Inneren der Ionenfalle gefangen. Durch Stöße mit Heliumatomen (Druck: 0,01 bis 0,1 Pa) werden die Ionen „abgekühlt" (*collisional cooling*) und im Zentrum der Falle konzentriert. Durch Anlegen eines Potenzials an die Endkappen können die gefangenen Ionen sequenziell aus der Falle extrahiert und am Detektor nachgewiesen werden. Zusätzlich zu dieser MS^1-Analyse können mit einer Ionenfalle auch Tandem-MS-Experimente (MS^2) durchgeführt werden. Durch Anlegen einer auf einen bestimmten m/z-Wert abgestimmten Resonanzfrequenz können selektiv Ionen eines bestimmten m/z-Werts zu Schwingungen angeregt werden. Dabei nehmen diese durch Stöße mit den Heliumatomen Energie auf und fragmentieren. Die Extraktion der Fragmentionen liefert das Produktionenspektrum. Die mit einer Ionenfalle generierten Spektren zeigen im Allgemeinen eine niedrige Auflösung (vergleichbar den Quadrupol-Analysatoren), es besteht aber die Option der Auflösungsverbesserung durch Herabsetzen der Scan-Geschwindigkeit. Damit lässt sich in einem eng begrenzten *m/z*-Bereich eine hohe Auflösung erreichen (*Zoom-Scan*), womit sich beispielsweise der Ladungszustand einzelner Molekülionen erkennen lässt. Zusätzlich zu Tandem-MS-Experimenten lassen sich mit Ionenfallen auch mehrstufige (MS^n) Fragmentierungsreaktionen durchführen.

8.5.4
Q-TOF

Spektrometer mit zwei unterschiedlichen Massenanalysatoren werden als Hybrid-Tandem-Spektrometer bezeichnet. Das zurzeit erfolgreichste Hybridsystem in der Bioanalytik nutzt die Kombination aus Quadrupol (Q)- und *Time-of-Flight* (TOF)-Analysator. Dieses System hat eine hohe Empfindlichkeit im Produktionen-Scan, weil die Fragmentionen quasi simultan detektiert werden. Dadurch wird eine Empfindlichkeitssteigerung gegenüber einem Quadrupol, der zur Generierung eines Fragmentionen-Spektrums den gesamten Messbereich „abscannen" muss, von etwa zwei Größenordnungen erreicht. Zusätzlich wird durch den Reflektor-TOF-Analysator eine hohe Auflösung (je nach Gerätetyp zwischen 5000 und 20 000) gewährleistet. Durch diese Eigenschaften haben sich die Q-TOF-Systeme mittlerweile zu den Standard-Hochleistungs-MS/MS-Systemen in der Bioanalytik entwickelt. Im Routinebetrieb wird mit diesen Tandem-Spektrometern eine Massenpräzision zwischen 5 und 100 ppm, je nach Applikation und Definition, erzielt.

8.5.5
Q-FT-ICR

Ein Ionencyclotron-Resonanz-Massenspektrometer (ICR-MS) hat als Massenanalysator eine Zelle, die sich im Zentrum eines supraleitenden Magneten (1,0 bis 9,4 Tesla) befindet. In dieser ICR-Zelle werden die Ionen durch die Lorentz-Kraft auf eine Kreisbahn gezwungen. Die Umlauffrequenz der Ionen, die sog. Cyclotronfrequenz, ist dabei indirekt proportional zu ihrem *m/z*-Wert. Die Cyclotronfrequenzen der Ionen in der ICR-Zelle werden mittels Fourier-Transformation aus den sich periodisch ändernden Spannungen berechnet, welche die Ionen in der ICR-Zelle induzieren. Das Prinzip der FT-ICR-Analyse liefert sehr gut aufgelöste Massenspektren (50 000 bis ca. 10^6). Hybrid-Tandem-MS-Systeme (z. B. Q-FT-ICR) mit diesem Trennprinzip werden zurzeit in die Bioanalytik eingeführt, sodass in den kommenden Jahren zunehmend Präzisionsmassendaten mit Fehlern im Bereich von wenigen ppm einen breiteren Einzug in die Bioanalytik halten werden.

8.6
Sequenzierung von Peptiden mittels MS/MS

In Peptiden sind die 20 proteinogenen Aminosäuren linear miteinander über Peptidbindungen (Säureamidbindungen) verknüpft, sodass pro Peptid ein freier Aminoterminus und ein freier Carboxylterminus entsteht (s. Kap. 2). Entsprechend der Konvention werden die Sequenzen von Peptiden entweder im Ein-Buchstaben-Code oder Drei-Buchstaben-Code (Abk. s. Tab. 2-4) so dargestellt, dass der N-Terminus links, der C-Terminus rechts ist, z. B.

    V-S-I-N-E-K   oder   Val-Ser-Ile-Asn-Glu-Lys.

Die ESI-Spektren von Peptiden zeigen praktisch nur Molekülionen. Bei Kollisionsaktivierung von positiv geladenen Peptid-Molekülionen tritt die Fragmentierung fast ausschließlich an der Peptidbindung auf. Die Fragmente enthalten dabei entweder den N-Terminus (b-Ionen) oder den C-Terminus (y-Ionen). Die Massenabstände zwischen Ionen einer zusammenhängenden Ionenserie entsprechen den Massen der Aminosäureeinheiten (Aminosäure – H_2O), sodass daraus direkt die Sequenz abgelesen werden kann.

Das Auftreten der b- oder y-Serien wird von der Verteilung der basischen Aminosäuren im Peptid bestimmt. Das in Abb. 8.4 gezeigte Peptid ist ein tryptisches Peptid. Diese Peptide tragen typischerweise am C-Terminus aufgrund der Spaltungsspezifität von Trypsin einen Arginin(R)- oder Lysin(K)-Rest. Solche Peptide haben meist eine ausgeprägte y-Ionen-Serie, die b-Ionen sind hingegen oft klein (b_2, b_3 oder kleine interne b-Fragmente) und bis auf das b_2-Ion von geringer Intensität. Ionen vom b-Typ spalten häufig CO ab und können dann über die Satelliten-Peaks bei – 28 Da eindeutig erkannt und von y-Ionen unterschieden werden.

Mit diesem Verfahren können Peptide mit bis zu ca. 20 Aminosäuren sequenziert werden. Handelt es sich um bislang unbekannte Peptide, so wird dies als *de*

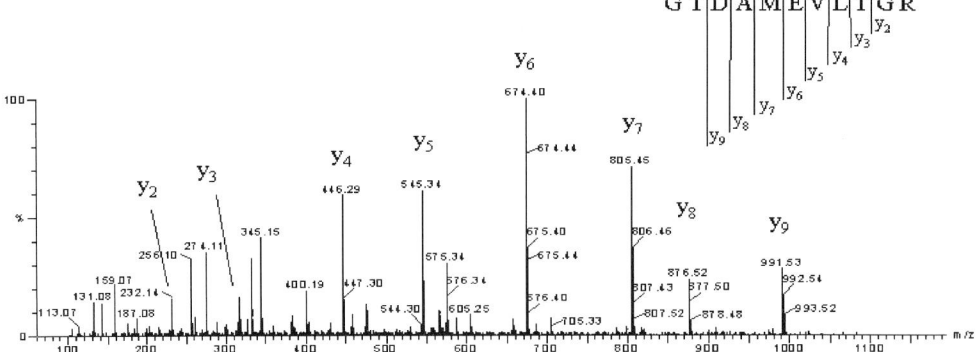

Abb. 8.4 Elektrospray-MS/MS-Spektrum eines [M+2H]++ Ions (*m/z* 575,3) eines Peptids aus elf Aminosäuren. Aus diesem Produktionen- Spektrum kann fast die gesamte Sequenz aus der y-Serie herausgelesen werden.

novo-Sequenzierung bezeichnet. Inwieweit dieser Ansatz erfolgreich ist, hängt von der Peptidsequenz ab. Regionen mit vielen basischen Aminosäuren (R, K, H) fragmentieren schlecht und lassen sich daher mittels MS/MS schlecht sequenzieren; Regionen mit vielen neutralen (L, V, N, Q, F, M) oder sauren Aminosäuren (D, E) lassen sich hingegen im Allgemeinen gut mittels MS/MS sequenzieren.

8.7
Proteinidentifizierung mittels MS/MS-Daten und Proteindatenbanken

Die heutigen Proteindatenbanken enthalten die Sequenzen von fast zwei Millionen Proteinen aus unterschiedlichen Spezies. Da das Leben sich evolutionär und „konservierend" entwickelt hat, ist in der belebten Natur nur ein extrem kleiner Bruchteil aller statistisch möglichen Proteinsequenzen realisiert worden. Dieser Umstand führt dazu, dass zur sicheren Identifizierung eines Proteins nur eine partielle Sequenz bekannt sein muss. Dies wird so genutzt, dass ein zu identifizierendes Protein proteolytisch abgebaut wird und dann die erzeugten Peptide mittels Tandem-Massenspektrometrie analysiert werden. Der Abgleich zwischen der Information aus den Proteindatenbanken und den MS/MS-Informationen kann auf zwei Arten erfolgen: einmal auf der Ebene der Sequenzen und zum anderen auf der Ebene der MS/MS-Fragmentionen-Massen. Diese beiden Ansätze werden in den folgenden Abschnitten erläutert.

8.7.1
Datenbanksuche mit Sequenzdaten

In der Praxis werden Proteine mit Gelelektrophorese (SDS-PAGE) getrennt, angefärbt (meist Coomassie- oder Silberfärbung) (Kap. 7) und dann im Gel mit einer Protease in Peptide gespalten. Die Peptide werden isoliert und können z. B. mit Elektrospray-Massenspektrometrie analysiert werden. Dabei werden die Molekülmassen der Peptide bestimmt, und es werden ihre MS/MS-Spektren aufgenommen. Aus dem MS/MS-Spektrum kann manuell, wie in Abb. 8.4 gezeigt, eine Teilsequenz ausgelesen werden. Damit sind drei Informationen vorhanden: die Spezität der benutzten Protease beinhaltet die Information über die terminalen Aminosäuren, die Molekülmasse des Peptids, und eine Teilsequenz des Peptids (eventuell auch die gesamte Sequenz). Mit diesen Informationen kann unter Zuhilfenahme einer Suchmaschine (z. B. Mascot) eine Suche nach dem entsprechenden Protein initiiert werden.

Tab. 8.1 zeigt das Ergebnis einer solchen Suche mit den Daten des Peptids, das in Abb. 8.4 analysiert wurde. Das Peptid hat eine Molekülmasse von 1148,5 Da und wurde durch tryptische Spaltung eines Proteins erzeugt. Als Ergebnis der Datenbanksuche wurde das Protein Dynamin A (SwissProt No. Q94464) identifiziert.

Tab. 8.1 zeigt, dass von einer Sequenzlänge von sechs Aminosäuren an Dynamin A als (einziges) signifikantes Suchergebnis aus einer Proteindatenbank

Tab. 8.1 Sequenz-basierte Proteindatenbanksuche mit unterschiedlich langen Teilsequenzen, die aus dem MS/MS-Spektrum des Peptids GTDAMEVLTGR in Abb. 4 abgelesen wurden. Es wurde jeweils das Protein Dynamin A (SwissProt No. Q94464) identifiziert. Die Signifikanzschwelle (p < 0,05) lag bei einem Bewertungsfaktor von 72. Mit einer Sequenz von mindestens 6 Aminosäuren (+ Peptidmasse + Trypsin-Spezifität) wird ein signifikantes Suchergebnis erzeugt.

Molekulargewicht	Verwendete Sequenz[a]	Bewertungsfaktor (Score)	
1148,5 ± 1 Da	*GT***DAMEVLTGR**	120	signifikant
1148,5 ± 1 Da	*GTD***AMEVLTGR**	107	signifikant
1148,5 ± 1 Da	*GTDA***MEVLTGR**	96	signifikant
1148,5 ± 1 Da	*GTDAM***EVLTGR**	80	signifikant
1148,5 ± 1 Da	*GTDAME***VLTGR**	68	nicht signifikant
1148,5 ± 1 Da	*GTDAMEV***LTGR**	56	nicht signifikant

a) Die für die Suche verwendete Sequenz des Peptids ist fett gedruckt.

(MSDB) gefunden wurde. Es wurde in der MSDB-Datenbank mit zurzeit ca. 1,8 Millionen Sequenzen gesucht.

8.7.2
Datenbanksuche mit MS/MS-Rohdaten

Eine schnellere Interpretation wird erreicht, wenn statt einer manuell ausgelesenen Sequenz direkt die uninterpretierten MS/MS-Spektren zur Datenbanksuche verwendet werden. Dieser Datenabgleich funktioniert so, dass der Proteaseverdau und die MS/MS-Fragmente rechnerisch simuliert werden (*in silico*-Verdau + *in silico*-MS/MS der Datenbank-Proteinsequenzen) und dass dann dieser simulierte Fragmentionen-Datensatz mit den MS/MS-Rohdaten abgeglichen wird. In der Praxis werden bei jeder Proteinanalyse mit ESI-MS/MS eine Fülle von MS/MS-Spektren erzeugt (bis zu mehreren hundert). Diese werden in einem Daten-File zusammengefasst. Da, wie in Tab. 8.1 demonstriert, bereits ein einzelnes MS/MS-Spektrum zur sicheren Identifizierung des entsprechenden Proteins ausreichen kann, hat dieses Verfahren eine extrem hohe Spezifität. Abb. 8.5 zeigt das Resultat einer solchen Rohdatenanalyse eines Satzes von MS/MS-Spektren, die aus einem tryptischen Verdau des Proteins Dynamin A mit nanoESI-MS/MS erzeugt wurden. Das Protein wird mit einem sehr hohen Bewertungsfaktor (Score) von etwa 1500 identifiziert (Signifikanzschwelle bei 80), weil sich die Identifizierung auf einen ganzen Satz von MS/MS-Spektren stützt (etwa 30). Zusätzlich wird nur noch ein Dynamin-Vorläuferprotein in der Datenbank identifiziert, von dem ein Peptid gefunden wurde.

Die Sequenzabdeckung lag hier bei etwa 60%. Üblicherweise liegt die Sequenzabdeckung zwischen 5 und 50%, je nach Menge, Sequenz, verwendeter Protease und Reinheit des zu analysierenden Proteins. Aufgrund der hohen Spezifität ist die Proteinidentifizierung mittels ESI-MS/MS auch gut zur Analyse von Proteingemischen anwendbar.

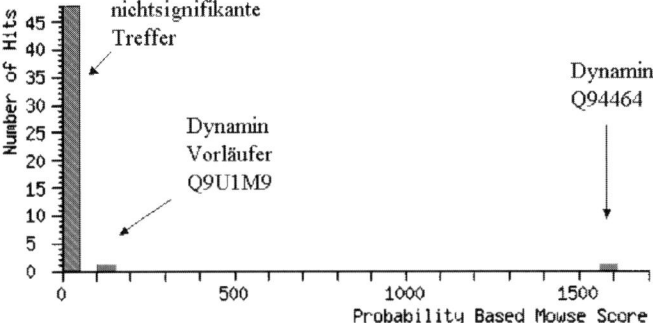

Abb. 8.5 Suchresultat der Suchmaschine MASCOT für einen Satz von
nanoESI-Tandem-MS-Spektren, die aus einem Verdau des Proteins Dynamin
A mit Trypsin erzeugt wurden. Die x-Achse zeigt den Bewertungsfaktor für
die Signifikanz des Treffers (Mowse = *molecular weight search*). Die Signifikanzschwelle (p <0,05) lag bei 80. Das Ausgangsprotein wird mit hoher
Sicherheit identifiziert.

8.8
Molekülmassenbestimmung von Proteinen

Mithilfe der Elektrospray-Ionisation können Proteine mit einer Molekülmasse bis
zu mehreren hundert Kilodalton intakt in die Gasphase überführt werden. Ein
Elektrospray-Massenspektrum eines Proteins besteht aus einer Serie von Peaks
(Abb. 8.6 A) bei der jeder Peak einen unterschiedlichen Ladungszustand des Proteins repräsentiert. Das in Abb. 8.6 A dargestellte nanoESI-Spektrum der katalytischen Untereinheit der Proteinkinase A (PKA) zeigt eine Verteilung, die vom
23fach protonierten bis hin zum 53fach protonierten Protein reicht. Aus der Peak-
Serie lässt sich unter Anwendung eines entsprechenden Algorithmus die Molekülmasse des Proteins berechnen. Dieses transformierte (dekonvolutierte) Spektrum, das die Masse (und nicht mehr den m/z-Wert auf der x-Achse darstellt, ist
in Abb. 8.6 B dargestellt. Es zeigt die Anwesenheit zweier unterschiedlicher Isofor-
men (Cα und Cβ) der PKA, deren Molekülmasse sich um 26 Da unterscheidet.
Die experimentell ermittelten Molekülmassen weichen weniger als 1 Da von den
aus der Aminosäuresequenz berechneten Molekülmassen ab.

Von entscheidender Bedeutung für eine korrekte Molekülmassenbestimmung
eines Proteins ist, dass störende Salze vor der Messung möglichst vollständig entfernt werden, da diese durch Adduktbildung zu falschen experimentellen Werten
führen. Zur Entsalzung wird in der Regel eine Festphasenextraktion im Mikro-
maßstab durchgeführt (z. B. C$_4$-ZipTips).

Bei der Analyse rekombinanter Proteine ist die Molekülmasse des Proteins eine
wichtige Information. Stimmt sie im Rahmen der Messgenauigkeit (in der Regel
wenige Dalton) mit der aus der Aminosäuresequenz berechneten Molekülmasse
überein, dann ist die Wahrscheinlichkeit, dass das Protein die korrekte Sequenz
besitzt, sehr hoch. Bei der Analyse von kovalenten Proteinmodifikationen (s. Ab-

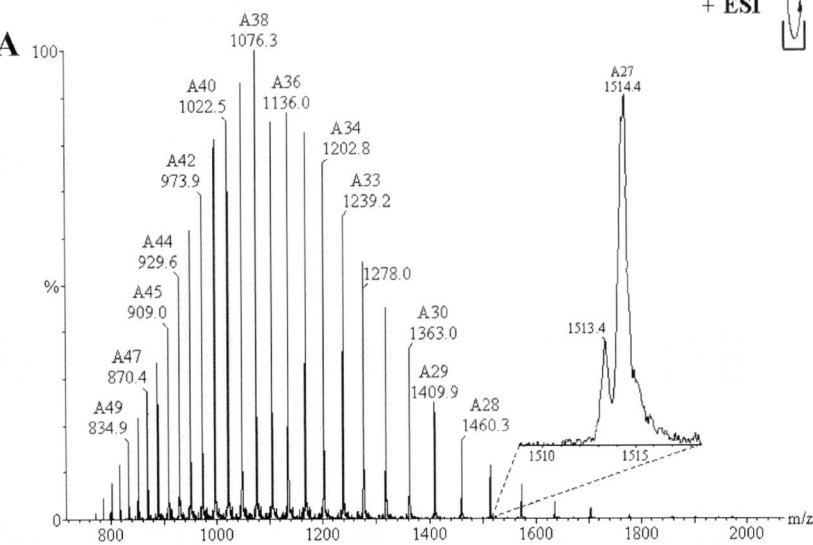

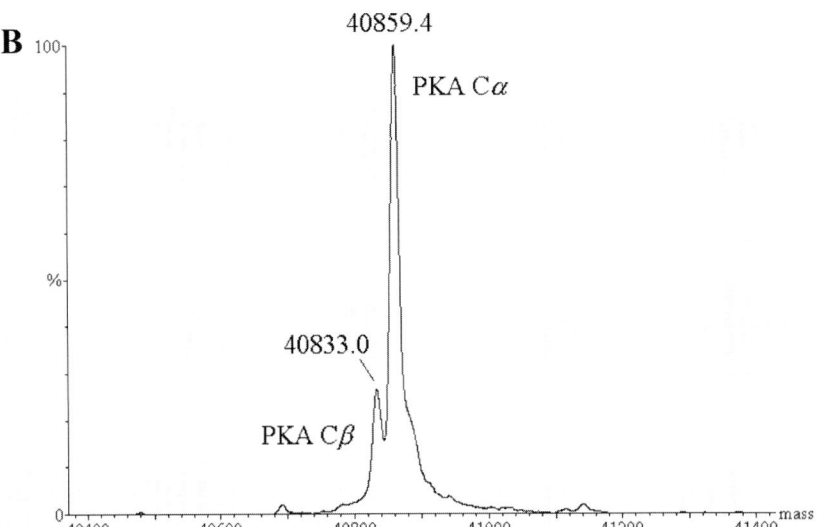

Abb. 8.6 Massenspektrum der katalytischen Untereinheit der Proteinkinase A.
(A) NanoESI-Spektrum mit Ausschnittsver- größerung des 27fach protonierten Ions;
(B) dekonvolutiertes Spektrum.

schnitt 8.9.) kann die experimentell bestimmte Molekülmasse eines Proteins wichtige Hinweise auf die Anwesenheit und unter Umständen auch auf die Art der Modifikation(en) geben.

Die ESI ermöglicht auch die Analyse nichtkovalenter Proteinkomplexe mit einer Größe bis in den Megadalton-Bereich. Hierfür bedarf es allerdings einer besonderen Optimierung der experimentellen Parameter, sowohl seitens der Lösungsmittelbedingungen (nur wenige Puffer sind sowohl mit der ESI als auch mit der Komplexbildung, die eine native Konformation der Proteine erfordert, kompatibel) als auch seitens der instrumentellen Parameter (z. B. Druckbedingungen während der Desolvatisierung).

Die Anwendung der FT-ICR-Massenspektrometrie ermöglicht bei Proteinen bis zu einer Molekülmasse von etwa 100 kDa die Auflösung der Isotopen-Peaks. Dies kann beispielsweise dazu genutzt werden, um den Oxidationszustand des Metalls (z. B. Fe^{2+} und Fe^{3+}) bei Metalloproteinen zu bestimmen.

8.9
Analyse kovalenter Proteinmodifikationen

Die überwiegende Mehrheit aller Proteine einer Zelle wird co- oder posttranslational modifiziert. Besonders häufig finden sich kovalente Modifikationen an der N-terminalen Aminogruppe und an den Seitenketten der Aminosäuren Cys, Ser, Thr, Tyr, Lys, Arg und Asn. Die Modifikationen können chemisch sehr einfach strukturiert sein (z. B. eine Methylgruppe), können aber auch aus sehr komplexen Strukturen, wie etwa verzweigten Oligosacchariden, bestehen. Eine posttranslationale Modifikation, die insbesondere bei Eukaryoten an der Regulation zahlreicher zellulärer Funktionen beteiligt ist, ist die reversible Phosphorylierung an Ser, Thr und Tyr. Darüber hinaus findet man häufig Acetylierung (N-terminal oder Lys), Myristoylierung (N-terminal), Palmitoylierung (Cys), Farnesylierung (Cys), Methylierung (Arg, Lys), Nitrierung (Tyr), Sulfatierung (Tyr), Glykosylierung (Ser, Thr oder Asn), Desamidierung (Asn) und zahlreiche weitere Modifikationen.

Jede kovalente Modifikation (mit Ausnahme von Isomerisierung und Racemisierung) führt zu einer Änderung der Molekülmasse und ist damit prinzipiell massenspektrometrisch nachweisbar. Erste Hinweise auf die Art und Anzahl der Modifikationen lassen sich, wie in Abschnitt 8.8 beschrieben, unter Umständen aus der Molekülmasse des Proteins erhalten. Zur exakten Lokalisierung der modifizierten Aminosäure(n) muss das Protein in der Regel gespalten und auf Peptidebene analysiert werden. Modifizierte Peptide zeigen häufig ein charakteristisches Fragmentierungsverhalten, das es ermöglicht, sie von unmodifizierten Peptiden zu unterscheiden. So zeigen beispielsweise Ser/Thr-phosphorylierte Peptide einen Neutralverlust von Phosphorsäure und Tyr-sulfatierte Peptide einen Neutralverlust von Schwefeltrioxid. Myristoylierte Peptide bilden bei kollisionsinduzierter Fragmentierung ebenso wie Tyr-nitrierte oder Tyr-phosphorylierte Peptide charakteristische Fragmentionen, deren Auftreten spezifisch für die entsprechend modifizierten Peptide ist. Durch Anwendung spezieller Scan-Techniken (Neutralverlust- und Vorläufer-Ionen-Scan) lassen sich modifizierte Peptide auch in einem komplexen Peptidgemisch selektiv detektieren.

Im Fall der Proteinphosphorylierung gibt es, neben der selektiven Detektion mittels Neutralverlust- oder Vorläufer-Ionen-Scan, die Möglichkeit, Phosphopeptide von nicht phosphorylierten Peptiden mithilfe der *Immobilized Metal Affinity*

Chromatography (IMAC) zu trennen (Abb. 8.7). Hierzu wird ein Komplex eines dreiwertigen Metalls, in der Regel Fe(III) oder Ga(III), mit immobilisierter Imino-diessigsäure (IDA) oder Nitrilotriessigsäure (NTA) eingesetzt. Das Metallion besitzt in diesem Komplex noch freie Koordinationsstellen, an die Phosphopeptide über ihre Phosphatgruppe koordinieren können. Nach einem Waschschritt, in dem nicht phosphorylierte Peptide entfernt werden, erfolgt die Elution der Phosphopeptide z. B. mit Phosphatpuffer.

Eine posttranslationale Modifikation besonderer Komplexität ist die Proteinglykosilierung. Die Differenzierung zwischen N-glykosidisch (Asn) und O-glykosidisch (Ser/Thr) gebundenen Oligosacchariden (s. Kap. 5.2) kann mithilfe des Enzyms PNGase F erfolgen, das selektiv nur N-glykosidisch gebundene Oligosaccharide abspaltet. Kohlenhydrat-spezifische Fragmentionen können zur selektiven Detektion von Glykopeptiden genutzt werden. Aufgrund ihres hohen Gehalts an Sauerstoff, der mit 15,9949 eine niedrige relative Atommasse aufweist, besitzen Peptide mit einem großen Kohlenhydratanteil eine signifikant niedrigere Molekülmasse als unmodifizierte Peptide der gleichen Nominalmasse. So hat beispielsweise ein unmodifiziertes Peptid mit einer Nominalmasse von 1000 Da im Durchschnitt eine Molekülmasse von 1000,50 Da, für ein hoch glykosyliertes Peptid ist hingegen eine Molekülmasse von < 1000,38 Da zu erwarten. Somit kann die Präzisionsmasse eines Peptids einen wichtigen Hinweis auf die Anwesenheit einer Glykosylierung geben. Eine weitere Möglichkeit zur Differenzierung zwischen glykosylierten und nicht glykosylierten Peptiden besteht im Einsatz von unspezifischen Proteasen (z. B. Pronase, eine Mischung unterschiedlicher Endo- und Exoproteasen). Bei der Proteolyse eines Glykoproteins mit einer unspezifischen Protease entstehen durchweg kleine Peptide mit niedriger Masse, nur Peptide mit einem hohen Kohlenhydratanteil sind dann noch im höheren Massenbereich zu finden, da die Kohlenhydrateinheiten durch die Proteasen nicht gespalten werden.

Kovalente Modifikationen verleihen den Peptiden oftmals physikochemische Eigenschaften, die ihre massenspektrometrische Detektion erschweren. So zeigen z. B. glykosylierte oder phosphorylierte Peptide meist eine deutlich verminderte Ionisierungseffizienz im Vergleich zu den entsprechenden unmodifizierten Peptiden. Um Probleme, die bei der Analyse von Peptidgemischen auftreten, gänzlich zu vermeiden, müssen Proteine ohne vorherige Proteolyse massenspektrometrisch analysiert werden. Eine neu entwickelte Fragmentierungstechnik, die diese Mög-

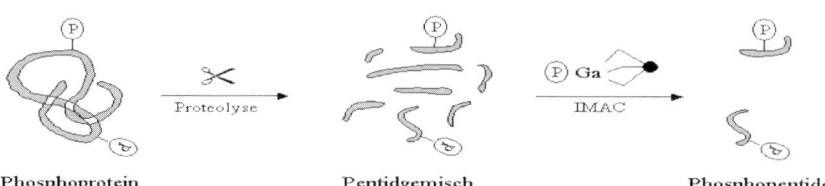

Phosphoprotein   Peptidgemisch   Phosphopeptide

Abb. 8.7 Immobilized Metal Affinity Chromatography (IMAC) zur selektiven Anreicherung von Phosphopeptiden.

lichkeit eröffnet, ist die *Electron Capture Dissociation* (ECD), die vor allem in Kombination mit der FT-ICR-Massenspektrometrie angewandt wird.

Bei reversiblen kovalenten Modifikationen mit regulatorischer Funktion, wie z. B. der Proteinphosphorylierung, stellt sich oftmals nicht nur die Frage nach der Position einer Modifikation, sondern auch danach, welcher Anteil eines Proteins modifiziert ist. Aus diesem Grund wurden massenspektrometrische Methoden entwickelt, die auch die quantitative Analyse posttranslationaler Modifikationen erlauben. Diese basieren in den meisten Fällen auf der Anwendung stabiler Isotope (^{2}H, ^{13}C oder ^{15}N). Die isotopenmarkierten Peptide dienen als interner Standard und ermöglichen eine direkte Quantifizierung anhand der aus dem Massenspektrum erhaltenen Peak-Intensitäten. Enthalten die modifizierten Peptide Elemente wie z. B. Phosphor (Phosphopeptide), Selen (Selenocystein) oder Iod (Iodtyrosin), kann auch die *Inductively-Coupled-Plasma*-Massenspektrometrie (ICP-MS) zur Quantifizierung eingesetzt werden.

8.10
Weiterführende Literatur

AEBERSOLD, R., GOODLETT, D. R. (2001) Mass spectrometry in proteomics. *Chem. Rev.* 101, 269–295.

KELLNER, R., LOTTSPEICH, F., MEYER, H. E. (1999) *Microcharacterization of Proteins*, 2. Aufl. Wiley-VCH, Weinheim.

KINTER, M., SHERMAN, N. E. (2000) *Protein Sequencing and Identification Using Tandem Mass Spectrometry*. Wiley-Interscience, New York.

LEHMANN, W. D. (1996) *Massenspektrometrie in der Biochemie*. Spektrum, Heidelberg.

SIUZDAK, G. (1996) *Mass Spectrometry for Biotechnology*. San Diego, Academic Press.

9
Isolierung von DNA und RNA

Die Isolierung von DNA und RNA gehört zu den Grundaufgaben der modernen Biotechnologie. Für analytische und präparative Zwecke können sowohl DNA als auch RNA aus jedem biologischen Material isoliert werden. Dabei ist bei DNA besonders auf deren physikalische Eigenschaften wie Scherungssensitivität zu achten, während bei der RNA-Isolation die Empfindlichkeit gegenüber ubiquitär vorkommenden RNAsen problematisch sein kann. Die klassischen Methoden der Nucleinsäureisolation werden zunehmend von kommerziell entwickelten Techniken abgelöst, die auf der spezifischen Affinität zu speziellen Säulenmaterialien basieren.

9.1
Einführung

Sowohl zu analytischen wie auch präparativen Zwecken werden die Nucleinsäuren Desoxyribonucleinsäure (DNA) bzw. Ribonucleinsäure (RNA) aus lebenden bzw. konservierten Geweben, Zellen, Viruspartikeln oder anderen Materialproben isoliert. Da Verwendungszwecke ebenso wie die Herkunft des genetischen Materials sehr unterschiedlich sein können, gibt es keine generelle Methode zur Isolation. Dennoch erlaubt die chemische Universalität von RNA und DNA in der belebten Natur, dass allgemein gültige Eigenschaften bei der Gewinnung aus allen Organismen ausgenutzt werden können. Gemeinsam sind beiden die hohe Wasserlöslichkeit sowie die Eigenschaft in bestimmten Alkohol-Wasser-Mischungen als Makromoleküle auszufallen. In organischen Lösungsmitteln wie Chloroform oder Phenol sind Nucleinsäuren sehr schlecht löslich, weshalb man durch Extraktion mit solchen Lösungsmitteln Eiweiße und hydrophobe Komponenten relativ leicht von ihnen abtrennen kann.

Wichtige Unterschiede zwischen DNA und RNA liegen jedoch z.B. in der Instabilität von RNA gegenüber hohem pH sowie in der normalerweise unterschiedlichen räumlichen Struktur (s. Kap. 2): DNA kommt meistens als doppelsträngiges, extrem steifes und daher in Lösung hochviskoses Molekül vor; einzelsträngige Nucleinsäuren, wie beispielsweise mRNA, sind hingegen eher verknäuelt oder aber in entsprechenden intra- oder intermolekularen Sekundärstrukturen anzu-

Molekulare Biotechnologie: Konzepte und Methoden.
Herausgegeben von M. Wink
Copyright © 2004 WILEY-VCH Verlag GmbH & Co. KGaA, Weinheim
ISBN: 3-527-30992-6

treffen. Ribosomale RNA und Transfer-RNA erhalten durch solche Wechselwirkungen räumliche Struktur; viele regulatorische oder strukturelle RNA-Moleküle nehmen ihre räumliche Struktur durch Komplexierung mit Proteinen an.

Wegen dieser physikalisch-chemischen Unterschiede sowie unterschiedlicher Sensitivität gegenüber verschiedenen Nucleasen (s. unten) kommen zur Isolation von RNA und DNA verschiedene Methoden zur Anwendung, die im Folgenden kurz beschrieben werden.

9.2
DNA-Isolierung

DNA-Isolation aus Pro- und Eukaryoten sowie aus Viren beginnt mit der Öffnung der Zellen bzw. Virushüllen. Dies geschieht durch enzymatischen Verdau, Detergenzien oder mechanisches Aufbrechen. Sind die Zellen geöffnet, kann direkt mit der Isolation begonnen werden. In Eukaryoten kann hier noch eine Isolation der Zellkerne dazwischengeschaltet werden, bei der Organell-DNA wie z.B. mitochondriale DNA abgereinigt wird.

Je nach Anforderung erfolgen zur Entfernung der Proteine sowie der hydrophilen Bestandteile eine oder mehrere Extraktionen der wässrigen Phase mit Phenol bzw. Chloroform oder einem anderen hydrophoben Extraktionsmittel. DNA kann danach aus der wässrigen Phase bzw. dem Überstand durch Zugabe von Alkohol (Ethanol 2,5 Vol. oder Isopropanol 1 Vol.) in hohen Salzkonzentrationen (z.B. 0,3 M Natriumacetat) präzipitiert werden. Nach dem Auswaschen des Salzes in 70% Alkohol wird die Probe getrocknet und in beliebigem Volumen wässrigen Puffers aufgenommen. Bei der Alkoholfällung werden niedermolekulare hydrophile Bestandteile abgetrennt. Um dies quantitativ zu erreichen, kann die Probe auch über eine Gelfiltrationssäule (s. Kap. 7) gereinigt werden. Die Ausbeute kann aufgrund der spezifischen Absorption der Basen bei einer Wellenlänge von etwa 260 nm bestimmt werden. Als grobe Merkregel gilt für doppelsträngige Nucleinsäuren ein Wert von 50 µg/ml pro OD 260-Einheit (für einzelsträngige DNA gilt ca. 37 µg/ml; für RNA ca. 40 µg/ ml). Das Verhältnis von OD 260 zu OD 280 sollte ungefähr 2 betragen; wesentlich niedrigere Verhältnisse lassen auf Proteinkontamination schließen.

Chromosomale DNA aus Eukaryotenzellen ist sehr lang. Bei der Alkoholfällung solcher Moleküle fallen diese als große fädige Aggregate aus, die mithilfe eines Glasstabs oder einer Pipettenspitze aus der Flüssigkeit gefischt werden können (Abb. 9.1). Die Steifheit und Länge der DNA bewirkt nicht nur eine hohe Viskosität in wässriger Lösung, sondern ist auch der Grund für die außerordentliche Empfindlichkeit dieser Moleküle gegen Scherkräfte in Lösung. Normale Vorsichtsmaßnahme bei der Isolation chromosomaler DNA ist daher, die Verwendung von Pipetten mit kleinem Durchmesser zu vermeiden, ebenso wie der Verzicht auf schnelles Schütteln bei der Lösungsmittelextraktion. Dennoch lässt sich das Brechen der DNA auf Stücke von 50–100 kb nur schwer vermeiden. Will man größere Genbereiche am Stück analysieren (z.B. durch geeignete Elektrophoresemethoden), muss die Lyse des Zellkerns direkt in der Geltasche erfolgen. Auf diese Wei-

Abb. 9.1 Chromosomale Säuger-DNA in Lösung (rechts) und als Präzipitat nach Zugabe von 2,5 Vol. Ethanol (links).

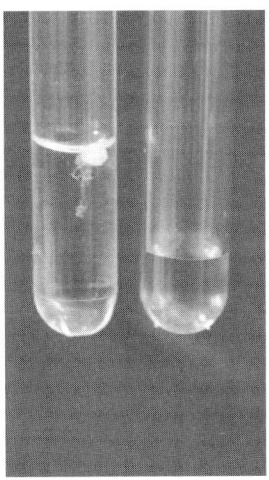

se lassen sich sogar ganze Chromosomen, die ja aus einem einzigen DNA-Molekül bestehen, intakt gewinnen und auftrennen.

Für viele Anwendungen, wie z. B. die Gendiagnose mit PCR-Methoden, ist die Scherung hochmolekularer DNA kein Problem; die zu amplifizierenden Genstücke sind meist relativ kurz und Fragmente kleinerer Länge (< 10 kb) sind gegen Brechen durch Scherkräfte relativ unempfindlich.

Kleinere zirkuläre DNA-Spezies, wie z. B. Plasmid-, Virus- oder Organell-DNA-Moleküle, lassen sich nach der Alkoholpräzipitation und Resuspendierung durch Zentrifugation in einem Ethidiumbromid (EtBr)-Cäsiumchlorid (CsCl)-Gradienten anreichern. Hierbei macht man sich zunutze, dass Ethidiumbromid in die doppelsträngige DNA eingelagert werden kann (interkalierende Substanz) und dadurch die Schwimmdichte des Moleküls in hochmolarem CsCl verändert. Kovalent geschlossene, ringförmige Moleküle können aufgrund im Molekül entstehender Spannungen aber weniger EtBr pro Base einlagern als lineare Moleküle und stellen sich daher im Gleichgewichtsgradienten bei höherer Dichte ein (Abb. 9.2). Nach Entnahme der entsprechenden Bande muss das hydrophobe EtBr durch Ex-

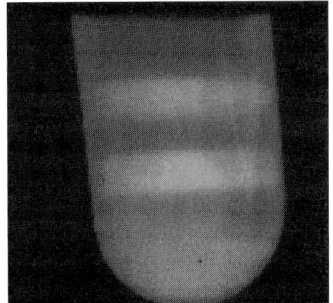

Abb. 9.2 Aufgetrennte Plasmid-DNA nach Ultrazentrifugation im CsCl-EtBr-Gradienten. Unter UV-Licht wird die DNA durch Interkalation des Ethidiumbromids sichtbar. Obere Bande: Relaxierte DNA (Plasmid mit Einzel- oder Doppelstrangbrüchen, chromosomale DNA). Untere Bande: Intakte, zirkuläre Plasmid-DNA. (*www.flg.tum.de/pbpz/mm/mt/abb03.gif. Mit freundlicher Genehmigung von Andreas Lössl.*)

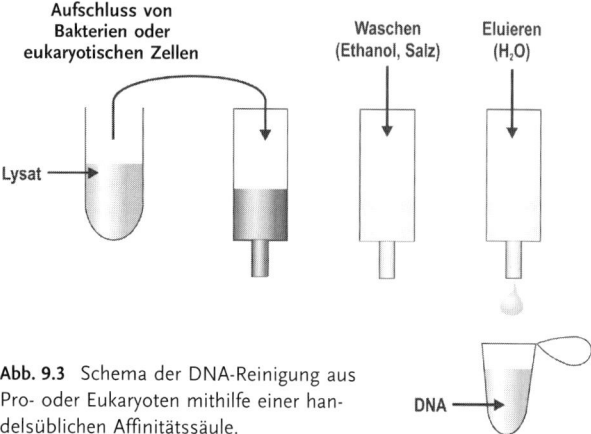

Abb. 9.3 Schema der DNA-Reinigung aus Pro- oder Eukaryoten mithilfe einer handelsüblichen Affinitätssäule.

traktionen mit hydrophoben Lösungsmitteln entfernt und die DNA anschließend erneut mit Alkohol gefällt werden.

Eine Anreicherung von Plasmid-DNA aus Bakterien kann auch durch Fällung höhermolekularer Aggregate durch hohe Salzkonzentrationen aus dem Zellaufschluss erreicht werden. Auch hier folgt eine Fällung der Plasmid-DNA mit Alkohol.

Zur DNA-Isolation aus Viren oder Bakteriophagen kann es notwendig sein, zunächst Virus- oder Phagenpartikel zu präparieren bzw. durch Zentrifugation anzureichern, bevor diese proteolytisch verdaut oder chemisch aufgebrochen und dann extrahiert werden.

Zur DNA-Isolation aus pflanzlichen Zellen ist eine Methode etabliert, bei der die DNA durch ein nichtionisches Detergens (CTAB, Cetyltrimethylammoniumbromid) extrahiert wird. Im Weiteren kommen auch hier organische Lösungsmittel sowie Alkoholfällung zum Einsatz.

Zur Durchführung standardisierter Routine-Isolationen bieten verschiedene Hersteller einfache Extraktions-Kits an. Prinzip ist hier zunächst die Freisetzung der Nucleinsäure durch Proteasen. Anschließend erfolgt eine Reinigung über Affinitätssäulen, die im Wesentlichen aus behandelten Glaskugeln bestehen, an die negativ geladene Nucleinsäuremoleküle bei bestimmten Salz- und Alkoholkonzentrationen selektiv binden. Eventuell mitgereinigte RNA-Moleküle können im Verlauf der Präparation durch RNAsen verdaut und dann entfernt werden. Ein Beispiel für ein einfaches Extraktionsschema mithilfe einer Affinitätssäule ist in Abb. 9.3 zu sehen. Diese standardisierten Methoden haben sich vor allem in der gendiagnostischen Routine sowie in der molekularbiologischen Grundlagenforschung durchgesetzt.

9.3
RNA-Isolierung

Wie bei der Gewinnung von DNA geht es bei der Darstellung von RNA um die Abtrennung von anderen Molekülklassen wie Proteinen, Lipiden usw. Wie DNA kann auch RNA von solchen Kontaminanten durch Extraktion mit organischen Lösungsmitteln befreit werden. RNA ist jedoch in verschiedener Hinsicht anders zu behandeln als DNA. Die meisten Zelltypen enthalten eine große Anzahl von relativ stabilen RNAsen im Cytoplasma, wo u. a. auch die mRNA zu finden ist, deren Analyse meist im Vordergrund steht. Um diesen allgegenwärtigen RNAsen zuvorzukommen, kommt es bei der RNA-Isolation in erster Linie darauf an, sehr schnell zu arbeiten bzw. den Zellaufschluss baldmöglichst in eine RNAse denaturierende Umgebung zu verbringen. Hierzu kann man z. B. das stark denaturierende Guanidiniumisothiocyanat (GTC) verwenden. In 4 M GTC-Lösung kann frisch entnommenes oder geerntetes Gewebe homogenisiert und weitgehend gelöst werden. Aus einer solchen GTC-Lösung lässt sich die RNA dann mithilfe einer CsCl-Gradientenzentrifugation pelletieren und von der nicht pelletierten DNA abtrennen. Dieses Pellet kann dann mit verschiedenen Methoden nachgereinigt werden.

Alternativ kann die RNA auch aus in einer denaturierenden Salzlösung (z. B. 4 M Lithiumchlorid) homogenisiertem Gewebe gewonnen werden. Das Homogenat wird hierzu anschließend durch Phenolextraktion deproteinisiert und die RNA dann durch Alkoholfällung dargestellt.

9.3.1
Messenger-RNA (mRNA)-Anreicherung

Mehr als 90% der RNA aus Säugerzellen ist strukturformende ribosomale RNA. Dieser Überschuss an nicht codierenden Sequenzen erschwert zuweilen die Analyse der Genexpression. Daher macht man sich die Eigenschaft zunutze, dass die meisten codierenden mRNA-Spezies der Eukaryoten am 3'-Ende polyadenyliert werden (s. Kap. 2 und 4). Lässt man eine Mischung von polyadenylierter und nicht polyadenylierter RNA über mit oligo-dT kovalent gekoppeltes Säulenmaterial passieren, kann die polyadenylierte RNA durch Basenpaarung selektiv an die Säule binden und dadurch angereichert werden.

Sowohl zur Gewinnung von Gesamt-RNA als auch zur mRNA-Anreicherung sind Säulen-Kits kommerziell erhältlich. Detaillierte Protokolle zur DNA- und RNA-Extraktion finden sich bei Ausubel et al. (1998).

9.4
Weiterführende Literatur

Ausubel, F. M., Brent, R., Kingston, R. E. et al. (2004) *Current Protocols in Molecular Biology.* Wiley and Sons, Hoboken, NJ, USA.

10
Chromatographie und Elektrophorese von Nucleinsäuren

Die Auftrennung von Nucleinsäuren oder Nucleinsäurefragmenten gehört zu den Standardaufgaben der Molekularbiologie und Biotechnologie. Dieses Kapitel beschreibt die dafür eingesetzten Chromatographie- und Elektrophoreseverfahren.

10.1
Einführung

Für die Auftrennung von Nucleinsäuren und anderen Stoffen werden verschiedene Verfahren angewendet. Die Chromatographie (griech. *chroma*, Farbe; *graphein*, schreiben) ist ein physikochemisches Verfahren zur Trennung von Stoffgemischen, welches die unterschiedlichen Affinitäten der zu analysierenden Stoffkomponenten zu zwei verschiedenen Phasen ausnutzt. Bei der Elektrophorese werden Stoffe im elektrischen Feld aufgetrennt. Dabei wird die Wanderungsgeschwindigkeit durch die angelegte Spannung, die Eigenschaften des Trägers, die Ladung und die Form des Moleküls bestimmt.

10.2
Chromatographische Trennung von Nucleinsäuren

Die Basis der heute üblichen Chromatographieverfahren schuf Mikhail Tswett im Jahr 1903 durch die Auftrennung gelöster Pflanzenpigmente mithilfe fester Adsorbenzien. Eine wichtige Voraussetzung für die Anwendung der Chromatographie ist, dass sich die im Gemisch enthaltenen Stoffe ohne chemische Veränderung lösen bzw. verdampfen lassen. Bei den meisten Chromatographieverfahren bewegt sich eine in dem Analysegemisch mitgeführte flüssige oder gasförmige mobile Phase (Elutionsmittel) über eine feste oder flüssige stationäre Phase (Sorptionsmittel). Die eigentliche Trennung des zu analysierenden Stoffgemisches kann durch Verteilung der Komponenten zwischen mobiler und stationärer Phase (Verteilungschromatographie), durch unterschiedliche Adsorption an der stationären Phase (Adsorptionschromatographie), durch Ionenaustauscheffekte (Ionenaustausch-Chromatographie) oder durch selektive Bindung an die stationäre Phase (Affinitätschromatographie) erfolgen (s. auch Kap. 7).

Molekulare Biotechnologie: Konzepte und Methoden.
Herausgegeben von M. Wink
Copyright © 2004 WILEY-VCH Verlag GmbH & Co. KGaA, Weinheim
ISBN: 3-527-30992-6

Für die Trennung von Nucleinsäuren sind vor allem Verteilungs-, Adsorptions- und Affinitätschromatographie wichtig. Grundlage der Auftrennung bei der Verteilungschromatographie ist die unterschiedliche Polarität der Stoffe. Bei großer Affinität der Stoffe zur stationären Phase ist die Wanderungsgeschwindigkeit niedrig. Bei geringer Affinität zur stationären Phase wandern die Stoffe schneller. Entscheidend zur Affinität des aufzutrennenden Stoffes trägt die Zusammensetzung des Lösungsmittels bei: Ein hydrophober Stoff, der schlecht wasserlöslich ist, wandert in einem organischen Lösungsmittel besonders weit. Die Wanderungsgeschwindigkeit eines Stoffes wird durch den *Rf*-Wert definiert. Dieser errechnet sich, indem man die Wanderstrecke der Substanz durch die Wanderstrecke des Laufmittels dividiert. Eine moderne Form der Verteilungschromatographie ist das HPLC-Verfahren (*high performance liquid chromatography*), das zur Trennung und Reinigung von Oligonucleotiden eingesetzt wird.

Viele chromatographische Techniken, die zur Trennung von Proteinen benutzt werden, sind auch für die Trennung von Nucleinsäuren geeignet. Man verwendet häufig Hydroxylapatit als Trägersubstanz, weil doppelsträngige DNA fester daran bindet als die meisten anderen Moleküle. Somit kann DNA rasch isoliert werden, wenn man ein Zelllysat auf eine Hydroxylapatitsäule gibt, diese mit einem Phosphatpuffer niedriger Konzentration wäscht, um Proteine und RNA auszuspülen, und dann die DNA mit einer konzentrierteren Phosphatlösung eluiert.

Mit der Affinitätschromatographie lässt sich mRNA aufreinigen. Die meisten eukariotischen mRNAs haben eine poly(A)-Sequenz am 3′-Ende (s. Abschnitt 4.2). Man verwendet deshalb als Träger poly(dT)-Sequenzen, die z. B. an Agarose gebunden sind. Die poly(A)-Sequenzen binden bei hohen Salzkonzentrationen und tiefen Temperaturen spezifisch an die komplementären poly(dT)-Reste und können später unter dissoziierenden Bedingungen freigesetzt werden.

Eine besondere Form der Chromatographie ist die Größenausschluss-Chromatographie (Gelfiltration). Sie ist ein Verfahren zur Trennung von gelösten Makromolekülen (s. Abschnitt 7.5.1.1). Die stationäre Phase besteht aus gequollenen Gelkörnchen mit einer definierten Porengröße. Die Trennung erfolgt nach der Teilchengröße: Große Moleküle passen nicht in die Poren und wandern schneller als kleine Moleküle, die in den Poren zurückgehalten werden und zuletzt als herausgelöste Substanz erscheinen. Mit dieser Methode kann man Nucleinsäuren von niedermolekularen Substanzen trennen, z. B. von Nucleotiden nach einer Markierungsreaktion.

10.3
Elektrophorese

Nucleinsäuren sind (Poly-)Säuren und deshalb negativ geladen. Sie wandern daher im elektrischen Feld zum Pluspol. Die Trennung ist abhängig von der angelegten Spannung, den Eigenschaften des Gels sowie der Ladung und der Form des Moleküls.

Die Methode für die Nucleinsäureauftrennung richtet sich nach der Größe der Moleküle und dem angestrebten Auflösungsvermögen. Die am häufigsten verwendeten Methoden nutzen folgende Gelsysteme: das Agarosegel mit der Submarine-Technik, das Agarosegel im Pulsed-Field-Verfahren und das hoch auflösende Poly-acrylamidgel.

10.3.1
Agarose-Gelelektrophorese – Submarine-Technik

Die Elektrophorese in Agarosegelen ist ein Standardverfahren, um DNA-Fragmen-te unterschiedlicher Größe aufzutrennen. Agarose ist ein Polysaccharid, das aus roten Meeresalgen gewonnen wird. Es wird in Elektrophoresepuffer aufgenom-men und dann durch Erhitzen in Lösung gebracht. Die vielen Hydroxylgruppen (R-OH) ermöglichen die Ausbildung von Wasserstoffbrückenbindungen, wodurch die großporige Gelmatrix ihre Festigkeit erhält. Bei der *Submarine*-Technik befin-det sich das Agarosegel in horizontaler Lage und ist völlig mit dem Elektrophore-sepuffer bedeckt, um es vor dem Austrocknen zu schützen.

Die Geschwindigkeit, mit der DNA-Fragmente durch Agarosegele im elektri-schen Feld wandern, hängt vor allem von der Größe der DNA-Fragmente ab. Die Wanderungsgeschwindigkeit linearer doppelsträngiger DNA-Moleküle ist dabei umgekehrt proportional zum Logarithmus ihrer Größe. Neben der Größe der DNA-Fragmente beeinflussen auch Puffereigenschaften, die Konzentration des Agarosegels, die Stromstärke und die Konformation der DNA-Moleküle die Wan-derungsgeschwindigkeit. Um die DNA sichtbar zu machen, wird diese z. B. mit Ethidiumbromid angefärbt. Dieses interkaliert und die DNA wird unter UV-Licht als rosa gefärbte Bande sichtbar. Abb. 10.1 zeigt die Auftrennung von Plasmid-DNA mit gleichem Molekulargewicht, aber in verschiedenen Formen vorliegend. Zu sehen ist die unterschiedliche Wanderungsgeschwindigkeit der Ringform (*nicked circle*), der hoch verdrillten Form (*highly supercoiled*) und der linearisierten Form nach dem Verdau des Plasmids mit einem Restriktionsenzym.

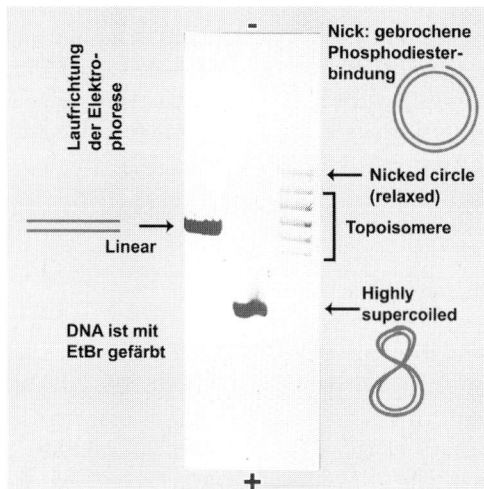

Abb. 10.1 Agarose-Gelelektrophore-se von Plasmid-DNA. Alle Formen des DNA-Moleküls haben das glei-che Molekulargewicht. Die obere Bande stellt einen *relaxed circle* dar, der durch Bruch eines DNA-Stran-ges entsteht. Die verschiedenen Banden darunter korrespondieren zu Topoisomeren, *supercoiled* DNA unterscheidet sich nur durch den Verdrillungsgrad.

10.3.2
Pulsed-Field-Agarose-Gelelektrophorese

Diese modifizierte Submarine-Technik wird zur Trennung von sehr großen Nuclein-säuremolekülen (meist Chromosomen) eingesetzt. Nucleinsäuremoleküle mit einer Größe von über 20 kb richten sich in der herkömmlichen Agarose-Gelelektrophorese der Länge nach aus und wandern im elektrischen Feld mit gleichen Geschwindig-keiten. In der *Pulsed-Field*-Gelelektrophorese (PFG) ändert sich nun die Richtung des elektrischen Gleichstromfeldes periodisch. Dadurch sind die Moleküle gezwun-gen, ihre Ausrichtung ständig zu ändern. Kürzere Nucleinsäurestränge vollziehen diesen Prozess schneller, weshalb sie dann auch eine höhere Beweglichkeit besitzen.

10.3.3
Polyacrylamid-Gelelektrophorese (PAGE)

Diese Methode wird vor allem zur Auflösung von sehr kleinen Unterschieden in der Größe der Moleküle angewendet. Das restriktive Polyacrylamidgel ist vertikal ange-ordnet. Das hohe Auflösungsvermögen von Polyacrylamidgelen ermöglicht dann ei-ne Auftrennung von Molekülen, deren Längenunterschied nur eine Base beträgt. Diese Technik wird z. B. zur Identifikation von Punktmutationen eingesetzt.

Bei der Sequenzierung von DNA enthält das Gel zusätzlich hohe Harnstoffkon-zentrationen und wird bei großer Spannung gefahren. Dadurch wird das Gel heiß, was zusammen mit dem Harnstoff zur Denaturierung der DNA beiträgt. Durch Kühlung der Gelplatte wird eine Überhitzung vermieden. Denaturierte DNA lässt sich gleichmäßiger auftrennen.

Zur Detektion von DNA-Fragmenten nach Trennung in einem Polyacrylamidgel werden Nucleinsäuren gewöhnlich mit einer Markierung versehen. Während früher die eingebauten Nucleotide radioaktiv markiert (^{32}P, ^{33}P, ^{35}S) und die DNA-Fragmente über Autoradiographie detektiert wurden, werden heute meist Fluoreszenzmarkierungen (z. B. Cy5) eingesetzt, die mittels Laserlicht selektiv an-geregt und durch Photodioden gemessen werden können. Aufgetrennte DNA-Fragmente können aber auch aus dem Gel auf eine Nylon- oder Nitrocellulose-membran überführt werden (Southern-Blot). Die Detektion auf der Membran er-folgt durch Hybridisierung (s. Kap. 11) mit spezifischen Gensonden durch Auto-radiographie, immunologischer Detektion oder durch Fluoreszenz.

10.4
Weiterführende Literatur

AUSUBEL, F. M. (Hrsg.) (1999) *Current Pro-tocols in Molecular Biology.* John Wiley and Sons, New York.

SAMBROOK, J., RUSSEL, D. (2001) *Molecular Cloning: A Laboratory Manual.* 3. Aufl. Cold Spring Harbor Laboratory, Cold Spring Har-bor, NY.

VOET, D., VOET, J. G., PRATT, C. W. (2002) *Lehrbuch der Biochemie* (BECK-SICKINGER, A. G., HAHN, U. Hrsg.). Wiley-VCH Verlag, Weinheim.

11
Hybridisierung von Nucleinsäuren

Die Fähigkeit von Nucleinsäuren, komplementäre Hybridkomplexe in Form von doppelsträngigen Molekülen auszubilden, zählt für die experimentelle Diagnostik sowie auch für präparative Zwecke zu ihren wichtigsten Eigenschaften. Auf der selektiven molekularen Erkennung basieren klassische diagnostische Techniken wie der Southern- und Northern-Blot zur Genidentifikation bzw. Expressionsanalyse, ebenso wie die Polymerase-Kettenreaktion in allen ihren Anwendungen. Auch bei der systematischen Expressions- und Genanalyse auf Gen-Chips ist die Hybridisation das entscheidende Prinzip, ebenso wie bei verschiedensten Techniken zur Lokalisation von Genen in Chromosomen und in Gewebe.

11.1
Bedeutung der Basenpaarung

Die Doppelstrangbildung komplementärer Nucleinsäuresequenzen, wie sie erstmals von Watson und Crick 1953 vorgeschlagen wurde, bildet die Grundlage der Replikation und Expression der Gene in der gesamten belebten Natur. Dabei bilden sich in DNA Basenpaarungen zwischen Guanosin und Cytidin mit drei Wasserstoffbrücken (G-C-Paare) bzw. zwischen Adenosin und Thymidin mit zwei Wasserstoffbrücken (A-T-Paare) (s. Abb. 2.19). In DNA-RNA- sowie RNA-RNA-Komplexen findet man statt A-T- entsprechend A-U-Paare (s. Abschnitt 2.4). Die Stabilität der Basenpaarungen ist (bei gleicher Sequenz) in RNA-RNA-Hybriden am höchsten, und RNA-DNA-Hybride sind stabiler als DNA-DNA-Hybride. G-C-Paare sind stabiler als A-T- bzw. A-U-Paare, da sie drei statt zwei Wasserstoffbrücken bilden können (s. Abb. 2.19). Das Finden von komplementären Einzelsträngen bzw. die Doppelstrangbildung wird als Hybridisation bezeichnet.

Die Stabilität eines Hybrids in Lösung ist bei einer gegebenen Ionenstärke durch seine Schmelztemperatur definiert. Dies wiederum ist die Temperatur, bei der ein gegebenes Hybrid zu 50% in Einzelstränge denaturiert. Dieser Parameter ist hauptsächlich vom Gehalt an G-C-Basenpaaren abhängig, wobei die Stabilität mit steigendem G-C-Gehalt zunimmt. In der Natur kommen unterschiedlichste Basenzusammensetzungen vor, die die physikalischen Eigenschaften des genetischen Materials, also auch dessen Schmelzpunkt bestimmen. Relativ hitzeresis-

Molekulare Biotechnologie: Konzepte und Methoden.
Herausgegeben von M. Wink
Copyright © 2004 WILEY-VCH Verlag GmbH & Co. KGaA, Weinheim
ISBN: 3-527-30992-6

tente Organismen, wie z. B. das in Geysiren bei über 90 °C vorkommende Bakterium *Thermus aquaticus,* haben hohe G-C-Gehalte (65%).

11.2
Experimentelle Hybridisierung, kinetische und thermodynamische Kontrolle

Experimentell eröffnet die Fähigkeit von Nucleinsäuren zur Hybridisation eine Reihe von wichtigen diagnostischen und präparativen Möglichkeiten. Dabei ist von Bedeutung, dass durch hohe Temperatur experimentell einzelsträngig gehaltene Nucleinsäuren bei Abkühlung ihre komplementären Partnermoleküle in Lösung finden und binden können. Dabei ist das Finden komplementärer Nucleinsäureabschnitte ein bimolekularer Prozess, der in erster Linie von den Konzentrationen der Reaktionspartner abhängt. Die Stabilität der Bindung ist jedoch, wie oben erläutert, vom G-C-Gehalt und damit von der Temperatur und der Länge der hybridisierenden Doppelstränge abhängig. Durch die Wahl geeigneter Bedingungen kann man Hybridisationsreaktionen in verschiedene Richtungen steuern: Bei hoher Konzentration eines oder beider komplementärer Einzelstränge, bei kurzer Homologie bzw. niedriger Temperatur ist die Reaktion in erster Linie kinetisch kontrolliert; in kurzer Zeit bilden sich relativ wenig stabile Hybride. Dies wird z. B. in der in Kap. 13 behandelten Polymerase-Kettenreaktion angewendet, aber auch bei der präparativen An- oder Abreicherung repetitiver Sequenzen aus Säuger-DNA.

Um Sequenzen, die in geringer Konzentration vorliegen, noch quantitativ zu hybridisieren, steuert man die Hybridisationsreaktion durch thermodynamische Kontrolle: Hierbei sollte die Temperatur möglichst hoch gewählt werden, um gering-spezifische Bindungen zu vermeiden; außerdem werden hierbei möglichst lange Hybridisationszeiten gewählt, um die Reaktion möglichst vollständig ablaufen zu lassen. Derartige Bedingungen werden diagnostisch im Southern- und Northern-Blot angewendet (s. unten), präparativ z. B. zur Anreicherung von differenziell exprimierten Genen bei Hybridisation von verschiedenen Expressionsbanken gegeneinander.

11.3
Analysetechniken

11.3.1
Klondetektion, Southern-Blot, Northern-Blot und Gendiagnose

Mit der Verfügbarkeit klonierter bzw. amplifizierter DNA-Stücke ist es möglich, spezifische Nucleinsäuresonden radioaktiv oder auch mittels Fluoreszenzmarker zu labeln. Solche Sonden können z. B. als Hybridisierungssonden zur Analyse von immobilisierten Nucleinsäuren (z. B. auf Nylon- oder Nitrocellulosemembranen) eingesetzt werden. Frühe Beispiele hierfür sind die Detektion spezifischer in

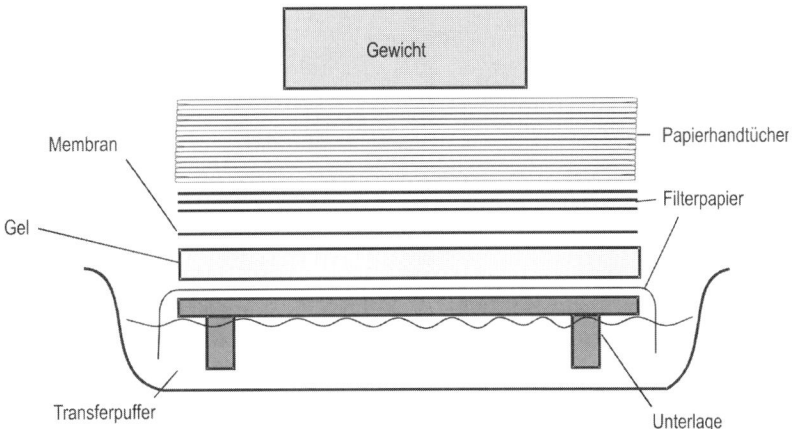

Abb. 11.1 Aufbau eines klassischen Southern-Blots nach Southern (1975).

Bakteriophagen oder Plasmiden klonierter DNA-Stücke nach einem von Grunstein und Hogness (1975) erstmals verwendeten Prinzip: Hierzu werden von den Bakterien- oder Phagenplatten Abzüge auf Trägermembranen (Nitrocellulose oder Nylonmembran) gemacht, auf denen dann die DNA lokal immobilisiert wird. Diese Filter werden im Anschluss mit der markierten Sonde hybridisiert, wobei die basengepaarten Sequenzen mithilfe des entsprechenden Detektionssystems sichtbar gemacht werden.

Dieses Prinzip kann auch auf im Gel aufgetrennte Nucleinsäuren angewendet werden. Abb. 11.1 beschreibt das Prinzip dieser Technik, mit der durch Restriktionsenzyme geschnittene DNA-Moleküle identifiziert und charakterisiert werden können. Die Technik wurde nach ihrem Erfinder Southern-Blot genannt (Southern, 1975). Abb. 11.2 zeigt ein Beispiel für den Einsatz dieser Technologie, in dem anhand von genomischer Maus-DNA, die durch Restriktionsenzyme geschnitten wurde, das Vorhandensein eines Transgens überprüft wird.

Eine Variante dieser Technik ist das Northern-Blotting. Anstelle von DNA-Fragmenten trägt man hier RNA auf ein Gel auf. Nach Hybridisierung lassen sich die Länge und Expressionsstärke verschiedener RNA-Moleküle in verschiedenen Proben bestimmen (Abb. 11.3).

Als markierte Sonden in Southern- oder Northern-Blots lassen sich sowohl DNA-Moleküle – meist molekular klonierte DNA-Abschnitte – oder auch RNA-Moleküle einsetzen. Alternativ können synthetische Oligonucleotide als Sonden eingesetzt werden. Zum Beispiel können allelspezifische Oligonucleotide unter geeigneten selektiven Hybridisationsbedingungen zur Identifikation verschiedene Allele eines bestimmten Gens verwendet werden. Auch das DNA-*Fingerprinting* mit Oligonucleotidsonden verläuft nach diesem Verfahren.

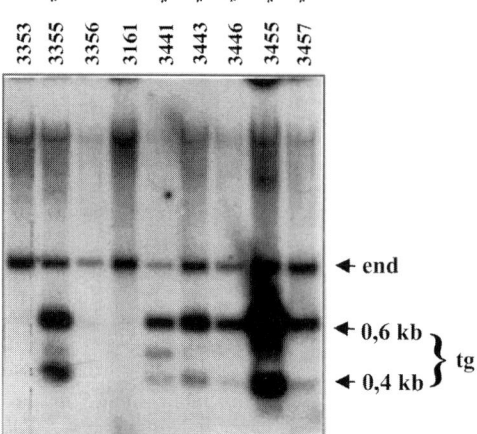

Abb. 11.2 Genetische Analyse von transgenen Mäusen mithilfe eines Southern-Blots. Genomische DNA aus Biopsien verschiedener Mäuse wurde mit einer Restriktionsendonuclease geschnitten und im Agarosegel aufgetrennt. Eine radioaktive Sonde, die auch endogene Sequenzen erkennt (end) wurde verwendet, um das eingeführte Transgen in Form von zwei zusätzlichen Fragmenten (tg) nachzuweisen. Verschiedene Individuen enthalten offenbar verschiedene Mengen an Transgenkopien, was aus der unterschiedlichen Signalstärke verglichen mit der endogenen Bande ersichtlich ist. (Aus R. Jäger, Dissertation Universität Karlsruhe, 1996.).

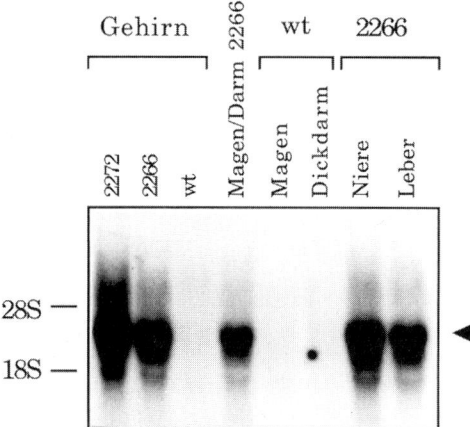

Abb. 11.3 Analyse der Genexpression in zwei transgenen Mausstämmen (2272, 2266) mithilfe eines Northern-Blots. Gesamt-RNA aus Gewebeproben verschiedener Mäuse wurde in einem RNA-Gel aufgetragen und auf eine Membran transferiert. Eine radioaktive Sonde aus dem Transgen wurde zur Hybridisation verwendet. (Aus R. Jäger, Dissertation Universität Karlsruhe, 1996.)

11.3.2
Expressions-Screening

Die systematische Sequenzaufklärung von ganzen Genomen hat die systematische Expressionsanalyse möglich gemacht. Zu diesem Zweck können ganze Genbibliotheken auf Filtern oder Glasträgern in geordneter Reihenfolge (Arrays, Biochips) immobilisiert werden; solche Matrices werden dann mit markierter RNA aus den zu untersuchenden Zellen oder Geweben hybridisiert. Durch verschiedene Markierungen von RNA-Präparaten, die aus verschiedenen Zellen gewonnen werden, können direkt vergleichende Expressionsprofile hergestellt werden.

Die derzeit am weitesten fortgeschrittene Variante dieser Technologie verwendet nicht ganze immobilisierte Gene oder Transkripte, sondern eine Vielzahl von synthetischen genspezifischen Oligonucleotiden. Nach dem derzeitigen Stand kann z.B. das gesamte Expressionsprofil einer Säugerzelle mit ca. 40 000 Genen auf zwei sog. Gen-Chips (s. z.B. *www.affymetrix.com*) von jeweils ca. 400 000 Oligonucleotiden untersucht werden. Abb. 11.4 zeigt Originaldaten einer solchen Hybridisation. Der Vorteil dieser Analysen ist eine einfache Standardisierung und eine umfassende Untersuchung von Wirkstoffwirkungen auf Zellen oder im Versuchstier. Dies ermöglicht die Entdeckung neuer Zielmoleküle für therapeutische Zwecke.

11.3.3
In situ-Hybridisation

In situ-Hybridisation (ISH) mit radioaktiv markierten Sonden ist eine in der Cytogenetik schon lange etablierte Methode. Hierbei wird eine Sonde mit einem auf einem Objektträger immobilisierten Chromosomenpräparat hybridisiert. Der Hybridisationsort kann so sichtbar gemacht werden und gibt Aufschluss über die Lokalisation des betreffenden Gens auf den Chromosomen. Wird die Sonde durch ein Fluorophor markiert, spricht man von Fluoreszenz-*in situ*-Hybridisation (FISH). Eine solche Lokalisation ist in Abb. 11.5 dargestellt. Durch die Verwendung verschiedener fluoreszenzmarkierter Sonden können, wie in Abb. 11.5 dargestellt, multiple Lokalisationen in einer Reaktion parallel durchgeführt werden.

Abb. 11.4 Ergebnis eines Expressions-Screenings von Tausenden von Genen auf einem einzelnen GeneChip® Array der Firma Affymetrix mithilfe markierter cDNA. Jeder Punkt repräsentiert Hybridisation an ein individuelles Oligonucleotid. Die Farbe gibt Aufschluss über die Menge an hybridisierter Probe. Die Auswertung erfolgt über eine spezielle Software. Darstellung mit freundlicher Genehmigung von Affymetrix.

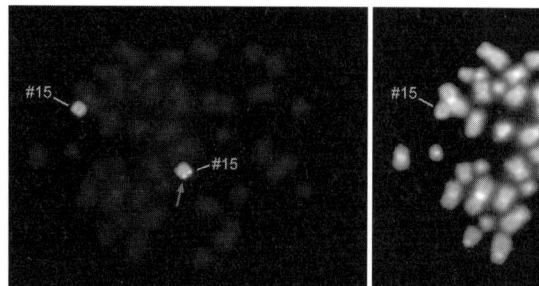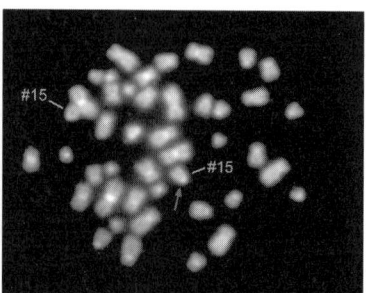

Abb. 11.5 Fluoreszenz-*in-situ*-Hybridisation (FISH) an Chromosomenpräparaten. Nachweis einer Deletion in der sog. Prader-Willi-Region in einem Allel des Chromosoms 15 an einem Metaphasechromosomen-Präparat: Die genspezifische Sonde (Pfeil) ist nur in einem der beiden durch Chromosomen-spezifische Sonden markierten Chromosomen 15 (grün) zu sehen. Das rechte Bild zeigt eine Kontrollfärbung mit dem Nucleinsäure-spezifischen Farbstoff 4,6-Diamidino-2-phenylindol (DAPI). (Mit Erlaubnis von Kathrin Teller, Irina Solovei und Thomas Cremer, Ludwig-Maximilians-Universität München.)

Abb. 11.6 *In situ*-Hybridisation von zwei Entwicklungsgenen [even skipped (blau) und fushi tarazu (braun)] im zellulären Blastodermstadium einer Larve von *Drosophila melanogaster*. (Mit Erlaubnis von Peter Gergen, State University of New York, Stony Brook, NY, USA.)

Die FISH-Technik findet allgemeine Anwendung in der Analyse von Chromosomenstrukturen, gewinnt aber z. B. auch in der experimentellen sowie routinemäßigen Karyotypanalyse von Tumoren zunehmend an Bedeutung. Die Methode kann so modifiziert werden, dass einzelne Tumorzellen auf genetische Aberrationen untersucht werden können.

Eine weitere Anwendung der *in situ*-Hybridisation ist die Lokalisation von RNA-Transkripten in Gewebe, analog zur immunhistologischen Analyse von Proteinen. Dabei werden entweder radioaktiv oder optisch markierte Sonden mit der RNA im histologischen Gewebeschnitt oder Präparat hybridisiert. Als Beispiel hierfür ist in Abb. 11.6 die Expression zweier Entwicklungsgene in der Larve von *Drosophila melanogaster* dargestellt.

11.4
Weiterführende Literatur

Grunstein, M., Hogness, D.S. (1975) Colony hybridization: a method for the isolation of cloned DNAs that contain a specific gene. *Proc. Natl. Acad. Sci. USA* 72(10), 3961–3965.

Jäger, R. (1996) Einfluß des Proto-Onkogens bcl-2 auf die Apoptose alveolärer Brustepithelzellen und auf die experimentell induzierte Tumorigenese der Brust, des Darms und der Haut in transgenen Mäusen. Dissertation, Universität Karlsruhe.

Jäger, R., Herzer, U., Schenkel, J., Weiher, H. (1997) Overexpression of Bcl-2 inhibits alveolar cell apoptosis during involution and accelerates c-myc-induced tumorigenesis of the mammary gland in transgenic mice. *Oncogene* 15, 1787–95.

Southern, E.M. (1975) Detection of specific sequences among DNA fragments separated by gel electrophoresis. *J. Mol. Biol.* 5, 98(3), 503–17.

Watson, J.D., Crick, F.H.C. (1953) Molecular structure of nucleic acids: a structure for deoxyribose nucleic acid. *Nature* 171 (4356), 737–738.

12
Enzyme zur Modifikation von Nucleinsäuren

Erst in den 70er Jahren wurden die Werkzeuge entwickelt, welche die moderne Gentechnologie ermöglichten. Dazu gehören zunächst einmal die Entdeckung und Nutzbarmachung der Restriktionsendonucleasen. Inzwischen ist eine Vielzahl weiterer Enzyme zur Modifizierung von Nucleinsäuren hinzugekommen. Dazu zählen die häufig verwendeten Ligasen, Methylasen, Polymerasen, Nucleasen, Kinasen und Phosphatasen.

12.1
Restriktionsenzyme (Restriktionsendonucleasen)

Restriktionsenzyme sind Endonucleasen, welche die DNA sequenzspezifisch spalten (Abb. 12.1). Sie wurden entdeckt, als man untersuchte, wie sich Bakterien gegen Viren schützen. Gelangt fremde DNA, beispielsweise durch eine Phageninfektion, in ein Bakterium, wird diese durch die Restriktionsenzyme der Bakterienzelle in kleine, funktionslose Fragmente zerlegt. Die bakterieneigene DNA ist durch Methylierung an entsprechenden Stellen der DNA geschützt (s. Abschnitt 4.2). Dafür besitzen die Bakterien ein entsprechendes Modifikationsenzym, das DNA an den Stellen methyliert, an denen das eigene Restriktionsenzym die DNA schneiden würde.

Heute kennt man fast 1000 unterschiedliche Restriktionsendonucleasen. Daher musste man sich auf eine bestimmte Nomenklatur einigen: Das Enzym wird mit einem Buchstabencode benannt, der sich aus dem Namen der Bakterienspezies ableitet, aus der das Enzym isoliert wurde. EcoRI steht z. B. für ein Enzym, das aus *Escherichia coli* isoliert wurde. Wurden aus einer Bakterienspezies mehrere Restriktionsenzyme isoliert, so werden diese zusätzlich durch römische Ziffern unterschieden. So wurden die Enzyme Hae I und Hae II aus *Haemophilus aegypticus* isoliert.

Restriktionsenzyme erkennen auf der doppelsträngigen DNA spezifische Sequenzen von 4–8 bp und spalten dort die Phosphodiesterbrücken. Diese Restriktionsstellen sind meistens zentralsymmetrisch aufgebaut und werden als Palindrome (griech. *palindromos* für „wieder zurücklaufen") bezeichnet. Palindrome lauten von links oder von rechts gelesen gleich und liefern unabhängig von der Leserichtung die gleiche Information (Abb. 12.2).

Molekulare Biotechnologie: Konzepte und Methoden.
Herausgegeben von M. Wink
Copyright © 2004 WILEY-VCH Verlag GmbH & Co. KGaA, Weinheim
ISBN: 3-527-30992-6

Restriktionsenzyme

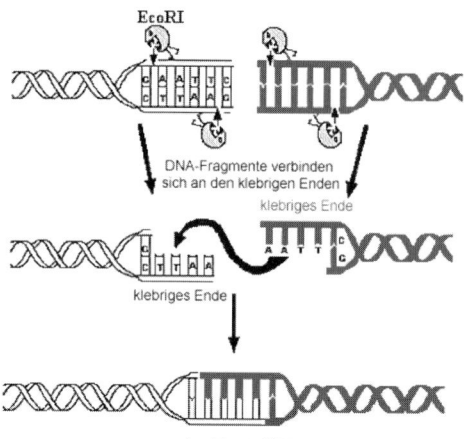

Abb. 12.1 Ein Meilenstein in der Geschichte der Gentechnologie war die Entdeckung der Restriktionsendonucleasen wie z. B. Hind III. Werner Arber und Hamilton Smith erhielten 1978 dafür den Nobelpreis. Diese Enzyme erkennen bestimmte Sequenzen, an denen die DNA geschnitten wird. In Bakterien dienen Restriktionsenzyme zum Schutz vor Viren. Die Wirkung dieser Enzyme wird hier am Beispiel des Enzyms EcoRI gezeigt. Restriktionsenzyme umgeben die DNA an der Erkennungsstelle GAATTC. Ein Strang der DNA wird an einer Stelle und der andere an einer anderen Stelle, zwischen G und A, durchgeschnitten. Die getrennten Stücke haben „klebrige" Enden, die auch kohäsive Enden (*sticky ends*) genannt werden. Ein anderes DNA-Stück mit einem klebrigen Ende kann sich mit dem komplementären Ende verbinden. Die neu gepaarten DNA-Stücke werden durch Ligase verbunden (*http://www.biokurs.de/skripten/13/bs13-10.htm*).

Es gibt drei Typen von Restriktionsendonucleasen, die man mit I, II und III bezeichnet. Die Typen I und III sind im Allgemeinen große Enzymkomplexe aus vielen Untereinheiten mit sowohl Endonuclease- als auch Methylaseaktivität. Bei den Typ I-Restriktionsenzymen liegt die spezifische Erkennungssequenz ca. 1000 bp in 3'-Richtung von der Erkennungssequenz entfernt. Dort wird die DNA unspezifisch gespalten. Durch die unspezifische Spaltung ist diese Gruppe von Enzymen nur für einige wenige Anwendungen von Nutzen. Bei den Typ III-Enzymen liegt die Schnittstelle in einem bekannten Abstand bis zu 14 Nucleotide von der DNA-Bindungsstelle entfernt. Auffällig bei diesen Enzymen ist die Erkennungssequenz, die nicht unbedingt ein Palindrom darstellen muss. Die Typ II-Enzyme sind einfacher und spalten die DNA innerhalb der Erkennungssequenz. Diese Enzyme werden häufig bei gentechnologischen Arbeiten eingesetzt.

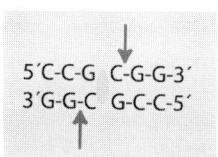

Abb. 12.2 Palindromsequenz, die von einem Restriktionsenzym erkannt wird. Die Symmetrieachse ist durch eine Ellipse gekennzeichnet, die Schnittstellen durch Pfeile.

Abb. 12.3 Schnittstellen der Restriktionsenzyme XbaI, AluI und PstI und die resultierenden überstehenden (kohäsiven) oder glatten Enden (*sticky* bzw. *blunt ends*). Die Schnittstellen sind durch Pfeile gekennzeichnet.

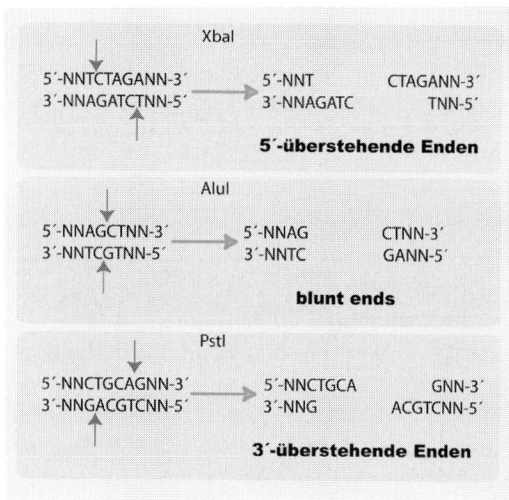

Bei der Spaltung der DNA entstehen entweder glatte Enden (*blunt ends*) oder einander komplementäre, 5'- bzw. 3'-überhängende, kohäsive Enden (*sticky ends*). Abb. 12.3 stellt die drei möglichen verschiedenen Formen von DNA-Enden nach einem Restriktionsverdau dar.

Viele Firmen bieten heute eine breite Palette an Restriktions- und anderen Modifikationsenzymen an. Die Enzyme werden aus Mikroorganismen gewonnen und gebrauchsfertig zusammen mit dem nötigen Reaktionspuffer geliefert.

Manchmal ist es nötig, gleichzeitig mit zwei verschiedenen Enzymen zu verdauen. Hierbei muss auf die Kompatibilität der Puffersysteme geachtet werden. Bei einigen Enzymen ist wegen hoher Anforderungen an die Reaktionsbedingungen kein Doppelverdau möglich. Falls dies der Fall ist, muss man nacheinander mit den beiden Enzymen im selben Restriktionsansatz verdauen. Dazu wird zuerst mit dem Enzym verdaut, dessen Puffer die niedrigere Salzkonzentration aufweist. Für das zweite Enzym kann dann anschließend die Salzkonzentration durch Zugabe des zweiten Puffers erhöht werden. Oft kann es auch nötig sein, die Enzymaktivität nach dem Verdau zu unterbinden. Dies kann durch eine Hitzeinaktivierung (in der Regel über 60 °C) geschehen. Soll das Enzym jedoch vollständig entfernt werden, muss eine Phenolextraktion durchgeführt werden.

12.2
Ligasen

Ligasen sind Enzyme, die DNA-Moleküle durch Phosphodiesterbindungen zwischen einem 5'-Phosphat und einem 3'-Hydroxylende miteinander verknüpfen. Sie sind, zusammen mit den Restriktionsenzymen, die elementaren Werkzeuge der Gentechnik. Im Gegensatz zu Restriktionsenzymen brauchen Ligasen entwe-

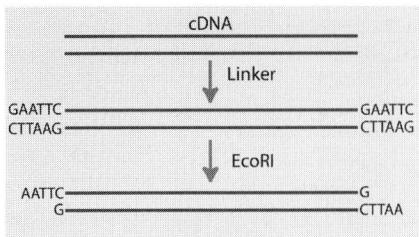

Abb. 12.4 Einsatz von Linkern. Um eine cDNA mit glatten Enden für eine Ligation mit einer zweiten DNA mit EcoRI-kompatiblen überstehenden Enden vorzubereiten, wird ein Oligonucleotid, das die EcoRI-Restriktionsschnittstelle enthält, ligiert. Dieser sog. Linker wird mit EcoRI nachgeschnitten, wodurch EcoRI-kompatible überstehende Enden entstehen.

der ATP oder NAD$^+$ als Cofaktoren. Zusammengefügt werden können zwei kompatible kohäsive oder zwei glatte Enden. Die Ligation wird bei 10 bis 15 °C durchgeführt. Bei dieser relativ niedrigen Temperatur ist gewährleistet, dass die beiden komplementären Enden Basenpaare ausbilden und die Ligase noch arbeitet.

Falls für eine spezifische Klonierung keine passenden Restriktionsschnittstellen für zwei zu ligierende DNA-Stücke gefunden werden, verwendet man Linker. Dies sind Oligonucleotide, welche die Sequenz einer Restriktionsschnittstelle enthalten. Diese Sequenz kann an eine DNA mit glatten Enden ligiert werden (Abb. 12.4). Linker werden als Oligonucleotide synthetisiert und sind kommerziell erhältlich.

Im Folgenden sind verschiedene Ligasetypen und ihre charakteristischen Eigenschaften zusammengefasst.

- Die T4-DNA-Ligase wird aus Zellen isoliert, die mit dem Bakteriophagen T4 infiziert sind. Sie ligiert die Enden doppelsträngiger DNA oder RNA. Zusammengefügt werden sowohl glatte als auch komplementäre kohäsive Enden. Dieses Enzym repariert Einzelstrangbrüche (*nicks*) in doppelsträngiger DNA, RNA oder DNA-RNA-Hybriden. ATP wird als Cofaktor benötigt.
- Taq-DNA-Ligase katalysiert eine Phosphodiesterbindung zwischen zwei Oligonucleotiden. Die Ligation ist nur effizient, wenn die Oligonucleotide optimal mit dem Template-Strang hybridisieren. Das Enzym ist bei relativ hohen Temperaturen aktiv (45–65 °C) und braucht NAD$^+$ als Cofaktor.
- T4-RNA-Ligase katalysiert die Bildung einer Phosphodiesterbindung zwischen RNA-RNA-, RNA-DNA- oder DNA-DNA-Oligonucleotiden. ATP wird als Cofaktor benötigt, ein Template-Strang ist nicht notwendig.
- DNA-Ligase (*E. coli*) katalysiert eine Phosphodiesterbindung zwischen doppelsträngiger DNA mit kohäsiven Enden. Fragmente mit glatten Enden werden nicht effizient ligiert. NAD$^+$ dient als Cofaktor.

12.3
Methylasen

Viele Organismen besitzen Enzyme, welche die DNA an bestimmten Sequenzen methylieren. Die meisten Restriktionsenzyme können eine methylierte Erkennungssequenz nicht mehr schneiden. Es gibt aber auch Restriktionsenzyme, die eine Erkennungssequenz nur dann schneiden, wenn die DNA dort methyliert ist (z. B.

DpnI). Wieder andere Restriktionsenzyme können beides; sie verdauen sowohl methylierte als auch nicht methylierte Erkennungssequenzen (z. B. Bam HI).

Die Methylase und die zugehörige Restriktionsendonuclease erkennen identische Restriktionssequenzen. Alle Methylasen transferieren die Methylgruppe von
S-Adenosylmethionin (SAM) auf eine spezifische Base der Erkennungssequenz –
SAM selbst nimmt ebenfalls an der Methylierungsreaktion teil. Normalerweise
dient die Methylierung zum Schutz der DNA vor der entsprechenden Restriktionsendonuclease. Trotzdem gibt es auch Methylasen mit nur geringer Spezifität.
Zum Beispiel methyliert die SssI-Methylase Cytosinreste in der Sequenz
5′ ... CG ... 3′. In diesem Fall wird die DNA vor dem Verdau durch eine Vielzahl
von Restriktionsendonucleasen geschützt.

Plasmid-DNA, die in *E. coli* hergestellt wurde, ist an bestimmten Sequenzen
methyliert. Da unterschiedliche *E. coli*-Stämme unterschiedliche Methylierungsmuster aufweisen, kann der Erfolg eines Restriktionsverdaus davon abhängen,
aus welchem *E. coli*-Stamm die Plasmid-DNA gewonnen wurde.

12.4
DNA-Polymerasen

Eine große Anzahl verschiedener Polymerasen wurde bis heute charakterisiert
und ist kommerziell erhältlich. Allen gemeinsam ist, dass sie Nucleotide an ein
freies 3′-Ende einer DNA anheften. Dabei ist die Reihenfolge der eingefügten
Nucleotide abhängig von einem Template (Abb. 12.5).

Zusätzlich zur 5′-Polymeraseaktivität können die Polymerasen auch eine Exo-
nuclease-Aktivität besitzen. Diese kann entweder in $5′ \rightarrow 3′$-Richtung oder in
$3′ \rightarrow 5′$-Richtung vorkommen.

Eine Exonucleaseaktivität in $3′ \rightarrow 5′$-Richtung erlaubt der Polymerase die Korrektur von Fehlern, die beim Einbau unkorrekter Nucleotide auftreten. Ebenso kann
das 3′-Ende des Primers langsam degradiert werden.

Eine Exonucleaseaktivität in $5′ \rightarrow 3′$-Richtung erlaubt die Degradation aller vorhandenen hybridisierten Primer. Ohne $5′ \rightarrow 3′$-Aktivität können blockierende Primer nicht entfernt werden.

Verschiedene Polymerasen haben unterschiedliche Fehlerraten beim Nucleotid-
einbau. Auch die Länge der Polymerisierungen variiert (Tab. 12.1).

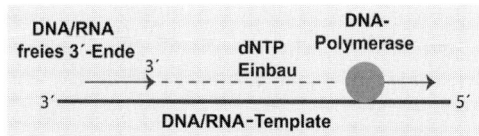

Abb. 12.5 Eine Polymerase benötigt zum Einbau von
Nucleotiden ein DNA- oder ein RNA-Template sowie
ein freies 3′-Ende einer DNA oder RNA, welche als Primer dient.

Tab. 12.1 Vergleich verschiedener Polymerasen

	E. coli-DNA-Polymerase I	E. coli-DNA-Polymerase I (Klenow-Fragment)	T4-DNA-Polymerase	T7-DNA-Polymerase	Taq-DNA-Polymerase	M-MuLV-Reverse Transkriptase
$5' \rightarrow 3'$-Exonuclease-Aktivität	ja				ja	
$3' \rightarrow 5'$-Exonuclease-Aktivität	ja	ja	ja	ja		
Fehlrate ($\times 10^{-6}$)	9	40	<1	15	285	
Verdrängung eines DNA-Stranges		ja				
Hitze-Inaktivierung	ja	ja	ja	ja		ja

Die Schnittstellen sind durch Pfeile gekennzeichnet.

Aufgrund der verschiedenen Aktivitäten der Polymerasen werden diese bei unterschiedlichen Applikationen eingesetzt. Zum Beispiel können Polymerasen kohäsive Enden auffüllen, die von Restriktionsendonucleasen hergestellt werden. Im Fall von 5'-Überhängen kann eine $5' \rightarrow 3'$-Polymeraseaktivität diese zu glatten Enden auffüllen. Dagegen wird bei 3'-Überhängen oft die $3' \rightarrow 5'$-Exonucleaseaktivität der T4-DNA-Polymerase zum Entfernen überhängender Nucleotide eingesetzt, um glatte Enden herzustellen.

Bei der Nick-Translation werden radioaktiv markierte einzelsträngige DNA-Fragmente hergestellt. Zum Einbau radioaktiv markierter Nucleotide in DNA nutzt man die $5' \rightarrow 3'$-Exonucleaseaktivität einiger Polymerasen, wie z. B. der *E. coli*-DNA-Polymerase. Bei dieser Methode wird ein DNA-Doppelstrang durch DNAse I gebrochen (*nicked*). Danach wird DNA-Polymerase I zusammen mit radioaktiven Nucleotiden zugegeben. Die $5' \rightarrow 3'$-Exonucleaseaktivität baut das 5'-Ende der gebrochenen Seite ab, und die Polymerase baut die radioaktiv markierten Nucleotide ein. Das resultierende Polynucleotid ist stark radioaktiv markiert und kann mit einer entsprechenden DNA-Sequenz hybridisiert werden.

Thermostabile Polymerasen bleiben auch bei hohen Temperaturen stabil, bei denen die DNA-Doppelhelix geschmolzen und die Einzelstränge getrennt werden. Darauf basierend wurde die Polymerase-Kettenreaktion (*polymerase chain reaction*, PCR) entwickelt (s. Kap. 13).

12.5
Nucleasen

Verschiedene Nucleasetypen wie die Nuclease BAL-31, Exonuclease III, Mungbohnen-Nuclease oder DNAse I werden in der Gentechnologie eingesetzt.

- Die Nuclease BAL-31 ist eine Exonuclease, die sowohl 3'- als auch 5'-Enden doppelsträngiger DNA degradiert. Dieses Enzym selbst macht keine Nicks, allerdings es die DNA an vorhandenen internen Nicks ab. Die Degradation zu glatten Enden ist nicht vollständig, wodurch *ragged ends* entstehen. Diese wiederum kann man durch eine Polymerase wie T4-Polymerase zu glatten Enden auffüllen.
- Die Exonuclease III greift 3'-Hydroxylgruppen von glatten Enden der DNA an, die am Ende einer DNA-Doppelhelix oder deren internen Nicks vorkommen. Da doppelsträngige DNA benötigt wird, kann die Exonuclease III keine überhängenden 3'-Enden abbauen.
- Die Mungbohnen-Nuclease wird aus Mungbohnen-Sprossen isoliert. Es handelt sich um eine spezifische DNA- und RNA-Endonuclease, die einzelsträngige Überhänge von DNA- oder RNA-Enden abbaut und glatte Enden zurücklässt. Es kann sowohl ein 5'- als auch ein 3'-Ende abgebaut werden.
- Die Desoxyribonuclease I (DNAse I) aus Rinderpankreas hydrolysiert doppel- oder einzelsträngige DNA an Phosphodiesterbindungen zu Pyrimidinnucleotiden. In der Anwesenheit von Mg^{2+}-Ionen greift DNAse I jeden Strang unabhängig an und produziert *random nicks*, die man in der Nick-Translation braucht. Die Funktion der DNAse I ist spezifisch abhängig von der Pufferzusammensetzung, denn in der Anwesenheit von Mn^{2+}-Ionen spaltet das Enzym beide DNA-Stränge an ungefähr der gleichen Stelle, lässt jedoch *ragged ends* stehen.

12.6
T4-Polynucleotid-Kinase

T4-Polynucleotid-Kinase (PNK) katalysiert den Transfer und Austausch von Phosphatgruppen von der γ-Position des ATP zum 5-Hydroxylterminus doppel- oder einzelsträngiger DNA bzw. RNA und Nucleosid-3'-monophosphaten. Das Enzym entfernt auch 3'-Phosphorylgruppen. PNK kann dazu verwendet werden, die 5'-Enden von Polynucleotiden zu phosphorylieren. Dies ist z. B. notwendig bei Oligonucleotiden, die von automatisierten Geräten stammen. Diese enthalten keine 5'-Phosphatgruppe und können deshalb unmodifiziert nicht an andere Polynucleotide ligiert werden.

12.7
Calf Intestinal Phosphatase

Calf intestinal phosphatase (CIP) aus Kalbsdärmen entfernt 5'-Phosphatgruppen von RNA-, DNA und Desoxyribonucleosidtriphosphaten (z. B. ATP, dATP). Aufgeschnittene und CIP-behandelte doppelsträngige DNA kann daher nicht wieder mit sich selbst ligieren. Hemi-phosphorylierte Doppelstränge ligieren nur an dem phosphorylierten Einzelstrang, während der andere Strang in der Nick-Form bleibt.

12.8
Weiterführende Literatur

AUSUBEL, F. M. et al. (Hrsg.) (1999) *Current Protocols in Molecular Biology*. John Wiley and Sons, New York.

SAMBROOK, J., RUSSEL, D. (2001) *Molecular Cloning: A Laboratory Manual*, 3. Aufl. Cold Spring Harbor Laboratory, Cold Spring Harbor, NY.

13
Polymerase-Kettenreaktion (PCR)

Die Polymerase-Kettenreaktion (PCR) hat die Diagnostik und die molekularbiologische sowie die medizinische Forschung entscheidend verändert. Die Technik wird ubiquitär, von der Analyse menschlicher Erbkrankheiten über Diagnostik von Virusinfektionen, zur Durchführung von Vaterschaftstests bis hin zur Aufklärung evolutionärer Zusammenhänge eingesetzt. In Verbindung mit der reversen Transkription stellt sie außerdem eine der wichtigsten Techniken zur Untersuchung der Genexpression dar.

13.1
Einleitung

Die Technologie der molekularen Klonierung hatte Ende der 70er Jahre prinzipiell jede Art von genetischer Information als DNA zur Analyse verfügbar gemacht. Allerdings waren die frühen Methoden hierzu mit einem erheblichen technischen und zeitlichen Aufwand verbunden. Außerdem stellte die Verfügbarkeit von ausreichendem genetischem Material bisweilen ein Problem dar (s. unten, Stichwort: Forensik). Angeblich auf dem Weg zu seiner Waldhütte in Mendocino County erdachte der Biochemiker Kary Mullis 1983 das Prinzip der Polymerase-Kettenreaktion (*polymerase chain reaction*, PCR). Mullis arbeitete zu dieser Zeit für das Biotech-Unternehmen Cetus in der Nähe von San Francisco an Oligonucleotiden. Diese spielen als Ausgangspunkte für die Polymerisation der zu amplifizierenden DNA eine entscheidende Rolle.

Hier sollen die wichtigsten, aber bei weitem nicht alle Methoden, die sich das Prinzip der PCR zunutze machen, dargestellt werden. Ferner werden einige Anwendungsgebiete dieser Methoden aus Forschung, Medizin und Kriminalistik kurz angeschnitten.

Molekulare Biotechnologie: Konzepte und Methoden.
Herausgegeben von M. Wink
Copyright © 2004 WILEY-VCH Verlag GmbH & Co. KGaA, Weinheim
ISBN: 3-527-30992-6

13.2
Techniken

13.2.1
Standard-PCR

Die PCR ermöglicht die gezielte Vervielfältigung von Genabschnitten, die in sehr geringen Mengen verfügbar sind. Voraussetzung dafür ist, dass diese Sequenz bekannte Teilsequenzen enthält. Anhand dieser bekannten Abschnitte werden in der Regel 20–25 Basen lange Oligonucleotide hergestellt, sog. Primer, an denen nach Zugabe einer DNA-Polymerase und Desoxynucleosidtriphosphaten (dNTP) die DNA-Synthese gestartet werden kann. Wie Abb. 13.1 zeigt, werden dabei zwei solche Primer so gewählt, dass die Synthese in gegenläufiger Richtung ablaufen kann. Dabei ist die Polymerisationsrichtung des Enzyms, nämlich von 5′ nach 3′,

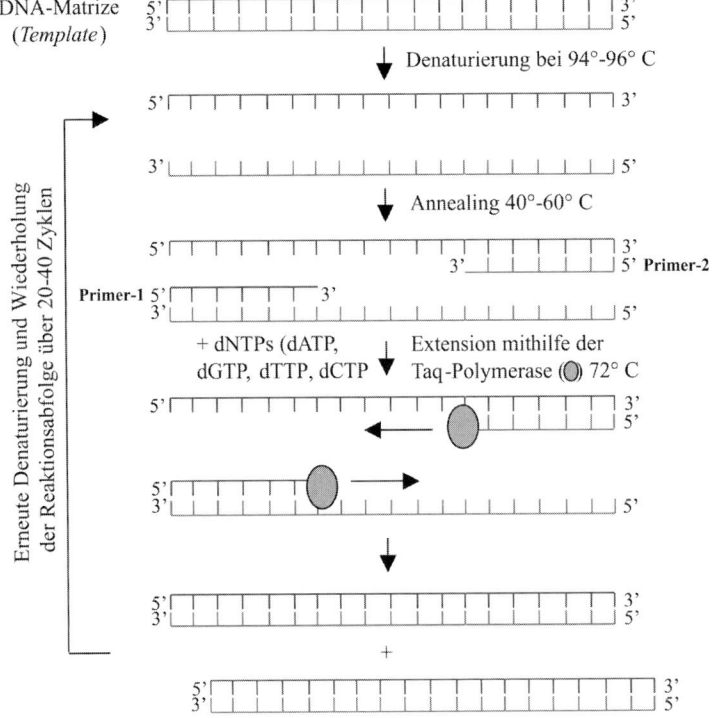

Abb. 13.1 Ablauf einer Standard-PCR. Die doppelsträngige DNA, in Rot und Blau dargestellt, wird zunächst denaturiert. Danach können sich die beiden Primer 1 (*Forward*-Primer) und Primer 2 (*Reverse*-Primer) an die entsprechenden DNA-Stränge anlagern (*annealen*). Diese werden während der Extensionsreaktion von der Taq-Polymerase unter Verwendung der NTPs entlang der jeweiligen DNA-Matrize verlängert. Das Endresultat sind zwei doppelsträngige DNA-Stücke, die in den nächsten PCR-Zyklus eingebracht werden und sich erneut verdoppeln usw.

zu beachten. Außerdem muss die in der Regel doppelsträngig vorliegende DNA, die als Matrize (*template*) für die Synthese dient, denaturiert werden. Dies ist die initiale Reaktion bei diesem Verfahren und findet bei einer Temperatur von 94–96 °C statt. Danach werden die Primer an die entsprechenden, komplementären Stellen der Matrize gebunden (*annealed* oder hybridisiert). Dieses sog. *Annealing* geschieht bei einer Temperatur, die von der Zusammensetzung des Oligonucleotids abhängt, meistens zwischen 40 und 60 °C, in der Nähe der Schmelztemperatur (T_m-Wert) des entsprechenden DNA-Oligonucleotid-Hybrids. Die Schmelztemperatur eines gegebenen Hybrids berechnet man meistens mithilfe eines der gängigen DNA-Analyseprogramme oder nach der Näherungsformel

$$T_m = 4 \times (G + C) + 2 \times (A + T) \tag{13.1}$$

Im nächsten Schritt, der Elongation der Oligonucleotid-Primer, kommt der besondere Aspekt der PCR-Technologie zum Tragen: Das hierfür verwendete DNA-Polymerase-Enzym (Taq-Polymerase) stammt aus einem hitzestabilen Bakterium, z. B. *Thermus aquaticus*. Dieses Enzym arbeitet bei 72 °C und wird bei der Denaturierungsreaktion nicht wie andere Proteine zerstört. Dies ermöglicht die zyklische Wiederholung der Reaktion, ohne dass nach jedem Zyklus neue Polymerase zugegeben werden muss. Nach Vollendung der Elongationsreaktion wird durch erneutes Denaturieren der neu entstandenen DNA-DNA-Hybride der nächste Zyklus gestartet. Durch fortwährende Wiederholung dieses Prozesses in automatisierter Weise, wie er heute in modernen PCR-Geräten abläuft (Abb. 13.2), kann zumindest theoretisch eine exponentielle Vermehrung des Ausgangstemplates erfolgen.

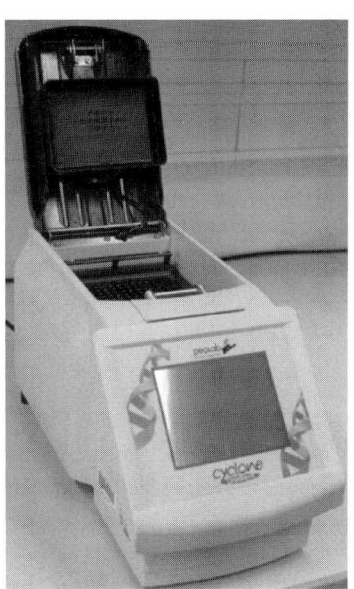

Abb. 13.2 Bild einer PCR-Maschine (auch Thermocycler genannt).

Die Ausbeute ist aber geringer, da in den späten Zyklen die Menge der Primer und Nucleotide geringer wird und die Aktivität der Taq-Polymerase zurückgeht.

13.2.2
RT-PCR

Außer der Vermehrung von genomischer DNA kann das PCR-Verfahren grundsätzlich auch zum Nachweis und der Analyse von RNA-Expression bzw. zur Klonierung exprimierter Gene eingesetzt werden. Hierzu wird dem oben beschriebenen Amplifikationsprozess eine Reverse Transkriptase (RT)-Reaktion vorgeschaltet. Dazu wird aus dem zu untersuchenden RNA-Material mithilfe spezifischer DNA-Primer und dem Enzym Reverse Transkriptase, welches an RNA-Matrizen DNA synthetisiert, eine einzelsträngige sog. cDNA synthetisiert. Durch Einsatz von oligo(dT)-Primern, die spezifisch an 3′-polyadenylierte mRNA binden, kann nur mRNA revers transkribiert werden (Abb. 13.3). Die Reverse Transkriptase wurde ursprünglich aus Retroviruspartikeln isoliert. Ihre biologische Funktion ist es, das virale RNA-Genom nach der Infektion zu kopieren und somit die Integration in das Wirtsgenom zu ermöglichen (s. Abb. 3.27). Heute verwendet man klonierte und in Bakterien produzierte RT-Enzyme. Am weitesten verbreitet sind dabei Enzyme, die ursprünglich aus *avian myeloblastosis virus* (AMV) bzw. *Moloney murine leukemia virus* (MoMLV) stammen.

13.2.3
Quantitative/Real-Time-PCR

Die Anzahl der Zyklen in einer Standard-PCR-Reaktion wird normalerweise so gewählt, dass die Reaktion möglichst vollständig abläuft, wobei entweder Primer-Mangel, Template-Überschuss oder schließlich Verlust der Enzymaktivität die Reaktion in höheren Zyklen abbremsen. In den frühen Zyklen läuft die Reaktion annähernd exponentiell ab, was grundsätzlich die Vergleichbarkeit verschiedener Reaktionen erlaubt und damit auch quantitative Analysen mithilfe von Standardamplifikationen möglich macht. Dieser Ansatz erfordert allerdings zunächst die Bestimmung einer für das entsprechende Gen und das Kontrollgen geeigneten Zyklenzahl. Diese muss so gewählt werden, dass sowohl die zu untersuchende Probe als auch die Standardreaktion exponentiell amplifiziert werden und zugleich die Amplifikationsprodukte in nachweisbaren Mengen vorliegen. Wichtig ist auch, dass die amplifizierten Fragmente ungefähr gleicher Größe sind. Dies lässt den direkten Vergleich der Intensität der erhaltenen Signale nach der Gelelektrophorese der Produkte zu und ermöglicht somit die Ermittlung der Anzahl Moleküle der untersuchten RNA-Spezies.

Eine alternative Möglichkeit bietet das Online-Beobachten der PCR-Produkte nach jedem einzelnen Zyklus. Dieses Verfahren wird im Allgemeinen als *Real-Time* (Echt-Zeit)-PCR bezeichnet. Es beinhaltet die Detektion von in doppelsträngige DNA interkalierten fluoreszierenden Molekülen (z. B. CybrGreen™, Molecular Probes). Ein Beispiel für ein Real-Time-Resultat, wie es von einem an die Real-Time-PCR-

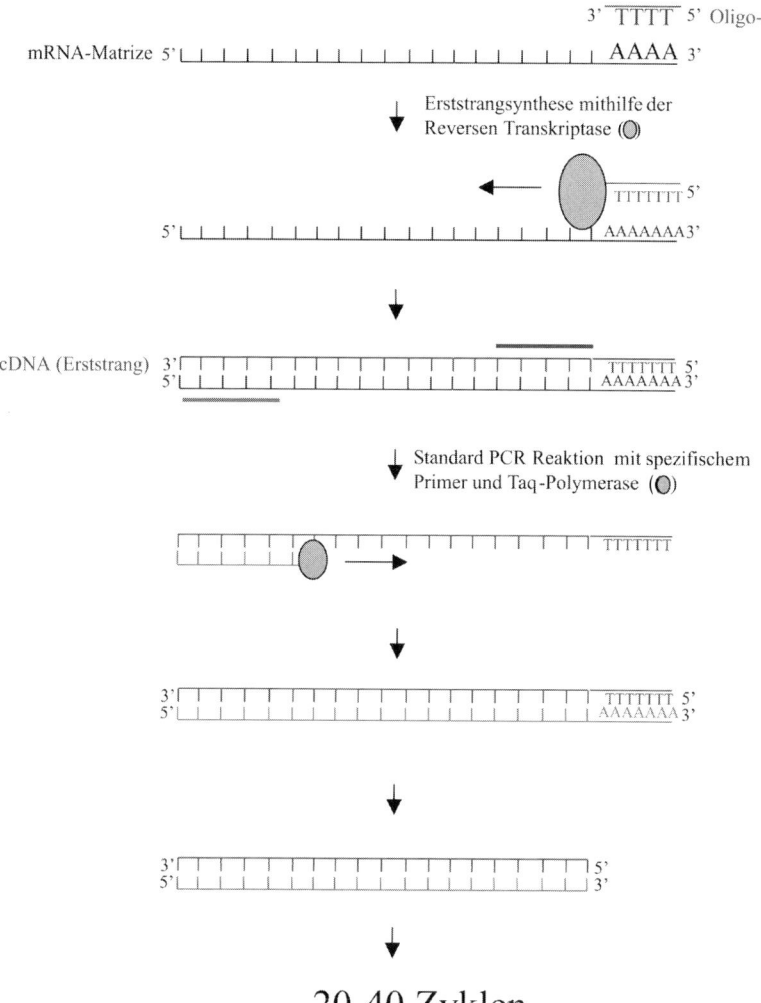

3' ⎺T⎺T⎺T⎺T⎺ 5' Oligo-dT Primer

mRNA-Matrize 5' ⎿_⎮ AAAA 3'

↓ Erststrangsynthese mithilfe der
↓ Reversen Transkriptase (⬤)

TTTTTT 5'
AAAAAAA 3'

↓

cDNA (Erststrang) 3' TTTTTTT 5'
5' AAAAAAA 3'

↓ Standard PCR Reaktion mit spezifischem
↓ Primer und Taq-Polymerase (⬤)

TTTTTTT

↓

3' TTTTTT 5'
5' AAAAAAA 3'

↓

3' 5'
5' 3'

↓

20-40 Zyklen

Abb. 13.3 Verlauf der RT-PCR-Reaktion. Die RT-Reaktion beginnt mit dem Annealing der Oligo-dT-Primer an den Poly(A)-Schwanz, den alle mRNAs aufweisen. Alternativ können für die Erststrangsynthese sog. *Random Primer* oder mRNA-sequenzspezifische Primer verwendet werden. Dabei wird die mRNA in eine einzelsträngige DNA (cDNA) umgeschrieben. Auf dieser cDNA wird dann mit sequenzspezifischen Primern, die durch einen roten (Forward-Primer) bzw. blauen (Reverse-Primer) Balken angedeutet sind, eine Standard-PCR initiiert.

Maschine angeschlossenen Computer mit entsprechender Auswertungssoftware erstellt wird, ist in Abb. 13.4 dargestellt. Eine weitere Möglichkeit bietet die dem Taq-Man^{TM} (Roche Diagnostics) System zugrunde liegende Technik. Hierbei wird zusätzlich zu den amplifizierenden Oligonucleotiden ein Detektionsoligonucleotid

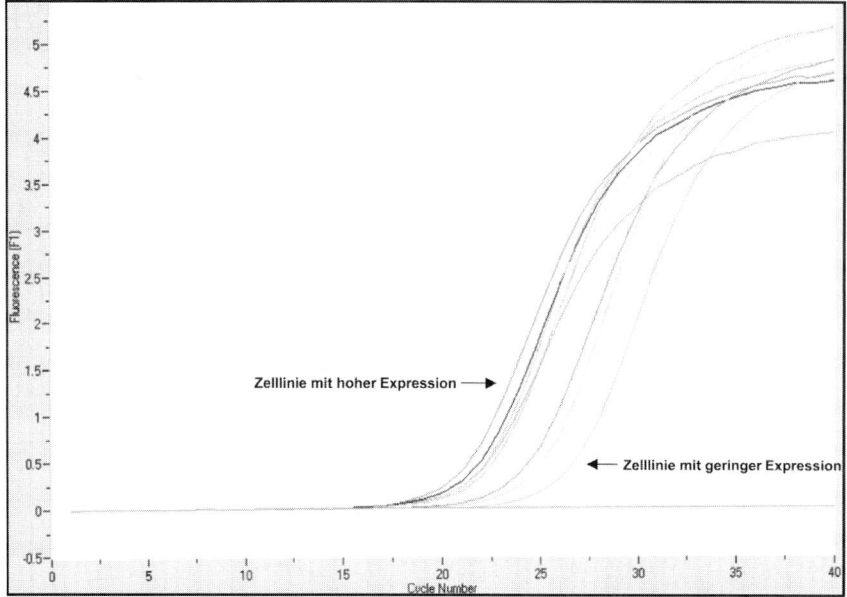

Abb. 13.4 Ergebnis einer Real-Time-PCR-Analyse. Dies ist ein typischer *Output* einer Real-Time-PCR-Analyse. In diesem Fall wurden verschiedene Zelllinien auf die Expression des TRAIL-Rezeptors 1 untersucht. Zuerst wurde eine RT-PCR durchgeführt und im Anschluss daran die Real-Time-PCR gestartet. Der DNA-interkalierende Farbstoff, in diesem Fall Cybr-Green™, gibt in Abhängigkeit der erzeugten DNA-Menge ein Fluoreszenzsignal ab, welches von der Real-Time-PCR-Maschine nach jedem Zyklus detektiert wird. Die Fluoreszenz-intensität ist auf der y-Achse gegen die Anzahl der Zyklen auf der x-Achse dargestellt. Die unterschiedlichen Kurven repräsentieren die verschiedenen Expressionsstärken. Es wird deutlich, dass in einigen Zellen bei z. B. Zyklus 25 wenig Fluoreszenz gemessen wird. Dies bedeutet, dass wenig von dem Transkript des zu messenden Gens in diesen Zellen vorliegt, d. h., die Genexpression ist niedrig. Ebenso gibt es Zellen in denen der umgekehrte Fall zutrifft.

verwendet, welches zwischen den Primern bindet. Das Detektionsmolekül trägt ein Fluorophor am 5′-Ende, welches durch die 5′ → 3′-Exonucleaseaktivität der Taq-Polymerase während des Elongationsschritts aus diesem Oligonucleotid entfernt wird. Dabei entzieht sich das Fluorophor dem Einfluss eines *Quenchers* (Unterdrücker), der am 3′-Ende des Detektionsoligos gebunden ist, und kann dann vom Real-Time-PCR Instrument erfasst werden. Weitere Real-Time-PCR-Methoden sind in Verwendung. In allen Methoden ist die Fluoreszenzintensität ein Maßstab für die Expressionsstärke des untersuchten Gens. Die Methode ist momentan das sensitivste Verfahren zur Messung der Genexpression überhaupt. Dabei ist zu berücksichtigen, dass bei Expressionsstudien zunächst eine RT-Reaktion durchgeführt werden muss.

13.2.4
Rapid Amplification of cDNA Ends (RACE)

Mit diesem Verfahren werden z. B. 5′-cDNA-Molekülenden amplifiziert, deren Sequenz nicht bekannt ist. Nach einer cDNA-Erststrangsynthese am RNA-Template mit Reverser Transkriptase kann an das 3′-Ende des neu synthetisierten Stranges ein Oligonucleotid (z. B. oligo-dT) ligiert werden. In der darauf folgenden PCR-Reaktion wird ein genspezifischer Primer verwendet sowie ein zum an das 3′-Ende ligierte Oligonukleotid homologes Oligonucleotid. Mit einem leicht abgewandelten Protokoll ist auch die Darstellung von unbekannten 3′-Enden möglich.

13.3
Anwendungsgebiete

13.3.1
Genomanalyse

Aufgrund der hohen Sensitivität und Durchsatzgeschwindigkeit hat die PCR-Methode weite Verbreitung in der genetischen Analyse gefunden. Sie wird in der Forschung zur Genotypisierung in der gesamten Tier- und Pflanzenwelt (z. B. zur Analyse transgener Tiere sowie auch zur Mutantensuche bis hin zu evolutionsbiologischen Untersuchungen) angewandt. Im medizinischen Kontext hat sich diese Technologie bei humangenetischen Fragestellungen, aber auch bei Tumortypisierungen sowie bei Vaterschaftstests und in der Forensik durchgesetzt (*DNA-Fingerprinting*). In der kriminalistischen Forensik ist es möglich, am Tatort oder am Beweisobjekt sichergestellte extrem geringe DNA-Mengen mithilfe der PCR zu vermehren und Täter zu überführen. In diesem Zusammenhang wird der Polymorphismus von Mikrosatelliten-Allelen bestimmt, die mittels PCR amplifiziert werden (s. Abschnitt 4.1). Ferner ist es möglich, Kontaminationen der Umwelt mit rekombinanter DNA festzustellen (z. B. gentechnologisch veränderter Mais in Nahrungsmitteln oder Anbauflächen von natürlichem Mais).

13.3.2
Klonierungsmethode

Die PCR-Technik macht auch kleinste Mengen von genetischem Material der Analyse, aber auch der Klonierung zugänglich. Eine häufige Fragestellung ist die Klonierung von cDNA exprimierter Gene, um diese mithilfe von Expressionsplasmiden auf ihre Funktion zu testen. Wenn zu diesem Zweck PCR-Fragmente eingesetzt werden sollen, ist es von Bedeutung, dass die verwendeten Polymerasen möglichst fehlerfrei arbeiten. Dies gestatten die sog. *Proofreading* (korrekturlesende) Polymerasen, z. B. Pwo-, Pfu- bzw. Vent-Polymerasen, die von verschiedenen Herstellern angeboten werden. Häufig werden in der Praxis Mischungen aus Proofreading-Enzymen und normaler Taq-Polymerase verwendet, um ein Gleichgewicht zwischen Lesegenauigkeit und Prozessivität (d. h. Amplifikation möglichst langer PCR-Fragmente, bevor das Enzym von der Matrizen-DNA abfällt) herzustellen. PCR-Fragmente können prinzipiell wie Restriktionsfragmente molekular kloniert werden. Hierzu werden normalerweise Adaptorsequenzen an die Primer gehängt, die Restriktionsschnittstellen enthalten. Nach erfolgter PCR werden die Produkte mit den jeweiligen Restriktionsenzymen verdaut, sodass kompatible Enden entstehen, die in entsprechend vorbereitete Plasmidvektoren ligiert werden können. Alternativ werden Klonierungsstrategien verwendet, die darauf basieren, dass an den 3′-Enden der amplifizierten Sequenz durch die Taq-Polymerase präferenziell jeweils ein Adenosinnucleotid angehängt wird. Diese können ohne weiteres in mit 5′-T-Überhängen speziell ausgestatteten, geöffneten Plasmidvektoren ligiert werden. Aus diesen sog. T/A-Klonierungsvektoren können die Fragmente mithilfe von flankierenden Restriktionsenzymstellen in andere z. B. Expressionsvektoren umkloniert werden.

13.3.3
Expressionsstudien

Die Technik der RT-PCR ist inzwischen zur wichtigsten Methode der Genexpressionsanalyse geworden, wobei die Grundlagenforschung hier immer noch im Vordergrund steht. Beispiele für Anwendungen der oben beschriebenen Verfahren sind z. B. die vergleichende Untersuchung von Expressionsmustern zwischen normalem und pathologisch verändertem Gewebe (z. B. Tumorgewebe). Auch die Effekte von Wirkstoffen auf die Genexpression können so in Zellkultur oder auch im Versuchstier untersucht werden. Ziel solcher Untersuchungen ist, durch das bessere Verständnis der Pathomechanismen und der Wirkweise von Medikamenten neue Behandlungsmethoden zu entwickeln bzw. Therapien auf Patienten individuell zuschneiden zu können.

13.4
Weiterführende Literatur

Müller, H. J. (2001) *Polymerase-Kettenreaktion (PCR)*. Spektrum Akademischer Verlag, Heidelberg Berlin.

Mullis, K. B., Faloona, F. A. (1987) Specific synthesis of DNA *in vitro* via a polymerase-catalyzed chain reaction. *Methods Enzymol.* 155, 335–50.

Saiki, R. K., Gelfand, D. H., Stoffel, S., Scharf, S. J., Higuchi, R. et al. (1988) Primer-directed enzymatic amplification of DNA with a thermostable DNA polymerase. *Science* 239, 487–91.

14
Sequenzierung von DNA

Die Techniken der Sequenzierung von DNA haben die biomedizinische Forschung revolutioniert. Der Fortschritt, der in der Biotechnologie zur Produktion von Enzymen, Wirkstoffen und Antigenen zur Impfstoffherstellung geführt hat, wäre ohne diese Technik nicht möglich gewesen. In den letzten Jahren hat sich das Interesse zunehmend auf die Sequenzaufklärung ganzer Genome konzentriert. Ziel dieser Anstrengungen ist, zunächst eine vollständige Sequenzgrundlage für funktionelle Studien zu schaffen. Weiterhin sollen diese Aktivitäten helfen, neue mit Krankheiten assoziierte Gene oder auch polymorphe Varianten zu finden und zu studieren. Nucleinsäuresequenzierung hat in der Diagnostik von Krankheiten sowie in der Analyse von genetischen Veränderungen im Tier- und Pflanzenreich einen festen Platz.

14.1
Einleitung

Die Primärstruktur von Proteinen und Nucleinsäuren ist linear angeordnet. In dieser Primärsequenz liegt der größte Teil der Information über die Funktion von Genen und ihren Produkten, den Proteinen, verborgen (s. Kap. 2 und 4). Daher ist seit den 50er Jahren die Sequenzierung, d. h. die Aufklärung der Reihenfolge der Bausteine dieser Makromoleküle, vorrangiges Forschungsziel. Die Ermittlung der Aminosäuresequenz des Insulins durch Frederick Sanger war die erste Pioniertat auf diesem Weg. Er erhielt dafür 1957 den Nobelpreis. Danach ging es, auch angespornt durch die Aufklärung der Struktur der DNA (Doppelhelix) durch Watson und Crick, an die Sequenzierung von Nucleinsäuren. Schon bald danach stellte sich heraus, dass die Aufklärung der Nucleinsäuresequenzen nicht nur die Primärstruktur der Proteine liefern, sondern auch Aufschluss über die regulatorischen Bereiche auf der DNA (z. B. Signale für Expression und Verarbeitung der genetischen Information) geben würde. Die ersten Methoden zur Sequenzierung von Nucleinsäuren basierten auf sequenzspezifischen RNAsen. Durch Kombination von verschiedenen Spaltprodukten konnten überlappende Sequenzabfolgen beachtlicher Größe zusammengesetzt werden. Mithilfe dieser Technologie wurden z. B. Sequenzen von Teilen von RNA-Tumorviren, von ganzen bakteriellen RNA-

Molekulare Biotechnologie: Konzepte und Methoden.
Herausgegeben von M. Wink
Copyright © 2004 WILEY-VCH Verlag GmbH & Co. KGaA, Weinheim
ISBN: 3-527-30992-6

Viren (Phagen) sowie struktureller rRNA-Moleküle ermittelt. Zu analysierende DNA-Sequenzen mussten zur Analyse zunächst in RNA überschrieben werden. Entsprechend limitiert war die Geschwindigkeit dieser Methodik und der Bedarf für leistungsfähigere DNA-Sequenzierungsmethoden entsprechend groß.

14.2
DNA-Sequenzierungsmethoden

Mehrere methodische Durchbrüche führten in den 70er Jahren zur Entwicklung von Methoden der DNA-Sequenzierung, wie sie in den Grundprinzipien bis heute angewandt werden. Zunächst war es durch das molekulare Klonieren möglich geworden, DNA zur Analyse in beliebigen Mengen herzustellen. Schließlich wurden gelelektrophoretische Trennmethoden entwickelt, die es möglich machten, DNA-Stücke mit einem Längenunterschied von nur einem Nucleotid voneinander zu trennen.

Zwei Methoden zur Sequenzierung wurden unabhängig in den Labors von Walter Gilbert und Frederick Sanger entwickelt. Beide erhielten für ihre Arbeiten 1980 den Nobelpreis.

14.2.1
Chemische Sequenzierungsmethode (Maxam-Gilbert-Methode)

Die chemische Sequenzierung nach Maxam und Gilbert basiert auf der basenspezifischen chemischen Spaltung eines an einem Ende markierten DNA-Moleküls. Der erste Schritt ist hierbei die Markierung der zu untersuchenden DNA-Probe. Um diese zu erhalten, wird ein doppelsträngiges DNA-Molekül an nur einem Ende (5′-Ende) unter Zuhilfenahme eines speziellen Enzyms, der Polynucleotid-Kinase, mit radioaktivem Phosphor (^{32}P) markiert. Nach anschließender Denaturierung der Stränge werden sie durch basenspezifisch-chemische Behandlung partiell so gespalten, dass im Durchschnitt jedes Fragment nur an einer einzigen Stelle bricht. Dieser Prozess wird für alle vier Basen in getrennten Reaktionsansätzen durchgeführt. Man erhält dabei jeweils ein Gemisch von DNA-Einzelsträngen unterschiedlicher Länge (ein bis mehrere hundert Nucleotide). Am einen Ende sind diese Fragmente durch die spezifische Spaltung begrenzt, das andere Ende stellt das ^{32}P-Phosphat-markierte Nucleotid dar. Die Proben werden anschließend wie oben beschrieben auf einem hochauflösenden Polyacrylamidgel (Sequenziergel) in parallelen Bahnen aufgetragen und getrennt. Dabei entsteht ein spezifisches Bandenmuster, aus dem die Nucleotidsequenz nach Autoradiographie direkt abgelesen werden kann. Da die chemische Sequenzierung immer noch relativ aufwändig ist, konnte sie sich nicht durchsetzen und wurde weitgehend durch die enzymatische Sequenzierung ersetzt.

14.2.2
Enzymatische Sequenzierung (Sanger-Methode)

Bei dieser Methode muss der zu untersuchende DNA-Abschnitt so vorliegen, dass er einzelsträngig in Nachbarschaft einer bekannten Sequenz darzustellen ist (Abb. 14.1). Dies geschieht in der Praxis durch Klonieren des zu sequenzierenden Fragments in einen Plasmidvektor, der jenseits der Klonierungsstellen über bekannte Sequenzabschnitte verfügt. Es gibt einige sehr gebräuchliche solcher Abschnitte, aber im Prinzip kann jede bekannte Sequenz verwendet werden. Die Einzelsträngigkeit der DNA wird in der Regel durch mildes Denaturieren mit NaOH erzeugt. Danach wird ausgehend von einem Oligonucleotid-Primer, der an diese bekannte Sequenz bindet, die DNA-Synthese durch eine Polymerase über die unbekannte Sequenz initiiert. Während dieser Synthese wird das Syntheseprodukt durch Einbau entsprechender Nucleosidtriphosphate radioaktiv oder fluoreszenzmarkiert. Die Markierung wird dann durch die Addition von spezifischen Inhibitoren gestoppt. Hierzu verwendet man Didesoxyribonucleosidtriphosphate, die in geeigneter Konzentration zu Kettenabbrüchen führen. Didesoxynucleosidtriphosphate (ddNTP) werden wie Nucleosidtriphosphate eingebaut; es fehlt ihnen jedoch die essenzielle Hydroxylgruppe in der 3′-Position, wodurch das Verknüpfen mit dem nächsten Nucleotid nicht stattfinden kann. In vier getrennten Reaktionsansätzen wird jeweils eine dieser Nucleotidarten (ddATP, ddGTP, ddCTP oder ddTTP, zusammen als ddNTP bezeichnet) eingesetzt und konkurriert mit ihrem normalen Gegenstück.

In jedem Ansatz kommt es an den entsprechenden ddNTP-Einbaustellen zum Kettenabbruch. Die resultierenden Fragmentgemische können dann auf hochauflösenden Polyacrylamidgelen (Sequenziergel) parallel aufgetrennt werden. Wie in Abb. 14.1 schematisch angedeutet, lässt sich aus dem Bandenmuster die entsprechende Sequenz direkt ablesen. Durch die Wahl des ddNTP/dNTP-Verhältnisses (gewöhnlich nur 1% ddNTP) ist gewährleistet, dass sich die entsprechenden Kettenabbrüche über das gesamte zu sequenzierende DNA-Stück verteilen und somit jedes Nucleotid darin „getroffen" werden kann.

In den letzten 20 Jahren wurden die Sequenzierungsverfahren immer schneller und stärker automatisiert. Hierbei haben sich vor allem Modifikationen der enzymatischen Sequenzierungsmethode durchgesetzt. Heute werden in der Routine Sequenzierautomaten verwendet, die nach basenspezifischer Fluoreszenzmarkierung die Syntheseprodukte aller vier Reaktionen durch Polyacrylamid-Gelelektrophorese oder Kapillarelektrophorese auftrennen. Ein Fluoreszenzdetektor übernimmt das Ablesen der Nucleotidsequenzen am Ende des Gels. Abb. 14.2 zeigt einen Ausschnitt aus einem solchen Chromatogramm. Bedingt durch den hohen Sequenzierungsbedarf im Rahmen der Genom-Projekte wurden die DNA-Sequencer immer leistungsfähiger. Inzwischen gibt es Roboter, die Hunderte von Sequenzierungsreaktionen gleichzeitig durchführen können.

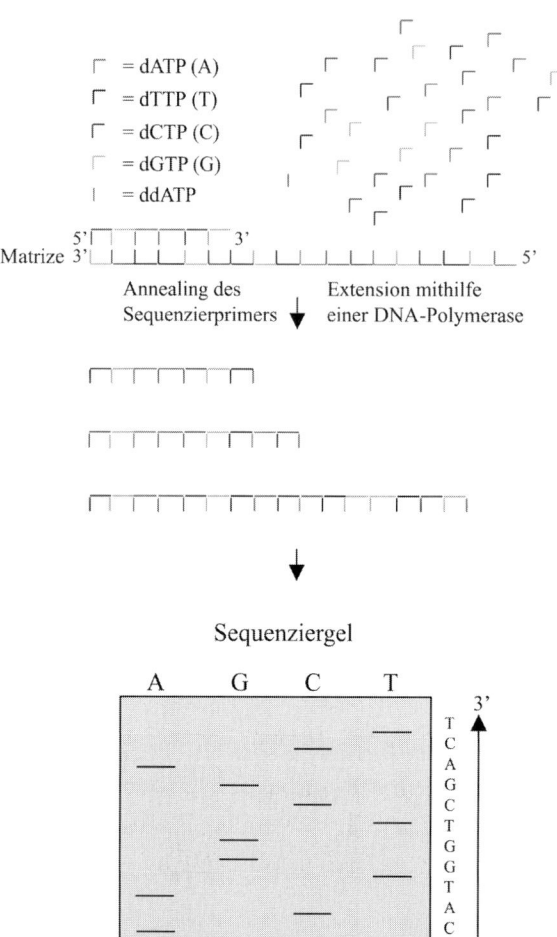

Abb. 14.1 Prinzipieller Verlauf einer Sanger-Sequenzierungsreaktion. Dabei ist die Markierung (früher ^{35}S, ^{33}P, ^{32}P, heute unterschiedliche Fluoreszenzmarkierungen) unberücksichtigt gelassen worden. In diesem Schema ist der Sequenzier-Primer, die vier dNTPs und exemplarisch ddATP abgebildet. Die DNA-Polymerase baut entsprechend der Matrize dNTPs ein, bis es durch Einbau des ddNTP zum Abbruch kommt. Diese Reaktion würde grundsätzlich parallel auch mit den anderen ddNTPs ablaufen. Das Resultat wären verschieden lange markierte Fragmente, je nach Vorkommen der komplementären Base auf dem Matrizenstrang. Die entstehenden Frag-

mente für die gezeigte Reaktion mit ddATP sind dargestellt und finden sich im Sequenziergel in der Spur „A" wieder. Das gezeigte Gel ist typisch für ein entsprechendes Autoradiogramm, das man nach Exposition eines Sequenziergels mit radioaktiver Markierung erhält. Diese Methode wird heute eigentlich nicht mehr verwendet, stellt aber hier das Prinzip der Sequenzierung sehr gut dar. Die Sequenz in 5′ → 3′-Richtung wird von unten nach oben gelesen. In der Praxis erhält man aber keine lesbare Sequenz direkt nach dem Sequenzieroligonucleotid, wie hier der Einfachheit halber angenommen, sondern erst im Abstand von ca. 30 bp.

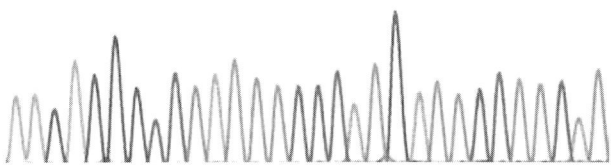

Abb. 14.2 Chromatogramm einer automatischen Sequenzierung durch Kapillarelektrophorese.

14.3
Strategien für die Sequenzierung des humanen Genoms

Mitte der 80er Jahre wurde der Vorschlag gemacht, das gesamte humane Genom in seiner Sequenz aufzuklären. Trotz der oben beschriebenen ständigen Verbesserungen der Technologie erforderte dieses Projekt die Entwicklung besonderer Strategien. Dabei sind zwei komplementäre Ansätze zur Anwendung gekommen. Der erste basiert auf der Feinkartierung mithilfe spezieller Marker vor der Sequenzierung. Hierdurch wird gewährleistet, dass die gewonnene Sequenzinformation direkt zugeordnet werden kann. Nachteil dieser Methode ist der hohe Aufwand der Kartierung. Alternativ wurden „blind" zufällig klonierte Fragmente (*Shotgun*-Klonierung) mit hohem Durchsatz sequenziert und die Sequenzen mithilfe von speziellen Computerprogrammen zusammengesetzt. Der Nachteil dieser Methode ist der insgesamt höhere Sequenzieraufwand. In Kombination dieser Ansätze, durchgeführt von verschiedenen Konsortien, wurde im Jahr 2001 die erste annähernd vollständige menschliche DNA-Sequenz von 3,2 Milliarden Basenpaaren vorgestellt. Mittlerweile wurden Genome von anderen Organismen inklusive der Maus (*Mus musculus*), Bäckerhefe (*Saccharomyces cerevisiae*), der Ackerschmalwand (*Arabidopsis thaliana*) und des Fadenwurms (*Caenorhabditis elegans*) sequenziert (s. Abschnitt 4.1 und Kapitel 21, 22).

14.4
Praktische Bedeutung der DNA-Sequenzierung

Durch die Verfügbarkeit der Sequenzinformation des gesamten menschlichen Genoms liegen im Prinzip die Sequenzen aller Gene vor. Dies bedeutet zwar nicht, dass man die Funktion der entsprechenden Gene dadurch versteht, aber es erleichtert und beschleunigt den Erkenntnisgewinn in der medizinischen Forschung. Durch Vergleichsstudien verschiedener Individuen können Genvarianten gefunden werden, denen entweder veränderte Funktionen zugeordnet werden können oder die zur Kartierung von Krankheitsgenen verwendet werden können (*single nucleotide polymorphisms*, SNP). In der Routinediagnostik dienen Sequenzanalysen zur Erkennung von angeborenen Krankheiten oder auch zur Bestimmung von Krankheitsrisiken. Als Beispiel sei hier die Diagnose auf genetisch transmittiertes Brustkrebsrisiko durch bestimmte BRCA1- oder BRCA2-Allele erwähnt. Eine weitere Bedeutung liegt in der Entdeckung und Untersuchung von somatischen Mutationen in bestimmten Geweben im Verlauf von u.a. Tumorerkrankungen.

In weiten Bereichen der biologischen Forschung spielen Nucleotidsequenzen eine große Rolle. Zum Beispiel sind Sequenzvergleiche bei Fragestellungen zur Evolution im Tier- und Pflanzenreich (molekulare Systematik und Phylogenie) essenziell (s. Abb. 1.1). Aber auch zur Bestimmung genetischer Schäden nach Umwelteinflüssen wird diese Technologie eingesetzt.

14.5
Weiterführende Literatur

LANDER, E.S., LINTON, L.M., BIRREN, B. et al. (2001) Initial sequencing and analysis of the human genome. *Nature* 409, 860–921.

MAXAM, A., GILBERT, W. (1977) A new method for sequencing DNA. *Proc. Natl. Acad. Sci. USA* 74, 560–4.

SANGER, F., NICKLEN, S., COULSEN, A.R. (1977) DNA sequencing with chain-terminating inhibitors. *Proc. Natl. Acad. Sci. USA* 74, 5463–7.

VENTER, J.C., ADAMS, M.D., MYERS, E.W. et al. (2001) The sequence of the human genome. *Science* 291, 1304–51.

Siehe auch folgende Internetseiten:
www.celera.com
www.ncbi.nlm.nih.gov
www.appliedbiosystems.com

15
Klonierungsverfahren

Dieses Kapitel führt in ein zentrales Thema der Molekularbiologie und Biotechnologie ein, die Klonierung genetischer Information. Der Aufbau von Vektoren zur Klonierung und Expression fremder DNA in Bakterien, Hefen, Viren und tierischen Zellen wird beschrieben. Dargestellt werden außerdem die Methoden der Transformation bzw. Transfektion von Zellen mit Vektoren.

15.1
Einleitung

Mit dem Begriff „Klonierung" wird in der Molekularbiologie die Vervielfältigung eines beliebigen DNA-Fragments mittels rekombinanter DNA-Technologie bezeichnet. Handelt es sich bei dem DNA-Fragment um ein eingegrenztes, vollständiges Gen, spricht man von einer Genklonierung. Dies sollte auf keinen Fall verwechselt werden mit dem Klonen eines ganzen Organismus, bei dem es sich um die Herstellung genetisch identischer Kopien von Lebewesen durch ungeschlechtliche Vermehrung handelt. Die Klonierung und das Klonen sind also streng genommen methodische Ansätze zum Zweck der Vervielfältigung, jedoch mit unterschiedlichen Endprodukten. Die Terminologie der Endprodukte ist leider missverständlich, da es sich in beiden Fällen um einen Klon handelt. Der Begriff „Klon" stammt ursprünglich aus dem Griechischen und bedeutet so viel wie Zweig, Spross und impliziert eher eine Nachkommenschaft als eine identische Kopie.

Indirekte, menschliche Eingriffe in die DNA von Organismen finden schon seit langer Zeit statt, z.B. die gezielte Selektion und Kreuzung von nutzbaren Organismen zum Zweck der Ertragssteigerung in der Landwirtschaft. Dagegen ist eine direkte Beeinflussung der Gene durch Manipulation der DNA erst seit ca. 30 Jahren möglich. Wichtige Meilensteine der Molekularbiologie waren die Entschlüsselung des genetischen Codes, die Entdeckungen der Restriktionsendonucleasen und Ligasen, der bakteriellen Antibiotikaresistenz-Plasmide und die Möglichkeit des Einbringens und Vermehrens heterologer DNA in Bakterien. Die erste Klonierung wurde 1973 von Stanley N. Cohen beschrieben. Dabei wurden zwei Plasmide mit dem Restriktionsenzym EcoRI linearisiert und anschließend mit einer Ligase zu einem Plasmid zusammengefügt. Die beiden Ursprungsplasmide vermit-

Molekulare Biotechnologie: Konzepte und Methoden.
Herausgegeben von M. Wink
Copyright © 2004 WILEY-VCH Verlag GmbH & Co. KGaA, Weinheim
ISBN: 3-527-30992-6

telten jeweils eine Antibiotikaresistenz. Das neu entstandene, rekombinante Plasmid dagegen trug beide Resistenzgene. Eine Bakterienkolonie (Klon), die aus einem mit diesem Plasmid transformierten Bakterium entstanden ist, weist eine Resistenz gegenüber beiden Antibiotika auf.

Etwa fünf Jahre später wurde der erste rekombinante Plasmidvektor hergestellt. Dieser Vektor erfüllt alle notwendigen Bedingungen für die Klonierung von DNA-Fragmenten und besteht aus drei Segmenten: 1. dem Tetracyclin-Resistenzgen des natürlich vorkommenden *Salmonella*-Plasmids pSC101; 2. dem Ampicillin-Resistenzgen des Transposons Tn3 und 3. der Replikationsregion (*ori*) sowie benachbarten Sequenzen des *Escherichia coli*-Plasmids pMB1, das in dieselbe Kompatibilitätsgruppe wie das Plasmid ColE1 fällt. Der Replikationsursprung der Plasmide pMB1 und ColE1 ist bis auf eine zwei Basenpaare umfassende Inversion identisch. Dieser Vektor trägt den Namen pBR322 nach den Erstbeschreibern Bolivar und Rodriguez (Bolivar et al., 1977).

15.2
Herstellung rekombinanter Vektoren

Die Klonierung eines DNA-Fragments beinhaltet verschiedene methodische Schritte. Dazu gehören die Amplifikation und Aufreinigung des zu klonierenden DNA-Fragments (*Insert*), die Linearisierung der Vektor-DNA, die Ligation von Insert und Vektor, die Transformation der rekombinanten DNA in Bakterien, die Selektion der transformierten Bakterien, die Aufreinigung der rekombinanten DNA aus Bakterien und nicht zuletzt die Überprüfung der Klonierung. Für jeden einzelnen Arbeitsgang stehen heutzutage verschiedene Möglichkeiten und Methoden zur Verfügung, die weitestgehend standardisiert sind (eine Übersicht gibt Abb. 15.1). Ein großes Repertoire an Restriktionsenzymen, Vektoren, speziellen Klonierungsbakterien, ebenso wie kommerzielle *Kits* haben dazu beigetragen, eine hohe Erfolgsquote der einzelnen Arbeitsschritte zu erzielen. Dennoch gelingt es nicht immer auf Anhieb, das entsprechende DNA-Fragment in den gewünschten Vektor einzusetzen. Probleme während einer Klonierung basieren meist auf unausgereiften Strategien, die den einen oder anderen wichtigen Punkt außer Acht gelassen haben.

15.2.1
Das Insert

Generell gilt: Jede lineare, doppelsträngige DNA kann kloniert und in Bakterien vermehrt werden. Ob es sich dabei um cDNAs oder genomische DNA-Abschnitte aus verschiedenen Spenderorganismen handelt, ist nicht von Bedeutung. Dagegen beeinflussen die Länge des zu klonierenden DNA-Fragments und auf welche Weise das DNA-Fragment amplifiziert bzw. gewonnen wurde die Klonierung auf verschiedene Weise. Je nach Länge des zu klonierenden DNA-Fragments kommen nur bestimmte Vektortypen in Betracht, da diese ganz unterschiedliche Aufnah-

Abb. 15.1 Klonierung, Amplifikation und Selektion heterologer DNA in Wirtsorganismen. **(1)** Heterologe DNA (PCR-Produkt, Produkt eines Restriktionsverdaus, genomische DNA usw.) wird in einen entsprechenden Vektor **(2)**, der zur Replikation (Ori) in dem entsprechenden Wirtsorganismus befähigt ist und mindestens einen Selektionsmarker (Resistenzgen) trägt, durch Ligation (*cohesive*- bzw. *blunt end*, TopoA, UA-Cloning) oder Rekombination (z. B. Gateway-System®) eingebracht **(3)**. Nach Transformation **(4)** des Wirtsorganismus (z. B. *E. coli* oder *S. cerevisiae*) wird der rekombinante Vektor durch Replikation amplifiziert. Durch Vermehrung des transformierten Wirtsorganismus auf einem Selektionsmedium **(5)** entstehen Kolonien (Klone), aus denen die amplifizierte DNA wieder gewonnen werden kann bzw. die gegebenenfalls zur Expression eines rekombinanten Proteins verwendet werden können.

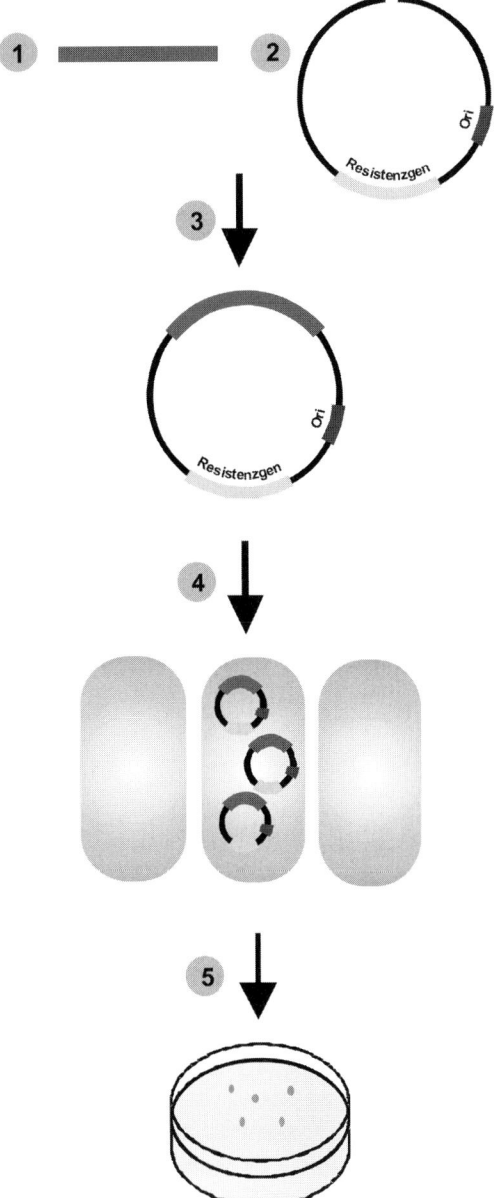

mekapazitäten für DNA-Fragmente haben. Die am häufigsten benutzten Vektoren sind Abkömmlinge von bakteriellen Plasmiden, welche von wenigen Basenpaaren bis zu etwa 10 kb heterologer DNA aufnehmen können. Dies ist ausreichend für die meisten Gene in Form ihrer cDNAs. Da aber bei der Herstellung z. B. einer cDNA-Bibliothek auch große Gene mit einer Länge von über 10 kb erfasst werden sollen, werden hierzu oft Phagenvektoren verwendet. Diese leiten sich meist vom Lambda-Phagen (Abschnitt 3.3) ab, dessen Genom etwa 49 kb lang ist. Davon kann ca. 40% durch Fremd-DNA ersetzt werden. Für noch größere DNA-Fragmente, z. B. genomische DNA-Abschnitte, stehen sog. Cosmide (Vektoren mit cos-Stellen des Bakteriophagen Lambda), PACs (P1 *derived artificial chromosomes*), BACs (*bacterial artificial chromosomes*), YACs (*yeast artificial chromosomes*) und MACs (*mammalian artificial chromosomes*) zur Verfügung (Tab. 15.1).

Zur Klonierung eines DNA-Fragments werden meist Schnittstellen für Restriktionsenzyme verwendet, die im Vektor nur ein einziges Mal vorkommen. Diese liegen in modernen Klonierungsvektoren hintereinander in einer Region des Vektors, die als multiple Klonierungsstelle (*multiple cloning site*, MCS) oder Polylinker bezeichnet wird (s. essenzielle Bestandteile von Vektoren). Restriktionsenzyme, die an diesen Stellen schneiden, sind sog. *rare cutter*, da statistisch gesehen die von ihnen erkannte Sequenzabfolge relativ selten vorkommt. Bei dem begrenzten Repertoire an *rare-cutter*-Enzymen gestaltet sich die Klonierung großer Inserts oft schwierig. Je länger ein zu klonierendes DNA-Fragment ist, desto größer ist die Wahrscheinlichkeit, dass die Schnittstellen im Polylinker auch im Insert vorhanden sind. Kann bei großen Genen kein geeignetes Enzym identifiziert werden, besteht die Möglichkeit einer sequenziellen Klonierung einzelner Abschnitte oder einer gleichzeitigen Ligation von mehreren Fragmenten aus dem Insert. Bei solchen Klonierungen ist jedoch eine sorgfältige Überprüfung der Orientierung der einzelnen DNA-Fragmente zueinander und zum Vektor (z. B. mittels Restriktionsverdau oder Sequenzierung) unerlässlich. Bei der klassischen Klonierung von Restriktionsfragmenten sollte auch die Ligation kompatibler Enden nicht außer Acht gelassen werden. Restriktionsenzyme mit unterschiedlichen Erkennungssequenzen produzieren oftmals kompatible kohäsive Enden (*sticky ends*). Zum Beispiel kann ein Bam HI-geschnittenes Fragment mit einem Bgl II-geschnittenen Fragment ligiert werden, da beide Enzyme einen 5'-Überhang mit der Sequenz GATC erzeugen. Oftmals ist keines der beiden Enzyme danach noch in der Lage, die neu entstandene Sequenz zu schneiden. Dies gilt auch für die Ligation zweier glatten Enden (*blunt ends*), die Produkte unterschiedlicher Restriktionsenzyme sind.

Tab. 15.1 Vektoren, Aufnahmekapazität für heterologe DNA und Wirtsorganismen

Vektor	Wirtsorganismus	Aufnahmekapazität
Plasmid	*E. coli*	max. 10 kb
Lambda-Phage	*E. coli*	max. 25 kb
Cosmide	*E. coli*	35–45 kb
P1-Phagen (PAC, P1 *derived artificial chromosomes*)	*E. coli*	100–300 kb
BAC (*bacterial artifical chromosome*)	*E. coli*	max. 300 kb
YAC (*yeast artifical chromosome*)	*S. cerevisiae*	100–2000 kb
MAC (*mammalian artifical chromosome*)	Säugerzellen	max. 500 Mb

Bietet sich weder die Möglichkeit zur Verwendung einer passenden Restriktionsschnittstelle noch zur Ligation kompatibler Enden, kann eine Auffüll- oder eine Abdaureaktion der kohäsiven Enden zur Erzeugung von glatten Enden vorgenommen werden. Dieses Produkt kann anschließend in eine *blunt end*-Schnittstelle des Vektors kloniert werden. Eine Liste der geeigneten Enzyme für die entsprechenden Reaktionen ist in Tab. 15.2 zusammengestellt.

Die Art und Weise, wie das zu klonierende DNA-Fragment gewonnen wurde, ist ebenfalls ein entscheidender Faktor, der die Auswahl einer Klonierungsstrategie beeinflusst. Dies gilt insbesondere für die Klonierung von PCR-Produkten. Heutzutage bieten verschiedene Hersteller von molekularbiologischen Produkten schnelle und sehr effiziente Klonierungssysteme für PCR-Fragmente an. Diese basieren meist darauf, dass es während der Amplifikation einer DNA mit der Taq-Polymerase (s. Kap. 13) zu einer sequenzunabhängigen Anheftung von Desoxy-Adenosin an das 3'-Ende eines neu synthetisierten DNA-Stranges kommt. Die Klonierung dieses PCR-Produkts in einen linearisierten Vektor, welcher komplementäre überhängende Desoxy-Uracil-Reste aufweist, kann nach Anlagerung der kohäsiven DNA-Enden mittels T4-Ligase (z. B. UA-Cloning®) erfolgen. Alternativ bietet sich die Möglichkeit des TopoTA-Cloning-System®. Dabei lagern sich die Überhänge des PCR-Produkts an überhängende Desoxy-Thymidin-Reste des linearisierten Vektors an und werden mit einer Topoisomerase superspiralisiert. Nach Transformation in Bakterien werden die noch vorhandenen Brüche durch die bakterielle Ligase geschlossen. Diese sog. TA- bzw. UA-Klonierungen funktionieren allerdings nur mit PCR-Produkten, die mit Taq-Polymerase oder Polymerasegemischen, welche Taq enthalten, synthetisiert wurden.

Proofreading-Polymerasen mit hohen Korrekturraten produzieren glatte DNA-Enden. Deshalb besteht hier die Möglichkeit einer speziellen Form der Ligation, die *Cut Ligation*. Dazu wird der Vektor mit einem Restriktionsenzym linearisiert, welches die Insert-DNA nicht schneidet und ebenfalls glatte Enden hinterlässt. Das

Tab. 15.2 Eigenschaften von Enzymen zur Überführung von kohäsiven (überhängenden) in glatte DNA-Enden

	Klenow	T4-DNA-Polymerase	T7-DNA-Polymerase	Mung Bean-Nuclease
Auffüllen von 5'-Überhängen	👍	☞	☞	👎
Abdauen von 5'-Überhängen	👎	👎	👎	👍
Auffüllen von 3'-Überhängen	👎	👎	👎	👎
Abdauen von 3'-Überhängen	👎	☞	☞	☞

Insert und der Vektor werden nun in Anwesenheit dieses Restriktionsenzyms mit einer Ligase zusammengefügt. Das Restriktionsenzym verhindert bei dieser Methode sehr effizient die Re-Ligation des Vektors. Der Nachteil einer Ligation von DNA-Fragmenten mit glatten Enden besteht in der geringeren Ligationseffizienz und im ungerichteten Einbau des Inserts. Es kann sowohl in der $5' \rightarrow 3'$-Orientierung als auch umgekehrt eingesetzt werden. Bei einer solchen Klonierungsstrategie ist die Überprüfung der Orientierung der klonierten DNA unerlässlich.

Der größte Nachteil aller auf PCR basierenden Klonierungen ist die hohe Fehlerrate der Polymerasen bei der Synthese der zu klonierenden DNA-Teilstücke. Bei der Klonierung von Fragmenten aus Restriktionsverdau ist dagegen die Gefahr der Mutation deutlich geringer.

15.2.2
Der Vektor

Für die Auswahl des Vektors ist neben der Größe des zu klonierenden Inserts die Intention der Klonierung von entscheidender Bedeutung. Der Vektor sollte nach Möglichkeit alle Anforderungen erfüllen, die für die nachfolgenden Untersuchungen (z. B. Sequenzanalyse, DNA-Amplifikation, Expression des rekombinanten Proteins) von Bedeutung sind. Eine Vielfalt moderner Vektoren mit den verschiedensten Kombinationen unterschiedlicher funktioneller Elemente ist heutzutage kommerziell erhältlich. Das molekulare Baukastensystem garantiert den optimalen Vektor für nahezu jede Anwendung. Sollte aber für eine ganz spezielle Fragestellung kein passender Vektor erhältlich sein, lässt sich durch Kombination verschiedener Vektoren ein individuell zugeschnittener Vektor kreieren. Viele Elemente eines Vektors lassen sich durch Restriktionsverdau isolieren und in andere Vektoren einfügen.

Traditionell werden Vektoren in unterschiedliche Kategorien eingeteilt: So sind z. B. Plasmide Vektoren, die von bakteriellen, extrachromosomalen, ringförmigen DNA-Molekülen abstammen. Phagemide sind Vektoren, die teils bakterielle Plasmidsequenzen und teils Sequenzen von Bakteriophagen beinhalten. Da aber heutzutage viele Vektoren, je nach Funktion, Sequenzen niedriger und höherer Eukaryoten, verschiedener Nicht-Prokaryoten-spezifischer Viren und maßgeschneiderte künstliche Sequenzen enthalten, ist diese Art der Einteilung eigentlich nicht mehr sinnvoll.

Die heutzutage für die Einteilung eines Vektors maßgebende Komponente ist die Funktion. Danach lassen Vektoren sich einteilen in:

- Klonierungsvektoren
- *Shuttle*-Vektoren
- prokaryotische und eukaryotische Expressionsvektoren
- virale Vektoren usw.

Allerdings ist diese Einteilung oft ebenfalls schwierig, da viele Vektoren mehrere Funktionen miteinander vereinen. Den meisten Vektoren sind jedoch die im Nachfolgenden als „Essenzielle Bestandteile" beschriebenen Abschnitte gemeinsam.

15.2.3
Essenzielle Bestandteile von Vektoren

15.2.3.1 **Der bakterielle Replikationsursprung (*origin of replication, ori*)**
Ein bakterieller Replikationsursprung ist für einen Vektor essenziell, da nur er die Vermehrung in Bakterien gewährleisten kann (s. Abschnitt 4.1.4). Viele Vektoren haben einen Origin, der sich vom Col E1-Plasmid von *E. coli* ableitet, wie z.B. der pBR322-*ori* oder pUC-*ori*. Diese gewährleisten eine relativ hohe Kopienzahl (*high copy*) und bedingen eine vom bakteriellen Chromosom unabhängige Replikation. Sie sind ca. 700 bp lang und unterscheiden sich nur geringfügig voneinander. Ebenfalls unabhängig repliziert werden Vektoren, die einen p15A-Origin besitzen. Ihre Kopienzahl ist etwas geringer als die der Col E1-Abkömmlinge. Vektoren mit einem p15A-Origin sind relativ selten, haben aber ihre Berechtigung bei der Cotransformation zweier verschiedener Plasmide in einem Bakterium zum Zweck der gleichzeitigen Expression zweier verschiedener Proteine. Vektoren, die den gleichen Replikationsursprung benutzen, sind inkompatibel, da ein Bakterium nur einen Vektortyp mit diesem Origin replizieren kann. Zur Replikation von zwei Vektoren in einem Bakterium müssen deshalb Vektoren mit unterschiedlichen Replikationsstartpunkten, z.B. dem Col E1- und dem p15A-Origin, benutzt werden. So genannte *low-copy*-Vektoren liegen mit einer definierten, niedrigen Kopienzahl (1–5) im Bakterium vor. Der Replikationsstartpunkt dieser Vektoren stammt von den F-Plasmiden aus *E. coli*. Die Duplikation dieser Plasmide findet während der Replikation des bakteriellen Chromosoms statt.

15.2.3.2 **Die Antibiotikaresistenz**
Antibiotikaresistenzen dienen zur Selektion der transformierten Bakterien. Die am häufigsten verwendeten resistenzvermittelnden Gene sind *Amp*^{r} und *Kan*^{r}. *Amp*^{r} codiert für das Enzym β-Lactam-Amidohydrolase (β-Lactamase), welches Ampicillin und Penicillin in unwirksame Abbauprodukte spaltet. Die Selektion transformierter Bakterien mit Ampicillin ist in der Regel effizient. Das Gen *Kan*^{r} codiert für ein phosphorylierendes Enzym, welches das Antibiotikum Kanamycin inaktiviert. Es ist wesentlich temperaturstabiler als Ampicillin und kann sogar autoklaviert werden. Zu hohe Kanamycinkonzentrationen bewirken einen extrem starken Selektionsdruck, der oft auch das Wachstum transformierter Bakterien erschwert oder gar verhindert.

15.2.3.3 **Der Polylinker**
Jeder Vektor besitzt eine definierte Anzahl an Erkennungsstellen für Restriktionsenzyme, die die Vektorsequenz nur einmal schneiden (*single cutter*) und damit die Klonierung eines DNA-Fragments ermöglichen. Meistens liegen diese in dichter Abfolge hintereinander, und dieser Abschnitt wird als Polylinker oder *multiple cloning site* (MCS) bezeichnet. Diese Regionen sind durchschnittlich 50 bis 100 bp lang und können bis zu 25 verschiedene Schnittstellen für *single cutter*-Restriktionsenzyme enthalten.

In unmittelbarer Nachbarschaft des Polylinkers findet man bei vielen Vektoren verschiedene Sequenzelemente aus dem Genom von Bakteriophagen. Diese kombinierten Vektoren aus Plasmid- und Phagenanteil werden oft als Phagemide bezeichnet. Solche Phagenanteile können Promotoren sein, die eine Transkription der klonierten Gene *in vitro* ermöglichen. Beispiele sind der SP6- bzw. T7-Promoter der jeweiligen Phagen mit gleicher Bezeichnung. *In vitro* transkribierte Gene finden ihre Anwendung u. a. als Sonden für die Hybridisierung von RNA und als Ausgangsmaterial für die *In-vitro*-Translation (zellfreie Expression von Proteinen, s. Kap. 16).

15.2.4
Klonieren mit Rekombinationssystemen

Im Vergleich zu herkömmlichen Klonierungen mit Restriktionsenzymen und Ligasen basieren neuere Klonierungssysteme auf der sequenzspezifischen Rekombination von DNA-Molekülen. Im Folgenden soll das Gateway-System® stellvertretend näher beschrieben werden.

Das Gateway-System® bedient sich der Rekombinationselemente des Bakteriophagen Lambda, welcher je nach Umweltbedingungen in das bakterielle Genom integrieren (lysogener Weg) oder desintegrieren und den lytischen Lebenszyklus einschlagen kann. Dabei handelt es sich nicht um eine homologe Rekombination, sondern um eine sequenzspezifische Rekombination. Der Lambda-Phage besitzt dafür die Rekombinationsstelle (*specific attachment sites*) attP/attP′, die mit der Rekombinationsstelle attB/attB′ des bakteriellen Genoms rekombinieren kann. Dieser Vorgang wird durch zwei Enzyme katalysiert: dem Phagenprotein Integrase und dem bakteriellen *integration host factor* (IHF). Das Phagengenom liegt nach der Integration als Prophage im bakteriellen Genom vor und wird von den neu gebildeten Rekombinationsstellen attR (attP/attB′) und attL (attB/attP′) flankiert. Unter bestimmten Bedingen, z. B. wenn die Überlebensfähigkeit des Bakteriums beeinträchtigt ist, kommt es erneut zu einer sequenzspezifischen Rekombination zwischen attR und attL und dadurch zur Freisetzung des Lambda-Genoms aus dem bakteriellen Genom. Für diese Rekombination, die den lytischen Zyklus des Phagen einleitet, sind ebenfalls die Integrase und der IHF notwendig. Zusätzlich wird ein Enzym namens Excisionase benötigt, welches vom Phagen selbst codiert wird.

Beim Gateway-System® wurden einige Modifikationen vorgenommen, um die Rekombinationseffizienz zu erhöhen und eine gerichtete Klonierung zu ermöglichen. Das Gateway-System® beinhaltet acht verschiedene Rekombinationsstellen, von denen jede spezifisch nur mit einer anderen reagieren kann. Dies erlaubt, die Orientierung eines Gens während der Rekombination in einen anderen Vektor beizubehalten. Im Einzelnen beinhaltet eine erfolgreiche Klonierung mit dem Gateway-System® folgende Schritte:

Die zu klonierende DNA wird entweder mittels PCR amplifiziert, wobei die verwendeten Primer zusätzlich zur genspezifischen Sequenz die Rekombinationsstellen attB1 (Vorwärts-Primer) und attB2 (Rückwärts-Primer) tragen. Das PCR-Produkt wird anschließend *in vitro* mit einem Donor-Vektor, welcher die Rekombinationsstellen attP1 und attP2 aufweist, rekombiniert. Für diese Rekombination wird ein BP Clonase Enzym-Mix benötigt, welcher u. a. die Proteine Integrase und IHF beinhaltet. Alternativ kann ein Restriktionsfragment in einen Entry-Vektor kloniert werden. In beiden Fällen entsteht ein rekombinanter Entry-Vektor, der in Bakterien transformiert werden muss. Der entstandene Entry-Klon enthält die Rekombinationsstellen attL1 und attL2 flankierend zum einklonierten Gen. Das Gateway-System® bietet eine große Auswahl an verschiedenen Zielvektoren, u. a. solche für die heterologe Expression von Proteinen in Bakterien, Hefen, Insektenzellen und Säugerzellen. Alle diese Vektoren weisen die Rekombinationsstellen attR1 und attR2 auf und sind dadurch in der Lage mit dem Entry-Vektor zu rekombinieren. Diese Reaktion wird *in vitro* mit dem LR-Clonase-Enzym-Mix durchgeführt. Dieser enthält neben der Integrase und dem IHF das Enzym Excisionase.

Zur Selektion des gewünschten, rekombinanten Zielklons stehen zwei Selektionsmarker zur Verfügung. Zum einen trägt der Entry-Vektor das Kanamycin- und der Zielvektor das Ampicillin-Resistenzgen. Zum anderen sind Bakterien, die mit nicht rekombinierten Zielvektoren transformiert wurden, nicht teilungsfähig, da sie das Gen *ccdB* zwischen den beiden Rekombinationsstellen tragen. CcdB ist ein Protein, welches mit der bakteriellen Gyrase interagiert und dadurch das Bakterienwachstum verhindert.

15.2.5
Weitere Bestandteile von Vektoren für prokaryotische Expressionssysteme

Heutzutage wird fast ausschließlich *E. coli* als prokaryotischer Wirtsorganismus zur heterologen Genexpression (s. Kap. 16) verwendet. Im Vergleich zu Klonierungsvektoren weisen *E. coli*-Expressionsvektoren weitere funktionelle Einheiten auf. Diese ermöglichen und regulieren die Transkription des einklonierten DNA-Fragments und die anschließende Translation der mRNA in ein rekombinantes Protein.

15.2.5.1   Der Promotor
Für die Transkription eines DNA-Fragments in Bakterien wird ein Promotor benötigt, der eine zuverlässige und starke mRNA-Synthese durch eine RNA-Polymerase gewährleistet (s. Abschnitt 4.2). Zu den stärksten Promotoren gehören die der Bakteriophagen, z. B. der T5- bzw. der T7-Promotor der jeweiligen Phagen mit gleicher Bezeichnung. Daneben finden sich aber auch Hybridpromotoren, die sich aus verschiedenen bakteriellen Promotoren zusammensetzen. So ist z. B. der ptac-Promotor ein Hybrid aus dem durch Isopropyl-β-D-Thiogalactosid (IPTG) induzierbaren Promotor des *lacZ*-Gens und dem Promotor des Tryptophanoperons (s. Abb. 4.16). Das Hybrid hat stärkere transkriptionelle Aktivität als jeder einzelne Promotor und ist durch IPTG induzierbar. Je nach Promotor wird die Transkription von der *E. coli*-eigenen RNA-Polymerase (T5) durchgeführt oder aber von einer in das bakterielle Genom insertierten Bakteriophagen-Polymerase (T7). Da eine

konstitutive Expression eines rekombinanten Proteins in Bakterien problematisch ist (s. Kap. 16), sollte die Promotoraktivität unter einer strikten Kontrolle stehen. Die meisten Promotoren stehen unter einer strengen Repression, die durch eine regulatorische Sequenz des Lac(tose)-Operons von *E. coli* vermittelt wird. Bindet an dieses Element der LacI-Repressor, wird die Expression des rekombinanten Proteins inhibiert. Erst durch Zugabe von IPTG, welches an den LacI-Repressor bindet und dadurch dessen Affinität für den Lac-Operator vermindert, wird eine Proteinsynthese initiiert. Bei einigen Bakterienstämmen, die speziell für die Expression rekombinanter Proteine entwickelt wurden, findet durch IPTG ebenfalls eine Induktion der Transkription einer Bakteriophagen-RNA-Polymerase statt, welche wiederum höchst effizient die Transkription des eigentlich zu exprimierenden DNA-Stücks vermittelt. Je nach gewähltem Expressionssystem ist der LacI-Repressor ebenfalls auf dem bakteriellen Expressionsvektor (*in cis*) codiert. Alternativ kann er durch Cotransformation mit einem Helfervektor (*in trans*) in die Bakterien eingebracht werden. Dabei ist jedoch darauf zu achten, dass der eigentliche Expressionsvektor und der für den LacI-Repressor codierende Helfervektor mit kompatiblen Replikationsstartpunkten ausgestattet sind (s. oben). Einige moderne *E. coli*-Stämme weisen jedoch eine Mutation in ihrem eigenen LacI-Repressor-Gen auf. Daraus resultiert eine ausreichend starke, endogene Synthese des Repressors durch das Bakterium. In diesem Fall ist kein Helfervektor notwendig.

15.2.5.2 Die Ribosomenbindungsstelle

Für die Translation einer in Bakterien synthetisierten mRNA wird eine spezifische Sequenz benötigt, welche die Ribosomen an den Startpunkt der Translation dirigiert. Deshalb folgt nach dem Promotor, mit seinen regulatorischen Einheiten, stets eine Ribosomenbindungstelle (RBS, auch als Shine-Dalgarno-Sequenz bezeichnet) noch vor dem einklonierten DNA-Abschnitt. Diese RBS ist oftmals viralen Ursprungs, da dadurch die Translationseffizienz deutlich gesteigert werden kann. Daneben gibt es ebenso „künstliche", d. h. in ihrer Sequenz optimierte, RBS-Elemente. Folgt dem RBS-Element kein durch den Vektor vorgegebenes Start-Codon, ist es entscheidend, dass das Start-Codon des zu exprimierenden Gens in einem Abstand von 7 bis 9 Nucleotiden auf die RBS folgt. Nur so kann eine effiziente Translation der mRNA stattfinden.

15.2.5.3 Die Terminationssequenz

Ebenso wichtig wie die Regulation der Transkriptionsinitiation ist die Regulation der Transkriptionstermination. Deshalb besitzen alle bakteriellen Expressionsvektoren spezifische Sequenzen, die nach der Transkription stabile Sekundärstrukturen der mRNA ausbilden und dadurch die RNA-Polymerase an der weiteren Synthese hindern. Somit kann es nicht zu einer „durchlaufenden" Transkription kommen, d. h., es wird verhindert, dass der ganze Vektor in Form einer einzigen langen mRNA abgeschrieben wird. Außerdem trägt die Termination der Transkription zur Stabilität der mRNA bei. Einige Transkriptionsterminatoren beinhalten zum einen virale Anteile, z. B. des Bakteriophagen Lambda, und zum anderen Anteile bakterieller Terminationsstellen oder sie stammen rein von viralen Sequenzen ab, z. B. des T7-Bakteriophagen.

Neben Terminationsstellen für die Transkription weisen viele bakterielle Expressionsvektoren ebenfalls Terminationsstellen für die Translation auf. Oftmals werden nur Bruchstücke von Genen in die Vektoren kloniert und bringen deshalb keine sequenzeigenen Stopp-Codons mit. Eine kurze TG-reiche Sequenz vor dem Transkriptionsterminator gewährleistet deshalb ein Stopp-Codon in jedem der drei möglichen Leserahmen.

15.2.5.4 Die Fusionssequenz

Oft besteht die Intension der Klonierung einer DNA in einen bakteriellen Expressionsvektor darin, rekombinantes Protein in größeren Mengen bis zur Homogenität aufzureinigen (s. Kap. 16). Zur Erleichterung der Aufreinigung des rekombinanten Proteins mittels Affinitätschromatographie wird oft die Expression eines Fusionsproteins angestrebt (s. Kap. 7). Eine Vielzahl von Vektoren enthält deshalb bereits Sequenzen, die zur Expression von N- bzw. C-terminalen Peptidsequenzen (*Tags*) führen. Unabhängig von der Größe des Fusionsanteils muss aber bei der Klonierungsstrategie Verschiedenes beachtet werden. Vor Beginn der Klonierung sollten Überlegungen stattfinden, ob eine N-terminale, C-terminale oder sogar interne Lokalisation des Fusionsanteils für spätere Anwendungen vorteilhaft wäre. Es ist darauf zu achten, dass bei einem N-terminal gelegenen Fusionsanteil keine 5'-nicht-translatierenden Bereiche von Genen einkloniert werden und dass der Leserahmen für die Proteinexpression vom Fusionsanteil vorgegeben wird. Bringt der bakterielle Expressionsvektor keine Translationstermination mit, so sollte das Gen-eigene Stopp-Codon noch vorhanden sein. Bei C-terminaler Lokalisierung des Fusionsanteils darf das einklonierte Gen im Gegensatz dazu kein eigenes Stopp-Codon mehr besitzen, muss aber ein Start-Codon aufweisen, welches, wie bereits beschrieben, 7 bis 9 Nucleotide von der RBS entfernt sein sollte. Auch hier ist auf die Einhaltung des Leserahmens zwischen dem „*protein of interest*" und dem Fusionsanteil zu achten.

15.2.6
Weitere Bestandteile eukaryotischer Expressionsvektoren

Die Expression rekombinanter Proteine in Eukaryoten hat oft große Vorteile gegenüber der Expression in Prokaryoten (s. Kap. 16). Der erste Schritt zu einer eukaryotischen Proteinexpression besteht in der Wahl eines geeigneten Expressionssystems und eines darauf zugeschnittenen Vektors. Die am häufigsten verwendeten eukaryotischen Expressionssysteme sind: Hefen, kultivierte Insektenzellen und kultivierte Säugerzellen (s. Kap. 16).

15.2.6.1 **Eukaryotische Expressionsvektoren für Hefen**

Ähnlich wie prokaryotische Expressionsvektoren weisen Hefe-Expressionsvektoren einige Besonderheiten auf. Neben den Sequenzen für die Propagation und Selektion der Vektoren in *E. coli* sind hefespezifische Promotoren, Terminations- und Replikationssequenzen sowie Selektionsmarker erforderlich.

Hefe-Expressionsvektoren sind sowohl mit konstitutiv aktiven als auch mit induzierbaren Promotoren erhältlich. Zu den konstitutiven Promotoren gehört z. B. der GAP-Promotor des Glycerinaldehyd-3-phosphat-Dehydrogenase-Gens. Beispiele für induzierbare Promotoren sind. 1. der durch Methanol induzierbare AOX1-Promotor des Alkohol-Oxidase-Gens. Er eignet sich zur Proteinexpression in *Pichia pastoris*. 2. Die Galactose-induzierbaren Promotoren Gal1 und Gal10 zur Proteinexpression in *Saccharomyces cerevisiae*. 3. die Thiamin-induzierbaren Promotoren nmt1, nmt42 und nmt81 zur Proteinexpression in *Schizosaccharomyces pombe*.

Die Termination der Transkription ist in eukaryotischen Zellen ebenso wichtig wie in Prokaryoten. Beliebte Terminatoren von Hefe-Expressionsvektoren sind die entsprechenden Sequenzen, wie sie bei Auxotrophiegenen zu finden sind, z. B. ura4TT.

Um die Persistenz eines Vektors in der Hefe zu gewährleisten, muss dieser entweder die Fähigkeit besitzen, ins Genom zu integrieren oder, wenn er episomal vorliegt, autonom zu replizieren. Entsprechend werden Hefevektoren entweder als *yeast integrating plasmids* (YIp) oder als *yeast episomal plasmids* (YEp) bzw. *yeast replicating plasmids* (YRp) bezeichnet.

YIps integrieren mit einer geringen Frequenz über eine homologe Rekombination ins Genom der Hefe. Die Integrationseffizienz lässt sich durch die Linearisierung des Vektors deutlich um den Faktor 10 bis 50 erhöhen. Die Rekombination wird durch Auxotrophiemarker vermittelt, welche zum einen auf dem Vektor codiert sind, und zum anderen in mutierter Form im Hefegenom vorliegen. Dabei integriert meist nur eine Kopie des Vektors ins Genom der Hefe. Alternativ kann die homologe Rekombination über repetitive Sequenzen, wie z. B. TY (*transposon yeast*)-Elemente erfolgen, die verstreut im Genom der Hefe vorkommen. Hefeklone, die durch homologe Rekombination entstanden sind, weisen eine hohe Stabilität auf und eignen sich deshalb gut zur industriellen Produktion heterologer Proteine.

YEps dagegen besitzen eine Sequenz, die eine autonome Replikation in der Hefe gewährleistet: den 2 µm-Replikationsstartpunkt. Dieser stammt von einem 6,3 kb langen, natürlich vorkommendem Plasmid, welches episomal im Zellkern der meisten *Saccharomyces cerevisiae*-Stämme zu finden ist. Dieses Plasmid, welches als „2 µm-*Circle*" bezeichnet wird, liegt mit 50 bis 100 Kopien pro haploidem Genom vor und wird durch die Replikationsmaschinerie der Zelle einmal pro Zellzyklus repliziert. Der 2 µm-Circle codiert für die drei Gene *REP1*, *REP2* und *REP3*, welche für die Replikation des Plasmids essenziell sind. YEps können entweder das komplette 2 µm-Plasmid enthalten oder nur den Replikationsstartpunkt mit dem *in cis* liegenden Gen *REP3*. Jedoch muss dann die zu transformierende Hefe die Gene *REP1* und *REP2 in trans* aufweisen, um die Replikation des YEps zu gewährleisten. YEp-Transformanten sind oft instabil, da pro Generation 2 bis 10 Kopien des Vektors verloren gehen. Dies kann umgangen werden, indem die Vektoren einen mutierten Auxotrophiemarker tragen, dessen Expression wesentlich geringer ist als die des Wildtyp-Proteins. Um ein Wachstum im entsprechenden Selektionsmedium aufrecht zu erhalten, ist eine entsprechend höhere Kopienzahl des YEps notwendig.

Die Replikationsstartstellen von YRps werden als ARS (Autonom replizierende Sequenzen) bezeichnet. Diese stammen aus dem Genom der Hefe und entsprechen wahrscheinlich den natürlichen Replikationsstartpunkten. Das Hefegenom weist ca. 500 Replikons auf, die eine durchschnittliche Länge von 40 kb haben. Entsprechend viele ARS konnten bislang kloniert werden. Sie enthalten eine kurze Konsensusregion, die fast ausschließlich aus A-T-Paarungen besteht. Vektoren mit ARS-Sequenzen liegen nur in wenigen Kopien episomal im Hefezellkern vor.

Für die Selektion transformierter Hefen werden häufig Auxotrophiemarker wie leu2, ura3, trp1 oder his4 verwendet. Diese Gene codieren für Enzyme, welche Teilreaktionen essenzieller Stoffwechselwege katalysieren. Diese Gene sind rezessiv. Deshalb muss die zu transformierende Hefe defizient bezüglich des entsprechenden Auxotrophiemarker sein. Bei diploiden Stämmen müssen diese Mutationen deshalb homozygot vorliegen. Nach erfolgreicher Transformation können positive Klone in Minimalmedien (ohne Zusatz des essenziellen Stoffwechselprodukts) vermehrt werden.

Viele industriell verwendeten Hefestämme sind jedoch polyploid und weisen multiple Kopien der entsprechenden Gene auf. Transformierte Hefen können somit nicht mehr mittels eines Auxotrophiemarkers selektiert werden. Für diese Hefestämme müssen dominante Selektionsmarker verwendet werden, z. B. Gene, die Resistenzen gegenüber cytostatischen, bzw. cytotoxischen Substanzen vermitteln. Häufig wird das Blasticidin-Resistenzgen verwendet, da Blasticidin ein sehr breites Wirkungsspektrum besitzt. Es inhibiert spezifisch die Ausbildung der Peptidbindung während der Translation sowohl in Prokaryoten wie *E. coli* als auch in Eukaryoten (Hefen, Insekten- und Säugerzellen).

15.2.6.2 Eukaryotische Expressionsvektoren für Säugerzellen

Proteinexpressionen in Säugerzellen sind sehr aufwändig und kostenintensiv (s. Kap. 16). Die größte Schwierigkeit besteht oftmals im Einbringen der rekombinanten DNA in die Zellen. Je nach Zelltyp müssen dazu verschiedene methodische Ansätze gewählt werden. Bei einigen gebräuchlichen Zelllinien (s. Kap. 16) kann die DNA direkt transfiziert werden. In einigen Fällen muss aber die heterologe DNA mittels rekombinanter Viren in die Zellen transduziert werden.

Bei etablierten Zelllinien lassen sich, mittels kommerziell erhältlicher und auf den jeweiligen Zelltyp abgestimmter Transfektionsreagenzien, Transfektionseffizienzen bis zu 100% erreichen. In den letzten Jahren wurden aber auch verschiedene virale Expressionssysteme entwickelt, die die Proteinexpression in schlecht transfizierbaren Zellen ermöglichen. Für die Auswahl des passenden viralen Systems sind einige Kriterien zu beachten. Wichtig ist z. B., ob es sich um Zellen handelt, die noch in der Lage sind, sich zu teilen. Zudem sollte bedacht werden, ob eine transiente oder stabile Expression des rekombinanten Proteins beabsichtigt ist. Je nach Spezies des Wirts kann dann ein entsprechendes virales Expressionssystem ausgewählt werden (s. Tab. 15.1). Die Klonierungen von Genen in rekombinante virale Systeme sind oft sehr arbeits- und zeitaufwändig. Die anschließende Vermehrung und Reinigung der Viren ist zudem oft mit nicht unerheblichen Kosten verbunden.

Unabhängig von der Wahl eines Expressionssystems bieten moderne Vektoren eine Vielzahl von Möglichkeiten bezüglich der Regulation der Proteinexpression, der Modifikation und der Lokalisation des rekombinanten Proteins. Im Nachfolgenden werden wichtige funktionelle Bestandteile der eukaryotischen Expressionsvektoren besprochen.

Promotoren in eukaryotischen Expressionsvektoren für Säugerzellen   Für die Expression von Proteinen in Eukaryoten muss der einklonierten cDNA ein Promotor vorgeschaltet sein, welcher die Transkription in dem jeweiligen Zellsystem ermöglicht. Häufig werden dafür virale Promotoren eingesetzt, da diese eine starke, konstitutive Expression gewährleisten. Die bekanntesten Vertreter sind der CMV-Promotor des Cytomegalievirus und der SV40-Promotor des Simian Virus 40. Daneben findet man aber auch nichtvirale Promotoren, wie z. B. den Promotor des eukaryotischen Elongationsfaktors EF2alpha, welcher ebenfalls eine starke Expression des rekombinanten Proteins gewährleistet. Die konstitutive Expression von Proteinen kann aber durchaus ein Problem darstellen, da eine hohe Expression mancher Proteine cytotoxische Effekte haben kann. Ähnlich wie bei bakteriellen Expressionssystemen existieren für Säugerzellen regulierbare Expressionssysteme.

Das bekannteste ist das Tet-System®. Im Wesentlichen basiert es auf der Tetracyclin-abhängigen Regulation des Tetracyclinresistenz-Operons von *E. coli*. Die Transkription des Operons ist in Abwesenheit von Tetracyclin (Tc) durch das negative Regulatorprotein Tet-Repressor (TetR) inhibiert und wird erst durch Bindung von Tetracyclin an den TetR aktiviert. Beim Tet-System® bildet der Tet-Repressor mit der VP16-Aktivierungsdomäne des Herpes-Simplex-Virus ein Fusionsprotein. Dies überführt den Tet-Repressor in einen Aktivator der Transkription. Das Hybridprotein wird als Tetracyclin-kontrollierter Transaktivator (tTA) bezeichnet und ist auf einem der beiden Vektoren des Tet-Expressionssystems codiert. Der andere Vektor, auch als Antwortplasmid bezeichnet, enthält eine MCS für das zu klonierende Gen, dessen Transkription unter der Kontrolle des *Tetracyclin responsive elements* (TRE) steht. Ohne Zugabe von Tc bzw. Doxycyclin (Dox) wird das einklonierte Gen transkribiert und translatiert; gibt man jedoch eine der beiden Substanzen in das Medium der Zellen, so findet keine weitere Transkription statt. Diese Variante des Systems wird als *Tet-off* bezeichnet, da durch die Zugabe von Tc bzw. Dox die Expression abgeschaltet wird. Durch Einführung von Mutationen in das Tet-R/VP16AD-Fusionsprotein wurde ein reverser Tetracyclin-kontrollierter Transaktivator (rtTA) erzeugt, der die Transkription erst durch Zugabe von Tc oder Dox ermöglicht. Diese Variante wird entsprechend als *Tet-on* bezeichnet. Tet-Systeme gibt es heutzutage in verschiedenen Abwandlungen, u. a. auch als virale Expressionssysteme. Ein Problem, welches jedoch beachtet werden sollte, liegt in der Kultur der transgenen Zellen. Fetales Kälberserum, das den meisten Kulturmedien zugesetzt wird, kann nicht unerhebliche Mengen von Tetracyclinen (Tiermast) enthalten. Somit kann es zu einer ungewollten Repression bzw. Expression des rekombinanten Proteins kommen.

Terminationssequenzen in eukaryotischen Expressionsvektoren für Säugerzellen Die Termination der Transkription eukaryotischer Gene durch die RNA-Polymerase II ist nicht vollständig geklärt. Entscheidend für die Bildung einer translatierbaren mRNA ist aber bei den meisten Genen die Polyadenylierung des Primärtranskripts. Dieser Vorgang beinhaltet zwei Schritte: Die Abspaltung des Transkriptendes und die Anheftung der Poly(A)-Sequenz. Dazu werden mehrere Komponenten benötigt: ein nucleolytischer Enzymkomplex und die Poly(A)-Polymerase. Unabdingbar für die Polyadenylierung ist das Polyadenylierungssignal AAUAAA, welches 11 bis 30 Nucleotide stromaufwärts von der Polyadenylierungsstelle in eukaryotischen mRNAs (außer bei Hefen) lokalisiert ist. Einige Terminationsstellen sind jedoch gut charakterisiert. Dazu zählt die SV40-Terminationsstelle. Die Sequenz ist vergleichbar mit der Rho-unabhängigen, bakteriellen t-Stelle, wobei nach einer Haarnadel-bildenden Sequenz eine Folge von U-Basen zu finden ist. Eukaryotische Expressionsvektoren weisen nach der MCS stets Terminationsstellen, wie die des SV40, auf.

Sequenzen zur Replikation von eukaryotischen Expressionsvektoren in Säugerzellen Normalerweise besitzen Expressionsvektoren für die heterologe Proteinsynthese in Säugerzellen keine Replikationssequenzen. Um die Persistenz der Vektoren in den Zellen zu gewährleisten, müssen sie ins Genom integrieren. Dies passiert zufällig und mit einer sehr geringen Frequenz. Allerdings gibt es auch Ausnahmen. Einige Vektoren tragen den Replikationsstartpunkt (*origin*) des SV40. Diese Vektoren liegen zwar nach Transfektion ebenfalls episomal vor, werden jedoch in bestimmten Zelllinien repliziert. Dazu gehören die Zelllinien COS1 und COS7 (**C**V1 *transformed with an origin defective mutant of S*V40), welche das große T-Antigen des SV40 exprimieren und dadurch die Replikation vom SV40-Origin gewährleisten.

Gene zur Selektion stabil transfizierter Zellklone Vektoren für die heterologe Genexpression in Säugerzellen enthalten oftmals neben der bereits besprochenen Antibiotikaresistenz, welche die Selektion in Bakterien ermöglicht, Resistenzgene gegen bestimmte cytostatische bzw. cytotoxische Substanzen, die eine Selektion stabil transfizierter Zellklone (Tab. 15.3) ermöglichen. Diese Selektionsgene sind ebenfalls von einem Promotor und einer Terminationssequenz flankiert, welche die korrekte Transkription und Translation gewährleisten. Eine Ausnahme dabei bilden Vektoren mit einer internen Ribosomenbindungstelle (IRES). Die IRES-Sequenz ist eine etwa 600 bp lange Sequenz, welche aus dem Genom des Encephalomyokarditis-Virus (EMCV) isoliert wurde. Sie ermöglicht die Translation einer mRNA, unabhängig von der 5′-Cap. IRES-Vektoren haben nur einen Promotor, gefolgt von der MCS zur Klonierung des gewünschten DNA-Fragments, anschlie-

Tab. 15.3 Gebräuchliche cytostatische bzw. cytotoxische Selektionsmarker

Cytostatikum	Wirkungsweise	Konzentration
G418 Geneticin	blockiert die Polypeptidsynthese, verhindert die Kettenverlängerung während der Translation	100–800 µg/ml
Bleomycin	bildet Komplexe mit der DNA, verursacht Strangbrüche	10–100 µg/ml
Hygromycin B	blockiert die Polypeptidsynthese, verhindert die Kettenverlängerung während der Translation	25–1000 µg/ml
Puromycin	inhibiert die Proteinsynthese	10–100 µg/ml

ßend folgt die IRES-Sequenz, dann das Resistenzgen und abschließend die Terminationsstelle. Das ganze Konstrukt wird in Form einer einzigen bi-cistronischen mRNA abgelesen. Während der Translation binden die Ribosomen zum einen an das Start-Codon der einklonierten DNA, und zum anderen an die interne Ribosomenbindungsstelle; somit entstehen zwei verschiedene Proteine von einer mRNA.

Fusionssequenzen in eukaryotischen Expressionsvektoren für Säugerzellen Die heterologe Genexpression in Säugerzellen dient selten dazu, große Mengen homogen gereinigtes Protein zu erhalten. Meist stehen hier Funktionsuntersuchungen im Vordergrund. Diese beinhalten u. a. Untersuchungen zur intrazellulären Lokalisation des Proteins, zu Interaktionen mit anderen Proteinen und zur Regulation einer enzymatischen Aktivität. In der Regel ist dabei der spezifische Nachweis des rekombinanten Proteins mittels immunologischer Methoden unverzichtbar. Da jedoch nicht für jedes Protein ein spezifischer Antikörper kommerziell erhältlich ist und die Auftragssynthese von Antikörpern teuer und langwierig ist, bieten viele Expressionsvektoren die Möglichkeit, „getaggte" Proteine zu exprimieren. Im Gegensatz zu den Fusionsanteilen prokaryotischer Expressionsvektoren, welche besonders kostengünstigen Affinitätsreinigungen Rechnung tragen, ist das wichtigste Kriterium der kurzen Peptid-Tags vieler eukaryotischer Expressionsvektoren ihre Antigenizität. Die am häufigsten verwendeten immunogenen Tags sind: der c-myc-Tag, der Hämaglutinin (HA)-Tag und der Flag-Tag, deren wichtigste Eigenschaften in Tab. 15.4 zusammengefasst sind. Eine Ausnahme bilden Fusionsanteile, die zu den sog. *Living-Color*-Proteinen gehören. Diese Proteine emittieren nach Anregung durch Licht mit kurzer Wellenlänge energieärmeres Licht, welches mit Filtern für definierte Wellenlängen sichtbar gemacht werden kann. Das bekannteste Beispiel ist das grüne Fluoreszenzprotein (*green fluorescent protein,* GFP) der Qualle *Aequorea victoria.* Dieses 238 Aminosäuren lange Protein hat ein Molekulargewicht von ca. 30 kDa und ist somit ein Schwergewicht unter den Tags eukaryotischer Expressionsvektoren. Der unumstrittene Vorteil besteht in der einfachen Detektion der Fusionsproteine in der Zelle mittels der Fluoreszenzmikroskopie (s. Kap. 19). Jedoch kann der große Fusionsanteil störend auf die Lokalisation, Interaktion und Funktion des Proteins wirken.

Tab. 15.4 Häufig verwendete antigene Fusionsanteile (Tags)

Tag	Sequenz	Lokalisation	Maximale Wiederholung
c-myc	EQKLISEEDL	N/C/intern	2×
Flag	DYKDHD	N/C	3×
HA	YPYDVPDYA	N/C	3×

N = N-terminal, C = C-terminal.

15.2.6.3 Virale Expressionssysteme für Säugerzellen

Als Alternative zur Transfektion von Säugerzellen stehen verschiedene virale Vektorsysteme (Tab. 15.5) zur Verfügung, die vor allem zum Einbringen heterologer DNA in ansonsten schlecht transfizierbare Zelltypen verwendet werden.

Adenovirale Expressionssysteme Rekombinante adenovirale Systeme leiten sich vom Ad5-Virus ab. Sie sind in der Lage, eine Vielzahl von Säugerzellen unabhängig von ihrer Teilungsfähigkeit zu infizieren. Wildtyp-Adenoviren enthalten eine doppelsträngige lineare DNA als Genom mit einer Länge von 32–36 kb. Das Genom rekombinanter Adenoviren ist meist deletiert im Gen E1, zum einen um Platz für die rekombinante DNA zu schaffen, zum anderen um replikationsdefiziente Viren zu erzeugen. Normalerweise wird das zu exprimierende Gen zunächst in einen Shuttle-Vektor kloniert, der in *E. coli* mit dem deletierten adenoviralen Genom rekombiniert. Dieses rekombinante Adenovirusgenom wird anschließend linearisiert und in eine Verpackungszelllinie (z. B. HEK-293) transfiziert, welche für die deletierten Bereiche des Adenovirusgenoms *in trans* codiert. Die Verpackungszelllinie ist somit in der Lage, replikationsdefiziente Adenoviren zu produzieren. Ein entscheidender Vorteil der Adenoviren liegt in der Regulierbarkeit der Expressionshöhe des heterologen Proteins in der Wirtszelle. Zum einen sind Vektoren mit induzierbaren Promotoren für die Genexpression kommerziell erhältlich, zum anderen bestimmt das Verhältnis von Virenanzahl zur Zellzahl die Expressionshöhe des Proteins, da eine Zelle mehrere Viren gleichzeitig aufnehmen kann. Dies erlaubt zudem, eine Zelle mit unterschiedlichen rekombinanten Adenoviren zu infizieren und damit mehrere Proteine gleichzeitig rekombinant zu exprimieren.

Das Adenovirusgenom liegt in Säugerzellen episomal vor. Dies ist vor allem bei teilungsfähigen Zellen ein großer Nachteil, da während des Zellzyklus die Information für die heterologe Genexpression verloren geht.

Retrovirale Expressionssysteme Retroviren sind RNA-Viren, die über ein DNA-Intermediat (Provirus), das sich stabil in das Genom der infizierten Zelle integrieren kann, replizieren. Das Genom replikationskompetenter Retroviren besteht aus zwei identischen, einzelsträngigen RNA-Molekülen mit einer Länge von 7–10 kb. Rekombinante Retroviren stammen meist von murinen Vertretern ab, wie z. B.

Tab. 15.5 Virale Expressionssysteme für Säugerzellen

Virus	Vorteile	Nachteile	Kommerzielle Systeme
Adenoviren	– Hohe Infektionsraten verschiedener Zelltypen, besonders geeignet für sich nicht teilende Zellen – Die Expressionsstärke ist steuerbar über das Verhältnis von Virus zu Zelle – Codieren oft für zusätzliche Markerproteine (z. B. EGFP = *E*nhanced *G*reen *F*luorescent *P*rotein)	– Aufwändig in der Klonierung – Kostenintensiv in der Amplifikation und Reinigung – Gene können nur bis zu einer bestimmten Größe einkloniert werden (ca. 7–9 kb) – Unterliegen den Bestimmungen der Sicherheitsstufe S2	– AdenoX® – ADEasy-System®
Retroviren	– Einfache Klonierung – Einfache Generierung stabiler Zellklone	– Keine Infektion teilungsunfähiger Zellen – Je nach Tropie unterliegen sie der biologischen Sicherheitsstufe S1 oder S2	ViraPort®
Lentiviren	– Einfache Klonierung – Stabile Integration ins Genom – Infektion teilungsfähiger und -unfähiger Zelltypen – Breite Wirtsspezifität	– Unterliegen der Sicherheitsstufe 2	– ViraPower® Lenviral Expression-System
Semliki-Forest/ Sindbis-Viren	– Breites Wirtsspektrum – Hohe Expression von rekombinanter RNA bzw. Protein	– Cotransfektionen von *in vitro* transkribiertem Expressionsvektor und Helfervektor unterliegen der biologischen Sicherheitsstufe 2 – Beschränkte Aufnahmekapazität des Expressionsvektors	

dem *Moloney murine leukemia virus* (MoMLV). Ihr Wirtsspektrum ist abhängig vom exprimierten Hüllprotein und kann in mehrere Kategorien unterteilt werden. Am häufigsten werden ecotrope Retroviren verwendet, welche nur Zellen von Mäusen und Nagern infizieren können, und amphotrope Retroviren, welche ein sehr breites Wirtsspektrum, einschließlich humaner Zellen, haben.

Das retrovirale Expressionssystem besteht aus zwei Komponenten, dem retroviralen Vektor und einer Verpackungszelllinie. Der retrovirale Vektor besitzt neben den essenziellen Bestandteilen von Vektoren, die in *E. coli* amplifiziert und selektiert werden, eine MCS für das heterologe Gen, das retrovirale Verpackungssignal Y und die flankierenden, retroviralen LTRs (*long terminal repeats*). Die Verpackungszelllinie stellt die retroviralen Proteine zur Verfügung. Die Transfektion der Verpackungszelllinie mit dem rekombinanten, retroviralen Vektor führt zur Bildung replikationsdefizienter Virionen, mit denen sich je nach Wirtsspektrum verschiedene Zelltypen infizieren lassen. Die Eigenschaft von Retroviren, in das Genom der infizierten Zelle zu integrieren, erleichtert oftmals die Herstellung stabiler Zellklone. Jedoch infizieren rekombinante Retroviren, welche sich vom MoML-Virus ableiten, nur teilungsfähige Zellen.

Eine Ausnahme sind die zur Familie der Retroviren gehörenden Lentiviren. Rekombinante Lentiviren basieren auf dem Humanen Immundefizienz-Virus 1 (HIV 1). Sie sind in der Lage, ein breites Spektrum an Säugerzellen zu infizieren. Dazu gehören auch nichtteilungsfähige Primärzellen. Die breite Wirtsspezifität des kommerziell erhältlichen Virapower-Systems® beruht auf dem Austausch des HIV 1-eigenen Hüllproteins (env = *envelope*) durch das Hüllglykoprotein G des Vesikulär-Stomatitis-Virus (VSV-G). Ähnlich wie bei MoML-Viren wird das zu exprimierende Gen bei diesem System in einen retroviralen Shuttle-Vektor kloniert. Anschließend wird dieser mit drei weiteren Vektoren, welche für die viralen Proteine codieren, in eine Verpackungslinie transfiziert. Das Verpackungssignal ist ausschließlich auf dem Shuttle-Vektor lokalisiert, sodass keine hochpathogenen Wildtypviren entstehen können.

Semliki-Forest-Viren (SFV)/Sindbis-Viren   Diese beiden Virenarten gehören zur Familie der Togaviridae. Sie besitzen als Genom eine Einzelstrang-RNA von positiver Polarität. Diese Viren gewinnen bei der heterologen Expression großer Mengen an RNA bzw. Protein zunehmend an Popularität. Sie weisen ein breites Wirtsspektrum auf, das von Insektenzellen bis hin zu Säugerzellen reicht. Rekombinante SFV-Systeme bestehen aus zwei Komponenten, einem Expressionsvektor und einem Helfervektor. Der Expressionsvektor codiert für alle Nicht-Strukturgene und das Verpackungssignal. Er enthält jedoch keine Sequenzen viraler Strukturproteingene. Die Transkription des Genoms steht unter der Kontrolle des SP6-Promotors aus Bakteriophagen. In dieses Plasmid wird das zu exprimierende Gen hinter den subgenomischen Promotor kloniert. Das Helferplasmid codiert für die viralen Strukturproteine unter Kontrolle des SP6-Bakteriophagen-Promotors.

Die heterologe Proteinexpression kann auf zwei Arten erfolgen. Zum einen kann das Expressionsplasmid *in vitro* mittels des SP6-Promotors transkribiert werden und anschließend die RNA in eukaryotische Zellen transfiziert werden. In der Zelle wird nun das virale Genom repliziert, und es entsteht dabei eine große Menge mRNA des insertierten heterologen Gens, die anschließend translatiert wird. Zum anderen kann der *in vitro* transkribierte Helfervektor mit dem transkribierten Expressionsvektor in eukaryotische Zellen transfiziert werden, wobei es zur Bildung von rekombinanten, replikationsdefizienten Viren kommt. Mit diesen Viren können eukaryotische Zellen infiziert werden, die daraufhin das rekombinante Protein stark exprimieren.

15.2.7
**Nonvirale Einbringung heterologer DNA in Wirtsorganismen
(Transformation, Transfektion)**

15.2.7.1 Transformation von Prokaryoten

Unabhängig vom Klonierungssystem müssen viele rekombinante Vektoren zur Amplifikation in Bakterien transformiert werden. Dafür stehen verschiedene methodische Ansätze zur Verfügung. Am häufigsten werden chemische Transformationen mit oder ohne Inkubation bei erhöhter Temperatur (42 °C), dem sog. Hitzeschock, und die Elektroporation angewandt.

Jeder Transformationsreaktion geht die Herstellung entsprechend kompetenter Bakterien voraus. Diese werden aus Bakterienkulturen gewonnen, die in der logarithmischen Wachstumsphase geerntet und anschließend mit eiskaltem Wasser-Glycerol(20%)-Gemischen ausreichend gewaschen wurden. Bei der Elektroporation werden die gewaschenen Bakterien direkt verwendet. Bei anderen Transformationsmethoden werden spezifische Reagenzien (s. unten) zugegeben. Kompetente Bakterien können bis zu ihrem Gebrauch ohne Effizienzverluste bei –80 °C gelagert werden.

Die Elektroporation   Die Elektroporation, bei der die Bakterienzellwand mittels eines starken Strompulses (2,5 kV, 25 µF, 200 Ohm, ca. 5 ms) kurzzeitig durchlässig für heterologe DNA gemacht wird, ist die effektivste Methode zur Transformation von Bakterien. Ihre Effizienz liegt etwa bei 10^7 bis 10^{10} Kolonien pro µg DNA und damit um einen Faktor 10 bis 100 höher als die der chemischen Transformationen. Jedoch hat diese Methode auch Nachteile. Zum einen muss ein Elektroporator inklusive der entsprechenden Küvetten vorhanden sein, zum anderen stören Salze in der Vektorpräparation die Elektroporation empfindlich. Erhöhte Salzkonzentrationen sind z. B. häufig bei der Transformation von Ligationsansätzen wegen der enthaltenen Puffersubstanzen der Reaktion zu erwarten. Eine Aufreinigung des Ligationsansatzes mittels Chloroformextraktion oder Alkoholfällung kann allerdings zur Entfernung der Salze herangezogen werden, geht jedoch mit Verlusten an Vektor-DNA einher.

Chemische Transformationen   Mit chemischen Transformationen können je nach verwendeter Methode Transformationseffizienzen von 10^6 bis 10^8 Kolonien pro µg DNA erreicht werden. Am häufigsten werden $CaCl_2$-haltige Puffer und TSS (*transformation and storage solution*) zur Transformation verwendet. Die Vorinkubation der Bakterien mit $CaCl_2$ schädigt die Bakterienwände und erleichtert dadurch die Aufnahme der heterologen DNA während des Hitzeschocks. Ähnlich verhält es sich bei der Transformation mit TSS. Dieses enthält das zellwandschädigende Reagens Dimethylsulfoxid. Auf den Hitzeschock kann bei der Transformation mit TSS verzichtet werden.

15.2.7.2 Transformation von Hefezellen

Es gibt mehrere gebräuchliche Methoden zur Transformation von Hefen. Neben der Elektroporation und der umständlichen Präparation von Sphäroblasten wird die Methode der Lithiumacetat-vermittelten Transformation am häufigsten angewandt. Bei dieser Methode werden kompetente Hefezellen durch Waschen in einer Lithiumacetatlösung hergestellt. Die Vektor-DNA wird mit einem Überschuss an Träger-DNA (z. B. Heringssperma-DNA) gemischt und zusammen mit einem Polyethylenglykol-Lithiumacetat-Gemisch zu den Zellen gegeben. Durch Zusatz von Dimethylsulfoxid und Erwärmung auf 42 °C (Hitzeschock) wird die Polyglykanhülle und die Plasmamembran der Hefen durchlässig für die heterologe DNA.

15.2.7.3 Transfektion von Säugerzellen

Als Transfektion wird das Einbringen heterologer DNA in Säugerzellen bezeichnet. Im Gegensatz zur bakteriellen Transformation wird die DNA in der Regel nicht „nackt" in die Säugerzellen eingebracht, sondern in Form von Präzipitaten, Komplexen mit Polymeren oder verpackt in Lipidvesikel aktiv aufgenommen.

Calciumphosphat-vermittelte Transfektion Calciumionen binden an die Phosphatgruppen des Rückgrats der DNA-Helix und bilden dadurch unlösliche Komplexe (Präzipitate). Nach Aufbringen auf die Zellen werden diese aktiv durch Endocytose aufgenommen. Vorteilhaft bei dieser Methode ist, dass nahezu alle Zellen transfizierbar sind. Die Effizienz dieser Transfektionsmethode variiert allerdings sehr stark zwischen verschiedenen Zellen.

Liposomale Transfektion Für gängige Zelllinien sind optimierte liposomale Transfektionsreagenzien kommerziell erhältlich. Je nach Ladung werden sie in kationische und anionische Liposomen unterteilt. Kationische Liposomen bilden aufgrund der unterschiedlichen Ladungen einen stabilen Komplex mit der DNA. Bei anionischen Liposomen liegt die DNA im Inneren der Vesikel eingeschlossen vor. Liposomen werden ebenfalls durch Endocytose aufgenommen.

Elektroporation Die Elektroporation unterscheidet sich grundsätzlich in zwei Punkten von den bisher beschriebenen „biologischen" Transfektionsmethoden: 1. Die zu transfizierende DNA ist nicht verpackt oder liegt in Komplexen vor. 2. Die Aufnahme der DNA erfolgt nicht aktiv über physiologische Zellvorgänge, sondern wird durch einen physikalischen Impuls ausgelöst.

Die Elektroporation von Säugerzellen erfolgt prinzipiell ähnlich wie bei Prokaryoten. Adhärente Zellen werden zuvor in Suspension gebracht und in einem physiologischen Phosphatpuffer mit der heterologen DNA inkubiert. Ein kurzer elektrischer Impuls öffnet die Zellmembranen und ermöglicht das Eindringen der DNA in die Zellen. Diese Methode erlaubt die Transfektion eines breiten Zellspektrums mit oftmals höheren Transfektionseffizienzen als die „biologischen" Methoden. Jedoch müssen die experimentellen Bedingungen für jede Zelle neu festgelegt werden.

15.3
Weiterführende Literatur

AUSUBEL, F. M. (2001) *Current Protocols in Molecular Biology.* Wiley InterScience, Hoboken, NJ.

BERGER, S. L., KIMMEL, A. R. (1987) Guide to molecular cloning techniques. *Methods Enzymol.* Bd. 152.

GOEDDEL, D. V. (ed.) (1990) Gene expression technology. *Methods Enzymol.* Bd. 185.

KAUFMAN, R. J. (2000) Overview of vector design for mammalian gene expression. *Mol. Biotechnol.* 16, 151–160.

SAMBROOK, J., RUSSELL, D. W. (2000) *Molecular Cloning: A Laboratory Manual,* 3. Aufl. Cold Spring Harbor Press, Cold Spring Harbor, NY.

VAN CRAENENBROECK, K., VANHOENACKER, P., HAEGEMAN, G. et al. (2000) Episomal vectors for gene expression in mammalian cells. *Eur. J. Biochem.* 267, 5665–5678.

16
Expression rekombinanter Proteine

Für die biotechnologische Forschung und Produktion ist die Möglichkeit, Gene in diversen Systemen (Bakterien, Hefen, tierische oder pflanzliche Zellen) zu exprimieren und rekombinante Proteine herzustellen, von ganz besonderem Interesse. Dieses Kapitel beschreibt die wichtigsten der verschiedenen Systeme, die sich in der Praxis bewährt haben.

16.1
Einleitung

Die vollständige Sequenzierung des menschlichen Genoms stellt neue Herausforderungen an die Naturwissenschaft und Medizin. Die Vielzahl an genomischen Sequenzen werden zurzeit mit den Methoden der Bioinformatik (s. Kap. 24) analysiert, um damit Vorhersagen über die Expression von Proteinen zu machen. Ein gebräuchlicher Weg, um Daten zur Funktion und Struktur unbekannter Proteine zu erhalten, ist die zu untersuchenden Gene rekombinant zu exprimieren. In vielen Fällen muss das rekombinante Protein anschließend isoliert werden, sodass es hochrein, in hoher Konzentration und biologisch aktiv vorliegt. Ist die Anreicherung des gewünschten Proteins erfolgreich verlaufen, folgen z. B. Kristallisation, Röntgenstrukturanalysen, NMR und Protein-Protein-Interaktionsstudien (s. Kap. 23). Die Produktion reiner Proteine, z. B. monoklonaler Antikörper und ihrer Derivate, zur medikamentösen Verwendung hat in den letzten Jahren sprunghaft zugenommen. Da zu erwarten ist, dass auch in Zukunft eine verstärkte Nachfrage nach therapeutisch wirksamen Proteinen besteht, wird sicherlich die Entwicklung neuer, einfacher und preisgünstiger Expressions- und Reinigungssysteme vorangetrieben werden. Zurzeit werden für die Entwicklung therapeutisch wirksamer Proteine (Biopharmaka) von der präklinischen Phase bis zum fertigen Produkt 7 bis 12 Jahre Entwicklung benötigt. Der finanzielle Aufwand bis zur Marktreife eines Produkts ist im Vergleich zu niedermolekularen Wirkstoffen sehr groß. Dennoch, bei einem Umsatzpotenzial von 1 Million US-Dollar pro Tag, wird dies ein Markt der Zukunft sein.

Wie in Kap. 7 dargestellt, ist eine Anreicherung von Proteinen auf ihrem natürlichen Expressionsniveau aus Organismen, Geweben oder Zellen meist

Molekulare Biotechnologie: Konzepte und Methoden.
Herausgegeben von M. Wink
Copyright © 2004 WILEY-VCH Verlag GmbH & Co. KGaA, Weinheim
ISBN: 3-527-30992-6

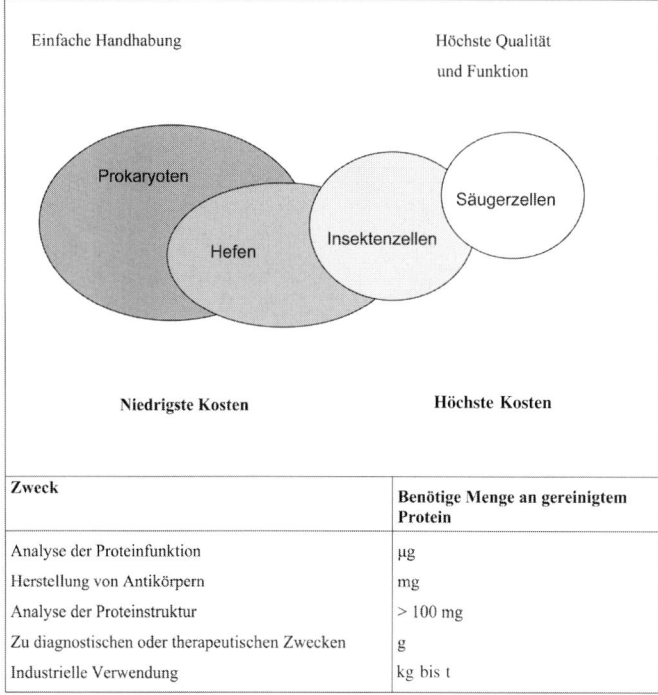

Einfache Handhabung   Höchste Qualität
                                   und Funktion

Prokaryoten

Säugerzellen

Insektenzellen

Hefen

Niedrigste Kosten   **Höchste Kosten**

Zweck	Benötige Menge an gereinigtem Protein
Analyse der Proteinfunktion	µg
Herstellung von Antikörpern	mg
Analyse der Proteinstruktur	> 100 mg
Zu diagnostischen oder therapeutischen Zwecken	g
Industrielle Verwendung	kg bis t

Abb. 16.1 Worin rekombinante Proteine exprimieren?

schwierig und sehr aufwändig. Abhilfe bieten hier prinzipiell zwei Methoden: 1. die heterologe Expression des betreffenden Proteins in einem Wirtsorganismus (*host*) mit einem speziellen Expressionssystem; 2. die zellfreie *In-vitro*-Translation mithilfe zellulärer Lysate z. B. Reticulocytenlysate bzw. *Escherichia coli*-Lysate. Aus der Vielzahl an Expressionssystemen, von denen die meisten kommerziell erhältlich sind, gilt es daher das richtige auszuwählen. Entscheidend für die Auswahl sind zunächst, neben Kosten und Arbeitsaufwand für die durchzuführenden Arbeiten (Abb. 16.1), bereits bekannte bzw. vermutete Eigenschaften des Proteins.

16.2
Expression von rekombinanten Proteinen in Wirtsorganismen

Bakterielle Expressionssysteme werden sehr häufig verwendet, da sie wenig Kosten verursachen und der Zeitaufwand im Vergleich zu anderen Systemen gering ist. Zudem ist die Ausbeute an rekombinantem Protein sehr hoch. Die Überexpression in *E. coli* ist wohl am geläufigsten. Es ist eine Vielzahl für alle Facetten der Proteinexpression optimierter *E. coli*-Stämme kommerziell erhältlich. Außerdem steht dem Anwender eine große Zahl an Expressionsvektoren (s. Kap. 15) mit unterschiedlich regulierten Promotoren zur Verfügung. Aber auch andere

Bakterien, wie z. B. *Staphylococcus, Bacillus, Caulobacter, Pseudomonas* oder Streptomyceten werden zu diesem Zweck eingesetzt. Bakterielle Expressionssysteme haben den entscheidenden Nachteil, dass die rekombinanten Proteine nicht posttranslational modifiziert werden können. Viele eukaryotische Proteine benötigen aber eine posttranslationale Modifikation. Als Alternative stehen verschiedene Expressionssysteme der Hefen zur Verfügung (z. B. in *Saccharomyces cerevisiae* oder *Pichia pastoris*), die einige der Modifikationen durchführen können. Da Hefen aber z. B. nicht korrekt glykosylieren, müssen bestimmte Proteine z. B. in Insekten- (z. B. Sf9-Zellen) oder Säugerzellen (z. B. CHO-Zellen) angereichert werden. Diese Zellkulturverfahren sind schwieriger in der Handhabung, benötigen einen deutlich erhöhten Arbeitsaufwand und sind kostenintensiv. Eine Übersicht über gebräuchliche Expressionssysteme und ihre Vor- und Nachteile ist in Tab. 16.1 dargestellt.

Ist die DNA-Sequenz des zu untersuchenden Proteins bekannt, wird oft eine Peptidsequenz von definierter Größe und mit bekannten Eigenschaften, ein sog. *Tag*, in das gewünschte Protein an- oder eingefügt. Mithilfe des Tags lassen sich die rekombinanten Proteine oft in einem Affinitätschromatographie-Schritt aufreinigen (s. Kap. 7). In den letzten Jahren ist eine Vielzahl an Tags entwickelt worden. Sie lassen sich generell einteilen in kurze Tags bis zu einer Länge von 15 Aminosäuren und längere Tags. Lange Tags, wie z. B. die Gluthation-S-Transferase (GST), das Maltose-Bindeprotein, die Chitin-Bindedomäne oder das Calmodulin-Bindepeptid haben den Nachteil, dass sie möglicherweise mit dem zu untersuchenden Protein interagieren können und somit Einfluss auf dessen Funktionalität haben könnten. Zudem stören sie bei einer eventuell geplanten Kristallisation und sind stark immunogen. Aus diesem Grund werden oft kommerziell erhältliche Expressionsvektoren verwendet, die Schnittstellen für Endoproteasen in die Peptidsequenz zwischen Tag und dem zu reinigenden Protein einführen. Nach der Aufreinigung kann das Tag mit dieser Protease abgespalten werden. Dies bedeutet neben der Gefahr, dass die Protease gegebenenfalls auch in der eigentlichen Proteinsequenz schneidet, einen zusätzlichen Arbeitsschritt, der oft mit einem Verlust an Protein verbunden ist.

Kleine Tags hingegen sind weniger immunogen bei einer Applikation des rekombinanten Proteins im Organismus und müssen deshalb, z. B. zur Erzeugung von spezifischen Antikörpern, nicht unbedingt vorher mit einer Protease abgespalten werden. Am ältesten ist das His-Tag, welches aus 6 bis 12 aufeinander folgende Histidinen bestehen kann. Fusionsproteine mit diesem Tag lassen sich über immobilisierte Metall-Ionenaffinitäts-Chromatographie (IMAC) (s. Kap. 7) aufreinigen. Eine Alternative zum His-Tag ist das Strep-Tag II (WSHPQFEK), das eingesetzt wird, um unter physiologischen Bedingungen bioaktive Proteine anzureichern. Fusionsproteine mit dem Strep-Tag II binden in der Biotin-Bindetasche eines modifizierten Streptavidins (Strep-Tactin®) mit einer Affinitätskonstante von 10^{-6} mol/l. Eine Übersicht über Vor- und Nachteile der gebräuchlichsten Tags (GST- und His$_6$-Tag), die in nahezu allen Expressionssystemen verwendet werden können, ist in Tab. 16.2 angegeben.

Tab. 16.1 Vergleich verschiedener prokaryotischer und eukaryotischer Wirtsorganismen zur Expression rekombinanter Proteine

Wirtsorganismus	Vorteile	Nachteile
Bakterien, z. B. *Escherichia coli*	Viele Referenzen und viel Erfahrung vorhanden	Nach der Translation ist keine Modifikation mehr möglich
	Große Auswahl an Klonierungsvektoren	Die biologische Aktivität und Immunogenität kann vom natürlichen Protein abweichen
	Die Proteinexpression kann leicht kontrolliert werden	
	Sind leicht und mit hohen Ausbeuten zu kultivieren (das Produkt kann bis zu 50% des gesamten Zellproteins ausmachen)	Hoher Gehalt an Endotoxinen in gramnegativen Bakterien
	Das Produkt kann so modifiziert werden, dass es in das Wachstumsmedium sezerniert wird	
Bakterien, z. B. *Staphylococcus aureus*	Sezerniert Fusionsproteine ins Wachstumsmedium	Ergibt nicht so hohe Ausbeuten wie *E. coli*
		Pathogenität
Hefen	Keine Endotoxine nachweisbar	Die Proteinexpression ist schwieriger zu kontrollieren als bei Bakterien
	Wird generell als ein biologisch sicherer Organismus betrachtet (GRAS)	
	Die Fermentation ist relativ billig	Die Glykosylierung ist nicht identisch mit der von Säugerzellen
	Erlaubt Glykosylierung und Bildung von Disulfidbrücken	
	Nur 0,5% der endogenen Proteine werden sezerniert, deshalb ist die Isolierung sezernierter Produkte einfach	
	Gut etablierte Methoden zur Massenproduktion und weiteren Aufarbeitung	
Kultivierte Insektenzellen, Baculovirus als Vektor	Die posttranslationalen Modifikationen erfolgen ähnlich wie bei Säugerzellen	Der Mechanismus der Glykosylierung ist noch nicht völlig geklärt
	Biologisch sicher, da nur wenige Arthropoden (Gliederfüßer) geeignete Wirtstiere für das Baculovirus sind	Rekombinante Proteine sind nicht immer voll funktionsfähig
	Produkte, die mit Baculovirus-Vektoren hergestellt werden, haben die FDA-Zulassung für Klinische Studien	Es gibt geringe Unterschiede in der Funktion und der Antigenität zwischen dem rekombinanten und dem natürlichem Protein
	Das Virus stoppt die Proteinherstellung der Wirtszellen. Gute Ausbeute an rekombinantem Protein	

Tab. 16.1 (Fortsetzung)

Wirtsorganismus	Vorteile	Nachteile
Säugerzellen	Gleiche biologische Aktivität wie bei natürlichen Proteinen	Die Zellen sind schwierig und teuer zu kultivieren
	Säuger-Expressionsvektoren stehen in großer Zahl zur Verfügung	Zellen wachsen langsam
	Können in großen Mengen kultiviert werden (*large scale cultures*)	Manipulierte Zellen können genetisch instabil sein
		Geringe Ausbeuten im Vergleich zu Mikroorganismen
Pilze, z. B. *Aspergillus* sp.	Gut etablierte Fermentationsmethoden für Schimmelpilze	Bisher wurden noch keine hohen Expressionsraten erreicht
	Preiswerte Kultur	Genetisch noch nicht gut charakterisiert
	Aspergillus niger wird als biologisch sicher betrachtet (GRAS)	Keine Klonierungsvektoren verfügbar
	Kann große Mengen an Produkt ins Kulturmedium sezernieren, viele industriell hergestellte Enzyme werden aus Schimmelpilzen gewonnen	
Pflanzen	Reicht in großer Menge zu produzieren	Geringe Transformationseffizienz
		Lange Erzeugungsraten

16.2.1
Expression in *E. coli*

Es gibt eine Vielzahl von Expressionsvektoren sowie entsprechend adaptierte *E. coli*-Stämme für die Expression von Fremdproteinen. Die meisten Vektoren enthalten die folgenden Elemente, deren Funktion im Einzelnen in Kap. 15 besprochen wird:

1. Einen regulierbaren Promotor, z. B. den T7-Polymerase-Promotor. Der ideale Promotor zur Expression eines rekombinanten Proteins in bakteriellen Systemen erlaubt hohe Syntheseraten bei gleichzeitig guter Regulierbarkeit. Letzteres ist nötig, um die Stoffwechselbelastung der Organismen in der Anzuchtphase so gering wie möglich zu halten und die oftmals toxischen Effekte der überproduzierten Proteine zu minimieren. Zudem sollte ein System aber auch nicht zu komplex aufgebaut und leicht sowie kostengünstig induzierbar sein. Zu den häufig verwendeten gehören klassische Beispiele wie Promotoren die den Tryptophan-Repressor (*trp*), den Lactose-Repressor (*lac*) oder den Lambda-CI-Repressor (P$_L$) enthalten.
2. Eine synthetische Ribosomenbindungsstelle zur Initiation der Translation.

Tab. 16.2 Vergleich der Eigenschaften der beiden gebräuchlichsten Modifikationen zur Expression und Aufreinigung rekombinanter Proteine aus zellulären Systemen

GST-Tag	(HIS)$_6$-Tag
Kann für jedes Expressionssystem benutzt werden	Kann für jedes Expressionssystem benutzt werden
Die Aufreinigung liefert hohe Ausbeuten	Die Aufreinigung liefert hohe Ausbeuten
Eine Auswahl an Aufreinigungsprodukten ist für jeden Maßstab erhältlich	Eine Auswahl an Aufreinigungsprodukten ist für jeden Maßstab erhältlich
Spezifische Proteasen ermöglichen ein Entfernen des Tags, falls dies erforderlich ist	Ein kleines Tag muss nicht unbedingt entfernt werden; ist z. B. das Tag kaum immunogen, so kann der Fusionspartner direkt als Antigen, bei einer Antikörperproduktion, benutzt werden
GST-Tags sind durch enzymatische Bestimmung oder immunologischen Nachweis leicht detektierbar	
Einfache Aufreinigung, sehr schonende Elution, die das Risiko, die Funktion und Antigenwirkung des Zielproteins zu beschädigen, minimiert	Spezifische Proteasen ermöglichen ein Entfernen des Tags, falls dies erforderlich ist
	Vorzuziehen sind Enterokinasestellen, die ein Ausschneiden des Tags ohne zurückbleibende Aminosäuren ermöglichen
Das GST-Tag hilft unter Umständen die Faltung des rekombinanten Proteins zu stabilisieren	(His)$_6$-Tags sind leicht immunochemisch detektierbar
Verbessert die Löslichkeit hydrophober Proteine	Einfache Aufreinigung, aber die Elutionsbedingungen sind nicht so schonend wie für GST-Fusionproteine. Falls nötig, kann die Aufreinigung unter denaturierenden Bedingungen erfolgen
Fusionsproteine bilden Dimere	Hohe Imidazol-Konzentration können ein Ausfällen zur Folge haben. Es kann deshalb nötig sein, das Imidazol durch Dialyse zu entfernen
	Ein (His)$_6$-Dihydrofolat-Reduktase-Tag stabilisiert kleine Peptide während der Expression
	Ein kleines Tag interagiert wenig mit der Struktur und der Funktion des Fusionspartners
	Die Massenbestimmung mittels Massenspektrometrie ist für manche (His)$_6$-Fusionsproteine nicht immer korrekt

3. Eine multiple Klonierungsstelle (*multiple cloning site*, MCS) zum Einbringen der cDNA für das zu exprimierende Protein. Eine Vielzahl der Vektoren enthält zudem bereits die Sequenzinformation, die bei Klonierung im Leserahmen N- bzw. C- terminale Tags hervorbringt.

4. Translations-Stopp-Codons in allen drei Leserahmen.

5. Ein Gen für einen selektierbaren Marker, meist eine Antibiotikaresistenz, und den Replikationsursprung (ori), die zur Selektion transformierter Bakterien einerseits und zur Vermehrung des Plasmids andererseits benötigt werden.

Mindestens ebenso wichtig wie die Auswahl des Expressionsvektors ist die Auswahl des *E. coli*-Stammes, in dem das rekombinante Protein exprimiert werden soll. Da viele Expressionsvektoren den T7-Promotor benutzen, muss für diese Konstrukte ein *E. coli*-Stamm (z. B. BL21) ausgesucht werden, der die T7-RNA-Polymerase exprimiert. In Tab. 16.3 ist deshalb eine Übersicht über häufig auftretende Probleme mit Lösungsvorschlägen aufgeführt. Entsprechende *E. coli*-Stämme werden kommerziell von verschiedener Seite angeboten. Nach Auswahl des geeigneten *E. coli*-Stammes wird dieser dann mit dem entsprechenden Vektorkonstrukt transformiert (s. Kap. 15) und aufgrund der neu erworbenen Antibiotikaresistenz selektioniert. Als Nächstes erfolgt die Optimierung der Expressionsbedingungen. Üblicherweise werden die Bakterien in Gegenwart des Selektionsmarkers vermehrt, bis die Suspensionskultur in den oberen Teil der in Abb. 16.2 dargestellten Wachstumsphase kommt. Meist wird hierzu die optische Dichte (OD) der Kultur bei 600 nm bestimmt. Erreicht die Extinktion den Wert 0,7–0,8, wird der Induktor zugesetzt. Wie in Abb. 16.2 gezeigt, wird dadurch in der stationären Phase das rekombinante Protein produziert. Allgemein gültige Aussagen über Dauer der Induktionsphase und optimale Konzentration des Induktors können nicht gemacht werden. Deshalb sollte vor Aufnahme der Produktion im Großmaßstab die Ex-

Tab. 16.3 Übersicht über Probleme bei der Proteinexpression in *E. coli*

Symptome	Mögliche Ursachen	Lösung
Kein Protein, trunkiertes Protein	tRNA für bestimmte Codons in *E. coli* nur begrenzt vorhanden	*E. coli*-Stamm, der seltene tRNAs exprimiert
Unlösliches Protein	Reduktion von Disulfidbrücken	Reduktion im Cytoplasma minimieren durch *E. coli*-Stamm mit mutierter Thioredoxin- und Glutathion-Reduktase
	zu hohe Expression	Expression verringern (Induktor reduzieren)
Keine Aktivität	Protein falsch gefaltet	Reduktion im Cytoplasma minimieren (s. oben) Expression verringern (s. oben)
Zelltod	toxisches Protein	strengere Kontrolle der Grundexpression z. B. durch *E. coli*-Stamm, der T7-Lysozym exprimiert
Keine Kolonien	hohe Expression ohne Induktor	strengere Kontrolle der Grundexpression (s. oben)

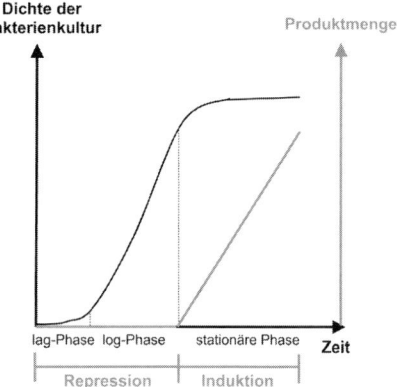

Abb. 16.2 Wachstum und Proteininduktion in einer *E. coli*-Kultur unter Verwendung eines induzierbaren Promotors. Induzierbare Promotoren erlauben die Expression von rekombinanten Proteinen in *E. coli* mit möglichst geringem Einfluss auf das Wachstum der Bakterien. Während der Anzucht (lag-Phase) und exponentiellen Vermehrungsphase (log-Phase) der Bakterien wird der Promotor, der die Expression des rekombinanten Proteins steuert, möglichst unter der Kontrolle eines Repressors gehalten. Durch Zugabe des Induktors, der zur Freigabe der Promotoraktivität führt, wird die Produktexpression induziert. Erfolgt die Zugabe des Induktors kurz vor Erreichen der stationären Phase, steigt die Menge an Produkt stetig an, während die Dichte der Bakterienkultur nahezu konstant bleibt.

pression bei jedem Konstrukt im kleineren Maßstab überprüft und optimiert werden. Dies gilt nicht nur bezüglich der Menge an Produkt, sondern auch für dessen Löslichkeit. Große Mengen an rekombinanten Proteinen werden in *E. coli* oft nicht korrekt gefaltet und bilden sog. Einschlusskörperchen (*inclusion bodies*). Dieses Protein ist nicht funktionsfähig. Lässt sich aber keine ausreichende Menge an löslichem Protein gewinnen, können die Einschlusskörperchen eine Quelle sein, mit deren Hilfe sich doch noch funktionsfähiges Protein gewinnen lässt. Einschlusskörperchen können schon durch einfache Zentrifugation angereichert werden, und die darin lagernden Proteine werden unter denaturierenden Bedingungen (6–8 mol/l Harnstoff bzw. 3–4 mol/l Guanidinium-Hydrochlorid) herausgelöst. Proteine mit einem His-Tag lassen sich auch unter denaturierenden Bedingungen aufreinigen (s. Kap. 7). Durch Auswaschen des denaturierenden Agens auf der Säule oder durch Dialyse faltet sich unter Umständen ein größerer Anteil an Protein korrekt und steht dann für weitere Untersuchungen zur Verfügung.

16.2.2
Expression in Hefen

Hefen (*Saccharomyces cerevisiae, Pichia pastoris, Schizosaccharomyces pombe*) stellen eine interessante Alternative zu anderen Expressionssystemen dar, da sie als eukaryotische Mikroorganismen zwei bemerkenswerte Charakteristika in sich vereinigen: Zum einen verfügen sie über eine eukaryotische Proteinsekretionsmaschinerie und können posttranslationale Modifikationen wie proteolytische Prozessierungen, N- und O-Glykosylierungen, Disulfidbrückenbildung usw. durchführen. Zum anderen zeigen sie das für viele Mikroorganismen typische schnelle Wachstum auf anspruchslosem und preiswertem Medium. *P. pastoris* erreicht mit bis zu 120 g Trockengewicht pro Liter Kulturmedium extrem hohe Zelldichten. Nicht zuletzt aufgrund der kommerziellen Vermarktung gelang der Durchbruch als äußerst produktives Expressionssystem zur Produktion hoher Mengen an rekombinantem Protein, das zudem rasch und kostengünstig gereinigt werden kann. Die Anwendungsmöglichkeiten reichen dabei von der *in vivo*-Markierung von Proteinen mit radioaktiven Isotopen für NMR-Analysen über die schnelle und kostengünstige Gewinnung gereinigter Proteine für die Kristallisation bis hin zur großtechnischen Produktion rekombinanter Proteine im kommerziellen und pharmazeutischen Bereich.

Zur Expression in Hefen wird die cDNA für das zu exprimierende Protein in kommerziell erhältliche Vektoren kloniert (s. Kap. 15), die meist nach dem *Shuttle*-Prinzip funktionieren. Das heißt, sie besitzen Sequenzen zur Replikation (*ori*) und Selektion (Antibiotikaresistenz) in *E. coli* und Sequenzen, die zur Expression von Proteinen in Hefen (hefespezifischer Promotor, Terminationssequenzen usw.) notwendig sind. In älteren Systemen werden zur Selektion der transformierten Hefen sog. Auxotrophiemarker, die auf dem Shuttle-Vektor codiert sind (s. Kap. 15), verwendet. Sie erlauben das Wachstum der transformierten Hefen in Minimalmedien. In neueren Systemen werden Antibiotikaresistenzen eingesetzt, die eine Selektion sowohl in *E. coli* als auch in den Hefen erlauben. Generell muss zwischen Systemen unterschieden werden, bei denen die Vektor-DNA episomal in den Hefen verbleibt, und solchen, bei denen die Expressionskassette in das Genom der Wirtszelle integriert wird. Neben konstitutiv aktiven Promotoren, z. B. dem GAP-Promotor, werden heute vermehrt induzierbare Promotoren (s. Tab. 16.4) eingesetzt, die spezifisch für die jeweiligen Hefen sind. Für alle Systeme (*S. cerevisiae, P. pastoris, S. pombe*) sind Vektoren, die die Generierung entsprechender Fusionsproteine (GST-, His-Tag usw.) erlauben, verfügbar. Von *S. cerevisiae* ist eine sehr große Anzahl verschiedener, genetisch definierter Stämme verfügbar, die zudem als biologisch sichere Organismen (GRAS) eingestuft wurden. Ein großer Nachteil der Expression in *S. cerevisiae* besteht allerdings in der relativ häufig auftretenden Hyperglykosylierung der Produkte. Ist daher eine zum Säugersystem identische Glykosylierung der Proteine für ihre biologische Aktivität (z. B. beim Erythropoietin) notwendig, so eignet sich *S. cerevisiae* nicht als Wirtsorganismus.

Anders als bei *S. cerevisiae* ist die Tendenz zur Hyperglykosylierung bei *P. pastoris* weniger stark ausgeprägt. Dennoch stimmen die Glykosylierungsmuster nicht ganz mit denen von Säugetierzellen überein, sodass eine genaue Charakterisierung der pharmakokinetischen Eigenschaften und potenziellen immunogenen Reaktionen des Fremdproteins zumindest für pharmazeutische Anwendungen unumgänglich ist. Die Expression von Fremdproteinen in *P. pastoris* beruht auf der chromosomalen Integration der Expressionskassette, die partiell homolog zu DNA-Sequenzen des Hefegenoms ist. Daher weisen rekombinante *P. pastoris*-Klone eine hohe genetische Stabilität auf. *P. pastoris* eignet sich von allen Hefen am

Tab. 16.4 Charakteristische Eigenschaften einiger Hefe-Expressionssysteme

Hefe	Promotor	Induktor	Selektion	Fusionsanteile	Sonstiges
S. cerevisiae	GAL1	Galactose	URA3, Blasticidin	His$_6$-Tag, V5-Tag, α-Faktor (Sekretion)	episomal (*high-* und *low-copy*)
P. pastoris	GAP (konst.) AOX1	Methanol	HIS4, Blastidicin	His$_6$-Tag, c-myc-Tag, α-Faktor (Sekretion)	integriert ins Genom
S. pombe	Nmt1 Nmt 41 Nmt 81	Thiamin	LEU2	His$_6$-Tag, V5-Tag	niedrige, mittlere bzw. starke Expression autosomale Replikation

besten zur Expression von Proteinen im großen Maßstab. Die Proteinbildung wird effektiv durch einen Promotor kontrolliert, der in Wildtyp-Hefezellen die Expression der Alkohol-Oxidase 1 (AOX1) reguliert, die sich durch Methanol stringent induzieren lässt. Es besteht die Möglichkeit, das Fremdprotein entweder intrazellulär oder in einer Form, die ins Medium sezerniert wird, zu produzieren. Während bei der intrazellulären Expression oft höhere Proteinausbeuten erreicht werden, erleichtert die Sekretion des Proteins ins Medium spätere Reinigungsschritte, zumal von *P. pastoris,* wie von den meisten Hefen, nur wenige native Proteine sezerniert werden. Die Sekretion der Fremdproteine wird oft durch vorgeschaltete Signalpeptide, z. B. den α-Faktor aus *S. cerevisiae,* induziert. Bei der sekretorischen Expression sind die rekombinanten Proteine allerdings häufig einer proteolytischen Degradation ausgesetzt. Dieses Problem tritt vermehrt bei Fermentationen von *P. pastoris* auf, kann aber durch Zusatz von leicht verwertbaren Aminosäurequellen, wie Casein-Totalhydrolysat oder Trypton, zum Kulturmedium, Variation des pH-Werts im Bereich von 3,0–7,0 sowie durch Verwendung Protease-defizienter Hefestämme gemindert werden.

Rekombinante Proteine, die in *S. pombe* exprimiert werden, kommen in ihren Eigenschaften und Modifikationen den nativen Proteinen in höheren Eukaryoten am nächsten. Diese Hefe wird deshalb gerne als verlässlicher Modellorganismus zur Expression und funktionellen Charakterisierung von bisher unbekannten Proteinen aus Säugern verwendet. Inzwischen stehen Thiamin-induzierbare Promotoren für niedrige, mittlere und hohe Expressionslevels des rekombinanten Proteins in *S. pombe* (s. Tab. 16.4) zur Verfügung.

16.2.3
Expression in Insektenzellen

Die Vorteile einer Proteinexpression in einem Insektenzellsystem bestehen in der einfachen Handhabung der Wirtszellen und in den relativ niedrigen Kosten der Kultivierung. Die gebildeten Proteine werden korrekt gefaltet, viele Modifikationen werden entsprechend wie in Säugerzellen durchgeführt (Bildung von Disulfidbrücken, Acylierung, Prenylierung usw.) und die synthetisierten Proteine können Quartärstrukturen ausbilden. Prinzipiell stehen zwei Systeme zur Expression zur Verfügung: 1. Systeme, die auf der Infektion der kultivierten Zellen mit rekombinanten Baculoviren beruhen. 2. Systeme, die wie die Expressionssysteme in Säugern auf Transfektion und Selektion eines stabil transfizierten Zellklons beruhen.

16.2.3.1 Expression mithilfe rekombinanter Baculoviren

Die kommerziell erhältlichen Systeme zur Erzeugung rekombinanter Baculoviren werden zur Erzeugung von Viren verwendet, die sich von dem *Autographa californica nuclear polyhedrosis virus* (AcNPV) ableiten. Alle Systeme bestehen aus einem Shuttle-Vektor, der sich analog zu den Hefesystemen in *E. coli* replizieren und selektionieren lässt. Der Vektor enthält außerdem einen Promotor für Virusproteine, die für die Vermehrung des Virus nicht essenziell sind, aber nach viraler Infektion in den Zellen in großen Mengen hergestellt werden. Am gebräuchlichsten sind der Polyhedrin (P_{PH})- bzw. der p10-Promotor, hinter den die cDNA, die für das rekombinante Protein codiert, einkloniert wird. Es gibt Vektoren, die beide Promotoren enthalten und sich deshalb zur Expression von Proteinkomplexen aus zwei Untereinheiten eignen. Vektoren, die die Generierung entsprechender Fusionsproteine (GST-, His-Tag usw.) erlauben, sind ebenfalls verfügbar. Die Shuttle-Vektoren enthalten zudem Sequenzen, die den Einbau der heterologen cDNA in das Genom des Virus durch homologe Rekombination erlauben. Der Shuttle-Vektor wird dann mit kommerziell erhältlicher genomischer Baculovirus-DNA über liposomenvermittelte Transfektion in kultivierte Puppenovarzellen von *Spodoptera frugiperda*, von denen verschiedene Zelllinien (Sf9-, Sf21-, Sf158H-Zellen) erhältlich sind, eingeschleust. Diese Zellen produzieren daraufhin die Baculoviren. Bei Verwendung eines Shuttle-Vektors mit Polyhedrin-Promotor lassen sich Zellen, die rekombinante Viren produzieren, dadurch erkennen, dass sie trotz nachweislicher Infektion keine Polyhedrin-reichen Ausschlusskörperchen (*occlusion bodies*; Abb. 16.3) mehr produzieren. Das Erkennen dieser rekombinanten Viren und ihre anschließende Reinigung im sog. Plaque-Assay ist in der Praxis aber sehr schwierig. Als erste Verbesserung wurden deshalb Systeme entwickelt, bei denen in die Baculovirus-DNA das Gen für bakterielle Galactosidase (*β*-Gal) eingebracht wurde. Bei einer erfolgreichen homologen Rekombination wird das *β*-Gal-Gen durch Abschnitte aus dem Shuttle-Vektor ersetzt. Rekombinations-positive Klone lassen sich dann im Plaque-Assay durch Verlust der Blaufärbung in einer X-Gal-Färbung erkennen. Da bei diesem System allerdings immer noch die Gefahr besteht Wildtypviren mit zu isolieren, die bei der späteren Amplifikation ei-

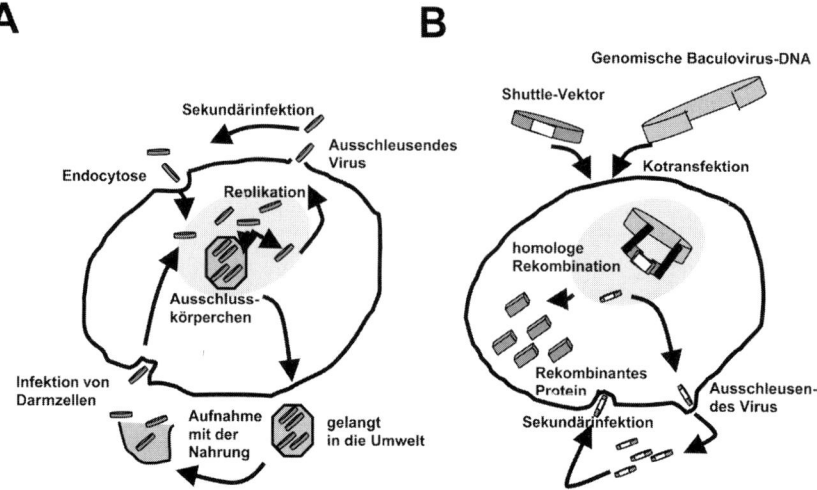

Abb. 16.3 Lebenszyklus von Wildtyp- und rekombinanten Baculoviren. (A) Nach einer Infektion mit Wildtyp-Baculoviren werden in infizierten Insektenzellen zwei Populationen an Viren gebildet. Die eine Population sind die Viren, die durch Ausschleusen aus der Zelle freigesetzt werden und benachbarte Zellen durch Sekundärinfektion befallen. Die zweite Population befindet sich in den aus Polyhedrin gebildeten Ausschlusskörperchen, die spätestens mit dem Tod des Wirtes in die Umwelt gelangen. Die Ausschlusskörperchen schützen das Virus vor Austrocknung und anderen schädlichen Umwelteinflüssen. Nimmt die Raupe eines Wirtes die Ausschlusskörperchen mit der Nahrung auf, so werden die Viren im Darm durch die Verdauung freigesetzt und infizieren die Darmzellen des Wirtes. (B) Herstellung und Amplifikation rekombinanter Baculoviren *in vitro*. Nach Cotransfektion der genomischen Baculovirus-DNA mit dem Shuttle-Vektor, der die cDNA für das rekombinante Protein enthält, entsteht durch homologe Rekombination ein rekombinantes Virus. Dieses Virus wird von den Insektenzellen repliziert. Gleichzeitig wird statt des Polyhedrins eine große Menge des rekombinanten Proteins gebildet. Nach Ausschleusen der rekombinanten Viren aus der Zelle infizieren diese andere Zellen in derselben Kultur. Die Anzahl der Viren im Kulturmedium nimmt dadurch stark zu. Der Zellkulturüberstand nach der Lyse aller in der Kultur gehaltenen Zellen wird zur Infektion einer neuen Kultur verwendet.

nen deutlichen Vermehrungsvorteil gegenüber rekombinanten Viren haben, sind inzwischen sicherere Systeme erhältlich. Ein System erlaubt die homologe Rekombination mit der Baculovirus-DNA und das anschließende Blau-Weiß-Screening in Bakterien (Bac-to Bac®). Ein anderes System (BacPAKT®) verwendet Baculovirus-DNA, die eine Deletion enthält, sodass ohne homologe Rekombination keine funktionsfähigen Viren entstehen. Nichtsdestotrotz ist eine Plaque-Reinigung vor der Amplifikation der Viren in jedem Fall anzuraten.

Nach Amplifikation der Viren zu hohen Titern können dann größere Mengen an Zellen zum Zweck der Proteinexpression infiziert werden. Da eine Zelle mehr als einen Virus aufnehmen kann, ist es durch Co-Infektion mit mehreren Viren durchaus möglich, funktionsfähige Komplexe aus mehreren rekombinanten Proteinen in Insektenzellen zu erhalten. Für die Produktion im Großmaßstab ist außerdem von Vorteil, dass die adhärent wachsenden Sf-Zellen auch in Suspensionskultur gehalten werden können. Die Proteinexpression erreicht üblicherweise 30–60 h nach Infektion ihr Maximum. Die optimalen Expressionsbedingungen müssen aber für jedes Virus individuell ausgetestet werden. Ein wichtiger Vorteil von Baculovirussystemen ist, dass Baculoviren die Klonierung und Expression großer cDNAs erlauben. Gene mit genomischer Exon-Intron-Struktur werden in Baculoviren korrekt prozessiert und exprimiert. Sie gelten als biologisch sicher (GRAS), da sie nur pathogen für einige Arthropoden sind. Darüber hinaus gewährleisten Baculovirussysteme eine hohe Expression der rekombinanten Proteine. Das rekombinante Protein kann in Einzelfällen bis zu 50% des Gesamtzellproteins einer infizierten Zelle ausmachen. Sollen Proteine in Insektenzellen hergestellt werden, die ins Medium sezerniert werden, bieten sich als Alternative zu den Sf-Zellen Derivate der Eizellen von *Trichoplusia ni* (High Five®-Zellen) an, die gegebenenfalls höhere Ausbeuten ergeben. Nachteile der Baculovirussysteme bestehen in einer möglichen Aggregation der rekombinanten Proteine in den Insektenzellen aufgrund der hohen Expression. Die unweigerlich stattfindende Lyse der Zellen durch das Virus macht es zudem erforderlich, jede Proteinsynthese durch eine erneute Infektion einzuleiten. In vielen Fällen entspricht die Art der Glykosylierung in Insektenzellen nicht der von Säugerzellen.

16.2.3.2 Expression von Proteinen in stabil transfizierten Insektenzellen

Ähnlich den Expressionssystemen in Säugerzellen gibt es inzwischen Vektorsysteme, die eine Selektion stabil transfizierter Insektenzellen in Kultur erlauben. Es gibt Vektoren für Sf- und High-Five-Zellen einerseits und der aus *Drosophila melanogaster* stammenden Zelllinie *Drosophila* Schneider S2 andererseits. Für das Sf-Zellsystem werden Vektoren verwendet, die Ampicillinresistenz und pUC-*ori* zur Selektion und Replikation in *E. coli* tragen. Die cDNA für das rekombinante Protein wird hinter einen konstitutiv aktiven Promotor (P_{OpIE2}) kloniert, und der Vektor vermittelt eine Blasticidinresistenz zur Selektion stabiler Transfektanden. Vektoren, die die Generierung der üblichen Fusionsproteine erlauben, sind erhältlich. Die Vektoren für das S2-System werden mit einem konstitutiv aktiven (P_{Ac5})- bzw. einem durch $CuSO_4$ induzierbaren (P_{MT})-Promotor angeboten. Die Selektion von stabilen Transfektanden erfolgt in diesem System durch Cotransfektion des Expressionsvektors mit einem Vektor, der eine Resistenz gegen Blasticidin oder Hygromycin vermittelt. Der Vorteil dieser Systeme gegenüber den Baculovirussystemen ist in der einfacheren Handhabung und der Vermehrung stabil transfizierter Zellen zu sehen, die allerdings in großvolumigen Kulturen aufgrund des hohen Verbrauchs an Selektionsmarker sehr teuer wird. Der Nachteil liegt in der unter Umständen doch deutlich geringeren Expression des rekombinanten Proteins. Gegenüber den Expressionssystemen in Säugerzellen ist die einfachere und billigere Kultur der Insektenzellen hervorzuheben.

16.2.4
Expression von Proteinen in Säugerzellen

Zur Expression von Proteinen in Säugerzellen wird ein breites Spektrum an Vektoren und viralen Systemen angeboten (s. Kap. 15). Häufig werden viral-immortalisierte Zelllinien bzw. Tumorzellen als Wirtszellen mit hoher Transfektionseffizienz verwendet. Einige gebräuchliche Zelllinien sind in Tab. 16.5 aufgelistet. Zur Erzeugung größerer Mengen an rekombinanten Proteinen sind besonders Zellen geeignet, die auch in der Lage sind, in Suspensionskultur (z. B. CHO-Zellen) zu wachsen. So werden z. B. rekombinantes Erythropoietin, Faktor VIII bzw. Follikelstimulierendes Hormon zur therapeutischen Verwendung aus CHO-Suspensionskultur gewonnen. Säugerzellen bieten zwar den großen Vorteil, dass die rekombinanten Proteine korrekt prozessiert werden, jedoch ist die Kultur extrem aufwändig und kostenintensiv. Sie werden deshalb oft zur funktionellen Charakterisierung unbekannter Proteine im Labormaßstab herangezogen. Das Vorgehen zur Expression von Proteinen in Säugerzellen entspricht im Wesentlichen dem unter Abschnitt 16.2.3.2 besprochenen Procedere bei Insektenzellen. Werden Untersuchungen zur funktionellen Charakterisierung von Proteinen durchgeführt, wird aber oft eine transiente Expression der Proteine bevorzugt und deshalb auf die Selektion stabiler Transfektanden verzichtet. Zum einen wird dadurch die Beschreibung von Artefakten vermieden, die auf die ungerichtete Integration des Fremdgens in das Genom der Wirtszelle zurückzuführen sind. Zum anderen werden

Tab. 16.5 Charakteristische Eigenschaften einiger wichtiger Säugetier-Zelllinien

Zelllinie	Spezies	Spezifische Eigenschaften	Voraussetzung für hohe Expression
CHO (*chinese hamster ovary cells*)	Hamster	Suspensionskultur möglich	Genamplifikation
BHK-21 (*baby hamster kidney cells*)	Hamster	effiziente, transiente und stabile Expression, Suspensionskultur möglich	Genamplifikation nicht erforderlich
HEK-293 (*human embryonic kidney cells*)	Mensch	konstitutive Expression des E1a-Gens von Adenovirus, extrem hohe transiente Expression, hohe Expression in stabilen Transfektanden, Suspensionskultur möglich	Promotoren, die sich effizient durch das E1a transaktivieren lassen
COS 1/7 (*CV-1 transformed by origin defective mutant of SV40*)	Meerkatze	konstitutive Expression des SV40-T-Antigens, nur transiente Expression ist effizient	zirkuläre Plasmide, die einen SV40-Replikationsursprung enthalten

Adaptationsprozesse vermieden, die auf die lang anhaltende Expression des rekombinanten Proteins auf hohem Niveau in der Wirtszelle zurückzuführen sind und mit der Funktion des Proteins auf einem physiologischen Expressionsniveau unter Umständen nichts zu tun haben. Eine Alternative zur transienten Expression ist die Selektion eines stabil transformierten Zellklons, der das rekombinante Protein unter der Kontrolle eines induzierbaren Promotors (Tet-on/Tet-off-Systeme; s. Kap. 15) exprimiert. Zum Beispiel entfällt dadurch die ansonsten zur Wiederholung eines Ansatzes notwendige erneute Transformation der Säugerzellen.

Virale Expressionssysteme, die oft ein breites Spektrum an Zelltypen mit hoher Effizienz infizieren können (s. Kap. 15), werden besonders häufig dann eingesetzt, wenn die Transfektionseffizienz herkömmlicher Methoden (Liposomen, Elektroporation, Calciumphosphat-Präzipitate) zu gering ist. Dies ist z. B. häufig bei Primärzellen in Kultur der Fall. Die meisten dieser viralen Systeme gelten nicht als biologisch sicher und unterliegen deshalb höheren Sicherheitsauflagen. Trotzdem sei an dieser Stelle auf die sich im Experimentalstadium befindende Verwendung verschiedener viraler Systeme (rekombinante Adenoviren, Adeno-assoziierte und Retroviren) zur Expression rekombinanter Proteine in therapeutischer Absicht beim Menschen hingewiesen.

16.3
Expression in zellfreien Systemen

Alternativ zu der Expression in Zellen oder Organismen sind in den letzten Jahren zellfreie Expressionssysteme entwickelt worden. Für den Labormaßstab produzieren diese Systeme ausreichende Mengen an rekombinanten Proteinen. Das Preis/Leistungsverhältnis ist zurzeit noch recht hoch. Sämtliche Systeme basieren auf der *In-vitro*-Translation von Proteinen. Dies bietet entscheidende Vorteile bei Proteinen, die z. B. toxisch für den Wirtsorganismus sind oder sehr rasch durch intrazelluläre Proteasen degradiert werden. Die Systeme bieten zudem die Möglichkeit, rasch und effizient Mutationsstudien durchzuführen, Translationsstartsequenzen zu definieren und Proteine zu markieren. Ein heutzutage oft wichtiges Kriterium bei der Wahl einer Methode ist ihre Eignung für *High Throughput Screenings*. Die *In-vitro*-Translation stellt sicherlich die zurzeit am besten geeignete Methode für die automatisierte Proteinexpression vieler verschiedener Gene dar.

Für die zellfreie Proteinexpression werden derzeit drei verschiedene Systeme angeboten. Diese basieren auf Reticulocytenlysaten des Kaninchens, Weizenkeimextrakten oder *E. coli*-Extrakten. Unabhängig vom Spenderorganismus enthalten alle Extrakte sämtliche makromolekularen Komponenten (Ribosomen, tRNAs, Initiations-, Elongations- und Terminationsfaktoren), die für die Translation *in vitro* notwendig sind. Um eine effiziente Translation zu gewährleisten, müssen den Extrakten jedoch Aminosäuren, Energiequellen wie ATP und GTP, energieregenerierende Systeme und Cofaktoren zugesetzt werden.

Als genetisches Material kann in der *In-vitro*-Translation nur RNA eingesetzt werden. Bei der Verwendung von DNA als Ausgangsmatrix muss zuerst eine *In-*

vitro-Transkription durchgeführt werden. Neuere kommerzielle Systeme erlauben inzwischen die Durchführung der gekoppelten *in vitro*-Transkription und -Translation in einem Ansatz.

16.3.1
Expression von Proteinen in Reticulocytenlysaten

Reticulocyten sind hoch spezialisierte Zellen ohne Zellkern. Ihre Aufgabe besteht in der Translation der cytoplasmatischen Hämoglobin-mRNA. Hämoglobin kann bis zu 90% des Gesamtproteins der Zellen ausmachen. Um eine effektive *in vitro*-Translation zu erzielen, müssen die Lysate mit einer Calcium-abhängigen Mikrokokken-Nuclease behandelt werden, welche die zelleigenen mRNAs verdaut. Die Translationseffizienz der Lysate ist mit intakten Reticulocyten nahezu vergleichbar. Allerdings fehlt diesen kernlosen Zellen die Transkriptionsmaschinerie; deshalb ist eine Kopplung von Transkription und Translation mit diesem System nicht möglich. Die Ausbeute an Protein ist im Vergleich zu zellulären Systemen extrem gering. Reticulocytenlysate eignen sich allerdings gut, um Proteine z. B. durch Zusatz von ^{35}S-Methionin radioaktiv zu markieren. Aufgrund der hohen spezifischen Aktivität der radioaktiven Markierung lassen sich schon geringe Mengen des radioaktiven Proteins für Untersuchungen von Protein-Protein-Interaktionen verwenden. Durch gezielte Mutagenese, die zum Austausch einzelner Aminosäuren führt, lassen sich so z. B. Interaktionsoberflächen auf Proteinen bestimmen.

16.3.2
Proteinexpression mit *E. coli*-Extrakten

Moderne *In-vitro*-Translationssysteme, die auf *E. coli*-Extrakten basieren, können dagegen Proteinmengen bis zu 5 mg innerhalb von 24 h erzeugen. Diese Systeme erlauben zudem eine effiziente Kopplung der Transkription mit der Translation in einem Ansatz. Substrate für die *In-vitro*-Transkription/Translation sind deshalb lineare PCR-Produkte, linearisierte oder zirkuläre Vektoren. Allerdings müssen alle verwendbaren Sequenzen einen 5′-gelegenen T7-Promotor, eine Ribosomenbindungsstelle, ein Start-Codon und eine 3′-gelegene Terminationssequenz aufweisen.

Beim Rapid-Translation-System® wird die gekoppelte *In-vitro*-Transkription/ Translation in einer speziellen Reaktionseinheit durchgeführt. Sie besteht aus zwei Kammern, die über eine semipermeable Membran miteinander verbunden sind. In die eigentliche Reaktionskammer wird ein Gemisch aus *E. coli*-Extrakt, Aminosäuren und DNA eingefüllt. In die Vorratskammer wird eine Nährlösung gegeben, welche alle Aminosäuren, verschiedene Energiesubstrate und Nucleotide enthält. Während der Reaktion diffundieren die Nährstoffe von der Vorrats- in die Reaktionskammer. Umgekehrt diffundieren störende Nebenprodukte wie Nucleosiddiphosphate und -monophosphate, Pyrophosphat sowie DNA- und RNA-Fragmente von der Reaktions- in die Vorratskammer. Das Zweikammersystem führt zu einer deutlichen Erhöhung der Effizienz der *In-vitro*-Translation. Die Reaktion wird in einem exakt temperierbaren Gerät durchgeführt. Eine Schüttelbewegung garantiert eine homogene Verteilung der Reaktionslösungen und beschleunigt damit die Diffusion durch die semipermeable Membran.

16.4
Weiterführende Literatur

BANEYX, F. (1999) Recombinant protein expression in *Escherichia coli*. *Curr. Opin. Biotechnol.* 10, 411–421.

BETTON, J. M. (2003) Rapid translation system (RTS): a promising alternative for recombinant protein production. *Curr. Protein Pept. Sci.* 4, 73–80.

BUCKHOLZ, R. G., GLEESON, M. A. G. (1991) Yeast systems for the commercial production of heterologous proteins. *Biotechnology* 9, 1067–1072.

GIGA-HAMA, Y., KUMAGAI, H. (1999) Expression system for foreign genes using the fission yeast *Schizosaccharomyces pombe*. *Biotechnol. Appl. Biochem.* 30, 235–244.

GROSS, G., HAUSER, H. J. (1995) Heterologous expression as a tool for gene identification and analysis. *Biotechnology* 41, 91–110.

HIGGINS, D. R., CREGG, J. M. (1998) Introduction to *Pichia pastoris*. In: *Methods in Molecular Biology*, Bd. 103: *Pichia* Protocols (HIGGINS, D. R., CREGG, J. M. Hrsg.). Humana Press, Totowa, New Jersey.

O'REILLY, D. L., MILLER, K., LUCKOW, V. A. (1992) *Baculovirus Expression Vectors: A Laboratory Manual*. W. H. Freeman and Company, New York.

17
Patch-Clamp-Technik

Dieses Kapitel beschreibt eine wichtige Methode der Membranphysiologie. Mittels Patch-Clamp-Technik ist es möglich, die Aktivität einzelner Ionenkanäle in Biomembranen und ihre Modulation durch Wirkstoffe genau zu verfolgen.

17.1
Biologische Membranen und Ionenkanäle

Alle pro- und eukaryotischen Zellen sind durch eine Lipid-Doppelschicht, die Cytoplasmamembran, von ihrer Umwelt abgegrenzt (s. Abschnitt 3.1). Wichtige Zellfunktionen wie Signalaufnahme, Signalleitung, Transport und Energiekonservierung sind an Membranen gebunden und werden durch spezifische integrale Membranproteine vermittelt. Eine wichtige Gruppe von Membranproteinen sind die Ionenkanäle. Sie durchspannen vollständig die Lipid-Doppelschicht und bilden dabei wassergefüllte Poren aus. In Abhängigkeit von verschiedenen Faktoren, wie z.B. dem Membranpotenzial oder der Bindung bestimmter Substanzen, sind sie überwiegend offen oder geschlossen. Im offenen Zustand fließt durch Ionenkanäle ein Ionenstrom, dessen Größe vom Gleichgewichtspotenzial der entsprechenden Ionen und dem elektrischen Potenzial über der Membran bestimmt wird. Das Gleichgewichtspotenzial einer Ionensorte A (E_A) hängt von der Ionenaktivität a_A in den durch die Membran getrennten wässrigen Phasen I und II ab. Die Aktivität der Ionen ist proportional zu ihrer Konzentration. Mittels der Nernst'schen Gleichung lässt sich das Gleichgewichtspotenzial berechnen:

$$E_A = \frac{RT}{zF} \ln \frac{a_A^{II}}{a_A^{I}} \qquad (17.1)$$

Die Konstanten R und F sind die molare Gaskonstante und die Faraday-Konstante, T ist die absolute Temperatur und z die Ladungszahl der Ionensorte.

Die Mehrheit der Ionenkanäle ist für große Moleküle, wie z.B. geladene Proteine oder Aminosäuren, undurchlässig (impermeabel). Sie sind nur für einzelne oder eine Gruppe von Kationen, wie Na^+, K^+, Ca^{2+}, H^+ und Mg^{2+}, oder Anionen, wie Cl^- und $HCO3^-$, durchlässig (permeabel). Die Permeabilität für bestimmte

Molekulare Biotechnologie: Konzepte und Methoden.
Herausgegeben von M. Wink
Copyright © 2004 WILEY-VCH Verlag GmbH & Co. KGaA, Weinheim
ISBN: 3-527-30992-6

Ionen (Selektivität) ist eine der wichtigsten Eigenschaften eines Ionenkanals. Sie wird durch die spezifische Struktur der von ihm gebildeten Pore bestimmt. Das sog. Selektivitätsfilter reguliert den Durchtritt von Ionen aufgrund ihrer Größe und molekularen Struktur, beispielsweise durch ein Abstreifen der Hydrathülle an einer mit Sauerstoffdipolen ausgekleideten Stelle innerhalb der Pore. Eine große Gruppe von Kanälen ist z. B. nur für K^+ permeabel, aber praktisch undurchlässig für andere Ionen. Die Selektivität wird daher, neben weiteren strukturellen und funktionellen Eigenschaften, zur Klassifizierung von Ionenkanälen herangezogen. Die wichtigste Methode zur Untersuchung der Funktion von Ionenkanälen ist die Patch-Clamp-Technik, eine biophysikalische Methode, die sich durch eine besonders hohe Detailtreue auszeichnet.

Die ersten Patch-Clamp-Messungen wurden von Bert Sakman und Erwin Neher durchgeführt und im Jahr 1976 in einer bahnbrechenden Arbeit über die Aktivität singulärer Ionenkanäle im Froschmuskel veröffentlicht. Bis dahin war es nur möglich, durch Einstechen von Glaspipetten in große Zellen, Ströme durch viele Ionenkanäle zu messen. Sakman und Neher wurden 1991 für ihre Entdeckung mit dem Nobelpreis für Physiologie und Medizin ausgezeichnet.

17.2
Physikalische Grundlagen der Patch-Clamp-Technik

Die Besonderheit der Patch-Clamp-Technik gegenüber dem herkömmlichen Voltage-Clamp-Verfahren besteht in der elektrischen Abdichtung der Cytoplasmamembran einer einzelnen Zelle oder eines Fragments aus der Plasma- oder einer intrazellulären Membran. Pipetten aus Quarzglas mit einer sauberen, höchstens 1 μm großen Öffnung, sog. Patch-Pipetten, lassen sich unter Ausbildung eines sehr engen Kontakts auf Lipidmembranen aufsetzen. Dieser Kontakt kann durch Ansaugen der Membran nach Anlegen eines Unterdrucks an der Patch-Pipette wesentlich verbessert werden. Der von der Pipettenöffnung umschlossene Membranfleck (*patch*) ist nach Ausbildung des dichten Glas-Membran-Kontakts durch einen hohen elektrischen Widerstand von mehreren Gigaohm ($10^9 \, \Omega$) charakterisiert. Die Patch-Pipette ist mit einer Elektrolytlösung gefüllt, in die eine Elektrode eintaucht. Eine zweite Elektrode steht in Kontakt zur Badlösung, welche die Zelle umgibt. Um störende Elektrodenpotenziale, ausgelöst durch chemische Reaktionen an den Elektroden, zu verhindern, benutzt man Silberdrähte, die von einer Silberchloridschicht überzogen sind. Über die Elektroden wird der Zelle eine Steuerspannung „aufgezwungen" – sie wird geklemmt (*clamp*). Die Bezeichnung „Patch-Clamp" bedeutet daher so viel wie „(Spannungs-)Klemme am (Membran-)Fleck". Die Ausbildung des Gigaohm-Kontakts führt zur Reduktion des elektrischen Rauschens. Allgemein ist das Rauschen eines Widerstands umgekehrt proportional zu seiner Größe. Die Unterdrückung des Rauschens ist notwendig, da Ströme durch einzelne Ionenkanäle nur sehr geringe Amplituden von wenigen Picoampere (10^{-12} A) aufweisen. Um diese zu messen und gleichzeitig eine definierte Spannung über der Membran aufzubauen, nutzt man spezielle Patch-

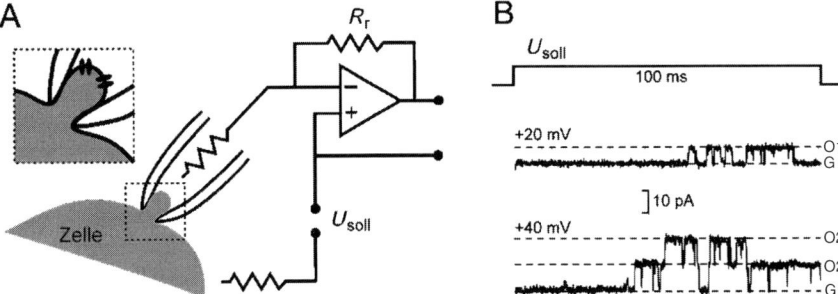

Abb. 17.1 Prinzip des Patch-Clamp-Verstärkers und Effekt des Potenzials auf den Strom durch einzelne Ionenkanäle. (A) Skizze einer Patch-Clamp-Ableitung an einer intakten Zelle. An die Elektrode in der Patch-Pipette wird ein Potenzial angelegt, indem am Verstärker ein Steuerpotenzial (U_{soll}) eingestellt wird. Über den Rückkopplungswiderstand Rr wird der Strom durch den Patch kompensiert und am Ausgang gemessen. (B) Legt man +20 mV an der Pipettenelektrode an, ist die Aktivität eines Kanals durch ein Wechseln zwischen geschlossenem (G) und offenem Zustand (O1) sichtbar. Bei einer Spannung von +40 mV findet zeitweise ein Stromfluss durch zwei Kanäle statt (O2). Gleichzeitig erhöht sich die Amplitude des Einzelkanalstroms, d. h. die Differenz zwischen G und O1. Der Kanalstrom ist proportional zur Spannung. Außerdem nimmt die Verweildauer im O1- und O2-Zustand mit steigender Spannung zu: Diese Kanäle (Kaliumkanäle vom BK-Typ) sind spannungsaktiviert.

Clamp-Vorverstärker. Diese basieren auf der Parallelschaltung eines Operationsverstärkers und eines Rückkopplungswiderstands (Abb. 17.1). Der Operationsverstärker ist ein elektronisches Bauteil mit zwei Eingängen – im Fall der Patch-Clamp-Technik – der Pipettenelektrode und einer über die Badelektrode geerdeten steuerbaren Spannungsquelle. Der Spannungsunterschied zwischen Pipettenelektrode, also der aktuellen Membranspannung, und der Steuerspannung wird in ein verstärktes Signal am Ausgang des Operationsverstärkers verwandelt. Zwischen Pipettenelektrode und dem Ausgang ist ein Rückkopplungswiderstand geschaltet, durch den so lange Strom fließt, solange Membran- und Steuerspannung verschieden sind. Der Strom durch den Rückkopplungswiderstand entspricht also dem Membranstrom, ist diesem aber entgegengerichtet. Die beim Patch-Clamp erzeugten Kompensationsströme verhindern ungewollte Änderungen des Membranpotenzials der Zelle und sind gleichzeitig messbar. Bei der Messung von Einzelkanalströmen verwendet man besonders hochohmige Rückkopplungswiderstände, um das elektrische Rauschen zu vermindern.

17.3
Patch-Clamp-Konfigurationen

Die in Abb. 17.1 und 17.2 dargestellte Anordnung von Membran und Patch-Pipette bezeichnet man auch als *Cell-attached*-Konfiguration. In dieser Anordnung sind Öffnungen und Schließungen (*gating*) einzelner Ionenkanäle als sprunghafte Zu-

und Abnahme der Stromamplitude zu erkennen. Ionenkanäle, deren Gating durch intra- oder extrazelluläre Substanzen beeinflusst wird, lassen sich in der Cell-attached-Konfiguration oft nicht ausreichend charakterisieren, da sowohl die Zusammensetzung des Zellinneren als auch der Pipettenlösung während des Experiments nicht oder nur mit großem Aufwand verändert werden kann. Die die Zelle umgebende Badlösung ist hingegen über einen einfachen Ab- und Zulauf austauschbar. Eine Möglichkeit, Ionenkanäle von der cytosolischen Seite aus zu beeinflussen, z. B. durch Anspülen einer intrazellulär am Kanal wirkenden Substanz, besteht in der Herstellung eines zellfreien Patchs, dessen Innenseite der Badlösung zugewandt ist. Ausgehend von der Cell-attached-Konfiguration erreicht man durch vorsichtiges Zurückziehen der Patch-Pipette ein Herauslösen des umschlossenen Membranflecks. Diese auch als *Inside-out*-Konfiguration bezeichnete Form des Patch-Clamp erfordert Zellen, die am Boden der Messkammer (meist Glasplättchen) festhaften. An einem solchen zellfreien Patch lässt sich wiederum das Gating einzelner, darin enthaltener Ionenkanäle studieren. Durch das Freilegen der Innenseite der Plasmamembran ist im Gegensatz zur Cell-attached-Konfiguration auch die Ionenzusammensetzung auf beiden Seiten des Patchs festgelegt. Das erleichtert die Identifizierung der Ionenkanäle anhand ihrer Selektivität. Zu diesem Zweck wird das sog. Umkehrpotenzial des durch die Kanäle fließenden Stroms bestimmt. Damit wird jener Spannungswert bezeichnet, bei dem der Strom Null ist bzw. sein Vorzeichen umkehrt. Entsprechend dem Ohm'schen Gesetz

$$U = RI \tag{17.1}$$

ist am Umkehrpotenzial auch die den Kanalstrom treibende Spannung U Null. Diese Spannung U setzt sich aus der Steuerspannung U_{soll} und dem Gleichgewichtspotenzial E_A der beteiligten Ionen zusammen:

$$U = U_{\text{soll}} - E_A \tag{17.2}$$

Am Umkehrpotenzial gilt demnach

$$U_{\text{soll}} = E_A \tag{17.3}$$

Wenn, wie im Fall der *Inside-out*-Konfiguration, die Ionenkonzentrationen(-aktivitäten) auf beiden Seiten der Membran bekannt sind, so kann man für die einzelnen Ionensorten (z. B. K^+, Na^+ und Cl^-) mittels der Nernst'schen Gleichung entsprechende Werte für E_A berechnen. Das Gleichgewichtspotenzial, das mit der Steuerspannung übereinstimmt, gibt Aufschluss über die permeierenden Ionen. Voraussetzung für die eindeutige Identifizierung sind allerdings Ionenverteilungen, die ungleiche Werte für die einzelnen Gleichgewichtspotenziale ergeben. Häufig verändert man deshalb die Konzentration eines Ions in der Badlösung während des Experiments. Führt das zu einer Veränderung (Verschiebung) des Umkehrpotenzials, so sind die entsprechenden Ionen am Kanalstrom beteiligt.

Abb. 17.2 Patch-Clamp-Konfigurationen. Bei Kontakt der Patch-Pipette mit der Zellmembran bildet sich ein dichter Kontakt, der durch leichtes Ansaugen in eine Gigaohm-Dichtung übergeht (*Cell-attached*). Durch kräftigeres Ansaugen wird die Membran aufgerissen (*Whole-Cell*), während durch Zurückziehen der Pipette ein Membranstück aus der Zelle gelöst wird (*Inside-out*). Die *Outside-out*-Konfiguration lässt sich aus der *Whole-Cell*-Anordnung durch Abziehen der Pipette herstellen.

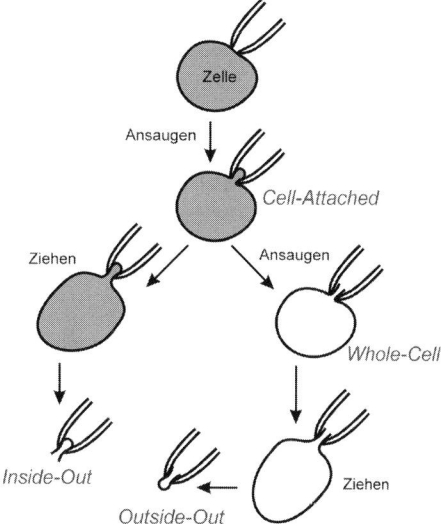

Dieser Vorteil der *Inside-out*-Anordnung gegenüber der *Cell-attached*-Konfiguration wird allerdings mit einer geringeren Stabilität des Glas-Zelle-Kontakts und der Gefahr einer Vesikelbildung des Membranflecks erkauft. Der Vesikelbildung kann durch eine Erniedrigung der Ca^{2+}-Konzentration in der Badlösung entgegengewirkt werden. In beiden Konfigurationen treten Probleme auf, wenn die Ströme durch die zu untersuchenden Ionenkanäle von störenden Einflüssen, wie der Aktivität anderer Kanäle, überlagert wird. Man versucht dann, solche störenden Kanäle zu inhibieren. Beispielsweise kann man die Aktivität häufig vorkommender Cl^--Kanäle durch eine Reduzierung der Cl^--Konzentration verringern.

Allgemein sind Messungen an einzelnen Ionenkanälen jedoch zeitaufwändig und erfordern eine genaue Analyse. Um einen schnelleren Einblick in die Aktivität bestimmter Ionenkanäle zu gewinnen, kann man eine weitere Form der Patch-Clamp-Technik, die sog. *Whole-Cell*- oder Ganzzellanordnung anwenden. Hierbei wird nach Ausbildung der *Cell-attached*-Konfiguration ein kräftiger Unterdruck an der Patch-Pipette angelegt, der zum Durchbruch der Membran innerhalb des Patchs führt. Bleibt bei diesem Vorgehen der dichte Kontakt zwischen Zelle und Pipette erhalten, so ergibt sich ein niedriger elektrischer Widerstand zwischen Patch-Pipette und Zellinnerem. Dieser ermöglicht eine Messung der Membranströme über die gesamte Cytoplasmamembran und alle darin enthaltenen Ionenkanäle. Die Whole-Cell-Anordnung hat sich zur am häufigsten angewendeten Methode der Patch-Clamp-Technik entwickelt. Sie ist zur Analyse einzelner Kanalöffnungen zwar meist ungeeignet, da der Gigaohm-Widerstand durch die Vergrößerung der Membranfläche verringert wird, aber sie gibt Aufschluss über eine Vielzahl von Ionenkanälen. Ebenso wie in der Inside-out-Konfiguration sind die ionalen Bedingungen auf beiden Seiten der Membran definiert. Eine Charakteristik der Membranströme ist auch hier durch die Analyse des Umkehrpotenzials

A

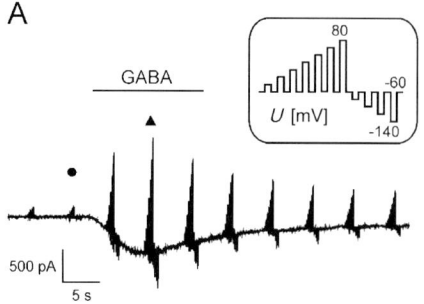

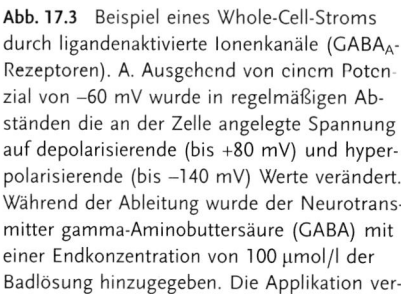

500 pA

5 s

B

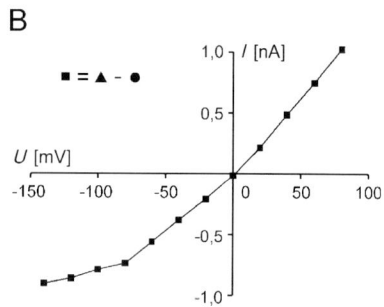

Abb. 17.3 Beispiel eines Whole-Cell-Stroms durch ligandenaktivierte Ionenkanäle (GABA$_A$-Rezeptoren). A. Ausgehend von einem Potenzial von –60 mV wurde in regelmäßigen Abständen die an der Zelle angelegte Spannung auf depolarisierende (bis +80 mV) und hyperpolarisierende (bis –140 mV) Werte verändert. Während der Ableitung wurde der Neurotransmitter gamma-Aminobuttersäure (GABA) mit einer Endkonzentration von 100 µmol/l der Badlösung hinzugegeben. Die Applikation verursachte eine Zunahme der Whole-Cell-Ströme sowohl bei positiven als auch bei negativen Potenzialen. B. Die Differenz (■) der Stromamplituden während (▲) und vor (●) Stimulation mit GABA (siehe A) ist in Abhängigkeit von der Steuerspannung dargestellt. Das Umkehrpotenzial des GABA-induzierten Stroms ist etwa Null. Da eine gleiche Verteilung von Chloridionen in Bad- und Pipettenlösung vorlag, spricht das für die Aktivität eines Chloridkanals.

möglich. Die Modifikation der Badlösung erlaubt auch eine einfache Untersuchung von Ionenkanälen, die durch extrazelluläre Substanzen gesteuert sind.

Viele Neurotransmitter-Rezeptoren, wie der nicotinische Acetylcholin-, der GABA$_A$-Rezeptor oder die Gruppe der Glutamat-Rezeptoren, sind durch extrazelluläre Liganden gesteuerte Ionenkanäle. Sie sind sehr gut in der Whole-Cell-Konfiguration analysierbar. Die Aufsummierung einzelner Kanalöffnungen und -schließungen ergibt dabei ein komplexes Strommuster. Ströme durch GABA$_A$-Rezeptoren werden durch extrazelluläre Applikation des Neurotransmitters γ-Aminobuttersäure ausgelöst (Abb. 17.3). Die Strom-Spannungs-Kennlinie, konstruiert aus den Stromantworten während verschiedener Steuerspannungen, zeigt dabei ein Umkehrpotenzial nahe Null. Da die Konzentration von Cl⁻ in Pipetten- und Badlösung identisch war und ein Gleichgewichtspotenzial von ebenfalls Null ergibt, deutet das auf die Aktivität Cl⁻-permeabler Kanäle hin. In der Tat gehören GABA$_A$-Rezeptoren zur Gruppe der Cl⁻-Kanäle.

Neben den drei bisher genannten Patch-Clamp-Konfigurationen ist die sog. *Outside-out*-Konfiguration von Bedeutung. Sie wird aus der *Whole-Cell*-Anordnung durch Abziehen der Pipette gewonnen. Die an der Pipettenöffnung haftenden Membranfragmente schließen sich spontan wieder, wobei die Außenseite der Membran der Badlösung zugewandt bleibt. Diese Konfiguration ermöglicht Einzelkanalexperimente, aber unter ähnlichen Bedingungen wie bei der *Whole-Cell*-Ableitung, d.h. die Untersuchung extrazellulär gesteuerter Prozesse bei definierter Ionenzusammensetzung auf beiden Seiten des Patchs. Im Gegensatz zur *Inside-out*-Konfiguration ist die Gefahr der Vesikelbildung in *Outside-out*-Patches geringer.

17.4
Heterologe Expressionssysteme und Schnittpräparate

Als heterologe Expression bezeichnet man die Expression von Proteinen in Zellen, die normalerweise nicht oder nur in sehr geringem Maß über das zu untersuchende Protein verfügen. Mit der Klonierung von Ionenkanälen, ihrer heterologen Expression und der Anwendung der Patch-Clamp-Technik ergibt sich die Möglichkeit, funktionelle Eigenschaften bestimmten, molekular definierten Kanalproteinen zuzuordnen. Als Expressionssysteme verwendet man aus Säugern gewonnene Zelllinien, z.B. die humane embryonale Nierenzelllinie HEK-293 oder unbefruchtete Oocyten des Krallenfroschs *Xenopus laevis*.

In Säugerzellen lässt sich die cDNA eines Ionenkanals durch eine sog. Transfektion einschleusen. Das geschieht entweder unter Verwendung von Liposomen, durch Injektion oder Porierung der Cytoplasmamembran mittels hoher elektrischer Spannung. Oocyten werden durch Injektion von cDNA oder cRNA transfiziert. Bei der Transfektion von Zellpopulationen ist zu beachten, dass niemals alle Zellen transfiziert sind, d.h. gleiche Mengen cDNA aufnehmen und im selben Maß die entsprechenden Ionenkanäle translatieren.

Um geeignete, heterolog exprimierende Zellen auszuwählen, transfiziert man deshalb zusammen mit der Kanal-DNA stets ein zusätzliches Reportergen, in der Regel die DNA einer unter UV-Licht fluoreszierenden Variante des grünen Fluoreszenzproteins (*green fluorescent protein,* GFP). Durch die Kombination von Patch-Clamp-Technik und heterologer Expression lassen sich nicht nur pharmakologische und biophysikalische Eigenschaften rekombinanter Kanäle studieren, sondern auch gezielte Struktur-Funktions-Analysen durch eine Mutagenese der Kanal-DNA durchführen.

Für weitere wichtige Fragestellungen, wie die Untersuchung der Rezeptor-Effektor-Kopplung und der Nachweis neuer, aus Genbanken klonierter Ionenkanäle, ist die Anwendung dieser Techniken geeignet. Bei der elektrophysiologischen Charakterisierung von Zellen aus dem Nervengewebe ist es oft erforderlich, deren Vernetzung bzw. natürliche Umgebung zu erhalten. Zu diesem Zweck werden in der Neurophysiologie Gewebsschnitte vor allem vom Maus- oder Rattenhirn angefertigt, um die darin enthaltenen Neuronen und Gliazellen in der gewünschten Patch-Clamp-Konfiguration zu untersuchen. Es werden 100 bis 400 µm dicke Hirnschnitte verwendet, die in einer mit Sauerstoff angereicherten Lösung einige Stunden vital bleiben. Das Sichtbarmachen individueller Zellen im Gewebsschnitt erfordert außerdem eine besondere Ausstattung des optischen Systems (spezielles Mikroskop). Prinzipiell kann jede Art von Gewebe mit der Patch-Clamp-Technik untersucht werden. Auch Tumorzellen wurden in akuten Gewebsschnitten und in Kultur untersucht.

Die Patch-Clamp-Technik ist neben der Klonierung mit einer weiteren molekularbiologischen Methode, der RT-PCR (s. Kap. 13), kombinierbar. Bei der Untersuchung natürlich exprimierter Ionenkanäle stellt sich häufig die Frage nach deren molekularer Identität. Hierzu wird nach der elektrophysiologischen Charakterisierung einer Zelle der Zellinhalt über die Patch-Pipette eingesaugt. Die im Cytoplasma enthaltene RNA kann anschließend mittels RT-PCR analysiert werden und Aufschluss über die zugrunde liegenden Ionenkanäle geben.

17.5
Weiterführende Literatur

HAMILL, O. P., MARTY, A., NEHER, E., SAK-MAN, B., SIGWORTH, F. J. (1981) Improved patch clamp techniques for high-resolution current recording from cells and cell-free membrane patches. *Pflügers Arch.* 391, 85–100.

HILLE, B. (2001) *Ion Channels of Excitable Membranes.* Sinauer, Sunderland, USA.

KETTENMANN, H., GRANTYN, R. (Hrsg.) (1992) *Practical Electrophysiological Methods.* Wiley-Liss, New York, USA.

KRAFT, R., BENNDORF, K., PATT, S. (2000) Large conductance Ca^{2+}-activated K^+ channels in human meningioma cells. *J. Membrane Biol.* 175, 25–33.

NEHER, E., SAKMAN, B. (1976) Single channel currents recorded from membrane of denervated frog muscle fibers. *Nature* 260, 799–801.

NUMBERGER, M., DRAGUHN, A. (1996) *Patch-Clamp-Technik.* Spektrum Akademischer Verlag, Heidelberg.

ODGEN, D. (Hrsg.) (1994) *Microelectrode techniques. The Plymouth Workshop Handbook.* The Company of Biologists, Cambridge.

18
Zellzyklusmessungen

Dieses Kapitel führt in die wichtige Thematik der Zellzykluskontrolle bei Eukaryoten ein. Es werden die experimentellen Methoden beschrieben, um den Zellzyklus zu analysieren. Ausführlicher besprochen wird die Durchflusscytometrie sowie die Laser-Scanning-Cytometrie.

18.1
Untersuchung des Zellzyklus

Der Zellzyklus beschreibt die Zeitspanne zwischen der Teilung einer Mutterzelle und der darauf folgenden Teilungen der Tochterzellen. Die in diesem Zeitraum ablaufenden Prozesse des Zellwachstums, der Replikation der DNA und der Teilung der Zellen sind sehr gut koordiniert und werden durch viele Faktoren beeinflusst, wie z. B. der Verfügbarkeit von Nährstoffen, Umweltbedingungen (Umgebung im Organismus/Differenzierung) oder Schädigungen der DNA.

Die mitotische Teilung in Eukaryoten wird durch eine zuverlässige zeitliche Abfolge von Ereignissen ermöglicht, die allen höheren Organismen gemeinsam sind. Als einfaches Modellsystem, an dem Ablauf und Kontrolle des Zellzyklus gut untersucht werden kann, hat sich die Bäckerhefe *Saccharomyces cerevisiae* etabliert.

Der Zellzyklus in *S. cerevisiae* weist zwei Eigenheiten auf, die ihn besonders für die Untersuchung von Genen der Zellzykluskontrolle geeignet machen. Zum einen können sich sowohl haploide wie diploide Zellen mitotisch teilen, wodurch rezessive Mutationen in haploiden isoliert und in diploiden komplementiert werden können. Zum anderen sind die Tochterzellen zu einem frühen Zeitpunkt als Knospen (*bud*) an der Oberfläche der Mutterzelle erkennbar. Da das Verhältnis der Knospengröße zur Mutterzelle sich während des Zellzyklus verändert, eignet sich dieses Verhältnis als sichtbares Maß für die Position im Zellzyklus.

Die periodischen Ereignisse können in vier Hauptphasen eingeteilt werden (Abb. 18.1):

1. G1-Phase: Zwischenphase vor der DNA-Synthese. Während dieser Phase wachsen die neu gebildeten Zellen, bis sie eine „kritische" Größe erreicht haben. In nicht transformierten Säugerzellen, wie z. B. Fibroblasten, kann die G1-Phase

Molekulare Biotechnologie: Konzepte und Methoden.
Herausgegeben von M. Wink
Copyright © 2004 WILEY-VCH Verlag GmbH & Co. KGaA, Weinheim
ISBN: 3-527-30992-6

in verschiedene Stufen unterteilt werden, die alle zur Vorbereitung auf die S-Phase dienen. Außer für die letzte Stufe der G1-Phase sind alle von der Anwesenheit eines oder mehrerer Wachstumsfaktoren abhängig.

2. S-Phase: DNA-Synthese (Bildung einer neuen Knospe in *S. cerevisiae*).

3. G2-Phase: Zwischenphase nach der DNA-Synthese (in *S. cerevisiae* fast ausschließlich auf die Knospe beschränkt).

4. M-Phase: Mitose. Die verdoppelten Chromosomen werden auf Mutter- und Tochterzelle verteilt (in *S. cerevisiae* wird ein Septum unter der Knospe eingeführt und die Knospe abgetrennt).

Für die Teilung muss die Hefezelle zunächst eine „kritische" Größe erreichen. Danach wird über die Schlüsselstelle der Kontrolle des Zellzyklus (START) der Übergang in den Zellzyklus und die Synthese der DNA ausgelöst. Ist dieser Punkt einmal überschritten, sind die Zellen unumkehrbar darauf festgelegt, ihre DNA zu replizieren und den Zellzyklus zu durchlaufen. Mangel an Nährstoffen, aber auch Paarung, blockieren den Weg durch START. Weitere Kontrollpunkte im Zellzyklus dienen dazu, Schädigungen der DNA oder Zelltod durch unkoordinierte Ereignisse zu vermeiden. Diese Kontrollpunkte liegen an den Übergängen von G1 nach S und von G2 nach M. Dort wirken sie als internes Kontrollsystem, das den Zellzyklus blockiert, wenn wichtige Voraussetzungen nicht erfüllt werden.

Cycline sind die Regulatoren für den Ablauf des Zellzyklus. Sie entfalten ihre Aktivität in Verbindung mit Cyclin-abhängigen Kinasen (CDK: *Cyclin dependent kinase(s)*), den eigentlichen regulatorischen Enzymen. Cyclin-CDK-Komplexe sind aktive Proteinkinasen, die wichtige Prozesse der Zellzyklusphasen, wie Chromosomenkondensation, durch Proteinphosphorylierung kontrollieren. Spezifische Cyclin-CDK-Kombinationen sind an verschiedenen Stellen des Zellzyklus aktiv.

Ein vollständiger Ablauf des Zellzyklus ist nur gewährleistet, wenn nach dem Anstieg der Aktivität anschließend der Cyclin-CDK-Komplex inaktiviert wird. Dies

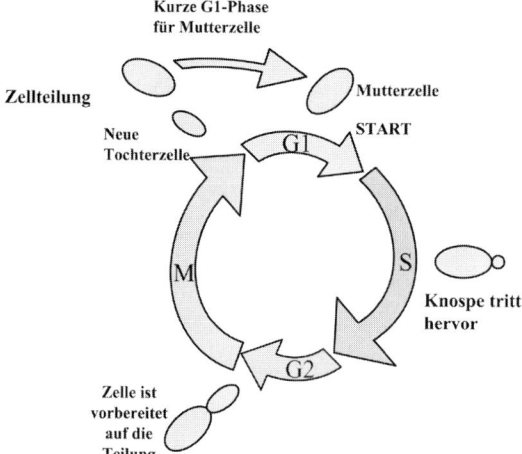

Abb. 18.1 Der Zellzyklus und seine Phasen in *S. cerevisiae*.

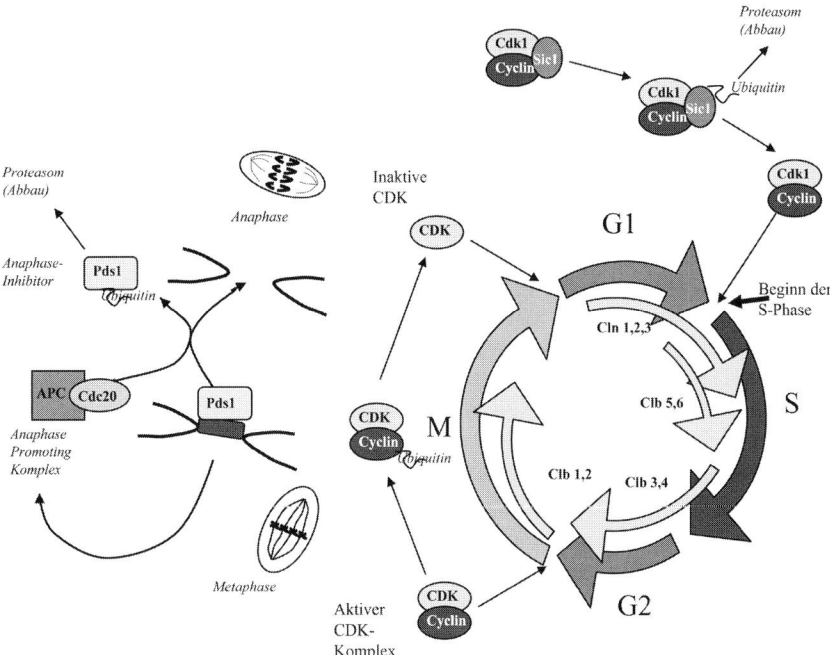

Abb. 18.2 Regulation des Zellzyklus in der Hefe *S. cerevisiae*. APC: Anaphase Promoting Complex; Pds1: Anaphase Inhibitor; Sic1: Stöchiometrischer Inhibitor 1; Cln: Cycline für Knospung; Clb: B-Typ Cycline.

geschieht durch Ubiquitin-vermittelten Abbau des Cyclins und ist von einem effektiven Abschluss der Ereignisse der Zellzyklusphase abhängig (Abb. 18.2).

Die positive Regulation von CDK durch Cycline wird ausgeglichen durch negative Regulation, z. B. durch kleine CDK-bindende Proteine wie „Inks" (Inhibitoren von Kinase). „Cips" (CDK-inhibierende Proteine) und „Kips" (Kinase-inhibierende Proteine).

Sowohl negative als auch positive Kontrollen regulieren die Transkription der Cycline. Einige frühe Cyclin-CDK-Komplexe stimulieren die Transkription späterer Cycline durch Aktivierung von Transkriptionsfaktoren und unterdrücken gleichzeitig ihre eigene Expression. In Säugerzellen stimulieren die Transkriptionsfaktoren der E2F-Familie die Transkription von Cyclin E und A.

Der Abbau von Cyclinen durch den Proteasomweg ermöglicht die präzise Beendigung der Cyclinaktivität. In einigen Fällen, wie z. B. in sich schnell teilenden Zellen während der frühen Embryogenese, läuft die Transkription von Cyclinen auf einem konstant hohen Niveau, und der Abbau von Cyclinen ist der einzige Mechanismus, der den Zeitablauf kontrolliert.

18.2
Experimentelle Analyse des Zellzyklus

Die Präzision, mit der Zellzyklusphasen ausgeführt werden, sichert die nahezu identische Kopierung und somit das Überleben lebender Organismen. Ein Verlust dieser Präzision erhöht die genomische Instabilität und ist u. a. ein wichtiger Faktor für die Entstehung von Krebs. Der Zellzyklus ist der wesentliche Prozess, der das Überleben und die Entwicklung allen Lebens ermöglicht. Seine experimentelle Untersuchung ist daher für viele biologische Fragestellungen von großer Bedeutung. Das allgemeine Prinzip, mit dem der Ablauf des Zellzyklus gemessen wird, ist eine Bestimmung des DNA-Gehalts der Zelle. In der G1-Phase, vor der DNA-Replikation, ist dieser genau die Menge eines Genoms (1 N für haploide Organismen oder 2 N für diploide Organismen). In der G2/M-Phase ist die DNA-Menge verdoppelt, entsprechend der beiden für die Tochterzellen erforderlichen Genome (haploid 2 N; diploid 4 N). Der Gehalt an DNA liefert daher eine wichtige Information über den zeitlichen Ablauf des Zellzyklus und kann daher sehr gut genutzt werden, um Änderungen zu beobachten, z. B. durch genetische Veränderungen oder die Behandlung mit Wirkstoffen.

Eine Beobachtung des Zellzyklus kann in nichtsynchronen (asynchronen) und synchronen Kulturen durchgeführt werden.

Das Ansprechen auf verschiedene Signale und Wirkstoffe kann in vielen Fällen von der Zellzyklusphase abhängig sein. In asynchronen Zellkulturen befinden sich einzelne Zellen in unterschiedlichen Phasen des Zellzyklus und reagieren daher unterschiedlich. Dadurch können die Ergebnisse unklar, nicht reproduzierbar oder auch nicht nachweisbar sein. Um dies zu vermeiden, werden Experimente mit synchronisierten Zellen durchgeführt.

18.2.1
Herstellung synchroner Zellkulturen von *Saccharomyces cerevisiae*

Die Bezeichnung synchrone Kultur bezeichnet Zellkulturen, in denen alle Zellen synchron den Wachstumszyklus durchlaufen, d. h., alle passieren die verschiedenen Abschnitte des Zellzyklus gleichzeitig. Synchrone Kulturen von Hefe können durch Induktion oder durch Selektion erhalten werden. Die so erhaltene Synchronisation kann aber nur für ungefähr zwei oder drei Zellzyklen erhalten werden, zum einen wegen der asymmetrischen Teilung der Bäckerhefe (Mutterzellen treten in den nächsten Zyklus schneller ein als Tochterzellen, die erst eine kritische Größe erreichen müssen), zum anderen wegen der natürlichen Variationen der Verdopplungszeit in einzelnen Zellen.

18.2.2
Zentrifugale Elutriation

Die Elutriation ist eine Methode für die Selektion synchroner Zellen.

Eine asynchrone Zellpopulation wird durch ein Zentrifugalfeld entsprechend der Zellgröße fraktioniert (Abb. 18.3).

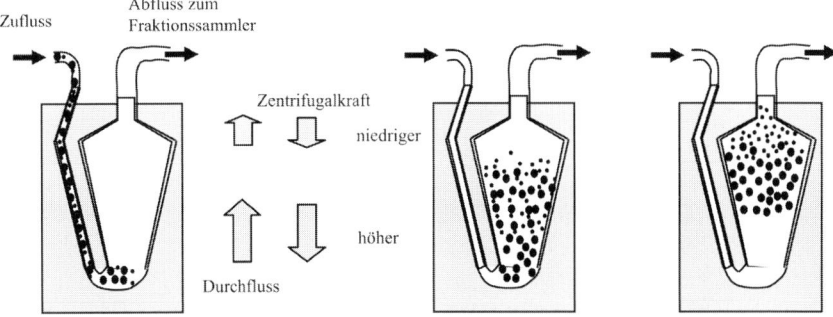

Abb. 18.3 Schematische Darstellung der Elutriation. (In Anlehnung an die Bedienungsanleitung von Beckman Instruments, Palo Alto, CA, USA.)

Unter der Annahme, die Zellgröße ist proportional zum Ablauf des Zellzyklus, ist es möglich, synchrone Kulturen von klar trennbaren Zellzyklusphasen zu erhalten, bei der Bäckerhefe insbesondere von jungen Tochterzellen in der G1-Phase. Dazu wird die nichtsynchrone Population in einen Elutriationsrotor geladen und die Elutriationskammer kontinuierlich gespült. Die Flussrate bestimmt dabei die Gleichgewichtsposition für die Zellgröße. Zellen trennen sich daher in der Elutriationskammer nach Zellgröße als Ergebnis der gegenläufigen Effekte von Zentrifugation, Trägheit und Durchfluss. Durch Erhöhen der Flussrate werden die kleinsten Zellen am stärksten in Richtung des Ausflusses beschleunigt. Durch Sammeln von Fraktionen am Auslass können folglich synchrone Zellen für die weitere Kultivierung gesammelt werden. Eine stufenweise Erhöhung der Flussraten oder ein Absenken der Zentrifugationsgeschwindigkeit ermöglicht es, die ganze Zellpopulation nach Zellgröße zu fraktionieren.

18.2.3
Zellzyklus-Arrest mit Alpha-Faktor

Der Alpha-Faktor-Arrest gehört zu den Methoden der induzierten Synchronisierung. Durch Zugabe des Paarungspheromons Alpha-Faktor (3 bis 5 µM für 2 h) zu haploiden Hefezellen des Paarungstyps Mat a werden die Zellen am Übergang zwischen der G1/S-Phase angehalten, um auf Zellen des anderen Paarungstyps (Mat alpha) für eine Fusion zu warten (Abb. 18.4).

Nachdem die Verdopplungszeit abgelaufen ist, sind fast alle Zellen als nicht knospende Zellen angehalten und zeigen eine typische kommaähnliche Ausstülpung, den sog. „Shmoo"-Phänotyp. Die synchronisierten Zellen werden dann aus dem Alpha-Faktor-Arrest durch Waschen und Aufnehmen in frischem Medium für die weitere Kultivierung entlassen. Hefezellen können auch in der S-Phase durch Harnstoffhydroxid (0,1 M für 2 h) oder in G2 durch Nocodazol (15 µg/ml für 2 h) angehalten werden.

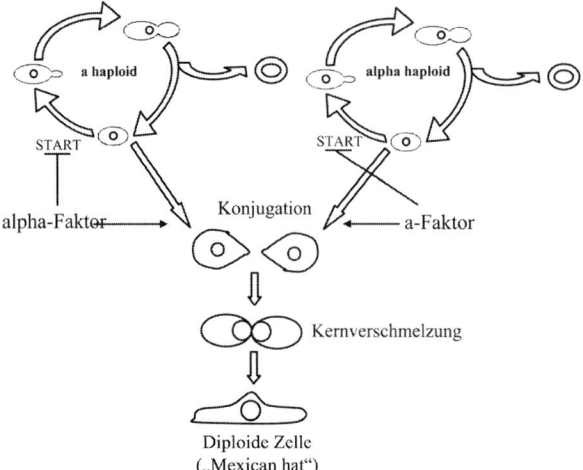

Abb. 18.4 Der Paarungszyklus von *S. cerevisiae*. Die Anwesenheit von Alpha- und a-Faktor blockiert die Zellen des jeweils entgegengesetzten Paarungstyps am Zellzyklus-Kontrollpunkt „Start" und induziert den „Shmoo"-Phänotyp. Die diploide Zelle wird durch Fusion der beiden haploiden Zellen gebildet. Dieser Prozess wird bei der Alpha-Faktor-Synchronisation durch Kulturen mit nur einem Paarungstyp (Mat a) vermieden. (In Anlehnung an: Murray, A., Hunt, T. (1993).)

18.2.4
Nachweis der Zellzyklusstadien

Verschiedene Methoden können genutzt werden, um Zellzyklusstadien in Hefekulturen zu erfassen und die Verteilung zu messen.

18.2.4.1 Knospungsindex
Der Knospungsindex ergibt sich aus dem Anteil an Zellen, die eine Knospe tragen. Dadurch kann der Anteil an Zellen in der G1-Phase und der S/G2/M-Phase unterschieden werden. Dieser Faktor wird durch Auszählen einer ausreichend großen Zahl von Zellen (>200) unter dem Mikroskop bestimmt. Dies ist eine schnelle Methode, um in einem Experiment die Zellzyklusverteilung online zu bestimmen.

18.2.4.2 Fluoreszenzfärbung des Kerns
Die DNA von Zellen kann mit verschiedenen Farbstoffen gefärbt werden. Dafür sind u. a. geeignet:

- Propidiumiodid
- Ethidiumbromid

- Hoechst Farbstoffe, hauptsächlich Hoechst 33342 und Hoechst 33258
- Acridinorange
- Mithramycin
- DAPI (4,6-Diamidino-2-phenylindol)
- 7-Aminoactinomycin D
- To-Pro-3
- Chromomycin.

Der meist genutzte DNA-Farbstoff für Zellzyklusanalysen ist Propidiumiodid (PI). Dieser lagert sich in die DNA ein und bewirkt so eine starke rote Fluoreszenz (Emissionsmaximum 637 nm). Die Anregung für diese Fluoreszenz erfolgt bei 488 nm, einer Lichtwellenlänge, die in den meisten Durchflusscytometern zur Verfügung steht. Für die Färbung mit PI müssen die Zellen jedoch zunächst fixiert und permeabilisiert werden und sind daher nicht mehr lebend. PI färbt auch doppelsträngige RNA, die daher zuvor mit Ribonucleasen entfernt werden muss.

Eine Alternative bieten Hoechst 33342 und 33258, Bis-Benzimid-Derivate, welche an AT-reiche Regionen der DNA binden und von lebenden Zellen ohne vorherige Fixierung und Permeabilisierung aufgenommen werden. Zellen können so anschließend wiedergewonnen und weiter kultiviert werden. Ein Nachteil dieser Methode ist, dass Hoechst 33342 im UV-Bereich angeregt wird (351–364 nm) und daher nicht in vielen Durchflusscytometern genutzt werden kann. Es ermöglicht aber eine Kombination mit anderen Farbstoffen und fluoreszierenden Proteinen, die mit Propidiumiodid nicht möglich ist.

- Acridineorange (AO): Färbung von DNA und RNA. Die Färbung mit AO zeigt unterschiedliche Fluoreszenz, je nachdem ob DNA oder RNA gebunden ist. Beide können mit 488 nm angeregt werden, sind aber dann als grüne (526 nm, DNA) oder rote (630 nm, RNA) Fluoreszenz sichtbar.
- DAPI (4,6-Diamidino-2-phenylindol): AT-bindender Farbstoff mit ähnlichen Eigenschaften wie die Hoechst-Farbstoffe.

Nach der Färbung der Kerne können die Zellen in den verschiedenen Phasen des Zellzyklus bestimmt werden. Dies kann durch folgende Verfahren erfolgen:

1. Auszählen der jeweiligen Zellen unter dem Mikroskop (Abb. 18.5)
Da die Form und die Position des Kerns spezifisch für die Phasen ist, kann so zwischen Zellen in G1, S/G2 und verschiedenen mitotischen Phasen unterschieden werden. Hierfür werden die Zellen auf einem Objektträger fixiert. Die Zellen können daher anschließend nicht weiter kultiviert werden.

2. Durchflusscytometrie
Durchflusscytometrie ist eine Methode, um verschiedene physikalische und chemische Eigenschaften von Zellen oder Teilchen zu messen, die jeweils einzeln an einem Messpunkt vorbeifließen. Auf eine Art können Durchflusscytometer als hoch spezialisierte Mikroskope betrachtet werden. Ein modernes Durchfluss-

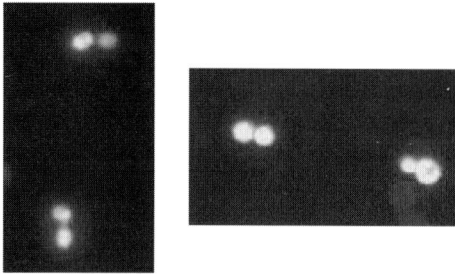

Abb. 18.5 Hefezellen in einer synchronen Kultur in der G2/M-Phase (DAPI Färbung).

cytometer besteht aus einer Lichtquelle, Sammellinsen, Photodioden oder Photomultiplier mit Verstärkern und einem Rechner zur Übertragung der Signale in Daten.

Die Lichtquelle ist meistens ein Laser, der kohärentes Licht einer spezifischen Wellenlänge abgibt. Das reflektierte und emittierte Licht wird durch verschiedene Linsen gesammelt und durch Filter und dichroide Spiegel in Fluoreszenz- und Anregungslicht getrennt und gemessen. So können neben der Fluoreszenz auch physikalische Eigenschaften wie Zellgröße, Zellform und interne Komplexität erfasst werden. Dies ermöglicht viele Anwendungsmöglichkeiten für diese Instrumente.

Durch Messung des DNA-Gehalts der Zellen im Durchflusscytometer wird es möglich, ein sehr detailliertes Bild der Verteilung der Zellpopulation in G1- und S/G2/M-Phase zu erhalten. Die Farbstoffe binden an die DNA und ermöglichen folglich die Messung des DNA-Gehalts (Abb. 18.6). Dies funktioniert jedoch nur, wenn Zellen einzeln am Messpunkt vorbeifließen. Um Klumpen zu vermeiden, werden die Zellen vor der Analyse z. B. durch Ultraschall behandelt.

Eine Einschränkung bei der Verwendung eines einzelnen Fluorochroms ist, dass wir so nur statische, nicht aber kinetische Informationen bekommen. Wir wissen nicht, ob Zellen, die eine S-Phasen-DNA-Menge enthalten, sich tatsächlich im Zellzyklus befinden und DNA synthetisieren. Um dies festzustellen kann z. B.

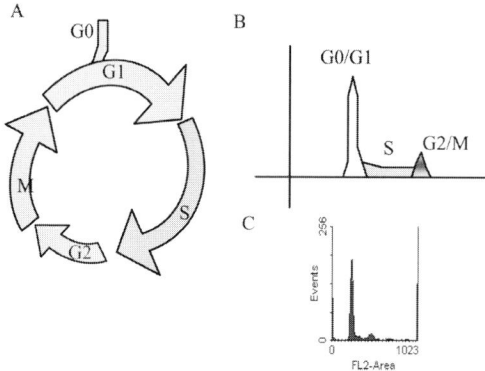

Abb. 18.6 Zellzyklusprofile nach DNA-Färbung und FACS-Analyse. (A) Zellzyklusdiagramm; (B) FACS-Messung, x-Achse Fluoreszenz, y-Achse Zellzahl; (C) Zellzyklusverteilung in humaner Zelllinie MCF7 unter guten Wachstumsbedingungen.

Bromodesoxyuridin (BrdU) verwendet werden. BrdU ist ein Thymidin Analogon und wird bei der DNA-Synthese in die DNA eingebaut. Für den Nachweis des Einbaus von BrdU muss die DNA denaturiert (entwunden) werden, um anschließend BrdU mit einem Antikörper nachzuweisen. Auf diese Weise lassen sich Zellen in G1, S und G2 sehr gut unterscheiden.

3. Laser-Scanning-Cytometrie

Mit einem *Laser Scanning*-Cytometer (LSC) können Zellen analysiert werden, die auf einem Objektträger fixiert sind. Unter Verwendung der gleichen optischen Prinzipien wie in einem Durchflusscytometer, wobei der Durchfluss durch einen Mikroskop-Objektträger ersetzt wird, scannt das LSC die fixierten Zellen für die cytometrische Analyse. Diese neue Methode, die Zellen der Cytometeroptik zu präsentieren, bietet eine Reihe von Möglichkeiten, die bei Durchflusssystemen nicht zur Verfügung stehen, z. B. die genaue Position jeder Zelle auf dem Objektträger. Dadurch kann das Gerät nach der Analyse jede Zelle wieder finden. Die fixierten Zellen können dabei auch gewaschen und mit einer anderen Färbung bearbeitet werden. Anschließend ist es möglich, die Messungen Zelle für Zelle zu vergleichen. Wie bei Durchflusscytometern sind auch Mehrfarbenmessungen möglich.

Diese Technologie ist besonders geeignet, wenn kleine Zellzahlen und Subpopulationen untersucht werden sollen und sowohl zusätzliche morphologische als auch phänotypische Informationen erforderlich sind. Kleine Zellzahlen (wenige hundert), die praktisch nicht mit herkömmlichen Durchflusscytometern untersucht werden können, lassen sich vollständig mit einem LSC messen.

Ein oder zwei Laserstrahlen werden durch eine oszillierende Linse (Spiegel) auf einen Spot von wenigen Mikrometern (z. B. 5 µm) eingestrahlt, und der Objektträger wird mit einem motorisierten x/y-Tisch in kleinen Schritten (z. B. 0,5 µm) rechnergesteuert abgerastert. Dadurch wird ein komplettes Bild von einzelnen Pixeln (Bitmap) aufgezeichnet. Wie beim Durchflusscytometer legt der Nutzer Grenzwerte fest, die eine Unterscheidung zwischen Signal und Hintergrund ermöglichen (Abb. 18.7). Schließlich kann so die Größe der Zelle (belegte Fläche) und die spezifische Fluoreszenz jeder Zelle errechnet werden (einschließlich der

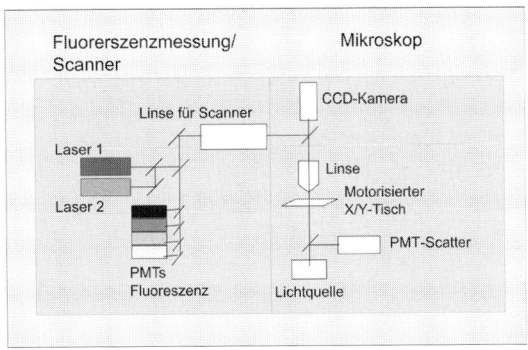

Abb. 18.7 Aufbau eines Laser Scanning-Mikroskops.

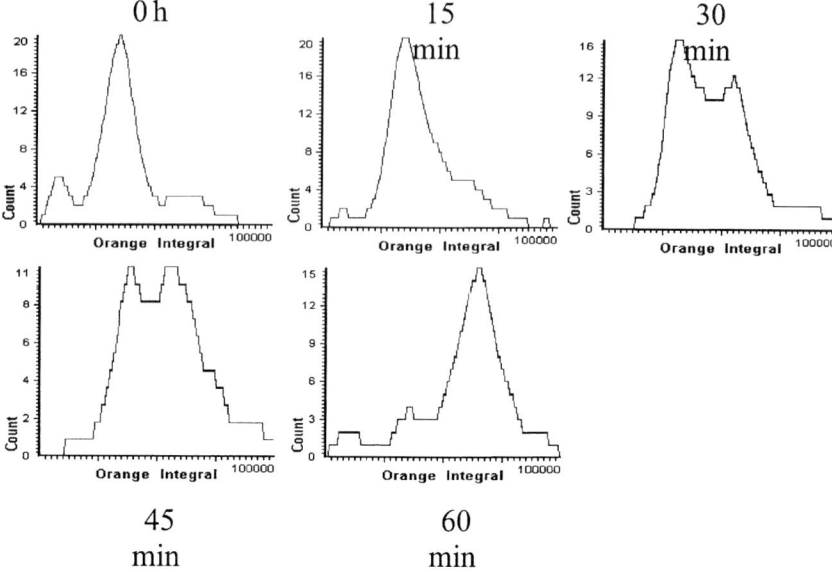

Abb. 18.8 Aufzeichnung der Progression durch den Zellzyklus in Hefezellen mit einem Laser-Scanning-Mikroskop. Die Zellen wurden in der mittleren log-Phase der Kultur entnommen, gewaschen und mit Alpha-Mating-Faktor synchronisiert. Nach 2 h Synchronisation wurden die Zellen zum Entfernen des Mating-Faktors gewaschen und in frisches Medium aufgenommen. Alle 15 Minuten wurden 250 µl Proben für die Zellzyklusanalyse entnommen, in 70% Ethanol fixiert, mit RNAsen und Ultraschall behandelt und mit PI gefärbt. Wie bei der FACS-Analyse zeigt die Verteilung von Zellen mit unterschiedlicher Fluoreszenzintensität die Anzahl von Zellen in der jeweiligen Phase des Zellzyklus.

Position der höchsten Fluoreszenz in der Zelle). Im folgenden Beispiel ist die Analyse des Zellzyklus von *S. cerevisiae* (Y486) nach Synchronisation mit alpha-Mating-Faktor gezeigt. Die DNA wurde mit PI gefärbt und mit einem LSC untersucht (Abb. 18.8).

Obwohl das Verhalten von Zellen in vielen Fällen von der jeweiligen Position im Zellzyklus abhängt, werden zurzeit die meisten Experimente in nicht synchronisierten Zellpopulationen durchgeführt. Nicht immer ist die Herstellung von synchronen Zellkulturen, z. B. von Säugerzellen, so einfach wie hier für Hefezellen beschrieben. Die Analyse der Verteilung von Zellzyklusphasen ist jedoch, wie beschrieben, sehr einfach und mit verschiedenen Methoden zugänglich. Veränderungen in der Verteilung von Zellzyklusphasen können so einfach genutzt werden, um eine Beziehung zwischen Zellzyklus und experimentellen Bedingungen zu bestimmen.

18.3
Weiterführende Literatur

Koepp, D.M., Harper, J.W., Elledge, S.J.
(1999) How the cyclin became a cyclin:
regulated proteolysis in the cell cycle. *Cell*
97(4), 431–4.

Murray, A., Hunt, T. (1993) *The Cell Cycle*.
Oxford University Press, Oxford.

Nash, P., Tang, X., Orlicky, S., Chen, Q.,
Gertler, F.B. et al. (2001) Phosphorylation
of a CDK inhibitor sets a threshold for the
onset of DNA replication. *Nature* 414(6863),
514–21.

Stein, G., Baserga, R., Giordano, A., Den-
hardt, D. (1999) *The Molecular Basis of Cell
Cycle and Growth Control*. Wiley-Liss, New
York.

19
Mikroskopische Techniken

Die diversen mikroskopischen Verfahren gehören zum Standardrepertoire der modernen Zellbiologie und Biotechnologie. Dieses Kapitel führt in die Grundlagen der Licht- und Elektronenmikroskopie ein.

19.1
Lichtmikroskopie

Lichtmikroskope eignen sich zur Darstellung von Organellen, intakten Zellen oder ganzen Gewebestücken. Durch ein erstes Linsensystem, das Objektiv, wird ein Bild des Untersuchungsobjekts erzeugt, das dann durch ein zweites Linsensystem, das Okular, vergrößert wird (Abb. 19.1). Bei älteren und einfachen Mikroskopen dienen normale Glühbirnen oder sogar nur Spiegel für das Tageslicht als Lichtquelle, bei leistungsstärkeren Mikroskopen werden häufig Halogenlampen verwendet, die ein sehr intensives Licht erzeugen. Dieses Licht wird durch Kondensorlinsen auf das Objekt fokussiert. Die Beleuchtungsapertur, welche die Größe der beleuchteten Fläche bestimmt, kann durch eine variabel verstellbare Blende unter dem Kondensor (Irisblende) kontrolliert werden. Die Kondensor-Linsensysteme sind für chromatische und sphärische Aberration korrigiert. Das betrachtete Objekt wird zunächst durch das Linsensystem des Objektivs in einer Zwischenbildebene abgebildet. Durch die entsprechende Auswahl des Objektivs können Vergrößerungen zwischen 2fach bis ungefähr 100fach bei diesem Bild eingestellt werden. Die Okulare sind so aufgebaut, dass sie ein virtuelles, vergrößertes Bild der Zwischenbildebene erzeugen. Der Vergrößerungsfaktor liegt in der Regel zwischen 4fach bis 10fach. Die parallel aus dem Okular austretenden Strahlen werden schließlich im Auge des Betrachters zu einem scharfen Bild fokussiert.

Molekulare Biotechnologie: Konzepte und Methoden.
Herausgegeben von M. Wink
Copyright © 2004 WILEY-VCH Verlag GmbH & Co. KGaA, Weinheim
ISBN: 3-527-30992-6

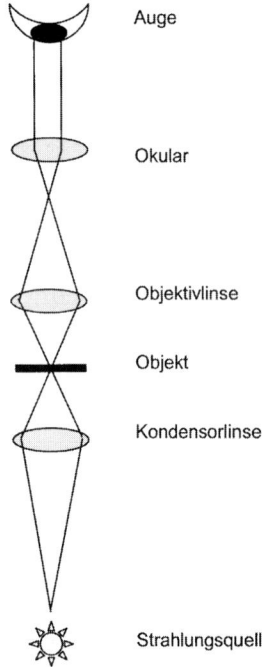

Auge

Okular

Objektivlinse

Objekt

Kondensorlinse

Strahlungsquelle

Abb. 19.1 Strahlengang im Lichtmikroskop.

19.2
Phasenkontrastmikroskopie

Kontrastarme Objekte sind im normalen Durchlichtmikroskop oft nur schwer er-kennbar. Feinstrukturen sind meist nur dort sichtbar, wo ausreichend Kontrast vorhanden ist, oder wo er durch kontraststeigernde Mittel wie z. B. Farbstoffe her-gestellt werden kann. Licht absorbierende Teile eines Präparats schwächen die Amplitude der durchtretenden Wellenzüge (Amplitudenpräparate), unsichtbare Anteile des Objekts lassen das Licht passieren. Die Schwächungen des Lichts nimmt das Auge als Helligkeitsunterschiede wahr. Je nach Konsistenz des unter-suchten Objekts wird das Licht dabei in seiner Phasenlage verändert, weil seine Geschwindigkeit auf dem Weg durch das Präparat verringert wird. Solche Phasen-unterschiede können aber vom Auge nicht erkannt werden. 1935 konnte sie der holländische Physiker F. Zernike durch Veränderungen im Strahlengang in Am-plitudendifferenzen überführen, wofür ihm 1953 der Nobelpreis für Physik verlie-hen wurde. Diese Methode ist heute als Phasenkontrastmikroskopie bekannt, und die entsprechende apparative Ausstattung ist fester Bestandteil vieler Mikroskope. Die Methode erlaubt, lebende Objekte beobachten und kinetische Prozesse in Zel-len verfolgen zu können. So wurde es dadurch z. B. möglich, den Ablauf der Mito-se sichtbar zu machen und zu filmen (K. Michel, Fa. Carl Zeiss, 1943).

Zur Phasenkontrastmikroskopie benötigt man einen Spezialkondensor mit einer Ringblende sowie einen Phasenring, der in der hinteren Brennebene des Objektivs angebracht ist. Dieser Ring erfüllt zwei wichtige Funktionen: Er sorgt zunächst für eine Angleichung der Helligkeiten von gebeugtem und nicht gebeugtem Licht, weil die durch das Präparat direkt hindurchtretenden Strahlen in ihrer Intensität abgeschwächt werden. Im Gegensatz zu einem konventionellen lichtmikroskopischen Bild erscheint der Hintergrund eines Phasenkontrastbildes daher dunkel.

Weiterhin beträgt die Phasenverschiebung bei der Mehrzahl der biologischen Präparate $\lambda/4$. Der Phasenring ist so gebaut, dass eine weitere Verschiebung um nochmals $\lambda/4$ erfolgt, sodass insgesamt eine Erhöhung des Betrags auf $\lambda/2$ resultiert. Damit fallen durch Interferenz zwischen gebeugtem und nicht gebeugtem Strahl Wellenberg und Wellental zusammen, und es erfolgt Auslöschung. Ein Nachteil des Verfahrens besteht darin, dass ab einer bestimmten Dicke der Präparate helle Höfe um die Strukturen herum auftreten (sog. Halo-Effekt).

19.3
Dunkelfeldmikroskopie

Bei der Dunkelfeldbeleuchtung besitzt das Mikroskop einen Spezialkondensor, dessen Apertur so groß ist, dass die direkt aus ihm kommenden Lichtstrahlen am Objektiv vorbeigehen. Nur wenn ein Präparat in den Strahlengang gebracht wird, gelangt das von ihm gebeugte Licht in das Objektiv und trägt zur Abbildung bei. Die Strukturen erscheinen leuchtend vor dunklem Hintergrund. Diese Methode ist insbesondere interessant, wenn Kristallstrukturen (isoliert oder intrazellulär) nachgewiesen werden sollen.

19.4
Polarisations- und Interferenzmikroskopie

Durch geeignete Polarisationsfilter kann eine bestimmte Schwingungsebene des Lichts, das normalerweise in alle Richtungen schwingt, herausgefiltert werden, sodass linear polarisiertes Licht entsteht. Dreht man ein zweites Polarisationsfilter so, dass seine Sperrwirkung senkrecht zu der des ersten steht, so kann das Licht total gelöscht werden. Solche Polarisationsfilter können in den Strahlengang eines Mikroskops eingebaut werden, wobei das unterhalb des Kondensors angebrachte Filter als Polarisator, ein zweites oberhalb des Objektivs als Analysator bezeichnet wird.

Der Einsatz eines solcherart entstandenen Polarisationsmikroskops ist bei Präparaten mit Polarisationseigenschaften sinnvoll, d.h., wenn sie aus gerichteten Einheiten (Molekülen, Atomen) aufgebaut sind. Diese Methode wird daher vor allem in der Mineralogie angewendet. Durch Verwendung polarisierten Lichts können Kristallachsen und Raumgitter exakt ermittelt werden.

Mitte der 50er Jahre wurde von dem französischen Physiker Normaski die Interferenzkontrastmikroskopie (auch Differential-Interferenzkontrast, DIC, genannt) entwickelt. Der apparative Aufbau besteht außer dem Polarisator und dem Analysator aus zwei Wollaston-Prismen aus je zwei verkitteten Kalkspatkeilen. An der Kittfläche wird ein polarisierter Lichtstrahl in zwei senkrecht aufeinander stehende Teilstrahlen aufgespalten. Das erste Wollaston-Prisma wird in die vordere Brennebene des Kondensors eingesetzt, das zweite in die hintere Brennweite des Objektivs. Das Objekt wird somit von zwei senkrecht aufeinander stehenden Wellenzügen durchstrahlt. Diese werden je nach Dicke oder Brechungseigenschaften des Präparats in ihrer Phase verschoben. Optimaler Interferenzkontrast entwickelt sich an Kanten im Präparat, an denen die beiden Teilstrahlen in ihrer Phase unterschiedlich verschoben werden. Da die Orientierung des Präparats für die Bildqualität entscheidend ist, verwendet man einen Drehtisch, um eine Analyse in allen Ausrichtungen zu ermöglichen. Durch das zweite Wollaston-Prisma werden die beiden Wellenzüge wieder zusammengeführt. Um eine Interferenz zu erzielen, müssen die Schwingungsebenen zusammenfallen, was wiederum durch den Analysator erreicht wird. Ein Interferenzkontrastbild erscheint als plastisches Relief. Dies hat jedoch nichts mit einer dreidimensionalen Abbildung der Präparatstruktur zu tun, vielmehr werden Dichteunterschiede im Präparat in Höhenunterschiede im Bild transformiert. Im Gegensatz zur Phasenkontrastmikroskopie können auch relativ dicke Präparate bearbeitet werden.

Neben den Hell-Dunkel-Kontrasten, die man durch Drehung des Polarisators oder durch die Einstellung des zweiten Wollaston-Prismas steigern oder abschwächen kann, lassen sich (durch Einsatz eines $\lambda/4$-Plättchens) auch verschiedene Farbkontraste erzielen.

19.5
Fluoreszenzmikroskopie

Bei der Fluoreszenzmikroskopie macht man sich die Eigenschaft bestimmter Moleküle zunutze, einen Teil des von ihnen absorbierten Lichts in Form einer energieärmeren und damit langwelligeren Strahlung wieder abzugeben. Durch Kopplung sog. Fluorochrome (anregbarer Moleküle) können mikroskopische Präparate zu einem direkten oder indirekten Fluoreszieren gebracht werden, wodurch es z. B. möglich wird, pH-Werte bestimmter Zellkompartimente anhand der Fluoreszenz zu bestimmen, oder Stofftransport in Zellen direkt zu visualisieren. Bei Anwendung mehrerer Fluorochrome, die bei verschiedenen Wellenlängen angeregt werden, können unterschiedliche Zellkompartimente oder parallel ablaufende zelluläre Prozesse gleichzeitig sichtbar gemacht werden.

Fluoreszenzmikroskope können als Durchlichtmikroskope oder als Auflichtfluoreszenzmikroskope aufgebaut sein (Abb. 19.2). Bei Durchlichtmikroskopen, dem älteren Typ, wird das anregende Licht durch eine starke, kurzwellige Lichtquelle, meistens eine Xenon- oder Quecksilberdampflampe, durch das Objekt durchgestrahlt. Diese Lampen sind vor allem deshalb geeignet, weil sie sehr stark sind

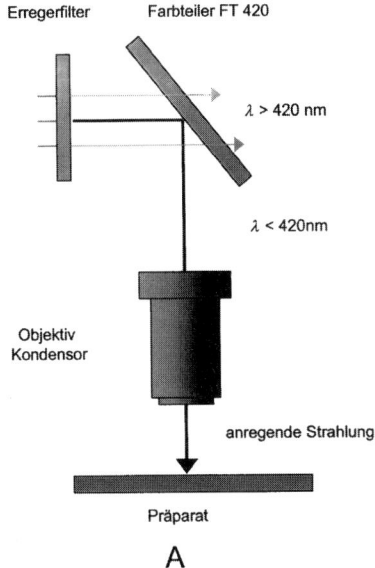

Abb. 19.2 Strahlengang in einem Epifluoreszenzmikroskop. (A) Anregende Strahlung, (B) emittierte Strahlung (Fluoreszenz). Die angegebenen Nanometerwerte beziehen sich auf einen der möglichen Fälle. Durch Wahl anderer Filtersysteme kann auch Licht anderer Wellenlängen verwendet werden. (Nach Werkphoto CARL ZEISS.)

und UV-Licht abstrahlen, das als Anregungslicht für die meisten Fluoreszenzfarbstoffe verwendet wird.

Das Licht tritt durch ein Erregerfilter, welches gewährleistet, dass nur anregende Strahlung um den gewünschten Wellenlängenbereich das Präparat erreicht. Bei Arbeiten mit einem Dunkelfeldkondensator wird die Bildqualität noch verbessert. Ein Sperrfilter im Strahlengang zwischen Objektiv und Okular lässt nur die langwellige, durch Emission am Präparat erzeugte Fluoreszenz (Sekundärstrahlung) zum Auge des Betrachters.

Bei der Auflichtfluoreszenzmikroskopie (Epifluoreszenzmikroskopie) kommen eingehendes und ausgehendes Licht auf der gleichen Seite in das untersuchte Präparat. Im Strahlengang zwischen Objektiv und Okular sind Erregerfilter, ein Teilerspiegel und das Sperrfilter eingebaut (Abb. 19.2). Das Objektiv wirkt zugleich als Kondensor, und je stärker es ist, desto intensiver ist die Strahlung. Sie verdrängt die Durchlichtfluoreszenzmikroskopie zunehmend, wobei diese bei geringeren Vergrößerungen immer noch bessere Bildqualitäten liefert.

19.6
Konfokale Fluoreszenzmikroskopie

Beim klassischen Lichtmikroskop wird das Licht der Strahlenquelle durch die Kondensorlinse auf das Objekt fokussiert, und das vom Objekt ausgehende Licht wird durch die Objektivlinse in die Zwischenbildebene fokussiert. Das dabei entstandene Bild wird durch die Okularlinse betrachtet (Abb. 19.3). Nicht nur Licht aus der Brennebene des Objektivs (rot), sondern auch unfokussiertes Licht aus Bereichen außerhalb der Brennebene (blau, grün) erreicht so das Auge. Durch die Überlagerung von fokussiertem und unfokussiertem Licht ist die räumliche Auflösung des konventionellen Mikroskops eingeschränkt und es entsteht eine gewisse Unschärfe für den Betrachter.

Beim konfokalen Mikroskop wird Licht, das nicht genau aus der Brennebene des Objektivs kommt, ausgeblendet. Im einfachsten Fall wird die Kondensorlinse durch eine Linse ersetzt, die mit der Objektivlinse identisch ist. Die Ausleuchtung des Objekts wird durch eine erste Lochblende beschränkt, die auf dem Objekt scharf abgebildet wird. Das Sichtfeld wird durch eine zweite Lochblende auf einen punktförmigen Bereich beschränkt. Durch den symmetrischen Aufbau dieses Systems sind beide Blenden und ein Punkt des Objekts in der Brennebene der Linsen konfokal. Der Durchmesser der Blenden wird so klein gewählt, dass Licht aus Bereichen des Objekts, die nicht in der Brennebene liegen, nicht in die Apertur einer dritten Blende fallen. Diese Strahlung wird somit ausgeblendet. Für die Betrachtung wird nur das Licht aus der Brennebene des Untersuchungsobjekts zu einem Photomultiplier geleitet und dort verstärkt.

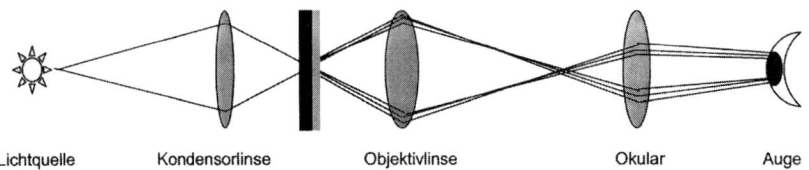

Lichtquelle   Kondensorlinse   Objektivlinse   Okular   Auge

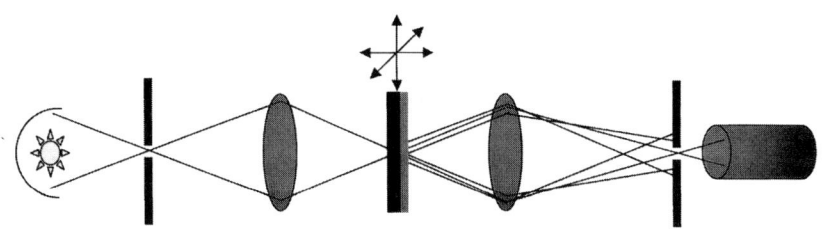

Lichtquelle   Photomultiplier

Abb. 19.3 Strahlengang im konfokalen Mikroskop (unten) im Vergleich zum Lichtmikroskop (oben).

Das konfokale Mikroskop bildet somit zunächst nur einen Bildpunkt ab, der aber genau einen Punkt aus der Brennebene des Objektivs darstellt. Zur Darstellung des vollständigen Objekts muss dieses Punkt für Punkt gerastert (gescannt) werden. Das kann dadurch geschehen, dass das Objekt eine kleine Strecke verschoben wird, bevor der nächste Punkt vom Photomultiplier registriert wird. Dieser Vorgang wird auch als *Stage Scanning* bezeichnet. Die gesammelten Bildpunkte werden dann von einem Rechner wieder zu einem kompletten Bild zusammengesetzt. Eine andere Möglichkeit zum Aufbau des gesamten Bilds besteht darin, das Objekt unbewegt zu lassen und das Bild in einem optischen Verfahren mittels einer sog. Nipkow-Scheibe zu generieren. Bei den meisten Konfokalmikroskopen wird das Objekt nicht bewegt, sondern ein Laserstrahl wird Punkt für Punkt darüber geführt, und das Bild wird digital im Rechner zusammengesetzt.

Am Beispiel einer Fluoreszenzdoppelfärbung ist hier der Vorteil der konfokalen Mikroskopie gezeigt. Bei dieser Zelle, die sich in der Meta-/Anaphase der Zellteilung befindet, ist die Plasmamembran mit einem rot fluoreszierenden Antikörper markiert, der Spindelapparat mit einem grün fluoreszierenden. Links das Bild mit dem konventionellen Mikroskop: Am Rand der Zelle sieht man Membranfärbung, die wie ein Schleier das ganze Bild überlagert. Die Darstellung der Spindelfasern ist unscharf, aber besonders intensiv in der Kinetochorregion. Rechts: Dieselbe Zelle in konfokaler Optik. Die seitliche Plasmamembran ist scharf dargestellt („optischer Schnitt" durch Ausblenden unfokussierten Lichts) und die Fasern des Spindelapparats sind zu erkennen.

19.7
Elektronenmikroskopie

1931 wurde an der Technischen Universität Berlin von M. Knoll und E. Ruska der erste Prototyp eines Elektronenmikroskops gebaut, welches sich die Erkenntnis von L. de Broglie (1924) zunutze machte, dass Elektronenstrahlen ebenso wie Lichtstrahlen einen wellenförmigen Charakter besitzen. 1945 veröffentlichten Porter, Claude und Fullam vom Rockefeller Institute, New York, in der Zeitschrift Journal of Experimental Medicine, das erste elektronenmikroskopische Bild einer Zelle. Ein gewisser Nachteil der Elektronenmikroskopie liegt darin, dass grundsätzlich keine lebenden Objekte beobachtet werden können.

Bei einem konventionellen Elektronenmikroskop, einem sog. Transmissions-elektronenmikroskop (TEM), wird der Elektronenstrahl durch eine stromdurchflossene, haarnadelförmig konstruierte Kathode erzeugt und durch eine an eine Anode angelegte Hochspannung abgeleitet (Abb. 19.4 A). Diese sog. Beschleunigungsspannung liegt im Bereich von 50–150 kV. Je höher sie ist, desto geringer ist die Wellenlänge der Elektronenstrahlung und desto höher das Auflösungsvermögen. Neue Hochspannungs-Elektronenmikroskope (*high voltage electron microscope*) arbeiten mit einer Beschleunigungsspannung von 700–3000 kV. Ihr Auflösungsvermögen ist höher, weshalb die Objekte auch dicker sein können. Ein Nachteil bei diesem Gerätetyp ist jedoch der sehr hohe apparative Aufwand. Ent-

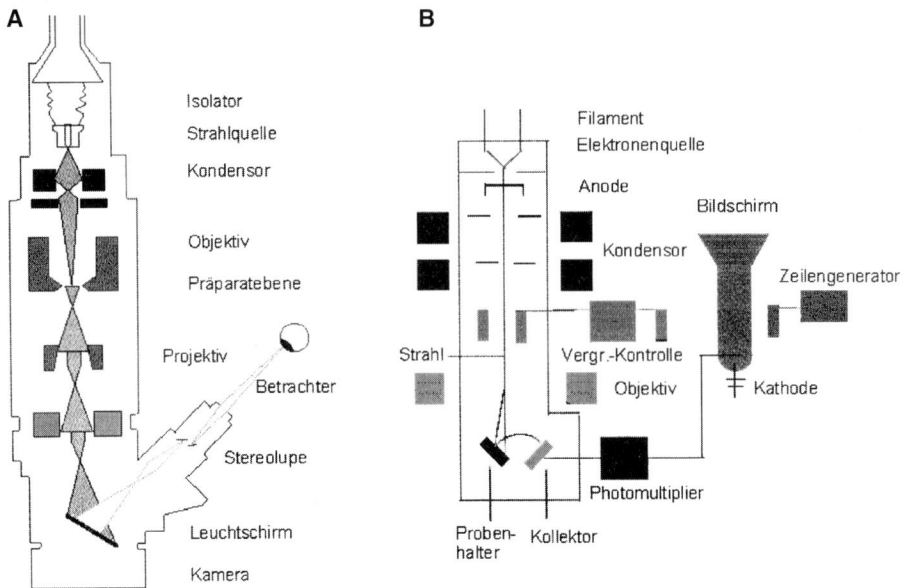

Abb. 19.4 Schema des Strahlengangs im Transmissions- (**A**) und Rasterelektronenmikroskop (**B**). (Nach Hearle et al. (eds.) The use of scanning electron microscope. Oxford: Pergamon Press, 1972.)

scheidenderen Einfluss auf das Auflösungsvermögen haben allerdings die Linsensysteme sowie die Herstellungstechnik des Präparats. Moderne Geräte erreichen Auflösungen von 0,2–0,3 nm, bei biologischen Präparaten sind in der Regel aber nicht unter 2 nm zu erreichen. Die Vergrößerung liegt damit im Bereich um ca. 300 000.

Der Elektronenstrahl tritt durch eine Bohrung durch die Anode hindurch und nimmt nun den gleichen Verlauf wie ein Lichtstrahl in einem Lichtmikroskop (Abb. 19.1). Die Linsensysteme eines Elektronenmikroskops sind aus stromdurchflossenen Spulen aufgebaut, die ein elektromagnetisches Feld um sich herum erzeugen. Der Strahl wird zunächst durch einen Kondensor gebündelt und tritt dann durch das Objekt hindurch, an dem er partiell abgelenkt wird. Der Grad der Ablenkung hängt von der Elektronendichte der Atome im Präparat ab. Je höher deren Atommasse ist, desto stärker ist auch die Ablenkung. Nach Durchtritt durch das Objekt werden die gestreuten Elektronen von einem Objektiv gesammelt; es entsteht ein Zwischenbild, das durch ein weiteres Linsensystem (sog. Projektiv) nachvergrößert wird. Das dabei entstehende Bild wird auf einem fluoreszierenden Schirm sichtbar gemacht oder auf einem photographischen Film festgehalten. Die dabei entstehenden Abbildungen sind immer schwarz-weiß, wobei der Schwärzungsgrad der Bilder die Elektronendichte (= Atommassenunterschiede) im durchstrahlten Präparat widerspiegelt. Da biologische Objekte größtenteils aus Atomen niedriger Ordnungszahlen (C, H, N, O) bestehen, erzeugen sie einen nur geringen Kontrast. Um Zellstrukturen gut erkennen zu können, müssen Präparate daher in der Regel mit speziellen Kontrastmitteln (Schwermetalle) behandelt werden. Untersuchungsobjekte sollten nicht viel dicker als 100 nm sein, da durch Elektronenabsorption die Temperatur erhöht wird, was zur Zerstörung des untersuchten Objekts führen kann.

Der Strahlengang im Rasterelektronenmikroskop (REM, *scanning electron microscope;* SEM) (Abb. 19.4 B) verläuft anders als im Transmissionselektronenmikroskop. Das Verfahren stellt leitende Oberflächen dar, weswegen biologische Objekte zunächst durch Aufdampfen eines Metallfilms leitend gemacht werden. Meistens wird dafür Gold verwendet. Das Auflösungsvermögen ist in der Regel geringer als beim TEM, die Tiefenschärfe jedoch um Größenordnungen höher. Die Rasterelektronenmikroskopie eignet sich daher auch zur Darstellung von Objekten bei nur schwachen Vergrößerungen (Lupenvergrößerungen).

Die Technologie eines Rasterelektronenmikroskops basiert auf Erkenntnissen der Fernsehtechnik. Die Objektoberfläche wird durch den primären Elektronenstrahl Punkt für Punkt abgetastet, wodurch sog. Sekundärelektronen freigesetzt werden. Die Intensität der Sekundärstrahlung ist vom Neigungswinkel der Objektoberfläche abhängig. Die Sekundärelektronen werden von einem schräg über der Probe angebrachten Detektor aufgefangen und das Signal wird elektronisch verstärkt. Die Vergrößerung kann stufenlos wählbar sein, und das Bild erscheint zeitsequenziell auf einem Kathoden- bzw. Fernsehbildschirm.

Bei einer Weiterentwicklung des Rasterelektronenmikroskops, dem *Scanning Transmission Electron Microscope* (STEM) wird das Präparat durchstrahlt, und die bei der Durchstrahlung erzeugte Sekundärstrahlung wird genutzt. Trotz des hohen Aufwands können durch dieses Verfahren große Moleküle (Nucleinsäuren, Proteine) oder Molekülkomplexe (z. B. Viren) besser und schonender dargestellt werden als im TEM.

20
Laseranwendungen

Zu den wichtigen physikalischen Werkzeugen, die in der Zellbiologie und Biotechnologie zunehmend eingesetzt werden, gehört der Laser. Dieses Kapitel führt in die Funktionsweise des Lasers und seine Anwendung im biomedizinischen Bereich ein. Beschrieben werden Multiphotonenmikroskopie, die optische Pinzette sowie die Laser-Mikrodissektion.

20.1
Laserprinzip

Die physikalische Beschreibung des Phänomens „Licht" hat im Lauf der Zeit einige Veränderungen erfahren. Zunächst existierten gegensätzliche Theorien, die dem Licht entweder Wellencharakter oder Teilchencharakter zusprachen. Jedoch ließ sich aus den von James C. Maxwell gegen Ende des 19. Jahrhunderts aufgestellten Maxwell-Gleichungen die Existenz von elektromagnetischen Wellen ableiten, die von ihm schon bald mit Licht identifiziert wurden. Heinrich Hertz gelang bald darauf der experimentelle Nachweis dieser Theorie, sodass die Entscheidung über die korrekte physikalische Beschreibung von Licht endgültig zugunsten des Wellenbildes gefallen schien.

Schon bald jedoch ergaben sich Probleme, als versucht wurde, das Farbspektrum der sog. Schwarzkörperstrahlung aus der elektromagnetischen Theorie des Lichts herzuleiten. Ein schwarzer Körper ist dabei ein gedachtes Modellobjekt, das jede auf ihn auftreffende (Licht-)Strahlung absorbiert. Befindet sich dieser Körper im thermodynamischen Gleichgewicht mit seiner Umgebung – er soll also Umgebungstemperatur haben – so muss er, um sich nicht ständig weiter aufzuheizen, (Licht-)Strahlung wieder emittieren. Für die spektrale Verteilung dieser emittierten Strahlung, die im Fall des schwarzen Körpers nur von der Temperatur und nicht von anderen Materialeigenschaften abhängt, existierten zwei Formeln, die durch verschiedene Herleitung gewonnen worden waren: Eine von Wilhelm Wien und Max Planck, die das Spektrum im Bereich kurzer Wellenlängen wiedergeben konnte, und eine andere von John William Strutt Lord Rayleigh, die sich im langwelligen Bereich bewährte.

Molekulare Biotechnologie: Konzepte und Methoden.
Herausgegeben von M. Wink
Copyright © 2004 WILEY-VCH Verlag GmbH & Co. KGaA, Weinheim
ISBN: 3-527-30992-6

Erst durch die Einführung der sog. Quantenhypothese gelang es Max Planck 1900, eine allgemeine Beschreibung des Strahlungsspektrums zu finden, die beide Vorgängerformeln als Spezialfälle enthielt. Die revolutionäre Annahme war dabei, dass die Energie in der Strahlung nicht kontinuierlich, sondern in Paketen – Quanten – verteilt ist, deren Energie durch

$$E = h\nu \tag{20.1}$$

gegeben ist. ν ist die Frequenz der Strahlung, die über

$$\nu = c/\lambda \tag{20.2}$$

mit der Wellenlänge λ der Strahlung und der Lichtgeschwindigkeit $c \approx 3 \times 10^8$ m/s zusammenhängt, $h = 6,63 \times 10^{-34}$ Js ist das sog. Planck'sche Wirkungsquantum). Diese Hypothese wurde zunächst, auch von Planck selbst, als „mathematischer Trick" ohne physikalischen Gehalt aufgefasst. Erst fünf Jahre später formulierte Albert Einstein, dass nicht nur die elektromagnetische Strahlung in Quanten der Energie $E = h\nu$ aufgeteilt ist, sondern dass auch die Aufnahme und Abgabe von Strahlungsenergie an und von (schwarzen) Körpern in Energiequanten oder Photonen erfolgt. Allerdings besitzen diese Photonen nach wie vor Eigenschaften, die eher einer Welle zugeschrieben werden können; man spricht daher auch vom Welle-Teilchen-Dualismus.

Dieses Ergebnis führte im Weiteren, theoretisch wie experimentell, zur Entwicklung der Quantenmechanik, aus der sich u.a. ergibt, dass die Elektronenschale von Atomen und Molekülen einen definierten energetischen Grundzustand besitzt und nur diskrete angeregte Energiezustände einnehmen kann. Der Übergang von einem Energiezustand zu einem anderen wird durch Absorption bzw. Emission eines Photons vermittelt, wobei die Energie des absorbierten bzw. emittierten Photons gerade dem Energieunterschied der beteiligten Zustände entspricht. Ein weiteres Ergebnis der theoretischen Arbeiten Albert Einsteins auf diesem Gebiet war die Vorhersage der stimulierten Emission (1917). Im Gegensatz zur spontanen Emission, bei der ein angeregtes Atom oder Molekül spontan, d.h. zu einem zufälligen Zeitpunkt, unter Photonemission zurück in den Grundzustand übergeht, kann dieser Abregungsvorgang durch das gleichzeitige Vorhandensein eines zweiten Photons „katalytisch" stimuliert werden. Bedingung hierfür ist allerdings, dass das zweite Photon dieselbe Energie besitzt wie jenes, das durch den Abregungsvorgang erzeugt wird. Befinden sich daher innerhalb eines bestimmten Volumens mehrere gleichartige Moleküle im gleichen angeregten Zustand und zerfällt eines von ihnen spontan unter Photonemission, kann dieses eine Photon weitere Abregungsvorgänge stimulieren, sodass letztlich eine Photonenkaskade entsteht. Interessant hierbei ist, dass alle auf diese Weise entstandenen Photonen zueinander kohärent sind, d.h., im Wellenbild formuliert, resonant im Gleichtakt schwingen.

Nachdem 1928 die erste experimentelle Bestätigung für die stimulierte Emission in Gasentladungen gelang, wurde in der Folge diskutiert, wie man Licht mit-

Abb. 20.1 Energieschema des Rubinlasers.

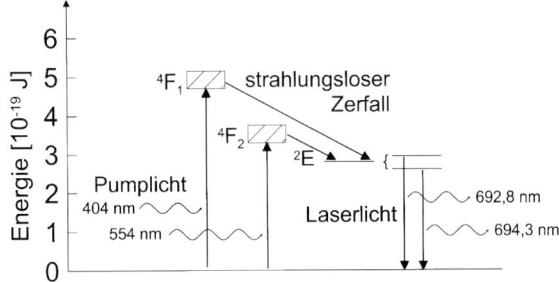

hilfe der stimulierten Emission verstärken kann. Wichtig für eine solche Verstärkung (LASER, *light amplification by stimulated emission of radiation*) ist, dass zwischen den beiden an der stimulierten Emission beteiligten Energiezuständen eine sog. Besetzungsinversion besteht, das bedeutet, dass sich im betrachteten Volumen mehr Moleküle im angeregten Zustand befinden als im Grundzustand. Es ist allerdings sehr schwer, diese Besetzungsinversion gegenüber dem Grundzustand herzustellen und aufrecht zu erhalten, es sei denn, der angeregte Zustand ist metastabil und besitzt eine entsprechend lange Lebensdauer.

Als Ausweg bietet sich an, die Inversion zwischen zwei angeregten Zuständen herzustellen. Durch eine „Pumpstrahlung" werden Moleküle in ausreichender Zahl in einen angeregten Zustand gebracht. Dieser angeregte Zustand geht dann in mehreren Schritten wieder in den Grundzustand über, wobei einer dieser Abregungsschritte durch stimulierte Emission erfolgt und die gewünschte Photonenkaskade erzeugt. Der erste Laser wurde 1960 von Theodor Maiman als Rubinlaser realisiert. Abb. 20.1 zeigt die am Laserprozess beteiligten Energiezustände des Cr^{3+}-Ions im Al_2O_3-Kristall. Durch Pumpen mit Licht der Wellenlängen um 404 nm bzw. 554 nm wird das Chromion in eines der beiden angeregten Zustandsbänder $^4F_1$ bzw. $^4F_2$ gebracht. Diese zerfallen schnell ($\sim$50 ns) und strahlungslos in den Zustand ^2E (der sich eigentlich aus zwei eng benachbarten Zuständen zusammensetzt). Beide ^2E-Zustände sind metastabil und werden durch stimulierte Emission in den Grundzustand abgeregt. Die dabei entstehende Laserstrahlung hat die Wellenlängen 692,8 nm und 694,3 nm.

20.2
Eigenschaften der Laserstrahlung

Die durch stimulierte Emission erzeugte Laserstrahlung unterscheidet sich von anderen Lichtquellen (z. B. Glühlampen, Gasentladungslampen) in einigen wichtigen Punkten: Wie oben bereits erwähnt, schwingen die stimulierenden und die stimulierten Photonen im Gleichtakt; man sagt, sie sind zueinander kohärent. Die räumliche Kohärenz – das bedeutet, der maximale Abstand zweier gleich schwingender Photonen im Laserstrahl – und die zeitliche Kohärenz – die Zeitspanne, während der alle an einem Ort vorbeilaufenden Photonen kohärent zueinander sind – ist zwar von Lasertyp zu Lasertyp unterschiedlich, die Kohärenz als solche ermöglicht es jedoch, den Laserstrahl aufzuspalten und mit sich selbst zu überlagern (Interferenz). Diese Selbstinterferenzfähigkeit wird beispielsweise für extrem genaue Abstandsmessungen ausgenutzt.

Eine weitere Eigenschaft des Laserstrahls ist seine geringe Divergenz, das bedeutet, dass sich der Durchmesser eines Laserstrahls, selbst nach vielen Kilometern Laufzeit, nur kaum vergrößert. Damit hängt zusammen, dass ein Laserstrahl eine sehr gute Fokussierbarkeit besitzt, sodass durch die Fokussierung des Strahls mithilfe einer Linse (z. B. Mikroskopobjektiv) ein sehr kleiner Spot erzeugt werden kann. Diese hohe Fokussierbarkeit wird nicht nur in *Laser-Scanning*-Konfokalmikroskopen (s. Kap. 19) oder zum Erzeugen hoher Energiedichten ausgenutzt, sie findet beispielsweise auch Anwendung in CD- und DVD-Abspielgeräten.

Schließlich können Laser so gebaut werden, dass die emittierte Strahlung quasi monochromatisch ist, das bedeutet, dass sie sich nur aus Licht eines schmalen Wellenlängenbereichs zusammensetzt. Im sichtbaren Bereich können Linienbreiten von einigen Nanometern und weniger erreicht werden, sodass verschiedene Laserlinien störungsfrei kombiniert werden können. Dies ist z. B. bei der definierten Anregung mehrerer Fluoreszenzfarbstoffe von Vorteil.

20.3
Aufbau und Lasertypen

Obwohl es mittlerweile viele verschiedene Lasertypen gibt, unterscheiden sie sich wenig in ihrem prinzipiellen Aufbau: Zunächst benötigt man ein laseraktives Medium, das sich für stimulierte Emission auf der gewünschten Wellenlänge eignet. Oft wird dieses laseraktive Medium in einem Wirtsmedium verdünnt, wie bereits oben beim Rubinlaser erwähnt, wo die Chromionen als eigentliches laseraktives Medium in einem Al_2O_3-Kristall verdünnt werden. Das Lasermaterial wird mithilfe von Pumplicht, Gasentladungen, elektrischen Strömen usw. angeregt und beginnt, auf der gewünschten Laserwellenlänge zu leuchten. Damit sich jedoch eine Lichtverstärkung und damit ein Laserstrahl ausbildet, bedarf es einer teilweisen Rückkopplung der Laserphotonen in das Lasermedium, damit diese weitere Photonemissionen stimulieren können. Diese Rückkopplung kann z. B. durch zwei Spiegel realisiert werden. In diesem Resonator, gebildet aus dem Lasermedium und den zwei Spiegeln, laufen dann die Laserphotonen hin und her. Zur Auskopplung des Laserstrahls benutzt man dann auf einer Seite einen Spiegel, der nur teilreflektierend ist.

Abb. 20.2 skizziert den Aufbau des Rubinlasers. Man erkennt die Blitzlampe, die die Cr^{3+}-Ionen im Rubinstab anregt, und den Reflektor mit den beiden Spiegeln an den Enden des Rubinstabs.

Bis heute wurden viele verschiedene Lasertypen realisiert, deren Aufbau oft im Hinblick auf eine gewünschte Eigenschaft hin optimiert wurde. Prinzipiell wird

Abb. 20.2 Prinzipskizze des Aufbaus eines Rubinlasers.

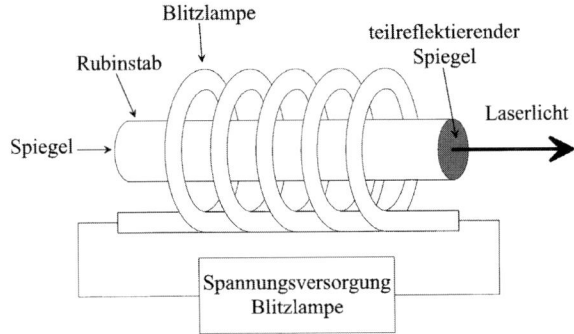

zwischen Dauerstrichlasern („cw", *continuous wave*) und gepulsten Lasern – hier werden durch einen technischen Trick fast alle angeregten Moleküle quasi gleichzeitig zur Emission stimuliert – unterschieden. Gepulste Laser finden vor allem dort Anwendung, wo man hoch fokussierte Intensitäten benötigt und die Farbreinheit keine sehr große Rolle spielt. Als Lasermedium werden Gase (He-Ne-Laser, Argonionen-Laser, Stickstofflaser, CO_2-Laser), Festkörper (Rubinlaser, Neodym-Laser, Titan-Saphir-Laser), Farbstoffe (Farbstofflaser; hier wird der Farbstoff als laseraktives Medium in einer Flüssigkeit wie Methanol gelöst) oder Halbleiter (Diodenlaser) verwendet.

20.4
Anwendungen

Um Einsatzmöglichkeiten von Lasern in der Biotechnologie darzustellen, soll beispielhaft auf drei mikroskopische Hauptanwendungsgebiete genauer eingegangen werden: die Konfokal- und Multiphotonenmikroskopie, die optische Pinzette und das mikroskopische Laser-Schneiden. An diesen drei Gebieten können die nicht nur für den biologisch-technischen Einsatz wohl wichtigsten Eigenschaften der Laserstrahlung demonstriert werden: die spezifische Anregung von Molekülen zur Photonenemission, das Erzeugen eines Kraftfeldes durch Impulsübertragung und die gezielte Veränderung oder Zerstörung von Zellen und Gewebe durch hohe Leistungsdichten des fokussierten Laserstrahls („Laser-Mikrodissektion").

20.4.1
Konfokal- und Multiphotonenmikroskopie

Bei Konfokalmikroskopen werden charakteristische, scharf begrenzte „Laserlinien", z. B. von Argon-, Argon/Krypton- oder Helium-Neon-Lasern, genutzt, um hochspezifisch mit Fluoreszenzfarbstoffen gekoppelte molekulare Strukturen oder Reaktionsabläufe in Zellen, Organellen, an Membranen oder selbst von molekularen

Assays und einzelnen Biomolekülen sichtbar werden zu lassen und quantitativ mit hoher zeitlicher und räumlicher Auflösung zu erfassen (s. Abschnitt 19.6). Als ein Beispiel sei die Messung der intrazellulären Freisetzung von Calciumionen über Calciumionenkanäle in intrazellulären Organellen genannt, z.B. dem Endoplasmatischen Reticulum von Neuronen oder dem Sarkoplasmatischen Reticulum von Herz- oder Skelettmuskelzellen. Die intrazellulären Freisetzungen der Calciumionen erhöhen die freie Calciumkonzentration an den Freisetzungskanälen vom nanomolaren bis zum mikromolaren Bereich. Die lokale Konzentrationsänderung wird durch die Bindung der Calciumionen an Fluoreszenzindikatormoleküle, z.B. Fluo-4, gemessen, die mit einer Laserlinie, z.B. bei 488 nm eines Argonlasers, angeregt werden. Die veränderten Calciumkonzentrationen werden als Lichtmission im Bereich von 510 nm quantitativ als mikroskopisch kleine Lichtblitze (*sparks*; Funken) mit einer lateralen Lokalisationsgenauigkeit von etwa 300 nm und Kinetiken im Millisekundenbereich simultan während der rasterförmigen Ablenkung des fokussierten Laserstrahls gemessen.

Für derartige Messungen können auch Ultra-Kurzpulslaser, z.B. Pico- und Femtosekunden-Laser, in der Multi-Photonenmikroskopie eingesetzt werden. Wegen der hohen Eindringtiefe von Infrarotstrahlung in das Gewebe und der extrem kleinen Anregungsvolumina, die bei 2-Photonenmikroskopie durch die Abhängigkeit der Emission vom Quadrat der Anregungsintensität zustande kommen, können Veränderungen der freien Calciumkonzentration in Neuronen selbst im Cortex von Versuchsratten *in vivo* bestimmt werden. Zudem können aus sog. „Käfigmolekülen", die biologisch inert sind, aktive Moleküle wie ATP oder auch Calciumionen durch Multiphotonenphotolyse mittels ultrakurzer, 10^{-12} bis 10^{-13} s dauernder Laserpulse freigesetzt werden. Somit kann mit kombinierten Laseranwendungen sowohl gezielt in zelluläre Reaktionsverläufe eingegriffen als auch gleichzeitig mit hoher zeitlicher und räumlicher Auflösung gemessen werden. Es bleibt zu erwähnen, dass es bereits eine Vielzahl von Fluoreszenzindikatoren für die Konfokal- und Multiphotonenmikroskopie gibt, die zum Teil hochspezifisch mit Lasern angeregt werden können und die simultane Beobachtung sehr komplexer zellulärer Reaktionsabläufe ermöglichen. Neue Entwicklungen der Laser-Scanning-Mikroskopie nutzen selbst „eigenresonante" Eigenschaften biologischer Moleküle bei Multiphotonenanregung, die zu intrinsischen Photonemissionen führen, wie *Second Harmonic Generation* (SHG) und *Coherent Anti Raman Scattering* (CARS), und erlauben durch multifokale Beobachtung und Laseranregung (4-Pi-Mikroskopie) eine noch bessere optische Auflösung von bis zu 50 nm oder ermöglichen die genaue Lokalisation und Untersuchung von Wechselwirkungen biologischer Moleküle z.B. an Membranen (z.B. mit der FRET-Methode).

20.4.2
Optische Pinzette

Um 1990 wurden erstmals Laser eingesetzt, um kleine Kräfte im Piconewton-Bereich auf einzelne Moleküle, insbesondere sog. Motorproteine wie Kinesin und Myosin, auszuüben oder intermolekulare, wechselwirkende Kräfte dieser Motor-

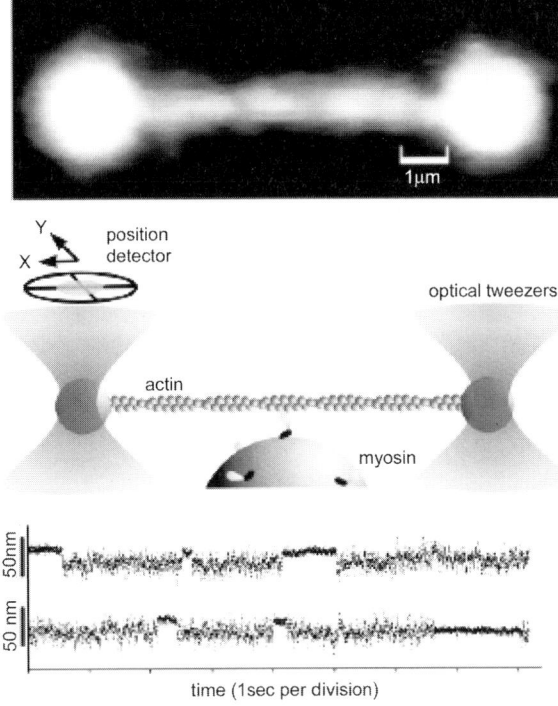

Abb. 20.3 Optische Pinzette.

proteine zu bestimmen. Dabei werden langwellige Laserstrahlen (800 bis etwa 1000 nm) mit Mikroskopobjektiven hoher numerischer Apertur fokussiert. Die Photonen der stark gebündelten Laserstrahlen übertragen Impulse auf mikroskopisch kleine Kügelchen (Durchmesser von 0,1 bis 1 Mikrometer, z. B. aus Glas oder Polystyren) mit stärkerer Lichtbrechung als der des umgebenden wässrigen Mediums. Im Fokus des Objektivs entsteht dadurch ein „parabelförmiger Potenzialtopf" mit einem Kraftfeld, das zur Positionierung von an den Kügelchen befindlichen Molekülen, z. B. einem Actinfilament (Abb. 20.3), oder zur indirekten Kraftmessung von Motorproteinen genutzt werden kann. Am Beispiel in Abb. 20.3 sind zwei optische Pinzetten, die auch als Laserfallen bezeichnet werden, dargestellt, die jeweils ein Kügelchen so ausrichten, dass das angeheftete Actinfilament gestreckt und an ein einzelnes Myosinmolekül angenähert werden kann, welches wiederum auf einem Glaskügelchen sitzt. Die Wechselwirkungen des Myosins mit dem Actinmolekül sind im thermischen Rauschen des *Displacement*-Signals klar zu erkennen.

20.4.3
Laser-Mikrodissektion

Mikroskopisch scharf fokussierte Laserstrahlen können bei erhöhter Energiedichte auch zur Perforation von Zellmembranen oder allgemein zur Mikrodissektion von Zellen oder Geweben eingesetzt werden. Obwohl fast alle in der Mikroskopie eingesetzten Laser bei erhöhter Leistung in den Bereich der Zellschädigung kommen, werden für die gezielte Bearbeitung, wie das Ausschneiden von einzelnen Zellen aus einem Gewebeverband, meist kurzwellige Laser, wie z.B. gepulste Stickstofflaser (332 nm), benutzt, da die Wellenlänge näherungsweise der effektiven Schnittbreite entspricht. Diese Art der „berührungslosen" Präparation von Zellen oder Zellbestandteilen lässt sich sehr effektiv mit molekularbiologischen oder zellphysiologischen Methoden kombinieren.

Teil III
Schwerpunktthemen der Molekularen Biotechnologie

Molekulare Biotechnologie: Konzepte und Methoden.
Herausgegeben von M. Wink
Copyright © 2004 WILEY-VCH Verlag GmbH & Co. KGaA, Weinheim
ISBN: 3-527-30992-6

21
Genomik

Dieses Kapitel führt in die Grundlagen der Genomik ein. Es beschreibt die Methoden der DNA- und Genomsequenzierungen und die zugehörigen Kartierungsmethoden. Die ergänzenden Methoden, von cDNA-Banken über EST-Banken und Voll-Länge-Klonbanken werden ebenfalls ausführlich dargestellt. Besonders berücksichtigt wird die Entwicklung und der Stand des Humanen Genomprojekts.

21.1
Einleitung

Wir leben in einer DNA-dominierten Wissenschaftswelt. Dies spiegelt sich bereits in dem Oberbegriff **Genomik** (*genomics*) wider, der diesem Kapitel als Überschrift dient, aber der sich auch in dem Begriff **Funktionelle Genomik** (*functional genomics*) findet. Genomik ist aus dem Wort Genom abgeleitet, das in Form von DNA-Träger der genetischen Information der meisten Organismen ist. Zwar ist unser Repertoire an genetischer Information auf den Chromosomen und in den Genen codiert, aber RNAs (in Analogie zum Genom als **Transkriptom** bezeichnet) und Proteine (**Proteom**) sind die ausführenden „Organe" dieser Information. Die chromosomale DNA ist in fast allen Körperzellen (so gut wie) identisch; die Unterschiede unserer mehr als 200 Zelltypen beruhen auf Vorgängen, die weitgehend über RNAs und Proteine gesteuert werden. Zudem sind auch Unterschiede zwischen verschiedenen Genomen teilweise nur gering. Erst das Studium von RNAs und Proteinen wird also eine Analyse dessen ermöglichen, was den Menschen, aber auch andere Organismen ausmacht, und worauf die Unterschiede zurückzuführen sind. Das einstmals postulierte „**zentrale Dogma der Molekulargenetik**" „**DNA macht RNA macht Protein**" ist inzwischen, z.B. durch die Entdeckung des Enzyms Reverse Transkriptase ergänzt und aufgeweicht worden (Abb. 21.1). Auch weitere Hypothesen, wie z.B. die „**ein Gen – ein Enzym**"-Hypothese, haben sich ebenfalls als zu eng formuliert erwiesen, wie sich am Begriff des alternativen Spleißens (s. Kap. 4) eindrucksvoll demonstrieren lässt. So macht es durchaus Sinn, das vielfach vertretene Postulat der Dominanz der DNA zu überdenken.

Molekulare Biotechnologie: Konzepte und Methoden.
Herausgegeben von M. Wink
Copyright © 2004 WILEY-VCH Verlag GmbH & Co. KGaA, Weinheim
ISBN: 3-527-30992-6

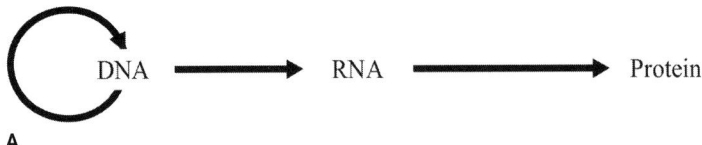

A

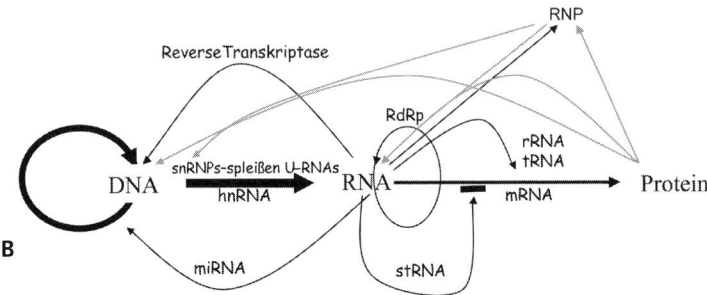

B

Abb. 21.1 Informationsfluss in der Zelle. (A) Ursprünglich entworfenes Bild der Informationswege (Zentrales Dogma der Molekulargenetik). (B) Eine sicher nicht vollständige Beschreibung der Zusammenhänge von DNA, RNA und Protein. Der Pfeil zwischen DNA und RNA ist dicker gezeichnet als der zwischen RNA und Protein, da lediglich ein geringer Teil der RNA in Protein übersetzt wird. Die grauen Pfeile sollen die Rolle von Proteinen *und* RNA in den zellulären Prozessen der Replikation, Transkription und Translation andeuten. Einige RNA-Spezies sind in Blau bezeichnet. hnRNA: heterogene nucleäre RNA (Produkt der Transkription, enthält noch In- trons). snRNP: *small nuclear* Ribonucleoprotein (in Spleißosomen – U-RNAs sind kleine RNAs, die am Spleißen beteiligt sind). rRNA: ribosomale RNA; tRNA: Transfer-RNA; mRNA: Messenger-RNA (vollständig prozessierter Übermittler zwischen Gen und Protein; miRNA und stRNA: micro-RNA und *small temporal* RNA (kleine, ca. 21 Nucleotide lange funktionelle RNAs, die bei der Regulation des Zellzyklus, der Translationsaktivität von mRNAs und bei dem Abbau von RNAs eine Rolle spielen; RdRp: RNA-abhängige RNA-Polymerase; RNP: Ribonucleoprotein – Komplex von Protein(en) und RNA(s), Beispiele: RNAse, Telomerase, Spleißosom

Auch in der Geschichte der **Entstehung des Lebens** und, damit verbunden, von genetischer Information spricht vieles für eine ursprünglich RNA-determinierte Weitergabe von genetischer Information (s. Abschnitt 2.4). DNA löste wahrscheinlich die RNA erst in späteren Zeitaltern der Evolution als Trägerin dieser Information ab. Dies wohl vor allem aufgrund der im Vergleich zu RNA höheren physikochemischen Stabilität und ihrer Struktur, was zum einen auf die fehlende Hydroxylgruppe in der Ribose (nukleophiler Angriff nicht möglich – stabiler im basischen Milieu), zum anderen auf die damit erleichterte Möglichkeit zur Vermehrung (Replikation) beruht.

Die DNA-Dominanz, der wir heutzutage ausgesetzt sind, hat aber auch praktische Gründe. Jeder, der bereits einmal versucht hat, ein Protein zu reinigen und zu untersuchen, weiß um die experimentellen Schwierigkeiten, die damit verbunden sind. DNA ist mit ihren vier Bausteinen als Molekül wesentlich unkomplizierter und lässt sich nicht nur leicht verarbeiten, sondern auch vervielfältigen (PCR, s. Kap. 13) und auf andere Organismen übertragen (z. B. im Prozess des Klonierens einer humanen DNA in *Escherichia coli*) (s. Kap. 15). Während der dynamische Bereich der Konzentration von RNAs und Proteinen innerhalb von Zellen um bis zu sechs Zehnerpotenzen schwankt, verändert sich die Menge an genomischer DNA nicht (nur Verdopplung bei der Zellteilung). Erst in letzter Zeit wurden Technologien entwickelt, die eine effiziente Bearbeitung auch von RNA und Proteinen erlauben. Von der Effizienz der DNA-basierten Untersuchungen, wie der DNA-Sequenzierung, sind aber auch diese Technologien noch weit entfernt.

Auch wenn RNA und Proteine funktionell sehr wichtig sind, haben DNA-basierte Ansätze eine hohe Relevanz. Ohne die Kenntnis der genetischen Information ist es nicht möglich, z. B. die Gene eines Organismus zu identifizieren und zu charakterisieren. Über den „Umweg" des Genoms lassen sich Transkriptome und Proteome einfacher erschließen und analysieren. Die chromosomale Lokalisation eines Gens lässt häufig Rückschlüsse auf eine mögliche Krankheitsrelevanz zu, wenn eine Krankheit in diese Region „kartiert" (s. unten) worden ist, und Unterschiede (Mutationen, Polymorphismen) in den Genomen von Individuen und/oder Spezies ermöglichen die Analyse nicht nur evolutionärer Vorgänge, sondern auch die Verifizierung und Diagnostik von genetisch bedingten Krankheiten. Die Erforschung sog. monogener Erkrankungen – das sind Krankheiten, die durch den Defekt eines einzigen Gens zum Ausbruch kommen – war auch ohne die Kenntnis der vollständigen Genomsequenz häufig erfolgreich. Die „Auslöser", d. h. die für den Krankheitsprozess verantwortlichen Gene, für die Rot-Grün-Blindheit oder die Hämophilie A (Blutgerinnungsfaktor VIII) sind schon länger bekannt. Komplexe Erkrankungen, wie Schizophrenie, Autismus oder Down-Syndrom hingegen, für deren Ausbruch vermutlich mehrere Gene verantwortlich sind, können mit dem Wissen um die Genomsequenz und aller Gene wesentlich effektiver angegangen werden. Mit der wachsenden Zahl von komplett sequenzierten Genomen, inklusive des humanen Genoms, wächst die Bedeutung von Ansätzen, die unter dem Begriff **Funktionelle Genomik** zusammengefasst werden und eine Fortsetzung von Hochdurchsatzstrategien über die Sequenzierung hinaus zur vollständigen Charakterisierung von Genen, den codierten RNAs und Proteinen, sowie dem Zusammenspiel von DNA, RNA und Protein im Kontext von Zellen und Organismen erlauben. Die Vielzahl von Informationen, die aus Hochdurchsatzprojekten, wie der **Genomsequenzierung**, entstehen, macht die parallele Entwicklung von **Bioinformatischer Software** und Hilfsmitteln notwendig, um aus der Menge von Daten die jeweils relevanten herausfiltern und in einen größeren Kontext setzen zu können. Die Entwicklung schneller Rechner und billigem Speicherplatz war für die Entstehung von Hochdurchsatzansätzen eine notwendige Voraussetzung. Dies wird unten am Beispiel der genomischen Sequenzierung am *Whole-Genome-Shotgun*-Ansatz noch verdeutlicht, trifft aber auf alle Bereiche der „modernen" Biologie zu. **Ein Kernziel der Genomik war und ist, alle Gene des Menschen und anderer Modellorganismen zu kennen**. Obwohl beispielsweise das menschliche Genom inzwischen sequenziert wurde, haben wir dieses Ziel noch nicht erreicht. Da die genaue Zahl der menschlichen Gene immer noch unbekannt ist, wissen wir nicht einmal, wie weit wir von dem Ziel entfernt sind.

Im Folgenden werden Genomik-Ansätze beschrieben, die eine Basis für Funktionelle Genomik-Ansätze herstellen. Diese beinhalten Technologieentwicklungen auf den Gebieten der DNA- und RNA-Analyse, einen Rückblick auf den Verlauf des bereits als historisch anzusehenden Genom-Sequenzierprojekts des Menschen und einen Ausblick in die weiteren Ziele der Genomik in Hinblick auf Diversität und Krankheit.

21.2
Technologieentwicklung in der Sequenzierung

21.2.1
Sequenziertechnologien

Knapp 35 Jahre nach der Entschlüsselung der Struktur von DNA wurden 1977 parallel zwei Technologien entwickelt, die beide eine wesentliche Verbesserung der bis dahin durchgeführten Sequenziertechnologien bedeuteten. Die beiden Technologien, die von Maxam und Gilbert bzw. Sanger erarbeitet wurden und die im Prinzip bis heute eingesetzt werden, unterscheiden sich allerdings grundlegend in ihren Ansätzen (s. Kap. 14). Insbesondere aufgrund der Automatisierbarkeit, der Qualität der Sequenzen und der längeren Leseweiten hat sich die **Sanger-Sequenzierung** durchgesetzt. Die Weiterentwicklung der Sanger-Kettenabbruchsequenzierung fand auf allen Gebieten der Biochemie, der Apparateentwicklung und der Analyse statt und führte zu einer Steigerung des Durchsatzes von einigen wenigen Basen zu vielen Megabasen (Millionen Basen), die von einer Person pro Tag entschlüsselt werden können.

21.2.2
Biochemie

Kern der Sequenzierung nach Sanger ist die Synthese eines DNA-Stranges, der zu einer einzelsträngigen Matrize komplementär ist (Abb. 21.2; s. auch Kap. 14).

Im Verlauf der DNA-Sequenzreaktion baut eine DNA-Polymerase an einen DNA-Primer zu einer Matrize, oder *Template*, komplementäre Basen ein, bis sie ein in der Reaktion vorhandenes Kettenabbruchmolekül eingebaut hat, das nicht mehr verlängert werden kann. Um die Sequenzprodukte detektieren zu können, müssen diese so markiert werden, dass eine Unterscheidung der jeweils eingebauten Abbruchmoleküle möglich ist. Im Wesentlichen gibt es zwei Möglichkeiten, die Radioaktivitäts- oder Fluoreszenzmarkierung in das Sequenzprodukt einzubringen. Zum einen kann der DNA-Primer vor der eigentlichen Sequenzreaktion, zum anderen können die Kettenabbruchmoleküle markiert werden. Die zweite Methode hat den Vorteil, dass die vier möglichen Abbruchmoleküle verschieden markiert werden können – bei Verwendung von Fluoreszenzmarkierung – und

Sequenzreaktion

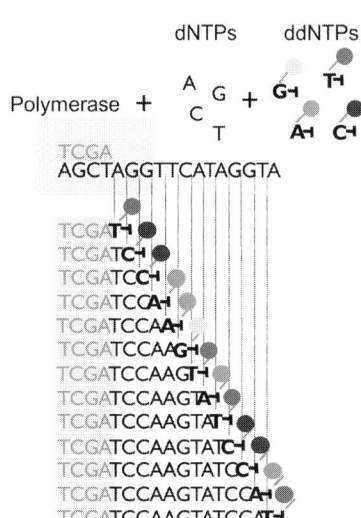

Elektrophorese (Trennung der Produkte)

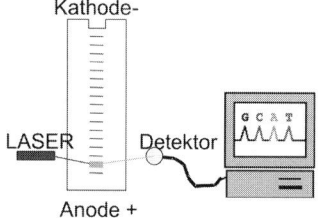

Fertige Sequenz

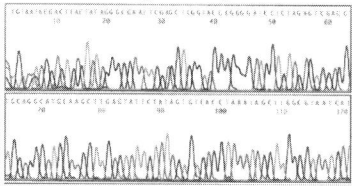

Abb. 21.2 Prinzip der automatischen DNA-Sequenzierung. Zunächst wird eine Sequenzreaktion durchgeführt. Der komplementäre Strang zu einer einzelsträngigen DNA-Matrize wird von einer DNA-Polymerase synthetisiert. Dazu benötigt die Polymerase einen Primer, das ist ein kurzes einzelsträngiges Startermolekül, an dessen freies 3′-OH-Ende die Polymerase mit der Reaktion beginnen kann. Zusätzlich werden dNTPs (desoxyribonukleosidtriphosphate – N steht für jede der vier möglichen Basen A, C, G und T) als Bausteine für den Prozess verwendet. Der Kettenabbruch erfolgt sequenzspezifisch durch ddNTPs (didesoxyribonukleosidtriphosphate), die im Vergleich mit dNTPs auch am 3′-C-Atom der Ribose keine OH-Gruppe tragen und deshalb nicht verlängert werden können. (Das Fehlen der OH-Gruppen am 2′-C-Atom der Ribose in der DNA unterscheidet diese ja von RNA.) In dem Reaktionsgemisch befinden sich dNTPs und ddNTPs in einem bestimmten Verhältnis zueinander um zu gewährleisten, dass an jeder Basenposition eine später detektierbare Fraktion der Moleküle durch den Einbau eines ddNTP terminiert wird, während die größere Fraktion der Moleküle durch den Einbau eines dNTPs lediglich verlängert wird. Die ddNTPs sind mit verschiedenen Fluoreszenzfarbstoffen markiert. Dies erlaubt später zwischen den vier verschiedenen Basen aufgrund der unterschiedlichen spektralen Eigenschaften (Anregungs- und Emissionsspektrum) dieser Farbstoffe zu unterscheiden. Die Reaktionsprodukte werden anschließend im elektrischen Feld in einer Matrix getrennt. Kurze DNA-Stränge migrieren schneller in Richtung der positiv geladenen Anode und werden an einer „Ziellinie" vom LASER erfasst. Das LASER-Licht regt die Farbstoffe zur Emission fluoreszenter Strahlung an, die schließlich von einem Detektor erfasst und in elektrische Signale umgewandelt wird. Ein angeschlossener Computer interpretiert diese Signale und rechnet aus der Wellenlänge der detektierten Signale auf die jeweils eingebaute Base zurück. So entsteht letztlich ein Sequenzmuster, das eine zur ursprünglich sequenzierten Matrize komplementäre Basenabfolge zeigt.

dadurch effizient analysiert werden können. In den ersten Applikationen der automatischen Sequenzierung waren die DNA-Primer markiert, was durch entsprechende chemische Reaktionen vor der eigentlichen Sequenzierung erfolgte. Der Vorteil dieser Markierung war, dass der Farbstoff die Qualität der eigentlichen Sequenzreaktion nicht beeinflusste. Die Verwendung von farbmarkierten Kettenabbruchmolekülen (sog. *dye terminators*) hingegen war für lange Zeit mit erheblichen Qualitätsproblemen verknüpft. Im Vergleich zu der Base waren die Farbstoffmoleküle sehr groß und beeinflussten die Rate, mit der die Abbruchmoleküle von den verwendeten Polymerasen eingebaut wurden. Verbesserungen der Farbstoffe und gezielte Mutagenese der Enzyme waren notwendig und schließlich so erfolgreich, dass die DNA-Sequenzierung derzeit fast ausschließlich mit markierten Kettenabbruchmolekülen durchgeführt wird. Der Reaktion sind Kettenabbruchmoleküle zugefügt, die die Reaktion an den jeweils spezifischen Positionen terminieren. Das Verhältnis von normalen Bausteinen (dNTPs) zu Kettenabbruchmolekülen (ddNTPs) bestimmt, wie lang die Sequenzprodukte werden können, bevor entweder die dNTPs oder die ddNTPs verbraucht sind.

Das Vorhandensein geeigneter Vektoren (s. Kap. 15) war zu Beginn der Entwicklung von Sequenzierverfahren ein Schlüssel zum Erfolg. Im Prozess der Sequenzierung polymerisiert eine DNA-Polymerase den komplementären Strang zu einer einzelsträngigen DNA-Matrize. Da diese Matrize einzelsträngig sein muss, um der Polymerase als Matrize dienen zu können, war der Einsatz von doppelsträngigen Vektoren (z. B. Plasmiden) in der Sequenzierung zunächst nicht möglich. Stattdessen wurde die DNA von **natürlichen einzelsträngigen filamentösen Bakteriophagen** mit der Bezeichnung M13 als Matrizen eingesetzt. Diese haben im Bakterium eine doppelsträngige Zwischenform und werden anschließend einzelsträngig vervielfältigt und in die Virushülle verpackt. Die doppelsträngige Zwischenform kann isoliert und mit herkömmlichen molekularbiologischen Methoden manipuliert werden (Restriktionsverdau, Ligation). Dadurch kann fremde DNA in das Virusgenom integriert werden, die anschließend mit der viralen DNA in einzelsträngiger Form verpackt wird und schließlich aus den Phagen-Partikeln isoliert werden kann. Ein Nachteil besteht darin, dass von M13 Fremd-DNA lediglich bis zu einer maximalen Länge von 1,5–2 kb eingeschleust und dort stabil vermehrt werden kann. Da die meisten Genome wesentlich länger als 2 kb sind, ergab sich die Schwierigkeit, dass diese nicht als Ganzes kloniert werden können. Außerdem kann aus der Phagenhülle lediglich ein einzelsträngiger DNA-Strang isoliert werden, der auch sequenzierbar ist. Die komplementäre Sequenz kann mit einfachen Mitteln aus diesem Phagen nicht erhalten werden. Aus diesem Grund wurde die Sequenziertechnologie modifiziert, um auch doppelsträngige Vektoren, üblicherweise Plasmide, sequenzieren zu können. Vorteil der doppelsträngigen Matrizen war, dass fremde DNAs einfacher kloniert und von beiden DNA-Strängen her sequenziert werden konnten. Außerdem waren ab Mitte der 90er Jahre die Größenbeschränkungen von 1,5–2 kb aufgehoben, da aufgrund gesteigerter Effizienz in der Sequenzierung auch BACs (bacterial artificial chromosome) (s. Kap. 15) mit mehreren Hundert Kilobasen fremder DNA direkt sequenziert werden konnten.

Sanger setzte in seinen ersten Sequenzierungen das **Klenow-Fragment** der *E. coli* DNA-Polymerase I ein. Diesem Fragment fehlt die Exonucleaseaktivität, wodurch eine im Vergleich zu der DNA-Polymerase I erhöhte Einbaurate von Desoxyribonucleosidtriphosphat-Bausteinen erreicht wird. Wesentliche Verbesserungen in der Enzymatik wurden durch den Einsatz von DNA-Polymerase des Bakteriophagen T7 erzielt, der die natürlichen Bausteine (dNTPs) und die Ketten-abbruchmoleküle (ddNTPs) wesentlich homogener einbaut als das Klenow-Enzym. Die Verwendung von Mangan anstatt von Magnesium als notwendigem zweiwertigen Kation in der Katalyse führte zu einer weiteren Verbesserung. Einen Quantensprung in der DNA-Sequenzierung stellt jedoch die Entwicklung des *Cycle Sequencing* dar, das aus der PCR (s. Kap. 13) entwickelt wurde. Der Aufwand für das Ansetzen einer Sequenzreaktion wurde wesentlich verringert – und schließlich völlig automatisiert. Gleichzeitig konnte aufgrund der Amplifikation der Produkte während der Reaktion die Menge der eingesetzten Matrize reduziert werden. Dies ermöglichte es, auch lange DNA-Abschnitte direkt als Matrize zu verwenden und auf die Subklonierung von Fragmenten zu verzichten.

Parallel mit der Entwicklung von Automaten für die Sequenzierung setzte sich die Markierung der Sequenzprodukte mit Fluoreszenzmarkern anstatt mit Radioaktivität durch. Im Sanger-Protokoll wurden die Produkte entweder mit ^{32}P oder, in einer Weiterentwicklung, mit ^{35}S markiert. Die Detektion der Produkte geschah, indem das Polyacrylamidgel, das zur Trennung der Produkte verwendet worden war (s. Kap. 10 und 14), getrocknet und mit einem Röntgenfilm entwickelt wurde (sog. **Autoradiographie**). Die Produkte wurden auf dem Film manuell oder halbautomatisch gelesen und ihre Reihenfolge aufgeschrieben – zunächst auf Papier, später in einen Rechner eingegeben. Die Fluoreszenzmarkierung hingegen konnte unmittelbar im Gel detektiert, diese Information online an einen Computer geleitet und dort verarbeitet werden, wodurch die Entwicklung einer automatisierten Sequenzierung ermöglicht wurde.

Die Entwicklungen geeigneter Vektorsysteme für die Klonierung von Genomen und die Herstellung von DNA-Templaten waren weitere Fortschritte auf dem biochemischen Sektor. Da diese Systeme unmittelbar mit der Kartierung und den Sequenzierstrategien verknüpft sind, werden sie dort vorgestellt (s. Kap. 15, 16).

21.2.3
Apparate

Bei der Sequenzierung nach Sanger werden in einer enzymatischen Reaktion Kettenabbruchmoleküle hergestellt, die sich in ihrer Länge unterscheiden. Die Längendifferenz zwischen den Produkten beträgt jeweils ein Nucleotid. Um die Sequenz der Produkte zu bestimmen, ergibt sich die Notwendigkeit zur Entwicklung eines Systems, das in der Lage ist, Moleküle eindeutig aufzutrennen, die Massenunterschiede von ca. 330 Da haben. Die maximale erreichbare Leseweite einer Sequenz ergibt sich daher zu einem erheblichen Maß aus der Fähigkeit des Systems, diese 330 Da-Unterschiede über einen großen Bereich von Massen zu bestimmen. Wenn ein Produkt von 10 Nucleotiden von einem Produkt von 11 Nucleotiden unterschieden werden soll, dann ist die relative Massendifferenz zwischen den beiden Produkten 10%. Bei zwei Produkten von 100 und 101 Nucleotiden reduziert sich dieser Wert auf 1% und beträgt bei Produkten von 1000 und 1001 Nucleotiden schließlich noch 0,1%. Es mussten Systeme entwickelt werden, die in der Lage waren, in diesem Bereich eine zuverlässige Trennung der Produkte zu erzielen. Als Methode der Wahl erwies sich die **Vertikal-Gelelektrophorese** in einem Polyacrylamidgel (s. Kap. 10). Voraussetzung für den Erfolg der Auftrennung ist, dass die DNA denaturiert ist und während der Elektrophorese auch einzelsträngig bleibt. Bei partieller oder vollständiger Basenpaarung innerhalb des Stranges würden sich die Elektrophoreseeigenschaften im Vergleich zum linearen Strang verändern und keine Korrelation zwischen Retentionszeit und Sequenzlänge erlauben.

In der Apparateentwicklung hat es in den vergangenen 20 Jahren zwei wesentliche Fortschritte gegeben. 1986 wurden von zwei Gruppen unabhängig voneinander automatische Detektionsgeräte vorgestellt, die nicht mehr auf radioaktiver, sondern **Fluoreszenzmarkierung** der Sequenzprodukte basierten. Die Sequenzprodukte wurden an einem Ende des Gels geladen und am anderen Ende des Gels mithilfe eines Lasers, der die fluoreszenzmarkierten Moleküle anregte, und eines geeigneten Detektors, der die abgestrahlten Fluoreszenzsignale auffing, detektiert (s. Abb. 21.2). Aus dieser Entwicklung ergaben sich zwei wesentliche Fortschritte. Zum einen mussten sämtliche Produkte, um detektiert zu werden, die gleiche Strecke im Gel zurückgelegt haben. Bei der manuellen Sequenzierung war die Leseweite insbesondere aufgrund der doppelten Funktion des Gels (als Trennmedium und als Speichermedium) eingeschränkt. Kleine Fragmente, die über einen großen relativen Längenunterschied zueinander verfügten, hatten in der Gelelektrophorese eine hohe Mobilität und wurden gut aufgetrennt, während lange Fragmente, die nur noch über geringe Massendifferenzen zum nächst kürzeren oder längeren Produkt verfügten, eine geringere Mobilität hatten und dadurch im Gel nur schlecht getrennt waren. Die Definition einer Ziellinie, in der ein Laser die Produkte detektierte, reduzierte die Funktion des Gels auf die Trennung der Fragmente. Zum anderen fiel die Speicherungsfunktion des Gels weg. Die Fluoreszenzsignale wurden unmittelbar von einem Detektor (Photomultiplier, Photodioden oder CCD-Chip; charge coupled device) aufgenommen, digitalisiert und in einem angeschlossenen Computer gespeichert. Waren die Daten einmal elektronisch gespeichert, war der Weg zur Entwicklung automatisierter Analyse-Softwares nicht mehr weit. Von nun an wurden die Produkte und damit die Abfolge der Basen von einer Software identifiziert. Die manuelle Interaktion konnte auch bei der Analyse weitgehend reduziert werden, wodurch der Durchsatz von Sequenzanalysen wesentlich gesteigert werden konnte.

Einen zweiten wesentlichen Fortschritt stellt die Einführung der **Kapillarelektrophorese** in der DNA-Sequenzierung dar, die die klassische Polyacrylamid-Gelelektrophorese (s. Kap. 10) ablöste. In der Kapillarelektrophorese erfolgt die Trennung der DNA-Fragmente in einem Polymer, das nicht quer vernetzt wird, also nicht polymerisieren muss. Dieses Polymer wird mit Druck in eine Glaskapillare gepresst, die einen Durchmesser von ca. 50 µm hat. Nach erfolgter Elektrophorese wird das Polymer durch frisches Polymer ersetzt. Diese Prozesse sind vollständig automatisiert. Gleichzeitig mit den Veränderungen in der Trenntechnik wurde die Zahl der parallel analysierbaren Proben erweitert. Die ersten kommerziell erhältlichen Geräte hatten einen Durchsatz von 4-10 Proben pro Trennung, moderne Maschinen mit vielen parallel angeordneten Trennsäulen können bis zu 384 Proben gleichzeitig analysieren. Da mit Kapillaren aufgrund höherer Feldstärken auch eine schnellere Trennung der Proben möglich ist, konnten die Zykluszeiten zwischen zwei Elektrophoresen deutlich verringert werden.

Parallel zu den Entwicklungen in der eigentlichen Sequenzierung verlief der Fortschritt auf dem Gebiet der **Prozesstechnik**. Dieser reichte von der Herstellung von geeigneter Matrizenbibliotheken (**genomische und cDNA-Bibliotheken**, s. unten) über die Reinigung von Templaten und Sequenzprodukten bis zur Datenanalyse und -auswertung. Die Entwicklung in der Sequenzierung verlief also immer parallel zum Fortschritt in den übrigen Bereichen, die *upstream* oder *downstream* zum eigentlichen Sequenzierprozess angesiedelt sind.

21.2.4
Software und Informatik für die Sequenzierung

Entwicklungen in drei Bereichen waren notwendig, um die große Menge von Daten zu produzieren, zu verwalten, zu verwerten und in öffentlichen Datenbanken verfügbar zu machen. Diese Aufgabe wird als Teilgebiet der **Bioinformatik** (s. Kap. 24) angesehen.

1. LIMS (*laboratory information management systems*) wurden entwickelt, die eine Übersicht über die Prozesse innerhalb von Projekten erlauben. Dazu gehören das Verfolgen einzelner Proben während des Arbeitsprozesses (in welchem Zustand befindet sich Probe X im Augenblick, und was ist der nächste Prozessschritt?), aber auch die Qualitätskontrolle, die eine Optimierung von Arbeitsabläufen und Prozessen ermöglicht. Dieser Bereich ist insbesondere in Hochdurchsatzprojekten notwendig, in denen bisweilen mehrere 100 000 Proben an einem Tag verarbeitet werden und bereits geringe Verbesserungen bisweilen drastische Effekte, auch der Kosten bewirken können.

2. Datenaufnahme und Interpretationssoftware mussten den veränderten Spezifikationen der Biochemie und der Apparate angepasst werden. Wechselnde Enzyme und Farbstoffe mit unterschiedlichen Eigenschaften wurden in der Sequenzierung eingesetzt, und optimierte Software zur hochqualitativen Auswertung der Primärinformation (= Intensitäten der Fluoreszenzen) musste jeweils angepasst werden. Dies betraf insbesondere das sog. Base Calling, bei dem die Lichtintensität einer Fluoreszenz in eine Base „übersetzt"/interpretiert wird. Abhängig von den verwendeten Maschinen mussten Störsignale, verursacht durch Überlappungen von Anregungs- und Emissionsspektren von Fluorophoren, sowie die verschiedenen Molekulargewichte der eingesetzten Farbstoffe berücksichtigt und korrigiert werden.

3. Parallel zur Entwicklung von neuen Sequenzierstrategien (z. B. *whole genome shotgun*, s. unten) mussten Algorithmen entwickelt werden, die mit einer großen Datenmenge umgehen konnten. Zum Beispiel wurden für die Sequenzierung des humanen Genoms Millionen einzelner Sequenzreaktionen durchgeführt und in einer speziell entwickelten Assembly Software zusammengesetzt, um die genomische Sequenz zu rekonstruieren. Für vergleichende Analysen, in denen verschiedene Genome miteinander verglichen werden, sind ge-

eignete Analyseprogramme, aber auch entsprechende Computer-Hardware, insbesondere was Arbeitsspeicher und Rechenleistung angeht, unverzichtbar.

Nicht zu vergessen sei auch die Entwicklung von Datenbanken (z. B. EMBL, GenBank, DDBJ) und Suchsystemen (z. B. Blast), die unverzichtbar für den Benutzer der verfügbaren Sequenzinformation sind.

Die Summe der beschriebenen Entwicklungen, zusammen mit den unten ebenfalls diskutierten Entwicklungen in dem Bereich der Kartierung, machte die Sequenzierung größerer Genome, wie dem des Menschen, erst möglich. Zur Verdeutlichung: Erst im Jahr 1997 wurde die **Sequenzierung des Genoms der Bäckerhefe** *Saccharomyces cerevisiae* fertig gestellt. Dieses Genom hat eine Größe von ca. 14 Millionen Basenpaaren. An der Sequenzierung waren mehrere Hundert Wissenschaftler in vielen Instituten über einen Zeitraum von ca. fünf Jahren beteiligt. Ein Genom vergleichbarer Größe wird heute (2004) von einem entsprechend ausgestatteten Sequenzierlabor innerhalb weniger Wochen entschlüsselt. DNA-Sequenzierung hat sich von einer Wissenschaft zu einem Routineunternehmen entwickelt, das in großem Umfang in spezialisierten Instituten oder Firmen durchgeführt wird.

Die Zukunft der Sequenzierung liegt in einer **weiteren Erhöhung des Durchsatzes bei gleichzeitig sinkenden Kosten**. Ziel ist es, komplette Genome in wenigen Stunden zu entschlüsseln, etwa um die Genomsequenzierung zum Bestandteil der **Routinediagnostik in der Humanmedizin** zu machen. Die mit diesem „Fortschritt" verbundenen ethischen und rechtlichen Aspekte sind freilich derzeit noch nicht geklärt.

21.3
Genomsequenzierung

21.3.1
Kartierung

Je nach Strategie in einem Genomprojekt (s. unten) ist es erforderlich, vorher eine mehr oder weniger umfangreiche **Kartierung des Genoms** vorzunehmen. Im engeren Sinn wird der Begriff Kartierung oder *Mapping* häufig für die Bestimmung oder genauere Beschreibung eines Ortes im Genom verwendet, d. h., es wird ein Gen kartiert oder „gemappt". In der Genomik beschreibt Mapping als Oberbegriff die **Erstellung von Karten** unterschiedlicher Informationstiefe, um größere Bereiche eines Genoms oder das ganze Genom genauer analysieren zu können. Ein größerer Bereich kann ein ganzes Chromosom sein oder eine chromosomale Bande oder natürlich auch nur ein einzelnes Gen. Die Kartierung erleichtert die Orientierung inmitten der Informationsflut eines größeren DNA-Abschnitts und trägt dazu bei, die Sequenzierung ökonomisch, d. h. ohne eine zu hohe Redundanz durchzuführen. Außerdem können durch eine Kartierung wichtige strukturelle Eigenschaften aufgeklärt werden, wie beispielsweise die Lage von Centromeren, Telomeren, Deletionen, Amplifikationen usw.

Um die Notwendigkeit zur Erstellung von Karten in der Genomik zu erläutern, betrachten wir einmal die historische Seefahrt. Angenommen ein Entdecker früherer Jahrhunderte hatte eine neue Insel gefunden, so wird er diese zunächst in seiner Seekarte als Umriss vermerkt haben. Expeditionen haben dann das Gebiet grob untersucht und die ursprüngliche Umrisskarte wurde um geographische Merkmale wie Flüsse und Gebirge ergänzt, die als Landmarken zur Orientierung, also zur Einschätzung von Entfernungen, dienten; weiterhin wurden vielleicht bereits Detailkarten einzelner interessanter Gebiete erstellt. Spätere Kartierungen haben dann vielleicht schon Vegetation und Bodenschätze im Visier gehabt, und es wurden zusätzliche Informationen beispielsweise durch die Befragung Einheimischer eingeholt. Ähnlich wird auch bei einer Genomkarte von einer groben Karte über immer detailliertere Kartierung bis schließlich herab zur Sequenzinformation gearbeitet; hierbei werden zusätzliche Informationen mit verarbeitet. Diese Vorgehensweise bezeichnet man auch als *Top-down*-Strategie (Abb. 21.3).

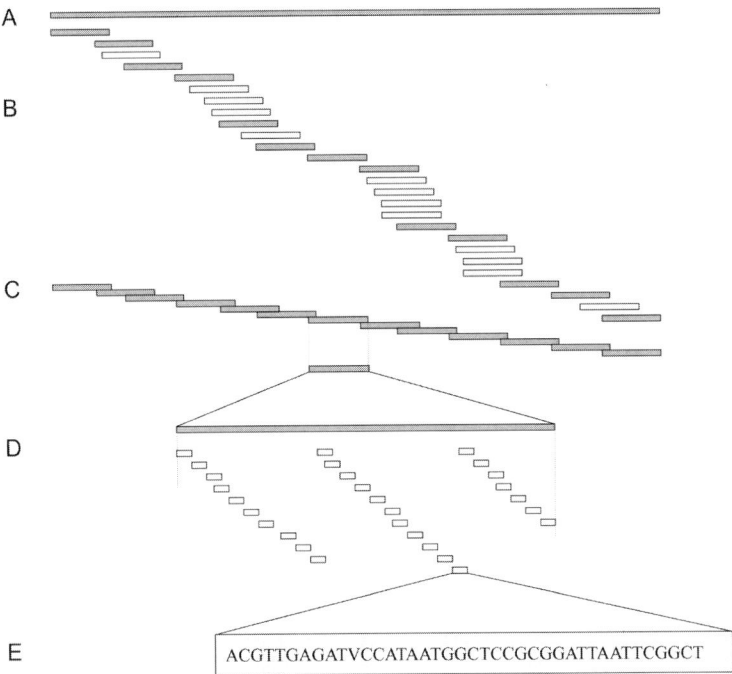

Abb. 21.3 Prinzip der Genomkartierung. (A) Genom (z. B. ein Chromosom) und seine Repräsentation in einer Klonbibliothek (Fragmente) (B). (C) Die dunkelgrauen Fragmente repräsentieren den *minimal tilling path*, d. h. mit dieser minimalen Anzahl an Klonen kann das Genom komplett abgedeckt werden. (D) Einer dieser Klone wird in Plasmiden subkloniert. (E) Aus der Anordnung überlappender Sequenzen kann dann die Gesamtsequenz rekonstruiert werden.

Die *Whole-Genome-Shotgun*-Sequenzierung kann man sich demgegenüber wie ein Puzzlespiel vorstellen. Die richtigen Puzzleteile werden so zusammengefügt, dass ein Bild entsteht. Hierbei gibt es Stücke, die zwar zusammenpassen, aber am Ende kein sinnvolles Bild ergeben, oder solche, die nur ganz wenig oder sehr redundante Information (repetitive DNA) enthalten (z. B. der blaue Himmel bei einem Landschaftspuzzle). Durch möglichst viel Vorinformation kann man Fehler beim Zusammensetzen reduzieren. Beim Puzzlespiel nutzt man beispielsweise das Vorsortieren nach Farben, die Verwendung einer Vorlage und das Zusammensetzen schwieriger Bereiche (blauer Himmel) ausgehend von strukturierteren Bereichen. Bei der **Genomsequenzierung** wird man auch versuchen, möglichst viele Zusatzinformationen einfließen zu lassen. Aus diesem Grund sind auch für viele *Whole-Genome-Shotgun*-Projekte Karten als Gerüst für die Anordnung der Sequenzfragmente sehr hilfreich – wenn nicht sogar unerlässlich. Ausgehend von der Sequenzinformation bis schließlich zum „Zusammenbau" eines Genoms kann man hier von einer *Bottom-up*-Strategie sprechen.

Wie oben beschrieben, ist es für die nachfolgende Sequenzierung günstig, größere Abschnitte eines Genoms als „handhabbare" Stücke in Bakterien kloniert vorliegen zu haben (Cosmide, BACs usw.) (s. Kap. 15). Eine oder mehrere solcher Klonbibliotheken (*libraries*) werden zur Erstellung einer physikalischen Karte genutzt. Diese Karte zeigt die Anordnung der Fragmente auf dem nächstgrößeren DNA-Stück (also z. B. einem Chromosom). Ziel kann es dann sein, Klone zu definieren, die mit wenigen Überlappungen das Genom oder Chromosom abdecken (*minimal tilling path*). Beispielsweise werden dann nur diese für weitere Klonierungsschritte eingesetzt, um dann schließlich sequenziert zu werden. Somit kann ein höheres Maß an Effektivität erreicht werden. Physikalische Karten stellen „reale", in Basenpaaren messbare Abstände dar; deshalb sind sie als Ausgangspunkt für Sequenzierprojekte besser geeignet als genetische Karten, die genetische Abstände, also beispielsweise die Häufigkeit von Rekombinationsereignissen, widerspiegeln.

Ein häufiges Problem bei der Kartierung ist der **Verlust der Positionsinformation**, beispielsweise während des Klonierens. Neben dem Durchmischen der Fragmente während der biochemischen Arbeitsschritte, welche es zunächst nicht ermöglichen, einen Bakterienklon einem bestimmten DNA-Abschnitt zuzuordnen, kommen noch mehrere andere Faktoren hinzu. Die DNA wird an vielen Stellen zerschnitten, wobei (je nach Methode) möglicherweise weder die genaue Lage der Schnittstellen noch die genaue Länge der Fragmente determiniert ist. Häufig werden hierbei überlappende Fragmente erzeugt, wobei allerdings die Redundanz für den einzelnen DNA-Abschnitt in der Klonbibliothek nicht bekannt ist. Ziel einer Kartierung kann es sein, aufgrund gemeinsamer Merkmale benachbarte Fragmente zu identifizieren und schließlich die gesamte zu kartierende DNA (Genom, Chromosom usw.) mit Klonen aus der Bibliothek abzudecken. Je nach Größe dieser DNA, vorhandener Vorinformation und Präferenz des Experimentators stehen hierfür verschiedene Systeme zur Verfügung die zum Teil auch miteinander kombiniert werden.

Von der Vorgehensweise her wird hierbei manchmal zwischen Top-down- und *Bottom-up*-Methoden unterschieden. *Top-down* umschreibt einen Ansatz, der eine DNA-Einheit verwendet, die größer ist, als jene, aus der die Positionsinformation wiederhergestellt werden soll – beispielsweise bei der Verwendung großer Fragmente für die Gruppierung von Plasmidenklonen in einer gesamtgenomischen Bibliothek. Ordnet man diese Plasmide, beispielsweise durch Analyse überlappender Bereiche, innerhalb einer Plasmidbibliothek (z. B. durch überlappende Sequenzen), um dann einen längeren Abschnitt zu definieren, wäre dies eine *Bottom-up*-Methodik. Diese arbeitet von unten nach oben, d. h. von den kleinen Fragmenten zu großen geordneten Bereichen. In der Praxis werden häufig beide Strategien parallel oder in Folge eingesetzt.

Unter den Methoden zum Ordnen einer Bibliothek von DNA-Fragmenten spielen die Techniken, die mit *Fingerprints* und/oder *Landmarks* (Fingerabdruck und Landmarke) arbeiten, eine besondere Rolle. Bei den Fingerprint-Techniken werden typische Charakteristika der einzelnen Fragmente festgestellt und miteinander verglichen. Wurde eine Klonbibliothek so angelegt, dass einzelne Klone überlappen können, weist ihr Fingerprint gemeinsame Charakteristika auf und sie sind wahrscheinlich benachbart oder sogar identisch. Ein Landmark, wie etwa ein molekularer Marker, kann verwendet werden, um die Lokalisation eines DNA-Fragments an einer bestimmten Stelle festzulegen, z. B. die eines Gens auf einem Chromosom. Eine Aussage über den Grad der Überlappung von zwei Fragmenten kann jedoch zunächst nicht gemacht werden – hierfür sind mehrere Landmarken erforderlich. Viele Landmarken auf einem DNA-Fragment können demnach auch zur Definition eines Fingerprints verwendet werden.

Neben dieser eher theoretischen Einteilung unterscheiden sich die verschiedenen Methoden auch bezüglich der praktischen Vorgehensweise deutlich voneinander.

Die älteste **physikalische Kartierungsmethode** ist die **Restriktionskartierung**, bei der mit teilweise überlappenden Restriktionsfragmenten eine Karte erstellt wird. Traditionell werden hier Gelelektrophorese und Southern-Blotting eingesetzt; neuere Ansätze verwenden beim *Optical Mapping* mit Erfolg auch mikroskopische Techniken, um Restriktionsfragmente sichtbar zu machen.

Einen anderen Weg beschreiben Methoden, die auf **Hybridisierungen**, d. h. Bindung komplementärer DNA basieren (s. Kap. 11). Die zu ordnende Bibliothek kann beispielsweise in einem Raster (*array*) an eine Membran gebunden werden. Die darauf hybridisierten Proben können kurze markierte Oligonucleotide sein, um somit ein charakteristisches *Fingerprinting* durchzuführen. Hierzu können auch genomische Marker (also DNA-Sequenzen) oder Klone aus anderen Klonbibliotheken dienen. Das umgekehrte Vorgehen, d. h. die Verwendung von Rastern mit Oligonucleotiden, PCR-Produkten oder anderen Markern, auf welche markierte Klone der zu ordnenden Bibliothek hybridisiert werden und ein charakteristisches Muster erzeugen, wird ebenfalls eingesetzt.

Anstelle der Hybridisierung von Markern kann auch durch eine **PCR mit spezifischen Primern** geprüft werden, ob ein Marker auf dem zu kartierenden DNA-Abschnitt vorhanden ist. Ein solchermaßen markiertes Stück Genom ist eine *sequence tagged site* (STS).

Eine weitere Möglichkeit besteht darin, zunächst wenige Klone (etwa einer BAC- oder Cosmidbibliothek) vollständig zu sequenzieren und parallel dazu möglichst viele weitere von den Enden her anzusequenzieren. Die **Klonkarte** ent-

A

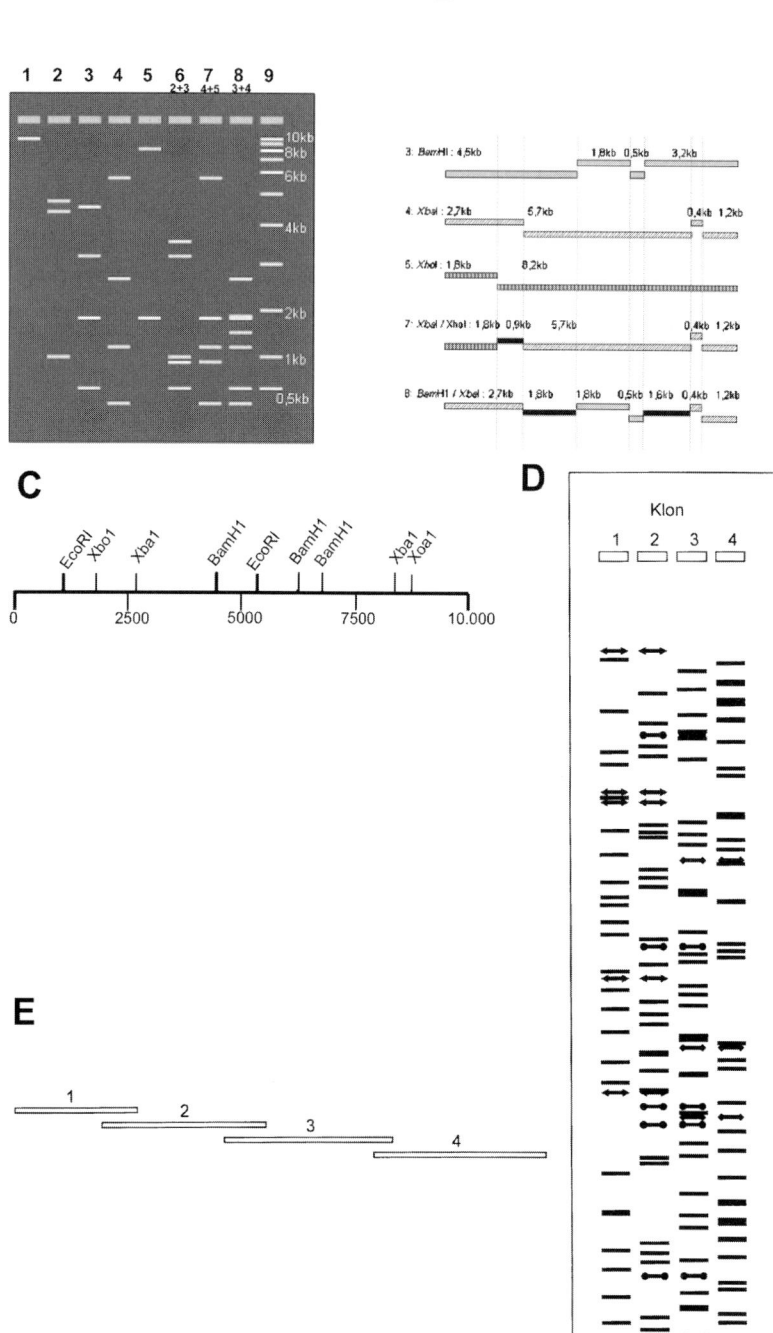

B

3. *Bam*HI : 4,5kb   1,8kb 0,5kb   3,2kb

4. *Xba*I : 2,7kb   5,7kb   0,4kb 1,2kb

5. *Xho*I : 1,8kb   8,2kb

7. *Xba*I / *Xho*I : 1,8kb 0,9kb   5,7kb   0,4kb 1,2kb

8. *Bam*H1 / *Xba*I : 2,7kb 1,8kb 1,8kb 0,5kb 1,6kb 0,4kb 1,2kb

C

EcoRI Xbo1 Xba1   BamH1 EcoRI BamH1 BamH1   Xba1 Xoa1

0   2500   5000   7500   10.000

D

Klon

1   2   3   4

E

1
2
3
4

steht in diesem Fall parallel zur Sequenzkarte und wird verwendet, um jeweils die nächsten, günstig gelegenen Klone auszusuchen.

Sehr große Fragmente liefern das *Radiation Hybrid Mapping* und das *HAPPY-Mapping*, welche jedoch nicht auf Klonbibliotheken in Bakterien beruhen.

Häufig ist eine Kombination mehrerer Ansätze erforderlich, um ein Genom oder Chromosom vollständig zu kartieren. Gegebenenfalls können optische Methoden wie z. B. die Fluoreszenz-*in-situ*-Hybridisierung (FISH) (s. Kap. 11) eine Kartierung unterstützen.

21.3.1.1 Restriction Mapping und Restriction Fingerprinting

Restriktionsenzyme können auf vielfältige Weise eingesetzt werden, um eine Kartierung durchzuführen. In der klassischen Molekularbiologie besteht die einfachste Möglichkeit darin, eine Restriktionskarte (*restriction map*) eines DNA-Abschnitts (z. B. eines Klons) durch Verwendung verschiedener Restriktionsenzyme (s. Kap. 12) zu erstellen. Durch unterschiedliche Kombinationen werden unterschiedlich große Fragmente generiert, welche in der Gelelektrophorese aufgetrennt und sichtbar gemacht werden. Die kombinatorische Analyse modelliert dann die Schnittstellen auf die Ziel-DNA (Abb. 21.4 A–C).

Beim *Restriction Fingerprinting* werden Klone einer Bibliothek mit einem oder mehreren Restriktionsenzymen verdaut. Jeder Klon hat ein individuelles Bandenmuster in der Gelelektrophorese, welches jedoch für Überlappungsbereiche mit anderen Klonen übereinstimmt. Somit können Contigs definiert werden (von *contiguous,* benachbart, anstoßend); diese umfassen einen DNA-Strang durchgehender Sequenz.

Erstmals wurde das *Restriction Fingerprinting* in den 80er Jahren für die Kartierung der Modellgenome des Fadenwurms *Caenorhabditis elegans* und der Hefe *Saccharomyces cerevisiae* basierend auf Cosmid-Bibliotheken eingesetzt. Hierbei wurden allerdings noch aufeinander folgende Verdaus mit unterschiedlichen Enzymen und radioaktive Markierung der Enden eingesetzt. Eine wesentliche Ver-

---

Abb. 21.4 Überblick über *Restriction Mapping* (A–C) und *Restriction Fingerprinting* (D, E). (A) Gelelektrophorese einer mit verschiedenen Restriktionsenzymen geschnittenen DNA von 10 kb Länge (Spur 1: ungeschnittene DNA, 2: EcoR1, 3: BamH1, 4: Xba1, 5: Xho:1, 6-8: Doppelverdaus, 9: Längenmarker); (B) Durch geschickte Kombination lässt sich schließlich eine Karte erstellen. Fragmente, die nur mit einem Enzym geschnitten wurden, sind zunächst willkürlich angeordnet. Im Doppelverdau 7 erkennt man bereits, dass die Länge des ursprünglichen 8,2 kb Fragments (aus 5) genau der Summe der Fragmente 0,9–5,7–0,4 –1,2 kb entspricht. Neu entstandene Fragmente sind schwarz dargestellt. Für jedes Fragment kann festgelegt werden, durch welche Restriktionsschnittstellen es definiert wird und schließlich kann eine Restriktionskarte (C) erstellt werden. (D) Restriktionsfragmente (schematisch) von vier größeren Inserts (z. B. aus BACs mit ca. 150 kb) nach Verdau mit einem SixCutter Enzym (erkennt 6 Basenpaare) und Gelelektrophorese. Restriktionsfragmente, die zwischen zwei Klonen gleich sind, sind gleich gekennzeichnet (z. B. durch Pfeilspitzen). Durch die Analyse überlappender Bereiche wird versucht ein Klon*contig* (d. h. einen kontinuierlichen Bereich (von *contiguous*=benachbart, anstoßend) herzustellen (E).

besserung und damit verbunden die parallele und reproduzierbare Anwendbarkeit auch für größere Genome war durch die Einführung der wesentlich größeren BACs als Ausgangsmaterial, der Fluoreszenzmarkierung und verbesserter Software für die Identifikation ähnlicher Fingerprints gegeben (Abb. 21.4 D, E).

21.3.1.2 BAC-End-Sequenzierung

Diese Methode ist ein Beispiel, wie Sequenzierung und Kartierung ineinander greifen können und eine physikalische Karte parallel zur Sequenz entsteht. Ausgangsmaterial dieser 1996 von C. Venter vorgeschlagenen Methode ist eine **BAC-Bibliothek**, bei der die Klone von beiden Enden ansequenziert und über einen Fingerprint charakterisiert werden (Abb. 21.5). Ein Klon wird nun als Startpunkt ausgewählt und vollständig sequenziert. Wie an anderer Stelle (Abb. 4.5 und Abschnitt 21.3.3) erläutert, wird hierzu von der DNA des Klons eine Plasmid-Sub-

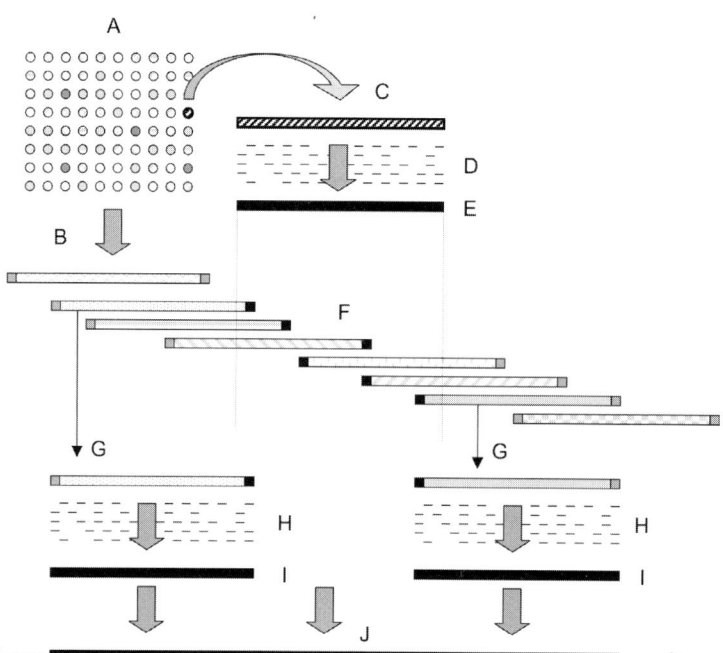

Abb. 21.5 Anlage einer BAC-Bibliothek. (A, B) Eine BAC-Bibliothek wird über Fingerprints und Sequenzierung der Klonenden (schwarz/dunkelgrau) charakterisiert. (C) Ein Starterklon wird ausgewählt und davon eine Plasmidbibliothek hergestellt (D), welche sequenziert und und zur Gesamtsequenz des Klons assembliert wird (E). (F) Mittels der Endsequenzen und mithilfe der Fingerprints werden Klone ausgewählt, die mit dem Starterklon gemeinsame Sequenzen aufweisen (schwarze Enden). (G) Zwei günstig gelegene neue BACs werden für die nächste Sequenzierung ausgewählt. Hierzu werden wieder Plasmidbibliotheken hergestellt, sequenziert und assembliert (H/I) (J) Die Sequenzen der BACs werden zusammengesetzt und an den Enden werden neue Überlappungsbereiche definiert.

bibliothek hergestellt, von der eine repräsentative Anzahl Klone sequenziert und „assembliert" (zusammengesetzt) wird. Anhand der bekannten Endsequenzen der BACs können nun solche ausgewählt werden, die mit dem Ausgangsklon überlappen. Anhand der Fingerprints kann dies überprüft werden und es können in beiden Richtungen zwei BAC-Klone für die nächste Sequenzierung ausgewählt werden, die nur einen minimalen Überlappungsbereich haben. Sind diese dann sequenziert, werden an den neuen Enden wiederum möglichst günstig überlappende BAC-Klone für die nächste Runde gesucht. Ziel ist es, die Sequenzierung möglichst ökonomisch zu gestalten und die Redundanz zu vermindern. Die Vorgehensweise wird auch als *BAC-Walking* bezeichnet, da man von einem Startpunkt auf dem Genom „losläuft".

21.3.1.3 Genetische Kartierung

Eine genetische Karte basiert im Gegensatz zur physikalischen Karte nicht auf physikalischen Abständen, sondern auf Wahrscheinlichkeiten von **Rekombinationsereignissen während der Meiose**. Zwei Merkmale, welche üblicherweise gemeinsam vererbt werden, werden mit einer gewissen Wahrscheinlichkeit voneinander getrennt. Die Merkmalsorte auf dem Genom werden als Loci bezeichnet, ihr genetischer Abstand wird in Centimorgan [cM] angegeben. Hierbei entspricht 1 cM einer Rekombinationshäufigkeit von 1% (für kleine Abstände). Vereinfacht bedeutet dies, dass zwei weiter voneinander entfernte Genorte eine größere Wahrscheinlichkeit haben, durch ein Rekombinationsereignis getrennt zu werden. Hierfür gelten jedoch vielfältige Einschränkungen durch mehrfach stattfindende und ungleichmäßig verteilte Rekombinationsereignisse. Hieraus ergibt sich, dass der genetische und der physikalische Abstand nicht gleich sind.

Trotzdem sind genetische Karten wichtige Hilfsmittel, insbesondere um **Krankheitsgene** zu identifizieren. Da beim Menschen keine Kreuzungsexperimente möglich sind, um wie z. B. bei der Taufliege Stammbäume zu erstellen, kann man sich hier Familienstammbäume zunutze machen. Sehr häufig werden Karten mittels genetischer Marker erstellt. Dies sind Merkmale, die einem Mendel'schen Erbgang folgen und meist heterozygot auftreten. Das klassische Beispiel sind die Blutgruppen A, B, AB und Null. Für eine genetische Karte ausreichender hoher Auflösung sind diese jedoch bei weitem nicht ausreichend, weswegen andere Markersysteme etabliert wurden. Zunächst verwendete man **Restriktionsfragment-Längenpolymorphismen (RFLPs)** – dies sind individuelle Unterschiede, welche auf Polymorphismen von Restriktionsschnittstellen beruhen. Deren Informationsgehalt ist jedoch für umfassende Analysen nicht ausreichend, u. a. weil eine Schnittstelle nur zwei Allele (d. h. zwei mögliche Zustände) haben kann: sie ist vorhanden oder nicht. Eine wichtigere Rolle spielen die **Mini- und Mikrosatelliten** (s. Abschnitt 4.1.1), kurze tandemartig wiederholte DNA-Abschnitte. Die Anzahl der Wiederholungen je Satellit ist individuell verschieden, d. h. polymorph, was sehr vorteilhaft bezüglich des Informationsgehalts ist. Ihre Anzahl erlaubt außerdem bereits eine Kartierung (zumindest des menschlichen Genoms) mit einer akzeptablen Auflösung. Zusammen mit den RFLPs haben die Satellitenmarker zudem den Vorteil, dass sie sich gut physikalisch kartieren lassen, da hier direkt Eigenschaften der DNA beobachtet werden, welche leicht über PCR analysierbar sind (im Gegensatz z. B. zu den Blutgruppen).

Ziel der Kartierung ist es, ein Chromosom oder das ganze Genom mit Markern abzudecken, um z. B. die Lage von Krankheitsgenen leichter bestimmen zu können. Hierfür müssen Kopplungsanalysen durchgeführt werden, d. h., es wird analysiert, wie häufig die untersuchten Marker z. B. in einer bestimmten Familie zusammen vererbt werden. Mit statistischen Methoden können hieraus Karten erstellt werden, welche die genetische Abfolge von Markern wiedergeben. Gegebenenfalls können hier auch weitere Daten integriert werden, wie z. B. die Lage von Genen.

21.3.1.4 **Radiation Hybrid-Mapping**

Radiation Hybrid-Mapping ist eine Methode (Abb. 21.6), die sowohl Komponenten der genetischen wie auch der physikalischen Kartierung vereint. Die Zielsetzung liegt hierbei auf der Generierung sehr großer Fragmente, welche z. B. als Rückgrat für die Anordnung der mit 100–200 kb immer noch sehr großen BACs verwendet werden können. Ausgangsmaterial sind Hybridzelllinien – das sind Nagetierzellen (meist Hamster), welche ein einzelnes menschliches Chromosom ent-

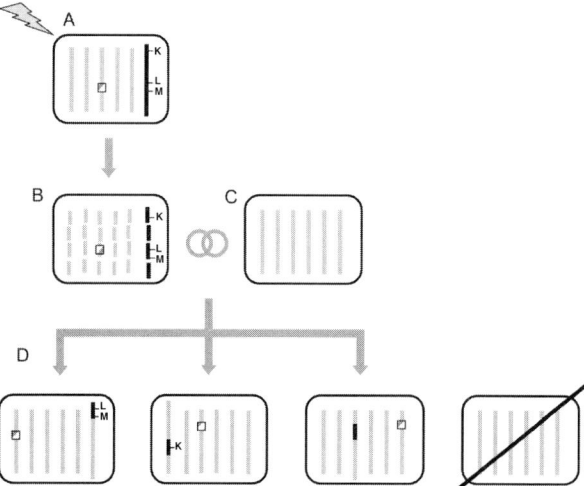

Abb. 21.6 Schematische Darstellung des *Radiation Hybrid Mapping* (A) Eine Hybridzelle mit einem menschlichen Chromosom (schwarz) wird mit Röntgenstrahlen bestrahlt. Die Zelle enthält außerdem einen Selektionsmarker (Kästchen). Drei Loci K, L, M sind auf dem menschlichen Chromosom markiert. (B) Die DNA wird durch die Strahlung fragmentiert. (C) Durch Verschmelzung mit einer unbestrahlten Zelle entsteht eine neue Hybridzelle. (D) Durch Kultur in einem Selektionsmedium überleben nur die Hybridzellen. Diese enthalten Fragmente des menschlichen Chromosoms. Ein Test auf Kopplung der drei Loci K, L, M zeigt, dass L und M häufiger zusammen auftreten und deshalb näher beieinander liegen und K weiter entfernt ist.

halten. Diese Zellen werden dann mit einer letalen Dosis an Röntgenstrahlen bestrahlt, wobei es zu Strangbrüchen der menschlichen und der Empfängerzell-DNA kommt. Die Strahlungsdosis bestimmt hierbei die durchschnittliche Fragmentlänge. So generiert z.B. eine Dosis von 3000 rad eine durchschnittliche Fragmentlänge von 0,25 Mb, während eine von 50 000 rad 4 kb große Fragmente erzeugt. Die letal bestrahlten Donorzellen werden wiederum mit intakten Zellen verschmolzen und regenerieren. Ein Selektionsmarker aus der Donorzelle lässt nur (neue) Hybride überleben. Diese integrieren Teile der fragmentierten DNA und damit auch die menschliche DNA stabil in ihr Genom.

Ein ganzes Chromosom kann man mit einem Panel von 100–200 solcher Hybridzellen abdecken. Mit deren DNA kann man z.B. über PCR die Kopplung von Loci und somit deren Abstand bestimmen. Gegenüber der genetischen Kartierung hat diese Methode den Vorteil, dass die strahlungsinduzierten Bruchpunkte zufällig auftreten (im Gegensatz zu Rekombinationsereignissen) und dass eine ca. 10-mal höhere Auflösung erreicht werden kann. Weiterhin benötigt man keine polymorphen Marker, sondern es reichen kurze bekannte Sequenzstücke zur Kartierung (sog. STS, s. 21.3.1.7)

21.3.1.5 **HAPPY-Mapping**

HAPPY-Mapping ist vom Prinzip her mit dem *Radiation Hybrid-Mapping* verwandt, kommt jedoch vollkommen ohne zelluläre Systeme oder Vektoren aus. Aus diesem Grund ist diese Technik besonders für Genome geeignet, die z.B. aufgrund eines hohen AT-Gehalts Schwierigkeiten machen, wie etwa beim Schleimpilz *Dictyostelium discoideum* oder beim Malariaerreger *Plasmodium falciparum*. Bei dieser Technik wird das Genom des zu untersuchenden Organismus (oder ein Chromosom) durch Strahlung oder mechanisches Scheren zerbrochen. Danach erfolgt ein Verdünnungsschritt und es werden viele Aliquots (bevorzugt in Mikrotiterplatten) hergestellt, die jeweils ein haploides Genomäquivalent enthalten. Beim Test auf Cosegregation (also gemeinsames Vorkommen) zweier Marker mittels PCR werden diese, wenn sie eng benachbart sind, statistisch häufiger zusammen amplifizieren. Die Verwendung eines *hap*loiden Genoms sowie der *Poly*merase-Kettenreaktion waren namensgebend für die Methode: HAPPY (Abb. 21.7).

21.3.1.6 **Kartierung durch Hybridisierung**

Beim Kartieren durch **Hybridisierung** ist es erforderlich, mit DNA-Bibliotheken zu arbeiten, die an einen festen Träger gebunden sind. Dies ist meistens eine Membran (auch Filter genannt) aus Nylon oder Nitrocellulose bzw. eine modifizierte Glasoberfläche in Form eines Objektträgers für die Mikroskopie. Da die DNA in einem geordneten Raster aufgetragen wird, spricht man auch von einem **Array** – je nach Größe auch **Makro- oder Mikroarray** genannt. Mikroarrays werden auch häufig als **DNA-Chips** bezeichnet, wobei der Begriff wegen der gleichzeitigen Verwendung im Bereich der Elektronik irreführend ist. Hierauf wird in Kap. 22 Funktionelle Genomik noch näher eingegangen.

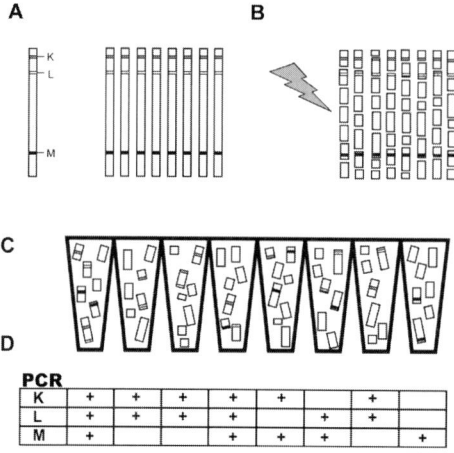

A **B**

C

D

PCR

K	+	+	+	+	+		+	
L	+	+	+	+		+	+	
M	+			+	+	+		+

Kopplung K/L: 5/8 - K/M: 3/8 - L/M: 3/8

Abb. 21.7 Schematische Darstellung des HAPPY-Mappings. (A) Schema des zu untersuchenden Genoms mit drei Markern; (B) Genomische DNA wird durch Bestrahlung fragmentiert; (C) Die DNA wird auf ein Genomäquivalent je Reaktion verdünnt. (D) Die sich anschließende PCR mit Primern für die einzelnen Marker zeigt, dass K und L häufiger zusammen amplizieren, also näher beieinander liegen als K und M oder L und M.

Bei der Hybridisierung wird stets eine markierte DNA in Lösung an ihren komplementären Counterpart auf dem Träger gebunden. Die Markierung zeigt dann, an welchen Stellen eine Bindung erfolgte. Ausgangsmaterial ist oft eine Bibliothek von Klonen mit **großen Inserts (z. B. Cosmide oder BACs),** die so angeordnet werden sollen, dass überlappende Bereiche entstehen (Contigs). Hierbei können verschiedene Arbeitsprinzipien unterschieden werden (Abb. 21.8). Man kann fest-

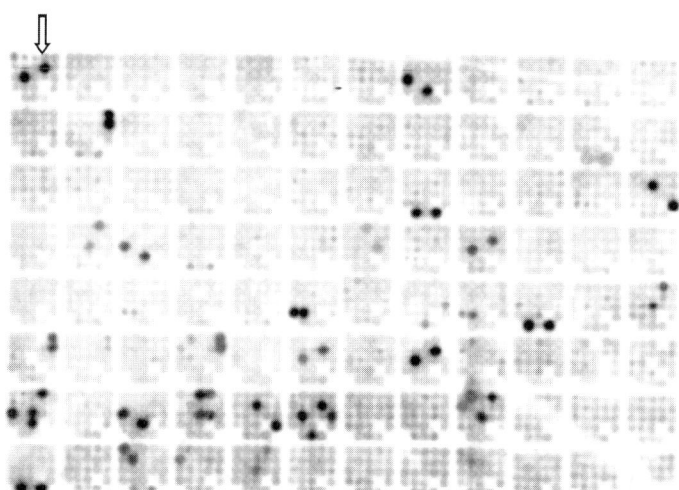

Abb. 21.8 Hybridisierung mit einem markierten Cosmid (Pfeil) auf einen Cosmid-Array. Die DNA aller Klone einer Bibliothek wurde in Duplikaten (zur besseren Auswertung) auf einen Nylonfilter aufgebracht. Das Cosmid von einem zufällig ausgewählten Klon wurde radioaktiv markiert und auf den Array gebracht.

Die Sonde hybridisiert mit komplementären Sequenzen anderer (und natürlich desselben) Cosmids. Die Signale werden den Klonen zugeordnet, und daraus wird eine Hybridisierungskarte errechnet, welche anzeigt, welche Sonden dieselben Klone „treffen".

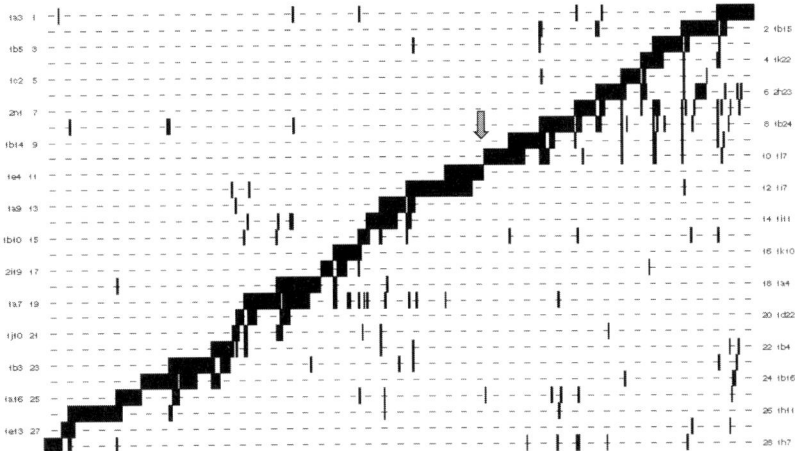

Abb. 21.9 Cosmid-Hybridisierungskarte eines Chromosoms (680 kb aus *Trypanosoma cruzi*). Auf der Ordinate sind 28 überlappende Klonproben dargestellt, die das Chromosom bis auf die Lücke zwischen Probe 10 und 11 (Pfeil) vollständig abdecken. Die Klonnamen auf der Abszisse sind nicht dargestellt. Positive Hybridisierungsereignisse sind durch einen schwarzen Balken am Kreuzungspunkt zwischen Sonden und Klonposition dargestellt.

stellen, welche Klone ähnliche Fingerprints aufweisen – ähnlich dem *Restriction Fingerprinting* – indem diese Klone einzeln auf die DNA auf dem Träger hybridisiert werden. Die Ziel-DNA kann beispielsweise aus relativ kurzen Oligonucleotiden bestehen, deren Sequenzen so gewählt wurden, dass sie mehr oder weniger universell einsetzbar sind. Jeder Klon wird auf dem Oligonucleotid-Array ein individuelles Muster erzeugen. Über die Oligonucleotide, die mit zwei Klonen hybridisieren, kann man dann auf deren Überlappungsbereiche schließen.

Ökonomisch ist es, wenn die Bibliothek, die geordnet werden soll, selbst an den Array gebunden wird und dann einzelne Klone aus dieser Bibliothek hybridisiert werden. Jeder Klon erzeugt dort ein Signal, wo es zu einer Überlappung mit einem auf dem Array befindlichen Klon kommt (Abb. 21.8). Bei jeder Hybridisierung wird für jede hybridisierte Probe ein Datensatz generiert, der anzeigt, mit welchen anderen Klonen dieser Probenklon ein Signal liefert. Hieraus kann man dann eine Karte errechnen (Abb. 21.9 und 21.10). Prinzipiell können für die Hybridisierung als markierte Probe auch andere DNAs eingesetzt werden, z.B. Restriktionsfragmente, PCR-Produkte oder Klone einer anderen Bibliothek. Das Ergebnis zeigt stets, welche Klone auf dem Array offenbar gleiche Sequenzen besitzen müssen, weil sie mit derselben Probe ein Signal liefern. Ein Problem stellen hierbei allerdings Bereiche dar, die sog. Kreuzhybridisierung zeigen, d.h., dass es z.B. mehrere Abschnitte im Genom gibt, welche mit derselben Sonde hybridisieren.

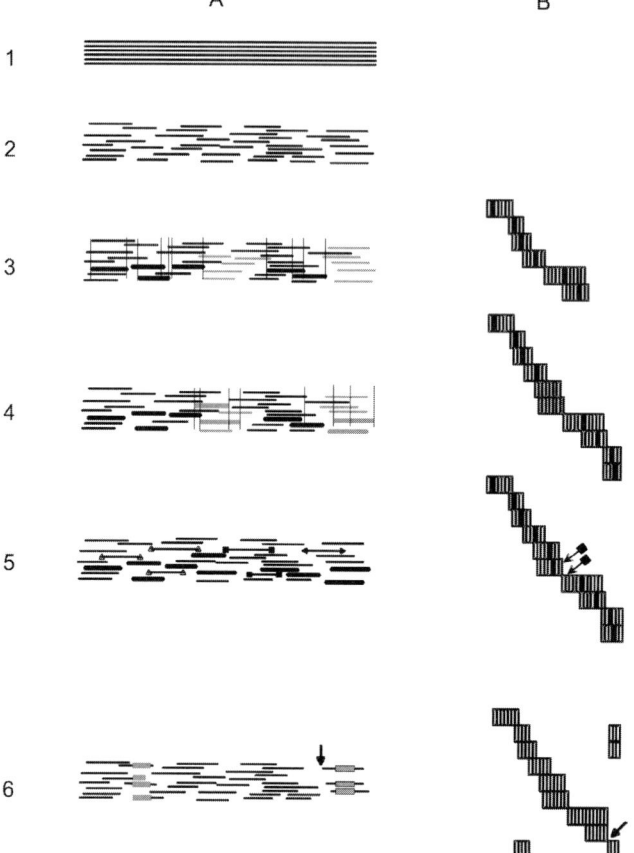

Abb. 21.10 Vorgehensweise bei einer Kartierung durch Cosmidhybridisierung. In Panel A sind jeweils die DNA-Fragmente dargestellt, in Panel B die resultierende Karte. In den Karten sind in der Waagrechten jeweils die verwendeten Sonden aufgetragen (z. B. 6 Sonden in Karte B3) und in der Senkrechten die getroffenen Klone – (z. B. werden von der obersten Sonde in Karte B3 sieben Klone getroffen, von der zweiten Sonde vier Klone usw.). A1: Ungeschnittene genomische DNA in vielen identischen Kopien (z. B. ein Chromosom). A2: Ungeordnete genomische Cosmidbibliothek – die relative Lage der Cosmide ist natürlich vor der Kartierung nicht bekannt, hier jedoch zur Verdeutlichung dargestellt. A3: Sechs Klone (fett) wurden zufällig als Sonden ausgewählt und auf die Gesamtbibliothek einzeln zurückhybridisiert. Die dünnen senkrechten Linien dienen zur Verdeutlichung von Überlappungsbereichen zwischen den Cosmiden. Klone, die bei der Hy-

bridisierung von keiner der sechs Sonden getroffen wurden, sind grau dargestellt.
B3: Erste Hybridisierungskarte. Die sechs Sonden erkennen jeweils eine unterschiedlicheAnzahl von Klonen. Der Sondenklon ist zur Verdeutlichung jeweils fett markiert. Mehrere Überlappungsbereiche können definiert werden. Im linken Teil der Karte überlappt die erste mit der zweiten Sonde nur über einen Klon. A4: Von der Gesamtheit der Klone, die bisher noch nicht getroffen wurden (grau) werden vier Klone als Hybridisierungssonden (zufällig) ausgewählt (fett grau).
B4: Zweite Hybridisierungskarte. Die vier neuen Sondenklone erschließen neue Bereiche des Chromosoms (schraffierte Klone). Alle in der Bibliothek vorhandenen Klone wurden nun mindestens einmal von einer Sonde getroffen. A5 und B5: Die Karte weist noch eine Lücke auf. Die Auswahl von zwei Sondenklonen am Ende

21.3.1.7 STS, ESTs, SNPs und Sequenzlängen-Polymorphismen (AFLPs, RAPD)

Die Basis vieler Kartierungsstrategien ist die Verwendung von bekannten Sequenzstücken, welche man an der richtigen Stelle eines Genoms oder Chromosoms zu positionieren versucht. Ausgehend von solchen Markierungen können dann Klonkarten erstellt werden, welche die Basis für eine vollständige Sequenzierung bilden. Die Überprüfung, ob ein Klon eine bestimmte Sequenz enthält, erfolgt über PCR oder Hybridisierung. Eine Voraussetzung ist, dass die Sequenz einmalig im Genom ist, da es sonst zu Kreuzamplifikation oder -hybridisierung kommt und der Klon möglicherweise falsch angeordnet wird. Kurze Fragmente mit wenigen Hundert Basenpaaren bekannter Sequenz werden als *sequence tagged sites* (**STS**) bezeichnet und über ein individuelles Primer-Paar definiert. Dies ist auch der große Vorteil einer STS: Die Primer-Sequenz kann auf elektronischem Wege weitergegeben werden und jeder interessierte Wissenschaftler kann sich die erforderliche DNA schnell selbst beschaffen. Die Kosten für die Primer-Synthesen und die vielen erforderlichen PCR-Reaktionen sind jedoch bei großen Projekten nicht unerheblich. Sehr vorteilhaft ist es, wenn die zu untersuchende Region gleichmäßig von STS abgedeckt wird. STS eignen sich z. B. sehr gut, um Deletionen z. B. in Tumorzelllinien zu kartieren. Im Bereich der Deletion liegende STS werden sich aus einer entsprechenden Probe heraus nicht über PCR amplifizieren lassen.

Während STS von genomischer DNA stammen und somit meist nicht codierende Sequenzen enthalten, leiten sich **ESTs** (*expressed sequence tags*) von transkribierten Sequenzen – häufig aus cDNA-Bibliotheken – ab. Dies ist je nach Betrachtungsweise vor- oder nachteilig. Einerseits fokussiert man direkt auf die Gene, andererseits ist man auf diese auch beschränkt und hat somit Probleme in Bereichen geringer Gendichte. Außerdem muss berücksichtigt werden, dass nicht alle Bereiche eines Gens geeignet sind, sondern nur solche, die eine einzigartige Sequenz aufweisen, was in den translatierten Bereichen häufig nicht der Fall ist.

Dort wo Sequenzen **Polymorphismen** aufweisen, also individuelle Unterschiede zwischen einzelnen Menschen, erfahren sie eine besondere Beachtung, insbesondere wenn sich diese auf Genebene befinden. Einerseits eignen sich solche Bereiche besonders für eine Verbindung von genetischer und physikalischer Kartierung, andererseits sind individuelle genetische Unterschiede wie beispielsweise die Empfänglichkeit für Krankheiten (s. Kap. 27) in der Funktionellen Genomik von zunehmender Bedeutung.

---

der jeweiligen Contigs (Pfeile in B5) könnte die Lücke schließen. In A5 sind diese beiden Klone am Ende mit einem Kästchen versehen. Die in B5 dargestellte Karte ist ausreichend, um einen Minimalsatz an Klonen zu definieren, der das Genom abdecken kann. Die bisher verwendeten Sonden sind hierfür jedoch noch nicht ausreichend, sondern es müssen weitere Klone ausgewählt werden, da die Sondenklone in B5 nicht tatsächlich überlappen, sondern die Darstellung nur zeigt, dass zwei Sonden den gleichen Klon treffen (schraffiert). Die entsprechend auszuwählenden Klone in A5 sind mit einem Dreieck am Linienende versehen. A6 und B6: Das Beispiel ist nun so konstruiert, dass eine „reale" Lücke vorhanden ist, die sich nicht über Klone schließen lässt (Pfeil). Außerdem gibt es einen repetitiven Bereich (graue Kästchen in A6), der zweimal im Genom vorkommt. Dieser bewirkt Kreuzhybridisierungen, d. h., in der Karte tritt eine Kreuzstruktur auf.

Als SNP (*single nucleotide polymorphism*) (s. Kap. 4 und 27) bezeichnet man individuelle Unterschiede in einem Basenpaar, welche jedoch in einer Population mit einer gewissen Häufigkeit auftreten sollten (d.h. das am wenigsten häufige Allel mit 1%). Längenpolymorphismen bei Fragmenten entstehen, wenn sich zwischen den individuellen Primern ein Bereich befindet, der durch unterschiedlich lange Di- oder Trinucleotid-Wiederholungen (Mikrosatelliten-DNA) das Individuum oder einen Stamm genetisch charakterisiert.

Derartige Bereiche sind nicht nur in der Humangenetik oder Funktionellen Genomik von Interesse, sondern auch in der Pflanzenforschung. Dort ist z.B. bei relativ wenig vorhandener Sequenzinformation eine Charakterisierung von Sorten (im Sinne von Rasse, Unterart) mit bestimmten Eigenschaften erwünscht. Polymorphe Bereiche werden für weitergehende Charakterisierungen (Abb. 21.11) im Wesentlichen über RAPD (*random amplification of polymorphic DNA*), AFLP (*amplified fragment length polmorphism*) und ISSR (*inter simple sequence repeats*) identifiziert. RAPD hat hierbei das Konzept der spezifischen Primer verlassen und verwendet universelle (*random*) Primer, welche viele Banden erzeugen – darunter auch polymorphe für die weitere Verwendung. Da nun zunächst nicht die einzelne Sequenz im Vordergrund steht, sondern das Auffinden von Unterschieden, ist eine spezifische Sequenzinformation nicht erforderlich. Eine im Gel als polymorph identifizierte Bande wird man dann in aller Regel jedoch weiter analysieren und somit als STS etablieren.

Einen anderen Ansatz verfolgt das AFLP (*amplified fragment length polymorphism*). Hierbei werden nach Verdau mit verschiedenen Restriktionsenzymen Adaptoren mit Primer-Bindungsstellen an die geschnittene DNA ligiert. Durch die Auswahl selektierender Primer für die nachfolgende PCR werden individuelle genomische Fingerprints erzeugt. AFLP-Fragmente, die sich als einzigartig für z.B. eine Sorte herausstellen, werden dann genauer analysiert.

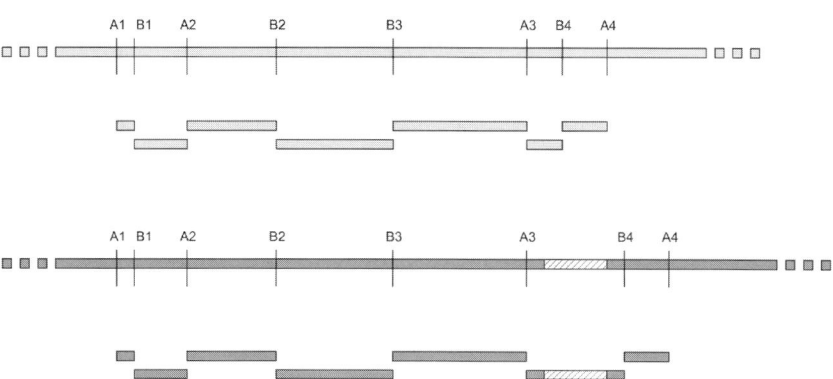

Abb. 21.11 Allgemeines Schema zur RFLP- und AFLP-Analyse. Die beiden zu vergleichenden Genome (hellgrau und dunkelgrau) werden fragmentiert (z.B. mit zwei Restriktionsenzymen A und B. Der Polymorphismus liegt zwischen A3 und B4. Nach PCR-Amplifikation mit entsprechenden Primern wird dies durch Fingerprinting in der Gelelektrophorese deutlich.

Einfacher zu handhaben als AFLP ist die **ISSR-Analyse**; sie liefert gleiche oder sogar größerer Information. Bei ISSR verwendet man einen einzigen Primer, dessen Sequenz einem Mikrosatellitenabschnitt entspricht, z. B. $(CA)_{10}$. Wenn ein benachbarter Mikrosatellit in umgekehrter Orientierung in einem Abstand von bis zu 2000 Basen vorhanden ist, kann ein PCR-Produkt entstehen. Aufgrund der Längenvariabilität der Mikrosatellitenabschnitte erhält man mit ISSR häufig eine große Anzahl von polymorphen DNA-Markern. Der Vorteil von ISSR liegt auch darin, dass die Primer universell verwendet werden können, da Mikrosatelliten bei vielen Organismen gleich oder ähnlich aufgebaut sind.

21.3.1.8 FISH, Fibre Fish, Optical Mapping und CGH

Bei der **Fluoreszenz-*in-situ*-Hybridisierung (FISH)** wird eine DNA mit einem Fluoreszenzfarbstoff mit Metaphasechromosomen hybridisiert. Unter dem Fluoreszenzmikroskop kann nun der Ort, an dem die Probe bindet, beobachtet werden. Somit kann die Position von Genen bis auf etwa 1 Mb genau bestimmt werden. Eine verbesserte Auflösung erreicht man durch das mechanische Stretching der kondensierten Chromosomen. Mitte der 90er Jahre wurde die Technik dahin gehend verbessert, dass nun auch mit dem Chromatin in Interphasekernen gearbeitet werden konnte (*fibre fish*), wodurch die Auflösung um fast den Faktor 1000 verbessert wurde. Zur Lokalisation einzelner Proben eignet sich diese Methode gut, nicht jedoch für einen hohen Durchsatz, da die Durchführung technisch anspruchsvoll und aufwändig ist.

Eine viel versprechende Verbindung zum Mapping ergibt sich durch das *Optical Mapping*. Diese Methode erwies sich als besonders erfolgreich, wenn andere Techniken wegen hohem AT-Gehalt oder vielen repetitiven Elementen der zu kartierenden DNA nicht erfolgreich waren. Fluoreszenzgefärbte DNA wird hierfür auf einer Oberfläche aus geschmolzener Agarose gestreckt und dann mit einem Restriktionsenzym behandelt. Unter dem Mikroskop kann nun beobachtet werden, wie Restriktionsfragmente entstehen. Da die Fragmente weitgehend gestreckt an ihrem ursprünglichen Ort bleiben, kann ihre Länge (mithilfe eines zugegebenen Standards) und somit die Lage der Schnittstellen bestimmt werden.

Schließlich soll noch kurz eine Methode Erwähnung finden, welche sich insbesondere eignet, um amplifizierte oder deletierte Bereiche in genomischer DNA z. B. von Tumoren zu identifizieren. **CGH** (*comparative genome hybridization*) vergleicht stets zwei DNA-Populationen, z. B. die genomische DNA aus einem Tumor und jene aus einem gesunden Vergleichsgewebe. Die DNA wird amplifiziert und mit unterschiedlichen Fluoreszenzfarbstoffen markiert. Sodann werden beide Reaktionen zusammen mit Metaphasechromosomen hybridisiert und unter dem Fluoreszenzmikroskop (s. Kap. 19 und 20) analysiert. DNA aus einem amplifizierten Bereich bindet relativ stärker an die komplementäre Chromosomen-DNA; deswegen wird der Farbstoff dieser Probe in der vergleichenden Bildanalyse an dem entsprechenden Ort auf dem Chromosom verstärkt erscheinen. Bei einer Deletion ist es umgekehrt. So können Veränderungen der Kopiezahl von genomischen Bereichen bis auf 2–10 Mb, also relativ grob, auf einem Chromosom kartiert werden. Eine Fortentwicklung dieser Methode – die **Matrix-CGH** – nutzt statt Metaphasechromoso-men DNA-Chips (Mikroarrays) mit großen DNA-Fragmenten (z. B. BACs oder Cosmide). Die Auflösung ist dann abhängig von der Abdeckung des zu untersuchenden Bereichs und der Klongröße und liegt im Bereich zwischen 0,1 und 1 Mb.

21.3.2
Zeitachse der Genomsequenzierung

Der Fortschritt der **Genomsequenzierung** war stets mit technologischen Entwicklungen verknüpft und davon abhängig. Die ersten Publikationen, in denen Sequenzen beschrieben wurden, enthielten die Information von wenigen Basen. Ein kleines Genom, wie die 5386 bp des Bakteriophagen phi-X174, konnte bereits 1978 mit den vergleichsweise geringen technischen Möglichkeiten entschlüsselt werden, die zu diesem Zeitpunkt entwickelt waren. Das erste vollständig sequenzierte menschliche Gen wurde 1990 publiziert, die 57 kb wurden komplett mittels automatischer DNA-Sequenzierung entschlüsselt. Die Zahl der vollständig entschlüsselten Genome ist insbesondere in den letzten fünf Jahren geradezu explodiert (Tab. 21.1). Dies ist zum einen auf die bereits oben beschriebenen Entwicklungen in der DNA-Sequenzierung, zum anderen auf Fortschritte in den Klonierungstechnologien und Sequenzierstrategien zurückzuführen. Die Aspekte der Klonierung und Sequenzierstrategien werden in diesem Abschnitt beschrieben.

Der Entschlüsselung einer Sequenz sind einige Schritte vor- und nachgeschaltet, die ebenfalls automatisiert werden mussten, um mit der gesteigerten Sequenzierkapazität mithalten zu können. Dies betraf einmal die Herstellung von geeigneten Matrizen, die sequenziert werden sollten, zum anderen die bioinformatische Verarbeitung großer Sequenzmengen. Das zweite Problem ist rein bioinformatisch (s. Kap. 24), das erste jedoch bedurfte Entwicklungen in der Technologie, dem Automatenbau und der Prozesstechnik.

Für die Sequenzierung des humanen Genoms war ein im Vergleich zu früheren Projekten um Größenordnungen gesteigerter Durchsatz in der Sequenziertechnologie vonnöten, der auch Entwicklungen in begleitenden Technologien bedingte. Diese sequenzbegleitenden Technologien können anhand der angewendeten Sequenzierstrategien verdeutlicht werden, die entwickelt wurden, um die ca. drei Milliarden Basen (Gb) des humanen Genoms anzugehen. Nachdem für viele Jahre die klonbasierte Strategie mit einem Zwischenschritt von genomischen Sub-Klonen betrieben worden war (konventioneller Ansatz), wurde in den vergangenen Jahren eine neue Strategie entwickelt (*whole genome shotgun*), die in diesem Sektor eine „Revolution" und heftige Kontroversen ausgelöst hat. Dies liegt nicht zuletzt aufgrund der Person von J. Craig Venter, der die *Whole-Genome-Shotgun*-Methode entwickelt hat und diese für die humane Genomsequenzierung innerhalb einer Firma (Celera Genomics) eingesetzt hat. Um die Unterschiede der verschiedenen Strategien zu verstehen, müssen die Kernpunkte der beiden Ansätze verdeutlicht werden.

Tab. 21.1 Liste von eukaryotischen *Large Scale*-Genomprojekten. Die bisher als „vollständig sequenziert" geltenden Organismen sind fett gedruckt. Weiterhin sind über 100 bakterielle und über 1000 virale Genome komplett sequenziert.

Einzeller, Algen, Pilze

Aspergillus terreus (filamentöser Pilz)

Candida albicans (pathogene Hefe)

Cryptococcus neoformans (pathogene Hefe)

Cryptosporidium parvum (Enteroparasit)

Dictyostelium discoideum (Schleimpilz; Modellorganismus)

Eimeria tenella (Sporozoe; Geflügelparasit)

Encephalitozoon cuniculi (intrazellulärer Parasit)

Entamoeba histolytica (Erreger der Amöbiasis)

Fusarium sporotrichioides (Schimmelpilz)

Giardia lamblia (Erreger der Lamblienruhr)

Gibberella zeae PH-1 (filamentöser Pilz)

Guillardia theta (Flagellat) – **Nucleomorph** (Organell)

Leishmania major (Erreger der Lcishmaniose)

Neurospora crassa (filamentöser Pilz)

Phanerochaete chrysosporium (filamentöser Pilz)

Plasmodium falciparum (Malaria-Erreger)

Plasmodium yoelii (Erreger der Malaria bei Nagetieren; Modell)

Pneumocystis carinii (pathogener Pilz)

Saccharomyces cerevisiae (Bäckerhefe)

Schizosaccharomyces pombe (Spalthefe)

Thalassiosira pseudonana (Diatomee)

Theileria annulata (Flagellat; Rinderparasit)

Theileria parva (Flagellat; Rinderparasit)

Trypanosoma brucei (Erreger der Schlafkrankheit)

Trypanosoma cruzi (Erreger der Chagaskrankheit)

Wirbellose

Anopheles gambiae (Stechmücke)

Brugia malayi (pathogener Nematode)

Caenorhabditis briggsae (Nematode)

Caenorhabditis elegans (Nematode)

Drosophila melanogaster (Taufliege)

Schistosoma mansoni (Bilharziose-Erreger; Saugwurm)

Wirbeltiere

Bos taurus (Rind)

Ciona intestinalis (Seescheide)

Danio rerio (Zebrafisch)

Fugu rubripes (Fugu-Fisch)

Gallus gallus (Huhn)

Homo sapiens (Mensch)

Mus musculus (Maus)

Pan troglodytes (Schimpanse)

Rattus norvegicus (Ratte)

Sus scrofa (Schwein)

Tab. 21.1 (Fortsetzung)

Höhere Pflanzen und Algen
  Arabidopsis thaliana (Ackerschmalwand; Modellpflanze)
  Lycopersicon esculentum (Tomate)
  Medicago truncatula (Schneckenklee; Modellpflanze)
  Oryza sativa ssp. indica (Reis)
  Oryza sativa ssp. japonica (Reis)
  Porphyra yezoensis (essbare Rotalge)

21.3.3
Genom-Sequenzierungsstrategien

21.3.3.1 Konventioneller Ansatz – *Random-Shotgun*-Strategie

Ziel der Genomsequenzierung ist, sämtliche Bausteine eines Genoms in lückenloser Abfolge zu bestimmen. Sobald ein solches Genom mehr Bausteine hat, als diese in einer Sequenzreaktion ermittelt werden können, ergibt sich das Problem, das **vollständige Genom aus Einzelsequenzen zusammensetzen** zu müssen. Kann ein Genom als Ganzes in einen Vektor kloniert werden, der sich auch für die Sequenzierung eignet, dann kann das Genom noch durch gerichtete Sequenzierung (z. B. *primer walking*) analysiert werden. Die meisten Genome haben aber eine Größe, die weit über das obere Limit hinausgeht, das in irgendeinen derzeit verfügbaren Vektor kloniert werden könnte.

Ebenfalls problematisch erwies sich zu Beginn des Humanen Genomprojekts die bioinformatische Analyse, die nötig war, um Einzelsequenzen zu Contigs zusammenzusetzen. Mit linear steigender Zahl von Sequenzen stieg der Rechenaufwand bei einem Vergleich „Alle-gegen-Alle" exponentiell an. Daher war es lange Zeit mit den verfügbaren Rechnern und Programmen nicht möglich, Projekte mit mehreren Tausend Sequenzen zu verarbeiten.

Als Lösungsweg bot sich an, das zu sequenzierende Genom in Stücke zu unterteilen, die mit den vorhandenen technischen Möglichkeiten zu bewältigen waren. Dies erfolgte in zwei aufeinander folgenden Schritten. Zunächst wurde das Genom zerkleinert und in größeren Fragmenten in einer „Genomischen Bibliothek" kloniert (Abb. 21.12). Anschließend wurden Klone dieser Bibliothek ausgewählt (s. Kap.21.3.1) und weiter fragmentiert. Diese Bruchstücke wurden in Sequenziervektoren kloniert und dadurch *Shotgun*-Subbibliotheken hergestellt (s. Abb. 21.13).

Die Größe der genomischen DNA-Bruchstücke, die in genomische Bibliotheken kloniert werden konnten, lag für einige Zeit (bis ca. 1995) bei ca. 40 kb. Fragmente dieser Größe konnten in Vektoren kloniert werden, die vom Phage-Lambda-System abstammten **(Cosmide)** (s. Kap. 15). Cosmidvektoren bildeten z. B. die Basis für die Sequenzierung des Hefegenoms. Für die 3,3 Milliarden Basen des humanen Genoms waren aber auch diese Vektoren nicht praktikabel.

Als nächste Entwicklung wurden *yeast artificial chromosomes* **(YAC)** entwickelt, die mit einer einfachen Kopienzahl in Hefen relativ stabil propagiert werden konnten und über 1 Million Basenpaare aufnehmen konnten. YACs zeigten aber

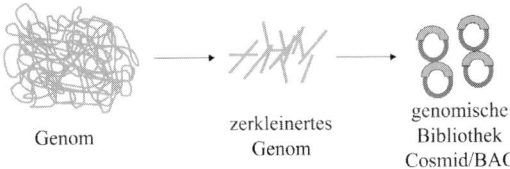

Genom	zerkleinertes Genom	genomische Bibliothek Cosmid/BAC

Abb. 21.12 Herstellung einer genomischen Bibliothek. Genomische DNA wird isoliert und anschließend in Bruchstücke zerlegt. Dies geschieht entweder durch physikalisches Scheren (etwa durch Pressen der DNA durch eine dünne Kanüle) oder mithilfe von Restriktionsenzymen. Bei Einsatz von Restriktionsenzymen darf der Verdau allerdings nicht vollständig sein, um auch überlappenden Fragmente zu erhalten. Anschließend werden die Bruchstücke nach Größe fraktioniert und in geeignete Vektoren (z. B. ursprünglich Cosmide, später BACs) kloniert.

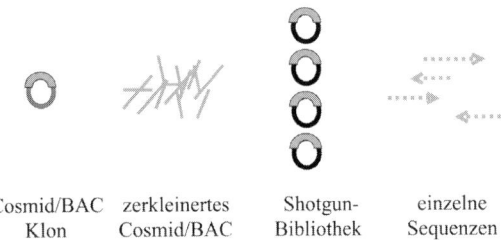

Cosmid/BAC Klon	zerkleinertes Cosmid/BAC	Shotgun-Bibliothek	einzelne Sequenzen

Abb. 21.13 Herstellung und Sequenzanalyse einer Sub-Bibliothek. Ein einzelnes Cosmid wird ausgewählt, die DNA präpariert und in Bruchstücke von ca. 1–2 kb zerlegt. Diese Bruchstücke werden in Sequenziervektoren kloniert und mit Sequenzierprimern, die sich im Vektor anlagern, sequenziert. Anschließend werden die einzelnen Sequenzen im Computer aufgrund von Sequenzüberlappungen zu Contigs zusammengesetzt.

besonders deutlich, dass Organismen fremde DNA nicht „mögen" und die YACs daher häufig Mutationen unterworfen waren. Es waren insbesondere Deletionen, die YACs für die Genomsequenzierung relativ unbrauchbar machten. Bei der Kartierung (s. unten) wurden YACs dennoch mit großem Erfolg eingesetzt. Eine wesentliche Verbesserung stellen schließlich die *bacterial artificial chromosomes* (**BAC**) dar, die dem Sequenzierprojekt des Internationalen Konsortiums als Basis für die Sequenzierung des humanen Genoms dienten.

Aufgrund der Sequenziertechnologie gab es Einschränkungen bei der Wahl der Sequenzierstrategien. Bis Mitte der 90er Jahre konnte die Fluoreszenzmarkierung lediglich über die verwendeten Sequenzier-Primer eingebracht werden (*Dye Primer*-Sequenzierung). Die Markierung von Primern war teuer und daher war es angezeigt, für alle Sequenzreaktionen denselben Primer einzusetzen. Dies machte die Verwendung von vektorbasierten Primern notwendig, die auf jeden Klon passen würden. Folglich erschien es sinnvoll, die in Cosmiden klonierten 40 kb (bzw. 150–500 kb in BACs)-Abschnitte eines Genoms weiter zu fragmentieren und in ca. 1–2 kb-Fragmenten in Sequenziervektoren zu klonieren. Wenn die Fragmentierung durch Scherkräfte erfolgte, entstanden die Doppelstrangbrüche zufällig über den genomischen Abschnitt verteilt, und in Folge sollten überlappende Fragmente kloniert und sequenziert werden. Die vorhandenen Sequenzierkapazitäten reichten aus, um eine große Zahl von Sequenzierklonen (ca. 200 pro Cosmid, ca. 800 pro BAC) zu sequenzieren, um bei genügend hoher Zahl statistisch eine vollständige Abdeckung des ursprünglichen Cosmids zu erreichen (Abb. 21.13). Diese Strategie der Sequenzierung heißt *Random-Shotgun*-Sequenzierung, da die zu sequenzierenden Klone aus der *Shotgun*-Subbibliothek zufällig ausgewählt werden.

Mit der *Random-Shotgun*-Sequenzierung war die vollständige Abdeckung der DNA mit Einzelsequenzen auch noch nicht möglich. Es blieben immer Lücken ohne Sequenz sowie Bereiche mit Sequenz niedriger Qualität und daraus resultierenden Ungenauigkeiten. Ein gerichteter Sequenzierprozess (*finishing*) schloss sich daher jeweils an, um letztlich die vollständige Sequenz des im genomischen Klon (Cosmid oder BAC) klonierten ursprünglichen DNA-Abschnitts in hoher Qualität zu erhalten.

Oben wurde beschrieben, dass in der genomischen Sequenzierung zunächst eine genomische Bibliothek in Cosmid- oder BAC-Vektoren hergestellt wurde und anschließend einzelne Klone zur Generierung von *Shotgun*-Bibliotheken für die Sequenzierung eingesetzt wurden. Die Auswahl geeigneter Klone aus der genomischen Bibliothek war entscheidend für die Fertigstellung der Genomsequenzierung. Um sämtliche Basen des Genoms mit einiger statistischer Wahrscheinlichkeit in der genomischen Bibliothek erfasst zu haben, musste die Bibliothek eine gewisse Redundanz aufweisen. Man spricht hier auch von x-facher Abdeckung, mit der jede Base statistisch erfasst ist. Eine gute genomische Bibliothek hatte eine über 10fache Abdeckung. Dies bedeutet, dass jede Base im Genom theoretisch in 10 unabhängigen genomischen Klonen enthalten sein sollte. Dies bedeutete aber auch, dass eine genomische Bibliothek für das menschliche Genom ca. 150 000 BACs enthalten musste [bei einer Fragmentlänge von durchschnittlich 200 kb pro BAC und einer Genomgröße von 3 Mrd. Basen 3×10^9 bp (Genomgröße) $\times 10$(fache Abdeckung)$/200\,000$ bp (Länge eines Klons) = 150 000 BACs]. Es war aber unmöglich, diese Zahl von BACs zu sequenzieren. Es galt also, die einzelnen Klone in der genomischen Bibliothek zu ordnen und letztlich nur eine minimale Zahl von Klonen für die Herstellung von *Shotgun*-Bibliotheken und zur Sequenzierung auszuwählen (Kapitel 23.3.1).

21.3.3.2 **Die *Whole-Genome-Shotgun*-Strategie**

Im Jahr 1996 wurde von TIGR (*The Institute for Genome Research*) die 1,8 Mio. bp lange Sequenz des Bakteriums *Haemophilus influenzae* fertig gestellt. An diesem Genom wurde zum ersten Mal eine Methode erprobt, in der das Genom nicht mehr in Cosmid- oder BAC-basierten genomischen Bibliotheken „zwischenkloniert" wurde. Stattdessen wurde das Genom von *Haemophilus* in sehr kleine Abschnitte zerlegt und direkt *Random-Shotgun*-Bibliotheken hergestellt. Durch die Sequenzierung einer genügend großen Zahl von Shotgun-Klonen hoffte man, die gesamte Sequenz des ursprünglichen Genoms möglichst lückenlos und überlappend zu erhalten. Der bis dahin notwendige Schritt der Kartierung von genomischen Sub-Klonen sollte folglich überflüssig werden.

Die Sequenzierung (Abb. 21.14) erfolgte in sechs Schritten, die im Folgenden erläutert werden sollen.

1. **Herstellung der Random-Shotgun-Bibliothek(en).** Für die Assemblierung der Einzelsequenzen zu Contigs erschien es notwendig, nicht nur sehr kleine Klone mit 2 kb Fragmentgrößen herzustellen, sondern zusätzlich eine Bibliothek mit einer durchschnittlichen Fragmentlänge von 15–20 kb. Die erste Bibliothek sollte zur Massenproduktion von Sequenzen dienen, die Sequenzen aus der zweiten Bibliothek halfen beim Zusammensetzen (Assemblierung) der Einzelsequenzen. Wichtig für beide Bibliotheken war, dass die Länge der klonierten DNA-Fragmente sich innerhalb eines kleinen Fensters bewegte. Nur so war möglich, in der Assemblierung die Längeninformation zusätzlich zur reinen Sequenz zu nutzen. Außerdem standen mit den langen Klonen Matrizen zum Schließen von vielen Sequenzlücken (s. unten) zur Verfügung.

2. **Auswahl der zu sequenzierenden Klone.** Es galt sicherzustellen, dass bei der Herstellung der Bibliotheken keine Abschnitte des Genoms präferenziell kloniert worden waren, sondern dass es sich wirklich um *Random*-Bibliotheken handelte. Außerdem galt es, die Längenverteilung der Fragmente in den Bibliotheken zu überprüfen.

3. **Hochdurchsatzsequenzierung.** Die Redundanz in der Sequenzierung sollte so hoch sein, dass statistisch jede Base des Genoms mit 6facher Abdeckung sequenziert sein sollte. Dazu waren bei einer durchschnittlichen Länge einer jeden Sequenz von 460 Basen und einer Genomgröße von 1,83 Millionen Basenpaaren theoretisch knapp 24 000 einzelne Sequenzen nötig. Tatsächlich wurden 24 300 Sequenzen hergestellt.

4. **Assemblierung der Einzelsequenzen** (Abb. 21.14). Basierend auf überlappenden Bereichen in den Sequenzen (= Bereiche mit identischer Sequenz in zwei ein-

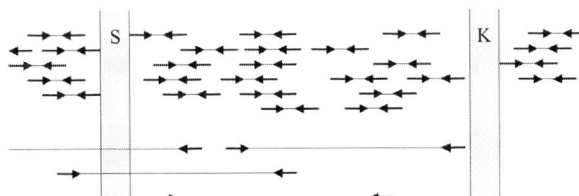

Abb. 21.14 Status des Projekts zum Abschluss der *Random-Shotgun-Phase*. (Schritt 4 im *Whole-Genome-Shotgun-Projekt*.) Eine große Zahl von Klonen aus der Shotgun-Bibliothek mit kurzen (2 kb) Fragmenten (oben) wurde sequenziert, eine geringe Zahl von Klonen aus der *Shotgun*-Bibliothek mit langen (15–20 kb) Fragmenten (unten). Die Einzelsequenzen (Pfeile) wurden assembliert und die Distanzinformation (Striche zwischen den Pfeilen) in die Assemblierung mit aufgenommen. Dadurch konnten zwei der drei Contigs zueinander in Beziehung gesetzt werden. Die Sequenzierlücke (S) ist durch zwei unabhängige lange Klone abgedeckt (unten) und kann durch Sequenzieren dieser Klone geschlossen werden. Rechts ist eine Klonlücke (K) dargestellt, die mit keinem vorhandenen Klon geschlossen werden könnte. Zwischen den beiden linken Contigs und dem Contig rechts der Lücke kann keine Beziehung hergestellt werden. Dieses Problem kann erst in den folgenden Schritten gelöst werden
.

zelnen Sequenzen) und der Distanzinformation aus den 15–20 kb-Klonen wurde versucht, das Genom aus den Einzelsequenzen zu assemblieren. Bis zu diesem Schritt war eine fast vollständige Automation der Prozesse möglich.

5. **Schließen der Klonlücken und der Sequenzlücken.** Eine 6fache Abdeckung einer Ausgangssequenz genügt aus statistischen Gründen keinesfalls, um eine wirklich durchgehende Sequenz zu rekonstruieren. Die Assemblierung der 24 300 Sequenzen ergab 140 Contigs, also 140 Abschnitte des Genoms, die jeweils wenige bis viele Einzelsequenzen enthielten, sich aber nicht überlappten. Insbesondere zwei Arten von Lücken galt es zu schließen. Zum einen waren dies Klonlücken. In diesen Sequenzabschnitten existierten in der Bibliothek keine Klone, durch deren Sequenzierung diese Lücke geschlossen werden konnte. Geeignete alternative Strategien (z. B. PCR) mussten angewandt werden, um diese Lücken zu schließen. Zum anderen existierten Sequenzlücken, bei denen ein oder mehrere vorhandene Klone aus der Bibliothek lediglich weitersequenziert werden mussten, um diese Lücke zu schließen. In beiden Fällen war jedoch menschliche Interaktion vonnöten; eine Automation dieser Prozesse war nicht möglich.

6. **Editierung der Contigs.** Mit dem Schließen der letzten Lücken war die Sequenz des Genoms durchgängig. Die Qualität der Sequenz war jedoch nicht an allen Stellen ausreichend. Es gab Bereiche, an denen sich aufgrund mehrerer Sequenzen verschiedene Basen an derselben Position befinden sollten (*ambiguities*). Auch als Folge der Assemblierung konnte es sein, dass einzelne Abschnitte falsch zusammengesetzt worden waren und sich die Resultate aus der Distanzanalyse widersprachen. Diese problematischen Positionen galt es aufzulösen, wozu nur erfahrenes Personal in der Lage war.

Mit dieser Erleichterung erkaufte man sich allerdings ein erhöhtes Maß an Sequenzierung, das notwendig war, mit statistischer Wahrscheinlichkeit keine Lücken in der Sequenz übrig zu lassen. Um die 1,8 Millionen Basen von *Haemophilus* konventionell zu sequenzieren, wären ca. 15 BACs (mit jeweils 200 kb Fragmentlänge und jeweils 800 Sequenzreaktionen pro BAC) notwendig gewesen. Dies hätte ca. 12 000 Sequenzreaktionen bedeutet, im Vergleich zu 24 000 Reaktionen im *Whole-Genome-Shotgun*-Ansatz. Voraussetzung für den Erfolg des Whole-Genome-Shotgun war daher, dass genügend Sequenzierkapazität vorhanden war. Die Entwicklungen in der Automation von Probenvorbereitung und in der Sequenztechnologie waren aber schnell genug, um mit dem gesteigerten Bedarf von Sequenzinformation Schritt zu halten. Auch war bei TIGR eine bioinformatische Abteilung vorhanden, die mit dem *TIGR ASSEMBLER* einen Algorithmus entwickelte, der mit die anfallende große Zahl von Einzelsequenzen verarbeiten konnte. Der Erfolg gab TIGR Recht. Zumindest für kleine Genome war die *Whole-Genome-Shotgun*-Methode dem konventionellen Ansatz in der Schnelligkeit überlegen, mit der ein Genom fertig gestellt werden konnte. Für kleine Genome (bis zu 30 Mb) hat sich diese Methode inzwischen durchgesetzt. Fraglich war aber, ob die *Whole-Genome-Shotgun*-Strategie auch für große Genome, wie dem des Menschen, anwendbar wäre.

21.3.3.3 Die Sequenzierung des menschlichen Genoms

Im Vergleich zu *Haemophilus influenzae* ist das menschliche Genom etwa um den Faktor 2000 größer. Im Mai 1998 wurde die Firma Celera mit dem Ziel gegründet, die *Whole-Genome-Shotgun*-Strategie zur Sequenzierung des menschlichen Genoms zu verwenden und diese innerhalb von drei Jahren abzuschließen. Als „Test-Genom" von Celera sollte das der Taufliege *Drosophila melanogaster* dienen. Tatsächlich wurde eine Genomsequenz der Taufliege bereits im Jahr 2000 veröffentlicht. Damit war eine Konkurrenz zu dem bereits seit einigen Jahren fortschreitenden Projekt im Internationalen Genomprojekt etabliert. Dieses hatte bereits 1993 verkündet, bis 1998 die ersten 80 Millionen Basen fertig stellen und bis zum Jahr 2005 das menschliche Genom vollständig entschlüsseln zu wollen. Die ständig steigenden Sequenzierkapazitäten wurden für die Sequenzierung des Nematoden *Caenorhabditis elegans* eingesetzt. Dessen Genom, das 1998 fertig gestellt wurde (s. Tab. 21.1), war zum Testen von Strategien und Technologien verwendet worden.

Doch selbst nachdem das menschliche Genom von den beiden Gruppen publiziert worden war, ging der Streit über die jeweiligen Anteile an der Arbeit weiter und ist derzeit noch nicht abgeschlossen. Unbestritten ist jedoch der Nutzen beider Projekte, sei es, dass die Fertigstellung des Genoms aufgrund der Konkurrenzsituation schneller als ursprünglich geplant vonstatten ging, oder dass die Qualität der Genomsequenz höher ist als diese von nur einem Projekt hätte erreicht werden können.

Die Einsetzbarkeit der *Whole-Genome-Shotgun*-Methode ist schließlich auch vom internationalen Konsortium akzeptiert worden; schließlich wurde das 2002 abgeschlossene Mausgenom mit dieser Strategie entschlüsselt. In diesem Zusammenhang ist noch eine kritische Bemerkung angebracht. Weiter unten werden drei sehr unterschiedliche Bedeutungen des Begriffs „Voll-Länge-cDNA" erläutert. Für die genomische Sequenz ist der Begriff „fertig" ebenfalls mit verschiedenen Bedeutungen behaftet.

1. Wenn eine DNA die Länge n hat, bedeutet „fertig", dass die Sequenz dieser DNA von der Base 1 bis zur Base n in ununterbrochener Reihenfolge und für jede Position eindeutig ermittelt ist. Die Sequenzierzentren haben sich zum Ziel gesetzt, nur Sequenzen mit weniger als 1 Fehler in 10 000 Basenpaaren zu tolerieren.

2. Viele DNAs bestehen aus eu- und heterochromatischen Bereichen. Das Euchromatin enthält die Mehrzahl der Gene, im Heterochromatin, das sehr repetitiv ist und hauptsächlich im Bereich der Centromere und Telomere auf den Chromosomen angesiedelt ist, sind nur wenige Gene bekannt. Das Heterochromatin wird üblicherweise nicht sequenziert. Sofern das Euchromatin vollständig und in hoher Qualität (>1 Fehler in 10 kb) sequenziert ist, kann das Genom dennoch als fertig bezeichnet werden.

3. Auch im Euchromatin gibt es Bereiche mit einem hohen Grad an repetitiven Sequenzen, die zudem häufig nicht oder nur mit Schwierigkeiten kloniert werden können. Sofern die Existenz dieser Bereiche und nach Möglichkeit auch die ungefähre Länge dieser Abschnitte bekannt sind, kann eine Sequenz der

umgebenden DNA als fertig bezeichnet werden, sofern diese nur wenige Sequenzierfehler aufweist.

Die im Jahr 2001 veröffentlichten Genomsequenzen entsprachen nicht einmal dem 3. Standard. Es gab eine Vielzahl von Klon- und Sequenzlücken, und die Assemblierung des Genoms wies viele Fehler auf. Inzwischen ist die Qualität jedoch sehr verbessert worden, wodurch das menschliche Genom zumindest die Kriterien der 3. Qualitätsdefinition erfüllen dürfte. Auch als 1998 das Genom von *C. elegans* publiziert wurde, befand sich dieses in einem Stadium, das dem 3. Standard entsprach. Insbesondere aufgrund des Einsatzes von John Sulston sind in den vergangenen Jahren die meisten Lücken geschlossen worden. Es wird sicherlich noch einige Zeit dauern, bis das menschliche Genom nach dem Qualitätsstandard 1 bearbeitet vorliegt.

21.3.4
Ausblick der Genomsequenzierung

Abhängig von der vorhandenen Infrastruktur wurden früher Genomprojekte in Einzellabors durchgeführt, für die Sequenzierung ein „notwendiges Übel" darstellte, um danach mit dem Produkt arbeiten zu können. Diese Strategie führte z. B. dazu, dass die Sequenzierung von *E. coli* mehrere Jahre in Anspruch nahm. Auch im Hefe-Genomprojekt (*Saccharomyces cerevisiae*) wurde ein Großteil der Sequenzierung von nicht spezialisierten Labors durchgeführt. Inzwischen haben sich Zentren mit einem hohem Durchsatz herausgebildet, die sich auf DNA-Sequenzierung spezialisiert haben. Vorteile: Aufgrund der Spezialisierung ist viel Arbeit in die Optimierung von Prozessen investiert worden. Dadurch konnten die Kosten extrem gesenkt werden, während das „Produkt", die Sequenz, von konstant hoher Qualität ist. Die Liste der sequenzierten Genome (s. Tab. 21.1) wird fast täglich länger (*http://www.ncbi.nlm.nih.gov/Genomes/index.html*). Eine Vielzahl von Genomen z. B. von pathogenen Bakterien ist entschlüsselt, und die Sequenzinformation soll für die Entwicklung von Methoden zur Bekämpfung dieser Bakterien eingesetzt werden. Die Sequenzen von *Plasmodium* und dem Überträger *Anopheles* könnten Angriffspunkte für den Kampf gegen die Malaria bieten. Vergleichende Genomanalysen (z. B. zwischen Mensch und Schimpanse) für Evolutionsstudien werden erstmals möglich. Gemeinsamkeiten und Unterschiede zwischen Spezies werden offenbar und interpretierbar.

Genomprojekte werden inzwischen häufig von Firmen durchgeführt. Das Whole-Genome-Shotgun-Verfahren ist meist der Ansatz der Wahl. Die Zeit zwischen Beginn und Abschluss eines Projekts hat sich in wenigen Jahren dramatisch verkürzt. Experimentelle Arbeit in automatisierten Labors und verbesserte Rechnerkapazitäten haben dazu wesentlich beigetragen. Als nächstes Ziel wird die Sequenzierung eines kompletten Genoms pro Tag avisiert. Damit würde z. B. das menschliche Genom für diagnostische Zwecke greifbar.

21.4
cDNA-Projekte

21.4.1
cDNAs repräsentieren mRNA der Zelle

Bei der Expression eines Gens wird die chromosomale DNA im Kern zunächst in hnRNA (heterogene nucleäre RNA) transkribiert. Diese hnRNA ist eine vollständige Kopie des transkribierten Abschnitts des jeweiligen Gens. Kontrollelemente (Promotoren) werden nicht transkribiert und sind daher in diesen RNAs auch nicht enthalten (s. Kap. 4). Die hnRNA enthält jedoch neben den Exons auch die Introns eines Gens. Noch im Kern wird diese hnRNA von Riboproteinkomplexen (Spleißosomen) zur mRNA verarbeitet. Diese Prozessierung (auch als Maturierung bezeichnet) umfasst mehrere Schritte, die teilweise gleichzeitig durchgeführt werden. Das 5′-Ende der RNA wird modifiziert, indem ein sog. *Cap* angehängt wird. Am 3′-Ende der RNA spaltet eine Nuclease spezifisch einen Teil der RNA ab, ein zweites Enzym synthetisiert (ohne Matrize) eine Reihe von A-Nucleotiden an die RNA, die als Poly(A)-Schwanz bezeichnet werden. In einem dritten Prozess, an dem ebenfalls mehrere Proteine und RNAs beteiligt sind, werden die Introns herausgeschnitten (gespleißt) und die Exons miteinander verknüpft. Erst dadurch entsteht in proteincodierenden RNAs die ununterbrochene Sequenz des offenen Leserahmens (ORF), der letztlich im Cytoplasma in Protein übersetzt (translatiert) wird. Eine mRNA entspricht folglich nicht mehr direkt der ursprünglichen Gensequenz. Auch nicht proteincodierende RNAs, wie ribosomale RNAs und transfer-RNAs werden prozessiert.

Die Analyse von mRNA hat im Vergleich zur Analyse genomischer Sequenzen Vor- und Nachteile:

Vorteile:
- Da in mRNAs die Exons in ununterbrochener Reihenfolge vorliegen, kann aus der Sequenz der mRNA die Sequenz eines codierten Proteins unmittelbar abgeleitet werden.
- Wenn die mRNA in DNA zurückgeschrieben worden ist, kann diese DNA genutzt werden, um ein codiertes Protein *in vitro*, aber auch *in vivo* herzustellen. Dies ist mit genomischer DNA aufgrund der Exon-Intron-Struktur der Gene höherer Organismen nicht möglich.
- Aus einer hnRNA können durch den Mechanismus des **alternativen Spleißens** (s. Kap. 4) häufig verschiedene mRNAs hergestellt werden. Alternatives Spleißen ist derzeit aus genomischer Sequenz nicht vorhersagbar, sodass die Analyse von cDNA, die aus mRNA hergestellt wird, zum Finden von solchen Varianten unabdingbar ist.

Nachteile:
- Im Vergleich zu DNA ist RNA ein sehr labiles Molekül. Die Hydroxygruppe am C2-Atom der Ribose macht die RNA im basischen Milieu instabil. Bei pH-Werten > 8 wird RNA schnell abgebaut, während die DNA, die am C2-Atom zwei

Wasserstoffreste besitzt, auch unter diesen noch relativ milden Bedingungen stabil ist. Des Weiteren verfügen alle Organismen über sehr effektive Enzyme, die RNA abbauen. RNAsen stellen aber auch einen Schutzmechanismus gegen RNA-Viren dar und sind in großer Menge z. B. auf der Haut vorhanden.

- Die Analytik von DNA ist im Vergleich zu der von RNA einfach. Doppelsträngige DNA kann mit gängigen molekularbiologischen Methoden manipuliert werden. Restriktionsenzyme erlauben, DNA sequenzspezifisch zu schneiden, Ligasen verknüpfen Enden, Vektoren sind entwickelt worden, um DNAs rekombinant zu vermehren. Die bereits beschriebene DNA-Sequenzierung ist weit entwickelt. Aufgrund der Eigenschaften von RNA ist dieses Molekül für diese etablierten Methoden nicht zugänglich.

- Der Anteil einer spezifischen mRNA in der Gesamtpopulation aller mRNAs ist sehr variabel. Bei der Expression von Genen sind große Schwankungen in der Menge der produzierten mRNAs möglich. Dies ist abhängig vom jeweiligen Gen bzw. der Menge der RNA bzw. des codierten Proteins, das jeweils benötigt wird, vom Gewebe, in dem ein Gen exprimiert wird – oder auch nicht, und vom Stadium der Differenzierung eines Organismus. Als Beispiele mögen dienen: Das **Pepsingen** wird organspezifisch ausschließlich im Magen exprimiert und kann daher auch nur aus Magengewebe in Form von mRNA isoliert werden. Gleichzeitig wird in den Pepsin produzierenden Zellen eine große Menge dieses Enzyms und damit auch der mRNA produziert. Die Pepsin-mRNA ist in diesen Zellen daher in einer großen Menge vorhanden. Andere Proteine, wie viele Transkriptionsfaktoren und Oberflächenrezeptoren, werden jedoch nur in geringen Mengen benötigt, die entsprechenden mRNAs sind in den Zellen daher auch in nur geringer Menge enthalten. Viele entwicklungsspezifische Gene sind nur zu einem bestimmten Zeitpunkt in der Embryonalentwicklung exprimiert und werden in späteren Stadien stumm. Zum Studium von mRNAs dieser Gene müsste embryonales Gewebe aufgearbeitet werden, was für einige Spezies, wie z. B. den Menschen, aus ethischen Gründen nicht einfach ist. In einem Genom liegen die Gene im Normalfall hingegen in einer gleichen Kopienzahl vor. Beim Menschen gibt es zwei Kopien eines jeden Chromosoms, jedes Gen hat folglich zwei Allele. Wenn das komplette Genom einer Spezies sequenziert ist, sind daher sämtliche Gene erfasst. Damit bleibt bei der Analyse genomischer Sequenzen „lediglich" das Problem, diese Gene auch zu erkennen. Und hier kommen die mRNA und die cDNA zu Bedeutung.

Da mRNA im Vergleich zu DNA instabil ist und nicht kloniert oder direkt sequenzanalysiert werden kann, wird die mRNA mittels des Enzyms **Reverse Transkriptase** in DNA, sog. **cDNA oder komplementäre DNA**, umgeschrieben (s. Kap. 4, 12 und 15). Die cDNA wird mit einer DNA-Polymerase doppelsträngig gemacht und dadurch klonierbar. Wenn die gesamte mRNA einer Zelle bzw. aus einem Gewebe isoliert wird, diese dann in cDNA umgeschrieben, in Vektoren verpackt und in Bakterien kloniert wird, erhält man letztlich eine sog. **cDNA-Bibliothek**. Solch eine cDNA-Bibliothek enthält im Optimalfall cDNAs, die sämtliche zum Zeitpunkt der mRNA-Isolation in der betreffenden Zelle bzw. in dem Gewebe oder Organismus exprimierten mRNAs repräsentieren. Im Idealfall sollte also nur die Herstellung einer einzigen cDNA-Bibliothek nötig sein, um sämtliche Gene eines Organismus zu erfassen. Abhängig von der Häufigkeit einer spezifischen mRNA sollten auch entsprechend viele cDNA-Klone in der Bibliothek enthalten sein. Gerade aus der verschiedenen Häufigkeit von mRNAs einzelner Gene in der Gesamtpopulation der mRNAs der Gewebe ergibt sich aber die Schwierigkeit, wirklich alle exprimierten Gene zu erfassen.

Oben wurde beschrieben, dass eigentlich eine einzige cDNA-Bibliothek ausreichen sollte, um alle Gene eines Organismus zu erfassen und entsprechend cDNA-Klone für jedes Gen zu isolieren. Die Schwierigkeit der verschiedenen Expression von Genen in den einzelnen Geweben wurde bereits diskutiert. Ein zweites Problem ergibt sich aus der Technologie der cDNA-Herstellung und Klonierung. Im Folgenden soll daher kurz der Prozess der cDNA-Generierung dargestellt werden, aus dem viele Probleme in der cDNA-basierten Analytik klar werden.

21.4.2
Die Herstellung von cDNA-Bibliotheken

Grundlage für die Herstellung von cDNA ist mRNA, die als Matrize dient. In Abb. 21.15 wurde die Gesamt-RNA eines Isolats elektrophoretisch nach Größe/Retentionszeit in der Trennmatrix aufgetrennt. Links ist die Absorption von RNA-Menge gegen die Zeit, rechts im Bild ist das konventionelle Bandenmuster dargestellt. Je stärker die Bande, desto mehr RNA einer entsprechenden Länge ist in

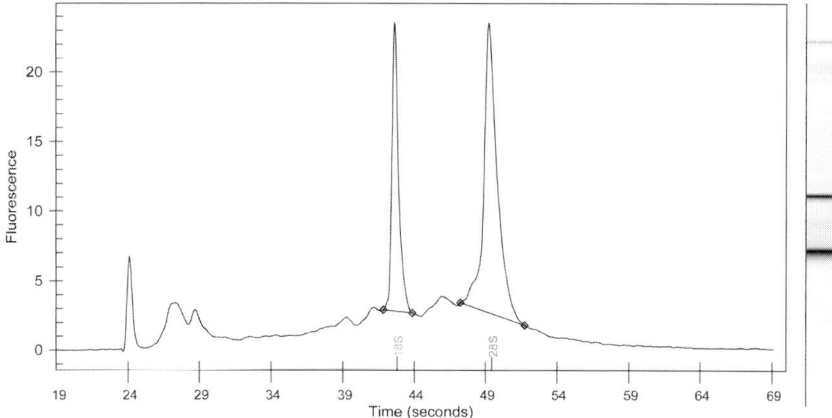

Abb. 21.15 Trennung von Gesamt-RNA im elektrischen Feld. Links Elektropherogramm, rechts ein Pseudobild, das dem Ergebnis einer Agarose-Gelelektrophorese entsprechen würde. Große Moleküle migrieren langsamer als kleine RNAs und haben daher eine längere Retentionszeit in der Matrix. In dem verwen-deten System wird die Zeit zwischen Beginn der Elektrophorese und der Detektion der RNA an einer Ziellinie gemessen. Dort wird die Fluoreszenzintensität, die äquivalent zur Menge von RNA ist, mittels eines Lasers und eines Detektors ermittelt und im Computer dargestellt.

dem Isolat vorhanden. Das Absorptionsspektrum erlaubt eine quantitative Auswertung, die Banden sind als Peaks (Spitzen) sichtbar. Vier Peaks fallen auf, die bei 24 s detektierte Bande entspricht einer internen Kontrolle und ist hier irrelevant. Die mit 28S (bei 47 s) und 18S (bei 41 s) markierten Banden entsprechen den Signalen der hochmolekularen ribosomalen RNAs (rRNA). In einem breiteren Peak bei 26–28 s ist die ebenfalls ribosomale 5,8S rRNA zu sehen, die mit der tRNA überlagert. Die mRNA ist, aufgrund der Heterogenität in der Länge der verschiedenen mRNA-Spezies, als breiter Schmier insbesondere zwischen den ribosomalen Banden sichtbar. Sie wurde lange Zeit schlicht übersehen und war auch experimentell nicht fassbar.

Bereits oben wurde beschrieben, dass mRNA ein labiles Molekül ist, das schnell abgebaut wird. Zum einen ist der Experimentator für diesen Abbau verantwortlich, der an den Händen und z. B. am Arbeitsmaterial RNAsen hat. Durch das Tragen von Handschuhen und sorgfältiges Arbeiten mit Plastikmaterialien kann dieses Problem minimiert werden. Eine zweite Quelle von RNAsen stellen aber die Gewebe dar, aus denen die RNA isoliert werden soll. Jede Zelle verfügt über RNAsen, die notwendig sind, um das labile Gleichgewicht der Genexpression aufrecht zu erhalten. Um die Zeit kurz zu halten, die zellulären RNAsen zur Verfügung steht, die zu isolierende RNA zu degradieren, wird z. B. ein entnommenes Gewebe entweder sofort aufgearbeitet oder zur Lagerung schockgefroren. Ziel ist, letztlich qualitativ hochwertige RNA aus dem Gewebe zu isolieren.

Die mRNA macht lediglich maximal 5% der Gesamt-RNA einer Zelle aus. Daher wird meist eine Anreicherung dieser Fraktion durchgeführt, um den Anteil kontaminierender ribosomaler oder anderer RNAs in cDNA-Bibliotheken gering zu halten. Zwei Eigenschaften unterscheiden mRNA von anderen RNA-Spezies. Dies sind die *Cap*-Struktur am 5′-Ende der mRNA und der Poly(A)-Schwanz. Lediglich solche mRNAs, die eine sehr kurze Lebensdauer haben (z. B. Histon-mRNAs), haben keinen Poly(A)-Schwanz und sind in gängigen cDNA-Bibliotheken daher auch nicht erfasst. Die *Cap*-Struktur ist nur klein und spielt für die Anreicherung von mRNA keine Rolle, wenn sie auch für die Selektion von Voll-Länge-cDNAs unerlässlich ist. Der Poly(A)-Schwanz, der häufig über 100 Nucleotide lang ist, eignet sich hingegen zur Selektion auf mRNAs, die über diese Struktur verfügen. Oligo(dT)-Polynucleotide [Oligo(dT)-Primer genannt], die an eine Trägermatrix (z. B. Agarose) gekoppelt sind, werden mit der Gesamt-RNA inkubiert (s. Kap. 15). mRNAs, die über einen Poly(A)-Schwanz verfügen, lagern sich an die Oligo(dT)-Nucleotide an und können nach Wegwaschen der nicht gebundenen RNAs von der Matrix isoliert (eluiert) werden.

Anschließend wird die mRNA, eigentlich die Poly(A)-haltige RNA [oder Poly(A)$^+$RNA], im ersten Schritt der Herstellung einer cDNA-Bibliothek in DNA umgeschrieben. Wie alle bisher bekannten DNA-Polymerasen benötigt auch die **Reverse Transkriptase** (häufig als **RT** abgekürzt) ein kurzes DNA-Startermolekül (oder Primer), an dessen OH-Gruppe des 3′-C-Atoms in der Ribose sie mit der Polymerisation beginnen kann. Für die cDNA-Herstellung werden in der Regel zwei verschiedene Primer-Spezies verwendet.

- Dies sind insbesondere **Oligo(dT)-Primer**, die aus einer Reihe von Desoxy-Thymidin-Basen (üblich sind Längen zwischen 16 und 25 Nucleotiden) bestehen, und die sich vorwiegend an die Poly(A)-Schwänze von mRNAs anlagern. Da sich diese Poly(A)-Schwänze jeweils am 3′-Ende der mRNAs befinden, kann die Reverse Transkriptase den vollständigen komplementären Strang der mRNA synthetisieren (Abb. 21.16).

- Anstelle von Oligo(dT)-Primern werden auch zufällige Hexamer-Primer in der cDNA-Synthese eingesetzt. Diese Hexamere bestehen aus einer Abfolge von sechs Nucleotiden, die in der Synthesemaschine in zufälliger Reihenfolge hergestellt werden, also sämtliche möglichen Basenkombinationen enthalten. Da also immer ein Gemisch verschiedenster Hexamere eingesetzt wird, lagern sich diese an nicht kontrollierbare Stellen an die RNA an und dienen dann der Reversen Transkriptase als Startmoleküle. Reverse Transkriptase ist einzelstrangspezifisch. Das heißt, dass sie eine einzelsträngige RNA als Matrize verwendet, einen Doppelstrang aus RNA und DNA hingegen nicht. Wenn sich daher auf einem RNA-Molekül z. B. zwei Hexamere anlagern, werden zwei unabhängige Produkte cDNA hergestellt, die nicht überlappen (Abb. 21.16). Die Synthese einer cDNA, die eine vollständige Kopie der mRNA-Matrize darstellt, ist daher nur möglich, wenn Oligo(dT)-Primer in der cDNA-Synthese eingesetzt werden.

Ein zusätzliches Problem bei der Verwendung von Hexameren ergibt sich, da diese Primer keine Selektivität für mRNA als Matrize haben. Ist eine RNA-Isolation mit anderen RNAs kontaminiert (s. Abb. 21.15), wird auch diese RNA in cDNA

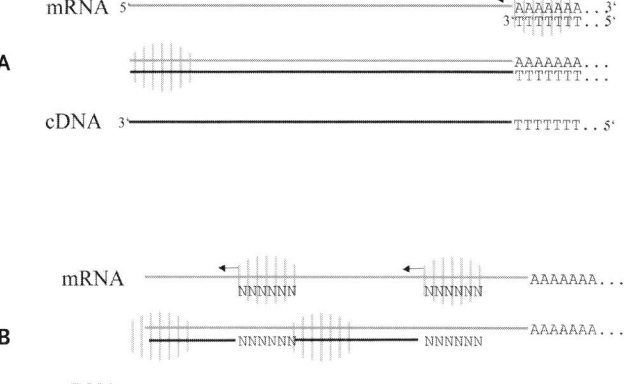

Abb. 21.16 Herstellung von cDNA mit Oligo(dT)-Primern (A) oder Zufalls-Hexamer-Primern (B). Die Primer lagern sich an komplementäre Sequenzen der mRNA an. Das Enzym Reverse Transkriptase (graues Oval) erkennt die OH-Gruppe am 3′-C-Atom der Ribose des Primers und beginnt dNTP-Bausteine einzubauen und eine cDNA zu synthetisieren, die komplementär zur Matrizen-RNA ist. Reverse Transkriptase kann cDNA nicht aus einer bestehenden Duplex verdrängen. Daher bricht die Synthese ab, wenn das Enzym auf einen bereits synthetisierten Strang trifft (in B). Folge sind zwei partielle cDNAs, die jeweils lediglich einen Teil der ursprünglichen mRNA repräsentieren.

umgeschrieben. Durch die daraus resultierenden cDNAs wird das Finden der gewünschten cDNAs erschwert.

Die von der Reversen Transkriptase hergestellte cDNA kann in diesem Zustand jedoch noch nicht kloniert werden, da sie, wie die mRNA, einzelsträngig ist (Abb. 21.17). Zunächst muss sie daher in eine doppelsträngige Form überführt werden. Dies geschieht mit einer DNA-Polymerase. Hier ergibt sich ein Dilemma, das für die cDNA-Synthese intrinsisch ist. Für die Synthese des ersten cDNA-Stranges konnte ein Oligo(dT)-Primer verwendet werden, der Gen-unabhängig in der Lage ist, sich an die mRNA anzulagern, um dann von der Reversen Transkriptase verlängert zu werden. Die Sequenzen der Gene am 5′-Ende der mRNAs sind jedoch völlig verschieden. Ein einzelner Primer kann daher nicht verwendet werden, um als Startermolekül für die Doppelstrangsynthese zu dienen. Mindestens zwei Auswege für dieses Problem wurden entwickelt. In dem ersten Protokoll für die Herstellung von cDNA-Bibliotheken wurde die mRNA mit einer RNAse partiell abgebaut. Dadurch entstanden freie 3′-OH-Enden, die von der DNA-Polymerase verlängert werden konnten. Eine wirklich vollständige cDNA, die sämtliche Se-

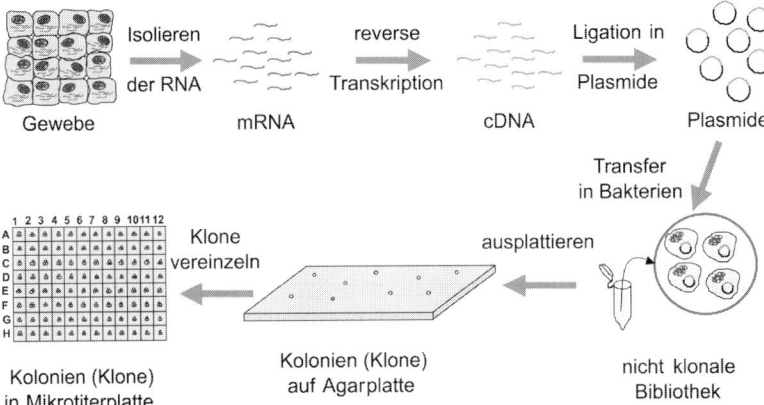

Abb. 21.17 Herstellungsprozess einer cDNA-Bibliothek. Zunächst wird die RNA aus einem Gewebe isoliert und anschließend die mRNA angereichert. Mit dem Enzym Reverse Transkriptase wird die mRNA in cDNA umgeschrieben und dieses ursprünglich einzelsträngige Molekül mit einer DNA-Polymerase doppelsträngig gemacht. Die Doppelstrang-cDNA wird in Plasmide ligiert, wodurch diese ringförmig werden. Plasmide sind in Bakterien sich selbstständig vermehrende DNAs, die ein Stück fremder DNA aufnehmen können. Die ringförmige Struktur der Plasmide ist für deren Vermehrung im Bakterium essenziell. In einem als Transformation bezeichneten Prozess wird die Plasmid-DNA in Bakterien eingeschleust. In diesem Zustand befinden sich sämtliche vorhandenen cDNAs in einem Gefäß; einzelne Klone können noch nicht isoliert werden. Nach dem Vereinzeln von Bakterienzellen auf Agarplatten bilden sich an den Stellen, an denen ein Bakterium zu liegen kam, Kolonien. Jede Kolonie geht auf ein einziges Bakterium zurück und bildet einen Klon. Einzelne Klone werden aufgenommen und in die Vertiefungen von Mikrotiterplatten überführt. Jede Vertiefung enthält schließlich Bakterien eines Klons. Nach weiterem Wachstum der Bakterien können diese geerntet und die enthaltenen Plasmide isoliert und weiterverarbeitet z. B. sequenziert werden.

quenzen bis zum Transkriptionsstart der mRNA enthielt, war mit dieser Methode nicht zu erhalten. Die Sequenz des für die DNA-Polymerase notwendigen RNA-Startermoleküls war in der cDNA nicht enthalten, ein mehr oder weniger großer Abschnitt aus dem 5'-Bereich der mRNA fehlte also. In Folge dieses Problems ist die Mehrzahl der cDNAs, und damit auch der in den Datenbanken verfügbaren Sequenzen, am 5'-Ende nicht vollständig. Für die Analyse proteincodierender cDNA ist dies nicht weiter tragisch, sofern zumindest der gesamte codierende Bereich auf dieser cDNA repräsentiert ist. Leider ist dies häufig nicht der Fall, und mehr oder weniger lange Fragmente der Sequenz, die auf der mRNA für den N-Terminus des Proteins codieren, fehlen auf den verfügbaren cDNAs. Wenn dies nicht erkannt wird, sind mit solchen cDNAs produzierte Daten (z. B. in Ansätzen der Funktionellen Genomik oder Proteomik) oft von fraglicher Relevanz.

Wesentlich später wurde eine Methode publiziert, bei der ein Oligonucleotid bekannter Sequenz vor der cDNA-Synthese an das 5'-Ende der mRNA ligiert wurde. Die cDNA wurde daher um die Sequenz dieses Oligonucleotids verlängert. Für die Synthese des zweiten DNA-Stranges konnte folglich ein für die ligierte Sequenz spezifisches Startermolekül verwendet werden. Da das ligierte Oligonucleotid zudem am 5'-Ende der mRNA ligiert wurde, enthielt die resultierende cDNA auch die gesamte in der ursprünglichen mRNA enthaltene Sequenz (Abb. 21.17).

Am Beispiel des Menschen soll im Folgenden dargestellt werden, wie cDNAs und cDNA-Bibliotheken für die Genidentifizierung und Funktionsanalyse analysiert werden. Im Anschluss werden cDNA-Projekte an weiteren Modellorganismen beschrieben.

21.4.3
EST-Projekte zur Genidentifizierung

21.4.3.1 Was ist ein EST?
Ein **EST** (*expressed sequence tag*) ist ein kurzes Stück Sequenz (ca. 25–1000 Basen), das von einer cDNA stammt. Im Jahr 1991 propagierte Craig Venter (TIGR) die Herstellung und Analyse von ESTs, um Gene zu identifizieren. Zur damaligen Zeit wurde von einer Zahl von über 100 000 Genen im menschlichen Genom ausgegangen, deren Identität jedoch weitgehend unbekannt war. In einzelnen Projekten waren insgesamt einige Hundert Gene charakterisiert worden. Keines dieser Projekte hatte jedoch die systematische Identifizierung von Genen zum Ziel. Venters Idee war, von vielen cDNAs systematisch jeweils ein kurzes Stück (*tag*) Sequenzinformation zu erhalten, die ausreichen würde, diese cDNA und damit auch die zugrunde liegende, exprimierte mRNA zu identifizieren. Da eine cDNA in ein Plasmid verpackt werden muss, um sie zu klonieren und zu vermehren, ist zumindest die Sequenz dieses Plasmids vorher bekannt. Ebenfalls bekannt ist selbstverständlich die Position im Plasmid, an der die cDNA eingefügt (ligiert) wird. Für die DNA-Sequenzierung werden, wie oben ausgeführt, kurze Startermoleküle (Primer) benötigt, die von der DNA-Polymerase bis zum Kettenabbruch verlängert werden. Für die EST-Sequenzierung werden diese Positionen dicht an den Klonierungsstellen gewählt, sodass die Polymerisation in die cDNA hinein passiert. Die generierte Sequenz enthält zu Be-

ginn daher einige Basen mit Plasmidsequenz, dann kommt die Klonierungsstelle und anschließend ein Abschnitt der cDNA (Abb. 21.18).

Man beachte, dass im Fall des 3'-EST nicht der codierende DNA-Strang erhalten wird, sondern die revers-komplementäre Sequenz. Anstelle eines Poly(A)-Schwanzes ist eine Reihe von dT-Basen zu sehen, und das Polyadenylierungssignal (AATAAA) in der mRNA ist als „TTTATT" zu finden.

Was ist nun der Sinn, lediglich die Enden von cDNAs zu sequenzieren? Häufig werden diese Sequenzen keine oder nur geringe Abschnitte der proteincodierenden Sequenz enthalten. Zu der Zeit, als ESTs „erfunden" wurden, war die Zahl der humanen Gene völlig unklar. Schätzungen schwankten zwischen ca. 80 000 und 250 000. Lediglich eine geringe Zahl von Genen war bekannt, und da diese in Einzelprojekten analysiert worden waren, auch meist funktionell charakterisiert. ESTs sollten massenhaft produziert und gleiche Sequenzen zusammengefasst (*cluster*) werden (Abb. 21.19). Dadurch sollte die Redundanz verringert werden, die bei einer Zahl von ESTs, die größer als die Zahl der Gene war, unvermeidlich war,. Schließlich würde eine Ressource geschaffen, die sämtliche Gene abdecken sollte. Inzwischen ist dieser Ansatz weitgehend verwirklicht und diese Sequenzressource wird als UniGene-Kollektion öffentlich zugänglich gemacht.

Im Gegensatz zu der genomischen DNA-Sequenzierung ist für die cDNA-Sequenzierung der Zeitpunkt, zu dem alle mRNAs erfasst sind, schwierig abzuschätzen.

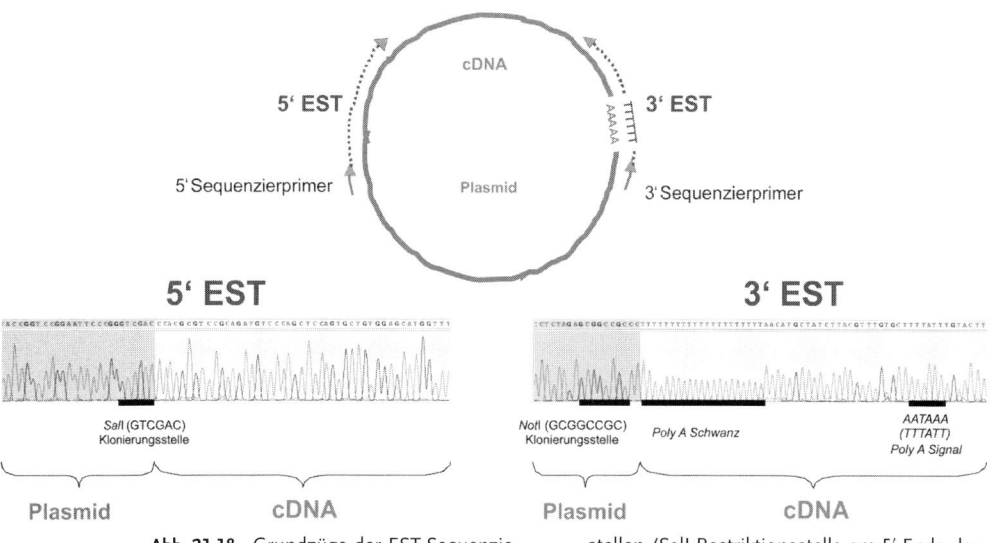

Abb. 21.18 Grundzüge der EST-Sequenzierung. cDNA wird in Plasmide kloniert. Sequenzier-Primer für die Sequenzreaktion lagern sich an die Plasmid-DNA an und werden von der DNA-Polymerase bis zum Kettenabbruch verlängert. Zu Beginn der EST-Sequenzen befindet sich daher jeweils Plasmidsequenz. Zu erkennen sind die Klonierungs-stellen (SalI-Restriktionsstelle am 5'-Ende der cDNA und NotI-Restriktionsstelle am 3'-Ende der cDNA). Die cDNA-Sequenz im 3'-EST beginnt mit der komplementären Sequenz des Poly(A)-Schwanzes. Im Anschluss ist das Polyadenylierungssignal (AATAAA in der mRNA, TTTATT in der Sequenz) zu erkennen.

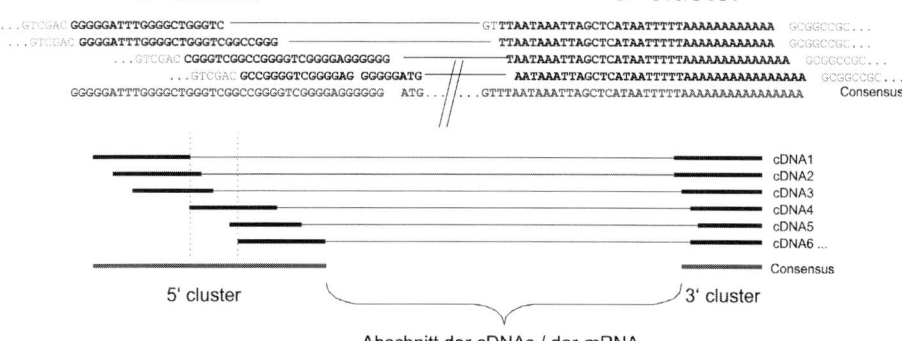

Abb. 21.19 Clusterbildung von EST-Sequenzen. Einzelne EST-Sequenzen werden zusammengefasst, wenn ihre Sequenzen identisch sind, d. h. die cDNAs von denselben Genen abstammen. Aus der Summe der Sequenzen lässt sich eine Konsensussequenz berechnen, die länger als jede der Einzelsequenzen sein kann. Die 3′-ESTs sollten sämtlich am Poly(A)-Schwanz der mRNA beginnen, folglich ein zuverlässiges *clustering* erlauben. Die Position der 5′-ESTs relativ zur ursprünglichen mRNA hängt davon ab, wie viel Sequenz der mRNA von den cDNAs abgedeckt wurde. Im oberen Teil der Abbildung sind die einzelnen ESTs als Sequenz dargestellt. Um den Begriff des Clusters zu veranschaulichen, wurden die üblicherweise 400–600 Basen lange ESTs auf wenige Basen verkürzt dargestellt. Die Klonierungsstellen (GTCGAC für das 5′-EST bzw. GCGGCCGC für das 3′-EST) sind grau geschrieben, da diese Restriktionsstellen nicht von der mRNA stammen, sich aber an jeder cDNA befinden. Bereiche der cDNA, die nicht von ESTs abgedeckt werden, sind mit einer durchgezogenen Linie markiert. Aus den überlappenden Sequenzen wird eine Konsensussequenz berechnet. Im unteren Teil der Abbildung sind die ESTs mit dicken Strichen symbolisiert. Der Konsensus leitet sich von den überlappenden Sequenzen ab und ist länger als die Einzelsequenzen. Während sich die 5′-Sequenzen der cDNAs 1 und 6 nicht überlappen (durch die vertikalen gepunkteten Linien angedeutet), wird der Zusammenhang durch die übrigen ESTs hergestellt. Dünne Linien zwischen den 5′- und 3′-ESTs markieren den Abschnitt der cDNAs, der nicht von den EST-Sequenzen abgedeckt ist. Nachdem die 5′- und 3′-Cluster gebildet und die beiden Konsensussequenzen berechnet wurden, verbleibt ein Abschnitt der cDNA, der nicht sequenziert ist und über dessen Sequenz daher keine Aussage gemacht werden kann.

Das Genom hat eine endliche Zahl von Bausteinen, und wenn diese entschlüsselt sind, ist die Sequenzierung dieses Genoms abgeschlossen. Im April 2003 wurde dieser Zustand für das humane Genom verkündet. Bei cDNAs ist die Zahl der möglichen Sequenzen zwar auch endlich, aufgrund der unterschiedlichen Konzentration einzelner mRNAs in der Gesamtpopulation der mRNAs in der Vielzahl der Zelltypen ist es aber nicht möglich, wirklich alle RNAs zu erfassen (Abb. 21.20). Derselbe Effekt ist bei der Analyse von Volle-Länge-cDNAs zu beobachten.

Eine Möglichkeit, das Erreichen der Sättigung zu verschieben und dadurch bei gleich bleibendem Sequenzieraufwand weitere Gene zu identifizieren, ergibt sich durch die Methode der Normalisierung (Abb. 21.21). cDNAs, die von niedrig exprimierten mRNAs hergestellt wurden, werden in der Bibliothek angereichert. Al-

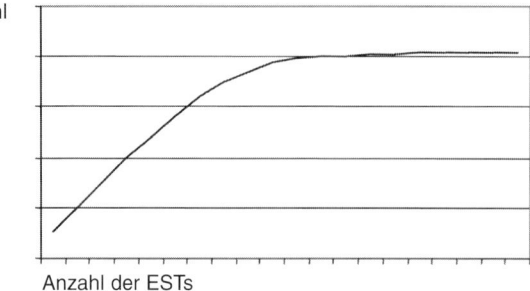

Anzahl
Gene

Anzahl der ESTs

Abb. 21.20 Bei der cDNA-Analyse wird eine Sättigung bei der Identifizierung neuer Gene erreicht. Mit steigender Zahl von ESTs erhöht sich zunächst die Zahl der neu identifizierten Gene nahezu linear. Aufgrund der Redundanz von mRNAs in der RNA-Population und da- durch auch der cDNAs in cDNA-Bibliotheken kommt es zu einer Sättigung. Der Sequenzier- aufwand müsste wesentlich gesteigert werden, um doch nur eine geringe Zahl neuer Gene zu finden.

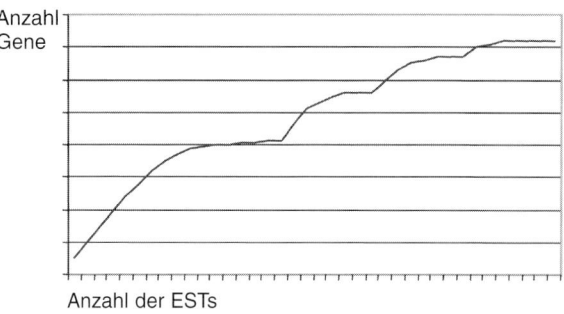

Anzahl
Gene

Anzahl der ESTs

Abb. 21.21 Normalisierung von cDNAs. Nachdem in der cDNA-Bibliothek keine neuen Gene identifiziert werden, wird die Bibliothek normalisiert. Häufige cDNAs werden dadurch in ihrem relativen Anteil reduziert, seltene cDNAs hingegen angereichert. Bei weiterem Sequenzieren der Bibliothek werden erneut bis dato unbekannte Gene identifiziert. Der Vorgang der Normalisierung kann wiederholt werden und dadurch mehrere Zyklen von Sät- tigung und erneuter Identifizierung von Ge- nen erfolgen.

lerdings sind auch Artefakte im Vergleich seltene Ereignisse, die daraus resultie- renden cDNAs entsprechend selten und diese werden im Normalisierungsprozess ebenfalls angereichert. Die auf der Y-Achse aufgetragenen „neuen" Gene enthal- ten daher in Abhängigkeit von der Qualität der ursprünglichen cDNA-Bibliothek und dem in dieser vorhandenen Anteil von artifiziellen cDNAs eine mehr oder weniger große Fraktion von Artefakten.

Im Folgenden soll exemplarisch das IMAGE/CGAP-EST-Projekt vorgestellt wer- den, das aufgrund seiner Wichtigkeit in der Datenproduktion ausgewählt wurde. Da der Datenproduktion die Verarbeitung unmittelbar nachfolgen muss, um die Daten für den Nutzer sinnvoll aufzuarbeiten, wird im Anschluss das UniGene- Projekt erläutert.

21.4.3.2 IMAGE-Konsortium – CGAP

Venters Idee wurde schnell aufgegriffen und vom I.M.A.G.E. Konsortium, einem gemeinsamen Projekt von Industrie (Merck and Co.) und Wissenschaft, umgesetzt. Nachdem die Finanzierung durch Merck & Co. im Jahr 1996 auslief, wurde die EST-Sequenzierung in einem neuen Projekt fortgesetzt, dem CGAP (*Cancer Genome Anatomy Project* – *http://cgap.nci.nih.gov/*). Die Finanzierung wurde durch das US-Amerikanische NIH (*National Institute of Health*) sichergestellt. Das Ziel beider Projekte liegt darin, eine genügende Zahl von ESTs zu produzieren, bis alle möglichen Gene identifiziert sind. Sehr schnell wurden jedoch insbesondere zwei Probleme offensichtlich. 1. Nicht alle Gene sind zu jeder Zeit und in jedem Zelltyp exprimiert. Daher ist es nicht möglich, cDNAs für alle Gene aus nur einer cDNA-Bibliothek zu isolieren. Eine große Zahl von Bibliotheken musste daher hergestellt und analysiert werden. 2. Von den Genen, die in einer Zelle exprimiert sind, werden unterschiedliche Mengen von mRNA hergestellt. Dies spiegelt sich auch in der Mengenverteilung von cDNAs in den Bibliotheken wider. Häufig in der Zelle vorhandene mRNAs (z. B. die mRNA des β-Actingens) sind auch häufig in cDNA-Bibliotheken zu finden, während nur niedrig exprimierte Gene entsprechend gering in den Bibliotheken repräsentiert sind.

Um aber auch solche niedrig exprimierten Gene erfassen zu können, waren geeignete Strategien zu entwickeln. Zwei Lösungsansätze wurden verfolgt. Zum einen wurde die Zahl der EST-sequenzierten cDNAs erhöht – gegenwärtig enthalten die öffentlichen Sequenzdatenbanken über **5 Millionen menschliche ESTs**. Zum anderen wurden Normalisierungs-Technologien (s. oben) für die Herstellung von cDNA-Bibliotheken entwickelt, die eine Anreicherung niedrig exprimierter mRNAs ermöglichten.

Ein weiteres Problem ergab sich aus der Analyse der im Vergleich zu den mRNAs kurzen Sequenzfragmenten. Während eine durchschnittliche mRNA ca. 2,5 kb lang ist, decken die meisten ESTs lediglich ca. 400–500 bp dieser mRNA bzw. der cDNA ab. Wenn von einer mRNA-Spezies zwei unabhängige cDNAs produziert würden, deren 5'-Enden aufgrund der Prozessivität der Reversen Transkriptase um > 500 bp voneinander entfernt wären, so würden sich die ESTs, die von den 5'-Enden dieser cDNAs produziert werden, nicht überlappen. Dadurch wäre es aber auch unmöglich, diese ESTs und damit die cDNAs einem einzigen Gen zuzuordnen. Dieses Dilemma wurde umgangen, indem nicht nur die 5'-ESTs der cDNAs hergestellt wurden, sondern insbesondere auch die 3'-ESTs.

21.4.3.3 UniGene

Selbst bei einer damals geschätzten Zahl von über 100 000 Genen war klar, dass bei einer wesentlich höheren Zahl von EST-sequenzierten cDNAs eine Redundanz entstehen würde. Viele Gene würden nicht nur von einer, sondern von mehreren bis vielen cDNAs abgedeckt werden. Es ist jedoch nicht sinnvoll, jeweils mit sämtlichen ESTs zu arbeiten; die Reduzierung auf eine minimale Zahl von Sequenzen wäre wünschenswert. Algorithmen wurden entwickelt, die erlauben, zwei oder mehr Sequenzen, die teilweise identisch sind, miteinander zu sog. Clustern zu verbinden (s. Abb. 21.19). Diese Cluster bilden schließlich eine Datenbank, deren bekannteste vom NCBI (*National Center for Biotechnology Information*, am NIH in Washington, USA) gewartet, und mit **UniGene** bezeichnet wird (*http://www.ncbi. nlm.nih.gov/entrez/query.fcgi?db=unigene*). Aus dem Namen UniGene wird bereits deutlich, dass sich für jedes Gen möglichst nur eine Sequenz in diesen Datenbanken befinden sollte. Da derzeit noch ständig neue ESTs produziert werden, wird die UniGene-Datenbank in regelmäßigen Abständen aktualisiert und ein neues Clustering (= *Build*) durchgeführt. Aus den Clustern können aus der Summe der Sequenzen jeweils Konsensus-Sequenzen berechnet werden. Neben cDNAs des Menschen werden auch weitere Modellorganismen EST-sequenziert, für die eigene UniGene-Datenbanken angelegt wurden.

Obwohl die Zahl z. B. der menschlichen Gene inzwischen mit unter 40 000 angenommen wird, existieren in UniGene (Build 160 von May 2003) derzeit über 110 000 Cluster. Diese Diskrepanz hat mehrere Gründe:

- **Viele mRNAs sind Produkte von alternativem Spleißen.** Die aus diesen mRNAs hergestellten cDNAs unterscheiden sich daher in der Sequenz durch das Fehlen von Exons. Zwei Sequenzen, die sich durch eine, wenn auch natürliche Insertion oder Deletion unterscheiden, können nicht in einem Cluster zusammengefasst werden, sondern bilden zwei unabhängige Cluster.
- **Vielfach binden die Oligo(dT)-Primer in der cDNA-Synthese nicht an Poly(A)-Schwänzen von mRNAs, sondern an A-reichen Regionen von RNA** oder kontaminierender DNA. Die entstehenden cDNA-Produkte sind artifiziell, da sie nicht eigentlich gewünschte Kopien einer mRNA sind. Ein besonders häufiges Artefakt ist auf nicht vollständig gespleißte hnRNAs zurückzuführen. Die cDNA-Synthese-Primer binden innerhalb von intronischer Sequenz einer mRNA, und die entstehende cDNA bildet ein Hybrid von Intron- und Exonsequenzen ab. Solche cDNAs kommen in Bibliotheken meist nur einmal vor. Deshalb bilden diese cDNAs in UniGene sog. *Singletons*, das sind Cluster die von nur einer Sequenz gebildet werden. Solche Singletons könnten also einfach generell als Artefakt bezeichnet werden, wenn es nicht besonders selten exprimierte Gene gäbe, von denen ebenfalls nur eine sehr geringe Zahl von cDNA-Sequenzen (im Extremfall eine) in den Datenbanken vorläge. Auch solche Sequenzen würden Singletons bilden. Abb. 21.22 zeigt, dass im Build 160 von UniGene knapp 40 000 solcher Singletons enthalten sind.
- In Abb. 21.22, in der die Mengenverteilung von Sequenzen in den Clustern dargestellt ist, fällt ein Cluster auf, das aus über 16 300 Sequenzen gebildet wird. Bei diesem Cluster handelt es sich mit hoher Wahrscheinlichkeit ebenfalls um ein Artefakt. In diesem Fall sind nicht ESTs artifizieller cDNAs zusammengefasst worden, sondern das Clustering selbst war falsch, und eigentlich nicht verwandte ESTs wurden dennoch zu einem Cluster zusammengefasst.

Trotz der angesprochenen Probleme ist das UniGene-Projekt aus mehreren Gründen äußerst wertvoll. Die Mehrzahl der menschlichen Gene ist in UniGene repräsentiert. Da die ESTs, die für die Generierung von UniGene verwendet wurden, von physikalisch vorhandenen cDNAs abstammen und diese cDNAs verfügbar sind, kann UniGene, und die zugrunde liegende cDNA-Sammlung auch in

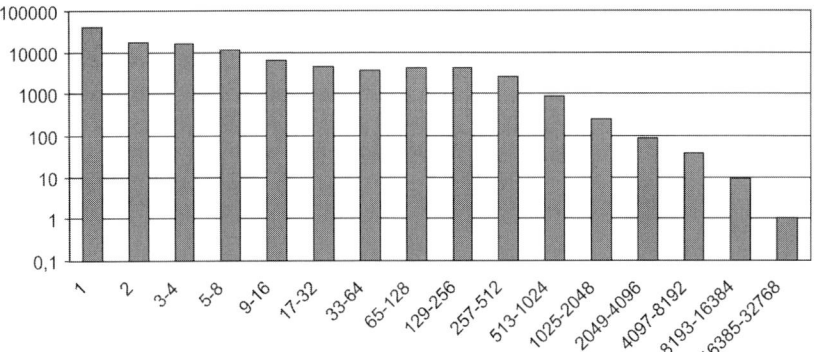

Abb. 21.22 Größe der Cluster in UniGene Build 160. Die Zahl der Sequenzen, die jeweils zu Clustern zusammengefasst wurde, ist auf der X-Achse aufgetragen. Die Y-Achse zeigt die Zahl der Cluster, die von der entsprechenden Zahl von Sequenzen gebildet werden. Die Y-Achse ist im logarithmischen Maßstab gezeigt. Es gibt 39 725 Singletons (Cluster mit nur einer Sequenz) und ein Cluster mit mehr als 16 385 Sequenzen. Cluster mit nur wenigen Sequenzen deuten auf niedrig exprimierte Gene oder Artefakte, solche mit vielen Sequenzen auf stark exprimierte Gene hin.

Experimenten verwendet werden. Dies gilt insbesondere für die Herstellung von cDNA-Arrays, deren Verwendung in Kap. 22 eingehend besprochen wird. Die in den EST-Projekten teilsequenzierten cDNA-Klone sind für die Expression der codierten Proteine allerdings nur von eingeschränktem Nutzen. In Folge der Normalisierungsschritte, die zur Anreicherung schwach exprimierter mRNAs und cDNAs eingesetzt wurden, wurde (ungewollt) die Längenverteilung der cDNAs in den Bibliotheken hin zu kürzeren cDNA verändert. Als Folge ist die überwiegende Mehrzahl der in den IMAGE- und CGAP-Projekten analysierten cDNA-Klone nur partiell, d.h., Abschnitte an den 5′-Bereichen der ursprünglichen mRNAs sind in diesen cDNAs nicht enthalten. Diese cDNAs enthalten daher nicht die Sequenzabschnitte, die für die N-Termini der Proteine codieren.

21.4.4
Voll-Länge-Projekte zur Herstellung von Ressourcen für die Funktionelle Genomik

Weiter oben wurde die Herstellung von cDNA-Bibliotheken erörtert. Bei dem Einsatz von Oligo(dT)-Primern wurde beschrieben, dass jeweils eine vollständige Kopie der als Matrize dienenden mRNA erhalten wird. Dies entspricht jedoch leider nicht der Realität. Die Prozessivität, das sind die Einbaurate und die Verweildauer der Reversen Transkriptase auf der Matrize, ist nicht so hoch, dass die Polymerase die cDNA auch auf langen Matrizen effizient bis zu deren 5′-Enden synthetisieren würde. Der Anteil der partiellen cDNAs für jede mRNA ist also abhängig von der Länge der mRNA, des Weiteren aber auch von deren Sequenz. Die Reverse Transkriptase kann keine doppelsträngigen Bereiche auflösen (fehlendes *strand displacement*) und bricht die Polymerisation bei Erreichen eines solchen Bereichs ab.

Dieser Effekt wurde bereits bei der Herstellung von Zufalls-geprimten cDNAs besprochen. Viele mRNAs haben (auch) an den 5′-Enden Sequenzen, die Basenpaarungen eingehen können. An den 5′-Enden sind mRNAs zudem häufig reich an G- und C-Basen, wodurch doppelsträngige Abschnitte im Vergleich zu A- und T-reichen Bereichen thermisch stabilisiert werden. *In vivo* doppelsträngige Bereiche sind insbesondere Stellen, an denen *in vivo* regulatorische Proteine binden können. Eine mehr oder weniger große Fraktion der cDNAs in einer Bibliothek ist daher nur partiell, d.h., dass ein häufig beträchtlicher Teil der Sequenzinformation der mRNA in der cDNA nicht vorhanden ist. Für die Klonierung und Sequenzierung von Voll-Länge-cDNAs ergeben sich aber noch weitere Probleme. Auf dem Weg vom Gen zur mRNA gibt es Zwischenstufen (hnRNA), die aber keine homogene Population darstellen, sondern z.B. aus mehreren Zwischenprodukten im Spleißprozess bestehen. Introns werden nicht gleichzeitig aus der hnRNA herausgeschnitten. Zudem macht die Zelle scheinbar Fehler im Spleißprozess, die zu falsch prozessierten RNAs führen. Im Normalfall sollten falsch gespleißte mRNAs über den Mechanismus des *nonsense mediated decay* abgebaut werden. Die große Zahl artifizieller cDNAs in den Datenbanken macht aber wahrscheinlich, dass zumindest ein Teil dieser RNAs über einige Zeit in der Zelle stabil ist.

Dennoch gibt es derzeit noch keine Alternative zu der Analyse von cDNAs, um in komplexen Organismen mit ausgeprägter Exon-Intron-Struktur der Gene vollständige Kopien von mRNAs zu erhalten oder gar Spleißvarianten identifizieren zu können. Voll-Länge-cDNAs werden zudem für die Herstellung (Expression) von Proteinen benötigt, wie in Kap. 22 ausgeführt wird.

Vier große Projekte wurden bisher weltweit durchgeführt, die zum Ziel haben, eine möglichst große Fraktion der menschlichen mRNAs in Form von Voll-Länge-cDNAs zu erfassen. Zunächst muss jedoch der Begriff „Voll-Länge" definiert werden, da es mehrere Interpretationen dieses Begriffs gibt. Eine mRNA hat definierte 5′- und 3′-Enden. Zwei mRNAs, die vom selben Gen transkribiert wurden, können sich dennoch sowohl an ihren 5′- als auch an den 3′-Enden unterscheiden. Dies hat mehrere Ursachen. Am 5′-Ende können im Promotor verschiedene Nucleotide als Transkriptionsstart verwendet werden, oder die Transkription kann an verschiedenen Promotoren beginnen. Am 3′-Ende können unterschiedliche Polyadenylierungssignale verwendet werden, wodurch verschiedene 3′-nicht-translatierte Bereiche (3′UTRs) entstehen. Außerdem variiert die Länge des Poly(A)-Schwanzes je nach mRNA-Spezies und „Alter" der mRNA. Die Länge des Poly(A)-Schwanzes ist mit der Halbwertszeit der mRNA verknüpft. Das alternative Spleißen hat hier keine Bedeutung, da bei diesem Vorgang interne Exons betroffen sind.

Folgende Definitionen für eine Voll-Länge-cDNA sind in Gebrauch:

- **1:1-Kopie der mRNA**. Das bedeutet, dass sämtliche Sequenzinformation, von der *5′-Cap*-Struktur bis zum Poly(A)-Schwanz, in der cDNA repräsentiert ist. Dies ist der Idealzustand. Das codierte Protein kann aus der cDNA exprimiert werden. Zudem ermöglicht die Sequenz der 5′- und 3′-UTRs die Analyse von Abschnitten in diesen Bereichen, die z.B. die Translation, Lokalisation oder Stabilität der mRNA regulieren.

- **Der proteincodierende Bereich ist vollständig in der cDNA enthalten**, an 5′ und an 3′ kann jedoch Sequenzinformation fehlen (z. B. hervorgerufen durch den cDNA-Herstellungsprozess). Dadurch kann auch diese cDNA für Applikationen der Funktionellen Genomik eingesetzt werden.
- **Eine vollständig sequenzierte cDNA.** Diese Verknüpfung mit dem Begriff der Voll-Länge-cDNA sollte vermieden werden, da auch eine vollständig sequierte artifizielle cDNA ein Artefakt bleibt.

Abhängig von der Methode der cDNA-Herstellung befinden sich cDNAs aller Qualitäten in einer Bibliothek. Durch den Einsatz von geeigneten Technologien und guten RNA-Präparationen lässt sich die Fraktion der qualitativ hochwertigen Fraktion von cDNAs steigern; für jede einzelne cDNA und cDNA-Sequenz ist der Status jedoch erst nach eingehenden bioinformatischen Analysen abzuschätzen.

Das erste durchgeführte Projekt zur Sequenzierung von langen cDNAs wurde 1994 in Japan am *Kazusa DNA Research Institute* gestartet. 1997 kam ein Projekt in Deutschland hinzu (*German cDNA Consortium*, GCC). 1999 wurden zwei Projekte initiiert. Zum einen die *Mammalian Gene Collection* (MGC) in den USA, zum anderen das NEDO-Projekt in Japan. Die Projekte unterscheiden sich in mehreren Details, die in Tab. 21.2 zusammengefasst sind.

Jedes einzelne dieser Projekte reicht nicht aus, sämtliche Gene des Menschen zu erfassen. In ihrer Summe jedoch wird eine große Zahl der menschlichen Gene durch cDNAs abgedeckt, wenn es auch schwierig sein wird, zu entscheiden, wann

Tab. 21.2 cDNA-Projekte mit dem Ziel, die menschlichen Gene in Form von cDNAs zu erfassen. Aufgeführt sind die Jahreszahlen des jeweiligen Beginns, die Zahl der in den Projekten analysierten Klone. Das erklärte Ziel der Projekte war unterschiedlich (lang: lange cDNAs; neu: bis dato unbekannte cDNAs/mRNAs/Gene; ORF: die cDNAs sollten den vollständigen proteincodierenden Bereich abdecken; inklusive 5′-Ende: die gesamte in der mRNA enthaltene Information sollte von der cDNA abgedeckt werden). Wichtig für die Verwendung der cDNAs in der Funktionellen Genomik ist die Verfügbarkeit nicht nur der Sequenzen (sie werden von allen Projekten in die öffentlichen Sequenzdatenbanken EMBL, GenBank und DDBJ eingespeist), sondern auch der cDNA-Klone (MTA: *Material Transfer Agreement*). Diese Sequenzen sind nur eingeschränkt verfügbar. Frei: Diese Klone sind frei zugänglich, z. B. vom Deutschen Ressource-Zentrum für Genomforschung (*www.rzpd.de*). Die Klone sind durch spezifische Kürzel (CloneID: *Clone-Identifier*) einem Projekt zuzuordnen. Die von diesen Klonen hergestellten Sequenzen erhalten zudem Nummern (Acc: *Accession Number*), die einmalig für jede Sequenz sind. In den öffentlichen Datenbanken sind die Sequenzen ebenfalls mit jeweils einem einmaligen Kürzel (Acc: *Accession Number*) verknüpft. Aus den ersten beiden Buchstaben lässt sich bereits häufig auf das jeweilige Projekt schließen, in dem diese Sequenz hergestellt wurde.

Projekt	Kazusa	GCC	MGC	NEDO
Start	1994	1997	1999	1999
# Klone	2000	9000	15 000	20 000
Ziel	lang + neu	neu	ORF	inkl. 5'-Ende
Klonstatus	MTA	frei	frei	MTA
CloneID	KIAA...	DKFZp...	MGC...	FLJ...
Acc	AK...	AL...	BC...	AK..., AF...

wirklich alle Gene erfasst sind. Von besonderem Wert sind cDNAs, die neben neuen Genen die Spleißvarianten möglicherweise bereits untersuchter Gene repräsentieren und dadurch die Möglichkeit eröffnen, auch diese zu erforschen. Das Interesse an Spleißvarianten ist insbesondere erheblich gestiegen, seitdem vermutet wird, dass die Zahl der Gene des Menschen nur wenig höher als die von „niederen" Organismen (z. B. dem Fadenwurm *C. elegans* oder der Ackerschmalwand *Arabidopsis thaliana*) liegt. Alternatives Spleißen bietet einen möglichen „Ausweg" aus dem Dilemma, das sich aus dem Komplexitätsunterschied zwischen dem Menschen und anderen Organismen (Tieren oder Pflanzen) bei einer ähnlichen Zahl von Genen ergibt.

Neben dem Menschen wird, äquivalent zu der genomischen Sequenzierung, die cDNA auch von weiteren Modellorganismen systematisch analysiert. Hier sei insbesondere die Maus erwähnt, die in einem Japanischen Projekt, das am RIKEN-Institut durchgeführt wird, umfassend bearbeitet wird. Der Fokus dieses Projekts liegt auf vollständigen (inklusive 5′-Enden) cDNAs und soll möglichst sämtliche Gene erfassen. Weit über 20 000 cDNAs sind bisher sequenziert worden. Weitere Projekte gibt es für Ratte, Krallenfrosch (*Xenopus*), Zebrafisch, aber auch für einige Pflanzen (z. B. *Arabidopsis*, Reis, Weizen). Am NCBI (*National Center for Biotechnology Information*) am *National Institute of Health* der USA wird eine Web-Seite gehalten, die über die wichtigsten cDNA-Projekte informiert (*http://www.ncbi.nlm.nih.gov/genome/flcdna/*).

21.5
Weiterführende Literatur

ADAMS, M. D., DUBNICK, M., KERLAVAGE, A. R., MORENO, R., KELLEY, J. M. et al. (1992) Sequence identification of 2,375 human brain genes. *Nature* **355**, 632–634.

ADAMS, M. D., CELNIKER, S. E., HOLT, R. A., EVANS, C. A., GOCAYNE, J. D. et al. (2000) The genome sequence of *Drosophila melanogaster*. *Science* **287**, 2185–2195.

ALTSCHUL, S. F., GISH, W., MILLER, W., MYERS, E. W., LIPMAN, D. J. (1990) Basic local alignment search tool. *J. Mol. Biol.* **215**, 403–410.

ANSORGE, W., SPROAT, B. S., STEGEMANN, J., SCHWAGER, C. (1986) A non-radioactive automated method for DNA sequence determination. *J. Biochem. Biophys. Methods* **13**, 315–323.

BALTIMORE, D. (1970) RNA-dependent DNA polymerase in virions of RNA tumour viruses. *Nature* **226**, 1209–1211.

BENSON, D. A., KARSCH-MIZRACHI, I., LIPMAN, D. J., OSTELL, J., WHEELER, D. L. (2003) GenBank. *Nucl. Acids Res.* **31**, 23–27.

BIRREN, B., LAI, E. (1996) *Nonmammalian Genomic Analysis – a Practical Guide.* Academic Press, San Diego US.

BRENT, R. (2000) GENOMIC BIOLOGY. *Cell* **100**, 169–183.

CANTOR, R. C., SMITH, C. L. (1999) *Genomics – the Science and Technology Behind the Human Genome Project.* Wiley-Interscience, New York US.

CONSORTIUM, T. C. E. S. (1998) Genome sequence of the nematode *C. elegans*: a platform for investigating biology. The *C. elegans* Sequencing Consortium. *Science* **282**, 2012–2018.

CRICK, F. H. (1968) The origin of the genetic code. *J. Mol. Biol.* **38**, 367–379.

CRICK, F. (1970) Central dogma of molecular biology. *Nature* **227**, 561–563.

Dear, P.H., Cook, P.R. (1989) HAPPY mapping, a proposal for linkage mapping the human genome. *Nucl. Acids Res.* **17**, 6795–6807.

Donis-Keller, H., Green, P., Helms, C., Cartinhour, S., Weiffenbach, B. et al. (1987) A genetic linkage map of the human genome. *Cell* 51, 319–337.

Dunham, I. (Hrsg.) (2003) *Genomic Mapping and Sequencing.* Horizon Scientific Press, Norfolk UK.

Edwards, A., Voss, H., Rice, P., Civitello, A., Stegemann, J. et al. (1990) Automated DNA sequencing of the human HPRT locus. *Genomics* **6**, 593–608.

Fauth, C., Speicher, M.R. (2001) Classifying by colors: FISH-based genome analysis. *Cytogenet. Cell Genet.* **93**, 1–10.

Fleischmann, R.D., Adams, M.D., White, O., Clayton, R.A., Kirkness, E.F. et al. (1995) Whole-genome random sequencing and assembly of *Haemophilus influenzae* Rd. *Science* **269**, 496–512.

Gardner, M.J., Hall, N., Fung, E., White, O., Berriman, M. et al. (2002) Genome sequence of the human malaria parasite *Plasmodium falciparum. Nature* **419**, 498–511.

Goffeau, A., Aert, R., Agostini-Carbone, M.L., Ahmed, A., Aigle, M., et al. (1997) The Yeast Genome Directory. *Nature* **387** (Suppl.), 1–105.

Gubler, U., Hoffman, B.J. (1983) A simple and very efficient method for generating cDNA libraries. *Gene* **25**, 263–269.

Hoheisel, J.D., Lehrach, H. (1993) Use of reference libraries and hybridisation fingerprinting for relational genome analysis. *FEBS Lett.* **325**, 118–122.

Holt, R.A., Subramanian, G.M., Halpern, A., Sutton, G.G., Charlab, R. et al. (2002) The genome sequence of the malaria mosquito *Anopheles gambiae. Science* **298**, 129–149.

Lennon, G., Auffray, C., Polymeropoulos, M., Soares, M.B. (1996) The I.M.A.G.E. Consortium: an integrated molecular analysis of genomes and their expression. *Genomics* **33**, 151–152.

Lykke-Andersen, J. (2001) mRNA quality control: Marking the message for life or death. *Curr. Biol.* **11**, R88–91.

Maxam, A.M., Gilbert, W. (1977) A new method for sequencing DNA. *Proc. Natl. Acad. Sci. USA* **74**, 560–564.

Miyazaki, S., Sugawara, H., Gojobori, T., Tateno, Y. (2003) DNA Data Bank of Japan (DDBJ) in XML. *Nucl. Acids Res.* **31**, 13–16.

Mullis, K.B., Faloona, F.A. (1987) Specific synthesis of DNA *in vitro* via a polymerase-catalyzed chain reaction. *Methods Enzymol.* **155**, 335–350.

Myers, E.W., Sutton, G.G., Smith, H.O., Adams, M.D., Venter, J.C. (2002) On the sequencing and assembly of the human genome. *Proc. Natl. Acad. Sci. USA* **99**, 4145–4146.

Orgel, L.E. (1968) Evolution of the genetic apparatus. *J. Mol. Biol.* **38**, 381–393.

Primrose, S.B., Twyman, R.M. (2003) *Principles of Genome Analysis and Genomics.* Blackwell Publishing, Oxford UK.

Salser, W.A. (1974) DNA sequencing techniques. *Annu. Rev. Biochem.* **43**, 923–965.

Sanger, F., Coulson, A.R. (1975) A rapid method for determining sequences in DNA by primed synthesis with DNA polymerase. *J. Mol. Biol.* **94**, 441–448.

Sanger, F., Nicklen, S., Coulson, A.R. (1977) DNA sequencing with chain-terminating inhibitors. *Proc. Natl. Acad. Sci. USA* **74**, 5463–5467.

Sanger, F., Coulson, A.R., Friedmann, T., Air, G.M., Barrell, B.G. et al. (1978) The nucleotide sequence of bacteriophage phiX174. *J. Mol. Biol.* **125**, 225–246.

Smith, L.M., Sanders, J.Z., Kaiser, R.J., Hughes, P., Dodd, C. et al. (1986) Fluorescence detection in automated DNA sequence analysis. *Nature* **321**, 674–679.

Soares, M.B., Bonaldo, M.F., Jelene, P., Su, L., Lawton, L., Efstratiadis, A. (1994) Construction and characterization of a normalized cDNA library. *Proc. Natl. Acad. Sci. USA* **91**, 9228–9232.

Stoesser, G., Baker, W., van den Broek, A., Garcia-Pastor, M., Kanz, C. et al. (2003) The EMBL Nucleotide Sequence Database: major new developments. *Nucl. Acids Res.* **31**, 17–22.

Suzuki, Y., Sugano, S. (2001) Construction of full-length-enriched cDNA libraries. The oligo-capping method. *Methods Mol. Biol.* **175**, 143–153.

TABOR, S., RICHARDSON, C.C. (1987) DNA sequence analysis with a modified bacteriophage T7 DNA polymerase. *Proc. Natl. Acad. Sci. USA* **84**, 4767–4771.

TABOR, S., RICHARDSON, C.C. (1989) Effect of manganese ions on the incorporation of dideoxynucleotides by bacteriophage T7 DNA polymerase and *Escherichia coli* DNA polymerase I. *Proc. Natl. Acad. Sci. USA* **86**, 4076–4080.

TABOR, S., RICHARDSON, C.C. (1995) A single residue in DNA polymerases of the *Escherichia coli* DNA polymerase I family is critical for distinguishing between deoxy- and dideoxyribonucleotides. *Proc. Natl. Acad. Sci. USA* **92**, 6339–6343.

WATERSTON, R.H., LANDER, E.S., SULSTON, J.E. (2002) On the sequencing of the human genome. *Proc. Natl. Acad. Sci. USA* **99**, 3712–3716.

WATERSTON, R.H., LANDER, E.S., SULSTON, J.E. (2003) More on the sequencing of the human genome. *Proc. Natl. Acad. Sci. USA* **100**, 3022-3024; author reply 3025–3026.

WATSON, J., CRICK, F. (1953) A structure for deoxyribose nucleic acid. *Nature* **171**, 737–738.

WEIER, H.U. (2001) DNA fiber mapping techniques for the assembly of high-resolution physical maps. *J. Histochem. Cytochem.* **49**(8), 939–948.

22
Funktionelle Genomik

In diesem Kapitel werden zunächst Methoden diskutiert, mit denen einzelne Gene identifiziert oder die Funktion einzelner Gene analysiert werden können. Dies leitet zu Methoden über, bei denen man entweder ein großes Set oder alle regulierten Gene in einem System hinsichtlich ihrer transkriptionellen Aktivität untersucht. Schließlich stellen wir zellbasierte Assays vor und bewegen uns somit in einem Übergangsbereich zur Zellbiologie und Proteomik. Abschließend betrachten wir die Funktionelle Genomik unter dem Aspekt genomweiter Screens, und zwar exemplarisch einerseits im Hinblick auf gerichtetes Screening in der Hefe, und andererseits auf ungerichtetes Mutagenese-Screening an der Maus.

22.1
Einführung

Der Begriff Funktionelle Genomik beschreibt die funktionelle Analyse des Genoms sowie der im Genom codierten Gene (inklusive regulatorischer Elemente) und deren Genprodukte (funktionelle RNAs, Proteine). Der Fokus liegt hierbei meist ganz auf den Genen und Genprodukten als Funktionseinheiten. Strukturell-funktionelle Einheiten wie beispielsweise die Telomere oder das Centromer oder Elemente, die für die höhere Organisation der Chromosomen im Kern notwendig sind, sollen hier nicht diskutiert werden. Unter „Funktion" wird üblicherweise die Wirkungsweise von Genprodukten im zellulären Kontext verstanden. Dies sind zum einen Proteine, zum anderen funktionelle RNAs, denen insbesondere in letzter Zeit eine wachsende Bedeutung zuerkannt wird.

Um Proteine in ihrer funktionellen Gesamtheit zu erfassen, wird inzwischen auch häufig der Begriff **Proteomik** verwendet – das Proteom ist die Gesamtheit der Proteine in einem System. Funktionelle Genomik und Proteomik sind komplementäre und übergreifende Ansätze zur vollständigen Charakterisierung der funktionellen Einheiten des Lebens. Die Funktionelle Genomik im engeren Sinn geht der Frage nach, **welche Gene unter welchen Bedingungen und wie reguliert sind, und welche zelluläre Funktion die Genprodukte haben.**

Molekulare Biotechnologie: Konzepte und Methoden.
Herausgegeben von M. Wink
Copyright © 2004 WILEY-VCH Verlag GmbH & Co. KGaA, Weinheim
ISBN: 3-527-30992-6

Die Regulation kann dabei von der Funktion nicht isoliert betrachtet werden. Verdauungsenzyme (z. B. Trypsin) erfüllen spezifische Funktionen, und ihre Expression muss strikt reguliert erfolgen, um unerwünschte Effekte zu vermeiden, etwa, wenn Trypsin auch in anderen Geweben als dem Pankreas exprimiert werden würde.

In der Funktionellen Genomik werden daher die Nucleinsäuren DNA und RNA, aber auch Proteine in ihrer Funktionalität untersucht. In diesem Kapitel sollen die wesentlichen Technologien und Entwicklungen vorgestellt werden, die dabei zum Einsatz kommen. Hierbei grenzen wir uns gegenüber der Proteomik insofern ab, als wir keine Techniken betrachten, die mit isolierten Proteinen arbeiten (s. Kap. 7 und 8) oder deren Identifikation zum Ziel haben.

Stellt sich die Frage, ob in erster Näherung ein Gen ein- oder ausgeschaltet ist, untersucht man, ob die zugehörige mRNA vorhanden ist. Die Information, die vom Genom (DNA) über die RNA, insbesondere die mRNA weitergegeben wird, wird auch als **Transkriptom** bezeichnet. Man hat es hier mit einem einheitlichen Informationsträger zu tun, der in vieler Hinsicht der DNA ähnelt: Die physikalisch-chemischen Eigenschaften sind bei unterschiedlichen RNA-Molekülen sehr ähnlich, es sind hauptsächlich vier Basen, welche die Codierung definieren, man hat bestimmte regulatorische Abschnitte und man kann die Information der RNA enzymatisch sowohl in Richtung Protein umschreiben wie auch den rückwärtigen Weg zur DNA (der cDNA) (s. Kap. 4, 12 und 13) beschreiten. Somit ist die Handhabung vergleichsweise einfach und fast unabhängig von der Quelle (d. h. dem Organismus bzw. dem Gen). Im Gegensatz dazu zeigen Proteine eine sehr große Diversität bezüglich ihrer Eigenschaften: Sie besitzen 20 oder mehr codierende Informationseinheiten (die Aminosäuren) (s. Kap. 2). Ferner gibt es weder einen kopierenden Informationsfluss von Protein zu Protein noch einen rückwärtigen Informationsfluss vom Protein, aus dem wieder RNA entstehen könnte.

Schlussendlich darf bei transkriptionellen Analysen aber nicht ignoriert werden, dass das Vorhandensein einer bestimmten mRNA keineswegs bedeutet, dass auch das zugehörige Protein vorhanden ist oder dass viel Protein auch viel mRNA voraussetzt.

Man kann die Funktionelle Genomik auch als logische Fortführung der Genomik betrachten. Während zunächst Genome sequenziert wurden, versucht man nun die Information, die die Menschheit in den Händen (bzw. im Computer) hält, zu verstehen (Box 22.1). Ein Ansatz zu diesem Verständnis führt über die **Genexpression** – also zunächst über **das Transkriptom bis zum Proteom**. Ein anderer Ansatz untersucht Veränderungen auf genomischer Ebene im Hinblick auf ihre funktionellen Auswirkungen.

Box 22.1. Hieroglyphen, Gräber und Genome

Die Sequenzierung eines Genoms kann man sich vorstellen wie die Rekonstruktion und Übersetzung eines alten Textes (vielleicht ägyptisch). Zunächst werden die Schriftzeichen entziffert, beispielsweise durch Freilegen einer Fundstelle oder Entfernen von Staub, ohne dass man deren Bedeutung kennt. Dies würde der Sequenzierung entsprechen. Durch Vergleiche mit Bekanntem können in einigen Fällen Analogien gezogen werden und man bekommt eine erste Ahnung von der Bedeutung der Hieroglyphen. Man wird versuchen, zu erkunden, unter welchen Bedingungen der Text entstanden ist, denn beispielsweise wird man in einem Grab eines Königs zum Teil andere Zeichen finden als in einem Grab eines Beamten. Andererseits wird man aber auch gleiche Informationen finden, die also unabhängig von der gesellschaftlichen Stellung waren. In der Genomik wird man, wenn man eine neue Sequenz erhält, zuerst in Datenbanken nachsehen, ob bereits etwas über diese Sequenz bekannt ist. Als Nächstes betrachtet man die Umgebungsbedingungen, unter denen Gene exprimiert werden. Manche werden im Vergleich nur unter bestimmten Bedingungen eingeschaltet werden, während andere eher universell verwendete Wörter darstellen, beispielsweise sog. *„Housekeeping"*-Gene, also solche, deren Proteine in jeder Zelle gebraucht werden.

Klassischerweise wird in der Molekularbiologie ein Gen identifiziert, sequenziert und dessen Funktion untersucht. Meist geht man hierbei mit einer bestimmten Zielsetzung vor – man möchte beispielsweise ein Gen für eine bestimmte Krankheit finden. In der Genomik wird häufig zunächst sehr viel Information gesammelt, integriert und beschrieben, um dann ein Übersichtsbild zu erhalten – beispielsweise zur Regulation von Stoffwechselprozessen.

Mit der Genomik und insbesondere der funktionellen Genomanalyse sind mehrere wichtige Veränderungen in den Biowissenschaften einhergegangen. Das Bedürfnis nach **Automatisierung und Hochdurchsatzverfahren** hat einerseits eine Industrie entstehen lassen, die diese Verfahren schnell entwickelt und zur Verfügung gestellt hat. Auf der anderen Seite entstand außerdem eine Wissenschaftsindustrie, die große Mengen an genomischen Daten aus kommerziellem Interesse produziert hat. Dies hat zu einer Arbeitsteilung oder Spezifizierung geführt: Während früher der Wissenschaftler auf eine Fragestellung verschiedenste Methoden angewandt hat, um selbst Daten zu generieren, gibt es nun zunehmend wissenschaftliche Analysten, die Ressourcen oder Daten verwenden, die an anderer Stelle produziert wurden. Den Produzenten kommt hierbei durch ihre besondere apparative und finanzielle Ausstattung, durch den Zugang zu speziellen Ressourcen sowie durch einen Zeitvorsprung und die Verteilungs- und Steuerungsmöglichkeiten ein besonderes Gewicht zu, welches auch politische und monetäre Facetten haben kann. Andererseits hat die Größe und Komplexität der Projekte wesentlich zur stärkeren Vernetzung der wissenschaftlichen Welt beigetragen und dadurch die Geschwindigkeit des wissenschaftlichen Erkenntnisgewinns stark beschleunigt.

Die Genomik führte zunächst weg von der fokussierten Detailfrage, hin zu einer sehr breiten, aber weniger tief gehenden Betrachtung (man könnte auch von einem „ganzheitlichen" Ansatz sprechen). Erkenntnistheoretisch wurde sogar das Dogma einer hypothesenorientierten Wissenschaft verlassen und zum Teil durch das reine **Datensammeln** ersetzt: Während früher vor dem Experiment eine bestimmte Hypothese stand und die Summe der Ergebnisse zur Theorie führte, kann die Genomik oft zunächst ohne Hypothese auskommen und rein deskriptiv vorgehen.

Das Filtern der Daten und deren Quervernetzung (z. B. im Vergleich mit Daten, die an einem anderen Organismus gewonnen wurden) schafft häufig erst die Basis für eine Hypothese. Zur Entwicklung und den Fragestellungen in der Genomik sei diese hier einmal mit der Ökologie verglichen (Abb. 22.1). Die Ökologie hat in den letzten Jahrzehnten ein starkes Interesse erfahren, und ihre Erkenntnisse werden bei gesellschaftlichen Entscheidungsprozessen häufig berücksichtigt (z. B. bei der Nutzung von Naturräumen). Die Genomik wird zukünftig einen ähnlichen Stellenwert haben, wenn auch mehr in individuenbezogenen Prozessen (z. B. in Diagnostik und Therapie).

22.2
Die Identifikation und Analyse einzelner Gene

Ansätze zur Identifikation und Analyse einzelner Gene kann man je nach Betrachtungsweise der Molekularbiologie (im klassischen Sinn), der Genomik oder der Funktionellen Genomik zurechnen. Die gezielte Klonierung eines Gens stellt dabei sicher den Übergang von der Genomik zur funktionellen Genomanalyse

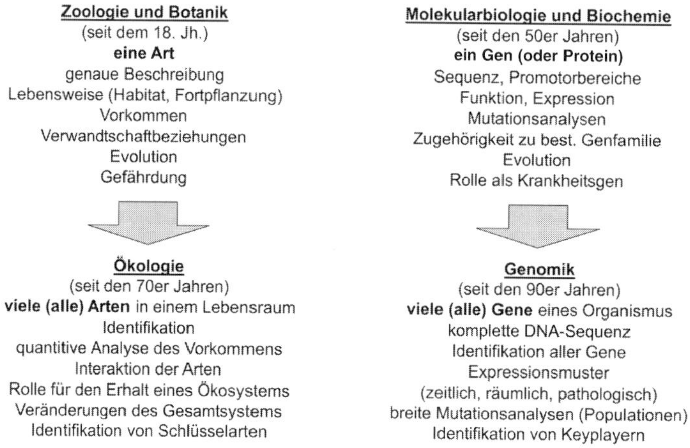

Abb. 22.1 Neue Zweige in der Wissenschaft entstehen. So wie man die Ökologie als Fortführung der Zoologie und Botanik unter stärker integrierenden Aspekten verstehen kann, ist die Genomik eine Weiterentwicklung der Biochemie und Molekularbiologie.

dar, da die Suche nach einem bestimmten Gen meist mit einer bestimmten Fragestellung zur Funktion verbunden ist.

In diesem Abschnitt sprechen wir Techniken an, die uns beim Verständnis der Funktion von bereits vorhandenen (also klonierten oder sequenzierten) Genen behilflich sind. Unter Funktion verstehen wir hierbei nicht nur die unmittelbare Auswirkung der Expression oder Nicht-Expression eines Gens, sondern auch die räumlichen und zeitlichen Expressionsmuster, welche ein Gen in einen wichtigen funktionellen Kontext stellen. Eine der in diesem Zusammenhang sicher interessantesten Techniken ist die RNA-Interferenz (s. Kap. 2, 21, 31), welche langfristig Knock-out-Untersuchungen (s. Kap. 28) ersetzen wird.

22.2.1
Positional Cloning

Bevor die Hochdurchsatzsequenzierung des menschlichen Genoms (s. Kap. 21) sowie der Genome verschiedener Modellorganismen in Angriff genommen wurde, war das *Positional Cloning* der aussichtsreichste Ansatz, Gene gezielt aufgrund ihrer Aktivität oder Krankheitsassoziation zu isolieren. Der Prozess des *Positional Cloning* umfasst zwei Abschnitte, die Kopplungsanalyse und die Kandidatengen-Analyse.

Im ersten Abschnitt wird versucht, eine Krankheit einem Chromosom bzw. einer subchromosomalen Region zuzuordnen. Dies geschieht mit der Kopplungsanalyse, bei der DNA von Patienten und gesunden Personen miteinander verglichen wird. Kopplung ist die gemeinsame Vererbung zweier Loci, entweder zweier Marker oder eines Markers und eines Krankheitslocus, auf demselben Chromosom. Ein Marker ist dabei ein Element mit bekannter Sequenz, das einem Bereich des Chromosoms eindeutig zugewiesen werden kann (z. B. ein STS = *sequence tagged site* oder ein polymorpher Mikrosatellit).

In der Meiose findet homologe Rekombination zwischen Schwesterchromatiden der mütterlichen und väterlichen Chromosomen statt (s. Kap. 4). Je weiter zwei Loci auf einem Chromosom voneinander entfernt gelegen sind, desto größer ist die Wahrscheinlichkeit, dass es zu Rekombinationsvorgängen zwischen diesen Loci kommt (Abb. 22.2). Entsprechend selten werden diese beiden Loci gemeinsam vererbt. Liegen zwei Loci hingegen unmittelbar benachbart, ist die Wahrscheinlichkeit groß, dass zwischen eben diesen beiden Loci keine Rekombination zwischen den Chromosomen stattfindet, und dass diese beiden Loci daher gemeinsam vererbt werden. In diesem Fall findet keine gemeinsame Vererbung statt. Für **Kopplungsanalysen** werden daher Familien benötigt, in denen die untersuchten Erkrankungen gehäuft auftreten und über Generationen vererbt werden (Disposition und/oder Krankheitszustand).

In der Kopplungsanalyse wird die Frequenz ermittelt, mit der zwei Loci gemeinsam vererbt werden. Die Nähe zweier Loci wird dabei durch die Rekombinationshäufigkeit θ definiert. Nicht gekoppelte Genorte auf unterschiedlichen Chromosomen haben ein θ von 0,5, während gekoppelte Loci eine niedrigere Rekombinationshäufigkeit aufweisen und dadurch einen höheren Wert für θ haben. Eine

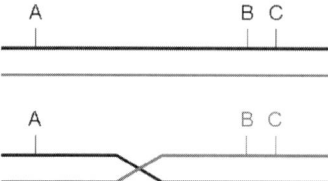

Abb. 22.2 Kopplungsanalyse. In der Meiose kommt es zu homologer Rekombination zwischen den Chromosomen. Je entfernter zwei Loci auf den Chromosomen lokalisiert sind, desto größer die Wahrscheinlichkeit, dass zwischen ihnen eine Rekombination stattfindet (Loci A und B). Liegen die Loci hingegen sehr dicht benachbart (B und C) ist die Häufigkeit der Rekombination niedrig und die beiden Loci werden entsprechend gemeinsam vererbt. Ziel der Kopplungsanalyse ist, mit bekannten „Markern" (z. B. A und C) gemeinsam vererbte, unbekannte Krankheitsloci (z. B. B) zunächst einzugrenzen und anschließend zu identifizieren. Je höher die Dichte der bekannten Marker, desto enger kann im Allgemeinen dieser Bereich eingegrenzt werden.

maximale Wahrscheinlichkeitsanalyse (*maximum likelihood analysis*) wird durchgeführt, aus der ein Lod-Wert (*logarithm of odds*) Auskunft über die Kopplung der beiden Loci gibt. Bei genomweiten Kopplungsanalysen gelten positive Lod-Werte über $Z=3{,}6$ (bei einer akzeptierten statistischen Fehlerrate von 5%) als signifikant.

Solche Kopplungsstudien sind selbstverständlich nur für genetisch bedingte Erkrankungen möglich. Erfolg versprechend sind Kopplungsanalysen in erster Linie für **monogene Erkrankungen**, die auf den Defekt nur eines Gens zurückgeführt werden können. Polygene Erkrankungen hingegen, die auf der Fehlfunktion mehrerer Gene beruhen, können in Abhängigkeit von der Zahl der beteiligten Gene nur mit erheblichem Aufwand untersucht werden. Beispiele für monogene Erkrankungen, die durch *Positional Cloning* identifiziert wurden, sind die Rot-Grün-Blindheit (das Gen liegt auf Xq28) oder das Fragile X-Syndrom (ebenfalls Xq28). Polygene Erkrankungen, deren Mechanismus aufgrund fehlender Kenntnis um die beteiligten Gene noch immer ungeklärt ist, sind z. B. Down-Syndrom (Trisomie 21), und verschiedene Nervenerkrankungen (z. B. Schizophrenie, Autismus). Zwar wird auch bei diesen Erkrankungen versucht, über Kopplungsanalysen die betroffenen chromosomalen Regionen einzugrenzen, derzeit sind diese Bereiche aber immer noch sehr groß (>20–100 Mb mit >100 Genen auf verschiedenen Chromosomen). Für das Down-Syndrom wird mittlerweile davon ausgegangen, dass nicht nur Gene des Chromosoms 21 am Ausbruch und der Schwere der Krankheit beteiligt sind, sondern auch auf anderen Chromosomen gelegene Gene.

Zwei Grundvoraussetzungen müssen für Kopplungsanalysen erfüllt sein. 1. Es muss eine genügend große Zahl von Markern vorhanden sein, die eindeutig chromosomalen Abschnitten zugeordnet werden können; 2. Es muss eine genügend große Zahl von Familien und Familienmitgliedern rekrutiert worden sein, die eine statistische Analyse der Kopplungsanalysen möglich macht und erlaubt, **den chromosomalen Bereich, der das oder die Krankheitsgene trägt, möglichst eng einzugrenzen.**

Solange die genomischen Sequenzen von Mensch und Maus unbekannt waren, wurden Anstrengungen unternommen, möglichst dichte Karten (*maps*) von Markern herzustellen. Diese Marker waren in den 90er Jahren insbesondere DNA-Abschnitte, deren Sequenz bestimmt und deren Position im Genom möglichst exakt ermittelt wurden. Unterschieden wird zwischen STS-Markern und polymorphen Mikrosatelliten (s. Kap. 21).

Ein STS wurde generiert, indem z. B. ein genomischer Klon (Cosmid, BAC) von den Enden ansequenziert wurde, wodurch ein Stück Sequenz bekannt war, und die Position des genomischen Fragments in diesem Klon anschließend mit Hybridisierungsmethoden im Genom lokalisiert wurde (z. B. *in situ*-Hybridisierung, FISH, *Radiation Hybrid Mapping*). Polymorphe Mikrosatelliten sind kurze Wiederholungen meist von Dinucleotiden [CA-*Repeat*, z. B. NNNNCA(CA)$_n$CANNNNN]. Der Polymorphismus an diesen Positionen (s. Kap. 4) ist auf Fehler in der DNA-Replikation zurückzuführen, wenn die DNA-Polymerase bei Wiederholungen ins „Stottern" gerät und mehr oder weniger Kopien synthetisiert. Je mehr Wiederholungen ein Abschnitt aufweist, desto höher der Grad des Polymorphismus und umso aussagekräftiger der Abschnitt in der Kopplungsanalyse.

Für Kopplungsanalysen wird der entsprechende Bereich eines polymorphen Mikrosatelliten mittels PCR aus Patienten und gesunden Kontrollpersonen amplifiziert und die Anzahl der Wiederholungseinheiten im Mikrosatelliten ermittelt. Wird eine bestimmte Zahl der Wiederholungseinheiten mit einer Krankheit gekoppelt vererbt, ist der Marker mit der Krankheit assoziiert und das betroffene **Krankheitsgen** auf dem Chromosom in der „Nähe" dieses Markers lokalisiert. Der Begriff „Nähe" ist allerdings relativ, da die Rekombinationsfrequenz nicht gleich über die Chromosomen verteilt ist (es gibt *Hot Spots* und *Deserts*). Außerdem ist die Qualität der Kopplungsanalyse sehr von der Dichte der untersuchten Marker abhängig. Allgemein gilt, je mehr Marker pro chromosomalen Abschnitt vorhanden sind, desto besser die erreichbare Kopplung und umso kleiner der chromosomale Abschnitt auf den das vermutete Krankheitsgen eingeschränkt werden kann.

Da die Zahl der Mikrosatelliten im Genom zwar groß, aber dennoch endlich ist, wurde nach alternativen Markern gesucht, die schließlich in **SNPs** (*single nucleotide polymorphism*) (s. Kap. 4, 21 und 27) gefunden wurden. In etwa alle 100–1500 Basen unterscheiden sich die Genome zweier Menschen an einer Basenposition. Diesen Umstand kann man sich zunutze machen, mit Hochdurchsatzmethoden (z. B. Massenspektrometrie) diese Unterschiede bzw. deren Kopplung mit Krankheiten zu identifizieren und so Krankheitsgene zu finden.

Im zweiten Abschnitt des *Positional Cloning* werden Gene untersucht, die in der Kandidatenregion liegen, um in Patienten vorliegende Mutationen zu finden. Zunächst werden die Kandidatengene möglichst gut auf vorhandene Informationen untersucht. Die Expressionsmuster dieser Gene in den entsprechenden Geweben können den Kreis der Kandidaten weiter einschränken, sodass bei der experimentellen Analyse weniger Gene etwa nach Mutationen durchsucht werden müssen. Drei Arten von krankhaften Veränderungen sind denkbar:

- **Mutationen:** Punktmutationen oder kurze Insertionen/Deletionen, die Auswirkungen auf die Proteinsequenz (s. Kap. 4) haben, sind in Patientengenomen meist ein erster Hinweis auf einen Einfluss des betroffenen Gens auf die untersuchte Krankheit. Üblich ist, die Exons des zu untersuchenden Gens aus genomischer DNA von Patienten zu amplifizieren und auf Mutationen im Vergleich zur gesunden Kontrolle zu analysieren. Dafür kommen Techniken wie Sequenzierung, dHPLC oder Massenspektrometrie zum Einsatz. Problematisch ist, dass nur etwa die Hälfte der zu einer krankhaften Veränderung führenden Mutationen in der proteincodierenden Region liegen. Die andere Hälfte verteilt sich auf Introns und auf Abschnitte, die für die Regulation der Genexpression verantwortlich sind. Mutationen in Introns können z. B. Änderungen im Spleißmuster bewirken, wenn etwa neue Spleißstellen entstehen oder normal verwendete Stellen verschwinden. In diesem Fall sind die Proteinsequenzen direkt betroffen. Bei Veränderungen in regulatorischen Abschnitten kommt es zu einem veränderten Muster der Genexpression. Das Gen wird entweder zu viel oder zu wenig oder in den falschen Organen/Zeitpunkten der Entwicklung exprimiert, was ebenfalls zu einem Phänotyp führen kann.
- **Deletionen oder Amplifikationen** genomischer Abschnitte sind eine zweite Form von möglichen Ursachen einer Erkrankung. Meist sind Krebserkrankungen mit solchen Veränderungen verbunden. Bei einer Amplifikation eines Onkogens wird dieses verstärkt exprimiert (Dosis-Wirkungs-Effekt) und führt zu einer verstärkten Proliferation von betroffenen Zellen. Umgekehrt führt die Deletion eines Bereichs, in dem ein Tumor-Suppressorgen lokalisiert ist, ebenfalls zu einer verstärkten Proliferation, weil nicht genug Protein vorhanden ist, um diesen Effekt zu blockieren.
- Außerdem sind **Translokationen von chromosomalen Abschnitten** auf andere Chromosomen insbesondere für einige Krebserkrankungen, aber auch für mentale Retardierung verantwortlich. Auch für diese Erkrankungen wurden mehrere betroffene Gene, die entweder zerstört werden (*loss of function*) oder die durch Fusion von Abschnitten mit einem anderen Gen eine neue „Funktion" erhalten (*gain of function*) (z. B. BCR-ABL-Fusionsgen und dem codierten Protein beim Philadelphia-Chromosom), durch *Positional Cloning* kloniert.

Insbesondere für die Analyse von Deletionen, Amplifikationen und Translokationen sind Techniken wie FISH (*fluorescent in-situ hybridisation*), CGH (*comparative genome hybridisation*) und Matrix-CGH (CGH mit DNA-Chips) vorteilhaft (vgl. 21.3.1.8).

22.2.2
Gene Trap

Die Gen-Falle (*gene trap*) ist ein System, mit dem zum einen Gene identifiziert werden können, die beim Ausschalten einen Phänotyp zeigen, und zum anderen die Expression solcher Gene in Zellen oder ganzen Organismen analysiert werden kann. Ein Gene Trap-Ansatz beginnt damit, dass ein künstliches DNA-Konstrukt in das Genom einer Zelllinie, meist einer embryonalen Stammzelllinie, integriert wird. Wichtig für den Erfolg dieses Schritts ist, dass die Integration möglichst zufällig geschieht und nicht an sog. *Hot Spots*, Orten mit höherer Integrationshäufigkeit. Für einen erfolgreichen Gene Trap-Ansatz liegt der Ort, an dem das Konstrukt integriert, in dem Intron eines Gens. Wenn die Funktionalität des Genprodukts ausgeschaltet werden soll, ist der Integrationsort im Idealfall möglichst in einem der vorderen Introns. Durch die Integration kann nämlich bewirkt werden, dass die stromabwärts (*downstream*) gelegenen Exons dieses Gens nicht mehr in Protein übersetzt werden können und dadurch wichtige Abschnitte des Proteins fehlen. Stattdessen entsteht ein Fusionsprotein aus dem natürlichen N-Terminus des getroffenen Gens mit einem Reporterprotein. Dieses Reporterprotein bildet einen wesentlichen Bestandteil des DNA-Konstrukts, das in das Genom integriert wurde und dient dem Nachweis von erfolgter Genexpression (z. B. Blaufärbung durch das Lac Z-Genprodukt). Da diese Expression unter der Kontrolle des spezifischen regulatorischen Abschnitts (Promoter, *Enhancer*, *Silencer*) des getroffenen Gens liegt, ist ein Signal, d. h. Expressionszeit und -ort des Reportergen ebenfalls spezifisch für dieses Gen. Der zweite notwendige Bestandteil des Konstrukts ist eine Spleiß-Akzeptor-Sequenz. Diese Sequenz bewirkt, dass im Verlauf der Prozessierung der hnRNA zur mRNA das integrierte und cotranskribierte Konstrukt als Exon erkannt wird und folglich in der mRNA enthalten ist. Eine dritte wesentliche Komponente des Konstrukts ist ein Polyadenylierungssignal, das in der Zelle dazu führt, dass die mRNA während der Prozessierung an dieser Stelle abbricht und nicht in die folgenden Exons des getroffenen Gens extendiert. Dadurch wird vermieden, dass die mutierte mRNA etwa durch *nonsense mediated decay* abgebaut wird (d. h. Stopp-Codon nicht im terminalen Exon). Die künstliche mRNA ist stabil und das Fusionsprotein kann translatiert und nachgewiesen werden.

Ist die Integration des Konstrukts mit einem veränderten Phänotyp verknüpft, wird im nächsten Schritt das getroffene Gen identifiziert. Da die Sequenz des Reportergens bekannt ist, kann mittels geeigneter Methoden (RACE, *rapid amplification of cDNA ends*) die Sequenz des Gens ermittelt werden (s. Kap. 13). Sequenzvergleiche erlauben dann zumindest für die Spezies, deren Genomsequenz bekannt ist, die vollständige Gensequenz zu rekonstruieren. Die Gene Trap-Methode wurde insbesondere zur Identifizierung von Krankheitsgenen eingesetzt, da der Integrationsort des Konstrukts unmittelbar identifiziert werden und mit einem Phänotyp assoziiert werden kann. Mit dem Aufkommen von systematischen zellbasierten Assays, in denen die Effekte von Protein-Überexpression oder siRNA-vermittelter „Unterexpression" untersucht werden, wird die Bedeutung der Gene Trap-Methode jedoch in relativ naher Zukunft sinken.

22.2.3
DNA-RNA-*in-situ*-Hybridisierung

Mithilfe der von Ed Southern entwickelten Methode der Hybridisierung von DNA-Sonden auf Membranen (s. Kap. 11), an denen genomische DNA immobilisiert war (**Southern-Blot**), wurde es erstmals möglich, das Vorhandensein von spezifischen Sequenzen in einem komplexen Gemisch von DNA zu überprüfen. Später wurde die Methode des **Northern-Blots** entwickelt, bei dem nicht DNA, sondern RNA und insbesondere die mRNA Gegenstand der Analyse war. Ziel war es, exprimierte Gene zu identifizieren, indem mit spezifischen Sonden auf Membranen Hybridisierung zwischen der eingesetzten Sonde und der immobilisierten RNA erfolgte. Sowohl für die Southern-Hybridisierung als auch für den Northern-Blot musste das biologische Material (DNA bzw. RNA) aus den Zellen oder dem Gewebe extrahiert und mittels Gelelektrophorese und Transfer auf eine Membran weiterverarbeitet werden.

Mit der *in situ*-Hybridisierung wurde es möglich, die Analyse der DNA oder RNA, wie der Begriff „*in situ*" bereits sagt, in Zellkernen, Zellen oder Geweben durchzuführen. Die „*in situ*-Hybridisierung" existiert in verschiedenen Varianten, die jeweils für spezifische Fragestellungen entwickelt wurden.

Die FISH-Analytik wurde entwickelt, um genomische Abschnitte, also DNA, in den Chromosomen nachweisen zu können. Zellen werden auf Objektträger aufgebracht und dort fixiert. Als Sonden werden genomische Klone (YACs, BACs, Cosmide), mit geringerem Erfolg auch cDNAs eingesetzt. Vergleichsweise kurze cDNAs (3–5 kb), die zudem im Genom auf verschiedenen Exons repräsentiert sind, haben eine geringere Erfolgschance in der FISH als genomische Klone mit > 40 kb Länge. Die DNA wird mit Fluoreszenzfarbstoffen markiert und hybridisiert. Anschließend wird nach Signalen entweder in kondensierten Chromosomen (Metaphase) oder in Interphasekernen gesucht. Die Zahl der Signale gibt z. B. Aufschluss über mögliche Amplifikationen oder Deletionen von genomischen Abschnitten oder Chromosomenbrüchen und Translokationen. Diese Abnormalitäten sind häufig mit Tumorerkrankungen assoziiert und werden z. B. in der Diagnostik überprüft.

Mithilfe der sog. **RNA-ISH** (in situ hybridisation) kann das Maß der mRNA-Expression spezifisch untersuchter Gene in einem Zellverband analysiert werden. Eine für ein Gen spezifische Antisense-Sonde, die zu einer mRNA-Spezies komplementär ist, wird markiert (radioaktiv oder fluoreszent) und z. B. auf einen Gewebeschnitt hybridisiert. Orte, an denen die korrespondierende mRNA vorhanden ist, werden mit der Sonde sichtbar. Eine begleitende histologische Untersuchung des Schnittes erlaubt, die Genexpression einzelnen Zelltypen zuzuordnen und dadurch ein sehr spezifisches Expressionsmuster von Genen zu erhalten. Die Spezifität der RNA-ISH ist jedem Northern-Blot oder auch **quantitativer PCR** (Taq-Man^{TM}) weit überlegen, da die örtliche Auflösung dieser Methode bis zur einzelnen Zelle, und sogar zu subzellulären Strukturen reicht. Der Aufwand für RNA-ISH ist allerdings wesentlich höher als für Northern-Blot oder quantitative PCR, obwohl inzwischen viele Schritte der RNA-ISH automatisiert durchgeführt werden können.

22.2.4
Tissue-Arrays

Eine sehr viel versprechende moderne Methode zur Untersuchung der Expression einzelner Gene steht seit neuerer Zeit mit den Gewebe-Arrays (*tissue arrays*) zur Verfügung. Im Gegensatz zu einer konventionellen *in situ*-Hybridisierung oder

Abb. 22.3 Hybridisierung mit einer Oligonucleotid-Sonde auf einen Tissue-Array.
Eine markierte Oligonucleotid-Sonde eines
Kandidatengens, welches auf seine Expression (auf transkriptioneller Ebene) in verschiedenen Tumoren und korrespondierenden gesunden Geweben überprüft werden
sollte, wurde auf den Array mit 180 Tumor-
schnitten und 48 Normalgewebeschnitten
hybridisiert. In der Auswertung zeigt sich,
dass das Gen offenbar in den meisten Tumoren exprimiert wird, jedoch kaum in den
korrespondierenden gesunden Geweben
(abgesehen vom Ovar).

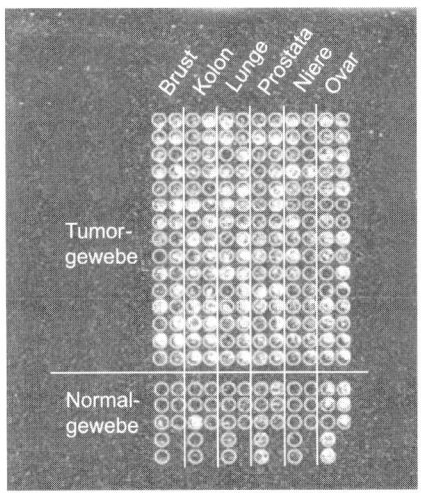

Immunhistochemie mit einer Gewebeprobe können hier viele Gewebe parallel untersucht werden. Hierfür werden auf einem Glasobjektträger viele kleine Gewebestücke (d. h. ausgestanzte und mit einem Mikrotom geschnittene Stückchen) als
Array fixiert (s. im Vergleich Array-basierende Techniken zur Untersuchung transkriptioneller Aktivität (Abschnitt 22.3.4)). Diese Gewebe-Patches haben einen minimalen Durchmesser von 0,6 mm, und mehr als 3000 können in einem Array
angeordnet werden. Eine Probe, also ein markiertes Oligonucleotid, welches ein
Gen repräsentiert, oder ein Antikörper gegen das Protein werden dann eingesetzt,
um auf transkriptioneller oder Proteinebene die Expression nachzuweisen. Ein
großes Anwendungsspektrum ergibt sich in der Krebsforschung, da Tissue-Arrays
die Möglichkeit bieten, viele individuelle Tumore in einem Experiment zu untersuchen. Dies kann vorteilhaft sein, um unterschiedliche Tumorentitäten, die his-
tologisch nicht unterscheidbar sind, bezüglich ihrer molekularen Individualität zu
charakterisieren oder um neue Biomarker gegen ein breites Panel von Tumoren
zu testen. Auch die Expression eines Gens in ganz verschiedenen Tumortypen
und zugehörigen Normalgeweben kann damit untersucht werden (Abb. 22.3).

22.3
Die Untersuchung transkriptioneller Aktivität

In diesem Abschnitt werden Entwicklungen vorgestellt, die weniger einzelne Gene als vielmehr die **Gesamtheit des Transkriptoms** – also der als mRNA exprimierten Gene – oder ein größeres Subset hiervon betrachten. Ein Subset ergibt sich
entweder aus einer Vorauswahl, welche sich auf Gene einer bestimmten Gruppe
beschränkt, oder daraus, dass nur Gene betrachtet werden, die in ihrer Regulation
im Rahmen einer bestimmten Fragestellung eine Veränderung zeigen.

Grundsätzlich unterscheiden wir hier zwischen zwei methodischen Ansätzen. Einerseits gibt es Methoden, die auf molekularbiologisch-biochemischem Wege direkt die Veränderung der Genexpression untersuchen und als Ergebnis nur die regulierten Gene liefern. Andererseits werden mittels globaler Analysen teilweise sehr große Datenmengen generiert, aus denen dann die relevanten Daten, also beispielsweise die Veränderung der Expression, über Filtermechanismen extrahiert werden.

Zur ersten Gruppe zählen wir subtraktive Methoden wie die Generierung subtraktiver cDNA-Bibliotheken, Repräsentative Differenzanalyse (RDA) und Supprimierende Subtraktive Hybridisierung (SSH) sowie *Differential Display*. Diese Techniken untersuchen Veränderungen auf Transkriptomebene und reduzieren den Datensatz bereits „im Reagenzglas", sodass sehr umfangreiche bioinformatische Analysen meist nicht erforderlich sind. Andererseits werden Veränderungen aber auch nur sehr eingeschränkt quantifiziert. Der große Vorteil dieser Methoden besteht darin, dass keine Vorinformation erforderlich ist; sie eignen sich also besonders für Systeme, die noch nicht gut untersucht sind, oder solche, in denen man neue Gene finden möchte.

Zur zweiten Gruppe zählen Array-basierende Techniken, welche Genexpression über Hybridisierung von markierter cDNA an eine Oberfläche mit DNA als Analyt (= DNA-Chip oder Array) messen. Dieser Ansatz geht normalerweise von einem hohen Level an Vorinformation aus. Das heißt, dass meist die Gene bekannt sind, die man auf einem Array verwendet, und sich die Untersuchung auf diese beschränkt, man also im Gegensatz zu den oben genannten Methoden keine neuen Gene finden kann. Techniken, welche sequenzbasiert vorgehen, wie beispielsweise SAGE (*Serial Analysis of Gene Expression*), erzeugen zunächst möglichst viele Sequenzdaten und selektieren diese dann, um zu einer Aussage zu kommen, in welchem Maß Transkription im untersuchten System stattfindet bzw. verändert ist.

Man kann die verschiedenen Systeme auch mit den Begriffen „offene und geschlossene Architektur" beschreiben. Eine offene Architektur erlaubt ein Vorgehen ohne Vorinformation (z. B. in Form eines sequenzierten Genoms) und das Entdecken von neuen Genen, Spleißvarianten, SNPs usw. Eine geschlossene Architektur basiert auf der vorhandenen Vorinformation, beispielsweise auf dem sequenzierten Genom oder der genauen Kenntnis einer Genfamilie. Zu den Systemen mit einer offenen Architektur zählen die subtraktiven Methoden RDA und SSH, *Differential Display* u. Ä. Eine geschlossene Architektur haben alle Array-Techniken und RT-PCR-basierende Techniken mit spezifischen Primern, da sich hier die Analyse auf die vorhandenen Sequenzen beschränkt. SAGE und MPSS (*Massive Parallel Signature Sequencing*) nehmen insofern eine Sonderstellung ein, als sie zwar von der Methode her neue Sequenzinformation generieren, für deren sinnvolle Interpretation jedoch bereits vorhandene Sequenzinformation erforderlich ist (letztgenannte Methode wird nicht weiter erläutert).

22.3.1
SAGE

Neben den Methoden zur Quantifizierung von mRNAs, die aufgrund spezifischer Sonden nur „bekannte" Gene untersuchen können, gibt es drei weit verbreitete Methoden, mit denen auch bis dato unbekannte mRNAs erfasst werden können. Dies ist zum einen die Hochdurchsatz-EST-Sequenzierung von cDNAs, bei der große Zahlen von cDNAs einer cDNA-Bibliothek systematisch von den Enden ansequenziert werden. Diese Technik wurde insbesondere in den 90er Jahren angewandt mit dem Ziel, möglichst sämtliche Gene des Menschen (und anderer Organismen) zu identifizieren (*gene discovery*). Um die Zahl der gefundenen Gene zu erhöhen, wurden selten exprimierte mRNAs und davon abgeleitete cDNAs häufig in den Bibliotheken angereichert („Normalisierung"). Das bedeutet aber auch, dass aus der Zahl der für ein Gen sequenzierten cDNAs nicht auf das Maß der Expression der zugrunde liegenden mRNA geschlossen werden kann.

Im Jahr 1995 wurde von Velculescu die Methode der *Serial Analysis of Gene Expression* (**SAGE**) erfunden. Mit dieser Methode, die ebenfalls auf Sequenzierung beruht, wurde die Zahl der analysierten und identifizierten mRNAs pro Sequenzreaktion im Vergleich zur EST-Sequenzierung erhöht. Als Folge sollte die Zahl der notwendigen Sequenzreaktionen und Gele reduziert werden können. In der SAGE wird von einer jeden mRNA bzw. daraus abgeleiteten cDNA lediglich ein kurzer, typischerweise 10 Basen langer Abschnitt sequenziert. Unter der Voraussetzung, dass das Genom sequenziert ist, kann mittels Sequenzvergleichen das zugrunde liegende Gen eindeutig identifiziert werden.

Zunächst wird aus der mRNA mithilfe eines biotinylierten Oligo(dT)-Primers cDNA hergestellt. Diese wird anschließend mit einem Restriktionsenzym geschnitten, das wegen einer Vier-Basen-Erkennungssequenz häufig schneidet (*Nla*III-Erkennungssequenz: CATG). An die Fragmente werden anschließend in getrennten Ansätzen zwei unterschiedliche Linker ligiert. Die Fragmente, die den Poly(A)-Schwanz des ursprünglichen Transkripts enthalten, werden über die Biotinmarkierung gereinigt. Daraufhin erfolgt ein zweiter Restriktionsverdau, der mit einem Typ II-Restriktionsenzym durchgeführt wird (*Bsm*fI). Typ II-Restriktionsenzyme schneiden im Gegensatz zu Typ I-Enzymen nicht in der Erkennungssequenz, sondern in einem für jedes Enzym spezifischen Abstand. Folglich enthalten die Fragmente zusätzlich zu der Linker-Sequenz und den vier Basen der *Nla*III-Sequenz noch 10 Nucleotide, die für die ursprüngliche mRNA spezifisch sind. Die mit den verschiedenen Adaptoren versehenen Fragmente werden gemischt und ligiert. Dadurch entstehen sog. Di-Tags, in denen jeweils zwei Fragmente zufällig zu einem längeren Produkt verknüpft sind. Diese Produkte werden amplifiziert, nochmals mit dem *Nla*III-Enzym geschnitten und letztlich zu langen Ketten ligiert und in geeignete Vektoren kloniert. Durch Sequenzierung wird die Basenfolge der einzelnen Fragmente offenbar. Die Fragmente jeweils zweier unabhängiger mRNAs sind direkt verknüpft und von den anderen Fragmenten durch *Nla*III-Schnittstellen getrennt. Durch geeignete Software kann die Gesamtsequenz in die einzelnen Fragmentsequenzen zerlegt werden, die dann durch Sequenzvergleiche den Genen eindeutig zugeordnet werden können.

Eine Abwandlung der SAGE-Technologie, **CAGE** genannt (C für 5′cap Struktur), wurde kürzlich entwickelt. Während SAGE Fragmente kloniert und analysiert, die das 3′-Ende von cDNAs bzw. mRNAs abdecken, soll mit CAGE der Transkriptionsstart von mRNAs charakterisiert werden. Bei CAGE wird daher nicht der Oligo(dT)-Primer zur Immobilisierung der Fragmente eingesetzt, sondern ein an das 5′-Ende der mRNA angehängtes Oligonucleotid. Beiden Methoden gemeinsam ist die Komplexität der in einer jeden Zelle exprimierten Gene. Zwei Parameter gehen hier ein. 1. sind in jeder Zelle mindestens 10 000 verschiedene Gene exprimiert; 2. sind diese Gene in sehr unterschiedlichen mRNA-Kopienzahlen vorhanden, der dynamische Bereich der Expression reicht von ca. 1 mRNA pro Zelle bis zu 100 000 mRNAs eines Gens pro Zelle. Um diese Komplexität vollständig zu erfassen, wäre eine sehr große Zahl von analysierten SAGE- oder CAGE-Fragmenten notwendig (10 000 Gene×100 000 Kopien=10^9 Fragmente). In den meisten SAGE-Projekten hingegen werden jeweils lediglich 100 000 bis eine Million Fragmente analysiert. Statistisch verwertbare Aussagen lassen sich deshalb nur für stark exprimierte Gene treffen. Die Erfinder der CAGE-Technologie haben dieses Problem erkannt und beabsichtigen bis Ende 2005 ca. 10^{11} Fragmente zu analysieren, um alle Transkriptionsstart-Stellen der menschlichen Gene zu identifizieren.

22.3.2
Subtraktive Hybridisierung

Vorläufer der subtraktiven Techniken war die Konstruktion von normalisierten oder **angereicherten cDNA-Bibliotheken** (Abb. 22.4). Ausgangspunkt dieser technisch anspruchsvollen Methode ist die Überlegung, dass bezüglich der Anteile der verschiedenen mRNA-Spezies in einer Zelle sehr große Unterschiede bestehen. In einer durchschnittlichen somatischen Zelle unterscheidet man drei Klassen von mRNA: 1. Die häufigen (superprävalente) umfassen nur 10–15 verschiedene Spezies, die aber 10–20% der Masse ausmachen. 2. Die mittlere Fraktion (intermediäre) umfasst 1000–2000 Spezies mit zusammen 40–45% der mRNA-Masse. 3. Die seltenen (komplexe) umfassen 10–20 000 Spezies mit ebenfalls 40–45% der Masse. Das bedeutet, dass man in einer repräsentativen cDNA-Bibliothek mit einer erheblichen Redundanz rechnen muss (unter 10 000 analysierten Klonen wird es solche geben, die mehr als 100-mal auftauchen, während andere nicht repräsentiert sind). Eine Normalisierung versucht diese Effekte zu mindern. Ausgangspunkt ist eine repräsentative cDNA-Bibliothek, aus welcher man einerseits einzelsträngige Plasmide und andererseits einzelsträngige DNA oder RNA der Gesamtheit der klonierten Gene gewinnt. Lässt man diese beiden Fraktionen miteinander hybridisieren, so werden als erstes die häufigsten Sequenzen Doppelstränge bilden. Doppelsträngige DNA bindet gut an Hydroxylapatitsäulen und lässt sich so von den einzelsträngigen Plasmiden trennen. Diese ergänzt man dann zum Doppelstrang und transformiert damit erneut Bakterien, um eine Bibliothek zu erhalten, die bezüglich der häufigen Fragmente abgereichert ist. Eine Weiterentwicklung hiervon sind subtraktive Bibliotheken.

In der Funktionellen Genomik nutzt man das Prinzip der molekularen Subtraktion, um DNA-Populationen voneinander „abzuziehen", wobei im günstigsten Fall

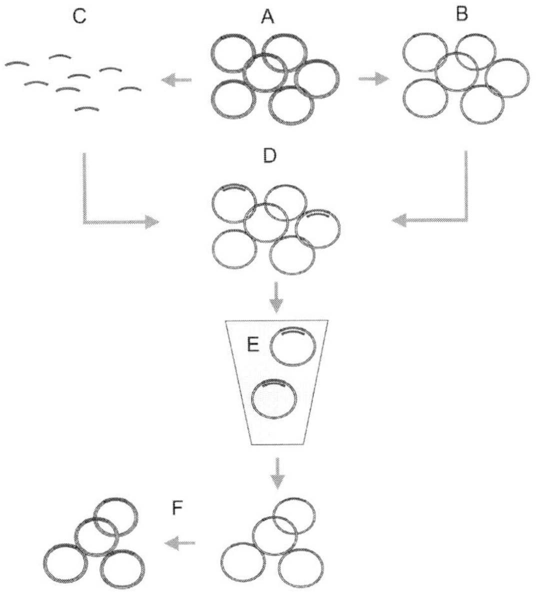

Abb. 22.4 Prinzip der Normalisierung (vereinfacht). Eine cDNA-Bibliothek (doppelsträngige Plasmide) wird genutzt, um einzelsträngige Plasmide (B) und einzelsträngige DNA der Inserts (C) herzustellen. Diese werden miteinander hybridisiert (D) und auf eine Hydroxylapatit-Säule gegeben. Doppelsträngige DNA (vornehmlich von den häufigsten Inserts) wird gebunden (E). Die einzelsträngigen Plasmide werden wieder zu Doppelsträngen ergänzt (F), um dann in Zellen transformiert zu werden. Somit ist die Ausgangsbibliothek abgereichert bezüglich häufiger Sequenzen.

nur die Unterschiede übrig bleiben (Abb. 22.5). Wenn das Experiment entsprechend angelegt wurde, sind dies genau die Gene, welche von Interesse sind, weil sie bei einem Untersuchungszustand (im Vergleich zu einem anderen) differenziell reguliert sind. Für eine molekulare Subtraktion ist DNA, aufgrund ihrer Eigenschaft Doppelstränge zu bilden, verhältnismäßig gut geeignet. Hierbei werden meist die zwei zu vergleichenden DNA-Populationen zunächst durch Wärme einzelsträngig gemacht (denaturiert), gemischt und dann hybridisiert – also wieder in die Doppelstrangform gebracht. Man kann nun das Experiment so auslegen, dass eine Population im Überschuss vorhanden ist (meist Driver oder Kompetitor genannt) und dazu dient, die andere (den Tester) „wegzufangen" (zu kompetieren oder kompetitieren). Der Driver wird also vom Tester subtrahiert. Übrig bleiben Teile der kompetierten DNA, also die, die im Tester, aber nicht im Driver vorhanden sind. Diese müssen dann über geeignete Methoden dargestellt werden. Nach diesem Grundprinzip arbeiten die Methoden der Repräsentativen Differenzanalyse (RDA) und der Supprimierenden Subtraktiven Hybridisierung (SSH, *suppression subtractive hybridization*). Beide Methoden gehen von cDNA aus, welche von komplexer mRNA, also dem Transkriptom des zu untersuchenden Systems hergestellt wurde (beispielsweise einer Zellkultur, eines Tumors oder eines Organs).

$$10 - 7 = 3$$
$$ABCD - BCD = A$$

Abb. 22.5 Zum Verständnis der Begriffe Subtraktion und Tester/Driver: Man sagt: 7 wird von 10 subtrahiert und 3 bleibt übrig. Bezogen auf das Experiment: BCD wird von ABCD subtrahiert und A bleibt übrig. ABCD ist der Tester und BCD der Driver oder Kompetitor, der aus experimentellen Gründen im Überschuss zugegeben wird.

Ein System wird immer im Vergleich zu einem anderen Zustand betrachtet, d.h., die Fragestellung lautet: Welche Gene sind in System 1 im Vergleich zu System 2 eingeschaltet (oder heraufreguliert)? Umgekehrt kann man auch die Frage stellen: Welche Gene sind im System 2 im Gegensatz zu System 1 eingeschaltet (reziproke Fragestellung)? Die zweite Fragestellung sollte dann gleichbedeutend sein mit der Frage, welche Gene in System 1 im Vergleich zu System 2 ausgeschaltet (oder herunterreguliert) sind.

Die Repräsentative Differenzanalyse wurde ursprünglich für genomische DNA entwickelt, um chromosomale *Rearrangements* zu identifizieren. Eine größere Bedeutung erlangte diese Methode jedoch bei der Identifikation von differenziell regulierten Genen. Da ein Transkriptom (und mehr noch ein Genom) sehr komplex in Bezug auf die Quantität der vorkommenden DNA-Sequenzen ist, wird zunächst nur mit einem repräsentativen Anteil weitergearbeitet – der sog. Repräsentation. Hierbei handelt es sich um Fragmente der transkribierten Gene, welche wesentlich weniger komplex sind als die vollständigen mRNA- (bzw. cDNA-)Sequenzen. Erreicht wird dies durch das Schneiden der cDNA mit einem Restriktionsenzym, die Ligation von Primer-Adaptoren und eine anschließende PCR. Nur Fragmente geeigneter Länge werden amplifiziert und tragen so zur Repräsentation bei. Zwei zu vergleichende Repräsentationen (z.B. aus einem Tumor und einem äquivalenten gesunden Gewebe) werden nun – nach weiteren modifizierenden Schritten – gemischt und denaturiert, also einzelsträngig gemacht (Abb. 22.6). Lässt man sie wieder hybridisieren, werden sich Stränge aus beiden DNA-Populationen wieder zu Doppelsträngen zusammenfinden. Nur solche, die in der einen Population (dem Tester) einzigartig sind, weil sie von Genen stammen, die in der anderen cDNA (dem Driver) nicht vorhanden sind, weil sie nicht transkribiert wurden, binden ausschließlich an komplementäre Stränge aus derselben Population. Wenn die Tester-DNA so modifiziert wurde, dass nur sie in einer nachfolgenden Amplifikation über PCR vervielfältigt werden kann, während die Driver-DNA nicht amplifiziert wird, so findet eine Anreicherung auf solche einzigartigen Testersequenzen statt. Am Ende der Prozedur können diese kloniert oder anderweitig analysiert werden und liefern so Hinweise darauf, welche Gene „eingeschaltet" wurden. Nachteilig ist hierbei, dass es sich nur um Fragmente handelt und die Suche nach dem gesamten Gen aufwändig sein kann. Außerdem ist kaum eine differenziertere quantitative Betrachtung bezüglich des Ausmaßes der „Überexpression" eines Gens möglich, denn in den meisten Fällen stellt es sich nicht so einfach dar, dass ein Gen nur „ein- oder ausgeschaltet" wird, sondern man hat häufig ein gewisses transkriptionelles Basisniveau, welches dann um einen Faktor gesteigert wird. Vorteilhaft an der Methodik ist ihre Robustheit sowie die Möglichkeit, neue Gene ohne entsprechende Vorinformation zu entdecken. Üblicherweise müssen Ergebnisse aus Methoden wie der cDNA-RDA validiert werden, d.h., man wird ein Gen, welches man mit einer derartigen Methode findet, mit einer anderen Methode, wie beispielsweise Northern-Blotting, RT-PCR oder *In-situ*-Hybridisierung überprüfen.

Eine ähnliche Strategie verfolgt die **SSH** (*Suppression Subtractive Hybridisation*). Bei dieser Methode wird außerdem jedoch der Tester während der Prozedur nor-

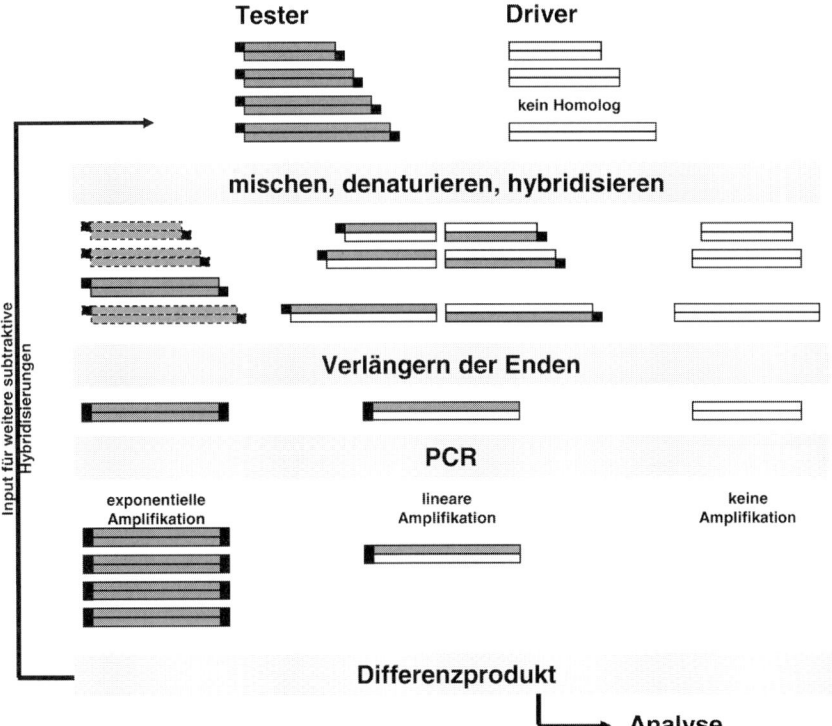

Abb. 22.6 Schema der repräsentativen Differenzanalyse von cDNA (vereinfacht). Zwei komplexe cDNA-Populationen sind mit einem Restriktionsenzym geschnitten, mit Primeradaptoren versehen und amplifiziert worden (= Repräsentation). Eine Fraktion (der Tester) besitzt schließlich Primeradaptoren, während der Driver nicht über solche verfügt und somit nicht amplifizierbar ist. Die beiden Fragmentgemische werden miteinander gemischt, durch Erhitzen denaturiert (einzelsträngig gemacht) und sollen dann wieder hybridisieren. Der Driver, der im Überschuss ist, kompetiert den Tester und testerspezifische Fragmente werden vorzugsweise in einer nachfolgenden PCR exponentiell amplifiziert. Mehrere Runden dieser Anreicherungsprozedur sind möglich, bis schließlich ein Differenzprodukt analysiert wird.

malisiert (Abb. 22.7). Das bedeutet, dass Unterschiede in der Abundanz (Häufigkeit) differenziell exprimierter Gene ausgeglichen werden. Da man am Ende der Prozedur meist ebenfalls kloniert und die Klone dann analysieren muss, vermeidet man so eine ungünstig hohe Redundanz. Die Prozedur erhielt ihren Namen nach einer speziellen Eigenschaft der Primer-Adaptoren. Bei der SSH wird die Testerpopulation aufgeteilt und mit zwei verschiedenen Primer-Adaptoren versehen. Nachdem zunächst in zwei getrennten Reaktionen mit dem Driver kompetiert wird, mischt man dann beide Fraktionen. Noch nicht hybridisierte Fragmente aus beiden Testern können nun Doppelstränge bilden, haben schließlich zwei verschiedene Adaptoren an jedem Ende und werden bevorzugt in der anschließenden PCR amplifiziert. Testerfragmente, die in der ersten Hybridisierung

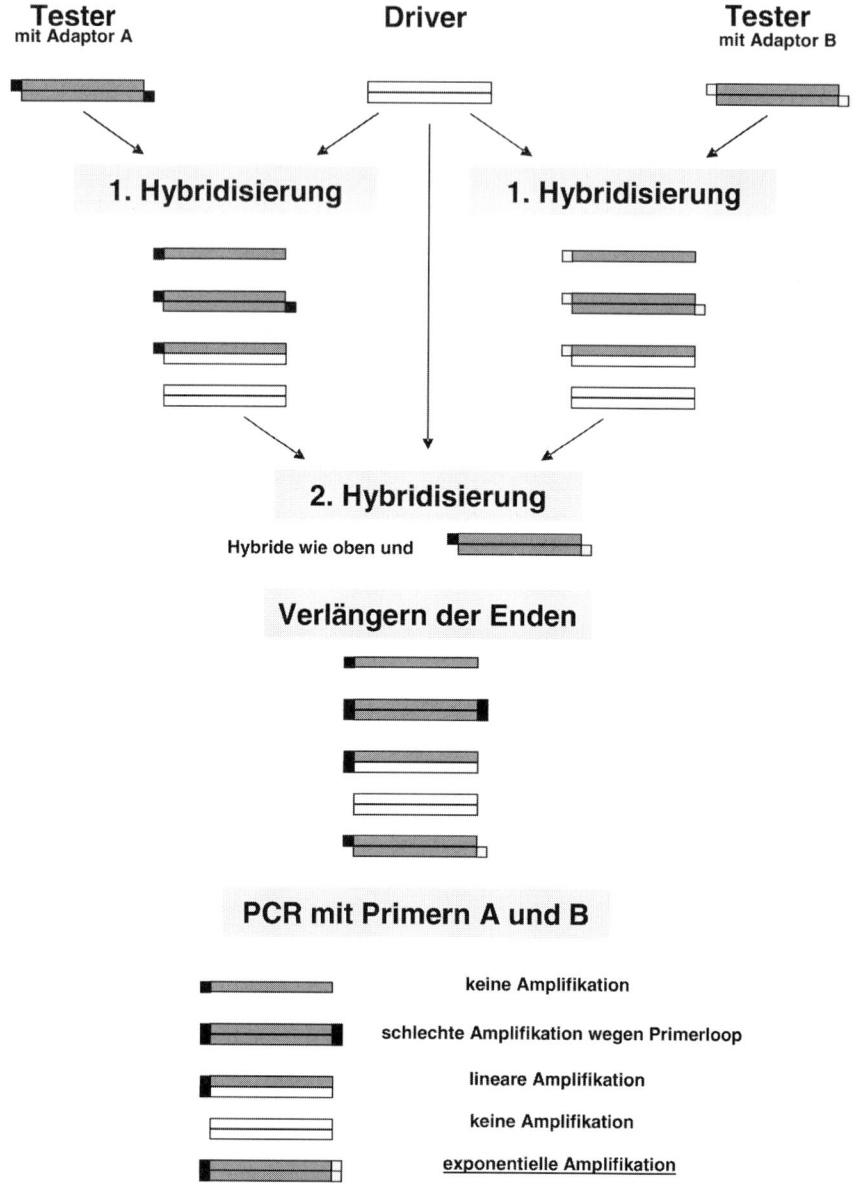

Abb. 22.7 Suppression Subtractive Hybridis- ation (SSH). Das Prinzip der SSH ist ähnlich wie bei der RDA, jedoch sind die Primeradap- toren so beschaffen, dass Hybride von Frag- menten mit gleichen Adaptoren durch einen intramolekularen Loop in der PCR schlecht amplifiziert werden. Häufige Fragmente können so in ihrer Abundanz etwas vermin- dert werden (Normalisierung).

schnell Doppelstränge gebildet haben, weil sie abundant waren, haben schließlich gleiche Primer-Adaptoren an beiden Enden. Diese supprimieren (daher der Name SSH) eine Amplifikation durch eine interne Schleifenbildung im einzelsträngigen DNA-Molekül und tragen damit zur Normalisierung bei.

22.3.3
RNA-Fingerprinting

Eine andere Strategie verfolgen die **RNA-Fingerprinting-**Techniken. Sie wurden ab 1992, also kurz vor den vorgenannten Methoden entwickelt und haben eine noch größere Bedeutung erlangt als die subtraktiven Techniken, obwohl sie nicht einfacher zu etablieren sind und ihre Spezifität und Sensitivität (hierzu unten mehr) mehrfach kontrovers diskutiert wurden. Ein großer Vorteil des RNA-Fingerprintings und der sich davon ableitenden Verfahren ist die Möglichkeit, mehrere Proben parallel zu betrachten. Die subtraktiven Techniken hingegen lassen jeweils nur paarweise Vergleiche zu. Die beiden Basistechniken des RNA-Fingerprintings werden häufig als *Differential Display* (DD) und RAP-PCR (*RNA-arbitrary primed PCR*) bezeichnet, wobei der Begriff DD teilweise auch als Überbegriff gebraucht wird und die RAP-PCR einschließt.

Das Grundschema sieht so aus, dass zunächst die Komplexität der zu vergleichenden RNA-Proben während der cDNA-Synthese bzw. einer sich anschließenden PCR vermindert wird. Durch die Wahl der Primer werden unterschiedliche Subsets gebildet. Innerhalb eines Subsets werden die zu vergleichenden Proben nebeneinander in einem Polyacrylamidgel getrennt. Durch die verminderte Komplexität können nun Banden sichtbar gemacht werden, welche cDNA-Fragmente repräsentieren. Je nach Wahl der Primer werden dies einige Dutzend sein. Im direkten Vergleich zweier Proben können einzelne Banden eine unterschiedliche Stärke aufweisen oder auch nur in einer der beiden Proben erscheinen. Sie können ausgeschnitten und durch PCR amplifiziert werden, um eine weitere Analyse zu ermöglichen und so differenziell exprimierte Gene zu identifizieren.

Beim DD wird für die Herstellung der cDNA ein Oligo(dT)-Primer benutzt, der an den 3'-Poly(A)-Schwanz der mRNA bindet und dort beginnend die reverse Transkription ermöglicht. Wenn dieser Primer an seinem 3'-Ende eine oder zwei weitere Basen besitzt, wird er als Anker-Primer (*anchor*) bezeichnet und bindet bevorzugt an die Übergangsstelle zwischen transkribierter Sequenz und Poly(A)-Schwanz. Man kann nun für die PCR verschiedene Anker-Primer definieren (3'GGTTT..., 3'GCTTT..., 3'GATTT..., 3'CGTTT... usw.), welche unterschiedliche Subsets in einer Amplifikation darstellen, da sie jeweils nur eine bestimmte Untergruppe von mRNAs revers transkribieren bzw. amplifizieren können. In der sich anschließenden PCR wird noch ein zweiter Primer benötigt, der oberhalb vom Ende des Transkripts bindet. Da es sich aber um eine Mischung vieler Transkripte handelt, muss die Primer-Sequenz so beschaffen sein, dass der Primer zwar spezifisch, aber an vielen cDNAs binden kann, um so amplifizierbare Fragmente zu bilden. Solch ein Primer wird auch als „*arbitrary*" bezeichnet. Seine spezifische Sequenz ist entsprechend kurz und kommt somit häufiger vor oder er wird bei niedriger Temperatur (und somit weniger spezifischer Bindung) einge-setzt. (Ein *random*-Primer hingegen hat eine zufällige und gemischte Sequenz – beispielsweise hat ein random-6-mer an 6 Basenpositionen jeweils eine von vier möglichen Basen, d.h. in der Mischung also 4^6 = 4096 verschiedene Moleküle.) Für DD werden häufig *arbitrary*-Primer von 10 bis 12 Basen Länge benutzt, die dann bei etwas niedrigeren Temperaturen auch „ungenau" binden können. Ein *Mismatch* bei der Bindung wird sich dann nicht weiter auswirken, wenn das 3'-Ende, an dem die Polymerase die ersten Nucleotide anhängt, spezifisch gebun-den hat, während das 5'-Ende nicht „genau passen" muss. Alle in solch einer PCR neu synthetisierten DNA-Fragmente tragen schließlich die neue Primer-Se-quenz, weswegen nachfolgende PCR-Zyklen bei einer höheren Temperatur mit größerer Spezifität durchgeführt werden können.

Die RAP-PCR unterscheidet sich von der dargestellten Methode im Wesentlichen nur darin, dass kein Oligo(dT)-Primer eingesetzt wird, sondern bereits für die rever-se Transkription ein *arbitrary*-Primer. Somit werden nicht wie beim DD bevorzugt die 3'-Enden der Gene amplifiziert, sondern das Priming kann überall stattfinden. Ein Vorteil besteht darin, dass somit auch Transkripte ohne Poly(A)-Schwanz revers transkribiert werden können – beispielsweise in bakteriellen Systemen.

Mehrere Fortentwicklungen dieser Methodik kann man als „systematisches DD" zusammenfassen. Hierbei versucht man teilweise das Problem zu umgehen, dass ein Gen durch mehrere Amplifikate repräsentiert werden kann, wodurch die ohnehin schon recht umfangreiche Analyse in eine gewisse Redundanz hinein-läuft. Die einzelnen Methoden können hier nicht im Detail vorgestellt werden und haben auch (noch) nicht die Bedeutung der Ursprungsmethodik erlangt. Den interessierten Leser mag folgende Aufzählung zur eigenen Recherche anregen:

- *Gene Expression Fingerprinting*
- *Ordered DD*
- *RNA Fingerprinting by Molecular Indexing*
- *Restriction Landmark cDNA Scanning*
- *AFLP-based mRNA Fingerprinting*
- *Targeted RNA Fingerprinting*
- *Total Gene Expression Analysis (TOGA)*.

22.3.4
Array-basierende Techniken

Unter einem **DNA-Array** (auch als Chip bezeichnet) versteht man die Anordnung von verschiedenen DNAs mit (meist) bekannten Sequenzen in einem geordneten Raster auf einer festen Oberfläche (Abb. 22.8). Die einzelnen adressierbaren Posi-tionen werden als Proben, *Spots* oder *Features* bezeichnet und dienen als Analyte, d.h., an sie binden abhängig von der jeweiligen Sequenz andere DNA-Moleküle über Watson-Crick-Bindungen. Diese stammen üblicherweise aus einer Lösung über den Spots (die Lösung wird meist als *Target* bezeichnet, früher jedoch auch

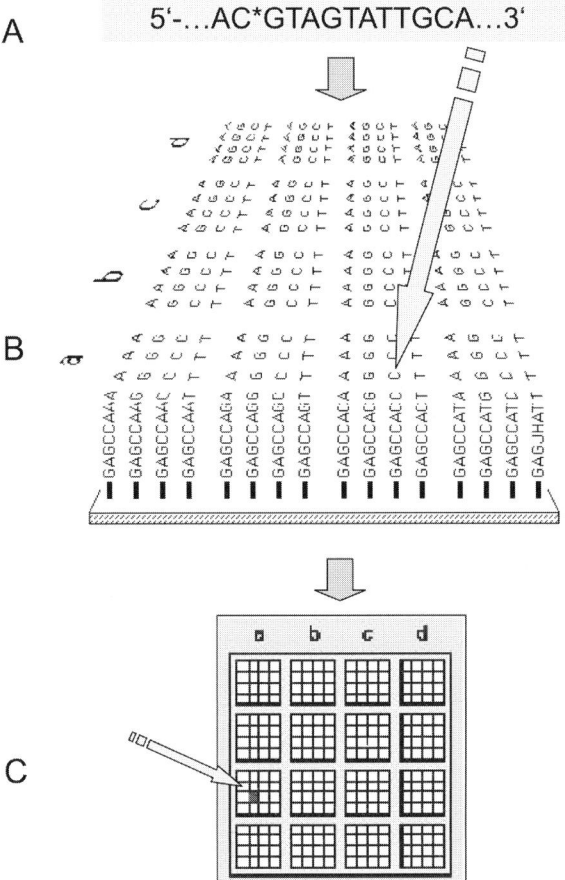

Abb. 22.8 Prinzip der Array-Hybridisierung. (A) Eine radioaktiv oder mit Fluoreszenz markierte Nucleinsäure wird auf einen Array (B) gebracht. Dieser besteht aus geordneten DNA-Sequenzen als Analyte (Proben), an die die markierte Nucleinsäure spezifisch bindet (hybridisiert) Pfeil. (C) An der entsprechenden Stelle ist ein Signal nachweisbar und kann einer bestimmten Sequenz zugeordnet werden.

als Probe). In diesem Kapitel werden Protein-Arrays oder **DNA-Chips,** welche Proteine oder andere Moleküle binden, nicht diskutiert.

Arrays oder DNA-Chips haben in den vergangenen Jahren eine starke Beachtung erfahren, weil sie sehr gut in das Gesamtkonzept der Genomik hineinpassen und eine ganze Reihe von vorteilhaften Eigenschaften haben. Arrays wurden teilweise bereits in der strukturellen Genomik eingesetzt (s. Kap. 21.3.1.6), um Genomkarten zu erzeugen. Ihr Einsatz in der Funktionellen Genomik entspricht somit auch der historischen Weiterentwicklung der Technologie. Ferner wurden durch die Sequenzierprojekte bereits die Ressourcen für die DNA-Chip-Technologie geschaffen, d. h., auf vorhandene Klonbibliotheken oder Sequenzdatenbanken konnte man direkt für die Erzeugung von Arrays zurückgreifen.

Die Begriffe DNA-Chip und Array werden oft synonym verwendet und sollen hier kurz erläutert werden. Leider wird der Begriff Chip bereits in der Elektronik für ein Halbleiter-Bauteil verwendet, weswegen bei der Diskussion über DNA-Chips in Unkenntnis oft zunächst eine Assoziation hierzu entsteht. Andererseits hat die weit verbreitete Kenntnis, dass (Halbleiter-)Chips in Computern eingesetzt werden, sicher auch dazu beigetragen, DNA-Chips begrifflich stärker in das Interesse der Öffentlichkeit zu rücken. Tatsächlich gibt es in der jüngsten Zeit bereits Ansätze, welche DNA in elektronische Bauteile integrieren. Diese Technik ist momentan jedoch noch stark in der Entwicklung und wird hier nicht vorgestellt.

Unter einem DNA-Chip versteht man meist DNA, die auf einer planen, nicht verformbaren Oberfläche aufgebracht ist. Diese Abgrenzung wird deswegen hergestellt, da die ersten „DNA-Chips" noch auf Nylon oder ähnlichen flexiblen Materialien erstellt wurden und weil DNA auch an Kügelchen in Suspension (sog. *beads*) gebunden werden kann. Ähnlich einem elektronischen Bauteil (einem Chip) ist ein DNA-Chip also etwas, was relativ klein ist und eine feste Struktur hat. Der Begriff Array beschreibt in diesem Zusammenhang eigentlich nur, dass sich Biomoleküle in geordneter Form auf einer Oberfläche befinden. Man unterscheidet hier manchmal zwischen **Makro- und Mikroarrays**, wobei letztere die DNA-Chips im engeren Sinn darstellen. Makroarrays sollen hier so definiert werden, dass für ihre Auswertung nicht unbedingt bildvergrößernde Maßnahmen erforderlich sind, während Mikroarrays üblicherweise eine Vergrößerung des Bildes während der Auswertung erfordern. Makroarrays werden häufig auf Membranoberflächen wie Nylon oder Nitrocellulose erstellt, in welche die DNA beim Auftragen (Spotten) bedingt durch die dreidimensionale Struktur der Oberfläche eindringen kann. Ein Makroarray hat eine Größe im Bereich von einigen Zentimetern Kantenlänge (beispielsweise im Format einer Mikrotiterplatte). Mikroarrays haben häufig chemisch modifiziertes Glas als Trägeroberfläche und die Dimensionierung bewegt sich im Zentimeterbereich. Die Dichte der Spots liegt bei Makroarrays im Bereich bis ca. $>100/\text{cm}^2$, während bei speziellen Mikroarrays, bei denen die DNA auf der Oberfläche synthetisiert wird, eine Dichte von $>$ Hunderttausend pro cm^2 erreicht wird.

Grundsätzlich unterscheidet man auch, ob die DNA direkt auf dem Träger chemisch synthetisiert wird oder erst hergestellt und dann auf den Träger gebracht wird. Mit dem letztgenannten Verfahren ist die Dichte, die man erreichen kann, limitiert durch die technische Ausstattung, welche die DNA überträgt. Andererseits ist es dann aber möglich, längere DNA-Fragmente einzusetzen, während eine Synthese auf dem Chip ein relativ kurzes Oligonucleotid sukzessive aufbaut.

Das Grundprinzip der Transkriptionsanalyse mittels Arrays besteht darin, dass man komplexe mRNA in cDNA umschreibt, dabei radioaktiv oder mit Fluoreszenzfarbstoffen markiert und vergleichend auf Arrays bringt, sodass die markierte (Target-)cDNA an ihre komplementäre (Proben-)DNA auf dem Array hybridisieren kann (Abb. 22.9). Man misst an den jeweiligen Spots Signalintensitäten, die von der Markierung stammen. Üblicherweise vergleicht man Signale von zwei kom-

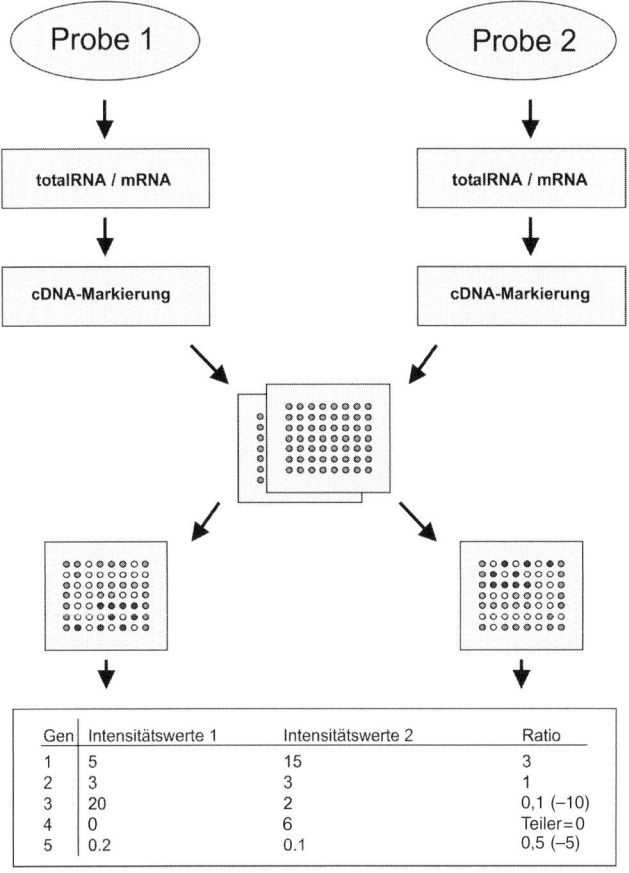

Abb. 22.9 Von Array-Hybridisierungen zur Transkriptionsanalyse (vereinfacht). Von zwei zu vergleichenden Proben (Gewebe, Zellen, etc.) wird RNA isoliert. Die nach reverser Transkription hergestellte cDNA ist entweder radioaktiv oder fluoreszent markiert. Je nach Markierung kann man auf einen oder zwei Arrays hybridisieren. Nach der Bildaufnahme liegen zwei Bilder vor. Nach Erkennung der einzelnen Spots durch eine spezielle Software werden den Positionen Intensitätswerte zuge- ordnet und aus diesen können schließlich „Ratios", also Verhältnisse, gebildet werden. Diese sollten Veränderungen der Genexpression reflektieren. Die Tabelle zeigt einige Beispiele und Probleme. Gen 3 beispielsweise ist herabreguliert um den Faktor 10, Gen 4 heraufreguliert um den Faktor unendlich, Gen 5 wird kaum exprimiert (unter einem fiktiven Schwellenwert), weswegen das angegebene Verhältnis vermutlich ungenau ist.

plexen cDNAs miteinander und setzt sie zueinander ins Verhältnis. Ziel ist es, eine Aussage zu machen, um welches Verhältnis ein bestimmtes Gen [entsprechend einem oder mehrerer Spots (Features) auf dem Chip] bei der vergleichenden Betrachtung von zwei Zuständen (entsprechend zwei cDNAs) herauf- oder herunterreguliert ist. Je mehr Gene sich auf einem Array befinden, desto mehr rückt die isolierte Betrachtung des einzelnen Gens in den Hintergrund, und an deren Stelle tritt die Betrachtung ganzer Gengruppen. Dies gilt umso mehr, wenn man mehrere experimentelle Bedingungen untersucht, beispielsweise eine zeitliche Entwicklung, bei der dann Gene in Gruppen zusammengefasst werden, die ein ähnliches Transkriptionsprofil zeigen. Die sinnvolle Interpretation solcher Daten(mengen) und schließlich die Integration von bereits bekannten Genfunktionen zu einem sinnvollen Gesamtbild ist eine Hauptanforderung an die Bioinformatik.

Nachfolgend werden die wichtigsten technischen Entwicklungen im Bereich der Array-Technologie kurz vorgestellt.

22.3.4.1 Makroarrays

Makroarrays wurden erstmals auf Materialien erstellt, die üblicherweise für die verschiedenen Blotting-Techniken (Southern, Northern usw.) eingesetzt wurden. Vorläufer waren vermutlich Kolonie-Lifts. Hierbei hat man einen Abdruck einer ungeordneten Klonbibliothek von der Agarplatte auf eine Membran (auch Filter genannt) hergestellt. Die anhaftende DNA wurde aufgeschlossen und für ein Screening nach einer bestimmten Sequenz mit einer radioaktiven Sonde benutzt, um schließlich den zugehörigen Klon identifizieren zu können. Als erste einfache Arrays, bei denen DNA geordnet auf eine Oberfläche gebracht wurde, kann man die Dot-Blots ansehen. Hier wird DNA auf eine Membran aufpipettiert, was natürlich bezüglich der Dimensionierung des einzelnen Spots etwas ungenau ist. Trägt man eine gewisse Anzahl DNA-Proben geordnet auf, entsteht bereits ein einfacher Array. Eine Weiterentwicklung waren Slot-Blots, bei denen die DNA mittels einer Apparatur über Schlitzöffnungen (*slots*) auf die Membran gebracht wird – meistens über ein Saugverfahren. Bei den Koloniefiltern wird ausgenutzt, dass durch die membranöse Oberfläche des Trägermaterials auch Nährstoffe diffundieren können. Legt man also eine Membran auf die Oberfläche einer Agarplatte, so können darauf Bakterien oder Hefen kultiviert werden. Das Aufbringen der Bakterien kann aus Mikrotiterplatten mittels eines Replikators erfolgen. Dies ist ein Werkzeug, welches – ähnlich einem Stempel, aber mittels Nadeln – parallel jeweils kleine Bakterienmengen in einem geordneten Raster auf die Membran überträgt. Nachdem die Bakterienkolonien gewachsen sind, prozessiert man den Filter, d.h., man schließt die Zellen auf, sodass die DNA an den Filter binden kann. Diese Kolonie-Arrays finden beim Screening nach einzelnen Genen oder bei der genomischen Kartierung durch Hybridisierung Verwendung. Für transkriptionelle Untersuchungen sind sie weniger gut geeignet, da sie außer den jeweiligen Plasmiden mit den interessierenden DNA-Fragmenten auch noch die gesamte *E. coli*-DNA enthalten, wodurch relativ viele Hintergrundsignale entstehen. Für transkriptionelle Untersuchungen wird man eher auf PCR-Produkte zurückgreifen. Diese können mithilfe von Maschinen auf die Membran übertragen werden. Hierbei handelt es sich um Roboter oder ähnliche Geräte, welche mit einem *Pintool* (ähnlich dem oben genannten Replikator) DNA aus Mikrotiterplatten entnehmen und diese dann auf die Oberfläche des zukünftigen Arrays „spotten" (Abb. 22.10).

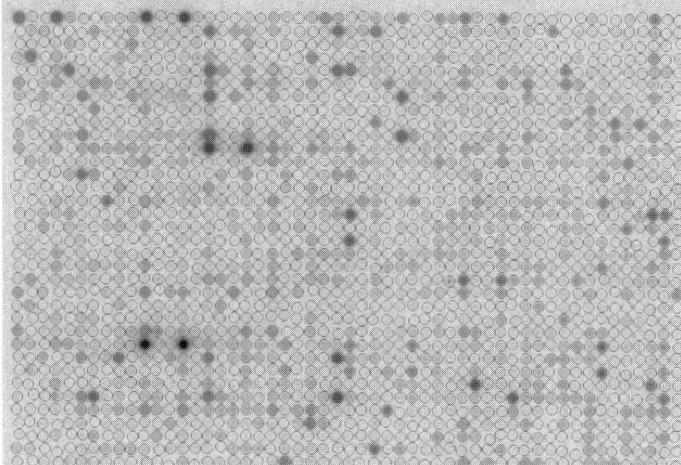

Abb. 22.10 Makroarray. Ausschnitt aus einem Makroarray der auf einer Fläche von 22×22 cm 240×240=57 600 Positionen hat (119/cm^2). Hier wurde mit einer komplexen cDNA hybridisiert, welche mit P33 radioaktiv markiert war. PCR-Produkte repräsentieren die Gene und sind jeweils als Doppelproben aufgetragen worden. Die kreisförmige Markierung der einzelnen Spots deutet bereits darauf hin, dass nach der Bilderkennung bereits eine Spoterkennungssoftware angewendet wurde. Eine unterschiedliche Signalstärke deutet auf eine unterschiedliche Abundanz der korrespondierenden cDNA im komplexen Target hin. Aus dem Vergleich mit einem anderen Array kann man dann auf Unterschiede der Genexpression in beiden Targets schließen.

Auf Membranoberflächen wie Nylon oder Nitrocellulose arbeitet man häufig mit radioaktiv markierter cDNA als Target, da Farbstoffmarkierungen hier meist nachteilig in Bezug auf Sensitivität, Hintergrund-Signal-Verhältnis und Handhabbarkeit sind. Für die Markierung werden Nucleotide mit radioaktiven Isotopen (z. B. ^{33}P) bei der reversen Transkription der mRNA in die cDNA eingebaut. Es werden zwei Membranen getrennt voneinander mit zwei cDNA-Targets unter identischen Bedingungen hybridisiert, und zwar stringent, d. h., dass möglichst nur spezifische bzw. homologe Bindungen stabil sind (beispielsweise durch eine ausreichend hohe Temperatur). Die Signaldetektion wurde früher über Röntgenfilme vorgenommen, welche unter Einwirkung der Radioaktivität belichtet wurden. Heutzutage benutzt man hierfür Folien (auch als Phospho-Screens bezeichnet), welche einen Effekt ausnutzen, der auch als Phosphoreszenz bezeichnet wird, d. h., in deren Oberfläche wird die Radioaktivität zur Anregung von Molekülen genutzt, welche später unter Strahlungsemission wieder auf ihren energetischen Grundzustand zurückfallen. In einem speziellen Scanner wird diese Emission angeregt, und man erhält schließlich ein Bild, welches einem belichteten Röntgenfilm stark ähnelt, jedoch einen wesentlich größeren dynamischen Bereich abdeckt (d. h., schwache Signale sind noch detektierbar, und starke Signale laufen noch nicht in den Sättigungsbereich hinein). Entsprechende Software erkennt die einzelnen Spots, ordnet ihnen Intensitätswerte und Namen zu und verrechnet gegebenenfalls auch die Hintergrundsignale.

Die Signalstärke an jeder individuellen Spot-Position ist abhängig von der DNA-Menge auf der Membran und der Konzentration der bindenden cDNA im komplexen Target. Die erste Variable schaltet man weitgehend aus, indem man eine hohe DNA-Menge an die Membran bindet, die außerdem bei zwei zu vergleichenden Filtern nicht differieren darf. So kann man schließlich auf den Spots Signale messen, die proportional zu den Konzentrationen einzelner cDNAs in den Targets sind.

Nachteilig ist bei diesen Arrays, dass verhältnismäßig große Mengen an PCR-Produkten benötigt werden, da die Membranen durch ihre dreidimensionale Struktur eine gewisse Saugfähigkeit haben. Außerdem erfordert die Größe der Membranen ein relativ großes Hybridisierungsvolumen, was bedeutet, dass man verhältnismäßig viel Target einsetzen muss. Das Arbeiten mit radioaktiven Isotopen erfordert zudem aufwändigere Arbeitsschutzvorkehrungen und wird von einigen Personen als unangenehm empfunden.

22.3.4.2 Mikroarrays

Mikroarrays können als Fortentwicklung der Makroarrays betrachtet werden. Sie tragen nicht nur einem Trend zur Miniaturisierung Rechnung, sondern bieten aufgrund der verminderten Größe u.a. Vorteile in Bezug auf geringere Mengen an einzusetzender DNA. Dies wird jedoch durch einen wesentlich größeren Aufwand bei der Produktion und beim Einsatz erkauft, der in aller Regel nur noch mit einer speziellen Laborausrüstung möglich ist. Zum Einsatz kommen *Slides*, d. h. Glasträger ähnlich einem mikroskopischen Objektträger. Tatsächlich wurden (und werden) hierfür auch Objektträger eingesetzt, da diese leicht verfügbar waren. Obwohl sie nicht unbedingt die ideale Größe hatten, passte sich die Geräteentwicklung dieser Vorgabe an. Glas als Oberfläche hat einerseits den Vorteil lichtdurchlässig zu sein, erfordert andererseits aber auch eine chemische Aktivierung der Oberfläche. Es müssen also funktionelle Gruppen eingeführt werden, welche eine Bindung der DNA auf der Oberfläche ermöglichen; oft werden auch noch Spacer-Moleküle eingesetzt – also molekulare Abstandhalter.

Die grundlegenden Ansprüche an die Sensitivität der Methodik sind vergleichsweise hoch. Makroarrays bieten durch die Verwendung von Radioaktivität und einer dreidimensionalen Oberfläche den Vorteil einer Signalakkumulation, das bedeutet, die Struktur der Oberfläche erlaubt, dass viel radioaktive cDNA an einer Stelle gebunden werden kann und das Signal additiv (kumulativ) aufgenommen wird (also längere Exposition entspricht stärkerem Signal). Bei Mikroarrays entfallen diese Vorteile bei der Verwendung einer vollkommen planaren Oberfläche und dem Einsatz von Fluoreszenzfarbstoffen zur Signalgebung.

Glas-Mikroarrays bieten den Vorteil, Fluoreszenzfarbstoffe einsetzen zu können. Diese absorbieren Licht in einem bestimmten Wellenlängenbereich und emittieren in einem anderen. Kombiniert man zwei (oder mehr) Farbstoffe miteinander, so kann man auf demselben Chip parallel zwei (oder mehr) Experimente durchführen. Hierdurch vermeidet man experimentelle Fehler, wie sie beispielsweise bei Verwendung von Makroarrays durch individuelle Unterschiede zweier Arrays entstehen könnten. In der Praxis bedeutet das, dass man zwei zu vergleichende

Targets bei oder nach der reversen Transkription von mRNA zu cDNA mit zwei verschiedenen Farbstoffen markiert. Zusammen werden sie auf den Chip hybridisiert, und die markierten individuellen cDNA-Moleküle kompetieren miteinander um Bindungsstellen auf dem Chip. Schließlich wird sich ein Gleichgewicht einstellen, bei dem das Verhältnis der mit den zwei Farbstoffen markierten DNA-Moleküle auf dem Chip dem in der Lösung entspricht. Weit verbreitet sind die Cyaninfarbstoffe Cy-3 und Cy-5, die Alexa Fluor-Farbstoffe sowie Phycoerythrin. Praktisch alle Farbstoffe bestehen aus relativ großen komplexen Molekülen, da sie konjugierte Ringsysteme enthalten. Im Gegensatz zu einer radioaktiv markierten DNA stellt also eine Fluoreszenzmarkierung eine erhebliche chemische Modifikation einer Nucleinsäure dar. Je nach Art und Menge arbeiten Polymerasen mit Farbstoffen eventuell mit unterschiedlicher Effizienz, sodass es vorteilhaft sein kann, anstatt des direkten Einbaus bei der reversen Transkription den Farbstoff hinterher an die cDNA zu koppeln. Dies kann entweder direkt oder über in die DNA eingeführte reaktive Gruppen erfolgen. In der Praxis wird man dann die beiden zu vergleichenden markierten cDNAs reinigen, die Konzentration und Fluoreszenz und damit die Einbaurate messen und äquivalente Mengen cDNA zusammen auf einen Chip bringen. Technisch kommen hierbei teilweise recht einfache Konstruktionen zum Einsatz: ein Deckgläschen, wie es in der Mikroskopie verwendet wird, gewährleistet, dass sich das Target verteilt; eine Kammer, in der der Chip fixiert wird, sorgt für eine konstant feuchte Atmosphäre und verhindert das Austrocknen; und ein Ofen oder ein Wasserbad sorgt für die notwendige Temperatur. Nachteilig ist bei dieser Versuchsanordnung, dass nur eine geringe Durchmischung der Lösung unter dem Deckgläschen stattfindet, sodass hier inzwischen technische Lösungen angeboten werden, die mit Schallwellen oder Pumpmechanismen für eine homogene Mischung des Targets sorgen. Dies ist vorteilhaft, weil ansonsten in einer vertretbaren Zeitdauer des Experiments nur ein Teil der in der Lösung befindlichen spezifischen cDNA-Targets überhaupt in die Nähe ihrer komplementären Probe kommt und somit an diese binden kann, um ein Signal zu liefern. Nach der Hybridisierung wird der Chip gewaschen, getrocknet und optisch ausgelesen. Größere Durchsatzmengen können schneller verarbeitet werden, wenn statt der einzelnen Hybridisierungskammern automatisierte Stationen verwendet werden, welche beispielsweise den Waschvorgang durchführen. Für die Signalaufnahme gibt es Kamerasysteme, meist werden jedoch Laserscanner verwendet. Wenn mit zwei Farbstoffen markiert wurde, haben diese zwei unterschiedliche Anregungs- und Emissionswellenlängen, sodass zwei Bilder desselben Chips aufgenommen werden können. Jedes repräsentiert für sich die Hybridisierung mit einer komplexen cDNA. Für die Generierung der Signale können die Parameter des aufnehmenden Systems (z. B. Stärke der Anregung oder Photomultiplikation) verändert und gegebenenfalls aneinander angeglichen werden. Für eine schnelle Kontrolle des Bildes wird häufig eine Rot-Grün-Darstellung verwendet, d. h., ein Bild wird in Rot und eines in Grün dargestellt, und mit einem Bildverarbeitungsprogramm erzeugt man ein Überlagerungsbild. Signale von Spots, die in beiden Hybridisierungen gleich stark erscheinen, werden dann gelb dargestellt.

Eine Spoterkennungssoftware modelliert nun ein Punktraster, welches dem Array entspricht, auf die Signale (Spots) des aufgenommenen Bildes. Für jeden Spot werden Intensitätswerte ermittelt. Hierbei können bereits vielfältige Parameter und Filter angelegt werden, die beispielsweise Spots unzureichender Qualität markieren, einen lokalen oder globalen Hintergrund messen, die Signalintensität auf verschiedene Weise integrieren usw. Am Ende steht eine Tabelle, die jedem Signal eine Position und damit einen Namen zuordnet, beispielsweise den Namen des Klons, der für die PCR verwendet wurde, sowie für die eingesetzten Farbstoffe (und damit die verwendeten cDNA-Targets) jeweils einen gemessenen Intensitätswert; hinzu kommen gegebenenfalls noch Hintergrundwerte und/oder andere statistische Werte. Für die weitere Analyse von Array-Daten sei auf Kap. 24 verwiesen. Im Wesentlichen kommen zwei Typen von Mikroarrays zum Einsatz:

- **PrintArrays**, bei denen mittels eines Printing-Verfahrens (ähnlich den Makroarrays) DNA, die konventionell hergestellt wurde, auf den Chip aufgetragen wird und
- *in situ* synthetisierte Arrays, bei denen die DNA auf dem Chip chemisch synthetisiert wird.

Bei den PrintArrays kann jegliche DNA verwendet werden, meist jedoch PCR-Produkte, welche die interessierenden Gene repräsentieren. Deren Amplifikation wird häufig im Hochdurchsatzverfahren durchgeführt, und als Template dient entweder genomische DNA, welche mit genspezifischen Primern amplifiziert wird, oder es werden Klonbibliotheken (Genbanken) eingesetzt. Letztere erlauben die Verwendung universeller Primer, die auf dem jeweiligen Plasmidvektor primen. Dies ist kostengünstig, jedoch wird auch immer ein Stückchen Vektor amplifiziert und gelangt auf den Chip. Die Übertragung aus der Mikrotiterplatte auf den Chip wird durch einen präzisen Spotting-Roboter vorgenommen. Das Verfahren, welches zurzeit am weitesten verbreitet ist, nutzt hierfür sog. *Split-Pins*, also Nadeln mit Schlitzen, die eine geringe Menge DNA-Lösung aufnehmen und dann wie ein Füllfederhalter punktweise abgeben können. Die hierbei auf den Chip gespotteten Mengen liegen im Nanoliter-Bereich. Aufgrund der hohen Anschaffungskosten verfügen nur wenige wissenschaftliche Labors über das entsprechende Equipment, um selbst solche Chips herzustellen. PrintArray werden deshalb für den Endverbraucher von verschiedenen Herstellern für die unterschiedlichsten Anwendungen angeboten.

Bei den *in situ* synthetisierten Arrays werden Oligonucleotide auf dem Chip chemisch synthetisiert. Bedingt durch die Qualität der chemischen Synthese können hier nur wesentlich kürzere Sequenzen erzeugt werden (bei einer Synthesegenauigkeit von 99% sind nach 25 Syntheseschritten – entsprechend 25 Basen – bereits >22% aller Moleküle fehlerhaft). Derartige Chips werden vor allem von der Firma Affymetrix fertig konfiguriert angeboten (s. auch Kap. 24). Inzwischen ist auch ein System (Geniom) einer deutschen Firma (Febit, Mannheim) auf dem Markt, welches es dem Kunden erlaubt, seinen Array am Rechner zu erstellen, im Gerät zu konfigurieren, im selben Gerät das Experiment durchzuführen und die Signale zu detektieren, ohne den Chip noch einmal bewegen zu müssen. Somit werden viele einzelne Arbeitsschritte und Gerätschaften in einem Gerät integriert. Beide Verfahren verwenden eine lichtgesteuerte Synthese der DNA-Oligonucleotide.

22.3.4.3 Globale und spezifische Arrays

Arrays können in Bezug auf die Anzahl der auf den Chip aufgebrachten Features (Gene) sehr unterschiedlich dimensioniert sein. Diese Dimensionierung richtet sich nach dem experimentellen Vorhaben, den vorhandenen Geräten oder finanziellen Ressourcen und auch nach den Kapazitäten in Bezug auf die Datenauswertung und Prozessierung. Wir wollen hier aus didaktischen Gründen exemplarisch unterscheiden zwischen Arrays für eine globale Analyse eines gesamten Transkriptoms (Transkriptom-Arrays) und Arrays für die fokussierte Betrachtung einer bestimmten Fragestellung (spezifische Arrays) – vereinfacht gesagt, zwischen Arrays zur Analyse von Tausenden Genen und solchen, die Dutzende oder Hunderte umfassen.

Bei einem spezifischen Array geht man von einer Fragestellung aus, die ein bestimmtes Genset festlegt, beispielsweise eine Kollektion von vorhandenen cDNA-Klonen; alle Gene, die mit bestimmten Entzündungsprozessen assoziiert sind; solche die in einem bestimmten Gewebe exprimiert werden; alle Mitglieder einer bestimmten Genfamilie oder alle Beteiligte an einem bestimmten *Pathway*. Dies bedeutet, der Experimentator muss sich vorher genaue Gedanken darüber machen, was als Probe auf den Chip kommt, und wird vielleicht aus ökonomischen Gründen versuchen, dieses Set nicht allzu groß werden zu lassen. Andererseits wird an die Herstellung der einzelnen definierten Probe ein sehr hohes Qualitätsmaß angelegt werden, denn eventuell möchte man bei der Auswertung probenorientiert vorgehen – d.h., man stellt die Frage an eine bestimmte Probe auf dem Chip, ob sie in Bezug auf das Experiment informativ ist. Bei einer globalen Analyse hingegen wird man eher die Frage stellen, welche Proben bei einer bestimmten experimentellen Bedingung informativ sind. Auf den ersten Blick scheinen diese beiden Fragen sehr ähnlich zu sein, aber auf einem globalen Transkriptom-Chip befinden sich sehr viele Sequenzen von Genen, denen noch keine genauere Funktion zugeordnet werden konnte. Je nach Ressource wird an die einzelne Probe auf einem globalen Array eventuell ein niedrigeres Qualitätsmaß in Bezug auf die Sequenzauswahl, deren Validierung und Produktion angelegt werden. Einen Ausgleich hierfür erreicht man teilweise über Redundanz und das Filtern der Daten. Redundanz ergibt sich durch die mehrfache Repräsentation eines Gens auf dem Array – beispielsweise durch mehrere repräsentative Oligonucleotide oder verschiedene Ursprungsklone. Außerdem wird man zu einem Experiment mehrere redundante Datensätze erzeugen, um seine Ergebnisse statistisch abzusichern. Das Filtern der Daten kann dazu beitragen, experimentelle Ungenauigkeiten abzuschwächen, welche sich bei einem sehr großen Array ergeben können, z.B. können schwache Signale, welche durch Eigenschaften des Arrays bedingt sind, vor einer weitergehenden Analyse verworfen werden. Ein globaler Transkriptom-Array bietet also die Möglichkeit, die Expression bisher nicht oder wenig annotier-

A

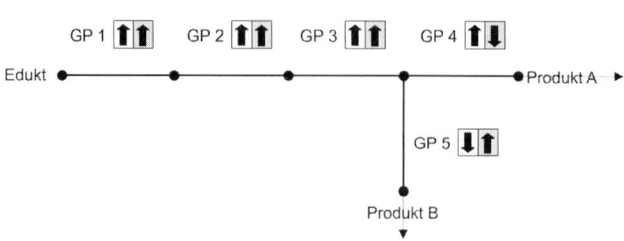

B

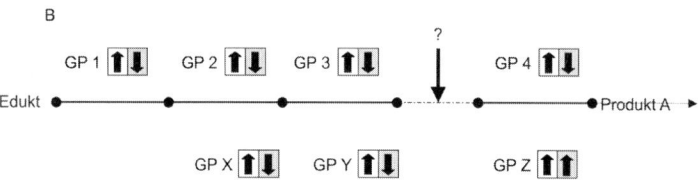

Abb. 22.11 Untersuchung einer bekannten Stoffwechselkette (A) und einer noch nicht vollständig aufgeklärten (B). In (A) führt ein Edukt über 4 Schritte, bei denen 4 Genprodukte (GP 1 bis GP 4) beteiligt sind und das Edukt modifizieren zum Produkt A. Unter der Bedingung „weiß" sind alle Genprodukte vorhanden (Pfeil nach oben). Unter der Bedingung „grau" wird das Genprodukt 4 nicht gebildet, dafür aber das Genprodukt 5. Der Stoffwechselweg zweigt ab und führt zum Produkt B. In (B) ist die Stoffwechselkette, die zu einem bestimmten Produkt führt, noch nicht genau bekannt (?). Die Genprodukte X und Y zeigen unter den Bedingungen „weiß" und „grau" die gleiche Regulation und wären vielleicht Kandidaten, die an diesem Stoffwechselweg beteiligt sein könnten, während Z wahrscheinlich nicht geeignet wäre.

ter Gene, die sich auf dem Array befinden, in einen funktionellen Zusammenhang zu stellen. So könnte man beispielsweise postulieren, dass ein bisher nicht beschriebenes Gen, welches immer zusammen mit Genen eines bestimmten Stoffwechselwegs reguliert ist, ebenfalls mit diesem Stoffwechselweg assoziiert ist (Abb. 22.11).

22.3.5
Spezifität und Sensitivität

Im Vergleich stellt sich die interessante Frage nach der Spezifität und der Sensitivität der verschiedenen Methoden, also dem **Anteil an Falschpositiven und Falschnegativen**. Falschpositive sind Gene, die im Experiment identifiziert wurden, die aber in ihrer Expression nicht verändert sind. Falschnegative sind solche, die fälschlicherweise nicht identifiziert wurden. Wünschenswert ist natürlich ein Maximum an Spezifität und Sensitivität. In der experimentellen Praxis sind dies manchmal einander widersprechende Ansprüche. Erhöht man die Spezifität eines Experiments, um den Anteil der Falschpositiven zu senken, so geht dies häufig zulasten der Sensitivität, man wird also einen gewissen Anteil an Echtpositiven nicht finden. Ein großer Teil der praktischen Methodenentwicklung beschäftigt sich deswegen mit diesen Fragestellungen. Dies soll an einem einfachen Beispiel gezeigt werden. Ein Blot oder Array wird mit einer markierten DNA hybridisiert und liefert neben den erwarteten Signalen außerdem auch noch Hintergrundsignale. Ändert man die Bedingungen dahin gehend, dass diese Hintergrundsignale reduziert werden, z. B. durch stringentere Hybridisierungsbedingungen oder zusätzliche Waschschritte, so besteht die Kunst darin, dass die spezifischen Signale dabei möglichst nicht abgeschwächt werden.

Vergleiche der verschiedenen dargestellten Methoden wurden zwar mehrfach publiziert, es gibt aber eine ständig steigende Zahl von Publikationen, die Verbesserungen und Weiterentwicklungen aufzeigen, sodass hier keine aktuelle Empfehlung gegeben werden soll.

Bei einer kritischen Betrachtung der Literatur ist insbesondere anzumerken, dass die jeweiligen Autoren solcher Vergleiche meist in einer Methode beheimatet sind, welche dann entsprechend positiv in der vergleichenden Beurteilung abschneidet. Neben der Frage nach der Sensitivität und Spezifität ist für die Wahl der „richtigen" Methode zur Untersuchung transkriptioneller Aktivität das Vorhandensein instrumenteller und personeller Ressourcen ganz entscheidend. Alle Methoden sind verhältnismäßig anspruchsvoll in der Durchführung, sodass es ein wichtiges Kriterium für die Wahl einer bestimmten Methode sein kann, ob man auf entsprechende Erfahrungen zurückgreifen kann.

22.4
Zellbasierte Methoden

22.4.1
GFP-Techniken

Ein Kernproblem für die Analyse von Proteinaktivitäten in transient transfizierten Säugerzellen liegt darin, dass die transfizierten von nicht transfizierten Zellen unterschieden werden müssen, um beobachtete Effekte eindeutig den jeweiligen Proteinen zuweisen zu können. Diese Unterscheidung kann nur indirekt erfolgen, da sich die meisten Proteine nicht direkt nachweisen lassen. Für fixierte Zellen können Antikörper eingesetzt werden, die gegen das zu untersuchende Protein gerichtet sind. Für Lebendbeobachtungen und für Proteine, für die keine spezifischen Antikörper vorhanden sind, müssen jedoch alternative Ansätze gewählt werden. Dies waren zunächst insbesondere kurze Peptidsequenzen, die mit dem Protein zusammen exprimiert wurden (Fusionsprotein). Gegen diese Peptidsequenzen stehen Antikörper zur Verfügung, sodass diese ebenfalls spezifisch detektierbar sind. Gängige Peptidsequenzen leiten sich vom Myc-Protein ab oder sind artifiziell (FLAG-Tag). Aber auch hier sind Untersuchungen an lebenden Zellen (*life time imaging*) nicht möglich. Eine Alternative bot erstmals das **grüne Fluoreszenzprotein (GFP)**, das aus Coelenteraten, pazifischen Quallen wie *Aequorea victoria* stammt. Das Protein sendet spontan (ATP-abhängig) eine Fluoreszenz im grünen Spektralbereich aus. Das Gen wurde kloniert und kann rekombinant exprimiert werden. Da alle Zellen ATP enthalten, bewirkt das Protein eine grüne Färbung der entsprechend markierten Zellen, und sogar von ganzen Organismen. So gibt es grüne Zebrafische und eine grüne Maus.

Wird der offene Leserahmen des GFP mit dem eines zu untersuchenden Proteins fusioniert, wird schließlich ein Fusionsprotein translatiert, das im Idealfall die Eigenschaften der beiden Proteine unabhängig voneinander trägt. Dies ist zum einen, dass dieses Fusionsprotein grün fluoreszieren sollte, und dass es zum anderen die originale Funktion des anderen Proteins ausübt. Die Einfachheit des Systems GFP hat dafür gesorgt, dass dieses Protein in vielen Projekten teils in großem Maßstab eingesetzt wird.

Zu erwähnen ist jedoch ein mit jedem Fusionsanteil verbundenes Problem. Proteine bestehen meist aus mehreren Domänen, die sowohl die Aktivität/Funktion als auch die Lokalisation determinieren. Proteine, die über den ER-Golgi-Weg sezerniert werden, tragen am N-Terminus üblicherweise eine Signalsequenz, die den mRNA-Ribosomen-Komplex zum rauen ER leitet und die Translation in das ER-Lumen bewirkt (s. Kap. 5). Entscheidend für die Erkennung dieser Sequenz, die sich aus hydrophoben Aminosäuren zusammensetzt, ist insbesondere die Position dieser Sequenz im Protein. Wird der Proteinsequenz ein Fusionsanteil N-terminal angehängt (= C-terminale Fusion), „verschwindet" die Signalsequenz innerhalb der Gesamtsequenz und wird dadurch maskiert. Folglich wird das Fusionsprotein nicht am rauen ER translatiert, nicht in die ER-Golgi-Maschinerie geschleust und auch nicht sezerniert. Das Protein lokalisiert falsch. Ähnliches gilt für viele Proteine, die zwar kerncodiert sind, aber in den Mitochondrien ihre Funktion verrichten, wie z. B. das mitochondriale ribosomale Protein L18 (Abb. 22.12 oben). Andere Proteine, z. B. Rab-Proteine, tragen ihr Lokalisierungs-

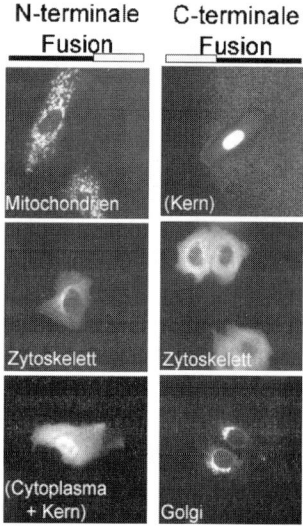

Abb. 22.12 Zu analysierende Proteine wurden N-terminal des offenen Leserahmens für das GFP kloniert (N-terminale Fusion) bzw. C-terminal des GFP (C-terminale Fusion). Der ORF des zu analysierenden Proteins ist als schwarzer Balken, das GFP als grauer Balken symbolisiert, um die Orientierung der beiden Proteinanteile zueinander zu verdeutlichen. Drei verschiedene Proteine wurden auf den Einfluss des GFP-Anteils auf die Lokalisation des Fusionsproteins untersucht. Oben ist ein mitochondriales Protein gezeigt, das in der Orientierung ORF-GFP korrekt, in der Orientierung GFP-ORF jedoch falsch lokalisiert. In der Mitte ist ein Protein gezeigt, das in beiden Orientierungen korrekt lokalisiert, während in dem unteren Beispiel lediglich die Orientierung ORF-GFP die richtige Golgi-Lokalisierung zeigt.

signal am C-terminalen Ende, das bei einer N-terminalen Fusion mit dem GFP oder einem anderen Peptid maskiert wird, und lokalisieren dadurch ebenfalls falsch (Abb. 22.12 unten). In dem mittleren Beispiel von Abb. 22.12 hat die Orientierung des Fusionsanteils keinen Einfluss auf die Lokalisation des Fusionsproteins. Das grüne Fluoreszenzprotein hat bei alleiniger Expression eine Lokalisation sowohl im Cytoplasma als auch im Nucleus, die bei dem unteren Beispiel links in der N-terminalen Fusion zu sehen ist.

Aus diesen Beobachtungen sind mehrere Schlüsse zu ziehen. Erstens sollten alle Ergebnisse, die mit Fusionsproteinen erzielt wurden, mit Vorsicht betrachtet und unabhängig, am besten mit spezifischen Antikörpern, verifiziert werden. Zweitens wird die Bedeutung von alternativen Untersuchungsmitteln, wie Bioinformatik, deutlich. Die Homologie des mitochondrialen L18-Proteins mit dem cytoplasmatischen Orthologen ließ auf die Richtigkeit der Lokalisation der N-terminalen Fusion schließen, während das Rab-Protein aufgrund seiner Homologie zu bekannten Vertretern dieser Proteinfamilie eindeutig identifiziert und daher die Golgi-Lokalisation der C-terminalen Fusion als korrekt eingestuft werden konnte.

Trotz dieser Probleme haben sich GFP-basierte Technologien in der Zellbiologie durchgesetzt. Neben der Proteinlokalisation sind weitere Methoden entwickelt worden, für die ein fluoreszenter Anteil in Proteinen notwendig ist.

22.4.2
Alternativen zum GFP

Kritisch für die Verwendbarkeit aller Fluoreszenzfarbstoffe sind verschiedene Aspekte:

- Die Farbstoffe dürfen nicht toxisch sein oder störend auf biologische Funktionen wirken. So besitzt das GFP z. B. einen leichten inhibierenden Effekt auf die Zellteilung, dem in der Analyse von Ergebnissen Rechnung getragen werden muss.
- Die Farbstoffe müssen stabil sein und dürfen weder im Tageslicht noch unter Laserbeleuchtung zu schnell ausbleichen (*photo bleaching*). Andernfalls wäre es schwierig, reproduzierbare Ergebnisse zu erzielen.
- Die Farbstoffe sollten ein möglichst scharfes Anregungs- und Emissionsspektrum haben, um spektrale Überlappungen mit anderen Farbstoffen zu vermeiden, außer wenn diese gewünscht sind (z. B. für FRET, s. unten). Ebenfalls sollten geeignete Mittel (Laser) zur Anregung und Filter (Longpass oder Bandpass) für die Messung der emittierten Strahlung verfügbar sein.

Nach der Entdeckung und Etablierung des natürlich vorkommenden GFP wurden Alternativen entwickelt, die zunächst durch Mutationen in der GFP-Sequenz hergestellt wurden. Die Spektraleigenschaften änderten sich, wenn einige Positionen in der Proteinsequenz durch andere Aminosäuren ersetzt wurden. So entstand etwa ein gelbes Fluoreszenzprotein (YFP) und ein Cyan-fluoreszierendes Protein (CFP). Weitere, z. B. blau und rot fluoreszierende Varianten sowie eine photoaktivierbare

Form des GFP wurden entwickelt und werden in der Zellbiologie eingesetzt. Allen diesen proteinbasierten Fluoreszenzfarbstoffen ist gemeinsam, dass sie als Proteine ein erhebliches Molekulargewicht und eine Struktur in das jeweilige Fusionsprotein einbringen. Dies war ein wesentlicher Vorteil der Myc- und FLAG-Tags, die lediglich aus kurzen Peptiden von wenigen Aminosäureresten bestanden.

Kürzlich wurden die sog. FLASH-Marker entwickelt, die aus zwei Komponenten bestehen. Die erste Komponente ist ein kurzes Peptid der Sequenz CCXCC (X ist eine beliebige Aminosäure außer Cystein), die als Fusionsanteil mit einem zu untersuchenden Protein exprimiert wird. Die zweite Komponente ist ein kleines, auf Fluorescein-Basis hergestelltes, membrangängiges Molekül, das Arsenreste trägt, die von den Cysteinen des Fusionsproteins komplexiert werden können. Diese Reaktion wird als spezifisch und affin bezeichnet, und damit bietet sich dieses System als Alternative zu dem ca. 35 kDa großen GFP-Protein an.

22.4.3
FRET – *Fluorescence Resonance Energy Transfer*

FRET ist die Abkürzung für das physikalische Phänomen des *Fluorescence Resonance Energy Transfers*. Dieses Phänomen beruht zunächst auf der Eigenschaft aller Fluoreszenzfarbstoffe, Licht in einem Wellenlängenbereich (Energie) zu absorbieren, und schließlich Licht in einem längeren Wellenlängenbereich wieder abzugeben. In nicht von außen angeregtem GFP bewirkt intrazelluläres ATP die Anregung des Fluoreszenzfarbstoffs. Die Anregung kann aber auch durch Laserlicht erfolgen. Vorteil des Lasers ist, dass monochromatisches Licht in sog. Laserlinien abgegeben wird, die jeweils eine diskrete Wellenlänge haben. Ein Argonionen-Laser gibt Licht bei 488 nm (Hauptlinie) und 524 nm (Nebenlinie) ab. Das GFP ist mit seinem Absorptionsspektrum bei knapp 500 nm im Maximum. Dieses Fluoreszenzmolekül kann daher mit einem Argonlaser optimal zur Fluoreszenz angeregt werden. Derivate des GFP, die durch Aminosäureaustausche hergestellt wurden, verfügen über modifizierte Spektraleigenschaften. CFP (Cyan-fluoreszierendes Protein) emittiert im blauen Wellenlängenbereich, YFP (yellow fluorescent protein oder gelbes Fluoreszenzprotein) im längerwelligen gelben Spektralbereich (Abb. 22.13).

Überlappt das Absorptionsspektrum eines Farbstoffs mit dem Anregungsspektrum eines anderen Farbstoffs (spektraler Überlapp), so kann in einer „Dunkelreaktion" die Energie des angeregten Farbstoffs direkt auf den zweiten übertragen werden, ohne dass es zu einer Emission von Licht des ersten käme (Abb. 22.14).

Zwingend erforderlich für diesen Prozess sind zum einen die Kompatibilität der beiden Farbstoffe (überlappende Absorptions- bzw. Anregungsspektren), und zum anderen ihre räumliche Nähe. Der direkte Energieübergang von einem zum anderen Farbstoff funktioniert nur, wenn der Abstand nicht mehr als ca. 50 Å beträgt. Dieser Abstand ist abhängig von den jeweils eingesetzten Molekülen und kann jeweils berechnet werden. Der Förster-Radius ($R0$) gibt den Abstand der beiden Moleküle an, bei dem FRET mit 50% Effizienz stattfindet.

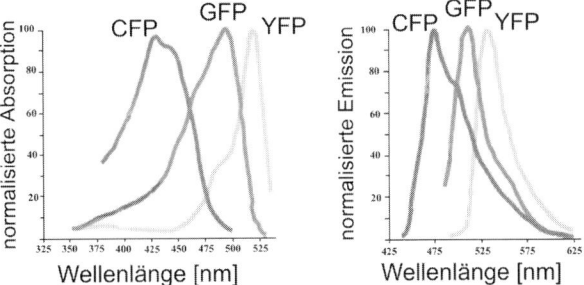

Abb. 22.13 Absorptions- (links) und Emissionsspektren (rechts) des GFP, sowie zweier Derivate (Cyan-fluoreszierendes Protein – CFP und Gelb fluoreszierendes Protein – YFP).

Abb. 22.14 Überlappt das Emissionsspektrum des Donor-Farbstoffs und das Absorptionsspektrum des Akzeptor-Farbstoffs (spektraler Überlapp), wird die Energie des Donors direkt auf den Akzeptor übertragen werden, ohne dass die Energie des Donor-Farbstoffs in Form von Licht freigesetzt würde.

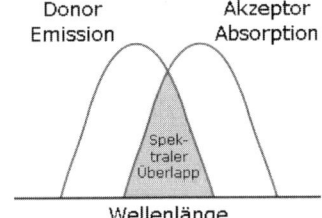

Die Notwendigkeit zur unmittelbaren Nähe der beiden Farbstoffe bringt eine große Chance mit sich. Sollen beispielsweise Protein–Protein-Interaktionen in der lebenden Zelle bestätigt werden, kann FRET eingesetzt werden (Abb. 22.15). Auch wenn sich beide Farbstoffe, gekoppelt an z. B. Protein A bzw. Protein B, in derselben Lösung befinden, kommt es nur dann zu FRET, wenn diese beiden Proteine eine Affinität zueinander haben und die angehängten Farbstoffe ebenfalls in unmittelbare Nachbarschaft bringen. Bleiben die Proteine aber weiter als ca. 50–100 Å voneinander entfernt, wird kein FRET-Signal gemessen. Damit können Protein–Protein-Interaktionen direkt und in lebenden Zellen gemessen werden.

Die Messung erfolgt über zwei Wege. 1. Die Emission des Akzeptor-Farbstoffs wird gemessen, nachdem der Donor-Farbstoff mit einer für ihn spezifischen Wellenlänge angeregt wurde. 2. Die Halbwertszeit für den Verbleib des Donor-Farbstoffs wird auf dem erhöhten Energieniveau gemessen. Bei normaler Fluoreszenz besitzt der Farbstoff eine charakteristische Halbwertszeit, in der 50% seiner Elektronen auf das niedrigere Niveau gefallen sind und entsprechend Fluoreszenzstrahlung emittiert wird. Existiert jedoch ein FRET-Partner, hat der Donor-Farbstoff die Möglichkeit, seine Energie beschleunigt abzugeben. Dies drückt sich in einer reduzierten Halbwertszeit aus. Die Halbwertszeit ohne Akzeptor ist z. B. für GFP bei ca. 3 ns, während sie aufgrund von FRET mit einem Akzeptor auf ca. 2,4 ns sinken kann. Der verwendete Akzeptor-Farbstoff determiniert dabei die Differenz der Halbwertszeit.

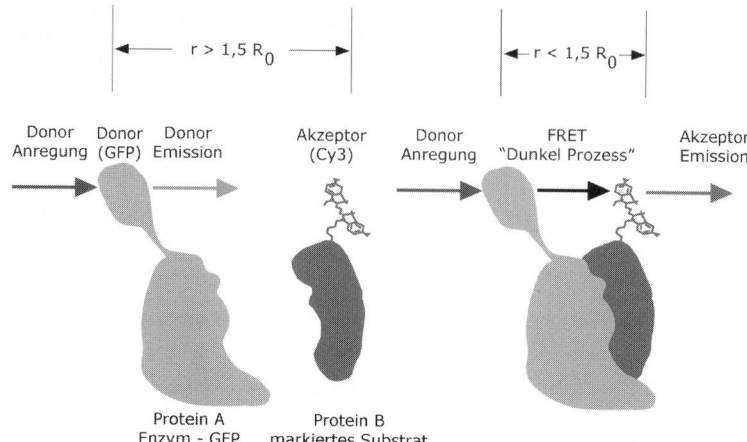

Abb. 22.15 Prinzip von FRET. Ein kompatibles Farbstoffpaar vorausgesetzt, kann die emittierte Energie des Donors in einer Dunkelreaktion direkt auf den Akzeptor übertragen werden. Dieser emittiert schließlich Licht in einer für ihn spezifischen Wellenlänge. Voraussetzung für diesen FRET-Übergang ist die geringe Distanz zwischen Donor und Akzeptor. Der Förster-Radius (R_0) gibt die Entfernung zwischen zwei Farbstoffen an, bei dem FRET mit 50% Effizienz stattfindet. Der Wert für diesen Radius ist verschieden für die möglichen Farbstoffpaare, liegt aber jeweils zwischen etwa 40 und 80 Angström. Sind die beiden Farbstoffe weiter voneinander entfernt, findet kein FRET statt.

22.4.4
FRAP – *Fluorescence Recovery After Photobleaching*

FRAP (*fluorescence recovery after photobleaching*) ermöglicht, in lebenden Zellen die Bewegung von Molekülen zu verfolgen. Mit einem fokussierten und starken Laserpuls in der Anregungswellenlänge des Fluoreszenzfarbstoffs werden die Farbstoffmoleküle an einer Position in der Zelle zerstört. Anschließend wird beobachtet, ob und wie lange es dauert, bis fluoreszierende Moleküle in den ausgebleichten Bereich „einwandern" (Abb. 22.16). Dieser Vorgang kann mit einem **Epifluoreszenzmikroskop** verfolgt werden. Findet aktiver Transport der Moleküle statt, wird dieser Prozess gerichtet und schnell vonstatten gehen, liegt lediglich Diffusion vor, so dauert dieser Prozess entsprechend länger. Neben der Art des Transports ist FRAP von der Größe der untersuchten Moleküle (z. B. Monomere oder Multiproteinkomplexe) sowie der möglichen Verankerung an zellulären Struktu-

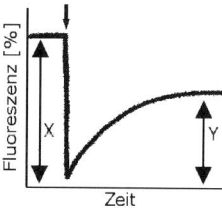

Abb. 22.16 FRAP. Zunächst wird das Fluoreszenzsignal im ursprünglichen Zustand (X) gemessen. Anschließend wird das Signal mithilfe eines starken Laser-Pulses zerstört (schwarzer Pfeil). Danach wird die Zeit gemessen, die vergeht, bis eine Sättigung des Signals (Y) erreicht wird. Das Verhältnis von X zu Y ergibt den Sättigungsgrad. Je freier sich die Moleküle im Medium bewegen können, desto schneller wird die Sättigung erreicht.

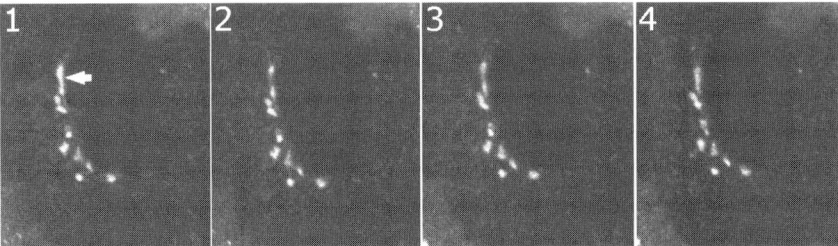

Abb. 22.17 Beispiel für FRAP. An der mit dem Pfeil markierten Position wurden mithilfe eines Laser-Pulses die Fluoreszenzmoleküle zerstört (1), entsprechend verschwindet das Signal (2). Mit der Zeit werden fluoreszierende Moleküle wieder an die Position transportiert (3 + 4). In der Abbildung sind vesikuläre Bereiche des Golgi-Apparates markiert.

ren (z. B. Membranen) abhängig. Neben der Zeit, die benötigt wird, bis eine Sättigung des Signals eintritt, wird der Grad der Sättigung im Verhältnis zum Signal bestimmt, das vor dem Puls gemessen wurde.

In Abb. 22.17 ist ein Beispiel für ein **FRAP-Experiment** gezeigt. Ein Protein wurde mit GFP markiert und in Zellen exprimiert. Das Fusionsprotein lokalisiert in vesikulären Strukturen des Golgi-Apparats. Mit einem starken Puls aus einem Argonlaser wurde die Fluoreszenz lokal zerstört und anschließend beobachtet, wie aus benachbarten Regionen das Signal wieder hergestellt wurde.

22.4.5
Zellbasierte Assays

Mit dem Aufkommen von Hochdurchsatzprojekten zur Identifizierung von Genen sowie der Bereitstellung von cDNA-Klonen wurde es möglich, auch zellbasierte Assays in höherem Durchsatz zu etablieren und durchzuführen. In einem solchen Assay wird eine größere Zahl von Proteinen auf bestimmte Funktionen in der Zelle untersucht, indem das zelluläre Gleichgewicht gezielt gestört wird. Um einen hohen Durchsatz erreichen zu können, ist ein hoher Grad von Automation erforderlich, der wiederum bedingt, dass die Assays einfach im Aufbau sind, also von Pipettierautomaten durchgeführt und die Daten von automatischen Systemen erfasst werden können. Eine anschließende automatische Auswertung komplettiert die Anforderungen.

22.4.5.1 **Assay Design**
Zwei Molekülarten bieten sich für gezielte Untersuchungen von Proteinfunktionen an. Dies sind zum einen cDNA-Klone, die für die Proteine codierende Bereiche in einer exprimierbaren Form enthalten (Expressionsvektoren). Zum anderen sind dies **siRNAs** (s. Kap. 2, 21, 31), die eingesetzt werden können, um die endogene Expression des zu untersuchenden Proteins, und damit seine Funktion auszuschalten (Abb. 22.18).

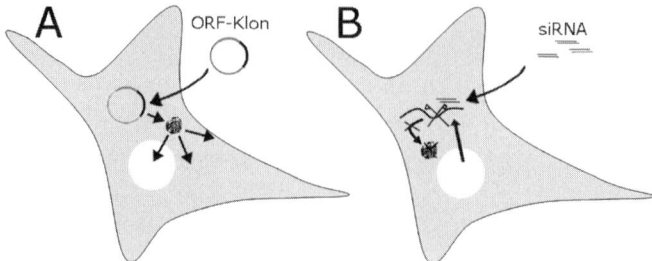

Abb. 22.18 Die Störung des zellulären Systems erfolgt entweder durch Überexpression eines rekombinant in die Zellen gebrachten Proteins (A) oder durch das Ausschalten der Expression eines sonst endogen exprimierten Proteins durch RNAi (RNA interferenz) (B). Überexpression wird mithilfe von Expressionskonstrukten erwirkt, die neben einem geeigneten Promotor und dem zu analysierenden ORF (schwarz) meist einen Marker (z. B. GFP-grün) tragen, mit dem das Protein in der Zelle verfolgt werden kann. Die Pfeile zeigen an, dass das Protein im Idealfall intrazellulär zu den jeweiligen Orten transportiert wird, an denen es auch seine natürliche Funktion erfüllt. In der RNAi werden kleine, doppelsträngige siRNAs in die Zelle gebracht. Zusammen mit einem in jeder eukaryotischen Zelle vorhandenen Proteinkomplex lagert sich ein Strang der siRNAs an komplementäre Stellen einer mRNA an und leitet den Abbau dieser mRNA ein (mit der Schere symbolisiert). Dadurch wird die Translation von dieser mRNA-Spezies unterdrückt und das codierte Protein wird in seiner Konzentration abnehmen. Die Geschwindigkeit der Abnahme ist abhängig von der Halbwertszeit des Proteins und von der Effizienz der verwendeten siRNAs. Im Fall A ist mehr als normal des zu untersuchenden Proteins in der Zelle vorhanden, im Fall B weniger.

Mehrere kritische Aspekte gilt es in der Planung und Durchführung von Hochdurchsatz-Assays zu berücksichtigen. Ein geeignetes Zellsystem ist zu wählen, das für die biologische Fragestellung geeignet ist. Dies klingt zunächst trivial, aber für ein Apoptose-Assay eignen sich beispielsweise HeLa-Zellen nicht, da sie nicht über p53-Protein verfügen und daher ein wesentlicher Zweig des Apoptosewegs in diesen Zellen ausgeschaltet ist. Proteine, die in eben diesem Weg ihre Funktion erfüllen, würden mit HeLa-Zellen nicht erfasst werden können.

Die Zahl der in einem Assay untersuchten Zellen muss groß genug sein, um statistisch signifikante Schlüsse zu ziehen. In einem Wachstums-Assay etwa, in dem der Weg der Zellen durch die S-Phase der Mitose verfolgt wird und in dem Proteine identifiziert werden sollen, die einen stimulierenden oder reprimierenden Effekt haben, muss der echte Effekt deutlich von der biologischen Streuung unterscheidbar sein. In Abb. 22.19 sind mit hellgrauen Punkten Zellen gekennzeichnet, die das rekombinante Protein nicht überexprimieren (Kontrollzellen). Auch in diesen Zellen ist die Streuung des Einbaus von BrdU (5-Brom-2'-Desoxy-Uridin) hoch. BrdU ist ein Analogon von Thymin und wird bei der Replikation der genomischen DNA anstelle von Thymin eingebaut. Mithilfe eines spezifischen Antikörpers kann später das eingebaute BrdU detektiert werden und damit das Durchlaufen des Zellzyklus nachgewiesen werden. Lediglich eine geringe Zahl der Zellen hat zum Zeitpunkt der Messung (48 h nach erfolgter Transfektion) eine S-Phase durchlaufen. Die überexprimierenden Zellen (dunkelgraue Punkte) unterscheiden sich nur gering in ihrem BrdU-Einbau von den Kontroll-

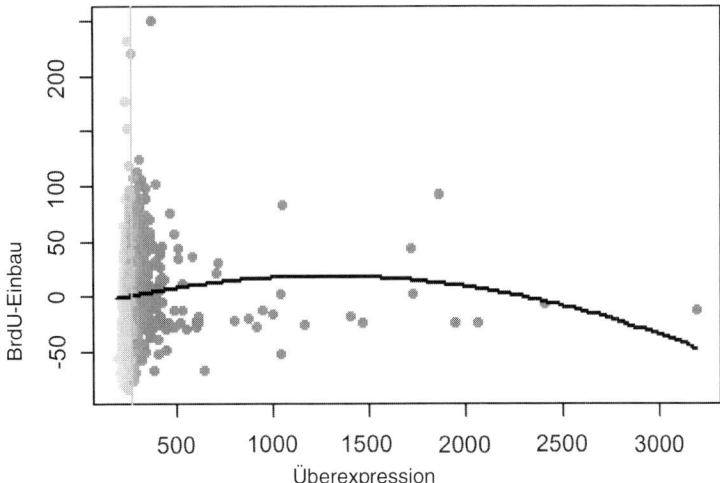

Abb. 22.19 Abhängig von der Menge des überexprimierten Proteins verändern sich die gemessenen Effekte (Einbau von BrdU in der S-Phase). Jede gemessene Zelle ist mit einem Punkt symbolisiert, der in der X-Achse die Menge des überexprimierten Proteins, in der Y-Achse den Einbau von BrdU definiert. Hellgrau sind Zellen, die das rekombinante Protein nicht exprimieren (nicht transfizierte Zellen), dunkelgrau sind Zellen markiert, die transfiziert sind und das rekombinante Protein herstellen. Die schwarze Linie zeigt eine nichtlineare Regressionskurve, die in Abhängigkeit vom Maß der Überexpression zunächst einen erhöhten Einbau von BrdU anzeigt (das Protein ist ein bekannter Aktivator des Zellzyklus). Stärkere Überexpression führt jedoch schließlich zu einer Reduzierung des BrdU-Einbaus!

zellen. Nur bei Analyse einer erheblichen Zahl (> 1000) von Zellen lassen sich in diesem Assay verlässliche Aussagen über den Effekt des untersuchten Proteins machen.

22.4.5.2 Pipettiersysteme

Die Reproduzierbarkeit von Ergebnissen wird erhöht, wenn die Assays nicht von Hand, sondern mit Pipettierrobotern angesetzt werden. Geeignete Systeme, die entweder mit Kanülen oder mit Plastikspitzen arbeiten, stehen zur Verfügung. Für zelluläre Assays sollten diese Systeme von einer Umhausung umgeben sein, um zumindest semi-steriles Arbeiten zu ermöglichen. Zu beachten ist, dass die Behandlung der Zellen schonend zu erfolgen hat, um etwa ein Abschwimmen der Zellen im Verlauf der experimentellen Schritte zu vermeiden. Außerdem muss die Durchführung des jeweiligen Experiments auf die Möglichkeiten eines Pipettierroboters angepasst werden. Bei hoher Reproduzierbarkeit ist die menschliche Hand meist schneller, und der Mensch kann flexibel auf Veränderungen reagieren (z. B. flexible Anpassung von Reaktionszeiten). Dies alles kann ein Roboter nicht. Assays werden daher meist zunächst für den manuellen Einsatz entwickelt und anschließend für den Roboter adaptiert.

22.4.5.3 Datenaufnahme

Verschiedene Systeme stehen zur Wahl, um die in dem Assay produzierten Daten aufzunehmen. Insbesondere drei verschiedene Systeme kommen zum Einsatz. Dies sind Mikrotiterplatten-Lesegeräte, automatische Mikroskope und FACS-Analysegeräte. Allen Geräten gemeinsam ist die Ausstattung mit Lasern, die für die Anregung einer Fluoreszenz verwendet werden, und einem Detektor, der die abgestrahlte Fluoreszenz aufnimmt und zum angeschlossenen Rechner leitet. Sowohl im Format (Einzelanalyse oder Hochdurchsatz) als auch durch die verschiedenen Spezifikationen unterscheiden sich diese Systeme aber erheblich.

- **Mikrotiterplatten-Lesegeräte** (*plate reader*): Verschiedene Firmen bieten Geräte an, die Mikrotiterplatten im 96-, 384- und/oder 1536-well-Maßstab verarbeiten können. Da die Zeit für die Datenaufnahme jeweils gering ist [Sekunden bis Minuten für alle Vertiefungen (*wells*) einer jeden Platte], sind diese Geräte für den Hoch- und Ultrahochdurchsatz geeignet. Die Anregung erfolgt meist über eine Lampe mit Monochromator oder über einen Laser. Für die Signaldetektion kommen Photodioden oder CCD-Chips (*charge-coupled device*) zum Einsatz. Der Vorteil der Geschwindigkeit wird durch den Nachteil der fehlenden räumlichen Auflösung kompensiert, die für verschiedene Applikationen notwendig ist. Wenn jedoch z. B. der Einfluss vieler chemischer Verbindungen auf ein Zellsystem gemessen werden soll, und die Messung einer spezifischen Reaktion mit dem verwendeten Gerät möglich ist, dann sind Platten-Lesegeräte die Methode der Wahl. Voraussetzung ist, dass die Zahl der Zellen, in denen ein Signal gemessen werden kann, möglichst nahe an 100% aller Zellen in der Vertiefung kommt. Ist die Zahl lediglich <70%, so wirkt sich der Anteil der nicht betroffenen Zellen (eigentlich Kontrollzellen) in einem gesteigerten Hintergrundsignal (Rauschen) aus, in dem insbesondere schwache echte Signale untergehen können.
- **FACS** (*fluorescence activated cell sorter*) (s. Kap. 18): In einem FACS-Gerät werden für einzelne Zellen Parameter bestimmt; dies sind meist Fluoreszenzintensitäten, die in verschiedenen Wellenlängenbereichen gemessen werden können. Dazu verfügen FACS-Geräte über zwei oder mehr Laser sowie über Filter, die an Fluoreszenzfarbstoffe angepasste Bereiche des Spektrums abdecken. Parallel können so unterschiedliche Parameter in jeder Zelle gemessen werden. Im Vergleich zu dem Platten-Lesegerät ist der Durchsatz wesentlich niedriger; für die Messung einer 96-well-Mikrotiterplatte werden 30 min bis zu 2 h benötigt (je nach Hersteller und Modell); dafür werden die gemessenen Parameter aber für jede Zelle einzeln erfasst.
- **Mikroskope** (*high-content screening microsope*) (s. Kap. 19) – Die höchste Auflösung erreichen Fluoreszenzmikroskope, mit denen auch subzelluläre Strukturen analysiert werden können (s. FRAP). Eine Automation von Mikroskopen benötigt automatische XYZ-Objekttische, die einen Autofocus sowie Mittel zur Erkennung von Zellen umfassen. Die Photos müssen ebenfalls automatisiert aufgenommen und die Fluoreszenzintensitäten für die automatisch identifizierten Strukturen in Tabellenform ausgegeben werden. Eine funktionierende Bildanalyse muss sich der Bildaufnahme anschließen. Verschiedene Hersteller (z. B.

Zeiss und Olympus) bieten inzwischen Systeme an, die für den Hochdurchsatz geeignet sind. Problematisch für diese Systeme ist zum einen die Zeit, die benötigt wird, um die Daten etwa einer 96-well-Mikrotiterplatte aufzunehmen, zum anderen die Zahl der dabei analysierten Zellen. Für viele Anwendungen sind Zahlen von 500 Zellen zu gering, um signifikante Aussagen treffen zu können.

Als Fazit lässt sich ziehen, dass das optimale System für die Datenaufnahme von zellbasierten Assays nicht existiert. Stattdessen muss für jede biologische und biomedizinische Fragestellung das jeweils beste System ausgewählt werden.

22.4.5.4 Datenanalyse

- Kritisch für jedes Experiment ist die **Datenanalyse.** Dies gilt insbesondere für zelluläre Assays, wenn sie im Hochdurchsatz durchgeführt werden. Die Rate der falsch positiven und die der falsch negativen Ergebnisse sollte möglichst gering sein, was in vielen Fällen einer statistischen Auswertung bedarf. Je nach Assay können zwei extreme Ergebnisse sowie alle Varianten dazwischen erwartet bzw. auch beobachtet werden. Das eine Extrem ist, wenn aus einem Assay eine Ja/Nein-Entscheidung abgeleitet werden kann. Dies kann z. B. heißen, es gibt Interaktion oder es gibt keine. Um einen Assay auszuwerten, der eine derart digitale Information ausgibt, sind weder große Zellzahlen noch eine ausgefeilte Bioinformatik und Statistik notwendig. Das zweite Extrem ist ein Assay bzw. eine biologische Fragestellung, bei der graduelle Unterschiede, aber nie eindeutige Ergebnisse erzielt werden. Das in Abschnitt 22.4.5.1 besprochene Beispiel eines Proliferations-Assays kommt dieser zweiten Möglichkeit nahe. Weder haben alle nicht transfizierten Zellen den Zellzyklus durchlaufen, noch ist die Aktivierung durch das zu untersuchende Protein so stark, dass alle transfizierten Zellen eine S-Phase durchgemacht hätten. Außerdem ist der gemessene Effekt konzentrationsabhängig, sodass entschieden werden muss, welchem Bereich das meiste „Vertrauen" entgegengebracht werden kann. Für einen solchen Assay muss daher die Zahl der gemessenen Zellen und Wiederholungen erhöht werden, um letztlich zu signifikanten Aussagen zu gelangen. Neben der Spezifität wird auch die Sensitivität erhöht, sodass eine größere Zahl von Kandidatenproteinen aus dem allgemeinen Rauschen (Hintergrundsignal) herausgefiltert werden kann, und das echte Signal immer weiter an die Rauschgrenze angenähert werden kann. Dasselbe Problem existiert z. B. auch bei DNA-Arrays in der Expressionsmuster-Analyse.

22.5
Die funktionelle Analyse ganzer Genome

Zum Abschluss dieses Kapitels stellen wir noch exemplarisch zwei Ansätze vor, die jeweils systematisch das gesamte Genom eines Organismus betrachten.

22.5.1
Genotypisches Screening in der Hefe

Die Bäckerhefe wird seit vielen Jahren bereits als Modellorganismus benutzt, da sie ebenso einfach zu kultivieren ist wie Bakterien, als Eukaryot jedoch, nicht zuletzt aufgrund der wirtschaftlichen Bedeutung (Bäckerhefe und Bierherstellung) sowie des kleinen Genoms (12 Mb), sehr attraktiv ist. Aus diesem Grund war *Saccharomyces cerevisiae* auch der erste sequenzierte Eukaryot. Mit nur wenig mehr als 6000 Genen und Eigenschaften wie Einzelligkeit, Kultivierbarkeit in Flüssigkeit und auf Agar, leichter molekulargenetischer und biochemischer Manipulierbarkeit und insbesondere der Möglichkeit, im haploiden wie im diploiden Zustand arbeiten zu können, bot sich die Hefe bereits früh für Studien an, bei denen alle Gene im Fokus standen. Die Screens gehen hierbei vom Genotyp aus (im Gegensatz zu dem unten dargestellten Beispiel Maus, bei dem der Phänotyp im Mittelpunkt steht), d. h., man versucht die Gene auszuschalten oder zu markieren. Der Begriff Gene sollte hierbei allerdings besser durch ORFs (*open reading frames*) ersetzt werden, denn ein Drittel der mehr als 6000 potenziellen Gene ist bisher nicht genau charakterisiert, sondern nur über einen offenen Leserahmen auf der genomischen DNA, d. h. Start- und Endpunkte definiert. Geeignete DNA-Fragmente werden zunächst molekulargenetisch außerhalb der Hefe entweder über Klonierungstechniken in *E. coli* oder PCR hergestellt und können dann verhältnismäßig leicht über homologe Rekombination in das Hefegenom hineingebracht werden. Eine ältere Strategie geht hierbei ungerichtet vor und zielt mittels eines Minitransposons ganz allgemein nur auf transkribierte Sequenzen, während neuere Ansätze die annotierten ORFs gezielt deletieren oder markieren (Abb. 22.20). Häufig werden hierbei Marker eingeführt, welche eine Farbreaktion oder einen Selektionsvorteil bei Wachstum auf speziellen Medien erlauben und damit die gewünschten Zellen identifizierbar machen. Bei >6000 ORFs werden automatisierte Hochdurchsatztechniken eingesetzt, da natürlich ein Vielfaches von > 6000 Klone untersucht werden muss. Deletionsmutanten dienen dazu, den Funktionsverlust eines Gens untersuchen zu können. Hierbei ist es sehr vorteilhaft, die Hefe sowohl in haploidem als auch diploidem Zustand zur Verfügung zu haben, denn manche Mutanten sind homozygot, also bei einer Deletion im haploiden Genom letal, heterozygot jedoch lebensfähig. Das Screening kann dann nach morphologischen und metabolischen Merkmalen erfolgen, also beispielsweise Zellform oder Wachstum auf bestimmten Medien. Markierungen, die an das Ende eines ORFs gesetzt werden, erlauben eine Reinigung des Proteins oder einen Nachweis in der lebenden Zelle. Der Nachweis in der Zelle ermöglicht eine subzelluläre Zuordnung zu verschiedenen Kompartimenten oder den Nachweis der Expression unter bestimmten Zuständen, beispielsweise während der Bildung von Tochterzellen (*budding*) oder unter bestimmten Induktoren, Inhibitoren, Minimalmedien usw.

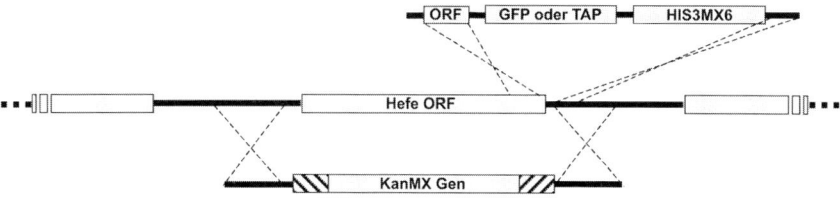

Abb. 22.20 Gezielte Markierung oder Deletion eines Hefegens. In der Mitte ist ein Abschnitt des Hefegenoms mit drei Genen (bzw. ORFs = Open Reading Frames) dargestellt. Das ORF in der Mitte ist Untersuchungs-gegenstand und wird durch homologe Rekom-bination (gestrichelte Linien) markiert oder deletiert. Im oberen Fall erfolgt eine Markie-rung am Ende des ORF mit einer Kassette, die ein GFP (*green fluorescent protein*) oder ein TAP (*tandem affinity purification tag*) enthält. Außerdem ist ein Selektionsmarker (HIS3MX6) enthalten. GFP erlaubt die Expres-sion des Proteins in der Zelle zu verfolgen, während TAP eine Reinigung ermöglicht. Im unteren Fall wird das gesamte Gen ersetzt, wodurch eine Funktionsausfallmutante ent-steht. Das KanMX-Gen erlaubt die Selektion der Rekombinanten und die beiden schraffier-ten Kassetten stellen einen molekularen „Bar-Code" dar, welcher das deletierte Gen indivi-duell kennzeichnet.

22.5.2
Phänotypisches Screening in der Maus

Unter den höheren Eukaryoten ist das Säugetier Maus neben dem Menschen si-cherlich der Modellorganismus mit der größten Bedeutung und wird deshalb hier exemplarisch vorgestellt. Andere Modelle, wie Taufliege (*Drosophila melanogaster*), Zebrafisch (*Danio rerio*) oder Fadenwurm (*Caenorhabditis elegans*) u.a., haben zwar ebenfalls entscheidend unseren Horizont im Bereich der *Life Sciences* erweitert, aber die relative Verwandtschaft der Maus mit dem Menschen und ihre Bedeu-tung in der medizinischen Forschung lassen dieses Modell aus dem Blickwinkel der Funktionellen Genomik besonders interessant erscheinen.

Ansätze, die, wie oben beschrieben, vom Genotyp ausgehen, sind bei ca. 30 000 Säugergenen natürlich schwierig zu realisieren – einige Tausend Sequenzen wur-den jedoch insbesondere durch *Gene-Trapping* in embryonalen Stammzellen dar-gestellt.

Viel versprechend für komplexe Organismen sind Ansätze, die vom Phänotyp, also der Erscheinungsform, ausgehend die Funktionalität von Genen untersuchen. Im Maussystem wird dieser Weg sehr intensiv mittels ENU-Mutagenese beschrit-ten (Abb. 22.21). ENU (N-Ethyl-N-nitroso-urea) ist ein sehr potentes Mutagen, wel-ches durch Alkylierung und daraus resultierender Fehlpaarung oder Substitution Punktmutationen erzeugt. In der richtigen Konzentration wirkt es nach Injektion wenig toxisch oder carcinogen und betrifft vorteilhafterweise vor allem Spermato-gonien, sodass die Nachkommen eines behandelten Männchens mutante Phäno-typen zeigen. Hieraus werden durch entsprechende Kreuzungen reine Linien ge-zogen. Statistisch werden ca. 25–40 verschiedene Gene „getroffen"; die meisten Mutationen werden aber keinen Effekt zeigen oder wieder verloren gehen, sodass ein schließlich beobachteter Phänotyp mit hinreichend großer Wahrscheinlichkeit auf ein einzelnes Gen zurückzuführen ist.

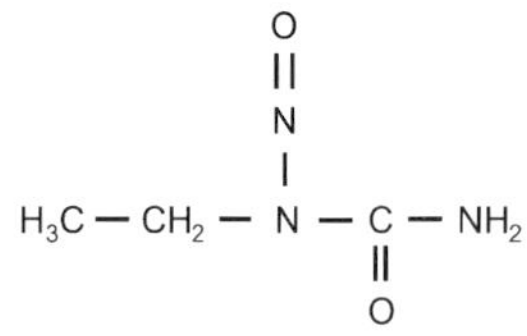

```
              O
              ‖
              N
              |
H₃C — CH₂ — N — C — NH₂
                  ‖
                  O
```

Abb. 22.21 Strukturformel von ENU (N-Ethyl-N-Nitrosoharnstoff).

Die meisten **ENU-Mutagenese**-Screens sind auf die Untersuchung dominant vererbter Merkmale ausgerichtet. Die direkten Nachkommen des behandelten Männchens zeigen also bereits einen heterozygoten (mischerbigen) Phänotyp. Diese Strategie ist am einfachsten, erkennt jedoch nicht die vielen Merkmale, welche nur homozygot in Erscheinung treten – also rezessiv sind. Ein rezessiver Screen erfordert entweder sehr umfangreiche Rückkreuzungen, um schließlich homozygote Merkmale zu erhalten, oder es werden für die Kreuzung mit dem behandelten Männchen Weibchen eingesetzt, welche eine Deletion für einen chromosomalen Abschnitt haben, sodass sich in der ersten Generation ein mutiertes Allel des Vaters in diesem Abschnitt auswirken kann. Verschiedene weitere Strategien, wie die Verwendung von chromosomalen Markern und *Balancern* oder Verpaarung des behandelten Männchens mit Weibchen, die bereits einen bestimmten Phänotyp zeigen, werden ebenfalls eingesetzt.

Das Screening der Nachkommen ist auf bestimmte Merkmale ausgerichtet und hat häufig zum Ziel, ein Modell für eine bestimmte menschliche Erkrankung zu finden. So werden, je nach Screen, unterschiedliche medizinische Parameter auf eine Abweichung von der Norm hin untersucht. Der offensichtlichste Untersuchungsparameter ist das Aussehen mit einer Vielzahl von Untersuchungsmerkmalen wie Fellfarbe, Anzahl der Zehen, Ohrenform, Skelettdeformation, Zahnlänge, Gewicht usw. Mäuse mit Verhaltensabweichungen werden in Tests auf Schmerzempfindlichkeit, bevorzugte Aktivitätszeiträume, Hörvermögen, Lernvermögen, Aggressivität usw. ausgesondert. Klinisch-chemische Parameter wie Blutfette, Enzyme, Salze usw. werden bestimmt, um metabolische Aberrationen zu finden, während beispielsweise die Bestimmung von Immunglobulinen und Leukocyten immunologisch relevante Mutanten identifizieren kann.

Schließlich ist der nächste Schritt die Kartierung bzw. Identifizierung des für den gefundenen Phänotypen verantwortlichen Gens. Die Kartierung wird vorzugsweise nach Rückkreuzung der Mutante mit einem Stamm, der sich genetisch von ihr unterscheidet, über *Linkage*-Analyse vorgenommen und nutzt polymorphe genetische Marker (s. Abschnitt 21.3.1). Wenn eine als Ort der Mutation mögliche chromosomale Region festgelegt wurde, können mittels der Sequenz des inzwischen vorliegenden Mausgenoms relativ schnell mögliche Kandidatengene bestimmt werden.

Interessant für das Verständnis der Genfunktionen ist bei der ENU-Mutagenese insbesondere auch die Möglichkeit, sehr ähnliche Phänotypen zu beobachten, die sich auf unterschiedliche Gene zurückführen lassen, und die Möglichkeit, in einem Gen Mutationen an unterschiedlichen Stellen zu beobachten, die jedoch nicht zwangsläufig denselben Phänotyp zeigen. Andererseits kann man nicht erwarten, zu jedem mutierten Gen einen Phänotyp zu finden, da viele Genfunktionen im Organismus bei Gendefekten komplementiert werden können, und anderseits ist zu berücksichtigen, dass die beobachteten Effekte die Auswirkungen sehr komplexer metabolischer Stoffwechselwege unter Beteiligung vieler Genprodukte markieren.

Schließlich sei noch darauf hingewiesen, dass groß angelegte Mutagenese-Screens, wie sie beispielsweise in der GSF (Forschungszentrum für Umwelt und Gesundheit), Neuherberg durchgeführt werden, einen enormen logistischen Aufwand in Bezug auf die Haltung der Mäuse erfordern. Aus diesem Grund werden Mauslinien teilweise nur als tiefgefrorenes Sperma „archiviert" und nur bei Bedarf durch *in vitro*-Fertilisation „wieder belebt".

Eine viel versprechende Perspektive ist die Identifikation von Mutanten, welche individuell unterschiedlich auf Pharmaka reagieren. Diese könnten als Modelle für die **Pharmakogenomik oder Toxikogenomik** dienen. Basis ist hierbei die genetische Individualität (des Menschen) und die sich daraus eventuell ergebende individualisierte Therapie von Krankheiten. Hierfür ist eine möglichst umfassende Kenntnis der genetischen Individualismen erforderlich. Aspekte der hierfür erforderlichen Genotypisierung und der SNP-Analyse werden in anderen Kapiteln angesprochen.

22.6
Weiterführende Literatur

Balling, R. (2001) ENU mutagenesis: analyzing gene function in mice. Annu Rev. Genomics *Hum. Genet.* **2**, 463–492.

Bonaldo, M.F., Lennon, G., Soares, M.B. (1996) Normalization and subtraction: two approaches to facilitate gene discovery. *Genome Res.* **6**(9), 791–806.

Botstein, D., Risch, N. (2003) Discovering genotypes underlying human phenotypes: past successes for Mendelian disease, future approaches for complex disease. *Nat. Genet.* **33**, Suppl., 228–237.

Brenner, S., Johnson, M., Bridgham, J., Golda, G., Lloyd, D.H. et al. (2000) Gene expression analysis by massively parallel signature sequencing (MPSS) on microbead arrays. *Nat. Biotechnol.* **18**, 630–634.

Brent, R. (2000) Genomic biology. *Cell* **100**(1), 169–183.

Camargo, A.A., Samaia, H.P., Dias-Neto, E., Simao, D.F., Migotto, I.A. et al. (2001) The contribution of 700,000 ORF sequence tags to the definition of the human transcriptome. *Proc. Natl. Acad. Sci. USA* **98**(21), 12103–12108.

Carpenter, A.E., Sabatini, D.M. (2004) Systematic genome-wide screens of gene function. *Nat. Rev. Genet.* **5**(1), 11–22.

Cecconi, F., Gruss, P. (2002) From ES cells to mice: the gene trap approach. *Methods Mol. Biol.* **185**, 335–346.

Das, M., Harvey, I., Chu, L.L., Sinha, M., Pelletier, J. (2001) Full-length cDNAs: more than just reaching the ends. *Physiol. Genomics* **6**(2), 57–80.

Diatchenko, L., Lau, Y.F., Campbell, A.P., Chenchik, A., Moqadam, F. et al. (1996) Suppression subtractive hybridization: a method for generating differentially regulated or tissue-specific cDNA probes and libraries. *Proc. Natl. Acad. Sci. USA* **93**(12), 6025–6030.

Ding, C., Cantor, C.R. (2004) Quantitative analysis of nucleic acids – the last few years of progress. *J. Biochem. Mol. Biol.* **37**(1), 1–10.

Dykxhoorn, D.M., Novina, C.D., Sharp, P.A. (2003) Killing the messenger: short RNAs that silence gene expression. *Nat. Rev. Mol. Cell Biol.* **4**(6), 457–467.

ELAHI, E., KUMM, J., RONAGHI, M. (2004) Global genetic analysis. *J. Biochem. Mol. Biol.* **37**(1), 11–27.

GOLDSMITH, Z. G., DHANASEKARAN, N. (2004) The microrevolution: applications and impacts of microarray technology on molecular biology and medicine. *Int. J. Mol. Med.* **13**(4), 483–495.

GREEN, C. D., SIMONS, J. F., TAILLON, B. E., LEWIN, D. A. (2001) Open systems: panoramic views of gene expression. *J. Immunol. Methods* **250**(1–2), 67–79.

HORAK, C. E., SNYDER, M. (2002) Global analysis of gene expression in yeast. *Funct. Integr. Genomics* **2**(4–5), 171–180.

HUBANK, M., SCHATZ, D. G. (1994) Identifying differences in mRNA expression by representational difference analysis of cDNA. *Nucleic Acids Res.* **22**(25), 5640–5648.

KURIAN, K. M., WATSON, C. J., WYLLIE, A. H. (1999) DNA chip technology. *J. Pathol.* **187**(3), 267–271.

LICHTER, P. (1997) Multicolor FISHing: what's the catch? *Trends Genet.* **13**, 475–479.

MATZ, M. V., LUKYANOV, S. A. (1998) Different strategies of differential display: areas of application. *Nucleic Acids Res.* **26**(24), 5537–5543.

MCCLELLAND, M., MATHIEU-DAUDE, F., WELSH, J. (1995) RNA fingerprinting and differential display using arbitrarily primed PCR. *Trends Genet.* **11**(6), 242–246.

MCGALL, G. H., CHRISTIANS, F. C. (2002) High-density genechip oligonucleotide probe arrays. *Adv. Biochem. Eng. Biotechnol.* **77**, 21–42.

POLLOK, B. A., HEIM, R. (1999) Using GFP in FRET-based applications. *Trends Cell Biol.* **9**, 57–60. REITS, E. A., NEEFJES, J. J. (2001) From fixed to FRAP: measuring protein mobility and activity in living cells. *Nat. Cell Biol.* **3**, E145–147.

SHI, H., MAIER, S., NIMMRICH, I., YAN, P. S., CALDWELL, C. W. et al. (2003) Oligonucleotide-based microarray for DNA methylation analysis: principles and applications. *J. Cell Biochem.* **88**(1), 138–143.

SIMON, R., MIRLACHER, M., SAUTER, G. (2004) Tissue microarrays. *Biotechniques* **36**(1), 98–105.

SOUTHERN, E. M. (2000) Blotting at 25. *Trends Biochem. Sci.* **25**, 585–588.

SUNG, Y. H., SONG, J., LEE, H. W. (2004) Functional genomics approach using mice. *J. Biochem. Mol. Biol.* **37**(1), 122–132.

TUCKER, C. L. (2002) High-throughput cell-based assays in yeast. *Drug Discov. Today* **7**, S125–130.

VELCULESCU, V. E., VOGELSTEIN, B., KINZLER, K. W. (2000) Analysing uncharted transcriptomes with SAGE. *Trends Genet.* **16**, 423–425.

23
Protein–Protein- und Protein–DNA-Interaktionen

Protein–Protein-Interaktionen spielen bei allen biologischen Prozessen eine Rolle. Sie werden von Proteindomänen vermittelt, von denen allein das Humangenom für rund 750 verschiedene codiert. Alle Domänen haben definierte Interaktionspartner, auch wenn man diese in den meisten Fällen nicht kennt. Interaktionen zwischen Proteinen sind oft als stabile Komplexe organisiert. An einer Interaktion sind durchschnittlich 20 Aminosäuren pro Protein beteiligt, die einer Oberfläche von ca. 800 Å entsprechen. Hydrophobe Wechselwirkungen, Wasserstoffbrücken und Salzbindungen sind die wichtigsten Kräfte bei Proteininteraktionen. Das Massenwirkungsgesetz kann die Interaktion zwischen Proteinen als bimolekulare Reaktion beschreiben, wobei größenordnungsmäßig 10 kcal aufgebracht werden müssen, um 1 Mol eines Dimers zu trennen. Als wichtigste Untersuchungsmethoden gelten die Reinigung und Charakterisierung von Komplexen mittels Massenspektrometrie, aber auch die Two-Hybrid-Methode, FRET und *in vitro*-Bindungsexperimente. Wichtige Regulationsmechanismen nutzen die Expression von Proteinen, aber auch ihre Lokalisierung, Stabilität und kovalente Modifikationen (und nichtkovalente Modifikationen, z.B. gebundene Liganden). Proteininteraktionen lassen sich in vielen Fällen theoretisch vorhersagen, z.B. durch die Rosetta-Stein-Methode, durch *Molecular Docking* oder phylogenetische Profile.

Protein–DNA-Interaktionen spielen eine essenzielle Rolle in allen Bereichen der Genregulation. Der spezifischen Erkennung von Gensequenzen kommt dabei eine besondere Rolle zu. Dabei ist es bis heute nicht möglich, die Sequenzspezifität eines DNA-bindenden Proteins vorherzusagen. Protein–DNA-Interaktionen können mit einer Reihe von molekularbiologischen und biophysikalischen Methoden untersucht werden (s. Tab. 23.2). Wie bei den Protein–Protein-Komplexen ist die Röntgenstrukturanalyse die einzige Methode, die in der Lage ist, Interaktionen im atomaren Detail aufzuklären. Die Natur verwendet zur DNA-Bindung nur eine begrenzte Anzahl von Domänen bzw. Motiven, deren dreidimensionale Strukturen teilweise bekannt sind. Somit können DNA-bindende Proteine aufgrund ihrer Struktur und Funktion in Gruppen und Familien geordnet werden.

Proteininteraktionen und Protein–DNA-Interaktionen sind schließlich Objekt vielfältiger Anstrengungen in der Medizin und Biotechnologie, z.B. bei der Ent-

Molekulare Biotechnologie: Konzepte und Methoden.
Herausgegeben von M. Wink
Copyright © 2004 WILEY-VCH Verlag GmbH & Co. KGaA, Weinheim
ISBN: 3-527-30992-6

wicklung von Krebstherapeutika, die Proteininteraktionen blockieren, oder Liganden, die bestimmte Protein–DNA-Interaktionen verhindern.

23.1
Protein–Protein-Interaktionen

Bei praktisch allen Prozessen innerhalb einer Zelle spielen **Protein–Protein-Interaktionen** eine wesentliche Rolle. So bestehen alle Struktur gebenden Elemente einer Zelle wie Actinfilamente oder Mikrotubuli aus Proteinkomplexen, die durch Proteininteraktionen zusammengehalten werden. Aber auch viele Enzyme sind aus Untereinheiten zusammengesetzt, die ihre volle Aktivität nur im Verbund entfalten können. Ein willkürlich gewähltes Beispiel aus vielen Hundert Proteinkomplexen einer Zelle sind die RNA-Polymerasen, deren Untereinheiten nicht nur vielfache Proteininteraktionen eingehen, sondern zugleich auch **mit DNA und RNA**, ihrem Enzymprodukt, interagieren müssen. Proteine interagieren aber auch mit **niedermolekularen Substanzen** wie Zuckern, Fetten oder Salzen. Die Wechselwirkung von Proteinen mit anderen Molekülen wird in diesem Kapitel jedoch aus Platzgründen nicht behandelt. Man sollte sich diese Interaktionen aber im Hinterkopf behalten, zumal sie im Stoffwechsel einer Zelle eine maßgebliche Rolle spielen.

23.1.1
Klassifikation und Spezifität: Proteindomänen

Aufgrund ihrer Vielfalt ist es nahezu unmöglich, Proteininteraktionen sinnvoll zu klassifizieren. Willkürlich kann man sie in starke („stabile") und schwache („transiente") Interaktionen einteilen, wobei die Übergänge allerdings fließend sind. Viele Proteinkomplexe sind relativ stabil assoziiert, da ihre Integrität für ihre Funktion essenziell ist. So bleiben Ribosomen als Protein–RNA-Komplexe im Wesentlichen stabil, während selbst formgebende Komplexe wie Actinfilamente laufend auf- und abgebaut werden.

Obwohl viele Proteininteraktionen extrem spezifisch sein müssen, z. B. bei der Bindung eines Peptidhormons wie Insulin an seinen Rezeptor, scheinen viele schwache Interaktionen relativ unspezifisch und damit oft ohne Bedeutung zu sein. Solange diese Interaktionen dem Organismus aber keinen Nachteil verschaffen, werden sie einfach ohne Konsequenzen toleriert. Solche unspezifischen Wechselwirkungen dürfen aber trotzdem nicht mit zufälligen Zusammenstößen durch die Brown'sche Bewegung verwechselt werden, da letztere keinerlei Zusammenhalt bewirken. Schwache Interaktionen dürften aber für die Evolution eine wichtige Rolle spielen, da sie durch Mutation und Selektion verstärkt und dadurch nutzbar gemacht werden können.

Biologisch sinnvoller ist die Klassifikation nach Proteindomänen. **Domänen sind die strukturellen und funktionellen Einheiten von Proteininteraktionen. Sie falten sich unabhängig von anderen Teilen eines Proteins, sind meist globulär**

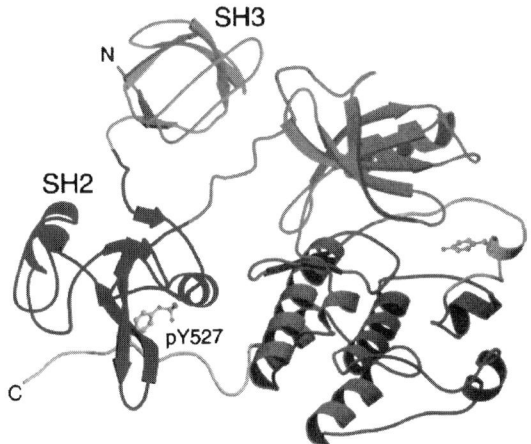

Abb. 23.1 Proteindomänen des Src-Onkoproteins. Das Src-Protein hat drei Hauptdomänen, die SH3-, SH2- und SH1-Domäne, wobei letztere der Kinasedomäne entspricht. Alle drei gehen zahlreiche, aber wohl definierte Proteininteraktionen ein. So interagieren die zwei kleineren Domänen nicht nur mit anderen Proteinen, sondern auch mit Sequenzen innerhalb von Src: SH3 bindet an eine prolinreiche Sequenz zwischen SH2 und der Kinasedomäne, die SH2-Domäne bindet an ein phosphoryliertes Tyrosin an Position 527 am C-Terminus des Proteins („pY527").

und ihre Länge liegt in der Regel zwischen 40 und 150 Aminosäuren (Abb. 23.1). Vielen Domänen kann man bestimmte Interaktionseigenschaften zuordnen; so binden z. B. die SH3-Domänen an prolinreiche Sequenzen, die SH2-Domänen an Peptidsequenzen, die Phosphotyrosin enthalten, usw. Die letzten beiden Domänen wurden nach ihrer Homologie mit dem Onkoprotein Src benannt, welches Sarkome verursacht. Alle Src-verwandten Proteine haben solche Src-Homologie (SH)-Domänen. Die SH1-Domäne entspricht der Kinasedomäne. Allerdings gibt es unter den ca. 750 Proteindomänen des menschlichen Proteoms immer noch zahlreiche Beispiele, deren Bindungseigenschaften kaum oder gar nicht bekannt sind. Selbst wenn man die prinzipielle Fähigkeit einer Domäne kennt, z. B. an prolinreiche Sequenzen zu binden, so ist es praktisch immer noch unmöglich, die Bindungspartner genau vorherzusagen, da es zahlreiche prolinreiche Proteine in den meisten Genomen gibt. Die Vorhersage solcher Interaktionen bleibt daher eine wichtige Herausforderung für Strukturbiologen und Bioinformatiker.

23.1.2
Proteinnetzwerke und -komplexe

Man schätzt, dass in eukaryotischen Zellen Hunderte diskrete Proteinkomplexe vorliegen. Viele Komplexe enthalten Dutzende oder gar Hunderte verschiedener Proteine (Ribosomen, Spleißosomen, Elemente der Sarkomere im Muskel, RNA-Polymerasen; Abb. 23.2). Aber auch wohl definierte Komplexe interagieren vorübergehend mit anderen, nicht stabil assoziierten Proteinen, z. B. Translationsfak-

A

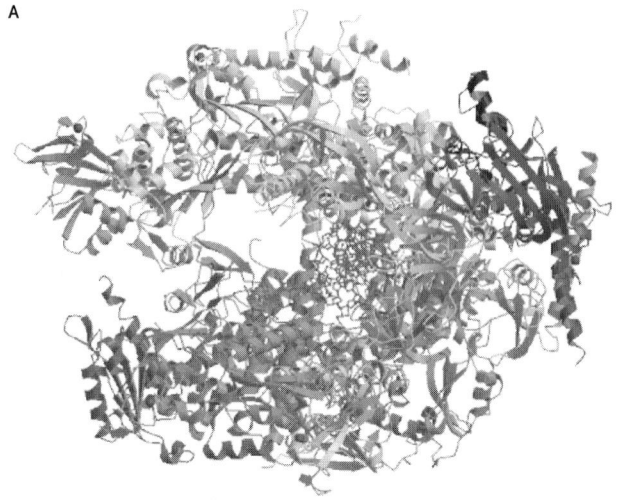

B

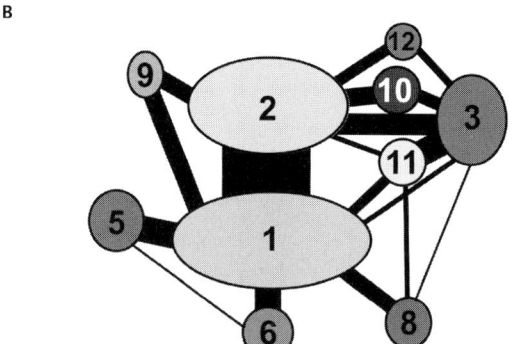

Abb. 23.2 Die RNA-Polymerase II – ein multimerer Protein-Komplex. (A) Diagramm der RNA Polymerase II der Hefe. (B) Schematisches Diagramm der Interaktionen zwischen den 10 Untereinheiten. Die Dicke der Verbindungslinien entspricht der Größe der Kontaktflächen zwischen den Untereinheiten. Die Farben entsprechen denen in (A). (Nach Cramer et al. 2001.)

toren mit dem Ribosom. Man kann sich deshalb die Proteine einer Zelle als Knoten eines riesigen Proteinnetzwerks vorstellen, in dem die meisten Proteine einer Zelle miteinander verbunden sind (Abb. 23.3). **Tatsächlich schätzt man, dass jedes Protein Interaktionen mit durchschnittlich mindestens drei anderen Proteinen eingeht.** Obwohl systematische Proteininteraktionsanalysen nur für wenige Organismen durchgeführt wurden, z. B. für verschiedene Viren, einige Bakterien, Hefe und einige wenige andere Modellorganismen, schätzt man, dass die 30 000 Proteine des menschlichen Körpers durch 100 000 oder mehr Interaktionen miteinander verbunden sind. Davon wurden experimentell allerdings erst einige Tausend iden-

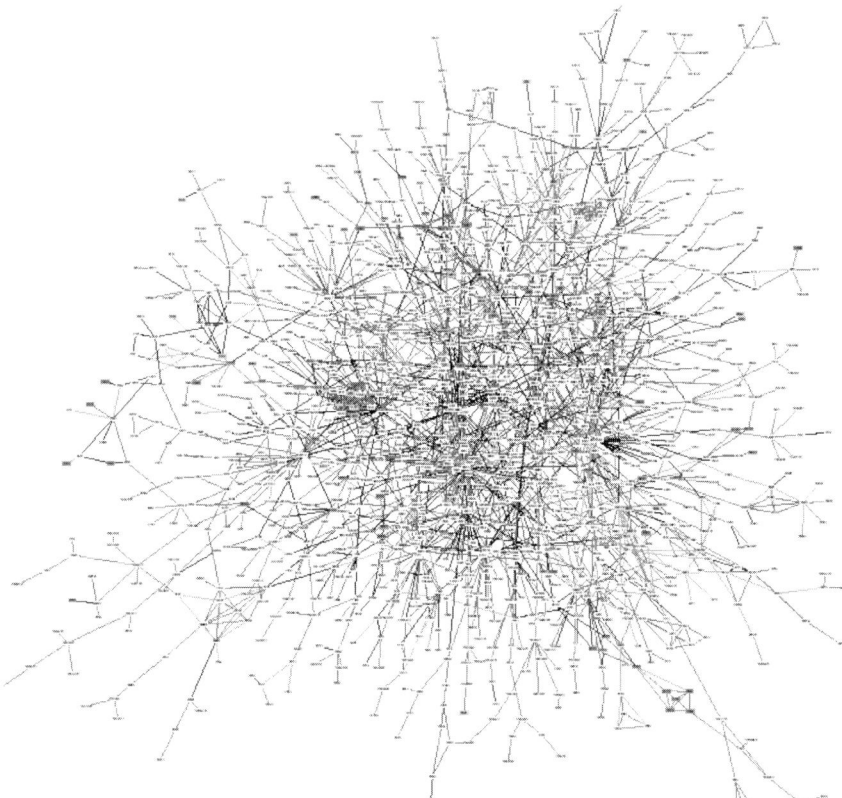

Abb. 23.3 Das Protein-Interaktionsnetzwerk einer Hefezelle. Diese „Karte" wurde aus publizierten Interaktionsdaten rekonstruiert und enthält 1548 Proteine, die durch 2358 Interaktionen verbunden sind. Die Proteine sind dabei anhand ihrer biologischen Funktion angefärbt: Proteine, die bei der Membranfusion eine Rolle spielen, sind blau, Chromatinproteine grau, Strukturproteine grün, Fettstoffwechsel gelb, Zellteilung rot. (Nach Schwikowski et al., 2000).

tifiziert und in Datenbanken katalogisiert (Tab. 23.1). Durch moderne Hochdurchsatzmethoden wird sich unser Wissen über diese Proteininteraktionen aber rasch vergrößern.

23.1.3
Strukturmerkmale interagierender Proteine

Einige Hundert Proteinkomplexe wurden bereits per Röntgenstrukturanalyse und anderen Methoden untersucht. Die Strukturdaten sind in der Protein Databank (PDB, *http://www.rcsb.org/*) erhältlich. Die folgenden Aussagen über die Geometrie und Energetik von Proteininteraktionen wurden aus der Analyse von jeweils einigen Dutzend bis ca. 100 kristallisierten Proteinpaaren abgeleitet.

Tab. 23.1 Datenbanken

Datenbank	Web-Adresse
Database of Interacting Proteins (DIP)	http://dip.doe-mbi.ucla.edu/
BIND	http://www.bind.ca/
AMAZE	http://www.amaze.ulb.ac.be/
MINT	http://cbm.bio.uniroma2.it/mint/
PDB (3D-Strukturen)	http://www.rcsb.org/
NDB (Nucleinsäuren und Proteine)	http://ndbserver.rutgers.edu/
Proteindomänen	http://smart.embl-heidelberg.de/

Der **Kontaktbereich** zwischen 2 Proteinen ist fast immer größer als 1100 Å^2, wobei jeder Interaktionspartner mindestens 550 Å^2 zur komplementären Oberfläche beiträgt. **Im Durchschnitt verliert jeder Partner durch die Interaktion ungefähr 800 Å^2 Kontaktfläche zum Lösungsmittel, die wiederum ca. 20 Aminosäuren pro Partner entsprechen.** In anderen Worten: Jeder an der Interaktionsfläche beteiligte Aminosäurerest bedeckt rund 40 Å^2.

Im Schnitt bringen Dimere rund 12% ihrer Oberfläche in die Interaktion ein, bei Trimeren sind es 17,4% und bei Tetrameren 21%. Allerdings gibt es beträchtliche Unterschiede zwischen verschiedenen Komplexen und die Gesamtkontaktflächen reichen von 6% bei Dimeren der Anorganischen Pyrophosphatase bis zu 29% beim Trp-Repressor-Homodimer. Daraus folgt auch, dass die Oberfläche eines Proteins praktisch immer Interaktionen mit mehreren anderen Proteinen gleichzeitig zulässt.

83 bis 84% der Kontaktflächen sind mehr oder weniger flach. Mit einigen Ausnahmen sind die Kontaktflächen meist annähernd runde Flächen auf der Oberfläche von stabilen und transienten Komplexen. Die Kontaktflächen in stabilen Bindungen sind aber oft größer, weniger planar und segmentierter (auf Sequenzebene) und überdies dichter gepackt als Kontaktflächen von instabilen Verbindungen.

Sekundärstruktur: In einer Untersuchung trugen die Interaktionen von Schleifen (*loops*) im Durchschnitt 40% zur Kontaktfläche bei. In einer anderen Studie mit 28 Homodimeren waren 53% der Kontaktflächen α-helikal, 22% β-Faltblätter, 12% αβ und der Rest Windungen (*coils*).

Komplementarität kann als „Oberflächenpassform" (*fitting surface shape*) bestimmt werden. Kontaktflächen in Homodimeren, Enzym-Inhibitor-Komplexen und stabilen Heterokomplexen sind am komplementärsten, während Antigen-Antikörper-Komplexe und instabile Heterokomplexe am wenigsten komplementär zu sein scheinen.

Aminosäurezusammensetzung: Kontaktflächen zwischen Proteinen sind oft hydrophober als ihre Außenseiten, aber weniger hydrophob als das Innere eines Proteins. In einer Studie waren 47% der interagierenden Aminosäurereste hydrophob, 31% polar und 22% geladen. Stabile Komplexe haben Kontaktflächen mit hydrophoben Resten, während die Kontaktflächen in instabilen Komplexen eher polare Reste bevorzugen. Mutageneseexperimente haben gezeigt, dass man oft mehr als die Hälfte aller Aminosäuren einer Kontaktfläche zu Alanin mutieren kann und trotzdem die Bindungskonstante (K_d) kaum verändert wird. Daraus kann man schließen, dass das „funktionelle" Epitop nur eine Teilmenge des „strukturellen" Epitops ist.

23.1.4
Welche Kräfte vermitteln eine Protein–Protein-Interaktion?

Interessanterweise ist die durchschnittliche Kontaktfläche zwischen zwei interagierenden Proteinen kaum polarer oder hydrophober als der Rest des Proteins, der nur mit dem Lösungsmittel in Kontakt ist. Allerdings sind transiente Komplexe eher hydrophil, was nicht sehr verwunderlich ist, zumal ja beide Komponenten auch unabhängig voneinander in der wässrigen Umgebung einer Zelle existieren müssen. Wasser wird normalerweise von der Kontaktstelle ausgeschlossen.

Manche Autoren haben vorgeschlagen, dass hydrophobe Wechselwirkungen den **energetischen** Hauptbeitrag zur Interaktion liefern, während Wasserstoffbrücken und Salzbindungen die **Spezifität** bedingen.

Obwohl **van der Waals-Kräfte** zwischen allen benachbarten Atomen wirken, sind diese zwischen Proteinen auch nicht stärker als zwischen Proteinen und dem Lösungsmittel. Trotzdem tragen van der Waals-Kräfte energetisch zur Proteininteraktion bei, weil sie in den eng gepackten Kontaktstellen in größerer Dichte vorkommen als am Interface zum Lösungsmittel.

Wasserstoffbrücken zwischen Proteinen sind ebenfalls energetisch günstiger als mit Wasser. Allerdings weisen stabile Proteinkomplexe oft weniger Wasserstoffbrücken als transiente Komplexe auf. Die Zahl der Wasserstoffbrücken beträgt rund 1 pro 170 Å^2 Bindungsfläche. Eine durchschnittliche Interaktionsfläche (~1600 Å^2) enthält somit rund 900 Å^2 unpolarer Oberfläche, 700 Å^2 polarer Fläche und enthält im Schnitt 10 (± 5) Wasserstoffbrücken. In einer Stichprobe relativ stabiler Dimere fand man im Schnitt 0,9 bis 1,4 Wasserstoffbrücken pro 100 Å^2 Kontaktfläche (mit Gesamtkontakten von meist >1000 Å^2), aber die Bandbreite war mit 0 in manchen Komplexen (z. B. Uteroglobin) bis zu 46 (im *variant surface glycoprotein*) doch beträchtlich. Die Seitenketten der Aminosäuren beteiligen sich dabei an 76–78% der Wasserstoffbrücken.

Nur 56% der Homodimere besitzen überhaupt Salzbrücken, wobei manche gar keine haben und andere bis zu 5.

23.1.4.1 Thermodynamik
Proteininteraktionen können als einfache chemische Reaktion in der folgenden Form beschrieben werden:

$$A + B \underset{k_d}{\overset{k_a}{\rightleftarrows}} AB \qquad\qquad (23.1)$$

A und B stellen hierbei zwei Proteine dar, die den Komplex AB bilden. Im Übrigen geht man davon aus, dass auch Multiproteinkomplexe durch sukzessive Bindung weiterer Untereinheiten gebildet werden.

Protein–Protein-Interaktionen können sehr schwach und kurzlebig oder stark und dauerhaft sein. Erstere werden auch als „transient" und letztere als „stabil" bezeichnet, obwohl es dazwischen alle Abstufungen gibt. Zum Beispiel kann ein Enzym vorübergehend an ein Substrat binden, es phosphorylieren und nach weniger als einer Mikrosekunde wieder dissoziieren. Manche Proteinkomplexe wie die Tripelhelix des Kollagens können in Knochen oder anderen Geweben für Wochen oder gar Jahre stabil vorliegen, ohne zu dissoziieren.

Die Interaktion zwischen zwei Proteinen lässt sich quantitativ mit dem Massenwirkungsgesetz beschreiben:

$$\frac{[A][B]}{[AB]} = \frac{1}{K_a} = K_d = \frac{k_d}{k_a} \tag{23.2}$$

wobei

k_a = Geschwindigkeitskonstante zweiter Ordnung für die bimolekulare Assoziation,
k_d = Geschwindigkeitskonstante erster Ordnung für die unimolekulare Dissoziation,
$K_d = k_d/k_a$ = Gleichgewichtskonstante der Dissoziation (K_a für Assoziation).

K_d hängt von den Konzentrationen von A, B und AB beim thermodynamischen Gleichgewicht ab. K_d hat die Dimension einer Konzentration (in Mol/Liter oder „M"). **Protein–Protein-Interaktionen bei biologisch relevanten Prozessen haben extrem unterschiedliche Werte für K_a und K_d, die sich über 12 Größenordnungen von 10^{-4} bis 10^{-16} M erstrecken.**

K_d-Werte im mM-Bereich werden als eher schwach betrachtet, Werte im nM-Bereich oder darunter als stark. Zum Beispiel hat die Interaktion zwischen Trypsin und dem Pankreas-Trypsin-Inhibitor (PTI) eine Dissoziationskonstante in der Größenordnung von 10^{-14} M, sie ist also sehr stark und damit stabil. Allerdings kann die biologische Stärke auch von anderen Faktoren abhängen, wie z. B. der Kooperativität. So können mehrere schwache Interaktionen zwischen den Untereinheiten eines Komplexes einen sehr stabilen Komplex ergeben.

23.1.4.2 Energetik

K_d-**Werte zwischen 10^{-4} bis 10^{-14} M entsprechen einer freien Enthalpie ΔG_d von 6 bis 19 kcal/mol, d. h. es werden 19 kcal benötigt, um ein Mol des Komplexes zu dissoziieren.** Auf jeden Fall ist die Dehydration der nichtpolaren Gruppen an der Kontaktfläche entscheidend für eine stabile Assoziation. Reale K_d-Werte für Protein–Protein-Interaktionen können in speziellen Datenbanken nachgeschlagen werden, z. B. der *Database of Interacting Proteins*, DIP (s. Tab. 23.1).

Die Interaktion zwischen einzelnen Aminosäuren kann bis zu 6 kcal/mol zu einer Proteininteraktion beitragen. Salzbrücken oder Wasserstoffbrücken zwischen

geladenen Aminosäuren liefern den größten Energiegewinn. Neutrale Wasserstoffbrücken liegen im Bereich von 0–3 kcal/mol. Das ist deutlich weniger als die
Energie einer Wasserstoffbrücke und bedeutet, dass die Interaktion zwischen zwei
Aminosäureresten eines Komplexes kaum stärker ist als die Interaktion mit dem
umgebenden Wasser eines gelösten Proteins. In Komplexen bekannter dreidimensionaler Struktur beteiligen sich die Peptidbindungen an mindestens der Hälfte
der Wasserstoffbrücken zwischen interagierenden Proteinen. Bindungen zwischen
Seitenketten und Hauptketten sind besonders häufig, obwohl gelegentlich auch
Bindungen zwischen den Hauptketten beobachtet werden.

Schätzungen haben ergeben, dass die unpolaren Kontaktflächen hydrophober
Interaktionen einen Energiegewinn von ungefähr 25 bis 70 Kalorien pro $Å^2$ ergeben. Gelegentlich können Protein–Protein-Interaktionen so stark sein (d.h. der K_a-
Wert beträgt mehr als 10^{16} M^{-1}), dass sich die Komponenten nur trennen lassen,
wenn sie denaturiert werden.

23.1.5
Methoden zur Untersuchung von Protein–Protein-Interaktionen

Verschiedene Methoden zur Untersuchung von Protein–Protein-Interaktionen
sind in Kap. 8 und 28 (Rekombinante Antikörper und Phagen-Display) beschrieben. Eine der dominierenden Methoden ist die Reinigung von Proteinen, die zunächst mit einem Fremdprotein fusioniert werden, z.B. Glutathion-S-Transferase
(GST). Die Fusionsproteine können dann zusammen mit assoziierten Proteinen
mittels einer Glutathion-beschichteten Matrix isoliert werden. Die gereinigten Proteine lassen sich dann mittels massenspektrometrischer Methoden identifizieren
(s. Kap. 8). Idealerweise wird die Struktur der interagierenden Proteine sowohl getrennt als auch im Komplex bestimmt. Dazu verwendet man bei kleinen Proteinen die Kernmagnet-Resonanz-Spektroskopie (NMR, *nuclear magnetic resonance*)
oder – vor allem bei größeren Komplexen – die Röntgenstrukturanalyse. Eine weitere Möglichkeit bietet die Selektion interagierender Peptide mittels Phagen (Phagen-Display, s. Kap. 28).

Bei *In-vivo*-**Methoden** werden interagierende Proteine so in einer Zelle exprimiert, dass durch deren Interaktion ein sog. Reportergen angeschaltet wird (z.B.
beim **Two-Hybrid**-System; Abb. 23.4). Heute werden solche Screens bereits systematisch durchgeführt, indem man schlicht alle möglichen Proteinpaare mittels
Roboterhilfe durchtestet. Alternativ kann als Reportersystem auch ein Lichtsignal
genutzt werden, z.B. bei der **FRET**-Methode (**FRET**, *fluorescence resonance energy
transfer*). Bei letzterer werden zwei fluoreszierende Proteine auf ihre räumliche
Nähe untersucht, indem man das eine Protein mit dem Cyan-fluoreszierenden
Protein (CFP) fusioniert und ein potenzielles Partnerprotein mit dem gelb-fluores-
zierenden Protein (YFP, *yellow fluorescent protein*). Wenn nun beide Proteine interagieren oder in sehr enge räumliche Nähe gelangen (idealerweise 30 Å, aber
höchstens 100 Å), kann man die Colokalisierung z.B. durch Bescheinen mit blauem Licht der Wellenlänge 434 nm nachweisen, weil diese Wellenlänge von CFP
absorbiert wird und die Energie sogleich auf YFP überträgt, welches daraufhin

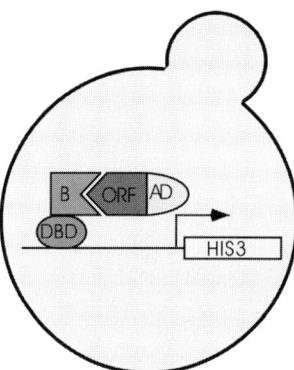

Abb. 23.4 Prinzip des Two-Hybrid-Systems. Das Two-Hybrid-System beruht auf der Expression zweier Fusionsproteine in einer Zelle. Eines der Fusionsproteine enthält eine DNA-bindende Domäne (DBD), die an den Promotor eines Reportergens (hier: His3) binden kann, und ein Protein B (*bait* = Köder). Das zweite Fusionsprotein besteht aus einer Transkriptionsaktivierungs-Domäne (AD) und ei- nem Protein ORF (für *open reading frame*, ein beliebiges Protein). Interagiert B mit ORF, wird ein Transkriptionsfaktor gebildet, der das Reportergen anschalten kann. Dadurch kann die Zelle auf Histidin-freiem Medium wachsen. Eine wachsende Hefekolonie zeigt damit an, ob die beiden exprimierten Proteine interagieren.

gelbes Licht der Wellenlänge 527 nm (gelb) abgibt. Ein gelbes Leuchten im Fluoreszenzmikroskop zeigt also eine Proteininteraktion an.

Proteininteraktionen können aber auch quantitativ gemessen werden. **Dissoziationskonstanten** bestimmt man im mikromolaren Maßstab mittels **Gleichgewichtszentrifugation** oder per **Mikrokalorimetrie**. Für genauere Messungen im nanomolaren Maßstab werden radioaktive Markierungen oder Antikörperreaktionen benötigt. Diese Messungen werden aber nicht oft angewandt und werden deshalb hier nicht im Detail beschrieben.

23.1.6
Regulation von Protein–Protein-Interaktionen

Die Interaktionen zwischen Proteinen sind einer strengen Regulation unterworfen. Gerät diese Regulation außer Kontrolle, kann dies zu Krankheiten wie Krebs führen.

Als wichtigster Regulator von Protein–Protein-Interaktionen dient die Kontrolle der **Expression**, denn Proteine können natürlich nur dann interagieren, wenn sie zur gleichen Zeit am gleichen Ort exprimiert werden. Am wichtigsten ist hier die Kontrolle der Transkription und der Translation (s. Kap. 4). Beispielsweise werden die meisten Wachstumsfaktoren wie die Fibroblastenwachstumsfaktoren (FGF, *fibroblast growth factor*) nur in bestimmten Geweben wie den Extremitäten, dem Gehirn oder der Niere exprimiert. Einige dieser FGFs werden ins Blut sezerniert, wonach sie an Rezeptoren binden können, die wiederum nur in bestimmten Geweben vorkommen. FGFs werden auch zeitlich streng reguliert, z. B. werden FGF4 und FGF8 nur im Embryo gebildet, während die anderen FGFs primär im erwachsenen

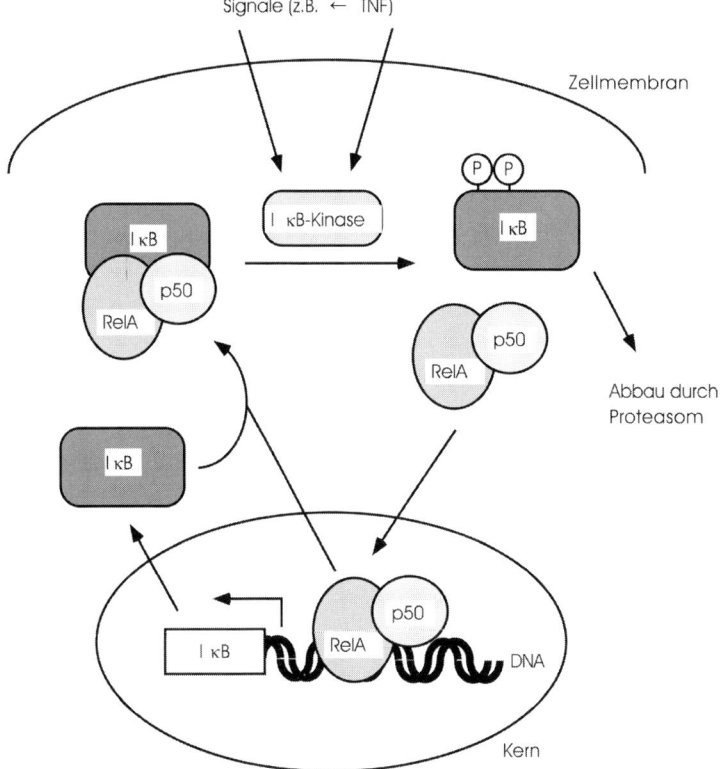

Abb. 23.5 Der NF-κB-Signalweg als Beispiel für Protein-Protein- und Protein-DNA-Interaktionen. Verschiedene Signale steuern die Aktivität des IκB-Kinase-Komplexes (IKK), z. B. vom TNF-Rezeptor (Tumor-Nekrose-Faktor). IKK phosphoryliert daraufhin IκB. Diese Phosphorylierung bewirkt die Erkennung von IκB durch ubiquitinylierende Enzyme und diese Modifikation wiederum die Erkennung durch das Proteasom, welches IκB abbaut. Die Ablösung von IκB legt zugleich ein Kernlokalisierungssignal des NF-κB-Komplexes frei, sodass dieser nun in den Zellkern wandern kann und dort an bestimmte DNA-Sequenzen bindet. Er wirkt dort als Transkriptionsfaktor, der u. a. das Gen für IκB anschaltet. Das nun exprimierte IκB wiederum bindet an den NF-κB-Komplex am IκB-Promoter und schaltet das Gen wieder ab. Es gibt noch zahlreiche weitere Zielgene und interagierende Proteine von NF-κB. Es lässt sich ermessen, wie komplex regulatorische Netzwerke auf diese Weise werden und wie vielschichtig deren Regulation ist (hier: Transkription, Lokalisierung, Modifizierung durch Phosphorylierung und Ubiquitinierung). Siehe auch Abb. 23.15.

Tier vorkommen. Das Gleiche gilt für ihre Rezeptoren. Die **Lokalisierung** von Proteinen ist auch innerhalb einer Zelle von großer Bedeutung. Manche Transkriptionsfaktoren wie NF-κB (bestehend aus den 2 Untereinheiten relA und p50) liegen normalerweise als inaktive Proteinkomplexe im Cytoplasma vor (Abb. 23.5). NF-κB ist an seinen Inhibitor IκB gebunden, der nach Phosphorylierung dissoziiert und dann abgebaut wird. Das so befreite NF-κB-Protein wandert in den Zellkern, wo es die Aktivität von Zielproteinen regulieren kann. Im Zusammenhang mit der Expression steht auch die **Stabilität** eines Proteins, zumal dessen Konzentration vom Gleichgewicht zwischen Synthese und Abbau bestimmt wird. Neben NF-κB werden viele andere Proteine auf diese Weise reguliert. So werden die Cycline in bestimmten Phasen des Zellzyklus gezielt abgebaut und können dadurch nicht mehr mit ihren Interaktionspartnern, den Cyclin-abhängigen Kinasen (CDKs), interagieren.

Kovalente **Modifikationen** sind wesentliche Regulatoren für Protein–Protein-Interaktionen. Ein weiteres Beispiel hierzu (neben der o.g. Phosphorylierung) ist die Acetylierung von Histonproteinen, welche die Bindung sog. Bromodomänen ermöglicht (s. Kap. 4). Diese Proteindomänen können nur an die acetylierten Histonproteine binden, nicht an unmodifizierte.

Liganden sind ebenfalls wichtige Regulatoren. So bindet GTP an die α-Untereinheit trimerer G-Proteine und bewirkt dadurch die Dissoziation der $\beta\gamma$-Untereinheit (s. Kap. 2). Die freigesetzten Untereinheiten können wiederum an andere Proteine binden und deren Aktivität regulieren. Der Austausch von GTP durch GDP bewirkt die Reassoziation der drei Untereinheiten.

23.1.7
Theoretische Vorhersage von Protein–Protein-Interaktionen

Selbst wenn die 3D-Strukturen zweier interagierender Proteine bekannt sind, ist die Vorhersage der Kontaktstellen alles andere als trivial. **In Proteinen bekannter dreidimensionaler Struktur** befinden sich die Interaktionsstellen oft an Stellen mit hydrophoben Eigenschaften. In einer Untersuchung hat diese Eigenschaft 25 von 29 Interaktionen korrekt vorhergesagt. Andere Parameter, die sich für die Vorhersage eignen, sind das Lösungspotenzial (*solvation potential*), die Kontaktflächenneigung einer Aminosäure (*residue interface propensity*), die Planarität, die Protrusion und die verfügbare Oberfläche. In einer Stichprobe von 28 Homodimeren war die Kontaktfläche meist planar, aber deutlich exponiert und dadurch zugänglich, und zudem die Fläche mit der höchsten Kontaktflächenneigung. Allerdings hat einer der benutzten Algorithmen (PATCH), der auch mehrere der genannten Parameter verwendet, die Position der Kontaktflächen nur in 66% der Strukturen korrekt vorhergesagt.

Vorhersage von interagierenden Proteinen anhand von Genomsequenzen

Es wurden verschiedene Versuche unternommen, Protein–Protein-Interaktionen *de novo* vorherzusagen. Eine der hierbei verwendeten Methoden ist die **Rosetta-Stein-Methode** (Abb. 23.6): Sie nutzt die Beobachtung, dass Teile mancher Proteine in anderen Organismen auf zwei Proteine verteilt sind. Man hat daraus geschlossen, dass die getrennten Proteinhälften interagieren müssen, da sie ja auch im Fusionsprotein gleichsam interagieren. Die Fusionsproteine heißen deshalb **Rosetta-Stein-Proteine**, so genannt nach dem berühmten Rosetta-Stein, der 1799 in Ägypten gefunden wurde und auf dem Texte in Griechisch, Demotisch (frühe ägyptische Alltagsschrift) und als Hieroglyphen eingemeißelt sind. Mit seiner Hilfe erzielte man einen Durchbruch bei der Übersetzung der Hieroglyphen. Ein Beispiel für ein Rosetta-Stein-Protein ist die **Succinyl-CoA-Transferase** des Men-

A

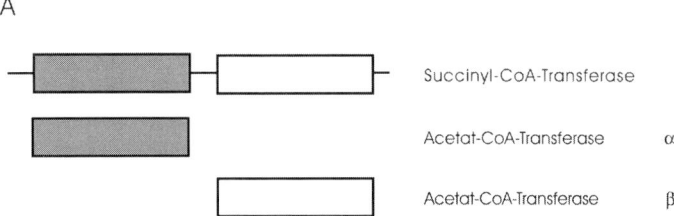

Succinyl-CoA-Transferase

Acetat-CoA-Transferase   α

Acetat-CoA-Transferase   β

B

Abb. 23.6 Die Rosetta-Stein-Methode. (A) Einige Proteine, wie die Succinyl-CoA-Transferase des Menschen, sind bei anderen Organismen auf zwei Proteine verteilt. Bei *E. coli* wird die Funktion dieses Proteins von der α- und β-Untereinheit der Acetat-CoA-Transferase ausgeübt. (B) Der historische Rosetta-Stein aus Ägypten. Weitere Details im Text.

schen, die bei *E. coli* in Untereinheiten aufgespalten vorkommt, nämlich die **Acetat-CoA-Transferase**-Untereinheiten α und β (Abb. 23.6).

Phylogenetische Profile

Manche Genkombinationen werden im Lauf der Evolution stabil beibehalten. Das heißt, diese Gene können anscheinend nicht isoliert vorkommen. Man schließt daraus, dass solche Gene für die Komponenten von Stoffwechselwegen oder Proteinkomplexen codieren, die jeweils alle Untereinheiten benötigen oder ansonsten ihre Funktion verlieren. Obwohl solche phylogenetischen Profile nicht notwendigerweise auf physische Interaktionen rückschließen lassen, hat es sich in vielen

Fällen doch herausgestellt, dass die Gengruppen funktionell zusammengehören. Gute Beispiele hierfür sind ribosomale Proteine oder die Hefeproteine Hog1 und Fus3, zwei Kinasen im MAP-Kinase-Signalweg der Hefe.

23.1.8
Biotechnische und medizinische Anwendungen von Protein–Protein-Interaktionen

Wesentliche Bereiche der biotechnologischen Forschung beschäftigen sich damit, interagierende Proteine wie Antikörper oder Peptidhormone zu produzieren. Ein therapeutisch eingesetzter Antikörper ist z. B. Herceptin, der an das Krebsprotein HER2 bindet, das bei 25 bis 30 % aller Brustkrebsfälle überexprimiert wird. Erythropoietin ist ein Beispiel für ein Peptidhormon, das die Bildung und Reifung der roten Blutkörperchen (Erythrocyten) im Knochenmark anregt und das seit vielen Jahren gentechnisch hergestellt wird und immer wieder bei Doping-Fällen im Sport von sich reden macht. **Die genaue Kenntnis von Protein–Protein-Interaktionen ermöglicht es außerdem, Verbindungen zu identifizieren, die diese Interaktionen blockieren.** So ist es z. B. wünschenswert, die Bindung von HIV an dessen Zielrezeptoren CD4, CCR5 und CXCR4 zu verhindern. Mittlerweile gibt es aber eine Reihe von Substanzen, die auch *in* der Zelle ihre Wirkung durch die Blockierung von Proteininteraktionen entfalten. So bindet das Immunsuppressivum FK506 an das FK506-bindende Protein (FKBP). Der entstehende Komplex wiederum blockiert die Aktivität der Phosphatase Calcineurin durch eine direkte Interaktion, wodurch der immunsupprimierende Effekt letztlich ausgelöst wird.

Gelegentlich sind auch Protein–Protein-Interaktionen von Nachteil, wie z. B. bei Insulin, das dazu tendiert, Dimere oder Hexamere zu bilden, die weniger aktiv sind als das Monomer. Diese Tendenz zur Oligomerisierung kann man durch genetische Modifikation unterdrücken und dadurch Insulin mit höherer Aktivität gewinnen.

23.2
Protein–DNA-Interaktionen

Protein–DNA-Wechselwirkungen spielen eine entscheidende Rolle in allen Bereichen der Genetik von der Regulation und Transkription einzelner Gene, der Reparatur beschädigter Sequenzen bis hin zur Stabilisierung der Erbsubstanz innerhalb des Chromatins und der Replikation kompletter Genome. **Gegenwärtige Schätzungen gehen davon aus, dass 2–3 % aller prokaryotischer und 6–7 % aller eukaryotischer Gene für DNA-bindende Proteine codieren.** Hinzu kommt, dass viele dieser Proteine nicht nur DNA binden, sondern auch mit anderen Proteinen Wechselwirkungen zeigen und wie im Beispiel der RNA-Polymerase nur als multimere Komplexe ihre biologische Aktivität zeigen.

23.2.1
Sequenzspezifische DNA-Bindung

Die Erkennung von spezifischen Sequenzen der DNA-Doppelhelix durch Proteine ist in vielen Prozessen wie der Genregulation und Transkription von elementarer Bedeutung (s. Kap. 4). **Die Spezifität der Bindung erfolgt auf atomarer Ebene durch Interaktionen bestimmter Seitenketten des Proteins mit Nucleotiden der DNA. Trotz vielfältiger Ansätze existieren bis heute keine einfachen und allgemein gültigen Regeln, die die Sequenzspezifität erklären oder vorhersagen können.** Stattdessen werden in Protein–DNA-Komplexen prinzipiell die gleichen Wechselwirkungen wie in Protein–Protein- bzw. Protein–Ligand-Komplexen gefunden. Die sequenzspezifische Bindung resultiert aus einer individuellen Kombination der verschiedenen möglichen Wechselwirkungen. Der erste Ansatz dafür besteht in den unterschiedlichen Wasserstoffbrückenmustern der Basenpaare Adenin-Thymin (A-T) bzw. Guanin-Cytosin (G-C), die in der großen bzw. in der kleinen Furche der DNA-Doppelhelix präsentiert werden (Abb. 23.7).

Mithilfe statistischer Analysen bekannter Protein–DNA-Röntgenstrukturen konnte gezeigt werden, dass die positiv geladenen Seitenketten von Arginin und Lysin bevorzugt Wasserstoffbrücken zu Guanin bilden. Asparagin und Glutamin hingegen bilden vor allem Wasserstoffbrücken zu Adenin aus. Die kürzeren Seitenketten von Serin und Threonin binden überwiegend an die Zucker-Phosphat-Kette und sind daher vermutlich eher für die allgemeine Stabilität als für die Spezifität verantwortlich. Neben Wasserstoffbrücken spielen auch hydrophobe Interaktionen eine wichtige Rolle. Obwohl van der Waals-Kontakte im Allgemeinen weniger spezifisch sind als Wasserstoffbrücken lassen sich auch hier gewisse Gesetzmäßigkeiten ausmachen. Arginin zeigt wiederum eine Präferenz für Guanin, während Threonin bevorzugt Methyl-Methyl-van-der-Waals-Interaktionen zu Thymin bildet. Phenylalanin, Prolin und Histidin bilden hydrophobe Stapel mit den planaren Basen vor allem in den Strukturen, in denen die DNA hinreichend deformiert ist, z.B. in den TATA-Box-bindenden Proteinen (s. unten). Die dritte Möglichkeit besteht in indirekten durch Wassermoleküle vermittelten Kontakten. Die Bedeutung dieser Interaktionen ist erst in den letzten Jahren durch die wachsende Anzahl höher aufgelöster Röntgenstrukturen (Auflösung besser als 2 Å)

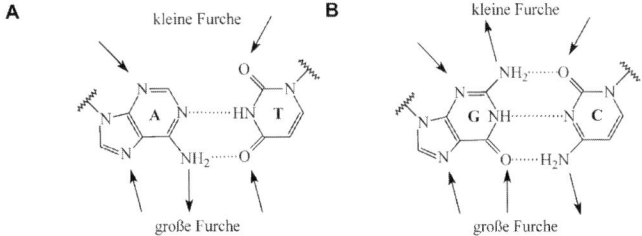

Abb. 23.7 Watson-Crick-Wasserstoffbrücken der Basenpaare A-T bzw. G-C. Die Pfeile geben potenzielle Wasserstoffdonoren bzw. -akzeptoren an.

deutlich geworden. Allerdings sind die daraus resultierenden Bindungsmuster zu komplex, um allgemeine Regeln zu erstellen.

23.2.2
Thermodynamische Überlegungen zu Protein–DNA-Komplexen

Obwohl nur eine relativ kleine Anzahl von Protein–DNA-Komplexen thermodynamisch charakterisiert ist – weit weniger als strukturell bekannt – so können doch einige wichtige, grundlegende Überlegungen angestellt und Schlussfolgerungen gezogen werden. **Sequenzspezifische Proteine haben generell eine hohe DNA-Affinität mit Assoziationskonstanten $K_a > 10^7$ M. Im Gegensatz dazu sind die entsprechenden Werte für eine unspezifische DNA-Bindung mindestens drei Größenordnungen geringer, da nur so eine ausreichende Diskriminierung gewährleistet ist. Das obere Limit für K_a wird auf ca. 10^{12} M geschätzt, da sonst die Komplexbildung unter physiologischen Bedingungen nicht mehr reversibel sein könnte und zu empfindlich auf geringe Konzentrationsschwankungen innerhalb der Zelle reagieren könnte.** Darüber hinaus konnte gezeigt werden, dass die Assoziationskonstanten und damit die freien Bindungsenthalpien ΔG^0 in verschiedenen Protein–DNA-Komplexen relativ ähnlich sind, während die einzelnen Beiträge ΔH^0 und $T\Delta S^0$ stark variieren. Stabilisierende Enthalpiebeiträge resultieren aus der Formation hydrophiler und hydrophober Wechselwirkungen. Der Verlust von Wasserstoffbrücken zu Lösungsmittelmolekülen wirkt dagegen destabilisierend. Andererseits konstituiert die Freisetzung von Wassermolekülen den wichtigsten Beitrag zu $T\Delta S^0$. Die eigentliche Komplexbildung hingegen verringert die Entropie. Weitere destabilisierende Enthalpiebeiträge entstehen, wenn einer der Komplexpartner durch die Komplexformation in eine energetisch ungünstige Konformation gezwungen wird. So wird die DNA-Doppelhelix in vielen Protein–DNA-Komplexen gebogen und aus ihrer kanonischen B-DNA-Konformation gelöst.

23.2.3
Methoden zum Studium von Protein–DNA-Wechselwirkungen

Protein–DNA-Wechselwirkungen können mit ähnlichen Methoden, wie für Protein–Protein-Komplexe bereits im ersten Teil dieses Kapitels beschrieben, untersucht werden (Abb. 23.8). Dazu kommen einige spezielle Methoden, die in Abb. 23.8 und Tab. 23.2 zusammengefasst sind.

   Die einzige Methode, die in der Lage ist, Protein–DNA-Komplexe im atomaren Detail aufzuklären, ist die Röntgenstrukturanalyse.

Strukturelle Klassifizierung von Protein–DNA-Komplexen

DNA-bindende Proteine können aufgrund ihrer Struktur und Funktion in acht Gruppen eingeteilt werden, die jeweils ähnliche Motive zur Bindung und Erkennung der DNA verwenden (Abb. 23.9 bis 23.16). Man beachte dabei, dass die Einteilung lediglich auf den bisher gelösten Kristallstrukturen von einigen Hundert

Abb. 23.8 *DNA Band Shift Assay* und *DNAse I Protection Assay* des *ferric uptake regulator* (Fur). (A) *DNA Bandshifts* beruhen auf der Tatsache, dass freie DNA und freie Proteine schneller in einem Gel wandern als ein DNA-Protein-Komplex. (B) Beim *DNAse I Footprint* wird die DNA mit und ohne gebundenem Protein mit DNAse I unvollständig verdaut, sodass verschieden lange Fragmente entstehen. DNA-bindende Proteine schützen die DNA vor Verdau. Wenn man die (radioaktiv markierten) Fragmente auf einem Gel auftrennt, sieht man eine Lücke im Bandenmuster, die der Bindungsstelle entspricht. (Mit freundlicher Genehmigung von M. L. Vasil.)

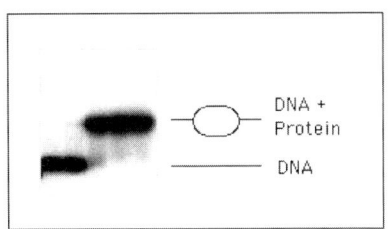

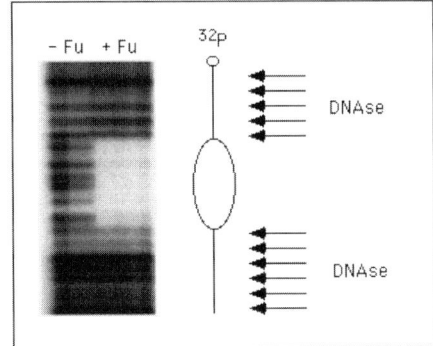

Tab. 23.2 Wichtige Methoden zur Untersuchung von Protein–DNA-Wechselwirkungen

Methode	Beschreibung
DNAse I-Footprinting	Hier wird ein z. B. radioaktiv markiertes DNA-Fragment mit dem Protein inkubiert und anschließend mit DNAse I verdaut. Die folgende Gelelektrophorese gibt Aufschluss über den vom Protein geschützten Bereich auf der DNA (Abb. 23.8 B).
Hydroxyl-Footprinting	In diesem Fall greifen Hydroxylradikale, die *in situ* durch die Reaktion von Eisen mit H_2O_2 produziert werden, die ungeschützten Bereiche der DNA an. Da OH-Radikale viel kleiner als z. B. DNAse I sind, wird ein genaueres Bild der Interaktionen erhalten.
Band-Shift Assays	Hier wird das z. B. radioaktiv oder chemisch markierte DNA-Fragment wiederum mit dem Protein inkubiert und mit nicht denaturierender Polyacrylamid-Gelelektrophorese (PAGE) analysiert. Da die Wanderungsgeschwindigkeit des Komplexes sich von der der einzelnen Komponenten unterscheidet, können so die Komplexeigenschaften bestimmt werden (Abb. 23.8 A).
Fluoreszenzspektroskopie	Bei dieser Methode werden Änderungen der intrinsischen Fluoreszenz der DNA gemessen und so Stöchiometrie und Gleichgewichtskonstanten bestimmt.
Isothermale Titrationscalorimetrie (ITC)	Bei dieser Methode wird die DNA in kleinen Mengen bei konstanter Temperatur zu der Proteinlösung pipettiert und so ΔH^0 direkt gemessen.
Elektronenmikroskopie	Bei dieser Methode werden die Form und grobe Gestalt bestimmt. Elektronenmikroskopie findet vor allem bei großen Multiprotein-DNA-Komplexen Anwendung.

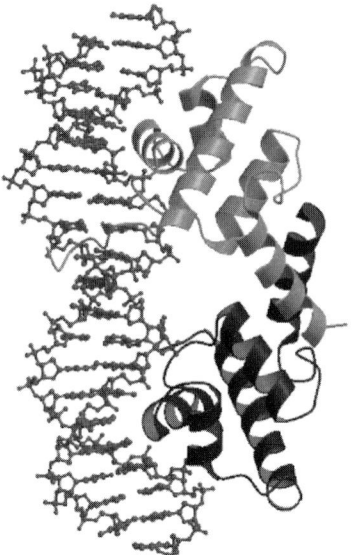

Abb. 23.9 Helix-Turn-Helix-Proteine. Dieses Motiv wird durch zwei nahezu orthogonale α-Helices, die durch eine Schleife (*turn*) verbunden sind, charakterisiert. Die zweite Helix liegt normalerweise in der großen Furche der DNA. Ein Beispiel ist der λ-Repressor.

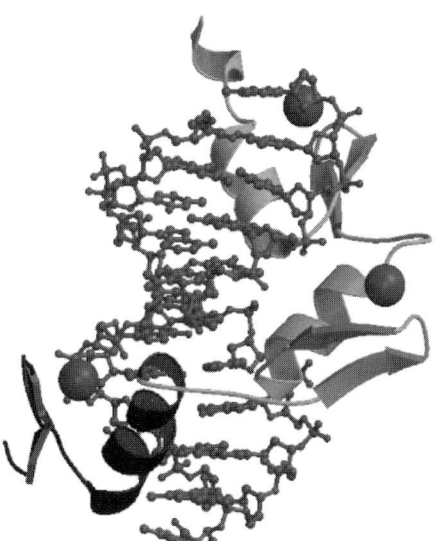

Abb. 23.10 Zink-koordinierende Proteine. Diese bisher größte Gruppe beinhaltet viele eukaryotische Transkriptionsfaktoren, die bereits anhand des Sequenzmusters identifiziert werden können. Das Merkmal der Gruppe sind ein oder zwei von konservierten Cysteinen und Histidinen koordinierte Zinkatome. Ein Beispiel ist der sog. „Zinkfinger" des Transkriptionsfaktors Zif268 der Maus. Hier erfolgt die DNA-Bindung ebenfalls durch eine Helix in der großen Furche der DNA.

Protein–DNA-Komplexen basiert. Die vorgestellten Gruppen können anhand ihrer Struktur in weitere 54 Familien aufgeteilt werden. Um die Vielfalt der Interaktionen zu dokumentieren, wird hier je ein Vertreter aus jeder Gruppe kurz vorgestellt. Tab. 23.3 gibt einen Überblick über die Häufigkeit der einzelnen Klassen im Humangenom.

Abb. 23.11 *Zipper-Type*-Proteine. Diese Gruppe hat ihren Namen nach der Art der Dimerisierung, die einem Reißverschluss (*zipper*) ähnelt. Das eine Ende der langen α-Helices des hier gezeigten Hefe-Transkriptionsfaktors GCN4 liegt in der großen Furche der DNA.

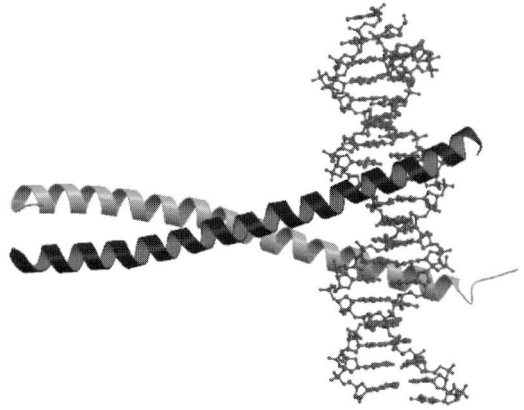

Abb. 23.12 α-Helix-Gruppe. In dieser Gruppe werden alle anderen Familien zusammengefasst, die eine α-Helix als DNA-bindendes Element verwenden. Das bekannteste Beispiel sind die Histone, die das Nucleosom bilden.

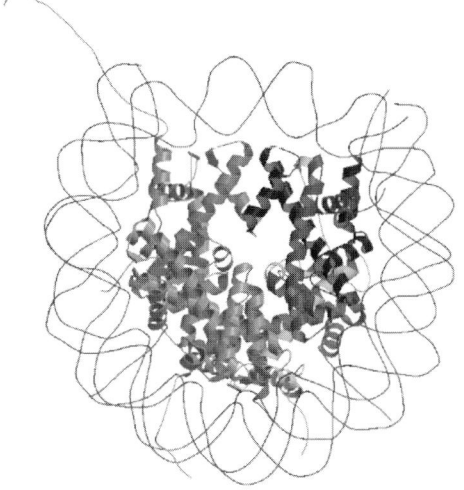

Abb. 23.13 β-Faltblatt-Gruppe. Diese Gruppe enthält bislang nur eine Familie, die der TATA-Box-bindenden Proteine (TBP), die eine essenzielle Komponente des Multiprotein-Transkriptionsinitiations-Komplexes darstellen. Das herausragende Merkmal dieser Strukturen ist die Biegung der DNA von nahezu 90°.

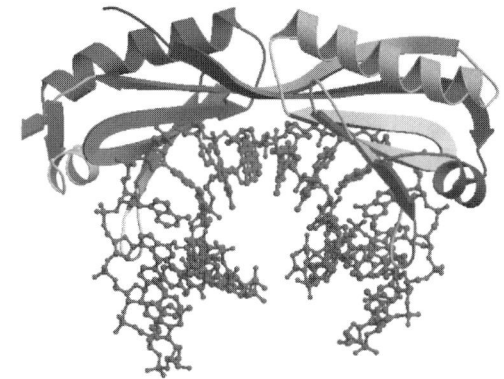

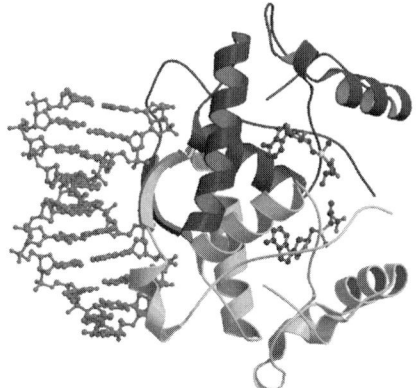

Abb. 23.14 *β-Hairpin/Ribbon*-Gruppe. Die Vertreter dieser Gruppe verwenden entweder kurze β-Faltblätter oder Schleifenmotive entweder in der großen oder in der kleinen Furche der DNA. Ein Beispiel dafür ist der Met-Repressor.

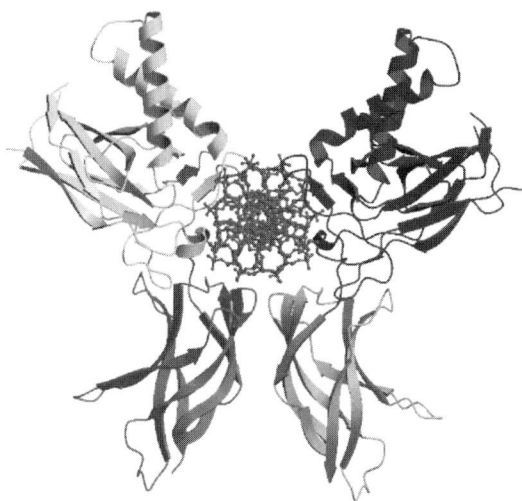

Abb. 23.15 Andere Protein-DNA-Wechselwirkungen. In dieser Gruppe werden bislang zwei Familien zusammengefasst, die kompliziertere Protein-DNA-Wechselwirkungen zeigen, in denen verschiedene Sekundär-elemente eingesetzt werden. Das hier gezeigte Beispiel ist die sog. *Rel homology region*-Familie des eukaryotischen Transkriptionsfaktors NF-κB. Vergleiche auch mit Abb. 23.5.

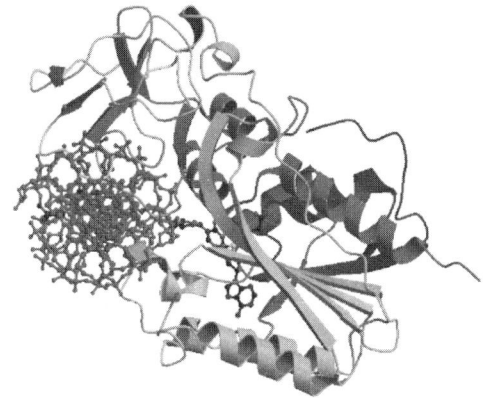

Abb. 23.16 Enzyme. In dieser Gruppe basiert die Einteilung in Familien weniger auf der Struktur, sondern auf ihrer enzymatischen Funktion. Ein Beispiel ist die Methyltransferase.

Tab. 23.3 DNA- und RNA-bindende Proteine im Genom des Menschen und verschiedener Modellorganismen mit komplett sequenzierten Genomen. Die Klassifizierung erfolgt anhand der Sequenz. „RNA" kennzeichnet RNA-bindende Domänen, alle anderen sind DNA-Bindungsdomänen.

Domäne	Mensch	Drosophila	Caenorhabditis	Saccharomyces	Arabidopsis
Histone-Core-Domäne	75 (81)	5	71 (73)	8	48
Helix-Loop-Helix-DNA-bindende Domäne	60 (61)	44	24	4	39
Homöobox-Domäne	160 (178)	100 (103)	2 (84)	6	66
Myb-ähnliche DNA-bindende Domäne	32 (43)	18 (24)	17 (24)	15 (20)	243 (401)
Leucin-Zipper-Domäne*	114	55	36	16	134
RFX-DNA-bindende Domäne	7	2	1	1	0
TATA-bindendes Protein, TBP	2 (4)	4 (8)	2 (4)	1 (2)	2 (4)
Andere Zinkfinger-domänen	77 (100)	34 (37)	50 (72)	19 (21)	87 (102)
Zinkfinger C_2H_2-Typ	564 (4500)	234 (771)	68 (155)	34 (56)	21 (24)
Zinkfinger C_3HC_4-Typ (RING-Finger)	135 (137)	57	88 (89)	18	298 (304)
Andere DNA-bindende Domänen	46 (47)	26 (27)	19	6	7
DEAH-Box-Helicase (RNA)	63 (66)	48 (50)	55 (57)	50 (52)	84 (87)
KH-Domäne (RNA)	28 (67)	14 (32)	17 (46)	4 (14)	27 (61)
RRM = RNA recognition motif (= RRM-Domäne) (RNA)	224 (324)	127 (199)	94 (145)	43 (73)	232 (369)

Zahlen in Klammern geben die Zahl der Domänen an, z.B. bedeutet „28 (67)" bei den KH-Domänen (vorletzte Reihe), dass es im Humangenom 28 Proteine mit insgesamt 67 Domänen gibt. Etliche Proteine müssen also mehrere KH-Domänen enthalten. „Andere DNA-bindende Domänen" enthalten die sog. ARID- und Forkhead-Domäne. Die RFX-Domäne ist eine ungewöhnliche Helix-Turn-Helix-Domäne und damit mit den Homöobox-Proteinen verwandt. Die Helix-Loop-Helix-DNA-Bindungs-domäne ähnelt der Leucin-Zipper-Gruppe ebenso wie die Myb-Domäne. (Modifiziert nach Venter et al., 2001.)

23.2.4
Medizinische Bedeutung von Protein–DNA-Wechselwirkungen

Zahlreiche **Krankheiten werden durch nicht korrekte Protein–DNA-Wechselwirkungen** verursacht. Die große Bedeutung dieser Interaktionen beruht darauf, dass DNA-bindende Transkriptionsfaktoren zentrale Schaltstellen des regulatorischen Netzwerks einer Zelle sind. So reicht der Transkriptionsfaktor SRY aus, um beim Embryo das männliche Geschlecht zu bestimmen. Bei Mutationen im Protein kann es zur Geschlechtsumwandlung dieser Embryos kommen. Zahlreiche Hormonrezeptoren wie der Glucocorticoid-Rezeptor oder der Östrogen-Rezeptor sind

Zinkfingerproteine, die eine wichtige Rolle beim hormongesteuertem Stoffwechsel spielen. Schließlich wird auch Krebs durch mutierte Transkriptionsfaktoren verursacht. Die Proteine Jun und Fos sind gut untersuchte Leucin-Zipper-Proteine, die nicht nur an die richtigen Promotorsequenzen binden müssen, sondern diese physiologische Funktion auch nur als Jun/Fos-Proteinkomplex ausüben.

23.2.5
Biotechnologische Anwendungen von Protein–DNA-Interaktionen

Die detaillierte Kenntnis von Protein–Protein- und Protein–DNA-Wechselwirkungen erlaubt es uns, diese auch gezielt für bestimmte Zwecke zu manipulieren. So kann man DNA-bindende Domänen in bestimmten Fällen so manipulieren, dass sie ganz bestimmte DNA-Sequenzen erkennen. Ein Ziel hierbei ist z. B. die Entwicklung von DNA-bindenden Proteinen, die an ganz bestimmte Zielgene binden und diese abschalten oder aktivieren. Wenn man vor solche Gene wiederum spezifische Promotoren setzt, lassen sich diese Gene auch gewebespezifisch aktivieren. Ein anderes Ziel ist es, DNA-Bindung ganz spezifisch durch Zugabe bestimmter Substanzen zu aktivieren. Ein Beispiel hierfür ist der Tet-Repressor, der sowohl die DNA-Sequenz des Tet-Operators als auch das Antibiotikum Tetracyclin bindet. Dieses System kann so manipuliert werden, dass durch die Zugabe von Tetracyclin oder verwandten Substanzen die DNA-Bindung induziert oder auch inhibiert wird. Man kann mittlerweile das Tet-Repressorgen samt einem Zielgen mit Tet-Operator in Säugerzellen einfügen und diese Zielgene dann einfach durch Zugabe von Tetracyclin an- oder abschalten. In vielen Labors wird zurzeit an der Manipulation von DNA-bindenden Domänen gearbeitet, sodass diese ganz bestimmte, bei Bedarf auch „unnatürliche" Sequenzen erkennen. Im Fall von Restriktionsenzymen könnten so auch Proteine hergestellt werden, die DNA an vordefinierten Stellen schneiden. Mit zunehmender Detailkenntnis von Proteinen und ihren Interaktionen lassen sich zahllose Anwendungen vorstellen, die nicht nur die Manipulationen von Bakterien, Tieren und Pflanzen möglich erscheinen lassen, sondern auch Eingriffe in das Erbgut des Menschen ermöglichen. Während therapeutische Behandlungen erwünscht sind, wird es eine große Herausforderung bleiben, unbeabsichtigte Nebenwirkungen und Missbrauch zu vermeiden.

23.3
Weiterführende Literatur

ALBERTS, B., JOHNSON, A., LEWIS, J., RAFF, M., ROBERTS, K., WALTER, P. (2002) *Molecular Biology of the Cell*, 4. Aufl. *Garland Science*, New York.

CESARENI et al., ISBN 3-527-30813-X Wiley

COLLINS, C. H., YOKOBAYASHI, Y., UMENO, D., ARNOLD, F. H. (2003) Engineering proteins that bind, move, make and break DNA. *Curr. Opin. Biotechnol.* **14**(4), 371–378.

CRAMER, P., BUSHNELL, D. A., CORNBERG, R. D. (2001) Structural basis of transcription: RNA polymerase II at 2.8 Å resolution. *Science* **292**, 1863–1876.

DARNELL, J. E. (2002) Transcription factors as targets for cancer therapy. *Nat. Rev. Cancer* **2**, 740–749.

FRISHMANN, D., MEWES, H. W. (1997) PEDANTic genome analysis. *Trends Genet.* **13**, 415–416.

GAVIN, A.-C., SUPERTI-FURGA, G. (2003) Protein complexes and proteome organization from yeast to man. *Curr. Opin. Chem. Biol.* **7**, 21–27.

GHOSH, S., KARIN, M. (2002) Missing pieces in the NF-κB puzzle. *Cell* **109** (Suppl.), S81–S91.

GOLEMIS, E. (Hrsg.) (2002) *Protein–Protein Interactions – A Molecular Cloning Manual.* Cold Spring Harbor Laboratory Press, New York.

JANIN, J. (2000) Kinetics and thermodynamics of Protein–protein interactions from a structural perspective, in: KLEANTHOUS, C. (Hrsg.) *Protein–Protein Recognition*, S. 1–31. Oxford University Press, Oxford.

JEN-JACOBSON, L., ENGLER, L. E., JACOBSON, L. A. (2000) Structural and thermodynamic strategies for site-specific DNA binding proteins. *Structure* **8**, 1015–1023.

JONES, S., THORNTON, J. M. (2000) Analysis and classification of Protein–protein interactions from a structural perspective, in: KLEANTHOUS, C. (Hrsg.) *Protein–Protein Recognition*, S. 33–59. Oxford University Press, Oxford.

LODISH, H., BERK, A., ZIPURSKY, L., MATSUDAIRA, P., BALTIMORE, D., DARNELL, J. (2003) *Molecular Cell Biology*, 5. Aufl. W. H. Freeman, New York.

LUSCOMBE, N. M., AUSTIN, S. E., BERMAN, H. M., THORNTON, J. M. (2000) An overview of the structures of Protein–DNA complexes. *Genome Biol.* **1**(1), 1–10.

LUSCOMBE, N. M., LASKOWSKI, R. A., THORNTON, J. M. (2001) Amino acid-base interactions: a three-dimensional analysis of Protein–DNA interactions at an atomic level. *Nucleic Acids Res.* **29**, 2860–2874.

MOSS, T. (Hrsg.) (2001) *DNA-Protein Interactions: Principles and Protocols (Methods in Molecular Biology).* Humana Press, Totowa, NJ, USA.

PAWSON, T., NASH, P. (2003) Assembly of cell regulatory systems through protein interaction domains. *Science* **300**, 445–452.

PHIZICKY, E. M., FIELDS, S. (1995) Protein–protein interactions: methods for detection and analysis. *Microbiol. Rev.* **59**(1), 94–123.

SALWINSKI, L., EISENBERG, D. (2003) Computational methods of analysis of Protein–protein interactions. *Curr. Opin. Struct. Biol.* **13**, 377–382.

SCHWIKOWSKI, B., UETZ, P., FIELDS, S. (2000) A network of interacting proteins in yeast. *Nat. Biotechnol.* **18**, 1257–1261.

THORNER, J. (Hrsg.) (2000) Applications of Chimeric Genes and Hybrid Proteins, Part C: Protein–Protein Interactions and Genomics. *Methods in Enzymology* **328**, Academic Press.

TRAVERS, A. (2000) DNA-Protein Interactions: A Practical Approach. Oxford University Press, Oxford.

URNOV, F. D., REBAR, E. J. (2002) Designed transcription factors as tools for therapeutics and functional genomics. *Biochem. Pharmacol.* **64**(5/6), 919–923.

VENTER, C. J., ADAMS, M. D., MYERS, E. W. (2001) The sequence of the human genome. *Science* **291**, 1343.

WALSH, G. (2002) Proteins: Biochemistry and Biotechnology. Wiley, Chichester.

24
Bioinformatik

Die Methoden der Bioinformatik liefern den Schlüssel zur Analyse und zum Verständnis der großen Datenmengen, die über die Genomik, Funktionelle Genomik, Proteomik und die Molekulare Diagnostik geliefert werden. Dieses Kapitel führt in verschiedene Methoden und Probleme der Bioinformatik ein.

24.1
Einleitung

Bioinformatik als Disziplin entstand aus der Notwendigkeit, durch Sequenzierung gewonnene Daten zu verarbeiten und zu analysieren. Die Verfügbarkeit großer Datenmengen durch Verfahren der Molekularbiologie führte zwangsläufig zur Entwicklung von Computerverfahren zu deren Speicherung und Vergleich. Etwa zwei Dekaden später wiederholte sich dieser Prozess bei der Entwicklung von DNA-Chips, die jetzt – nach der Untersuchung des Genoms – Einblicke in das Transkriptom versprachen. Dabei war die Bioinformatik zunächst nur als Hilfsdisziplin gedacht. Zumindest im Bereich der Sequenzanalyse entwickelte sie sich aber zu einer eigenständigen Disziplin, die eigene Beiträge zum biologischen Wissen lieferte. Die Untersuchung evolutionärer Vorgänge z.B. ist wegen fehlender experimenteller Zugänglichkeit erst durch mathematische Modelle der Evolution und ihre Überprüfung an Sequenzdaten mit statistischen Methoden möglich geworden. So erfolgt heute die Einteilung im Stammbaum des Lebens (Abb. 1.1) anhand molekularer Ähnlichkeit und nicht nach morphologischen Kriterien.

Die Einteilung der Bioinformatik kann nach ihren Anwendungsgebieten oder nach den verwendeten Methoden erfolgen. In zeitlicher Reihenfolge wurden **bioinformatische Methoden** etwa für **Sequenzvergleiche, Datenbanksuchen, Motiverkennung, phylogenetische Analysen, Strukturvorhersagen von RNAs und Proteinen, Genvorhersagen, Promotoranalysen, Transkriptomanalysen, Proteomanalysen und zur Modellierung komplexer biologischer Systeme verwendet.** Die angewendeten Methoden bestehen in Algorithmen zur Ermittlung von Ähnlichkeiten von Buchstabenfolgen (einschließlich Einfügungen, Auslassungen und Veränderung von Buchstaben), Methoden aus der Graphentheorie, statistischen Verfahren (z.B. *Maximum-Likelihood*-Verfahren), Methoden des maschinellen Lernens (z.B. künst-

Molekulare Biotechnologie: Konzepte und Methoden.
Herausgegeben von M. Wink
Copyright © 2004 WILEY-VCH Verlag GmbH & Co. KGaA, Weinheim
ISBN: 3-527-30992-6

liche neuronale Netze, Hidden-Markov-Modelle) und Methoden der Systemtheorie (z. B. Boole'sche oder stochastische Netzwerke).

Im Rahmen dieses Lehrbuchs können diese Verfahren nur im Konzept vorgestellt werden, es wird dann jeweils auf Spezialliteratur verwiesen.

24.2
Datenquellen

Bioinformatik wäre nicht möglich ohne die Verfügbarkeit molekularer Daten. Bei den ersten Sequenzierprojekten war es ein unschätzbarer Vorteil, dass die ermittelten Sequenzdaten sofort der internationalen Öffentlichkeit verfügbar gemacht wurden, was man gegenwärtig auch für Mikroarray-Daten anstrebt. Die Entwicklung des Internets als Kommunikationsmedium hat ebenfalls einen großen Beitrag zur Weiterentwicklung der Bioinformatik geleistet. Die dort verfügbaren Datenbanken speichern sowohl Primärdaten wie auch abgeleitete Daten. Im Folgenden werden einige wichtige Datenbanken kurz vorgestellt. Die Internetadressen dieser Datenbanken finden sich im Online-Supplement zu diesem Lehrbuch.

24.2.1
Primärdatenbanken: EMBL/GenBank/DDBJ, PIR, SwissProt

In primären Sequenzdatenbanken werden DNA-, RNA- und Proteinsequenzen gespeichert. Es gibt für diese Datenbanken zwei Konzepte. Das erste erlaubt jedem Forscher, nach minimaler Konsistenzprüfung Sequenzdaten in der Datenbank abzulegen. Dieses Konzept verfolgte vor allem GenBank, die heute im Zuge internationaler Abgleichung von Datenbanken identische Einträge zu EMBL (*European Molecular Biology Laboratory*) und DDBJ (*DNA Data Bank of Japan*) enthält. Der Vorteil dieser Datenbanken liegt in der schnellen öffentlichen Verfügbarkeit der Sequenzen, die zum Teil nur Stunden nach der eigentlichen Sequenzierung erhältlich sind. Nachteilig ist allerdings die fehlende Qualitätsprüfung, sodass zu einem einzigen Gen zum Teil Hunderte redundanter Sequenzen mit minimalen Sequenzabweichungen vorhanden sind, die auch noch völlig unterschiedlich benannt sein können. Ebenso werden einmal gespeicherte fehlerhafte Sequenzen von den Datenbankbetreibern selbst nicht nachträglich korrigiert und verbleiben für immer in der Datenbank.

Im Gegensatz dazu stehen betreute (*curated*) Datenbanken, bei denen Kuratoren jeden Eintrag überwachen und auf Konsistenz mit bestehenden Datenbankeinträgen sowie Einhaltung von Qualitätsrichtlinien überprüfen. Dieses Konzept verfolgt vor allem Amos Bairoch mit SwissProt, sowie die *Protein Information Resource* (PIR). Den offensichtlichen Vorteilen steht mangelnde Aktualität gegenüber, die vor allem im Zeitalter der Hochdurchsatzsequenzierung als Defizit erkennbar wurde, sodass man heute oft SwissProt mit allen übersetzten codierenden Sequenzen aus EMBL (TrEMBL Datenbank) zu einer Metadatenbank zusammenfasst.

Neben einem Namen, einer Kurzbeschreibung und der eigentlichen Sequenz enthalten Primärdatenbanken auch noch zusätzliche Informationen über Autor, Literaturstellen, Eigenschaften der Sequenz (z. B. Introns/Exons bei genomischen Sequenzen) sowie – im Fall betreuter Datenbanken – über Funktion, zelluläre Lokalisation usw. Wichtig für die praktische Arbeit sind auch Kreuzverweise zu anderen Datenbanken; es ist noch immer nicht in jedem Fall trivial, anhand etwa einer Zugangsnummer einer Nucleinsäuresequenz-Datenbank die zugehörige Proteinsequenz zu finden.

24.2.2
Motivdatenbanken: BLOCKS, Prosite, PFAM, ProDom, SMART

Proteine als wichtigste und vielfältigste Gruppe von Zellbausteinen sind modular aufgebaut. Man schätzt, dass bei komplexen Organismen wie dem Menschen die Zahl der möglichen Proteine die Zahl der vorhandenen Proteindomänen um etwa ein bis zwei Größenordnungen übersteigt. Dabei ist der Begriff **Proteindomäne** nicht präzise definiert. Man versteht darunter entweder ein funktionelles oder strukturelles Modul, das heute zumeist durch Blöcke mit konservierter Aminosäurefolge in multiplen Sequenzvergleichen definiert wird. Solche vorberechneten Blöcke werden in Motivdatenbanken gespeichert, die oft zum Verständnis der Funktion eines Proteins beitragen können, wenn keine über die Länge des Proteins vorhandenen Sequenzähnlichkeiten zu anderen Proteinen bekannter Funktion bestehen. Außerdem sind solche Datenbanken unverzichtbar zum Verständnis der Evolution von Proteinen durch Neukombination von Domänen (s. Kap. 2). Die Datenbanken unterscheiden sich dabei durch die Art der Berechnung sowie durch die Repräsentation von Domänen. **Prosite** als älteste Motivdatenbank speichert z. B. reguläre Ausdrücke als Muster, **ProDom** positionsspezifische Score-Matrizen und **PFAM** (*protein families database of alignments and HMMs*) Hidden-Markov-Modelle. Automatisch generierte Datenbanken wie ProDom enthalten dabei wesentlich mehr Einträge (zurzeit ca. 140 000) als betreute Datenbanken, z. B. PFAM (ca. 5700).

24.2.3
Molekulare Strukturdatenbanken: PDB, SCOP

Die **primäre Datenbank für Proteinstrukturen** ist **PDB** (*Protein Data Bank*). Die molekulare Struktur von Proteinen und Nucleinsäuren wird durch Röntgenbeugung an Einkristallen oder durch Kernresonanzmethoden bestimmt. Die Atomkoordinaten, kristallographischen Parameter sowie Qualitätsfaktoren sind gespeichert. Bei durch Röntgenbeugung bestimmten Strukturen ist zu beachten, dass Wasserstoffatome wegen der geringen Atommasse praktisch keine auswertbaren Beugungssignale zeigen und deshalb nicht in der Struktur enthalten sind, was für die Bestimmung von Wasserstoffbrückenbindungen wichtig ist.

Abgeleitete Strukturdatenbanken klassifizieren bestimmte Strukturen anhand charakteristischer Merkmale. SCOP (*structural classification of proteins*) z. B. unterteilt Strukturen in all-α, all-β, α/β (*antiparallel sheets*), α/β (*parallel sheets*), komplexe und kleine Strukturen. Die Zahl aller gespeicherten Proteinstrukturen (zurzeit ca. 21 000) täuscht darüber hinweg, dass viele Proteinstrukturen identische Faltungsmuster aufweisen. Oft sind auch verschiedene rekombinante Formen desselben Proteins mit verschiedenen Einträgen vertreten. Die Zahl der unterschiedlichen bestimmten Faltungsmuster dürfte zurzeit nicht mehr als 1000 betragen.

24.2.4
Transkriptomdatenbanken: SAGE, ArrayExpress, GEO

Insbesondere durch **SAGE** (*serial analysis of gene expression*) und durch die DNA-Mikroarray-Technologie ist es möglich geworden, die Expressionsstärken Tausender Gene gleichzeitig zu untersuchen. Nach einer stürmischen Entwicklung der Technologie ist das Bedürfnis gewachsen, Daten aus solchen Experimenten in einheitlicher Form zu veröffentlichen, wie das zuvor schon mit Sequenzdaten geschehen ist. Allerdings sind zum Verständnis und zur Interpretation zumindest der **Mikroarray-Daten** Informationen über eine Reihe technischer Parameter nötig, z. B. über das verwendete System, das Markierungsschema der Nucleinsäuren, die Hybridisierungsbedingungen usw. Die eindeutige Beschreibung der Proben, deren Transkriptom untersucht wurde, erfordert Systeme zu ihrer Beschreibung, die zurzeit noch nicht existieren. Probleme entstehen – ohne solche Systeme – vor allem durch Synonyme, d. h. verschiedene Begriffe, die dasselbe bezeichnen, durch doppeldeutige Begriffe und durch falsch geschriebene Worte. Diese Probleme versucht man durch die Verwendung von kontrolliertem Vokabular (*controlled vocabularies*) oder von sog. Ontologien zu umgehen. Ontologien sind hierarchische Begriffssysteme zur konsistenten Beschreibung biologischer Entitäten. Für viele Bereiche, z. B. die anatomisch korrekte Beschreibung des Zelltyps, existieren allerdings noch keine allgemein anerkannten Ontologien.

Zur Beschreibung von Mikroarray-Experimenten hat man sich auf einen minimalen Satz zusätzlicher Informationen geeinigt, die die eigentlichen Daten begleiten müssen, damit diese richtig interpretiert werden können. Dieser Standard heißt MIAME (*minimum information about a microarray experiment*). Um einen einheitlichen Datenaustausch zwischen verschiedenen Datenbanken zu ermöglichen, wurde ein XML-basiertes Datenformat, **MAGE-ML** entwickelt (*microarray gene expression markup language*). Wichtige öffentlich zugängliche Datenbanken für Genexpressionsdaten sind vor allem **GEO** (*Gene Expression Omnibus, National Center for Biotechnology Information, USA*) und ArrayExpress (*European Bioinformatics Institute, UK*). **SAGE**-Daten werden in einem eigenen Projekt gespeichert. Bisher existiert keine Methode, um Expressionsdaten, die durch SAGE, cDNA-Mikroarrays oder Oligonucleotid-Mikroarrays erhalten wurden, vergleichbar zu machen. Nur SAGE-Daten lassen sich in eine absolute Größe (Anzahl der mRNA-Kopien pro Zelle bzw. pro 100 000 Transkripte) umrechnen.

24.2.5
Referenzdatenbanken: PubMed, OMIM, GeneCards

Referenzdatenbanken stellen den Bezug zwischen einem Datenbankeintrag in einer Sequenzdatenbank und der wissenschaftlichen Originalliteratur zu dem zugehörigen Gen bzw. Protein her. Die wichtigste Datenbank ist sicher PubMed, die die Abstract-Informationen aus Medline zu ca. 4500 biowissenschaftlichen und medizinischen Zeitschriften enthält. Dort gibt es auch Felder, über die der Bezug zu Sequenzdatenbanken hergestellt wird. Daneben existiert noch **OMIM** (*online Mendelian inheritance in man*), die ursprünglich Gene, die mit vererbbaren Krankheiten assoziiert sind, auflistete, aber heute auch andere krankheitsrelevante Gene enthält. Zu jedem Gen sind Literaturinformationen zu den zugehörigen Krankheiten enthalten. GeneCards ist eine Metadatenbank, die in übersichtlicher Form die wichtigsten Informationen zu humanen Genen aus einer Reihe anderer Datenbanken (z. B. GenBank, Locus Link, OMIM, SwissProt) zusammenstellt.

24.3
Sequenzanalyse

In diesem Abschnitt sind alle Methoden zusammengefasst, die Sequenzen, d. h. die Abfolge von Bausteinen in einer Nucleinsäure- oder Proteinkette, analysieren oder miteinander vergleichen. Zunächst werden Methoden vorgestellt, die lediglich auf der Zusammensetzung und dem Aufbau einer Peptidkette beruhen. Die weitaus meisten und auch bedeutenderen Methoden ziehen aber Informationen über die Ähnlichkeit zu anderen Sequenzen heran. Die Methoden, solche Ähnlichkeiten zu bestimmen, stellen auch in der Informatik Herausforderungen an die Algorithmen, die die Bioinformatik zum großen Teil erst gelöst hat. Sequenzen werden dabei als Abfolge von Zeichen über einem Alphabet betrachtet. Für Nucleinsäuren ist das Alphabet z. B. $\aleph = \{A,C,G,T\}$. Schließlich lassen sich auch mit Methoden der schließenden Statistik Hypothesen über den Grad der Verwandtschaft und die Abstammung der Sequenzen voneinander überprüfen, was zum Verständnis der Evolution auf molekularer Ebene einen entscheidenden Beitrag geliefert hat.

24.3.1
Kyte-Doolittle, Helical Wheel, Signalsequenzanalyse

In diesem Abschnitt werden drei Methoden präsentiert, die allein auf der Abfolge der Aminosäuren in einer Polypeptidkette beruhen. Beim **Kyte-Doolittle-Plot** wird die Hydrophobizität eines Peptids in einem gleitenden Fenster bestimmt, das für die meisten Anwendungen 5–7 Aminosäuren lang ist (Abb. 24.1). Die Hydrophobizität wird dabei aus Inkrementen für die einzelnen Aminosäuren errechnet und ist mit der Solvatationsenthalpie der Aminosäuren verbunden. Damit ergeben sich für hydrophile Aminosäuren (z. B. Serin, Threonin, Asparaginsäure, Lysin) nega-

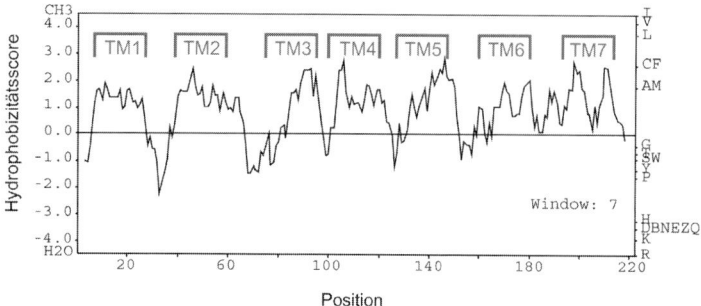

Abb. 24.1 Kyte-Doolittle-Plot des Bacteriorhodopsins aus *Halobacterium* sp. Aufgetragen ist der Hydropathie-Index gegen die Position des Sequenzfensters (Länge: 7 Aminosäuren). Angegeben sind auf der rechten Ordinate die Werte für einzelne Aminosäuren. Die Position der 7 Transmembranhelices, wie sie aus der Kristallstruktur des Proteins abgeleitet wurden, ist eingezeichnet (TM1–TM7).

tive Werte. Der errechnete Wert für ein Peptid der Fensterlänge wird gegen die Fensterposition aufgetragen, sodass man ein Hydrophobizitätsprofil des Proteins erhält. Durch die Wahl einer geeigneten Fenstergröße erreicht man eine Glättung des Profils, sollte aber aufpassen, dass zu beobachtende Effekte nicht durch zu starke Glättung eliminiert werden. Die wichtigste Anwendung der Methode besteht in der Suche nach Transmembransegmenten in Proteinen. Solche α-helikalen Bereiche haben eine Länge von 17–21 Aminosäuren, entsprechend einer Dicke von ca. 3 nm des lipophilen Teils einer Lipid-Doppelschicht. Ein hydrophober Gipfel im Hydropathiediagramm mit dieser Länge ist ein starker Hinweis auf einen Transmembranbereich.

Die **Helical-Wheel-Analyse** beruht auf periodischen Strukturen in bestimmten Proteinbereichen. So kommen in Transmembranbereichen, aber auch in Signalpeptiden sog. amphipathische Helices vor, das sind solche Helices, die auf einer Seite polar und auf der gegenüberliegenden Seite hydrophob sind. Trägt man eine Aminosäuresequenz versetzt mit einer Drehung von 100° auf, erhält man eine Struktur, die der Sicht auf eine Helix entlang ihrer Längsachse gleicht (Abb. 24.2). Durch unterschiedliche Einfärbung der polaren und hydrophoben Aminosäuren können so amphipathische Helices erkannt werden. Allerdings beträgt in der Praxis der Drehwinkel der Aminosäureseitenketten gegeneinander nicht immer genau 100°. Eine weiter gehende Analyse ermittelt hier das amphipathische Moment (permanentes Dipolmoment quer zur Helixachse) in Abhängigkeit vom Drehwinkel; liegt das Maximum im Bereich von 85–115°, kann bei entsprechender Größe des Moments auf eine amphipathische Helix geschlossen werden.

Die **Signalsequenzanalyse** beruht auf dem Vorkommen bestimmter Muster und Abweichungen von der durchschnittlichen Aminosäurezusammensetzung in Signalsequenzen, die die Lokalisation von Proteinen in der Zelle steuern. Für mitochondriale Matrixproteine z. B. liegen die Signalsequenzen am N-Terminus des Proteins und haben eine Länge von ca. 25–75 Aminosäuren (s. Kap. 5). Positiv ge-

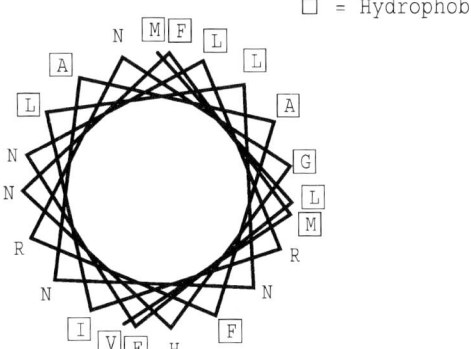

Abb. 24.2 Helical-Wheel-Plot der ersten 22 Aminosäuren der Ornithin-Transcarbamoylase, eines mitochondrialen Enzyms, mit einem Drehwinkel von 95°. Die hydrophoben Seitenketten sind umrandet. Die hydrophilen Seitenketten, insbesondere die beiden positiv geladenen Argininreste, sind auf einer Seite der Helix angeordnet; die Struktur bildet eine amphipathische Helix aus.

ladene Aminosäuren kommen in diesen Signalsequenzen häufiger als durchschnittlich vor; an der Spaltstelle der Signalsequenz, die nach dem Import durch eine Protease abgespalten wird, sitzt in Position –2 oder –10 oft ein Arginin, und das Signalpeptid bildet oft eine amphipathische Helix aus. Eine Reihe solcher Beobachtungen sind beschrieben und können zur Vorhersage der Proteinlokalisation eingesetzt werden. Das Programm PSORT z. B. führt ca. 20 einzelne Analysen durch und berechnet für jede einen Score-Wert. Anhand eines Trainingsdatensatzes von 1500 Proteinen mit bekannter Lokalisation wird dann mit der Methode der k nächsten Nachbarn eine Vorhersage erstellt. Dazu werden die ermittelten Score-Werte mit denen der Proteine im Trainingsdatensatz verglichen, und die k (Standard ist $k=9$) Proteine mit den ähnlichsten Score-Werten ermittelt. Ergibt sich unter ihnen ein hoher Anteil eines Zielkompartiments, wird dieses als Vorhersage genommen.

24.3.2
Paarweiser Vergleich (Alignment)

Beim paarweisen Vergleich zweier Sequenzen werden diese so zueinander angeordnet (aliniert), dass eine vorher festgelegte Zielgröße (*score*) maximiert bzw. minimiert wird. Die gebräuchlichsten Zielgrößen ergeben sich aus Maßen für den Abstand zweier Objekte. Die Hamming-Distanz zählt die Zahl der Austausche, die in Sequenz 1 gemacht werden müssen, um zu Sequenz 2 zu kommen. Die Edit-Distanz kennt neben den Austauschen noch die Operationen Einfügen und Löschen, um von Sequenz 1 zu Sequenz 2 zu kommen, und wird deswegen biologischen Sequenzen mit meist ungleichen Längen besser gerecht. Da in Sequenzvergleichen die Reihenfolge des Vergleichs willkürlich ist, müssen Einfügen und Löschen gleichartig behandelt werden, da ein Löschen von Zeichen in Sequenz 1 einer Einfügung in Sequenz 2 gleichkommt. Score-Matrizen bestimmen die Inkremente, die für den Austausch bzw. die Erhaltung eines Zeichens in einer Sequenz zum Score addiert werden müssen. Für Nucleinsäuresequenzen wählt man dabei meist ein einfaches Schema (z. B. Erhaltung: +4, Austausch: 0), während man bei Proteinen den unterschiedlichen evolutionären Druck auf Aminosäure-austausche berücksichtigt. So findet ein Austausch z. B. von Leucin zu Alanin häufiger statt als ein Austausch von Arginin zu Tryptophan. In gebräuchlichen Score-Matrizen (PAM-, BLOSUM- und Gonnet-Serie) werden die Inkremente aus beobachteten Häufigkeiten von Aminosäureaustauschen in multiplen Alignments von Proteinfamilien berechnet. Die PAM-Serie lässt sich darüber hinaus durch Multiplikation der Score-Matrizen mit sich selbst auf evolutionäre Distanzen extra-polieren, bei denen ein multiples Alignment wegen der fehlenden Sequenzähn-lichkeit nicht mehr berechenbar wäre.

Üblicherweise wird der Score als Ähnlichkeits-, nicht als Distanzmaß angege-ben. Inkremente bestimmen sich als Einträge aus der Score-Matrix für Erhaltung bzw. Austausch eines Zeichens oder vorbestimmten Werten für Einfügen oder Löschen. Als Erweiterung zur oben genannten Edit-Distanz kann man unter-schiedliche Werte für die Tatsache einer Einfügung bzw. Löschung und für die Er-weiterung einer solchen Einfügung bzw. Löschung benutzen (affines *Gap-Cost*-Modell). Der biologische Hintergrund dazu ist, dass die Länge einer einmal ein-gefügten Sequenz nicht konserviert ist, diese also leichter wachsen kann als sie eingefügt wurde. Es gibt zwei Werte in diesem Modell, einmal ein Inkrement für das Eröffnen einer Einfügung oder Lücke (*gap opening cost*), und für das Erweitern (*gap extension*). Üblicherweise wird der erste Wert deutlicher höher (bis 10×) ge-wählt als der zweite. Die Werte müssen mit der Wahl einer anderen Score-Matrix angepasst werden, sind also nicht von ihr unabhängig. Die Wahl von Score-Matrix und *Gap-Cost*-Modell beeinflusst entscheidend das Alignment und sollte sorgfältig und mit biologischem Sachverstand vorgenommen werden.

24.3.2.1 Lokal/global

Alignments zwischen zwei Sequenzen können über die ganze Länge der Sequenz oder auch nur über die Segmente mit der höchsten Sequenzähnlichkeit durch-geführt werden. Solche *high-scoring segment pairs* (HSP) sind dadurch definiert, dass eine Erweiterung des Alignments zur einen oder anderen Seite den erzielten Score wieder kleiner machen würde. Eine gewisse Mindestlänge muss dabei ein-gehalten werden. Alignments über die gesamte Länge zweier Sequenzen bezeich-net man als global, solche über Segmente hoher Sequenzähnlichkeit als lokal.

24.3.2.2 Optimal/heuristisch

Bei erster Betrachtung scheint die Zahl möglicher Alignments, die evaluiert wer-den müssen, um das optimale Alignment zu finden, exponentiell mit der Zahl der Zeichen in den zu vergleichenden Sequenzen zu wachsen. Algorithmen, de-ren Laufzeit oder Speicherbedarf exponentiell zur Eingabegröße anwächst, werden allgemein als unpraktikabel betrachtet. Bei näherer Analyse des Problems stellt sich jedoch heraus, dass eine große Anzahl an Alignments nicht mehr betrachtet zu werden braucht, da sie viele Subalignments gemeinsam haben, die nur einmal berechnet werden müssen. Die volle algorithmische Lösung des Problems bezeichnet man als dynamische Programmierung; sie kann auf alle Probleme angewendet werden, bei denen ein additiv zu berechnender Score als Funktion der Anordnung zweier Sequenzen zueinander optimiert werden soll. Die allgemeine Lösung wächst kubisch mit der Eingabegröße, was sich bei Benutzung üblicher Score-Schemata auf quadratische Komplexität reduzieren lässt. Solche Algorithmen lösen das Alignment-Problem auf jeden Fall optimal, da sie alle möglichen Anordnungen der Sequenzen zueinander berücksichtigen. Für ein globales Alignment benutzt man den **Needleman-Wunsch-Algorithmus**, für ein lokales Alignment den **Smith-Waterman-Algorithmus**.

Sollen lediglich zwei Sequenzen verglichen werden, ist die Geschwindigkeit der optimalen Algorithmen ausreichend. Für Anwendungen in der Datenbanksuche, bei denen homologe Sequenzen (mit hoher Sequenzähnlichkeit) aus einer Datenbank mit Hunderttausenden von Sequenzen gefunden werden sollen, oder bei einem jeder-gegen-jeden-Vergleich einer großen Menge an Sequenzen, wie er zur Sequenz-Clusterung verwendet wird, sind diese Algorithmen jedoch nicht mehr praktikabel. Hier verwendet man sog. Heuristiken, die ein Problem unter Anwendung bestimmter Regeln in der Mehrzahl der Fälle gut lösen, d.h., dass die ermittelten Alignments einen Score nahe des optimalen Wertes aufweisen. In Einzelfällen können solche Algorithmen allerdings versagen.

Die wichtigsten heuristischen Algorithmen sind **FASTA** und **BLAST** (*basic local alignment search tool*). Sie werden in der Datenbanksuche fast ausschließlich eingesetzt, und es gibt Modifikationen, die die Sensitivität beim Aufspüren entfernt verwandter Sequenzen steigern (PSI-BLAST, PHI-BLAST).

24.3.3
Alignment-Statistik

Gerade bei Datenbanksuchen ist ein Score-Wert oft nicht aussagekräftig genug, um die Signifikanz eines erhaltenen Alignments zu bewerten. Es lässt sich jedoch theoretisch zeigen, dass die Scores bei einer Datenbank von gleich großen, jedoch zufällig generierter Sequenzen, einer Extremwertverteilung folgen. Die Parameter dieser Extremwertverteilung können aus einer Simulation mit einer kleinen Anzahl (1000–5000) zufällig generierter Sequenzen bestimmt werden, sodass zu jedem Score zwei Größen angegeben werden können:

1. Die Wahrscheinlichkeit, den gefundenen oder einen größeren Score in einer Datenbank zufällig generierter Sequenzen zu beobachten (*P*-Wert) und,
2. den Erwartungswert für die Anzahl der Alignments mit einer Datenbank zufällig generierter Sequenzen, die einen Score gleich oder höher als der beobachtete Score aufweisen (*E*-Wert). Die beiden Werte hängen über folgende Gleichung zusammen:

$$P = 1 - \exp(-E) \,. \tag{24.1}$$

Für sehr kleine *E*- bzw. *P*-Werte werden beide Größen gleich:

$$P \approx E \quad \text{für} \quad E \ll 1 \, . \tag{24.2}$$

Für die praktische Arbeit können als Richtgrößen E- bzw. P-Werte kleiner als 10^{-30} für identische Sequenzen und Werte kleiner etwa 10^{-8} für verwandte Sequenzen angenommen werden. Bei E-Werten von 0,5 und größer kann nicht mehr von einer Verwandtschaftsbeziehung der Sequenzen ausgegangen werden. Die Bewertung erhaltener Alignments ist jedoch komplex und sollte auch biologisches Wissen mit einbeziehen.

24.3.4
Multiples Alignment

Werden mehr als zwei Sequenzen so zueinander angeordnet (aliniert), dass ein Score optimiert wird, spricht man von einem multiplen Alignment (Abb. 24.3). Eine gebräuchliche Score-Funktion ist die SP-Funktion (*sum of pairs*):

$$S(m_i) = \sum_{k<l} s(m_i^k, m_i^l) \tag{24.3}$$

wobei $S(m_i)$ der Score für eine Spalte i in einem Alignment m ist, und $s(a,b)$ der Inkrementwert aus einer Score-Matrix für das Paar a,b; summiert wird über alle Sequenzkombinationen k und l.

Man kann ein multiples Alignment als multidimensionale dynamische Programmierung schreiben. Die Laufzeit des Algorithmus wächst allerdings exponentiell mit der Anzahl der Sequenzen in dem Alignment, sodass für die meisten praktischen Probleme solche Algorithmen zu langsam sind. Es sind daher eine Reihe heuristischer Algorithmen in Gebrauch. Ein Algorithmus, der z. B. in dem Programm CLUSTAL W implementiert ist, berechnet zunächst alle paarweisen Alignments, und aus diesen einen Baum, der die Verwandtschaft der Sequenzen (genauer: den Grad ihrer Sequenzähnlichkeit) wiedergibt. Dann geht man der

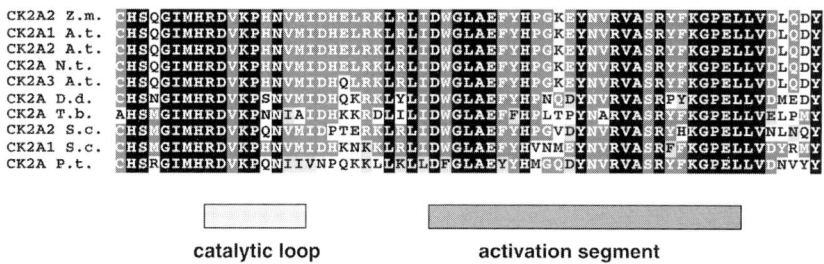

Abb. 24.3 Ausschnitt aus einem multiplen Alignment der Sequenzen der α-Untereinheit der Casein-Kinase II. Die Abkürzungen der Spezies: Z.m.: *Zea mays*; A.t.: *Arabidopsis tha-* liana; N.t.: *Nicotiana tabaccum*; D.d.: *Dictyostelium discoideum*; T.b.: *Trypanosoma brucei*; S.c.: *Saccharomyces cerevisiae*; P.t.: *Paramecium tetraurelia*.

Struktur des Baums von außen nach innen nach, indem Sequenzen zueinander aliniert werden, diese als „Profil" (mit mehrdeutigen Positionen) zusammengefasst werden, Sequenzen dann mit Profilen aliniert werden und schließlich ein Alignment der Profile erstellt wird.

Ein anderer Algorithmus (DCA) bedient sich der *„divide-and-conquer"*-Strategie („teile und herrsche"). Dazu werden die Sequenzen in Bruchstücke zerlegt, die dann zueinander aliniert werden, was wegen der kürzeren Länge der Einzelsequenzen schneller erfolgen kann. Am Ende wird das endgültige Alignment aus den Einzellösungen zusammengesetzt. Das Finden der optimalen Bruchpunkte besitzt natürlich dieselbe Komplexität wie das ursprüngliche Problem des multiplen Alignments, sodass auf dieser Stufe eine Heuristik eingeführt werden muss. Solche Algorithmen bieten Vorteile, wenn das multiple Alignment als Grundlage zur Berechnung phylogenetischer Bäume (s. folgender Abschnitt 24.3.5) benutzt werden soll; hier einen Algorithmus zu verwenden, der selbst auf einem Baum beruht, wie z. B. CLUSTAL W, würde einen Zirkelschluss implizieren, sodass wahrscheinlich ein ähnlicher Baum wie der dem Alignment zugrunde liegende resultieren würde.

Für die praktische Anwendung ist die Wahl der geeigneten Score-Matrix und, vor allem, passender *Gap Costs* entscheidend. Zur Beurteilung eines multiplen Alignments sollte immer, wenn möglich, biologisches Wissen über die zu alinierenden Sequenzen hinzugezogen werden, z. B. über die Position des aktiven Zentrums eines Enzyms, für die Aktivität oder Struktur bedeutsame einzelne Aminosäuren (Punktmutations-Experimente) oder die Lage anderer funktioneller Domänen (Abb. 24.3).

24.3.5
Phylogenetische Analyse

Unter **Phylogenese** versteht man, im Gegensatz zur **Ontogenese** (Abstammung eines Individuums), die Verwandtschaft bzw. Abstammung der Arten voneinander. In diesem Abschnitt werden Methoden vorgestellt, die Hypothesen zu dieser Abstammung mit Methoden der schließenden Statistik anhand molekularer Methoden untersuchen.

Man sollte sich vor Augen halten, dass in jedem Baum, der eine Verwandtschaftsbeziehung zwischen Sequenzen beschreibt (Abb. 24.4), die Sequenzen der letzten gemeinsamen Vorläufer (*common ancestors*) nicht mehr zugänglich sind. Bis auf wenige Ausnahmen können nur Sequenzen aus rezenten (d. h. heutigen) Organismen zur Konstruktion solcher Bäume herangezogen werden. Daher muss auf Sequenzen, die inneren Knoten eines phylogenetischen Baums zugeordnet werden, geschlossen werden. Verschiedene Annahmen über den Verlauf der Evolution werden als Modell formuliert und dann die plausibelste Vorläufersequenz auf der Grundlage dieses Modells berechnet. Ein gebräuchliches Prinzip ist z. B. *maximal parsimony* (engl. für Sparsamkeit), das vorhersagt, dass die zwei Sequenzen am nächsten miteinander verwandt sind, an denen die wenigsten Änderungen nötig sind, um die eine Sequenz in die andere zu überführen. Eine aufwändi-

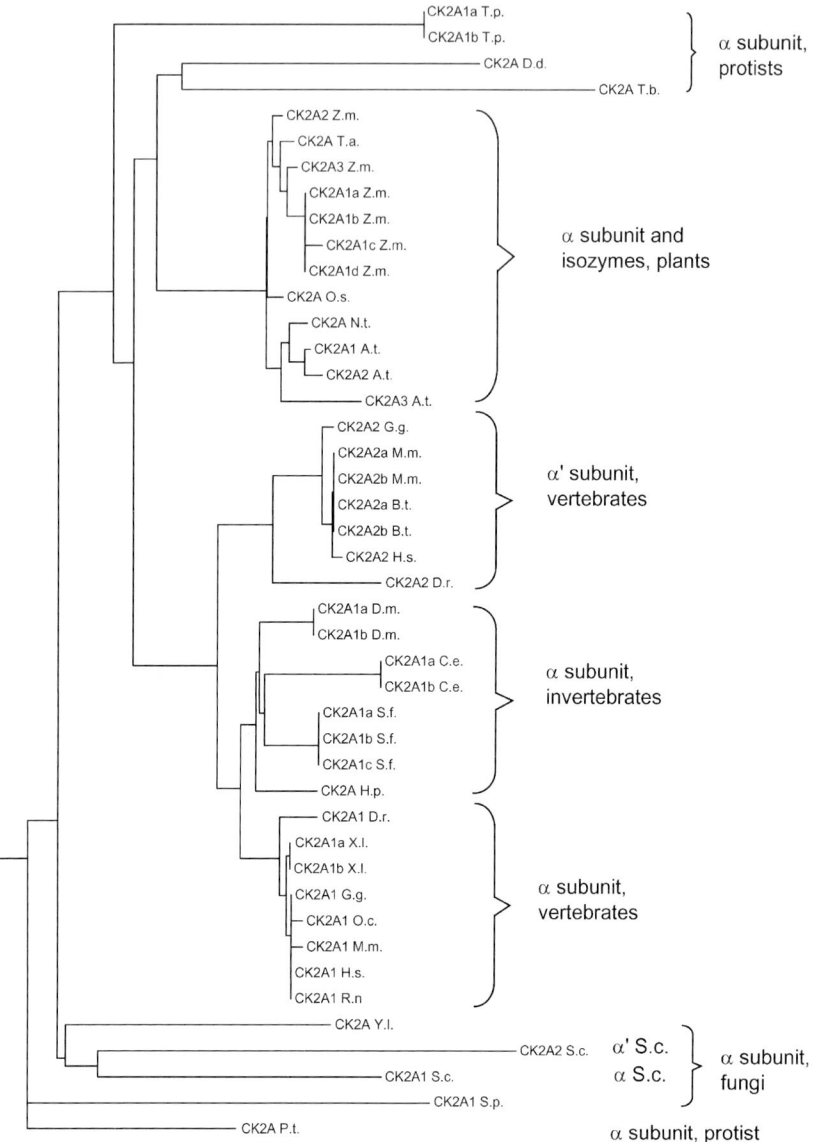

Abb. 24.4 Phylogenetischer Baum der Sequenzen der α-Untereinheit der Casein-Kinase II. Man kann ableiten, dass sehr früh in der Entwicklung der Vertebraten eine Genduplikation stattgefunden hat. Unabhängige Duplikationen gab es in Pilzen, während Pflanzen multiple Isoenzyme haben. Abkürzungen der Spezies (s. auch Abb. 24.3): T.p.: *Theileria parva*; T.a.: *Triticum aestivum*; O.s.: *Oryza sativa*; G.g.: *Gallus gallus*; M.m.: *Mus musculus*; B.t.: *Bos taurus*; H.s.: *Homo sapiens*; D.r.: *Danio rerio*; D.m.: *Drosophila melanogaster*; C.e.: *Caenorhabditis elegans*; S.f.: *Spodoptera frugiperda*; H.p.: *Hemicentrotus pulcherrimus*; X.l.: *Xenopus laevis*; O.c.: *Oryctolagus cuniculus*; R.n.: *Rattus norvegicus*; Y.l.: *Yarrowia lipolytica*; S.p.: *Schizosaccharomyces pombe*.

gere Rechnung formuliert eine Plausibilitätsfunktion (*likelihood*) und optimiert diese, um eine optimale Lösung zu finden (Maximum-Likelihood-Prinzip).

Bei der Berechnung phylogenetischer Bäume werden nicht nur Sequenzähnlichkeiten berücksichtigt, sondern auch, dass eine beobachtete Sequenzähnlichkeit auch durch zufällige Effekte entstanden sein könnte. Man berechnet daher das Verhältnis der Wahrscheinlichkeiten unter der Annahme von Verwandtschaft und unter der Annahme rein zufälliger Veränderungen (*odds*). Da man aus technischen Gründen mit dem Logarithmus dieses Verhältnisses rechnet, werden solche Score-Funktionen auch als *log odds score* bezeichnet. Um für ein gegebenes Evolutionsmodell den Baum mit der höchsten Plausibilität zu berechnen, müssen alle möglichen Bäume evaluiert werden. Leider wächst die Zahl möglicher Bäume exponentiell mit der Zahl der Sequenzen, deren Verwandtschaft der Baum darstellen soll. Man arbeitet hier wieder mit heuristischen Algorithmen, z.B. *Neighbor Joining*, oder dem Parsimony-Modell (s. oben). Ein anderer Ansatz evaluiert alle möglichen 4er-Bäume (die noch in akzeptabler Zeit berechnet werden können) und fügt diese dann zu einem Gesamtbaum zusammen (PUZZLE). Viele dieser heuristischen Verfahren gehen von der Annahme aus, dass ein Baum global optimal ist (maximaler Score), wenn er überall lokal optimal ist (d.h., die Unterbäume haben jeweils maximalen Score), sodass der beste Baum aus den besten Unterbäumen zusammengesetzt werden kann. Diese Annahme ist allerdings nicht immer erfüllt; es besteht weiterhin ein hoher Bedarf für verbesserte Algorithmen, um phylogenetische Bäume abzuleiten. Wichtige Phylogenieprogramme sind PAUP* 4.0b10, MEGA 2 oder PHYLIP.

24.4
Genvorhersage

Das Problem der Genvorhersage besteht darin, codierende Bereiche der Genomsequenz von nicht codierenden Bereichen zu unterscheiden. Die Schwierigkeit des Problems wächst mit der Komplexität der Genomorganisation: Während es bei Bakterien weitgehend möglich ist, codierende von intergenischen Bereichen zu unterscheiden, ist das Problem z.B. für Säugetiere mit einem Anteil von ca. 1% codierender DNA im Genom nur unzureichend gelöst. Ist die Sequenz einer mRNA bekannt, kann die Genstruktur [Transkriptionsstart – 5'-untranslatierter Bereich (5'-UTR, Exon 1) – Translationsstart (ATG) – Intron 1 – (...) – Exon *n* – Stopp-Codon – 3'-untranslatierter Bereich – Transkriptionsstopp] durch Vergleich mit der genomischen Sequenz abgeleitet werden. Für das menschliche Genom z.B. ist das aber nur für ca. 12 000 der geschätzten 35 000 Gene möglich. Daher werden automatische Methoden zur Genvorhersage gebraucht. Man kann dazu alle möglichen statistischen Merkmale der Sequenzen heranziehen, z.B. die Zusammensetzung an Di-, Tri- oder Hexanucleotiden, das Vorhandensein charakteristischer Muster (Spleißstellen), die Verteilung der Stopp-Codons in verschiedenen Leserastern usw. Diese werden dann zum Training statistischer Lernverfahren bei Genen bekannter Struktur eingesetzt, um in anderen genomischen Bereichen

Gene vorherzusagen. Gegenwärtig ist die Vorhersage der nicht proteincodierenden Bereiche (UTR) und damit des ersten bzw. letzten Exons nicht mit zufrieden stellender Genauigkeit möglich, das gilt in verstärktem Maß für die 5′ vom Transkriptionsstart gelegenen regulatorischen Bereiche. Auch bei den proteincodierenden Bereichen gibt es noch Schwierigkeiten; so wurde z. B. geschätzt, dass für die ca. 23 000 Gene aus *Caenorhabditis elegans* in dem Genomprojekt die Hälfte der vorhergesagten Proteine Fehler aufweist.

24.4.1
Neuronale Netze oder Hidden-Markov-Modelle auf Grundlage der Hexanucleotidzusammensetzung

Zur Genvorhersage werden als statistische Lernverfahren künstliche neuronale Netze (*artificial neural networks*, ANN) oder Hidden-Markov-Modelle eingesetzt. Künstliche neuronale Netze bestehen aus einer Schicht Eingabeknoten, einer sog. verborgenen Schicht (*hidden layer*), und einem Ausgabeknoten (Abb. 24.5). Eingaben, z. B. die relativen Häufigkeiten der möglichen Hexanucleotide in einem bestimmten Fenster, werden von den Eingabeknoten als Zahlenwerte an die Knoten der verborgenen Schicht weitergegeben. Dabei bestimmt eine Transferfunktion den Zusammenhang zwischen Eingabe- und Ausgabewert eines Knotens; in der Regel verwendet man sigmoide Funktionen (z. B. tanh). Jede Verbindung zwischen Knoten in einem Netzwerk ist mit einem Gewichtsfaktor versehen. Während des Trainingsprozesses werden die Gewichte iterativ so adjustiert, dass der Unterschied zwischen der Vorhersage des Ausgabeknotens (hier: die Wahrscheinlichkeit, dass es sich um einen codierenden Bereich handelt) und dem tatsächlichen, bekannten Faktum für die Trainingssequenzen (codierend oder nicht) minimiert wird.

Hidden-Markov-Modelle beruhen auf Markov-Modellen, bei denen ein zufälliges Ereignis nur vom vorhergehenden Ereignis abhängt. Ein Markov-Modell mit Wahrscheinlichkeiten für das Aufeinanderfolgen zweier Buchstaben in einer Zeichenkette kann als generierendes Modell für diese Zeichenkette verstanden werden. Hidden-Markov-Modelle führen zusätzlich unsichtbare (*hidden*) Zustände ein, aus denen die jeweils nächsten Zeichen generiert werden. Das können z. B. die Zustände „codierend" und „nicht codierend" (k bzw. nk) sein. Unsichtbar bedeutet in diesem Zusammenhang, dass der generierten Sequenz nicht mehr anzusehen ist, aus welchem Zustand die Buchstaben generiert wurden. Es gibt aber unterschiedliche Übergangswahrscheinlichkeiten für denselben Buchstaben in verschiedenen Zuständen. Für Nucleinsäuren z. B. hätte ein einfaches Markov-Modell mit 4 Buchstaben $4 \times 4 = 16$ Übergangswahrscheinlichkeiten, z. B. $P(A|A) = 0{,}015$; das wäre zu lesen als „die Wahrscheinlichkeit, dass auf ein A ein A folgt, beträgt 1,5%". Ein Hidden-Markov-Modell mit 4 Buchstaben und zwei Zuständen k und nk hätte $8 \times 8 = 64$ Übergangswahrscheinlichkeiten, z. B. $P(A_k|A_k)$ für die Wahrscheinlichkeit, dass auf ein A im Zustand k ein A aus demselben Zustand folgt, während die Wahrscheinlichkeit $P(A_{nk}|A_k)$ angibt, wie häufig einem A im Zustand k ein A aus dem Zustand nk folgt, das System also den Zustand wechselt. Zusätz-

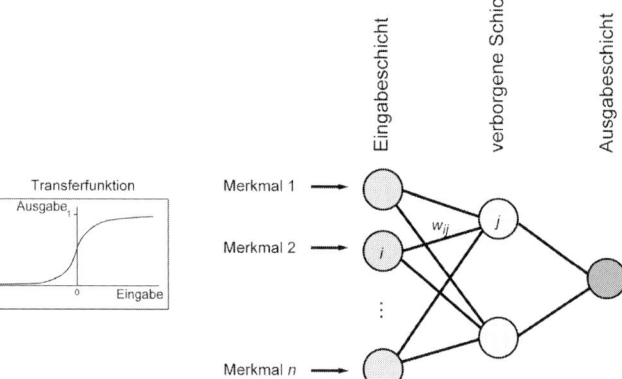

Abb. 24.5 Prinzip eines künstlichen neuronalen Netzes. Die Werte der Merkmale 1 bis n werden von den Eingabeknoten an die Knoten der verborgenen Schicht weitergeleitet. Die Eingabe dort errechnet sich als gewichtete Summe aus den Ausgaben der verbundenen Eingabeknoten. Beispielhaft ist ein Gewichtsfaktor w_{ij} zwischen zwei Knoten i und j eingezeichnet. Der Knoten der Ausgabeschicht hat als Eingabe die Ausgaben der Knoten der verborgenen Schicht, wiederum gewichtet mit entsprechenden Faktoren. Der Ausgabewert des Ausgabeknotens liegt zwischen 0 und 1 und kann als Wahrscheinlichkeit interpretiert werden, dass ein Fall mit den aktuellen Werten der Merkmale zu Klasse 1 (von zwei Klassen) gehört. Beim Training des neuronalen Netzes werden die Gewichtsvektoren so lange iterativ adjustiert, bis der Unterschied zwischen den vorhergesagten Klassen und den tatsächlichen Klassen minimal wird (*backpropagation*). Das Insert zeigt eine typische Transferfunktion, die den Zusammenhang von Ein- und Ausgabe eines beliebigen Knotens beschreibt.

lich führt man meist noch Pseudozeichen ein, die den Anfang und das Ende der Sequenz modellieren (Abb. 24.6).

Der vollständige Satz Wahrscheinlichkeiten wird durch Training mit Sequenzen bestimmt, bei denen bekannt ist, welche Bereiche codierend oder nicht codierend sind. Anstatt für Sequenzen, die dann analysiert werden sollen, das Hidden-Markov-Modell als generierendes Modell zu benutzen, löst man dann das inverse Problem: Man berechnet, wie wahrscheinlich es ist, dass die zu analysierende Sequenz durch das Hidden-Markov-Modell generiert wurde. Dadurch kann eine Vorhersage der codierenden bzw. nicht codierenden Bereiche in dieser Sequenz erfolgen. Hidden-Markov-Modelle werden auch in anderen Bereichen angewendet, z. B. zur Vorhersage von Sekundärstrukturelementen aus der Sequenz.

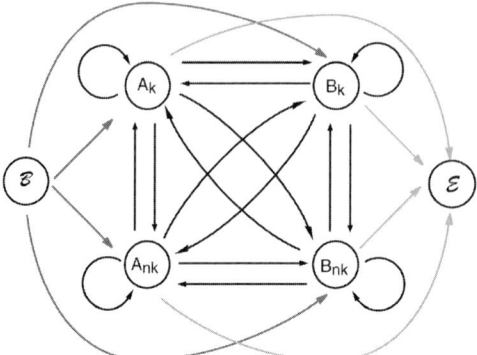

Abb. 24.6 Prinzip eines einfachen Hidden-Markov-Modells. In diesem Fall gibt es nur zwei Zeichen, A und B, sowie zwei verborgene Zustände, k (für codierend) und nk (nicht codierend). Zusätzlich sind Pseudozeichen *B* und *E* für Beginn bzw. Ende der Sequenz zugefügt. Zu jedem Pfeil in dem Diagramm gehört eine Übergangswahrscheinlichkeit, die durch Training mit Sequenzen berechnet wird, bei denen codierende bzw. nicht codierende Abschnitte bekannt sind.

24.4.2
Vergleich mit ESTs oder anderen Genomen (*Fugu*, Maus)

Da die Vorhersagegenauigkeit der oben erwähnten statistischen Lernverfahren in vielen Fällen nicht zufrieden stellend ist, kombiniert man sie mit Informationen über den Grad der Sequenzähnlichkeit zwischen nahe verwandten Organismen (Abb. 24.7). Diese Methode ist durch die Verfügbarkeit vollständig sequenzierter Genome begrenzt; als Modellorganismen für den Menschen benutzt man z. B. die Maus und den Pufferfisch *Fugu*. Die Idee dahinter ist, dass codierende Bereiche stärker konserviert sind als Bereiche in Introns, Promotorregionen, oder intergenischen Bereichen. Man kann dazu auch Fragmente von mRNAs heranziehen, sog. *expressed sequence tags* (EST), deren Sequenzen durch Hochdurchsatzverfahren gewonnen werden, aber von schlechter Qualität sind. Das stellt natürlich neue Herausforderungen an die Alignment-Algorithmen: Sie müssen zum einen fähig sein, mit einem sehr langen genomischen Fragment (mehrere 100 000 bp) zu rechnen, und müssen andererseits mit den häufigen Sequenzierfehlern und Rasterverschiebungen der ESTs zurechtkommen.

Die komparative Genomik, die ganze Genome verwandter Organismen vergleicht, wurde auch – in Kombination mit anderen Methoden – zur Vorhersage regulatorischer Bereiche eingesetzt (CORG Datenbank).

24.5
Bioinformatik in der Transkriptom- und Proteomanalyse

Seit 1995 wurden mehrere Verfahren etabliert, um die Identität und Häufigkeit von Transkripten und Proteinen auf einer das gesamte Genom umfassenden Skala zu untersuchen. Insbesondere sind das die DNA-Mikroarray-Technologie, das Verfahren *Serial Analysis of Gene Expression* (SAGE), sowie Massenspektrometrie-Methoden in Kombination mit 2D-Gelelektrophorese oder säulenchromatographischen Verfahren (s. Kap. 7 und 8). Die schiere Menge der generierten Daten

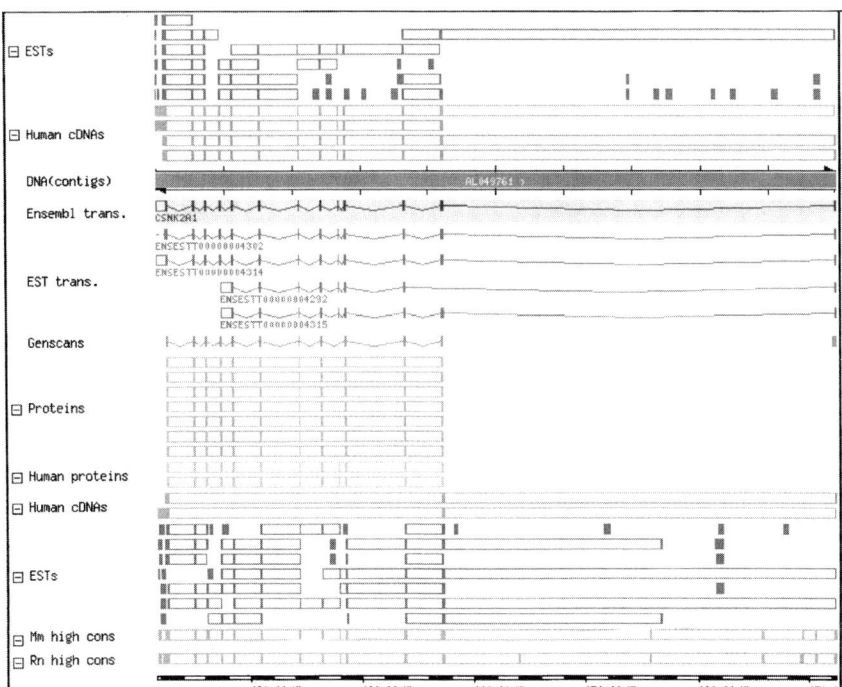

Abb. 24.7 Ausschnitt aus der Darstellung der Genomsequenz um das Gen CSNK2A1 des Menschen im ENSEMBL-Genom-Browser. Unter DNA(contigs) ist die genomische Sequenz dargestellt, die anderen Einträge zeigen die Positionen von ESTs, mRNAs (bzw. cDNAs), einer Genvorhersage (Genscans), die Homo-logien zu Proteinen sowie die homologen Bereiche im Maus- bzw. Rattengenom (Mm high cons, Rn heigh cons). Man beachte, dass das erste Exon mit dem 5′-UTR von Genscan nicht erkannt wird, während sowohl die Maus- als auch die Rattensequenz in diesem Bereich Sequenzähnlichkeiten aufweisen.

macht eine bioinformatische Speicherung und Verarbeitung unumgänglich, stellt aber auch neue Herausforderungen an die zur Analyse verwendeten statistischen Algorithmen. Diese Herausforderung lässt sich auf die kurze Formel *curse of dimensionality* (Fluch der hohen Dimensionen) bringen und resultiert aus der – im Vergleich zur Zahl der untersuchten Proben – hohen Zahl an gleichzeitig bestimmten Variablen. Unter den oft mehr als 10 000 genspezifischen Fragmenten auf einem DNA-Chip sind eben auch immer einige zu finden, deren Signalwerte allein durch stochastische Fluktuation mit einem erwarteten Verhalten bei 40 Proben korrelieren. Um diesem Dilemma zu entgehen, verwendet man oft Verfahren zur Merkmalsauswahl, die aus der initial hohen Zahl gleichzeitig bestimmter Merkmale (oder Variablen) eine informative Auswahl treffen.

24.5.1
Vorverarbeitung, Normalisierung

Die Vorverarbeitung der Daten ist abhängig von der zur Transkriptom- oder Proteomanalyse verwendeten Methode. Bei SAGE muss der erhaltene *Tag* – ein kurzes, für eine mRNA charakteristisches Sequenzstück – dem korrespondierenden Gen zugeordnet werden. Anschließend wird die Anzahl der in einer Analyse gefundenen Tags einer Sorte auf 100 000 Transkripte normiert. Damit ergeben sich gut vergleichbare Werte, wenn auch für seltene Tags die reale Häufigkeit nur mit großem Fehler geschätzt werden kann (der Fehler ist proportional zu $n^{-1/2}$, wenn n die Anzahl der gefundenen Tags ist).

Bei Proteomanalysen ist die Quantifizierung entscheidend für die Art der Vorverarbeitung. Bei Färbung der Proteine im 2D-Gel und anschließender Bildanalyse werden ähnliche Verfahren wie bei DNA-Mikroarrays (s. unten) angewendet. Die Identifizierung der Proteine erfolgt dann durch Multiplex-Massenspektrometrie, wobei die erhaltenen Fragmentgrößen mit einer Datenbank abgeglichen werden. Durch Kombination mit einer zweiten Massenspektrometrie (MS/MS) kann auch ein kurzes Stück Sequenz generiert werden, das in Kombination mit der Fragmentmasse die Identifizierung erleichtert (s. Kap. 8). Auf die hier verwendeten bioinformatischen Verfahren kann in diesem Rahmen aber nicht eingegangen werden. Erfolgt die Quantifizierung chromatographisch, sind die Chromatogramme durch Identifizierung der Gipfel und Integration der darunter befindlichen Fläche auszuwerten; die Proteinidentifizierung erfolgt mit den erwähnten massenspektrometrischen Methoden.

Bei den DNA-Mikroarrays unterscheidet man zwei verschiedene Verfahren. Bei den durch einen Roboter aufgebrachten Fragmenten (*spotted* oder *printed* Chips) wird mit zwei cDNA-Repräsentationen kompetitiv hybridisiert, die mit unterschiedlichen Fluoreszenzfarbstoffen markiert sind (Abb. 24.8). Nach Hybridisierung und Waschen erhält man beim Auslesen für jedes Fragment (*spot*) auf dem Chip eine Mischfarbe, die durch die unterschiedlichen Anteile der komplementären mRNA in den beiden cDNA-Repräsentationen bestimmt wird. Eine der beiden Präparationen stammt dabei von einer Kontrollbedingung und wird in allen Hybridisierungen einer Studie verwendet. Die andere Präparation stammt von der jeweils zu untersuchenden Bedingung. Die Kontroll-cDNA-Präparation dient hier als interner Standard. Die Vorverarbeitung besteht in einer Bildanalyse mit den Schritten Segmentierung (Finden von Spots), Adressierung (Zuordnen der Position zur bekannten Anordnung von Fragmenten) und Quantifizierung (Unterscheiden von Vordergrund und Hintergrund, Auslesen der Pixel). Da diese Art von DNA-Mikroarrays mit einem internen Standard arbeitet, wird auf diesen Standard bezogen und nur das Verhältnis der Signale von Probe und Kontrolle (*ratio*) bzw. dessen Logarithmus (*log-ratio*) angegeben.

Das zweite Verfahren arbeitet mit *in situ* synthetisierten Oligonucleotiden als Fragmenten auf dem Chip. Da die Hybridisierung nicht so spezifisch wie bei den in der anderen Methode verwendeten, längeren DNA-Fragmenten verläuft, werden 10–20 Oligonucleotide je Gen verwendet, und zu jedem Oligonucleotid ein wei-

Abb. 24.8 Prinzip der Genexpressionsanalyse mit kompetitiver Hybridisierung. Aus einer zu untersuchenden Probe und einer Kontrolle wird mRNA isoliert, diese in cDNA umgeschrieben und mit einem Fluoreszenzfarbstoff markiert. Für Kontrolle und andere Probe werden Fluoreszenzmarker verwendet, die bei Anregung Fluoreszenz in unterschiedlichen Farben zeigen. Nach gemeinsamer Hybridisierung auf dem Array, Waschen und Scannen zeigen die Chips auf jedem Element (Spot) eine Mischfarbe, die auf den unterschiedlichen Anteilen der komplementären mRNA in Kontrolle und Probe beruht.

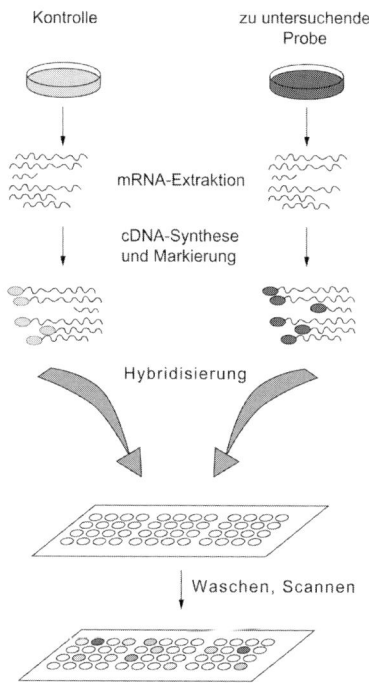

teres mit einem einzelnen Basenaustausch in der Mitte als Kontrolle eingesetzt. Hybridisiert wird mit nur einer cDNA- bzw. cRNA-Repräsentation, die mit Biotin markiert ist, das dann von einem Streptavidin-Fluoreszenzfarbstoff-Reagens erkannt wird. Die Verrechnung der einzelnen Werte zu einem einzelnen Wert je Gen, dessen Expressionsstärke gemessen werden soll, ist kompliziert und wird gegenwärtig kontrovers diskutiert.

Die erhaltenen Signalwerte bei der DNA-Mikroarray-Technologie müssen normalisiert werden, um schwer zu kontrollierende technische Einflüsse, die zu systematischen Fehlern führen, zu eliminieren. Bei Chips, die eine genomweite Auswahl an Genen enthalten, macht man meist die Annahme, dass die meisten dieser Gene ihre Expressionsstärke nicht ändern, wenn sich die Bedingungen nur geringfügig ändern; wenn diese Annahme nicht mehr erfüllt ist, müssen heterologe Kontrollfragmente auf dem Chip benutzt werden, um Korrekturfaktoren zu bestimmen.

Da die bisher weitaus größte Zahl von Studien mit der DNA-Mikroarray-Technologie durchgeführt wurde, wird im Weiteren die Datenauswertung aus dieser Sicht beschrieben. Das Ergebnis einer Mikroarray-Studie ist eine Tabelle, bei der in jeder Zeile die Signalwerte eines untersuchten Gens stehen, in jeder Spalte die Werte einer untersuchten Probe. Da man davon ausgeht, dass die Signalwerte proportional zur Expressionsstärke eines Gens sind (Anzahl Kopien pro Zelle), wird oft synonym von Genexpressionswerten gesprochen. Man sollte aber bedenken, dass für Mikroarrays die Werte abhängig von dem speziellen Verfahren sind und nicht ohne weiteres mit Ergebnissen aus anderen Verfahren verglichen werden können.

24.5.2
Merkmalsauswahl

Um die intrinsisch hohe Zahl von gleichzeitig bestimmten Variablen zu vermindern, kann man Verfahren verwenden, die gezielt informative Variablen auswählen. Das korrespondiert mit der biologischen Einsicht, dass in einem spezifischen Zelltyp nur ein Teil der zur Verfügung stehenden Gene exprimiert wird, und dass die Expressionsstärke vieler Gene sich nicht mit den untersuchten Bedingungen ändert, weil es sich z. B. um konstitutiv exprimierte, nicht regulierte Gene handelt. Zur Merkmalsauswahl kann man beispielsweise alle Gene ausschließen, deren Signal in einem Mikroarray-Experiment so niedrig ist, dass man davon ausgehen kann, dass sie nicht exprimiert sind. Der zugehörige Schwellenwert kann aber nur geschätzt werden, da Signalstärken von niedrig exprimierten Genen und nicht exprimierten Genen ähnliche Größen aufweisen. Ebenso kann man eine Mindeständerung in einer Serie von Mikroarray-Hybridisierungen verlangen, um Gene auszuschließen, deren Expression sich nicht verändert. Dieses Verfahren birgt jedoch Gefahren, denn eine moderate, aber hoch reproduzierbare Veränderung kann interessanter sein als eine starke, jedoch variable Änderung; das Verfahren würde die Genexpressionswerte aber nur im letzteren Fall zur weiteren Analyse zulassen.

Eine weitere Möglichkeit zur Merkmalsauswahl besteht darin, Informationen über die biologischen Unterschiede der untersuchten Proben zu nutzen. Handelt es sich z. B. um Proben definierter Klassen, etwa Knochenmarksproben aus zwei verschiedenen Leukämieformen, kann man gezielt nach Genen suchen, die zwischen diesen Klassen unterschiedlich exprimiert werden. Dazu berechnet man meist einen Wert (eine Statistik), der sowohl den Unterschied zwischen den Klassen als auch die Variabilität innerhalb der Klassen berücksichtigt. Für bestimmte Statistiken kann unter bestimmten Annahmen (Normalverteilung der Messwerte) theoretisch ihre Verteilung vorhergesagt werden, aus der dann eine Signifikanzgrenze abgeleitet werden kann. Das gilt z. B. für die t-Statistik, die beim t-Test verwendet wird. Dabei ist allerdings zu beachten, dass pro untersuchtem Gen ein t-Test durchgeführt wird, bei 10 000 Genen also 10 000 t-Tests. Die erhaltenen Signifikanzgrenzen müssen deshalb für multiples Testen korrigiert werden, wozu verschiedene Verfahren benutzt werden können. Um solche Probleme zu umgehen, kann man die Verteilung einer Statistik auch durch Simulation bestimmen. Dazu werden die Klassenbezeichnungen der Proben zufällig vertauscht und aus einer hohen Zahl solcher Vertauschungen (meist mehrere 1000) die Statistiken bercchnet. Durch Vergleich einer beobachteten Statistik mit einer durch Permutationen erhaltenen kann dann eine Signifikanzgrenze bestimmt werden.

Wenn die untersuchten Bedingungen nicht in Klassen eingeteilt werden können, sondern sich kontinuierlich ändern (Konzentrations- oder Zeitreihe, Zellzyklus), kann ein statistisches Modell aufgestellt werden, um informative Gene zu extrahieren. Beim Zellzyklus z.B. können durch Fourier-Transformation Gene ausgewählt werden, deren Expression sich zyklisch mit einer Periode ändert, die in etwa einem Durchgang durch den Zellzyklus entspricht.

24.5.3
Ähnlichkeitsmaße: Euklidische Distanz, Korrelation, Manhattan-, Mahalanobis-Distanz, Entropiemaße

Für einige der weiteren Analyseverfahren ist es notwendig, die Ähnlichkeit zwischen Genexpressionsprofilen quantitativ zu bestimmen. Dazu muss ein Maß für die Ähnlichkeit bzw. Unähnlichkeit gefunden werden, mathematisch gesprochen also ein Distanzmaß. Ein Genexpressionsprofil kann mathematisch als Vektor aufgefasst werden, also als geordnete Liste von Zahlenwerten. Zur Bestimmung der (Un-)Ähnlichkeit können als Distanzmaße verwendet werden:

1. Die euklidische Distanz, also der geometrische Abstand im n-dimensionalen Datenraum; definiert als

$$d^2 = \sum_{i=1}^{n} (x_i^2 - y_i^2) \tag{24.4}$$

   wenn die x_i und y_i zu den n-dimensionalen Vektoren x und y gehören.
2. Die Manhattan-Distanz, definiert als

$$d = \sum_{i=1}^{n} |x_i - y_i| \tag{24.5}$$

   sie ist ähnlich der euklidischen Distanz, gewichtet aber große Unterschiede in einzelnen Koordinaten nicht so stark wie diese.
3. Die Mahalanobis-Distanz, definiert als

$$d = (x - y)^T \Sigma^{-1} (x - y) \tag{24.6}$$

   wobei Σ die Kovarianzmatrix von x und y ist.
4. Die oben genannten Distanzmaße sind abhängig von der Skala, auf der sich die Werte bewegen; sind die Werte in einem Expressionsprofil immer doppelt so groß wie in einem anderen, erhält man eine große Distanz. Wenn man unabhängig von der Skala ähnliche Expressionsprofile finden möchte, kann man die Korrelationsdistanz oder ein entropiebasiertes Maß, z.B. *mutual information*, verwenden. Die Korrelationsdistanz ist definiert als

$$d = 1 - \rho \tag{24.7}$$

   wobei ρ der Korrelationskoeffizient von x und y ist.

5. Das Entropiemaß *mutual information* berücksichtigt die wechselseitige Information zwischen x und y und ist definiert als

$$I(x; y) = \sum_x \sum_y p(x, y) \log\left(\frac{p(x, y)}{p(x)p(y)}\right) \tag{24.8}$$

dabei ist $p(x,y)$ die gemeinsame Verteilung (*joint distribution*) von x und y, während $p(x)$ und $p(y)$ die marginalen Verteilungen sind. In der Praxis müssen diese Verteilungen über Kerndichteschätzungen bestimmt werden.

24.5.4
Unüberwachte Lernverfahren: Clusterung, Hauptkomponentenanalyse, Multidimensionale Skalierung, Korrespondenzanalyse

So genannte unüberwachte (*unsupervised*) Verfahren dienen zur Mustererkennung unabhängig von weiteren Informationen über die Daten. Sie werden jede Art von Muster erkennen, auch solche, die durch technische Einflüsse bedingt sind, etwa wenn Proben in verschiedenen Laboratorien aufbereitet worden sind. Man verwendet solche Verfahren zum Entdecken von Untergruppen in einem Datensatz. Angewendet auf Gene lassen sich Gruppen von Genen (*cluster*) mit ähnlichem Genexpressionsmuster finden. Unüberwachte Lernverfahren sind dagegen weniger geeignet, bekannte Klasseneinteilungen zu analysieren, da sie diese Information nicht verwenden.

Clusterungsverfahren stellen auf der Grundlage einer Ähnlichkeits- oder Distanzmatrix eine Abfolge von Gruppierungen auf und fassen so ähnliche Objekte zusammen. Im Zusammenhang mit Transkriptomuntersuchungen können diese Objekte sowohl die untersuchten Proben sein, die aufgrund ihres Expressionsprofils gruppiert werden, als auch Gene, die anhand ihres Genexpressionsmusters zusammengefasst werden. Die verwendeten Verfahren arbeiten entweder agglomerativ, fassen also Objekte nach und nach je nach Ähnlichkeit zu immer größeren Gruppen zusammen, oder partitionierend, teilen also in eine – meist vorbestimmte Zahl – von Clustern ein. Zum ersten Typ gehören die Methoden der hierarchischen Clusterung, zum zweiten Typ die Verfahren *k-means* und Clusterung mittels Kohonen-Netzen.

Im Gegensatz zu Clusterungsverfahren versuchen die Hauptkomponentenanalyse (*principal component analysis*, PCA), die multidimensionale Skalierung (MDS) und die Korrespondenzanalyse (*correspondence analysis*, CA) die Daten in einen niedrigdimensionalen Raum (Ebene, 3-dimensionaler Raum) zu projizieren, in dem sie visualisiert werden können, sodass die Struktur der Daten analysiert werden kann. Die PCA versucht dabei, die Streuung der Daten entlang der Achsen zu maximieren, während bei der MDS die Abstände der Datenpunkte zueinander möglichst konserviert werden sollen. Die Korrespondenzanalyse ist insofern speziell, als sie versucht, die Objekte in den Zeilen und den Spalten einer Datenmatrix gemeinsam in einem niedrigdimensionalen Raum darzustellen, wobei die Abstände zwischen unterschiedlichen Objekten (z. B. Punkte, die Gene und Punkte, die Proben in einer Transkriptomanalyse darstellen) als Maß für die Korrespondenz interpretiert werden können.

Alle erwähnten unüberwachten Verfahren sind ihrer Natur nach explorativ und liefern kein definitives, statistisch abgesichertes Ergebnis. Ihre Validierung ist schwierig und kann höchstens ein Maß für die Robustheit einer beobachteten Gruppierung liefern. Verschiedene Verfahren werden im Allgemeinen im Detail voneinander abweichende Ergebnisse liefern, ohne dass klar ist, welches dieser Ergebnisse näher an der Wirklichkeit liegt. Dennoch stellen sie eine wichtige Quelle für biologische Erkenntnis dar, wie in einer Vielzahl von Studien belegt wurde.

24.5.5
Überwachte Lernverfahren: Lineare Diskriminanzanalyse, Entscheidungsbäume, *Support Vector Machines*, künstliche neuronale Netze

Im Gegensatz zu unüberwachten Verfahren nutzen überwachte Methoden zusätzliche Informationen über die untersuchten Proben. Können diese in definierte Gruppen (Klassen) eingeteilt werden, können Verfahren zur Klassifikation benutzt werden. Ist die Einteilung an einen kontinuierlichen Parameter gebunden, wie bei Konzentrations- oder Zeitreihen, können Verfahren zur multivarianten Regression eingesetzt werden. Bei periodischen Prozessen kann man auf Fourier- oder Wavelet-Analyse zurückgreifen. Im Folgenden werden einige wichtige Verfahren zur Klassifikation vorgestellt.

Der Klassifikationsprozess kann in folgende Schritte gegliedert werden: Zunächst wird ein geeignetes Lernverfahren, der Klassifikator, ausgewählt. Der Datensatz wird dann in drei Teile aufgeteilt: einen Teil zum Training des Klassifikators, einen Teil, um die Parameter des Algorithmus optimal anzupassen, und einen Teil zur Validierung. Idealerweise sollten etwa die Hälfte der Datensätze zum Training verwendet werden, der Rest zum Tuning und zur Validierung. Leider sind – zumindest bislang – Mikroarray-Studien zu klein, um die Hälfte der Daten beim Training wegzulassen. Daher benutzt man meistens die Kreuzvalidierung, bei der der gesamte Datensatz in n etwa gleich große Untergruppen aufgeteilt wird. In n Durchläufen wird dann jeweils eine Untergruppe weggelassen, der Klassifikator auf den verbliebenen Daten trainiert und seine Vorhersage auf den weggelassenen Daten getestet. Der ermittelte Fehler wird dann über die n Durchläufe gemittelt. Ist das Klassifikationsverfahren optimal justiert, wird mit allen Daten trainiert. Der Algorithmus kann dann zur Vorhersage der Klasse bei neuen Proben angewendet werden. Bei der Schätzung des Fehlers durch Kreuzvalidierung ist zu beachten, dass die Merkmalsauswahl, falls eine solche verwendet wird, in jedem Durchgang der Kreuzvalidierung neu und nur unter Berücksichtigung der Trainingsdaten durchgeführt werden muss, ansonsten wird der Fehler zu optimistisch geschätzt (*selection bias*).

Klassifikationsverfahren stammen von Methoden der statistischen Lerntheorie oder von Verfahren des maschinellen Lernens ab. Eine einfache Methode aus der Statistik ist z. B. die lineare Diskriminanzanalyse. Hier wird, ähnlich der Hauptkomponentenanalyse, eine lineare Koordinatentransformation gesucht, die die

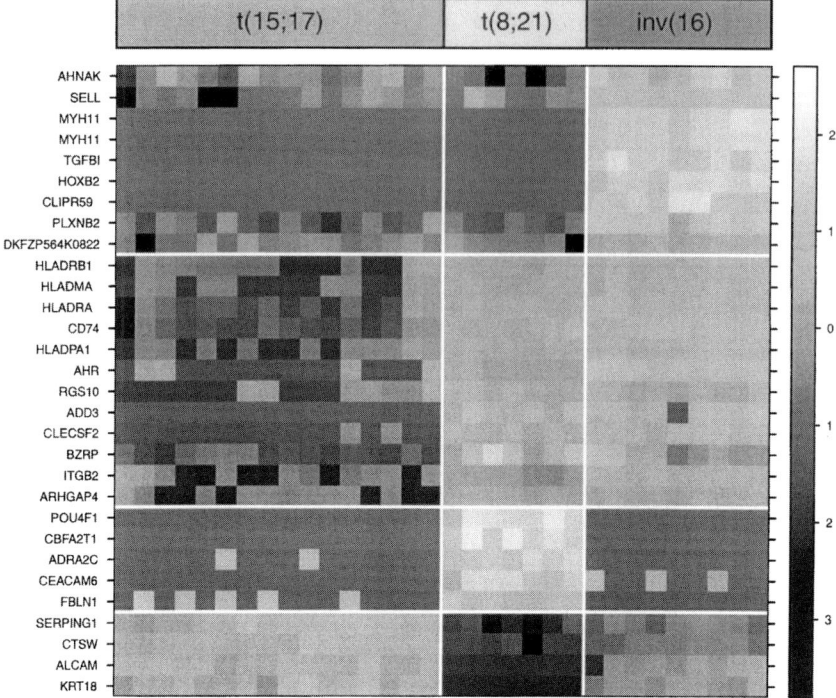

Abb. 24.9 Ergebnis eines Klassifikationsexperiments. Knochenmarksproben aus Leukämiepatienten, die zu drei unterschiedlichen Subgruppen gehörten, wurden durch DNA-Mikroarray-Analyse untersucht. Die Gruppen sind durch spezifische Chromosomenaberrationen [t(15;17), t(8;21) oder inv(16)] charakterisiert. Mit einem Klassifikator aus 15 Entscheidungsbäumen (s. Text) konnten 30 Gene selektiert werden, deren Expression große Unterschiede zwischen den Klassen aufweist. Die Expressionswerte sind hier in einer Farbmatrixdarstellung gezeigt. Jede Spalte gehört zu einer Probe, jede Zeile zu einem Gen. Die Abkürzungen (nach HUGO) und GenBank-Nummern der Gene sind rechts gezeigt, der Balken oben gibt die einzelnen Gruppen an. Die Werte wurden auf Mittelwert 0 und Standardabweichung 1 normiert. Man erkennt vier Gruppen von Genen, jeweils eine, die in einer der drei Klassen charakteristisch hoch exprimiert ist, sowie eine Gruppe, deren Gene höhere Expression in zwei Klassen [t(8;21) und inv(16)] zeigen.

Trennung in (zwei) Klassen entlang der Achsen maximiert. Die einzelnen Variablen können dann bezüglich ihres Einflusses auf die ersten Diskriminanten geordnet werden. Für Genexpressionsdaten ist das Verfahren nur geeignet, wenn eine große Zahl an Genen die Klasseneinteilung deutlich unterstützt, ansonsten kann es nur nach drastischer Merkmalsauswahl benutzt werden. Entscheidungsbäume sind eine weitere Möglichkeit zur Klassifizierung. Sie haben den Vorteil, dass sie implizit eine Merkmalsauswahl vornehmen, und dass die Klassifikation anhand einfach zu formulierender Regeln stattfindet, die sich auch biologisch interpretieren lassen. Leider sind Entscheidungsbäume nicht robust, können also bei leicht veränderten Eingabedaten sehr verschiedene Bäume ergeben. Diesen Nachteil kann man durch Benutzung von mehreren Bäumen gleichzeitig umgehen; solche Ensembles von Klassifikatoren lassen sich auch mit anderen Algorithmen konstruieren. Künstliche neuronale Netze stellen eine weitere Möglichkeit zur Klassifikation dar; das Prinzip wurde schon weiter oben (s. Abschnitt 23.4.1) vorgestellt. Bei der Anwendung auf Genexpressionsdaten ist zu beachten, dass neuronale Netze leicht übertrainiert werden; sie verlangen meist eine deutliche Reduktion der Zahl der Eingabeparameter durch Merkmalsauswahl sowie spezielle Verfahren, um das Übertraining zu verhindern. Die letzte Methode, die hier erwähnt werden soll, sind *Support Vector Machines*. Für Details wird hier auf die Literatur verwiesen. Sie haben sich als robuste Klassifikatoren erwiesen, die auch mit höheren Zahlen von Merkmalen, die zur Klassifikation verwendet werden, gut zurecht kommen. Leider kann die Klassifikation nicht leicht nachvollzogen werden; es ist also nur schwer möglich, die für die Klassifikation wichtigsten Merkmale zu benennen.

Eine Vielzahl weiterer Klassifikationsverfahren ist in Gebrauch. Man verwendet diese Verfahren, um entweder eine Möglichkeit zur diagnostischen Vorhersage in problematischen Fällen zu schaffen, die auf Genexpressionsmessungen beruht, oder um die wichtigsten Gene zu selektieren, deren Expression sich zwischen definierten Gruppen unterscheidet (Abb. 24.9). Die Methoden können weiterhin benutzt werden, um Proben zu identifizieren, die nicht in das gängige Schema einer definierten Klasse passen, deren Klasse sich also schlecht von dem Klassifikator vorhersagen lässt. Solche Proben können Hinweise auf das Vorhandensein neuer Krankheitsentitäten darstellen.

24.6
Systembiologie

Die bisherigen Anwendungen waren darauf ausgerichtet, aus biologischen Daten mithilfe von Computermethoden Wissen zu extrahieren. Die Systembiologie geht den umgekehrten Weg und versucht, komplexe biologische Systeme (z. B. Zellen, Gewebe, Organe) als Computermodelle zu simulieren, um so Hypothesen über das Verhalten dieser Systeme aufzustellen, die dann experimentell getestet werden können. Grundlage ist die Systemtheorie, die in Ingenieurwissenschaften auf komplexe Netzwerke wie elektronische Schaltungen, das Internet oder Telefonnetzwerke angewendet wird. Viele Eigenschaften biologischer Systeme lassen sich nur bei systemweiter Betrachtung verstehen, nicht durch Kenntnis der Eigenschaften ihrer Komponenten. So ist eine grundlegende Eigenschaft solcher Systeme ihre Robustheit gegenüber kleinen Störungen, sie kehren immer wieder zum Ausgangszustand zurück. Bei größeren Störungen (z. B. Gen-Knock-out) können sie in einen anderen Zustand übergehen, der dann ebenso stabil ist; das könnte für eine Reihe von Krankheiten und ihre Behandlung von Bedeutung sein.

Biologische Systeme werden im Allgemeinen als Netzwerke modelliert. Abhängig von den zur Verfügung stehenden – experimentell bestimmten – Daten können solche Modelle vereinfachend sein, wie z. B. Boole'sche Netzwerke, oder eine komplette mathematische Beschreibung des Systems und seines zeitlichen Verhaltens liefern. Wichtige Anwendungsgebiete sind Netzwerke zur Genregulation, zur Signaltransduktion, Stoffwechselwege und die Programme der Embryonalentwicklung. Auch die Simulation einer ganzen Bakterienzelle wurde schon versucht. Gemeinsam ist den Netzwerken die Eigenschaft, skalierungsfrei (*scale free*) zu sein, d. h., jede Unterstruktur ähnelt der Gesamtstruktur, ohne dass sich eine Methode zur Konstruktion solcher Netze angeben ließe. Trotzdem sind sie bedeutend stabiler als Netzwerke mit zufälligen Verknüpfungen. Es gibt nur eine geringe Zahl hoch vernetzter Knoten und redundante Wege von einem Knoten zu einem anderen. Eine mathematische Eigenschaft skalierungsfreier Netze ist, dass die Verteilung der Knoten mit einem Vernetzungsgrad k einem Potenzgesetz gehorcht:

$$p_k = k^{-\kappa} \tag{24.9}$$

wobei für bemerkenswert viele Netze der Exponent im Bereich 2,1–2,4 liegt.

24.6.1
Netzwerke: Boole'sche, Bayes'sche

Boole'sche Netzwerke wurden schon 1969 zur Beschreibung der Genregulation verwendet. Ihre Attraktivität liegt in der Einfachheit, da sie für jedes Gen nur zwei Zustände kennen (AN und AUS) und Wechselwirkungen zwischen Genen bzw. Genen und Genprodukten auf logische Regeln in Boole'scher Algebra reduzieren. Reaktionskinetische Parameter etwa sind zur Konstruktion solcher Netze nicht erforderlich. Allerdings enthalten Boole'sche Netzwerke keine stochastische Komponente; ein bestimmter Zustand des Netzwerks wird immer in denselben zweiten Zustand übergehen. Da stochastische Fluktuationen in biologischen Systemen aber auftreten und auch eine wichtige Rolle beim Übergang des Systems in einen anderen Zustand spielen können, wurden als Weiterentwicklung Boole'scher Netzwerke Wahrscheinlichkeiten für jede Wirkung im Netzwerk eingeführt.

Bayes'sche Netzwerke sind Graphen, die die bedingten Wahrscheinlichkeiten zwischen Ereignissen abbilden. Sie dienen zur Modellierung von Netzwerken aus experimentellen Daten. Sie können z. B. auf Genexpressionsdaten angewendet werden. Die Knoten des Bayes'schen Netzes sind dann die Gene, deren Expression gemessen wurde, und die Kanten zwischen den Knoten geben an, ob ein Ereignis (z. B. „Gen 1 exprimiert") immer oder häufig zusammen mit einem anderen Ereignis („Gen 2 exprimiert") vorkommt. Die Kanten sind gerichtet und werden mit dem Wert der bedingten Wahrscheinlichkeit gewichtet. Wichtig ist, dass jedes Ereignis nur von einer begrenzten Zahl anderer Ereignisse abhängt, von allen anderen ist es unabhängig. Man sagt (für $Y \notin Pa(X)$), das Ereignis X sei „unabhängig von Y, gegeben den Satz seiner Eltern $Pa(X)$". Zur Konstruktion Bayes'scher Netzwerke gibt es effiziente Algorithmen, die bei einer gegebenen Score-Funktion das Netz mit dem höchsten Score finden.

24.6.2
Deterministische Beschreibung: Gewöhnliche und partielle Differenzialgleichungen

Sind zumindest einige Parameter wie Geschwindigkeitskonstanten, Diffusionskoeffizienten und Bindungskonstanten aus Experimenten bekannt, kann eine Modellierung des Systems mit Differenzialgleichungen durchgeführt werden. Eine spezielle Behandlung solcher Gleichungssysteme liefert die Kontrolltheorie, die insbesondere zur Analyse von Stoffwechselwegen entwickelt wurde. Hier werden die regulierenden Einflüsse der Komponenten (z. B. Enzyme, Inhibitoren) auf den (Stoff-)Fluss durch einen solchen Weg als Kontrollkoeffizienten zusammengefasst. Die Auswirkung einer Störung auf den *Steady-State*-Fluss lässt sich dann vorhersagen. Der Nachteil der Methode ist, dass sie nur auf Systeme im stationären Zustand (nicht im Gleichgewicht!) oder in der Nähe davon angewendet werden kann; sie ist nicht zur Beschreibung sich dynamisch entwickelnder Systeme geeignet.

Differenzalgleichungssysteme können mit heutigen Computermethoden zumindest für mittelgroße Modelle (10–100 Komponenten) durch numerische Integration gelöst werden. Viele Eigenschaften, die auch in biologischen Systemen vorkommen, z. B. Oszillationen, Attraktoren (Selbst-Einstellen stabiler Zustände) und Bifurkationen (zufälliges Einschlagen eines von zwei möglichen Wegen, das dann irreversibel ist), lassen sich in solchen Modellen simulieren. Sind die Parameter (Geschwindigkeitskonstanten, Diffusionskoeffizienten usw.) keine Skalare, sondern Tensoren, wird das System durch partielle Differenzialgleichungen beschrieben. Die Lösung ist ebenfalls, wenngleich unter deutlich höherem Aufwand, numerisch möglich. Das Problem bei der vollständigen Beschreibung durch Differenzialgleichungen stellt der notwendige Satz an Parametern dar, die experimentell bestimmt werden müssen. Selbst für simple Systeme ist oft nur ein Bruchteil der benötigten Parameter aus anderen Studien erhältlich, die dann auch meist aus verschiedenen biologischen Systemen oder Organismen stammen. Die experimentelle Bestimmung aller Parameter, die z. B. zur Beschreibung der Apoptose notwendig sind, dürfte mit heutigen Methoden Jahrzehnte in Anspruch nehmen. Die Hauptanwendung von Differenzialgleichungssystemen liegt daher auch in der Modellierung gut erforschter und überschaubarer Prozesse, z. B. dem Calciumefflux aus zellulären Speichern oder Diffusionsprozessen im Zellkern.

24.6.3
Nichtdeterministische Beschreibung: Stochastische Simulation

Bei Systemen, die nur aus wenigen Molekülen bestehen, ist die Beschreibung durch Differenzialgleichungen nicht adäquat. In diesem Bereich können stochastische Simulationssysteme eingesetzt werden, die die Systementwicklung simulieren können. Voraussetzung ist, dass die mikroskopischen Wechselwirkungen modelliert werden können. Die einzelnen Partikel eines Systems bewegen sich dann zufällig und wechselwirken mit bestimmten Wahrscheinlichkeiten mit anderen Partikeln. Für große Ensembles (> 1000) stimmt das Ergebnis mit der deterministischen Beschreibung durch Differenzialgleichungen überein.

24.7
Weiterführende Literatur

BALDI, P., BRUNAK, S. (2001) *Bioinformatics – The Machine Learning Approach*, 2. Aufl. MIT Press, Cambridge, MA.

DUDA, R.O., HART, P.E., STORK, D.G. (2000) *Pattern Classification*, 2. Aufl. Wiley, New York, NY.

DURBIN, R., EDDY, S., KROGH, A., MITCHISON, G. (1998) *Biological Sequence Analysis*. Cambridge University Press, Cambridge, UK.

GUSFIELD, D. (1997) *Algorithms on Strings, Trees, and Sequences*. Cambridge University Press, New York, NY.

HASTIE, T., TIBSHIRANI, R., FRIEDMAN, J. (2001) *The Elements of Statistical Learning*. Springer, New York, NY.

JAIN, A.K., DUBES, R.C. (1988) *Algorithms for Clustering Data*. Prentice Hall, Englewood Cliffs, NJ.

LI, W.H. (1997) *Molecular Evolution*. Sinauer Publishers, Sunderland, MA.

MOUNT, D.W. (2001) *Bioinformatics: Sequence and Genome Analysis*. CSHL Press, Cold Spring Harbor, NY.

NATURE INSIGHT „COMPUTATIONAL SYSTEMS BIOLOGY" (2002), *Nature* **420**, 205–251.

SCIENCE SPECIAL „SYSTEMS BIOLOGY" (2002), *Science* **295**, 1662–1682.

SPEED, T.P. (HRSG.) (2003) *Statistical Analysis of Gene Expression Microarray Data*. Chapman & Hall, Boca Raton, FL.

ZHANG, M.Q. (2002) Computational prediction of eukaryotic protein-coding genes. *Nat. Rev. Genet.* **3**, 698–710.

24.8
Verwendete Literatur

AEBERSOLD, R., MANN, M. (2003) Mass spectrometry-based proteomics. *Nature* **422**, 198–207.

ALTSCHUL, S.F., GISH, W., MILLER, W. et al. (1990) Basic local alignment search tool. *J. Mol. Biol.* **215**, 403–410.

ALTSCHUL, S.F., MADDEN, T.L., SCHAFFER, A.A. et al. (1997) Gapped BLAST and PSI-BLAST: a new generation of protein database search programs. *Nucl. Acids Res.* **25**, 3389–3402.

AMBROISE, C., MCLACHLAN, G.J. (2002) Selection bias in gene extraction on the basis of microarray gene-expression data. *Proc. Natl. Acad. Sci. USA* **99**, 6562–6566.

APPEL, R.D., VARGAS, J.R., PALAGI, P.M. et al. (1997) Melanie II – a third-generation software package for analysis of two-dimensional electrophoresis images: II. Algorithms. *Electrophoresis* **18**, 2735–2748.

ARMSTRONG, S.A., STAUNTON, J.E., SILVERMAN, L.B. et al. (2002) MLL translocations specify a distinct gene expression profile that distinguishes a unique leukemia. *Nat. Genet.* **30**, 41–47.

ASAI, K., HAYAMIZU, S., HANDA, K. (1993) Prediction of protein secondary structure by the hidden Markov model. *Comput. Appl. Biosci.* **9**, 141–146.

BARD, J. (2003) Ontologies: Formalising biological knowledge for bioinformatics. *Bioessays* **25**, 501–506.

BASTIAN, P., BIRKEN, K., JOHANNSEN, K. et al. (1997) UG – a flexible software toolbox for solving partial differential equations. *Computing and Visualization in Science* **1**, 27–40.

BATEMAN, A., BIRNEY, E., CERRUTI, L. et al. (2002) The PFAM protein families database. *Nucl. Acids Res.* **30**, 276–280.

BEISSBARTH, T., FELLENBERG, K., BRORS, B. et al. (2000) Processing and quality control of DNA array hybridization data. *Bioinformatics* **16**, 1014–1022.

BENSON, D.A., KARSCH-MIZRACHI, I., LIPMAN, D.J. et al. (2002) GenBank. *Nucl. Acids Res.* **30**, 17–20.

BOLSHAKOVA, N., AZUAJE, F. (2003) Cluster validation techniques for genome expression data. *Signal Process.* **83**, 825–833.

BONNLANDER, B.V., WEIGEND, A.S. (1994) Selecting Input Variables Using Mutual Information and Nonparametric Density Estimation, in: *Proc. Int. Sympos. Artificial Neural Networks (ISANN)*. Tainan, Taiwan, 42–50.

BRAZMA, A., HINGAMP, P., QUACKENBUSH, J. et al. (2001) Minimum information about a microarray experiment (MIAME) – toward standards for microarray data. *Nat. Genet.* **29**, 365–371.

BREIMAN, L., FRIEDMAN, J.H., OLSHEN, R.A. et al. (1984) *Classification and Regression Trees*. Chapman & Hall, New York, NY.

CHEN, Y., DOUGHERTY, E.R., BITTNER, M.L. (1997) Ratio-based decisions and the quantitative analysis of cDNA microarray images. *J. Biomed. Optics* **2**, 364–374.

CLAVERIE, J.M. (2000) Do we need a huge new centre to annotate the human genome? *Nature* **403**, 12.

DAVIDSON, E.H., RAST, J.P., OLIVERI, P. et al. (2002) A genomic regulatory network for development. Science **295**, 1669–1678.

DAYHOFF, M.O., SCHWARTZ, R.M., ORCUTT, B.C. (1978) *A model of evolutionary change in proteins*, in (DAYHOFF, M.O., Hrsg.) *Atlas of Protein Sequence and Structure*, Vol. 5, Suppl. 3, S. 345–352. Natl. Biomedical Res. Foundation, Washington, DC.

DIETERICH, C., CUSACK, B., WANG, H. et al. (2002) Annotating regulatory DNA based on man-mouse genomic comparison. *Bioinformatics* **18**, Suppl 2, S84–S90.

DUDOIT, S., FRIDLYAND, J., SPEED, T.P. (2002) Comparison of discrimination methods for the classification of tumors using gene expression data. *J. Am. Statist. Assoc.* **97**, 77–87.

DUDOIT, S., YANG, Y.H., SPEED, T.P. et al. (2002) Statistical methods for identifying differentially expressed genes in replicated cDNA microarray experiments. *Statistica Sinica* **12**, 111–139.

ENG, J.K., MCCORMACK, A.L., YATES, J.R., III (1994) An approach to correlate tandem mass spectral data of peptides with amino acid sequences in a protein database. *J. Am. Soc. Mass Spectrom.* **5**, 976–989.

FELLENBERG, K., HAUSER, N.C., BRORS, B. et al. (2001) Correspondence analysis applied to microarray data. *Proc. Natl. Acad. Sci. USA* **98**, 10781–10786.

FELSENSTEIN, J. (1981) Evolutionary trees from DNA sequences: a maximum likelihood approach. *J. Mol. Evol.* **17**, 368–376.

FITCH, W.M. (1971) Toward defining the course of evolution: minimum change for a specified tree topology. *System. Zool.* **20**, 406–416.

FRIEDMAN, N., LINIAL, M., NACHMAN, I. et al. (2000) Using Bayesian networks to analyze expression data. *J. Comput. Biol.* **7**, 601–620.

FUREY, T.S., CRISTIANINI, N., DUFFY, N. et al. (2000) Support vector machine classification and validation of cancer tissue samples using microarray expression data. *Bioinformatics* **16**, 906–914.

GASTEIGER, E., JUNG, E., BAIROCH, A. (2001) SWISS-PROT: Connecting biological knowledge via a protein database. *Curr. Issues Mol. Biol.* **3**, 47–55.

GIEGERICH, R. (2000) A systematic approach to dynamic programming in bioinformatics. *Bioinformatics* **16**, 665–677.

GOLUB, T.R., SLONIM, D.K., TAMAYO, P. et al. (1999) Molecular classification of cancer: class discovery and class prediction by gene expression monitoring. *Science* **286**, 531–537.

GONNET, G.H., COHEN, M.A., BENNER, S.A. (1992) Exhaustive matching of the entire protein sequence database. *Science* **256**, 1443–1445.

GREENACRE, M.J. (1984) *Theory and Applications of Correspondence Analysis*. Academic Press, London.

GUSFIELD, D. (1997) *Algorithms on Strings, Trees, and Sequences*. Cambridge University Press, Cambridge, UK.

GYGI, S.P., AEBERSOLD, R. (2000) Mass spectrometry and proteomics. *Curr. Opin. Chem. Biol.* **4**, 489–494.

HASTY, J., MCMILLEN, D., ISAACS, F. et al. (2001) Computational studies of gene regulatory networks: in numero molecular biology. *Nat. Rev. Genet.* **2**, 268–279.

HENIKOFF, S., HENIKOFF, J.G. (1992) Amino acid substitution matrices from protein blocks. Proc. *Natl. Acad. Sci. USA* **89**, 10915–10919.

HUBER, W., VON HEYDEBRECK, A., SÜLTMANN, H. et al. (2002) Variance stabilization applied to microarray data calibration and to the quantification of differential expression. *Bioinformatics* **18**, Suppl 1, S96–S104.

IDEKER, T., THORSSON, V., RANISH, J. A. et al. (2001) Integrated genomic and proteomic analyses of a systematically perturbed metabolic network. *Science* **292**, 929–934.

IRIZARRY, R. A., HOBBS, B., COLLINS, F. et al. (2003) Exploration, normalization, and summaries of high density oligonucleotide array probe level data. *Biostatistics* **4**, 249–264.

JAIN, A. K., DUBES, R. C. (1988) *Algorithms for Clustering Data*. Prentice Hall, Englewood Cliffs, NJ.

JOLIFFE, I. T. (1986) Principal Component Analysis. Springer-Verlag, New York, NY.

KARLIN, S., BUCHER, P., BRENDEL, V. et al. (1991) Statistical methods and insights for protein and DNA sequences. *Annu. Rev. Biophys. Biophys. Chem.* **20**, 175–203.

KAUFFMAN, S. A. (1969) Metabolic Stability and epigenesis in randomly constructed genetic nets. *J. Theoret. Biol.* **22**, 437–467.

KHAN, J., BITTNER, M. L., CHEN, Y. et al. (1999) DNA microarray technology: the anticipated impact on the study of human disease. Biochim. Biophys. Acta **1423**, M17–M28.

KHAN, J., WEI, J. S., RINGNER, M. et al. (2001) Classification and diagnostic prediction of cancers using gene expression profiling and artificial neural networks. *Nat. Med.* **7**, 673–679.

KITANO, H. (2002) Computational systems biology. *Nature* **420**, 206–210.

KOHONEN, T. (1989) *Self-Organization and Associative Memory*, 3. Aufl. Springer-Verlag, Berlin.

KOONIN, E. V., WOLF, Y. I., KAREV, G. P. (2002) The structure of the protein universe and genome evolution. *Nature* **420**, 218–223.

KUMMER, U., OLSEN, L. F., DIXON, C. J. et al. (2000) Switching from simple to complex oscillations in calcium signaling. *Biophys. J.* **79**, 1188–1195.

KYTE, J., DOOLITTLE, R. F. (1982) A simple method for displaying the hydropathic character of a protein. *J. Mol. Biol.* **157**, 105–132.

LIPMAN, D. J., PEARSON, W. R. (1985) Rapid and sensitive protein similarity searches. *Science* **227**, 1435–1441.

LOCKHART, D. J., WINZELER, E. A. (2000) Genomics, gene expression and DNA arrays. *Nature* **405**, 827–836.

LOCKHART, D. J., DONG, H., BYRNE, M. C. et al. (1996) Expression monitoring by hybridization to high-density oligonucleotide arrays. *Nat. Biotechnol.* **14**, 1675–1680.

LORENZ, K. (1977) *Die Rückseite des Spiegels: Versuch einer Naturgeschichte menschlichen Erkennens*, S. 47–55. dtv, München.

MANN, M., WILM, M. (1994) Error-tolerant identification of peptides in sequence databases by peptide sequence tags. *Anal. Chem.* **66**, 4390–4399.

NAKAI, K., KANEHISA, M. (1992) A knowledge base for predicting protein localization sites in eukaryotic cells. *Genomics* **14**, 897–911.

NEEDLEMAN, S. B., WUNSCH, C. D. (1970) A general method applicable to the search for similarities in the amino acid sequence of two proteins. *J. Mol. Biol.* **48**, 443–453.

OLSEN, G. J., WOESE, C. R. (1993) Ribosomal RNA: a key to phylogeny. *FASEB J.* **7**, 113–123.

ONG, K. L., NG, W. K. (1998) *A survey of multiagent interaction techniques and protocols*. Technical Report #CAIS-TR04-98. Centre for Advanced Information Systems, School of Applied Science, Nanyang Technological University, Singapore.

PAPPIN, D. J. C., HØJRUP, P., BLEASBY, A. J. (1993) Rapid identification of proteins by peptide-mass fingerprinting. *Curr. Biol.* **3**, 327–332.

PEARL, J. (1988) *Probabilistic Reasoning in Intelligent Systems*. Morgan Kaufmann, San Francisco, CA.

PHAIR, R. D., MISTELLI, T. (2001) Kinetic modelling approaches to in vivo imaging. *Nat. Rev. Mol. Cell Biol.* **2**, 898–907.

RAMASWAMY, S., TAMAYO, P., RIFKIN, R. et al. (2001) Multiclass cancer diagnosis using tumor gene expression signatures. *Proc. Natl. Acad. Sci. USA* **98**, 15149–15154.

RAO, C. V., WOLF, D. M., ARKIN, A. P. (2002) Control, exploitation and tolerance of intracellular noise. *Nature* **420**, 231–237.

RINGNER, M., PETERSON, C., KHAN, J. (2002) Analyzing array data using supervised methods. *Pharmacogenomics* **3**, 403–415.

RIPLEY, B. D. (1986) *Pattern Recognition and Neural Networks*. Cambridge University Press, Cambridge, UK.

SAITOU, N., NEI, M. (1987) The neighbor-joining method: a new method for reconstructing phylogenetic trees. *Mol. Biol. Evol.* **4**, 406–425.

SCHAFF, J., FINK, C.C., SLEPCHENKO, B. et al. (1997) A general computational framework for modeling cellular structure and function. *Biophys. J.* **73**, 1135–1146.

SCHENA, M. (2002) *Microarray Analysis.* Wiley and Sons, New York, NY.

SCHENA, M., SHALON, D., DAVIS, R.W. et al. (1995) Quantitative monitoring of gene expression patterns with a complementary DNA microarray. *Science* **270**, 467–470.

SCHMIDT-KITTLER, O., RAGG, T., DASKALAKIS, A. et al. (2003) From latent disseminated cells to overt metastasis: Genetic analysis of systemic breast cancer progression. *Proc. Natl. Acad. Sci. USA* **100**, 7737–7742.

SCHOCH, C., KOHLMANN, A., SCHNITTGER, S. et al. (2002) Acute myeloid leukemias with reciprocal rearrangements can be distinguished by specific gene expression profiles. *Proc. Natl. Acad. Sci. USA* **99**, 10008–10013.

SCHOEBERL, B., EICHLER-JONSSON, C., GILLES, E.D. et al. (2002) Computational modeling of the dynamics of the MAP kinase cascade activated by surface and internalized EGF receptors. *Nat. Biotechnol.* **20**, 370–375.

SCHÖLKOPF, B., SMOLA, A. (2002) *Learning with Kernels.* MIT Press, Cambridge, MA.

SCHULZE, A., DOWNWARD, J. (2001) Navigating gene expression using microarrays – a technology review. *Nat. Cell Biol.* **3**, E190–E195.

SERVANT, F., BRU, C., CARRÉRE, S. et al. (2002) ProDom: automated clustering of homologous domains. *Brief. Bioinformatics* **3**, 246–251.

SHMULEVICH, I., DOUGHERTY, E.R., ZHANG, W. (2002) From boolean to probabilistic boolean networks as models of genetic regulatory networks. *Proc. IEEE* **90**, 1778–1792.

SIGRIST, C.J., CERUTTI, L., HULO, N. et al. (2002) PROSITE: a documented database using patterns and profiles as motif descriptors. *Brief. Bioinformatics* **3**, 265–274.

SILVERMAN, B. (1986) *Density Estimation for Statistics and Data Analysis.* Chapman & Hall, London.

SMITH, T.F., WATERMAN, M.S. (1981) Identification of common molecular subsequences. *J. Mol. Biol.* **147**, 195–197.

SPELLMAN, P.T., SHERLOCK, G., ZHANG, M.Q. et al. (1998) Comprehensive identification of cell cycle-regulated genes of the yeast *Saccharomyces cerevisiae* by microarray hybridization. *Mol. Biol. Cell* **9**, 3273–3297.

SPELLMAN, P.T., MILLER, M., STEWART, J. et al. (2002) Design and implementation of microarray gene expression markup language (MAGE-ML). *Genome Biol.* **3**, research 0046.1–0046.9

STOYE, J. (1998) Multiple sequence alignment with the Divide-and-Conquer method. *Gene* **211**, GC45-GC56.

STRIMMER, K., VON HAESELER, A. (1996) Quartet puzzling: A quartet maximum likelihood method for reconstructing tree topologies. *Mol. Biol. Evol.* **13**, 964–969.

STROGATZ, S.H. (2001) Exploring complex networks. *Nature* **410**, 268–276.

THOMPSON, J.D., HIGGINS, D.G., GIBSON, T.J. (1994) CLUSTAL W: improving the sensitivity of progressive multiple sequence alignment through sequence weighting, position-specific gap penalties and weight matrix choice. Nucl. Acids Res. **22**, 4673–4680.

TIBSHIRANI, R., HASTIE, T., NARASIMHAN, B. et al. (2002) Diagnosis of multiple cancer types by shrunken centroids of gene expression. *Proc. Natl. Acad. Sci. USA* **99**, 6567–6572.

TOMITA, M., HASHIMOTO, K., TAKAHASHI, K. et al. (1999) E-CELL: software environment for whole-cell simulation. *Bioinformatics* **15**, 72–84.

TUSHER, V.G., TIBSHIRANI, R., CHU, G. (2001) Significance analysis of microarrays applied to the ionizing radiation response. *Proc. Natl. Acad. Sci. USA* **98**, 5116–5121.

TYSON, J.J., CHEN, K., NOVAK, B. (2001) Network dynamics and cell physiology. *Nat. Rev. Mol. Cell Biol.* **2**, 908–916.

VAN DE PEPPEL, J., KEMMEREN, P., VAN BAKEL, H. et al. (2003) Monitoring global messenger RNA changes in externally controlled microarray experiments. *EMBO Rep.* **4**, 387–393.

VAN GEND, C., KUMMER, U. (2001) *STODE – Automatic Stochastic Simulation of Systems Described by Differential Equations*, in: *Proc.*

2nd Int. Conf. on Sytems Biology. Omnipress, Madison, WI.

VAN 'T VEER, L. J., DAI, H., VAN DE VIJVER, M. J. et al. (2002) Gene expression profiling predicts clinical outcome of breast cancer. *Nature* **415**, 530–536.

VELCULESCU, V. E., ZHANG, L., VOGELSTEIN, B. et al. (1995) Serial analysis of gene expression. Science **270**, 484–487.

VON HEIJNE, G., STEPPUHN, J., HERRMANN, R. G. (1989) Domain structure of mitochondrial and chloroplast targeting peptides. *Eur. J. Biochem.* **180**, 535–545.

YANG, Y. H., BUCKLEY, M. J., DUDOIT, S. et al. (2002) Comparison of methods for image analysis on cDNA microarray data. *J. Comp. Graph. Stat.* **11**, 108–136.

YATES, J. R., III (1998) Database searching using mass spectrometry data. *Electrophoresis* **19**, 893–900.

YEUNG, K. Y., HAYNOR, D. R., RUZZO, W. L. (2001) Validating clustering for gene expression data. *Bioinformatics* **17**, 309–318.

ZHANG, M. Q. (2002) Computational prediction of eukaryotic protein-coding genes. *Nat. Rev. Genet.* **3**, 698–709.

ZHANG, Z., SCHAFFER, A. A., MILLER, W. et al. (1998) Protein sequence similarity searches using patterns as seeds. *Nucl. Acids Res.* **26**, 3986–3990.

ZHANG, H., YU, C. Y., SINGER, B. (2003) Cell and tumor classification using gene expression data: construction of forests. *Proc. Natl. Acad. Sci. USA* **100**, 4168–4172.

25
Wirkstoffforschung

Drug Targets sind meist Proteine. Sie müssen zwei Eigenschaften aufweisen: die Beeinflussbarkeit durch niedermolekulare Substanzen und den klaren Bezug zur Krankheit. Bioinformatische Methoden können neue Targets durch Sequenzvergleich identifizieren. Bei der Validierung von Targets versucht man, die Modulation des Targets durch Wirkstoffe zu simulieren, indem man die Aktivität genetisch oder molekularbiologisch beeinflusst. Eine Sonderform therapeutisch nutzbarer Proteine sind die Biologicals, bei denen das Protein selbst als Wirkstoff eingesetzt wird. Die Verwendung eines Gens und seines Produkts als Target odcr den Wirkstoff kann man patentieren. Eine erfolgreiche Wirkstoffsuche benötigt große Substanzbibliotheken. Für jedes Target müssen Assays entwickelt werden, die gute statistische Parameter aufweisen und sich miniaturisieren und automatisieren lassen. Substanzen, die in Assays gefunden werden, müssen auf ihre Dosis-Wirkungsbeziehung und ihre pharmakologischen und toxikologischen Eigenschaften charakterisiert und optimiert werden. Tierversuche dienen dazu, die Wirksamkeit und Unbedenklichkeit im lebenden Organismus zu demonstrieren, bevor die klinische Erprobung beginnen kann. Die klinische Erprobung von Wirkstoffen am Menschen ist ein langwieriger, aufwändiger und teurer Prozess. Auch nach der Marktzulassung wird die Arzneiwirkung weiter beobachtet.

25.1
Einleitung

Obwohl die Wirkstoffforschung in den letzten hundert Jahren enorme Fortschritte gemacht und zu einer beträchtlichen Steigerung der Lebenserwartung geführt hat, sind viele Krankheiten nach wie vor nicht therapierbar oder die vorhandenen Therapien verbesserungswürdig. Außerdem werden auch heute noch neue Krankheiten entdeckt oder altbekannte Krankheiten, wie z.B. die Alzheimer-Krankheit, nehmen aufgrund geänderter Lebensumstände neue Dimensionen an. Die Fortentwicklung der Molekularen Biotechnologie, der Chemie, der Analytik und der Informationstechnologie hat in den letzten Jahren die Art und Weise, in der Wirkstoffforschung betrieben wird, grundlegend verändert. Das folgende Kapitel soll

Molekulare Biotechnologie: Konzepte und Methoden.
Herausgegeben von M. Wink
Copyright © 2004 WILEY-VCH Verlag GmbH & Co. KGaA, Weinheim
ISBN: 3-527-30992-6

einen Überblick über die Abläufe bei der Entwicklung eines neuen Medikaments geben.

25.2
Wirkstoffe und Wirkorte

Wie wirken therapeutische Substanzen im menschlichen Körper? Heilsam wirkende Stoffe sind seit Jahrtausenden bekannt, ohne dass man etwas über ihre Wirkprinzipien wusste. Im vorigen Jahrhundert postulierte Paul Ehrlich die Existenz von „Chemorezeptoren" an parasitischen Mikroorganismen, an die Substanzen mit antiinfektiver Wirkung spezifisch binden. Ähnlich wurde nach der ersten Beschreibung von Hormonen im frühen 20. Jahrhundert die Existenz entsprechender Rezeptoren im menschlichen Körper postuliert. Mit der Entwicklung der modernen biochemischen und molekularbiologischen Methoden seit den 1970er Jahren konnten diese Rezeptoren dann in großer Zahl isoliert und beschrieben werden. Dabei zeigt sich, dass von den vier biochemisch vorherrschenden Stoffklassen vor allem die Proteine als Wirkorte für Therapeutika geeignet sind, während Lipide und Zucker so gut wie nie, und Nucleinsäuren nur in Ausnahmen als Rezeptoren fungieren. Ein Wirkort für ein Therapeutikum wird mit dem englischen Fachbegriff auch als *Target* bezeichnet. Mit der Entschlüsselung des menschlichen Genoms und der Beschreibung der ca. 24 500 codierenden Gene (Stand Juni 2003) sollten alle Proteine in absehbarer Zeit bekannt sein und auf ihre Eignung als **Target** untersucht werden können.

Nicht alle Proteine sind gleichermaßen als Targets geeignet. Wenn man alle 500 bekannten Targets für die heute verwendeten wirksamen Medikamente auflistet und nach Proteinklassen gruppiert, zeigt sich, dass nur wenige Klassen für die überwältigende Mehrheit der Wirkorte niedermolekularer Therapeutika verantwortlich sind (Abb. 25.1).

Die vorherrschenden Klassen werden **von verschiedenen Enzymen, von Membranrezeptoren, Ionenkanälen und nucleären Rezeptoren** gebildet, während eine große Zahl von Proteinen noch nie als Wirkort eines Therapeutikums beschrieben wurde. So gibt es z. B. keinen Wirkstoff, der direkt auf Transkriptionsfaktoren wirkt, die nicht zur Familie der nucleären Rezeptoren gehören, obwohl es eine große Anzahl solcher Proteine gibt. Warum es eine solche Ungleichverteilung gibt, lässt sich relativ leicht erklären: Wirkstoffe, die spezifisch und mit ausrei-

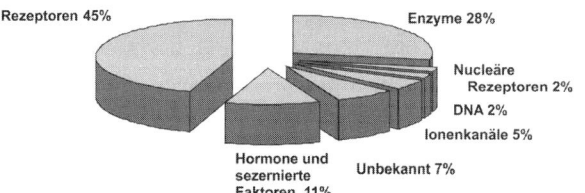

Abb. 25.1 Verteilung der Targets bekannter Therapeutika nach Klassen.

chender Affinität an ein bestimmtes Protein binden, lagern sich an Vertiefungen an der Oberfläche des Proteins an. Hydrophobizität und Ladungsverteilung dieser Bindetasche erlauben energetisch günstige Anlagerungen des Wirkstoffs. Proteine, die keine Bindetasche in ihrer Oberfläche haben, eignen sich daher aller Regel nach nicht als Angriffspunkte für niedermolekulare chemische Stoffe.

Damit wird auch klar, warum relativ viele Targets **Enzyme** sind: Enzyme haben von Natur aus Bindetaschen, um ihre natürlichen Substrate zu binden. Therapeutika binden ebenfalls an diese Taschen und können u.a. die Aktivität des Enzyms hemmen, indem sie die Bindung der natürlichen Substrate verhindern. Bei den nucleären Rezeptoren und den Membranrezeptoren gibt es ebenfalls Bindetaschen, die in diesem Fall dazu dienen, körpereigene Botenstoffe oder Metaboliten zu erkennen, und die eine Aktivitätsänderung des Rezeptors bewirken. Die Fähigkeit eines Proteins, an niedermolekulare Stoffe zu binden und dadurch die Aktivität zu modulieren, wird mit einem etwas unschönen englischen Fachbegriff auch als *Drugability* bezeichnet. Eine weitere wichtige Einschränkung, die bestimmt, ob ein Protein ein gutes Target ist, ist die Notwendigkeit, ein robustes und preisgünstiges Testsystem zu entwickeln, mit dem man das Protein auf Interaktionen mit niedermolekularen Wirkstoffen untersuchen kann. Ein solches Testsystem wird als *Assay* bezeichnet und die Suche nach Interaktoren als *Screening*.

Eine Ausnahme der Regel, dass Wirkstoffe an Proteinen angreifen, bilden jene Therapeutika, denen eine DNA-modifizierende Aktivität zugrunde liegt. Dabei handelt es sich um Chemotherapeutika, die in der Krebstherapie eingesetzt werden, wie z.B. Cisplatin. Weitere Ausnahmen bilden einige Substanzen, die Biomembranen angreifen oder als Antiinfektiva der Abtötung mikrobieller Krankheitserreger dienen. Manche Antibiotika binden beispielsweise an die RNA-Bestandteile von Ribonucleoproteinen.

25.2.1
Genomische Methoden zur Identifizierung von Targets

Die Industrialisierung der molekularbiologischen Forschung, die mit der Durchführung des Humangenomprojekts einherging, hat auch die präklinische Wirkstoffforschung fundamental verändert. Zuvor wurden pharmakologisch aktive Substanzen im Allgemeinen durch die direkte **Erprobung an Gewebs- oder Tiermodellen** entdeckt. Das chemische Know-how stand im Mittelpunkt, bei der Entdeckung möglicher Anwendungsgebiete verließ man sich auf das Zufallsprinzip. Der molekulare Wirkort und -mechanismus einer Substanz wurde oft erst viele Jahre oder Jahrzehnte nach der Zulassung eines Medikaments aufgeklärt. Die Genomprojekte mit ihrer systematischen Inventarisierung aller Gene und Genprodukte eines Organismus führten jedoch zu einer zuvor nie gekannten Industrialisierung und Parallelisierung der Entdeckung potenzieller Targets. Unter den Pharma- und Biotechnologieunternehmen setzte daher in den 90er Jahren des letzten Jahrhunderts ein Wettlauf ein, um frühzeitig an Sequenzinformationen zu gelangen, geeignete Targets zu identifizieren und durch Patente schützen zu lassen. Eine ganze Reihe von Biotech-Firmen konnte daraus ein Geschäft entwickeln, indem entweder menschliche cDNA sequenziert und annotiert wurde (z. B. die Firmen Incyte, Human Genome Sciences oder Millenium Pharmaceuticals) oder indem das menschliche Genom sequenziert wurde, in der Hoffnung, dort die codierende Sequenz wertvoller neuer Targets identifizieren zu können (z. B. die Firma Celera) (s. Kap. 36 und 37).

Da sich die Druggability von Proteinen mit gewisser Wahrscheinlichkeit von einigen Mitgliedern einer Proteinfamilie auf die ganze Proteinfamilie übertragen lässt, wurde mit der massiven Sequenzierung von cDNAs und der Entschlüsselung des menschlichen Genoms als erstes mit bioinformatischen Methoden nach neuen Mitgliedern bekannter Proteinfamilien gesucht.

25.2.2
Bioinformatische Target-Identifizierung

Die funktionelle Einordnung unbekannter Sequenzen kann rein **bioinformatisch** anhand von Sequenzähnlichkeit erfolgen (Box 25.1). Besonders wenn man Sequenzen findet, die Sequenzfamilien gut etablierter Target-Klassen hinreichend ähneln, ist die Wahrscheinlichkeit hoch, mit dem neuen Familienmitglied ein pharmakologisch modulierbares Gen entdeckt zu haben. Dieser besonders einfache Weg, der ohne Laborarbeit rein bioinformatisch erfolgen kann, wurde bereits weitgehend ausgeschöpft. Dennoch gibt es auch heute noch genügend weiße Flecken bei der Charakterisierung von Sequenzen. Dies liegt z. B. daran, dass es entfernte Sequenzähnlichkeiten gibt, die so vage sind, dass bei bioinformatischen Vergleichen die Zahl der falsch positiven Ergebnisse drastisch ansteigt. Proteine, deren dreidimensionale Struktur und Funktion sehr ähnlich sind, weisen unter Umständen gar keine erkennbare Ähnlichkeit auf. Weiterhin sind die bioinformatischen Methoden zur korrekten Vorhersage neuer Gene noch nicht sehr präzise (s. Kap. 24). Beim Menschen sind die codierenden Sequenzen in einem Genom mit 99% nicht codierenden Anteilen verborgen. Selbst ohne diese Hürde erweist sich die korrekte Vorhersage aller Exons und der Transkriptionsstartpunkte als schwierig und wird zusätzlich durch viele Pseudogene erschwert. Auch die Vorhersage alternativer Spleißformen ist lückenhaft.

Die Zugehörigkeit zu einer **Genfamilie** reicht oft als einziger Funktionshinweis nicht aus. Bei der pharmakologisch wichtigen Familie der Kernrezeptoren war es z. B. relativ leicht über die stark konservierte Sequenz der DNA bindenden Domäne weitere Gene dieser Familie zu identifizieren. Da man anhand der Sequenzen aber weder den natürlichen Liganden noch die von den neuen Rezeptoren regulierten Zielgene vorhersagen kann, kann man ohne entsprechende weiterführende Experimente keine Aussagen über die Funktion des Rezeptors machen.

Als ein besonderer Glücksfall erweist sich eine Sequenzähnlichkeit zu einem Protein, dessen dreidimensionale Struktur bereits aufgeklärt wurde. In diesem Fall lässt sich die Struktur des neuen Proteins anhand eines Homologiemodells vorhersagen. Für die erfolgreiche Homologiemodellierung ist eine Ähnlichkeit der Sequenzen ≥30% erforderlich. Es gibt aber auch viele Proteine, die trotz fehlender Sequenzähnlichkeit eine große strukturelle Ähnlichkeit und Funktion aufweisen. Deswegen werden auch Anstrengungen unternommen, um in Proteomprojekten systematisch alle (bioinformatisch vorhergesagten) Proteine zu kristallisieren und deren Struktur aufzuklären. Die zur Verfügung stehenden Methoden der Expression, Reinigung, Kristallisation und Strukturanalyse von Proteinen erlauben aber immer noch nicht den Durchsatz, den DNA basierte Methoden aufweisen.

Box 25.1. Sequenzähnlichkeit

Relativ einfach ist die Definition neuer Targets bei starker Sequenzähnlichkeit zu bereits bekannten Targets. In diesem Fall wird eine schon bekannte Genfamilie um ein weiteres Mitglied erweitert.

Kurze Aminosäuresignaturen können bereits über einzelne Funktionen des unbekannten Proteins Auskunft geben. Zwei Cysteine und zwei Histidine in einem definierten Abstand identifizieren z. B. einen C2H2-Zinkfinger im Protein, der die Bindung an DNA oder RNA ermöglicht. Weitergehende Übereinstimmungen können Proteinfamilien charakterisieren. Fünf relativ kurze Aminosäuresequenzmotive reichen aus, um z. B. die Familie der „DEAD-Box"-RNA-Helicasen zu kennzeichnen (Tab. 25.1). Der Name dieser Helicasen stammt von einem der Motive im Ein-Buchstaben-Code.

Tab. 25.1 Graphische Darstellung der Position der gemeinsamen Sequenzmotive bei Mitgliedern der DEAD-Box-RNA-Helicase Familie in der „Blocks"-Datenbank

Sequenzname	Länge	Sequenz
IF4A_CRYPV/O02494	405	
IF4A_LEIBR/Q25225	403	
IF43_NICPL/P41380	391	
IF4N_SCHPO/Q10055	394	
FAL1_YEAST/Q12099	399	
DB45_DROME/Q07886	521	
RM62_DROME/P19109	575	
DBP3_YEAST/P20447	523	

Auch bei niedriger Sequenzähnlichkeit kann man bei einer sehr ähnlichen Organisation von Domänen auf funktionelle Ähnlichkeiten schließen. In diesem Fall spricht man von Superfamilien. Die G-Protein-gekoppelten Rezeptoren (s. 3.1.1) weisen z. B. als Gemeinsamkeit sieben Transmembrandomänen auf und stellen eine solche Superfamilie dar (Abb. 25.2).

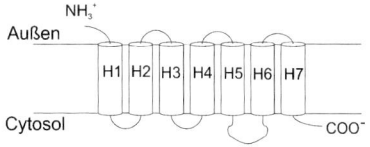

Abb. 25.2 Die Domänenstruktur von G-Protein-gekoppelten Rezeptoren. H1-H7 bezeichnen die sieben α-Helices, die jeweils eine Transmembrandomäne bilden.

25.2.3
Vergleichende Genomanalyse

Einen Sonderfall der Sequenzanalysen stellt der **Vergleich ganzer Genome** dar. So wurden z. B. die Genome der beiden Bakterienarten *Vibrio cholerae* und *Escherichia coli* verglichen. *V. cholerae* ist der Choleraerreger, *E. coli* dagegen ein relativ harmloses Darmbakterium, das nur in Einzelfällen zu Diarrhöerkrankungen führt. Die Mehrzahl der 4000 *V. cholerae*-Gene ähnelt denen von *E. coli* sehr stark. Der Vergleich führte aber auch zu der Identifizierung von 500 *V. cholerae*-Genen, die kein Gegenstück in *E. coli* haben. Diese Gene werden nun weiter untersucht, da hier Ursachen für die Virulenz und Pathogenität von *V. cholerae* vermutet werden. Wichtig ist natürlich auch der Vergleich des Geninventars von pathogenen Mikroorganismen und dem des Menschen als Wirtsorganismus. So erhält man Hinweise auf spezielle mikrobielle Stoffwechselwege, die man bei der Wirkstoffentwicklung nutzen kann, ohne dem menschlichen Wirt zu schaden.

25.2.4
Experimentelle Target-Identifizierung – *In-vitro*-Methode

Neben der reinen Sequenzanalyse werden viele experimentelle Methoden herangezogen, um potenzielle Targets zu identifizieren. **Expressionsprofile** geben Hinweise auf die Gewebespezifität von Targets und erlauben die Gruppierung und Identifizierung von Genen anhand charakteristischer Expressionsmuster (s. Kap. 21, 22 und 24). **Differenzielle Expressionsprofile** können z. B. helfen, Gene zu identifizieren, die während eines mikrobiellen Invasionsprozesses exprimiert werden. Der Vergleich der Genexpression zwischen pathologischen und gesunden Geweben spielt ebenfalls eine große Rolle. Die Wechselwirkung des Proteins mit anderen Proteinen kann Rückschlüsse auf dessen Funktion ermöglichen, wenn die Funktion der interagierenden Proteine bekannt ist. Die Expressionsklonierung, bei der ganze cDNA-Banken transfiziert und die Wirkung der gebildeten Proteine in der Zelle durch einen **Reportergen-Assay** (Box 25.2) ausgewertet werden, gewinnt durch die immer stärkere Vervollständigung der cDNA-Sammlungen an Bedeutung.

In manchen Fällen liegt auch die umgekehrte Fragestellung vor, d. h. chemische Modulatoren sind bereits bekannt, aber das molekulare Target nicht. Auch in diesem Fall hilft die „Teileliste" der menschlichen Zellen, die durch das Humangenomprojekt aufgebaut werden konnte. Der Abgleich von Expressionsprofilen, die nach Behandlung mit Substanzen entstehen, kann ebenfalls zur Identifizierung von Targets führen. Mit Protein-Arrays lassen sich proteinbindende Substanzen identifizieren.

Box 25.2. Reportergen-Assays

Die Wirkung eines gesuchten Agens (eines niedermolekularen Stoffes oder eines Proteins) beeinflusst fast immer die Stärke der Expression gewisser zellulärer Gene. Darauf lassen sich relativ einfache Assays aufbauen, die man als Reportergen-Assays bezeichnet.

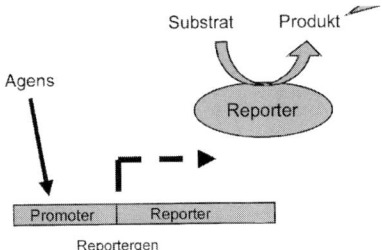

Dabei wird der codierende Bereich eines regulierten Gens gegen den eines Gens ausgetauscht, dessen Produkt sich leicht nachweisen lässt. Dieses Hybriden wird dann als Reportergen bezeichnet, das nachzuweisende Protein als Reporter. Neben fluoreszierenden Proteinen eignen sich vor allem Enzyme als Reporter, die ein passendes Substrat in ein leicht nachzuweisendes Produkt umwandeln, wie z.B. bei den Farbreaktionen, die von β-Galactosidase oder β-Glucuronidase katalysiert werden. Bei den weit verbreiteten Luciferase-Reportern werden die Licht erzeugenden Enzyme aus Glühwürmchen (*Photinus pyralis* oder *Renilla reniformis*) durch Messung des emittierten Lichtes beim Umsatz der entsprechenden Substrate quantifiziert. In einem mittlerweile veralteten Verfahren dient Chloramphenicol-Acetyltransferase als Reporter, dessen katalytische Aktivität mittels eines radioaktiven Substrats gemessen wird. Bei Reportergenassays ist es möglich, dass das Reportergen direkt vom zu testenden Protein angesteuert wird, wie z.B. bei nucleären Rezeptoren. In anderen Fällen misst man die indirekte Wirkung eines Proteins; so kann z.B. die durch intrazelluläre Signalübermittlungsprozesse vermittelte Wirkung eines extrazellulären Stoffes auf die Genexpression ebenso in einem Reportergen-Assay gemessen werden.

25.2.5
Experimentelle Target-Identifizierung – Modellorganismen

Auch **Modellorganismen** werden genutzt, um die Rolle von Genen im Krankheitsgeschehen aufzuklären. Zu den wichtigen Modellorganismen zählen der **Fadenwurm** *Caenorhabditis elegans*, die Taufliege (*Drosophila melanogaster*), der Zebrafisch (*Danio rerio*) und natürlich die Maus (*Mus musculus*). Eine ganze Reihe von Firmen beschäftigen sich mit der systematischen Untersuchung von Knock-outs aller bekannten Gene, um die entstehenden Phänotypen zu studieren. Insbesondere bei den Säugern ist aber eine erschöpfende Phänotypanalyse nicht möglich, da man Tiere in allen Lebensaltersstufen mit einer ganzen Batterie biochemischer, histologischer, physiologischer, anatomischer und verhaltenskundlicher Verfahren untersuchen müsste. Auf der einen Seite ist ein entsprechender Phänotyp in einem Säugetiermodell eine starke Evidenz für die Rolle eines Target-Moleküls. Andererseits stellt man erstaunlich oft fest, dass der Knock-out zentraler Gene sich nicht im erwarteten gravierenden Einfluss auf den Phänotyp niederschlägt (s. Kpa. 24). Die genetisch wichtigsten Modellorganismen eignen sich nicht immer als Modell für eine bestimmte menschliche Krankheit. In dem Fall ist man gezwungen, auf eine andere Spezies auszuweichen, oder aber Modellorganismen durch das Einschleusen des menschlichen Gens zu „humanisieren".

25.2.6
Experimentelle Target-Identifizierung am Menschen

Große Hoffnungen werden auf die **Identifizierung von Krankheitsgenen** durch Untersuchungen am Menschen gesetzt, da in diesem Fall das Problem der Übertragbarkeit von Befunden aus Modellsystemen umgangen wird. Obwohl der Mensch aus ethischen Gründen für viele Methoden nicht zugänglich ist, stehen eine Reihe von Vorgangsweisen zur Verfügung:

- Durch die Stammbaumanalyse, bei der die Kopplung der Weitergabe bestimmter Chromosomenabschnitte an das Auftreten von Krankheiten beobachtet wird, konnten schon eine ganze Reihe von Genen, die für monogene Krankheiten verantwortlich sind, identifiziert werden. Bekannte Beispiele sind das *CFTR*-Gen, das bei Patienten mit cystischer Fibrose mutiert ist, und das *BRCA1*-Gen, dessen Varianten für einen Teil des familiären Brustkrebsrisikos verantwortlich sind.
- Auch bei nichtfamiliären Erkrankungen findet man viele genetische Unterschiede zwischen verschiedenen Individuen. Bei der überwiegenden Mehrzahl dieser Unterschiede handelt es sich um Abweichungen einzelner Nucleotide in der DNA-Sequenz. Hierbei handelt es sich nicht um seltene Mutationen, sondern um relativ häufige Polymorphismen. Man spricht bei diesen genetischen Varianten, bei denen das seltene Allel mit einer Häufigkeit von mindestens 1% auftritt auch von SNPs (*single nucleotide polymorphisms*). Beim Vergleich zweier Chromosomen tritt alle 1–2 kb ein SNP auf. Die statistische Auswertung genomweiter SNP-Daten in einer großen Zahl von Individuen („Assoziationsanalyse") sollte die sehr präzise Kartierung von Krankheitsgenen ermöglichen. Mittels komplexerer Methoden sollte es möglich sein, mithilfe von SNPs auch die polygenen Ursachen von Volkskrankheiten zu analysieren.
- Der genetische Vergleich von gesunden und kranken Gewebeproben kann ebenfalls zu Korrelationen mit Krankheitsbildern führen. Bei Krebserkrankungen wurden viele ursächlich an der Krankheit beteiligten Gene identifiziert, indem man somatische Mutationen im entarteten Gewebe, nicht aber im benachbarten gesunden Gewebe nachwies. Ein Beispiel dafür ist die Entdeckung des *Abl*-On-

kogens als Ursache für chronische myeloische Leukämie (CML). Die Entwicklung von spezifischen Inhibitoren der Protein-Tyrosin-Kinase-Aktivität von Abl (Glivec, ein 2-Phenylaminopyrimidin-Derivat) durch Novartis führte zu einer neuen und effizienten Therapie dieser Krankheit.

- Weiterhin kann man testen, ob es eine Korrelation der Expression des Targets im betroffenen Gewebe mit dem pathologischen Zustand gibt. Dabei spielt es in erster Näherung keine Rolle, ob die Genexpression spezifisch reprimiert oder induziert wird, wobei allerdings die Induktion augenfälliger und meist deutlicher nachzuweisen ist.

Auch im Bereich der Krankheitsassoziation gibt es eine Reihe von Biotech-Firmen, die die Target-Validierung zu einem Schwerpunkt ihrer Arbeit gemacht haben. Ein prominentes Beispiel ist die Firma DeCode auf Island. DeCode nutzt den hohen Verwandtschaftsgrad der isländischen Bevölkerung und die gut dokumentierten Stammbäume der isländischen Familien, um neue Gene zu identifizieren, die bei kommerziell bedeutenden Krankheiten wie Herzinfarkt oder Diabetes eine Rolle spielen.

25.2.7
Der Unterschied zwischen Target-Kandidaten und echten Targets

Die oben geschilderten Verfahren identifizieren sehr effizient Target-Kandidaten, die definitiv mit dem untersuchten physiologischen Kontext bzw. mit Krankheiten **assoziiert** sind. Es ist leider sehr viel schwieriger den kausalen Beweis zu führen, dass ein Gen auch ursächlich an der Krankheitsentstehung beteiligt ist bzw. auch als zentraler Regler im Krankheitsgeschehen fungiert. Zudem können selbst kausal validierte Gene vollkommen ungeeignet für die Beeinflussung dieser Genprodukte mit Kleinmolekülen oder anderen Therapeutika sein (s. Box 25.3)

Box 25.3. Der LDL-Rezeptor – auf den ersten Blick viel versprechend und doch kein direktes Target

Seit vielen Jahren ist bekannt, dass der LDL-Rezeptor für Aufnahme und Abbau des Atherosklerose-Risikofaktors *Low-Density*-Lipoprotein durch Leberzellen verantwortlich ist (Abb. 5.10). Mutationen im LDL-Rezeptorgen führen beim Menschen zu einer vererbten Form krankhaft erhöhter Cholesterolspiegel. Der LDL-Rezeptor ist als wichtiges und limitierendes Molekül im Cholesterolabbauweg charakterisiert. Dennoch ist es bis heute nicht gelungen, Medikamente zu entwickeln, die direkt die Produktion des LDL-Rezeptors stimulieren. Stattdessen werden gegen hohe Cholesterolspiegel Medikamente (Statine) verordnet, die eines der Schlüsselenzyme der Cholesterolsynthese in Leberzellen, die HMG-CoA-Reduktase, inhibieren. Das so erreichte Abfallen des intrazellulären Cholesterolspiegels veranlasst die Leberzellen mehr LDL-Rezeptor herzustellen, was wiederum zu einem Absinken des Cholesterolspiegels im Blut führt. In diesem Fall macht man sich also Stoffwechselwege zunutze, um indirekt eine Konzentrationserhöhung dieses wichtigen Rezeptors zu erreichen.

Da alle Arten der Target-Identifizierung auf Analogieschlüssen beruhen, ist jede Methode mit Unsicherheiten behaftet. Die Wahrscheinlichkeit, echte funktionelle Zusammenhänge aufzuklären, wird erhöht, indem man ein Target, das durch eine Methode **identifiziert** wurde, durch unabhängige experimentelle Verfahren **validiert**. Im Prinzip sind alle oben geschilderten Verfahren zur Target-Identifizierung auch zur Validierung von Targets, nutzbar. Die zur Verfügung stehenden Methoden sind in Tab. 25.2 noch einmal zusammengefasst. Die Methoden haben eine unterschiedliche Wertigkeit in ihrer Aussagekraft zur Rolle im Krankheitsgeschehen. Je besser die experimentellen Verfahren einen klaren Bezug zu einer Krankheit herausarbeiten können, desto interessanter ist das so charakterisierte Protein für ein Pharmaunternehmen. Leider verhindern Kosten und Durchsatz heute noch eine massive Anwendung der Verfahren, die die besten Ergebnisse liefern könnten. Dieser Zusammenhang ist in Abb. 25.3 als Target-Validierungspyramide schematisch dargestellt. Es sei noch einmal daran erinnert, dass neben dem Bezug zu einem medizinischen Problem ein echtes Target durch seine Drugability und seine Eignung, in robusten Assays getestet werden zu können, ausgezeichnet ist.

In vielen Fällen mag es nach wie vor die pragmatischste und effektivste Art der Validierung sein, wirksame Substanzen zu entwickeln, die dann im Tiermodell

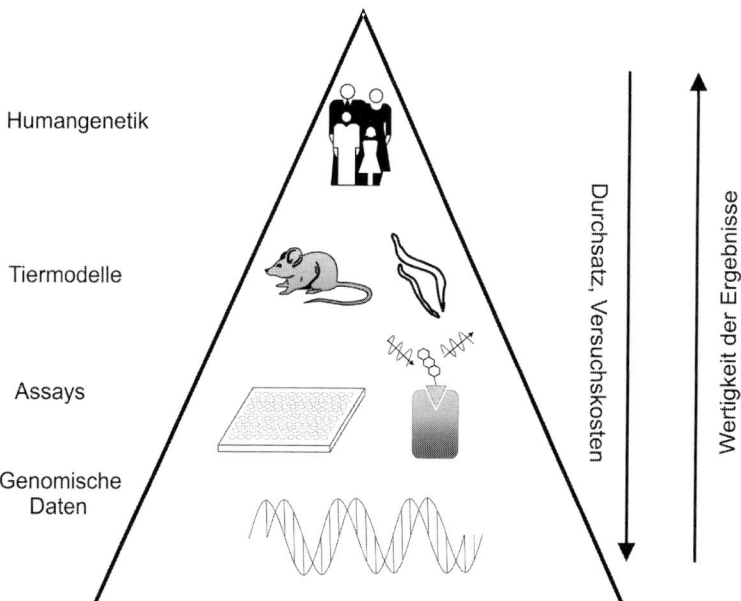

Abb. 25.3   Die Target-Validierungspyramide. Genomische Verfahren (Sequenzanalyse, Expressionsstudien) sind pro Experiment relativ preiswert und lassen sich gut automatisieren. Zum Teil sind auch rein bioinformatische Verfahren möglich. Die Arbeit mit Tiermodellen oder humanen klinischen Proben ist dagegen sehr aufwändig, liefert aber die besten Erkenntnisse über die *In-vivo*-Verhältnisse und die Auswirkung einzelner Genprodukte auf die (Patho-)Physiologie. Als Bindeglied fungieren zelluläre und biochemische Assays.

Tab. 25.2 Target-Validierung

Verfahren	Prinzip	Organismus
Assoziationsanalyse	statistische Korrelation von Genotypen mit krankheitsrelevanten Phänotypen	Mensch (Populationen)
Stammbaumanalyse	Korrelation der Segregation krankheitsrelevanter Gene mit krankheitsrelevanten Phänotypen	Mensch (Familien)
Somatische Mutationen	Korrelation von somatischen Mutationen im kranken Gewebe mit der Krankheit	Mensch, Säugetiere, vor allem bei Krebserkrankungen
Knock-out	Funktionsverlust durch Zerstören des Gens	Maus, Fadenwurm, Hefe, Bakterien
Mutanten	Isolation von Mutanten im Zielgen durch zufällige Mutationen	alle
RNA-Interferenz	Funktionsverlust durch RNA-Interferenz	alle
Überexpression	Funktionssteigerung durch Überexpression des Gens	alle
Expression von dominant-negativen Allelen	Funktionsverlust durch Expression von Allelen, die das Wildtyp-Allel inhibieren (z. B. durch Bildung von inaktiven Multimeren oder durch Kompetition von Bindepartnern)	alle
Gewebsverteilung der Expression	Messung der Expression im krankheitsrelevanten Gewebe, entweder auf mRNA-Ebene oder besser über Antikörper auf Proteinebene	Mensch, Krankheitsmodell im Tier (Maus oder Ratte)
Protein-Protein-Interaktionen	Bindung des Proteins an andere Proteine mit einer klaren Verbindung zur Krankheit	alle
Pharmakologische Modulation der Proteinaktivität	Inhibition oder Aktivierung des Targets durch niedermolekulare Substanzen oder Antikörper	alle

getestet werden können. Letztendlich bleibt die einzig schlüssige Form der Target-Validierung die klinische Prüfung von aktiven Substanzen im Menschen.

25.2.8
Biologicals

Neben den klassischen Targets, die vor allem als Angriffspunkte für niedermolekulare Wirkstoffe dienen, gibt es Biomoleküle, die direkt als therapeutischer Wirkstoff eingesetzt werden können. Meist handelt es sich dabei um Proteine (*biologicals*), die von der Zelle in die Körperflüssigkeiten sezerniert werden und dort als Botenstoffe dienen. Die Angriffspunkte der Biologicals sind meist Rezeptoren an der Zelloberfläche. Ein klassisches Beispiel dafür ist Insulin, ein sezerniertes Protein, das als wichtiger Botenstoff im Zucker- und Energiestoffwechsel dient. Der Rezeptor ist ein Zelloberflächenprotein, das die Wirkung von Insulin vor allem auf Fettgewebe, Muskel und Leber vermittelt. Andere Beispiele für Biologicals als Wirkstoffe sind Interferon-gamma, Wachstumshormon oder eine sezernierte Form des TNF-alpha-Rezeptors (Enbrel, ein Produkt der Firma Amgen). Antikörper eignen sich ebenfalls als Wirkstoffe, da sie mit hoher Spezifität und Affinität an ihre Zielmoleküle binden. Ein Beispiel dafür ist ein Antikörper, der an HER2 (*human epidermal growth factor 2*) an der Zellmembran von Brustkrebszellen bindet. Überexpression von HER2 ist eine der Ursachen für aggressives Wachstum von Brustkrebszellen, und Bindung des Antikörpers hemmt die wachstumsfördernde Aktivität von HER2. Der Antikörper wird von Genentech unter dem Namen Herceptin vertrieben.

Ein Nachteil von Biologicals ist, dass diese Stoffe Zellmembranen nicht überwinden können. Daher können sie nie oral verabreicht werden, sondern müssen mit einer Spritze injiziert werden. Diese Stoffe müssen im Gegensatz zur chemisch-synthetischen Produktion klassischer Therapeutika gentechnisch hergestellt werden, was sehr viel höhere Produktionskosten nach sich zieht. Biologicals eignen sich daher nur zur Behandlung schwerer Krankheiten, nicht aber zur Behandlung leichterer Erkrankungen.

25.2.9
DNA und RNA als neue therapeutische Ansätze

Neben den bereits etablierten Therapeutika-Klassen der organischen Kleinmoleküle und der therapeutischen Proteine ist es sicherlich nur eine Frage der Zeit, bis Verfahren, die Nucleinsäuren einsetzen, zur klinischen Reife entwickelt werden. In der klinischen Erprobung befinden sich gentherapeutische Methoden, bei denen zusätzliches genetisches Material in Körperzellen eingeschleust wird, um z. B. ererbte Gendefekte zu heilen oder um Tumorzellen besser für das Immunsystem erkennbar zu machen. Schwierig ist auf diesem Gebiet die Entwicklung geeigneter Vektoren, die das genetische Material zelltypspezifisch und in sehr hoher Effizienz einschleusen.

Im präklinischen Stadium existieren Methoden, mit denen gezielt mRNAs abgebaut werden können. Seit längerem werden zum Transkript komplementäre RNA-Moleküle (*antisense*-RNA) erprobt, die die Translation der Transkripte verhindern sollen. Ein anderes Verfahren verwendet katalytische RNA-Moleküle, sog. Ribozyme, um Transkripte zu degradieren. Das kürzlich entdeckte Prinzip der RNA-Interferenz erscheint ebenfalls therapeutisch nutzbar. Hierbei werden kurze doppelsträngige RNA-Moleküle (siRNAs, *small interfering* RNAs) in die Zelle gebracht, die eine natürliche Schutzantwort der Zelle auslösen und zum sequenzspezifischen Abbau von Transkripten führen (s. Kap. 2.4 und 31). In Bezug auf die Vektorsysteme gelten aber die gleichen Anforderungen, die im vorhergehenden Absatz geschildert wurden.

25.2.10
Schutz von Targets durch Patente

Jede Firma muss bestrebt sein, ihr Wissen um die Validierung eines Targets abzusichern. Dies wird vielfach durch die Patentierung von Genen und ihrer Genprodukte versucht. Diese Patente beanspruchen meist die Substanz des Gens und des Proteins (Stoffschutz) sowie deren Verwendung zur Herstellung von therapeutisch
wirksamen Substanzen für bestimmte Indikationen. Ein Stoffschutz ist nur dann
möglich, wenn die Sequenz des Gens zum Zeitpunkt der Patentierung noch nicht
vollständig bekannt war und eine bis dahin noch nicht bekannte Funktionsbeschrei-
bung geliefert werden kann. Bei der Patentierung einer neuen Krankheitsassoziation für ein bekanntes Gen kann kein Stoffschutz mehr in Anspruch genommen werden, da die Voraussetzung der Neuheit nicht mehr gegeben ist (s. Kap. 36).

Bei den Biologicals, bei denen das Genprodukt auch gleichzeitig das Therapeutikum darstellt, sowie bei Therapien, die Nucleinsäuren therapeutisch nutzen
(Gentherapie, RNA-Interferenz; s. Kap. 30 und 31), entstehen so Schutzrechte, die
es den Firmen erlauben, aus ihrer Forschung einen wirtschaftlichen Nutzen zu
ziehen. Bei Targets, die mit niedermolekularen chemischen Substanzen oder Antikörpern moduliert werden sollen, wird lediglich die Verwendung des Targets bei
der Suche nach geeigneten Wirkstoffen patentiert. Das Patent auf das Target um
fasst also nicht die Substanz, die später bei der Behandlung der Krankheit zum
Einsatz kommt. Die therapeutische Substanz wird daher in separaten Patenten
für die Verwendung bei bestimmten Indikationen geschützt. Dem Stoffschutz der
therapeutischen Substanzen, seien es Biologicals oder niedermolekulare Substanzen, kommt mehr Bedeutung zu als dem Patent, ein Target für die Entwicklung
solcher Substanzen einzusetzen. Ob und wie weit es Patente auf Targets dem Patentinhaber gestatten, am Nutzen der entsprechenden Therapeutika teilzuhaben,
ist nicht klar. Verschiedene Pharma- und Biotech-Firmen vertreten dabei unterschiedliche Standpunkte. Den Wert dieser Patente wird man erst dann einschätzen können, wenn die ersten Streitfälle zu einer gerichtlichen Klärung kommen.

25.2.11
Substanzbanken dienen als Reservoir zur Wirkstofffindung

Die besten Targets mit Ausnahme der Biologicals sind natürlich nutzlos, wenn
man keine Substanzen besitzt, **die das Target *in vivo* modulieren**. Deswegen soll
im Folgenden näher auf Substanzbanken und Screening-Verfahren eingegangen
werden. In der Anfangszeit der modernen chemisch-pharmazeutischen Forschung
stammten die Substanzen hauptsächlich aus aromatischen und aliphatischen Verbindungen, die aus der Teer-, Kohle- und Farbstoffindustrie übernommen wurden.
Während der vergangenen 100 Jahre bauten die großen Pharmaunternehmen umfangreiche synthetische Substanzbibliotheken auf. Solche Bibliotheken umfassen
in der Regel einige Hunderttausend unterschiedliche Einzelsubstanzen, die durch
Chemiker einzeln synthetisiert und dargestellt wurden. Oft gruppieren sich die
Substanzen innerhalb dieser Bibliotheken strukturell um besondere chemische

Klassen von Molekülen, was in den historisch bedingten, bearbeiteten medizinischen Indikationen oder den verwendeten chemischen Reaktionswegen begründet ist. Gute Beispiele hierfür sind die Sulfonamide, Penicilline, Steroide und Benzodiazepine. Letztere stellen eine Klasse von chemischen Strukturen dar, in welcher Mitglieder mit Aktivitäten gegenüber einer ganzen Reihe von unterschiedlichen molekularen Zielmolekülen zu finden waren (neben γ-Aminobuttersäure-Rezeptoren auch G-Protein-gekoppelte Rezeptoren, ligandenkontrollierte Ionenkanäle und Kinasen). Vor einigen Jahrzehnten glaubte man mit der klassischen synthetisch-organischen Chemie an Grenzen zu stoßen und die Möglichkeiten, Moleküle darzustellen, weitgehend ausgeschöpft zu haben. Doch dann wurde die Entwicklung kombinatorischer Substanzbibliotheken immer weiter vorangetrieben (Box 25.4).

Box 25.4. Kombinatorische Chemie

Bei den Verfahren der kombinatorischen Chemie werden große Gruppen chemischer Bauteile, die sich nach den gleichen Reaktionsprinzipien verknüpfen lassen, in allen möglichen Kombinationen miteinander verknüpft. Bei 3 Gruppen von Bauteilen mit je 20 verschiedenen Einzelbauteilen ergibt sich eine theoretische Vielfalt von 20^3 oder 8000 verschiedenen Substanzen.

Heute verfügen entsprechend ausgerüstete Biotech-Unternehmen über **kombinatorische Substanzbibliotheken,** welche die Anzahl der Substanzen in historischen Bibliotheken der großen Pharmaunternehmen übersteigen können. Parallel zur Ausweitung der chemischen Möglichkeiten ergaben sich, wie oben geschildert, neue Wege, um Targets zu identifizieren, und neue Methoden, um Assays in anderen Größenordnungen durchzuführen. Auf diese Screening-Verfahren soll im Folgenden eingegangen werden. Eine Übersicht über die präklinischen Entwicklungsstadien findet sich in Box 25.5.

Box 25.5. Präklinische Entwicklungsstadien

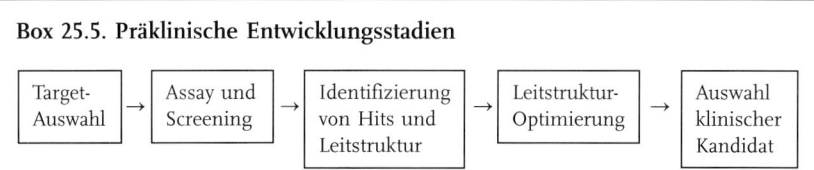

Die Abschnitte der präklinischen Wirkstofforschung sind hier dargestellt. Am Anfang steht die Auswahl und Validierung eines geeigneten Targets. Nach Entwicklung eines brauchbaren Assays kann man Wirkstoffsammlungen durchsuchen und die gefundenen aktiven Substanzen (*hits*) in sekundären Assays überprüfen. Eignen sich die Hits als Leitstruktur, versuchen dann pharmazeutische Chemiker die pharmakologischen Eigenschaften der Substanzen durch Derivatisierung zu verbessern. Gelingt es, die Zielwerte zu erreichen, werden geeignete Kandidaten für die klinische Entwicklung ausgesucht. Weitere Details und Erläuterungen im Text.

25.2.12
Screening im Hochdurchsatz

Aktive Substanzen wurden historisch hauptsächlich durch ihre pharmakologische Wirksamkeit in **Versuchstieren** als Krankheitsmodellen identifiziert. Bei diesen aufwändigen und langsamen Tests im Tier war der Angriffspunkt der aktiven Substanzen nicht definiert, und die Auswertung erfolgte über den Einfluss der Substanzen auf das Krankheitsbild. Der Durchsatz dieser Verfahren war natürlich beschränkt.

Die rasanten Entwicklungen in der Molekularen Biologie, der Genetik, Genomik sowie der Molekularen Medizin führten zu einem zunehmenden Einsatz von biochemischen und zellulären Assays mit einem definierten molekularen Zielgen bzw. Zielgenprodukt (molekulares Target), wobei die hemmenden oder aktivierenden Eigenschaften von chemischen Substanzen an diesem molekularen Target in **Substanz-Screening-Verfahren im Hochdurchsatz** getestet wurden. Diese Entwicklung wurde erst durch die Fortschritte in der Informationstechnologie, der Automatisierung, der Messtechnik und der Miniaturisierung ermöglicht.

Seit den späten 80er Jahren des letzten Jahrhunderts sind sog. *High Throughput Assays* im Einsatz, mit deren Hilfe vollständige Substanzbibliotheken systematisch nach wirksamen Kandidaten durchforscht werden. Der Durchsatz kann bei den unterschiedlichen eingesetzten Systemen mehr als 200 000 Einzeltests pro Tag betragen. In den letzten 15 Jahren war ein deutlicher Trend zur weiteren Durchsatzsteigerung und Miniaturisierung in der Assay-Entwicklung zu verzeichnen. Gründe hierfür sind der Versuch einer Kostenreduzierung pro Datenpunkt, das sparsamere Umgehen mit den mengenmäßig beschränkten historischen Substanzbibliotheken und der Versuch, größere chemische Sammlungen mit einer immer größer werdenden Anzahl potenziell interessanter Targets zu testen (Box 25.6).

Box 25.6. Assays in Nanolitern

Ein schönes Beispiel für die fortschreitende Miniaturisierung der Assay-Technik ist die drucktechnische Aufbringung von chemischen Substanzbibliotheken in Glycerol-haltigen Nanotropfen (von 1–2 nl) auf Glasoberflächen (z. B. Deckgläsern). Mithilfe von Ultraschall wurden die Target-Proteine und weitere Bestandteile des Assays in Form eines Aerosols auf die diskreten Mikrotropfen verteilt, welche individuelle Reaktionsgefäße repräsentieren. In derartigen Assay-Ansätzen wurden versuchsweise aktive Caspase-Inhibitoren aus einer kleineren Substanzbibliothek identifiziert und die Anwendung als Hochdurchsatz-Assay an Caspase 6 und Thrombin demonstriert.

Das hauptsächliche Ziel der Suche nach niedermolekularen Substanzen im Wirkstoff-Screening ist die Identifizierung von Strukturen, die als Grundlage für die Entwicklung von therapeutisch verwendbaren Substanzen dienen können. Solche

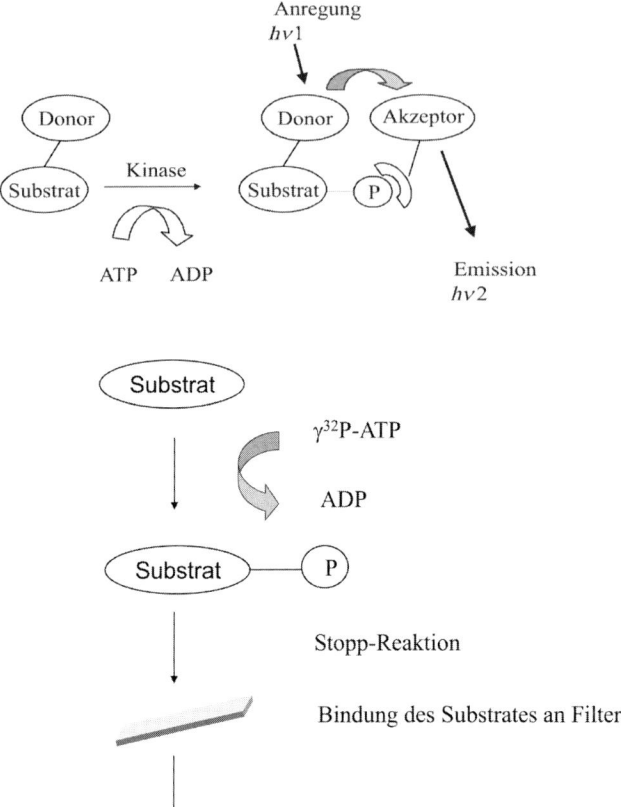

Abb. 25.4 Filterbindungs- und FRET-Assays. Auf dem oberen Teil ist ein FRET-Assay zur indirekten Bestimmung einer Kinase-Aktivität, im unteren Teil ist ein Filterbindungsassay zur direkten Bestimmung einer Kinase-Aktivität gezeigt.

Strukturen, die die gewünschte Aktivität zeigen und sich durch chemische Modifikation derivatisieren lassen, bezeichnet man als Leitstrukturen. Eine Reihe unterschiedlicher Screening-Verfahren finden ihre Anwendung in Abhängigkeit von der Target-Klasse, der bearbeiteten medizinischen Indikation und der verwendeten chemischen Substanzbibliotheken (Tab. 25.3)

Von der Vielzahl unterschiedlicher Assay-Typen, die in Substanz-Screening-Verfahren verwendet werden sind zwei in Abb. 25.4 exemplarisch dargestellt.

An dieser Stelle sei erwähnt, dass zunehmend physiologische Assays mit genetisch modifizierten Organismen wie z. B. der Bäckerhefe (*Saccharomyces cerevisiae*), Nematoden oder Taufliegen und Zebrafisch zum Wirkstoff-Screening durchgeführt werden (s. Box 25.7).

Tab. 25.3 Screening-Methoden, die im Hochdurchsatz durchgeführt werden können

Screening-Typ	Beispiele für Targets	Merkmale
Biochemische Assays		
HTR-FRET (*homogenous time resolved-fluorescence resonance energy transfer*)	Kinasen, Rezeptoren, Proteasen, Helicasen, Kernrezeptoren	Fluoreszenzresonanz mit Lanthaniden als Fluorophore. Lange Lebenszeit der Emission von Lanthaniden erlaubt zeitaufgelöste Messung.
Fluoreszenzpolarisation	Kinasen, Rezeptoren, Proteasen, Kernrezeptoren	Ein kleines fluoreszierendes Molekül verlangsamt seine Taumelbewegung bei Bindung an ein größeres Molekül. Bei Anregung mit polarisiertem Licht wirkt sich die verlangsamte Bewegung auf den Polarisationsgrad der Emission aus.
Alpha Screen	Kinasen, Rezeptoren, Proteasen, Helicasen, Kernrezeptoren	Lumineszenter Proximitäts-Assay. Donor-Bead bei 370 nm angeregt generiert reaktiven Sauerstoff, der an einem benachbarten Akzeptor-Bead eine Lichtemission bei 520 nm bewirkt.
SPA (*scintillation proximity assay*)	Bindungs-Assays, z. B. Rezeptoren, Kinasen, Second Messenger (z. B. cAMP)	Detektion von Radioisotopen in Nachbarschaft eines Szintillators in einem Bead oder einer Platte.
Filterbindungsassays	Bindungsassays, z. B. Kinasen, Polymerasen, Rezeptoren	Substrat wird markiert (z. B. ein Peptid mit γ^{32}P-ATP), das bei Bindung an das Target an einem Filter zurückgehalten wird.
Präzipitations-/Filtrations-assay	Bindungsassays, z. B. Kinasen, Rezeptoren	Radioaktive Substanz wird an Target gebunden und durch Präzipitation von ungebundener Substanz getrennt.
ELISA	Bindungsassays	Bindung wird mit Antikörpern nachgewiesen.
Zelluläre Assays		
Reportergen-Assay	GPCR, Kernrezeptoren, Transkriptionsfaktoren, Proteasen, Kinasen	Expression eines Reportergens (Luciferase, alkalische Phosphatase, β-Galactosidase) als Messgröße
Yeast Two Hybrid oder **Mammalian Two Hybrid**	Protein-Protein-Interaktionen	Reportergenexpression als Maß der Interaktion, die durch Wirkstoffe beeinflusst werden kann.
High Content Screen	GPCRs, Kinasen, Proteasen, Transkriptionsfaktoren usw.	Parallele Messung der intrazellulären Verteilung des Targets bzw. anderer zellbiologisch relevanter Markermoleküle mit konfokaler Mikroskopie

Tab. 25.3 (Fortsetzung)

Screening-Typ	Beispiele für Targets	Merkmale
FLIPR	GPCRs, Ionenkanäle usw.	Messung der Aufnahme von Ca^{2+} mithilfe spezifischer Reporter (z. B. Aequorin).
Phänotypischer, physio-logischer Screen	Alle Targets prinzipiell möglich	Messbare Veränderung im Phäno-typ, z. B. das Wachstumsverhalten von Zellen, ähnlich *High Content Screen*.

Box 25.7. Physiologische Screening-Assays

Als ein Beispiel sei der genetisch basierte Haploinsuffizienztest in der Bä-ckerhefe genannt. Dieser Assay beruht auf der Annahme, dass die Reduktion der Gendosis von zwei auf ein funktionelles Allel eines Gens die entspre-chenden Hefezellen (Mutanten) für solche Substanzen sensitivieren sollten, die das entsprechende Genprodukt in der Funktion beeinflussen. Dieser An-satz wurde für die bekannten Targets von sechs niedermolekularen Substan-zen eindrucksvoll demonstriert. Umgekehrt kann man auch mit erhöhter Gendosis eines Target-Gens Hefen, aber auch höhere eukaryotische Zellen gegenüber einer Substanz resistenter machen und somit selektive phänotypi-sche Assays generieren. Eine eindrückliche Anwendung eines phänotypi-schen Assays führte zur Identifizierung von Monastrol als Substanz, die Zel-len in Gewebekultur in der Mitose blockiert.

25.2.13
Screening-Assays müssen von hoher Qualität sein

Das Ziel solcher biochemischer oder zellulärer Assays ist die Identifizierung von In-hibitoren oder Aktivatoren des untersuchten Targets, sog. *Hits*, oder aber die Validie-rung von Targets für schon bekannte niedermolekulare Substanzen. Deshalb ist die Qualität des Assays von entscheidender Bedeutung, um *bona fide* Inhibitoren (oder Aktivatoren) von sog. falsch Positiven im Assay zu unterscheiden. Die wichtigsten Maße für die Qualität eines Assays, wie Signal/Rausch- und Signal/Hintergrund-Verhältnis lassen sich in der Berechnung des sog. Z'-Faktors zusammenfassen:

$$Z' = 1 - (3\sigma_{c+} + 3\sigma_{c-})/(\mu_{c+} - \mu_{c-}) \tag{25.1}$$

σ_{c+} stellt die Standardabweichung der positiven Kontrolle des Assays dar, σ_{c-} die Standardabweichung der negativen Kontrolle und $\mu_{c+}-\mu_{c-}$ den Mittelwert für die po-sitive und negative Kontrolle. Enzymatische Assays mit einem Z'-Faktor >0,5 sind akzeptabel für den Hochdurchsatz. Die Erhebung solcher Qualitätsmerkmale für Assays ermöglicht den Vergleich von Assay-Daten, die über einen längeren Zeitraum erhoben (Stabilität des Assays) oder in verschiedenen Labors ermittelt wurden.

Viele Faktoren entscheiden über die Art des verwendeten Assays. So sind zelluläre Assays für Rezeptoren oft von Vorteil, da ein direkter Bindungs-Assay im Allgemeinen Agonisten von Antagonisten nicht unterscheiden kann. Weiterhin können in zellulären Assays aktivitätsabhängige Modulatoren (z. B. für Ionenkanäle) identifiziert werden. Im Gegensatz dazu haben biochemische Assays ihre Vorteile bei intrazellulären Targets und ergeben sehr oft eine größere Vielfalt von chemischen Startpunkten, da die Hits keine besonders hohe Potenz oder Zellpermeabilität besitzen müssen und vielfach bei höherer Konzentration getestet werden können. Darüber hinaus liefern Bindungs-Assays sehr genaue Daten für die chemische Optimierung einzelner Parameter wie z. B. Bindungsaffinitäten, welche von Medizinalchemikern überaus geschätzt werden. An erster Stelle zur Auswahl des Assay-Typs steht daher die Natur des Targets und seine biologische Funktion, die Menge an verfügbarem Protein (Target) und die möglichen Substrate für ein Enzym. Biochemische Assays sind entweder Trennungs-Assays, in welchen das Reaktionsprodukt nach Trennung vom Ausgangsmaterial gemessen wird, oder homogene Assays, in welchen kein Trennschritt erforderlich ist. Verbreitete Anwendung findet der sog. **FRET-Assay** (*fluorescence resonance energy transfer*, Abb. 25.4) in einer Reihe von biochemischen wie auch zellulärer Assay-Typen. In FRET-basierenden Assays wird ein fluoreszierendes Molekül (Donorfluorophor) bei einer bestimmten Wellenlänge angeregt, und ein räumlich benachbartes Molekül übernimmt als Akzeptorfluorophor die Emission des angeregten Donorfluorophors auf und emittiert wiederum bei einer anderen Wellenlänge. Die Effizienz des Energietransfers wird hauptsächlich durch den Abstand beider Fluorophore bestimmt. Ein einfaches Beispiel stellt ein Protease-Assay dar, wobei ein Zielpeptid, welches am Amino- und Carboxyterminalen Ende mit dem Akzeptor – respektive Donorfluorophor – markiert ist, als künstliches Substrat der zu untersuchenden Protease verwendet wird. Substanzen, welche die Aktivität der Protease gegenüber dem Peptidsubstrat positiv (Aktivatoren) oder negativ (Inhibitoren) verändern, können in einem solchen Assay-Format identifiziert werden.

25.2.14
Virtuelles Liganden-Screening

Beim virtuellen strukturbasierten Screening werden Daten der 3D-Kristallstruktur von Zielmolekülen (Kinasen, Proteasen, Kernrezeptoren usw.) mit Agonisten oder Antagonisten benötigt. Das virtuelle Screening wird mit einer Reihe chemieinformatischer Algorithmen durchgeführt. Zu Ihnen gehört das Modellieren (*docking*) von Liganden-Rezeptor-Assoziationen und die Bewertung der „gedockten" Strukturen mit Bewertungsfunktionen. Erfolgreiche virtuelle *Screens* wurden veröffentlicht und es bleibt der zukünftigen Entwicklung der Hochdurchsatz-Kristallographie und der Entwicklung leistungsfähiger virtueller Screening-Verfahren vorbehalten, die Konkurrenzfähigkeit des virtuellen Screenings gegenüber den konventionelleren Methoden unter Beweis zu stellen.

In einer anderen Form des virtuellen Screenings wird die Ähnlichkeit von Substanzen in Wirkstoffsammlungen mittels Algorithmen verglichen. Hierfür müssen die (physiko-)chemischen Eigenschaften und die räumliche Konformation einer Substanz in binär verarbeitbare Informationen übersetzt werden. Ausgehend von bekannten Substanzen mit gewünschten Eigenschaften können dann Moleküle in Substanzdatenbanken gesucht werden, die sich chemisch ähnlich verhalten sollten. Diese Vorauswahl im Computer verkleinert die Zahl der Kandidaten, die dann im Screening getestet werden müssen.

25.2.15
Effizienz und Potenz beschreiben die Aktivität von Wirkstoffen

Mithilfe der oben beschriebenen Assays werden im primären Screening Substanzen identifiziert (sog. *hits*), die die gewünschten Eigenschaften zeigen. Auch sehr gute Assays liefern eine ganze Reihe falsch positiver Ergebnisse. Bei einem Screen von 200 000 Substanzen und einer Rate von 0,5% falsch positiven Reaktionen erhält man immerhin 1000 Substanzen als Hits, die in Wirklichkeit nicht zu gebrauchen sind. Deswegen wird dem primären Screening ein sekundäres Screening nachgeschaltet, um die echten Kandidaten weiter herauszufiltern. Setzt man einen weiteren Assay zur Überprüfung ein, ist es natürlich ein Vorteil, wenn man ein Verfahren einsetzen kann, das sich in seinem Messprinzip vom ersten Assay unterscheidet.

Ein weiteres wichtiges Kriterium für die weitere Charakterisierung der Substanzen besteht in der Dosisabhängigkeit ihrer Wirkung. Aus der Dosis-Wirkungskurve einer Substanz kann man eine Maßzahl für die Stärke der Wirkung ablesen, die Potenz, gemessen als jene Konzentration, bei der die Wirkung der Substanz halbmaximal ist (die sog. *effective concentration* 50%, abgekürzt; EC_{50}; Abb. 25.5). Eine weitere Beschreibungsmöglichkeit eines Hits ist die Effizienz, mit welcher eine bestimmte messbare Veränderung durch die Bindung der Substanz bewirkt wird. Hierbei lassen sich dann volle und partielle Agonisten und Antagonisten voneinander unterscheiden.

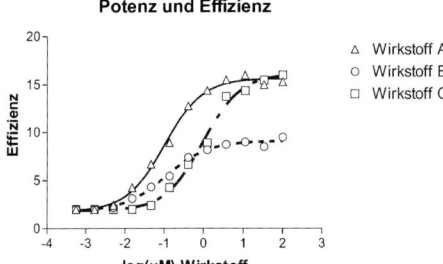

Abb.. 25.5 Potenz und Effizienz. Wirkstoff A und B haben eine vergleichbare Potenz, aber Wirkstoff B hat eine geringere Effizienz. Wirkstoff C hat die gleiche Effizienz wie A, ist aber weniger potent.

25.2.16
Leitstrukturen werden chemisch optimiert (*lead-optimization*)

Die Analyse der Daten aus dem sekundären Screening erlaubt es, unter Berücksichtigung der chemischen Strukturen der jeweiligen Moleküle sog. Leitstrukturen für die weitere Entwicklung zu wählen. Was unter einer Leitstruktur zu verstehen ist, wird in den Pharma- oder Biotech-Unternehmen gemäß der jeweiligen Anforderungen definiert. Meist ist die Dosis-Funktionsbeziehung mehrerer aktiver Substanzen einer gemeinsamen chemischen Grundstruktur die Basis der Definition einer Leitstruktur, welche maßgeblich durch die Medizinalchemie mitbestimmt wird. Die Medizinalchemiker zeichnen sich durch einen großen Erfahrungsschatz bei der zielgerechten Modifikation von chemischen Strukturen unter Berücksichtigung des pharmakologischen, toxikologischen und kinetischen Verhaltens solcher Moleküle aus. Sie stellen für viele Pharmaunternehmen einen limitierenden Faktor für die Zahl der bearbeiteten Projekte dar. Bei der chemischen Optimierung von Leitstrukturen werden in reiterativen Zyklen chemische Varianten der Leitstruktur synthetisiert und diese in den relevanten biologischen und pharmakologischen Assay-Systemen getestet. Schon in dieser Phase werden in den meisten Pharmafirmen in einer multiparametrischen Optimierung unterschiedliche Testverfahren (Dosis-Wirkung, Selektivität, Löslichkeit, Zellpermeation, Toxikologie, Pharmakokinetik, *in silico*-Vorhersagen usw.) parallel eingesetzt, damit zeitliche Verzögerungen und Ausfälle aufgrund einzelner Parameter in späteren Entwicklungsstufen reduziert werden können.

25.3
Die präklinische Pharmakologie und Toxikologie

Bevor ein neues Pharmakon erstmals am Menschen getestet werden kann, sind eine ganze Reihe von pharmakologischen und toxikologischen Untersuchungen notwendig. Es geht um die experimentelle Demonstration der Wirksamkeit und Sicherheit der neuen Substanz. Da die erhobenen Daten Bestandteil des Zulassungsantrags sein werden, ist schon hier größte Sorgfalt bei der Dokumentation der erhobenen Daten und ein Augenmerk auf die Anforderungen der Zulassungsbehörden erforderlich. Diese präklinischen Versuche sollen eine Gefährdung der späteren Versuchsteilnehmer soweit möglich ausschließen. Bei den pharmakologischen Untersuchungen unterscheidet man u.a. zwischen der Pharmakodynamik und der Pharmakokinetik einer Substanz. Die Pharmakodynamik beschreibt die Wirkung, die ein Pharmakon auf den Organismus entfaltet. Hierzu sind Analysen der Dosis-Wirkungsbeziehung und der Struktur-Wirkungsbeziehung notwendig. Die Pharmakokinetik beschreibt die Konzentrationsänderungen des Pharmakons im Organismus im zeitlichen Verlauf. Die pharmakokinetischen Eigenschaften werden durch Resorption, Verteilung, Metabolisierung und Elimination des Wirkstoffs im Organismus bestimmt. Die toxikologischen Untersuchungen adressieren die Nebenwirkungen des Arzneimittels. Die pharmakokinetischen und toxikologischen Eigenschaften werden oft unter dem Begriff der ADME-T (*absorption, distribution, metabolism, excretion and toxicity*) zusammengefasst.

Da im Rahmen der toxikologischen und pharmakologischen Untersuchungen meist systemische Wirkungen studiert werden, sind für einen großen Teil der Untersuchungen Tierexperimente unabdingbar. Begleitend zu den pharmakologisch-toxikologischen Studien muss der Nachweis geführt werden, dass der neue Wirkstoff in hoher Reinheit bei gleich bleibender Qualität und Stabilität produziert werden kann, d.h., es sind auch eine ganze Reihe von chemisch-analytischen Untersuchungen erforderlich. Eng verbunden mit den pharmakokinetischen Eigenschaften ist auch die Darreichungsform eines Wirkstoffs, mit der sich die Galeniker beschäftigen. Viele Projekte müssen eingestellt werden, da die wirksame Substanz nicht biokompatibel gelöst werden kann und es nicht gelingt, den Wirkstoff in einer akzeptablen Weise zu verabreichen. Häufige Injektionen oder Infusionen sind z.B. nur bei entsprechend schweren Erkrankungen akzeptabel.

Was sich hier als relativ einfache Auflistung einer Reihe von Tests darstellt, wird in der Praxis dadurch kompliziert, dass es sich nicht um eine Einzelsubstanz handelt, die ein vorklinisches Programm durchläuft. Stattdessen dient die präklinische Phase auch der weiteren chemischen Optimierung der Kandidatenmoleküle. Die Optimierung erfolgt auf mehrere komplexe biologische und chemische Parameter hin. Zum Beispiel möchte man die Bioverfügbarkeit eines Wirkstoffs erhöhen, aber das gute Nebenwirkungsprofil erhalten. Sind mehrere Optimierungszyklen und die Austestung in Tierversuchen erforderlich, entstehen schon in der vorklinischen Phase leicht jahrelange Entwicklungszeiten.

Damit unliebsame Überraschungen zu einem späten Zeitpunkt der Entwicklung vermieden werden, werden Entwicklungen immer weiter vorangetrieben, um pharmakologische und toxikologische Eigenschaften in möglichst einfachen zellulären Systemen vorab zu charakterisieren, damit die aufwändigen Tierversuche nur den aussichtsreichsten Kandidaten vorbehalten sind. Die intestinalen Absorptionseigenschaften werden z.B. anhand des Transports durch Caco-2-Zellen, einer Kolonkarzinom-Zelllinie, geprüft.

Parallel versucht man durch eine Verfeinerung bioinformatischer und chemoinformatischer Verfahren die *in silico*-Vorhersage der pharmako-toxikologischen Parameter zu verbessern. Häufig werden Mischverfahren benutzt, bei denen sowohl *in silico* berechnete Daten als auch gemessene Parameter in die Vorhersage einfließen. Ein Beispiel hierfür ist die bekannte von Lipinski (1997) formulierte *Rule of Five*, die einen Anhaltspunkt für notwendige Charakteristika von Molekülen zur Bioverfügbarkeit liefert. Eine schlechte Absorption oder Permeation ist hiernach dann wahrscheinlich, wenn mehr als eines der folgenden Kriterien zutrifft:

- das Molekül mehr als fünf H-Bindungsdonatoren aufweist,
- das Molekulargewicht größer als 500 Da ist,
- der log *P*-Wert (Verteilung zwischen Octanol:Wasser) größer als 5 ist,
- das Molekül mehr als zehn Bindungsakzeptoren wie N oder O aufweist,
- Substrate für Transporter und natürliche Produkte bilden eine Ausnahme.

Am Ende der vorklinischen Phase steht die Beantragung des *Investigational New Drug* (IND)-Status.

25.4
Die klinische Entwicklung

Die Entwicklung eines Wirkstoffkandidaten zum zugelassenen Medikament erfolgt in einer Reihe von Phasen, die heute eine durchschnittliche Entwicklungszeit von 12 Jahren in Anspruch nehmen, wobei die klinische Entwicklung die bei weitem teuerste und längste Phase in einem Entwicklungsprojekt darstellt. Tabelle 25.4 gibt einen Überblick über diese Abläufe.

25.5
Die klinische Prüfung

Hat eine Substanz die **präklinische Prüfung** bestanden, muss die Sicherheit und Wirksamkeit am Menschen nachgewiesen werden. Versuche am Menschen können nur nach den Richtlinien der *Good Clinical Practise* (GCP) und nach der Genehmigung durch eine Ethikkommission durchgeführt werden. Die klinische Prüfung wird in vier Phasen unterteilt. In der **Phase I** wird das Medikament wenigen gesunden Probanden verabreicht. In dieser Phase wird die aus den Tierversuchen ermittelte Dosierung überprüft, klinische pharmakokinetische Daten erhoben und auf das Auftreten von Nebenwirkungen geachtet. Soweit bei gesunden Menschen möglich, wird natürlich auch untersucht, ob die gewünschte Wirkung, wie z. B.

Tab. 25.4 Überblick über die präklinische und klinische Arzneimittelentwicklung

	Präklinik	Klinische Prüfung			Zulassung	
		Phase I	Phase II	Phase III	FDA/EMEA	Phase IV
Jahre	3,5	1	2	3	2,5	
Test an	Zellen und Labortieren	20–80 gesunden Freiwilligen	100–300 Patienten	1000–3000 Patienten	Zulassungsverfahren	
Ziel	Sicherheit und biologische Aktivität	Sicherheit und Dosierung	Wirksamkeit und häufige Nebenwirkungen	Wirksamkeit, seltene Nebenwirkungen, Langzeiteffekte		Zusätzliche Studien gemäß Zulassungsbehörde
Wirkstoffe	5000 Substanzen	5 Substanzen (zu Beginn der Phase I)			1 Substanz	

Nach: D. E. Wierenga und C. R. Eaton, Office of Research and Development, Pharmaceutical Manufacturers Association, USA

ein blutdrucksenkender Effekt, eintritt. In der **Phase II** wird der Wirkstoff erstmals einer kleinen Gruppe von Patients verabreicht, um den Nachweis der Wirksamkeit und Unbedenklichkeit zu führen. Ob man einen klassischen Placebo-kontrollierten Doppelblindversuch durchführen kann, hängt von der Art der Erkrankung ab, die man therapieren möchte. Für viele Krankheiten gibt es ja bereits Therapien, die weiter verbessert werden sollen. Da es ethisch nicht vertretbar ist, die Therapie eines kranken Versuchsteilnehmers durch ein Placebo zu ersetzen, wird heute meistens der neue Wirkstoff im Vergleich mit einem etablierten Therapieverfahren getestet. Natürlich wird auch in dieser Phase wieder besonders streng das Auftreten möglicher Nebenwirkungen protokolliert. Eine Abwägung von Nebenwirkungen und therapeutischem Nutzen entscheidet darüber, ob die nächste Phase angegangen werden kann. Die **Phase III** ist der eigentliche Feldversuch an mehreren Tausend Patienten. Die Wirksamkeit muss in der überwiegenden Zahl der Teilnehmer gezeigt werden. Außerdem können natürlich mit höherer statistischer Wahrscheinlichkeit auch seltenere Nebenwirkungen erfasst werden. Die Phase III erfordert meist einen enormen logistischen Aufwand, weil die teilnehmenden Patienten auf mehrere Zentren verteilt sind und die Vergleichbarkeit der Gesamtstichprobe sichergestellt werden muss. Alle Daten der Präklinik bis einschließlich der Phase III werden dann der Behörde vorgelegt, die über die Marktzulassung entscheidet. Ein solcher Zulassungsantrag umfasst 40 000 bis 100 000 Seiten an Dokumentation (Box 25.8).

Box 25.8. Zulassungsbehörden

Es gibt eine Reihe von Zulassungsbehörden mit unterschiedlichen Zuständigkeiten. Auf nationaler Ebene ist das Bundesinstitut für Arzneimittel und Medizinprodukte (BfArM) in Bonn für die Zulassung von Medikamenten in Deutschland zuständig. In der Schweiz wird diese Aufgabe von Swissmedic, dem Schweizerischen Heilmittelinstitut in Bern übernommen, in Österreich gibt es das Österreichische Bundesinstitut für Arzneimittel in Wien. Im Rahmen der europäischen Integration wurde die *European Agency for the Evaluation of Medicinal Products* (EMEA) geschaffen. Hier kann länderübergreifend ein zentrales Zulassungsverfahren beantragt werden. Bestehen nationale Zulassungen, können diese bei der EMEA auf die anderen Mitgliedsstaaten der Europäischen Union übertragen werden. Eine Zulassung für die USA muss bei der *Food and Drug Administration* (FDA) erfolgen. Der im Text genannte Umfang der Zulassungsunterlagen erklärt die Bemühungen, eine gegenseitige Anerkennung und Wiederverwendung der Zulassungsmaterialien zu ermöglichen. Deshalb wurde die *International Conference on Harmonization of Technical Requirements for the Registration of Pharmaceuticals for Human Use* (ICH) ins Leben gerufen, in der Vertreter der Zulassungsbehörden der USA, Japans, Europas und der pharmazeutischen Industrie eine Harmonisierung der nationalen Anforderungen erarbeiten.

Nach der Markteinführung unterliegen Medikamente der Pharmakovigilanz, d.h. auch nach der Zulassung müssen alle Erfahrungen bei der Anwendung fortlaufend und systematisch gesammelt werden, da seltene Nebenwirkungen und Wechselwirkungen mit anderen Medikamenten üblicherweise auch in großen Phase-III-Studien nicht entdeckt werden können. Des Weiteren erfolgen nach der Zulassung gezielte Studien der Phase IV. Die zunehmenden Entwicklungszeiten bis zur Markteinführung verkürzen natürlich die Zeit, in der ein Hersteller seinen Patentschutz nutzen und unbedrängt von Nachahmermedikamenten die Entwicklungskosten decken und eine Rendite erzielen kann. In den letzten Jahren zeigt sich deswegen ein Trend, für bereits marktzugelassene Medikamente Studien durchzuführen, um die Wirksamkeit bei neuen Indikationen nachzuweisen. Wenn dies gelingt, ist eine Verlängerung des Patentschutzes möglich.

25.6
Weiterführende Literatur

DOLLE, R. E. (2002) Comprehensive survey of combinatorial library synthesis. *J. Combin. Chem.* **4**, 369–418.

DREWS, J. (2000) Drug discovery: a historical perspective. *Science* **287**, 1960–1964.

DREWS, J. (2001) Pharmaceuticals: classes, therapeutic agents, areas of application. *Drug Discovery Today* **6**, 1100.

GEYSEN, H. M., SCHOENEN, F., WAGNER, D. et al. (2003) Combinatorial Compound Libraries for drug discovery: an ongoing challenge. *Nature Reviews Drug Discovery* **2**, 222–320.

GIAEVER, G., SHOEMAKER, D. D., JONES, T. W. et al. (1999) Genomic profiling of drug sensitivities via induced haploinsufficiency. *Nat. Genet.* **21**, 278–283.

GOSILIA, D. N., DIAMOND, S. L. (2003) Printing chemical libraries on microarrays for fluid phase nanoliter reactions. *Proc. Natl. Acad. Sci. USA* **100**, 8721–8726.

JAEHDE, U., RADZIWILL, R., MÜHLEBACH, S., SCHUNACK, W. (HRSG.) (2003) *Lehrbuch der klinischen Pharmazie*, 2. Aufl. Wissenschaftliche Verlagsgesellschaft mbH, Stuttgart.

LAUNHARDT, H., HINNEN A., MUNDER T. et al. (1998) Drug-induced phenotypes provide a tool for the functional analysis of yeast genes. *Yeast* **14**, 935–942.

LIPINSKI, C. A., LOMBARDO, F., DOMINY B. W. et al. (2001) Experimental and computational approaches to estimate solubility and permeability in drug discovery and development settings. *Adv. Drug Deliv. Rev.* **23**, 3–25.

MAYER, T. U., KAPOOR, T. M., HAGGARTY, S. S. et al. (1999) Small molecule inhibitor of mitotic spindle bipolarity identified in a phenotype-based screen. *Science* **286**, 971–974.

SCHAPIRA, M., ABAGYAN, R., TOTROV, M. et al. (2003) Nuclear hormone receptor targeted virtual screening. *J. Med. Chem.* **46**, 3045-3059.

SEETHALA, R., FERNANDES, P. (HRSG.) (2001) *Handbook of Drug Screening*, Vol. 114 of the Drugs and Pharmaceutical Science Series. Marcel-Dekker, New York.

ZHANG, J. H., CHUNG, T. D., OLDENBURG, K. R. (1999) A simple statistical parameter for use in the evaluation and validation of high throughput screening assays. *J. Biomol. Screen.* **4**, 27–32.

Internet-Quellen

http://www.bfarm.de/ (Bundesinstitut für Arzneimittel und Medizinprodukte, Informationen zur Zulassung von Arzneimitteln in der Bundesrepublik Deutschland)

http://pharmacos.eudra.org/F2/eudralex/ (Sammlung von Richtlinien für die Arzneimittelforschung in der EU)

http://www.fda.gov/cder/ (Homepage der US Food and Drug Administration mit Informationen zur Zulassung)

26
Drug Targeting und Prodrugs

Ein wesentliches Element für den Erfolg eines hochwirksamen Arzneimittels ist seine Fähigkeit, selektiv nur die erkrankten Zellen zu treffen, ohne die gesunden Gewebe zu schädigen. Dieses Kapitel beschreibt die Strategien des Drug Targetings, wobei zwischen passivem Targeting, physikalischem Targeting, aktivem Targeting und Targeting unter Verwendung zellulärer Träger unterschieden wird.

26.1
Drug Targeting

Die Idee des **Drug Targetings** (*target*=Angriffsziel oder Zielscheibe) beruht auf der Beobachtung, dass viele Pharmaka nicht selektiv in Bezug auf den Ort ihrer Resorption oder ihrer Wirkung sind, **sondern sich ungezielt im Körper verteilen und deshalb unerwünschte oder sogar toxische Effekte zeigen können.** Einen Arzneistoff ausschließlich an den Ort eines Krankheitsgeschehens zu bringen und eine selektive pharmakologische Wirkung zu erreichen, gilt als eine der größten Herausforderungen an die moderne Pharmakotherapie. Dieser Gedanke wird schon langem verfolgt: Bereits zu Beginn des 20. Jahrhunderts führte Paul Ehrlich die Idee von unfehlbaren Zauberkugeln oder *magic bullets* als Therapiekonzept ein. Insbesondere die Behandlung chronischer Erkrankungen mit häufigen Wirkstoffgaben oder der Einsatz hoher Dosierungen (z. B. Gabe von Cytostatika bei Krebserkrankungen) könnten von der erfolgreichen Umsetzung dieser Idee profitieren.

Das Problem des **Drug Targetings und der gezielten Wirkstofffreigabe** aus einer Arzneiform stellt sich schon bei so „einfachen" Arzneiformen wie Tabletten und Kapseln: Viele Wirkstoffe sind empfindlich gegenüber dem sauren Milieu im Magen oder gegenüber Enzymen des oberen Verdauungstrakts und können nicht ohne weiteres eingenommen werden. Spezielle Verfahren sind notwendig, um eine Freigabe erst nach der Magenpassage oder in distalen Darmabschnitten zu gewährleisten: So lassen sich Tabletten mit Polymeren überziehen, die sich pH-kontrolliert im Darm auflösen (z. B. Eudragite oder Celluloseacetatphthalate), oder es können Überzüge eingesetzt werden, die erst durch spezielle Enzyme der Dickdarmflora abgebaut werden. Diese Art der gezielten Wirkstofffreigabe lässt sich

Molekulare Biotechnologie: Konzepte und Methoden.
Herausgegeben von M. Wink
Copyright © 2004 WILEY-VCH Verlag GmbH & Co. KGaA, Weinheim
ISBN: 3-527-30992-6

technisch relativ leicht mithilfe von Kesselapparaturen oder Wirbelschichtgeräten, in denen das Überzugsmaterial in gelöster Form auf die Tabletten aufgetragen wird, bewerkstelligen. Weitaus schwieriger wird es, einen Wirkstoff an ein bestimmtes Zielorgan oder eine Zellpopulation innerhalb des Körpers zu bringen, ohne dass andere Bereiche des Organismus damit in Kontakt kommen. Grundsätzlich gibt es dafür aber verschiedene Möglichkeiten:

- **passives Targeting** ohne Modifikation des Wirkstoffs oder des Wirkstoffträgers, aber unter Ausnutzung physiologischer Besonderheiten des Zielgewebes;
- **physikalisches Targeting**, basierend auf nicht physiologischen pH-Werten oder Temperaturen im Zielgewebe, sowie magnetisches Targeting, bei dem Wirkstoffe mittels paramagnetischer Träger unter Einwirkung eines externen Magnetfelds zum Wirkort gebracht werden können;
- **aktives Targeting** mittels modifizierter Wirkstoffe oder Wirkstoffträger, an denen zielsuchende „Vektoren" angebracht sind;
- **Targeting unter Verwendung zellulärer Träger.**

Die verschiedenen Möglichkeiten werden im Folgenden anhand von Beispielen vorgestellt.

26.1.1
Passives Targeting mittels Ausnutzung physiologischer Besonderheiten des Zielgewebes

Das sog. passive Targeting beruht auf der Tatsache, dass Blutgefäße unter besonderen Umständen – z. B. in hypoxischen Arealen nach einem Herzinfarkt oder in schnell proliferierenden soliden Tumoren – durchlässiger sind als in gesundem Gewebe. In einem derart fenestrierten Endothel können Wirkstoffträger mit einer Größe von 10–500 nm (z. B. Liposomen oder Nanopartikel) durch die durchlässige Gefäßwand hindurchwandern und im interstitiellen Raum akkumulieren. Dieser Effekt wird auch als **EPR-Effekt** (*enhanced permeability and retention effect*) bezeichnet (Abb. 26.1). Eine wichtige Voraussetzung für den Erfolg dieser Art des Drug Targetings ist eine ausreichende Halbwertszeit der eingesetzten Wirkstoffträger. Je länger ein Partikel im Kreislauf zirkuliert, umso höher ist die Wahrscheinlichkeit, dass er auch in das Zielgewebe eindringen kann. Die Zirkulationshalbwertszeit partikulärer Trägersysteme kann aber durch das reticuloendotheliale System (RES) deutlich verkürzt werden. Zu diesem zählen zirkulierende Makrophagen im Blut sowie Zellen in Leber oder Milz. Die Aufnahme von Wirkstoffträgern in RES-Zellen wird durch die Bindung von Serumproteinen, wie Komplementfaktoren oder Antikörpern, induziert (sog. Opsonisierung). Eine übermäßige Opsonisierung kann durch verschiedene Maßnahmen verhindert werden, wodurch eine Verlängerung der Halbwertszeit erreicht wird: Kleine Partikel bis zu einer Größe von ungefähr 150 nm sind weniger anfällig für eine unerwünschte Interaktion mit dem RES als größere Partikel. Der Einbau von Polyethylenglykol-Ketten an der Außenseite der Partikel (z. B. bei sog. Stealth®-Liposomen) führt durch Vergrößerung des hydrodynamischen Radius zu einer sterischen Stabilisierung und in der Folge

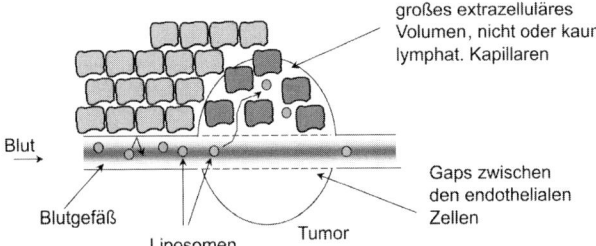

Abb. 26.1 *Enhanced permeability* und *retention effect* (EPR). Wirkstoff-träger durchdringen ein pathologisch verändertes Gefäßepithel und akkumulieren aufgrund ihrer Größe im interstitiellen Raum.

zu einer verringerten Erkennung und Aufnahme durch das RES. Dieses Konzept wird für Cytostatika-beladene Stealth-Liposomen bereits Erfolg versprechend in klinischen Studien eingesetzt.

26.1.2
Physikalisches Targeting

Temperatur- und pH-sensitive Liposomen können zu einer erhöhten Akkumulation von Cytostatika in Tumorgewebe führen. Die Anwendung derartiger Liposomen beruht auf der Beobachtung, dass neoplastisches Gewebe einen niedrigeren pH-Wert oder eine höhere Temperatur (Hyperthermie) als gesundes Gewebe aufweisen kann. Wirkstoffträger, die auf solche Stimuli reagieren, sollten also ihren

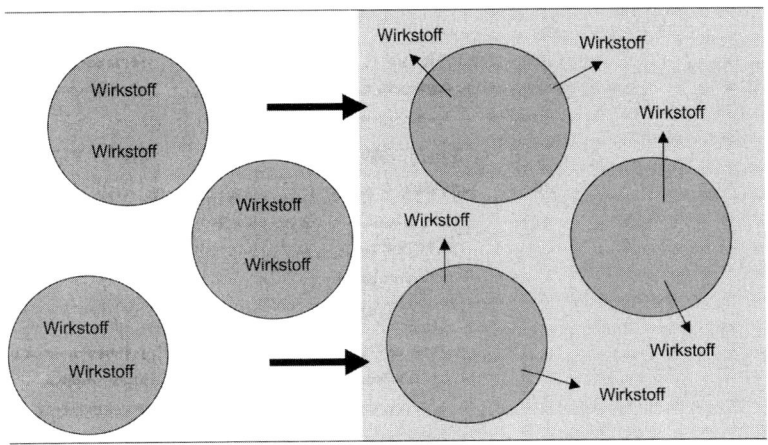

Abb. 26.2 Schematische Darstellung eines physikalischen Targetings. Der Wirkstoff oder Wirkstoffträger wird im Zielgebiet durch einen Stimulus (pH, Temperatur, Magnetfeld oder Ultraschall) entweder aktiviert oder freisetzt.

Inhalt auch bei gleichmäßiger Verteilung in der Blutzirkulation nur in einer entsprechenden Umgebung, also im oder nahe bei einem Tumor unter diesen Bedingungen freigeben (Abb. 26.2).

Ein weiteres Beispiel für ein physikalisches Drug Targeting stellt das magnetisch kontrollierte Targeting dar, welches sich ebenfalls in klinischer Erprobung befindet. Dabei werden Wirkstoffe wie Cytostatika reversibel in 50–500 nm große magnetisierbare Partikel inkorporiert. Diese können durch Anlegen eines äußeren Magnetfelds im Tumorgewebe festgehalten und akkumuliert werden. In einem modifizierten Verfahren, der sog. *Magnetic-Fluid*-Hyperthermie, wird versucht, durch Magnetisierung und Entmagnetisierung der applizierten Partikel Tumorzellen gezielt aufzuheizen und damit thermisch zu zerstören.

26.1.3
Aktives Targeting

Wesentlich zielgenauer als das passive Targeting ist das **aktive Targeting**. Es geht von der Tatsache aus, dass jeder Zelltyp mit charakteristischen Merkmalen ausgestattet ist, die ihn von anderen Zelltypen unterscheiden und die für eine aktive Erkennung ausgenutzt werden können. Sind diese Merkmale auf der Oberfläche einer Zelle lokalisiert, z. B. Adhäsionsproteine, Rezeptoren oder Membrantransportsysteme, so ist es möglich, gezielt Liganden für oder Antikörper gegen diese Proteine therapeutisch einzusetzen oder mit Wirkstoffen oder Wirkstoffträgern zu koppeln und zur zielgerichteten Wirkstoffgabe zu verwenden. Liegen die möglichen Zielstrukturen im Zellinneren, so kann ein Wirkstoff im Sinne einer Prodrug-Strategie so modifiziert werden, dass eine Aktivierung nur nach der Aufnahme im Inneren der Zielzelle erfolgt (z. B. antivirale Substanzen wie Acyclovir, das durch virale Proteinkinasen im Inneren einer virusbefallenen Zelle aktiviert wird). Eine gewisse Einschränkung erfährt die Strategie der Oberflächenerkennung allerdings durch die Variabilität der Zielzellen, was insbesondere beim Targeting von Tumorzellen oder Viren problematisch werden kann, bei denen äußere Einflüsse verhältnismäßig schnell zu Modifikationen der Oberflächenstrukturen führen können.

Obwohl der Gedanke des aktiven Targetings nicht neu ist, gestatten erst die Erkenntnisse und experimentellen Methoden der modernen Molekularbiologie einen Erfolg versprechenden Einsatz in der klinischen Anwendung. Rekombinante Herstellungsverfahren – z. B. von Antikörpern – haben die Anwendungsmöglichkeiten dieser Strategie erheblich erweitert, wie an den folgenden Beispielen aufgezeigt wird:

Jede Zelle besitzt in ihrer Lipidmembran Proteine, die je nach Zelltyp unterschiedlich exprimiert werden. Entartete Zellen zeigen häufig ein von gesunden Zellen stark abweichendes Proteinmuster. Mithilfe geeigneter Antikörper können diese Oberflächenepitope selektiv angezielt werden, weswegen Antikörper auch ohne Kopplung weiterer Wirkstoffe in der Krebstherapie, z. B. bei der Behandlung von chronisch lymphatischer Leukämie, angewandt werden. Diese Erkrankung ist mit konventionellen Mitteln nicht heilbar. Im Gegensatz zu Erythrocyten oder

Thrombocyten exprimieren praktisch alle B- und T-Lymphocyten sowie Monocyten, Thymocyten und Makrophagen im peripheren Blut in hoher Dichte das Oberflächenantigen CD 52. Wenn nun Antikörper (z. B. Alemtuzumab, MabCampath®) an dieses Oberflächenepitop binden, kommt es zur Komplementfixierung, einer antikörperabhängigen Cytotoxizität und einer Lyse der Lymphocyten. Hämatopoietische Stammzellen oder Vorläuferzellen werden nach den bislang vorliegenden Erkenntnissen nicht geschädigt. Derart eingesetzte Antikörper können heute gentechnisch hergestellt werden, beispielsweise humanisierte monoklonale Antikörper, bei denen bestimmte Regionen von Antikörpern aus Ratte oder Maus in menschliche Immunglobuline eingebaut werden. In ähnlicher Weise wird ein monoklonaler Antikörper (Trastuzumab, Herceptin®) bei der Behandlung von fortgeschrittenem Mammacarcinom angewendet. Dieser Antikörper wird gegen Krebszellen eingesetzt, die auf ihrer Oberfläche das HER2-Protein überexprimieren. In Kombination mit Chemotherapie werden bei Gabe des Antikörpers deutlich verlängerte Überlebenszeiten beobachtet. In Tab. 26.1 sind einige Antikörper aufgelistet, die derzeit in klinischen Studien therapeutisch eingesetzt bzw. bereits auf dem Markt eingeführt wurden.

Neben dem direkten therapeutischen Einsatz von Antikörpern können zielsuchende Strukturen auch mit einem ansonsten unselektiven Wirkstoff verknüpft werden. Herbei können jedoch verschiedene Faktoren die Anwendung erschweren:

- **Mangelnde Stabilität**: Die Bindung zwischen Vektor und Wirkstoff soll so lange stabil bleiben, wie das Verknüpfungsprodukt im Blutkreislauf zirkuliert. Sie sollte erst nach der Bindung an oder nach der Aufnahme in die Zielzelle gespalten werden und den eigentlichen Wirkstoff freigeben.
- **Mangelnde Kopplungseffizienz**: Ein Vektor sollte so beschaffen sein, dass ausreichend viele Effektormoleküle (wenn möglich, mehr als nur eines) gekoppelt werden können.
- **Tolerabilität**: Das Kopplungsprodukt muss gut verträglich und sollte möglichst immunologisch inert sein.

Als Vektormoleküle für Wirkstoffe kommen verschiedene Strukturen in Frage: Antikörper oder Antikörperfragmente, Lektine, Saccharide, Lipoproteine oder niedermolekulare organische Substanzen, die Substrate für Transporter oder Enzyme sind (z. B. Folat). Im einfachsten Fall können sie direkt an Wirkstoffe gekoppelt werden. Ein bekanntes Beispiel dafür ist die Herstellung sog. Immuntoxine, die aus dem Fragment eines natürlichen Toxins (z. B. einer Ricin A-Kette oder Abrin A-Kette) und einem Antikörper bestehen. Mit dem Antikörper wird ein Oberflächenepitop einer Zelle angezielt, das Toxin dringt in diese Zelle ein und wirkt toxisch durch irreversible Blockade eines Stoffwechselwegs. Solche Immuntoxine werden zur Behandlung von Leukämien, metastasierenden Melanomen oder kolorektalen Carcinomen erprobt.

Ein anderes Beispiel für ein aktives Targeting durch Antikörperkopplung ist die Herstellung eines chimären Peptids, das aus biotinyliertem vasoaktivem Peptid (VIP) und einem Avidin-gekopppelten Antikörper gegen den Transferrin-Rezeptor

Tab. 26.1 Zusammenstellung therapeutisch eingesetzter Antikörper

	Antigen	Krankheit	Ansprechrate	Literatur
Trastuzumab Herceptin	Her2/neu	metastasierender Brustkrebs	1/43 CR 4/43 PR 2/43 GA 14/43 SE	Baselga et al., Sem. Oncol. 1999, 26, 78–83
MKC-454	Her2/neu	metastasierender Brustkrebs	2/18 OA	Tokuda et al., Br. J. Cancer 1999, 81,1419–1425
Rituxan Rituximab	CD20	non-Hodgkin-Lymphom	21/39 OA 14/39 SE oder GA	Hainsworth et al., Blood, 2000, 95,3052–3056
		lymphoproliferative Erkrankungen nach Organtransplantation	15/26 CR 2/26 PR	Milpied et al., Ann. Oncol. 2000, 11 (Suppl), 113–116
		lymphoproliferative Erkrankungen nach Knochenmarkstransplantation	5/6 CR	Milpied et al., Ann. Oncol. 2000, 11 (Suppl), 113–116
Infliximab	TNFα	Rheumatoide Arthritis	428 Patienten 20–50% Verbesserung bei 80%	Maini et al., Lancet, 1999, 354, 1932–1939
Pavilizumab Synagis	RSV F-Glycoprotein	RSV-Infektion bei Kindern	35 Kinder < 2 Jahre Reduktion trachealer RSV-Konzentration, aber nicht in nasalem Aspirat Keine Verbesserung des Krankheitsbilds verglichen zu Placebo	Malley et al., J. Infect. Dis. 1998, 178, 1555–1561
Abciximab	Plättchen gp IIb/IIIa Rezeptor	Ischämische Komplikationen während Ballon-Angioplastie oder Atherectomie	Hemmung der Plättchenaggregation zeigte klinisch relevante Verbesserungen nach koronaren Eingriffen verglichen zu Placebo	Lincoff et al., N. Engl. J. Med. 1999, 341, 319–327
rhuMabHER2	Her2/neu	fortgeschrittener Brustkrebs	9/37 PR 9/37 GA-SE 19/37 PE	Pegram et al., J. Clin. Oncol 1998, 16, 2659–2671
rhuMab VEGF	VEGF	metastasierendes Nierenzellkarzinom	Phase-III-Studien	clinical-trials.gov Website
hOKT3₄	CD3	verschiedene bösartige Erkrankungen	3/24 positiv angesprochen	Richards et al., Cancer Res. 1999, 59, 2096–2101

CR, komplette Remission; PR, partielle Remission; GA, geringe Ansprechrate; OA, objektive Ansprechrate; SE, stabile Erkrankung; PE, Progression der Erkankung. aus: Drug Targeting: Basic Concepts and Novel Advances; ed. G. Molema und D.K.F. Meijer, Wiley-VCH

besteht. Dieses Kopplungsprodukt kann zum Targeting der Blut-Hirn-Schranke, welche diese Rezeptoren in hoher Dichte exprimiert, eingesetzt werden. Im Tierversuch konnte anhand des pharmakologischen Effekts eine Transcytose der aktiven Komponente über den Transferrin-Rezeptor nachgewiesen werden.

Einem ähnlichen Prinzip folgt der Einsatz bispezifischer Antikörper: Antikörper sind symmetrisch aufgebaute Moleküle, die zwei identische Bindungsstellen enthalten, welche das gleiche Antigen erkennen können. Sie werden als bivalent bezeichnet. Im Gegensatz dazu sind bispezifische Antikörper asymmetrisch aufgebaut: Sie enthalten zwei verschiedene Bindungsstellen und können damit gleichzeitig die Zieloberfläche, z. B. auf einer Tumorzelle, und einen Wirkstoff, z. B. ein Cytostatikum, erkennen. Sie sind funktionell monovalent. Die Herstellung solcher Antikörper kann auf verschiedenen Wegen erfolgen: Durch chemische Re-Assoziation monovalenter Fragmente, durch heterogene Aggregation verschiedener monoklonaler Antikörper oder durch biosynthetische Herstellung in Hybridomzellen, wobei durch codominante Produktion leichter und schwerer Fragmente bis zu 50% der gebildeten Immunglobuline den gewünschten bispezifischen monoklonalen Antikörper darstellen. Mögliche klinische Einsatzmöglichkeiten für solche bispezifischen Antikörper sind Tumor-Imaging und Tumortherapie oder eine zielgerichtete Immunsuppression durch gleichzeitiges Erkennen von Immunsuppressiva und T-Lymphocyten.

Ein großer Nachteil der genannten Systeme besteht in der bereits oben erwähnten geringen Kopplungseffizienz. Nur ein einziges oder wenige Effektormoleküle sind an einen Vektor gekoppelt, die Zahl der an eine Zielzelle bindenden Effektormoleküle ist also relativ niedrig. Es ist deshalb sinnvoll, supramolekulare Wirkstoffträger mit Vektoren zu verknüpfen. Sie sollten so klein sein, dass sie intravenös verabreicht werden können und außerdem den oben genannten Ansprüchen an eine Verknüpfung genügen. Als Träger kommen Micellen, Liposomen oder Nanopartikel in Frage.

Liposomale Trägersysteme kommen bisher vor allem in der Tumortherapie zum Einsatz. Die Effizienz einer chemotherapeutischen Behandlung von Tumoren wird durch den niedrigen therapeutischen Index der meisten Cytostatika stark eingeschränkt. Die Ursachen – kurze Halbwertszeit, mangelnde Tumorselektivität und damit verbunden starke Nebenwirkungen der Wirkstoffe – sind Grund zur intensiven Suche nach Wirkstoffträgern, mittels derer die genannten Probleme umgangen werden können. Liposomen stellen eine Möglichkeit dar, Cytostatika zielgerichtet an den Ort ihrer Wirkung zu bringen. Die Tumortherapie ist deshalb die bedeutendste Indikation für ein aktives Targeting mit liposomalen Formulierungen. Eine Möglichkeit für ein aktives liposomales Targeting besteht im Einschluss von Wirkstoffen in sog. Immunliposomen. Dies sind Liposomen, an deren Oberfläche Antikörper oder Antikörperfragmente gebunden sind, mit deren Hilfe die Liposomen spezifisch an ein Antigen auf den Tumorzellen binden können. Damit dieses Konzept erfolgreich ist, muss das Ziel leicht erreichbar sein: Es kann also durchaus sinnvoll sein, Tumorzellen nicht direkt anzusteuern, sondern ein Ziel, das sich auf den Endothelzellen in Tumoren befindet, wie z. B. der KDR-Rezeptor (*kinase insert domain containing receptor*). Tumoren mit einem

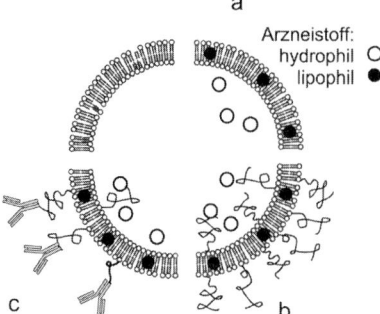

Abb. 26.3 Aufbau von Liposomen, die für ein Drug-Targeting genutzt werden können. a) konventionelle Liposomen; b) Stealth®-Liposomen, in den Polyethylenglykolketten an die Oberfläche gebunden sind; durch diese Modifikation wird die Erkennung durch das reticuloendotheliale System erschwert. c) Immunliposomen, bei denen zielsuchende Moleküle (z. B. ein Antikörper) an die Polyethylenglykolketten gekoppelt werden. Mit diesen Liposomen ist ein aktives Targeting zellulärer Oberflächenstrukturen möglich.

Durchmesser > 1 mm induzieren das Einsprossen neuer Gefäße durch Sekretion von Botenstoffen. Die Verhinderung der Ausbildung neuer Blutgefäße im Tumor oder die spezifische Zerstörung dieser Gefäße würde ein weiteres Tumorwachstum verhindern (Prinzip der sog. Antiangiogenese). Endothelzellen tragen Rezeptoren für die Botenstoffe der Tumorzellen auf ihrer Oberfläche, und einer der Rezeptoren, die Endothelzellen im wachsenden Gefäßbett verstärkt ausbilden, ist der KDR-Rezeptor, der mithilfe der Immunliposomen direkt blockiert werden kann. Andere Konzepte verfolgen die Kopplung von Antikörpern gegen Tumorzell-Oberflächenantigene an Adriamycin- oder Daunomycin-beladene Stealth®-Liposomen. Derartige Immunliposomen (Abb. 26.3) wurden im Tierversuch erfolgreich gegen verschiedene metastasierende Carcinome angewendet.

Eine ähnliche Strategie wie bei der gezielten Wirkstoffverabreichung in der Tumortherapie wird derzeit zur Verbesserung der Wirkstoffverabreichung ins zentrale Nervensystem untersucht: So konnte nach Verabreichung Daunomycin-beladener Stealth®-Liposomen, die an Antikörper gegen den Transferrin-Rezeptor der Gehirnendothelzellen gekoppelt worden waren, im Tierversuch ein stark verbesserter Transfer des Cytostatikums Daunomycin ins Gehirn beobachtet werden. Dabei wurden an ein Liposom ungefähr 30 Vektormoleküle gekoppelt und über 30 000 Wirkstoffmoleküle inkorporiert. Die Transfereffizienz des Trägers übertraf damit die eines direkten Wirkstoff/Vektor-Konstrukts um ein Vielfaches.

Neben Liposomen sind vor allem **Polymernanopartikel als Träger** für ein Drug Targeting interessant, wobei über die Art des Polymers und die Partikelgröße das Freigabe- und Abbauverhalten gesteuert werden kann. So wurde gezeigt, dass Polybutylcyanoacrylat-Nanopartikel, die mit Polysorbat 80 beschichtet worden waren, eine 20fach höhere Aufnahme in Kapillarendothelzellen der Blut-Hirn-Schranke aufwiesen als unbeschichtete Partikel. Es wird angenommen, dass es sich dabei um einen cytotischen Prozess handelt, der möglicherweise durch LDL-Rezeptoren vermittelt wird.

26.1.4
Zelluläre Trägersysteme

Auch Zellhüllen oder ganze Zellen können mit Wirkstoffen beladen und für ein Drug Targeting genutzt werden. Dabei können sowohl Bakterien als auch eukaryotische Zellen als Trägersysteme genutzt werden. Potenzielle Nachteile dieser Systeme sind eine schlechte Durchgängigkeit durch epitheliale und endotheliale Barrieren für die zellulären Träger sowie Immunreaktionen. Bislang wurden zelluläre Wirkstoffträger vor allem in Tierstudien zur Krebstherapie erprobt. So wurden z. B. CD8-positive T-Zellen, die eine Leukämiezelllinie erkannten, mit einem retroviralen Vektor transfiziert, der für ein Diphtherietoxin/IL-4-Fusionsprotein codiert. Die intravenöse Injektion dieser transfizierten Zellen führte zu einer Hemmung des Tumorzellwachstums, wobei die hepatischen und renalen Nebenwirkungen gegenüber den Nebenwirkungen des freien Toxins deutlich verringert waren. In einem anderen Ansatz wurden erfolgreich chimäre Adhäsionsmoleküle in Lymphocyten eingebaut, um damit einen anti-angiogene Effekt im Tumorendothel zu erzielen.

26.2
Prodrugs

Kombinatorische Chemie, *High Throughput Screening* und strukturbasiertes Design führen zu immer spezifischeren Wirkstoffmolekülen. Häufig zeigen solche neuen Strukturen aber ungünstige physikochemische, biopharmazeutische oder pharmakokinetische Eigenschaften, sodass es sinnvoll ist, von **Prodrug-Strategien** Gebrauch zu machen. *Prodrugs* sind inaktive Derivate von Wirkstoffmolekülen oder von Trägersystemen, aus denen nach einer chemischen oder enzymatischen Biotransformation im Körper die aktive Muttersubstanz oder ein aktiviertes Carrier-System gebildet wird (Abb. 26.4). Prodrugs werden eingesetzt, um

- die Löslichkeit von Wirksubstanzen in wässrigen Medien zu verbessern,
- die chemische oder enzymatische Stabilität zu erhöhen,

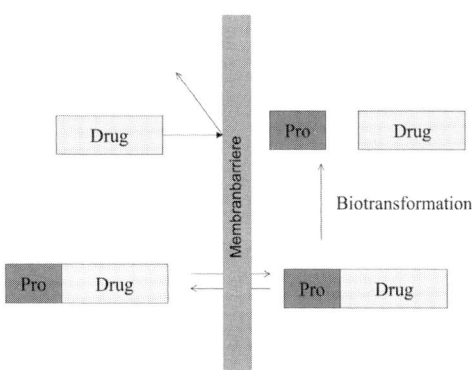

Abb. 26.4 Prodrug-Prinzip. Der freie Wirkstoff ist nicht in der Lage, eine Membranbarriere zu durchqueren. Das Prodrug vermag die Membran zu passieren und wird anschließend verstoffwechselt, wobei der eigentliche Wirkstoff freigesetzt wird.

- die Penetration von Wirkstoffen durch biologische Membranen zu verbessern,
- die Wirkungsdauer von Wirkstoffen zu verlängern,
- die zielgerichtete Wirkstoffgabe zu verbessern,
- Nebenwirkungen zu minimieren.

Die folgenden Abschnitte beschreiben einige Beispiele für die verschiedenen Zielsetzungen.

26.2.1
Prodrugs zur Verbesserung der Wirkstofflöslichkeit

Viele moderne Arzneistoffe sind schwer wasserlöslich, müssen daher mit speziellen Löslichkeitsvermittlern verarbeitet werden und können kaum i.v. verabreicht werden. So wird z. B. das als Antikonvulsivum eingesetzte Phenytoin hauptsächlich als Tablette verabreicht, da die geringe Löslichkeit von Phenytoin von nur ca. 0,08 mM in wässrigen Solvenzien die intravenöse Applikation erschwert. Im Gegensatz dazu hat das Prodrug Phosphophenytoin (Cerebyx®) eine Wasserlöslichkeit von ca. 350 mM und ist damit gut i.v. applizierbar (Abb. 26.5).

Das zur Behandlung der Parkinson'schen Krankheit eingesetzte L-Dopa kann in Form wasserlöslicher Alkylester-Prodrugs verabreicht werden, die nach nasaler Applikation mit einer Bioverfügbarkeit von ca. 90% resorbiert werden.

26.2.2   Prodrugs zur Erhöhung der Stabilität

Insbesondere bei oral zu applizierenden Wirkstoffen werden erhöhte Anforderungen an die Stabilität von Wirkstoffen gestellt. Auch potenziell einsetzbare Prodrugs, wie etwa Ester, werden zum Teil so schnell gespalten, dass das Prodrug-Prinzip nicht mehr wirksam ist. Diesem unerwünschten Effekt kann unter Umständen durch die Auswahl geeigneter Salzformen begegnet werden. So kann durch die Wahl des richtigen Salzes und durch die damit verbundene pH-Änderung in der unmittelbaren Umgebung der Arzneiform eine Verbesserung der Sta-

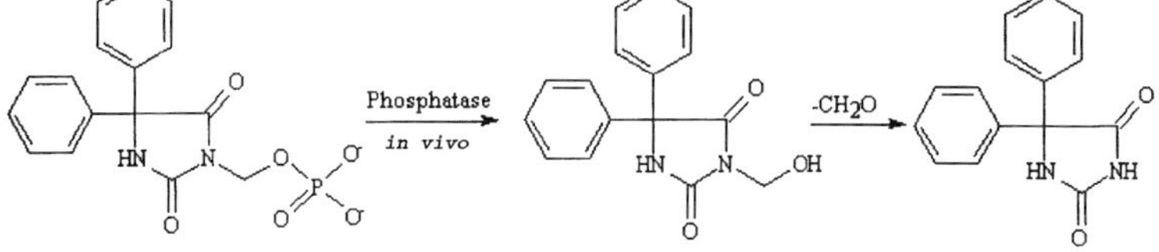

Phosphophenytoin
Löslichkeit in Wasser: 350 mM
i.v. applizierbares Prodrug

Phenytoin
Löslichkeit in Wasser: 0,08 mM
kaum i.v. applizierbar
antikonvulsiver Wirkstoff

Abb. 26.5 Phenytoin und Phosphophenytoin (Cerebyx®). Die ca. 40-mal bessere Wasser-löslichkeit von Phosphophenytoin erlaubt eine i.v. Applikation in relative hoher Dosierung.

bilität erzielt werden, wie z. B. für oral anwendbare IIb/IIIa-Rezeptorantagonisten gezeigt werden konnte.

26.3
Penetration von Wirkstoffen durch biologische Membranen

Stark polare oder geladene Substanzen sind kaum in der Lage, Lipidmembranen durch passive Diffusion zu durchqueren. Deshalb werden solche Verbindungen bevorzugt in Form von Prodrugs verabreicht, bei denen die Ladung durch chemische Modifikation maskiert ist (Abb. 26.6). Die Umwandlung vom inaktiven Prodrug zur aktiven Muttersubstanz kann durch ganz verschiedene chemische Reaktionen erfolgen. Eine der am häufigsten angewandten Strategien ist die Umwandlung inaktiver Ester in die aktive Form. Diese Art der Umwandlung bietet sich an, da Esterasen fast ubiquitär im Körper zu finden sind. Beispiele für Wirkstoffe, die als Ester-Prodrugs eingesetzt wurden, sind Acetylsalicylsäure, Indomethacin oder β-Lactam-Antibiotika, die in der Wirkform eine Carboxylgruppe enthalten, oder Salicylsäure, Chloramphenicol und Acyclovir, die in der aktiven Form eine Hydroxylgruppe enthalten. Das Prinzip wurde u. a. erfolgreich angewandt, um die Bioverfügbarkeit von Ampicillin nach oraler Gabe zu verbessern, und führte zur Markteinführung mehrerer Ester-Prodrugs dieses Wirkstoffs: Pivampicillin, Bacampicillin, Talampicillin (Abb. 26.6). Die Bioverfügbarkeit der Wirksubstanz nach oraler Gabe der Prodrugs ist um 60–80% höher als die nach Gabe der Muttersubstanz.

Außer einfachen Prodrugs können auch sog. Doppel-Prodrugs, z. B. Doppelester wie Acyloxyalkylester, hergestellt werden. Die Anwendung solcher Doppelester ist dann sinnvoll, wenn einfache Ester-Prodrugs nicht reaktiv genug sind. Als Beispiel sei Methyldopa genannt, das nach oraler Gabe eine sehr variable Bioverfügbarkeit zeigt. Sein Pivaloyloxyethylester (Abb. 26.7) wird dagegen nach oraler Verabreichung fast vollständig aus dem Gastrointestinaltrakt resorbiert.

Ein Di-Ester zur cornealen Anwendung ist der Dipivalylester von Epinephrin (Dipivefrin), das der zur Behandlung von Glaukomen angewandt wird (Abb. 26.8).

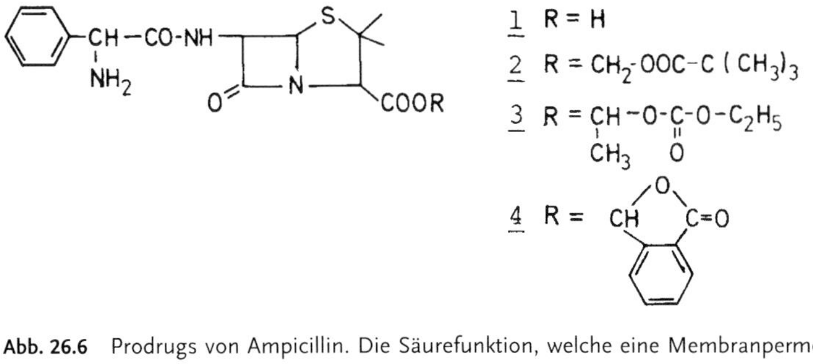

Abb. 26.6 Prodrugs von Ampicillin. Die Säurefunktion, welche eine Membranpermeation erschwert, wird durch Veresterung maskiert.

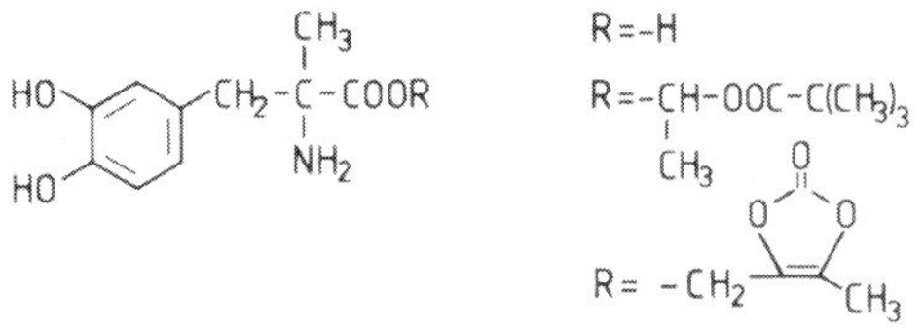

Abb. 26.7 Pivaloyloxyethylester von Methyldopa. Durch die Veresterung wird die Resorbierbarkeit des Wirkstoffs erheblich verbessert.

Dieser Di-Ester hat einen höheren Octanol/Wasser-Verteilungskoeffizient und durchquert die Cornea ungefähr 17-mal besser als die Muttersubstanz.

Eine interessante Kombination zwischen Prodrug-Strategie und einem chemisch gesteuerten Targeting-System stellt die Überwindung der Blut-Hirn-Schranke durch sog. Redoxsysteme dar. Die Blut-Hirn-Schranke schützt das zentrale Nervensystem vor Xenobiotika und gewährleistet die für die Funktion des Gehirns notwendige Ionenhomöostase. Sie ist für lipophile Wirkstoffe zunächst in beide Richtungen permeabel, wird von geladenen oder polaren Substanzen aber praktisch nicht durchquert, es sei denn, es sind aktive Carrier-Mechanismen am Substanztransport beteiligt. Die Rückdiffusion einer lipophilen Substanz aus dem zentralen Nervensystem ins Blut kann durch Kopplung des Wirkstoffs an eine Trägersubstanz, die sequenziell zunächst enzymatisch in eine geladene Form transformiert und dann abgespalten wird, verhindert werden. Dieses Konzept kann auf verschiedenste Art und Weise verwirklicht werden, z. B. durch Kopplung von (Acyloxy)alkyl-Phosphonaten, die nach Passage der Blut-Hirn-Schranke zunächst hydrolysiert, in ein anionisches Molekül umgewandelt und schließlich endgültig gespalten werden. Eine andere Möglichkeit besteht in der Anwendung von 1,4-Dihydrotrigonellin-Derivaten, die nach Passage der Blut-Hirn-Schranke abhängig von einem NADH/NAD$^+$-Redoxsystem in eine hydrophile quarternäre Molekülform transformiert werden (Abb. 26.9). Nach hydrolytischer Spaltung wird das Vektormolekül N-Methyl-Nicotinsäure vermutlich durch aktiven Transport re-

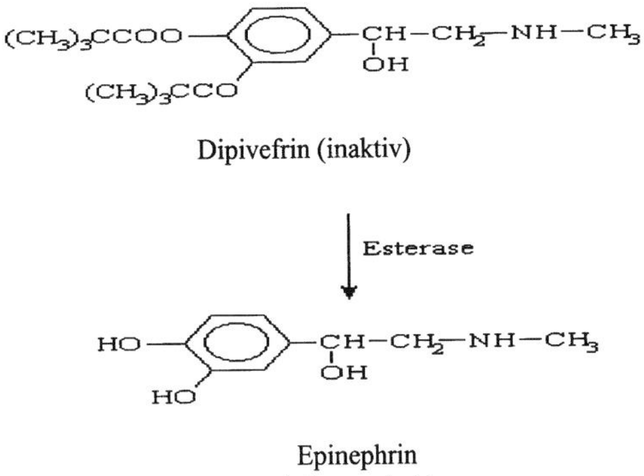

Dipivefrin (inaktiv)

Esterase

Epinephrin
(adrenergisch)
aktives Antiglaukom-Agens

Abb. 26.8 Dipivefrin, ein Dipivalylester von Epinephrin, der zur Behandlung von Glaukomen corneal appliziert wird. Aufgrund des höheren Octanol/Wasser-Verteilungskoeffizients durchquert der Dipivalylester die Cornea ungefähr 17-mal besser als die Muttersubstanz.

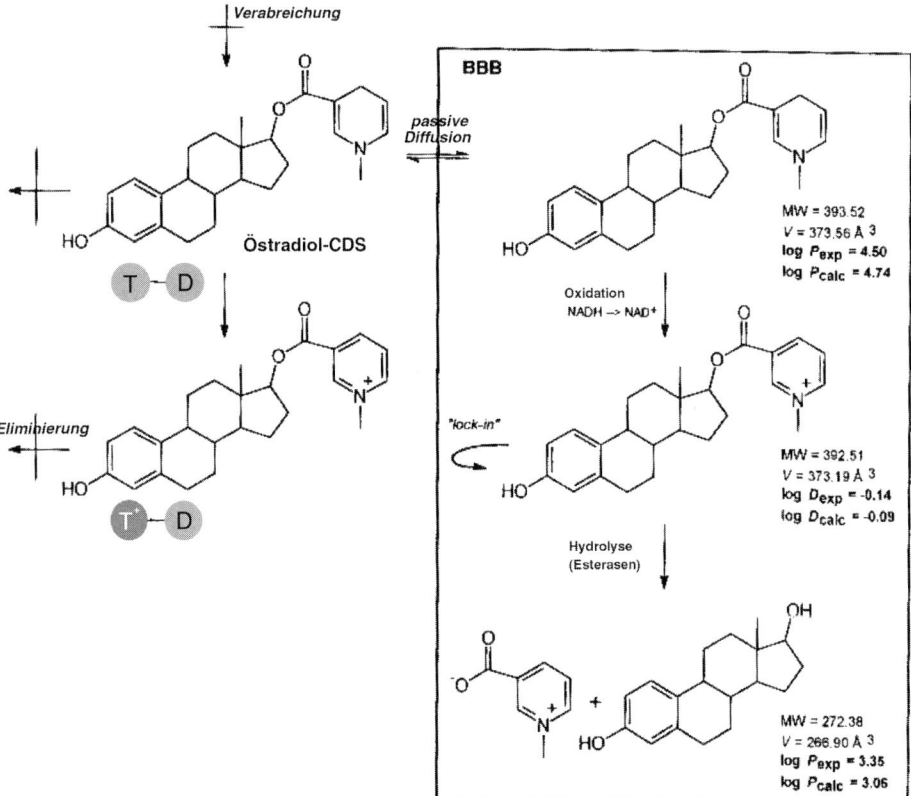

Abb. 26.9 Targeting des zentralen Nervensystems unter Ausnutzung eines redoxbasierten Prodrug-Systems. Wirkstoffe werden an 1,4-Dihydrotrigonellin gekoppelt, welches nach Passage der Blut-Hirn-Schranke enzymatisch in eine hydrophile quarternäre Molekülform überführt wird, die nicht mehr durch die Blut-Hirn-Schranke zurückdiffundiert. Im Zentralnervensystem (ZNS) kommt es dann zur Abspaltung des Wirkstoffs. Die Verteilungskoeffizienten (log *D* und log *P* (Octanol/Wasser) sind angegeben, um die Unterschiede im Verteilungsverhalten der Substanzen zu verdeutlichen. Das lipophile Prodrug durchquert leicht die Blut-Hirn-Schranke, während die geladene und wesentlich hydrophilere Zwischenstufe dazu nicht mehr in der Lage ist. (Aus Drug Targeting Technology, H. Schreier (ed.) Marcel Dekker, Inc., New York, Basel).

lativ schnell aus dem Gehirn eliminiert, der transportierte Wirkstoff akkumuliert im zentralen Nervensystem. Die Effizienz des Dihydrotrigonellin ↔ Trigonellin-Vektorsystems wurde schon für eine Vielzahl von Wirkstoffen gezeigt, darunter Steroidhormone, antivirale Substanzen, Antibiotika, Neurotransmitter, Cytostatika oder sogar Neuropeptide, wie Enkephalin oder *Thyreotropin-releasing*-Hormon.

26.4
Prodrugs zur Verlängerung der Wirkungsdauer

Bei chronisch einzunehmenden Wirkstoffen bieten sich chemische Modifikationen zur Verlängerung der Wirkdauer und damit zu vergrößerten Einnahmeintervallen an. Eine gut untersuchte Arzneistoffgruppe bilden empfängnisverhütende Steroide: Neben der Einbettung in langsam freigebende Polymerträger wurden Verbindungen wie Norethisteron auch kovalent an wasserlösliche Polymere wie Poly(n^5-Hydroxypropyl-L-Glutamin) gekoppelt. Nach subkutaner Applikation erfolgte dann die Wirkstofffreigabe über mehrere Monate hinweg. Ein anderes Beispiel sind Cytostatika, die nach kovalenter Kopplung an polymere Träger wie Dextrane verzögert freigesetzt werden und dabei bei geringerer Dosierung konstantere Plasmakonzentrations-Zeit-Profile und geringere Nebenwirkungen zeigen als die nicht gekoppelten Wirkstoffe. Ebenso zeigte Ranitidin, ein Inhibitor der Säuresekretion im Magen, nach kovalenter Verknüpfung mit Dextran eine stark verlängerte Wirkungsdauer gegenüber dem in gleicher Dosierung gegebenen freien Wirkstoff.

26.5
Prodrugs zur zielgerichteten Wirkstoffabgabe

Prodrug-Strategien werden seit langem angewendet, um die Verfügbarkeit von Wirkstoffen nach oraler Gabe zu verbessern oder um zu erreichen, dass Wirkstoffe erst in distalen Darmabschnitten freigesetzt werden. Erfolgreich in den Markt eingeführt sind Prodrugs von 5-Aminosalicylsäure (Sulfasalazin, Olsalazin oder Balsalazin), die zur Behandlung entzündlicher Dickdarmerkrankungen (*inflammatory bowel disease*) eingesetzt werden. Freie 5-Aminosalicylsäure würde ihren Zielort im Kolon kaum erreichen, da der größte Teil des Wirkstoffs in oberen Darmabschnitten resorbiert wird. In den Prodrug-Molekülen ist der eigentliche Wirkstoff über eine Azo-Bindung an ein weiteres Molekül gekoppelt (Abb. 26.10). Die Prodrugs passieren Magen und Dünndarm unverändert und werden dann durch bakterielle Azoreduktasen im Dickdarm gespalten, wobei es zur Wirkstofffreisetzung kommt. In ähnlicher Weise wirken Prodrugs, bei denen der Wirkstoff an Glucose oder Glucuronsäure gekoppelt ist. Als Beispiel sei Dexamethason-21-β-D-glucosid (Abb. 26.11) genannt, das ebenfalls bei entzündlichen Dickdarmerkrankungen eingesetzt wird. Während das freie Steroid fast vollständig aus dem Dünndarm resorbiert wird, erreichen nach Gabe des Prodrugs immerhin fast 60% der gegebenen Dosis das Caecum in Form des freien Steroids.

Insbesondere für Peptidwirkstoffe, die im Gastrointestinaltrakt sehr labil sind, wurden polymere Umhüllungen und Überzugsmaterialien entwickelt, die ebenfalls über Azo-Bindungen verknüpft sind und erst im Dickdarm abgebaut werden, wie z. B. Styrole oder Hydroxyethylmethacrylate. Ebenfalls von Interesse ist die Anwendung von Oligosaccharid- bzw. Polysaccharid-gekoppelten Polymeren, die durch Glykosidasen im Caecum gespalten werden, oder von Dextran-Fettsäure-Estern.

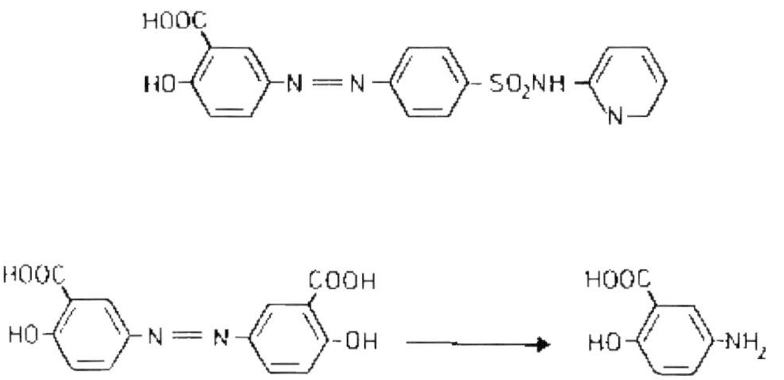

Abb. 26.10 Azo-Prodrugs von Aminosalicylsäure, die zur Behandlung entzündlicher Dickdarmerkrankungen eingesetzt werden. Durch Azoreduktasen im Dickdarm kommt es zur Spaltung des Prodrugs und Freisetzung des eigentlichen Wirkstoffs.

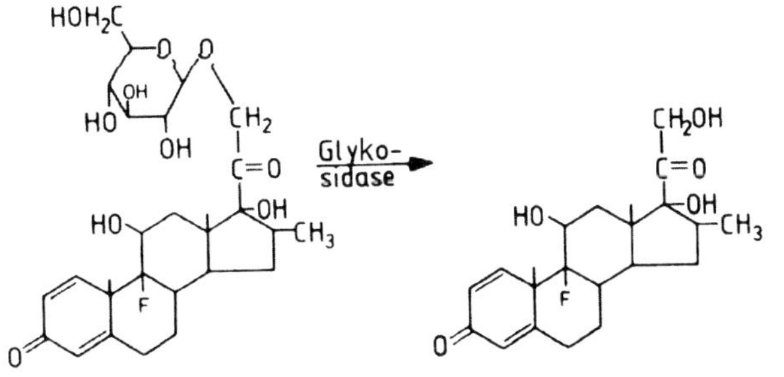

Abb. 26.11 Dexamethason-21-β-D-glucosid. Nach dessen Gabe erreichen bis zu 60% des freien Steroids das Caecum. Nach der Resorption kommt es zur Abspaltung des Zuckerrests.

26.6
Prodrugs zur Verringerung von Nebenwirkungen

Mit der zielgerichteten Wirkstoffgabe geht häufig auch eine Verringerung unerwünschter Nebenwirkungen einher. Der therapeutische Index eines Prodrugs kann dabei als Maß für eine Unterscheidung der gewünschten Wirkstoffeigenschaften und der toxischen Nebenwirkungen herangezogen werden. Bekannte Beispiele von Wirkstoffen mit starken Nebenwirkungen und weniger toxischen Prodrugs kommen aus der Gruppe der Cytostatika. So kann es beispielsweise bei der Behandlung mit 5-Fluorouracil zu schweren Schädigungen des Knochenmarks oder der Darmschleimhaut kommen. Das bereits 1967 entdeckte 1-(2-Tetra-Hydrofuranyl)-5-Fluorouracil-Prodrug Ftorafur™ (Abb. 26.12) zeigt bei ähnlicher antineoplastischer Wirkung eine deutlich geringere Toxizität, wirkt bei sehr hoher Dosierung allerdings neurotoxisch. In den vergangenen Jahren wurde ausgehend von der Grundstruktur von Ftorafur™ eine große Zahl weiterer Prodrugs synthetisiert, die zum Teil oral eingenommen werden können, erst nach Erreichen der

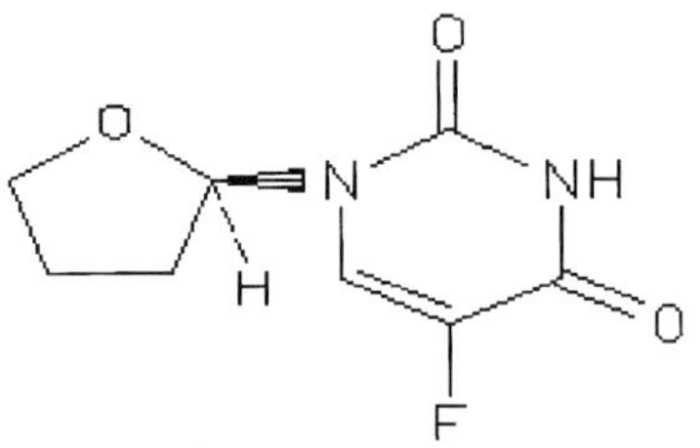

Abb. 26.12 Ftorafur [1-(2-Tetrahydrofuranyl)-5-fluo-rouracil]. Es besitzt eine dem freien 5-Fluorouracil vergleichbare antineoplastische Wirkung, ist aber deutlich weniger toxisch.

systemischen Zirkulation 5-Fluorouracil freigeben und auch weniger neurotoxisch sind. Die Anwendung von Doxorubicin und Daunomycin wird u.a. durch deren Kardiotoxizität eingeschränkt, die sowohl akut als auch subakut oder chronisch in Erscheinung treten kann. Sowohl *in vitro* als auch *in vivo* konnten für verschiedene peptidische Prodrugs der Cytostatika erhöhte Tumorselektivität und verringerte Toxizität gezeigt werden. Die beobachteten Effekte der Prodrugs können auf Unterschiede in der Gewebeverteilung sowie auf unterschiedliche Geschwindigkeit der Aufnahme in Zielzellen und Verteilungsmuster in diesen Zellen zurückgeführt werden.

26.7
Weiterführende Literatur

ALYAUDTIN, R. N., REICHEL, A., LOBENBERG, R., RAMGE, P., KREUTER, J., BEGLEY, D. J. (2001) Interaction of poly(butylcyanoacrylate) nanoparticles with the blood-brain barrier *in vivo* and *in vitro*. *J. Drug Target.* **9**, 209–221.

BASELGA, J., TRIPATHY, D., MENDELSOHN, J., BAUGHMAN, S., BENZ, C. C. et al. (1999) Phase II study of weekly intravenous trastuzumab (Herceptin) in patients with HER2/neu-overexpressing metastatic breast cancer. *Semin. Oncol.* **26**, 78–83.

BICKEL, U., YOSHIKAWA, T., LANDAW, E. M., FAULL, K. F., PARDRIDGE, W. M. (1993) Pharmacologic effects *in vivo* in brain by vector-mediated peptide drug delivery. *Proc. Natl. Acad. Sci. USA* **90**, 2618–2622.

BODOR, N. (1987) Redox drug delivery systems for targeting drugs to the brain. *Ann. N. Y. Acad. Sci.* **507**, 289–306.

HAINSWORTH, J. D., BURRIS, H. A. III, MORRISSEY, L. H., LITCHY, S., SCULLIN, D. C. Jr. et al. (2000) Rituximab monoclonal antibody as initial systemic therapy for patients with low-grade non-Hodgkin lymphoma. *Blood* **95**, 3052–3056.

HUWYLER, J., WU, D., PARDRIDGE, W. M. (1996) Brain drug delivery of small molecules using immunoliposomes. *Proc. Natl. Acad. Sci. USA* **93**, 14164–14169.

HUWYLER, J., YANG, J., PARDRIDGE, W. M. (1997) Receptor mediated delivery of daunomycin using immunoliposomes: pharmacokinetics and tissue distribution in the rat. *J. Pharmacol. Exp. Ther.* **282**, 1541–1546.

KREUTER, J. (2001) Nanoparticulate systems for brain delivery of drugs. *Adv. Drug Deliv. Rev.* **47**, 65–81.

LINCOFF, A. M., CALIFF, R. M., MOLITERNO, D. J., ELLIS, S. G., DUCAS, J. et al. (1999) Complementary clinical benefits of coronary-artery stenting and blockade of platelet glycoprotein IIb/IIIa receptors. Evaluation of platelet IIb/IIIa inhibition in stenting investigators. *N. Engl. J. Med.* **341**, 319–327.

MAINI, R., ST CLAIR, E. W., BREEDVELD, F., FURST, D., KALDEN, J. et al. (1999) Infliximab (chimeric anti-tumour necrosis factor alpha monoclonal antibody) versus placebo in rheumatoid arthritis patients receiving concomitant methotrexate: a randomised phase III trial. ATTRACT Study Group. *Int. J. Clin. Pharmacol. Ther.* **35**, 87–90.

MALLEY, R., DEVINCENZO, J., RAMILO, O., DENNEHY, P. H., MEISSNER, H. C. et al. (1998) Reduction of respiratory syncytial virus (RSV) in tracheal aspirates in intubated infants by use of humanized monoclonal antibody to RSV F protein. *J. Infect. Dis.* **178**, 1555–1561.

MASSING, U. (1997) Cancer therapy with liposomal formulations of anticancer drugs. *Lancet* **354**, 1932–1939.

MILPIED, N., VASSEUR, B., PARQUET, N., GARNIER, J. L., ANTOINE, C. et al. (2000) Humanized anti-CD20 monoclonal antibody (Rituximab) in post transplant B-lymphoproliferative disorder: a retrospective analysis on 32 patients. *Ann. Oncol.* **11**, 113–116.

PEGRAM, M. D., LIPTON, A., HAYES, D. F., WEBER, B. L., BASELGA, J. M. et al. (1998) Phase II study of receptor-enhanced chemosensitivity using recombinant humanized anti-p185HER2/neu monoclonal antibody plus cisplatin in patients with HER2/neu-overexpressing metastatic breast cancer refractory to chemotherapy treatment. *J. Clin. Oncol.* **16**, 2659–2671.

RICHARDS, J., AUGER, J., PEACE, D., GALE, D., MICHEL, J. et al. (1999) Phase I evaluation of humanized OKT3: toxicity and immunomodulatory effects of hOKT3gamma4. *Cancer Res.* **59**, 2096–2101.

SAFFRAN, M., KUMAR, G. S., SAVARIAR, C., BURNHAM, J. C., WILLIAMS, F., NECKERS, D. C. (1986) A new approach to the oral administration of insulin and other peptide drugs. *Science* **233**, 1081–1034.

SAFFRAN, M., KUMAR, G. S., NECKERS, D. C., PENA, J., JONES, R. H., FIELD, J. B. (1990) Biodegradable azopolymer coating for oral delivery of peptide drugs. *Biochem. Soc. Trans.* **18**, 752–754.

SASAKI, Y., NIWA, T., TAJIMA, T. (1999) Dose escalation and pharmacokinetic study of a humanized anti-HER2 monoclonal antibody in patients with HER2/neu-overexpressing metastatic breast cancer. *Br. J. Cancer* **81**, 1419–1425.

TOKUDA, Y., WATANABE, T., OMURO, Y., ANDO, M., KATSUMATA, N., OKUMURA, A., OHTA, M., FUJII, H., SASAKI, Y., NIWA, T., (1999) Dose escalation and pharmacokinetic study of a humanized anti HER2 monoclonal antibody in patients with HER2/*neu*-overexpressing metastatic breast cancer. *Br. J. Cancer* **81**, 1419–1425.

27
Molekulare Diagnostik in der Medizin

Die klinisch-chemische Labordiagnostik ist in der heutigen Zeit ein fester Bestandteil der Medizin. Man geht davon aus, dass im modernen klinischen Alltag labormedizinisch ermittelte Daten zu 50 bis 80% zur Diagnosefindung beitragen.

Neben vielen „klassischen" Nachweisverfahren der „Klinischen Chemie", wie der Bestimmung von Enzymaktivitäten mittels gekoppeltem Enzymassay, dem quantitativen Nachweis von Ionen mittels Flammenphotometrie und ionenselektiven Elektroden sowie von Metallen mittels Atomabsorptionsspektrometrie, der Messung kleiner Moleküle durch chemische, chromogene Verfahren usw., haben in den letzten 10 bis 20 Jahren zunächst immunologische Nachweisverfahren und in der Folge zunehmend molekulargenetische Verfahren erheblich an Bedeutung gewonnen. Dies spiegelt mit geringer Verzögerung die rasche Entwicklung im Bereich der Nucleinsäureanalytik wider, insbesondere der Methoden für eine effiziente Sequenzierung von Genomen. Die dadurch bedingte Zunahme unseres Wissens über genomische Ursachen von Erkrankungen ist eine weitere wichtige Grundlage für die wachsende Bedeutung der Molekularen Diagnostik in der Medizin.

Der Begriff „Molekulare Diagnostik" wird dabei in sehr unterschiedlicher Breite genutzt. Die weite Definition umfasst alle laboranalytischen Verfahren, bei denen der Nachweis einzelner Moleküle oder deren Funktion in Proben von Patienten erfolgt. In einer engen Definition wird der Begriff als Abkürzung des Ausdrucks „Molekulargenetische Diagnostik" nur für Verfahren verwendet, die zum Ziel haben, Veränderungen der Erbinformation (DNA-Sequenz) und des Ablesens dieser Information (Genexpression) auf molekularer Ebene (DNA, RNA) zu erfassen.

Molekulare Biotechnologie: Konzepte und Methoden.
Herausgegeben von M. Wink
Copyright © 2004 WILEY-VCH Verlag GmbH & Co. KGaA, Weinheim
ISBN: 3-527-30992-6

27.1
Anwendungen der Molekularen Diagnostik

27.1.1
Einführung

Grundlage der molekulargenetischen Diagnostik ist die rasche Entwicklung in der **Genomforschung** und das **Wissen über den Einfluss genetischer Veränderung auf die Entstehung und Entwicklung von Krankheiten.** Die Verbesserung und Automatisierung von Methoden der DNA-Sequenzierung hat es möglich gemacht, das Genom des Menschen, aber auch von vielen anderen Organismen, wie Viren oder pathogener Mikroorganismen, zu sequenzieren (s. Kap. 14 und 20). Die Sequenzinformation und hochempfindliche sequenzspezifische Analysemethoden erlauben es nun, soweit bekannt, krankheitsspezifische Änderungen der DNA-Sequenz zu analysieren und für die Diagnose zu nutzen.

27.1.2
Monogene und polygene Krankheiten

Genetisch bedingte Erkrankungen werden dabei in verschiedene Gruppen eingeteilt. Als **monogene Erkrankungen** werden Krankheiten bezeichnet, die durch eine Veränderung oder den Ausfall der Funktion eines einzigen Gens verursacht werden. Bei **polygenen Erkrankungen** führt erst das Zusammentreffen mehrerer krankheitsbegünstigender genetischer Veränderungen, die jeweils für sich alleine harmlos sein können, zur Ausprägung des Krankheitsbildes. Während monogene Erkrankungen leicht an ihrem typischen Erbgang zu erkennen sind (dominante oder rezessive Vererbung), findet sich bei polygenen Erkrankungen lediglich eine familiäre Häufung ohne einen klar erkennbaren Erbgang.

Ein typische Beispiel für **rezessive monogene Erkrankungen** ist die vergleichsweise häufige (1:600) cystische Fibrose (Mukoviszidose). Verursacht wird diese Erkrankung durch den Funktionsverlust eines **Chloridkanals**, der durch das **cystische-Fibrose-Gen (CFTR)** codiert wird. Da jede Körperzelle über einen doppelten Chromosomensatz verfügt, tritt in der Regel ein Funktionsverlust nur dann auf, wenn das entsprechende Gen auf beiden homologen Chromosomen durch Mutationen so gestört ist, dass kein funktionelles Genprodukt mehr synthetisiert werden kann (s. Kap. 4). Die wesentlich häufigeren (1:60) heterozygoten Träger einer derartigen Mutation sind meist völlig unauffällig, da das gesunde Gen ausreichende Mengen an funktionellem Protein liefern kann. Weil im Durchschnitt nur 1/4 aller Nachkommen zweier zufällig heterozygoter Mutationsträger homozygot für den Gendefekt sind, ist die Anzahl der von der Krankheit Betroffenen wesentlich kleiner als die Anzahl der heterozygoten Genträger. Letztere lassen sich aufgrund ihrer phänotypischen Unauffälligkeit nur molekulargenetisch identifizieren (s. unten). In manchen Bevölkerungsgruppen, bei denen ein besonders hohes Risiko für bestimmte, schwere rezessive Erkrankungen besteht, wird schon heute für die Familienplanung eine Analyse des individuellen Genotyps angeboten. Die Diagnostik ist jedoch nicht trivial, da zwar einige wenige Mutationen zu über 80% den Funktionsverlust bedingen, es aber eine große Zahl weiterer, seltener Mutationen gibt, die ebenfalls die Synthese eines funktionsfähigen Genprodukts verhindern. Je nach Aufwand der Diagnostik (s. unten) kann daher nur eine mehr oder weniger große Wahrscheinlichkeit angegeben werden, ob ein heterozygoter Funktionsverlust vorliegt.

Dominante Erkrankungen sind meist wesentlich seltener, da hierbei bereits allein ein betroffenes Allel ausreicht, um die damit verbundene Krankheit zu verursachen, und dieses Allel an jedes zweite Kind weitergegeben wird. Aufgrund des dadurch bedingten starken Selektionsdrucks können nur relativ milde dominante Erkrankungen in einer Population über viele Generationen überleben. Bei schweren dominanten Erbkrankheiten handelt es sich in der Regel um Neumutationen. Die wahrscheinlich häufigste dominante Erkrankung (1:500) ist die **Hypertrophe Kardiomyopathie (HCM),** die durch Mutationen in verschiedenen kardial exprimierten Proteinen, vor allem Sarkomerproteinen, wie dem β-Myosin, bedingt wird. Als gefürchtete Komplikation dieser Krankheit gilt der durch Kammerflimmern verursachte plötzliche Herztod, der vor allem junge, gut trainierte Männer trifft. Glücklicherweise ist diese Komplikation aber sehr selten. Meist tritt die HCM erst im mittleren bis höheren Alter durch eine zunehmende Herzinsuffizienz in Erscheinung. Zudem ist für dieses gut untersuchte Krankheitsbild bekannt, dass ein und dieselbe Mutation in unterschiedlichen Personen, selbst innerhalb einer Familie, eine sehr unterschiedliche Ausprägung (von völlig unauffällig bis schwer krank) bedingen kann. Dies wird auf den unterschiedlichen genetischen Hintergrund, oder etwas präziser, auf das Zusammenwirken der Mutation mit anderen Genvariationen in sog. *modifier genes* zurückgeführt. Da bereits mehrere Hundert verschiedene Mutationen bekannt sind, die eine HCM bedingen können, keine aber besonders häufig ist, gestaltet sich die Molekulare Diagnostik dieser wie auch vieler anderer milder dominanter Erkrankungen ausgesprochen schwierig und aufwändig. Ein Screening junger Menschen zur Ermittlung des individuellen Risikos und zur Vermeidung des plötzlichen Herztodes ist mit den derzeitigen Methoden unbezahlbar.

Polygene Erkrankungen werden durch das Zusammenspiel vieler Mutationen in unterschiedlichen Genen bedingt, die jeweils nur einen kleinen Teil beitragen, aber in der Summe eine katastrophale Wirkung entfalten können. Aufgrund des fehlenden klaren Erbganges versagen hierbei die klassischen Methoden der Familienanalyse zur Identifizierung der Risikogene. Hilfreich ist für die Identifizierung der verantwortlichen Faktoren dagegen die Assoziation von genetischen Varianten in funktionell definierten „Risikogenen" innerhalb großer Kollektive von nicht verwandten Personen oder Geschwisterpaaren (*Sib-Pair*-Analysen). Typische Beispiele hierfür sind Erkrankungen wie **Hypertonie** oder **Thrombophilie. Krankheitsassoziierte Allele** werden oft als **genetische Risikofaktoren** bezeichnet. Da jeder Risikofaktor nur einen kleinen Teil zum Erkrankungsrisiko beiträgt und selbst beim Vorliegen mehrerer krankheitsassoziierter Allele nicht unweigerlich die entsprechende Erkrankung auftreten muss, gibt man hierbei oft das „Relative Risiko" (aus Querschnittsstudien ermittelt) oder die *odds ratio* (aus *Case-Control*-Studien ermittelt) an. Als Beispiele für Thrombophilie-Risikoallele können häufige Mutationen in Gerinnungsfaktorgenen angeführt werden, wie die Faktor V-Leiden-Mutation (R506Q) und eine Mutation im 3′-untranslatierten Bereich der Faktor II-mRNA (20210G → A). Da die Allelfrequenzen für diese Mutationen in Mitteleuropa knapp 3 bzw. 1% betragen und damit knapp 6 bzw. 2% heterozygote Allelträger vorkommen, spricht man auch von genetischen **Polymorphismen**.

Erwähnenswert ist, dass oft die verschiedenen genetischen Risiken zusammenspielen. So sind für die **Hypercholesterinämie**, dem wichtigsten pathogenetischen Faktor für den Herzinfarkt, mehrere verschiedene Erbgänge bekannt: Die **familiäre Hypercholesterinämie** wird dominant vererbt und ist durch Mutationen im *Low-Density*-**Lipoprotein-Rezeptor** (LDL-R) oder dessen Liganden, dem **Apolipoprotein B100** (ApoB100), bedingt, welche zu einem weitgehenden Funktionsverlust bezüglich der LDL-Aufnahme führen. Oft wird der Erbgang dieser Erkrankung auch als codominant bezeichnet, da Heterozygote (Häufigkeit 1:500) bereits erhöhte Plasma-Cholesterolkonzentrationen aufweisen, Homozygote (Häufigkeit 1:1 000 000) aber extrem schwer betroffen sind. Es gibt jedoch auch eine polygene Form, deren Häufigkeit mit 1:5 in den westlichen Industrieländern angegeben wird. Diese milde Form der Hypercholesterinämie wird durch das Zusammenwirken verschiedener Polymorphismen (z. B. **Apolipoprotein E (ApoE)-Polymorphismus**) und Mutationen, die überwiegend noch nicht identifiziert sind, mit äußeren Faktoren, wie der Ernährung, bedingt.

Auch Mutationen, die keine direkte Auswirkung auf ein Genprodukt haben, können für die genetische Diagnostik hilfreich sein, nämlich dann, wenn sie mit einer Krankheit assoziiert sind, weil sie in der Nähe einer funktionell wirksamen Mutation liegen und gemeinsam mit dieser vererbt werden. Da die Wahrscheinlichkeit einer genetischen Rekombination zwischen zwei Genorten invers mit dem Abstand der beiden Orte voneinander korreliert ist, lässt sich aus der relativen Stärke der Kopplung einer Mutation mit einer Krankheit darauf schließen, wie weit sie von der funktionellen Mutation und damit von dem betroffenen Gen entfernt ist. In der Praxis wird dies genutzt, um innerhalb von großen Familien durch die Assoziation von vielen derartigen genetischen Markern, die möglichst gleichmäßig über das gesamte Genom verteilt sein sollten, mit einem Phänotyp den dafür verantwortlichen Genort zu identifizieren (**Kopplungs- oder *Linkage*-Analyse**). Mit der Krankheit derart assoziierte Marker können zwar auch zur Diagnostik herangezogen werden, haben aber funktionell nichts mit dem Pathomechanismus zu tun.

Neben den bisher beschriebenen Mutationen, die von einer Generation zur nächsten weitergegeben werden und daher auch als **Keimbahnmutationen** bezeichnet werden, treten während der Entwicklung eines Individuums aufgrund der vielen Mitosen und der intrinsischen Fehlerrate der Replikation und der Mutationsrate eine große Zahl neuer, sog. somatischer Mutationen auf. Sofern diese Mutationen zum Funktionsverlust eines wichtigen Proteins führen, wird die betroffene Zelle in der Regel absterben und durch eine gesunde Zelle ersetzt werden. Führt jedoch die Mutation zur Aktivierung eines **Onkogens** oder zur Inaktivierung eines Tumorsuppressor-Gens, so kann dies den ersten Schritt einer malignen Transformation bedeuten. Man geht heute davon aus, dass eine einzelne derartige Mutation recht harmlos ist und für die Entstehung maligner Zellen sich mindestens drei, eher aber mehr derartige Mutationen in einer Zelle akkumulieren müssen. Ob und wo dies geschieht, ist vom Zufall bestimmt; allerdings ist das Risiko direkt von der Mutationsrate abhängig, die wiederum durch externe Noxen (mutagene Stoffe, ionisierende Strahlung usw.) erhöht werden kann. Somit handelt es sich bei der **Onkogenese auch um eine polygene Erkrankung, die jedoch auf somatischer Ebene stattfindet**. Eine Ausnahme stellt die klassische Vererbung von disponierenden Mutationen in Onkogenen und Tumorsuppressor-Genen, wie z. B. dem Retinoblastom-Gen (Rb-Gen), dar. In diesem Fall ist das Risiko der betroffenen Person, an einem malignen Tumor zu erkranken, erhöht, da die vererbte Mutation bereits in allen Körperzellen vorliegt und daher weniger zusätzliche, zufällige Ereignisse hinzukommen müssen, um die Krankheit auszulösen.

27.1.3
Individuelle Variabilität im Genom: Forensik

Neben den oben beschriebenen pathogenetisch bedeutsamen Mutationen gibt es eine wesentlich größere Anzahl von genetischen Variationen im humanen Genom, die keinen ersichtlichen Einfluss auf den Phänotyp haben. **Die meisten solcher häufigen Polymorphismen liegen in nicht-codierenden Genabschnitten.** Oft handelt es sich bei diesen Polymorphismen um mehrfach hintereinander wiederholte, kurze Sequenzabschnitte (*short tandem repeats*), von denen meist mehrere Allele mit einer unterschiedlichen Anzahl von Repeats existieren. Aufgrund ihrer großen Vielfalt kann durch die Bestimmung einer hinreichenden Anzahl von derartigen Polymorphismen eine Person genau identifiziert oder Verwandtschaftsverhältnisse mit hoher Präzision bestimmt werden. Das typische Polymorphismenmuster einer Person wird auch als deren genetischer Fingerabdruck bezeichnet und wird sowohl für Vaterschaftsanalysen als auch in der Forensik in großem Umfang diagnostisch eingesetzt (s. Kap. 4).

27.1.4
Individuelle Variabilität im Genom: HLA-Typisierung

Menschen weisen eine hohe Polymorphie bezüglich der **HLA-Gene** auf, deren Genprodukte, die **MHC I- und MHC II**-Moleküle, Antigene gegenüber T-Zellen präsentieren. Da MHC I und MHC II selbst immunogen wirken, trägt eine HLA-Inkompatibilität erheblich zur Abstoßung von transplantierten Organen bei. Aus diesem Grund werden seit langem Organspender und -empfänger bezüglich ihres HLA-Systems typisiert und nur dann eine Transplantation durchgeführt, wenn neben anderen Oberflächenantigenen, wie den Blutgruppenmerkmalen, auch die HLA-Typen optimal zueinander passen. Dies wurde in der Vergangenheit meist mittels FACS-Analyse durchgeführt (s. Kap. 18), in neuerer Zeit aber aufgrund der exakteren Ergebnisse fast nur noch mittels Genotypisierung.

27.1.5
Individuelle Variabilität im Genom: Pharmakogenomik

Bei der Arzneimittelverträglichkeit spielen insbesondere Aufnahme, Metabolisierung und Ausscheidung sowie die Spezifität für das Zielmolekül eine wesentliche Rolle. Bei der üblichen Bewertung eines Arzneimittels werden diese allgemein als **Pharmakodynamik** und **-kinetik** bezeichneten Parameter an einer limitierten Anzahl von Probanden bestimmt. Genetische Unterschiede zwischen Individuen können aber zu sehr großen Unterschieden in diesen Parametern führen. So kann eine verminderte Aktivität von Enzymen, die an der Metabolisierung oder Ausscheidung eines Medikamentes beteiligt sind, zu überhöhten Wirkkonzentrationen und zu unerwünschten Wirkungen, unter Umständen sogar mit Todesfolge, führen. Einige der wichtigsten an dem Abbau von Medikamenten beteiligten Enzymsysteme, wie die **Cytochrom P_{450}-Oxidasen**, sind sehr polymorph und führen zu starken interindividuellen Unterschieden im Abbau einer großen Anzahl von Medikamenten. Da diese Enzyme hauptsächlich in der Leber exprimiert werden, erfordert ihre Charakterisierung auf Proteinebene in der Regel entweder die Gabe von spezifisch metabolisierbaren Indikatormolekülen und die Quantifizierung der entstehenden Metabolite oder aber eine *In-vitro*-Untersuchung von Leberbiopsieproben. Da inzwischen die meisten häufigen und auch selteneren genetischen Varianten bekannt sind, die einen Einfluss auf die jeweilige Enzymaktivität haben, bietet sich eine Genotypisierung, die anhand einer kleinen Menge **genomischer DNA aus peripherem Vollblut** durchgeführt werden kann, als einfache und sehr zuverlässige Alternative an. Gerade vor dem Einsatz von Medikamenten, die eine geringe therapeutische Breite besitzen, sehr toxische Nebenwirkungen entfalten und relativ langsam abgebaut bzw. ausgeschieden werden, sollten die bekannten genetischen Varianten vor dem Therapiebeginn bestimmt werden. Hochrechnungen zeigen, dass sich dadurch viele Tausend therapiebedingte Todesfälle jährlich vermeiden ließen.

27.1.6
Individuelle Variabilität im Genom: Anfälligkeit für Infektionskrankheiten

Auch bei Infektionskrankheiten spielen genetische Variationen des Patienten eine wichtige Rolle: So benötigen die meisten Mikroorganismen spezifische zelluläre Rezeptoren, um in den Wirtsorganismus eindringen zu können. Auch für ihre Vermehrung und ihre Ausscheidung nutzen viele Krankheitserreger zelluläre Systeme des Wirtsorganismus, die wie die Rezeptoren genetische Variationen aufweisen können. Schließlich wird auch das angeborene und das adaptive Immunsystem genetisch determiniert, wie aus den schweren Folgen eines genetisch bedingten **Adenosin-Desaminase-Mangels**, dem schweren kombinierten **Immundefizienzsyndrom (SCID)** ersichtlich ist. Als Beispiel für den Einfluss eines genetischen Polymorphismus auf eine Infektionskrankheit kann die Δ32-Deletion im **CCR5-Gen** angeführt werden, das für einen Chemokin-Rezeptor codiert, der als Corezeptor für das humane Immundefizienz-Virus (HIV) dient. Individuen, die homozygot für die Deletion sind, haben ein signifikant verringertes Risiko, mit HIV infiziert zu werden. Diese Deletion führt zu einer Leserasterverschiebung der Codierung (*frameshift*) und so zu einer verkürzten und veränderten Aminosäuresequenz des C-Terminus des Chemokin-Rezeptors. Physiologische Veränderungen infolge dieser Mutation sind nicht bekannt. Künftig wird wahrscheinlich die genetische Dispositionsanalyse für Infektionskrankheiten an Bedeutung gewinnen, und es ist vorstellbar, dass auch eine individualisierte Therapie angeboten wird.

27.1.7
Virusdiagnose

Die klassische Virusdiagnostik beruht auf dem **Nachweis von Antikörpern**, die der Patient infolge der Infektion gegen das Virus bildet. Da die Plasmakonzentration der Antikörper nach erfolgter Immunantwort wesentlich höher ist als die des auslösenden Virus, ist diese Diagnostik vergleichsweise einfach und preiswert durchzuführen. Wesentliche Nachteile bestehen jedoch darin, dass zum einen nicht ohne weiteres zwischen einer frischen Infektion und einer Immunität nach einer früheren Infektion unterschieden werden kann, und dass zum anderen ein positiver Nachweis erst nach der Bildung von Antikörpern erfolgen kann und damit in der Regel erst 1–2 Wochen nach Beginn der Infektion. Bei manchen Viruserkrankungen ist diese „diagnostische Lücke" sogar noch wesentlich breiter. Eine erste Verbesserung war der direkte immunologische Nachweis von Viruspartikeln, der jedoch aufgrund der erforderlichen hohen Sensitivität nur für wenige Viruserkrankungen zur Verfügung steht.

Den diagnostischen Durchbruch lieferte schließlich die molekulargenetische Diagnostik, die nicht nur einen extrem empfindlichen Nachweis von viralen Nucleinsäuren (DNA oder RNA) mittels PCR bzw. RT-PCR ermöglicht, sondern auch eine Typisierung des Virus anhand einer anschließenden Sequenzierung der amplifizierten Genomabschnitte erlaubt. Zudem kann mittels quantitativer PCR (s. Kap. 13) auch die Anzahl von Virusgenomen im Plasma bestimmt werden. Der wahrscheinlich größte Vorteil der molekulargenetischen Diagnostik ist jedoch das Schließen der diagnostischen Lücke: Sobald die ersten Viruspartikel im Blut zirkulieren, sind sie auch schon mit einer sensitiven molekulargenetischen Diagnostik nachzuweisen. Dieser Vorteil ist insbesondere bei der Überprüfung von Blutspendern und Blutprodukten offensichtlich, da vor allem bei HIV- und Hepatitis C (HCV)-Infektionen die diagnostische Lücke besonders breit ist und in diese Lücke die virämische Phase mit einer extrem hohen Viruslast fällt. Um die insbesondere bei Blutprodukten, wie Gerinnungsfaktor VIII-Präparationen, nicht selten aufgetretenen schweren Virusinfektionen zu verringern, wird inzwischen bei Blutspendern eine molekulargenetische Untersuchung auf HIV und HCV zwingend gefordert. Ein weiteres Beispiel ist der in den USA inzwischen routinemäßig zur Prophylaxe des Cervixcarcinoms durchgeführte molekulargenetische Nachweis von humanen Papilloma-Viren (HPV). Diese Viren gelten als Risikofaktor für die Entstehung von Cervixcarcinomen, jedoch nur, wenn eine Infektion mit Hoch-Risiko-Typen vorliegt. Infektionen mit Niedrig-Risiko-HPV-Typen stellen dagegen kaum ein Risiko dar. Die Subtypen dieser Viren lassen sich leicht aufgrund ihrer Sequenzunterschiede differenzieren.

27.1.8
Mikrobielle Diagnose und Resistenzdiagnose

Auch in der Diagnostik von mikrobiellen Infektionen sind molekulargenetische Nachweismethoden ein essenzieller Bestandteil geworden, auf den kaum noch verzichtet werden kann. Hier stellen ebenfalls die höhere Sensitivität, die Möglichkeit der Unterscheidung von Subtypen der Erreger und vor allem die Schnelligkeit des Erregernachweises die größten Vorteile gegenüber den klassischen Verfahren dar, die auf der Anzucht der Erreger, der Typisierung und gegebenenfalls auf dem Nachweis der Sensitivität für bestimmte Antibiotika beruhen. Während früher z. B. die Anzucht von Mycobakterien aus dem Sputum von potenziellen Tuberkulosepatienten mehr als eine Woche gedauert hat und erst anschließend eine Typisierung erfolgen und ein Antibiogramm erstellt werden konnte, benötigt heute der direkte molekulargenetische Nachweis aus dem Untersuchungsmaterial nur wenige Stunden und liefert gleichzeitig eine genetische Typisierung, aus der sich mögliche Resistenzen gegen die eingesetzten Antibiotika ableiten lassen.

Diese kurze Übersicht gibt einen sehr knappen Einblick in die vielen Fragestellungen des medizinischen Alltags, für die DNA-Analysen von Interesse sind. Ob diese jedoch angewandt werden, hängt von einer Vielzahl von Faktoren ab. Wichtige Faktoren sind dabei die Kosten für die Untersuchung und die Relevanz der darauf basierenden medizinischen Diagnose. Beide Faktoren führen dazu, dass bis heute molekulargenetische Verfahren vor allem dort zur Anwendung kommen, wo keine alternativen Methoden zur Verfügung stehen, diese teurer oder zu langsam sind. Es ist jedoch zu erwarten, dass kostengünstige und schnelle Testverfahren, die einen hohen Probendurchsatz ermöglichen, bald ein fester Bestandteil in der Laboratoriumsdiagnostik werden und dadurch der relative Anteil der molekulargenetischen Analysen wesentlich zunimmt.

27.2
Welche molekularen Variationen müssen nachgewiesen werden?

Ziel der „Molekularen Diagnostik" ist der Nachweis genetischer Identitäten (Infektionsdiagnostik) oder molekulargenetischer Unterschiede, die zur Entstehung von Krankheiten führen bzw. führen können oder einen Einfluss auf den Krankheitsverlauf oder die Therapie haben. Sequenzvariationen können zum einen die Expressionsstärke des betroffenen Gens beeinflussen oder aber zu einem veränderten Genprodukt führen, das aufgrund einer unterschiedlichen Aminosäuresequenz typische Eigenschaften verliert (rezessive Erkrankungen, Tumorsuppressor-Gene) oder aber neue Eigenschaften gewinnt (Onkogene).

Genetische Veränderungen lassen sich nach Art und Funktion in verschiedene Gruppen einteilen. Die funktionelle Gliederung unterscheidet:

- Mutationen/Variationen in der codierenden Sequenz;
- Mutationen in regulatorischen Elementen, wie z. B. in Promotoren;
- Mutationen in Intronsequenzen können das RNA-Editing beeinflussen oder zu Spleißvarianten führen;
- Änderungen in der Expression sind auch möglich durch Änderung in der Kopienzahl des Gens (Deletion, Duplikation oder Amplifikation);
- Mutationen in *trans*-aktivierenden Faktoren (z. B. Transkriptionsfaktoren), die regulierend auf die Expression wirken;
- Rekombinationen zwischen verschiedenen Genen, die z. B. durch die Translokation von Chromosomenfragmenten verursacht werden können, kann zur Bildung von Fusionsproteinen führen, die häufig eine veränderte Aktivität oder Funktion besitzen.

Die strukturelle Einteilung beschreibt dagegen die möglichen Veränderungen auf Ebene der DNA, wie Punktmutationen, Insertionen und Deletionen, Nucleotidwiederholungen, Deletion oder Duplikation von ganzen Genen, Rekombination zwischen Genen auf gleichen oder unterschiedlichen Chromosomen (s. Kap. 4). Einige Beispiele dazu sind in Abb. 27.1 zusammengefasst.

27.2.1
Punktmutationen

Punktmutationen sind Änderungen eines Basenpaars in der genomischen DNA (Abb. 27.1 A). Diese können aus Mutationen einzelner Basen entstehen (s. Kap. 4). Entsteht z. B. aus Cytosin durch Desaminierung Uracil, kann bei der Korrektur der Fehlpaarung nicht nur die neue (falsche) Base ersetzt werden, sondern auch die alte (korrekte) Base. Auf diese Weise kann eine Neumutation fixiert werden. Auch Lesefehler bei der Replikation können zu Punktmutationen führen. Je nachdem ob dies zu einer Änderung der Aminosäuresequenz/Genexpression führt oder nur die DNA-Sequenz verändert wird, werden diese als funktionelle (signifikante) oder stumme Mutationen (*silent mutation*) bezeichnet. Befinden sich stumme Mutationen in einer regulatorischen Sequenz, können diese aber auch einen Einfluss auf die Expressionsstärke und so auf den Phänotyp haben. Die Häufigkeit, mit der Punktmutationen in den verschiedenen chromosomalen Regionen auftreten und welche Bedeutung sie im Einzelnen auf Krankheit und Gesundheit eines Menschen haben, ist noch weitgehend ungeklärt – außer für Mutationen mit einem eindeutigen Phänotyp. Um dieses Wissen dazu zu verbessern, werden derzeit genetische Variationen, die auf Punktmutationen beruhen, sog. SNPs (*single nucleotide polymorphisms*), in Ergänzung des bisherigen humanen Genomprojekts im großen Umfang gesammelt.

Veränderungen im Genom

  1. Änderungen einzelner Basen

Punktmutation	Insertion	Deletion

```
  1  2  3          1  2  3          1  2  3
ArgSerThr        ArgSerThr        ArgSerThr
‾‾‾‾‾‾‾‾‾        ‾‾‾‾‾‾‾‾‾        ‾‾‾‾‾‾‾‾‾
AGATTGACC        AGATTGACC        AGATTGACC
    ↓            |||| \\\\\       |||| ////
AGACTGACC        AGATGTGACC       AGATGACC
‾‾‾‾‾‾‾‾‾        ‾‾‾‾‾‾‾‾‾‾        ‾‾‾‾‾‾‾‾
ArgLeuThr        ArgCysAsp        ArgTer
  1  2  3          1  2  3          1  2  3
```

Abb. 27.1 Mutationen einzelner Nucleotide. Eine vorgegebene Nucleinsäuresequenz (oben) kann durch eine Mutation punktuell verändert werden und so eine veränderte Sequenz (unten) ergeben, die gegebenenfalls auch eine andere Proteinsequenz (angegeben im Dreibuchstaben-Code) bedingt. A. Beispiel einer Punktmutation, bei der eine einzelne Base durch eine andere, in diesem Fall T durch C, ersetzt wird. Wenn wie im gezeigten Fall die erste Position eines codierenden Tripletts betroffen ist, resultiert daraus immer ein Aminosäureaustausch; bei der zweiten Position eines Tripletts meist, bei der dritten Position jedoch nur selten. Wenn die Aminosäuresequenz des codierten Proteins betroffen ist, spricht man von einer „signifikanten" Mutation, ist dies nicht der Fall, von einer „stummen" Mutation. Der häufiger vorkommende und hier dargestellte Austausch eines Pyrimidins durch ein anderes Pyrimidin (T → C oder C → T) bzw. der eines Purins durch ein anderes Purin (A → G oder G → A) wird als „Transition" bezeichnet, der (seltenere) Austausch eines Purins durch ein Pyrimidin (A → T, A → C, G → T oder G → C) bzw. eines Pyrimidins durch ein Purin (T → A, T → G, C → A oder C → G) als „Transversion". B. Die Insertion eines einzelnen Nucleotids führt ebenfalls meist zu einer Änderung der entsprechenden Aminosäure, aber wie bei der Deletion eines einzelnen Nucleotids (C.) ist hier das wesentlich größere Problem, dass bei der gesamten folgenden Sequenz das Leseraster um eine Position verschoben ist und somit eine völlig andere Aminosäuresequenz in der Folge resultiert (Frameshift-Mutation). Dies ist auch der Fall, wenn gleichzeitig zwei Nucleotide insertiert oder deletiert werden (nicht gezeigt), während die Insertion oder Deletion von gleichzeitig drei Nucleotiden einfach nur der Insertion bzw. Deletion einer einzelnen Aminosäure in dem resultierenden Protein entspricht (nicht gezeigt). Bei der in C dargestellten Deletion führt die Mutation zur Entstehung eines Stopp-Codons (Ter) und damit zum vorzeitigen Abbruch der Aminosäuresequenz.

27.2.2
Insertionen und Deletionen

Durch das Einfügen (Insertion) oder dem Wegfall (Deletion) eines oder mehrerer Nucleotide können ebenfalls relativ kleine Veränderungen auf DNA-Ebene verursacht werden (Abb. 27.1 B, C). Solche Mutationen entstehen z. B. durch Fehler bei der Replikation der DNA, insbesondere im Bereich von kurzen Repeats (s. unten.). Befindet sich eine solche Mutation im Bereich einer codierenden Sequenz und entspricht nicht einem Vielfachen der Codonlänge (3 Nucleotide), so führt dies immer zu einer Veränderung der Proteinsequenz durch eine Verschiebung des Leserahmens (Frameshift-Mutation).

27.2.3
Nucleotidwiederholungen

Wiederholungen einfacher Sequenzmotive sind sehr oft Ursache für Lesefehler der DNA-Polymerasen bei der Replikation. Diese führen dann zu einer Verlängerung oder Verkürzung des DNA-Abschnitts, in dem sich diese Sequenzwiederholungen befinden (Abb. 27.2). Je nach Länge des Wiederholungsmotivs werden solche Nucleotid-Repeats als Dinucleotid-Repeat (2 Basen) oder als Trinucleotid-Repeat (3 Basen) bezeichnet. Änderungen in der Länge solcher Nucleotidwiederholungen sind auch ursächlich an der Ausbildung genetischer Erkrankungen beteiligt, wie z. B. der **Huntington-Chorea** oder der **Friedreich-Ataxie.**

Neben diesen einfachen Sequenzwiederholungen mit einem kurzen Nucleotidmotiv finden sich im Genom auch längere, wiederholt auftretende Sequenzmotive. Diese machen beim Menschen einen nicht unerheblichen Teil des gesamten Genoms aus, sind an unterschiedlichen Positionen im Genom eingefügt und liegen oft in stark variierender Kopienzahl vor. Die Häufigkeit von Variationen ist dabei für verschiedene Motive sehr unterschiedlich, sodass sich bestimmte Motive gut für die Unterscheidung von Bevölkerungsgruppen und gegebenenfalls auch Individuen eignen. In der Forensik wird diese Variabilität für das Erstellen von DNA-Fingerabdrücken genutzt.

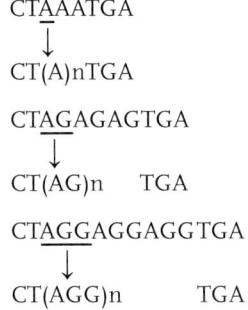

Veränderungen im Genom
2. Längenveränderungen von Nukleotid-Repeat-Regionen

CTAAATGA
↓
CT(A)nTGA

CTAGAGAGTGA
↓
CT(AG)n   TGA

CTAGGAGGAGGTGA
↓
CT(AGG)n   TGA

Abb. 27.2 Mutationen durch Repeat-Expansion oder -Verkürzung. Bei Wiederholungen eines einzelnen Nucleotids (A), eines Dinucleotidmotivs (B) oder eines Trinucleotidmotivs (C) kann es (glücklicherweise sehr selten) zu einer Veränderung der Anzahl der Repeats bei der Replikation kommen, entweder zu einer Verlängerung (Expansion) oder einer Verkürzung (Reduktion). Wie bei der Insertion (s. Abb. 27.1 C) resultiert daraus nicht nur in vielen Fällen eine Veränderung der betroffenen Aminosäure, sondern bei Mono- und Dinucleotiden immer dann eine Verschiebung des Leserasters (*frameshift*), wenn die Repeat-Länge um ein oder zwei Repeats verändert wird. Bei Trinucleotid-Repeats hat dagegen eine Expansion lediglich die Insertion weiterer, gleicher Aminosäuren in die resultierende Proteinsequenz zur Folge. Aber auch eine derartige Änderung kann schwerwiegende Folgen für die Funktion des codierten Proteins haben (s. Text).

27.2.4
Deletion oder Duplikation von Genen

Änderungen im Genom können auch den kompletten Wegfall oder die Vervielfältigung größerer Genomabschnitte betreffen (Abb. 27.3). Diese können sowohl bei der Replikation als auch durch Rekombination entstehen. Deletion auch von Teilen eines Gens führt in der Regel zu dessen Inaktivierung. Duplikation eines Gens kann zu einer Verstärkung der Genexpression führen und dadurch das Gleichgewicht zwischen kooperierenden oder konkurrierenden Genen stören. Mehrfache Kopien eines Gens werden als Amplifikation bezeichnet und wurden z. B. bei bestimmten, sehr schnell metabolisierenden Individuen für Cytochrom P_{450}-Gene (s. oben) und bei Tumoren für bestimmte Onkogene gefunden, wie *c-myc*.

Genduplikation

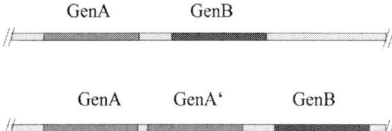

Abb. 27.3 Genduplikationen. In einigen wenigen Fällen kommt es in der Keimbahn zu Duplikationen ganzer Gene (z. B. bei Cytochrom-P_{450}-Genen). Eine Erhöhung der Kopienzahl hat meist auch eine verstärkte Expression und damit eine Anreicherung des codierten Proteins zur Folge. Wesentlich häufiger kommt diese Art der Mutation bei somatischen Mutationen im Zuge der zellulären Onkogenese vor (z. B. *c-myc*-Amplifikation). Das Gegenteil der Genduplikation stellt eine Gendeletion dar, die ebenfalls für eine Reihe von Genen beschrieben worden ist und im heterozygoten Zustand zu einer Verringerung der Menge des codierten Proteins und im homozygoten Zustand zu dessen vollständigem Verlust führt (nicht gezeigt). Auch partielle Genduplikationen und -deletionen sind möglich.

27.2.5
Rekombination zwischen Chromosomen

Eine weitere Möglichkeit der genetischen Veränderung ist die Übertragung von Genabschnitten zwischen verschiedenen Chromosomen. Diese Veränderungen spielen bei der Entstehung und Entwicklung bestimmter Krankheiten eine Rolle und können auch durch Chromosomenanalyse nachgewiesen werden. Ein bekanntes Beispiel ist hier die Bildung des Philadelphia-Chromosoms in der chronischen myeloischen Leukämie (CML) aus Teilen von Chromosom 9 und 22. In diesem Fall führt die Rekombination oft zur Bildung eines Fusionsproteins (bcr-abl), das nicht mehr reguliert werden kann, dauerhaft das Wachstum der Zellen stimuliert und dadurch eine Leukämie auslöst.

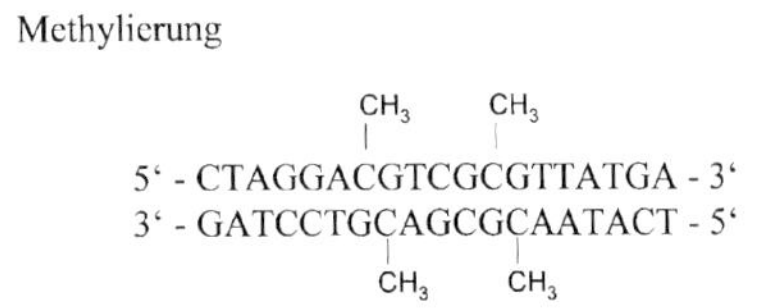

Methylierung

$$\begin{array}{c} CH_3 \quad\quad CH_3 \\ | \quad\quad\quad | \\ 5\text{`} - \text{CTAGGACGTCGCGTTATGA} - 3\text{`} \\ 3\text{`} - \text{GATCCTGCAGCGCAATACT} - 5\text{`} \\ | \quad\quad\quad | \\ CH_3 \quad\quad CH_3 \end{array}$$

Abb. 27.4 Epigenetik: DNA-Methylierung. Auch ohne eine Änderung der DNA-Sequenz kann die Genexpression durch eine Änderung des DNA-Methylierungsmusters wesentlich verändert werden. Derartige Veränderungen bedingen in der Keimbahn das Imprinting (maternal vererbte Genexpressionsmuster) und sind auf somatischer Ebene zu einem nicht unerheblichen Teil an der molekularen Onkogenese beteiligt.

27.2.6
Epigenetische Veränderungen

Neben Veränderungen der Sequenz hat auch die kovalente Modifikation der DNA infolge von Cytosinmethylierung (Abb. 27.4) einen Einfluss auf den Phänotyp (s. Kap. 2 und 4). DNA-Methylierung führt zu einer Verringerung der Transkription in den betroffenen genomischen Bereichen und vermittelt so epigenetische Phänomene, die maternal über das Methylierungsmuster der Oocyte vererbt werden. Auf somatischer Ebene sind Veränderungen der Methylierung an der Carcinogenese auf zellulärer Ebene beteiligt und werden in diesem Zusammenhang zu diagnostischen Zwecken analysiert.

27.3
Verfahren der Molekularen Diagnostik

Alle Verfahren der molekularen Diagnostik beruhen auf der Analyse von Nucleinsäuresequenzen. Je nach Fragestellung sind dafür sehr verschiedene Methoden geeignet. Welche Methoden genutzt werden, hängt dabei oft von der persönlichen Präferenz des Laborleiters ab, da es bisher nur wenige standardisierte Protokolle für die molekulare Diagnostik gibt.

Aus den oben beschriebenen Fragestellungen leiten sich folgende Ziele der molekulargenetischen Diagnostik ab:

- sensitiver und gegebenenfalls quantitativer Nachweis genomischer DNA oder RNA in der Virus- und mikrobiologischen Diagnostik;
- Bestimmung heterozygot oder homozygot vorliegender, bekannter Mutationen;
- Suche nach bislang unbekannten Mutationen in längeren Genabschnitten;
- Messung der Expressionsstärke über eine quantitative mRNA-Bestimmung.

Zur Realisierung dieser Ziele sind zunächst reproduzierbare und schonende Extraktionsmethoden für DNA und RNA aus Blut und anderen Materialien erforderlich, sodann Verfahren zur Amplifikation und Quantifizierung definierter Nucleinsäuresequenzen, zur präzisen Bestimmung von bekannten Mutationen und schließlich zur Suche nach neuen Mutationen. Die wichtigsten Methoden werden im Folgenden kurz beschrieben und anhand von Beispielen erläutert.

Alle beschriebene Methoden beruhen auf folgenden Grundlagen:

- sequenzspezifische Hybridisierung zwischen revers-komplementären Nucleineinsträngen;
- Neusynthese und Einbau von Nucleotiden durch Polymerasen (Sequenzierung, PCR);
- sequenzspezifische Spaltung von Nucleinsäuren durch Restriktionsenzyme;
- Schmelzpunktbestimmung und spezifische Spaltung von Fehlpaarungen;
- Bestimmung der Masse von Nucleinsäurefragmenten.

Diese Methoden werden auf verschiedene Weise mit Nachweisreaktionen, wie Gelelektrophorese, Fluoreszenzmessung oder Enzymreaktionen mit dem Ziel kombiniert, möglichst vollständig automatisiert und kostengünstig die oben beschriebenen Veränderungen zu erfassen.

27.3.1
DNA/RNA-Aufreinigung

Für alle Verfahren steht an erster Stelle die Aufreinigung der Nucleinsäuren aus dem Probenmaterial (s. Kap. 9). Für die DNA-Analyse steht eine Reihe von guten Methoden zur Verfügung, die meist darauf beruhen, dass zunächst die Zellen oder Gewebestücke mechanisch zerkleinert werden, Membranen solubilisiert und Zelltrümmer abgetrennt werden. Es folgt eine Trennung von Nucleinsäuren und Proteinen und gegebenenfalls ein weiterer Reinigungsschritt. Die größere Instabilität von mRNA, ihre schnelle Degradierung durch RNAsen und chemische Hydrolyse, machen es erforderlich, optimierte Methoden zur Aufreinigung intakter RNA zu nutzen. Für beide Aufgaben stehen sehr zuverlässige affinitätschromatographische Verfahren von verschiedenen Herstellern zur Verfügung, die fast alle auch vollständig automatisiert durchgeführt werden können (s. Kap. 9).

27.3.2
Bestimmung bekannter Sequenzvariationen

27.3.2.1 Direkter Längenpolymorphismus
Zur Bestimmung eines Längenpolymorphismus muss lediglich der betroffene Genbereich bis über die Nachweisgrenze der anschließenden Detektionsmethode amplifiziert werden. Dies geschieht am besten mittels der Polymerase-Kettenreaktion (PCR) (s. Kap. 13) unter Verwendung von spezifischen flankierenden Primern. Der Nachweis unterschiedlich langer Amplifikationsprodukte erfolgt am einfachsten mittels Gelelektrophorese (Abb. 27.5).

Abb. 27.5 PCR-Nachweis eines direkten Längenpolymorphismus. Vor allem längere Insertionen und Deletionen lassen sich leicht mittels PCR durch die Amplifikation des entsprechenden Genabschnitts nachweisen. Die resultierenden unterschiedlich langen Amplifikate lassen sich meist leicht anhand ihres unterschiedlichen Laufverhaltens mittels Gelelektrophorese unterscheiden.

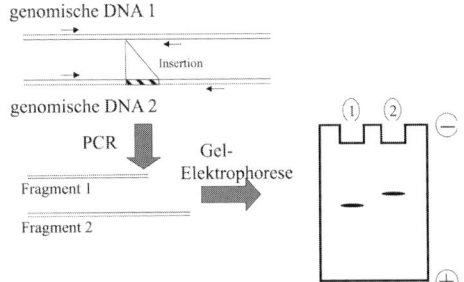

Direkter Längenpolymorphismus

27.3.2.2 **RFLP**

Restriktionsenzyme erkennen kurze spezifische Sequenzen, meist Palindrome, und spalten dort den DNA-Doppelstrang (s. Kap. 12). Natürliche Mutationen können derartige Erkennungssequenzen verändern. In diesem Fall lassen sich Mutationen als Änderungen des resultierenden Fragmentmusters (Restriktionsfragment-Längenpolymorphismen, RFLPs) nachweisen. Zunächst wird der betroffene Genabschnitt mittels PCR amplifiziert. Das PCR-Produkt wird mit dem entsprechenden Restriktionsenzym verdaut und anschließend mittels Gelelektrophorese analysiert. Wird das Fragment durch das Restriktionsenzym geschnitten, entstehen kleinere Fragmente; ist die Schnittstelle mutiert, können diese nicht nach-

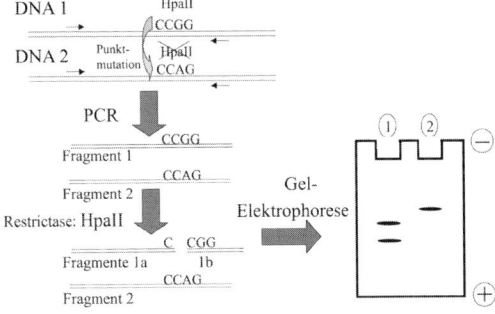

Restriktionsfragment-Längenpolymorphismus (RFLP)

Abb. 27.6 Restriktionsfragment-Längenpolymorphismus (RFLP). Punktmutationen lassen sich immer dann leicht durch einen Restriktionsverdau nachweisen, wenn durch die Mutation eine vorhandene Restriktionsenzym-Erkennungssequenz zerstört oder eine neue geschaffen wird. Der betroffene Bereich wird mittels PCR amplifiziert und die PCR-Produkte mit dem entsprechenden Restriktionsenzym verdaut. Die Mutation kann nach einer Gelelektrophorese leicht an dem veränderten Bandenmuster (Aufspaltung eines DNA-Fragments in kleinere Fragmente) erkannt werden. Bei Heterozygoten sind sowohl das ungespaltene Fragment als auch die Spaltprodukte gleichzeitig zu erkennen. Somit ist auch eine Unterscheidung zwischen heterozygoten und homozygoten Mutationen leicht möglich. Aufgrund der extrem hohen Diskriminierungsfähigkeit von Restriktionsenzymen gilt die RFLP-Analyse als eine sehr sichere und robuste Nachweismethode.

gewiesen werden (Abb. 27.6). Auf analoge Weise können auch Mutationen nach-gewiesen werden, die zur Entstehung einer neuen Restriktionsschnittstelle führen.

27.3.2.3 ACRS

Sofern eine Mutation weder eine Restriktionsschnittstelle zerstört, noch eine neue schafft, kann auf eine Variante der RFLP-Analyse zurückgegriffen werden, bei der Mutationen durch die künstliche Generierung einer Erkennungssequenz nach-gewiesen werden (*amplification-created restriction sites*, ACRS). Mithilfe eines PCR-Primers, der direkt neben der mutierten Stelle bindet, wird in dem PCR-Amplifi-kat eine Restriktionsschnittstelle eingeführt, die entweder durch die Mutation komplettiert oder aber zerstört wird. Der anschließende Nachweis erfolgt in Ana-logie zur klassischen RFLP-Analyse (Abb. 27.7).

27.3.2.4 ARMS

Für den direkten Nachweis von Fehlpaarungen ohne Restriktionsverdau kann ei-ner der PCR-Primer so gewählt werden, dass das 3′-Ende mit der Mutation zu-sammenfällt. Nur wenn die Sequenz der Target-DNA mit der Primer-Sequenz übereinstimmt, entsteht ein PCR-Fragment, das nachgewiesen werden kann. Als Kontrolle wird in der Regel eine weitere PCR-Analyse durchgeführt, bei der der entsprechende Primer die mutierte Sequenz enthält und so ein komplementäres Ergebnis liefert. Diese Methode basiert auf allelspezifischen Primern und wird auch als *amplification refractory mutation system* (ARMS) bezeichnet.

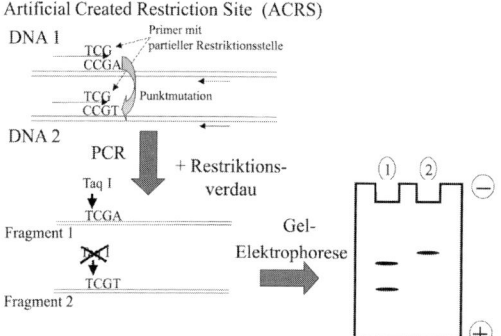

Abb. 27.7 *Amplification-Created Restriction Sites* (ACRS). Sofern eine nachzuweisende Mu-tation keine Restriktionsenzym-Erkennungs-sequenz zerstört oder erschafft, kann durch eine Primer-bedingte Mutagenese die Umge-bung der Punktmutation so verändert werden, dass in den resultierenden PCR-Produkten ei-ne von der Mutation abhängige Restriktions-enzym-Erkennungssequenz geschaffen wird. Der Nachweis der Mutation erfolgt anschlie-ßend wie bei einem RFLP nach Restriktions-verdau anhand des veränderten Restriktions-musters in der Gelelektrophorese.

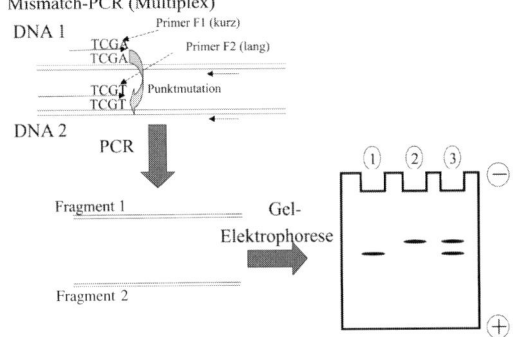

Mismatch-PCR (Multiplex)

Abb. 27.8 *Amplification Refractory Mutation System* (ARMS). Ähnlich wie bei der Ligase-Kettenreaktion (27.3.2.7) kann auch bei der PCR-Analyse der negative Einfluss einer Basenfehlpaarung auf die Effizienz der Elongation ausgenutzt werden, um die zwei Allele voneinander zu unterscheiden. Hierbei werden jeweils zwei alternative Primer angeboten, die an ihrem 3′-Ende entweder nur der Wildtyp-Sequenz oder nur der mutierten Sequenz entsprechen und entweder in zwei unabhängigen PCR-Reaktionen eingesetzt werden oder aber sich in ihrer Länge unterscheiden und gleichzeitig in einer PCR mit drei Primern verwendet werden. Im letzteren Fall, der hier dargestellt ist, führt die Mutation zum Einbau eines längeren Primers und kann daher in einer nachfolgenden Gelelektrophorese aufgrund der langsameren Migration der längeren PCR-Produkte direkt nachgewiesen werden.

27.3.2.5 **MS-PCR**
Die MS-PCR (*mutationally separated* **PCR**) stellt eine Variante der ARMS-Analyse dar, bei der Wildtyp-Primer und der mutierte Primer eine unterschiedliche Länge besitzen. Beide Primer werden in einer Reaktion mit dem gleichen Gegen-Primer kombiniert und erlauben eine einfache Unterscheidung der Wildtyp- und der mutierten Sequenz durch direkten Nachweis der Längenheterogenität mittels Gelelektrophorese (Abb. 27.8).

27.3.2.6 **Allelspezifische Hybridisierung**
Verschiedene Sequenzen können auch durch selektive Hybridisierung nachgewiesen werden. Bei der allelspezifischen Hybridisierung werden unterschiedlich fluoreszenzmarkierte allelspezifische Primer in einer PCR genutzt und die Produkte durch anschließende Hybridisierung mit Sonden für jeweils ein Allel nachgewiesen (Abb. 27.9). Aus dem Verhältnis der beiden Signale kann dann das Verhältnis zwischen beiden Allelen in der Probe ermittelt werden. Diese Art der Analyse kann auch mit miniaturisierten Sonden-Arrays (Mikrospots/DNA-Chips) durchgeführt werden (s. unten).

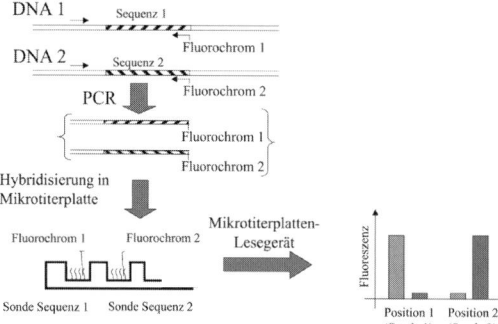

Abb. 27.9 Allelspezifische Hybridisierung. Auch bei diesem Nachweisverfahren wird der Einfluss von Basenfehlpaarungen (*mismatches*) auf die Stabilität von DNA-Hybriden genutzt, um nach PCR-Amplifikation des betroffenen Genabschnitts und Immobilisation des Amplifikats an einer Festphase (z. B. Mikrotiterplatte) die mutierte DNA-Sequenz von der Wildtyp-Sequenz zu unterscheiden. Dabei werden zwei Oligonucleotide eingesetzt, die zum einen der Wildtyp- und zum anderen der mutierten Sequenz entsprechen. Werden die Oligonucleotide unter stringenten Bedingungen an die immobilisierten Amplifikate hybridisiert, so bindet das ideal passende Oligonucleotid wesentlich besser als das mutierte. Der Nachweis der Bindung der beiden Oligonucleotide erfolgt entweder in zwei verschiedenen Reaktionsgefäßen oder aber gemeinsam in einer Reaktion, wenn beide unterschiedlich markiert sind (z. B. mit zwei verschiedenen Fluorophoren). Die relative Signalstärke dient als Indikator für die Wildtyp-Sequenz oder homozygote Mutanten. Heterozygote zeigen eine gleich starke Bindung beider Oligonucleotide.

27.3.2.7 LCR

Auch Ligationsreaktionen können genutzt werden, um Mutationen nachzuweisen (*ligase chain reaction*, LCR). Nur wenn beide Linker an der Verknüpfungsstelle genau passen, kommt es zur Bildung des Ligationsprodukts. Durch Wiederholung der Reaktion ist eine Amplifizierung möglich. Die Fragmente können anschließend auf verschiedene Weise nachgewiesen werden z. B. auch mithilfe von Sonden-Mikroarrays (Abb. 27.10).

27.3.2.8 Minisequenzierung

Minisequenzierung bezeichnet ein Verfahren, bei dem in der Regel nur ein oder sehr wenige Nucleotide mithilfe einer Sequenzreaktion an einem Primer eingefügt werden. Durch Fluoreszenzmarkierung des einzubauenden Nucleotids kann sofort die Base abgelesen werden, die in der Probe auf die Primer-Sequenz folgt (Abb. 27.11).

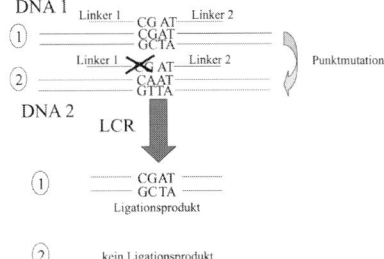

Ligase Chain Reaction (LCR)

an die genomische DNA-Matrize angelagerten Oligonucleotide sterisch stört. Da die Verhinderung der Ligation meist nicht vollständig ist, sollten jeweils in einer komplementären Reaktion vier Oligonucleotide angeboten werden, die ideal an die mutierte DNA-Sequenz binden können und so eine zusätzliche Positivkontrolle für die Mutation ergeben. Das Verfahren eignet sich gut für Fluoreszenzresonanz-Energietransfer-gestützte (*fluorescence resonance energy transfer*, FRET) Nachweisverfahren.

Abb. 27.10 Ligase-Kettenreaktion (LCR). In Analogie zur PCR kann eine Punktmutation auch durch eine *Ligation Chain Reaction* (LCR) nachgewiesen werden, wenn vier phosphorylierte DNA-Oligonucleotide gemeinsam mit einer thermostabilen Ligase und ATP in einer zyklischen Wiederholung aus Annealing/Ligation und Denaturierung mit der genomischen DNA inkubiert werden. Dabei müssen die Oligonucleotide (Linker 1 bis 4) so gewählt werden, dass die Mutation sich genau an der Ligationsstelle befindet und eine Ligation der

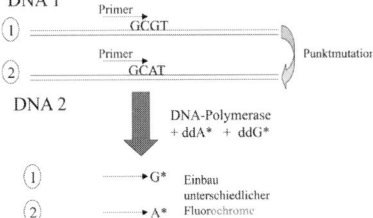

Minisequenzierung

Abb. 27.11 Minisequenzierung und Pyrosequenzierung. Wird in einer Sequenzreaktion anstelle von einem Gemisch aus dNTP und fluoreszenzmarkiertem ddNTP lediglich ddNTP angeboten und der Sequenzier-Primer direkt vor die von einer Punktmutation betroffenen Position gelegt, so führt eine Sequenzreaktion in Abhängigkeit von der Mutation zum Einbau von unterschiedlichen und an ihren Fluorochromen unterscheidbaren ddNTPs. Anstelle einer elektrophoretischen Trennung der Sequenzprodukte kann der Nachweis des

inkorporierten Fluorochroms direkt geführt werden. Die Pyrosequenzierung stellt eine Spezialform der Minisequenzierung dar, bei der in unterschiedlichen Reaktionen jeweils nur ein dNTP angeboten wird und der Einbau anhand des abgespaltenen Pyrophosphats durch eine nachfolgende Lumineszenzreaktion nachgewiesen wird. Im Gegensatz zur Minisequenzierung braucht hierbei das Template zuvor nicht amplifiziert zu werden, wodurch eine direkte Untersuchung genomischer DNA ermöglicht wird.

27.3.2.9 **Pyrosequenzierung**

Eine Variation der Minisequenzierung ist die **Pyrosequenzierung**. Anstatt fluoreszenzmarkierter Nucleotide wird hier die Entstehung von Pyrophosphat gemessen, das beim Einbau eines Nucleotids freigesetzt wird. Wird jeweils nur ein Nucleotid angeboten, gibt es nur ein Signal, wenn das passende Nucleotid in der Reaktion vorhanden war. Die Intensität des Signals ist proportional zur umgesetzten Menge und ermöglicht so auch festzustellen, wie viele gleiche Nucleotide hintereinander in der Sequenz folgen.

27.3.2.10 **Quantitative PCR**

Die zurzeit vielleicht wichtigste Methode der Molekularen Diagnostik ist die quantitative PCR (s. auch Kap. 13). Eine Anwendung ist die sequenzspezifische Analyse von DNA-Fragmenten und deren relative Häufigkeit. Dadurch können Mutationen, allelspezifische Mutationen, aber auch Genduplikationen und Deletionen nachgewiesen werden. Quantitative PCR ist auch für den sensitiven Nachweis von Viren, pathogenen Mikroorganismen und deren Resistenzen geeignet. In der Abwandlung als quantitative RT-PCR zum Nachweis von mRNAs wird quantitative PCR auch für die Analyse der Expression von Genen und für auf DNA-Ebene nicht leicht erfassbare Änderungen wie der Bildung von Spleißvarianten und der Expression von Fusionsproteinen genutzt.

Wie bei einer Standard-PCR werden bei der quantitativen PCR zwei sequenzspezifische Primer für die Amplifikation einer dadurch definierten Zielsequenz genutzt. Der Nachweis der Amplifikation erfolgt aber nicht durch eine Analyse des Endprodukts. Vielmehr werden fluoreszierende Reagenzien genutzt, die es ermöglichen, die Zunahme der Amplifikation in jedem Zyklus der PCR durch Online-Fluoreszenzmessung zu bestimmen. Eine Quantifizierung ist durch Bestimmung des Beginns der Amplifikation im Vergleich mit Referenzproben möglich. Da jedoch die Fragmentgröße nicht direkt erfasst werden kann, werden verschiedene Strategien genutzt, um die Spezifität des Signals zu bestätigen.

Eine Möglichkeit ist die Zugabe von **doppelstrangspezifischen fluoreszierenden Farbstoffen**, wie z. B. CybrGreen® (Molecular Probes). Da dadurch aber alle doppelsträngigen DNA-Fragmente erfasst werden und diese auch durch unspezifische Amplifikation entstehen können, ist eine Überprüfung der Fragmentgröße durch eine abschließende Bestimmung des Schmelzpunkts erforderlich. Dieser kann durch Aufzeichnen einer Schmelzkurve im gleichen Gerät ermittelt werden und ist charakteristisch für die Länge und den GC-Gehalt der doppelsträngigen DNA-Fragmente. Nur wenn der Schmelzpunkt für alle Proben gleich ist, kann der Beginn der Amplifikation für die Quantifizierung genutzt werden.

Eine andere Möglichkeit besteht darin, eine **interne sequenzspezifische Sonde** zu nutzen. Dieses zusätzliche „dritte" Oligonucleotid ermöglicht es, nur dann ein Signal zu messen, wenn die richtige Sequenz zwischen den beiden Primern amplifiziert wird. Es gibt eine ganze Reihe verschiedener Möglichkeiten für das Design dieses „dritten" Oligonucleotids. Eine Möglichkeit ist das **„TaqMan"-Design**. Hierbei handelt es sich um ein kurzes Oligonucleotid, an dessen Enden ein Fluoreszenzfarbstoff und ein Quencher kovalent gebunden sind. Ist die TaqMan-Probe intakt, kann keine Fluoreszenz nachgewiesen werden, da die absorbierte Energie des Fluorochroms infolge eines strahlenlosen **Energietranfers (FRET)** vom Quencher aufgenommen wird (s. Kap. 22). Das Oligonucleotid ist weiter so modifiziert, dass es selbst nicht als Primer fungieren kann, aber von 5′ nach 3′ durch die Exonucleaseaktivität der Taq-DNA-Polymerase abgebaut werden kann. Dies erfolgt nur, wenn die Polymerase 5′ von der TaqMan-Probe an einen Primer gebunden hat und von dort aus einen neuen DNA-Strang synthetisiert. Durch den Abbau der TaqMan-Probe werden Fluoreszenzfarbstoff und Quencher freigesetzt. Der Fluoreszenztransfer zwischen beiden kann nicht mehr stattfinden und die Fluoreszenz des freien Farbstoffs kann nachgewiesen werden. Wie oben führt die sequenzspezifische Amplifikation zu einer Erhöhung des Fluoreszenzsignals. Der Anstieg des Signals kann wieder für die Quantifizierung genutzt werden. Im Unterschied zu doppelstrangspezifischen Fluoreszenzfarbstoffen ist das Signal der TaqMan-Probe sequenzabhängig und eine weitere Bestimmung der Spezifität ist in der Regel nicht erforderlich. Durch die Verwendung mehrerer Sonden, die mit unterschiedlichen Fluorochromen markiert sind, ist es möglich, in einer Reaktion mehrere Amplifikationen zu messen und damit eine quantitative Bestimmung verschiedener Sequenzen gleichzeitig durchzuführen (Multiplexing).

27.3.2.11 Chip-Technologie

Mikroarrays oder populär ausgedrückt **Gen-Chips** sind in der Regel miniaturisierte Analysesysteme, in denen eine größere Zahl von Sonden in einem Schachbrettmuster im „Array-Format" angeordnet sind. In der Regel werden nur Sonden gleichen Typs z. B. Nucleinsäuren (DNA-Chip) oder Antikörper (Protein- oder Antikörper-Chip) zu einem Array zusammengefasst. Im Laboralltag von Forschungslabors haben Arrays heute bereits einen festen Platz und es scheint nur eine Frage der Zeit, dass ein großer Anteil der Molekularen Diagnostik mithilfe von Chip-Analysen durchgeführt wird.

Chip-Analysen eignen sich besonders für folgende Anwendungen:

- **Nachweis der Expression einer großen Zahl von Genen (Expressionsmuster)**
  Anstatt die Expression einzelner, krankheitsrelevanter Gene zu analysieren, wird die Expression einer Vielzahl von Genen gleichzeitig erfasst und das Muster der relativen Expression zur Klassifizierung der Erkrankung genutzt. Dies ermöglicht eine bessere Klassifizierung von Tumoren und die Erfassung individueller Unterschiede. Dadurch kann die Auswahl und Planung der Therapie für jeden einzelnen Patienten verbessert werden.
- **Nachweis von Mutationen, genomischer Deletionen und Amplifikationen**
  Bereits verfügbar sind Mikroarray-Analysen für den Nachweis von Mutationen (SNPs) in verschiedenen Genen. Diese werden genutzt, um potenzielle Risiken für das Auftreten bestimmter Erkrankungen oder Nebenwirkungen von Therapien vorherzusagen. Noch in der Entwicklung befinden sich Mikroarrays für vergleichende genomische Hybridisierung. Diese als Array-CGH bezeichne-

ten Methoden versprechen als schnelle und kostengünstigere Alternative etablierte Methoden der Genomanalyse in der Diagnostik zu ersetzen.

- **Nachweis von Proteinen und Proteinmodifikationen**
  In vielen Fällen ist es wichtig, Proteine oder deren Veränderungen in Patientenproben nachzuweisen. Dies ist z. B. mithilfe von Mikroarrays möglich, auf denen als Sonden Antikörper aufgebracht sind, die hochspezifisch die jeweiligen Proteine mit oder ohne sekundäre Veränderung erkennen. Eine besondere Anwendung ist auch der Nachweis von Antikörpern im Serum des Patienten, die an immobilisierte Antigene auf einem Mikroarray binden, z. B. für den Nachweis von Antikörpern gegen bekannte Allergene.

- **Nachweis und Subtypisierung von Mikroorganismen und Antibiotikaresistenzen**
  Eine sehr wichtige Anwendung von Mikroarrays für die Nucleinsäureanalyse sind DNA-Chips für den Nachweis von Mikroorganismen und Viren. Die Möglichkeit, viele DNA-Sequenzen gleichzeitig in einem Experiment zu analysieren, ermöglicht es nicht nur, Mikroorganismen nachzuweisen, sondern diese auch bestimmten Subtypen mit unterschiedlicher Krankheitsrelevanz zuzuordnen, und – für den klinischen Alltag immer wichtiger – mit zu bestimmen, ob mit Resistenzen gegen Antibiotika zu rechnen ist.

27.3.2.12 Aufbau und Herstellung von Mikroarrays

Wie bereits oben erwähnt, können Mikroarrays oder Biochips für den Nachweis von Nucleinsäuren oder für den Nachweis von Proteinen hergestellt werden. In einem Fall werden Nucleinsäuren, in der Regel DNA, als immobilisierte Sonden verwendet, im anderen Fall sind es Proteine oder Antikörper. Neben der Unterscheidung nach Art der Sonde wird auch nach Art der Herstellung unterschieden. In einem Fall werden fertige Sonden durch Ablage im Array-Format zur Herstellung eines Arrays genutzt (*spotting*), im anderen Fall werden Nucleinsäuren oder Peptide durch *In-situ*-Synthese mit unterschiedlichen Sequenzen an festen Positionen des Arrays synthetisiert. In jedem Fall gibt die Position im Array (x, y) genaue Auskunft über die Eigenschaft der dort vorhandenen Sonde, die immer nur ein bestimmtes Target-Molekül analysiert. Das Signal an einer bestimmten Position eines Arrays reflektiert daher genau, welches Molekül in welcher Menge in der zu analysierenden Probe vorhanden ist. Dies kann dann in Relation zu den anderen Signalen auf dem Array für eine qualitative und quantitative Analyse genutzt werden.

Als Beispiel für Mikroarrays sind hier Arrays gezeigt, die sich im Boden eines Reaktionsgefäßes befinden (Array-Tube®, ClondiagCT GmbH, Jena). Bei diesen Arrays erfolgt die Detektion über die spezifische Ablagerung eines Farbstoffs (Abb. 27.12 und 13).

In vielen anderen Mikroarray-Systemen werden für die Detektion Fluoreszenzfarbstoffe verwendet, die mit speziellen hochauflösenden Fluoreszenzlesegeräten ausgewertet werden. Durch Einsatz verschiedener Fluoreszenzfarbstoffe können verschiedene Proben mit unterschiedlichen Fluoreszenzen markiert werden. Durch kompetitive Hybridisierung zweier unterschiedlich markierter Proben kann

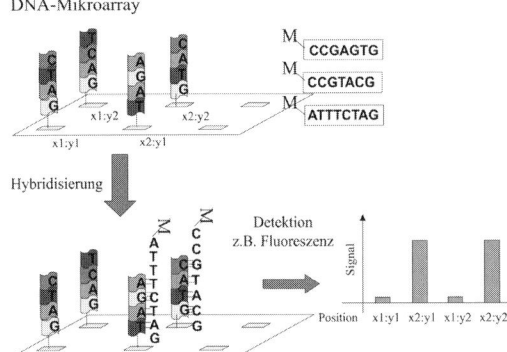

Abb. 27.12 DNA-Mikroarrays: Prinzip. Eine Weiterentwicklung der allelspezifischen Hybridisierung stellen DNA-Mikroarrays dar. Hierbei werden jedoch nicht die DNA-Amplifikate immobilisiert, sondern die allelspezifischen Sonden. Die DNA-Amplifikate werden in der Regel fluoreszenzmarkiert und mit den Sonden hybridisiert. Bei einer perfekten Übereinstimmung der Sequenz erfolgt eine starke Bindung und damit ein starkes Fluoreszenzsignal, bei einer mutationsbedingten partiellen Übereinstimmung eine schwache Bindung und entsprechend ein schwaches Fluoreszenzsignal. Der große Vorteil der Mikroarrays liegt darin, dass parallel eine große Anzahl von verschiedenen Sequenzabschnitten mittels Hybridisierung analysiert werden können. Auf diese Weise können im Prinzip größere Sequenzabschnitte sogar auf die Anwesenheit von unbekannten Mutationen überprüft werden. Eine alternative Anwendung von DNA-Mikroarrays stellt die Expressionsanalyse dar. Diese Anwendung basiert darauf, dass die Signalstärke auch von der Menge an fluoreszenzmarkierter DNA abhängt. Wird z. B. mRNA von unterschiedlichen Zellpräparationen gleicher Abstammung in fluoreszenzmarkierte cDNA transkribiert und an ein DNA-Mikroarray hybridisiert, so entspricht die Signalstärke jedes Spots der relativen Expressionsstärke einer mRNA. Auf diese Weise lässt sich z. B. die Induktion oder Reduktion der Expression bestimmter Gene infolge von äußeren Einflüssen bestimmen.

dadurch das relative Verhältnis von Molekülen in den beiden Proben nachgewiesen werden. Diese Möglichkeit wird oft in Forschungslabors genutzt, da sie sich auch für experimentelle Mikroarrays mit geringer Standardisierung eignet.

27.3.2.13 Bestimmung unbekannter Mutationen

Obwohl schon sehr viele Mutationen im Genom mit medizinischer Bedeutung bekannt sind, befinden wir uns noch immer am Anfang einer Entwicklung, die versucht, molekulare Ursachen für die Entstehung von Krankheiten und für die Vorhersage des Erfolgs einer Therapie zu finden. Eine wichtige Aufgabe der Molekularen Diagnostik ist es daher, noch **nicht bekannte Änderungen im Genom zu identifizieren**. Im Wesentlichen eignen sich zwei Strategien, um neue Mutationen zu identifizieren: Zum einen die **direkte Sequenzierung** aller relevanten Genabschnitte, und zum anderen die initiale Suche nach Mutationen mit kostengünstigen Methoden, die allerdings lediglich die Anwesenheit von Mutationen anzei-

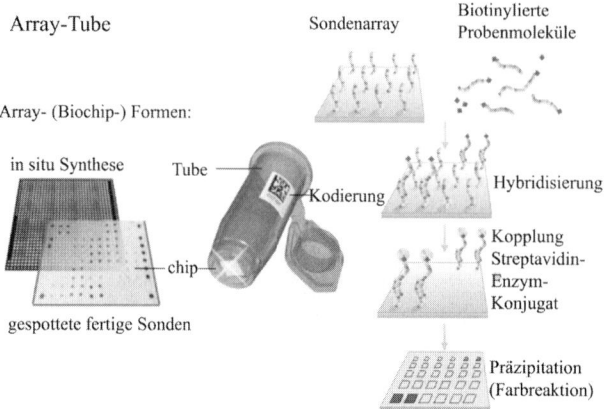

Abb. 27.13 DNA-Mikroarrays: Praktische Umsetzung.

gen können, ohne deren molekulare Identität anzugeben, gefolgt von einer DNA-Sequenzierung lediglich der im Screening-Assay auffälligen PCR-Produkte. Die am weitesten verbreitete Methode zum Screenen großer Genbereiche auf Mutationen ist die SSCP (*single strand conformation polymorphism*). Seit einigen Jahren gewinnt zudem die dHPLC zunehmend an Bedeutung (WAVE-System). Weitere Methoden, wie Heteroduplexanalysen, Temperaturgradienten- und Denaturierungsgradienten-Gelelektrophorese, spielen zahlenmäßig bei der Suche nach neuen Mutationen nur eine untergeordnete Rolle.

In der molekularen Diagnose kann eine gezielte **Sequenzierung** nur erfolgen, wenn durch andere Methoden, wie z. B. einer Kopplungsanalyse, der Bereich, in dem Mutationen zu erwarten sind, vorher eingeschränkt werden konnte. Dieser Bereich wird dann durch PCR aus genomischer DNA oder aus cDNA (mRNA) angereichert und anschließend mit etablierten Methoden der DNA-Sequenzierung (s. Kap. 14) analysiert. Mutationen werden dann durch Sequenzvergleich mit homologen Sequenzen in Datenbanken identifiziert.

Ist die Region (das Gen), in dem eine Mutation auftreten soll, bekannt, kann durch **Heteroduplex-Analyse** festgestellt werden, ob Mutationen gegenüber einer Referenzsequenz auftreten oder ob in zwei Proben für die gleiche Region unterschiedliche Sequenzen vorliegen. Bei der Heteroduplex-Analyse wird ausgenutzt, dass Fehlpaarungen (*mismatch*) zwischen zwei Nucleinsäuren durch verschiedene Enzyme erkannt werden und/oder dass Fehlpaarungen zu unterschiedlichen biophysikalischen Eigenschaften der Nucleinsäure-Doppelstränge führen, die z. B. durch spezielle Gelelektrophoresetechniken differenziert werden können.

27.4
Ausblick

Über die Frage, welche Methoden in Zukunft die Labordiagnostik dominieren werden, gibt es sehr unterschiedliche Auffassungen. Derzeit wird angestrebt, immer größere integrierte Systeme einzusetzen und dabei möglichst alle Messungen in Lösung parallel und schnell durchzuführen. Der andere Weg der Labordiagnostik erfolgt patientennah im Sinne einer Online-Überwachung, die kontinuierlich Parameter aufzeichnet, wie dies heute schon bei einem Dauer-EKG oder bei der Messung der Sauerstoffsättigung (spektroskopische Messung über das Nagelbett) geschieht.

Besonders auf dem Gebiet der Molekularen Diagnostik geht die Entwicklung mit hoher Geschwindigkeit voran. Wie sich diese langfristig auf die Stellung einer medizinischen Diagnose auswirken wird, ist dabei nur schwer abzuschätzen. Als sicher gilt, dass sich – mit Ausnahme für die Beantwortung hochspezifischer diagnostischer Fragestellungen, die nur selten abgefragt werden – nur Methoden in der Diagnostik durchsetzen werden, die mit einer hohen Zuverlässigkeit und geringem Aufwand automatisiert durchführbar sind. Dies sind vor allem PCR-basierende Methoden und miniaturisierte Chips oder ähnliche Verfahren. Die für den Einsatz in der klinischen Diagnose erforderliche sehr hohe Zuverlässigkeit der Analysen wird sicher langfristig zu einer großen Anwendung von Mikroarray-basierenden Lösungen führen. Diese scheinen die Lösung für die Zukunft zu sein, da sie leicht mit einer ebenfalls miniaturisierten Peripherie ausgestattet werden können, die von der Probenaufarbeitung bis zur Detektion alle Arbeitsschritte umfassen kann und so eine hohe – laborunabhängige – Qualität der Analysen ermöglichen wird. Es ist zu erwarten, dass optimierte Standardverfahren für integrierte *„lab on the chip"*-Lösungen sich fast jeder Fragestellung der Molekularen Diagnostik anpassen lassen. Die sich daraus ableitende Optimierung der Produktion sollte auch die Kosten für die Analysen in einem begrenzten Rahmen halten und bezogen auf die Zahl der Analysen sogar zu einer Kostensenkung führen.

28
Rekombinante Antikörper und Phagen-Display

Rekombinante Antikörper sind insbesondere bei der Entwicklung von proteinogenen Therapeutika unverzichtbar geworden. Durch Methoden zur *In-vitro*-Selektion, also zur Gewinnung spezifischer Binder außerhalb und unabhängig von einem lebenden Immunsystem, ist es gelungen, eine Vielzahl klinisch nutzbarer Antikörper herzustellen. Die wichtigste und robusteste Methode ist dabei das Phagen-Display, welches auf der Selektion von Antikörpergenen mithilfe der codierten Antigenbindungsfunktion beruht. Die Fusion an andere Proteine/Proteindomänen verleiht rekombinanten Antikörpern neue Eigenschaften, welche die Natur nicht bereitzustellen vermag. Durch die Produktion in verschiedenen Organismen entstehen außerdem neue Möglichkeiten zur wirtschaftlichen Großproduktion.

28.1
Einführung

Die Hauptaufgabe von Antikörpern ist es, **Pathogene spezifisch zu binden und damit für das Immunsystem zur Entsorgung zu markieren**. Zu diesem Zweck wird ein riesiges Arsenal von Antikörpern mit unterschiedlicher Bindungsspezifität gebildet. Es wäre für den menschlichen Organismus allerdings viel zu aufwändig, für jeden der geschätzten $>10^8$ unterschiedlichen Antikörper ein eigenständiges Gen bereitzuhalten, zumal die dafür notwendige DNA-Menge die gesamte Genomgröße des Menschen um ein Vielfaches überschreiten würde. Die Lösung dieses Problems beruht stattdessen auf den Prinzipien der genetischen Kombinatorik. Aus einem eingeschränkten Satz verschiedener Genfragmente werden in jeder einzelnen B-Zelle die Antikörpergene des zu produzierenden Antikörpers individuell zusammengesetzt. Zusätzlich zu dieser Rekombination der Genabschnitte existieren noch weitere Zufallsmechanismen, die neue kurze Sequenzen an einigen der Fusionspunkte der verschiedenen Genabschnitte einfügen. Schließlich wird die Vielfalt möglicher Strukturen noch durch die Kombination von zwei unabhängigen Proteinketten (der „leichten" und der „schweren" Antikörperkette) potenziert.

Ermöglicht wird die Vielfalt an Bindungsspezifitäten bei gleich bleibender Funktion der Effektormechanismen des Immunsystems durch den modularen

Molekulare Biotechnologie: Konzepte und Methoden.
Herausgegeben von M. Wink
Copyright © 2004 WILEY-VCH Verlag GmbH & Co. KGaA, Weinheim
ISBN: 3-527-30992-6

Immunglobulin G

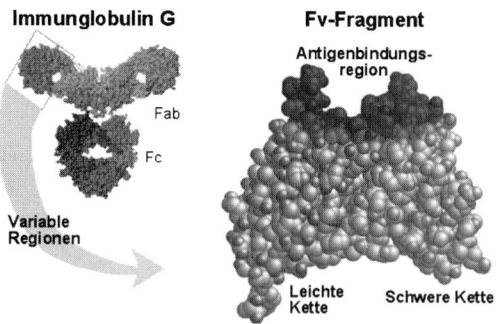

Fab

Fc

Variable
Regionen

Fv-Fragment

Antigenbindungs-
region

Leichte
Kette   Schwere Kette

Loops und *framework*

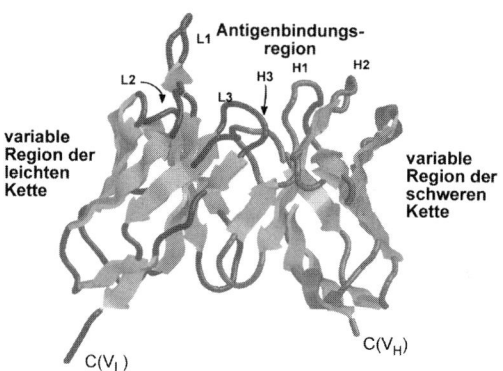

L1 Antigenbindungs-
region

L2   H3 H1   H2
L3

variable
Region der
leichten
Kette

variable
Region der
schweren
Kette

C(V$_L$)   C(V$_H$)

Abb. 28.1 Struktur von Immunglobulinen und des antigenbindenden
Fragments (Fv). Unten: Die Struktur
der Immunglobulindomänen wird
von den β-Faltblatt-Bereichen (grün)
des Gerüstanteils (*framework*) bestimmt, wohingegen die Antigenbindungsstellen durch sechs Schleifen
(*loops*, H1–H3, L1–L3) gebildet werden. Der Carboxyterminus beider variablen Polypeptidketten eines Fv-
Fragments (C) liegt am der Antigenbindungsstelle entgegengesetzten
Ende der Moleküle; damit ist sie die
bevorzugte Ansatzstelle für Protein-
fusionen.

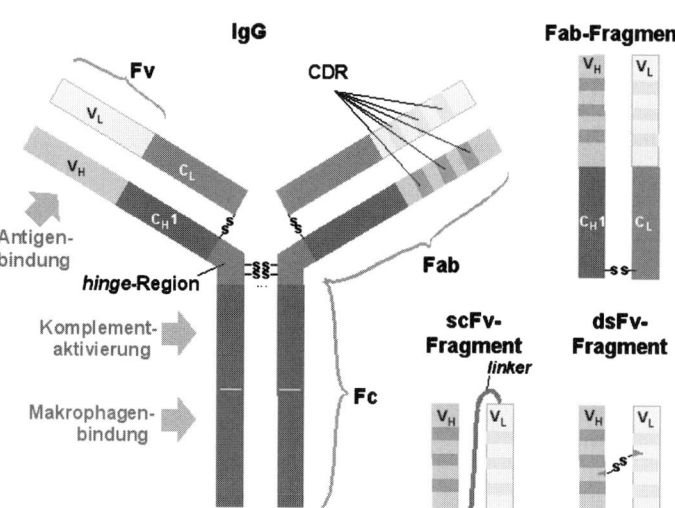

IgG

Fab-Fragment

Fv   CDR   V$_H$ V$_L$

V$_L$

V$_H$ C$_L$

C$_H$1   C$_H$1 C$_L$

Antigen-
bindung

hinge-Region   Fab

Komplement-
aktivierung

**scFv-   dsFv-
Fragment   Fragment**

linker

Makrophagen-
bindung   Fc   V$_H$ V$_L$ V$_H$ V$_L$

Abb. 28.2 Schematische Darstellung von IgG und verschiedener daraus abgeleiteter Antikörperfragmente.

Aufbau der Antikörper. Dabei ist der größte Teil der unterschiedlichen Antikörpermoleküle untereinander weitgehend identisch („konstante Domänen"), um bei Antigenkontakt gleich bleibende Funktionen gegenüber den Effektormechanismen des Immunsystems zu vermitteln. Die Antigenbindung wird lediglich von einem kleinen variablen Bereich des Moleküls gebildet, welcher die **hypervariablen Regionen** enthält. Strukturell bilden diese die CDRs (*complementary determining regions*), denn sie formen eine Struktur, die komplementär zum Antigen ist. Insgesamt sechs dieser hypervariablen Regionen (je drei der variablen Regionen der schweren und der leichten Kette) werden durch den Rest dieses Molekülbereichs, den sog. *Framework*-Regionen, derart angeordnet, dass sie im gefalteten Antikörper an den „oberen" Enden der T- oder Y-förmigen Struktur des Moleküls zusammenkommen (Abb. 28.1 und 28.2). Diese Struktur aus CDRs und Framework-Regionen bildet die „V-Regionen" (Variablen Domänen) der Antikörper.

Die konstanten Regionen vermitteln dagegen die Effektorfunktionen; verschiedene konstante Regionen können dabei eine ganze Reihe unterschiedlicher biologischer Effekte vermitteln. Die Auswahl der „richtigen" B-Zelle, welche einen passenden, antigenbindenden Antikörper produziert, geschieht nach Kontakt mit dem Antigen durch selektive Vermehrung dieser B-Zelle (klonale Selektion). Diese Selektion wurde früher durch das Immunsystem von Versuchstieren (meistens Mäusen oder Kaninchen) geleistet. Dadurch gewann man entweder Antiseren (**polyklonale Antikörper**) oder B-Zellen, die nach Immortalisierung **monoklonale Antikörper** produzierten. In jedem Fall war jedoch eine Immunisierung eines Versuchstieres notwendig. In den späten 80er Jahren wurde mit der Konstruktion von **rekombinanten Antikörpern** ein dritter, auf gentechnologischen Methoden beruhender Weg zur Herstellung von Antikörperfragmenten eröffnet. Dabei werden die Antikörper nicht mehr in einem Versuchstier (oder im menschlichen Organismus) erzeugt, sondern *in vitro* in Bakterien oder kultivierten Zellen. Im Mittelpunkt steht dabei der antigenbindende Teil des Antikörpers. Nachdem zunächst Mutanten vorhandener Antikörper zur Veränderung ihrer molekularen Eigenschaften (z.B. zur Verringerung der Immunität im Menschen, der sog. **Humanisierung**) in heterologen Expressionssystemen produziert wurden, hat man Anfang der 90er Jahre gelernt, die Selektion spezifischer Antigenbindungsstellen vollständig *in vitro* durchzuführen. Die dazu entwickelten Methoden werden in den folgenden Abschnitten erläutert.

28.2
Warum rekombinante Antikörper?

28.2.1
Rekombinante Antikörper lassen sich ohne Immunisierung *in vitro* gewinnen

Rekombinante Antikörper können völlig **außerhalb** eines Wirbeltierorganismus gewonnen werden. Besonders interessant ist bei einigen Methoden die Möglichkeit, bei der *In-vitro*-Selektion die biochemischen Bedingungen für die Bindung

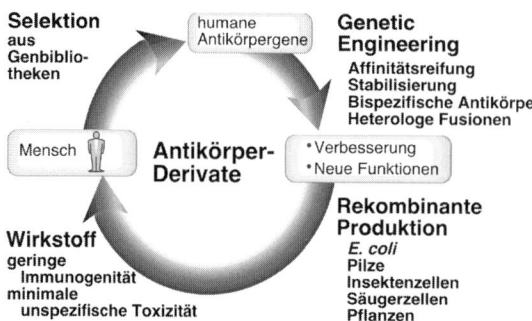

exakt kontrollieren zu können. Auf diese Weise werden Antikörper gewonnen, welche in Tieren niemals gebildet werden könnten, z. B. gegen transiente Konformationen eines Antigens nach Cofaktorbindung oder gegen Konformationen, welche *in vivo* normalerweise durch die Gegenwart eines Kompetitors verdeckt sind. Auch Antikörper gegen Antigene, mit denen eine Immunisierung nicht möglich ist, können gewonnen werden, so z. B. gegen hochgiftige Substanzen, tödliche Pathogene oder evolutionär stark konservierte Antigene.

Natürliche menschliche Antikörper können nur mit großen Schwierigkeiten genutzt werden, da eine Immunisierung zur Antikörperherstellung beim Menschen nur in Ausnahmefällen möglich ist. Humane Antikörper sind aber für alle *In-vivo*-Anwendungen (Therapie und Diagnose) solchen aus anderen Organismen vorzuziehen, da sie vom menschlichen Immunsystem nicht als „fremd" erkannt werden. Damit kommt es bei ihnen zu keiner Immunantwort des Patienten gegen den Antikörper, die das Therapeutikum neutralisiert oder sogar den Patienten gefährdet (HAMA-Response). Die rekombinante Antikörpertechnologie ermöglichte erstmals in systematischer Weise die Herstellung „humaner" Antikörpertherapeutika (Abb. 28.3).

28.2.2
Antikörper mit neuen Eigenschaften können erzeugt werden

Die Polypeptidketten von Antikörpern und ihren Fragmenten können an andere Proteine gekoppelt werden, indem man beide Gene fusioniert und anschließend rekombinant exprimiert. Die Antigenbindungsstelle und die Carboxytermini der V-Regionen befinden sich auf entgegengesetzten Seiten des Moleküls. Somit kann man durch „Anhängen" heterologer Proteine an den Carboxyterminus einer V-Region den Antigenbindungsteilen der Antikörper biochemische Funktionen verleihen, die in dieser Kombination in der Natur nicht gefunden werden. Beispielsweise kann ein Enzym mithilfe eines Antikörperfragments spezifisch zu einem Tumor geleitet werden – solche **bifunktionellen Antikörper** können z. B. neue Wege zur Therapie von Krebs eröffnen.

Auch die Verknüpfung zweier verschiedener Antigenbindungsstellen zu einem **bispezifischen Antikörper** ist möglich. Rekombinant hergestellte, genetische Fusionen bieten den Vorteil, dass Kopplungspunkt und Stöchiometrie beider Partner genau definiert sind. Einen Überblick über die Vielzahl verschiedener Konstrukte (siehe auch Abb. 28.10).

28.3
Gewinnung spezifischer rekombinanter Antikörper

Antikörper benötigen zu ihrer Faltung einen komplexen molekularen Hilfsapparat und ein oxidierendes biochemisches Milieu für die Bildung ihrer Disulfidbindungen. In Bakterien gelang eine funktionelle Produktion von Antikörperfragmenten erst durch eine Fusion des Antikörpergens an eine bakterielle **Signalsequenz**, die eine Sekretion des Antikörperfragments in den **periplasmatischen Raum** bewirkt. Dieser periplasmatische Raum befindet sich zwischen den beiden Zellmembranen des Bakteriums und enthält im Gegensatz zum Cytoplasma ein biochemisches Milieu, in dem Antikörper korrekt gefaltet und ihre Disulfidbrücken richtig geknüpft werden können. Dadurch wird es erst möglich, die entscheidenden Schritte der Bildung spezifischer Antikörper in Bakterien nachzuahmen. Dies gelang durch die Implementation von drei grundlegenden Prinzipien der Säugerimmunantwort (Abb. 28.4):

- die Bereitstellung der Vielfalt an Antikörpergenen (in Form von rekombinanten Genbibliotheken),
- die effektive Selektion des richtigen Gens aus dieser Vielfalt (mithilfe von Oberflächenexpressionsvektoren),
- die Verbesserung von Affinität und Spezifität eines selektierten Antikörperfragments (durch *In-vitro*-Mutagenese und erneute Selektion).

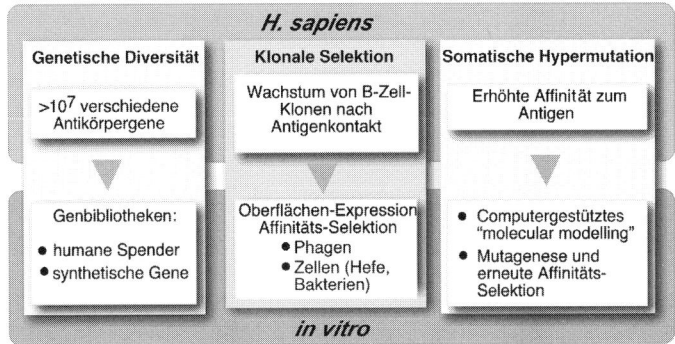

Abb. 28.4 Die drei Grundlagen der humoralen Immunantwort, deren Imitation *in vitro* eine Selektion rekombinanter Antikörper ermöglicht.

28.3.1
Bereitstellung der Vielfalt an Antikörpergenen

Man schätzt, dass im Menschen durch die zufällige Kombination von Genfragmenten über 10^8 verschiedene Antikörpergene zur Verfügung stehen. Diese genetische Vielfalt kann durch die Polymerase-Kettenreaktion (*polymerase chain reaction*, PCR) (s. Kap. 13) mithilfe zweier Oligonucleotid-Primer, die an die konservierten Sequenzen an den Enden der Antikörpergene binden, aus B-Lymphocyten-mRNA gewonnen werden. Die Oligonucleotid-Primer führen auch Restriktionsschnittstellen ein, sodass die Mischung aus Antikörpergenen in *Escherichia coli*-Expressionsvektoren eingebaut werden kann (Abb. 28.5). Stehen immunisierte, seropositive Spender zur Verfügung, z. B. solche, die eine Infektionskrankheit überlebt haben, können die Chancen zur Gewinnung von spezifischen Antikörpern dadurch verbessert werden, dass man die Antikörpergene für die Bibliothek aus dem Blut dieser Patienten gewinnt.

Es gibt mittlerweile auch vielfältige Methoden zur Erzeugung zusätzlicher Vielfalt durch Einfügung synthetischer Genabschnitte (Abb. 28.6). Diese enthalten

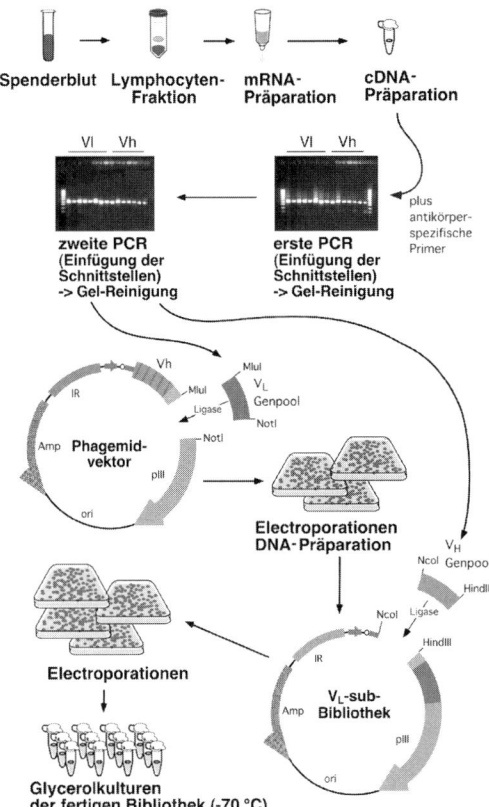

Abb. 28.5 Experimentelles Fluss-schema für die Herstellung einer Antikörper-Genbibliothek für das Phagen-Display (am Beispiel des Phagemids pSEX81).

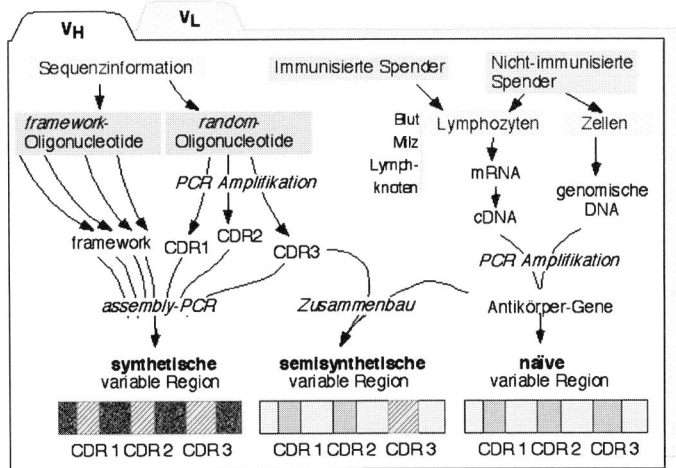

Abb. 28.6 Verschiedene Wege zur Herstellung der genetischen Diversität von Antikörper-Genbibliotheken.

Tab. 28.1 Eigenschaften verschiedener Antikörper-Genbibliotheken

Typ	Quelle	Komplexität[a]
„Hybridoma-Immortalisierung"	Hybridomas	10^1 [b]
Immunisiert	seropositiver Spender	10^6
Naives Repertoire (Gemisch v. Spendern)	Gemisch v. Spendern	10^8
Genomisch/„germline"	Gemisch v. Spendern	10^{10}
Synthetisch (Random-CDRs)	Sequenz + Oligonucleotide	10^{10}

a) Typische Anzahl unabhängiger Klone nach der primären Transformation. Dieser Wert gibt nicht die effektive Zahl unterschiedlicher Antikörper an, sondern deren maximale Obergrenze. Eine direkte Bestimmung ist nicht möglich und würde auch nur wenig über die Funktionalität der Bibliothek aussagen, da weitere Faktoren (Anzahl kompletter Inserts, unpassende Kombinationen schwerer und leichter Kette, Faltungseffizienz) diese weiter einschränken können.

b) Hybridome enthalten oft die RNA mehrerer unterschiedlicher Antikörpergene/-Pseudogene.

meist „randomisierte Abschnitte, also Zufallssequenzen, welche die Diversität im Bereich der Antigenkontaktstelle deutlich erhöhen. Auch komplett synthetisch hergestellte Genbibliotheken mit „randomisierten" CDR-Regionen sind erfolgreich verwendet worden – sie stellen das extremste Beispiel für die *In-vitro*-Generation von Antikörpern dar, da hier sowohl die Generation der Vielfalt wie die Selektion völlig unabhängig von einem Immunsystem erfolgen. Je nach Aufgabenstellung können Antikörper-Genbibliotheken verschiedener Herkunft und Komplexität eingesetzt werden (Tab. 28.1).

28.3.2
Selektionssysteme für rekombinante Antikörper

28.3.2.1 **Transgene Mäuse**
Mithilfe genetischer Methoden kann man gezielt einzelne Gene in Mäusen deaktivieren (**knock-out**) oder fremde Gene einbringen (**knock-in**) (s. Kap. 29). So wurden Mäuse hergestellt, deren eigener Immunglobulin-Genlocus inaktiviert und durch maßgebliche Teile des humanen Immunglobulin-Genlocus ersetzt wurde. Die menschlichen Antikörpergene rearrangieren in gleicher Weise wie die Mausgene, sie können den *class switch* durchlaufen und werden somatisch hypermutiert. Diese transgenen Mäuse produzieren also humane Antikörper in Mauszellen, die (im Gegensatz zu menschlichen Hybridomzellen) zu stabilen Maushybridomen führen. Damit hat man ein System für die Gewinnung humaner Antikörper geschaffen, welches methodisch auf die große Erfahrung mit der Maus-Hybridomtechnologie zurückgreift und so die Probleme bei der Herstellung von humanen Hybridomen umgeht. Allerdings beruht dieses System auf herkömmlicher Immunisierung – die Herstellung von Antikörpern gegen wenig immunogene, toxische oder hochpathogene Antigene ist damit kaum möglich. Die Affinitätsreifung erfolgt analog zum menschlichen Immunsystem, sodass auch hochaffine Antikörper gewonnen werden können. Diese Methode wurde bereits erfolgreich zur Erzeugung einiger therapeutisch relevanter humaner Antikörper eingesetzt.

28.3.2.2 *In-vitro*-**Selektionssysteme**
In-vitro-Selektionssysteme setzen im Gegensatz zu den transgenen Mäusen keine vollständigen Immunglobuline ein, sondern nutzen deren antigenbindendes Fragment, in aller Regel entweder in Form eines scFv (*single-chain*-Fv-Fragment) oder eines Fab-Fragments (Abb. 28.7). Ihr grundlegendes Prinzip ist von den B-Lymphocyten unseres Immunsystems übernommen: die physische Kopplung von Funktion (Antigenbindungsdomäne) und genetischer Information (antikörpercodierende Nucleinsäure) in einem Partikel. Solche Partikel können Bakterien- oder Hefezellen sein.

Die derzeit komplexesten Bibliotheken benutzen die Expression von Antikörperfragmenten auf der Oberfläche filamentöser Phagen (M13). Dieses „Phagen-Display" hat sich in der letzten Dekade als das robusteste System am weitesten verbreitet. Durch Kombination der grundlegenden Peptid-Display-Arbeiten von George P. Smith (1985) mit der Möglichkeit der Produktion von Antikörperfragmenten im periplasmatischen Raum von *E. coli* wurde eine Methode der In-vitro-Selektion von Antikörperfragmenten anhand ihrer Bindungseigenschaften geschaffen (Abb. 28.8 und 28.9).

Phagen-Display beruht auf der Fusion von scFv- oder Fab-Fragmenten an ein Oberflächenprotein, in aller Regel das pIII (*minor coat protein*) des filamentösen Phagen M13 (Abb. 28.8). Fusionen an pVIII haben sich als nicht praktikabel erwiesen. Damit wird der Antikörper auf dem Virion präsentiert (Abb. 28.7), welches damit an festphasengebundenem Antigen angereichert werden kann

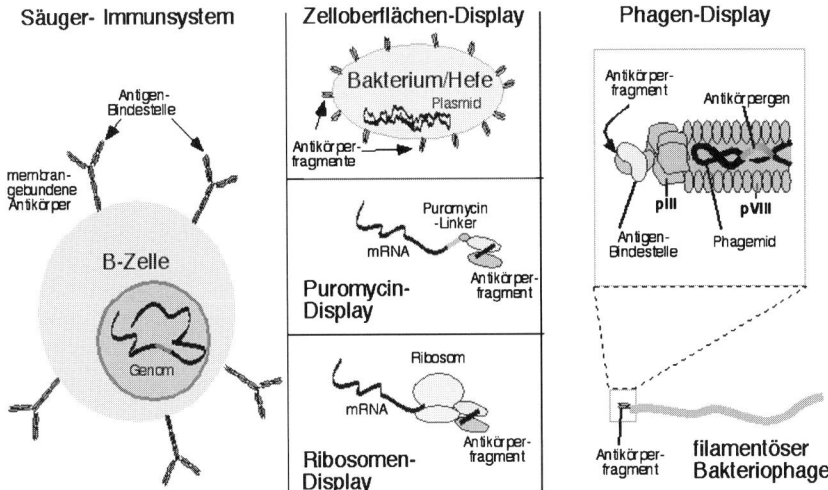

Abb. 28.7 Verschiedene *In-vitro*-Selektionssysteme für Antikörper, welche auf einer Kopplung von Gen und Funktion in einem Partikel beruhen.

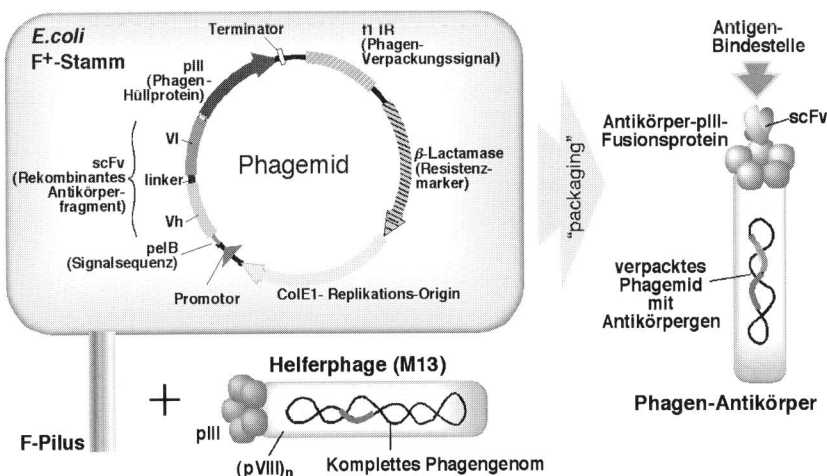

Abb. 28.8 Genetische Details eines Phagemid-Systems für scFv-Fragment-Phagen-Display (am Beispiel des Phagemids pSEX81).

(Abb. 28.9). Nach Re-Infektion von *E. coli* wird der selektierte Klon vermehrt und kann weiter charakterisiert werden. Wichtig zum Verständnis des Potenzials, aber auch der möglichen experimentellen Probleme des Phagen-Displays ist, sich bewusst zu machen, dass hier molekulare Interaktionen von jeweils einzelnen Molekülen beobachtet und genutzt werden. Dadurch ist ein besonderer Aufwand für die Verringerung unspezifischer Bindung und große Sorgfalt bei der Charakterisierung so gewonnener Klone notwendig.

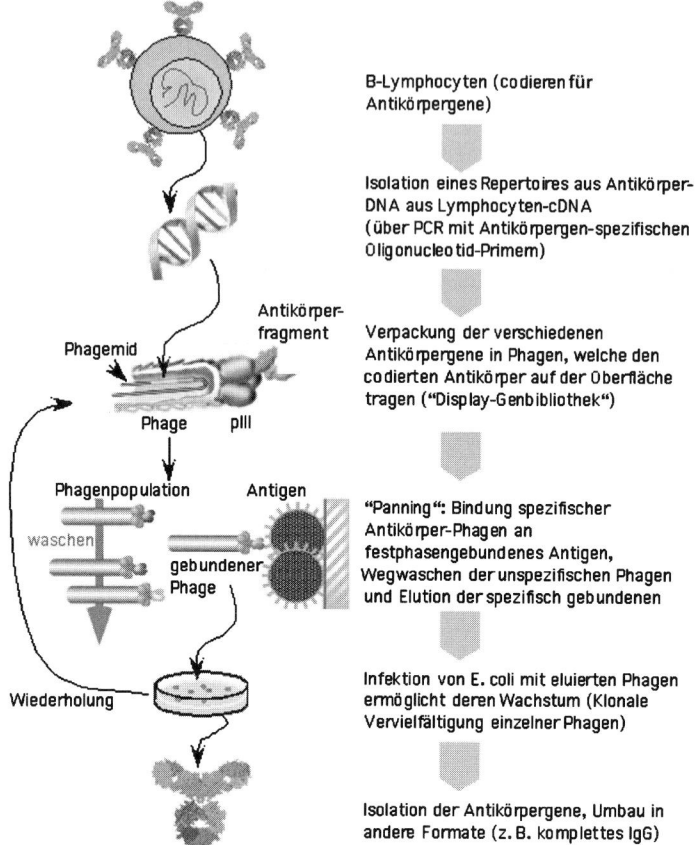

Abb. 28.9 Experimentelles Flussschema der Selektion eines Antikörperfragments durch Phagen-Display.

Für die Isolation **spezifischer und hochaffiner Antikörperfragmente** ist die Qualität der Antikörperbibliothek von entscheidender Bedeutung. Im Allgemeinen ist dabei die Affinität des isolierten Antikörpers proportional zur Komplexität der Ausgangsbibliothek. Antikörperbibliotheken mit weit über 10^9 individuellen Klonen sind inzwischen hergestellt und für die Selektion von spezifischen Antikörperfragmenten gegen unterschiedlichste Antigene verwendet worden. Seit der Entwicklung dieser Technologien werden Antikörperfragmente gegen praktisch beliebige Antigene gewonnen.

Das Phagen-Display eröffnet ferner die Möglichkeit, monoklonale Mausantikörper zu humanisieren. Dazu werden die Gene eines zu humanisierenden Fv- oder Fab-Fragments in Phagenselektionsvektoren kloniert und als Fusionsprotein auf der Phagenoberfläche exprimiert. Das Genfragment der leichten bzw. der schweren Kette wird dann gegen eine Bibliothek humaner Antikörpergene ersetzt (*chain shuffling*). Durch eine Affinitätsanreicherung am Antigen wird dann wieder eine spezifisch bindende Antikörpervariante selektioniert. Setzt man die so gefundenen Antikörpergene zusammen oder führt man diesen als *guided selection* bezeichneten Vorgang nacheinander für beide Ketten durch, so lassen sich vollständig humane Antikörperfragmente erhalten, die dasselbe Epitop erkennen wie der ursprüngliche Hybridomantikörper. Durch die gezielte Einführung von Mutationen speziell in die CDRs der variablen Regionen lässt sich auf ähnliche Weise auch die Affinität eines Antikörperfragments zum Antigen erhöhen.

Daneben wird auch neuerdings eine direkte Kopplung der Antikörper-mRNA mit dem von ihr codierten Protein eingesetzt. Bei diesen Methoden erfolgt die Kopplung von Gen (mRNA) und codiertem Protein direkt am translatierenden Ribosom oder durch einen Puromycin-Linker (s. Abb. 28.7), sodass die Selektion eines spezifisch bindenden Antikörperfragments vollständig in zellfreien *In-vitro*-Systemen ablaufen kann. Die Selektion einzelner Klone von Platten oder Membranen mit Zehntausenden von Klonen mithilfe eines Roboters ist ebenfalls möglich, wird allerdings meist nicht für die erste Selektionsrunde verwendet, da dabei die Komplexität der Bibliothek noch zu groß ist.

28.4
Herstellung rekombinanter Antikörper

28.4.1
Rekombinante Produktionssysteme

Rekombinante Antikörper werden in aller Regel (in Form der antigenbindenden Fragmente) initial in *E. coli* selektiert und charakterisiert (s. Kap. 15). Für ihre Produktion ist *E. coli* jedoch nur begrenzt geeignet. Lediglich kleinere Teilstücke von Immunglobulinen können in *E. coli* funktionell hergestellt werden, komplette IgG-Moleküle dagegen nur in seltenen Ausnahmefällen. Grund ist die Komplexität des Moleküls (Diheterotetramer, viele intra-/intermolekulare Disulfidbrücken) und die aufwändigen Faltungsmechanismen, die in Säugerzellen, nicht aber in *E. coli* zur Verfügung stehen. Eine Sekretion ins Periplasma ist deshalb zur Faltung der Domänen auch bei den in *E. coli* produzierbaren kleineren Fragmenten (scFv-Fragmente, Fab-Fragmente, Diabodies u.a.) essenziell. *In-vitro*-Faltungsmethoden wurden zwar entwickelt, sind aber ebenfalls nur bei kleineren Antikörperfragmenten möglich und bieten lediglich geringe Ausbeute. Somit kann nur ein kleiner Bruchteil der cytoplasmatischen Synthesekapazität der Bakterien genutzt werden, da auch der zelluläre Faltungsapparat schon bei weit weniger als 10% der möglichen Proteinsynthesekapazität überlastet ist. Zudem erfordert die Produktion in gramnegativen Bakterien aufgrund des Vorhandenseins einer äußeren Membran einen aufwändigen Aufschluss der Bakterien, um selektiv periplasmatische Extrakte zu gewinnen. Dazu kommt die vollständige Abtrennung aller Bakterienbestandteile, die bei der üblichen Anwendung der Antikörper im pharmazeutischen Bereich als Endotoxine wirken könnten.

Tab. 28.2 Systeme zur Produktion rekombinanter Antikörperfragmente (nach Breitling und Dübel, 1997, ergänzt)

Organismus	Wachstum	Transformation	Ausbeuten	Glykosylierung[a]
In vitro				
Reticulocytenlysat (Kaninchen)	nicht erford.	nicht erford.	sehr gering	nein
Prokaryotische Organismen				
E. coli				
Cytoplasma	sehr schnell	einfach	hoch/S–S Refolding nötig	nein
Lösl. Fraktion des Periplasmas	sehr schnell	einfach	gering-mittel	nein
periplasmat. Inklusionskörper	sehr schnell	einfach	hoch/ Refolding nötig	nein
Grampositive Bakterien				
Bacillus	schnell	einfach	hoch[b]	nein
Streptomyces	schnell	einfach	hoch[b]	nein
Proteus	schnell	einfach	hoch[b]	nein
Eukaryotische Organismen				
Hefe (*Pichia*) *Saccharomyces, Schizosaccharomyces*	mittel	etwas aufwändiger	variabel[b]	teilweise
Trichoderma	mittel	aufwändig	hoch[b]	teilweise
Aspergillus sp.	mittel	aufwändig	hoch[b]	?
Baculovirus (Insektenzellen)	mittel	etwas aufwändiger	variabel bis hoch	teilweise
Säugerzellen (Myeloma, CHO, COS)	mittel	etwas aufwändiger	variabel bis hoch	ja
Transgene Pflanzen (Tabak)	sehr langsam	sehr aufwändig	hoch[b]	ja (mod.)
Transgene Tiere	sehr langsam	sehr aufwändig	hoch[b]	ja

a) Die Art der Glykosylierung ist für einige biologische Funktionen des Antikörpers sehr wichtig. Eine vollständig korrekte Glykosylierung findet nur in Säugetierzellen statt, mit Unterschieden zwischen den Spezies.

b) Bei diesen Systemen ist eine generelle Einschätzung aufgrund der wenigen vorliegenden Beispiele nicht möglich.

Die optimalen Faltungs- und Glykosylierungsbedingungen sind sicher am ehesten bei Abkömmlingen der Zellen des Säugerimmunsystems gegeben, da diese auch in unserem Körper für die Antikörperproduktion verantwortlich sind. Soll der Antikörper beispielsweise an die Komplementkomponente C1q oder den Zelloberflächenrezeptor FcR binden können, ist eine korrekte Glykosylierung am Asn297 der CH2-Region nötig. Wenn aber nur die eigentliche Antigenbindung benötigt wird, ist es einfacher, die scFv-, dsFv- oder Fab'-Fragmente in Hefen oder

Bakterien zu exprimieren. Die Produktion in transgenen Tieren ist nur dann sinnvoll, wenn besonders große Mengen an korrekt glykosylierten Antikörpern benötigt werden. In Tab. 28.2 sind einige Expressionssysteme für rekombinante Antikörperfragmente in Bezug auf Anforderungen und Eigenschaften eingeordnet. Industrielle Verfahren für die Großproduktion in Bioreaktoren sind für *E. coli* und CHO-Zellen etabliert.

28.4.2
Reinigung rekombinanter Antikörper und ihrer Fragmente

Bei *E. coli* oder eukaryotischen Sekretionssystemen wird zunächst der Überstand durch Pelletierung der Zellen in der Zentrifuge gewonnen. Der Überstand kann durch Ultrafiltration von niedermolekularen Anteilen befreit und/oder konzentriert werden. Im Fall intrazellulärer Expression oder Sekretion in das *E. coli*-Periplasma ist ein Zellaufschluss nötig. Eine Vielzahl unterschiedlicher Verfahren, vom mechanischen Homogenisieren bis zur enzymatischen Zellwandlyse, stehen dazu zur Verfügung. Die weiteren Anreicherungsschritte werden in der Regel als Säulenchromatographie durchgeführt. Häufig eingesetzt werden dabei vor allem die Ionenaustausch-Chromatographie und die Molekularsieb-Chromatographie. Bedeutend bessere Anreicherungen ergeben sich aus der Nutzung spezifischer Bindungen als Trennprinzip. Diese Anreicherungsmethoden fasst man unter dem Begriff Affinitätschromatographie zusammen. Für die meisten rekombinant hergestellten Antikörperfragmente hat sich eine Zwei-Schritt-Reinigungsstrategie für die Isolation hinreichend sauberen Materials aus Zellextrakten oder Kulturüberständen als ausreichend erwiesen. Sie besteht aus der Kombination einer Affinitätschromatographie mit einer weiteren Säulenchromatographie. Im Fall von *E. coli*-Expression von scFv-Fragmenten ist dieser zweite Schritt oft die Molekularsieb-Chromatographie, die dazu dient, Aggregate und Dimere von den Monomeren zu trennen.

Für rekombinante Antikörper haben sich deshalb affinitätschromatographische Methoden als Hauptreinigungsschritt weitgehend durchgesetzt. Dabei existieren zwei Gruppen von Reinigungsmethoden. Die eine Gruppe, die man als „antigenspezifische Methoden charakterisieren kann, beruht auf der gewünschten Funktion des rekombinanten Antikörperfragments selbst: der Antigenerkennung. Die zweite Gruppe setzt dagegen die Epitopeigenschaften der Antikörperketten ein, um spezifische Bindung an das Säulenmaterial zu erreichen. Diese „antikörperspezifischen Methoden sind nicht von der Antigenspezifität abhängig. Dies ist allerdings nur in Fällen zu erreichen, in denen eine entsprechende Bindungsregion noch Bestandteil des rekombinanten Proteins ist. So werden meist die Fc-Teile oder konstante Regionen in Fab'-Fragmenten für die effektive Chromatographie mit Protein A oder G benötigt. Stehen solche Wechselwirkungsdomänen nicht zur Verfügung, wie das bei scFv-Fragmenten oft der Fall ist, weicht man auf die genetische Fusion des rekombinanten Antikörpers an kleine Peptidstückchen, sog. *Tags*, aus, welche spezifische Bindung an Säulenmaterialien vermitteln. Am weitesten verbreitet ist hier das sog. His-Tag, welches eine Anreicherung an immobilisierten Metallen (Ni, Co, Zn u. a.) ermöglicht (IMAC, immobilised metal affinity chromatography), oder *Tags*, welche an Streptavidin oder seine Varianten binden (Biotinylierungs-*Tags* oder „Strep-Tag") (s. Kap. 16).

28.5
Formate für rekombinante Antikörper

Zahlreiche Veränderungen sind an den konstanten Regionen von kompletten IgG-Molekülen durchgeführt worden. So kann durch Wechsel des Isotyps (durch Austausch der C-Regionen bei Beibehaltung der beiden variablen Regionen) die Art der Interaktion mit dem Immunsystems gesteuert werden. Nach Identifikation der Bindungsstellen von Fcγ-Fragmenten an ihre zellulären Rezeptoren ist es durch gezielte Mutationen von Aminosäuren auch gelungen, die Bindungseigenschaften von IgG-Antikörpern an verschiedene Rezeptoren durch gezielte Punktmutationen zu modulieren, was zu verbesserten pharmakokinetischen Eigenschaften führen kann. Die meisten Studien beschäftigten sich jedoch mit der Antigenbindungsstelle selbst, und eine Vielzahl verschiedener Formate mit sehr unterschiedlichen biochemischen und pharmakologischen Eigenschaften wurde entwickelt, welche im Folgenden beschrieben werden (s. auch Abb. 28.10).

28.5.1
Monospezifische Antikörperfragmente

Selbst wenn die Antigenbindungseigenschaften eines monoklonalen Antikörpers in Bezug auf seine Spezifität und Affinität ideal erscheinen, kann sein therapeutischer Nutzen aufgrund seines Isotyps sehr eingeschränkt sein. Die verschiedenen Isotypen werden durch die Struktur der konstanten Anteile definiert und bestimmen die Art des Effektors, der bei Antigenbindung aktiviert wird. Viele Körperzellen besitzen Fc-Rezeptoren, die diesen Teil eines Immunglobulins, ganz gleich gegen welches Antigen es gerichtet ist, binden und so eine antigenunabhängige Hintergrundbindung hervorrufen. Bei Anwendungen, die das Eindringen eines Antikörpers in bestimmte Zellen oder die Lokalisation eines Antigens erfordern, wie z. B. beim *Tumor-Imaging*, kann es von Vorteil sein, die Größe des Antikörpers durch Fragmentierung zu reduzieren bzw. den Fc-Teil zu entfernen.

28.5.1.1 Fab-Fragmente
Fab-Fragmente sind – im Gegensatz zu bivalenten IgGs – monovalente Moleküle, was zu einer Verringerung ihrer apparenten Bindungsaffinität gegenüber dem kompletten Antikörper führen kann, sofern das Antigen monovalent vorliegt. Sie sind nicht mehr in der Lage, mit Antigenen Präzipitate zu bilden. Sie sind in Lösung ähnlich stabil wie komplette IgG-Moleküle, ihre beiden Proteinketten sind durch eine Disulfidbrücke verbunden. Bei der Herstellung in *E. coli* kann allerdings die Notwendigkeit zur Synthese zweier verschiedener Ketten und deren Assoziation im Periplasma die Ausbeuten im Vergleich zu Einzelkettenprodukten verringern.

28.5.1.2 **Fv-Fragmente**

Das Fv-Fragment eines Antikörpers besteht aus den variablen Domänen der schweren (V_H) und leichten Kette (V_L). Es stellt somit die kleinste Einheit eines menschlichen Immunglobulins dar, welche eine komplette Antigenbindungsstelle beinhaltet. Es ist aufgrund des oft relativ schwachen Zusammenhalts ihrer variablen Domänen (K_d = ca. 10^{-6} M bis 10^{-9} M) nur in wenigen Fällen gelungen, Fv-Fragmente in *E. coli* herzustellen. Zusätzliche Stabilisierungselemente, die in den Fab-Fragmenten durch die konstanten Regionen bereitgestellt werden, sind zumeist notwendig, um die Dissoziation der beiden Untereinheiten der Fv-Fragmente zu verhindern.

28.5.1.3 *Single-chain*-**Antikörperfragmente (scFv)**

Eine Möglichkeit, Fv-Fragmente apparent zu stabilisieren, besteht darin, deren V_H- und V_L-Domänen mithilfe eines kurzen Peptids zu sog. *single-chain*-Fv-Fragmenten (scFv, sFv) zu verknüpfen (Abb. 28.2 und 28.10). Der Peptid-Linker muss dabei die Entfernung von 3,2 bis 4,3 nm überbrücken, um die korrekte Aneinanderlagerung beider Domänen zu gewährleisten. In der Regel werden deshalb flexible, hydrophile, 15 bis 20 Aminosäuren lange Spacer-Peptide verwendet, um den Carboxyterminus der V_H- mit dem Aminoterminus der V_L-Domäne zu verbinden. Bei dieser Anordnung der variablen Regionen ist die zu überbrückende Distanz etwas geringer als bei der umgekehrten Verknüpfung. Der dazu häufig benutzte $(G_4S)_3$-Linker hat sich besonders durch seine Proteaseresistenz und seine große konformationelle Flexibilität bewährt.

ScFv-Fragmente ($\sim$ 26 kDa) weisen gewöhnlich vergleichbare Antigenbindungsaktivitäten wie die entsprechenden Fab-Fragmente ($\sim$ 50 kDa) des gleichen Antikörpers auf. Im Gegensatz zu den bicistronischen Genanordnungen zur bakteriellen Expression von Fv- oder Fab-Fragmenten hat die Konstruktion eines durchgehenden scFv-Gens die Produktion rekombinanter Antikörper stark vereinfacht. Da die exprimierten Proteindomänen auf einer Polypeptidkette vorliegen, erfordert die Assoziation der V_H- und V_L-Domäne nun keine bimolekulare Reaktion mehr, sondern nur noch eine intramolekulare Umlagerung, und die Konzentrationen beider Domänen im vorhandenen Reaktionsraum sind hoch, was deren Assoziation zum Fv-Modul begünstigt und die scFv-Fragmente kinetisch stabilisiert. Ein Nachteil dieses Formats liegt jedoch darin, dass labile scFv-Moleküle bei höheren Konzentrationen zur Aggregatbildung neigen, da eine niedrige Affinität der beiden variablen Domänen eines scFv-Moduls zueinander zu deren kurzzeitiger Dissoziation führt, nach der die variablen Domänen eines scFv-Fragments mit denen eines anderen assoziieren können. Die Entstehung von Dimeren, Oligomeren und Aggregaten ist die Folge. Die Geschwindigkeit der Dissoziation ist abhängig von der Linker-Länge sowie weiteren externen Faktoren. Neuere Untersuchungen deuten auch auf große Unterschiede durch verschiedene Keimbahnsequenzen für die V-Regionen hin.

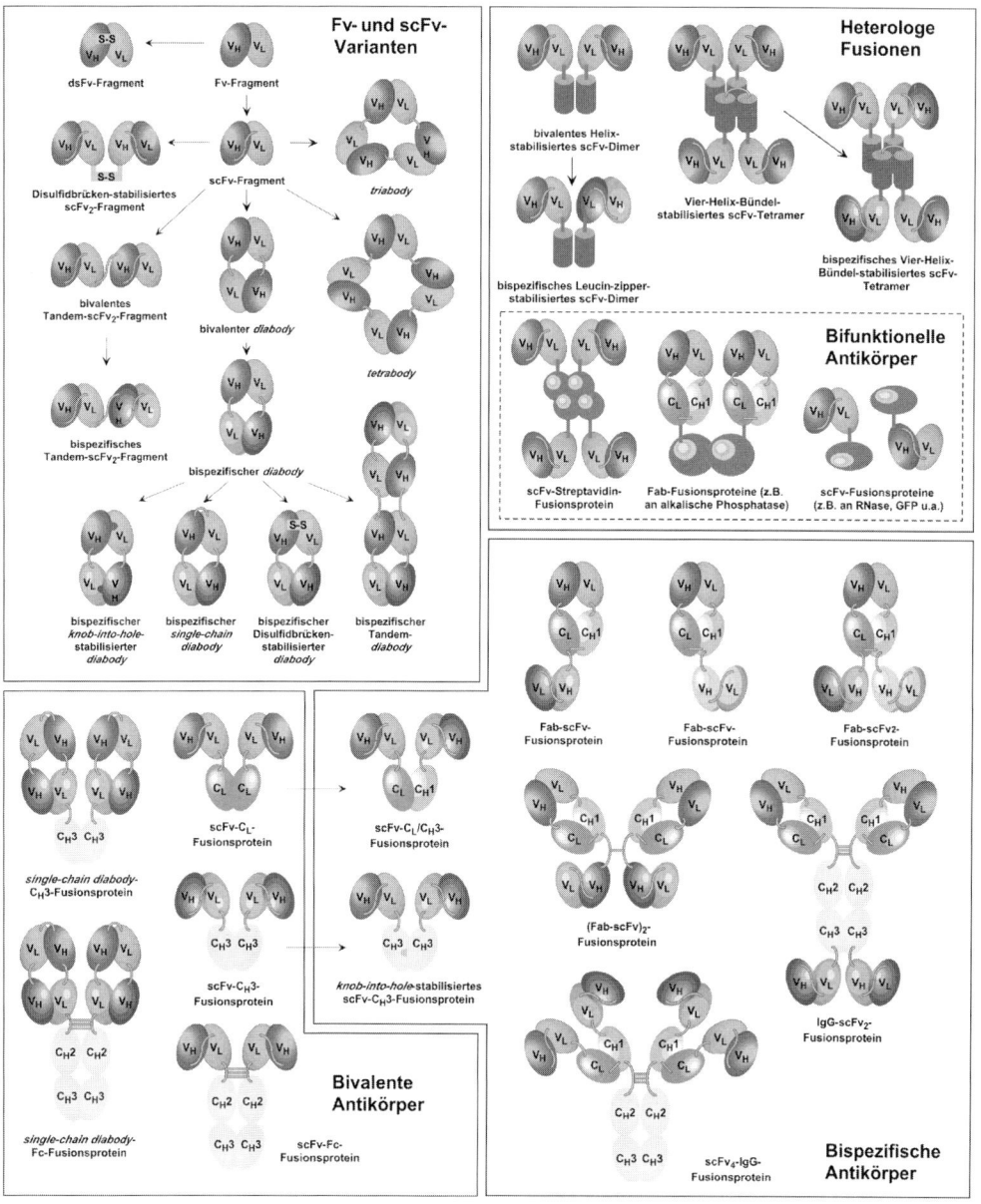

Abb. 28.10 Eine Auswahl verschiedener rekombinanter Antikörpervarianten und -fusionsproteine zeigt die enorme Vielfalt an Konstrukten mit neuen Funktionen, welche der Antigenbindungsstelle von Immunglobulinen mithilfe rekombinanter Technologien verliehen werden kann. Farbschlüssel: Rot: V-Regionen, blau: V-Regionen anderer Spezifität, türkis: V-Regionen dritter Spezifität, gelb: Regionen aus dem Fc-Teil, grün: C_H1- bzw. C_L-Regionen, orange und violett: heterologe Fusionsanteile zur Di-/Oligomerisierung (orange) oder mit neuen Funktionen (violett).

28.5.1.4 Disulfidbrücken-stabilisierte Fv-Fragmente (dsFv)

Ein alternativer Ansatz zur Stabilisierung von Fv-Fragmenten liegt in der Einführung von Mutationen in die Gerüstregionen beider variabler Domänen, welche schließlich zur Ausbildung einer kovalenten Verknüpfung ihrer Kontaktflächen führen. Aus Strukturanalysen ließen sich einige Paare von Aminosäuren in komplementären Framework-Regionen der V_H- und V_L-Domäne identifizieren, die – umgewandelt in Cysteine – genau die richtige Entfernung zueinander aufweisen, um Disulfidbrücken auszubilden. Die auf diese Weise dargestellten Disulfidbrücken-stabilisierten Fv-Fragmente (dsFv) (s. Abb. 28.10) besitzen in der Regel ähnliche, manchmal sogar höhere Antigenbindungsaktivitäten als ihre homologen *single-chain*-Fv-Fragmente und zeichnen sich gegenüber letzteren vor allem durch ihre verbesserte Stabilität gegenüber Hitze, Denaturierungsmitteln und Proteasen aus. Bedingt durch die direkte kovalente Verknüpfung der Kontaktflächen ihrer variablen Regionen neigen sie auch bei höheren Konzentrationen nicht zur Aggregation. Im Blutserum sind dsFv-Fragmente deutlich stabiler als scFv-Fragmente.

28.5.1.5 V_H- und Kamel-Antikörper

Viele Experimente sind unternommen worden, um die antigenbindende Region eines Immunglobulins weiter zu verkleinern. So wurde versucht, die V_H-Domäne als kleinste funktionelle Einheit eines Antikörpers separat zu exprimieren, jedoch bewirkte die fehlende Interaktion mit der korrespondierenden V_L-Domäne die Exposition der hydrophoben Kontaktfläche, was zu einer verminderten Löslichkeit und Stabilität führte. Einen Ausweg eröffnete hier die Expression von V_H-Domänen aus Immunglobulinen von Kamelen und deren Verwandten, bei denen ein Großteil der körpereigenen Antikörper nur aus den schweren Ketten geformt wird. Die leichten Ketten sowie die C_H1-Domänen der schweren Kette sind bei diesen Antikörpern deletiert. Die verbesserte Löslichkeit dieser Antikörper ergibt sich aus Substitutionen von Aminosäuren an deren Oberfläche, die normalerweise durch die variable Region einer leichten Kette abgedeckt wäre. Die durch Fehlen der V_L-Domänen verringerte Komplexität dieses Antikörperrepertoires gleichen die Tiere dadurch aus, dass die CDR3-Regionen dieser Immunglobuline, verglichen mit humanen Sequenzen, länger und heterogener aufgebaut sind. Aus immunisierten Kamelen und Lamas sind so *single-domain*-V_H-Antikörper isoliert worden. Kürzlich ist sogar die Generierung und das erfolgreiche Screening von *single-domain*-V_H-Antikörper-Genbibliotheken gelungen.

28.5.2
Multivalente Antikörperfragmente

Natürliche Immunglobuline, insbesondere die „zehnarmigen" IgM-Antikörper, besitzen aufgrund ihrer Multivalenz eine – im Vergleich zu den entsprechenden monovalenten Fab-Fragmenten – signifikant erhöhte apparente Affinität. Dies ist im Wesentlichen die Folge einer verminderten Dissoziation der Antikörper, da multiple Wechselwirkungen zu zwei oder mehreren Antigenen, z. B. auf der Oberfläche einer Zelle, das erneute Binden eines zunächst dissoziierten Fv-Moduls erlauben, ohne dass das gesamte Molekül die Oberfläche verlässt. Eine analoge Aviditätserhöhung wird erreicht, wenn Fab- oder scFv-Fragmente zu Dimeren, Trimeren oder größeren Komplexen zusammengefasst werden.

Die Herstellung rekombinanter F(ab')$_2$-Fragmente gelang zuerst durch Oxidation der reduzierten Cysteine ihrer *hinge*-Regionen. Dazu wurden monovalente Fab-Fragmente in *E. coli* exprimiert, aufgereinigt und anschließend durch Oxidation zu Homodimeren verbunden. Mittlerweile gelang auch die direkte Herstellung funktioneller bivalenter F(ab')$_2$-Fragmente in Bakterien. Entsprechend diesem Muster haben ungepaarte Cysteine auch für die Dimerisierung von Fv- oder scFv-Fragmenten *in vitro* oder auch *in vivo* Anwendung gefunden. Außerdem gelang die Darstellung trivalenter Fab-Konstrukte.

Ein elegantes Verfahren zur Darstellung multivalenter Antikörperfragmente liegt in der Reduzierung der Linker-Länge zwischen den variablen Domänen eines scFv-Fragments, die maßgeblich die molekulare Architektur des entstehenden Konstrukts beeinflusst. Schon die Verkürzung dieser Peptidverbindung auf weniger als 12 Aminosäuren hat zur Folge, dass die beiden variablen Domänen einer scFv-Polypeptidkette aus sterischen Gründen nicht mehr in der Lage sind, zu einem Fv-Fragment zu assoziieren. Stattdessen lagern sich die komplementären Domänen zweier scFv-Moleküle zusammen (s. Abb. 28.10) und bilden so ein Homodimer, einen sog. *Diabody* (~ 50 kDa) mit zwei Antigenbindungsstellen. Kürzt man den Peptid-Linker weiter auf weniger als drei Aminosäuren oder fusioniert man die variablen Regionen direkt miteinander, so assoziieren die scFv-Fragmente gewöhnlich zu trimeren *Triabodies* (~ 75 kDa) oder auch zu tetrameren *Tetrabodies* (~ 100 kDa). Neben der Länge und der Zusammensetzung des Linkers beeinflussen auch Primärstruktur und Orientierung der variablen Domänen des scFv-Moleküls die exakte, molekulare Architektur der scFv-Konstrukte.

28.5.2.1 Bifunktionelle Antikörper

Für viele therapeutische *In-vivo*-Applikationen, insbesondere bei der Verwendung spezifischer Antikörper gegen tumorassoziierte Antigene, reicht die Antikörperbindung alleine oft nicht aus, um einen therapeutischen Effekt zu erzielen, zumal nach Antigenbindung noch weitere Schritte für eine erfolgreiche Zerstörung des Tumorgewebes notwendig sind. So benötigt eine cytotoxische T-Zelle mindestens zwei Signale, bevor sie eine Zielzelle zerstört: Das erste, spezifische Signal ist das Erkennen des Antigens durch den T-Zellrezeptor. Aber erst nach gleichzeitiger Bindung eines costimulatorischen Signalmoleküls, wie z. B. CD28, wird die T-Zelle aktiviert. Aus diesem Grund richten sich viele Hoffnungen auf die Entwicklung bifunktioneller Antikörper (s. Abb. 28.10), bestehend aus einem Antikörperfragment und einem zweiten Effektorelement. Das Antikörperfragment bewirkt die spezifische Bindung an die Zielzelle, wohingegen der heterologe Anteil die gewünschte Effektorfunktion übernimmt. Einige Beispiele: In der Immunszintigraphie werden antikörpergebundene Radionuclide verwendet. Durch ihren Zerfall offenbaren die Nuclide die genaue Lage des Antikörpers, welcher an ein Protein des Tumors gebunden hat. Die Fusion des Antikörperfragments an ein Toxin ergibt ein spezifisch bindendes Zellgift. Ein Enzym als Fusionspartner kann eine ungiftige Vorstufe in eine toxische Substanz verwandeln und damit auch benachbarte Tumorzellen abtöten (*antibody-directed enzyme pro-drug therapy*, ADEPT). Als weitere Fusionspartner haben Cytokine, Wachstumsfaktoren wie Interleukin-2 (IL-2), Interleukin-12 (IL-12) und GM-CSF (*granulocyte/macrophage colony-stimulating factor*) sowie Liposomen, Viren oder sogar letztlich ganze Effektorzellen (*T-bodies*) Anwendung gefunden.

28.5.2.2 Bispezifische Antikörper

Als Fusionspartner eines Antikörpers kann auch ein zweiter Antikörper mit anderer Spezifität dienen. Solche bispezifischen Antikörper haben für die Diagnostik und Therapie maligner Tumorerkrankungen in den letzten Jahren eine besondere Bedeutung erlangt, da sie in der Lage sind, zwei Moleküle oder Zellen effektiv miteinander zu verbinden. So können Zellen des Immunsystems an Tumorzellen herangeführt werden, um die mangelnde Erkennung der Tumorzelle durch das Immunsystem zu beheben. Tumorspezifische Antikörper werden dazu mit einem zweiten Antikörperfragment verbunden, welches das Immunsystem aktivieren kann. Als Zielstrukturen kommen dabei Oberflächenmoleküle wie CD3 oder CD28 auf cytotoxischen T-Zellen, CD16 auf NK-Zellen oder CD64 auf Makrophagen in Betracht. Des Weiteren können bispezifische Antikörper in der Lage sein, Viren für die Gentherapie in Tumorzellen einzuschleusen, wenn einer der Antikörper an das Virus und der andere an einen Rezeptor auf der Oberfläche der Zielzelle bindet. Eine alternative Anwendung bispezifischer Antikörper liegt in der gleichzeitigen Bindung an zwei verschiedene, aber benachbarte Oberflächenepitope desselben Zielmoleküls. Diese Konstrukte erzielen einen signifikanten Aviditäts- und Spezifitätsvorteil gegenüber monospezifischen Antikörpern.

Um bispezifische Antikörper herzustellen, wurden anfangs zwei IgG-Moleküle durch einfache chemische Kopplung miteinander verbunden. Derartige Komplexe sind jedoch mit etwa 300 kDa zu groß, um eine effektive Tumorpenetration zu gewährleisten. Auch kann ihr Fc-Teil an andere Körperzellen mit entsprechenden Rezeptoren binden und eine relativ hohe Hintergrundbelastung hervorrufen. Auch die Darstellung bispezifischer Immunglobuline durch Fusion zweier unterschiedlicher Hybridomzelllinien zu „Hybrid-Hybridoma"- (oder „Quadroma"-)Zellen wurde versucht; hierbei entstehen jedoch durch die zufällige Kombination der verschiedenen schweren und leichten Immunglobulinketten neben der richtigen noch neun weitere Immunglobulinvarianten. Mittlerweile wurden verschiedene bispezifische Antikörperkonstrukte mit Molmassen zwischen 60 und 120 kDa entwickelt (s. Abb. 28.10), die einerseits klein genug sind, um eine schnelle Tumorpenetration zu ermöglichen, andererseits aber auch eine gewisse Größe aufweisen, um eine rasche Filtration durch die Nieren zu vermeiden, und sich schließlich effektiv und spezifisch im Zielgewebe anreichern. Rekombinant exprimierte Antikörper können – im Gegensatz zu den mithilfe der Hybridomtechnologie hergestellten Immunglobulinen – mit wenig Aufwand modifiziert und mit anderen

Genen oder Genfragmenten kombiniert werden. Die rekombinante Herstellung bispezifischer Antikörper vermeidet außerdem die möglichen 90% der Nebenprodukte von Quadromas.

Ein ganze Reihe von rekombinanten Kopplungsstrategien wurde entwickelt, die in der Regel auf der Einführung einer Dimerisierungsdomäne am Ende der C-Termini zweier Antikörperfragmente oder auf der direkten Fusion der Gene beider Partner beruhen. Eine solche Methode zur Herstellung bispezifischer Antikörper ist die direkte Fusion zweier scFv-Fragmente unter Bildung sog. Tandem-Antikörper. Die Ausbeute an löslichen Konstrukten dieser Art war in *E. coli* jedoch oft nur gering.

Ein elegantes und vielfach verwendetes Design zur Darstellung bispezifischer Antikörperfragmente sind bispezifische Diabodies (s. Abb. 28.10). Durch die genetische Fusion der variablen Domänen zweier Antikörper A und B unter Bildung zweier Cross-over-Polypeptidketten (V_HA-V_LB und V_HB-V_LA) entstehen neben den Homodimeren signifikante Mengen des gewünschten bispezifischen Moleküls, welches zwei unterschiedliche Antigenbindungsstellen in einem Heterodimer vereinigt. Der Anteil an funktionellen Heterodimeren gegenüber den inaktiven Homodimeren lässt sich signifikant durch die Bildung von *knob-into-hole*-Mutationen an der V_H/V_L-Kontaktfläche erhöhen. Es wurden bereits bispezifische Diabodies beschrieben, welche Darmkrebszellen mit Serumimmunglobulin koppelten, wodurch Phagocytose, die Komplementkaskade sowie eine T-Zell-Antwort gegen die Tumorzellen induziert wurde. Außerdem steigerte die Bindung an Serumimmunglobuline die Halbwertszeit (*ß*-phase) der Diabodies um das Fünffache verglichen mit Kontroll-Diabodies ähnlicher Größe. In einem weiteren Beispiel lösten gegen C1q gerichtete bispezifische Diabodies die Komplementkaskade gegen die Zielzellen aus. Außerdem wurden bispezifische Diabodies gegen Oberflächenproteine von Immuneffektorzellen, wie z. B. CD3 auf T-Zellen, und verschiedenen Oberflächenmolekülen, die verstärkt auf bestimmten Tumorzellen exprimiert werden, wie z. B. CEA, Ep-CAM, Her-2 oder CD19, hergestellt.

Ein konstruktionsbedingter Nachteil des Diabody-Formats liegt jedoch darin, dass die Kontaktflächen ihrer variablen Domänen nicht kovalent miteinander verbunden sind, was bei Verwendung labiler Fv-Module die für scFv-Fragmente typische Dissoziation ihrer variablen Domänen mit nachfolgender Aggregatbildung zur Folge haben kann (s. Abschnitt 28.5.1.3). Dieses Stabilitätsproblem wurde partiell durch die Expression von *single-chain*-Diabodies (*sc diabodies*), tetravalenten Tandem-Diabodies, *knob-into-hole*-Diabodies oder auch von Disulfidbrücken-stabilisierten Diabodies (*ds diabodies*) gelöst (s. Abb. 28.10).

Eine weitere negative Eigenschaft von Diabodies liegt in ihrer begrenzten sterischen Flexibilität. Bedingt durch den Zwang, die Peptid-Linker, welche die variablen Domänen der beiden unterschiedlichen Fv-Fragmente miteinander verbinden, sehr kurz zu halten, um eine intrachenare Paarung zu verhindern, stellen Diabodies relativ kompakte und nicht sehr flexible Moleküle dar. Für die gleichzeitige Bindung an zwei Antigene sowie für ein effektives *Cross-Linking* zweier Zellen kann jedoch eine gewisse Flexibilität der antigenbindenden Fv-Fragmente erforderlich sein. Längere Peptid-Linker sollten eine größere sterische Flexibilität der

Fv-Module erlauben und dadurch zu höheren Bindungsaffinitäten dieser Konstrukte führen. Da längere Linker jedoch andererseits auch die Bildung von scFv-Monomeren fördern, wurde vorgeschlagen, einen der Linker aufzubrechen anstatt beide zu verlängern, um so ein Antikörpermolekül mit maximal flexiblen Fv-Fragmenten zu kreieren. In Anlehnung an diesen Vorschlag konnte so ein bispezifisches dsFv-dsFv-Konstrukt konstruiert werden, welches aus zwei dsFv-Fragmenten unterschiedlicher Spezifität besteht (s. Abb. 28.10), die durch nur einen einzigen Linker miteinander verknüpft sind. Um die korrekte Assoziation der variablen Domänen zu unterstützen, wurden zwei dsFv-Fragmente mit unterschiedlich positionierten Disulfidbrücken verwendet. Kürzlich wurde ebenfalls über die Produktion eines bivalenten, aber nicht bispezifischen (dsFv)$_2$-Immuntoxins berichtet. Es wurde gezeigt, dass das bivalente (dsFv)$_2$-Fusionsprotein ähnliche Stabilitäten bei 37 °C in humanem Serum aufwies wie die monovalenten dsFv-Fragmente, welche ihrerseits wesentlich stabiler als scFv-Fragmente waren. Insbesondere bei Verwendung labiler Fv-Module könnten dsFv-dsFv-Antikörper in Zukunft eine Alternative zum Diabody-Design darstellen. Ein potenzieller Nachteil derartiger Konstrukte ist aber ihre aufwändige Herstellung durch das Erfordernis der Produktion, Faltung und Assoziation dreier verschiedener Polypeptidketten, welche für die beobachtete geringe Produktivität im bakteriellen Expressionssystem verantwortlich sein dürfte.

In einem alternativen Ansatz zur Herstellung bivalenter und bispezifischer Moleküle wird die Interaktion von konstanten Domänen der Immunglobuline ausgenutzt. Beispielsweise wurden bivalente *Minibodies* (s. Abb. 28.10) durch die Fusion eines scFv-Fragments mit der C_H3-Domäne eines IgGs generiert, die als Dimerisierungsdomäne verwendet wurde. Die Darstellung bivalenter Antikörper gelang außerdem durch Fusion eines scFv-Fragments mit der konstanten Domäne der leichten Kette sowie mit beiden konstanten Domänen des Fc-Teils der schweren Kette eines IgGs. Diese Strategien sind allerdings aufgrund des symmetrischen Aufbaus der Produkte nicht sehr gut geeignet, bispezifische Heterodimere zu produzieren. Dennoch gelang die Dimerisierung bispezifischer *single-chain*-Diabodies durch deren Fusion mit der C_H3-Domäne oder dem gesamten Fc-Teil eines Antikörpers. Bispezifische Minibodies wurden durch die Fusion eines scFv-Fragments mit der konstanten Domäne der leichten Kette sowie die Fusion eines anderen scFv-Fragments mit der konstanten C_H1-Domäne der schweren Kette hergestellt. Die Assoziation der beiden unterschiedlichen konstanten Domänen hatte dann *in vivo* die Bildung von bispezifischen Heterodimeren zur Folge. In den bisher beschriebenen Fällen wurden die antigenbindenden Fv-Fragmente – analog zu nativen IgGs – stets vor die N-Termini der konstanten Domänen fusioniert. Alternativ können scFv-Fragmente aber auch an die C-Termini von C_H1-, C_L-, C_H3-Domänen oder von *hinge*-Regionen fusioniert werden, um so Fab-scFv- oder Fab-(scFv)$_2$-Konstrukte mit zwei oder drei Antigenbindungsstellen sowie bispezifische (scFv)$_4$-IgG-Moleküle, (Fab-scFv)$_2$- oder IgG-(scFv)$_2$-Fusionsproteine mit vier Antigenbindungsstellen zu generieren.

Einen zweiten Weg bietet die Verwendung heterologer Peptide oder Proteine als Oligomerisierungsdomänen. Besonders interessant sind hier die kurzen Leucin-

Zipper der beiden Transkriptionsfaktoren *fos* und *jun* (s. Abb. 28.10), welche Sekundärstrukturen formen können, die dann unter Bildung von heterodimeren Doppelwendeln (*coiled coils*) zur Dimerisierung neigen. Derartige Peptide konnten zur Herstellung von bivalenten und bispezifischen Antikörpern herangezogen werden. Weitere helikale Strukturen dienten als Tetramerisierungsdomänen zur Bildung von tetravalenten Antikörpermolekülen. Nach dem gleichen Prinzip funktionieren kurze Helix-Schleife-Helix-Motive, die unter Bildung von vier-Helix-Bündeln dimerisieren und damit zur Darstellung bivalenter und bispezifischer scFv-Antikörperkonstrukte mit zwei bzw. vier Antigenbindungsstellen benutzt wurden. Größere multivalente bzw. multimere scFv-Fusionsproteine wurden durch die Verwendung von Proteindomänen wie Streptavidin, der Tetramerisierungsdomäne des p53-Proteins oder auch der Oktamerisierungsdomäne des C4-Bindungsproteins erhalten.

28.6
Anwendungen für rekombinante Antikörper

28.6.1
Klinische Anwendungen

Zurzeit sind von 39 in der klinischen Phase III befindlichen Proteintherapeutika bereits 21 Antikörper (54%, Quelle: FDA). Bei den Phase-II-Studien wird dieser Trend noch deutlicher: 39 von 60 (65%) aller Proteinwirkstoffe sind bereits Antikörper oder ihre Fusionsproteine. An über 500 weiteren Produkten wird gearbeitet. Da etwa eine Dekade nötig ist, um ein Therapeutikum zur Zulassung zu bringen, repräsentieren die zurzeit zugelassenen Antikörper den Stand des *Antibody-Engineering* von vor zehn Jahren. Von 1988 bis Mitte der 90er Jahre entwickelten sich die rekombinante Humanisierung oder Chimärisierung zur Methode der Wahl, während rekombinant gewonnene komplett humane Antikörper seitdem die Hauptquelle für Neuentwicklungen klinisch relevanter Antikörper bilden. Einen Überblick über zugelassene Medikamente bietet Tab. 28.3.

Die nächste Generation von Antikörpertherapeutika wird auch stärker die Möglichkeiten der Bifunktionalität/Bispezifität nutzen als die bisher zugelassenen Therapeutika, von denen die meisten einfache IgG-Moleküle sind. Erste rekombinante bispezifische Antikörper und Immuntoxine sind bereits in klinischen Studien.

28.6.2
Anwendungen in der Forschung und der *In-vitro*-Diagnostik

Zahlreiche Einzelbeispiele für die erfolgreiche Herstellung von Forschungsantikörpern auf rekombinantem Wege, insbesondere durch Phagen-Display, sind beschrieben. Dennoch wird für viele Fragestellungen der akademischen Forschung auch weiterhin der konventionelle Weg der Nutzung von Kaninchen-Seren

Tab. 28.3 In der EU oder den USA klinisch zugelassene rekombinante Antikörper (Quelle ISB))

Name	Typ	Indikation	Zulassung
ReoPro® (Abciximab)	chimär, Fab	Verhinderung von Blutplättchen-Aggregation	1994/–97
Humaspect® (Votumumab)	human, radiomarkiert	Koloncarcinom-*in-vivo*-Diagnostik	1996
Rituxan® (Rituximab)	chimär	Non-Hodgkin's-Lymphom	1997
Zenapax® (Daclizumab)	humanisiert	Verhinderung von Transplantat-abstoßung (Niere)	1997
Simulect® (Basiliximab)	chimär	Verhinderung von Transplantat-abstoßung (Niere)	1998
Synagis® (Palivizumab)	humanisiert	*respiratory syncytia virus*	1998
Remicade® (Infliximab)	chimär	rheumatoide Arthritis, Morbus Crohn	1998/–99
Herceptin® (Trastuzumab)	humanisiert	Brustkrebs	1998
Mylotarg™	humanisiert Immuntoxin	Leukämie	2000
Campath® (Alemtuzumab)	humanisiert	Leukämie	2001
Humira® (Adalimumab)	human	rheumatoide Arthritis	2002
Xolair® (Omalizumab)	humanisiert	Asthma	2003

Quelle: Rohrbach et al, 2003; Informationssekretariat Biotechnologie der Dechema; FDA.

oder Maus-Monoklonalen schneller und problemloser eingesetzt werden können. Grund dafür ist der signifikante Aufwand, welcher für die Herstellung und Nutzung großer (und damit qualitativ hochwertiger) Antikörper-Genbibliotheken notwendig ist. Auch kommerzielle Anbieter der Herstellung rekombinanter Antikörper sind deshalb in aller Regel auf die Gewinnung therapeutischer (und damit wirtschaftlich interessanterer) Antikörper fokussiert. Drei Sonderfälle, welche nur oder besser mit rekombinanter Technologie gelöst werden können, sind im Folgenden beschrieben.

28.6.2.1 Rekombinante Antikörper in der Labordiagnostik

Der Vorteil der rekombinanten Herstellung von Antikörpern ermöglicht antikörperbasierende Tests auf toxische Substanzen oder mit Spezifitäten, welche durch Immunisierung nicht erhalten werden können. Auch konnten z.B. aus einer Phagen-Display-Bibliothek hochspezifische Antikörper gegen den Heroinmetabolit 6-Mono-acetyl-morphin (6-MAM) gewonnen werden, welche im Gegensatz zu bisher verfügbaren Mausantikörpern zwischen diesem Drogenmissbrauch-Indikator und anderen Morphinen (z. B. aus Hustensaft) unterscheiden können. Bisher sind solche neuen Möglichkeiten jedoch nur sehr zögerlich in die Anwendung geraten. Ein möglicher Grund ist die oft geringere Stabilität der scFv-Fragmente im Vergleich zu IgG-Molekülen, welche aufwändiges Umklonieren und die Produktion in (teuren) eukaryotischen Expressionssystemen erfordert. Es mag aber auch an den langsamen Produktentwicklungs- und Zulassungszyklen der Diagnostika liegen.

28.6.2.2   Intrazelluläre Antikörper

Vielfach wurde versucht, durch die Expression von Antikörperfragmenten im Cytoplasma die entsprechenden Antigene in der Zelle zu deaktivieren. Dies scheiterte zumeist an der unzureichenden Faltung der Antikörper (intrazelluläre Antikörper) im reduzierenden Milieu des Cytoplasmas. Erfolge konnten lediglich dann erzielt werden, wenn der „natürliche" intrazelluläre IgG-Herstellungsweg benutzt wurde. So konnten Antikörper mit Signalsequenzen sowie Retentionssignalen für das Endoplasmatische Reticulum (Peptidsequenz: KDEL) erfolgreich Moleküle aus dem sekretorischen/Membran-*Pathway* funktional inaktivieren.

28.6.2.3   Rekombinante Antikörper als Bindemoleküle für Arrays

Nach Aufklärung der Primärstruktur des menschlichen Genoms besteht ein enormer Bedarf an Bindemolekülen für die weitere funktionelle Analyse der gefundenen Gene. Antikörper sind hier die Werkzeuge der Wahl für die biochemische und zellbiologische Charakterisierung der Genprodukte und ihrer Funktion (Immunoblots, Immunohistologie, FACS, Reinigung, *Pull-downs* usw.). Am Einsatz von Hunderten verschiedener Antikörper auf einem **Protein-Mikroarray** („Proteom-Chip") wird bereits intensiv geforscht. Viele Proteine haben Spleißvarianten, werden modifiziert, bilden Polymere oder Komplexe. Die Aufklärung dieser Änderungen ist meist für das Verständnis der Genfunktion essenziell. Damit erhöht sich der Bedarf an Antikörpern weit über die angenommene Zahl der menschlichen Gene von 30 000 hinaus. Mit nicht rekombinanter Technologie müssten zur Herstellung dieser Antikörper etwa eine Million Versuchstiere eingesetzt werden! Der Aufwand zur Herstellung eines Antikörpers gegen jedes der Genprodukte und ihrer relevanten Varianten kann deshalb besser mit einem hochparallelen *In-vitro*-Selektionsansatz, wie z. B. dem Phagen-Display, bewältigt werden.

28.7
Ausblick

Rekombinante Antikörper sind nicht nur die wichtigste, sondern auch die am schnellsten wachsende Gruppe zukünftiger Proteintherapeutika. Rekombinante Antikörper werden deshalb in stark steigender Weise das Mittel der Wahl zur Selektion hochaffiner, proteinbasierter Therapeutika und Diagnostika darstellen. In den nächsten Jahren werden sehr wahrscheinlich noch weitere Lösungen für verbesserte Fv-Stabilitäten mit und ohne Disulfidbrücken, höhere Expressionsraten sowie für ein optimales Design von Fusionsproteinen zur Verfügung stehen. Es wäre möglich, damit körpereigene T-Zellen im Rahmen einer Krebstherapie an die Tumoren heranzuführen und dort zu aktivieren oder auch rekombinante Viren zur zellspezifischen Gentherapie einzusetzen. Weiterhin werden neuartige Fusionsproteine völlig neue Einsatzgebiete für rekombinante Antikörper eröffnen, wie beispielsweise das intrazelluläre *Targeting* von Zielmolekülen zur Modulation und Aufklärung von Signaltransduktionswegen. Zurzeit besteht ein Engpass für die Herstellung der therapeutischen Antikörper, für dessen Überwindung neue Lösungen gefunden werden müssen, welche die Nachteile der etablierten Systeme (hoher Preis, niedrige Ausbeuten bei Säugerzelllinien) vermeiden, ohne auf deren Vorteile zu verzichten. Ein zukünftiges preiswertes Produktionssystem sollte deshalb folgende Eigenschaften besitzen: die Fähigkeit zur Faltung von rekombinanten Antikörpern, insbesondere kompletter IgG-Moleküle, ökonomische Verfahren zur Bildung der Produkte mit integrierter Aufarbeitung und effiziente Sekretion ins Medium. Nicht-Säugersysteme (insbesondere Insektenzellen), aber auch transgene Tiere und Pflanzen dürften sich bald als wertvolle Alternativen für die industrielle Produktion etablieren.

Schließlich bietet nur die rekombinante *In-vitro*-Selektion von Antikörpern einen bezahlbaren Weg zur Herstellung von Antikörpern für komplexere Protein-Mikroarrays, wie sie in naher Zukunft verstärkt zur Proteomanalyse eingesetzt werden könnten.

28.8
Weiterführende Literatur

ADAMS, G. P., MCCARTNEY, J. E., TAI, M.-S., OPPERMANN, H., HUSTON, J. S. et al. (1993) Highly specific *in vivo* tumor targeting by monovalent and divalent forms of 741F8 anti-c-*erb* B-2 single-chain Fv. *Cancer Res.* **53**, 4026–4034.

ADAMS, G. P., SCHIER, R., MCCALL, A. M., CRAWFORD, R. S., WOLF, E. J. et al. (1998) Prolonged *in vivo* tumour retention of a human diabody targeting the extracellular domain of human HER2/neu. *Br. J. Cancer* **77**, 1405–1412.

ALT, M., MÜLLER, R., KONTERMANN, R. E. (1999) Novel tetravalent and bispecific IgG-like antibody molecules combining single-chain diabodies with the immunoglobulin gamma1 Fc or C$_H$3 region. *FEBS Lett.* **454**, 90–94.

ARNDT, K. M., MÜLLER, K. M., PLÜCKTHUN, A. (1998) Factors influencing the dimer to monomer transition of an antibody single-chain Fv fragment. *Biochemistry* **37**, 12918–12926.

ARNDT, M. A., KRAUSS, J., KIPRIYANOV, S. M., PFREUNDSCHUH, M., LITTLE, M. (1999) A bispecific diabody that mediates natural killer cell cytotoxicity against xenotransplanted human Hodgkin's tumors. *Blood* **94**, 2562–2568.

ATWELL, J. L., BREHENEY, K. A., LAWRENCE, L. J., MCCOY, A. J., KORTT, A. A., HUDSON, P. J. (1999) ScFv multimers of the anti-neuraminidase antibody NC10: length of the linker between V$_H$ and V$_L$ domains dictates precisely the transition between diabodies and triabodies. *Protein Eng.* **12**, 597–604.

BARBAS, C. F. III, KANG, A. S., LERNER, R. A., BENKOVIC, S. J. (1991) Assembly of combinatorial antibody libraries on phage surfaces: The gene III site. *Proc. Natl. Acad. Sci. USA* **88**, 7978–7992.

BARTLETT, J. S., KLEINSCHMIDT, J., BOUCHER, R. C., SAMULSKI, R. J. (1999) Targeted adeno-associated virus vector transduction of nonpermissive cells mediated by a bispecific F(ab'gamma)2 antibody. *Nat. Biotechnol.* **17**, 181–186.

BERA, T. K., ONDA, M., BRINKMANN, U., PASTAN, I. (1998) A bivalent disulfide-stabilized Fv with improved antigen binding to erbB2. *J. Mol. Biol.* **281**, 475–483.

BERA, T. K., VINER, J., BRINKMANN, E., PASTAN, I. (1999) Pharmacokinetics and antitumor activity of a bivalent disulfide-stabilized Fv immunotoxin with improved antigen binding to erbB2. *Cancer Res.* **59**, 4018–4022.

BERING, E., KITASATO, S. (1890) Über das Zustandekommen der Diphterie-Immunität und der Tetanus-Immunität bei Thieren. *Dtsch. Med. Wochensch.* **16**, 1113–1113.

BETTER, M., CHANG, C. P., ROBINSON, R. R., HOROWITZ, A. H. (1988) *Escherichia coli* secretion of an active chimeric antibody fragment. *Science* **240**, 1041–1043.

BETTER, M., BERNHARD, S. L., LEI, S.-P., FISHWILD, D. M., LANE, J. A. et al. (1993) Potent anti-CD5 ricin A chain immunoconjugates from bacterially produced Fab' and F(ab')₂. *Proc. Natl. Acad. Sci. USA* **90**, 457–461.

BIOCCA, S., RUBERTI, F., TAFANI, M., PIERANDREI-AMALDI, P., CATTANEO, A. (1995) Redox state of single chain Fv fragments targeted to the endoplasmic reticulum, cytosol and mitochondria. *Bio/Technology* **13**, 1110–1115.

BIRD, R. E., HARDMAN, K. D., JACOBSON, J. W., JOHNSON, S., KAUFMAN, B. M. et al. (1988) Single-chain antigen-binding proteins. *Science* **242**, 423–426.

BODER, E. T., WITTRUP, K. D. (1997) Yeast surface display for screening combinatorial polypeptide libraries. *Nat. Biotechnol.* **15**, 553–557.

BORNEMANN, K. D., BREWER, J. W., BECK-ENGESER, G. B., CORLEY, R. B. et al. (1995) Roles of heavy and light chains in IgM polymerization. *Proc. Natl. Acad. Sci. USA* **92**, 4912–4916.

BRADBURY, A. (2003) scFvs and beyond. *Drug Disc. Today* **8**, 737–739.

BREITLING, F., DÜBEL, S. (1997) *Rekombinante Antikörper.* Spektrum Akadem. Verlag, Heidelberg; engl. Übersetzung: BREITLING, F. and DÜBEL, S. (1999) *Recombinant Antibodies.* John Wiley and Sons, New York.

BREITLING, F., DÜBEL, S., SEEHAUS, T., KLEWINGHAUS, I., LITTLE, M. (1991) A surface expression vector for antibody screening. *Gene* **104**, 147–153.

BRINKMANN, U., REITER, Y., JUNG, S. H., LEE, B., PASTAN, I. (1993) A recombinant immunotoxin containing a disulfide-stabilized Fv fragment. *Proc. Natl. Acad. Sci. USA* **90**, 7538–7542.

BROCKS, B., RODE, H. J., KLEIN, M., GERLACH, E., DÜBEL, S. et al. (1997) A TNF receptor antagonistic scFv, which is not secreted in mammalian cells, is expressed as a soluble mono- and bivalent scFv derivative in insect cells. *Immunotechnology* **3**, 173–184.

BRÜSSELBACH, S., KORN, T., VÖLKEL, T., MÜLLER, R., KONTERMANN, R. E. (1999) Enzyme recruitment and tumor cell killing *in vitro* by a secreted bispecific single-chain diabody. *Tumor Targeting* **4**, 115–123.

CAI, X., GAREN, A. (1996) A melanoma-specific VH antibody cloned from a fusion phage library of a vaccinated melanoma patient. *Proc. Natl. Acad. Sci. USA* **93**, 6280.

CAI, X., GAREN, A. (1997) Comparison of fusion phage libraries displaying VH or single-chain Fv antibody fragments derived from the antibody repertoire of a vaccinated melanoma patient as a source of melanoma-specific targeting molecules. *Proc. Natl. Acad. Sci. USA* **94**, 9261.

CARTER, P., MERCHANT, A. M. (1997) Engineering antibodies for imaging and therapy. *Curr. Opin. Biotechnol.* **8**, 449–454.

CARTER, P., KELLEY, R. F., RODRIGUES, M. L., SNEDECOR, B., COVARRUBIAS, M. et al. (1992) High level *Escherichia coli* expression and production of a bivalent humanized antibody fragment. *Biotech.* **10**, 163–167.

CASEY, J. L., KING, D. J., CHAPLIN, L. C., HAINES, A. M., PEDLEY, R. B. et al. (1996) Preparation, characterisation and tumour targeting of cross-linked divalent and trivalent anti-tumour Fab' fragments. *Br. J. Cancer* **74**, 1397–1405.

CLACKSON, T., HOOGENBOOM, H. R., GRIFFITHS, A. D., WINTER, G. (1991) Making antibody fragments using phage display libraries. *Nature* **352**, 624–628.

COLCHER, D., PAVLINKOVA, G., BERESFORD, G., BOOTH, B. J., BATRA, S. K. (1999) Single-chain antibodies in pancreatic cancer. *Ann. N. Y. Acad. Sci.* **880**, 263–280.

COLOMA, M.J., MORRISON, S.L. (1997) Design and production of novel tetravalent bispecific antibodies. *Nat. Biotechnol.* **15**, 159–163.

COURTENAY-LUCK, N.S., EPENETOS, A.A., MOORE, R., LARCHE, M., PECTASIDES, D. et al. (1986) Development of primary and secondary immune responses to mouse monoclonal antibodies used in the diagnosis and therapy of malignant neoplasms. *Cancer Res.* **46**, 6489–6493.

CUMBER, A.J., WARD, E.S., WINTER, G., PARNELL, G., WAWRZYNCZAK, E.J. (1992) Comparative stabilities *in vitro* and *in vivo* of a recombinant mouse antibody FvCys fragment and a bisFvCys conjugate. *J. Immun.* **149**, 120–126.

DAUGHERTY, P.S., CHEN, G., OLSEN, M.J., IVERSON, B.L., GEORGIOU, G. (1998) Antibody affinity maturation using bacterial surface display. *Protein Eng.* **11**, 825–832.

DAUGHERTY, P.S., OLSEN, M.J., IVERSON, B.L., GEORGIOU, G. (1999) Development of an optimized expression system for the screening of antibody libraries displayed on the *Escherichia coli* surface. *Protein Eng.* **12**, 613–621.

DENTON, G., BRADY, K., LO, B.K., MURRAY, A., GRAVES, C.R. et al. (1999) Production and characterrization of an anti-(MUC1 mucin) recombinant diabody. *Cancer Immunol. Immunother.* **48**, 29–38.

DOLEZAL, O., PEARCE, L.A., LAWRENCE, L.J., McCOY, A.J., HUDSON, P.J., KORTT, A.A. (2000) ScFv multimers of the anti-neuraminidase antibody NC10: shortening of the linker in single-chain Fv fragment assembled in V(L) to V(H) orientation drives the formation of dimers, trimers, tetramers and higher molecular mass multimers. *Protein Eng.* **13**, 565–574.

DÜBEL, S., KONTERMANN, R. (2001) Recombinant antibodies, in: (KONTERMANN, R., DÜBEL, S., Hrsg.) *Antibody Engineering*, S. 3–16. Springer-Verlag, Heidelberg/New York.

DÜBEL, S., BREITLING, F., KLEWINGHAUS, I., LITTLE, M. (1992) Regulated secretion and purification of recombinant antibodies in *E. coli*. *Cell Biophysics* **21**, 69–80.

DÜBEL, S., BREITLING, F., KONTERMANN, R., SCHMIDT, T., SKERRA, A., LITTLE, M. (1995)

Bifunctional and multimeric complexes of streptavidin fused to single chain antibodies (scFv). *J. Immunol. Meth.* **178**, 201–209.

ESHHAR, Z., WAKS, T., BENDAVID, A., SCHINDLER, D.G. (2001) Functional expression of chimeric receptor genes in human T cells. *J. Immunol. Meth.* **248**, 67–76.

FELDHAUS, M.J., SIEGEL, R.W., OPRESKO, L.K., COLEMAN, J.R., FELDHAUS, J.M. et al. (2003) Flow-cytometric isolation of human antibodies from a nonimmune *Saccharomyces cerevisiae* surface display library. *Nat. Biotechnol.* **21**, 163–170.

FILPULA, D., McGUIRE, J. (1999) Single-chain Fv designs for protein, cell and gene therapeutics. *Exp. Opin. Ther. Patents* **9**, 231–245.

FITZGERALD, K., HOLLIGER, P., WINTER, G. (1997) Improved tumour targeting by disulphide stabilized diabodies expressed in *Pichia pastoris*. *Protein Eng.* **10**, 1221–1225.

FRANCISCO, J.A., CAMPBELL, R., IVERSON, B.L., GEORGIOU, G. (1993) Production and fluorescence-activated cell sorting of *Escherichia coli* expressing a functional antibody fragment on the external surface. *Proc. Natl. Acad. Sci. USA* **90**, 10444–10448.

FRIEDMAN, P.N., CHACE, D.F., TRAIL, P.A., SIEGALL, C.B. (1993) Antitumor activity of the single-chain immunotoxin BR96 sFv-PE40 against established brest and lung tumor xenografts. *J. Immunol.* **150**, 3054–3061.

FUCHS, P., LITTLE, M., BREITLING, F., DÜBEL, S. (1991) Recombinant antibodies at the surface of *E. coli*. Deutsches Patentamt *Reg. Nr. P 41 22 5988*.

FUCHS, P., WEICHEL, W., DÜBEL, S., BREITLING, F., LITTLE, M. (1996) Specific selection of *E. coli* expressing functional cell-wall bound antibody fragments by FACS. *Immunotechnology* **2**, 97–102.

GAVILONDO, J.V., LARRICK, J.W. (2000) Antibody Engineering at the millennium. *BioTechniques* **29**, 128–145.

GILLILAND, L.K., NORRIS, N.A., MARQUARDT, H., TSU, T.T., HAYDEN, M.S. et al. (1996) Rapid and reliable cloning of antibody variable regions and generation of recombinant single chain antibody fragments. *Tissue Antigens* **47**, 1–20.

GLOCKSHUBER, R., MALIA, M., PFITZINGER, I., PLÜCKTHUN, A. (1990) A comparison of strategies to stabilize immunoglobulin Fv-fragments. *Biochemistry* **29**, 1362–1367.

HANES, J., PLÜCKTHUN, A. (1997) *In vitro* selection and evolution of functional proteins by using ribosome display. *Proc. Natl. Acad. Sci. USA* **94**, 4937–4942.

HELFRICH, W., KROESEN, B.J., ROOVERS, R.C., WESTERS, L., MOLEMA, G. et al. (1998) Construction and characterization of a bispecific diabody for retargeting T cells to human carcinomas. *Int. J. Cancer* **76**, 232–239.

HOCHMAN, J., INBAR, D., GIVOL, D. (1973) An active antibody fragment (Fv) composed of the variable portions of heavy and light chains. *Biochemistry* **12**, 1130–1135.

HOLLIGER, P., WINTER, G. (1993) Engineering bispecific antibodies. *Curr. Opin. Biotechnol.* **4**, 446–449.

HOLLIGER, P., PROSPERO, T., WINTER, G. (1993) „Diabodies": small bivalent and bispecific antibody fragments. *Proc. Natl. Acad. Sci. USA* **90**, 6444–6448.

HOLLIGER, P., BRISSINCK, J., WILLIAMS, R.L., THIELEMANS, K., WINTER, G. (1996) Specific killing of lymphoma cells by cytotoxic T-cells mediated by a bispecific diabody. *Protein Eng.* **9**, 299–305.

HOLLIGER, P., WING, M., POUND, J.D., BOHLEN, H., WINTER, G. (1997) Retargeting serum immunoglobulin with bispecific diabodies. *Nat. Biotechnol.* **15**, 632–636.

HOLLIGER, P., MANZKE, O., SPAN, M., HAWKINS, R., FLEISCHMANN, B. et al. (1999) Carcinoembryonic antigen (CEA)-specific T-cell activation in colon carcinoma induced by anti-CD3 × anti-CEA bispecific diabodies and B7 × anti-CEA bispecific fusion proteins. *Cancer Res.* **59**, 2909–2916.

HOOGENBOOM, H.R., CHARMES, P. (2000) Natural and designer binding sites made by phage display technology. *Immunol. Today* **21**, 371–378.

HU, S., SHIVELY, L., RAUBITSCHEK, A., SHERMAN, M., WILLIAMS, L.E. et al. (1996) Minibody: A novel engineered anti-carcinoembryonic antigen antibody fragment (single-chain Fv-CH3) which exhibits rapid, high-level targeting of xenografts. *Cancer Res.* **56**, 3055–3061.

HUDSON, P.J. (1999) Recombinant antibody constructs in cancer therapy. *Curr. Opin. Immunol.* **11**, 548–557.

HUDSON, P.J., KORTT, A.A. (1999) High avidity scFv multimers; diabodies and triabodies. *J. Immunol. Meth.* **231**, 177–189.

HUST, M., DÜBEL, S. (2004) Mating antibody phage display to proteomics. *Trends Biotechnol.* **22**, 8–14.

HUSTON, J.S., LEVINSON, D., MUDGETT-HUNTER, M., TAI, M.-S., NOVOTNY, J. et al. (1988) Protein engineering of antibody binding sites: recovery of specific activity in an anti-digoxin single-chain Fv analogue produced in *Escherichia coli. Proc. Natl. Acad. Sci. USA* **85**, 5879–5882.

ILIADES, P., KORTT, A.A., HUDSON, P.J. (1997) Triabodies: single chain Fv fragments without a linker form trivalent trimers. *FEBS Lett.* **409**, 437–441.

JAKOBOVITS, A. (1995) Production of fully human antibodies by transgenic mice. *Curr. Opin. Biotechnol.* **6**, 561–566.

JANEWAY, C.A., TRAVERS, P. (1997) *Immunologie*, 2. Aufl. Spektrum Akademischer Verlag GmbH, Heidelberg.

KARPOVSKY, B., TITUS, J.A., STEPHANY, D.A., SEGAL, D.M. (1984) Production of target-specific effector cells using hetero-cross-linked aggregates containing anti-target cell and anti-Fc gamma receptor antibodies. *J. Exp. Med.* 160, 1686–1701.

KIPRIYANOV, S.M., DÜBEL, S., BREITLING, F., KONTERMANN, R.E., LITTLE, M. (1994) Recombinant single-chain Fv fragments carrying C-terminal cysteine residues: Production of bivalent and biotinylated miniantibodies. *Mol. Immun.* **31**, 1047–1058.

KIPRIYANOV, S.M., DÜBEL, S., BREITLING, F., KONTERMANN, R.E., HEYMANN, S., LITTLE, M. (1995) Bacterial expression and refolding of single-chain Fv fragments with C-terminal cysteines. *Cell. Biophysics* **26**, 187–204.

KIPRIYANOV, S.M., MOLDENHAUER, G., STRAUSS, G., LITTLE, M. (1998) Bispecific CD3×CD19 diabody for T-cell mediated lysis of malignant human B cells. *Int. J. Cancer* **77**, 763–772.

KIPRIYANOV, S.M., MOLDENHAUER, G., SCHUHMACHER, J., COCHLOVIUS, B., VON DER LIETH, C.-W. et al. (1999) Bispecific tandem diabody for tumor therapy with improved antigen binding and pharmacokinetics. *J. Mol. Biol.* **293**, 41–56.

KIRKPATRICK, R. B., GANGULY, S., ANGELI-
CHIO, M., GRIEGO, S., SHATZMAN, A. et al.
(1995) Heavy chain dimers as well as com-
plete antibodies are efficiently formed and
secreted from *Drosophila* via a BiP mediated
pathway. *J. Biol. Chem.* **270**, 19800–19805.

KONTERMANN, R. (2000) Recombinant antibody fragments for cancer therapy. *Mod. Asp.
Immunobiol.* **1**, 88–91.

KONTERMANN, R., DÜBEL, S. (2001) *Antibody
Engineering*. Springer-Verlag, Heidelberg,
New York.

KONTERMANN, R. E., MÜLLER, R. (1999) Intracellular and cell surface displayed single-
chain diabodies. *J. Immunol. Meth.* **226**,
179–188.

KONTERMANN, R. E., WING, M. G., WINTER,
G. (1997) Complement recruitment using
bispecific diabodies. *Nat. Biotechnol.* **15**,
629–631.

KORTT, A. A., LAH, M., ODDIE, G. W., GRUEN,
C. L., BURNS, J. E. et al. (1997) Single-chain
Fv fragments of anti-neuraminidase antibody NC10 containing five- and ten-residue
linkers form dimers and with zero-residue
linker a trimer. *Protein Eng.* **10**, 423–433.

KOSTELNY, S. A., COLE, M. S., TSO, J. Y. (1992)
Formation of a bispecific antibody by the
use of leucine zippers. *J. Immunol.* **148**,
1547–1553.

KURUCZ, I., TITUS, J. A., JOST, R., JACOBUS, C.
M., SEGAL, D. M. (1995) Retargeting of CTL
by an efficiently refolded bispecific single-
chain Fv dimer produced in bacteria. *J. Immunol.* **154**, 4576–4582.

LE GALL, F., KIPRIYANOV, S. M., MOLDENHAU-
ER, G., LITTLE, M. (1999) Di-, tri- and tet-
rameric single chain Fv antibody fragments
against human CD19: effect of valency on
cell binding. *FEBS Lett.* **453**, 164–168.

LI, E., PEDRAZA, A., BESTAGNO, M., MANCAR-
DI, S., SANCHEZ, R., BURRONE, O. (1997)
Mammalian cell expression of dimeric
small immune proteins (SIP). *Protein Eng.*
10, 731–736.

LIBYH, M. T., GOOSSENS, D., OUDIN, S., GUP-
TA, N., DERVILLEZ, X. et al. (1997) A recombinant human scFv anti-Rh(D) antibody
with multiple valences using a C-terminal
fragment of C4-binding protein. *Blood* **90**,
3978–3983.

LONBERG, N., HUSZAR, D. (1995) Human antibodies from transgenic mice. *Int. Rev. Immunol.* **13**, 65–93.

LUO, D., GENG, M., NOUJAIM, A. A., MADIYA-
LAKAN, R. (1997) An engineered bivalent
single-chain antibody fragment that increa-
ses antigen binding activity. *J. Biochem.* (Tokyo) **121**, 831–834.

MALLENDER, W. D., VOSS, E. W., Jr. (1994) Construction, expression, and activity of a bivalent bispecific single-chain antibody. *Biol.
Chem.* **269**, 199–206.

MALLENDER, W. D., FERREIRA, S. T., VOSS,
E. W., Jr., COELHO-SAMPAIO, T. (1994) Inter-
active-site distance and solution dynamics
of a bivalent-bispecific single-chain antibody
molecule. *Biochemistry* **33**, 10100–10108.

MARASCO, W. A., HASELTINE, W. A., CHEN,
S. Y. (1993) Design, intracellular expression,
and activity of a human anti-human immunodeficiency virus type 1 gp120 single-chain
antibody. *Proc. Natl. Acad. Sci. USA* **90**,
7889–3793.

MARKS, J. D., HOOGENBOOM, H. R., BONNERT,
T. P., MCCAFFERTY, J., GRIFFITHS, A. D.,
WINTER, G. (1991) By-passing immunizati-
on. Human antibodies from V-gene libraries displayed on phage. *J. Mol. Biol.* **222**,
581–597.

MARTSEV, S. P., DUBNOVITSKY, A. P., STREMOV-
SKY, O. A., CHUMANEVICH, A. A., TSYBOVSKY,
Y. I. et al. (2002) Partially structured state of
the functional VH domain of the mouse
anti-ferritin antibody F11. *FEBS Lett.* **518**,
177–182.

MCCARTNEY, J. E., TAI, M. S., HUDZIAK, R. M.,
ADAMS, G. P., WEINER, L. M. et al. (1995)
Engineering disulfide-linked single-chain Fv
dimers (sFv)2 with improved solution and
targeting properties: anti-digoxin 26–10
(sFv)2 and anti-c-erbB-2 741F8 (sFv)2 made
by protein folding and bonded through
C-terminal cysteinyl peptides. *Protein Eng.*
8, 301–314.

MCGREGOR, D. P., MOLLOY, P. E., CUNNUNG-
HAM, C., HARRIS, W. J. (1994) Spontaneous
assembly of bivalent single chain antibody
fragments in *Escherichia coli*. *Mol. Immunol.*
31, 219–226.

MILENIC, D. E., YOKOTA, T., FILPULA, D. R.,
FINKELMAN, M. A. J., DODD, S. W. et al
(1991) Construction, binding properties,
metabolism, and tumor targeting of a sin-

gle-chain Fv derived from the pancarcinoma monoclonal antibody CC49. *Cancer Res.* **51**, 6363–6371.

MILSTEIN, C., CUELLO, A.C. (1983) Hybrid hybridomas and their use in immunohistochemistry. *Nature* **305**, 537–540.

MÜLLER, K.M., ARNDT, K.M., PLÜCKTHUN, A. (1998a) A dimeric bispecific miniantibody combines two specificities with avidity. *FEBS Lett.* **432**, 45–49.

MÜLLER, K.M., ARNDT, K.M., STRITTMATTER, W., PLÜCKTHUN, A. (1998b) The first constant domain [C(H)1 and C(L)] of an antibody used as heterodimerization domain for bispecific miniantibodies. *FEBS Lett.* **422**, 259–264.

NAKAMURA, M., TSUMOTO, K., ISHIMURA, K., KUMAGAI, I. (2002) Phage library panning against cytosolic fraction of cells using quantitative dot blotting assay: application of selected VH to histochemistry. *J. Immunol. Methods* **261**, 65–72.

NERI, D., MOMO, M., PROSPERO, T., WINTER, G. (1995) High-affinity antigen binding by chelating recombinant antibodies (CRAbs). *J. Mol. Biol.* **246**, 367–373.

NIZAK, C., MONIER, S., DEL NERY, E., MOUTEL, S., GOUD, B., PEREZ, F. (2003) Recombinant antibodies to the small GTPase Rab6 as conformation sensors. *Science* **300**, 984–987.

NUTTALL, S.D., IRVING, R.A., HUDSON, P.J. (2000) Immunoglobulin VH domains and beyond: design and selection of single-domain binding and targeting reagents. *Curr. Pharm. Biotechnol.* **1**, 253–263.

PACK, P., PLÜCKTHUN, A. (1992) Miniantibodies: use of amphipathic helices to produce functional, flexibly linked dimeric FV fragments with high avidity in *Escherichia coli*. *Biochemistry* **31**, 1579–1584.

PACK, P., KUJAU, M., SCHROECKH, V., KNÜPFER, U., WENDEROTH, R., RIESENBERG, D., PLÜCKTHUN, A. (1993) Improved bivalent miniantibodies, with identical avidity as whole antibodies, produced by high cell density fermentation of *Escherichia coli*. Bio/Technol. **11**, 1271–1277.

PACK, P., MÜLLER, K., ZAHN, R., PLÜCKTHUN, A. (1995) Tetravalent miniantibodies with high avidity assembling in *Escherichia coli*. *J. Mol. Biol.* **246**, 28–34.

PEI, X.Y., HOLLIGER, P., MURZIN, A.G., WILLIAMS, R.L. (1997) The 2.0-A resolution crystal structure of a trimeric antibody fragment with noncognate V$_H$-V$_L$ domain pairs shows a rearrangement of V$_H$ CDR3. *Proc. Natl. Acad. Sci. USA* **94**, 9637–9642.

PERISIC, O., WEBB, P.A., HOLLIGER, P., WINTER, G., WILLIAMS, R.L. (1994) Crystal structure of a diabody, a bivalent antibody fragment. *Structure* **2**, 1217–1226.

PLÜCKTHUN, A., PACK, P. (1997) New protein engineering approaches to multivalent and bispecific antibody fragments. *Immunotechnology* **3**, 83–105.

POLJAK, R.J. (1994) Production and structure of diabodies. *Structure* **2**, 1121–1123.

PRESTA, L.G., SHIELDS, R.L., NAMENUK, A.K., HONG, K., MENG, Y.G. (2002) Engineering therapeutic antibodies for improved function. *Biochem. Soc. Trans.* **30**, 487–490.

REICHERT, J.M. (2001) Monoclonal antibodies in the clinic. *Nat Biotechnol.* **19**, 819–822.

REITER, Y., BRINKMANN, U., WEBBER, K.O., JUNG, S.H., LEE, B., PASTAN, I. (1994a) Engineering interchain disulfide bonds into conserved framework regions of Fv fragments: improved biochemical characteristics of recombinant immunotoxins containing disulfide-stabilized Fv. *Protein Eng.* **7**, 697–704.

REITER, Y., BRINKMANN, U., JUNG, S.-H., LEE, B., KASPRZYK, P.G. et al. (1994b) Improved binding and antitumor activity of a recombinant anti-erbB2 immunotoxin by disulfide stabilization of the Fv fragment. *J. Biol. Chem.* **269**, 18327–18331.

REITER, Y., KREITMAN, R.J., BRINKMANN, U., PASTAN, I. (1994c) Cytotoxic and antitumor activity of a recombinant immunotoxin composed of disulfide-stabilized anti-Tac Fv fragment and truncated *Pseudomonas* exotoxin. *Int. J. Cancer* **58**, 142–149.

REITER, Y., BRINKMANN, U., KREITMAN, R.J., JUNG, S.H., LEE, B., PASTAN, I. (1994d) Stabilization of the Fv fragments in recombinant immunotoxins by disulfide bonds engineered into conserved framework regions. *Biochemistry* **33**, 5451–5459.

REITER, Y., BRINKMANN, U., JUNG, S.H., PASTAN, I., LEE, B. (1995) Disulfide stabilization of antibody Fv: computer predictions and experimental evaluation. *Protein Eng.* **8**, 1323–1331.

RHEINNECKER, M., HARDT, C., ILAG, L.L., KU-
FER, P., GRUBER, R. et al. (1996) Multivalent
antibody fragments with high functional affinity for a tumor-associated carbohydrate
antigen. *J. Immunol.* **157**, 2989–2997.

RICHARDSON, J.H., SODROSKI, J.G., WALD-
MANN, T.A., MARASCO, W.A. (1995) Pheno-
typic knockout of the high-affinity human
interleukin 2 receptor by intracellular single-chain antibodies against the alpha sub-
unit of the receptor. *Proc. Natl. Acad. Sci.
USA* **92**, 3137–3141.

RIECHMANN, L., MUYLDERMANS, S. (1999)
Single domain antibodies: comparison of
camel VH and camelised human VH domains. *J. Immunol. Methods* **231**, 25–38.

ROBERT, B., DORVILLIUS, M., BUCHEGGER, F.,
GARAMBOIS, V., MANI, J.C. et al. (1999) Tumor targeting with newly designed bipara-
topic antibodies directed against two different epitopes of the carcinoembryonic antigen (CEA). *Int. J. Cancer* **81**, 285–291.

RODRIGUES, M.L., SNEDECOR, B., CHEN, C.,
WONG, W.L.T., GARG, S. et al. (1993) Engineering Fab' fragments for efficient F(ab')$_2$
formation in *Escherichia coli* and for improved *in vitro* stability. *J. Immun.* **151**,
6954–6961.

ROHRBACH, P., BRODERS, O., TOLEIKIS, L.,
DÜBEL, S. (2003) Therapeutic antibodies
and antibody fusion proteins. *Biotech. and
Gen. Eng.* **20**, 137–163.

SCHENKEL, J. (1995) *Transgene Tiere.* Spektrum-Verlag, Heidelberg. ISBN 3860252690.

SCHMIEDL, A., BREITLING, F., WINTER, C.H.,
QUEITSCH, I., DÜBEL, S. (2000a) Effects of
unpaired cysteines on yield, solubility and
activity of different recombinant antibody
constructs expressed in *E. coli.* *J. Immunol.
Methods* **242**, 101–114.

SCHMIEDL, A., BREITLING, F., DÜBEL, S.
(2000b) Expression of a bispecific dsFv-
dsFv antibody fragment in *Escherichia coli.
Protein Eng.* **13**, 725–734.

SCHOONJANS, R., WILLEMS, A., GROOTEN, J.,
MERTENS, N. (2000a) Efficient heterodimerization of recombinant bi- and trispecific
antibodies. *Bioseparations* **9**, 179–183.

SCHOONJANS, R., WILLEMS, A., SCHOONOOG-
HE, S., FIERS, W., GROOTEN, J., MERTENS,
N. (2000b) Fab chains as an efficient heterodimerization scaffold for the production
of recombinant bispecific and trispecific an-

tibody derivatives. *J. Immunol.* **165**,
7050–7057.

SCHULTZ, J., LIN, Y., SANDERSON, J., ZUO, Y.,
STONE, D. et al. (2000) A tetravalent single-
chain antibody-streptavidin fusion protein
for pretargeted lymphoma therapy. *Cancer
Res.* **60**, 6663–6669.

SEGAL, D.M., WEINER, G.J., WEINER, L.M.
(2001) Introduction: bispecific antibodies. *J.
Immunol. Meth.* **248**, 1–6.

SEN, J., BEYCHOK, S. (1986) Proteolytic dis-
section of a hapten binding site. *Proteins* **1**,
256–262.

SHARON, J., GIVOL, D. (1976) Preparation of
Fv fragment from mouse myeloma
XRPC-25 immunoglobulin possessing anti-
dinitrophenyl activity. *Biochemistry* **15**,
1591–1594.

SHEETS, M.D., AMERSDORFER, P., FINNERN,
R., SARGENT, P., LINDQUIST, E. et al. (1998)
Efficient construction of a large nonimmune phage antibody library: the production of
high-affinity human single-chain antibodies
to protein antigens. *Proc. Natl. Acad. Sci.
USA* **95**, 6157–6162.

SKERRA, A., PLÜCKTHUN, A. (1988) Assembly
of a functional immunglobulin Fv Fragment in *Escherichia coli. Science* **240**,
1038–1041.

SMITH, G.P. (1985) Filamentous fusion phage: novel expression vectors that display cloned antigens on the virion surface. *Science*
228, 1315–1317.

SURESH, M.R., CUELLO, A.C., MILSTEIN, C.
(1986) Bispecific monoclonal antibodies
from hybrid hybridomas. *Methods Enzymol.*
121, 210–228.

TODOROVSKA, A., ROOVERS, R.C., DOLEZAL, O.,
KORTT, A.A., HOOGENBOOM, H.R., HUDSON,
P.J. (2001) Design and application of diabodies, triabodies and tetrabodies for cancer
targeting. *J. Immunol. Methods* **248**, 47–66.

VITI, F., TARLI, L., GIOVANNONI, L., ZARDI,
L., NERI, D. (1999) Increased binding affinity and valence of recombinant antibody
fragments lead to improved targeting of tu-
moral angiogenesis. *Cancer Res.* **59**,
347–352.

WINTER, G., MILSTEIN, C. (1991) Man-made
antibodies. *Nature* **349**, 293–299.

WÖRN, A., PLÜCKTHUN, A. (2001) Stability
engineering of antibody single-chain Fv
fragments. *J. Mol. Biol.* **305**, 989–1010.

Wu, A. M., Chen, W., Raubitschek, A., Williams, L. E., Neumaier, M. et al. (1996) Tumor localization of anti-CEA single-chain Fvs: improved targeting by non-covalent dimers. *Immunotechnology* **2**, 21–36.

Wu, A. M., Williams, L. E., Zieran, L., Padma, A., Sherman, M. et al. (1999) Anti-carcinoembryonic antigen (CEA) diabody for rapid tumor targeting and imaging. *Tumor Targeting* **4**, 47–58.

Xu, L., Aha, P., Gu, K., Kuimelis, R. G., Kurz, M. et al. (2002) Directed evolution of high-affinity antibody mimics using mRNA display. *Chem. Biol.* **9**, 933–942.

Yokota, T., Milenic, D. E., Whitlow, M., Schlom, J. (1992) Rapid tumor penetration of a single-chain Fv and comparison with other immunoglobulin forms. *Cancer Res.* **52**, 3402–3408.

Zewe, M., Rybak, S., Dübel, S., Coy, J., Welschof, M., et al. (1997) Cloning and cytoto-xicity of a human pancreatic RNase immunofusion. *Immunotechnology* **3**, 127–136.

Zhu, Z., Ghose, T., Lee, S. H. S., Fernandez, L. A., Kerr, L. A. et al. (1994) Tumor localization and therapeutic potential of an anti-tumor-anti-CD3 heteroconjugate antibody in human renal cell carcinoma xenograft models. *Cancer Lett.* **86**, 127–134.

Zhu, Z., Zapata, G., Shalaby, R. Snedecor, B., Chen, H., Carter, P. (1996) High level secretion of a humanized bispecific diabody from *Escherichia coli*. *Biotechnology* **14**, 192–196.

Zhu, Z., Presta, L. G., Zapata, G., Carter, P. (1997) Remodeling domain interfaces to enhance heterodimer formation. *Protein Sci.* **6**, 781–788.

Zuo, Z., Jimenez, X., Witte, L., Zhu, Z. (2000) An efficient route to the production of an IgG-like bispecific antibody. *Prot. Eng.* **13**, 361–367.

29
Genetisch veränderte Mäuse (transgene und Knock-out-Mäuse) und ihre Bedeutung für die Biomedizin

Die Funktion eines unbekannten Gens lässt sich u.a. dadurch erkennen, dass man es ausschaltet oder überexprimiert. Dieses Kapitel beschreibt die Methoden zur Erzeugung und die Anwendung von transgenen Mäusen und Knock-out-Mäusen in der biomedizinischen Forschung.

29.1
Überblick

Mit der gezielten genetischen Veränderung von Lebewesen ist es Molekularbiologen gelungen, genetische Studien, die sich früher im Wesentlichen auf Züchtungs- und Kreuzungsexperimente beschränkten, auf ein experimentelles Niveau zu heben: Die molekularbiologischen Methoden ermöglichen es, der Erbmasse eines Lebewesens Gene hinzuzufügen und deren Einfluss auf den Gesamtorganismus direkt sichtbar zu machen. Beispielsweise führen zusätzliche Krebsgene zu auffälligem Tumorwachstum, oder zusätzliche Wachstumshormongene fördern die Körpergröße. Umgekehrt lassen sich körpereigene Gene gezielt ausschalten oder verändern. Auch diese Manipulation wirkt sich auf Befinden und Verhalten des Lebewesens aus. Wird ein Gen für einen Rezeptor zur schnellen Reizweiterleitung im Gehirn ausgeschaltet, dann fehlt den betroffenen Mäusen dieser Rezeptor, und als Folge sind die Tiere in ihrem Lernverhalten stark eingeschränkt.

Voraussetzung für einen gezielten genetischen Eingriff war die Aufreinigung und Vervielfältigung entsprechender Genomabschnitte in Bakterien (Klonierung) oder im Reagenzglas. Mit den klonierten Genomfragmenten waren zum ersten Mal größere Mengen definierter Erbinformation vorhanden, deren DNA-Sequenz sich jetzt ermitteln ließ. Darüber hinaus konnte die klonierte Erbinformation nun umorganisiert werden, und die in Bakterien umorganisierten Genfragmente ließen sich zur Funktionsanalyse in Zellen und Organismen zurückführen. Die schnelle Kommerzialisierung und die Fülle der mit Klonierungstechniken gewonnen Erkenntnisse führten zur explosionsartigen Anwendung der gezielten genetischen Manipulation und des Gentransfers in fast allen Bereichen der biomedizinischen Forschung.

Molekulare Biotechnologie: Konzepte und Methoden.
Herausgegeben von M. Wink
Copyright © 2004 WILEY-VCH Verlag GmbH & Co. KGaA, Weinheim
ISBN: 3-527-30992-6

Techniken zur Erzeugung genetisch veränderter Mäuse

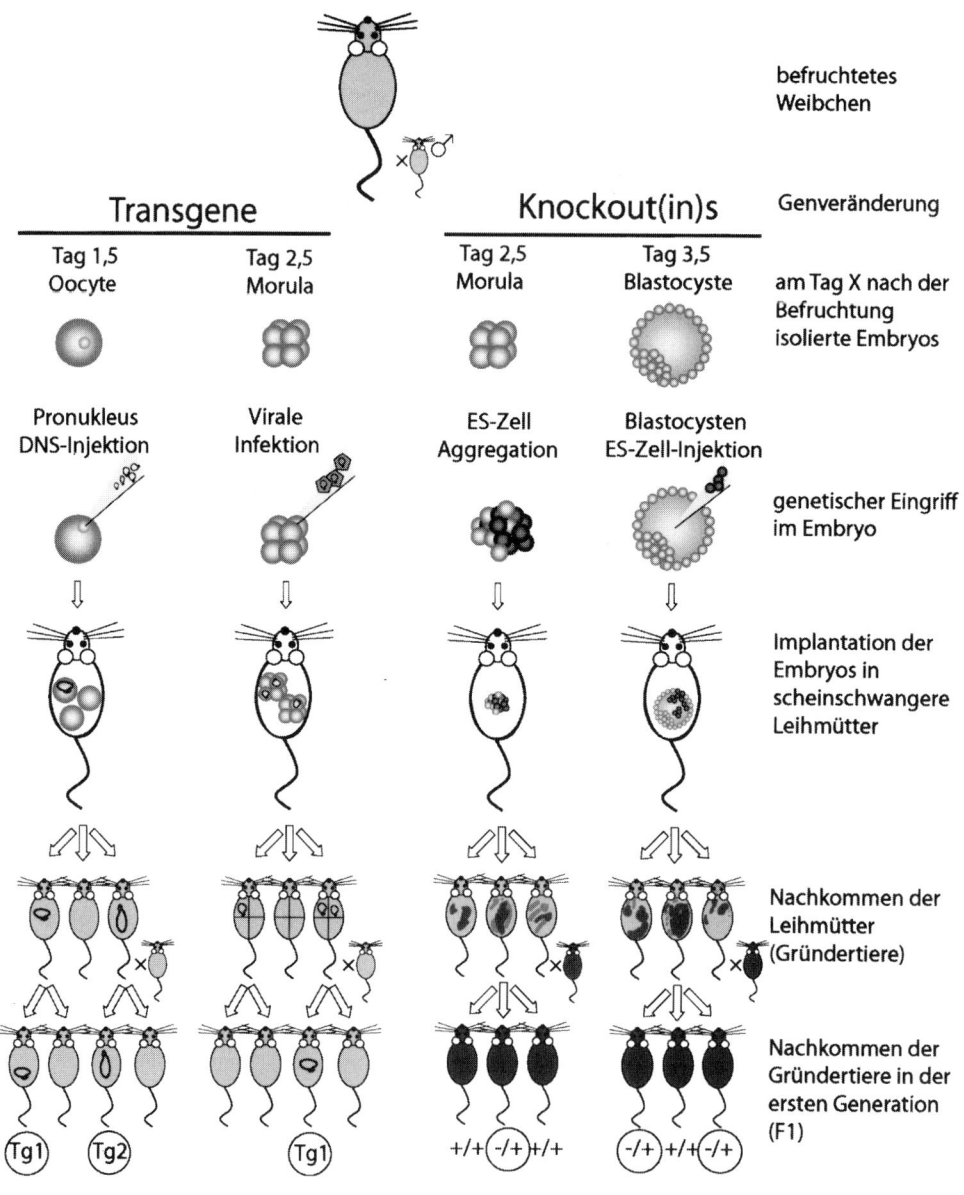

				befruchtetes Weibchen
Transgene		**Knockout(in)s**		Genveränderung
Tag 1,5 Oocyte	Tag 2,5 Morula	Tag 2,5 Morula	Tag 3,5 Blastocyste	am Tag X nach der Befruchtung isolierte Embryos
Pronukleus DNS-Injektion	Virale Infektion	ES-Zell Aggregation	Blastocysten ES-Zell-Injektion	genetischer Eingriff im Embryo
				Implantation der Embryos in scheinschwangere Leihmütter
				Nachkommen der Leihmütter (Gründertiere)
Tg1 Tg2	Tg1	+/+ -/+ +/+	-/+ +/+ -/+	Nachkommen der Gründertiere in der ersten Generation (F1)

Abb. 29.1 Techniken zur Erzeugung genetisch veränderter Mäuse. Alle bisher benutzten Techniken führen den genetischen Eingriff bereits im Embryo im Ein- oder Mehrzellstadium durch. Die genetisch veränderten Embryonen werden von Leihmüttern ausgetragen und werden nach Geburt als Gründertiere bezeichnet. Erst bei Nachkommen der Gründermäuse liegt die genetische Manipulation stabil in allen Körperzellen der Maus im heterozygoten (nur auf einem der beiden elterlichen Chromosomen) oder nach weiteren Verpaarungen im homozygoten (auf beiden Kopien der elterlichen Chromosomen) vor. Aus zur Superovulation gebrachten, frisch verpaarten Weibchen werden Mäuseembryos durch Eileiterspülung isoliert. Soll das Transgen nur an einer beliebigen Stelle der Erbinformation hinzugefügt werden, kann das Transgen als DNA in den Vorkern der befruchteten Eizelle eingespritzt (Pronucleus-Injektion) werden. Alternativ lässt es sich, eingepackt in Retroviren, durch Infektion von Mäuseembryos in deren Erbmasse einschleusen. Nach einer Pronucleus-Injektion tragen etwa 5–10% der aus den behandelten Oocyten hervorgehenden Gründertiere das injizierte Transgen. Da die Oocyten das Transgen an unterschiedlicher Stelle in ihre Erbmasse aufgenommen haben, wird aus jedem positiven Gründertier eine transgene Linie (TG1, TG2 usw.) etabliert. Findet, wie häufig bei der retroviralen Infektion, die Integration des Transgens erst im Zwei- oder Vierzellstadium statt, so tragen die Gründertiere das Transgen nicht in jeder Körperzelle (d. h. sie sind bezüglich des Transgens Mosaik). Fehlt das Transgen in den Keimbahnzellen des Gründertieres, so sind alle seine Nachkommen für das Transgen negativ. Als Spendertiere und Paarungspartner wählt man idealerweise Mäuse einer einzigen Inzuchtlinie, z. B. C57Bl6 (in grau gezeigten Mäuse), damit alle erzeugten Mäuse den gleichen genetischen Hintergrund besitzen.

Soll ein Gen der Maus spezifisch verändert werden, lässt sich diese Manipulation nicht direkt am Embryo vornehmen. Für diese Manipulation wird zuerst die Erbmasse kultivierter embryonaler Stammzelllinien (ES-Zellen) durch Rekombination homologer Genabschnitte gezielt in Zellkultur verändert. Die manipulierten ES-Zellen (dunkelgrau) werden dann durch Co-kultivieren mit Morulastadien oder durch Blastocysteninjektion in Embryonen eingebracht, die wiederum in Leihmütter implantiert werden. Die aggregierten oder injizierten, genetisch veränderten ES-Zellen beteiligen sich an der Bildung des Embryos. Die daraus hervorgehenden Mäuse werden als chimäre Gründertiere bezeichnet. Sie tragen sowohl Zellen des Spenderembryos als auch Zellen der genetisch veränderten ES-Zellen. Im Gegensatz dazu sind die Nachkommen (F1) der chimären Gründertiere genetisch rein. Sie entstehen aus Keimzellen, die entweder aus Zellen des Spenderembryos oder der ES-Zelllinie hervorgehen. Da die Genveränderung nur an einem der beiden elterlichen Allele vorgenommen wurde, sind Nachkommen in der F1 für das veränderte Gen immer noch heterozygot (–/+). Bei den Knockout(in)-Mäusen können nicht konsequent Mäuse der gleichen Inzuchtlinien als Spender und Empfängertiere herangezogen werden. Die Fellfarbe ist hier ein wichtiger Indikator für den Verlauf des Experiments. Spender und Empfänger stammen deshalb von Linien mit unterschiedlicher Fellfarbe. Zum Beispiel werden als Spender für ES-Zelllinien Mäuse mit dominanter brauner (agouti) Fellfarbe der Linie SV129 benutzt, wohingegen Embryonen mit Genen für ein schwarzes Fell (Linien C57Bl6 hier in grau synpolisiert) als Empfängerembryonen fungieren. Die resultierenden schwarz-braunen chimären Gründertiere müssen deshalb mit Mäusen der Linie SV129 (in dunkelgrau gezeigte Mäuse) verpaart werden. Nur so können Keimzellen mit gleichem genetischen Ursprung zueinander finden und Mäuse hervorbringen, die den genetischen Hintergrund der Mauslinie SV129 besitzen. Da jetzt alle Nachkommen die dominante agouti-Fellfarbe haben, muss die Gegenwart des Kock-out(in)-Allels in einer Genotypisierung bestimmt werden. Das Wildtyp-Allel wird mit (+) und das Knock-out-Allel mit (–) angegeben.

Von der gezielten genetischen Manipulation an Mäusen erhofft man sich, Genfunktionen direkt im Säugetier analysieren zu können und Mausmodelle für menschliche Krankheitsbilder zu entwickeln. Mäuse besitzen – als einzige Säuger – die für diese Experimente notwendigen Voraussetzungen: Es existieren Inzuchtlinien, die anatomisch, physiologisch und bezüglich ihres Verhaltens gut charakterisiert sind; eine Generationenfolge von etwa drei Monaten ist akzeptabel, und die Präparation und anschließende Vitalisierung von Mausembryonen ist methodisch etabliert; auch sind murine, embryonale Stammzelllinien verfügbar; dabei handelt es sich um Mauszellen, die sich wie befruchtete Eizellen zu lebensfähigen Mäusen entwickeln können. Die Existenz solcher pluripotent kultivierbarer Zellen ist für einen präzise geführten Eingriff in das Erbgut notwendig.

Mit den heutigen molekular- und entwicklungsbiologischen Methoden werden die genetischen Eingriffe an Mäusen dann durchgeführt, wenn diese sich noch in jungen Embryonalstadien befinden. Je nach Art des Eingriffs erzeugt man zwei grundlegend verschiedene Mausmodelle (Abb. 29.1): Wird ein Gen an einer beliebigen Stelle der Erbmasse des Embryos hinzugefügt, so wird die aus diesem Embryo entstehende Maus als „transgene Maus" bezeichnet; wird im Genom des Embryos ein spezifisches Gen an dessen natürlichem Genort zerstört oder abgeändert, werden die aus dem Embryo entstehenden Mäuse als „Knock-out-Mäuse" bzw. als „Knock-in-Mäuse" bezeichnet.

Transgene Mäuse werden durch Injektion des zu integrierenden Erbguts in den Vorkern (Pronucleus) einer frisch besamten Oocyte oder durch Infektion einer befruchteten Oocyte mit retroviralen Genfähren hergestellt. Nach Eintritt in den Zellkern der Oocyten fädelt sich die eingebrachte DNA zufällig an irgendeiner Stelle in das Mausgenom ein. Diese Zufälligkeit ist in Knock-out(/in)-Mäusen eliminiert, da ein genau definiertes Gen im Mausgenom ausgeschaltet oder verändert wird. Diese genetische Manipulation erfolgt jetzt nicht in der Mausoocyte, sondern an in Kultur genommenen embryonalen Stammzellen. Nach gezieltem Eingriff werden die Zellen in drei bis vier Tage alte Embryonen (Blastocysten) injiziert. Diese, wie auch die Oocyten mit integriertem Transgen, werden in den Uterus scheinschwangerer Mäuseweibchen implantiert. Die Embryonen reifen heran und werden nach etwa 20 Tagen als genveränderte Mäuse geboren.

Beide Methoden sind nicht unkompliziert, die Zucht- und Haltungskosten hoch und die Generationszeiten der Maus Geduld fordernd. Das mag wohl begründen, dass die Maus, gleichwohl favorisiert in der akademischen Forschung, nur langsam in der pharmazeutischen Industrie Verbreitung findet. Mausmodelle zu entwickeln, die menschlichen Krankheitsbildern ähneln, damit anschließend an diesen Modellen Wirksamkeit und Wirkungsweise von Medikamenten untersucht werden können, gilt als wesentliches Ziel.

29.2
Transgene Mäuse

Der Begriff „transgene Maus" umschreibt alle Mäuse, die künstlich hinzugefügte Erbinformation, das Transgen, an einer oder mehreren Stellen in ihrem Genom tragen. Dabei wird das Transgen im Einzelstadium des Mausembryos in dessen Genom integriert. Danach ist das Transgen im Genom jeder Körperzelle des sich entwickelnden Tieres vorhanden. Da sich das Transgen analog den körpereigenen – den endogenen – Genen den Mendel'schen Gesetzen gemäß vererbt, sind in der Regel 50% der Nachkommen Träger des Transgens.

29.2.1
Die retrovirale Infektion zur Erzeugung transgener Mäuse

Erste Arbeiten zum Gentransfer beschreiben das Einbringen fremder Erbinformation in die befruchtete Eizelle der Maus mittels retroviraler Vektoren. Diese Vektoren nutzen die Eigenschaften der Retroviren, sich nach Infektion der Mauszellen an einer Stelle in das Genom der infizierten Mauszellen zu integrieren.

Man flankiert deshalb den einzubringenden Genabschnitt mit den Integrationselementen des Retrovirus, den LTRs (*long terminal repeats*), verpackt den ITR-flankierten Genabschnitt in eine Virushülle und infiziert damit zwei bis vier Tage alte Embryonen. Häufig integriert sich die infizierte DNA erst nach der ersten oder zweiten Furchungsteilung, sodass viele Embryonen aus mindestens zwei Zellpopulationen bestehen, d. h. aus Zellen mit und ohne integriertes retrovirales Transgen. Die infizierten Embryonen werden in den reproduktiven Trakt einer Leihmutter transferiert und von dieser ausgetragen. Sechs Wochen nach ihrer Geburt werden die transgenen Mäuse verpaart. Nur wenn die Keimzellen der transgenen Mäuse das retrovirale Transgen besitzen, wird das Transgen an Nachkommen weitergegeben. Diese Mäuse werden dann als Stammväter oder Stammmütter (Gründertiere) der transgenen Linien bezeichnet, wobei man in einer transgenen Linie alle Abkömmlinge eines Gründertieres zusammenfasst. Mit retroviralen Vektoren wurden hauptsächlich funktionell wichtige Gene aufgespürt. Durch zufällige Integration des viralen Transgens kann ein funktionell wichtiges Gen zerstört werden, dessen Verlust sich in Form einer Anomalie, Krankheit oder Verhaltensauffälligkeit der betroffenen Maus bemerkbar machen kann. In solchen Fällen ist man bemüht, das zerstörte Gen zu identifizieren, um die genetische Ursache der Anomalie oder Verhaltensänderung zu entschlüsseln.

29.2.2
Die Pronucleus-Injektion zur Erzeugung transgener Mäuse

Die Erkenntnis, dass DNA-Bruchstücke sich in die Erbmasse von Mäusen integrieren, wenn man diese kurz nach der Befruchtung der Oocyte in den männlichen Vorkern (Pronucleus) injiziert, löste die retroviralen Vektoren als Genfähre in der transgenen Technologie ab (Abb. 29.2). Die Pronucleus-Injektion ist einfach

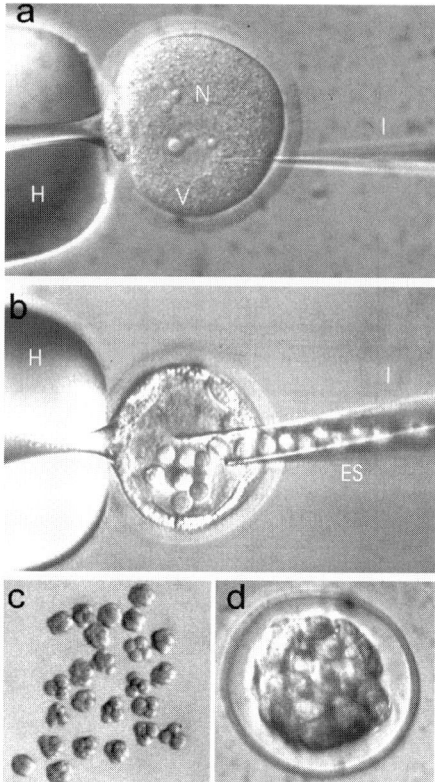

Abb. 29.2 Pronucleus-Injektion (a) Ein Tag nach der Verpaarung von Mäusen werden aus den Eileitern die Eizellen isoliert und mit einer Haltepipette (H) fixiert. Im Injektionsmikroskop ist der männliche Vorkern (V) und Nucleoli (N) zu erkennen. Mit einer Injektionskanüle werden 2 picoliter der DNA-Lösung injiziert. Die DNA codiert für das in die Maus einzubringende Transgen. Blastocysten-Injektion (b) Die Blastocysten werden dreieinhalb Tage nach Befruchtung aus schwangeren Weibchen isoliert. Am Injektionsmikroskop werden die Blastocysten mit einer Haltepipette (H) fixiert. Mit einer Injektionskanüle (I) werden 10 bis 20 vereinzelte ES-Zellen (ES) eingespritzt. ES-Zell-Aggregation (c, d) Embryonen im Morulastadium werden zweieinhalb Tage nach Befruchtung aus schwangeren Weibchen isoliert und in Medium kultiviert (c). Ein bis vier Morulastadien werden zusammen mit ES-Zellen in einer kleinen Mulde für ein bis drei Tage kultiviert. ES-Zellen und Zellen der Morulastadien aggregieren (d). Abbildung a und b wurde dem Autor freundlicherweise von Frank Zimmermann, dem Leiter der Biotechnologie Labors am zentralen Tierlabor der Universität Heidelberg, zur Verfügung gestellt.

auszuführen und hat zum Vorteil, dass die Größe der eingebrachten DNA-Stücke nicht, wie bei den Retroviren, durch die Größe der Virushülle limitiert ist. Außerdem ist das Vorkommen von Gründertieren, die das Transgen nicht in jeder Zelle tragen, eher die Ausnahme.

Die Embryonen (in diesem Fall auch Oocyten) zur Pronucleus-Injektion werden aus schwangeren Spenderweibchen gewonnen, die vor der Verpaarung durch Hormongabe zur Superovulation gebracht worden waren. Den Weibchen wird zwei Tage vor der Verpaarung das Serum trächtiger Mäuse intraperitoneal injiziert, und am Tage der Verpaarung wird die Ovulation durch Choriongonadotropin-Injektion induziert. Diese Hormonbehandlung erhöht die Zahl der freigesetzten Oocyten von 5 bis 8 auf bis zu 35. Danach werden die Weibchen sofort verpaart, sodass am folgenden Morgen die befruchteten Eizellen durch Eileiterspülung der Spenderweibchen gewonnen werden können. Sofort nach der Spülung wird die Pronucleus-Injektion durchgeführt. Wie bei allen Säugern bleibt nach Eindringen des Spermiums in die Eizelle der Kern des Spermiums (der männliche Vorkern) vom Kern der Eizelle getrennt, bis Letzterer seine Meiose mit Bildung des weiblichen Vorkerns abgeschlossen hat. Während dieser Phase lässt sich der männliche Vorkern aufgrund seiner Größe leicht in einem Injektionsmikroskop erkennen.

Ist die Eizelle mit einer Haltekapillare fixiert, werden ein bis zwei Picoliter linearisierte, von Plasmidsequenzen befreite DNA mit einer feinen Injektionspipette eines Mikromanipulators in den Vorkern eingespritzt, wobei dieser leicht anschwillt.

Nach der Mikroinjektion werden die „präzygotären" Eizellen in Kultur genommen. Setzen die Furchungsteilungen ein, und nur dann, erfolgt auf mikrochirurgischem Weg die Implantation in Leihmütter. Vorbereitet auf eine Embryoaufnahme werden die Leihmütter durch Verpaarung mit sterilen männlichen Mäusen. Bei Mäusen ist der Verpaarungsakt für eine erfolgreiche Nidation notwendig. Pro Experiment werden etwa 100 bis 120 mikroinjizierte Eizellen hergestellt und in drei bis vier scheinschwangere Weibchen implantiert. Etwa ein Viertel der eingesetzten Embryonen reifen im Uterus der Ersatzmütter. Sie werden drei Wochen nach Implantation geboren.

Bei der Pronucleus-Injektion ist die Zahl der benötigten Eizellen deutlich höher als die Zahl der Eizellen, die man für eine effizientere Virusinfektion benötigt. Je nach Experimentiergeschick tragen nach Pronucleus-Injektion nur 0 bis 15% der geborenen Mäuse das verabreichte Transgen. Die Gegenwart des Transgens wird in der Regel mit einer Polymerase-Kettenreaktion nachgewiesen. Dazu wird die genomische DNA aus kupierten Schwanzspitzen potenzieller transgener Mäuse isoliert. Lässt sich aus der isolierten DNA mit spezifischen Primern das Transgen amplifizieren, wird die Maus als „positiv" für das Transgen betrachtet. Eine Überprüfung des Testergebnisses durch Southern-Blotting oder durch eine zweite unabhängige Polymerase-Kettenreaktion empfiehlt sich, um falsch positive Resultate zu vermeiden. Jede aus einer Pronucleus-Injektion hervorgegangene transgene Maus wird auch hier als Gründertier bezeichnet. Bei allen Gründertieren ist das Transgen an verschiedenen Stellen und in unterschiedlicher Kopienzahl in das Genom integriert. Kopienzahl und die Genumgebung beeinflussen die Eigenschaften des Transgens, und dessen Ausprägung unterscheidet sich deshalb von Gründertier zu Gründertier. Durch Verpaarung der Gründertiere mit Mäusen des Wildtyps wird bestimmt, ob bei den Gründertieren das Transgen stabil in das Genom integriert ist und ob es in der Keimbahn weitergegeben wird. Bei den Nachkommen der Gründertiere wird auch ermittelt, in welchen Geweben und wie stark das Transgen exprimiert wird. Nur solche Gründertiere, deren Nachkommen die gewünschten Eigenschaften ausprägen, werden zur Etablierung einer transgenen Linie herangezogen. Wie schon beim Gründertier selbst liegt auch bei dessen Nachkommen das Transgen heterozygot vor. Durch Geschwisterverpaarungen wird versucht, Nachkommen zu erzeugen, die das Transgen homozygot tragen. Dies gelingt allerdings nur, wenn bei der Integration des Transgens kein lebenswichtiges Gen zerstört wurde.

Die Erzeugung transgener Tiere durch DNA-Mikroinjektion hat sich mittlerweile zu einem Routineverfahren entwickelt, auch wenn der Erfolg zufallsbestimmt ist und vom Integrationsort, Kopienzahl und der Stabilität des Transgens abhängt. Für Schafe, Rinder, Schweine und andere Nutztiere sind Pronucleus-Injektion und retrovirale Infektion die einzigen Möglichkeiten, artfremdes Erbmaterial der eigentlichen Erbmasse hinzuzufügen.

Was die Mäuse allerdings anbelangt, so wurde die DNA-Mikroinjektion Anfang der 90er Jahre durch eine wesentlich präzisere Technik abgelöst: Dem Genaustausch durch homologe Rekombination.

29.2.3
Die homologe Rekombination zur Erzeugung transgener Mäuse

Die Zufallsergebnisse der Pronucleus-Injektion waren für viele Forscher, die Genfunktionen in der Maus studierten, unbefriedigend. Man wollte das Gen in seiner natürlichen Umgebung manipulieren und dessen Auswirkungen auf Gesundheitszustand und Verhalten der Maus analysieren und so integrationsabhängige Effekte durch eingebrachte Transgene ausschließen. Ein solch präziser genetischer Eingriff in ein Genom von mehr als 2 Milliarden Basenpaare einer befruchteten Oocyte ist bis heute unmöglich. Man bedient sich deshalb eines Tricks und involviert in die Genmanipulation pluripotente embryonale Stammzellen (ES-Zellen). Als ES-Zellen werden undifferenzierte Zelllinien bezeichnet, die aus jungen Mausembryonen im Blastocystenstadium gewonnen werden. ES-Zellen teilen sich in Kultur und behalten die Fähigkeit, in alle denkbaren Zelltypen, inklusive der Keimbahnzellen, auszudifferenzieren. Werden diese Zellen wieder in den Zellverband einer frisch gewonnenen Blastocyste eingebracht (s. Abb. 29.2 b), integrieren sie sich in den Embryo und beteiligen sich an der Organ- und Gewebebildung. Dies wird offenbar, wenn ES-Zellen, die aus Mausembryonen einer Linie mit brauner Fellfarbe (agouti) gewonnen worden sind, mit Blastocysten einer Linie mit weißer Fellfarbe fusioniert werden. Das Fell der resultierenden Mäuse ist braun und weiß gefleckt. Die Häufigkeit und Ausbreitung des braunen Fells ist ein Hinweis darauf, wie effizient die injizierten ES-Zellen in die Empfängerblastocyste aufgenommen wurden. Mäuse, die über diese ES-Zellinjektion in Blastocysten erzeugt werden, bezeichnet man als chimäre Gründertiere. Chimär deshalb, weil sie genetisch aus zwei verschiedenen Zelllinien aufgebaut sind (Abb. 29.3).

Nachkommen der beschriebenen braun-weiß chimären Maus haben entweder ein braunes oder ein weißes Fell, wenn als Paarungspartner eine Maus mit der rezessiven weißen Fellfarbe (albino) gewählt wurde. Da die Nachkommen das Produkt einer einzigen Keimzelle der chimären Maus sind, spaltet sich hier der Chimärismus auf. Es wird entweder das Erbmaterial einer „braunen" oder „weißen" Zelle an die Nachkommen weitergegeben. Die braunen Nachkommen besitzen einen Satz Chromosomen aus der ES-Zelllinie und einen Chromosomensatz des Paarungspartners, die weißen Nachkommen den Chromosomensatz der Empfängerblastocyste zusammen mit dem des Paarungspartners.

In neuen Experimenten ist es sogar gelungen, chimäre Mäuse nahezu ausschließlich aus ES-Zellen zu erzeugen. Die Empfängerembryos für die injizierten ES-Zellen waren in diesem Fall keine Blastocysten, sondern lediglich Embryonen im Vierzellstadium, die zuvor durch Zellfusion tetramerisiert worden sind. Weil diese Zellen des frühen Embryonalstadiums nun den doppelten Chromosomensatz besitzen, differenzieren sie sich nicht in embryonales Gewebe, sondern beteiligen sich nur am Aufbau von extraembryonalem Gewebe, wie dem der Plazenta.

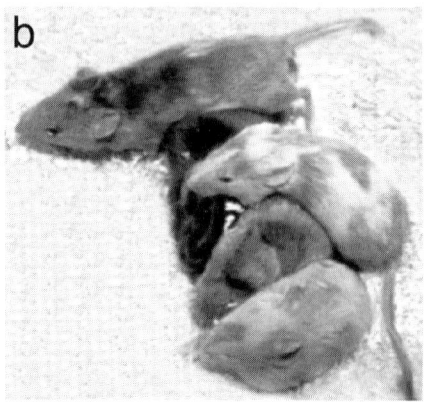

Abb. 29.3 Chimäre Gründertiere. Zwei Gründertiere (a), die aus injizierten Blastocysten der Mauslinie C57B16 (schwarzes Fell) hervorgingen. Es waren Zellen einer ES-Zelllinie, die aus SV129-Mäusen (braunes Fell) stammen, injiziert worden. Die Maus im Hintergrund hat ein fast reines braunes Fell (d. h. sie hat einen starken Anteil an Zellen mit SV129-Ursprung. Der Chirmärismus der Maus im Vordergrund ist geringer. Die Maus hat ein braun-schwarz gestreiftes Fell und damit einen relativ hohen Anteil an Zellen der Mauslinie C57B16. Fünf Gründertiere (b), die aus einer Aggregation von SV129-ES-Zellen mit Zellen aus DV1-Embryonen hervorgegangen sind. Mäuse der CD1-Linie besitzen ein weißes Fell, weshalb diese Chimären nun in ihrem Fell weiße Schattierungen zeigen. Bei der Kombination der Fellfarben weiß und braun ist der Chimärenanteil deutlicher zu erkennen als bei der Fellfarbenkombination braunschwarz. Abbildung b wurde dem Autor freundlicherweise von Frank Zimmermann, dem Leiter der Biotechnologie Labors an der Universität Heidelberg, zu Verfügung gestellt.

An der Bildung des eigentlichen Embryos sind nur noch Zellen der injizierten ES-Zelllinien beteiligt. Dadurch gelingt es, in einem einzigen Schritt aus Zellen embryonaler Stammzelllinien lebensfähige Mäuse zu erzeugen. Zurzeit findet diese Methode noch keine generelle Anwendung. Die meisten Forschungsteams arbeiten mit der herkömmlichen Injektion von ES-Zellen in Empfängerblastocysten, um ES-Zellen in Mäuse zu verwandeln.

Die Pluripotenz von ES-Zellen ist von zentraler Bedeutung für eine präzise genetische Manipulation. Die genetische Manipulation kann in der ES-Zelllinie in aller Ruhe vorgenommen werden. Ist die Manipulation gelungen, kann die Zelle durch Injektion in Blastocysten in eine Maus umgewandelt werden. Die Auswirkungen der genetischen Manipulation lassen sich dann in der Maus studieren.

Zur Veränderung der genetischen Information an einer genau definierten Stelle im riesigen Mausgenom der ES-Zelllinie wird ein weiterer biologischer Trick genutzt. Bekannt ist, dass sich in Zellen aus Zellkulturen Gensegmente durch ein in die Zellkerne eingebrachtes DNA-Bruchstück austauschen lassen, wenn DNA-Bruchstück und Gensegment identische DNA-Information enthalten. Beim Austausch findet eine Rekombination zwischen homologen Sequenzen statt, weshalb dieser Vorgang als *gene targeting by homologeous recombination* bezeichnet worden ist. Allerdings ist der Sequenzaustausch homologer Sequenzen ein sehr seltenes Ereignis. Seine Häufigkeit nimmt jedoch mit der Länge sequenzidentischer DNA-Abschnitte zu. Es werden deshalb Gensegmente mit einer Länge von 10 bis 20 kb eingesetzt. Werden diese DNA-Segmente in ES-Zellen eingeschleust, so fädeln sie sich irgendwo in das Genom der Zellen ein, ähnlich der Pronucleus-Injektion. Bei wenigen Zellen jedoch (0,1 bis 0,5%) wird das Fragment über homologe Rekombination an der richtigen Stelle in das Genom aufgenommen. Zum Auffinden der über homologe Rekombination manipulierten Zellen wird die genomische DNA der Zellen mit der Polymerase-Kettenreaktion und Southern-Blot-Technik analysiert.

Das in die ES-Zellen eingebrachte DNA-Fragment wird als *Targeting*-Vektor bezeichnet. Er ist über eine Strecke von 10 bis 20 kb sequenzidentisch zu dem Gen, das verändert werden soll. Innerhalb dieses Segments ist ein Selektionsmarker und die gewünschte Genmanipulation insertiert. Dabei kann es sich um ein fehlendes Exon, eine Punktmutation oder auch um ein zusätzliches Indikatorgen handeln. Weiterhin enthält der Targeting-Vektor noch Plasmidelemente zur Vermehrung in *E. coli*. Bei der homologen Rekombination in der ES-Zelle gehen die Plasmidelemente verloren, und der Selektionsmarker wird zusammen mit der beabsichtigten Genmanipulation gegen den homologen Genbereich im Chromosom ausgetauscht. Dieser Vorgang vollzieht sich nur an einem der beiden Allele, und die ES-Zelle besitzt neben dem mutierten noch das Wildtyp-Allel.

Bisher wurden mit dieser Technik hauptsächlich Gene durch Entfernen einzelner oder mehrerer funktionell wichtiger Exons ausgeschaltet. Häufig wird mit der Deletion zeitgleich ein Reportergen wie z. B. das Gen der β-Galactosidase in das Target-Gen eingeschleust, sodass die β-Galactosidase-Expression von Kontrollelementen des Target-Gens gesteuert wird. Bei dieser Art der genetischen Manipulation wird quasi das Target-Gen durch das β-Galactosidase-Gen ersetzt. Anhand der in einer Farbreaktion ermittelten β-Galactosidase-Enzymaktivität lassen sich dann später in der Maus Organe und Zelltypen nachweisen, die das Zielgen normalerweise benötigen.

Der gezielte Genaustausch über homologe Rekombination und die Charakterisierung der ES-Zellen nimmt etwa vier bis sechs Wochen in Anspruch. Danach werden die korrekt genmanipulierten ES-Zellen in Blastocysten injiziert. Wie bei der Pronucleus-Injektion werden die Blastocysten aus superovulierenden Weibchen, jetzt jedoch 3,5 Tage nach Verpaarung, gewonnen. Pro Blastocyste werden 20 bis 30 identisch manipulierte ES-Zellen injiziert. Die injizierten Blastocysten werden dann in den Uterus scheinschwangerer Weibchen implantiert. Nach 18 Tagen wirft das Weibchen und, sobald nach 10 Tagen die Jungtiere erste Anzeichen eines Fells zeigen, kann man den Versuchserfolg und damit den Chimärenanteil des durch Blastocysten-Injektion erzeugten Tieres beurteilen. Je nach experimentellem Geschick und Qualität der ES-Zellen liegt der Chimärenanteil bei 0 bis 90%. ES-Zellen lassen sich auch alternativ mit Embryonen im Morulastadium für 24 h kultivieren. Danach implantiert man das Zellaggregat in den Uterus scheinschwangerer Mäuse, wo sie weiter zu Blastocysten und reiferen Embryonen differenzieren und schließlich als sog. Aggregationschimäre geboren werden. Diese Methode ist technisch einfacher als die der Blastocysten-Injektion und ist für das bereits erwähnte Tetramerisieren der Empfängerblastocysten essenziell.

Im Gegensatz zur Pronucleus-Injektion und zur viralen Infektion sind die durch Blastocysten-Injektion erzeugten chimären Gründertiere alle gleichwertig. Sie wurden aus Zellen eines einzigen ES-Zellklons generiert und tragen alle dessen Erbinformation, die sie an ihre Nachkommen weitergeben können. Nachkommen der ersten Generation tragen die eingeführte Genmanipulation nur auf einem ihrer beiden Chromosomensätze. Erst durch Geschwisterverpaarungen kann der Gendefekt bei 25% der Nachkommen im homozygoten Zustand untersucht werden. Häufig sind die für die Gendeletion homozygoten Mäuse in einigen Lebensfunktionen eingeschränkt, sodass viele Linien heterozygot gezüchtet werden.

Die gezielte Genmanipulation durch homologe Rekombination wurde in der Vergangenheit hauptsächlich verwendet, um Gene in Mäusen zu zerstören. Diese Mäuse werden als Gen-Knock-out (kurz „KO")-Mausmodelle bezeichnet. Mithilfe der Knock-out-Mäuse lässt sich die Funktion einzelner Gene im lebenden Tier untersuchen. Vieles, was wir heute über die Funktion von Genen wissen, ist aus Experimenten im Reagenzglas oder in Zellkultur abgeleitet. Das Ausschalten der Gene in der Maus ermöglichte es, die Genfunktion im ganzen Organismus zu überprüfen. Zusätzlich wurden mit der Sequenzierung des menschlichen Genoms und des Genoms der Maus etwa 8000 bis 10 000 Gene beschrieben, deren Funktionen noch vollkommen unklar sind. Diese Gene können nun z. B. gezielt in der Maus ausgeschaltet werden; damit sind erste Hinweise auf deren Funktion möglich.

29.3
Die Bedeutung genetisch veränderter Mäuse in der Biomedizin

Auch in der Industrie setzt man große Hoffnungen auf genetisch veränderte Mäuse (s. Abb. 29.3). Für viele chronische Krankheiten gibt es genetische Dispositionen. Zum Teil sind die beteiligten Gene beschrieben. In der Maus können die entsprechenden Gene nun so verändert werden, dass sie der menschlichen genetischen Disposition entsprechen. Entwickelt die Maus ein ähnliches Krankheitsbild wie die genetisch disponierten Menschen, so kann die genetisch veränderte Maus als Tiermodell für dieses Krankheitsbild zu unterschiedlichsten Zwecken eingesetzt werden.

Im Mausmodell lässt sich dann Ausbruch und Verlauf der menschlichen Erkrankung im Detail studieren und es können potenzielle Heilmittel auf ihre Wirkungen und Nebenwirkungen frühzeitig getestet werden. Mausmodelle für viele genetisch bedingte Krankheiten, darunter die **Alzheimer-Krankheit**, **Arthritis**,

Muskeldystrophie, Krebs, Bluthochdruck, degenerative Nervenleiden, endokrine Störungen und Koronarerkrankungen, sind bereits in der Literatur beschrieben.

Bei der **Alzheimer-Krankheit,** einer degenerativen Erkrankung des Gehirns, die durch den fortschreitenden Verlust des abstrakten Denkvermögens und des Gedächtnisses charakterisiert ist, akkumulieren im Zellkörper der Nervenzellen Alzheimer-Fibrillen, und an den Enden der Neuriten entstehen dichte, als senile Plaques bezeichnete extrazelluläre Ablagerungen. Weiterhin kommt es zum Verlust von Neuronen. Es lagern sich in den Gehirngefäßen sog. Amyloide ab. Der Hauptbestandteil der senilen Plaques und der Amyloidablagerungen ist das kleine βA4-Protein mit einer Masse von vier kDa. Es entsteht aufgrund einer internen proteolytischen Spaltung des βA4-Amyloid-Vorläuferproteins (APP). Die Ursachen für die Akkumulation des βA4-Proteins sind noch unbekannt. Allerdings findet man in Familien mit gehäuftem Alzheimer-Patientenanteil eine Mutation im APP-Gen. Durch Übertragen dieser menschlichen Mutationen auf die Maus ist es gelungen, Mauslinien zu generieren, die im Lauf ihres Lebens mit 100%iger Wahrscheinlichkeit senile Plaques im Gehirn ausbilden werden. Sowohl die Überexpression des mutierten APP-Gens im Mausgehirn durch pronucleusinjizierte Transgene als auch die Mutation des mauseigenen APP-Gens durch homologe Rekombination wurden bei der Herstellung dieser Alzheimer-Modelle angewandt. Mit diesen Mauslinien lassen sich nun Medikamente entwickeln, die βA4-Ablagerungen auflösen oder deren Bildung verhindern können. Es besteht die berechtigte Hoffnung, dass in näherer Zukunft Alzheimer-Erkrankungen therapierbar werden.

Transgene Mäuse wurden auch als Modelle für Produktionssysteme benutzt, bei denen transgen exprimierte Proteine in die Milch von Nutztieren, wie Rind oder Schaf, sezerniert werden sollten. Beispielsweise benötigt man große Mengen des Proteins CFTR (*cystic fibrosis transmembrane regulator*), um Behandlungsansätze für die cystische Fibrose (auch Mukoviszidose genannt) zu entwickeln. Diese relativ häufige Erbkrankheit findet sich bei etwa einem von 2500 Neugeborenen europäischer Herkunft. Der Primärdefekt ist ein gestörter Chloridionentransport von CFTR, einem an die Membran gebundenen Transportprotein für Chloridionen. Als Folge des gestörten Chloridtransports kommt es vor allem in Lunge und Bauchspeicheldrüse zur Ansammlung von Sekret. In diesem Sekret können sich bakterielle Infektionen entwickeln und durch die freigesetzte DNA abgestorbener Bakterien wird das Sekret stark eingedickt. Dieser zähe Schleim blockiert sowohl Bronchien als auch Pankreasgänge. Deren normale Funktionen werden behindert und die Krankheit verschlimmert sich. Die Lebenserwartung von Personen mit cystischer Fibrose beträgt derzeit etwa 25 Jahre.

Zur Erforschung der CFTR-Funktionsweise braucht man eine zuverlässige Quelle für dieses Protein. Verschiedene Expressionssysteme kultivierter Zellen oder Bakterien lieferten zu wenig CFTR, möglicherweise infolge biologischer Auswirkungen einer Ansammlung dieses Transmembranproteins in der Zellmembran transfizierter Zellen. Diese Beschränkung entfiele, wenn die Plasmamembranen häufig von der Wirtszelle abgestoßen würden. Tatsächlich produzieren Milchdrüsenzellen auf diese Art und Weise während der Laktation ihre Fetttröpfchen.

Lipide aus dem Inneren der Milchdrüsenzelle werden von der Plasmamembran umschlossen und mit dieser als Tröpfchen in die Milch abgegeben. Um dieses System zu testen, wurde die komplette cDNA-Sequenz für CFTR in die Mitte eines defekten β-Caseingens insertiert und mit der Pronucleus-Injektion in Mäuse eingebracht. Aus den Nachkommen konnten Mauslinien etabliert werden, deren Weibchen das CFTR-Protein in der Milch an die Membran von Lipidtröpfchen gebunden abgeben. Negative Auswirkungen zeigten sich weder bei transgenen Muttertieren noch bei den von ihnen gesäugten Jungen. CFTR wurde glykosyliert und ließ sich leicht aus der Fettfraktion der Milch extrahieren.

29.4
Weiterführende Literatur

GLICK, B. R., PASTERNAK, J. J. (1995) *Molekulare Biotechnologie*. Spektrum Akademischer Verlag, Heidelberg, Berlin, Oxford.

JOYNER, A. (2000) *Gene Targeting – A Practical Approach*, 2. Aufl. Oxford University Press, Oxford, New York.

NAGY, A., GERSTENSTEIN, M., VINTERSTEN, K., BEHRINGER, R. (2003) *Manipulating the Mouse Embryo – A Laboratory Manual*, 3. Aufl. (Inglis, J. Hrsg.). Cold Spring Harbor Laboratory Press, Cold Spring Harbor, New York.

SCHENKEL, J. (1995) *Transgene Tiere*, aus der Reihe Labor im Fokus. Spektrum Akademischer Verlag, Heidelberg, Berlin, Oxford.

30
Gentherapie: Strategien und Vektoren

Viele Hoffnungen knüpfen sich an das junge Gebiet der Gentherapie. Man verspricht sich weitreichende medizinische Fortschritte in der Heilung zahlreicher Krankheiten, darunter immunologische Probleme, Herz-, Kreislauferkrankungen, Stoffwechseldysfunktionen und Krebs. Nach vielen Fehlschlägen wird die Euphorie der ersten Jahre inzwischen von einem eher vorsichtigen Optimismus begleitet. Ein Einzug von Gentransfer-Arzneimitteln in die Standardtherapie wird nur durch die Zusammenarbeit vieler wissenschaftlicher Disziplinen möglich sein: Genetiker müssen spezifische Gene identifizieren, die bestimmte Erkrankungen beeinflussen. Virologen müssen effiziente und sichere Vektoren entwickeln, die das Gengut gezielt zu dem erkrankten Gewebe steuern. Zellbiologen müssen Methoden eines erleichterten Gentransfers schaffen und Stammzellen finden, die zur Regeneration versagender Organe verwendet werden können. Ärzte müssen mit patientengerechten und optimierten Vektoren klinische Studien durchführen. Der Volksmund würde sagen: „Gut Ding will Weile haben".

30.1
Einführung

Die Gentherapie zählt zu den Schlüsseltechnologien des 21. Jahrhunderts. Man erhofft sich neue Heilmethoden gegen Krebs, AIDS, Herzinfarkt, Gehirnschlag und andere große Volkskrankheiten. Alles scheint machbar. Die Vision der ewigen Jugend (Abb. 30.1) rückt in greifbare Nähe. Allerdings haben sich die gewünschten Erfolge der Gentherapie bis jetzt eher spärlich gezeigt und sind von vielen Rückschlägen begleitet.

Die wesentlichen Entdeckungen in der Gentherapie liegen nur wenige Jahrzehnte zurück: 1944 bewies **Avery**, dass DNA die Speichersubstanz der Erbinformation ist. 1955 schlugen **Watson und Crick** die Doppelhelixstruktur der DNA vor, die Triplettstruktur des genetischen Codes wurde 1961 entschlüsselt. Die im gleichen Jahr entdeckte mRNA enthüllte einen prinzipiellen Mechanismus der Übersetzung von Genen in Proteine. Durch die Klonierung eukaryotischer Gene in bakterielle Plasmide (erstmals 1974) wurde die Vermehrung und Untersuchung

Molekulare Biotechnologie: Konzepte und Methoden.
Herausgegeben von M. Wink
Copyright © 2004 WILEY-VCH Verlag GmbH & Co. KGaA, Weinheim
ISBN: 3-527-30992-6

Abb. 30.1 Der Jungbrunnen. Gemälde von Lucas Cranach dem Älteren, welches er 1546 im Alter von 72 Jahren erstellte.

von Genen revolutioniert. 1977 wurden Techniken zur Sequenzierung von DNA entwickelt, 1979 die ersten Krebsgene (Onkogene) entdeckt. Heute weiß man, dass Krebserkrankungen stets durch genetische Veränderungen (Mutationen) entstehen. Im Jahr 2001 wurde eine erste Sequenz des menschlichen Genoms publiziert. Überraschenderweise fanden sich bisher nur 30 000-40 000 proteincodierende Sequenzen, von denen über ein Zehntel (mehr als 4000 Gene) an der Entstehung von monogenen Erbkrankheiten beteiligt ist.

Amerikanische Wissenschaftler führten 1990 die erste Gentherapie an Patienten durch (Tab. 30.1): Die damals vierjährige **Ashanthi DeSilva**, die mit **Adenosin-Desaminase (ADA)-Mangel**, einem schweren, meist tödlich endenden Immundefekt, geboren worden war, erhielt am *National Institute of Health* eine Injektion von Eigenblut, das man durch ein gesundes ADA-Gen angereichert hatte. Da die Ärzte der neuen Genmethode nicht ganz vertrauten, wurde das Mädchen zusätzlich mit Ade-

Tab. 30.1 Geschichte der Gentherapie

1989	Erste Genmarkierungsstudie (Rosenberg)
1990	Erste Gentherapiestudie an Patienten mit Adenosin-Desaminase-Defizienz (Blaese, Culver, Anderson)
1994	Erste Gentherapiestudien in Deutschland
2000	Erster Nachweis der klinischen Wirksamkeit der Gentherapie (Hämophilie B, Immundefizienz)
2001	Mehr als 500 Gentherapiestudien weltweit mit über 3400 Patienten

nosin-Desaminase aus Rinderblut behandelt. Bis heute wird ihr zusätzlich das herkömmlich gewonnene Enzym verabreicht. Ashanthi DeSilva geht es bis jetzt gut, sie besucht die Schule und treibt Sport wie andere Jugendliche (Abb. 30.2). Ob sie das der Gentherapie verdankt oder der konventionellen Therapie, ist ungewiss.

30.2
Prinzipien der somatischen Gentherapie

Gentherapie bedeutet im Allgemeinen die Einschleusung eines oder mehrerer Fremdgene in den Organismus mit therapeutischem Nutzen für das Individuum. Somatische Gentherapie hat zum Ziel, vererbte und erworbene Genkrankheiten durch das Einbringen von normalen (gesunden) Genen in bestimmte Zielzellen des Körpers definitiv zu heilen. Ein ethisches Problem ist allerdings die Kernfrage, ob man Gene beispielsweise zur Vermeidung von Erbkrankheiten in die Keimbahn einbringen darf. **In den meisten Fällen wird zurzeit ein Gentransfer *ex vivo*** durchgeführt (Abb. 30.3). Hierbei werden die Zielzellen aus dem Organismus isoliert, in Zellkultur mit dem therapeutischen Gen transfiziert und schließlich wieder in den Körper re-implantiert. Die Anwendbarkeit der *Ex-vivo*-Gentherapie beschränkt sich methodisch bedingt nur auf jene Zellen, die dem Patienten relativ unkompliziert entnommen und außerhalb des Körpers in ausreichenden Mengen vermehrt werden können. Zudem gelingt die Re-implantation der *in vitro* transfizierten Zellen oft nur unvollständig oder die Expression des Transgens geht *in vivo* rasch verloren. **Bei der Entwicklung einer wirksamen Gentherapie gibt es zwei Probleme.** Das eine davon ist grundsätzlicher Natur: **Die allermeisten Krankheiten werden nicht von einem einzigen defekten Gen verursacht, sondern von mehreren.** In fast allen Fällen spielen außerdem Umweltfaktoren, wie Ernährung, Lebensweise, Krankheitserreger, eine Rolle. Die großen Volkskrankheiten, darunter Bluthochdruck, Herzprobleme, Gehirninfarkt und Krebs, sind deshalb sicher nicht mit wenigen Genkorrekturen auszurotten. Deshalb konzentrieren sich viele Gentherapeuten zurzeit auf monogene Krankheiten. Dabei zeigte sich das zweite Problem, ein technisches.

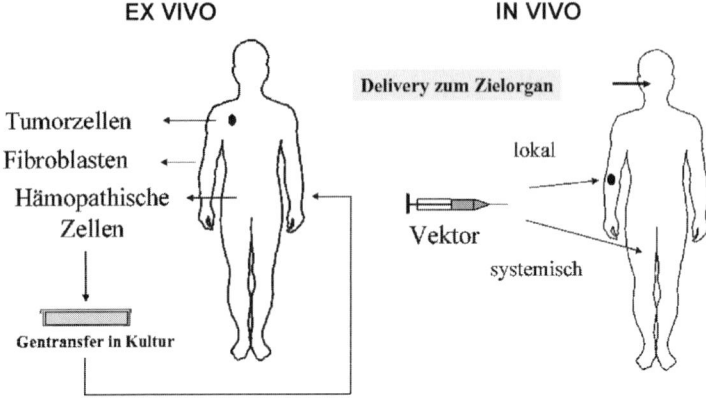

EX VIVO

IN VIVO

Tumorzellen

Fibroblasten

Hämopathische Zellen

Gentransfer in Kultur

Delivery zum Zielorgan

lokal

Vektor

systemisch

Abb. 30.3 Vorgehensweisen der somatischen Gentherapie.

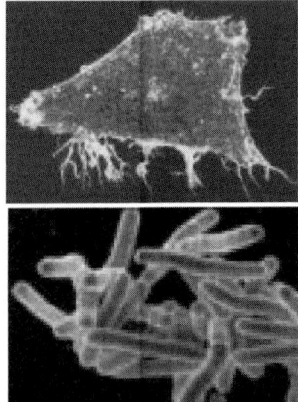

IN VIVO GENTHERAPIE BEI DER MUKOVISZIDOSE

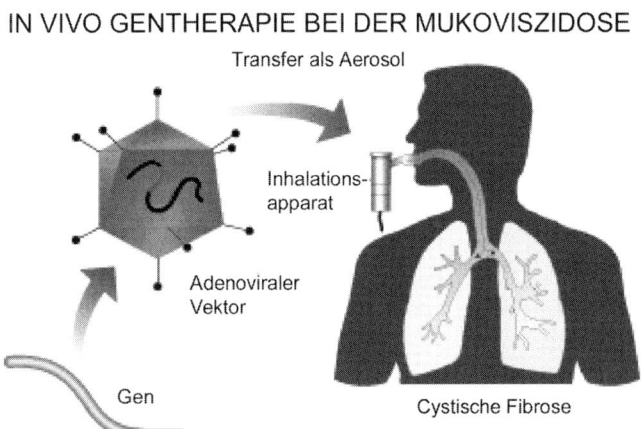

Transfer als Aerosol

Inhalations-apparat

Adenoviraler Vektor

Gen

Cystische Fibrose

Abb. 30.4 Cystische Fibrose, auch Mukoviszidose genannt. Häufigste autosomal rezessiv vererbte Stoffwechselerkrankung. Als Auslöser wurden 1985 Mutationen im *cystic fibrosis transmembrane conductance regulator* (CFTR)-Gen auf dem langen Arm des Chromosoms 7q31.2 identifiziert. Heute sind rund 900 krankheitsauslösende Mutationen des CFTR-Gens bekannt. Das CFTR-Gen codiert für ein Kanalprotein, das hier grün in der Zellhülle dargestellt ist (oben links). Links unten gezeigt ist das für Gesunde harmlose *Pseudomonas*-Bakterium, das im zähen Schleim von Mukoviszidose-Patienten einen idealen Nährboden findet und sich dort zu aggressiven Bakterienkulturen entwickeln kann, die die Lunge zerstören. In ersten Therapieversuchen gelang es, mithilfe von inhalierten Adenoviren ein gesundes Mukoviszidose-Gen in die Zellen der Lungenschleimhaut einzuschleusen.
(Photo-Quellen: *http://www.muko-berlin-brandenburg.de/artikel%20wissenschaft/g.htm*; *http://www.gsis.edu.hk/student-projects/biologie/genetik11/florenceg/Seite2.htm*; *http://www.mukoviszidose-ev.de/root-t3/index.php*)

Tab. 30.2   Gentransferstudien (Auswahl)

Erkrankung	*Zielzellen*	*Therapeutisches Gen*
ADA-Defizienz	Lymphocyten (Blut), Knochenmark-Stammzellen	ADA
Mukoviszidose	Lungenepithelzellen	CFTR
Familiäre Hypercholesterinämie	Leberzellen	LDLR
Muskeldystrophie (Duchenne)	Muskel(stamm)zellen	Dystrophin
Hämophilie B	Leberzellen, Hautzellen	Faktor-9-Gen
Melanom	tumorinfiltrierende Lymphocyten	TNF, HLA B7
Lungenkrebs	Lungenkrebszellen	p53
Hirntumoren	Hirntumorzellen	HSV-tk
Arthritis	Gelenke	Interleukin-1
AIDS	Lymphocyten	HSV-tk

Wie lässt sich das Erbgut an die richtige Stelle bringen? Im Fall der Mukoviszidose (Abb. 30.4), die häufigste vererbte Stoffwechselkrankheit, müsste man eine ausreichende Zahl von Lungenzellen erreichen, in die man das gesunde Gen einschleusen kann. Man hat dies bisher mit Adenoviren versucht. Da diese normalerweise Erkältungen hervorrufen, hat man viele der verantwortlichen Gene entfernt und durch das gesunde menschliche Gen ersetzt. Tatsächlich gelangten die manipulierten Adenoviren in die Zellen der Lungenschleimhäute der Patienten und exprimierten dort das therapeutische Gen. Aber das Mukoviszidose-Gen lag episomal im Cytoplasma der Lungenzellen vor und wurde nicht in das Erbgut des Zellkerns integriert. Nach wenigen Zellteilungen war es schon ausverdünnt, sodass die therapeutische Wirkung nicht länger als vier Wochen anhielt. In der Zwischenzeit wurde durch die Adenoviren die Immunabwehr des Körpers aktiviert und trug zu der schnellen Zerstörung der Genvehikel bei. Erhöhte man die Dosis, kam es zu Komplikationen. Mehrere Patienten erkrankten an Lungenentzündung, die Studie musste abgebrochen werden. Auch der Muskelschwund, genauer die Duchenne-Muskeldystrophie, die Bluterkrankheit und andere gehören zu jenen Erkrankungen, die gegenwärtig Ziele für die Entwicklung einer wirksamen Gentherapie sind (Tab. 30.2).

30.3
Die Keimbahntherapie

Unter der in Deutschland gegenwärtig noch verbotenen Keimbahntherapie versteht man das Einbringen von therapeutischen Genen in Keimzellen. Dadurch können Erbkrankheiten geheilt werden, weil die reparierten Gene weitervererbt werden. Methoden zur Veränderung der Keimbahn existieren bisher nur im Tiermodell. Aufgrund der in den letzten Jahren zunehmenden Erfolge in der Herstellung genetisch veränderter Säugetiere scheint allerdings auch eine genetische Veränderung menschlicher Keimzellen technisch möglich. Allerdings wirft eine Keimbahntherapie ethisch-moralische Fragen auf, die im gesellschaftlichen Konsens geklärt werden müssen. Ein wichtiger Punkt dabei ist, welche Erkrankungen mittels einer Keimbahntherapie behandelt werden dürfen und welche Risiken dafür in Kauf genommen werden müssen.

30.4
Rückschläge in der Gentherapie

In mindestens einem Fall verlief die Gentherapie mit Adenoviren tödlich. Der 18-jährige Jesse Gelsinger (Abb. 30.5) aus Arizona nahm vor einigen Jahren ohne zwingenden Grund an einer Versuchsreihe der University of Pennsylvania in Philadelphia teil. Gelsinger litt an einer erblichen Stoffwechselkrankheit, bei der ein Enzym des Harnstoffzyklus in der Leber, die sog. Ornithin-Transcarbamylase, defekt ist. Dank Diät und konventioneller Medikamente ging es dem Patienten jedoch so weit gut. Er nahm an der Studie teil, um die Entwicklung einer Gentherapie zu fördern. Am 17. September 1999 injizierten die Ärzte dem Teenager eine hohe Dosis genbepackter Adenoviren direkt in die Leberarterie – Stunden später fiel Gelsinger ins Koma, nach drei Tagen war er tot. Bei der Obduktion stellte sich heraus, dass in seinem Blut zeitweise mehr Viren als rote Blutkörperchen zirkuliert hatten. Dies war der Grund für eine heftige Immunreaktion, die zum schnellen Tod des Patienten führte. Eine amerikanische Untersuchungskommission stellte im Fall Gelsinger die Missachtung medizinischer Regeln fest. So waren bereits zwei Affen aus vorangegangenen Tierversuchen an genau den gleichen Symptomen wie Gelsinger verstorben. Diese bekannten Risiken des Genversuchs wurden den Patienten verschwiegen.

Abb. 30.5 Jesse Gelsinger, starb 1999 im Alter von 18 Jahren an den Folgen einer experimentellen Gentherapie. Der adenovirale Vektor, der die Ornithin-Transcarbamylase zur Korrektur eines Enzymmangels im Harnstoffzyklus trug, war direkt über die Pfortader in die Leber injiziert worden und hatte eine schwere Immunreaktion ausgelöst.
(Photo-Quelle: *http://washingtonpost.com/*)

Die Verharmlosung der Risiken einer Gentherapie gegenüber dem Patienten war kein Einzelfall. Als das *National Institute of Health* konsequenterweise zu strengeren Regeln überging, wurden 652 verspätete Meldungen über ernsthafte Komplikationen aller Art nachgeliefert. Auf diese Weise kam ein zweiter Todesfall nach einer Gentherapie zutage: Im Bostoner St. Elizabeth's Hospital war bereits Anfang Mai 1999 ein herzkranker Mann zwei Monate nach Verabreichung eines viralen Vektors verstorben. Dem Patienten, der unter **verstopften Herzkranzgefäßen (CAD)** litt, war eine Genfähre mit dem Blutgefäß-Wachstumsfaktor VEGF intramyocardial injiziert worden. Die Todesursache war wiederum das Virus, nicht das Gen. Solche Zwischenfälle weisen ernüchternd auf die Gefahren in der Entwicklung neuer Therapien in der Medizin hin und waren der Grund für umfassende regulatorische Leitlinien für künftige gentherapeutische Studien.

Trotzdem kam es Ende des Jahres 2002 zu erneuten Zwischenfällen an der Necker-Kinderklinik in Paris. Dort leitet **Alain Fisher** (Abb. 30.6) eine gentherapeutische Studie zur Behandlung der sog. X-SCID-Krankheit, die mit einer X-Chromosom-verbundenen schweren kombinierten Immundefizienz einhergeht. Das therapeutische Gen wurde mithilfe eines retroviralen Vektors in einer *Ex-vivo*-Gentherapiestrategie eingebracht. Fisher hatte mit dieser Methode bis jetzt neun Jungen geheilt. **Zwei der insgesamt elf Patienten entwickelten jedoch vor kurzem eine Leukämie** (Abb. 30.7), die auf den retroviralen Vektor zurückzuführen war. Da retrovirale Vektoren an zufälligen Positionen in das Wirtsgenom inserieren, besteht immer das potenzielle Risiko einer Insertionsmutagenese. In beiden erkrankten Jungen war der retrovirale Vektor nahe des sog. LMO2-Gens inseriert, das in die Entwicklung von Leukämien im Kindesalter involviert ist. Diese Fälle bedeuten einen enormen Rückfall für die Gentherapie – und für SCID-Patienten. „Die Behandlung schlug sehr gut an", sagte Fisher, „jedoch ist das Risiko nicht akzeptabel."

Abb. 30.6 Alain Fisher und Marina Cavazzana-Calvo an der Necker-Kinderklinik in Paris geben im April 2000 die erfolgreiche Behandlung von Patienten mit einer schweren Immundefizienz (SCID) durch eine retrovirale Gentherapie bekannt.
(Photo-Quelle: *http://sciencenow.science-mag.org/cgi/content/full/2002/1003/1*)

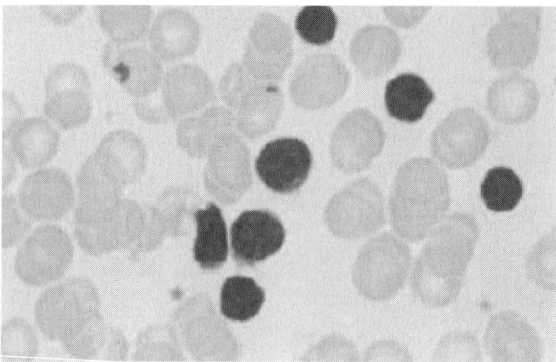

Abb. 30.7 Eine Leukämie wurde in zwei Patienten entdeckt, die eine retrovirale Gentherapie zur Korrektur der X-SCID Krankheit an der Necker-Kinderklinik in Paris erhalten hatten.
(Photo-Quelle: *http://www.nature.com/cgitaf/DynaPage.taf?f ile=/nature/journal/v421/n6921/full/421305a_fs.html*)

30.5
Vektoren für die Gentherapie

Der Transfer therapeutischer Gene in Patientenzellen hängt kritisch von der Weiterentwicklung der *In-vivo*-Gentransfersysteme ab. Man benötigt geeignete Vehikel als Überträger für das Gen. Diese sog. Vektoren müssen bestimmte Eigenschaften besitzen, um ein Gen effizient in die Zielzellen einzubringen (Tab. 30.3). Sie sollten **leicht herstellbar** sein und **hohe Titerpräparationen** von Vektorpartikeln sollten reproduzierbar sein. Hinsichtlich der Sicherheitsaspekte sollte der Vektor **ungiftig** sein und **keine unerwünschten Effekte wie Immunreaktionen des Wirts hervorrufen**. Die **Expression des therapeutischen Gens sollte hoch und lang anhaltend sein**. Virale Vektoren sollten **gezielt bestimmte Zelltypen oder Gewebe ansteuern**. Es sollten sowohl **ruhende als auch sich teilende Zellen** infiziert werden, weil die meisten Zellen im erwachsenen Menschen sich in einem postmitotischen Status befinden. **Die Integration in das Wirtsgenom sollte spezifisch sein,** um eine Insertionsmutagenese zu vermeiden. Durch eine spezifische Integration könnten zudem Gendefekte repariert werden.

In den letzten Jahren wurde eine Vielzahl unterschiedlicher Vektorsysteme viralen und nichtviralen Ursprungs entwickelt. Während die **direkte Injektion** von nackter Plasmid-DNA, der Transfer mittels einer *Gene Gun* oder die Verabreichung als **Liposomenvesikel** eine zu geringe Transfektionseffizienz zeigten, sehen Versuche **mit viralen Vektoren** vielversprechender aus. Das Grundgerüst der gebräuchlichsten Virenvektoren bilden Genome von Retroviren, Adenoviren und Adeno-assoziierten Viren (AAV). Andere virale Vektoren, die weniger häufig verwendet werden, leiten sich von Herpes Simplex Virus 1 (HSV-1), Baculovirus und anderen ab. Die Eigenschaften dieser Viren sind in Tab. 30.4 gezeigt. Viren haben im Lauf der Evolution zahlreiche zelluläre Eigenschaften angenommen. Dadurch

Tab. 30.3   Eigenschaften eines idealen Vektors

- Einfache und reproduzierbare Herstellung in hoher Konzentration ($> 10^8$ virale Partikel/ml)
- Lang anhaltende Genexpression durch genomische Integration oder stabile episomale Persistenz
- Regulierbare Genexpression
- Gewebespezifische Expression
- Wenig immunogen

Tab. 30.4   Vor- und Nachteile viraler Vektoren für die Gentherapie

Vektor	Krankheiten	Infektion von ruhenden Zellen	Insertgröße	Stabilität Integration	Effizienz
Retrovirus	Tumoren, AIDS	nein (ja für Lentiviren)	<8 kb	stabil, zufällig	mittel
Adenovirus	Erkältungen Bindehautentzündung Gastroenteritis	ja ja	8 kb 35 kb für Gutless-Vektoren	episomal	hoch
AAV	keine bekannt	ja	<5 kb	stabil, Integration *in vivo* unklar	niedrig
HSV-1	Mundbläschen, Genitalwarzen, Hirnhautentzündung	ja	>25 kb	stabil, episomal	hoch
Baculovirus	keine in Säugetieren, Insektenpathogen	ja	>20 kb	instabil	hoch

können sie effizient Zielzellen erkennen und in sie eindringen. Sie wandern vom Cytoplasma in den Nucleus und exprimieren ihre Gene in der Wirtszelle. Basierend auf diesem viralen Lebenszyklus transferieren infektiöse Virionen sehr erfolgreich genetische Informationen.

30.5.1
Retrovirale Vektoren

Retroviren bilden eine große und vielseitige Gruppe von Viren, die entweder ein **einzel- oder ein doppelsträngiges RNA-Genom** besitzen. Retroviren haben einen Durchmesser von etwa 100 nm und sind von einer Hüllmembran umgeben (Abb. 30.8). Die Hülle enthält ein virales Glykoprotein, das an zelluläre Rezeptoren bindet. Dadurch wird die Wirtsspezifität und der Zelltyp bestimmt, der infiziert wer-

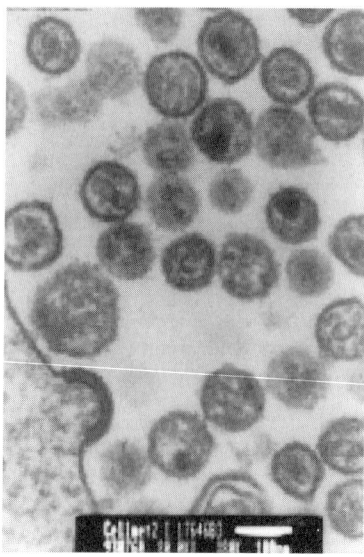

Abb. 30.8 Elektronenmikroskopische Aufnahme retroviraler HIV-Partikel. Neu gebildete HIV-Viren verlassen durch *Budding* die infizierte Wirtszelle. Die virale RNA ist von einer Proteinhülle umgeben. Die gesamte genetische Information des Virus ist in seiner RNA enthalten (Bild-Quelle: *http://www.virology.net/Big_Virology/BVretro.html*)

den kann. Das Hüllprotein fördert die Fusion mit einer zellulären Membran auf der Zelloberfläche oder an endosomalen Bereichen im Zellinneren. Nach der Anordnung des Genoms lassen sich die Retroviren in zwei Kategorien einteilen, zum einen die einfachen und zum anderen die komplexen Retroviren. Alle Retroviren (Abb. 3.27) besitzen die drei essenziellen Proteine **Gag, Pol und Env**. Gag codiert für Strukturproteine, welche die Matrix, das Capsid und den Nucleoproteinkomplex formen. Pol codiert für die Reverse Transkriptase und die Integrase. Env codiert für Proteine der Virushülle. Des Weiteren gibt es ein psi-Verpackungssignal und zwei LTRs, (*long terminal repeats*), die als virale Regulationselemente dienen. Ein prototypisches Retrovirus, das nur ein kleines Informationsset trägt, ist das *Moloney murine leukemia virus* (MoMLV). Dagegen enthalten komplexe Retroviren wie die Lentiviren (z. B. *human immunodeficiency virus,* HIV) zusätzliche regulatorische und akzessorische Gene. Anfänglich wurden Vektoren für die Gentherapie aus einfachen Retroviren, darunter am häufigsten MoMLV, entwickelt. Voraussetzung für die Entwicklung retroviraler Vektoren war die Kenntnis des viralen Lebenszyklus. Nach der Infektion der Wirtszelle wird die virale RNA revers in lineare doppelsträngige DNA durch die **Reverse Transkriptase** übersetzt. Die reverse Transkription findet dabei im Cytoplasma statt, und die virale DNA wird danach in den Nucleus eingeschleust, wo sie **stabil in das Wirtsgenom integriert.**

Einfache und komplexe Retroviren gelangen durch zwei unterschiedliche Mechanismen in den Nucleus der Wirtszellen: Einfache Retroviren können nur in den Zellkern gelangen, wenn die Kernmembran sich bei einer Zellteilung gerade in Auflösung befindet. Bei Lentiviren dagegen ist der Prä-Integrationskomplex auf einen aktiven zellulären Transportmechanismus durch die Kernporen angewiesen, wobei die Kernmembran nicht zerstört wird. **Im Gegensatz zu** MoMLV **transduzieren Lentiviren daher auch ruhende Wirtszellen.** Nach Eintritt in den Zell-

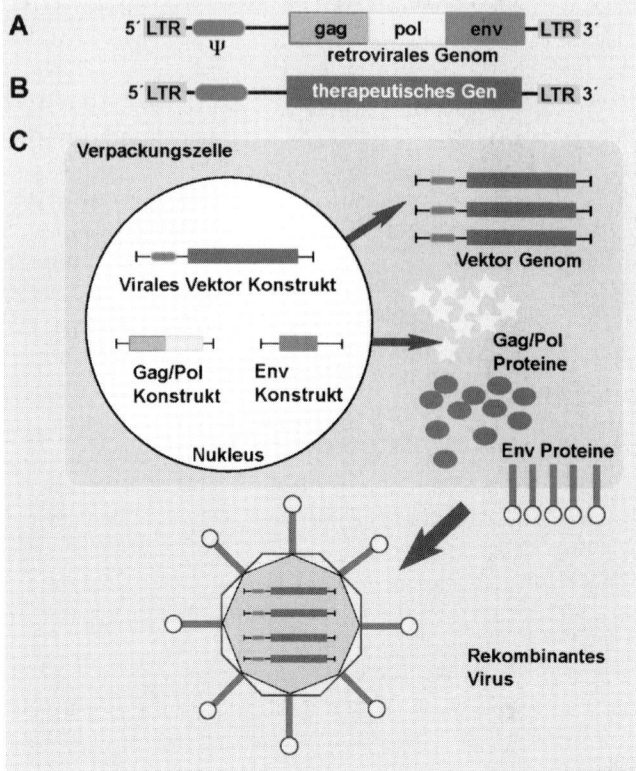

Abb. 30.9 Retroviraler Vektor auf MoMLV-Basis.

A. Das retrovirale Genom enthält die Gene *gag* (Strukturproteine), *pol* (Reverse Polymerase) und *env* (Hüllproteine). Ψ ist das Verpackungssignal, das die virale von der zellulären RNA unterscheidet und von viralen Verpackungsproteinen erkannt wird. Das virale Genom wird flankiert von *long terminal repeats* (LTR).

B. *gag*, *pol* und *env* sind im Vektorgenom durch ein therapeutisches Gen ersetzt.
C. Gag, Pol, Env werden von separaten Genen aus exprimiert, die in die Verpackungszelle transfiziert werden. Wird das virale Vektorkonstrukt mit dem Transgen in die Verpackungszelle cotransfiziert, rekombinieren die entsprechenden Proteinprodukte des Vektorgenoms mit Gag/Pol und Env zu infektiösem, aber replikationsdefizientem Virus.

kern vermittelt das virale Enzym Integrase den Einbau der viralen DNA in das Wirtsgenom. In das Genom integriert liegt die virale DNA als sog. Provirus vor. Dort imitiert das Virus ein zelluläres Gen und benutzt die Wirtszelle für die Genexpression. Zur Kontrolle der transkriptionellen Tätigkeit des Wirts stehen die *cis*-agierenden proviralen LTR-Regionen. Komplexe Retroviren besitzen zusätzlich *trans*-agierende Faktoren, die als Aktivatoren der RNA-Transkription dienen (z. B. HIV 1, Tat). Nach der Translation der viralen Gene werden die resultierenden Proteinprodukte und die virale RNA in viralen Partikeln vereinigt, die von der Zelle durch *Budding* über die Plasmamembran freigesetzt werden. Die Mehrzahl retroviraler Vektoren, die gegenwärtig in Gentherapiestudien benutzt werden, basieren auf MoMLV. Sie waren unter den ersten Genvehikeln, die in humanen Gentherapieversuchen verwendet wurden. Um **replikationsdefiziente Viren** zu produzieren, die sich nur in der Verpackungszelle, nicht jedoch in der Wirtszelle vermehren, wurden die viralen Gene entfernt und durch ein therapeutisches Gen ersetzt. Gag, Pol und Env werden in der Verpackungszelle *in trans* exprimiert (Abb. 30.9). Wird das modifizierte Virusgenom, welches das therapeutische Gen enthält, in diese Verpackungszellen transfiziert, kommen alle notwendigen Komponenten zusammen und rekombinantes Virus kann sich bilden. Dieses kann Zielzellen transduzieren, jedoch keine neuen infektiösen Partikel formen, weil die viralen Proteine im Genom fehlen. **Dieses Sicherheitsschema ist ein häufig angewandtes Prinzip bei viralen Vektoren: Man separiert die viralen Gene, die für die Vermehrung des Virus zuständig sind, und reduziert dadurch das Risiko der Rekombination infektiöser Partikel.**

Lentiviren bilden eine Subfamilie der Retroviren, die alle Vorteile von retroviralen Konstrukten bieten und darüber hinaus auch postmitotische Zellen und Gewebe, wie Neuronen, Retina, Muskel sowie hämatopoietische Zellen, transduzieren können. **Neuere lentivirale Vektoren basieren größtenteils auf einem HIV-Genom.** Um eine Rekombination von infektiösen HIV-Partikeln zu verhindern, wurden so viel wie möglich der endogenen HIV-Proteine deletiert, ohne dabei die Transduktions- und Expressionsrate zu verringern. Zudem enthalten neuere Vektoren **nachträglich eingebaute Regulationselemente** (Abb. 30.10). Durch die **cPPT-Sequenz** (*central polypurine tract*) wird die Zweitstrangsynthese sowie der Transport des Prä-Integrationskomplexes in den Zellkern erleichtert, während die **WPRE-Sequenz** (*woodchuck hepatitis virus posttranscriptional regulatory element*) die Expression des Transgens durch eine effizientere Transduktion und Translation verbessert. Eine zusätzliche Mutation des 3′-LTRs bewirkt eine Selbstinaktivierung (SIN) und soll die Gefahr der Rekombination von infektiösen HIV-Partikeln minimieren. Zur weiteren Erhöhung der Sicherheit werden inzwischen effiziente Vektoren mit nicht humanpathogenen Lentiviren entwickelt, die ebenfalls ruhende Zellen transduzieren können. Man verwendet als Grundgerüst z. B. das affenspezifische *simian immunodeficiency virus* (SIV), das katzenspezifische *feline immunodeficiency virus* (FIV) oder das pferdespezifische *equine infectious anaemia virus* (EIAV).

Bis jetzt werden die meisten lentiviralen Vektoren durch transiente Transfektion von Verpackungs- und Vektorplasmiden hergestellt. Man benutzt hierzu die gut transfizierbaren **293T-Zellen** und erreicht auf diese Weise inzwischen Titer zwischen 1×10^9 und 1×10^{10} infektiöse Einheiten pro ml, gefolgt von einer Konzentration der Viruspartikel durch Ultrazentrifugation. Trotzdem ist die Standardisierung der Virusproduktion bei transienten Transfektionen nicht einfach. Die Entwicklung von stabilen Produktionszellen wäre von Vorteil, vor allem unter dem Gesichtspunkt der Verwendung von HIV-basierenden Vektoren in klinischen Versuchen. Allerdings wird die Herstellung einer Verpackungszelllinie für lentivirale Vektoren durch die Toxizität des VSV-G-Hüllproteins und einiger anderer lentiviraler Proteine wie Vpr, Gag und Tat beeinträchtigt. Hilfreich hierbei wäre die Expression dieser toxischen Proteine durch Tetracyclin-regulierte Systeme. An dieser Strategie wird momentan gearbeitet.

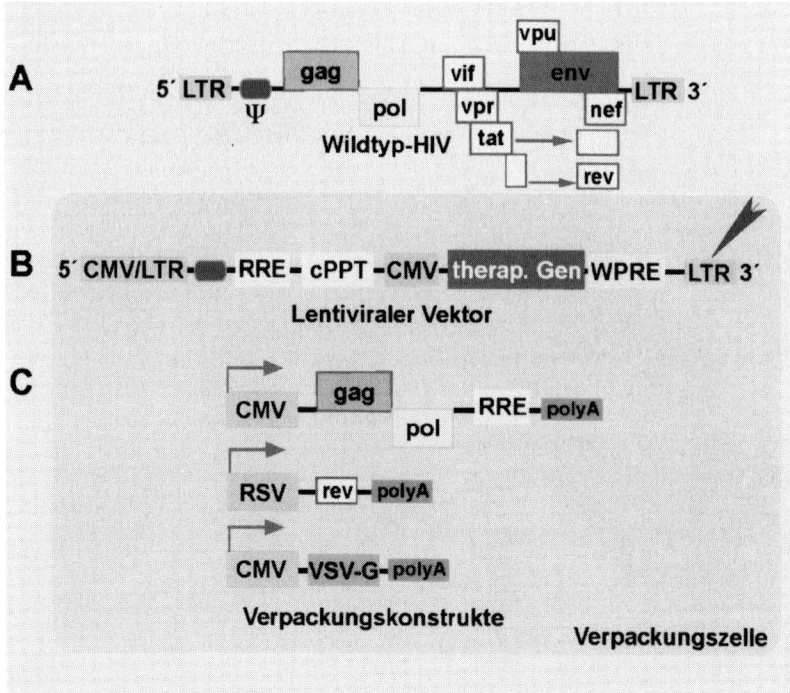

Abb. 30.10 Lentiviraler Vektor.
A. Schematische Präsentation des Wildtyp-HIV-Provirus. Das HIV-Genom codiert außer für Gag, Pol, Env für zusätzliche Proteine wie Tat, Rev, Nef, Vif, Vpu und Vpr. Außer Rev und Tat ist jedoch keines davon für die Viruspropagation *in vitro* notwendig.
B. Die neueste Generation der SIN-lentiviralen Vektorkonstrukte enthält einen zentralen Polypurin-Trakt (cPPT), um die Translokation des Vektors in den Nucleus zu verstärken. Zusätzlich gibt es eine WPRE-Sequenz, die die Expression des Transgens verbessert. Fast alle viralen Elemente sind deletiert außer den LTRs (mit einer SIN-Deletion im 3'-LTR, gekennzeichnet durch eine rote Pfeilspitze), RRE (wichtig für den nucleären Export der viralen RNA). Ψ ist notwendig für die Verpackung.
C. Gag, Pol, Tat (transaktiviert den HIV-LTR-Promotor), Rev erhöht den Export der ungespleißten genomischen RNA vom Zellkern nach der Bindung an RRE) sowie das VSV-G-Hüllprotein werden von separaten Genen aus exprimiert, die in die Verpackungszelle cotransfiziert werden.

Gefahrenpotenziale für die Anwendung am Patienten ergeben sich aus einer möglichen **Insertionsmutagenese** und der starken Neigung von Retroviren zu **Rekombinationen**. Diese könnten sowohl in den Helfer- als auch in den Zielzellen durch infektiöse Fremd-Retroviren stattfinden. Denkbar ist die Bildung von neuen Viren ebenfalls durch eine Rekombination mit endogenen Sequenzen. Daher könnten sich beim Einsatz retroviraler Vektoren neue infektiöse Viren mit bislang unbekannten Eigenschaften bilden, die weiterverbreitet werden können. Nicht nur der Befall anderer Organe, sondern auch der Keimzellen ist möglich.

30.5.2
Adenovirale Vektoren

Adenoviren verursachen vor allem Infektionen der Atemwege und des Gastrointestinaltrakts. Mehr als 50 adenovirale Serotypen sind bekannt, wobei adenovirale Vektoren auf Serotyp 2 und 5 basieren, weil diese im Menschen keine schweren Erkrankungen verursachen. Adenoviren haben einen breiten Tropismus und infizieren eine Vielzahl unterschiedlicher Wirtszellen. Bis vor kurzem waren adenovirale Vektoren besonders populär, weil sie einfach, in kommerziellem Maßstab und in hohen Virustitern herstellbar sind und **sowohl ruhende als auch sich teilende Zellen transfizieren. Adenoviren besitzen eine lineare, doppelsträngige DNA**, die für 11 Proteine codiert. Das Genom ist in eine ikosaedrische Proteinkapsel verpackt, die nicht umhüllt ist, jedoch sog. Fiber-Hüllproteine enthält (Abb. 30.11). Die Fiberproteine formen einen hochaffinen Komplex mit Oberflächenrezeptoren der Wirtszelle. Adenoviren gelangen durch Endocytose in die Zelle. Die Endosomen werden durch adenovirale Enzyme lysiert, aber das Genom integriert nicht in die zelluläre DNA, sondern **liegt episomal** vor. Deshalb verdünnt sich das adenovirale Genom im Lauf von Zellteilungen aus, d.h., **im Gegensatz zu Retroviren können Adenoviren nicht über die Keimbahn weitervererbt werden. Diese Eigenschaft einer kurzzeitigen hohen Expression ist vor allem bei der Behandlung von Tumoren erwünscht.** Aufgrund des **breiten Wirtstropismus** ist die Verbreitung von adenoviralen Vektoren nicht auf ein Kompartiment beschränkt, sondern die Viren streuen in umliegende Gewebe. Dies resultiert in **toxischen Nebenwirkungen,** die sich vor allem auf die Leber auswirken. Zudem waren die meisten Patienten schon einmal mit Adenoviren infiziert und haben **Antikörper** entwickelt. Deshalb sind therapeutisch wichtige Zielgewebe wie das Atemwegsepithel und verschiedene Tumore oft refraktär gegen eine Adenovirusinfektion. Dies könnte zu einer Verminderung der Effektivität einer adenoviralen Gentherapie beitragen. Zudem können herkömmliche adenovirale Vektoren eine **starke Immunreaktion des Wirts** hervorrufen, die vor allem dem adenoviralen E2-Protein zuzuschreiben ist. Auf der einen Seite diskutiert man einen **antitumoralen Effekt dieser Entzündungsreaktionen** auf adenovirale Vektoren. Auf der anderen Seite

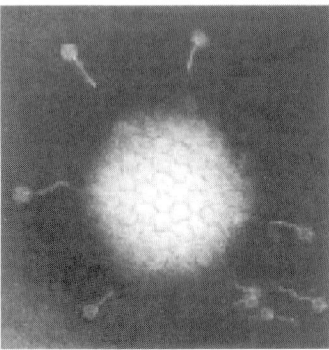

Abb. 30.11 Adenovirus, elektronenmikroskopische Aufnahme.
(Bild-Quelle: *http://www.virology.net/Big_Virology/ BVDNAadeno.html*)

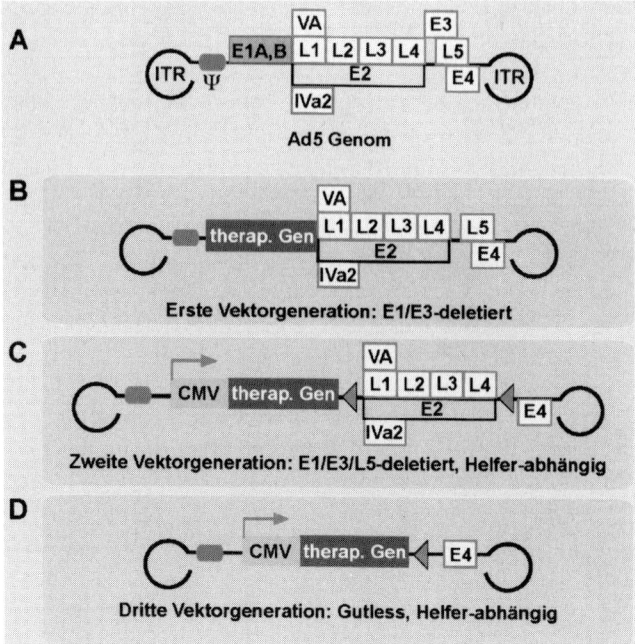

Abb. 30.12 Adenovirale Vektoren.
A. Schematische Darstellung des Adenovirus vom Serotyp 5 (Ad5), der als Basis für die meisten und hier dargestellten gebräuchlichen adenoviralen Vektoren ist. Das Vektorgenom ist flankiert von invertierten terminalen Repetitionen (*inverse terminal repeats*, ITR). Ψ ist das psi-Verpackungssignal. Die adenoviralen Gene sind in den farbig unterlegten Kästchen dargestellt.
B. Adenoviraler Vektor der ersten Generation, bei dem die Gene E1 und E3 deletiert sind. Das E1A-Gen spielt eine entscheidende Rolle bei der viralen Replikation und aktiviert die Transkription anderer viraler Transkriptionseinheiten. Allerdings ist das E1A-Gen nicht für die adenovirale Replikation in 293-Zellen notwendig, was diese zu idealen Produktionszellen macht. Das E3-Genprodukt ist nicht essenziell für die virale Replikation, obwohl es

eine wichtige immunmodulierende und immunsuppressive Rolle spielt. Das therapeutische Gen wird über einen Shuttle-Vektor gleichzeitig in die Verpackungszelle transfiziert und wird durch homologe Rekombination im Austausch gegen das E1-Gen in den adenoviralen Vektor eingefügt.
C. Helferabhängige adenovirale Vektoren, bei denen zur Vermeidung von Immunantworten des Wirtsorganismus durch Cre-vermittelte Exzision Teile des adenoviralen Genoms (flankiert von loxP-Erkennungsstellen, grüne Dreiecke) ausgeschnitten sind. Die Expression des therapeutischen Gens wird von einem Promotor wie beispielsweise CMV getrieben. D. Zur Vermeidung einer zum Teil heftigen Immunabwehr des Wirtsorganismus auf adenovirale Proteine wurden sog. Mini- oder Gutless-adenovirale Vektoren hergestellt, bei denen die meisten der adenoviralen Gene deletiert sind.

verbirgt sich dahinter jedoch auch ein hohes Sicherheitsrisiko, das durch den Tod eines Patienten unterstrichen wird (s. Abb. 30.5).

Der Replikationsdefekt adenoviraler Vektoren der ersten Generation wurde durch die Deletion der E1A- und E1B-Gene erreicht (Abb. 30.12). Zur Erhöhung der Aufnahmekapazität wurde bei manchen dieser Vektoren zusätzlich noch das

E3-Gen deletiert. Sie enthalten jedoch noch die anderen frühen und die späten viralen Gene, die in geringen Mengen nach der Infektion exprimiert werden können. Bei den adenoviralen Vektoren der zweiten Generation, die zusätzlich Deletionen der E2- und E4-Region aufweisen, liegen nur noch die späten Gene vor. Bei einer klinischen Anwendung induzieren diese viralen Genprodukte eine Immunantwort gegen die transduzierte Zelle, was eine Entzündung und eine verkürzte Expressionsdauer des Transgens zur Folge hat.

Neue Strategien zur Verbesserung adenoviraler Vektoren zielen auf die Verminderung der Immunantwort und die Erhöhung der Aufnahmekapazität fremder DNA. So wurden Adenovirusvektoren entwickelt, bei denen sämtliche viralen Leserahmen deletiert wurden, die sog. **Gutless-Vektoren**. Bei diesen Vektoren sind lediglich noch virale DNA-Sequenzen vorhanden, die *in cis* wirken und für die DNA-Replikation sowie die Verpackung der viralen DNA essenziell sind: die *inverse terminal repeats* (**ITRs**) mit den Polymerase-Bindungssequenzen für den Start der DNA-Replikation und dem DNA-Verpackungssignal psi. Zwischen den beiden ITRs ist der ursprüngliche Bereich der adenoviralen Gene ausgetauscht gegen nicht codierende Fremd-DNA, bei den daraus hergestellten rekombinanten Vektoren ersetzt das Transgen teilweise deren Platz. Die Gutless-Vektoren sind bei ihrer Herstellung auf ein Helfervirus angewiesen, welches die für die virale Replikation und Verpackung notwendigen Proteine bereitstellt. Ein solches Helfervirus liegt dann erwartungsgemäß als Kontamination des erzeugten Vektors vor und muss abgetrennt werden. Eine Methode zur Herstellung von Gutless-Vektoren, bei der Helferviren bereits durch ihre Replikationsdefizienz zur Sicherheit beitragen, die aber außerdem noch sehr effizient abgetrennt werden können, ist die Verwendung des **Cre/*loxP*-Helfer-abhängigen Systems zur spezifischen DNA-Exzision**. Die Cre-Rekombinase des Bakteriophagen P1 schneidet DNA-Sequenzen, die von *loxP*-Erkennungssequenzen flankiert sind. In 293-Verpackungszellen, die Cre-Rekombinase exprimieren, konnte man mit diesem Cre/*loxP*-System 25 kb des Genoms eines adenoviralen Vektors, der *loxP*-Erkennungssequenzen enthält, entfernen. Da der resultierende Vektor nur noch eine Größe von 9 kb hat, neigt dieser allerdings zu DNA-Arrangements. Ein Weg, um dieses Problem zu umgehen, ist die Einführung von Füll-DNA, um die Vektorgröße bei 27 kb zu halten. Andere Probleme, die mit dieser „Dritte Generation-Vektoren" momentan noch assoziiert sind, beruhen zum einen auf der **Kontamination der Vektorpräparation** mit Helferviren und zum anderen auf einer **zu geringen Titermenge**. Beides ist ungeeignet für die klinische Anwendung.

30.5.3
Adeno-assoziierte Vektoren (AAV)

Ein neuer, viel versprechender Kandidat für den Gentransfer ist das Adeno-assoziierte Virus (AAV) aus der Familie der Parvoviren. AAV ist ikosaedrisch aufgebaut (Abb. 30.13) und enthält ein **einzelsträngiges DNA-Genom** von nur 4,7 kb. Zur Replikation sind **Helferviren wie Adeno- oder Herpesviren notwendig**. Obwohl ein Großteil der Bevölkerung seropositiv für AAV ist, wurde bis dato **keine Pathogeni-**

Abb. 30.13 Adeno-assoziiertes Virus 1 (AAV), elektronenmikroskopische Aufnahme. (Bild-Quelle: *http://www.virology.net/Big_Virology/ BVDNAparvo.html*)

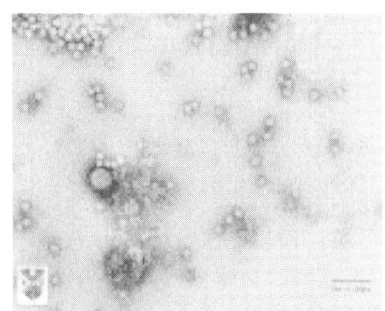

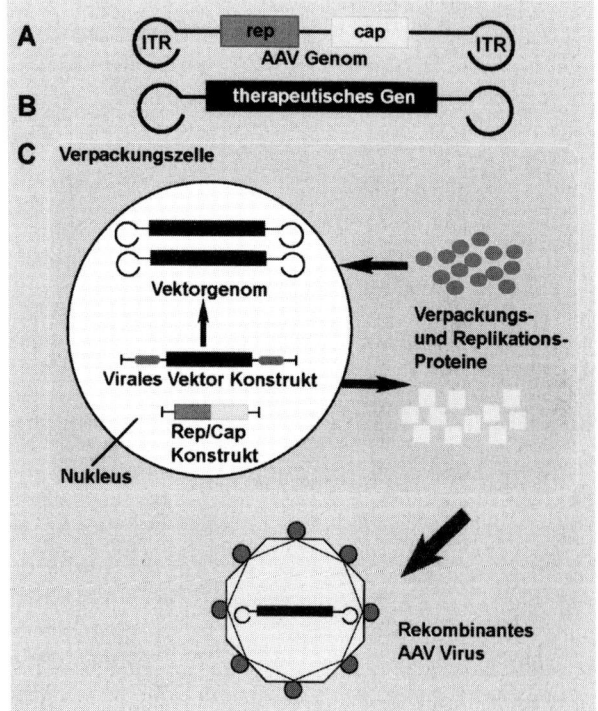

Abb. 30.14 Adeno-assoziierte virale Vektoren. A. Das AAV-Genom enthält Sequenzen, die essenziell für die Transduktion sind – die invertierten terminalen Repetitionen (ITRs) und die Gene *rep* und *cap*. B. Im Vektorgenom sind *rep* und *cap* durch das therapeutische Gen ersetzt. Falls das therapeutische Gen größer als 4,5 kb ist, kann es auf zwei konkatomere Vektorkonstrukte verteilt sein. C. Die Rep- und Cap-Proteine werden durch die Verpackungszelle exprimiert und sind erforderlich für die Produktion einzelsträngiger DNA-Genome, die von einer Kapsel aus Hüllproteinen umgeben sind. Ein nicht umhülltes AAV-Virus sammelt sich im Nucleus an. Helferproteine von Adenoviren (E1A, E1B, E2A, E4orf6 und VA RNA) werden für die Replikation benötigt und werden ebenfalls in der Verpackungszelle exprimiert (hier nicht dargestellt). Die Replikation von Adenoviren ist lytisch, ein Mechanismus, der von AAV zum Austritt aus der Zelle benutzt wird.

tät beobachtet. Im Gegensatz zu Adenoviren sind AAV nur **wenig immunogen**. AAV kann **sowohl teilende als auch ruhende Zellen infizieren und in das Wirtsgenom integrieren**. Dies bietet den Vorteil einer **Langzeitexpression**.

Wildtyp-AAV besitzt nur zwei Gene, *rep* für die Replikation und *cap* für die Einkapselung. Die codierenden Sequenzen werden flankiert von ITRs, die für die Verpackung der DNA in Capside notwendig sind. Bei AAV-Vektoren sind die Gene *rep* und *cap* durch das therapeutische Gen ersetzt (Abb. 30.14). Zur Herstellung eines rekombinanten Virus werden die AAV-Gene und adenoviralen Helfergene in der Verpackungszelle *in trans* exprimiert.

Als Vorteil wird für AAV-abgeleitete Vektoren an erster Stelle die Fähigkeit genannt, **an einer bestimmten Stelle im Genom der Zielzellen stabil integrieren zu können, und zwar ortsgebunden in das Chromosom**. Diese ortsspezifische Integration in eine genetisch normalerweise nicht aktive und etwa 100 bp lange Region wird über das Rep-Protein vermittelt. Da AAV-Vektoren das *rep*-Gen nicht mehr enthalten, ist die Fähigkeit der gezielten Integration bislang allerdings nur für das natürlich vorkommende AAV-Virus gezeigt worden. Bei rekombinanten AAV-Vektoren stellt sich zudem die Frage, ob die AAV-spezifische Integrationsstelle angesichts der großen Verbreitung von AAV in der Bevölkerung bei den meisten Menschen nicht schon besetzt ist. In diesem Fall dürfte die Anwendung von AAV-Genvehikeln am Patienten wenig effizient sein, bevor das natürliche AAV nicht entfernt ist. Andererseits ist offen, ob ein AAV-abgeleiteter Vektor bei besetzter Integrationsstelle zu sequenzunabhängiger Integration oder gar zu chromosomalen Umlagerungen neigt.

Eine andere interessante Eigenschaft von AAV-Vektoren, die sich von der spezifischen chromosomalen Integration ableitet, ist die Fähigkeit zur homologen Rekombination. In ausgesuchten Reportergenen, die in das Chromosom 14 integriert waren, konnten mithilfe eines AAV-Vektors Punktmutationen und Deletionen korrigiert werden, obwohl dies nur mit einer sehr niedrigen Frequenz vorkam. Auch dieser Ansatz bietet viel versprechende therapeutische Möglichkeiten.

Das Hauptproblem mit AAV-Vektoren ist ihre **Produktion, die momentan noch schwierig** und zeitaufwändig ist. Das *rep*-Gen und einige der adenoviralen Helfergene sind cytotoxisch für die Verpackungszelle, und geeignete Zelllinien zur Produktion von großen Mengen reiner, rekombinanter Viren fehlen. AAV-Präparationen müssen im Caesiumchloridgradienten (per Ultrazentrifuge) angereichert und von kontaminierenden Helferviren befreit werden. Jedoch erreicht man mit aktuellen Reinigungsmethoden eine mindestens 100fache Konzentration, in der sich 70–80% des Ausgangsmaterials wiederfindet. Hinzu kommt die **geringe Infektiosität von AAV**: Nur etwa 1 bis 0,1% der Viruspartikel sind infektiös. Eine effiziente Zweitstrangsynthese ist beschränkt auf spezifisches Gewebe. **AAV exprimiert sehr gut in Muskel, Gehirn, hämatopoietischen Vorläuferzellen, Neuronen, Photorezeptorzellen und Hepatocyten.**

Ein anderes Problem ist die geringe Verpackungskapazität des Vektors, die auf etwa 4,5 kb beschränkt ist. Daran wird inzwischen jedoch erfolgreich gearbeitet. Die Lösung beruht auf der Beobachtung, dass AAV-Genome nach der Transduktion Konkatomere bilden. Wenn daher zwei Vektoren, von denen einer die erste

Hälfte und einer die zweite Hälfte eines Gens tragen, gemeinsam in eine Zelle transduziert werden, wird das virale Genom „Kopf-zu-Schwanz" zusammengefügt, was in einer Rekonstitution des funktionellen Gens resultiert. Auf diese Weise konnte die maximale Größe des zu verabreichenden Gens deutlich erhöht werden. Es bleibt abzuwarten, ob solche konkatomerisierenden Vektoren stabil sind und eine lang anhaltende Expression vermitteln.

30.5.4
Andere virale Vektoren

Herpesviren infizieren das Zentralnervensystem und tragen ein sog. Latenzgen, das ihnen ermöglicht, der Immunabwehr zu entgehen. Dadurch können die Viren lebenslang in bestimmten Zellen und Organen latent überdauern. Durch äußere Einflüsse können sie aktiviert werden, und es kommt meist zu wiederkehrenden lokalen Krankheitssymptomen. Lediglich bei Neugeborenen können Herpesinfektionen den ganzen Körper befallen, wobei bei Hirnbefall auch tödliche Verläufe bekannt sind. Theoretisch könnten **Herpesviren dazu benutzt werden, Gene in Nervengewebe zu transferieren.** Herpes simplex (HSV-1) besitzt ein sehr großes, doppelsträngiges DNA-Genom mit über 80 Genen. Deshalb kann das HSV-1-Genom auch **größere Transgene** bis über 25 kb tragen. HSV-1-basierende Vektoren können zudem mehrere unabhängig voneinander regulierte Transgene gleichzeitig aufnehmen. Ebenso wie bei den Adenoviren verbleibt das Virusgenom als **episomales** Fragment im Kernplasma, wird also nicht in das Genom der Zelle integriert und auch bei Zellteilungen nicht mit vermehrt. Aufgrund des komplexen Genoms der Herpesviren gestaltet sich die Herstellung effizienter und sicherer Vektoren in hohen Titern allerdings schwierig. Da ca. 90% der Bevölkerung zumindest latent mit Herpesviren infiziert ist, besteht das **Risiko der Rekombination** von rekombinanten und latenten Viren, einer Aufnahme der transgenen Bereiche in natürlich vorkommende Herpesviren und deren anschließende Verbreitung.

Baculoviren können ebenfalls sehr große Gene aufnehmen und diese mit besonders hoher Effizienz exprimieren. Zudem galten sie bis vor kurzer Zeit als Erreger mit hoher Spezifität für ausschließlich Insekten und andere Gliederfüßer. Mittlerweile weiß man jedoch, dass diese Viren auch Säugetiergewebe infizieren können und eine **besonders hohe Affinität zur menschlichen Leber** besitzen. Deshalb erscheinen diese Viren ideal als Vektoren zum Gentransfer in menschliches Lebergewebe. Eine *In-vivo*-Therapie scheitert allerdings vorläufig noch an **den Immunreaktionen des Wirtsorganismus auf das Virus.** Wegen ihrer Infektiosität für menschliches Gewebe stellen diese Viren zurzeit noch ein Sicherheitsproblem dar.

Die Frage nach einem idealen Vehikel für die Gentherapie hat zu der Entwicklung weiterer viraler Vektoren geführt. Momentan arbeitet man an Vektoren, die auf Pockenviren (Vaccinia), Sindbis-Viren und vielen anderen Viren basieren.

30.6
Spezifische Expression

Neben der Effizienz des Gentransfers ist das zelltypspezifische *Targeting* der Vektoren für eine erfolgreiche Gentherapie entscheidend. Eine selektive Expression viraler Vehikel in spezifischen Patientenzellen wird bei der *Ex-vivo*-Gentherapie erreicht. Hier werden Patientenzellen, z. B. Hepatocyten oder Stammzellen, dem Körper entnommen, in Zellkultur transfiziert und dem Körper zurückgegeben, d. h., nur die *in vitro* transfizierten Zellen exprimieren das Transgen. Bei der *In-vivo*-Gentherapie, bei der das Virenvehikel dem Patienten direkt verabreicht wird, ist die zielgerichtete Expression des Transgens schwieriger. Beispielsweise soll nur eine Zellart des hämatopoietischen Systems oder nur eine Zellart eines Gewebes, wie des Gehirns, transduziert werden. Da die Rezeptoren der oben genannten viralen Vektoren meist ubiquitär sind, verfügen die Genvehikel über keine befriedigende Zelltypspezifität. Daher wurden für eine spezifische Expression eine Reihe von Prinzipien entwickelt.

Eine Strategie für die Veränderung des Tropismus eines viralen Vektors basiert auf der **Pseudotypisierung**. In zahlreichen Experimenten wurde angestrebt, virale Hüllproteine zu nutzen, die an spezifische Rezeptoren auf der Zelloberfläche binden. Die viralen Hüllproteine kann man untereinander austauschen und erhält dadurch chimäre Vektoren, die gezielt binden. Durch Verwendung von HIV- oder bestimmter SIV-Varianten der Hüllproteine lässt sich beispielsweise eine Spezifität für CD4$^+$-Zellen erreichen. Mithilfe des Hüllproteins des *vesicular stomatitis virus* (VSV-G) dagegen lässt sich der Tropismus von Viruspartikeln auf nahezu alle Zellen ausdehnen. Alternativ wurde das Ebola-Zaire (Ebola-Z)-Glykoprotein benutzt, um effizient Lungenepithelzellen zu transduzieren.

Neben Hüllproteinen wurden auch **Adaptorproteine**, die das Virus und spezielle Oberflächenproteine der Zielzelle binden, getestet. Verwendet wurden bispezifische Antikörper oder andere chimäre Proteine (scFv-Fragmente). Alternativ kann das Prinzip der **Rezeptor/Ligandenbindung** benutzt werden. Diese Verfahren befinden sich noch in der Entwicklung. Erfolg versprechend ist auch die Ausstattung viraler Vektoren mit **gewebespezifischen Promotoren, z. B.** Leber-, Neuronen-, Muskel-, CD4- und anderen spezifischen Promotoren. Jedoch ist das transkriptionelle Targeting von Vektoren schwierig. Es gibt Probleme, eine ausreichend hohe Expressionsrate zu erhalten. Viel Arbeit wird noch notwendig sein, um eine optimale Funktion der regulatorischen Sequenzen im Kontext von rekombinanten viralen Genomen zu gewährleisten.

Ein weiterer interessanter Ansatz ist die Verwendung **regulatorischer Systeme**, deren zugrunde liegendes Prinzip die Einführung eines inaktiven therapeutischen Gens in das Zielgewebe ist. Das therapeutische Gen wird erst dann exprimiert, wenn ein cotransfizierter Transaktivator induziert ist. Die Stoffe, mit denen die therapeutischen Gene angeschaltet werden, sind z. B. Tetracyclin, FK506, Rapamycin, Cyclosporin A, Gangciclovir, RU486 oder Ecdyson. Diese Substanzen können alle oral eingenommen werden und sind relativ ungiftig für den Patienten. Die Limitationen der oben aufgezählten Targeting-Strategien resultieren oft in einer niedrigen Gentransferrate, der Notwendigkeit multipler Infektionen sowie einer nicht lange anhaltenden Expression des Transgens.

30.7
Weiterführende Literatur

Breyer, H. (1997) *Heilen mit Genen? Studie zur Gentherapie.* Hiltrud Breyer MdEP. Die GRÜNEN im Europäischen Parlament. Printwerkstatt Rambow, Bonn.

Burns, J.C., Friedmann, T., Driever, W., Burrascano, M., Yee, J.K. (1993) Vesicular Stomatitis virus G glycoprotein pseudotyped retroviral vectors: concentration to very high titer and efficient gene transfer into mammalian and nonmammalian cells. *Proc. Natl. Acad. Sci. USA* **90**, 8033–8037.

Check, E. (2003) Second cancer case halts gene-therapy trials. *Nature* **421**, 305.

Follenzi, A., Ailles, L.E., Bakovic, S., Geuna, M., Naldini, L. (2000) Gene transfer by lentiviral vectors is limited by nuclear translocation and rescued by HIV-1 pol sequences. *Nature Genetics* **25**, 217–222.

Follenzi, A., Sabatino, G., Lombardo, A., Boccacio, C., Naldini, L. (2002) Efficient gene delivery and targeted expression to hepatocytes *in vivo* by improved lentiviral vectors. *Human Gene Therapy* **13**, 243–260.

Hallek, M., Büning, H., Ried, M., Hacker, U., Kurzeder, C., Wendtner, C.M. (2001) *Grundlagen der Gentherapie. Prinzipien und Stand der Entwicklung.* Springer-Verlag, Heidelberg.

Krisky, D.M., Marconi, P.C., Oligino, T.J., Rouse, R.J., Fink, D.J. et al. (1998) Development of herpes simplex virus replication-defective multigene vectors for combination gene therapy applications. *Gene Therapy* **5**, 1517–1530.

Lotze, M.T., Kost, T.A. (2002) Viruses as gene delivery vectors: application to gene function, target validation, and assay development. *Cancer Gene Therapy* **9**, 692–699.

Pfeifer, A., Verma, I.M. (2001) Gene therapy: promises and problems. *Annual Reviews in Genomics and Human Genetic* **2**, 177–211.

Sanlioglu, S., Monick, M.M., Luleci, G., Hunninghake, G.W., Engelhardt, J.F. (2001) Rate limiting steps of AAV transduction and implications for human gene therapy. *Current Gene Therapy* **1**, 137–147.

Somia, N., Verma, I.M. (2000) Gene Therapy: trials and tribulations. *Nat. Rev. Genet.* **1**, 91–99.

Walther, W., Stein, U. (2000) Viral vectors for gene transfer: a review of their use in the treatment of human diseases. *Drugs* **60**, 249–271.

31
Modifizierte DNA, PNA und ihre Anwendungen in der Medizin und Biotechnologie

Dieses Kapitel beschreibt die verschiedenen Möglichkeiten, die Expression eines Gens durch Antisense-RNA oder durch RNA-Interferenz (RNAi) zu steuern. Neben normalen Oligonucleotiden können chemisch modifizierte Oligonucleotide eingesetzt werden. Die chemischen Synthesestrategien werden dargestellt. Eine wichtige Klasse sind die PNAs (*peptide nucleic acids*).

31.1
Einleitung

DNA und RNA sind die zentralen Moleküle für die Speicherung der Erbinformation in biologischen Systemen sowie deren Übersetzung in Proteine. Wie bereits beschrieben, gibt es vielfältige zell- und molekularbiologische Möglichkeiten, diese Information zu regeln und zu verändern. Oftmals geschieht dies durch Einbringen fremder DNA in die Zellen in Form von Plasmiden oder Vektoren. Es gibt allerdings Fälle, in denen molekularbiologische Methoden zu aufwändig oder nicht anwendbar sind. Ein Beispiel ist die Behandlung von Krankheiten beim Menschen auf zellulärer Ebene. In diesem Fall können die kranken Zellen offensichtlich nicht einfach genetisch verändert werden. Trotzdem könnte es zur Behandlung einer Krankheit wünschenswert sein, die Expression eines schädlichen Proteins zu unterdrücken. Ein Ansatz hierzu ist, zur mRNA komplementäre DNA in die Zellen einzubringen. Diese bindet an die mRNA des Zielproteins (bzw. an die Startsequenz für die Translation) und verhindert so die Übersetzung der RNA in Protein. Man nennt dieses Vorgehen **Antisense-Therapie** (Abb. 31.1). Eine Alternative stellt die **Anti-Gen-Therapie** dar, bei der die Transkription der DNA in RNA verhindert wird. Da die DNA jedoch im Zellkern und als Doppelstrang vorliegt, ist die Umsetzung der Antigen-Idee wesentlich schwieriger und soll hier nicht behandelt werden.

An ein DNA-Oligomer, welches über Watson-Crick-Basenpaarung an die RNA binden soll, müssen einige Anforderungen gestellt werden. Zuerst einmal muss es unter physiologischen Bedingungen stabil sein und darf nicht durch Nucleasen oder Peptidasen abgebaut werden. Die ersten **Antisense-Experimente** sind bereits 1978 von Zamecnik und Stephenson durchgeführt worden. Diese Autoren ver-

Molekulare Biotechnologie: Konzepte und Methoden.
Herausgegeben von M. Wink
Copyright © 2004 WILEY-VCH Verlag GmbH & Co. KGaA, Weinheim
ISBN: 3-527-30992-6

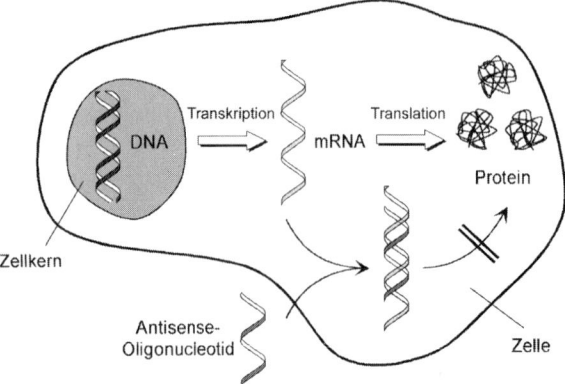

Abb. 31.1 Prinzip der Antisense-Technik. Die mRNA wird durch ein komplementäres Antisense-Oligonucleotid abgefangen, sodass sie nicht in Protein übersetzt werden kann.

wendeten allerdings normale DNA, die sehr schnell abgebaut wurde. Ein Einsatz in der Therapie von Krankheiten schien somit nicht denkbar. Die DNA muss also chemisch verändert werden, um sie unter physiologischen Bedingungen zu stabilisieren. Man spricht dann von **DNA-Analoga**. Natürlich muss gewährleistet sein, dass die chemisch veränderte DNA noch sequenzspezifisch an RNA bindet. Schließlich muss die veränderte DNA bioverfügbar sein und von Zellen leicht aufgenommen werden, d.h. sie sollte ein gutes pharmakokinetisches und pharmakodynamisches Verhalten haben.

Veränderte DNA kann natürlich nicht nur *in vivo* angewendet werden. Für DNA-Analoga, die fest und sequenzspezifisch an komplementäre DNA zu binden vermögen, sind eine Vielzahl interessanter analytischer Anwendungen denkbar im Bereich der molekularbiologischen Analytik oder klinischen Diagnostik bis hin zu sog. **DNA-Chips**.

Interessanterweise wurde vor kurzem entdeckt, dass sich die Natur selbst ebenfalls der Antisense-Strategie bedient, um die Expression von Proteinen auf der Ebene der mRNA zu regulieren. Dieser Vorgang heißt **RNA-Interferenz** (*RNA interference*, RNAi). siRNA (*small interfering RNA*) werden kurze Doppelstrang-RNA-Oligomere genannt, die etwa 21–23 bp lang sind. Diese siRNAs binden an einen Enzymkomplex (*RNA-induced silencing complex*), welcher die Doppelstrang-siRNA entwindet, sodass die Ziel-RNA von einem Strang (Antisense-Strang) sequenzspezifisch gebunden werden kann. Der Enzymkomplex besitzt auch Endonucleaseaktivität, mit der die Ziel-RNA an der Stelle, wo der Antisense-Strang gebunden ist, hydrolysiert wird. Hierdurch wird die Translation von RNA in Proteine durch Zerstörung der RNA effektiv verhindert. Dieser Vorgang gleicht der oben besprochenen Antisense-Therapie, bei der häufig auch eine Zerstörung der mRNA durch RNAsen als Folge der Bindung an ein Antisense-Oligonucleotid beobachtet wird.

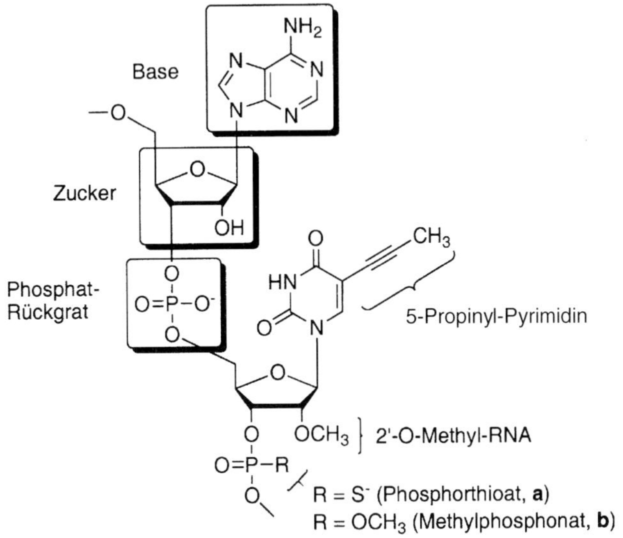

Abb. 31.2 Chemisch veränderte RNA. Im oberen Monomer sind die Stellen, an denen eine chemische Modifizierung denkbar ist, hervorgehoben (Base, Zucker, Rückgrat). Im unteren Monomer sind exemplarisch einige der bisher realisierten Modifikationen eingezeichnet. Anders als diese Abbildung suggeriert, wird üblicherweise nur eine dieser Modifikationen pro Base realisiert. (a) Phosphorthioate, (b) Methylphosphonate.

31.2
Modifizierte Nucleinsäuren

Abb. 31.2 zeigt die prinzipiellen Möglichkeiten, RNA chemisch zu modifizieren. Veränderungen sind denkbar an der Phosphatgruppe, die prinzipiell auch vollständig durch andere Gruppen ersetzt werden kann. Chemische Modifizierungen sind auch am Zucker möglich, ebenso an den Nucleobasen. Eine Vielzahl an chemischen Modifikationen ist in den letzten Jahrzehnten untersucht worden, jedoch haben sich nur wenige Modifikationen im Sinne der oben beschriebenen Anforderungen wirklich bewährt. Abb. 31.2 zeigt auch beispielhaft einige der erfolgreichen DNA-Modifikationen, von denen zwei im Folgenden behandelt werden.

31.2.1
Phosphorthioate

Zwei gut untersuchte und erfolgreiche DNA-Modifikationen sind die Phosphorthioate und die Methylphosphonate (s. Abb. 31.2). In beiden Fällen führt eine scheinbar nur geringe chemische Änderung zu erheblichen Konsequenzen. Im Fall der Phosphorthioate (a) wird lediglich ein Sauerstoffatom gegen ein Schwefelatom in der Phosphorestergruppe ausgetauscht. Der ursprüngliche Antrieb zur Entwicklung dieser Substanzklasse war der Wunsch, mit ^{35}S ein radioaktives Label in DNA-Oligomere einzuführen. Da Schwefel im Periodensystem unter Sauer-

Box 31.1. Fomivirsen

Nach einer HIV-Infektion entwickelt sich früher oder später das Vollbild der Krankheit AIDS (*acquired immune deficiency syndrome*), bei der das Immunsystem durch das HI-Virus systematisch zerstört wird. Als Folge können sich Krankheiten durch Erreger entwickeln, die bei gesunden Menschen durch das Immunsystem in Schach gehalten werden. Diese Krankheiten werden opportunistisch genannt, die Krankheitsbilder sind in der nicht HIV-infizierten Bevölkerung sehr selten. Eine solche Krankheit ist eine Augenentzündung, die durch den Cytomegalievirus hervorgerufen wird (CMV-Retinitis). Mit anderen Virostatika, wie z. B. Ganciclovir, kann diese Krankheit nur schwer behandelt werden. Gegen diese CMV-Retinitis wurde das erste Medikament, welches nach einem Antisense-Mechanismus wirkt, eingesetzt. Die Verbindung Fomivirsen (ISIS 2922) ist ein 21-mer-Oligo(phosphorthioat), welches von der Firma ISIS Pharmaceuticals entwickelt wurde. Das Medikament wurde unter dem Namen Vitravene® im August 1998 von der amerikanischen *Food and Drug Administration* (FDA) und wenig später auch in Europa zugelassen. Fomivirsen hat die Sequenz 5'-GCG TTT GCT CTT CTT CTT GCG-3', alle Phosphate liegen als racemische Phosphorthioate vor. Die komplementäre mRNA-Sequenz ist spezifisch für CMV und kommt nicht im Menschen vor. Diese Region der viralen mRNA codiert für mehrere Proteine, die für die Replikation des Virus notwendig sind. Durch die Bindung von Fomivirsen an die mRNA wird RNAse H aktiviert, die mRNA zerstört, die Synthese dieser Proteine unterbunden und die Replikation des Virus damit verhindert. Zu der gesamten antiviralen Aktivität tragen möglicherweise auch Nicht-Antisense-Effekte bei. Fomivirsen wird in Dosen von 165 µg (25 µl) direkt in den Glaskörper des Auges injiziert; nach einer Initialphase von drei wöchentlichen Injektionen ist nur noch alle zwei Wochen eine Erhaltungsdosis notwendig. Es wird üblicherweise gut vertragen, die häufigste Nebenwirkung ist ein Ansteigen des Augeninnendrucks. Fomivirsen wirkt auch bei Virusstämmen, die auf die übliche Behandlung nicht ansprechen; eine Resistenzentwicklung wurde bisher nur in einem einzigen Virusstamm im Labor, nicht jedoch an Patienten, beobachtet. Die Zulassung von Fomivirsen als erstes Antisense-Medikament war ein wichtiger Meilenstein für das gesamte Feld und demonstrierte die klinische Anwendbarkeit der Antisense-Therapie. Allerdings ist die CMV-Retinitis selbst bei AIDS-Patienten eine sehr seltene Erkrankung. Der Absatz von Vitravene® in Europa wurde im Jahr 2001 mit weniger als 100 Einheiten pro Jahr angegeben. Die Zulassung von Vitravene® für den europäischen Markt wurde daher im Jahr 2002 von der Firma Novartis Ophthalmics freiwillig zurückgezogen. In der Erklärung wird betont, dass der Rückzug alleine aus wirtschaftlichen Gründen erfolgt; es bestünden keine Gründe, an der klinischen Wirksamkeit und Sicherheit von Vitravene® zu zweifeln.

stoff steht, ändern sich die chemischen Eigenschaften der Oligomere nur wenig. Allerdings sind Phosphorthioate wesentlich stabiler gegen Nucleasen als normale DNA. Phosphorthioate werden zudem besser als normale DNA von Zellen internalisiert, da S größer und lipophiler als O ist. Aufgrund dieser vorteilhaften pharmakokinetischen Eigenschaften sind die ersten Antisense-Medikamente auf der Basis von Phosphorthioaten entwickelt worden (Fomivirsen, Box 31.1).

31.2.2
Methylphosphonate

Ersetzt man den negativ geladenen Sauerstoff der Phosphatestergruppe durch eine Methylgruppe, so erhält man die Methylphosphonate (s. Abb. 31.2). Methylphosphonate sind stabil gegen Nucleasen und im Unterschied zu Phosphorthioaten und normaler DNA ungeladen. Daraus folgt, dass Oligo(methylphosphonate) (ungeladen) und komplementäre Einzelstrang-DNA (unter physiologischen Bedingungen ein Polyanion) sich im Gegensatz zu Doppelstrang-DNA (jeder Strang ein Polyanion) nicht abstoßen. Auf die Konsequenzen dieser Beobachtung wird weiter unten noch genauer eingegangen werden. Ein Problem der Methylphosphonate stellt die schlechte Aufnahme in Zellen dar, sodass diese Substanzklasse für medizinische Anwendungen kaum in Frage kommt. Oligomere aus Phosphorthioaten oder Methylphosphonaten können mittels chemischer Synthese relativ leicht synthetisiert werden. Die Synthese erfolgt aus geeigneten Monomeren an einem festen Träger analog der DNA-Festphasensynthese. Alle Syntheseschritte sind gut ausgearbeitet und können automatisiert und parallelisiert werden, sodass die Synthese auch in größeren Mengen von Syntheseautomaten durchgeführt werden kann.

Eine Betrachtung des Phosphoratoms in Phosphorthioaten und Methylphosphonaten zeigt, dass es sich um ein stereogenes Zentrum handelt. Das Phosphoratom in normaler DNA ist hingegen nicht chiral, da die Sauerstoffatome aufgrund der Mesomerie zwei identische Reste darstellen (Abb. 31.3). Jedes Phosphoratom in Phosphorthioaten kann somit als R- oder S-Isomer vorliegen. In einem Oligomer mit n Phosphorthioatbrücken können 2^n Stereoisomere vorliegen, die Diastereomere sind und somit definitionsgemäß alle verschiedene Eigenschaften haben. Analoges gilt für Methylphosphonate. Es kann erwartet werden, dass die Stereochemie die physiologischen Eigenschaften ebenso wie die Bindung an komplementäre DNA und RNA beeinflusst (s. unten). Allerdings ist es heute möglich, die Synthesen stereoselektiv durchzuführen, sodass enantiomerenreine Phosphorthioate oder Methylphosphonate (all-R oder all-S, je nach den verwendeten Reagenzien) erhalten werden können.

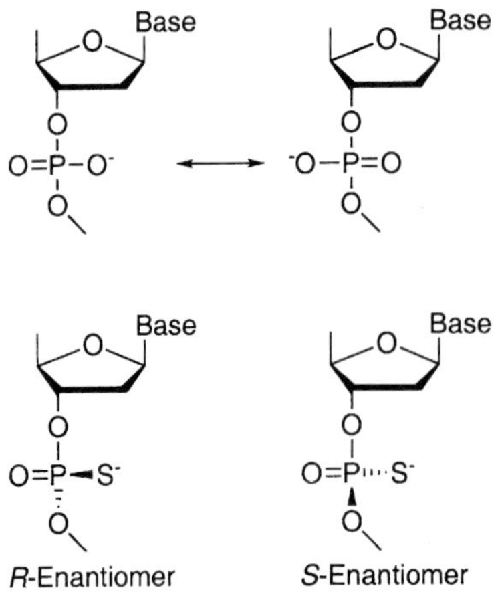

Abb. 31.3 Oben: Mesomerie der Phosphatgruppe in DNA. Unten: Die beiden enantiomeren Formen des Phosphoratoms in Phosphorthioaten.

31.2.3
Peptid-Nucleinsäuren (PNA)

Eine weitere interessante Klasse von DNA-Analoga stellen die sog. Peptid-Nuclein-säuren dar (PNA; Abb. 31.4). In diesen sind die bekannten DNA-Basen statt an ein Zucker-Phosphat-Rückgrat wie in DNA und RNA über eine Methylencarbonyl-gruppe an ein Aminoethyl-glycin-Rückgrat gebunden; Oligomere entstehen über Amidbindungen. Streng genommen handelt es sich bei PNA-Oligomeren also nicht um Peptide, da die Monomere keine gewöhnlichen α-Aminosäuren sind. Al-ternativ sind daher die Namen **Peptoid-Nucleinsäuren** oder **Polyamid-Nucleinsäu-ren** vorgeschlagen worden. Mittlerweile hat sich der Begriff **Peptid-Nucleinsäuren** für diese Substanzklasse jedoch allgemein durchgesetzt, auch wenn er chemisch nicht ganz exakt ist. Solche sprachlichen Ungenauigkeiten sind leider nicht so sel-ten: DNA ist genau genommen unter physiologischen Bedingungen das Polyani-on einer Säure, nicht die Säure selbst. Obwohl DNA und PNA auf den ersten Blick chemisch grundverschieden scheinen, haben sie doch topologische Gemein-samkeiten: Die Wiederholungseinheit im Rückgrat ist sechs Atome lang, und es befinden sich zwei Atome zwischen Base und Rückgrat. PNA-Monomere können chemisch aus relativ einfachen Bausteinen synthetisiert werden. Hierbei sind auch Veränderungen der in Abb. 31.4 dargestellten Grundstruktur realisierbar. PNA-Oligomere werden aus diesen Monomeren durch Festphasensynthese dar-gestellt. Im Unterschied zu DNA-Oligomeren muss hier jedoch eine andere Che-mie verwendet werden, die eher der Peptid-Festphasensynthese gleicht. PNA-Oli-gomere sind bis zu einer Länge von etwa 15 Basen problemlos zugänglich, bei längeren Oligomeren können in erheblichem Maß Probleme mit Selbstaggregati-on und Nebenreaktionen auftreten.

PNA-Oligomere sind wie Methylphosphonate ungeladen, im Unterschied zu diesen jedoch achiral. Sie binden ausgezeichnet an komplementäre DNA und RNA unter Ausbildung von Watson-Crick-Basenpaaren (Abb. 31.4). Ein Problem

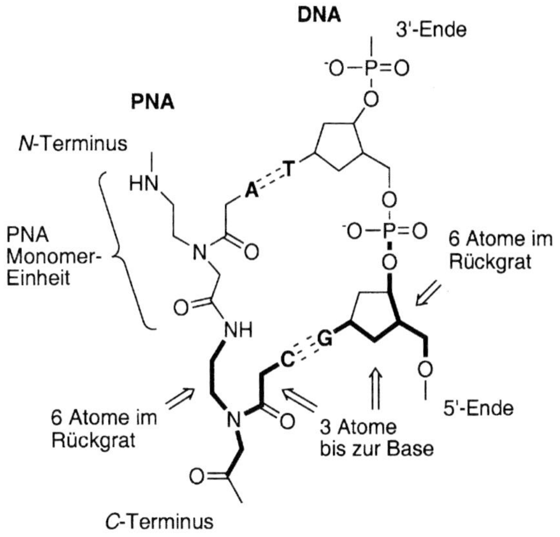

Abb. 31.4 Ein Ausschnitt aus einer PNA·DNA-Doppelhelix. A, C, T und G symbolisieren die Basen der DNA, im unteren Teil sind das Rückgrat und die Verbindung der Basen zum Rückgrat fett dargestellt, um die topologische Ähnlichkeit von PNA und DNA hervorzuheben.

stellt, je nach Sequenz, die zuweilen schlechte Löslichkeit in Wasser dar. Üblicherweise werden daher am C-Terminus von PNA-Oligomeren zusätzliche Lysinreste eingebaut, die durch ihre positive Ladung unter physiologischen Bedingungen die Löslichkeit der Oligomere erhöhen. Da PNA-Oligomere im physiologischen Sinne weder echte Peptide noch Nucleinsäureoligomere sind, werden sie von Peptidasen und Nucleasen nicht angegriffen und sind unter physiologischen Bedingungen vollständig stabil. Allerdings werden sie üblicherweise von Zellen nur schlecht aufgenommen und gelangen nicht leicht in das Cytoplasma. Abhilfe zu schaffen ist versucht worden durch die Synthese von PNA-Konjugaten mit Peptiden, Zuckermolekülen und DNA-Oligomeren. Natürlich kann keines dieser Konjugate mit molekularbiologischen Methoden hergestellt werden, insbesondere die letzten beiden stellen hohe Anforderungen an die chemische Synthesekunst.

31.3
Wechselwirkung von DNA-Analoga mit komplementärer DNA und RNA

Alle oben genannten DNA-Analoga binden an komplementäre Einzelstrang-DNA (*single stranded DNA*, ssDNA) und RNA unter Ausbildung von Watson-Crick-Basenpaaren. Es entstehen helikale Duplices in Analogie zu gewöhnlicher Doppelstrang-DNA (*double stranded DNA*, dsDNA). Auch wenn im Folgenden überwiegend DNA diskutiert wird, gelten ähnliche Überlegungen sinngemäß auch für RNA. Zwei wichtige Parameter sind die Stabilität des gebildeten Doppelstrangs sowie der Einfluss eines einzelnen Basenpaar-*Mismatches*.

31.3.1
Schmelztemperatur

Die **Stabilität einer DNA·DNA-Duplex** kann durch die Messung der sog. Schmelztemperatur (T_m) bestimmt werden. Hierfür werden die komplementären Stränge in äquimolarer Menge in einem geeigneten Puffer zusammengegeben. Es bildet sich die DNA-Doppelhelix aus und die Lösung wird erwärmt. Durch die Zufuhr von thermischer Energie wird die DNA-Doppelhelix aufgebrochen, und bei hoher Temperatur liegen zwei komplementäre DNA-Einzelstränge vor. Während der Erwärmung wird die Absorption der Basen im ultravioletten Licht (üblicherweise bei 260 nm) gemessen. Da die spezifische Absorption einzelner Basen in der Duplex geringer ist als im ungepaarten Einzelstrang ergibt sich bei tiefer Temperatur eine Abnahme der Absorption. Dieser Effekt wird **Hypochromizität** genannt. Ein sigmoidaler Verlauf der sog. Schmelzkurve, d.h. der Auftragung der Absorption A gegen die Temperatur T, ergibt sich aus der Tatsache, dass es sich bei der Duplexbildung um einen kooperativen Effekt handelt. Sind durch die Temperaturerhöhung erst einmal einige der Wasserstoffbrücken zwischen den Strängen aufgebrochen, so erfolgt die Trennung der übrigen zunehmend leichter. Die Temperatur am Wendepunkt der Schmelzkurve nennt man die **Schmelztemperatur T_m** (Abb. 31.5). Sie entspricht der Temperatur, bei der genau die Hälfte der Duplex bereits als Einzelstränge vorliegt. Je höher also T_m, desto stabiler ist die Duplex. Allerdings ist die Schmelztemperatur zumindest bei dsDNA stark abhängig von der Konzentration der Oligomere und der Salzkonzentration. Dieser Punkt wird weiter unten noch näher diskutiert werden. Mit etwas höherem Aufwand können auch die thermodynamischen Parameter wie die Standardenthalpie ΔH^0, die Standardentropie ΔS^0 und die freie Energie ΔG^0 für die Duplexbildung ermittelt werden. Für einen ersten Vergleich genügt es jedoch in der Regel, unter identischen Bedingungen gemessene T_m zu vergleichen.

Für viele der bekannten DNA-Analoga ist es schwierig, die Affinität zu komplementärer DNA vorherzusagen; hierfür müssen in aller Regel Experimente wie die oben beschriebene Bestimmung von T_m durchgeführt werden. So ist beispielsweise eine Duplex aus Adenosin-Phosphorthioaten, die alle S-konfiguriert sind (All-

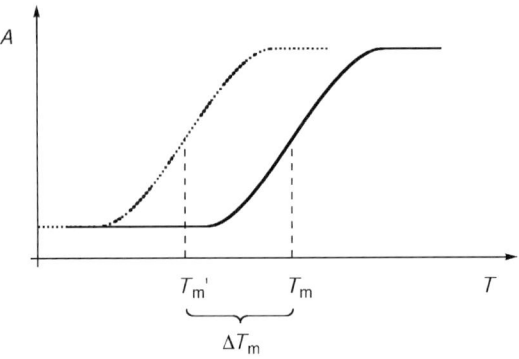

Abb. 31.5 Messung der Schmelztemperatur T_m. Aufgetragen wird die Absorption bei 260 nm (A) gegen die Temperatur (T). Gezeigt sind schematisch die Kurven für perfekte Basenpaarung (durchgezogene Linie, T_m) und einen Mismatch (gestrichelte Linie, T_m'). Die Erniedrigung der Schmelztemperatur $\Delta T_m = T_m - T_m'$.

S_P-d(A_PS)$_{11}$A), mit komplementärer DNA (dT_{12}) um 5 °C stabiler als die enantiomere All-R_P-d(A_PS)$_{11}$A · dT_{12}-Duplex. Vertauscht man jedoch die beiden Stränge, so ist der *S*-enantiomere Strang All-S_P-d(T_PS)$_{11}$T · dA_{12} plötzlich weniger stabil als die *R*-konfigurierte Doppelhelix All-R_P-d(T_PS)$_{11}$T · dA_{12}. Naturgemäß sind in beiden Paaren die Zahl und Art der Wasserstoffbrücken ebenso wie die Zahl und Orientierung der Schwefelatome identisch. In beiden Fällen ist die stabilere Duplex jedoch auch stabiler als die unmodifizierte dT_{12} · dA_{12}-Duplex und scheint somit prinzipiell geeignet für medizinische oder biotechnologische Anwendungen. Auch für Methylphosphonate gilt, dass die Affinität zu komplementärer DNA in etwa vergleichbar oder etwas besser als für natürliche Oligodesoxyribonucleotide ist. Ein wichtiger Unterschied ergibt sich jedoch aus der Tatsache, dass Oligo(methylphosphonate) im Gegensatz zu DNA-Oligomeren ungeladen sind: Die Schmelztemperatur T_m von natürlicher dsDNA ist stark von der Salzkonzentration abhängig und nimmt mit sinkender Salzkonzentration ab, da die Abstoßung der negativ geladenen DNA-Einzelstränge immer weniger durch Wechselwirkung mit den positiv geladenen Kationen des Salzes kompensiert wird. Üblicherweise wird daher für T_m-Messungen ein Phosphatpuffer mit 0,1 M NaCl verwendet, unter physiologischen Bedingungen stabilisieren auch zweiwertige Kationen wie Mg^{2+} und Zn^{2+} die DNA-Doppelhelix. Hingegen ist die Schmelztemperatur von (Methylphosphonat-DNA) · DNA-Duplices weitgehend unabhängig von der Salzkonzentration, bei der gemessen wurde.

Dieselbe Argumentation gilt auch für PNA · DNA-Duplices, deren Schmelztemperatur ebenfalls wenig von der Salzkonzentration abhängt. Für eine PNA · DNA-Duplex sind ähnlich wie bei dsDNA zwei Anordnungen der Stränge gegeneinander möglich, wobei die in Abb. 31.4 gezeigte Anordnung die stabilere ist. Das N-terminale Ende der PNA befindet sich an der Stelle, an der in dsDNA das 5′-Ende eines DNA-Stranges, welcher den PNA-Strang ersetzt, zu erwarten wäre. Man spricht daher in Analogie zu dsDNA von einer antiparallelen Anordnung der Stränge. Generell sind PNA · DNA-Duplices erheblich stabiler als die homologe dsDNA. Für Oligomere mit ca. 10 Basen werden leicht Erhöhungen der Schmelztemperatur von 1,5 °C *pro Basenpaar* beobachtet. Für PNA · DNA-Duplices in der (stabileren) antiparallelen Anordnung ist gezeigt worden, dass sie in einer rechtsgängigen helikalen Form vorliegen, die der natürlich vorkommender DNA gleicht. Allerdings ist die PNA · DNA-Duplex etwas gestaucht im Vergleich zu natürlicher dsDNA. Während in der B-DNA-Form 10 Basenpaare pro Windung vorliegen, weist eine 10mer-PNA · DNA-Doppelhelix etwa 13 Basenpaare pro Windung auf, gleichzeitig ist die große Furche aufgeweitet, die kleine Furche dagegen flach und eng. Da PNA in der oben gezeigten Form ein achirales Molekül ist, sind keine stereochemischen Komplikationen zu befürchten. Allerdings hängt die Stabilität einer PNA · DNA-Duplex auf nicht vorhersagbare Art und Weise davon ab, welcher Strang PNA und welcher DNA ist, d.h. selbst bei gleicher Sequenz gilt: T_m(PNA · DNA) $\neq$ T_m(DNA · PNA) – auch wenn beide stabiler als DNA · DNA sind. Diese Beobachtungen zeigen, dass viele Details über Struktur und Stabilität von DNA noch nicht wirklich verstanden sind. Trotzdem haben DNA-Analoga eine breite Palette an Anwendungen gefunden, von denen einige weiter unten beschrieben werden.

31.3.2
Mismatch-Empfindlichkeit

Für Anwendungen in der Biotechnologie sollte die Erkennung zwischen komplementären DNA-Strängen möglichst genau sein. Es ist also wichtig, zu messen, wie sich ein einziges nicht passendes Basenpaar (Mismatch, z. B. G–A statt G–C) auf die Stabilität von DNA-Duplices mit modifizierten DNA-Oligomeren auswirkt. Die Änderung der Schmelztemperatur ΔT_m ist definiert als:

$$\Delta T_m = T'_m \,(\text{Mismatch}) - T_m \,\,(\text{perfekte Komplementarität}) \tag{31.1}$$

Üblicherweise ist $\Delta T_m < 0$, da jede Abweichung von den Watson-Crick-Regeln die Duplex destabilisiert (s. Abb. 31.5). Offensichtlich ist es unmöglich, eine feste Zahl für jeden denkbaren Mismatch anzugeben. Befindet sich das „falsche" Basenpaar am Ende eines Stranges, so wird ΔT_m kleiner ausfallen, als wenn derselbe Mismatch in der Mitte auftritt. Je länger ein Oligomer ist, desto höher wird T_m sein und desto weniger wird sich ein einzelner Mismatch auf die Gesamtstabilität auswirken. ΔT_m wird für denselben Mismatch an vergleichbarer Position also in einem 20mer kleiner als in einem 10mer sein. ΔT_m-Werte für denselben Mismatch sind bei PNA · DNA größer als bei dsDNA, oft sogar mehr als doppelt so groß. Man sagt, dass PNA eine größere **Mismatch-Empfindlichkeit** aufweist als DNA. Für PNA · DNA-Duplices sind ΔT_m-Werte bis zu 15 °C in Dekameren gemessen worden. Diese außerordentlichen Werte eröffnen Anwendungsmöglichkeiten für PNA, die mit normaler DNA und selbst mit den meisten modifizierten DNAs nicht denkbar sind. Weil PNA erheblich fester an komplementäre DNA bindet als DNA selbst und auch die meisten DNA-Analoga, können bereits kürzere DNA-Sequenzen unter physiologischen Bedingungen zuverlässig gebunden werden. So liegt die Schmelztemperatur eines PNA · DNA-Oktamers mit gemischter Sequenz typischerweise bei ca. 40 °C. Das homologe DNA · DNA-Oktamer hätte eine Schmelztemperatur unter 30 °C. Da gleichzeitig eine hohe Mismatch-Empfindlichkeit gegeben ist, führt bereits ein einziger Fehler in der DNA-Sequenz zu einem Absinken von T_m unter 35 °C. In der Praxis bedeutet das, dass diese PNA unter physiologischen Bedingungen bereits an kurze komplementäre DNA-Sequenzen zu binden vermag, eine feste Bindung wird jedoch nur mit der perfekt komplementären Sequenz erreicht. Gerade ein solches perfektes *DNA-Targeting* kurzer Sequenzen unter physiologischen Bedingungen ist mit keiner anderen Methode erreichbar.

31.4
Anwendungen

31.4.1
Antisense-Technik

Unter Antisense-Technik versteht man, wie bereits oben beschrieben, das Abfangen von mRNA bzw. die Blockierung für die Translation wichtiger Bereiche durch komplementäre Oligonucleotide. Ein geeignetes Antisense-Oligomer muss in den folgenden fünf Punkten möglichst gute Eigenschaften aufweisen, um für medizinische Anwendungen geeignet zu sein:

- Aufnahme in Zellen,
- Stabilität unter physiologischen Bedingungen (auch gegenüber Enzymen),
- feste und sequenzspezifische Bindung an komplementäre RNA,
- geringe allgemeine Toxizität,
- Aktivierung von RNAsen.

Die ersten drei Punkte sind für verschiedene DNA-Analoga oben bereits diskutiert worden. Selbstverständlich ist, dass ein hochtoxisches Reagens ungeeignet für den Einsatz *in vivo* ist. Wünschenswert, aber nicht unbedingt notwendig, ist schließlich eine Aktivierung von RNAsen, vor allem RNAse H, durch das Antisense-Reagens. Die RNAse würde an das Antisense-Reagens gebundene mRNA abbauen und somit die Produktion des Zielproteins dauerhaft unterbinden. Leider führen nur wenige der bekannten DNA-Analoga zu einer Aktivierung von RNAse H; von den oben diskutierten Molekülen sind dies nur die Phosphorthioate, nicht jedoch Methylphosphonate oder PNA. Welche strukturellen Parameter RNAse H aktivieren ist derzeit noch nicht vollständig bekannt. Da jedoch auch DNA · RNA-Duplices zur Aktivierung von RNAse H und damit zum Abbau der mRNA führen, sind Konjugate aus PNA und DNA synthetisiert worden (Abb. 31.6). In diesen Konjugaten wird eine gute Erkennung der RNA-Zielsequenz und eine feste RNA-Bindung durch die PNA, wie oben diskutiert, erreicht. An die angrenzende RNA bindet der DNA-Teil des Konjugats. Die Stärke der Bindung oder die Sequenzspezifität ist hierbei nicht mehr wichtig, wichtig ist alleine die Erkennung dieses Teils der komplexierten RNA durch RNAse H, gefolgt vom Abbau der RNA. Ein weiterer erwünschter Effekt ist die verbesserte Aufnahme der Konjugate in Zellen, möglicherweise über eine Erkennung und aktiven Transport des DNA-Teils des Konjugats. Erkauft werden diese beiden positiven Effekte durch den schnellen enzymatischen Abbau der konjugierten DNA selbst.

   Mehrere medizinische Anwendungen von Antisense-Oligonucleotiden konzentrieren sich auf die Behandlung von Tumorerkrankungen. Offensichtliche Ziele für eine Antisense-Therapie sind hierbei Proteine, die für die Regulation von Zellwachstum und Zelltod eine Rolle spielen. Ein Beispiel ist die *bcr/abl*-mRNA bei chronischer myeloischer Leukämie (CML), die für die Transformation von hämatopoietischen Zellen zu Tumorzellen notwendig und tumorspezifisch ist und das Ziel von frühen Antisense-Studien war. Klinische Studien wurden auch zur Be-

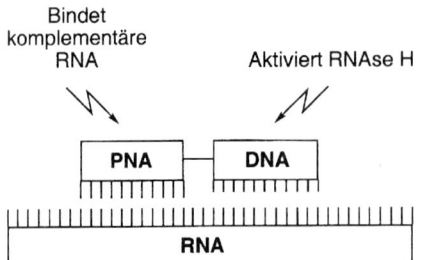

Abb. 31.6 Aktivierung von RNAse H durch PNA–DNA-Konjugate. Die PNA bindet fest an komplementäre RNA. Die Bindung der kovalent mit der PNA verbundenen DNA an die RNA ist weniger fest, allerdings vermag nur eine DNA–RNA-Duplex RNAse H zu aktivieren.

handlung des Non-Hodgkin-Lymphoms durchgeführt. Die Tumorzellen schützen sich gegen den programmierten Zelltod (**Apoptose**) durch verstärkte Expression eines Apoptose-Schutzproteins bcl2 (*B-cell leukemia lymphoma 2*). Durch anti-*bcl2*-mRNA-Oligonucleotide wird die Schwelle für Apoptose der Tumorzellen gesenkt. Da viele Chemotherapeutika über eine Induktion der Apoptose wirken, ist die Kombination dieser Chemotherapeutika mit einer Hemmung der *bcl2*-Expression besonders Erfolg versprechend. In Zellversuchen wurde ein viel versprechendes anti-*bcl2*-Phosphorthioat-Oligonucleotid ermittelt. Es handelt sich um ein racemisches 18mer-Phosphorthioat gegen die ersten sechs Codons der *bcl2*-mRNA mit dem Arbeitstitel G3139. Nach erfolgreichen *In-vitro*-Versuchen und Mausexperimenten konnte in der Tat in einer klinischen Phase-I-Studie mit einer kleinen Gruppe (*n*=9) von Patienten mit einem therapierefraktären, d.h. auf die üblichen Medikamente nicht mehr ansprechenden Non-Hodgkin-Lymphom durch zusätzliche Gabe dieses anti-*bcl2*-mRNA-Oligonucleotids bei einem Patienten eine komplette Heilung erreicht werden, bei einem weiteren Patienten wurde eine deutliche Verminderung des Tumorvolumens festgestellt. Zur Dokumentation des angenommenen Wirkmechanismus wurde bei diesen Patienten tatsächlich eine Verminderung der *bcl2*-Expression nachgewiesen.

Auch die Bildung viraler Proteine kann durch Antisense-Nucleotide gehemmt werden. Erfolgreiche Studien wurden mit Antisense-Nucleotiden gegen bestimmte Gene des HIV (*human immunodeficiency virus*) und CMV (Cytomegalievirus) durchgeführt. Die schnelle Adaption der Viren durch Punktmutationen im viralen Genom schränkt die langfristige Wirksamkeit von Antisense-Oligonucleotiden bei Viren jedoch ein. Für die Therapie von HIV-Erkrankungen kommen verschiedene Abschnitte des viralen Lebenszyklus in Frage. Erfolg versprechende Ansätze mit Antisense-Oligonucleotiden sind bisher gegen die Reverse Transkriptase und gegen Proteine der viralen mRNA-Transkription und -Translation entwickelt worden. Mehrere klinische Studien untersuchen die verschiedenen Therapieansätze. Das erste Antisense-Medikament wurde im Jahr 1998 zur Behandlung einer speziellen viralen Bindehautentzündung (CMV-Retinitis), die vor allem als Begleiterscheinung einer AIDS-Infektion beobachtet wird, zugelassen. Es handelt sich um ein 20mer-Phosphorthioat-Oligonucleotid, welches gegen die mRNA eines CMV-Proteins gerichtet ist (s. Box 31.1, Fomivirsen).

Interessante Antisense-Effekte konnten mit PNA auch in Bakterien erreicht werden. Aufgrund ihrer chemischen Struktur und biophysikalischen Eigenschaften, vor allem der höheren Lipophilie, eignen sich PNA-Oligomere besonders für Anwendungen, in denen DNA-Analoga mit größerer struktureller Ähnlichkeit zu DNA versagen. Große Herausforderungen stellen biologische Membranen wie die Blut-Hirn-Schranke oder bakterielle Zellwände dar.

Ein interessantes Experiment wurde mit Antibiotika-resistenten *E. coli*-Bakterien durchgeführt. Diese produzieren β-Lactamase, ein Enzym, welches viele Penicilline (u. a. auch das Penicillinderivat Ampicillin) durch die Spaltung des β-Lactamrings zu inaktivieren vermag. Bakterien mit einer Ampicillinresistenz wurden mit einem PNA-15mer, welches gegen das Start-Codon der bakteriellen β-Lactamase-mRNA gerichtet war, behandelt. Bei der nachfolgenden Behandlung mit Ampicillin wurden diese Zellen selbst bei niedrigen Dosen wieder durch das Antibiotikum getötet. Auch hier wurde durch geeignete Kontrollexperimente ein spezifischer Antisense-Effekt der PNA nachgewiesen. Bemerkenswert ist bei diesen PNA-Experimenten, dass es sich um echte Antisense-Effekte durch dauerhafte Blockade der mRNA handeln muss, da PNA zumindest *in vitro* RNAsen, die die mRNA abbauen würden, *nicht* aktiviert. Ferner konnte gezeigt werden, dass PNA-Oligomere biologische Membranen wie die Blut-Hirn-Schranke oder die Zellwände von Bakterien überwinden können, was für DNA-Oligomere und selbst viele DNA-Analoga nicht möglich ist.

31.4.2
Andere Anwendungen von PNA

Aufgrund ihrer hohen Affinität zu komplementärer DNA bei gleichzeitig erhöhter Mismatch-Empfindlichkeit eignen sich PNA-Oligomere auch für viele andere Anwendungen in der Biotechnologie. Im Folgenden werden als Beispiele das *PCR-Clamping* durch PNA und FISH mit PNA-Proben besprochen werden.

PCR-Clamping (auch *PCR-Silencing* genannt) durch PNA ist eine vielseitige und sehr empfindliche Technik, mit der Mutationen von einzelnen Basen in DNA nachgewiesen werden können, selbst wenn diese nur in einem kleinen Teil der Gesamt-DNA vorliegen. PNA-Oligomere können nicht als Primer für die PCR dienen. Wird jedoch ein zu einem Strang der Wildtyp-DNA komplementäres PNA-Oligomer vor der PCR zugesetzt, so kann der Primer nicht mehr binden, da die stabilere PNA · DNA-Duplex die Stelle der Primer-Bindung blockiert; als Folge unterbleibt die Vervielfältigung der Wildtyp-DNA. Befindet sich aber eine Punktmutation an der PNA-Bindungsstelle, so wird die PNA wesentlich schlechter an dieser Stelle binden und ein passender Primer kann angreifen, die mutierte DNA wird amplifiziert. Bewährt haben sich PNA-Oligomere von 15 bp Länge, die Schmelztemperaturen um 70 °C aufweisen. Ein einzelner Mismatch in der Mitte der Sequenz führt zu Schmelzpunkterniedrigung um ca. 15 °C. In diesem Temperaturfenster können die Bedingungen der PCR so optimiert werden, dass nur die mutierte, nicht jedoch die Wildtyp-DNA amplifiziert wird. Eine wichtige Anwendung dieser Technik ist die Detektion von Punktmutationen in Proto-Onkogenen, die mit dem Auftreten von Krebs in Verbindung gebracht werden. Die Analyse mit traditionellen Methoden wie DNA-Sequenzierung ist dadurch erschwert, dass die Mutation eben nur in einer kleinen Zahl der untersuchten Körperzellen vorkommt, die später zu Krebszellen entarten. Beispielsweise ist bekannt, dass Krebs verursachende Punktmutationen im *ras*-Proto-Onkogen gehäuft in Codons 12 und 13 des *ras*-Gens beobachtet werden. Mit einer zur Wildtyp-DNA komplementären PNA kann deren Amplifikation weitgehend unterdrückt werden, sodass nur die mutierte *ras*-DNA vervielfältigt wird. In der Tat konnten alle bekannten *ras*-Mutationen in Proben aus verschiedenen Tumoren mit dieser Technik wiedergefunden werden, unabhängig von der Art oder Stelle der Mutation. Unter idealen Bedingungen kann die Empfindlichkeit der Methode bis zu 1/20 000 erreichen, d. h. es kann die DNA einer einzigen mutierten Zelle unter 20 000 normalen Zellen gefunden werden.

Eine andere interessante Anwendung sind PNA-Sonden für die Fluoreszenz-*in-situ*-Hybridisierung (*fluorescent in situ hybridization*, FISH), beispielsweise zur sicheren Identifizierung von Mikroorganismen. Hierfür werden PNA-Oligomere verwendet, an die ein Fluoreszenzfarbstoff kovalent gebunden ist. Die Sequenz der PNA wird komplementär zu speziesspezifischer rRNA gewählt. Da die rRNA in relativ hohen Konzentrationen vorliegt, können einzelne Zellen nach Inkubation und Hybridisierung mit den fluoreszierenden PNA-Sonden direkt im Fluoreszenzmikroskop sichtbar gemacht werden. Beispielsweise können so die gefährlichen *Staphylococcus aureus*-Keime schnell und zuverlässig direkt im Blut von Patienten identifiziert werden. Die rRNA-Analyse ist heute eine etablierte Methode zur phylogenetischen Identifizierung von Mikroorganismen und ersetzt in zunehmendem Maß die bisher übliche biochemische oder morphologische Analyse. Wie bereits oben besprochen, stellen PNA-Sonden aufgrund ihrer bevorzugten Aufnahme in manche Zellen, aber auch aufgrund der besseren Hybridisierungseigenschaften, eine weitere Verbesserung dieser Methode dar.

31.5
Weiterführende Literatur

DE MESMAEKER, A., HÄNER, R., MARTIN, P., MOSER, H. E. (1995) Antisense oligonucleotides. *Accounts of Chemical Research* **28**, 366–374.

GEWIRTZ, A. M., SOKOL, D. L., RATAJCZAK, M. Z. (1998) Nucleic acid therapeutics: state of the art and future prospects. *Blood* **92**, 712–736.

HARTMANN, G., BIDLINGMAIER, M., TSCHÖP, K., EIGLER, A., HACKER, U., ENDRES, S. (1998) Antisense-Oligonukleotide. *Deutsches Ärzteblatt* **95**, B-1223–1227.

NIELSEN, P. E. (Hrsg.) (2002) *Peptide Nucleic Acids – Methods and Protocols* (Bd. 208 der Serie *Methods in Molecular Biology*). Humana Press, Totowa, NJ.

NIELSEN, P. E., EGHOLM, M. (Hrsg.) (1999) *Peptide Nucleic Acids.* Horizon Scientific Press, Wymondham.

NIELSEN, P. E., HAAIMA, G. (1997) Peptide Nucleic Acid (PNA). A DNA mimic with a pseudopeptide backbone. *Chemical Society Reviews*, 73–78.

STEIN, C. A., KRIEG, A. M. (Hrsg.) (1998) *Applied Antisense Oligonucleotide Technology.* Wiley-Liss, New York.

UHLMANN, E., PEYMAN, A., BREIPOHL, G., WILL, D. W. (1998) PNAs: Synthetische Polyamidnucleinsäuren mit außergewöhnlichen Bindungseigenschaften. *Angewandte Chemie* **110**, 2955–2983.

UHLMANN, E., PEYMAN, A. (1990) Antisense oligonucleotides: a new therapeutic principle. *Chemical Reviews* **90**, 543–584.

32
Pflanzliche Biotechnologie

Dieses Kapitel führt in die besonderen Fragestellungen der „grünen" Biotechnologie ein. Dabei stehen die Methoden, die zur Herstellung von transgenen Pflanzen eingesetzt werden, im Vordergrund. Ebenso wichtig sind effektive Selektionsverfahren, Selektionsmarker und Methoden zur Regeneration transgener Pflanzen. Behandelt wird auch die Frage, wie pflanzliche Genome analysiert werden und ob von transgenen Pflanzen Gefahren für Mensch und Umwelt ausgehen können.

32.1
Einleitung

32.1.1
Die „grüne" Gentechnologie – eine neue Methode auf dem Weg
zu traditionellen Zielen

Die biotechnologischen Anwendungen in der Pflanzenzüchtung basieren entweder auf der Verwendung transgener Pflanzen auf der Basis gezielter gentechnischer Modifikationen eines Genoms oder auf nicht-molekularbiologischen Genommodifikationen mittels Zellkulturtechniken. Entsprechend bezieht sich diese Trennung im Sinne der geltenden Gentechnikgesetze nicht auf die Anwesenheit fremder Gene in einer Pflanzenart oder die Anwendung gentechnischer Methoden zur Charakterisierung von Pflanzen, sondern auf die Methode der Einführung von Genen in eine Pflanze.

Die Pflanzenzüchtung hat über Jahrtausende die Nutzpflanzen nach erwünschten Eigenschaften (*traits*) ausgewählt. Bekannte Beispiele sind die Entwicklung der Getreidearten in Mesopotamien und von Mais in Mittelamerika. In beiden Fällen wurden vorteilhafte Eigenschaften nicht nur aus lokalen Genotypen und nach Spontanmutationen selektiert, sondern vor allem auch nach Kreuzung unabhängiger Arten, d. h. durch Mischung an sich fremder Gene. Diese Prozesse waren sehr erfolgreich, aber langsam und strikt begrenzt auf Allele in Populationen derselben oder kreuzbarer Arten. Diese Begrenzungen wurden im 19. Jahrhundert bereits in einzelnen Fällen wie dem Triticale (*Triticum aestivum* × *Secale cereale*) durch er-

Molekulare Biotechnologie: Konzepte und Methoden.
Herausgegeben von M. Wink
Copyright © 2004 WILEY-VCH Verlag GmbH & Co. KGaA, Weinheim
ISBN: 3-527-30992-6

zwungene Kreuzungen mit speziellen Methoden unterlaufen, um Pflanzengenome zu manipulieren. Drei Technologien ermöglichten jedoch erst die gezielte Veränderung von Eigenschaften durch Transfer von Genen derselben oder völlig anderer Spezies:

- Rekombinante DNA
- Pflanzentransformation
- Pflanzenregeneration *in vitro*

Die züchterische Verbesserung von Nutzpflanzen bedient sich außerdem gentechnischer Methoden wie molekularer Marker und Genomsequenzierung, ohne transgene Pflanzen herzustellen (s. Kap. 21), um z. B. neue Resistenzgene aus verwandten Spezies in Hochleistungssorten einzubringen. Der Begriff der Biotechnologie von Pflanzen umfasst auch Bereiche ohne molekulare Methoden. Hierzu gehören In-vitro-Kulturtechniken von ganzen Pflanzen, Pflanzenteilen oder einzelnen Pflanzenzellen und vor allem ihre Regeneration zu autotrophen Pflanzen. Breite Anwendung finden diese Methoden im Nutz- und Zierpflanzenbau und bei der Gewinnung von sekundären Pflanzeninhaltsstoffen.

Dieses Kapitel konzentriert sich jedoch auf die methodischen Aspekte der Herstellung, Charakterisierung und Nutzung transgener Pflanzen entsprechend der Sicherheitsstufe 1 der Gentechnikgesetzgebung (Gentechnik-Gesetz „GenTG" zur Genehmigung gentechnischer Arbeiten und EU-Freisetzungsrichtlinie 2001/18/EG; aktuelle Informationen können dem *Official Journal of the European Communities* unter *http://europa.eu.int/eur-lex/en/oj/index.html* abgerufen werden). Es wird die Bedeutung der einzelnen Technologien für die Forschung und Anwendung diskutiert. Für weiterführende Information über den Rahmen dieses Kapitels hinaus wird der Leser jeweils auf Fachliteratur sowie zusammenfassende Buchpublikationen von Khachatourians et al. (2002) und Slater et al. (2003) verwiesen.

Die Produkte der pflanzlichen Biotechnologie können in zwei *Trait*-Gruppen unterteilt werden:

- *Input Traits* beziehen sich auf landwirtschaftliche Eigenschaften, die der Verbesserung der landwirtschaftlichen Produktion dienen und daher auch häufig als *Quantitative Traits* bezeichnet werden. Hierzu gehören die meisten derzeit auf dem Markt befindlichen gentechnisch veränderten Nutzpflanzen der sog. ersten Technologiegeneration. Hauptmerkmale sind Herbizid- und Insektenresistenzen mit dem Ziel der Ertragssteigerung und -sicherung. Zusammengenommen waren diese beiden Merkmale im Jahr 2003 bei den Kulturarten Sojabohne, Mais, Baumwolle und Raps zu einem Anteil von mehr als 90% der Anbaufläche transgener Pflanzen vertreten. Aktuelle Angaben über die Anbauentwicklung transgener Nutzpflanzen liefert der *International Service for the Acquisition of Agri-biotech Applications* (*http://www.isaaa.org*).
- *Output Traits* bestimmen die Eigenschaften des pflanzlichen Produkts, zumeist Samen, und zielen entweder auf die Verbesserung der Qualität landwirtschaftlicher Produkte bezüglich des Nährstoffgehalts und der -zusammensetzung ab (z. B. essenzielle Fettsäuren für die menschliche Nahrung oder essenzielle Ami-

nosäuren für Tierfutter) oder auf die Produktion spezifischer Pflanzeninhaltsstoffe und Proteine für großtechnische Anwendungen wie z. B. Industriestärken, technische Enzyme oder auch pharmazeutisch wirksame Substanzen und Proteine. Entsprechend werden solche Produkte auch als *Qualitative Traits* klassifiziert, und es wird erwartet, dass solche Produkte die zweite und dritte Generation der gentechnisch veränderten Nutzpflanzen dominieren werden. Eine Vielzahl von Entwicklungen dieser zweiten und dritten Technologiegeneration zielt auf funktionale Lebensmittel (*functional foods, nutraceuticals*) und die Erzeugung hochwertiger Produkte wie Antikörper und Pharmazeutika (*phytopharming*) ab.

32.1.2
Besondere Aspekte der Biotechnologie von Pflanzen

Anwendungen der pflanzlichen Biotechnologie stehen in zweifacher Hinsicht im Mittelpunkt der sog. Sicherheits-Begleitforschung. Zum einen werden viele Produkte transgener Pflanzen als Nahrungsmittel von Mensch und Tier verzehrt. Zum anderen erfordert der Anbau naturgemäß die Freisetzung der transgenen Pflanzen auf großen Flächen. Die möglicherweise veränderte Zusammensetzung transgener Produkte, ihre Wirkung auf den menschlichen oder tierischen Organismus nach dem Verzehr wird überwacht, und die Gewährleistung der Sicherheit der Agrarökosysteme wird kontrolliert. Diese Sicherheitsanforderungen sowie die Bemühungen um eine kontinuierliche Effizienz- und Qualitätssteigerung bei der Produktion transgener Pflanzenlinien bestimmen wesentlich die Anwendungen, Methoden und Forschungsziele von transgenen Nutzpflanzen.

Ein aktuelles Beispiel ist der zunehmende Ersatz von auf Antibiotika basierenden Selektionsmarkergenen zur Identifizierung transgener Individuen während des Herstellungsprozesses durch sog. „alternative Selektionsmarkersysteme". Diese beruhen z. B. auf der Verwendung von nicht pflanzentypischen Zuckerkomponenten und deren enzymatischer Umwandlung. Weiterhin ist die gezielte Kontrolle der Expression des Transgens genauso Gegenstand der aktuellen Forschung wie Methoden zur Verbesserung des Gentransfers. Dabei sind zum einen die Optimierung von Transformations- und Regenerationsprozessen von Interesse und andererseits ein ganzes Spektrum von Methoden zur quantitativen Verbesserung sowie zur gerichteten, ortsspezifischen Integration der Transgene in das Zielgenom. Die Entwicklung solcher Technologien ist daher ein besonders dynamischer Bereich der Pflanzenbiotechnologie (*enabling technologies*).

32.2
Herstellung transgener Pflanzen

Die Transformation von Pflanzen ist als die Inkorporation und Expression von fremden Genen in Pflanzen definiert. Die erste Transformation gelang durch Einführung eines Kanamycin-Resistenzgens in Tabak. Heute sind mehr als 120 mono- und dikotyle Pflanzenarten transformierbar (sowie einige Moose und Algen). Voraussetzung hierfür sind geeignete Transformationssysteme zur Übertragung der DNA, Selektionssysteme zur Auffindung von transformierten Zellen und Regenerationssysteme zur Erzeugung intakter Pflanzen sowie DNA-Vektoren und Genkontrollelemente zur Integration, Selektion und Expression der fremden DNA.

32.2.1
Transformation durch DNA-Transfer

Die Transformation von DNA in Pflanzen kann stabil oder transient (vorübergehend) erfolgen. Im Fall der stabilen Transformation erfolgt eine dauerhafte Integration der Fremd-DNA in das Zielgenom, sodass die zusätzliche DNA an nachfolgende Generationen von Zellen (oder bei kompletter Regeneration auch Pflanzen) gemäß allgemeiner Vererbungsregeln weitergegeben wird. Im Fall der transienten Transformation wird die Fremd-DNA in die zu transformierende Zelle eingeschleust, kann dort zur Expression gelangen, wird aber mangels Integration in eine autonome, also vererbbare genetische Einheit (ein Chromosom des pflanzlichen Kerngenoms oder auch das Plastiden- oder Mitochondriengenom) nicht bei der Zellteilung gleichmäßig an die Zellen der Folgegeneration weitergegeben. Solche eingeschleusten, aber nicht integrierten DNA-Segmente können bis zu mehreren Wochen in einer Zelle erhalten bleiben, verschwinden aber früher oder später durch hydrolytischen Abbau mittels zelleigener Nucleasen.

Für die Erzeugung transgener Nutzpflanzen sind stabil transformierte Linien unverzichtbar, während transiente Transformation überwiegend der Forschung und Erprobung von DNA-Konstrukten und den darin enthaltenen Genkontrollelementen, wie z. B. Promotoren, oder der Funktionalität von Strukturgenen dient. Transiente Transformation erfolgt, außer bei der Verwendung von viralen Vektoren (s. Abschnitt 32.2.1.5), nur am Kerngenom mit ausreichender Effizienz, während stabile Transformationsereignisse sowohl beim Kerngenom als auch beim Plastidengenom genutzt werden können. Die Transformation pflanzlicher Mitochondrien ist weder in der einen noch der anderen Form bislang reproduzierbar gelungen.

32.2.1.1 *Agrobacterium* als natürliches Transformationssystem
Die erste und bislang bedeutendste Methode des Gentransfers in Pflanzenzellen besteht in der Ausnutzung der natürlichen Eigenschaften von *Agrobacterium*. Der Genus dieser Bodenbakterien umfasst zwei pflanzenpathogene Arten, die in der Regel dikotyle Pflanzen befallen: *Agrobacterium tumefaciens* und *Agrobacterium rhizogenes*. Beide können zur Transformation genutzt werden, wobei *A. tumefaciens* die bei weitem überwiegenden Anwendungen erfährt, da es in seiner natürlichen Umgebung oberirdische Pflanzenteile infiziert und dort die Bildung sog. Wurzelhalstumore (*crown galls*) auslöst. *A. rhizogenes* befällt nur Wurzeln und löst dort aberrante Vermehrung aus, ein Phänomen, das als *hairy roots* bezeichnet wird.

Diese Wurzeln können *in vitro* vermehrt werden und finden bei der Produktion von sekundären Inhaltsstoffen und pharmazeutischen Proteinen Anwendung. Aufgrund der erfolgreichen Weiterentwicklung des *A. tumefaciens*-Transformationssystems ist *A. rhizogenes* für die moderne Pflanzenbiotechnologie nur von untergeordneter Bedeutung.

Beide *Agrobacterium*-Arten besitzen Plasmide von etwa 200 kb Größe. Sie tragen rund 25 Gene und replizieren mit autonomen Replikationsursprüngen (*origins*). Das *A. tumefaciens*-Plasmid wird als Ti (*tumor inducing*)-, das *A. rhizogenes*- als Ri (*root inducing*)-Plasmid bezeichnet. Sie sind ähnlich aufgebaut und funktionieren nach verwandten Mechanismen. Die von den Genen der Plasmide codierten Proteine sind bei der Infektion der Pflanzenzellen für die Ausbildung der Virulenz (*vir*), den Gentransfer vom Bakterium zur Pflanze (*tra*) und die Induktion der genannten Proliferationsprozesse an Wurzelhals und Wurzeln verantwortlich (*onc*), wobei aber nur ein etwa 20 kb großer DNA-Abschnitt, die Transfer-DNA (T-DNA), tatsächlich auf das Pflanzengenom übertragen wird. Die T-DNA wird von 25 bp langen, fast identischen Sequenzabschnitten flankiert, die als *left border* (LB) und *right border* (RB) bezeichnet werden und als Erkennungsstellen für die Exzision aus dem bakteriellen Plasmid, das Binden von Proteinen für den Transport in den Kern der Pflanzenzelle und die anschließende Integration in das Kerngenom dienen. Auf der zu übertragenden DNA liegen zwischen *left border* und *right border* die sog. Onkogene (*onc*-Gene), die für Enzyme der Synthese der Pflanzenhormone Auxin und Cytokinin codieren. Nach Integration der T-DNA in das Wirtsgenom bewirkt die Expression dieser *onc*-Gene die beschriebene Tumorbildung. Außerdem trägt die T-DNA ein Gen für die Bildung von Aminosäurederivaten (Opinen). Je nach *A. tumefaciens*-Stamm unterscheidet man Nopalin-, Octopin- und andere Typen entsprechend der gebildeten Opine. Die Nopalin-Synthase (*nos*) der T-DNA bildet beispielsweise Nopalin aus Arginin und Pyruvat. Die stickstoff- und kohlenstoffreichen Derivate können nicht von der Pflanze, sondern nur von den Agrobakterien als energiereiche Metabolite genutzt werden. Die Enzyme zum Abbau sind wiederum auf dem Ti-Plasmid außerhalb der T-DNA codiert (für eine Übersicht s. Zupan et al., 2000).

Für die Infektion von Pflanzen durch Agrobakterien sind Verbindungen wie Acetosyringon und andere Zellwandphenole von Bedeutung, die bei Verwundung von den Pflanzen ausgeschieden werden. Sie werden von *Agrobacterium* über ein Zwei-Komponenten-Regulationssystem als Lockstoff zur Auffindung der Verwundungsstelle erkannt und können dementsprechend in der Biotechnologie zur Effizienzsteigerung des Gentransfers gezielt zugesetzt werden. Bei natürlichen Infektionsprozessen besteht der Nutzen des Gentransfers für *Agrobacterium* folglich in der Gewährleistung der eigenen Versorgung durch Ausnutzung energiereicher Metabolite des pflanzlichen Zellstoffwechsels und der gleichzeitigen Induktion vermehrten Zellwachstums der Wirtspflanze. Die Biologie dieser Bakterien-Pflanze-Interaktion beschreibt *Agrobacterium* eindeutig als Pathogen. Entsprechend kommt es in der Natur durch ausschließliche Infektion vegetativer Organe nicht zur Übertragung der integrierten T-DNA auf die Nachkommen der Wirtspflanze, denn diese wären durch die Expression der Onkogene nicht lebensfähig.

Der Nutzen für die Biotechnologie besteht in der Umwandlung des Ti-Plasmids in ein Werkzeug des Gentransfers durch Deletion der Opin- und *onc*-Gene („*disarmed vector*"). Nach Entfernung dieser Gene sind Agrobakterien apathogen; vor allem die Entfernung der Phytohormongene verhindert das unkontrollierte Wachstum der infizierten Zellen des Zielorganismus. Die heute übliche Standardmethode basiert auf einem binären System, bei dem zwei Plasmide verwendet werden: ein sog. Binärvektor und ein entwaffnetes Ti-Plasmid. Diese Auftrennung in zwei Komponenten wurde möglich, weil Gene für Virulenz und Integration außerhalb der T-Region auf dem Ti-Plasmid liegen und unabhängig von der T-Region funktionieren. Die T-DNA ist in den binären Vektor als das eigentliche Transformationsvehikel integriert und besteht im Prinzip nur noch aus den beiden flankierenden LB- und RB-Sequenzen, einer multiplen Klonierungsstelle (MCS), für die Insertion der Expressionskassetten mit Genen von Interesse und einem selektierbaren Marker zur Expression in der transformierten Pflanzenzelle, während alle für Tumorwachstum und Opinsynthese notwendigen Gene eliminiert werden (Abb. 32.1). Die Aufnahmekapazität binärer Vektoren für Fremd-DNA zwischen LB und RB beträgt dabei bis zu 150 kb. Das restliche Plasmid besteht aus dem Rückgrat von klassischen *E. coli*-kompatiblen Plasmiden wie pBR322 mit bakteriellem Selektionsmarkergen und kompatiblen *origins of replication* für autonome Vermehrung in *E. coli* und *Agrobacterium* (durchschnittliche Gesamtgröße ohne zu transferierende DNA ca. 10 kb). Moderne Ti-Plasmide funktionieren in spezialisierten Agrobakterienstämmen als Helferplasmid für die Transformation. Sie tragen eigene bakterielle selektierbare Markergenkassetten (z. B. Spectinomycinresistenz), um sie stabil in *Agrobacterium*-Wirtsstämmen zu halten, sind aber allein nicht mehr in der Lage, einen Tumor in Pflanzen zu induzieren (für eine Übersicht s. Hellens et al., 2000).

Agrobacterium wird sehr erfolgreich für die stabile Transformation von über 100 dikotylen Pflanzenspezies eingesetzt, darunter Raps, Sojabohne, Zuckerrübe, Kartoffel, Tomate, Tabak, *Arabidopsis* und viele mehr. Auch Monokotyle, darunter

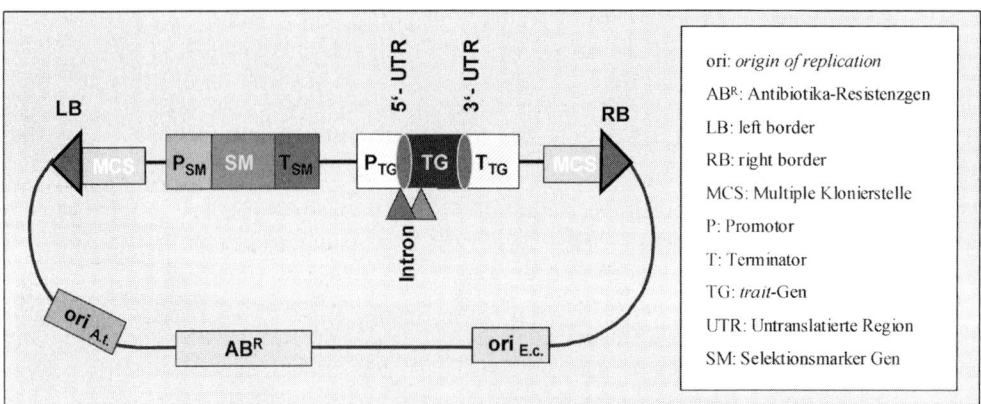

Abb. 32.1 Binärer Vektor für die Pflanzentransformation.

Mais, Reis, Gerste, Weizen, können in zunehmendem Maß mithilfe von *Agrobacterium* transformiert werden, obwohl diese keine natürlichen Wirte darstellen.

Zur Transformation werden in aller Regel spezielle Organe und Gewebe verwendet, wie beispielsweise Kallusgewebe (z. B. Mais), Gewebestückchen (z. B. Blattstückchen bei Kartoffeln oder Tabak) oder aber isolierte unreife Embryonen (Getreidearten) und einzelne Organe (z. B. Keimblätter beim Raps). Darüber hinaus wurde für die Modellpflanze *Arabidopsis thaliana* ein *in planta*-Transformationsprotokoll unter Verwendung intakter Pflanzen entwickelt. Hierbei werden noch an der Pflanze befindliche Blütenstände in Suspensionen von *Agrobacterium* mit binären Plasmidsystemen getaucht oder infiltriert (*floral dip*). Mit überraschend hoher Frequenz werden dabei Zellen der Keimbahn vor der Meiose transformiert und geben so die integrierte T-DNA direkt an die Samen der Folgegeneration weiter. Dies ist zurzeit die schnellste und am wenigsten aufwändige Methode der Transformation bei *Arabidopsis* und ist bereits auf andere Pflanzenarten, wie z. B. Raps, erfolgreich angewendet worden. Da die Methode es erlaubt, langwierige Regenerationsprotokolle zu umgehen, ist sie besonders im Hinblick auf die Vermeidung somaklonaler Variationen interessant. Sie stellt die Grundlage der T-DNA-Mutantenkollektion von über 100 000 unabhängigen Linien dar, die öffentlich für wissenschaftliche Zwecke zugänglich sind (*The Arabidopsis Information Resource*; *http://www.arabidopsis.org/index.jsp*).

Eine weitere Anwendungsvariante besteht in der transienten Transformation, indem Pflanzenteile, z. B. Blätter, mit Suspensionen von Agrobakterien mit binären Plasmidsystemen infiltriert werden. Durch Verwendung von Zielgenkonstrukten mit Intron kann ein Einfluss des bakteriellen Expressionsapparats auf die Expression völlig ausgeschlossen werden, da nur die Pflanzenzelle die nötigen Spleißvorgänge durchführen kann.

Die Limitierungen des *Agrobacterium*-Systems bestehen zum einen in der begrenzten Wirtsspezifität. Zum andern müssen die meisten Nutzpflanzen aus transformierten Gewebestücken bzw. Einzelzellen regeneriert werden, was einen arbeitsintensiven, zeitraubenden und teuren Prozess mit der zusätzlichen Gefahr somaklonaler Mutationen darstellt. Schließlich integriert die T-DNA ausschließlich in das Kerngenom. Neue Ansätze der Biotechnologie beziehen jedoch auch die Transformation von Chloroplastengenomen mit ein, die eine vollständig andere Methodik erfordert.

32.2.1.2 Biolistische Methode: *Gene Gun*

Die Begrenzung des biologischen Gentransfers durch *Agrobacterium* führte zur Entwicklung alternativer Methoden, von denen der **partikelgebundene bzw. biolistische Gentransfer** am erfolgreichsten und am weitesten verbreitet ist. In den ersten Versuchen wurde DNA auf Partikel einer 0,22-Kaliber-Schrotflinte gepackt und damit Blätter beschossen (für eine Übersicht s. Taylor und Fauquet, 2002). Überraschenderweise funktionierte diese Methode, die in erheblich optimierter Form erstmals erfolgreich zur Transformation von Monokotylen (Mais) eingesetzt wurde.

Der biolistische Gentransfer hat mehrere entscheidende Vorteile:

- Beschuss jeder Art Pflanze oder Gewebe ist möglich.
- Die Zellwand als Hauptproblem der meisten Transformationsmethoden wird physikalisch überwunden.
- Alle Genome in der Zelle können grundsätzlich erreicht werden.
- Stabiler und transienter Gentransfer sind optional.

Im Prinzip werden in *E. coli* vermehrte Plasmide, die entsprechende bakterielle Elemente sowie Kassetten zur Expression pflanzlicher Gene tragen, durch Präzipitation mit $CaCl_2$ und Spermidin an Partikel gebunden. Diese bestehen aus Wolfram oder Gold, wobei Goldpartikel zwar teurer sind, aber weniger zu Verklumpung und Oxidation in der Wirtszelle Anlass geben. Die beladenen Partikel werden durch Luftdruck beschleunigt und auf das pflanzliche Objekt geschossen. Neben deutlichen Gewebeschäden überlebt ein kleiner Teil der getroffenen Zellen das Durchschlagen der Partikel. Auf der Basis von im Detail bisher noch nicht verstandenen Mechanismen wird die so in die Zellen eingeschleuste DNA wenigstens zu einem geringen Prozentsatz in die Chromosomen integriert und damit an nachfolgende Zellgenerationen weitervererbt: Die DNA löst sich in den Zellen teilweise ab und wird durch zelleigene Rekombinationsmechanismen entweder ungerichtet in das Kerngenom oder, mit wesentlich geringerer Frequenz, homolog in das Plastidengenom integriert. Geräte zum biolistischen Gentransfer sind kommerziell erhältlich und ermöglichen die Optimierung der physikalischen Parameter für jedes Objekt. Die Reproduzierbarkeit von Geschwindigkeit und Kraft der Partikel wird durch eine Druckkammer mit Helium und Stickstoff gewährleistet. Partikelgeschwindigkeiten um 440 m/s sind für die meisten Gewebe geeignet, ebenso wie Partikelgrößen von rund 1–2 µM mit Partikeldichten von 19 g/cm^3. Kraft und Abstand in den Geräten erlauben das Durchschlagen von Zellwänden und das Erreichen verschiedener Gewebetiefen.

Vorteilhaft für die Transformation ist die im Vergleich zu binären Vektoren geringe Größe der Genkonstrukte mit ca. 3-4 kb, da im Prinzip nur die zu transformierende DNA benötigt wird. In der Regel werden Expressionskassetten unter Verwendung herkömmlicher Kloniervektoren in *E. coli* amplifiziert, die eigentliche Expressionskassette mittels Restriktion aus dem Vektor herausgelöst und zur direkten Transformation verwendet. Dagegen ist die Gesamtgröße der transformierbaren Fragmente limitiert, da Scherkräfte die DNA schädigen und damit die Effizienz verringern könnten. Die Versuchsdurchführung als solche ist einfach und schnell, jedoch liegt die Ausbeute transformierter Zellen mit Expression bei nur 1–5%. Dabei treten starke Schwankungen der Expressionsintensität von Experiment zu Experiment auf. Für stabile Transformationen müssen daher sehr viele Transformanden aus den beschossenen Geweben regeneriert werden, um Linien mit stabiler Expression zu erhalten. Außerdem kommt es häufig zu Rekombinationsereignissen der Vektor-DNA. Diese finden offenbar in der Prä-Integrationsphase statt, wobei ganze oder partielle Vektorstücke aneinander gespleißt werden, sodass multiple Kopien in einen Locus integrieren. Dies kann zu verstärkter Expression führen, aber auch zum *Silencing* der Gene von Interesse. Darüber hinaus beobachtet man häufig Umlagerungen ganzer DNA-Segmente im Zielgenom, die nicht selten phänotypische Ausprägungen in der ersten Generation von Transformanden bedingen. In solchen Fällen müssen mehrere Runden von Rückkreuzungen vorgenommen werden, um den genetischen Hintergrund korrekt zu rekonstituieren. Aus den genannten Gründen bestehen eine Reihe von Limitierungen für den biolistischen Gentransfer bei der Produktion transgener Nutzpflanzen für den Einsatz in der Landwirtschaft. Nichtsdestotrotz sind einige der heute auf dem Markt zugelassenen gentechnisch veränderten Mais-, Zuckerrohr- und Sojasorten auf der Basis biolistischer Transformation erzeugt worden.

Die beschriebenen Nachteile sind jedoch weitgehend irrelevant für transiente Expressionsexperimente, z. B. für die subzelluläre Lokalisierung von Genprodukten oder der Analyse von Promotoren mithilfe von Reportergenfusionen. Die prominentesten Reportergene in der Pflanzenforschung sind das *uid*A-Gen (β-Glucuronidase aus *E. coli*) und diverse Varianten der GFP-Serie (GFP, grünes Fluoreszenzprotein aus der Qualle *Aequorea victoria*).

32.2.1.3 Andere physikalische Transformationssysteme

Weitere Verfahren, die „nackte" DNA direkt in Zellen transferieren, basieren zumeist auf der Verwendung von Protoplasten. Protoplasten sind Pflanzenzellen, deren Zellwand durch spezifische Enzyme aus Pilzen (z. B. Cellulasen) lysiert wird und die dementsprechend nur in isotonen Medien begrenzte Zeit überleben. Diese Systeme sind vor allem für transiente Transformationsprotokolle geeignet, erlauben jedoch auch die stabile Transformation bei Spezies, die die Regeneration der Zellwand und anschließend der ganzen Pflanze zulassen.

PEG (Polyethylenglykol)-vermittelter Gentransfer basiert vermutlich auf der reversiblen Permeabilisierung der Cytoplasmamembran von Protoplasten. Plasmid-DNA mit Pflanzen-Genexpressionskassetten gelangt mit einer Effizienz von 1–2% in einzelne Protoplasten. Die Methode wird bei allen wichtigen Getreiden eingesetzt. Problematisch sind die geringe Frequenz der Regeneration vitaler Pflanzen aus den Protoplasten und die langwierigen Passagen in Gewebekultur, die zu einer erhöhten Frequenz somaklonaler Variationen führen können.

Bei der Verwendung von Liposomen wird die Fremd-DNA in künstliche Lipid-Bilayer aus neutralen Lipiden eingeschlossen. In Gegenwart von Polyethylenglykol nehmen Protoplasten diese Liposomen durch Endocytose auf. In der Zelle wird die DNA freigesetzt und – wenn auch mit äußerst geringer Frequenz – mittels eines bisher noch nicht vollständig geklärten Mechanismus integriert.

Auch bei der Elektroporation wird die Biomembran von Protoplasten vorübergehend im elektrischen Feld permeabilisiert. Unterstützt durch Polyethylenglykol öffnen sich kurzzeitig Poren, durch die die DNA eintreten kann. Zelldichte, elektrische Feldstärke, Pulsdauer und Medienzusammensetzung müssen sorgfältig für jede Pflanzenspezies optimiert werden, da die Überlebensrate der Protoplasten gering ist. Die Methode ist jedoch erfolgreich für einige Getreidearten angewendet worden.

Siliconcarbid-Fibrillen (Whikers^TM) von 10–100 μm Länge und 0,3–0,6 μm Dicke stechen kleine Poren in Zellen aus Suspensionskulturen oder Embryonen, d.h. Geweben mit Zellwand. Die Poren ermöglichen der DNA Eintritt, ohne die Zellen zu töten. Die Handhabung dieser Technik ist einfacher als bei den zuvor beschriebenen Methoden, da Plasmid-DNA, Siliconfibrillen und Zellen direkt miteinander gemischt und plattiert werden. Nach dem Plattieren auf Selektionsmedien ist die Regenerationsfähigkeit der betreffenden Pflanzenlinie wiederum Voraussetzung für die stabile Transformation. Weitere Methoden, wie Laser-vermittelte DNA-Aufnahme, Mikroinjektion und Ultraschall sind weit weniger reproduzierbar. Sie werden zumeist für transiente Transformationsexperimente benutzt, obwohl in einigen Fällen auch stabile Transformationen mit diesen Techniken gelangen. Insgesamt allerdings ist die Effizienz dieser alternativen Methoden geringer als bei *Agrobacterium* oder biolistischem Gentransfer.

32.2.1.4 Plastidentransformation

Die Einbringung von Nutzgenen in das Genom der Plastiden hat eine Reihe von Vorteilen gegenüber der Transformation des Kerngenoms. Da im Hochdurchsatzverfahren bislang nur heterologe Rekombination mit nicht vorhersagbaren Insertionsorten im Kern möglich ist, können T-DNAs oder DNA-Fragmente aus direkter Transformation auch essenzielle Gene der Pflanze treffen und inaktivieren, sodass die Zelle stirbt. Auch eine Insertion in normalerweise suprimierten Chromosomenregionen wie das Heterochromatin ist unerwünscht, da auch das Gen von Interesse dort kaum exprimiert wird.

Demgegenüber sind Plastidengenome zur homologen Rekombination befähigt, vermutlich aufgrund ihrer Abstammung von Prokaryoten gemäß der Endosymbiontentheorie (s. Kap. 3). Dementsprechend können wie bei der Rekombination in Bakterien Genkassetten mit flankierenden homologen Bereichen für den genomischen Zielort hergestellt werden. Zwischen diesen Bereichen liegen Gene für die Selektion von Integrationsereignissen und das Gen von Interesse, wobei beide unter der Kontrolle von plastidären Promotoren stehen. Als Selektionsmarker werden in der Regel Antibiotika-Resistenzgene verwendet. Starke Promotoren können Gene der Photosynthese liefern wie das lichtregulierte *psbA*-Gen des D1-Proteins von Photosystem II. Der Transfer erfolgt meist durch biolistische Transformation.

Ein wichtiger Vorteil der Expression von Nutzgenen in Plastiden besteht in der beinahe ausschließlichen maternalen Vererbung. Die Plastiden werden praktisch ausschließlich von der Eizelle weitergegeben, nicht vom Pollen, sodass die Wahrscheinlichkeit des Auskreuzens von Merkmalen transgener Pflanzen in verwandte Wildkräuter durch Pollenflug nahe Null ist.

Ein weiterer Vorteil besteht in der hohen Kopienzahl des Transgens pro Zelle mit dementsprechend starker Expression. Eine Blattzelle enthält bis zu 100 Chloroplasten und diese wiederum bis zu 100 Kopien des Plastidenchromosoms, sodass bis zu 10 000 Kopien des inserierten Gens pro Zelle vorliegen können. Durch mehrere Runden der Selektion sorgt das plastideneigene Rekombinationssystem für die vollständige Transformation aller Chromosomenkopien eines Chloroplasten mit dem Ergebnis einer homoplastomen Population von Plastiden in der Zelle. Vermutlich aufgrund des prokaryotischen Ursprungs der Chloroplasten sind trotz dieser enormen Kopienzahlen bislang keine Fälle von *Gene Silencing* bekannt. Weiterhin falten sich heterologe Proteine offenbar unter den Bedingungen des Plastidenstromas korrekt. Die prokaryotische Natur der Plastiden kann außerdem genutzt werden, um polycistronische Transkriptionseinheiten für die simultane Expression mehrerer Transgene zu konstruieren. Während für die koordinierte Expression mehrerer Transgene im Kerngenom eine Reihe von aufeinander abgestimmten individuellen Promotoren benötigt werden, um *Gene-Silencing*-Phänomenen vorzubeugen, kann die Expression eines solchen polycistronischen Konstrukts im Plastidengenom von einem einzigen geeigneten Promotor gesteuert werden. Die Limitierungen in der Anwendung der Plastidentransformation bestehen jedoch nach wie vor besonders

- in der geringen Transformationsfrequenz;
- der aufwändigen Phase der Gewebekultur, um intakte homoplastome Pflanzen zu regenerieren;
- der entsprechend großen Gefahr somaklonaler Variation;
- eine Begrenzung besteht aber auch in der Tatsache, dass plastidär exprimierte Proteine den Chloroplasten nicht verlassen können und Plastiden aufgrund ihrer prokaryotischen Abstammung nicht zu posttranslationalen Modifikationen wie Glykosylierungen o.Ä. befähigt sind.

32.2.1.5 Virale Systeme

Bei vielen Anwendungen werden Eigenschaften wie z.B. Insektenresistenz dauerhaft auf eine Nutzpflanze übertragen. Wird jedoch die Überexpression von Proteinen in großen Mengen gewünscht, um anschließend das Protein zu isolieren und z.B. industriellen oder pharmakologischen Anwendungen zuzuführen, können neben *Agrobacterium* und Methoden des direkten Gentransfers auch virale Expressionssysteme eingesetzt werden. Hauptvorteil dieser noch in der Entwicklung befindlichen Methode ist die autonome Multiplikation des viralen Genoms in der infizierten Pflanze, was potenziell zu einer hohen Expressionsrate bei gleichzeitiger Vermeidung von *Gene-Silencing*-Effekten führt. Außerdem sind virale Genome sehr klein und daher leicht manipulierbar. Schließlich entfällt die Transformation und Regeneration transgener Pflanzen. Nachteile bestehen in der fehlenden Vererbbarkeit der genetischen Modulation, der Limitierung der Sequenzlänge des Nutzgens und der limitierten Anwendbarkeit im Freiland, da die Pflanzenanzucht für die mittels transienter viraler Vektoren erzielte Überexpression von Proteinen selbstverständlich in Gewächshäusern und nicht im Freiland durchgeführt wird.

Die Genome vieler Pflanzenviren bestehen aus ein bis drei positiv-strängigen RNA-Molekülen. Diese Viren haben oft ein breites Wirtsspektrum und können im Extremfall eine Masse von 1–2 g pro kg Wirtspflanze erreichen. Peptide von Interesse können mit einem Capsidprotein so fusioniert werden, dass sie an der Oberfläche des Virus liegen. Solche „Epitop-Präsentationen" von geeigneten Erkennungssequenzen liegen in vielfacher Kopie in den Viruspartikeln vor und können für die Vakzinierung verwendet werden. Bei „Polypeptid-Expressionssystemen" werden vollständige Gensequenzen so in das virale Genom kloniert, dass das gewünschte Protein effizient translatiert wird, anschließend in nicht fusionierter Form vorliegt und schließlich anhand von proteinchemischen Methoden gereinigt werden kann.

Ein erfolgreiches Beispiel für die Entwicklung eines solchen Expressionssystems ist das *cowpea mosaic virus* (CPMV), das über ein zweigeteiltes RNA-Genom verfügt. RNA-1 trägt Gene für die Replikation in der Wirtszelle und RNA-2 Gene für die beiden Capsidproteine und damit die für die Zell-zu-Zell-Ausbreitung im Wirt notwendige Information. Gene von Interesse können bis zu einer Größe von mehreren Kilobasen translational an den C-Terminus des kleineren der beiden Capsidproteine fusioniert werden. Alle Proteine auf RNA-2, einschließlich des Fremdproteins, werden als ein einziges Polypeptid von der Pflanzenzelle translatiert und anschließend von einer auf RNA-1 codierten sequenzspezifischen Endoprotease zur funktionalen Größe prozessiert. Die Modifikationen des Virusgenoms erfolgen auf der Ebene von cDNA, die in Standard-*E.-coli*-Plasmiden kloniert und vermehrt werden.

Die Infektion der Wirtspflanze kann durch Injektion linearisierter cDNA oder durch *Agrobacterium*-vermittelte Transformation erzielt werden. Die Verwendung von Agrobakterien benötigt zusätzliche Klonierschritte zur Erstellung eines geeigneten Binärkonstrukts mit besonderen Anforderungen an eine gezielte Kontrolle der Genexpression, erlaubt dafür aber eine effizientere Infektion der Pflanzen und Vermehrung des Transgens und seines Produkts. Für die Agrobakterien-vermittelte Transformation werden die cDNAs der beiden RNA-Genomstränge in zwei separate binäre Vektoren kloniert und in zwei Agrobakterienstämme transformiert. Gemischte Suspensionen beider transformierter Stämme werden entweder durch Vakuuminfiltration oder mit einer Spritze direkt in die Blätter infiltriert. Die T-DNAs co-integrieren mit ausreichender Frequenz in das Genom derselben Wirtszelle, die dann RNA-1 und RNA-2 exprimieren. In der Folge können sich funktionsfähige Viruspartikel in den zweifach transformierten Wirtszellen assemblieren und vermehren. Diese Viren infizieren dann weitere Zellen und exprimieren im Verlauf dieses Prozesses das Transgen in den erwünscht großen Mengen.

32.3
Selektion transformierter Pflanzenzellen

Die Pflanzenbiotechnologie basiert auf Übertragung, Integration und Expression ausgesuchter Gene in Pflanzenzellen, die wiederum zu intakten, fertilen transgenen Pflanzen regeneriert werden können. Da die Effizienz des stabilen Gentransfers sogar bei Pflanzenspezies mit den besten Transformationsraten gering ist, sind Systeme zur Selektion und Identifikation der transformierten Zellen und

Gewebe in einer Umgebung mit einer Überzahl von nicht transformierten Zellen, wenn nicht unerlässlich, so doch technologisch wünschenswert. Selektionsmarkersysteme in Pflanzen, die eben diese Identifikation und Selektion transgener Zellen nach der Transformation und im Verlauf der Regeneration ermöglichen, können in zwei grundsätzliche Kategorien eingeteilt werden: 1. negative Selektionsmarker, die der transformierten Zelle die Entgiftung einer entsprechend toxischen Selektionssubstanz erlauben, während die untransformierten Zellen absterben; und 2. positive Selektionsmarker, die der transformierten Zelle einen physiologischen Vorteil gegenüber den nicht transformierten Zellen gewährleisten, ohne den eine Regeneration nicht möglich wäre.

Beispiele für negative Selektion sind Systeme, die auf Antibiotika- oder Herbizidresistenz beruhen. Beispiele für positive Selektion leiten sich u.a. aus dem pflanzlichen Zuckerstoffwechsel oder auch Hormonhaushalt ab.

Eine weitere Kategorie selektierbarer Marker stellen die sog. *counter selectable marker* dar, die die selektive Vernichtung transgener Pflanzen erlauben, indem eine nichttoxische oder metabolisch neutrale Substanz durch die enzymatische Katalyse des Selektionsmarkerproteins in eine phytotoxische Verbindung überführt wird.

Darüber hinaus gibt es auch sog. visuelle Marker, bei denen anhand visueller phänotypischer Merkmale transgenes Gewebe von nicht transformiertem Gewebe unterschieden werden kann, ohne dass allerdings die Anzahl nicht transformierter Regenerate unter Selektionsdruck minimiert wird.

32.3.1
Anforderungen an ein optimales Selektionsmarkersystem

Ein Selektionsmarkersystem besteht prinzipiell aus drei Komponenten: der Selektionssubstanz, dem Selektionsmarkergen und dem zur Selektion verwendeten Material. Erst das perfekte Zusammenspiel dieser Module ermöglicht die erfolgreiche Selektion, wobei vor allem das der Selektion unterzogene Material gerade im pflanzlichen System eine bedeutsame Rolle spielt. Dies gilt insbesondere wegen der Vielgestaltigkeit der Protokolle auf der Basis von variierenden Explantaten, wegen der Verwendung unterschiedlicher Entwicklungsstadien und variierender Gewebekulturbedingungen, wobei aufgrund der immer wieder anderen Genotypen die Sensitivität des Gewebekultursystems gegenüber der Selektionssubstanz und damit die Anforderungen an die Expression des Selektionsmarkergens stark variieren kann. Für die Expression des Selektionsmarkergens werden zumeist ubiquitäre, konstitutive Promotoren unterschiedlicher Expressionsstärke verwendet, um die optimale Expressionsstärke für das entsprechende System zu gewährleisten. Allerdings ist es vorteilhaft, wenn die Samen als Endprodukt der Pflanze und dem Ort, an dem meistens die wertsteigernden Pflanzeninhaltsstoffe akkumuliert werden sollen, ausgespart bleiben. Besonders begehrt sind Promotoren, die eine Expression in den meristematischen Geweben vermitteln, da diese Wachstumszonen besonders stoffwechselaktiv sind und besonders sensibel auf die toxischen Selektionssubstanzen reagieren. Ein wichtiger Aspekt für die Etablierung von

Markersystemen für Nutzpflanzen ist die Gewährleistung gleich bleibender oder verbesserter agronomischer Leistungsfähigkeit bei der Etablierung der molekularbiologischen Werkzeuge zur Erzeugung der eigentlichen neuen Eigenschaft (*trait*).

Im Hinblick auf ein optimales Selektionsmarkersystem sind auf molekulargenetischer Ebene insbesondere zwei Parameter zu beachten: 1. die Größe der Expressionskassette für den Selektionsmarker und 2. die Charakteristika des Herkunftsorganismus.

Bezüglich der **Größe des Selektionsmarkergens** sind zwei Punkte ausschlaggebend: Die Expressionskassette sollte so klein wie möglich sein, um das Transformationskonstrukt nicht unnötig zu vergrößern, und weiterhin sollte der Selektionsmarker an sich aus nur einem einzigen Gen bestehen.

Ein wichtiges Kriterium bei der Auswahl eines Selektionsmarkergens ist die Beschaffenheit des Herkunftsorganismus, aus dem das entsprechende Kandidatengen isoliert werden soll. Hierbei ist entscheidend, ob der betreffende Organismus bereits traditioneller Bestandteil der Nahrungskette ist. Werden also Kandidatengene aus der Bäckerhefe, Nahrungspflanzen oder auch symbiontischen Bakterien wie *E. coli* isoliert, ist durch die Tradition der Ernährung bereits belegt, dass sowohl das Genprodukt als auch die Stoffwechselprodukte aus den katalysierten Reaktionen alle Kriterien allgemeiner Verträglichkeit erfüllen und nicht eine Vielzahl neuartiger Substanzen und ihr Verhalten in der Nahrungskette evaluiert werden müssen.

Aus biochemischer Sicht sind vor allem der Wirkmechanismus des Selektionsmarkers und die Charakteristika der Selektionssubstanz entscheidend.

Die Detoxifizierung der Selektionssubstanz sollte irreversibel verlaufen und weder auf einer im zellulären Milieu umkehrbaren Gleichgewichtsreaktion basieren noch in einen Kreisprozess der Detoxifizierung und Rekonstitution der toxischen Substanz münden. Weiterhin ist darauf zu achten, dass bei der metabolischen Umsetzung der Selektionssubstanz nur Zwischen- und Endprodukte erzeugt werden, die ohnehin im Zellstoffwechsel vorkommen. Trotzdem ist es wünschenswert, wenn eine Interferenz mit dem Primärstoffwechsel so weit wie möglich ausgeschlossen werden kann, indem das Selektionsmarkergen für eine Reaktion codiert, die in der Pflanzenzelle nicht vorkommt. Dies gilt insbesondere im Hinblick auf die Vermeidung von Markergen-bedingten Phänotypen, die zwar für Forschungsarbeiten im Labor in gewissem Rahmen tolerabel sind, aber der Gewährleistung der Stabilität landwirtschaftlicher Erträge zuwiderlaufen können.

Für effiziente und reproduzierbare Selektionsvorgänge bedarf es einer Selektionssubstanz, die eine schnelle und klare Differenzierung zwischen transgenen und nichttransgenen Pflanzen erlaubt. Hier sind zwei prinzipielle Szenarien denkbar: Eine entsprechende Differenzierung gelingt leichter, wenn die nichttransgenen Zellen unter Selektionsdruck absterben. Andererseits ist ebenso bekannt, dass die Regenerationsfähigkeit von einzelnen Zellen in einem Zellverbund sinkt, wenn die Konzentration von Stoffwechselprodukten absterbender Zellen zu hoch und damit für die überlebenden (im beschriebenen Fall transgenen Zellen) zunehmend toxisch wird. Folglich ist die Wahl zwischen bloßer Retardierung der nichttransgenen Zellen einerseits und ihrer effizienten Eliminierung andererseits eine Frage der optimalen Balance für jeden Gewebetypus.

Weiterhin sind die einfache und kostengünstige Herstellung der Selektionssubstanz sowie ihre kommerzielle Zugänglichkeit wichtige Faktoren für den Erfolg eines Selektionsmarkersystems als grundlegendes Forschungswerkzeug: Im Rahmen eines jeden Forschungsprojekts sind Kostenminimierung sowie Optimierung der Versuchszeiträume essenziell. Insofern ist die Flexibilität der Anwendbarkeit einer Selektionssubstanz im Hinblick auf ihre Verwendbarkeit im Selektionsmedium genauso wie durch Sprühapplikation im Gewächshaus oder Freiland ein weiteres wichtiges Qualitätskriterium.

32.3.2
Negative Selektionsmarkersysteme

Die Klassiker überhaupt unter den Selektionsmarkersystemen sind die Antibiotikaresistenzen. Unter den am meisten benutzten Resistenzgenen befinden sich die Neomycin-Phosphotransferase II (*nptII*) und die Hygromycin-Phosphotransferase (*hpt*), beide aus *E. coli*. Mittels Phosphorylierung inaktiviert das NPTII-Protein eine Reihe von Aminoglykosid-Antibiotika wie Kanamycin, Neomycin, Geniticin (G418) oder Paromomycin. Während Geniticin auch häufig für die Selektion transformierter Säugerzellen benutzt wird, finden die anderen drei – mit unterschiedlicher Wirksamkeit für die verschiedenen Spezies – ausschließlich Verwendung in pflanzlichen Transformationssystemen. Hygromycin-Inaktivierung durch das HPTII-Enzym ist ein zuverlässiges Selektionsmarkersystem für eine Reihe von sowohl tierischen als auch pflanzlichen Systemen: Hygromycin wirkt in aller Regel wesentlich toxischer als Kanamycin, indem sensitive Zellen schneller abgetötet werden. Weitere Antibiotikaresistenzen beziehen sich auf Gentamycin, Bleomycin oder auch Phleomycin, sind aber weit weniger verbreitet.

Neuere Entwicklungen im Bereich der Resistenz gegenüber antibiotischen Substanzen sind z. B. bei Scheible et al. (2003) beschrieben. Scheible und Mitarbeiter berichten von einer *Arabidopsis thaliana*-Mutante mit Resistenz gegenüber einem Inhibitor der Cellulosesynthese, der von einigen *Streptomyces*-Spezies gebildet wird. Die Resistenz beruht auf einer Mutation in einem bislang nicht annotierten Gen, das vermutlich einen Regulator für einen Transportmechanismus darstellt. Prinzipiell ist es denkbar, dass aus solchen Beobachtungen neuartige Selektionssysteme entwickelt werden können.

Bei der Regeneration von Pflanzen mit geringer Regenerationskapazität hat sich gezeigt, dass die toxischen Effekte der antibiotischen Verbindungen einen negativen Einfluss auf den Regenerationserfolg auch bei den transformierten Zellen zeigen, sodass für Gewebekulturarbeiten bei recalcitranten Pflanzen wie Sojabohne oder Sonnenblume die Verwendung von Antibiotika nur von begrenztem Nutzen ist. Ein wichtiger Aspekt bei der Verwendung von Antibiotika für die Agrarbiotechnologie ist, dass die heute in der Forschung verwendeten Antibiotika und Derivate kaum Relevanz im medizinisch-kurativen Bereich haben.

Die zweite große Gruppe der negativen Selektionsmarker umfasst die Herbizid-resistenzen. Die Selektionsmarkergene dieser Kategorie sind sowohl pflanzlichen als auch bakteriellen Ursprungs. Im Rahmen von **Herbizid-basierten Selektions-markersystemen** sind Gene für die Erzeugung selektiver Toleranz oder Resistenz gegenüber Breitbandherbiziden wie Glyphosat (besser bekannt unter dem Han-delsnamen Round-up Ready™) oder Glufosinat (besser bekannt unter den Na-men BASTA, L-Phosphinotricin oder Bialaphos) besonders bedeutsam. Beide Her-bizide sind sowohl bei dikotylen als auch monokotylen Kulturen wirksam. Für die Erzeugung von Glyphosattoleranz sind zwei verschiedene Gene beschrieben wor-den: das *gox*-Gen für eine Glyphosat-Oxidoreduktase aus *Achromobacter* sp. und das *epsps*- bzw. *aroA*-Gen für eine Enolpyruvat-shikimat-3-phosphat-Synthase mit Allelen aus *Agrobacterium*, Mais und Petunie. Zur Erzeugung von Glufosinatresis-tenz sind verschiedene Allele von Phosphinotricin-Acetyltransferasen aus *Strepto-myces hydroscopicus* bzw. *S. viridochromogenes* isoliert und etabliert worden. Die ver-schiedenen Allele zeigen unterschiedliche gute Selektionseigenschaften in unter-schiedlichen Pflanzensystemen. Weitere Selektionsmarkersysteme auf der Basis von Breitbandherbiziden sind diverse Allele von Acetolactat-Synthase-Genen aus einer Vielzahl von Organismen, darunter Modellpflanzen, Nutzpflanzen aber auch Algen. Die Verwendung von mutierten Allelen von Acetolactat-Synthase-Genen verleiht Resistenz gegenüber der großen Gruppe von Sulfonylharnstoffen, Imida-zolinonen und Thiazolpyrimidinen. Ein Beispiel für ein Selektionsmarkersystem auf Herbizidbasis, das nur bei dikotylen Pflanzen einsetzbar ist, stellt die Brom-oxynil-Nitrilase aus *Klebsiella ozaenae* dar. Bromoxynil zählt zu den Auxin-Analoga, die eine selektiv herbizide Wirkung auf dikotyle Pflanzen ausüben, bei monokoty-len Pflanzen aufgrund der andersartigen Anatomie des sensiblen Sprossapikalme-ristems aber ohne Wirkung bleiben. Die erste erfolgreiche Transformation auf der Basis von Bromoxynil wurde für die Tomate beschrieben. Eine Zusammenfassung zum Thema Herbizidresistenzmarker findet sich bei Kuijper et al. (2001).

32.3.3
Positive Selektionsmarkersysteme

Positive Selektion beruht auf der Verwendung von nichttoxischen Substanzen, mit denen Auxotrophien des zu regenerierenden Gewebes nach enzymatischer Um-wandlung durch das Markergenprodukt selektiv kompensiert werden. Dabei domi-nieren zwei Szenarien: Entweder wird ausschließlich den transformierten Zellen durch die Stoffwechselleistung des Markergenprodukts aus dem nichttoxischen Vorläufer eine essenzielle Verbindung zur Verfügung gestellt, oder die Stoffwech-selleistung des Markergenprodukts erlaubt die Nutzung eines Substrats, welches den transformierten Zellen einen metabolischen oder physiologischen Vorteil ge-genüber den untransformierten Zellen verschafft.

Ein Beispiel für die positive Selektion ist das Mannosephosphat-Isomerase-Sys-tem, welches darauf beruht, dass als einzige Zuckerquelle im Regenerationsmedi-um Mannose-6-phosphat enthalten ist und dieser Zucker für Pflanzenzellen erst nach Isomerisierung zu Glucose- und Fructose-6-phosphat metabolisierbar wird.

Folglich können in einer solchen Umgebung nur diejenigen Zellen zu ganzen Pflanzen regenerieren, die aufgrund des eingeführten Transgens diese Zuckerquelle verwerten können. Ein paralleles Beispiel ist Xylose-Isomerase, deren Stoffwechselaktivität die Erschließung von Xylose als alternativer Kohlenhydratquelle erlaubt.

Weitere positive Selektionsmarker basieren auf der Verwendung von Selektionsmarkergenen, deren Genprodukte aus entsprechenden Vorstufen die enzymatische Freisetzung von Pflanzenhormonen katalysieren. Beispiele hierfür sind das Gen für eine Indolacetamid-Hydrolase (*iaa*H) aus dem Ti-Plasmid von *Agrobacterium tumefaciens*, dessen Genprodukt die hydrolytische Freisetzung von Auxin (Indol-3-essigsäure) aus Indolacetamid katalysiert, oder auch Glucuronidasen, die Cytokinin-Glucuronide spalten und damit das zur Regeneration von Sprossen notwendige Cytokinin freisetzen. Die von Kunkel et al. (1999) beschriebene Herstellung von transgenen Tabakpflanzen unter Verwendung einer chemisch induzierbaren Isopentenyltransferase zur Produktion (und nicht Freisetzung aus einer entsprechenden glykosidischen Vorstufe) von Cytokininen aus Adenosylmonophosphat und Dimethylallyl-Pyrophosphat stellt ein weiteres Beispiel für die Verwendung eines bakteriellen Gens zur positiven Selektion in der Pflanzentransformation dar.

32.3.4
Gegenselektion

Als „Gegenselektion" bezeichnet man die selektive Vernichtung transgener Pflanzen, die anhand ihres Selektionsmarkergens in der Lage sind, auf der Basis nichttoxischer oder metabolisch neutraler Substanzen autophytotoxische Substanzen zu synthetisieren, an denen sie letztlich zugrunde gehen. Das zuvor beschriebene *iaa*H-Gen kann nicht nur als positiver Selektionsmarker verwendet werden, sondern unter Verwendung von Naphtylacetamid als Selektionssubstanz stellt es ebenfalls ein Beispiel für einen sog. *counter selectable marker* dar. Die Hydrolyse von Naphtylacetamid führt zur Freisetzung des Auxin-Analogon Naphtylessigsäure. Bei übermäßiger Freisetzung von Naphtylessigsäure wachsen sich die transgenen Pflanzen zu Tode, während nicht transformierte Pflanzen nicht betroffen sind. Diese Art von Selektionsmarkern ist von besonderem Interesse für Transposonmutagenesen, bei denen nach erfolgter Transposition gegen den Donorort selektioniert werden soll, während mit einem positiven oder zumeist klassischen negativen Selektionsmarker auf den Erhalt der Transposonintegration an einem anderen Genort selektioniert wird. Auch im Rahmen von Rekombinationsvorgängen sind *counter selectable marker* hilfreich, um diejenigen Zelllinien anreichern zu können, bei denen das entsprechende Gen zur Gegenselektion durch den Rekombinationsvorgang eliminiert werden konnte. Anwendungsbeispiele hierfür finden sich in der umfangreichen Literatur, die sich mit der Herstellung Markergen-freier Pflanzen durch Verwendung von Rekombinationssystemen wie Cre/*lox* o. Ä. beschäftigt (Für eine Übersicht s. Hohn et al., 2001; s. dazu auch Abschnitt 32.3.6).

32.3.5
Visuelle Marker

Zusätzlich zu den Markersystemen mit selektiver Wirkung gibt es darüber hinaus sog. **visuelle Marker**, bei denen transgenes Gewebe von nicht transformiertem Gewebe rein visuell unterschieden werden kann. Im Grunde genommen ist hier die Nutzung eines jeden leicht auswertbaren phänotypischen Merkmals denkbar. Die am besten bekannten Beispiele aus der Literatur beschreiben die Verwendung von klassischen Reportergenen wie **GUS** (*β*-**D-Glucuronidase** aus *E. coli*) oder **GFP** (**grünes Fluoreszenzprotein** aus *Aequorea victoria*). Weiterhin wurden Gene des Anthocyan-Biosynthesewegs oder auch die ektopische Expression von Genen, die die Trichombildung steuern, als Kandidaten für visuelle Marker vorgeschlagen, wobei aber die Applikation in diesen Fällen nicht auf Nutzpflanzen ausgerichtet war.

32.3.6
Selektionssysteme, Gentechniksicherheit und markerfreie Pflanzen

Der Erfolg landwirtschaftlicher Biotechnologie hängt letztlich von der Nachfrage durch den Verbraucher und die kommerzielle Zulassung der entsprechenden Pflanzensorten sowie Endprodukte ab. Die Verwendung von insbesondere Markergenen für Antibiotikaresistenz hat in der öffentlichen Debatte zu Bedenken geführt, ob die Verwendung von Antibiotika-Resistenzgenen zu einer vermehrten Ausbildung mikrobieller Populationen mit Antibiotikaresistenzen führt und damit ein erhöhtes Gesundheitsrisiko für Mensch und Tier darstellen könnte. Als Antwort auf diese Bedenken haben sich Wissenschaftler weltweit mit der Erforschung potenzieller Risiken für die Nahrungsmittelsicherheit, mit ökologischen Fragen und, im Zusammenhang mit gentechnisch erzeugter Herbizid- oder Insektenresistenz, mit Fragen zum Resistenzmanagement beschäftigt. Folgende Literaturquellen setzen sich intensiv mit dem Thema auseinander und erlauben einen fundierten Einstieg in das Thema: Bailey et al. (2001), Duggan et al. (2000). Zusammenfassend darf gefolgert werden, dass die Verwendung von Antibiotika-Resistenzgenen keine Gefahr für Mensch, Tier und Umwelt darstellt und aus wissenschaftlicher Sicht als unbedenklich gilt. Obwohl die ursprünglich isolierten Resistenzgene aus Bakterien stammen, ist ein Rücktransfer aus einer transgenen Pflanze in den ursprünglichen Wirtsorganismus schon allein deshalb wenig wahrscheinlich, weil die Modifikationen zur erfolgreichen Expression eines bakteriellen Gens in der Pflanze den vollständigen Austausch der regulatorischen Sequenzen erfordert.

Neben der Motivation, den Bedenken bezüglich des horizontalen Gentransfers von Antibiotika-Resistenzgenen in der öffentlichen Diskussion um gentechnisch veränderte Nutzpflanzen Rechnung tragen zu wollen, hat sich in der pflanzenbiotechnologischen Praxis auch gezeigt, dass es rein technischen Bedarf für eine Anzahl verschiedener Selektionsmarkersysteme gibt:

- Die Herstellung einer transgenen Varietät mit mehreren verschiedenen transgenen Eigenschaften kann die wiederholte Transformation einer bereits transgenen Linie erfordern, sodass für diese sog. „Supertransformation" ein weiterer Selektionsmarker benötigt wird.
- Die Entwicklung von maßgeschneiderten Transformationsprotokollen für die unterschiedlichsten Pflanzenspezies hat gezeigt, dass nicht jedes Selektionsmarkersystem in jeder Pflanze und jedem Gewebetyp gleich gut funktioniert, weshalb es vorteilhaft ist, zwischen verschiedenen Systemen wählen zu können. Privalle et al. (2000) referieren, dass die Agrobakterien-vermittelte Transformation von Maisembryonen mit dem Mannosephosphat-Isomerase-Marker eine Transformationseffizienz von durchschnittlich 30% zulässt (mit Maximalraten von bis zu 90%), während mit dem gleichen Selektionssystem bei ebenfalls Agrobakterien-vermittelter Transformation von Reisembryonen nur 10–20% und bei Gerste nur 1% Effizienz erzielt wurden.

Ein weiterer Forschungsbereich beschäftigt sich mit Strategien zur Eliminierung von Selektionsmarkergenen zur Herstellung markerfreier Pflanzen. Unter den diversen technologischen Ansätzen haben sich zwei Wege als besonders Erfolg versprechend gezeigt:

- Den einfachsten Fall stellt das Prinzip der Cotransformation dar, bei dem das zu integrierende Transgen und das Selektionsmarkergen auf zwei verschiedenen T-DNA-Molekülen platziert werden – entweder durch Mischen zweier verschiedener Agrobakterienstämme, durch Herstellung eines Agrobakterienstamms, der zwei verschiedene Plasmide mit je einer T-DNA erhält, oder durch Platzierung zweier separater T-DNAs auf einem einzigen Binärvektor. Für die Transformation von Tabak konnte gezeigt werden, dass bis zu 70% der transgenen Individuen beide T-DNA-Abschnitte unabhängig voneinander integriert hatten, sodass in der Folgegeneration durch meiotische Segregation Nachkommen entstehen, die ausschließlich das Transgen, aber nicht mehr das Selektionsmarkergen tragen. Einziger Nachteil dieser an sich eleganten Lösung ist die Tatsache, dass von der ursprünglichen Population transgener Individuen, die zuvor beide Gene erhalten hatten, gemäß der Mendel'schen Gesetze nur ein Viertel nach der Segregation den gewünschten Phänotyp trägt. Folglich ist Cotransformation nur dann die Methode der Wahl, wenn bei ohnehin hohen Transformationseffizienzen der Verlust von in der Regel mehr als 75% der transgenen Pflanzen kompensierbar ist.
- Eine kompliziertere Alternative auf dem Weg zur Herstellung Markergen-freier Pflanzen besteht in der Verwendung von sequenzspezifischen Rekombinasen, die nach erfolgter Selektion das Herausschneiden des Markergens katalysieren. Alle bisher erfolgreich in Pflanzen verwendeten sequenzspezifischen Rekombinationssysteme mikrobiellen Ursprungs gehören zur Integrasefamilie und bestehen aus einer Rekombinase (Cre, Flp oder R) und einer zugehörigen Erkennungssequenz für die Rekombination (*loxP*, *frt* oder *RS*). Bei der Rekombinase-vermittelten Markerexzision wird die Fähigkeit dieser mikrobiellen Rekombinasen ausgenutzt, an diesen spezifischen Erkennungsstellen, gekennzeichnet

durch sog. *direct repeats*, DNA aufzuschneiden und die beiden homologen Enden zusammenzuführen. Zu den neuesten Entwicklungen im Rahmen dieser Arbeiten gehören Systeme, bei denen die Rekombinase unter der Kontrolle eines chemisch induzierbaren Promotorsystems exprimiert wird.

Andere Ansätze verfolgen die Verwendung von strikt gewebs- und stadienspezifischen Promotoren, die erst in einem Stadium der Pflanzenregeneration nach Beendigung des Selektionsvorgangs aktiv werden und damit den Zeitpunkt der Eliminierung des Markers bestimmen. Eine weitere Möglichkeit besteht darin, die Rekombinase erst in einer späteren Pflanzengeneration in die transgene Pflanze einzubringen, indem die ursprüngliche transgene Linie, die noch *Trait*-Gen und Markergen enthält, mit einer weiteren transgenen Linie gekreuzt wird, die eine konstitutive Expression der Rekombinase besitzt. In allen Fällen ist es vorteilhaft, wenn die entsprechenden Expressionskassetten so gestaltet sind, dass die Aktivität der Rekombinase zum Verlust von sowohl des Markergens als auch der Expressionskassette der Rekombinase führt. Keine der oben beschriebenen Technologien ist reif für die Routineanwendung im industriellen Maßstab, sondern sie befinden sich noch in der experimentellen Entwicklungsphase. Eine Zusammenstellung relevanter Literatur zum Thema Markereliminierung findet sich bei Hare und Chua (2002) sowie in Miki und McHugh (2004).

32.4
Regeneration transgener Pflanzen

32.4.1
Verfahren der Regeneration

Die Transformation mit *Agrobacterium*, *Gene Gun* oder anderen Methoden erfolgt in der Regel mit isolierten Pflanzenteilen wie Stücken von Blättern, Hypokotylen oder Embryonen. Oft werden diese Transformationsobjekte an ihrer Oberfläche sterilisiert oder bereits unter sterilen Bedingungen *in vitro* gekeimt und für die Transformation vorbereitet. Die Effizienz der Transformation ist bei allen derzeitigen Methoden so gering, dass die wenigen positiv betroffenen Zellen durch Selektionsdruck von Markern von den nicht transformierten Zellen abgetrennt werden müssen. Dieser Prozess spielt sich in steriler Gewebekultur ab, um die isolierten Pflanzenteile am Leben erhalten zu können. An die Selektion schließt sich, meist überlappend, die Regeneration der intakten Pflanze aus einzelnen transformierten Zellen an. Selektion und Regeneration sind daher eng miteinander verbunden und müssen aufeinander abgestimmt werden. Nicht jede der in Abschnitt 32.3 beschriebenen Selektionsmethoden ist mit jedem Regenerationsprotokoll kompatibel und umgekehrt. Die Anzahl interagierender Faktoren wie Medienzusammensetzung, Hormonregime, Lichtintensität, Vereinzelungszeitpunkt usw. ist allein bei der Optimierung eines Regenerationsprogramms für eine Spezies so groß, dass zusätzliche Effekte durch Selektionsagenzien von Beginn an mit einbezogen werden müssen. Die individuellen Ansprüche verschiedener Pflanzenteile und Pflanzenarten sind dabei so verschieden, dass an dieser Stelle nicht auf einzelne Protokolle eingegangen, sondern der Leser auf Spezialliteratur verwiesen wird (Razdan, 2003). Die Komplexität der Kulturmedien und die Vielzahl und Dauer der Handlungsabläufe zusammen mit der geringen Übertragbarkeit zwischen den Arten machen die Regeneration sehr arbeitsintensiv. Die geringe Effizienz, Dauer und damit Kosten der Regeneration bilden einen entscheidenden Flaschenhals der pflanzlichen Biotechnologie bei Hochdurchsatzverfahren.

Grundsätzlich unterscheidet man zwei Möglichkeiten der Regeneration: Somatische Embryogenese und Adventivsprossbildung. In beiden Fällen wird durch definierte Hormonbehandlungen entweder die Bildung ganzer Embryonen aus somatischen Zellen induziert oder Sprossmeristeme bzw. Sprosse, die anschließend durch weitere Hormongaben zur Bewurzelung angetrieben werden. Jede Alternative muss für jede Pflanzenart und Selektionsmethode individuell optimiert werden. Neben systematischen Versuchsoptimierungen sind diese Protokolle in aller Regel empirischer Natur.

32.4.2
Zusammensetzung von Regenerationsmedien

Wird ein Explantat für die Transformation hergestellt, müssen im Prinzip alle anorganischen und organischen Nährstoffe und Wirkstoffe, die sonst von der Pflanze bereitgestellt werden, ersetzt werden, um Wachstum zu ermöglichen. Dementsprechend enthalten sog. konditionierte Medien zunächst Salze von Makro- und Mikronährstoffen, die den jeweiligen essenziellen Bedarf der Spezies reflektieren. Solche abgestimmten Mischungen sind für verbreitete Arten aufgrund der verbreiteten *In-vitro*-Kultursysteme im Nutz- und Zierpflanzenbau kommerziell erhältlich. Weiterhin sind isolierte Pflanzenteile meist nicht mehr vollständig photoautotroph und müssen daher mit Kohlenstoffquellen versorgt werden. Dies ist in der Regel Saccharose, die Haupttransportform von Zucker in Pflanzen. Viele Vitamine, die intakte Pflanzen sonst selbst synthetisieren, stehen ebenfalls nicht mehr in ausreichendem Maß zur Verfügung und werden den Medien zugesetzt, z.B. Nicotinsäure, Thiamin und Pyridoxin. Dabei gilt die Regel, dass der Vitamincocktail umso exakter sein muss, je kleiner das Explantat ist.

Entscheidend für die Richtung der Regeneration des Pflanzenstücks (Embryo, Spross, Wurzel) sind die Hormone bzw. ihre Konzentrationsverhältnisse zueinander. Die hauptsächlichen Hormongruppen bilden Auxine und Cytokinine, während Gibberellinsäure und andere Hormone in spezielleren Fällen angewendet werden. Die erstgenannten Hormone sind essenziell, d.h., es sind keine Nullmutanten in Pflanzen bekannt. Auxin (Indol-3-essigsäure) wird hauptsächlich im Apikalmeristem gebildet und gerichtet von Zelle zu Zelle in der Pflanze transportiert. Es wirkt als generelles Wachstumsstimulans und fördert die Bewurzelung. Cytokinine wie das Zeatin sind Purinderivate und werden überwiegend im Wurzelmeristem synthetisiert und von dort als Zeatin-Ribosid konjugiert über das Phloem in der Pflanze verteilt. Cytokinine stimulieren die Zellteilung und wirken überwiegend in Kombination mit Auxin. Die Konzentrationsverhältnisse zueinander können bestimmen, ob ein Explantat zum Kallus auswächst und dann zuerst Adventivwurzeln oder -sprosse bildet. In vielen Fällen sind weitere Wuchsstoffe nötig, z. B. Polyamine für die somatische Embryogenese, um Wachstum und Differenzierung von Explantaten zu induzieren. In einigen Fällen sind diese Wuchsstoffe aber noch nicht chemisch identifiziert, sodass man sich mit undefinierten Zusätzen behilft. Klassische Quellen für unbekannte Wachstumsfaktoren sind Kokosnussmilch und Maiskernextrakte. Trotz dieser Problematik und des Arbeitsaufwands ist die Regeneration im Hinblick auf Kallus- und Suspensionskulturen, Antherenkultur, Möglichkeit zur Cryokonservierung, Aufzucht haploider Pflanzen und eben der Erzeugung transgener, vermehrungsfähiger Individuen ein unersetzliches Kernstück der Pflanzenbiotechnologie.

32.5
Analyse pflanzlicher Genome: Nachweis und Charakterisierung transgener Pflanzen

32.5.1
DNA- und RNA-Nachweise

Im Anschluss an die Transformation und Regeneration von potenziell transgenen Pflanzen erfolgen der molekulargenetische Nachweis des Transformationsereignisses und die Charakterisierung der Expression des oder der transformierten Gene. Die wichtigsten Methoden dafür sind PCR, DNA-DNA-(Southern-Hybridisierung) und RNA-DNA-(Northern-Hybridisierung) (s. Kap. 11 und 13). Ihre Anwendung erfolgt während der gesamten Phase der Erzeugung und Charakterisierung transgener Pflanzen, aber zu unterschiedlichen Zeitpunkten und Zielsetzungen. Generell sind die Protokolle zur DNA- und RNA-Isolierung aus Pflanzenmaterial auf die entsprechenden Gewebe ausgerichtet. Ausbeute und Qualität der gereinigten Nucleinsäuren aus Pflanzen sind trotzdem oft geringer im Vergleich zu Bakterien-, Hefen- oder Säugerzellen. Dies liegt zum einen an der rigiden Zellwand der Pflanzen, zum anderen haben sekundäre Inhaltsstoffe aus Zellwand, Vakuole (meist Phenole) und Chloroplasten (Chlorophyll) oft oxidierende oder kontaminierende Eigenschaften. Problematisch sind außerdem spezialisierte Organe, insbesondere Samen. Die darin enthaltenen Speicherstoffe wie Stärke und Öle beeinträchtigen den Erfolg vieler Extraktionsmethoden. Pflanzenmaterial wird daher meist in Gegenwart hoher Konzentrationen chaotroper Reagenzien wie Guanidiniumchlorid (für RNA) und Detergenzien wie Cetyltrimethylammoniumbromid (CTAB, für DNA) extrahiert, um Abbau durch Nucleasen und Anlagerung von störenden Pflanzeninhaltsstoffen zu verhindern. Für kleinere Materialmengen bzw. Hochdurchsatz stehen speziell an Pflanzengewebe angepasste Isolierungs-Kits im Laborhandel zur Verfügung.

PCR mit genomischer DNA als Matrize wird vor allem in sehr frühen Regenerationsstadien zum Nachweis der transgenen Konstrukte im Genom eingesetzt, wenn nur wenig Pflanzenmaterial zur Verfügung steht und große Probenzahlen analysiert werden müssen. Je nach verwendetem Selektionsmarkersystem und

Pflanzenart überleben viele „falsch positive" Regenerate die Selektion. Diese bleiben ohne diesen Test im weiteren Verlauf sonst unentdeckt und werden aufwändig zu ganzen Pflanzen regeneriert. Weitere Anwendung findet die genomische PCR bei der Sortierung der Nachkommen der positiv transformierten Linien. Bei der Weitergabe des Erbguts durch Selbstung oder Kreuzung spalten die eingeführten Gene gemäß der Mendel'schen Regeln je nach Kopienzahl in verschiedene Anteile positiv homozygote, heterozygote oder negativ homozygote Nachkommen auf. Diese segregierenden Populationen werden am effizientesten durch PCR charakterisiert. Die Identität der PCR-Produkte wird dabei meist durch entsprechende Kontrollen, Verwendung zweier spezifischer Primer-Paare oder Hybridisierung mit Fragmenten des transformierten Konstrukts überprüft.

Die genaue Bestimmung der Zahl der Insertionen von Fremd-DNA erfolgt in der Regel zum Zweck der weiteren Eingrenzung der transgenen Linien durch Southern-Hybridisierung genomischer DNA mit markierten Fragmenten des Gens von Interesse. Sowohl *Agrobacterium*-vermittelter als auch biolistischer Gentransfer resultieren häufig in mehrfachen Insertionen. Diese treten an verschiedenen Loci im Genom auf oder auch in mehrfacher Kopie am selben Locus. Für die zuverlässige Vererbung des Transgens ist eine einzelne Insertion in nur einer Kopie wünschenswert. Damit lassen sich positiv homozygote Linien einfach identifizieren, die nicht mehr für das Transgen segregieren und im Unterschied zu Mehrfachkopien auch weniger oft *Silencing*-Effekten unterliegen. Die Hybridisierung mit mehreren Sonden gibt außerdem Auskunft über die Intaktheit des transformierten Konstrukts. Im Experiment ist zu berücksichtigen, dass viele Nutzpflanzen aufgrund der Polyploidisierung der Chromosomensätze sehr große Genome haben. Die chromosomale DNA wird daher leicht fragmentiert, und Einzelnachweise sind wegen des Hintergrunds verwandter Genome zum Teil schwer zu führen. So ist das Genom von hexaploidem Weizen (*Triticum aestivum*), der den Großteil des Nahrungs- und Futterweizens stellt, ca. 6- bis 8-mal größer als das des Menschen. Darüber hinaus kann der Anteil plastidärer DNA an der Gesamt-DNA relativ hoch sein und störend wirken. Eine grüne Blattzelle kann bis zu 10 000 Kopien des Chloroplastenchromosoms enthalten, die die Signalintensität in der Southern-Analyse beeinträchtigen.

Die Expression des Nutzgens wird meist nach abgeschlossener Regeneration oder in Folgegenerationen untersucht. Die Expressionsstärke ergänzt die Auswahl der Linien mit einzelnen Insertionsorten. Der RNA-Gehalt des Transgens kann durch Northern-Hybridisierung mit spezifischen Sonden oder durch PCR an cDNA aus reverser Transkription ermittelt werden. Dabei werden meist nur relative Unterschiede zwischen den transgenen Linien bzw. Kontrollen bestimmt, denn entscheidend sind letztlich der Gehalt und die Funktionalität des codierten Proteins. Genomweite Expressionsanalysen durch DNA-Arrays werden zunehmend für die Untersuchung der Reaktion der pflanzeneigenen Gene auf die Anwesenheit des Transgens eingesetzt. Durch Nachweis der Änderung der Expressionsmuster der Pflanze können wichtige Schlüsse auf die Funktionalität des eingeführten Merkmals und die Eignung der transgenen Linie für den Anwendungszweck gezogen werden.

32.5.2
Proteinnachweise

Ziele von Proteinnachweisen in transgenen Pflanzen sind die Produkte der eingeführten Nutzgene, während die Anwesenheit von Selektionsmarkergenen heute kaum noch über die Selektionswirkung hinaus untersucht wird. Im ersten Schritt werden die Anwesenheit und der relative Gehalt des Zielproteins durch spezifische Antikörper nachgewiesen. Die Methodik des Immunnachweises von Proteinen nach Gelelektrophorese und Transfer auf Filter (Western-Blotting) ist eine vielfach beschriebene Standardmethode. Die Kenntnis der Häufigkeit von transgenen Proteinen ist ein wichtiges Kriterium bei der Auswahl von Kandidatenlinien aus bereits selektierten Linien.

Häufige Proteine wie z. B. Samenspeicherproteine können auch ohne Antikörper durch einfaches Anfärben im Acrylamidgel nachgewiesen werden. Im Fall von enzymatisch aktiven transgenen Proteinen ist der Funktionsnachweis der katalytischen Aktivität entscheidend. Die maximale Reaktionsgeschwindigkeit unter Substratsättigungsbedingungen dient der Bestätigung der Quantifizierung durch Immunnachweise, während kinetische oder andere spezifische Eigenschaften, wie die Hemmung bestimmter biologischer Aktivitäten (z. B. *Bacillus thuringiensis*-CRY-Proteine), in spezifischen Tests bestimmt werden müssen.

32.5.3
Genetische und molekulare Karten

Die genaue Bestimmung des Insertionsortes des Transgenkonstrukts im Genom wird durchgeführt, wenn die Transformation als Form der Mutation genutzt wird und der Genort oder der Mechanismus der Insertion das eigentliche Ziel der Forschung darstellen. In der angewandten Pflanzenbiotechnologie ist die Kenntnis des Insertionsorts jedoch von praktischer Bedeutung. Das DNA-Konstrukt kann potenziell ein wichtiges Gen treffen und inaktivieren. Wird ein Gen für eine essenzielle Primärfunktion in Stoffwechsel oder Zellteilung getroffen, so hat dies meist letale Folgen. Ein nachteiliger Effekt kann jedoch unter Umständen erst spät bemerkbar werden, wenn z. B. ein Gen aus dem Bereich der Stressresistenz betroffen ist. Erst wenn transgene Linien im Freiland natürlichen Stressbedingungen ausgesetzt sind, kann eine mögliche Ertragsminderung festgestellt werden. Die Kenntnis des Insertionsortes ist aber auch für die weitere züchterische Behandlung wichtig. Agronomisch relevante Transgene werden oft zunächst in gut transformierbare Varietäten eingeführt und dann in Elite-Genotypen eingekreuzt. Weiterhin sind verschiedene Elite-Genotypen für die unterschiedlichen klimatischen und lokalen Bedingungen im Anbau entwickelt worden, in die Transgene eingekreuzt werden sollen. Für den markergestützten Züchtungsprozess zur Rekombination aller erwünschten Eigenschaften einschließlich des Transgens in das jeweilige Elite-Erbgut ist die Kenntnis der Lokalisierung auf dem Genom sehr vorteilhaft.

Genetische Karten können mit phänotypischen oder molekularen Markern angelegt werden. Je nach der Genomkomplexität und den verfügbaren Genominformationen der transformierten Pflanzenart werden zunächst klassische genetische Karten zur ungefähren Lokalisierung des eingeführten Gens konstruiert. Genetische Karten basieren auf der Rekombinationshäufigkeit zwischen dem Gen von Interesse und bekannten phänotypischen Markern. Der Ort des Transgens auf einem Chromosom wird als zwischen bekannten Markern gelegen kartiert, nachdem transgene Linie und Markerlinien gekreuzt und Kartierungspopulationen erzeugt wurden.

Molekulare Marker erlauben die wesentlich genauere Einordnung zwischen bekannte Marker. Molekulare Marker basieren auf Variation der DNA-Sequenz am selben Locus verschiedener Genotypen, die durch Basenpaaraustausch oder Deletion/Insertion entstehen können (DNA-Polymorphismen). Voraussetzung sind dabei einfach und differenziell detektierbare molekularbiologische Unterschiede zwischen den verschiedenen Genotypen. Beispiele sind Restriktionsfragment-Längenpolymorphismen (RFLPs) und *random amplified polymorphic* DNA (RAPD) (s. Kap. 21). Für deren Theorie und Ausführung wird auf die Fachliteratur verwiesen (Abbott, 2002).

Die ultimative Ortsbestimmung besteht in der Sequenzierung der DNA-Abschnitte, die den Insertionsort flankieren. Dies kann, wie oben beschrieben, für die Grundlagenforschung interessant sein. In Zukunft werden aber auch in der Anwendung gesetzliche Regelungen die exakte Bestimmung des Insertionsortes vor der offiziellen Zulassung zum Anbau und Verwertung verlangen.

32.5.4
Stabilität transgener Pflanzen

Der wichtigste Punkt der genetischen Stabilität besteht in der Homozygotie des eingeführten transgenen Konstrukts. Darüber hinaus ist die Weitergabe der konstanten Aktivität des eingeführten Gens über viele Generationen der Vermehrung noch weitgehend unverstanden und basiert in der Praxis meist auf Versuch und Irrtum. Im Feldversuch verbleiben von den über mehrere Stufen vorselektierten transgenen Linien meist nur wenige Prozent in der engeren Wahl. Ein wichtiger Grund ist die Inaktivierung oder Verringerung der Expression des Transgens (*silencing*). Mögliche Mechanismen sind die Methylierung der eingebrachten Promotoren, besonders wenn diese nicht aus Pflanzen, sondern aus Pflanzenviren stammen. Ein weit verbreitetes Beispiel ist der 35S-Promotor des *cauliflower mosaic virus* (CMV), der fast ubiquitär in Pflanzen eine starke Expression vermittelt. Ein weiterer Mechanismus ist die Eliminierung der RNA des Transgens durch kürzlich entdeckte *small interfering* RNAs (siRNA) (s. Kap. 2.4, 21 und 31). Diese können bei starker Expression aus der transgenen RNA selbst durch einen pflanzeneigenen Mechanismus entstehen, der vermutlich der Abwehr von Viren dient. Auch die Integration in transkriptionsinaktive Bereiche wie dem Heterochromatin kann über mehrere Generationen zur deutlichen Verringerung der Expressionsstärke führen. Die Stabilität des transgenen Merkmals muss daher immer wieder überprüft werden.

32.6
Weiterführende Literatur

ABBOTT, A. (2002) Techniques for gene marking, transferring, and tagging, in: *Transgenic Plants and Crops* (KHACHATOURIANS, G. C., MCHUGHEN, A., NIP, W.-K., HUI, Y. H., Hrsg.). M. Dekker Verlag, New York, S. 85–98.

AMOAH, B. K., WU, H., SPARKS, C., JONES, H. D. (2001) *Agrobacterium*-mediated transformation of wheat using immature inflorescence tissues. *J. Exp. Bot.* **52**, 1135–1142.

BAILEY, M. J., TIMMS-WILSON, T. M., LILLEY, A. K., GODFREY, H. C. J. (2001) The risks and consequences of gene transfer from genetically-manipulated microorganisms in the environment. *Genetically-modified Organisms Research Report No. 17*, Department for Environment. Food and Rural Affairs, UK, 38 S.

BECHTHOLD, N., ELLIS, G., PELLETIER, G. (1993) *In planta Agrobacterium*-mediated gene transfer by infiltration of adult *Arabidopsis thaliana* plants. Communications de Recherche Academie des Sciences III *Sciences de la Vie* **316**, 1194–1199.

CHILTON, M. D., DRUMMOND, M. J., MERLO, D. J., SCIAKY, D., MONTOYA, A. L. et al. (1977) Stable incorporation of plasmid DNA into higher plant cells: the molecular basis of crown gall tumorigenesis. *Cell* **11**, 263–271.

DESFEUX, C., CLOUGH, S. J., BENT, A. F. (2000) Female reproductive tissues are the primary target of *Agrobacterium*-mediated transformation by the *Arabidopsis* floral-dip method. *Plant Physiol.* **123**, 895–904.

DUGGAN, P. S., CHAMBERS, P. A., HERITAGE, J., FORBES, J. M. (2000) Survival of free DNA encoding antibiotic resistance from transgenic maize and the transformation activity of DNA in ovine saliva, ovine rumen fluid and silage effluent. University of Leeds, Leeds LS2 9JT, UK. *http://www.botanischergarten.ch/debate/DugganSurvival.pdf*

FRALEY, R. T., ROGERS, S. C., HORSCH, R. B., SANDERS, P. R., FLICK, J. S. et al. (1983) Expression of bacterial genes in plant cells. *Proc. Natl. Acad. Sci. USA* **80**, 4803–4807.

GORDON-KAMM, W. J., SPENCER, T. M., MANGANO, M. L., ADAMS, T. R., DAINES, R. J. et al. (1990) Transformation of maize cells

and regeneration of fertile transgenic plants. *Plant Cell* **2**, 603–618.

HARE, P. D., CHUA, N. H (2002) Excision of selectable marker genes from transgenic plants. *Nat. Biotechnol.* **20**, 575–580.

HELLENS, R. P., MULLINEAUX, P. (2000) A guide to *Agrobacterium* binary Ti vectors. *Trends in Plant Science* **5**, 446–451.

HOHN, B., LEVY, A. A., PUCHTA, H. (2001) Elimination of selection markers from transgenic plants. *Curr. Opin. Biotechnol.* **12**, 139–143.

JEFFERSON, R. A. (1989) The GUS reporter gene system. *Nature* **342**, 837–838.

JOERSBO, M. (2001) Advances in the selection of transgenic plants using non-antibiotic marker genes. *Physiol. Plantarum* **111**, 269–272.

JONAS, D. A., ELMADFA, I., ENGEL, K. H., HELLER, K. J., KOZIANOWSKI, G. et al. (2001) Safety considerations of DNA in food. *Annual Nutrition Metabolism* **45**, 235–254.

KHACHATOURIANS, G. C., MCHUGHEN, A., NIP, W.-K., HUI, Y. H. (2002) *Transgenic Plants and Crops.* M. Dekker Verlag, New York.

KLEE, H. J., HORSCH, R. B., HINCHEE, M. A., HEIN, M. B., HOFFMANN, N. L. (1987) Transgenic Plants. *Genes Dev.* **1**, 86–97.

KUIPER, H. A., KLETER, G. A., NOTEBORN, H. P., KOK, E. J. (2001) Assessment of the food safety issues related to genetically modified foods. *Plant J.* **27**, 503–528.

KUNKEL, T., NIU, Q. W., CHAN, Y. S., CHUA, N. H. (1999) Inducible isopentenyl transferase as a high-efficiency marker for plant transformation. *Nat. Biotechnol.* **17**, 916–919.

MIKI, B., MCHUGH, S. (2004) Selectable marker genes in transgenic plants: applications, alternatives and biosafety. *J. Biotechnol.* **107**, 193–232.

NETHERWOOD, T., MARTIN-ORUE, S. M., O'DONNELL, A. G., GOCKLING, S., GRAHAM, J. et al. (2004) Assessing the survival of transgenic plant DNA in the human gastrointestinal tract. *Nat. Biotechnol.* **22**, 204–209.

OKKELS, F. T., WARD, J. L., JOERSBO, M. (1997) Synthesis of cytokinin glucuronides for the selection of transgenic plant cells. *Phytochemistry* **46**, 801–804.

PORTA, C., LOMONOSSOFF, G. P. (1996) Use of viral replicons for the expression of genes in plants. *Mol. Biotechnol.* **5**, 209–221.

PRIVALLE, S., WRIGHT, M., REED, J., HANSEN, G., DAWSON, J., DUNDER, E. M., CHANG, Y.-F., POWELL, M. L., MAGHJI, M. (2000) *Proc. 6th Int. Sym. Biosafety of Genetical Modified Organisms*. Extension Press, University Saskatoon, S. 171–178.

RAZDAN, M. K. (2003) *Introduction to Plant Tissue Culture*. Intercept Ltd Publishers, London.

SCHEIBLE, W. R., FRY, B., KOCHEVENKO, A., SCHINDELASCH, D., ZIMMERLI, L. et al. (2003) An *Arabidopsis* mutant resistant to thaxtomin A, a cellulose synthesis inhibitor from *Streptomyces* species. *Plant Cell* **15**, 1781–1794.

SHEN, W. J., FORDE, B. G. (1989) Efficient transformation of *Agrobacterium* spp. by high voltage electroporation. *Nucl. Acids Res.* **17**, 8385.

SLATER, A., SCOTT, N., FOWLER, M. (2003) Plant Biotechnology. The Genetic Manipulations of Plants. Oxford University Press, Oxford.

STEWART, C. N. Jr. (2001) The utility of green fluorescent protein in transgenic plants. *Plant Cell Reports* **20**, 376–382.

TAYLOR, N. J., FAUQUET, C. M. (2002) Microparticle bombardment as a tool in plant science and agricultural biotechnology. *DNA and Cell Biol.* **21**, 963–977.

TREGONING, J. S., NIXON, P., KURODA, H., SVAB, Z., CLARE, S. et al. (2003) Expression of tetanus toxin Fragment C in tobacco chloroplasts. *Nucl. Acids Res.* **31**, 1174–1179.

VOINNET, O. (2003) RNA silencing bridging the gaps in wheat extracts. *Trends in Plant Science* **8**, 307–309.

WANG, W. C., MENON, G., HANSEN, G. (2003) Development of a novel *Agrobacterium*-mediated transformation method to recover transgenic *Brassica napus* plants. *Plant Cell Reports* **22**, 274–281.

ZUO, J., NIU, Q. W., MOLLER, S. G., CHUA, N. H. (2001) Chemical-regulated, site-specific DNA excision in transgenic plants. *Nat. Biotechnol.* **19**, 157–161.

ZUPAN, J., MUTH, T. R., DRAPER, O., ZAMBRYSKI, P. (2000) The transfer of DNA from *Agrobacterium tumefaciens* into plants: a feast of fundamental insights. *Plant J.* **23**, 11–28.

33
Biokatalyse in der chemischen Industrie

Dieses Kapitel führt in die industrielle Biotechnologie ein und beschreibt die verschiedenen Fermentationsstrategien sowie die genutzten Produkte. Ein wichtiger Aspekt ist die Entwicklung und Optimierung von Enzymen als Biokatalysatoren. Ebenso wichtig ist die Optimierung der zur Fermentation benutzten Zellen.

33.1
Einleitung

Unter **Biotechnologie** versteht man heutzutage die **integrierte Anwendung von Natur- und Ingenieurwissenschaften mit dem Ziel, Organismen, Zellen oder Teile daraus technisch zu nutzen.** Biotechnologische Verfahren sind eng mit der Kulturgeschichte des Menschen verbunden. In vielen Gesellschaften wurden **Gärungsverfahren** entwickelt, die der Konservierung von Lebensmitteln dienen oder zur Herstellung von alkoholischen Getränken eingesetzt werden. Prominente Beispiele in Europa sind die Herstellung von Sauermilchprodukten, Sauerkraut, Essig, das Brauen von Bier oder die Weinherstellung. Auch enzymatische Verfahren wie der Einsatz des Labferments für die Käseproduktion sind schon seit vielen Jahrhunderten etabliert. Im asiatischen Raum haben fermentierte Lebensmittel ebenfalls eine lange Tradition. Es gibt dort eine Vielzahl von Speisen und Getränken, die zum Verzehr vergoren werden. Beispielhaft seien indonesischer Tempe (fermentierte Sojabohnen), koreanischer Kimchi (vergorener Kohl) und Sake (japanischer Reiswein) genannt.

Die entsprechenden Herstellungsmethoden wurden empirisch entwickelt, und die Kenntnis der zellulären und auch molekularen Mechanismen sind zur Herstellung dieser Produkte nicht erforderlich.

Erst im 17. Jahrhundert war man in der Lage, Mikroorganismen durch einfache Mikroskope zu beobachten und im 19. Jahrhundert verstand man die Fähigkeit von Mikroorganismen, Synthesen von Substanzen durchzuführen. Wichtige Voraussetzungen für eine industrielle Biotechnologie waren die Züchtung von Mikroorganismen in Reinkultur und damit verbunden eine sterile Arbeitstechnik. Mit der Einführung von Impfungen wurde Biotechnologie erstmals im pharmazeutisch-medizinischen Bereich eingesetzt.

Molekulare Biotechnologie: Konzepte und Methoden.
Herausgegeben von M. Wink
Copyright © 2004 WILEY-VCH Verlag GmbH & Co. KGaA, Weinheim
ISBN: 3-527-30992-6

Im 20. Jahrhundert wurden dann neben der Nahrungsmittelherstellung biotechnologische Prozesse in industriellem Maßstab entwickelt. Hierzu zählen die Verwendung von Enzymen, beispielsweise in der Lederverarbeitung, und die Nutzung fermentativer Verfahren zur Herstellung von Chemikalien. Lösungsmittel wie **Aceton und Butanol** wurden Anfang des letzten Jahrhunderts durch Fermentation mit dem Bakterium *Clostridium acetobutylicum* gewonnen, ebenso Zitronensäure durch Oberflächengärung mit dem Pilz *Aspergillus*.

Ein wichtiger Meilenstein im 20. Jahrhundert war die Entdeckung von **Penicillin und weiterer Antibiotika.** Mehr als 130 fermentativ und ca. 50 semisynthetisch hergestellte Antibiotika werden klinisch genutzt, um Infektionskrankheiten erfolgreich zu bekämpfen.

Neue enzymatische und fermentative Verfahren wurden in der zweiten Hälfte des 20. Jahrhunderts entwickelt, bis hin zur fermentativen Produktion von Insulin und anderen therapeutischen Proteinen. Klassische Produktionsverfahren wurden durch moderne gentechnische Methoden revolutioniert. **Gentechnik und Biochemie haben dabei den Weg zu einer schnellen und zielgerichteten Entwicklung von Produktionsorganismen bereitet.**

Produkte aus biotechnologischen Verfahren werden in unterschiedlichen Größenordnungen bezüglich des Produktionsvolumens und des Preises hergestellt. Nahrungsmittel wie etwa Bier werden weltweit in der unvorstellbar großen Menge von 130 Millionen Tonnen pro Jahr produziert. **Großvolumige Chemikalien wie Glutamat und Citrat sowie Proteasen** immerhin noch im mehrerer hunderttausend Tonnen Bereich. Die Produktionsmengen von Antibiotika oder Insulin sind verhältnismäßig gering. Dafür kann man höhere Preise erzielen. Tab. 33.1 stellt Produktionsvolumina und Hersteller wichtiger Produkte zusammen. Anknüpfend an die oben erwähnten Einsatzgebiete wird die traditionelle Biotechnologie auch heute noch in hohem Maß zur Lebensmittelherstellung eingesetzt. Starterkulturen beispielsweise benutzt man, um vergorene Lebensmittel gezielt und den heutigen Qualitätsanforderungen entsprechend zu produzieren.

Andere biotechnologisch hergestellte Produkte wie **Geschmacksverstärker, Enzyme, Aromen und Süßstoffe** werden Lebensmitteln als Zusatzstoffe und Hilfsmittel zugesetzt. Chemisch betrachtet handelt es sich dabei meist um Reinsubstanzen, die zur Veredlung oder Herstellung von Nahrungsmitteln verwendet werden.

Auch im Bereich der **Landwirtschaft** gibt es inzwischen etliche biotechnologisch hergestellte Produkte. Diese reichen von Zusätzen in der Tierernährung wie **Vitaminen und Aminosäuren bis hin zu Enzymen**, die dem Tierfutter zugesetzt werden, um die Verdaulichkeit des Futters zu erhöhen, oder gentechnisch veränderten Pflanzen als Nahrungs- bzw. Futtermittel.

Enzyme werden aufgrund ihrer katalytischen Aktivität in **Wasch- und Reinigungsmitteln** oder auch als Katalysator in der chemischen Industrie benutzt. Rekombinante Enzyme, Antikörper und Proteinhormone aus biotechnologischer Herstellung finden breiten Einsatz als pharmazeutisch wirksame Substanzen in medizinischen Anwendungen. Tab. 33.2 zeigt die Entwicklung des Weltmarkts für ausgewählte rekombinante Pharmaproteine.

Tab. 33.1 Biokatalytische Verfahren (Stand 2002)

Produktgruppe	Produkt	Menge t/a	Wichtige Hersteller	Verfahren[a]
Vitamine	Ketogulonsäure (→ Vitamin C)	>30000	BASF, Chinesische Hersteller	F
	B$_2$	>4000	BASF, Hoffmann-La Roche, Chinesische Hersteller	F
	Pantolacton	>1000	Daiichi	E
	L-Carnitin	>100	Lonza	E
	B$_{12}$	15	Rhône-Poulenc/Aventis	F
Aminosäuren	L-Glutaminsäure	1500000	Ajinomoto, Vedan Enterprise, Daesang	F
	L-Lysin	400000	Ajinomoto, ADM, BASF, Kyowa Hakko, Cheil, Degussa	F
	L-Phenylalanin	>1000	Nutrasweet, Ajinomoto, Miwon	F
	L-Aspartat	1000	DSM, Degussa	E
	L-Methionin	<100	DSM, Degussa	E
	L-Valin	<100	DSM, Degussa	E
Enzyme	Proteasen	>300000	Novo, Genencor	F
	Amylasen	>10000	Novozymes, Genencor	F
	Lipasen	>4000	Novozymes, Genencor	F
	Phytase	<1	BASF, Novozymes	F
Chirale Zwischenprodukte	D-Phenylglycin	>1000	DSM	E
	S-MOIPA (S-Methoxyisopropylamin)	>1000	BASF	E
	Amine	>100	BASF	E
	L-DOPA	>100	Ajinomoto	E
	L-Malat	>100	Tanabe	E
	Alkohole	<10	BASF	E
	Glycidylbutyrat	100	DSM	E

a) F: Fermentativ; E: Enzymatisch (Biotransformation)

Tab. 33.1 (Fortsetzung)

Produktgruppe	Produkt	Menge t/a	Wichtige Hersteller	Verfahren
	R-Mandelsäure	100	BASF, Mitsubishi	E
	Thioisobutyrat	100	Tanabe	E
ZwiPros/Chemicals	Acrylamid	>10000	Nitto, DSM	E
	Citronensäure	>5000	verschiedene	F
	6-APA (6-Aminopenicillinsäure)	>1000	DSM	F
	Milchsäure	>1000	BASF, verschiedene	F
	Hydroxynicotinsäure	>100	Lonza	E
	Nicotinsäureamid	>100	Lonza	E
	Steroide	>100	Schering	F
	Ethanol	>14000000	ADM, u.a.	F
	Fettsäureester/Ceramide	>100	Degussa	E
	Siliconacrylate	>10	Degussa	E
	Polyglycerinester	>10	Degussa	E
	Glycidylbutyrat	>10	DSM	E
Polymere	Polylactid	>100000	DOW-Cargill	F
	Polysaccharide (Xanthan)	>100	verschiedene	F
Wirkstoffe	Aspartam	>16000	verschiedene	E
	Antibiotika (versch.)	>1000	Biochemie, Eli Lilly, u.a.	F
Verschiedene	Isosirup	>1000000	ADM, Cargill, u.a.	E
	Kakaobutter	>10000	verschiedene	E

Tab. 33.2 Weltweiter Umsatz mit ausgewählten rekombinanten Wirkstoffen in Mio. US$

Produkt	Protein	Effekt/Einsatzgebiet	Anbieter	2002	2001	2000	1999	1998
Procrit/Eprex	Erythropoietin alpha	Stimulation der Erythrozytenbildung	Johnson & Johnson/Ortho Biotech	4283	3430	2709	1505	1460
Epogen	Erythropoietin	Stimulation der Erythrozytenbildung	Amgen	2300	2200	1960	1760	1380
Intron (inkl. PEGyliertem α-Interferon/Ribavirin)	α-Interferon (+PEGyliertes α-Interferon)	anti-Tumor (anti-Hepatitis C-Virus)	Schering-Plough	2700	1447	1361	650	–
Neupogen	G-CSF (Granulocyte colony stimulating factor)	Stimulation der Granulozytenbildung	Amgen	1400	1300	1220	1260	1120
Humulin	Insulin	Diabetes	Eli Lilly	1004	1060,6	1114,5	1087,5	959,2
Avonex	Interferon-β-1a	multiple Sklerose	Biogen	1034	972	761	621	394,9
Rituxan (in EU: Mabthera)	Rituximab (humanisierter Antikörper)	Leukämie und Lymphome	Genentech/Roche	1163	818,7	444,1	279,4	162,6
Enbrel	Etanercept (Fusionsprotein von Antikörper-Fc und p75-TNF-Rezeptorprotein)	rheumatische Arthritis	Immunex/Amgen	802	761,9	652,4	366,9	–
Humalog	Insulin	Diabetes	Eli Lilly	834	627,8	350,2	–	–
Betaseron/Betaferon	Interferon-β-1b	multiple Sklerose	Schering AG	830	592	546	395	321
Cerezyme/Ceredase	Glucocerebrosidase	Gaucher's Krankheit	Genzyme	619	570	537	479	411
Synagis	humanisierter mAb (monoklonaler Antikörper)	RSV(respiratory syncytial virus)-Prävention	Abbott/Medimmune	668	516	427	293	110
NeRecormon	Erythropoietin beta	Stimulation der Erythrozytenbildung	Roche	1192	443	–	–	–

Tab. 33.2 (Fortsetzung)

Produkt	Protein	Effekt/Einsatzgebiet	Anbieter	2002	2001	2000	1999	1998
ReoPro	GBIIb/IIIa-Antikörper	Thrombosehemmung	Eli Lilly/Centocor	384	431,4	418,1	447,3	365,4
Gonal F	Follitropin alpha	Ovulationsförderung	Ares Serono	450,4	410,5	365,9	348,7	243,8
Rebif	Interferon-β-1a	multiple Sklerose	Ares Serono	548,8	379,6	254	143	44
Herceptin	Trastuzumab (anti-HER-2-Antikörper)	Brustkrebs	Genentech/Roche	385	346,6	275,9	188,4	30,5
Humatrope	menschliches Wachstumshormon (HGH) Somatotropin	Kleinwüchsigkeit	Eli Lilly	329	312,7	301	300	268
Protropin/Nutropin	menschliches Wachstumshormon (HGH) Somatotropin	Kleinwüchsigkeit	Genentech	297	250	226,6	221,2	214
Activase	Tissue-Plasminogen-Aktivator	Herzinfarkt	Genentech	180	197	206	236	213
Remicade	Infliximab (chimärer Antikörper)	rheumatische Arthritis, Morbus Crohn	Schering-Plough	337	166	57	–	–
Serostim	menschliches Wachstumshormon (HGH)	Kleinwüchsigkeit	Ares Serono	95,1	125,3	137,1	137,4	88,2
Pulmozyme	humane DNAse	Mukoviszidose	Genentech	138	123	121,8	111,4	93,8
Leukine	GM-CSF (Granulocyten-Makrophagen-kolonie-stimulierender Faktor)	Stimulation der Leukozyten	Immunex/Schering AG	n.a. (04/03)	108,4	88,3	69,1	63,8
Saizen	menschliches Wachstumshormon (HGH)	Kleinwüchsigkeit	Ares Serono	124	107,3	90,0	–	–
Proleukin	Interleukin	Krebs	Chiron	114	93	113	112	93

Tab. 33.2 (Fortsetzung)

Produkt	Protein	Effekt/Einsatzgebiet	Anbieter	2002	2001	2000	1999	1998
Aranesp	Darbepoeitin alfa	Stimulation der Erythrozytenbildung	Amgen	400	42	–	–	–
Engerix-B	Hepatitis-B-Virus-Hüllpro-tein	Impfstoff	SmithKline Beecham	n.a. (04/03)	–	–	540	574
Kogenate	Faktor VIII	Bluterkrankheit	Bayer	424	–	427	327	335

Bei den biotechnologischen Produktionsverfahren unterscheidet man zwischen der sog. **Biotransformation** und der **fermentativen Herstellung**. Die Biotransformation ist eine enzym- oder zellkatalysierte Umsetzung definierter Reinsubstanzen zu definierten Produkten. Meist handelt es sich um eine einstufige Umsetzung; Nebenprodukte treten nur in geringem Maß auf. Häufig sind es Reaktionen, die die entsprechenden Biokatalysatoren *in vivo* in dieser Art und Weise nicht durchführen. Biotransformationen finden oft als Reaktionsstufe in einem chemischen Produktionsprozess ihre Anwendung – beispielsweise bei der Herstellung optisch aktiver Produkte und Zwischenprodukte.

Der Begriff Fermentation leitet sich von dem lateinischen *fermentum* = Gärung, Gärstoff ab. In der Biotechnologie ist der Begriff „Fermentation" jedoch nicht auf den anaeroben, fermentativen Stoffwechsel beschränkt, sondern weiter gefasst: Die fermentative Herstellung von Chemikalien ist die Umsetzung nachwachsender Rohstoffe wie z. B. Zucker durch lebende Mikroorganismen. Das Produkt, beispielsweise eine Aminosäure oder ein Vitamin, reichert sich in der Fermentationsbrühe an. Im Gegensatz zur Biotransformation durchlaufen die Substrate bei fermentativen Verfahren ganze Stoffwechselwege und nicht nur einen einzelnen enzymatischen Schritt. Neben dem gewünschten Wertprodukt fallen in fermentativen Verfahren typischerweise auch Nebenprodukte bzw. Abfallstoffe und Biomasse an. In der Regel handelt es sich bei der Synthesesequenz eines fermentativen Verfahrens um einen natürlichen vorkommenden Biosyntheseweg. In Abb. 33.1 sind die Unterschiede zwischen fermentativen Verfahren und Biotransformationen schematisch dargestellt.

33.2
Biotransformationen/enzymatische Verfahren

In Biotransformationen wird ein Enzym als hochaktiver und selektiver Katalysator eingesetzt, um den Ablauf eines chemischen Reaktionsschrittes zu beschleunigen. Enzyme können dabei entweder als freie oder immobilisierte Proteine oder in Form von ganzen lebenden oder inaktivierten Zellen eingesetzt werden (s. Abb. 33.1). In der Literatur sind mehr als 120 technische ausgeübte Biotransformationsprozesse dokumentiert. Industrielle Biotransformationen sind keineswegs neue Entwicklungen. Wie aus Tab. 33.3 ersichtlich, sind die ersten industriellen Verfahren bereits im 19. Jahrhundert etabliert worden.

Die wichtigsten Anforderungen an einen Katalysator in technischen Prozessen sind **Selektivität, Aktivität und Stabilität**. Enzyme werden vor allem wegen der hohen Selektivität eingesetzt. Als chirale Katalysatoren sind Enzyme bei enantioselektiven Synthesen klassischen Chemokatalysatoren oft deutlich überlegen. Bei der Herstellung chiraler Verbindungen können Enantiomerenüberschüsse von 99% *ee* erreicht werden. Mitte der 80er Jahre des letzten Jahrhunderts haben enzymatische Verfahren vor allem in der stereoselektiven Synthese einen neuen Aufschwung genommen und sind inzwischen in der chemischen Industrie nicht mehr wegzudenken. Die hohe Substratspezifität natürlich vorkommender Biokata-

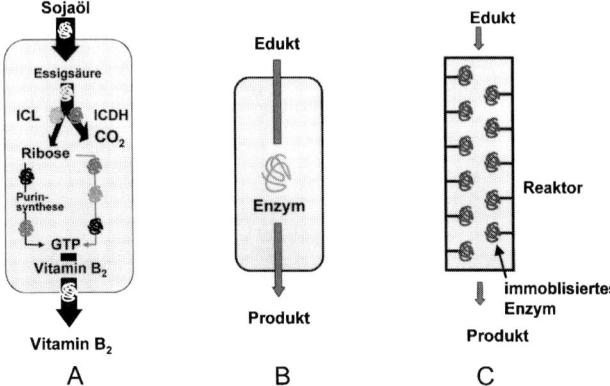

Abb. 33.1 Bei biotechnologischen Verfahren kann man zwischen Fermentationen und Biotransformationen unterscheiden. Die industrielle Herstellung von Vitamin B_2 erfolgt in einem fermentativen Verfahren. Dabei wird der in (A) dargestellte Biosyntheseweg von *Ashbya* *gossypii* genutzt. Bei Biotransformationen wird nur eine (oder wenige) Synthesestufe(n) mit einem Biokatalysator durchgeführt. Als Katalysatoren können z. B. ruhende Zellen (B) oder immobilisierte Enzyme (C) verwendet werden.

Tab. 33.3 Ausgewählte Biotransformationen

Produkt	Biokatalysator	Entwickelt
Essig	*Acetobacter aceti*	um 1820
R-Phenylacetylcarbinol (Ephedrinvorstufe)	*Saccharomyces cerevisiae*	1932
Sorbit – Sorbose	*Gluconobacter suboxydans*	um 1930
Steroide	z. B. *Arthrobacter*	um 1950
HFCS (High fructose corn syrup; Isomeratzucker)	Glucose-Isomerase	1966
6-Aminopenicillansäure/ 7-Aminodesacetoxycephalosporinsäure (Vorstufen semisynthetischer Antibiotika)	Penicillin-Amidase	um 1970
L-Methionin	Aminoacylase	1979
Aspartam	Thermolysin	1980
L-*tert.*-Leucin	Leucin-Dehydrogenase/ Formiat-Dehydrogenase	1981
Acrylamid	*Rhodococcus* sp.	1985
R-Phenylethylamin	Lipase	1990

lysatoren kann unter Umständen allerdings auch nachteilig sein, wenn sich nämlich nur eine begrenzte Anzahl von Substanzen umsetzen lässt. Ziel sind verfahrenstechnisch möglichst breit einsetzbare Katalysatoren.

Durch ihre meist hohen spezifischen Aktivitäten können Enzyme in sehr geringen Mengenverhältnissen zum Substrat eingesetzt werden. Während bei chemischen Katalysatoren das Mengenverhältnis meist etwa 0,1 bis 1 Mol-% beträgt, ist das Verhältnis bei einer enzymkatalysierten Reaktion häufig nur 0,0001 bis 0,001%.

Chemische Prozesse laufen oft nur unter hohem Druck und bei hohen Temperaturen ab. Im Gegensatz dazu arbeiten Enzyme meist bei Normalbedingungen. Darüber hinaus erlauben Biotransformationen oft auch einen wirtschaftlicheren Materialeinsatz. Für die chemische Industrie bedeutet dies Einsparung an Energie, Rohstoffen sowie Abfallvermeidung und damit echte Kostenvorteile.

Nachteil von Biotransformationen ist häufig eine mangelnde Enzymstabilität. Daher können die Kosten für die Katalysatorproduktion eine wichtige Rolle in der Wirtschaftlichkeit eines biokatalytischen Verfahrens spielen. Somit ist die preiswerte und reproduzierbare Herstellung der entsprechenden Enzyme ein wichtiger Erfolgsfaktor für industrielle Biotransformationen.

Letztendlich stehen enzymkatalysierte Prozesse im Wettbewerb mit alternativen chemischen Verfahren. Nur wenn sich im Vergleich messbare ökonomische Vorteile ergeben, wird im industriellen Umfeld eine Entscheidung zugunsten der Biokatalyse fallen.

Die industriell bisher etablierten Biotransformationen arbeiten immer noch fast ausschließlich mit hydrolytischen Enzymen, zu denen Lipasen, Esterasen und Proteasen zählen. Die Verwendung von Enzymen in unpolaren organischen Lösungsmitteln hat sich – vor allem bei Lipasen und Esterasen – als Technologie auf breiter Front durchgesetzt.

Bekannte und herausragende Beispiele aktueller Biotransformationen sind die Herstellung von Invertzucker (*high fructose corn syrup*), Acrylamid, Nicotinamid, optisch aktiven Aminen, *R*-Pantolacton und unnatürlichen Aminosäuren wie D-*tert*-Leucin. Die meisten Produkte sind Spezialitäten oder hochpreisige Produkte, wie z. B. Bausteine (Zwischenprodukte) für Pharma- oder Agrowirkstoffe mit hohen optischen Reinheiten. Vor allem Aminosäuren, Amine, Aminoalkohole, Epoxide, Diole, Alkohole und Carbonsäuren werden mittels enzymatischer Verfahren hergestellt. Die meisten industriellen Verfahren haben eine Reihe von gemeinsamen Eigenschaften: hohe Produktkonzentration und Produktivität, keine unerwünschten Nebenprodukte und robuste, leicht zugängliche Enzyme, die keine teuren Cofaktoren benötigen. Tab. 33.4 stellt die ungefähren Tonnagen der wichtigsten Biotransformationen zusammen.

Tab. 33.4 Jährliche Produktionsvolumina verschiedener Biotransformationenen

Produkt	Enzym	Tonnen p.a.
Glucose-Isomerase	Fructose	1 000 000
Nitril-Hydratase	Acrylamid	10 000
Lipase	Kakaobutter	10 000
Penicillin-Amidase	6-APA (6-Aminopenicillinsäure)	1000
Aspartase	L-Aspartat	1000
Thermolysin	Aspartam	1000
Hydantoinase	D-Phenylglycin	1000
Hydantoinase/Carbamoylase	D-Hydroxyphenylglycin	1000
Aldonolactonase	D-Pantothensäure	1000
Fumarase	L-Äpfelsäure	100
Aminoacylase	L-Methionin	100
Aminoacylase	L-Valin	100
Beta-Tyrosinase	L-Phenylalanin	100
Lipase	L-DOPA	100
Hydroxylase	L-Carnitin	100
Lipase	Glycidylbutyrat	10
Trans-Glucosidase/Lipase	Butylglucosid	10
Dextran-Sucrase	Glucooligosaccharide	10

33.3
Entwicklung eines Enzyms für die industrielle Biokatalyse

Biotechnologen, die auf dem Feld der Biokatalyse arbeiten, sehen sich vor allem mit zwei Herausforderungen konfrontiert: Zum einen die Identifizierung von Produkten, deren Herstellung über eine enzymatische Route vorteilhaft ist, zum anderen die Entwicklung eines Verfahrens in kürzester Zeit und mit einem Minimum an Ressourcen. Die erste Herausforderung kann nur im Team mit Marketing, Produktion, Chemikern und Verfahrensingenieuren gelöst werden. Sind Substrat- und Zielmolekül bekannt, beginnt die eigentliche Forschungs- und Entwicklungsarbeit. Dazu gehört nicht nur das Auffinden und Optimieren eines Katalysators, sondern auch die Synthese des Substrats für die enzymatische Stufe sowie die Aufarbeitung und Isolierung des Produkts. Der enzymatische Schritt ist dabei oft in ein Gesamtverfahren eingebettet, bei dem klassisch chemische und enzymatische Schritte Hand in Hand laufen. Letztlich ist entscheidend, dass der gesamte Prozess wirtschaftlich, also in Bezug auf Einsatzstoffkosten, Energie und die Investitionskosten möglichen anderen Verfahren überlegen ist.

33.3.1
Identifizierung neuartiger Biokatalysatoren

Startpunkt für eine Entwicklung können kommerziell verfügbare Enzyme sein. Kenntnisse über den Katalysemechanismus sind bei der Auswahl eines Enzyms hilfreich, denn oft ist der Einsatzbereich breiter als der Name eines Enzyms suggeriert. So kann man bekannte Biokatalysatoren für unnatürliche Reaktionen „missbrauchen". Fallbeispiel 2 beschreibt eine erfolgreiche Anwendung dieser Strategie bei der Entwicklung eines biokatalytischen Verfahrens zur Herstellung optisch aktiver Zwischenprodukte. Wird man bei den kommerziell zugänglichen Enzymen nicht fündig, kann man Mikroorganismen aus Stammsammlungen wie DSMZ (Deutschland) oder ATCC (USA) testen. In Abb. 33.2 sind Ergebnisse aus verschiedenen Screening-Reihen zur Identifizierung neuartiger Biokatalysatoren dargestellt.

Sehr oft müssen jedoch Mikroorganismen aus der Natur angereichert und auf die entsprechende Enzymaktivität gescreent werden. Dies ist immer noch ein langwieriges und aufwändiges Vorgehen.

Das herkömmliche Vorgehen zum Auffinden neuer Enzymaktivitäten besteht darin, dass Mikroorganismen meist aus Bodenproben angereichert und Reinkulturen hergestellt werden (s. auch Fallbeispiel 1). Die Reinkulturen werden dann auf die Anwesenheit der gesuchten neuen Enzymaktivität untersucht. Bei der Anreicherung versucht man, die gewünschte Reaktion mit der Möglichkeit zum Wachstum eines Mikroorganismus zu verknüpfen. Die Einsatzstoffe der gesuchten Biotransformation werden als einzige Kohlenstoff- oder Stickstoffquelle in den Anreicherungskulturen zur Verfügung gestellt. So reichern sich diejenigen Mikroorganismen an, die diese Verbindungen mit einem entsprechenden Enzym umsetzen

Reaktion		Anzahl getesteter Stämme	„Kandidaten"
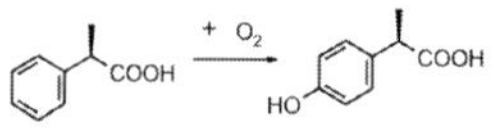	*p*-Hydroxylierung	7,900	3
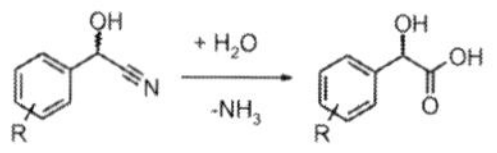	Nitril-Hydrolyse	1,000	2
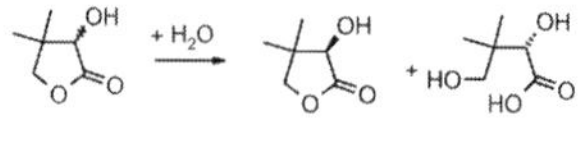	Lacton-Hydrolyse	950	5
	C-C-Verknüpfung	200	2

Abb. 33.2 Screening von Stammsammlungen kann den Zugang zu neuen Enzymen ermöglichen. Ausgesuchte Beispiele aus der Praxis zeigen, wie viele Stämme getestet werden müssen, bis aussichtsreiche Treffer gefunden werden. Diese Kandidaten stellen dann das Ausgangsmaterial für eine Stamm- bzw. Katalysatorentwicklung dar.

und letztlich wachsen können. Nach Anzucht der Isolate in Reinkultur muss verifiziert werden, ob das Wachstum des Mikroorganismus auf ein entsprechendes Enzym zurückzuführen ist. Dies kann sehr zeitaufwändig sein, denn meist muss man mehrere Hundert Mikroorganismen im Detail charakterisieren.

Der größte Nachteil dieses Vorgehens ist allerdings, dass weit mehr als 90% aller Mikroorganismen auf diese Weise nicht zugänglich sind. Dies liegt vor allem daran, dass die Anzucht vieler Mikroorganismen in Reinkultur nicht möglich ist, weil die exakten Wachstumsbedingungen nicht bekannt sind.

Neue Methoden wurden entwickelt, die das aufwändige Isolieren einer Reinkultur umgehen. Dabei wird DNA direkt aus dem Probenmaterial isoliert, eine Expressionsbibliothek erstellt und auf neue Enzymaktivitäten hin untersucht (Abb. 33.3). Die Gesamtheit der DNA, die aus einer Umweltprobe zu isolieren ist, bezeichnet man als Metagenom. Das Metagenom beinhaltet die DNA vieler verschiedener Organismen, die nun für Aktivitätstests zur Verfügung steht.

Um diesen metagenomischen Ansatz erfolgreich durchzuführen, gilt es, eine ganze Reihe von Punkten wie Isolierung der DNA, Normalisierung, Expression, Wirtsstamm sowie schnelle und zuverlässige Testsysteme für die Detektierung geringster Mengen eines Enzyms zu etablieren.

Das Screening von Metagenombanken ist ein entscheidender Fortschritt, denn nun ist es möglich, nichtkultivierbare Mikroorganismen in kurzer Zeit nach neuartigen Biokatalysatoren durchzumustern.

Screening nach neuen Biokatalysatoren

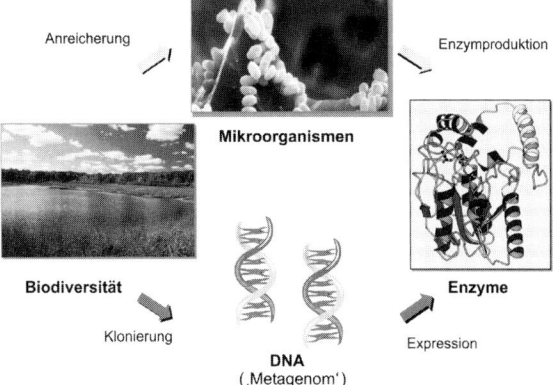

Abb. 33.3 Durch direkte Klonierung von DNA aus Umweltproben lassen sich auch unkultivierbare Mikroorganismen nach neuartigen Biokatalysatoren durchsuchen („Metagenom-Screening"). Hierdurch lässt sich die natürliche Vielfalt deutlich effizienter nutzen als durch klassisches Screening, bei dem Mikroorganismen angezogen werden müssen.

33.3.2
Verbesserung von Biokatalysatoren

Enzyme, wie wir sie in der Natur finden, sind nicht unbedingt für den Einsatz in einem biokatalytischen Prozess geeignet. Sie können zu instabil oder auf ihr natürliches Substrat begrenzt sein. Daher ist es gelegentlich unumgänglich, Enzyme den Anforderungen der industriellen Biokatalyse anzupassen. Man unterscheidet dabei zwei prinzipielle unterschiedliche Ansätze.

Bei der sog. **gerichteten Evolution** werden die Grundprinzipien der Evolution – Mutation, Selektion und Rekombination – im Labor ausgenutzt, um Enzyme zu verbessern. Durch ungerichtete Mutagenese mittels fehlerhafter PCR (*error prone PCR*) werden Veränderungen in die Biokatalysatorgene eingeführt. Die Gene werden exprimiert und man erhält Tausende von Enzymvarianten, die dann nach einem geeigneteren Biokatalysator durchmustert werden. Dies geschieht durch hoch automatisierte Testverfahren in robotergestützten Screening-Anlagen. Je nach Testaufwand können pro Tag mehrere Zehntausend Enzymvarianten überprüft werden. Die besten Varianten dienen dann als Basis für eine weitere Mutagenese. Durch sequenzielle Zyklen von zufälliger Mutagenese und Screening (= Selektion) kann das Profil eines Enzyms verändert werden. Dabei entscheidet allein die Auswahl der Varianten nach dem Mutageneseschritt über die Richtung der Entwicklung. In der Natur kommt es bei der geschlechtlichen Fortpflanzung zu einer Vermischung (Rekombination) von Erbmaterial. Dieser Prozess beschleunigt die Evolution. Auch die Rekombination von Genen kann im Labor nachgestellt und für die Verbesserung von Biokatalysatoren genutzt werden. In den letzten Jahren wurden durch „gerichtete Evolution" Enzyme mit verbesserter Thermostabilität, Substratspezifität, Enantioselektiviät und Stabilität erhalten.

Von „rationalem Design" spricht man, wenn gezielte Veränderungen der Aminosäuresequenz zur Optimierung von Enzymen eingesetzt werden. Voraussetzung für dieses Vorgehen ist nicht nur eine genaue Kenntnis der Struktur-Funktionsbeziehungen in einem Enzym, sondern auch ein Verständnis der Konsequenzen von Veränderungen in der Proteinstruktur für die katalytische Aktivität. Nur bei wenigen Biokatalysatoren ist unser Verständnis tief genug, um mit diesem Ansatz in überschaubarer Zeit zum Erfolg zu kommen.

Fallbeispiel 3 zeigt an der Pyruvat-Decarboxylase, wie Biokatalysatoren verbessert werden können.

33.3.3
Produktion von Biokatalysatoren

Um das Enzym kostengünstig und in ausreichender Menge bereitzustellen, ist der nächste Schritt die Entwicklung eines rekombinanten Produktionsstammes. Wildtyp-Stämme, die aus der Natur isoliert werden, produzieren das Enzym oft nicht in ausreichender Menge. Deshalb wird das entsprechende Gen in einem geeigneten Wirtsstamm wie z.B. *Escherichia coli*, *Bacillus subtilis*, *Pichia pastoris* oder *Aspergillus* kloniert und exprimiert. Dann gilt es, die Fermentationsbedingungen für diesen Stamm auszuarbeiten. Dazu gehören das optimale Medium, die Begasung und Rührgeschwindigkeit ebenso wie der pH-Wert oder die Zudosierung von weiteren Wachstumsfaktoren. Ziel dieser Arbeiten ist es, eine maximale Enzymmenge bzw. Enzymaktivität zu erzielen.

Weitere Arbeiten sind notwendig, um aus einem Enzym einen technisch anwendbaren Biokatalysator zu entwickeln: In welcher Form soll das Enzym eingesetzt werden? Dabei spielen vor allem die Kosten sowie die Größe der Produktion eine Rolle. Für kleine Produkte bis 100 t setzt man das Enzym meist in Rührkesseln in isolierter Form oder in Form der ganzen Zellen des Produktionsstammes ein. Sind die Produktionsmengen sehr groß und die Enzyme ausreichend stabil, lohnt es sich, die Enzyme auf ein Trägermaterial zu fixieren. In dieser immobilisierten Form sind kontinuierliche Fahrweisen möglich.

33.3.4
Ausblick

Eine große Herausforderung für die chemische Industrie ist die Entwicklung selektiver und nachhaltiger Verfahren zur Herstellung ihrer Produkte. Einen Beitrag zur Lösung dieser Aufgabe kann die Biokatalyse in Form enzymatischer Verfahren leisten. Die in den vergangenen zehn Jahren gemachten Entdeckungen eröffnen jetzt Möglichkeiten, Schwachpunkte wie Stabilität oder Substratbreite zu umgehen. Gelingt es, diese Methoden auch bei technisch relevanten Enzymen einzusetzen, ist damit zu rechnen, dass weitere Verfahren zur Produktion von Massenchemikalien entwickelt werden können. Mit maßgeschneiderten Biokatalysatoren werden sich enzymatische Verfahren auch bei den Zwischenprodukten und Spezialchemikalien weiter durchsetzen. Insbesondere die hohe Selektivität von Enzymkatalysatoren kann zu erheblichen Vereinfachungen und damit Kosteneinsparungen führen. Zurzeit wird versucht, diese Vorteile für weitere Produktklassen wie z. B. Polymere nutzbar zu machen.

Entwicklungsbedarf im Bereich der Biokatalyse liegt im schnellen und effektiven Zugang zu neuen Biokatalysatoren mit gewünschten Eigenschaften. Eng damit verbunden sind die Etablierung und Automatisierung von miniaturisierten Hochdurchsatz-Screening-Methoden zum schnellen Auffinden und Optimieren neuer Biokatalysatoren.

Wichtiges Thema neuerer Arbeiten ist der Ausbau der Palette von Enzymen, die für technische Verfahren geeignet sind. Vor allem der Einsatz von Enzymen für die chemisch schwer durchführbaren Reaktionen, wie bestimmte C–C-Verknüpfungen oder die anspruchsvolle regioselektive Einführung von Sauerstoff mithilfe von Oxygenasen, werden im Fokus des Interesses stehen. Um Löslichkeitsprobleme von Substraten und Produkten zu umgehen und so eine homogene Katalyse zu ermöglichen, sind Enzyme wichtig, die in unpolaren organischen Lösungsmitteln aktiv sind. Damit kann das Potenzial der Biokatalyse in Zukunft noch besser ausgeschöpft werden.

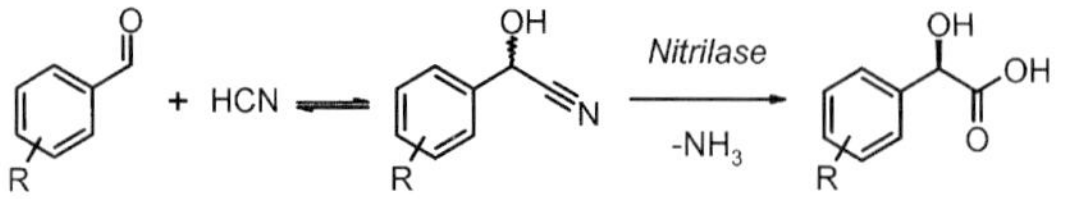

Abb. 33.4 Nitrilasen sind geeignete Biokatalysatoren zur Herstellung optisch aktiver α-Hydroxycarbonsäuren aus den entsprechenden Nitrilen.

33.3.5
Fallbeispiel 1: Screening nach neuen Nitrilasen

Enantiomerenreine α-Hydroxycarbonsäuren sind wichtige Bausteine für Pharmawirkstoffe. Diese Verbindungen sind u. a. durch eine Nitrilase katalysierte Reaktion aus Cyanhydrinen zugänglich (Abb. 33.4). Diese Enzyme hydrolysieren Nitrile zu den entsprechenden Carbonsäuren und Ammoniumsalzen. Cyanhydrine liegen in wässriger Lösung im Gleichgewicht mit dem Aldehyd und Blausäure vor. Daher kann die enzymatische Reaktion in einer vollständigen quantitativen Umsetzung der Cyanhydrine in optische reine α-Hydroxycarbonsäuren resultieren.

Mikroorganismen, die über eine Nitrilaseaktivität verfügen, können aus Bodenproben angereichert werden, indem man Nitrile als einzige Stickstoffquelle oder Kohlenstoffquelle im Nährmedium anbietet. Ein Problem bei diesem Ansatz ist jedoch, dass falsch positive Stämme isoliert werden, die die Stickstoff- oder Kohlenstoffquelle mittels einer anderen Enzymaktivität nutzen. Solche Organismen verfügen z. B. über Nitril-Hydratasen, Enzyme die Nitrile zu Amiden umsetzen. Stören kann ebenso Luftstickstofffixierung anstelle der Stickstoffnutzung aus dem Nitril. Ein anderes Problem ist die Instabilität und Toxizität von Nitrilen. Um diese Schwierigkeit zu umgehen, kann man nichttoxische Modellverbindungen einsetzen, die unter Anreicherungsbedingungen wesentlich stabiler sind. Doch führt dies unter Umständen zu neuen Hürden, denn die Reaktivität und Konformation der Modellverbindungen ist nicht immer mit den Zielmolekülen identisch.

Um im klassischen Screening eine hochselektive Nitrilase zur Herstellung von *R*-Mandelsäure zu finden, mussten mehrere Hundert Mikroorganismen durchgemustert werden (s. auch Abb. 33.2).

33.3.6
**Fallbeispiel 2: Verwendung bekannter Enzyme für neue Reaktionen:
Lipasen zur Herstellung optisch aktiver Amine und Alkohole**

Das Verständnis des katalytischen Mechanismus eines Enzyms kann sehr wertvoll sein. Es eröffnet neue Anwendungen in der organischen Synthese. Ein gutes Beispiel ist der Einsatz von Lipasen in der organischen Synthese. Lipasen sind Hydrolasen, die Esterbindungen spalten wie sie in Acylglyceriden – z. B. in Fetten – vorkommen. Das Verständnis des Katalysemechanismus war bei der Entwicklung verschiedener enzymatischer Prozesse von entscheidender Bedeutung (Abb. 33.5). Bei der Hydrolyse eines Esters wird ein Acyl-Enzym-Komplex gebildet. Der katalytische Zyklus startet durch den nucleophilen Angriff eines Serins im katalytischen

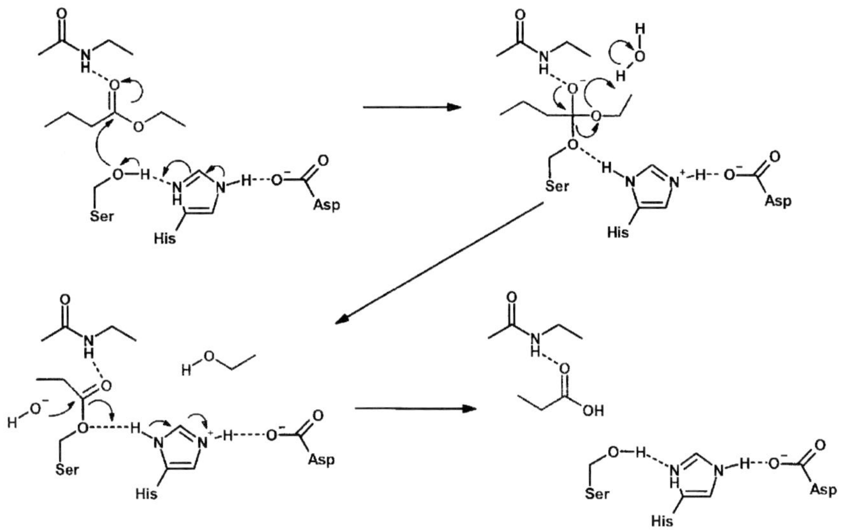

Abb. 33.5 Reaktionsmechanismus der Lipase.

Zentrum des Enzyms auf das Carbonyl-C-Atom des Esters, der als Acyldonor fungiert. Der Serinrest wird acyliert, es bildet sich ein Acyl-Enzym-Komplex und der Alkohol wird freigesetzt. Der Enzym-Acyl-Komplex wird dann durch ein Nucleophil hydrolysiert. *In vivo* erfolgt der nucleophile Angriff durch Wasser, die Fettsäure wird freigesetzt und das Enzym ist regeneriert.

Wenn es gelingt, Wasser durch andere Nucleophile zu ersetzen, sind mit Lipasen als Katalysatoren eine ganze Reihe interessanter Reaktionen möglich. Essenzielle Voraussetzung dafür ist natürlich, dass die Lipase auch in wasserfreier Umgebung aktiv ist. Tatsächlich sind Lipasen in bestimmten organischen Lösungsmitteln aktiv. Als Lösungsmittel können z. B. andere Nucleophile wie Alkohole oder Amine verwendet werden. Werden chirale Nucleophile eingesetzt, kann oft nur ein Enantiomer acyliert werden, d. h., das Enzym katalysiert die Übertragung der Acylfunktion auf das Nucleophil enantioselektiv.

Als Acyldonoren werden technisch vor allem Vinylester, Anhydride oder Diketen eingesetzt. Mit diesen Acyldonoren ist die Reaktion praktisch irreversibel. Der gebildete Ester sowie der zurückbleibende Alkohol können dann physikalisch-chemisch z. B. durch Destillation getrennt werden. Nach diesem Prinzip werden eine ganze Reihe optisch aktiver Alkohole technisch hergestellt, die gesuchte Bausteine für Wirkstoffsynthesen sind. Ganz entscheidend bei Lipase katalysierten Racematspaltungen ist es, Wasser vollständig aus dem Reaktionsansatz fern zu halten. Wasser reagiert als hoch aktives Nucleophil viel schneller mit dem Enzym-Acyl-Komplex als der Alkohol. In diesem Fall würde es lediglich zur Hydrolyse und nicht zum enantioselektiven Acyltransfer kommen.

Auch Amine können als Nucleophile verwendet werden. Hierbei sind 2-Methoxyessigsäureester geeignete Acylierungsmittel für die Lipase katalysierte Reakti-

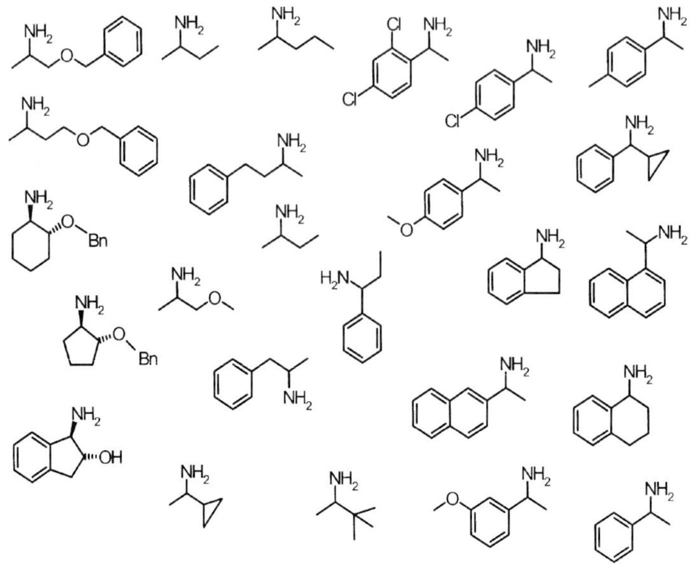

Abb. 33.6 Durch die Lipase katalysierte Racematspaltung von Aminen ist ein beeindruckendes Spektrum verschiedenster Verbindungen zugänglich.

on. Mit 2-Methoxyessigsäureestern ist die Anfangsgeschwindigkeit der Reaktion mehr als 100-mal höher als mit Butylacetat. Der Grund für diesen Aktivierungseffekt der Methoxygruppe liegt wahrscheinlich in der höheren Carbonylaktivität, induziert durch die Elektronegativität des α-Substituenten. Hohe Selektivitäten und Ausbeuten bei gleichzeitig hohen Aktivitäten zeichnen dieses Verfahren aus. Die Produkte *R*-Amid und *S*-Amin können wiederum destillativ getrennt und aufgearbeitet werden. Dieses Verfahren kann mit einem breiten Spektrum an Aminen durchgeführt werden (Abb. 33.6).

Auch in anderer Hinsicht sind Lipasen ein Paradebeispiel für den idealen Biokatalysator: Sie sind in ausreichenden Mengen und Qualitäten kommerziell verfügbar. Darüber hinaus sind die Enzyme sehr stabil und aktiv in organischen Lösungsmitteln und die Substratpalette ist beeindruckend breit.

33.3.7
Fallbeispiel 3: Enzymoptimierung mit rationalen und evolutiven Methoden

Schon 1921 entdeckten Neuberg und Hirsch, dass Hefezellen Verknüpfung von C–C-Bindungen katalysieren können. Durch Zufütterung von Benzaldehyd zu gärender Hefe entsteht *R*-Phenylacetylcarbinol, ein Zwischenprodukt für die Synthese des Wirkstoffs Ephedrin. Dies war eine der ersten industriellen Biotransformationen überhaupt. Diese Reaktion wird durch das Enzym Pyruvat-Decarboxylase katalysiert, das als Nebenaktivität über eine Carboligaseaktivität verfügt. Das Stoffwechselprodukt Pyruvat wird dabei mit dem zudosierten Aldehyd zu *R*-Phenylace-

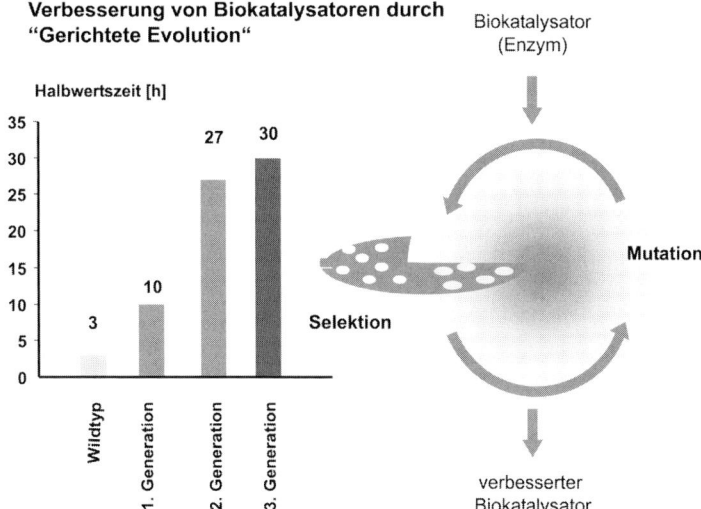

Abb. 33.7 Durch „gerichtete Evolution" lässt sich die Stabilität der Pyruvat-Decarboxylase verbessern.

tylcarbinol verknüpft. Die Reaktion technisch mit dem isolierten Hefeenzym *in vitro* durchzuführen gelang bisher nicht, da dieses Enzym nicht stabil ist.

Ausgangspunkt zu einem zellfreien, enzymatischen Verfahren war daher das entsprechende Enzym aus dem Bakterium *Zymomonas mobilis,* das wesentlich stabiler ist. Nachteil dieses Enzyms ist die schwache Carboligaseaktivität. Durch einen Vergleich der Proteinstrukturen von *Zymomonas-* und Hefeenzym wurde ein wesentlicher Unterschied deutlich. Das *Zymomonas*-Enzym hat am Eingang zum katalytischen Zentrum einen Tryptophanrest an Position 392. Ersetzt man Tryptophan durch Alanin oder Methionin, erhält man ein Enzym mit höherer Carboligaseaktivität. Ein weiterer Vorteil ist, dass das bakterielle Enzym nicht nur mit Pyruvat als C2-Donor arbeitet, sondern auch mit dem wesentlich günstigeren Acetaldehyd.

Für einen technischen Prozess war jedoch die Stabilität in Gegenwart der Aldehyde für ein wirtschaftliches Verfahren noch zu gering. Um diese Eigenschaft des Enzyms zu verbessern, ergaben die Proteinstukturen jedoch keine Ansatzpunkte. Hier kamen die oben beschriebenen Methoden der „gerichteten Evolution" des Enzyms zum Zug. Durch Erzeugung einer Vielzahl von Enzymvarianten durch Mutation und anschließende Selektion in Gegenwart von Acetaldehyd konnten stabilere Enzyme isoliert werden. Nach drei Mutationen und Selektionszyklen lag ein Enzym vor, dessen Stabilität um den Faktor 10 höher war als beim Ausgangsenzym (Abb. 33.7).

33.4
Fermentative Verfahren

In fermentativen Verfahren werden Biosyntheserouten von Mikroorganismen ausgenutzt, um chemisch komplex aufgebaute Moleküle herzustellen. Ein wichtiges
Ziel der industriellen Forschung ist es, möglichst wirtschaftliche Verfahren zu
entwickeln bzw. bestehende Verfahren weiter zu verbessern. Für den Wissenschaftler stehen bei einem fermentativen Produktionsprozess zunächst der Mikroorganismus, sein Wachstum, sein Stoffwechsel und seine Genetik im Mittelpunkt. Für ein technisches Fermentationsverfahren sind daneben allerdings weitere Faktoren von Bedeutung. Sehr wichtig sind die Einsatzstoffe, die Vorbereitung des Mediums sowie Betrieb und Kontrolle des Fermentationsverlaufs. Wie
bei anderen chemischen Prozessen muss auch ein fermentativ hergestelltes Produkt schließlich aufgearbeitet, formuliert und verpackt werden. Es ist offensichtlich, dass die Entwicklung und das Betreiben eines industriellen Fermentationsverfahrens ein komplizierter Prozess ist, der die Zusammenarbeit von Experten
verschiedener Fachrichtungen erfordert. Dennoch ist selbstverständlich der Produktionsorganismus der erste Ansatzpunkt einer Verfahrensoptimierung.

33.4.1
Verbesserung fermentativer Verfahren

Primäres Ziel der Stammoptimierung ist es, die Menge bzw. die Konzentration
der produzierten Substanz zu maximieren und die Fermentationszeit dabei
möglichst kurz zu halten. Außerdem ist es wichtig, die Ausbeute bezogen auf die
eingesetzten Rohstoffe zu erhöhen. Dies ist ein entscheidendes Maß für die Wirtschaftlichkeit des späteren Prozesses. Weiterhin ist es notwendig, dass die für die
Produktion eingesetzten Stämme genetisch stabil sind. Bei hochgezüchteten Mutanten kann es vorkommen, dass spontane Veränderungen, wie z. B. Reversionen,
auftreten und dass die Mutanten ihre gewünschten Eigenschaften wieder verlieren. Auch Sensitivität gegenüber Bakteriophagen kann ein Problem darstellen. In
einem solchen Fall, muss versucht werden, den Produktionsstamm resistent gegen die Phageninfektion zu machen.

Nur in wenigen Ausnahmen wie z. B. der Glutamat- und Milchsäureproduktion
weisen Wildtyp-Stämme bereits eine hinreichende Syntheseleistung für die kommerzielle Nutzung auf. Meist reicht bei anderen Mikroorganismen das natürliche
Synthesepotenzial nicht dafür aus. Folglich müssen die Mikroorganismen in einer
Stammentwicklung optimiert werden.

Im Lauf der Zeit haben sich aus der Vielzahl der Mikroorganismen einige wenige günstige Stämme für fermentative Verfahren herauskristallisiert. Einerseits hat
man Wildtyp-Stämme weiterentwickelt. Dies ist der Fall bei *Penicillium, Corynebacterium* und *Aspergillus*. Andere Produktionsorganismen haben sich aus gängigen Laborstämmen entwickelt, weil diese gut zu handhaben waren und weil man
für diese Organismen über effiziente gentechnische Methoden verfügt. Dies ist
der Fall für Hefe, *Escherichia coli* und *Bacillus subtilis*.

Analog den enzymatischen Biotransformationen gibt es auch bei fermentativen Verfahren zwei prinzipiell unterschiedliche Strategien der Verfahrensverbesserung. Zum einen wird der Produktionsorganismus ungezielt mutiert und unter einer großen Anzahl von Mutanten werden dann diejenigen herausgefiltert, die in der gewünschten Eigenschaft eine Verbesserung erfahren haben. Diese den Prinzipien der Evolution nachempfundene Strategie wird in der „klassischen Stammoptimierung" verfolgt. Wenn die Biosynthesewege, ihre Regulationsmechanismen und die entsprechenden Gene genau bekannt sind, kann man durch gezielte Eingriffe in den Metabolismus eine Optimierung des Fermentationsverfahrens vornehmen. Dieses Vorgehen umschreibt man mit dem Begriff *Metabolic Engineering*.

33.4.2
Klassische Stammoptimierung

Mikroorganismen können durch Mutation und Selektion den Anforderungen industrieller Verfahren angepasst werden. Das Potenzial dieser Strategie, die zunächst einfach klingt und wissenschaftlich wenig aufregend zu sein scheint, darf nicht unterschätzt werden. Immerhin ist es mit diesen Methoden gelungen, Stämme für bedeutende Fermentationsprozesse zu entwickeln. Neben Aminosäure- und Vitaminproduktionen sind hier vor allem Antibiotikaherstellungen zu erwähnen.

Die klassische Stammentwicklung besteht aus zwei Kernelementen: der Gewinnung von Mutanten und der Selektion derjenigen Stämme, die die gewünschten Eigenschaften besitzen.

Die Mutanten können entweder durch spontan auftretende Mutationen entstehen oder durch Behandlung der Zellen mit mutagenen Chemikalien oder mit Strahlung induziert werden. Die Zahl der spontanen Mutationsereignisse liegt im Bereich von 10^{-6}–10^{-7}. Ein Nachteil besteht darin, dass viele dieser Mutationen repariert werden, funktionell oder genetisch revertieren. Im Verlauf der Stammentwicklung wählt man oft verschiedene Mutagene aus, da diese verschiedene Mutationstypen hervorrufen und davon ausgegangen wird, dass die resultierenden Stämme stabiler sind. UV-Bestrahlung führt beispielsweise zu Thymindimeren. Nitrit desaminiert Adenin zu Hypoxanthin und Cytosin zu Uracil (s. Kap. 4). Daraus resultieren Punktmutationen, ebenso wie durch die Benutzung von Alkylierungsmitteln, die Purine alkylieren. Acridinorange interkaliert und löst Frame shift-Mutationen aus. Der Einsatz von Transposons ermöglicht das zufällige Ausschalten von Genen und deren Identifizierung.

Zur Identifizierung von verbesserten Stämmen benötigt man ein Screening-System. Dieses besteht aus einer Kultivierung und einer schnellen Analytik. Üblicherweise wird hier im Schüttelkolben-Maßstab gearbeitet. Das Testsystem muss extrem genau und reproduzierbar sein. Oftmals allerdings lassen sich die Ergebnisse aus Schüttelkolben später im Laborfermenter und erst recht im Produktionsfermenter nicht mehr reproduzieren. Durch das sog. *Downscaling* versucht man daher, die physikalischen Bedingungen des Produktionsfermenters im Laborfermenter möglichst exakt nachzuahmen und solche Übertragungsschwierigkeiten zu vermeiden.

Ein Screening mit Schüttelkolben ist sehr langwierig und arbeitsaufwändig. Daher wird intensiv daran gearbeitet, automatisierte Testsysteme z. B. in Mikrotiterplatten zu entwickeln. Hier gibt es Erfolg versprechende Ansätze, jedoch sind Mikrotiterplattensysteme noch nicht für alle Produktionsstämme in der Routine einsetzbar.

Die Stammentwicklung zielt darauf ab, den gewünschten Stoffwechselweg zum gewünschten Produkt zu deregulieren, zu verstärken, den Abfluss von Metaboliten in Nebenprodukte zu verhindern oder das Substratspektrum des Organismus zu erweitern. Eingangsenzyme eines Biosynthesewegs werden häufig auf metabolischer Ebene durch ein Intermediat oder das Endprodukt der Biosynthese allosterisch inhibiert. Threonin beispielsweise inhibiert die Homoserin-Dehydrogenase, das Eingangsenzym in die letzten Threonin-Biosyntheseschritte. Eine Deregulierung dieses Stoffwechselwegs erhält man, wenn man in der Lage ist, Mutanten zu erzeugen, bei denen diese Feedback-Inhibierung nicht mehr funktioniert. Der Kohlenstofffluss zum Threonin kann dann ungehindert erfolgen.

Die Verstärkung eines Stoffwechselwegs durch Gen-Überexpression kann eine Folge von Punktmutationen in den Promotorregionen sein. Ein anderer gut charakterisierter Mechanismus auf DNA-Ebene ist die Erhöhung der Kopienzahl einzelner Gene oder ganzer Gencluster. Dies ist bei klassisch erzeugten Penicillinproduzenten der Fall.

Die Vermeidung von Nebenprodukten erreicht man häufig, indem man nach auxotrophen Mutanten sucht. Diese tragen eine oder mehrere Mutationen in Enzymen des Stoffwechselwegs, der zum unerwünschten Nebenprodukt führt. Der Nachteil von auxotrophen Mutanten ist, dass es möglicherweise erforderlich wird, bestimmte Verbindungen zuzufüttern.

Für die Erweiterung des Substratspektrums ist erfolgreich die Fähigkeit von Prokaryoten zur Adaptation ausgenutzt worden. Viele Bakterien können durch im Detail bislang unverstandene spontane Mutationsereignisse die Fähigkeit erwerben, neue Substrate zu verwerten. Dies ist für die Verwertung seltener Zucker bei einer Reihe von *Arthrobacter*- und *Corynebacterium*-Stämmen beschrieben worden.

Produktionsstämme, die über viele Jahre und Stammgenerationen hinweg durch klassische Stammentwicklung entstanden sind, enthalten sehr viele Mutationen. Durch den Vergleich der Genomsequenz von Wildtypen mit klassisch erzeugten Produktionsstämmen ist bekannt, dass bis zu 30% aller Gene Mutationen enthalten können, die zu Aminosäureaustauschen führen. Dabei sind nicht notwendigerweise alle Mutationen für die verbesserten Produktionseigenschaften verantwortlich. Ein bekanntes Phänomen ist, dass mit Methoden der klassischen Stammentwicklung „alte", hoch entwickelte Produktionsstämme nicht weiter zu verbessern sind.

33.4.3
Metabolic Engineering

Bei der klassischen Stammoptimierung wird ungezielt und wahllos das Genom der Mikroorganismen verändert. Aus einer großen Anzahl von Mutanten werden diejenigen ausgewählt, die verbesserte Eigenschaften aufweisen. Erst im Nachhinein können Ort und molekulare Auswirkungen der genetischen Veränderungen aufgeklärt werden. Mit den modernen gentechnischen Methoden sind im Gegensatz dazu gezielte Eingriffe in die Produktionsorganismen möglich. Daher setzt sich das sog. *Metabolic Engineering* immer stärker durch. Dabei handelt es sich um rationale Stammentwicklung mithilfe der Gentechnik. Neben gut funktionierenden gentechnischen Methoden kommt hierbei der Target-Identifizierung eine entscheidende Rolle zu. Das gesamte Spektrum moderner Biochemie und Molekularbiologie wird hierfür inzwischen genutzt.

Metabolic Engineering kann einerseits direkt von einem Wildtyp-Stamm ausgehen, andererseits werden auch häufig klassische Produktionsstämme mithilfe des *Metabolic Engineering* weiter optimiert. Grundlage für alle Arbeiten ist es, gentechnische Werkzeuge für die gezielten Veränderungen an den jeweiligen Produktionsorganismen zur Verfügung zu haben. Handelt es sich dabei um Hefe oder *E. coli*, sind ausreichend genetische Werkzeuge und Erfahrung vorhanden. Gehört der zu optimierende Organismus aber zu einer gentechnisch ungenügend bearbeiteten Art, so müssen die Werkzeuge dafür zunächst etabliert werden. Dabei kommt es darauf an, den Organismus transformieren zu können; es werden Vektoren benötigt und eine ausreichende Zahl an Selektionsmarkern.

Aus Gründen der Produkt- oder Anlagenzulassung oder um die Kundenakzeptanz zu verbessern, ist es häufig erforderlich, Methoden zur Entfernung von Selektionsmarkern (z. B. Antibiotika-Resistenzgene), bereitzustellen. Für eine Vielzahl von Produktionsorganismen sind inzwischen auch die Genome entschlüsselt worden, was gezielte Eingriffe in den Stoffwechsel deutlich vereinfacht.

33.4.4 **Fallbeispiel 4:**
Herstellung von Glutaminsäure mit *Corynebacterium glutamicum*
Einige Mikroorganismen haben bereits natürlicherweise ein hohes Synthesepotenzial für die gewünschte Substanz. In diesen Fällen ist es möglich, den aus der Natur isolierten Wildtyp als Produktionsstamm einzusetzen. Dies ist z. B. bei Corynebakterien der Fall, die zur Produktion von Glutaminsäure verwendet werden.

Glutamat, auch unter der Produktbezeichnung MSG (*mono sodium glutamate*) bekannt, wird in Asien und zunehmend auch in Amerika und Europa als Geschmacksverstärker eingesetzt. In Japan sind Braunalgen traditionelle Nahrungsmittel, und so versuchte man bereits zu Beginn des letzten Jahrhunderts die Geschmacksfaktoren daraus zu identifizieren. 1908 gelang es dann Ikeda, Glutamat als Hauptgeschmacksstoff zu isolieren. Zunächst wurde es aus den Algen extrahiert und vermarktet. Die Firma Ajinomoto hat daraufhin eine chemische Synthese für MSG entwickelt und ausgeführt. In den 50er Jahren wurde durch Kinoshita von der Firma Kyowa Hakko ein Glutamat produzierendes Bakterium entdeckt.

Dieser Organismus wurde zunächst *Micrococcus glutamicus* genannt, inzwischen ist er als *Corynebacterium glutamicum* bekannt. Corynebakterien sind grampositive, aerobe, unbewegliche Stäbchen mit hohem GC-Gehalt. Sie werden der sog. CNM (*Corynebacterium, Mycobacterium, Nocardia*)-Gruppe zugeordnet. Innerhalb dieser Gattungen gibt es viele Arten mit biotechnologischer Bedeutung. Mit *C. glutamicum* und verwandten Arten existieren inzwischen eine Vielzahl anderer fermentativer Prozesse, z. B. zur Herstellung von Lysin und von Nucleotiden. Darüber hinaus findet man in dieser Gruppe auch einige pathogene Organismen wie *Corynebacterium diphteriae, Mycobacterium tuberculosis* und *Mycobacterium leprae*.

Ausgangssubstrate für die fermentative Herstellung von Glutamat sind Zucker und eine Stickstoffquelle. Als Zucker werden in der Regel Glucose, Saccharose oder Melasse eingesetzt. Gängige Stickstoffquellen sind Ammoniakgas, Ammoniumsalze oder Harnstoff. Unter nicht limitierenden, optimalen Wachstumsbedingungen produziert der *Corynebacterium*-Wildtyp kein Glutamat. Wichtig für die Glutamatbildung sind eine Biotinlimitierung oder die Zugabe von Detergenzien. In der Praxis setzt man als Detergens Polyoxyethylen-Sorbitan-Monopalmitat (Tween 40) ein. Für die großtechnische Produktion von Glutamat sind detergenshypersensitive Mutanten selektiert worden. Dadurch kann die Menge des Detergens gering gehalten werden. Auch subletale Dosen von Penicillin fördern die Bildung von Glutamat (Abb. 33.8).

Unter den beschriebenen Bedingungen ist *C. glutamicum* in der Lage bis zu 75 g/l Glutamat pro Tag zu bilden. Im Jahr 1999 lag die weltweite Produktion von Glutamat in der Größe von 376 000 t mit einem geschätzten Umsatz von über 1 Milliarde €.

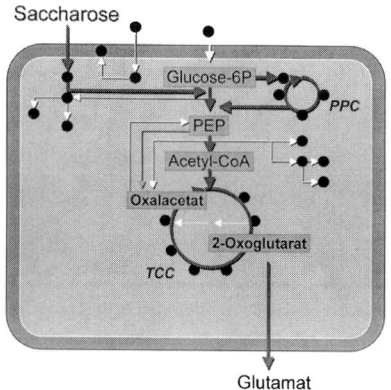

wichtige Faktoren für die Glutamatproduktion

- Biotinlimitierung
- Detergentien (Tween 40)
- Detergentien hypersensitive Mutanten
- subletale Peniclillinmengen

Abb. 33.8 Schematische Darstellung der Glutamatbiosynthese in *Corynebacterium glutamicum*. PEP: Phosphoenolpyruvat, Acetyl-CoA: Acetyl-Coenzym A, TCC: Tricarbonsäurezyklus, PPC: Pentosephosphatzyklus, Glucose-6P: Glucose-6-phosphat

33.4.4.1 Molekularer Mechanismus der Glutamatüberproduktion

Die Biosynthese von Glutamat erfolgt über das Enzym Glutamat-Dehydrogenase. Substrat ist 2-Oxoglutarat, ein Intermediat des Tricarbonsäurezyklus. Glutamat-Dehydrogenase konkurriert mit 2-Oxoglutarat-Dehydrogenase um das Substrat. In *Corynebacterium* ist die 2-Oxoglutarat-Dehydrogenase sehr instabil. Daher konnte das Enzym im Gegensatz zu den Enzymen aus anderen Organismen lange Zeit nicht gemessen werden. Inzwischen wurde gezeigt, dass bei Biotinlimitierung, Zugabe von Detergenzien oder Penicillin die Aktivität der 2-Oxoglutarat-Dehydrogenase erniedrigt ist. So fließen die Metabolite bevorzugt in Richtung Glutamat ab (Abb. 33.9).

Der Mechanismus der Glutamatüberproduktion ist noch nicht vollständig verstanden. Ursprünglich nahm man an, dass Detergenzien oder auch Penicillin die Zellhülle so stark schädigen, dass es zu einem Austritt von Glutamat kommt. Um den intrazellulären Glutamat-Pool konstant zu halten, würde von der Zelle fortwährend neues Glutamat nachsynthetisiert. Inzwischen liegen biochemische Untersuchungen vor, die auf einen ganz anderen molekularen Mechanismus hindeuten. Eine wichtige Rolle scheint dabei das *dtsR1*-Gen zu spielen. Molekulare Analysen deuten darauf hin, dass *dtsR1* in die Fettsäurebiosynthese involviert ist. *dtsR1*-Deletionsmutanten sind auxotroph für bestimmte Fettsäuren, d. h. diese Fettsäuren können vom Organismus nicht mehr selbst synthetisiert werden. Außerdem sind diese Mutanten besonders empfindlich gegenüber Detergenzien. Interessanterweise zeigen sie erhöhte Glutamatbildung und weisen eine niedrige Enzymaktivität der 2-Oxoglutarat-Dehydrogenase auf. Vermutlich fungiert das DtsR1-Protein als β-Kette der Biotin abhängigen Acyl-CoA-Carboxylase und ist an

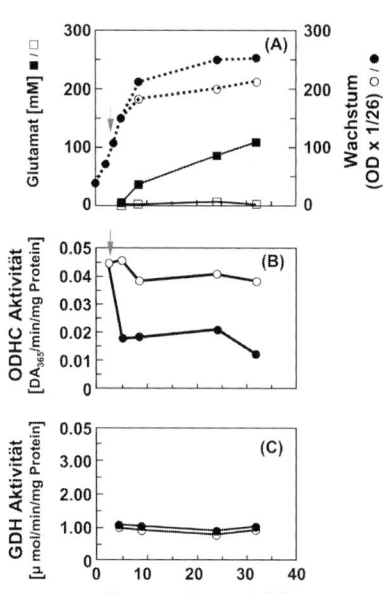

Abb. 33.9 Einfluss von Penicillin auf die Glutamatbildung und auf die Enzymaktivitäten der 2-Oxoglutarat-Dehydrogenase (ODHC) und der Glutamat-Dehydrogenase (GDH).
Einige Stunden nach dem Anwachsen der Kultur wurde eine subletale Dosis Penicillin zugegeben (Pfeil). Kurz darauf setzt die Glutamatbildung ein. Zu diesem Zeitpunkt nimmt die Aktivität der 2-Oxoglutarat-Dehydrogenase ab, während die Aktivität der Glutamat-Dehydrogenase unverändert bleibt. So entsteht ein Abfluss des 2-Oxoglutarats in Richtung Glutamat.
Offene Symbole: keine Zugabe von Penicillin, gefüllte Symbole: Penicillinzugabe.
Modifiziert nach: Biosci. Biotech. Biochem. (1997), **61**, 1109–1112.

der Bereitstellung von Bausteinen für die Synthesen von Fett- und Mycolsäuren beteiligt. Die zweite Untereinheit der Acyl-CoA-Carboxylase ist Biotin abhängig. Dieser Umstand könnte mit der oben beschriebenen Biotinlimitierung der Glutamatbildung zusammenhängen. Eine Überexpression von *dtsR1* führt zur Verminderung der Glutamatbildung.

Inzwischen gibt es auch erste Hinweise auf einen spezifischen, aktiven Glutamatexport. Das entsprechende Exportprotein konnte allerdings auf molekularer Ebene noch nicht identifiziert werden.

33.4.5
Fallbeispiel 5: Herstellung von Lysin mit *Corynebacterium glutamicum*

Kurz nach der Entdeckung von *Corynebacterium glutamicum* als Glutamatproduzent wurden neue *Corynebacterium*-Stämme gefunden, die Aminosäure Lysin ins Medium sezernieren. Diese Entdeckung wurde zum Anlass genommen, systematisch neue Mutanten zu erzeugen und auf Lysinproduktivität zu untersuchen. Inzwischen hat sich Lysin hinter Glutamat zur zweitgrößten biotechnologisch hergestellten Aminosäure entwickelt. Während Glutamat als Produkt für die Humanernährung verkauft wird, findet Lysin seine Anwendung vorwiegend als essenzielle Aminosäure in der Tierernährung. Geringere Mengen werden ebenfalls in der Humanernährung vermarktet, sowie für pharmazeutische Anwendungen. Pro Jahr werden von mehreren Herstellern 500 000 t Lysin hergestellt.

33.4.5.1 Molekularer Mechanismus der Lysinbiosynthese
Ausgangssubstanzen für die Bildung von Lysin in Corynebakterien sind Oxalacetat und Pyruvat, zwei Metabolite des zentralen Stoffwechsels. Oxalacetat wird zunächst durch eine Transaminierung zu Aspartat umgesetzt und dann zu Aspartatsemialdehyd reduziert. Die entsprechenden Enzyme Aspartat-Kinase und Aspartatsemialdehyd-Dehydrogenase werden durch die Gene *ask* (=*lysC*) bzw. *asd* kodiert. Beide Gene sind in einem Operon organisiert. Die Aspartat-Kinase ist, wie bereits oben erläutert, ein allosterisch reguliertes Enzym. Aspartatsemialdehyd liegt an einem Verzweigungspunkt im Stoffwechsel. Einerseits kann es zu den Aminosäuren Threonin, Isoleucin und Methionin umgesetzt werden, andererseits ist es auch Vorstufe von Lysin und kondensiert als solches katalysiert durch die Dihydropicolinat-Synthase (*dapA*) mit Pyruvat zu Dihydropicolinat. Die Dihydropicolinat-Synthase stellt neben der Aspartat-Kinase einen weiteren Schlüsselschritt in der Lysinbiosynthese dar. Es wurde gezeigt, dass bereits zwei Kopien des *dapA*-Gens zu einer Lysinüberproduktion führen, ebenso eine Überexpression des Gens durch einen Basenaustausch in der Promotorregion. Die gemeinsame Überexpression von *dapA* mit *ask* hat einen synergistischen Effekt.

Katalysiert durch eine Reduktase (*dapB*) wird Dihydropicolinat unter NADPH-Verbrauch zu Tetrahydropicolinat umgesetzt. Ausgehend von Tetrahydropicolinat existieren zwei parallele Biosyntheserouten. Beide umfassen Reduktion durch

NADPH und den Einbau der zweiten Aminogruppe resultierend im letzten Intermediat, dem *meso*-Diaminopimelat. Der sog. Succinylase-Weg benötigt hierfür vier Einzelreaktionen, während im Dehydrogenase-Weg die Aufgabe von einem Enzym, der Diaminopimelat-Dehydrogenase (*ddh*), übernommen wird. *meso*-Diaminopimelat ist auch ein Baustein für die Zellwand und wird im letzten Schritt der Biosynthese durch die Diaminopimelat-Decarboxylase (*lysA*) zu Lysin umgesetzt.

Die Tatsache, dass *C. glutamicum* zwei parallele Biosynthesewege zur Bereitstellung der Lysinvorstufe *meso*-Diaminopimelat besitzt, ist ungewöhnlich. Dies konnte bisher nur für wenige andere Bakterien gezeigt werden. Stoffflussanalysen mit ^{13}C-markierten Substraten haben ergeben, dass beide Stoffwechselwege zur Lysinbildung beitragen; sie werden in Abhängigkeit der Ammoniumkonzentration in unterschiedlichem Maß genutzt. Der Succinylase-Weg nutzt Glutamat für den Einbau der Aminogruppe und bezieht das Ammonium daher aus der Glutamat-Dehydrogenase. Er wird bei niedrigen Ammoniumkonzentrationen bevorzugt beschritten. Die Diaminopimelat-Dehydrogenase ist niedrig affin für Ammonium und wird eher bei hohen Ammoniumkonzentrationen genutzt.

Das für die Diaminopimelat-Decarboxylase codierende *lysA*-Gen ist gemeinsam mit der Arginyl-Aminoacyl-tRNA-Synthetase (*argS*) in einem Operon organisiert und wird vom gleichen Promotor abgelesen. Dies ist ein Hinweis darauf, dass die Lysinbiosynthese gemeinsam mit dem Stoffwechsel des ebenfalls stickstoffreichen Arginins reguliert wird. Auch das kürzlich identifizierte Lysinexportprotein (*lysE*) kann Arginin als Substrat erkennen und aus der Zelle transportieren. Die Transkription von *lysE* wird vom Regulator *lysG* bei steigender Lysinkonzentration aktiviert. Überexpression von *lysE* führte zu einer deutlich verbesserten Lysinsekretion.

33.4.5.2 Deregulierung des Schlüsselenzyms Aspartat-Kinase

Lysin gehört gemeinsam mit Aspartat, Methionin, Threonin und Isoleucin zur Aspartatfamilie der Aminosäuren. Bei *Corynebacterium glutamicum* spielt für diesen Stoffwechselweg vor allem die allosterische Regulation auf enzymatischer Ebene eine entscheidende Rolle. Das Eingangsenzym, die Aspartat-Kinase (*ask* bzw. *lysC*), wird im Wildtyp durch die Aminosäuren Threonin und Lysin allosterisch inhibiert. Das bedeutet, dass bei physiologisch ausreichender Menge an Lysin und Threonin die Enzymaktivität der Aspartat-Kinase reduziert und damit die weitere Aminosäuresynthese unterbunden wird. In der Natur ist dies sinnvoll, damit der Mikroorganismus nicht unnötig Ressourcen und Energie verbraucht. Ein industrieller Produktionsorganismus soll jedoch mehr Lysin produzieren als er für seine eigenen Bedürfnisse benötigt. Schafft man es, diese Regulation zu unterbinden, so ist eine wichtige Limitation beseitigt. Um Mutanten herzustellen, deren Biosyntheseregulation aufgehoben ist, wurden erfolgreich Selektionsexperimente mit sog. Antimetaboliten durchgeführt. Neben den natürlichen Feedback-Inhibitoren Lysin und Threonin hat auch das Lysinanalogon Aminoethylcystein (AEC) eine inhibierende Wirkung auf die Aspartat-Kinase (Abb. 33.10). Am stärksten ist die Hemmung, wenn AEC zusammen mit Threonin eingesetzt wird. Wenn man

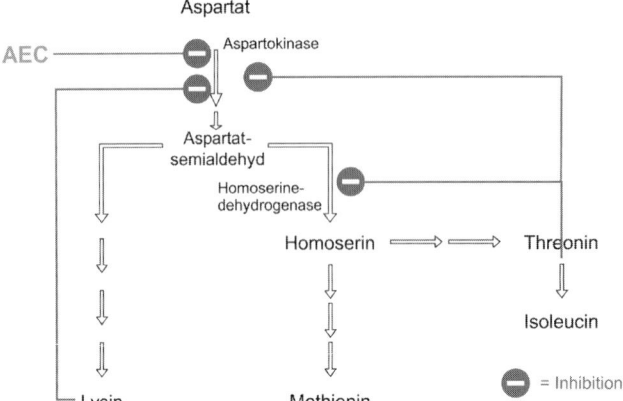

Abb. 33.10 Selektion Feedback deregulierter Mutanten mit Antimetaboliten.

mutagenisierte Corynebakterien auf Agarplatten ausplattiert, die AEC und Threonin enthalten, können die meisten Mutanten nicht wachsen, weil der Antimetabolit keine Synthese von Threonin und Lysin erlaubt. Unter den wenigen resistenten Mutanten, die in Gegenwart von AEC gewachsen sind, finden sich solche, die AEC abbauen oder es nicht in die Zelle transportieren, sodass der Inhibitor nicht an seinen Wirkort gelangen kann. Aber es finden sich immer auch solche Mutanten, die eine veränderte Aspartat-Kinase besitzen. Hier ist das Enzym so modifiziert, dass es mit AEC und Threonin nicht mehr interagieren kann. Solche Mutationen führen zu Lysinüberproduktion, weil keine Regulation mehr stattfindet. Die Organismen können mehr Lysin synthetisieren, als sie selbst brauchen; die Aminosäure wird ins Medium exportiert und akkumuliert dort.

Inzwischen wurden die mutierten *ask*- bzw. *lysC*-Gene sequenziert und analysiert. Dabei hat sich gezeigt, dass unterschiedliche Punktmutationen zu dem gewünschten deregulierenden Effekt führen können.

33.4.6
Genomforschung und funktionelle Genomik

Für die gezielte Verbesserung industrieller Produktionsorganismen kann die genaue Kenntnis der entsprechenden Genome von entscheidendem Vorteil sein. Daher wurde das Genom von *Corynebacterium glutamicum* mittlerweile von verschiedenen Aminosäureproduzenten entschlüsselt. Es umfasst 3,3 Mb und hat ungefähr 3300 offene Leserahmen. Zwei Drittel davon konnten mithilfe bioinformatischer Annotationsmethoden identifiziert werden. Durch die Kenntnis des Genoms wird das gentechnische Arbeiten erheblich beschleunigt. Darüber hinaus lassen sich auch allen bekannten Stoffwechselwegen die zugehörigen Enzyme und deren Gene zuordnen. So hat man inzwischen einen recht vollständigen Überblick über den Stoffwechsel von *C. glutamicum*. Die Aufklärung des Genoms führte auch zur Entdeckung neuer, bislang unbekannter Stoffwechselwege. So wurde gezeigt, dass

C. glutamicum nicht nur über einen Weg zur Bildung des Disaccharids Trehalose verfügt, sondern über drei verschiedene.

Vor allem eröffnet die Kenntnis des Genoms auch neue analytische Möglichkeiten zur Identifizierung neuer Zielgene für die Stammoptimierung. So sind inzwischen erste Transkriptionsanalysen mit sog. DNA-Arrays oder DNA-Chips durchgeführt worden. Durch Hybridisierung von mRNA aus Fermentationsproben mit den immobilisierten *C.-glutamicum*-Genen kann man die Aktivität aller Gene zu einem bestimmten Zeitpunkt bestimmen. In solchen Experimenten wurde festgestellt, dass die Lysinbiosynthesegene überwiegend konstitutiv exprimiert sind. Regulation auf Transkriptionsebene wurde lediglich beim Gen für die Oxalacetat-Glutamat-Aminotransferase, dem ersten Schritt der Lysinbiosynthese, und bei *lysA* festgestellt. Das *lysA*-Genprodukt, die *meso*-Diaminopimelat-Decarboxylase, katalysiert den letzten Schritt der Lysinbiosynthese.

Neben der Transkriptionsanalyse kommt der Proteomanalyse eine immer größere Bedeutung zu. In einer zweidimensionalen Gelelektrophorese können gleichzeitig bis zu 2000 Proteine aus einer Probe nach Größe und Ladung getrennt werden. Anschließend werden die einzelnen Proteine sichtbar gemacht, identifiziert und quantifiziert. Durch die Kombination von Transkriptionsanalysen, Proteomanalyse und den oben bereits erwähnten Stoffflussanalysen kann man sich ein wesentlich genaueres Bild des Stoffwechsels und seiner Regulation machen als zuvor und möglicherweise auch neue Ansatzpunkte für die rationale Stammentwicklung entdecken.

33.4.7
Fallbeispiel 6: Fermentative Penicillinproduktion

Die antibiotische Wirkung des Pilz-Metaboliten Penicillin wurde in den 30er Jahren des letzten Jahrhunderts von A. Fleming in Großbritannien entdeckt. Die kommerzielle Produktion von Penicillin wurde im Jahr 1941 mit einem *Penicillium-notatum*-Stamm in Oberflächenkultur begonnen. Da die Produktivität nicht zufrieden stellend war, hat man bald in der Natur nach besseren Produktionsstämmen gesucht. Diese Arbeit wurde bereits im Jahr 1943 belohnt, als ein *Penicillium-chrysogenum*-Stamm mit besseren Eigenschaften in die Produktion eingeführt werden konnte. Seit dieser Zeit wurde bei verschiedenen pharmazeutischen Unternehmen und vielen universitären Arbeitskreisen eine ganze Reihe klassisch optimierter Penicillinüberproduzenten erzeugt. Die Produktivität konnte gegenüber dem Ausgangsstamm im Lauf der Jahre um den Faktor 100 gesteigert werden. Erst seit den späten 80er Jahren ist man in der Lage, die Penicillinbiosynthese und die korrespondierenden Gene zu charakterisieren. Die *acvA*-, *ipnA*- und *aat*-Gene kodieren für die Biosyntheseenzyme d-(L-γ-Aminoadipyl)-L-cysteinyl-D-valin-Synthase, die Isopenicillin-N-Synthase und die Acyl-Coenzym-A:6-Aminopenicillansäure-Acyltransferase. Das erste Enzym ist eine Peptidsynthase, die die Bildung eines Tripeptids aus den Vorstufen Aminoadipinsäure, Cystein und Valin katalysiert. Im folgenden Schritt wird der β-Lactamring in Form des Isopenicillin N gebildet. Durch den Einbau von zugefütterter Phenylessigsäure entsteht Penicillin G in der dritten Reaktion. Die drei Gene, die für die Biosyntheseenzyme codieren, liegen in einem 35 kb-Gencluster vor.

Durch klassische Stammentwicklung erzeugte *P.-chrysogenum*-Stämme des pharmazeutischen Unternehmens Smith-Kline-Beecham wurden mit molekularbiologischen Methoden auf die Ursache der Penicillinüberproduktion untersucht. Dabei hat sich herausgestellt, dass die Kopienzahl des Penicillin-Genclusters bei verbesserten Produzentenstämmen erhöht ist. Der erreichbare Penicillintiter steht dabei in direktem Zusammenhang mit der Kopienzahl. Die besten untersuchten Stämme weisen bis zu 50 Kopien der drei Biosynthesegene auf. Amplifiziert wurden dabei nicht nur die kodierende Region, sondern auch ein 57,4 kb-Fragment, auf dem Sequenzen lokalisiert sind, die für die erforderlichen Rekombinationsereignisse verantwortlich sind. Die Analyse der Promotoren der drei Biosynthesegene ergab keinen Hinweis auf Veränderungen.

33.4.8
Fallbeispiel 7: Vitamin-B2-Produktion

Riboflavin ist als Vitamin B2 ein essenzieller Bestandteil der Ernährung von Mensch und Tier. Nach Überführung in Flavinadenindinucleotid (FAD) oder Flavinmononuleotid (FMN) nimmt es als Coenzym an einer Reihe von Redoxreaktionen teil. Im Tierversuch kommt es bei Riboflavinmangel zu Dermatitis, Wachstumsstörungen und Augenerkrankungen.

Jahrzehntelang wurde das Vitamin durch chemische Synthese in einem vielstufigen Prozess hergestellt. Seit Ende der 80er Jahre gibt es größere biotechnologische Verfahren, die inzwischen der Chemie den Rang abgelaufen haben.

Zur Riboflavinproduktion werden drei verschiedene Produktionsorganismen genutzt. Der älteste Prozess basiert auf dem Pilz *Ashbya gossypii*, einem Ascomyceten, dessen Gene große Sequenzähnlichkeiten zum Genom von *Saccharomyces cerevisiae* aufweisen. Ein weiteres Verfahren wird mit der Hefe *Candida famata* ausgeübt, während der dritte wichtige Produktionsorganismus *Bacillus subtilis* ist. Im Gegensatz zu den ersten beiden Organismen ist *B. subtilis* kein natürlicher Riboflavinüberproduzent. Vielmehr handelt es sich bei diesem Produktionsorganismus um einen gentechnisch veränderten Organismus (GVO), der durch gezielte Veränderungen zu einem Riboflavinproduzenten entwickelt wurde.

33.4.8.1 **Riboflavinbiosynthese**
Die Biosynthese von Riboflavin geht von Guanosintriphosphat und Ribulose-5-phosphat aus. Außer einer unspezifischen Phosphatase wurden für *Ashbya* und *Bacillus* alle Enzyme beschrieben und deren Gene charakterisiert. In Bakterien scheint die Desaminierung von Diaminpyrimidinon vor der Reduktion der Ribitylseitenkette stattzufinden, während die Abfolge dieser Reaktionen im Pilz umgekehrt ist. In *Bacillus* sind zwei bifunktionelle Proteine in die Biosynthese involviert. RibA katalysiert die GTP-Cyclohydrolase-II-Reaktion. Auf der gleichen Pep-

tidkette ist die 3,4-Dihydroxybutan-2-onphosphat-Synthase lokalisiert. RibG enthält die Desaminase und die Reduktase. In *Ashbya* ist jede Funktionalität auf ein und derselben Peptidkette lokalisiert.

Die Vorstufe Guanosintriphosphat wird über die Purinbiosynthese bereitgestellt. Dies ist ein äußerst langer und komplexer Stoffwechselweg. Für verschiedene Organismen ist eine allosterische Feedback-Inhibition der ersten beiden Biosynthese-schritte durch Purine bekannt.

33.4.8.2 Klassische Stammentwicklung

Alle drei Produktionsorganismen wurden in der Vergangenheit mithilfe der klassischen Mutation und Selektion verbessert. Die Riboflavinsynthese von *Candida famata* wird durch Eisen inhibiert. Eisenresistente Mutanten wiesen verbesserte Riboflavinbildung auf. Bei *Candida* und auch *Bacillus* wurde intensiv an der Deregulierung der Purinbiosynthese gearbeitet, indem Mutanten erzeugt wurden, die Resistenz gegen Purinanaloga aufweisen. Verbesserte *Candida*-Stämme konnten mithilfe des Antimetaboliten Tubercidin (7-Deazaadenosin) erzeugt werden. Zur Optimierung von *Bacillus subtilis* wurden die Purinverbindungen 8-Azaguanin, Decoyinin, Methioninsulfoxid und das Riboflavinanalogon Roseoflavin zur Selektion von Mutanten herangezogen. 8-Azaguanin-Resistenz wird mit einer Verstärkung der Expression der Biosynthesegene in Verbindung gebracht. Methioninsulfoxid-resistente Stämme weisen eine stärkere Umsetzung von IMP (Inosinmonophosphat) zu XMP (Xanthosinmonophosphat) auf. Die Resistenz gegen Roseoflavin wird durch zwei verschiedene Gruppen von Mutanten vermittelt. RibC-Mutanten haben eine deutlich verringerte Enzymaktivität der Riboflavin-Kinase, die Riboflavin in FMN überführt. Es wurde gezeigt, dass eine einzige Punktmutation ausreicht, um die Aktivität der Riboflavin-Kinase um über 90% zu senken. Die zweite Gruppe von Mutanten weist Punktmutationen in der nicht kodierenden Leader-Region der *rib*-Gene von *Bacillus* auf. Der Mechanismus der daraus resultierenden verstärkten Riboflavinbildung ist noch nicht im Detail geklärt.

Teil IV
Wirtschaftliche Perspektiven der Molekularen Biotechnologie

Molekulare Biotechnologie: Konzepte und Methoden.
Herausgegeben von M. Wink
Copyright © 2004 WILEY-VCH Verlag GmbH & Co. KGaA, Weinheim
ISBN: 3-527-30992-6

34
Industrielle Umsetzung
(Biotech-Industrie, Märkte und Chancen)

Ein kurzer geschichtlicher Rückblick führt in die traditionelle und in die molekulare Biotechnologie ein. Mit der Übersicht von Anwendungsmöglichkeiten der molekularen Biotechnologie in den sog. Feldern rote, grüne und graue/weiße Biotechnologie werden die verschiedenen Industriesegmente mit ihren Chancen und Märkten erörtert. Abschließend wird ein Überblick zum Status Quo der Industrie weltweit gegeben.

34.1
Geschichtlicher Überblick und Begriffsdefinitionen

Der Begriff „**Biotechnologie**" wurde 1919 von dem ungarischen Ingenieur Karl Ereky geprägt und als Summe aller Verfahren definiert, mit denen Produkte aus Rohstoffen unter Zuhilfenahme von Mikroorganismen erzeugt werden. Aber auch ohne diese Begriffsprägung reicht die ursprüngliche Nutzung der Biotechnologie – zeitlich gesehen – bis in die Zeit weit vor Christus zurück. Die Anwendung lag damals hauptsächlich im Bereich Lebensmittel, d.h. bei der Herstellung von **Brot, Käse, Bier, Wein und Essig**. Das Agens war nicht bekannt, und es wurde einfach die Wirkung der alkoholischen Gärung sowie der Milch- und Essigsäuregärung genutzt. Zudem wurde die Technologie für das Gerben von Haut zu Leder eingesetzt. Diese Phase der Anwendung, die mit der industriellen Umsetzung der Biotechnologie bis in das 18. Jahrhundert reicht, kann auch als **traditionelle Biotechnologie** bezeichnet werden.

Mit den Entdeckungen von Louis Pasteur im Jahr 1864 wurde der Grundstein für die **angewandte Mikrobiologie** gelegt: Der französische Chemiker setzte erstmals das Mikroskop zur Verlaufskontrolle der Wein- und Essigherstellung ein und entwickelte die Reinkultur von Mikroorganismen sowie die Sterilisation ihrer Nährmedien (Pasteurisieren). Die Ära nach Pasteur war zunächst geprägt durch die Entwicklung biotechnischer Verfahren ohne absoluten Ausschluss von Fremdkeimen, so z.B. **die Fermentation und Oberflächenkultur von Mikroorganismen zur industriellen Herstellung von Butanol, Aceton, Ethanol und Zitronensäure**. Die Fermentation wurde ebenfalls zur Biomasseproduktion von Bäcker- und Futterhefe eingesetzt. Im öffentlichen Bereich war die Einführung der **aeroben und**

Molekulare Biotechnologie: Konzepte und Methoden.
Herausgegeben von M. Wink
Copyright © 2004 WILEY-VCH Verlag GmbH & Co. KGaA, Weinheim
ISBN: 3-527-30992-6

anaeroben Abwasserreinigung um 1900 ein Meilenstein bei der Prävention von Seuchen. Die fermentative Herstellung von Aceton und Glycerin, die während des Ersten Weltkriegs als Rohstoffe zur Produktion von Sprengstoff eingesetzt wurden, ermöglichte der Fermentationsindustrie einen ersten Auftrieb. Während des Zweiten Weltkriegs wurde nach der Zufallsentdeckung der antibakteriellen Wirkung von Penicillin durch Alexander Fleming im Jahr 1928/29 die industrielle Produktion von **Antibiotika** ausgelöst. 1950 waren bereits über 1000 verschiedene Antibiotika isoliert, von denen viele in großer Menge für die Humanmedizin (dies war ein Meilenstein in der Therapie von Infektionskrankheiten) und zunehmend auch für die Tierproduktion und den Pflanzenschutz eingesetzt wurden. Ebenfalls seit 1950 begann die Industrialisierung der **analytischen Biotechnologie**, bei der für die hochselektive Detektion von Metaboliten in Körperflüssigkeiten oder Lebensmitteln zuerst Enzyme und später basierend auf Prinzipien der Immunanalytik Antikörper verwendet wurden.

Die weitere Entwicklung ab den 1960ern führte zum Einsatz biotechnischer Produktionsverfahren unter Ausschluss von Fremdkeimen und mit selektionierten Stämmen, die auf klassischer Basis (chemische und physikalische Mutagenese) hergestellt wurden. **Submersverfahren, tierische Zellkulturen sowie mikrobielle und enzymatische Stoffumwandlungen (Biotransformation)** ermöglichten die Produktion von Virusimpfstoffen, Kortison, Vitamin B12 und Ovulationshemmern. Zur gleichen Zeit erlaubten die Integration und Anwendung wichtiger Forschungsergebnisse aus Naturwissenschaften und Technik die mikrobiologische Herstellung von **Biopolymeren sowie die Immobilisierung von Enzymen und Zellen**. Produkte waren z. B. Einzellerprotein, Enzyme (Waschmittel), Polysaccharide (Xanthan) und Fructosesirup. Die beschriebenen Entwicklungen der Biotechnologie, basierend auf der angewandten Mikrobiologie und Biochemie, charakterisieren den Bereich der **klassischen industriellen Biotechnologie**.

Der Grundstein der industriellen **molekularen** und damit **modernen Biotechnologie** wurde 1973 mit der Entwicklung der *In-vitro*-Rekombination von DNA durch Stanley Cohen und Herbert Boyer gelegt. In den USA wurde damit zum ersten Mal gezielt ein fremdes Gen in einen Wirtsorganismus übertragen und dort zur Expression gebracht. Kommerziell umgesetzt wurde diese Entwicklung durch die Gründung des Unternehmen **Genentech Inc.** in San Francisco im Jahr 1976. Im Lauf von zwei Jahren gelang es diesem Unternehmen, das erste rekombinante Produkt – **humanes Insulin** – zu entwickeln, welches später an **Eli Lilly** auslizensiert und 1982 von diesem Pharmaunternehmen auf den Markt gebracht wurde. Ein weiterer Pionier der modernen industriellen Biotechnologie ist die US-Firma **Cetus**, gegründet 1971, später aufgegangen in die Firma Chiron. Cetus entwickelte die **PCR-Technologie** und verkaufte sie 1991 an Hoffmann-La Roche. Des Weiteren entwickelte Cetus **Interleukin-2**, das seit 1992 als Krebsmedikament eingesetzt wird, sowie **Interferon-beta** gegen Multiple Sklerose. Die Gründung von Genentech kann als Geburtsstunde der modernen Biotech-Industrie angesehen werden, die somit seit 30 Jahren in den USA aufgebaut wird.

Als weitere Technologien, die in den Bereich der modernen Biotechnologie fallen, seien (ohne Anspruch auf Vollständigkeit) folgende genannt: moderne Zell- und Gewebetechnologien, Metabolomik (*metabolomics*)/Systembiologie, RNA-Technologien, Proteomik (*proteomics*), kombinatorische Biologie/Chemie, *High Throughput Screening*, direkte Evolution, computerunterstützte Wirkstoffentwicklung, Nanobiotechnologie, Bioinformatik und Biochips bzw. Mikroarrays (s. Kap. 21, 22 und 24).

34.2
Industrielle Anwendungsbereiche der molekularen Biotechnologie

Die industrielle Anwendung der molekularen Biotechnologie wird bei uns oft in die Bereiche **rote, grüne sowie graue bzw. weiße Biotechnologie** eingeteilt. Diese Unterteilung bezieht sich auf den Einsatz der Technologie im Bereich **Medizin (Human- und Tiermedizin)**, **Landwirtschaft** und **Ernährung** sowie **Umwelt** und **Industrie**. Zudem setzen einige Firmen die Erkenntnisse der molekularen Biotechnologie in Querschnittsbereichen ein (d.h. in der roten und grünen Biotechnologie, so z.B. Sequenzierung im Service). Nach einer Untersuchung von Ernst & Young zur deutschen Biotech-Industrie beschäftigen sich aktuell (2004): 92% der Firmen mit dem Bereich rote Biotechnologie. Auf die grüne und graue bzw. weiße Biotechnologie entfallen 13% und 13%.

34.2.1
Rote Biotechnologie

Innerhalb der roten Biotechnologie, welche die Anwendungen in den Bereichen Human- und Tiermedizin umfasst, können wiederum verschiedene weitere Felder unterschieden werden: die **biopharmazeutische Wirkstoffentwicklung**, **Drug Delivery**, **Zell- und Gentherapien**, **Tissue-Engineering/Regenerative Medizin**, **Pharmakogenomik** (*pharmacogenomics*, personalisierte Medizin) und Systembiologie sowie die molekularmedizinische Diagnostik.

34.2.1.1 Biopharmazeutische Wirkstoffentwicklung

Im Bereich der biopharmazeutischen Wirkstoffentwicklung hat die Entwicklung von **rekombinant hergestellten therapeutischen humanen Proteinen** (Tab. 34.1) mit dem Zweck des Einsatzes als Medikament die längste Tradition. Wie bereits erwähnt, wurde das **rekombinante Humaninsulin** durch Genentech 1982 als weltweit erstes rekombinantes Arzneimittel auf den Markt gebracht. Heute hat das rekombinante Humaninsulin die anderen Insuline (aus menschlichem oder tierischem Gewebe isoliert) fast vollständig vom Markt verdrängt.

Da Proteine zu kompliziert aufgebaut sind, um chemisch synthetisiert werden zu können, wurden vor der Einführung der molekularen Biotechnologie in der Medizin Wirkstoffe aus menschlichem oder tierischem Blut oder Gewebe extrahiert. Hierbei sah man sich jedoch mit verschiedenen Problemen konfrontiert: Oftmals mussten die therapeutisch wirksamen Proteine aufgrund ihrer geringen Konzentration aus sehr großen Mengen des Ausgangsmaterials gewonnen wer-

Tab. 34.1 Ausgewählte Beispiele für rekombinante Proteine mit Indikation und Hersteller (Quelle: ISB (Informationssekretariat Biotechnologie www.i-s-b.org))

Wirkstoff	Produktname	Indikation	Hersteller[a]
Humanes Insulin	Humulin	Diabetes Mellitus Typ 1	Eli Lilly
Somatotropin	Humatrope	Kleinwuchs	Eli Lilly
Erythropoietin alpha	Erypo/Epogen	Blutarmut	Janssen-Cilag/Amgen
Faktor VIII	Bioclate/Kogenate	Bluterkrankheit	Centeon/Bayer
Interferon-alfa-2a	Roferon A	Krebs	Roche
Interferon-beta-1b	Betaferon	Multiple Sklerose	Schering
Tissue plasminogen activator, t-PA (Alteplase)	Actilyse	Thrombolytikum	Boehringer Ingelheim

a) Angabe der Firma, die als erstes eine Zulassung erhielt.

den, was sehr umfangreiche und zum Teil Umwelt belastende Verarbeitungsprozesse erforderte. Proteine tierischer Herkunft, wie das früher zur Behandlung von Diabetes verwendete Schweineinsulin, können wegen ihrer vom humanen Protein abweichenden Sequenz schwere Unverträglichkeitsreaktionen auslösen. Daneben besteht bei der Aufreinigung eines Wirkstoffs aus menschlichem Spenderblut oder Gewebe ein latentes Risiko der Verunreinigung mit Krankheitserregern. Ein Beispiel hierfür ist der Gerinnungsfaktor VIII, der bei männlichen Patienten mit Bluterkrankheit nicht gebildet wird, was zu lebensbedrohlichen Blutgerinnungsstörungen führt. Faktor-VIII-Präparate aus Spenderblut führten in der Vergangenheit mehrfach zu HIV-Infektionen.

Die Vorteile des Einsatzes der molekularen Biotechnologie im Bereich der Arzneimittelentwicklung liegen somit auf der Hand:

- Sie haben ein geringeres Infektionsrisiko.
- Sie führen zur Verringerung von Nebenwirkungen.
- Verbesserte Bedarfsdeckung
- Erweiterung therapeutischer Möglichkeiten
- Effizientere und umweltfreundlichere Produktion

Neben der Entwicklung von rekombinanten Proteinen, die hauptsächlich **Hormone, Wachstumsfaktoren, Blutproteine sowie Interleukine und Interferone** darstellen, nehmen **therapeutische Antikörper** heutzutage an Bedeutung zu (Tab. 34.2; s. auch Kap. 28). Therapeutische Antikörper werden bereits erfolgreich zur Behandlung von **Krebserkrankungen bzw. rheumatoider Arthritis** eingesetzt. Der bisherige Erfolg therapeutischer Antikörper beruht im Wesentlichen auf ihrer Selektivität, die eine allgemein gute Verträglichkeit der Präparate mit sich bringt. Zukünftige Herausforderungen für eine breitere Anwendung liegen vor allem da-

Tab. 34.2 Ausgewählte Beispiele für zugelassene monoklonale Antikörper (Quelle ISB, s. S. 660)

Wirkstoff	Produktname	Indikation	Hersteller
Abciximab	ReoPro	Antithrombotikum	Eli Lilly/ Centocor Europe
Trastuzumab (anti-HER2-a)	Herceptin	Brustkrebs	Roche
Adalimumab (anti-TNF-alpha)	Humira	rheumatoide Arthritis	Abbott
Infliximab (anti-TNF-alpha)	Remicade	Morbus Crohn	Centocor
Alemtuzumab (anti-CD52)	Campath	Blutkrebs	Millenium & Ilex

rin, die therapeutische Wirksamkeit zu erhöhen und der zunehmenden Limitation durch knappe Produktionskapazitäten zu begegnen. Die acht derzeit vermarkteten Antikörper benötigen 75% der weltweiten Produktionskapazität. Die mehr als 100 Antikörper, die sich zurzeit in der Entwicklung befinden, stehen im Wettbewerb um die verbleibende Kapazität. Therapeutische Antikörper werden dabei entweder als polyklonale oder monoklonale Antikörper gewonnen sowie rekombinant hergestellt. Antikörper werden rekombinant in Bakterien, Hefen, Säugetier- und Insektenzellkulturen sowie in transgenen Tieren und Pflanzen hergestellt.

Die ersten therapeutischen Antikörper, insbesondere monoklonale Antikörper, sind seit den späten 90er Jahren auf dem Markt. Im Jahr 2002 nahmen Antikörper neben Vakzinen die größte Bedeutung als Therapeutikaklasse bei Medikamenten in der Entwicklung ein, es gibt neuere Marktstudien dazu: Mehr als 100 Antikörper oder Antikörperfragmente waren im Jahr 2002 in klinischer Entwicklung und an rund 470 weiteren wird weltweit in ungefähr 200 Firmen geforscht und entwickelt. Seit ihrer Markteinführung erzielen therapeutische Antikörper signifikante, stetig wachsende Umsätze. Der Markt wird für das Jahr 2008 auf ein Volumen von 16,7 Milliarden US$ geschätzt (Datamonitor, 11/2003).

Laut Datamonitor wird der weltweite Gesamtmarkt für **therapeutische Proteine** insgesamt im Jahr 2010 mehr als 57 Milliarden US$ betragen. Im Jahr 2001 wuchs er um 14% und hatte ein Volumen von 27 Milliarden US$ (Quelle: Datamonitor, Aug. 2002). Allein das Blockbuster-Medikament **Enbrel** (Fusionsprotein gegen rheumatoide Arthritis) von Amgen soll im Jahr 2007 einen Jahresumsatz von 3,2 Milliarden US$ bringen. Angesichts des weltweiten Umsatzes von Pharmazeutika insgesamt in Höhe von rund 400 Milliarden US$ in 2002 nehmen die therapeutischen Proteine einen Anteil von fast 7% ein.

Neben den Proteinen, die derzeit im Bereich der Biopharmazeutika die bedeutendste Rolle einnehmen, werden basierend auf den Erkenntnissen der molekularen Biotechnologie heutzutage auch neuartige **Medikamente auf Basis von RNA** (***Antisense***, Ribozyme, Aptamere, Spiegelmere, RNA-Interferenz) entwickelt, die jedoch größtenteils im Stadium der Forschung oder klinischen Entwicklung stehen (Tab. 34.3; s. Kap. 2.4, 21 und 31). 1998 wurde das erste Antisense-Medikament (Vitravene) gegen Retina-Entzündung der Firma ISIS Pharmaceuticals von der FDA in den USA zugelassen. Auch der DNA selbst wird ein therapeutisches Potenzial zugeschrieben (s. Kap. 30, Gentherapie).

Tab. 34.3   Ausgewählte Beispiele von RNA-Therapeutika am Markt oder in der Entwicklung

Wirkprinzip	Produktname/ Entwicklungsstufe	Indikation	Firma
Antisense	Vitravene/Markt	CMV retinitis	ISIS Pharmaceuticals
Antisense	Affinitak/Phase III	Krebs	ISIS Pharmaceuticals
Antisense	Alicaforsen/Phase III	Morbus Crohn	ISIS Pharmaceuticals
Antisense	AP 12009/Phase II	Gehirntumor	Antisense Pharma
Ribozyme	ANGIOZYME/Phase II	Darmkrebs	Sirna Therapeutics
Spiegelmer	Forschung	Herz/Kreislauf, Krebs, Übergewicht, Schmerz, Asthma	Noxxon Pharma
RNAi	Forschung	diverse	Cenix BioScience
	Forschung	Parkinson	Alnylam Pharmaceuticals
	Forschung	Makula-Degeneration und Hepatitis C	Sirna Therapeutics

Mit derzeit allein über 600 neuen Biopharmazeutika in der Entwicklung in der US-Biotech- und Pharmaindustrie sowie mehr als 370 Wirkstoffen in der klinischen Entwicklung kann erwartet werden, dass 50 bis 60 neue Biotech-Medikamente in den nächsten 5 bis 7 Jahren auf den Markt kommen. Diesen enormen Chancen stehen jedoch bei der Therapeutikaentwicklung auch große Risiken gegenüber. Fehlschläge bei den Entwicklungen kosten Zeit und Geld. Insgesamt liegen die allgemeinen Einschätzungen zu Dauer und Kosten der Medikamentenentwicklung bei 8 bis 12 Jahren und 500 bis 800 Millionen US$ pro erfolgreiche Zulassung (inklusive Fehlschläge).

Weiteres Anwendungspotenzial der molekularen Biotechnologie liegt neben der direkten Nutzung für die Entwicklung von Biopharmazeutika im Einsatz bei der herkömmlichen Medikamentenentwicklung in Form von *Enabling*-Technologien. In diesen Bereich fallen z. B. die bereits an anderer Stelle vorgestellten Felder der **Genomik, Proteomik und Bioinformatik**. Als **Enabling**-Technologien sollen diese die klassische Wirkstoffentwicklung schneller, günstiger und besser machen. Laut *Business Communications Co.* ist für die *Biotechnology-Enabling Technologies* eine durchschnittliche jährliche Wachstumsrate von 18% bis 2005 auf ein Marktvolumen von 17 Milliarden US$ zu erwarten. Insbesondere das Feld der **Pharmakogenomik** (s. unten) weist bereits Wachstumsraten von über 100% auf. Jedoch wird gleichzeitig auch diskutiert, ob die Erkenntnisse beispielsweise der Genomik zwangsläufig zur Vereinfachung der Medikamentenentwicklung beitragen. In vielen Fällen ist nur die Anzahl der *Targets* größer geworden, ohne dass bisher signifikante Einsparungen bei Zeit und Kosten realisiert werden konnten.

34.2.1.2 Drug Delivery

Eng verbunden mit der Therapeutikaentwicklung sind Ansätze, die den **Wirkstoff gezielt an seinen Wirkort** bringen. Diese sog. *Drug-Delivery*-Systeme werden vor allem bei solchen Wirkstoffen eingesetzt, die aufgrund ihrer physikochemischen Eigenschaften nicht hinreichend stabil sind, um ihren Wirkort unversehrt zu erreichen. Sie können aber auch Medikamente gezielt zu bestimmten Wirkorten transportieren (gewebespezifisches *Targeting*) oder biologische Barrieren wie z. B. die Darmwand oder die Blut-Hirn-Schranke überwinden (s. Kap. 26).

Im Gegensatz zur klassischen Formulierung von Medikamenten liegen die Ansätze der molekularen Biotechnologie vor allem bei dem gezielten, „intelligenten" Transport von Wirkstoffmolekülen. In der Regel werden mithilfe von **Nucleinsäuren** andere Nucleinsäuren wie Nucleotide, DNA oder RNA „verpackt", die den eigentlichen Wirkstoff darstellen. Das Transportvehikel ist dabei in den meisten Fällen ein viraler Vektor. Dieser Bereich ist eng verzahnt mit der Gentherapie.

Daneben gibt es Systeme, die auf Virusproteinen, Antikörpern, Rezeptoren oder Peptiden beruhen und die in der Lage sind, ein spezifisches Targeting der Wirkstoffe zu unterstützen. Schließlich kommen auch Lipide, z. B. in Form von **Liposomen** (s. Abb. 3.2) zum Einsatz.

34.2.1.3 Zell- und Gentherapie

Insbesondere chronische Erkrankungen, die letztlich auf Zellfunktionstörungen beruhen, können mithilfe der bisherigen Medikamente nicht geheilt werden. **Zelltherapien** eröffnen erstmals die Möglichkeit, Krankheiten ursächlich und nicht nur symptomatisch zu behandeln. Zellverbände werden dabei außerhalb des Körpers eines Patienten präpariert, um schließlich krankhafte Zellverbände und Organe ersetzen zu können. Neben der Therapie an sich erhofft man sich zudem erstmals die große Chance auf eine Kostenersparnis im Gesundheitssystem, da wiederkehrende Arztbehandlungen oder Klinikaufenthalte überflüssig werden könnten. Bislang äußerst kostenintensive und lebenslange Behandlungen könnten durch gezielte heilende Maßnahmen ersetzt werden. Der Markt für Zelltherapien wird für 2010 auf 30 Milliarden US$ geschätzt.

Die jüngsten Erkenntnisse über das Einsatzpotenzial von **menschlichen Stammzellen** erweitern das Spektrum der **Zelltherapie** enorm. Dies birgt vor allem für die ursächliche Behandlung häufiger Krankheitsbilder wie Organversagen (z. B. Leber, Herz), Gelenkerkrankungen (z. B. Bandscheibe), Nerven- (z. B. Parkinson, Alzheimer) oder Herz-Kreislauf-Erkrankungen große Chancen. **Embryonale Stammzellen** spielen als Basis für therapeutische Produkte und Therapieverfahren nur eine untergeordnete Rolle, weil der Umgang mit ihnen technisch, also im Entwicklungs- und Produktionsstadium, sehr schwierig ist. Wirtschaftlich viel naheliegender ist der Einsatz von **adulten („erwachsenen") Stammzellen** mit dem Ziel, krankhaftes Zellgewebe zu regenerieren. Dies ist das Feld der **Regenerativen Medizin**. Hier dienen Stammzellen als Rohstoff zur Herstellung von Ersatzgewebe, das ähnlich einer herkömmlichen Organtransplantation zur Wiederherstellung der Funktionsfähigkeit zerstörter Gewebe oder Organe in Patienten mit chronischen degenerativen Erkrankungen eingesetzt werden soll.

Unter **Gentherapie** versteht man die gezielte Einführung genetischen Materials mithilfe geeigneter Übertragungsmethoden in Zellen von Kranken mit dem Ziel der Heilung oder therapeutischen Besserung (s. Kap. 30). Die **Nucleinsäuren dienen dabei als therapeutisch wirksame Stoffe (Arzneimittel).** Im weiteren Sinne umfasst **Gentherapie den Ersatz defekter Gene durch funktionell intakte Kopien (,,Genaddition"),** die Inaktivierung pathogener Genprodukte (,,Anti-Gen-Therapie", ,,Antisense-Therapie") oder auch die indirekte Heilung von Krankheiten durch **therapeutische Gene.** Somit ist der Einsatz von Genen im allgemeinen Sinne eines Arzneimittels (,,Therapie mit Genen") denkbar und geht damit weit über die Korrektur ererbter genetischer Defekte (**Erbkrankheiten**) hinaus. Die große Bedeutung der Gentherapie ergibt sich daraus, dass eine solche Therapie eine echte Kausaltherapie wäre. Derzeit befinden sich gentherapeutische Ansätze allerdings noch im Forschungs- und Entwicklungsstadium; es gibt noch keine etablierten und zugelassenen **gentherapeutischen Arzneimittel.** Die größte Hürde für die Gentherapie stellen derzeit die noch nicht ausgereiften Übertragungssysteme, die sog. Genfähren oder Vektoren, dar. Bisher wurden in über 300 klinischen Gentherapieprüfungen, von denen die meisten der Prüfung der Verträglichkeit (Phase I) sowie der Verträglichkeit und Dosisfindung (Phase II) dienten, mehr als 3000 Patienten behandelt (Stand 2000). Dabei werden die theoretischen Risiken der Gentherapie wie Tumorbildung durch Einbau der Vektoren an bestimmten Stellen des Genoms, Auftreten vermehrungsfähiger Vektoren, Etablierung neuer Virusstämme sowie Ausscheiden der Vektoren in die Umwelt intensiv abgeklärt. Gerade die **Verwendung viraler Vektoren** bedarf in Bezug auf die Gefahr einer Rekombination und der damit verbundenen möglichen Entstehung von neuen und pathogenen Viren besonderer Beachtung und Sicherheitsabwägungen.

So gab es jüngst erneut Meldungen, wonach in einer Studie bei der Anwendung retroviral modifizierter Blutstammzellen vermehrt Leukämiefälle auftraten. Obwohl die Mehrzahl bisheriger Gentherapien erfolgreich verlief, führten diese Fälle zu einem Rückschlag, da als Konsequenz zahlreiche andere Gentherapieprojekte weltweit gestoppt wurden und jetzt erneut überprüft werden müssen. Dennoch entwickelt sich laut Frost & Sullivan die Gentherapie trotz aller Rückschläge allmählich zu einem ernst zu nehmenden Markt. Für klinische Versuche werden Gentherapieprodukte bereits in größerem Maßstab hergestellt. Sie werden voraussichtlich ab 2005 im Handel erscheinen. Bis 2010 soll ihr Jahresumsatz in Europa knapp 1,1 Milliarden US$ erreichen.

34.2.1.4 Tissue Engineering/Regenerative Medizin

Mit der Zelltherapie eng verbunden ist das sog. *Tissue Engineering.* Darunter wird die Herstellung von menschlichen Zellen, Geweben und ganzen Organen aus körpereigenen Zellen verstanden. Sie werden *ex vivo* – d. h. außerhalb des Körpers – unter Verwendung patienteneigener Zellen sowie dreidimensionaler Strukturgerüste zellulären oder synthetischen Ursprungs neu aufgebaut. Dabei sind

Kenntnisse über die biologischen Wechselwirkungen der Gewebebildung erforderlich.

Ziel des Tissue Engineering ist heute nicht nur die Konstruktion funktionierender Gewebe außerhalb des Körpers, sondern auch die Unterstützung der Regenerationfähigkeit des Körpers.

Der Bedarf an Tissue-Engineering-Produkten steigt langfristig aus folgenden Gründen:

- die Entwicklung der Alterspyramide und die mit dem Anstieg des Durchschnittsalters einhergehende Zunahme von chronischen Krankheiten (z. B. Osteoporose, Diabetes, kardiovaskuläre und neurodegenerative Erkrankungen);
- weltweite Engpässe bei Spenderorganen für Transplantationen;
- die Tatsache, dass medizinische Implantate (*medical devices*) die verlorene Funktion des Gewebes oder Organs nicht vollständig ersetzen können und nur eine begrenzte Lebensdauer besitzen.

Eng verzahnt mit dem Tissue Engineering ist die **Regenerative Medizin**. Sie befasst sich mit Produkten und Technologien, welche die normale Funktion von Geweben und Organen schützen oder wiederherstellen.

Dies erfolgt *in vivo* über die Anregung oder Modulation der angeborenen Fähigkeit des Körpers zur Regeneration von beschädigtem Gewebe. So werden beispielsweise Wachstumsfaktoren ebenso wie „*small molecules*" genutzt. Sie regen die Teilung von geschädigten Zellen an und steuern die Wiederherstellung der dreidimensionalen Struktur von Geweben und damit letztlich die Erneuerung der Funktion oder unterstützen die Heilung von geschädigtem Gewebe über die Stimulation oder Inhibition kritischer biologischer Stoffwechselwege.

Einfachere Gewebe wie **Haut**, **Knorpel oder Knochen** werden heutzutage bereits routinemäßig aufgebaut und auf den Markt gebracht. Damit werden bereits bestehende Therapien deutlich verbessert. Die Herstellung von kompletten Organen, die aus mehreren Gewebetypen in einer komplexen dreidimensionalen Struktur bestehen, ist dagegen komplizierter. Mit den heutigen Verfahren ist es relativ schwierig, komplexe größere Organe *ex vivo* herzustellen. Für die Wiederherstellung von Organen oder Organsystemem sind daher Ansätze der Regenerativen Medizin besser geeignet. Der Markt für Regeneration und Reparatur von Gewebe und Organen wird auf aktuell 25 Milliarden US$ geschätzt.

34.2.1.5 Pharmakogenomik, personalisierte Medizin und Systembiologie

Pharmakogenomik (*pharmacogenomics*) bezieht sich auf die generelle Untersuchung von all denjenigen Genen, welche die Reaktion des Körpers auf Medikamente bestimmen. Sozusagen als Untergruppe der **Pharmakogenomik** kann die **Pharmakogenetik** (*pharmacogenetics*) gesehen werden, die sich auf die Untersuchung von vererbten Variationen in Genen für den Medikamentenstoffwechsel (z. B. diverse Zytochrom-Oxidase-Gene) bezieht. Im allgemeinen Sprachgebrauch werden diese Begriffe meist synonym verwendet.

Auf Patientenseite liegt die Bedeutung der **Pharmakogenomik** in der Aufklärung und letztlich **Vermeidung von ADRs** (*adverse drug reactions*), also einer negativen Wirkung auf den Körper durch Medikation. Bisherige Medikamente werden als Art „Einheitsdroge" entwickelt und meist nicht individuell angewendet. ADRs sind jedoch oft die Ursache für weitere Behandlungen bzw. sogar Tod von Patienten. Pharmakogenomik verspricht, dass es eines Tages individualisierte, je nach Gen-Ausstattung zugeschnittene Therapien für Patienten geben wird. Diese sollten effektiver und mit weniger Nebenwirkungen verbunden sein. Mittel der Wahl zur Bestimmung der individuellen Genvariationen ist die **SNP-Analyse** (SNP = *single nucleotide polymorphism*, s. Abschnitt 4.1.5), bei der die unterschiedliche Gensequenzen mithilfe von **DNA-Chips** diagnostiziert werden. SNPs treten alle 100 bis 300 Basenpaare in dem 3 Milliarden Basenpaare umfassenden menschlichen Genom auf.

Für die entwickelnden Pharma- und Biotech-Unternehmen selbst liegt der Vorteil von auf bestimmte Patienten-Subpopulationen bzw. Individuen zugeschnittenen Therapien zunächst weniger auf der Hand, da sich die Marktgrößen aufgrund stärkerer Segmentierung verringern. Auf der anderen Seite ermöglicht die Pharmakogenomik im Bereich der klinischen Entwicklung zielgenauere (d. h. auf **Medikamenten-Responder** zugeschnittene) und damit kleinere, schnellere und kostengünstigere **klinische Studien**. Auch ist denkbar, dass zwar die Patientenpopulation kleiner ist, dem jedoch ein größerer Marktanteil aufgrund geringerer Nebenwirkungen gegenübersteht und dass zudem ein höherer Preis festgesetzt werden kann. Weiterhin besteht die Möglichkeit, dass ursprünglich nicht zugelassene Medikamente für eine bestimmte genetisch definierte Subpopulation nochmals „reaktiviert" werden können.

Die praktische Anwendung der Pharmakogenomik ist heutzutage jedoch noch aus folgenden Gründen begrenzt:

- Die Komplexität des Auffindens von Genvariationen, die im Zusammenhang mit dem Medikamentenstoffwechsel stehen, ist hoch.
- Es gibt nur wenige limitierte alternative Medikamente.
- Für Pharmafirmen ist der Anreiz gering, unterschiedliche Medikamente zu produzieren, denen nur eine kleine Zahl an Abnehmern gegenübersteht (s. oben).
- Akzeptanz und Ausbildung der Ärzte ist zurzeit nur bedingt gegeben.

Das wirtschaftliche Potenzial für Pharmakogenomik wird laut *Front Line Strategic Management Consulting* im Jahr 2010 bei 33 Millionen US$ pro Medikament über Kosteneinsparungen bei Forschung und Entwicklung gesehen. Signifikante Kosteneinsparungen sollten sich jedoch über eine Verringerung von Nebenwirkungen um 25% ergeben, die den Gesundheitssystemen eine Einsparung von mehreren Milliarden Dollar pro Jahr ermöglichen könnten. Die mit Anwendung von Pharmakogenomik angestrebte individualisierte Therapie wird oftmals auch als **personalisierte Medizin** bezeichnet.

34.2.1.6 Systembiologie

Im Zusammenhang mit der Untersuchung des Stoffwechsels von Medikamenten kann auch die Forschungsrichtung „Systembiologie" als bedeutend gesehen werden. In der **Systembiologie** werden Stoffwechselwege untersucht, die eine Rolle in der Physiologie und bei Krankheiten spielen. Sie ist ein interdisziplinärer Ansatz, der ein ganzheitliches Verständnis komplexer biologischer Systeme zum Ziel hat. Es werden die komplexen Interaktionen zwischen Genen, mRNAs, Proteinen, *small molecules* und anderen zellulären Elementen analysiert. Standardisierte Daten aus den sog. „*-omics*"-Disziplinen (z. B. *proteomics, genomics* usw.) werden mithilfe mathematischer und bioinformatischer Methoden zur Entwicklung **prädiktiver** *In-silico*-Modelle (im Computer) eingesetzt. Die Systembiologie liefert damit einen Beitrag zum besseren Verständnis biologischer Prozesse bzw. **regulatorischer Netzwerke**, wie sie z. B. in Zellen vorliegen.

In Deutschland wird die Systembiologie derzeit stark durch das BMBF (Bundesministerium für Bildung und Forschung) gefördert, um dadurch zu den Förderaktivitäten in den USA und Japan aufzuschließen. Insgesamt 50 Millionen € investiert das BMBF in diese junge und viel versprechende Forschungsdisziplin, um sich bereits von Beginn an eine Spitzenposition in Europa zu sichern. Das kommerzielle Interesse an der Systembiologie wird beispielsweise durch die Firma Eli Lilly demonstriert, die über die nächsten 5 Jahre 140 Millionen US$ an Forschungsgeldern in diesem Bereich investiert.

34.2.1.7 Molekulardiagnostika

Die Bestimmungsmethoden der klassischen **serologischen Routine- und Spezialdiagnostik** werden seit Mitte der 90er Jahre zunehmend durch Methoden der **molekularbiologischen Diagnostik** ergänzt. Diese beruhen auf Verfahren zur Amplifizierung von Nucleinsäuren (mittels PCR, s. Kap. 13) aus Blut, Urin, Stuhl, Sputum oder Patientengewebe sowie dem Einsatz von Gensonden (Bio-/Gen-Chips) (s. Kap. 11). Sie ergänzen sich gegenseitig und liefern so innerhalb der präventiven und akuten Diagnostik sowie in der Verlaufskontrolle von bereits eingetretenen Erkrankungen ein vollständigeres Bild. Häufig ist die Sicherheit des Nachweises einer Erkrankung nur bei Einsatz der molekularen Testmethoden möglich, sodass die molekularbiologische Diagnostik viraler und bakterieller Infektionen bereits zum Alltag der modernen Laboratoriumsdiagnostik gehört. Zudem werden immer häufiger das genetische **Krebs-Screening** sowie Tests auf eine genetische Prädisposition für bestimmte schwer wiegende Stoffwechsel-, endokrinologische oder Herz-Kreislauf-Erkrankungen angewandt. Auch bei Vaterschaftstests und in der Forensik wird die **molekulare Diagnostik** (Mikrosatelliten-PCR, s. Abschnitt 4.1) heute eingesetzt.

Die molekulare Diagnostik als Teil eines indikationsbezogenen *Disease Managements* zielt vor allem auf die Prävention und damit die Vermeidung hoher künftiger Behandlungskosten. Weitere Vorteile liegen in der Früherkennung lebensbedrohlicher Erkrankungen, sodass diese eher behandelt und ihr Verlauf besser kontrolliert werden kann. Schätzungen für die weitere Entwicklung des Gesamtmarktes von Molekulardiagnostika liegen bei einer jährlichen Wachstumsrate von

16% auf ein Volumen im Jahr 2007 von 5 Milliarden US$ weltweit. Speziell im Bereich von **Biochips** ist die Nachfrage laut dem US-Marktstudienanbieter Freedonia allein in den USA von 1997 bis 2001 um jährlich 90% gestiegen. Es wird damit gerechnet, dass 2006 durch die Anwendung von Biochip-Produkten in den Life Sciences Umsätze von bis zu 1,6 Milliarden US$ generiert werden können.

Das rapide Wachstum und die große Nachfrage des Marktes für Biochip-Produkte wurden nachhaltig durch das **Humane Genomprojekt** geprägt. Seit ihrer Markteinführung Mitte der 90er Jahre haben Biochips durch ihre Fähigkeit, riesige Mengen an genomischen Daten weitestgehend automatisch zu sammeln und zu analysieren, die Forschung innerhalb kurzer Zeit revolutioniert.

Das Feld der **Mikroarrays** hat sich inzwischen über den ursprünglichen Prototyp des „DNA-Chips" hinaus weiterentwickelt und umfasst heute eine Vielzahl von Anwendungsmöglichkeiten, wie z. B. **Protein-, Antikörper- und sogar Zell-Arrays**. Dennoch gilt der typische „DNA-Chip" hinsichtlich der Marktreife als am weitesten fortgeschritten, und die Verwendung von Mikroarrays in der Genexpressionsanalyse hat sich mittlerweile als akzeptierte Standardmethode etabliert.

34.2.2
Grüne Biotechnologie

Unter „grüner" Biotechnologie wird die Anwendung biotechnologischer Verfahren in **Landwirtschaft und Lebensmittelherstellung** verstanden (s. Kap. 32). Die grüne Biotechnologie wird heute vor allem von weltweit tätigen Agroriesen wie BASF, Bayer CropScience, Monsanto oder Syngenta beherrscht. Sie setzen stark auf die **molekulare Pflanzenbiotechnologie**, die als zukünftiger Wachstumsfaktor in der Agroindustrie angesehen wird. Das klassische Pflanzenschutzmittelgeschäft stagniert demgegenüber seit Jahren. Durch die Anwendung neuer biologischer Technologien eröffnet sich den Großunternehmen ein neues Anwendungsfeld mit hohem Wachstumspotenzial, das die bisherigen Tätigkeiten ergänzt. Denkbar ist darüber hinaus sogar die Substitution der traditionellen Geschäftsfelder aufgrund der modernen grünen Biotechnologie.

34.2.2.1 Transgene Pflanzen

Schwerpunkt in der modernen Pflanzenbiotechnologie ist die Herstellung transgener Pflanzen. Anfang der 80er Jahre wurden die ersten gentechnischen Veränderungen an Pflanzen möglich, rund 10 Jahre nach dem ersten Versuch mit Bakterien. Der Marktwert transgener Pflanzen beläuft sich nach Schätzungen des Umweltbundesamtes auf über 2 Milliarden €. Diese Angabe bezieht sich auf transgene Nutzpflanzen, die in den Jahren 1999 und 2000 weltweit auf insgesamt rund 40 Millionen ha angebaut wurden.

Bei der genetischen Veränderung von Pflanzen wird zwischen sog. *Input Traits* und *Output Traits* unterschieden. Bei den **Input Traits** werden **agronomische Eigenschaften** von Pflanzen verändert, die dem Landwirt **anbautechnische Vorteile** bieten. Dazu zählen Eigenschaften, die das Wachstum der Pflanze beeinflussen, wie Herbizid- oder Insektenresistenz sowie Toleranz gegen Trockenheit, Kälte oder mangelhafte Nährstoffversorgung. In den USA, Kanada, Argentinien und China beruht bereits ein großer Teil der Ernte an **Baumwolle, Mais, Soja und Raps** auf dem Einsatz **transgener Kulturpflanzen**, die entsprechende anbautechnische Vorteile aufweisen.

Unter *Output Traits* versteht man die qualitative oder quantitative Verbesserung von Eigenschaften, die den **Zustand oder die Inhaltsstoffe** der Pflanzen betreffen. Beispielsweise wird mithilfe der Gentechnik angestrebt, Pflanzen und deren Bestandteile nach der Ernte länger haltbar zu machen (die berühmte „Gen-Tomate"). Andere Ziele beziehen sich auf höheren Vitamin- oder Proteingehalt. Im Gegensatz zu Vorteilen, die sich nur dem Landwirt bieten, zielen die Output Traits darauf ab, dem Endkonsumenten einen persönlichen Nutzen und den weiterverarbeitenden Firmen eine bessere Verarbeitungsqualität zu ermöglichen. Letztere Anwendung zielt auf den optimierten Einsatz von nachwachsenden Rohstoffen.

Ein weiteres Ziel bei der Herstellung transgener Pflanzen ist neben der Veränderung der agronomischen und Produkteigenschaften von Pflanzen das sog. *Molecular Pharming* (manchmal auch als *Gene Farming* oder *Phytopharming* bezeichnet). Die Pflanze wird hier regelrecht als „Bio-Fabrik" für die Produktion von Biotherapeutika, Diagnostika und anderen interessanten Stoffen benutzt.

Erste Marktschätzungen gehen von einem Umsatzpotenzial der grünen Biotechnologie von 100 bis 500 Milliarden US$ bis 2010/15 aus, wobei der überwiegende Teil auf den Bereich Molecular Pharming entfallen dürfte.

34.2.2.2 Genomik-Ansätze in der grünen Biotechnologie

Genomik-Ansätze werden auch in der grünen Biotechnologie zunehmend angewandt. Für die Bereiche Saatzucht, Agrarchemikalien und Lebensmittel haben die Erkenntnisse über die Funktion des Pflanzengenoms eine ähnlich große Bedeutung wie für die pharmazeutische Industrie.

Für Saatzuchtunternehmen führt der Einsatz von Genomik z. B. zu einer im Vergleich zur konventionellen Züchtung erheblich **schnelleren Sortenentwicklung**. Diese Firmen waren es auch, die als erste Genomik-Ansätze im nichtpharmazeutischen Bereich nutzten. Neben der Beschleunigung von Züchtungsprozessen erlaubt die Informationsgewinnung durch den Einsatz von „Pflanzen-Genomik" zudem die Entwicklung einer größeren Saatvielfalt.

Für die Hersteller von Agrarchemikalien eröffnen die Möglichkeiten der Genomik neue Wege, um die Funktionsweise bzw. den Stoffwechsel von Pflanzen auf molekularer Basis zu verstehen. Die Kenntnis von **molekularen Pflanzen-Targets** ermöglicht z. B. die Entwicklung neuartiger Herbizide. Es ist zu erwarten, dass in diesem Bereich vollkommen neue Klassen von Produkten mit neuen Wirkmechanismen auf den Markt kommen werden. Daneben ist auch hier von einer Verkürzung der Produktentwicklungszeiten sowie der Produktionskosten auszugehen.

34.2.2.3 „Novel Food" und „Functional Food"

Neuartige Lebensmittel mit neuen Eigenschaften werden häufig als **funktionelle Lebensmittel** (*functional food*) bezeichnet. Des Öfteren werden in diesem Zusammenhang auch **Nutraceuticals** erwähnt, die **als Lebensmittel eine medizinische Wirkung** haben.

Bei den funktionellen Lebensmitteln handelt es sich um Nahrungsmittel, die z. B. einen höheren Vitamingehalt aufweisen oder bestimmte unerwünschte Stoffe nicht mehr enthalten. Die Herstellung derartiger Lebensmittel ist zumeist auf den Einsatz transgener Pflanzen zurückzuführen und wird vornehmlich von internationalen Großkonzernen verfolgt. Laut Frost & Sullivan wird der Markt für funktionelle Inhaltsstoffe, funktionelle Lebensmittel, funktionelle Getränke und diätetische Lebensmittel allein für die USA auf derzeit 50 Milliarden US$ geschätzt.

34.2.2.4 Tierzucht

Moderne Biotechnologie wird kommerziell eingesetzt, um weitere Leistungsmerkmale bei Nutztieren einzuführen. Die transgenen Tiere weisen dann z. B. veränderte Wolleigenschaften bei Schafen oder verbesserte Milcheigenschaften bei Rindern auf. Sehr intensiv bearbeitet wird auch die Züchtung von Nutztierrassen mit beschleunigtem Wachstum durch die vermehrte Expression von Wachstumshormonen. Auch die Produktion rekombinanter Wirkstoffe in Tieren, die in der Milch ausgeschieden werden, wird in diesem Rahmen bearbeitet.

34.2.3
Graue/Weiße Biotechnologie

Unter „grauer" bzw. „weißer" Biotechnologie wird die Anwendung biotechnologischer Verfahren im Bereich der **Umwelt bzw. der industriellen Produktion** verstanden. Bei der industriellen Produktion geht es vor allem um die Herstellung von **Feinchemikalien**, insbesondere von **technischen Enzymen** (s. Kap. 33).

34.2.3.1 Technische Enzyme

Marktbeherrschend ist die moderne Biotechnologie heute bereits auf dem Gebiet der **technischen Enzyme**. Diese sind zu finden als Proteasen, Lipasen, Cellulasen und Amylasen, z. B. in modernen Waschmitteln, wo sie u. a. als Eiweiß- und Fettlöser dienen. Die Herstellung der in großen Mengen benötigten Enzyme wird heute fast ausschließlich unter Verwendung gentechnisch veränderter Produzentenstämme durchgeführt. Damit sind teilweise dramatische Einsparungen an Ressourcen und damit Herstellkosten verbunden. Der weltweite Umsatz mit Waschmittelenzymen liegt derzeit bei etwa 550 Millionen US$.

Durch die **Verfügbarkeit neuer Enzyme** können auch chemische Produktionsprozesse verbessert werden. Die Chemie hat viele Verfahren entwickelt, die durch Reaktion bei hohen Konzentrationen, Drücken und Temperaturen in meist organischen Lösungsmitteln mit entsprechend problematischen Umweltaspekten gekennzeichnet sind. In manchen Fällen finden sich Enzyme, die chemische Verfahrensschritte unter viel milderen Bedingungen in wässrigen Systemen erlauben.

34.2.3.2 Umwelt

Der Einsatz molekularbiologischer Methoden im Umweltbereich konzentriert sich schwerpunktmäßig auf die **molekulare Umweltdiagnostik**. Nachgewiesen werden z. B. Viren oder sonstige pathogene Mikroorganismen in Wasser und Umwelt. Direkte Anwendungen der Molekularbiologie für den Umweltschutz (z. B. die genetische Veränderung von Mikroorganismen für höhere Leistungen beim Schadstoffabbau) sind in Deutschland kommerziell bislang weniger vertreten. Die molekularen Methoden werden auch eingesetzt, um zu prüfen, ob gentechnisch veränderte Pflanzen ihre Gene an Wildpflanzen weitergeben.

34.3
Status Quo der Biotech-Industrie weltweit

Wie setzen sich nun diese **kommerziellen Anwendungsmöglichkeiten** konkret in eine Industrie um? Zum einen sind seit Beginn des industriellen Einsatzes der molekularen Biotechnologie Anfang der 1970er Jahre **viele kleine Biotech-Unternehmen** gegründet worden. Zum anderen beschäftigen sich **etablierte Mittelstands- und Großunternehmen („Big Pharma")** mit dieser neuen Technologie. Entsprechende Statistiken insbesondere zu den kleinen und neu gegründeten Unternehmen mit ihrer weltweiten Verteilung werden nachfolgend abschließend aufgeführt. Die Angaben beziehen sich dabei auf die Situation im Jahr 2003 und sind allesamt den Biotech-Reports von Ernst & Young entnommen.

34.3.1
Globaler Überblick

Die Anzahl der Biotech-Unternehmen weltweit beläuft sich auf knapp 4500. Davon waren 611 Unternehmen an der Börse notiert. Sie erwirtschafteten einen Umsatz von gut 46 Milliarden US$; das entspricht einer Steigerung von 17% gegenüber dem Vorjahr. Allein die Börsen notierten Unternehmen investierten weltweit gut 18 Milliarden US$ in Forschung und Entwicklung. Die Anzahl der Börsen notierten Unternehmen ging leicht zurück, während die Zahl der Beschäftigten gleichzeitig anstieg: In den 611 Firmen waren im vergangenen Jahr fast 196 000 Menschen beschäftigt.

34.3.2
USA

Mit der erfolgreichen Entwicklung der Pioniere **Genentech** und **Amgen** sowie weiterer Firmen haben die **USA** eine führende Rolle in der weltweiten Biotech-Industrie eingenommen. Nicht unbedingt was die Anzahl an Biotech-Firmen betrifft, hier weisen sie mit **1473** Firmen weniger auf als Gesamteuropa mit 1861 Unternehmen. Jedoch ist die Anzahl der Mitarbeiter und der getätigte Umsatz sowie Forschungs- und Entwicklungsausgaben weitaus höher im Vergleich zu den europäischen Firmen: gut **198 000 Beschäftigte**, **fast 40 Milliarden US$ Umsatz** und knapp 18 Milliarden US$ Investitionen in Forschung und Entwicklung. Mit einem Anteil von 21% an Börsen notierten Unternehmen (in Europa 5%) zeigt die Branche in den USA einfach eine größere Reife und bessere Finanzierung. Die Firmen sind weiter fortgeschritten und haben bereits Umsatz bringende Produkte auf dem Markt.

34.3.3
Europa

In **Europa** weist die Biotech-Industrie mit **1861 Firmen** insgesamt knapp **78 000 Mitarbeiter**, **gut 11 Milliarden € Umsatz** sowie gut 6 Milliarden € Forschungs- und Entwicklungsausgaben auf. Damit übertrifft die US-amerikanische Biotech-Branche bei Kennzahlen wie Beschäftigte, Umsatz oder Forschungs- und Entwicklungsausgaben pro Firma die europäischen Kennzahlen um das jeweils Dreifache. Innerhalb Europas findet sich die reifste Biotech-Industrie in Großbritannien, die bereits Anfang bis Mitte der 1980er begann, die moderne Biotechnologie über die Neugründung von Biotech-Firmen zu kommerzialisieren. Auch Frankreich und die Schweiz sind in Bezug auf die Biotech-Industrie bedeutende europäische Länder. Deutschland weist zwar innerhalb Europas die größte Anzahl an Firmen auf, kann jedoch bei anderen Kennzahlen wie Zahl der Börsen notierten Unternehmen, Beschäftigtenzahl, Umsatz sowie Investitionen in Forschung und Entwicklung nicht mit dem UK mithalten.

34.3.4
Deutschland

In **Deutschland** zählt die Biotech-Branche **350 Unternehmen mit 11 535 Mitarbeitern**. Die Firmen erwirtschaften einen Umsatz von 960 Millionen € und investieren ebenfalls rund 966 Millionen € in Forschung und Entwicklung. Insgesamt weist die Industrie (wie auch diejenige in Gesamteuropa und den USA) jedoch noch Verluste auf. Bei den Kennzahlen Beschäftigte, Umsatz sowie Forschungs- und Entwicklungsausgaben pro Firma stehen die Unternehmen der deutschen Branche – wie bereits erwähnt – schlechter als diejenigen in UK dar: In Deutschland gibt es 33 Mitarbeiter pro Firma, in UK 60; die Umsätze liegen bei den deutschen Firmen bei knapp 3 Millionen € pro Firma, in den UK bei gut 10 Millionen €. Nur bei den Investitionen in Forschung und Entwicklung schneiden die UK-Firmen mit gut 4 Millionen € pro Unternehmen im Vergleich zu 3 Millionen € bei den deutschen Unternehmen nicht entsprechend sehr viel besser ab. Insgesamt ist es in Deutschland jedoch nach einem rasanten Wachstum in den letzten 6 Jahren im Jahr 2003 zu einer Fortsetzung der Konsolidierung gekommen, und es wird sich zeigen, ob diese letztlich eine Stärkung der deutschen Biotech-Industrie mit sich bringt.

35
Chancen und Risiken. Biotechnologie und Wissenstransfer in Deutschland

Dieses Kapitel möchte ein Verständnis vermitteln für die Dynamik der Entwicklung der Biotechnologie mit Fokus auf der Entwicklung in Deutschland in Folge des BioRegio-Wettbewerbs und im internationalen Vergleich. Behandelt wird, wie Innovationen durch enge Verzahnung von Wissenschaft und Wirtschaft entstehen, wie in der Wissenschaft ein Paradigmenwechsel stattfand vom „Wissen zum Selbstzweck" zum „Wissen als Ware" und wie das politische Umfeld und die gesellschaftlichen und wirtschaftlichen Rahmenbedingungen darauf Einfluss nehmen.

35.1
Der Aufschwung der Biotechnologieindustrie in den USA

Der Wert einer neuen Technologie leitet sich aus ihrem Potenzial ab, einen Nutzen für die Gesellschaft zu erschaffen und die Ansprüche der Konsumenten zu erreichen. **Biotechnologie mit ihrer engen Verzahnung von industrieller und akademischer Forschung ist ohne Zweifel eine der vielversprechendsten Technologien des 21. Jahrhunderts.**

Bereits in den 1970er Jahren wurden entscheidende Fortschritte in der Molekularbiologie erzielt. Die Industrie hinkte hinterher und musste erst die potenziellen Anwendungsmöglichkeiten dieser Wissenschaft für die moderne Gesellschaft erkennen. Ein Durchbruch wurde erzielt, als **Wissenschaftler renommierter Forschungseinrichtungen gemeinsam mit Wirtschaftsvertretern eigene Unternehmen** gründeten wie z.B. im Jahr 1976 **Genentech** in den USA. Trotz vielfacher Kritik sowohl aus der Forschung als auch der Wirtschaft stellten sich nach wenigen Jahren Erfolge ein. Die Verflechtung der Biotechnologieunternehmen mit der Wissenschaft führte zu einem **Paradigmenwechsel vom „Wissen als Selbstzweck" zum „Wissen als Ware".** Diese Entwicklung einer verstärkten Kommerzialisierung von Forschungsergebnissen aus den Universitäten führte zu einem wirtschaftlichen Aufschwung der Biotechnologie im Umkreis der wissenschaftlichen Hochburgen der West- und Ostküste der Vereinigten Staaten.

Anfang der 1990er Jahre hatte sich in den USA die Biotechnologie zu einem milliardenschweren Industriezweig entwickelt. Bereits 1982 war das vier Jahre vor-

Molekulare Biotechnologie: Konzepte und Methoden.
Herausgegeben von M. Wink
Copyright © 2004 WILEY-VCH Verlag GmbH & Co. KGaA, Weinheim
ISBN: 3-527-30992-6

her von Axel Ullrich bei Genentech, dem Pionierunternehmen der Biotechnologie (s. Kap. 37), in *E. coli* klonierte Humaninsulin auf den Markt gekommen. 1990 übernahm **Roche** zum Preis von 2,1 Milliarden US$ 60% der Aktien von Genentech, das inzwischen auch gentechnologisch hergestelltes menschliches **Wachstumshormon, Interferon-alpha-2a und Interferon-gamma-1b** sowie *tissue-plasminogen activator* (t-PA) produzierte. 1992 eröffnete Genentech in South San Francisco das *Founders Research Center*, die größte biotechnologische Forschungseinrichtung der Welt.

Im selben Jahr erzielte **Amgen**, das mit seinen beiden Blockbuster-Medikamenten **Epogen (Erythropoietin)** und **Neupogen (G-CSF,** *colony stimulating factor*) zum größten Biotech-Unternehmen herangewachsen war, erstmals einen Umsatz von über 1 Milliarden US$ und wurde in die begehrte Liste der „Fortune 500" (die vom Magazin „Fortune" jährlich herausgegebene Liste der 500 bedeutendsten Unternehmen der Welt) aufgenommen.

Auch die Umsätze anderer amerikanischer Biotech-Unternehmen der ersten Generation wie **Chiron, Genzyme, Biogen** (jetzt: BiogenIDEC) lagen weit über 100 Millionen US$. Insgesamt gab es in den USA bereits 1100 Biotech-Firmen mit 66 000 Beschäftigten, davon 180 Börsen notierte Unternehmen, die 80% des Umsatzes der Branche von ca. 3 Milliarden US$ auf sich vereinigten.

35.2
Die Situation der Biotechnologie in Deutschland

Während auch in Großbritannien in diesen Jahren zahlreiche Biotech-Unternehmen, besonders im **Raum Cambridge (British Biotech, Celltech, Chiroscience, Cambridge Antibody Technology)**, entstanden, hatte Deutschland, von wenigen Ausnahmen abgesehen, an dieser Entwicklung keinen Anteil. Zwar war die **erste deutsche Biotech-Firma bereits 1981** gegründet worden: die **Biosyntech** in Hamburg. Kurz danach kam es im Umfeld der Heidelberger Forschungsinstitutionen zu einigen von Akademikern initiierten Gründungen (die Firma Organogen, heute **Orpegen**, die **Progen, die GenBioTec und die Biopharm**). 1986 wurde **Qiagen** (damals unter dem Namen Diagen) in Hilden/Rheinland gegründet, heute das mit Abstand größte deutsche Biotech-Unternehmen. In der Folge entstanden einige weitere mit Gentechnologie befasste Firmen.

Die meisten Firmen blieben sehr klein oder verschwanden wieder: so die **Biosyntech**, die bereits 1987 von **Millipore**, einem großen amerikanischen Technologie- und Laboranbieter, aufgekauft wurde; so auch **Bioferon**, eine Tochter des mittelständischen Pharmaunternehmens Dr. Rentschler in Laupheim, deren Joint Venture mit **Biogen** zur Herstellung von rekombinantem Interferon-gamma zum Verlust eigenen Know-hows an den amerikanischen Partner und zum Konkurs führte; und so auch die **GenBioTec**, die von der 1993 gegründeten **Biomeva** übernommen wurde, die schließlich von **BioReliance**, einer großen amerikanischen *Contract Service Organisation* (CSO), gekauft wurde. Die Unternehmen dieser ersten kleinen deutschen Gründungswelle lieferten biotechnologische Produkte,

Technologien und Dienstleistungen hauptsächlich für Forschungslabors, medizinische Einrichtungen und die pharmazeutische Industrie. **Eine Entwicklung neuer Wirkstoffe auf gentechnologischer Basis wie in den USA fand nicht statt.**

Dass sich in **Deutschland** trotz herausragender wissenschaftlicher Leistungen in der Molekularbiologie keine mit Amerika vergleichbare Biotechnologieindustrie entwickelte, wird auf eine ganze Reihe von Gründen zurückgeführt:

- Das Fehlen von **Risikokapital**, das in den USA die wichtigste Geldquelle für Firmengründungen im High-Tech-Bereich darstellt;
- **mangelnde staatliche Unterstützung** und Förderung;
- eine **überreglementierende und hindernde Gesetzgebung**;
- eine in der Öffentlichkeit verbreitete **Technologieskepsis**, die sich zum Teil, besonders in der 68er-Generation, in einer offene Gegnerschaft gegen die gesamte Gentechnologie ausdrückte;
- **mangelndes ökonomisches Interesse und fehlender Unternehmergeist** (*„entrepreneurial spirit"*) bei den Naturwissenschaftlern, was Zusammenarbeit mit forschenden pharmazeutischen und biotechnologischen Unternehmen hemmte;
- die Hinwendung der pharmazeutischen Großunternehmen auf den amerikanischen Forschungsmarkt.

Diese Faktoren hängen miteinander zusammen. So forderte der Gesetzgeber in der Novelle zur 4. Verordnung zum Bundesimmissionsschutzgesetz 1988, „dass Anlagen, in denen mit biologisch aktiven rekombinanten Nucleinsäuren gearbeitet wurde – sofern diese nicht ausschließlich Forschungszwecken dienten – einer **Genehmigungspflicht unter Beteiligung der Öffentlichkeit** unterlagen". Auch in dem 1990 verabschiedeten **Gentechnikgesetz** war eine **öffentliche Anhörung** für alle Genehmigungsverfahren zu gewerblichen Zwecken, die ein S2-Labor (geringes Risiko) beinhalteten, vorgesehen. Nach einer Umfrage der Akademie für Technikfolgenabschätzung erwarteten 36% der Bevölkerung durch die Gentechnik eine Verschlechterung ihrer Lebensqualität (gegenüber 32%, die sich davon eine Verbesserung versprachen). Bereits 1984 hatte **Hoechst** in Frankfurt eine Produktionsanlage für rekombinantes menschliches Insulin beantragt (in den USA wurde es seit 1982 von dem Pharmakonzern Eli Lilly in Indianapolis als Lizenznehmer von Genentech produziert). Nach jahrelangen Auseinandersetzungen mit Umwelt- und Bürgerverbänden stoppte der Hessische Verwaltungsgerichtshof 1989 das Verfahren wegen fehlender rechtlicher Grundlagen. Erst 1998, fast 15 Jahre nach der Beantragung, konnte Hoechst seine Insulin-Produktionsanlage in Betrieb nehmen. Mittlerweile hatte sich die große Mehrheit der Bevölkerung, darunter so gut wie alle Diabetiker-Patienten, von den Vorzügen des gentechnologisch hergestellten Insulins gegenüber dem aus Rinderpankreas gewonnenen Präparat überzeugen lassen (keine Allergien gegen artfremdes Protein, keine Kontamination mit unentdeckten tierischen Viren).

Die **fortschrittsfeindliche öffentliche Meinung und Gesetzgebung** diente den **deutschen Pharmakonzernen** als Hauptargument, **dass sie in den späten 1980er und frühen 1990er Jahren einen Großteil ihrer eigenen biotechnologischen Forschung und Entwicklung in die Vereinigten Staaten verlagerten: Bayer** gewann mit der Übernahme der US-Firmen Cutter und Miles große Forschungslaboratorien in Connecticut und Kalifornien, **BASF** baute mit der BASF BioResearch Corporation (BBC) in Massachusetts ein Zentrum für onkologische und immunologische Forschung auf, das heute mit dem Verkauf seiner gesamten Pharmasparte an **Abbott** in amerikanischen Händen ist; **Hoechst (heute Aventis)** tätigte mit der Akquisition des Pharmakonzerns Marion Merrel Dow (MMD) den größten Kauf seiner Firmengeschichte; **Schering** kaufte die Biotechnologieunternehmen Triton und Codon und errichtete unter dem Namen Berlex Biosciences in Kalifornien ein Pharmaforschungszentrum. Entscheidend für das starke Engagement in Amerika dürfte aber weniger das restriktive Geschäftsklima in Deutschland gewesen sein als vielmehr die Notwendigkeit, in einem verschärften globalen Wettbewerb auf dem größten Pharmamarkt der Welt präsent zu sein. Natürlich spielte auch die unmittelbare Nähe zu dem hervorragenden Forschungsangebot amerikanischer Universitäten eine Rolle.

35.3
Biotechnologische Grundlagenforschung und Patentwesen

Die für die Entwicklung der Gentechnologie entscheidenden, Nobelpreis gekrönten **wissenschaftlichen Durchbrüche sind fast alle in den USA** erfolgt: Die Entdeckung der DNA-Polymerase und die *in vitro*-DNA-Synthese durch Kornberg und Ochoa; die Aufklärung des genetischen Codes durch Nirenberg, Holley und Khorana; die Restriktionsendonucleasen – molekulare Scheren zum Schneiden der DNA – durch Arber, Smith, Wilcox, Kelley und Linn; die *In-vitro*-Rekombination von DNA durch Cohen und Boyer und die DNA-Sequenzierung durch Maxam und Gilbert sowie die Polymerase-Kettenreaktion (PCR) durch Mullis.

Die große nichtamerikanische Ausnahme in dieser Reihe ist die Erzeugung **monoklonaler Antikörper** durch Köhler und Milstein. Dieses Beispiel ist besonders illustrativ: Es ist schwer vorstellbar, dass (wie es Swanson bei Boyer getan hatte, als er von dessen Erfolgen bei der DNA-Rekombination und der Klonierung von Genen erfahren hatte; s. Kap. 37 zur Entstehung von Genentech) in den 1970er Jahren ein junger unbekannter Unternehmer bei Georges Köhler angerufen hätte, um ihn davon zu überzeugen, eine Firma zu gründen. Köhler und Milstein hatten ihre bahnbrechende Technologie zur Erzeugung monoklonaler Antikörper durch Fusion von Lymphozyten mit einer Myelomzelllinie nicht einmal patentiert. Diese Haltung war zu dieser Zeit in Deutschland und in Europa durchaus üblich.

Dass sich **Forschungsergebnisse patentieren** (s. Kap. 36) und vermarkten lassen, wurde in den Vereinigten Staaten entscheidend durch ein Gesetz im Jahr 1980 gefördert, den **Bayh-Dole Act.** Dieses Gesetz eröffnete den US-Universitäten erstmals die Möglichkeit, Erfindungen aus öffentlich finanzierter Forschung zum Patent anzumelden und sie auf eigene Rechnung ohne Rückzahlungsverpflichtungen zu verwerten. Der Bayh-Dole Act bestimmte, dass Verwertungserlöse mit den Erfindern zu teilen sind, und schuf damit eine wichtiges Instrument der Motivation für die Erfinder. In Folge nahm die Patentierung von Forschungsergebnissen zu, gleichzeitig war eine exponenzielle Zunahme der Technologielizensierungaktivitäten der Forschungsinstitute zu verzeichnen. Vor 1980 wurden Institutionen jährlich weniger als 250 Patente zuerkannt, während dies im Finanzjahr 1997 über 2740 waren.

Seit **1984 durfte die Verwertung auch exklusiv** erfolgen, nachdem festgestellt wurde, dass die nichtexklusive Vergabe von schützenswerten Erfindungen auf dem Markt erfolglos geblieben war. Insbesondere die Neugründung von Unternehmen auf der Basis von Technologien, die an Universitäten und Forschungsinstituten entwickelt wurden, hat erheblich zum Wissens- und Technologietransfer beigetragen. Seit 1980 wurden mehr als 3000 Start-up-Firmen in den USA gegründet, darunter 333 im Finanzjahr 1997.

Obwohl die direkten Einnahmen aus dem Technologietransfer heute nur einen Bruchteil des gesamten Forschungsbudgets einschließlich der von der Industrie eingeworbenen Drittmittel (von 2 bis 3%) darstellen, täuschen diese kleinen Zahlen über die tatsächliche ökonomische Dynamik von Forschung und Entwicklung an Forschungseinrichtungen hinweg. **Besonders forschungsstarke US-Universitäten unterhalten mit Lizenzeinnahmen Patentbüros und Verwertungsgesellschaften.** Sie erzielen damit nicht nur volkswirtschaftlichen Nutzen, sondern in Einzelfällen – nach meist vieljähriger Anlaufzeit – auch betriebswirtschaftliche Überschüsse, insbesondere aus der Biotechnologie. Der Bayh-Dole Act war im amerikanischen Kongress durchaus umstritten; Kritiker wandten ein, dass die Vergabe der Rechte aus öffentlich finanzierter Forschung an Konzerne den Ausverkauf der Wissenschaft bedeute. Befürworter hingegen lobten das Gesetz als visionäres Beispiel vorbildlicher Industriepolitik im Informationszeitalter.

In den vergangenen 30 Jahren hat sich die Mission der meisten amerikanischen Universitäten radikal gewandelt: **weg vom Elfenbeinturm hin zu der gesellschaftlichen Verantwortung, Forschung in wertvolle Produkte umzusetzen.** Dabei geht es den Universitäten nicht in erster Linie ums Geld, es geht um die Leidenschaft, Technologien in den Markt zu bringen. Häufig sind – wie am *Massachusetts Institute of Technology* (MIT) – dabei eigene Ausgründungen die erste Wahl für eine Lizenzvergabe. Am MIT haben akademische Ziele – die Schöpfung von neuem Wissen und dessen Verbreitung – immer noch oberste Priorität, die Gründung von neuen Unternehmen ist zweitrangig. Diese Leidenschaft trägt Früchte: **im Jahr 2002 erzielte das MIT 33,52 Millionen US$ Bruttoeinnahmen und meldete von 484 Erfindungen 245 zum Patent an.**

Viele Institute in den USA ringen heute noch mit Problemen zwischen Ethik und Eigenkapital und balancieren zwischen „purer" Wissenschaft und Profit. Dabei stellen die Universitäten Motoren des ökonomischen Wachstums dar. Die acht großen Universitäten aus Boston und Umgebung einschließlich des MIT haben – so eine Studie – im Jahr 2000 alleine 7,4 Milliarden US$ für die regionale Wirtschaft bereitgestellt.

35.4
BioRegio-Initiative in Deutschland als Motor der Biotech-Entwicklung

In den frühen 1990er Jahren wurde den deutschen Politikern allmählich klar, dass Deutschland in einer entscheidenden Schlüsseltechnologie den Anschluss an die Zukunft zu verpassen drohte. **1993 wurde das Gentechnikgesetz geändert, was den Umgang mit gentechnologischen Methoden und Produkten wesentlich erleichterte. Ende 1995** rief der damalige Forschungsminister Jürgen Rüttgers zum **BioRegio-Wettbewerb** auf, der das Ziel hatte, die Voraussetzungen für das Entstehen einer konkurrenzfähigen Biotechnologieindustrie in Deutschland zu verbessern.

Gleichzeitig startete die Bundesregierung eine „**Patent- und Innovationsoffensive**", um die mit den USA vergleichsweise geringe Anzahl der Patentierungen in Deutschland anzukurbeln. Nicht nur die Qualität von Publikationen in hochrangigen Zeitschriften sollte als Messlatte für den Erfolg hervorragender Forschung herangezogen werden, sondern zunehmend **Patentanmeldungen und Lizenzvergaben**. Nach dem Motto „Patentieren und publizieren schließt sich nicht aus" werden heute Patente nicht mehr als Abfallprodukt der Forschung, sondern als eine Investition in die Zukunft angesehen. In diesem veränderten Klima begann in Deutschland eine Diskussion über das sog. **Hochschullehrerprivileg**, das Hochschulprofessoren an Universitäten das Recht gab, ihre Erfindungen selbst zu verwerten. Dieses Privileg existierte nicht an außeruniversitären Forschungseinrichtungen, wie z. B. der Max-Planck-Gesellschaft und der Helmholtz-Gemeinschaft der deutschen Großforschungszentren. Erfindungen aus der außeruniversitären Forschung wurden bereits in den 1970er und 1980er Jahren erfolgreich von **Technologietransferstellen bzw. Technologietransferunternehmen** patentiert und verwertet. Das Hochschullehrerprivileg an den Universitäten galt vielen als Innovationshemmnis: Zu wenig Patente wurden von Hochschulprofessoren angemeldet. Patentverfahren sind teuer und ohne Industriepartner über längere Patentlaufzeiten hinweg für einzelne Personen nicht erschwinglich. Nach langer politisch geführter Diskussion wurde das Hochschullehrerprivileg im Jahr 2002 abgeschafft und das Arbeitnehmererfindergesetz abgeändert. Dennoch ist nicht allein die Patentierung von Forschungsergebnissen entscheidend, sondern deren **effektive Verwertung**. Zu diesem Zweck stellte die Bundesregierung eine Anschubfinanzierung für sog. **Patentverwertungsagenturen** (PVA) an den Universitäten bereit. Diese PVAs sollen sich nun mittel- bis langfristig ökonomisch aus den erzielten Einnahmen selbst tragen. Zu nennenswerten Rückflüssen wird es erst dann kommen, wenn Produkte erfolgreich am Markt verkauft werden. Bei biotechnologisch hergestellten Medikamenten ist dies aufgrund der langen Entwicklungszeiten frühestens nach 8 bis 12 Jahren zu erwarten.

Die Deutschen waren in der Biotechnologie Spätankömmlinge, doch mit dem **BioRegio-Wettbewerb**, den der damalige Bundesforschungsminister Jürgen Rüttgers 1996 ausrief, holten sie mächtig auf. In diesem Wettbewerb waren die deutschen Regionen – wie immer sie sich definieren mochten – aufgefordert, Konzepte einzureichen, wie eine regionale Biotechnologieindustrie am besten entwickelt werden konnte. Die drei besten Konzepte wurden mit jeweils 50 Millionen DM Fördermitteln für Forschungs- und Entwicklungsprojekte, die im vorwettbewerblichen Bereich der modernen Biotechnologie angesiedelt sind, prämiert. Siebzehn Regionen aus allen Bundesländern beteiligten sich. Als Modellregionen ausgezeichnet wurden **die BioRegion München, die BioRegion Rhein-Neckar-Dreieck (Heidelberg-Mannheim-Ludwigshafen) und die BioRegion Rheinland (Köln-Bonn-Aachen-Wuppertal**). Außerdem gab es ein Sondervotum mit einem Preisgeld von 20 Millionen DM für die kleine Region Jena, die sich auf die Entwicklung eines speziellen Schwerpunkts „Bioinstrumente" konzentrierte. In Bayern und Nordrhein-Westfalen hatten die Landesregierungen den Aufbau von Hochtechnologieindustrien schon vor 1996 kräftig unterstützt, und so konnten sich die beiden BioRegionen München und Rheinland auf vorhandene, aus Landesmitteln geförderte organisatorische Strukturen stützen, sodass die Injektion von 50 Millionen DM an BioRegio-Mitteln ohne Verzögerung Früchte tragen konnte.

Im **Rhein-Neckar-Dreieck** gab es solche Strukturen nicht. Für seine Auszeichnung als Modellregion im BioRegio-Wettbewerb war an erster Stelle die Exzellenz seiner molekularbiologischen und biomedizinischen Wissenschaft maßgeblich. **Heidelberg ist einer der großen Standorte der molekularen Biologie und Medizin weltweit. Das Deutsche Krebsforschungszentrum (DKFZ), das Europäische Molekularbiologische Laboratorium (EMBL), das Max-Planck-Institut für medizinische Forschung und das Zentrum für Molekulare Biologie (ZMBH) und weitere naturwissenschaftliche und medizinische Institute der Universität Heidelberg** haben zu einer Konzentration an Grundlagenforschung für die Gentechnologie auf engem Raum geführt, die ihresgleichen sucht.

Eine wichtige Rolle für die BioRegion Rhein-Neckar-Dreieck spielte auch die räumliche Nähe einer Großindustrie, die sich als Partner für die Produktentwicklung biomedizinischer Innovationen anbot: die **BASF** mit ihrer Pharmatochter Knoll in Ludwigshafen, **Boehringer Mannheim**, ein weltweit führendes Diagnostikunternehmen, und **Merck in Darmstadt**. In anderen Regionen waren es **Bayer** in Leverkusen und Wuppertal, **Hoechst** in Frankfurt und **Schering** in Berlin, die als potenzielle Kooperationspartner einer entstehenden Biotech-Industrie fungierten.

Heute ergibt sich ein völlig verändertes Bild. Die **BASF** hat sich völlig aus dem Pharmageschäft zurückgezogen (verstärkt aber ihr Engagement in der Agrobiotechnologie) und verkaufte die Knoll an den amerikanischen Healthcare-Konzern Abbott. Der Schweizer Konzern **Roche übernahm Boehringer Mannheim. Hoechst wurde mit der französischen Rhône-Poulenc fusioniert** und in die Aventis mit Hauptquartier in Straßburg umgewandelt. **Bayer** kämpft um sein Überleben als eigenständiges Pharmaunternehmen, nachdem es sein Präparat Lipobay, einen Cholesterolsenker, wegen einer Reihe von Todesfällen vom Markt nehmen musste und mit horrenden Schadensersatzforderungen konfrontiert ist. Das größte deutsche Pharmaunternehmen ist jetzt **Boehringer Ingelheim**, das an seinem **Standort Biberach** die bedeutendste Produktionsanlage Europas für mittels Zellkulturen hergestellte Arzneimittel betreibt. Danach folgen **Schering, Altana, Bayer und Merck** (Darmstadt). **Verglichen mit internationalen Giganten wie Pfizer/Pharma-**

cia, GlaxoSmithkline, Merck&Co., Johnson&Johnson, Novartis oder AstraZeneca spielen deutsche Unternehmen, die einst als Apotheke der Welt bezeichnet wurden, nur mehr eine untergeordnete Rolle.

35.4.1
Beispiel BioRegion Rhein-Neckar-Dreieck

Um die von der Bundesregierung bereitgestellten Fördermittel in zukunftsträchtige Forschungsprojekte zu kanalisieren, welche die Basis für eine eigenständige Biotech-Industrie in Deutschland bilden konnten, wurden von den im BioRegio-Wettbewerb ausgezeichneten Modellregionen Gutachtergremien aus hochrangigen Vertretern der Wissenschaft und Wirtschaft einberufen. Die Auswahl der Projekte erfolgte z. B. in der BioRegion Rhein-Neckar-Dreieck nach einem von diesem Gremium festgelegten Kriterienkatalog, der neben der wissenschaftlichen Qualität u. a. die Patentsituation, die voraussichtlich entstehenden Arbeitsplätze und die in der Region bereits vorhandene Kompetenz auf dem jeweiligen Arbeitsgebiet berücksichtigte. Als Leitlinie galt, die vorhandenen Stärken zu fördern und auf höchstem internationalen Niveau weiterzuentwickeln. Als besondere Stärken am Standort Heidelberg wurden neue Technologien in der Genom- und Proteomforschung und der Bioinformatik und, im Anwendungsbereich, die Krebsforschung, die Virologie, Immunologie und Neurobiologie identifiziert.

Diese Auswahlkriterien erwiesen sich als sehr erfolgreich. In den Jahren nach 1997 entstanden in der BioRegion Rhein-Neckar-Dreieck 14 durch BioRegio geförderte Unternehmen, die sich mit der Entwicklung neuartiger Technologien und der Wirkstoffforschung zur Diagnose und Therapie menschlicher Krankheiten befassten. Ende des Jahres 2001 hatten diese Unternehmen zusammen 760 zum größten Teil hoch qualifizierte Arbeitsplätze in der Region geschaffen. Darüber hinaus kam es zu zahlreichen weiteren Neugründungen und Ansiedlungen von Biotech-Unternehmen und Dienstleistern für diese neue Industrie, sodass etwa 85 Firmen mit annähernd 1800 Beschäftigten direkt von der Biotechnologie abhingen. Ein vergleichbares Wachstum gab es in den Regionen München und Rheinland sowie Berlin (das zwar keine Bundesmittel durch BioRegio erhalten hatte, aber kräftig aus Landesmitteln gefördert wurde).

Die **BioRegio-Förderung** für Forschungsvorhaben im vorwettbewerblichen Bereich war eine nicht rückzahlbare Zuwendung aus Steuermitteln, aber sie war an die Bedingung geknüpft, dass die jungen Unternehmen einen (in der Regel) gleich hohen Betrag für die Projekte aus Privatkapital aufbrachten. Da Bankkredite ohne entsprechende Sicherheiten kaum gewährt werden, kam als Quelle für die Kofinanzierung der Projekte praktisch nur **Risikokapital (Venture Capital, d. h. Geldeinlagen privater Investoren gegen Beteiligungen an der Firma)** nach amerikanischem Vorbild in Frage. Auch für die Gründung und den Aufbau eines Start-up-Unternehmens war man auf privates Kapital angewiesen, da staatliche Geldspritzen zu diesem Zweck als nach EU-Recht unerlaubte Subventionen und Verzerrung des Wettbewerbs gelten würden.

Bis in die frühen 1990er Jahre hinein hatte es praktisch kein Risikokapital für die Biotechnologie in Deutschland gegeben. Ein entscheidender Faktor für die Entstehung der BioRegion Rhein-Neckar-Dreieck war die Bildung eines sog. *Seed Capital Fonds*, der Risikokapital in Höhe von 24 Millionen DM, die vor allem von den Sparkassen und anderen Kreditinstituten sowie der Großindustrie eingebracht worden waren, für die Gründung von Biotech-Start-ups in der Region bereitstellte. Dieser Fonds wurde von **Heidelberg Innovation**, einer im Zuge der BioRegio-Initiative gegründeten Management- und Beratungsgesellschaft, akquiriert und verwaltet. In München war es die Bio^M AG, die einen Seed Capital Fonds für die dortigen Unternehmensgründungen auflegte. Erst das Zusammenspiel von privatem Venture Capital und staatlichen Fördermitteln machte den Erfolg der BioRegio-Initiative möglich.

Das Engagement der Investoren in den Risikokapitalfonds erklärte sich aus den hohen Renditen, die für ihre Firmenanteile beim Börsengang des Unternehmens zu erwarten waren. Im März 1997 wurde in Frankfurt als spezielles Börsensegment für junge Wachstumsunternehmen der High-Tech-Branchen der „Neue Markt" eröffnet. Als erstes Biotech-Unternehmen ging **Qiagen,** die vorher schon an der amerikanischen Technologiebörse NASDAQ gelistet worden war, an den Neuen Markt. 1999 folgten gleich fünf Biotech-Firmen und im Jahr 2000 weitere acht. Es kam zu einer heißen Börsen-Rallye. So stiegen z. B. die Kurse des Technologieanbieters **MWG Biotech** aus Ebersberg bei München und des deutsch-niederländischen Impfstoffherstellers Rhein Biotech innerhalb weniger Monate um über 400%, der Kurs des auf dem Gebiet rekombinanter Antikörper tätigen Münchener Unternehmens MorphoSys gar um 600%. Auch die Wirkstoffhersteller **MediGene** und **GPC Biotech**, beide ebenfalls in München ansässig, und **Evotec** in Hamburg wurden erklärte Lieblinge der Aktienanleger. Diese Unternehmen waren, mit Ausnahme der GPC, bereits vor Beginn des BioRegio-Wettbewerbs gegründet worden, erlebten aber nun ein rasantes Wachstum.

Bei solchen Erfolgsbeispielen war es auch für Unternehmensgründer relativ leicht, Kapitalgeber zu finden. Venture Capital wurde als Geldanlage sehr populär, und zwischen 1997 und 2001 stieg die Zahl der im Biotech-Sektor engagierten Risikokapitalgesellschaften in Deutschland von 5 auf über 150, darunter viele große ausländische Fonds.

Das Zusammenspiel von staatlicher Förderung und Privatinvestitionen in einer Aufschwungphase an den internationalen Finanzmärkten führte in den späten 1990er Jahren zu einem regelrechten Gründerboom. Begünstigt wurde er durch verbesserte Rahmenbedingungen, insbesondere für den Technologietransfer an den außeruniversitären Forschungseinrichtungen – wie den Wegfall der Rückzahlungsverpflichtungen von Fördermitteln und die Möglichkeit der exklusiven Lizensierung und der Beteiligung an Start-up-Unternehmen. Selbst renommierte Wissenschaftler, die wenige Jahre zuvor noch gegen die Verquickung von Forschung und Kommerz gewettert hatten, gründeten nun ihre eigene Firma. **Bei Auslaufen der BioRegio-Initiative Ende 2001 zählte man in Deutschland über 400 Biotechnologieunternehmen mit etwa 16 000 Mitarbeitern.** Damit war das von Jürgen Rüttgers proklamierte Ziel des BioRegio-Wettbewerbs, Deutschland innerhalb von fünf Jahren zur Nummer Eins der Biotechnologie in Europa zu machen, zumindest in einem Kriterium, nämlich der Zahl der Unternehmen, erreicht. Was die Größe und den „Reifegrad" der Unternehmen angeht – z. B. Umsätze, Marktkapitalisierung, Produktentwicklungen – ist der Abstand zu den früher entstandenen britischen Biotech-Firmen immer noch beträchtlich.

Im Sommer 2000 ging das Heidelberger Bioinformatik- und Wirkstoffunternehmen **LION bioscience** an die Börse und erzielte die höchste Bewertung aller Biotech-Unternehmen, die am Neuen Markt gelistet waren. Der Kurs stieg innerhalb von drei Monaten auf das Dreifache und LIONs Marktkapitalisierung erreichte einen Wert von über 2 Milliarden €. Kurz darauf schloss sich das „Börsenfenster".

Das Börsenfieber der Jahre 1999 und 2000 basierte nicht auf kurzfristig realisierbaren Ertragserwartungen bei den Unternehmen, sondern war angeheizt worden durch phantastische Spekulationsgewinne, die im ganzen Bereich der „**New Economy**" erzielt wurden. Als im Informations- und Kommunikationstechnologie-Sektor die Spekulationsblase platzte und sog. **Dotcom-Firmen** reihenweise Konkurs anmelden mussten, wurde auch die Biotechnologie in Mitleidenschaft gezogen. Zwar konnten sich die meisten Unternehmen behaupten, da sie im Gegensatz zu vielen Akteuren der IT-Branche über wissenschaftliches Know-how und zukunftsträchtige Forschungsergebnisse und Entwicklungsarbeiten verfügen, aber sie müssen sich auf ein raues Geschäftsklima und scharfen internationalen Konkurrenzkampf einstellen.

Risikokapital ist nach wie vor reichlich vorhanden, aber da für die Kapitalgeber auf absehbare Zeit keine Aussicht besteht, die Investitionen über einen Börsengang wieder einzuspielen, scheuen sie das Engagement in Firmen, bei denen die Gewinnerwartung noch in weiter Ferne liegt. Davon ist besonders die Wirkstoffforschung mit ihren langen Entwicklungszeiten betroffen. Selbst für exzellente Firmengründungsprojekte mit geschäftserfahrenen Teams ist es schwer, Kapital zu akquirieren. Unternehmen, die nur auf ein Produkt oder eine Technologie setzen, gelten als zu riskant. Sie müssen kreative Lösungen finden, um Geld zu sparen, Umsätze zu generieren und das Risiko auf mehrere Entwicklungsprojekte zu verteilen. Konsolidierung, starke internationale Ausrichtung und Marktbereinigung sind angesagt.

So trennte sich die LION bioscience von ihrer Wirkstoffforschung und konzentriert sich auf ihr Kerngeschäft, integrierte Software-Systeme für die pharmazeutische Industrie anzubieten. Die Evotec fusionierte mit der britischen Oxford Asymmetry International zur EvotecOAI. Die Rhein Biotech wurde vom Schweizer Impfstoffhersteller Berna Biotech und die in der DNA-Analytik tätigen Unternehmen GeneScan in Freiburg und Medigenomix in München von der belgischen Gruppe Eurofins übernommen. Fusionen und Akquisitionen erfolgten auch zwischen deutschen Firmen; beispielsweise wurden das Heidelberger Bioinformatik-Unternehmen phase[IT] intelligent solutions mit der Europroteom in Hennigsdorf bei Berlin und die auf Wirksubstanzen aus Naturstoffquellen spezialisierte bioLeads, ebenfalls Heidelberg, mit der Biofrontera, Leverkusen, integriert.

Für hervorragende Unternehmen, die mit ihren **Technologieplattformen** und Produktentwicklungen für den internationalen Wettbewerb gerüstet sind, ist nach wie vor Geld vorhanden. Das beweisen beträchtliche Risikokapitalinvestitionen inmitten der Krisenjahre. 2001 erzielten sowohl das erst im Vorjahr von Wissenschaftlern des **EMBL** gegründete Proteomikunternehmen **Cellzome** als auch die auf dem Gebiet der chemischen Genomik tätige **Graffinity Pharmaceuticals** Anschlussfinanzierungen von über 30 Millionen €. Die Mannheimer **Firma febit**, die vollintegrierte Biochip/DNA-Analyseinstrumente entwickelt und vermarktet, realisierte sogar im November 2002, am Tiefpunkt der Kapitalmärkte, eine Venture-Capital-Finanzierung in Höhe von 30 Millionen €, die größte Finanzierungsrunde in der deutschen Biotechnologielandschaft des Jahres. Bis zum Sommer 2003 erhielten auch das Diagnostikunternehmen MTM-Molecular Tools in Medicine, die Alantos Pharmaceuticals, die Wirkstoffe mit einer neuartigen Technologie entwickelt, und wiederum die Cellzome Investitionszusagen im zweistelligen Millionenbereich. Experten sind der Ansicht, dass zwar viele der kleinen Firmen nicht eigenständig überleben werden, dass es aber doch nur eine Frage der Zeit ist, bis auch Europa eine Erfolgsgeschichte wie Amgen aufweisen kann. Die Biotechnologiebranche ist trotz der derzeitigen Krise eine etablierte Industrie, in der ein enormes Wachstumspotenzial liegt.

Was die Biotechnologie gezeigt hat und weiterhin in die Zukunft weist: An der Schnittstelle zwischen Forschung und Wirtschaft „spielt die Musik", Fortschritte aus den Forschungslaboratorien macht heute immer noch „molekulare Millionäre" möglich. Für die Nachhaltigkeit der weiteren Entwicklung der Biotechnologie in Deutschland insgesamt wird daher entscheidend sein, ob sich ein tragfähiges Netzwerk zwischen Wissen und Wirtschaft entwickelt, das rasch auf die Bedürfnisse der Industrie reagiert und Innovationen ermöglicht.

35.5
Weiterführende Literatur

BENGS, H. (2000) *Mit Biotechnologie zum Börsenerfolg*. FinanzBuch Verlag, München.

DOLATA, U. (1996) *Politische Ökonomie der Gentechnik*. Ed. Sigma, Berlin.

KORNBERG, A. (1995) *The Golden Helix – Inside Biotech Ventures*. University Science Books, Sausalito, California.

ROBBINS-ROTH, C. (2000) *From Alchemy to IPO – The Business of Biotechnology*. Perseus Publishing, Cambridge, Massachusetts.

SCHMOCH, U., LICHT, G., REINHARD, M. (Hrsg.) (2000) *Wissens- und Technologietransfer in Deutschland*. Fraunhofer IRB Verlag, Stuttgart.

SCHUSTER, H. J. (Hrsg.) (1990) *Handbuch des Wissenschaftstransfers*, S. 539–551. Springer-Verlag, Berlin.

VON SCHELL, T., MOHR, H. (Hrsg.) (1995) *Biotechnologie – Gentechnik. Eine Chance für neue Industrien*. Springer-Verlag, Berlin-Heidelberg.

36
Patente und Schutz von Ideen

Dieses Kapitel führt in das für Wissenschaftler schwierige Feld des Patentwesens im Bereich Biotechnolgie ein. Geistiges Eigentum von potenziell wirtschaftlichem Wert kann auf vielfältige Arten geschützt werden. Ein im Vergleich zu einem Wettbewerber früher angemeldetes Schutzrecht sichert seinem
Anmelder unter gewissen Voraussetzungen einen Wettbewerbsvorteil. Das wichtigste Schutzrecht auf dem Gebiet des Gewerblichen Rechtsschutzes stellt das
Patent dar. Da ein Patent – je nach Ausgangssituation („Stand der Technik") –
einen großen Schutzbereich abdecken kann, sind die Anforderungen an die Patentfähigkeit einer Erfindung (Neuheit, Erfinderische Tätigkeit, gewerbliche Anwendbarkeit) bewusst hoch gesteckt. Auch biotechnologische Innovationen
(DNA, Proteine, Screening-Verfahren, Herstellungsverfahren, Pflanzen, Tiere,
Mikroorganismen) sind grundsätzlich patentierbar, sofern sie die im Gesetz verankerten Voraussetzungen erfüllen. Da es sich bei biotechnologischen Erfindungen häufig um Gegenstände aus der belebten Materie handelt, scheinen die
Maßstäbe für eine Patentierung oftmals höher als bei anderen Erfindungen angesetzt, um auch der Wahrung menschenrechtlicher und ethischer Grundsätze
Rechnung zu tragen.

36.1
Allgemeine Einführung

Biotechnologische Verfahren werden seit Jahrhunderten angewandt. Aber erst
durch die Entschlüsselung der molekularen Struktur der DNA vor 50 Jahren hat
die Entwicklung auf diesem Gebiet einen besonderen Schub erhalten. Neue Entwicklungen im Bereich der Gentechnologie sind von erheblicher **wirtschaftlicher
Bedeutung für die Bereiche Medizin, Pharmazie, Nahrungsmittelproduktion, Abfallbeseitigung und Herstellung von Industriechemikalien**. Ihre Realisierung erfordert allerdings generell den Einsatz erheblicher Finanzmittel seitens staatlicher
Einrichtungen oder privater Investoren für Forschung und Entwicklung, wobei es
immer mehr darauf ankommt, **ob die Forschungsergebnisse wirtschaftlich ver-
wertbar sind**. Der Schutz eines solchen geistigen Eigentums einer Forschungsein-
richtung oder eines Unternehmens in Form eines (gewerblichen) Schutzrechts ge-

Molekulare Biotechnologie: Konzepte und Methoden.
Herausgegeben von M. Wink
Copyright © 2004 WILEY-VCH Verlag GmbH & Co. KGaA, Weinheim
ISBN: 3-527-30992-6

währt dieser/diesem für eine bestimmte Zeit einen Wettbewerbsvorteil, da ein bestehendes Schutzrecht in der Regel ein Hindernis für Wettbewerber zur Durchführung gerade dieser Technologie darstellt. In diesem Kapitel werden u. a. Grundlagen des Gewerblichen Rechtsschutzes vorgestellt, welche (rechtlichen) Anforderungen an eine sog. Erfindung gestellt werden und welche Rechte sich aus einem für eine Erfindung erteilten Patent ergeben, welche Gegenstände aus der belebten Natur dem Patentschutz zugänglich sind und welche ethischen Aspekte sich daraus in der öffentlichen Diskussion ergeben haben.

36.1.1
Übersicht über die Besonderheiten im Gewerblichen Rechtsschutz

Der Begriff „**geistiges Eigentum**" (*intellectual property*) bezeichnet im Allgemeinen Ergebnisse geistiger Tätigkeit, die für eine einzelne Person oder eine Institution, in der die geistige Tätigkeit geleistet wurde, von wirtschaftlichem Wert sein können. So vielfältig, wie schützenswertes geistiges Eigentum verkörpert sein kann, beispielsweise in schriftlicher Textform, in Werken der bildenden Kunst, im Produktdesign und in Erfindungen, sind auch die Schutzrechtsarten zum Schutz geistigen Eigentums: der **Urheberrechtsschutz (Copyright)** für Schriftwerke, der Designschutz (im deutschen Sprachraum als Geschmacksmusterschutz bezeichnet), der Markenschutz (z. B. Unternehmens- oder Produktnamen) und der **Schutz von Erfindungen durch Patente und Gebrauchsmuster**.

Einige Schutzrechtsarten unterliegen einem **amtlichen Anmeldungs- und Eintragungssystem (Patente, Marken, Geschmacks- und Gebrauchsmuster)**, wohingegen das Copyright automatisch auch ohne Eintragung dann entsteht, wenn das Werk durch den Urheber geschaffen wird. Für einzutragende Schutzrechte wird grundsätzlich in jedem Land, in dem Schutz angestrebt wird, ein gesondertes Anmelde- und Eintragungsverfahren durchgeführt (Territorialitätsprinzip). Mit der Ratifizierung internationaler Übereinkommen konnten die unterschiedlichen nationalen Anmeldeverfahren allerdings in gewisser Hinsicht zentralisiert und rationalisiert werden. Beispielsweise wird die internationale Behandlung Gewerblicher Schutzrechte durch die Pariser Verbandsübereinkunft (PVÜ) vom 20. 03. 1883 geregelt. Als Ergänzung der PVÜ ist im Rahmen der Welthandelsorganisation in neuerer Zeit (seit dem 1. 1. 1995) das sog. TRIPs-Übereinkommen (*Trade Related Aspects of Intellectual Property Rights*) hinzugekommen. Nach dem Gleichbehandlungsgrundsatz dieser Übereinkommen verpflichtet sich jeder beigetretene Staat (heute nahezu alle Industrieländer), den Staatsangehörigen anderer Länder des Übereinkommens hinsichtlich des geistigen Eigentums die gleichen Rechte wie seinen eigenen Staatsbürgern einzuräumen.

Bei den einzutragenden Schutzrechten wird häufig von verschiedenen Anmeldern unabhängig voneinander nahezu die gleiche Erfindung angemeldet. Dann gilt zumindest in Europa der Grundsatz, dass derjenige das Schutzrecht bekommt, der **es zuerst angemeldet** hat (*First-to-File*-Prinzip). In den USA hingegen kommt es auf den Zeitpunkt der eigentlichen Erfindung an (*first-to-invent*). Benötigt ein Anmelder auch Schutz im Ausland, hätte das First-to-File-Prinzip normalerweise zur Folge, dass er seine Erfindung möglichst schnell in allen in Frage kommenden Ländern anmeldet. Dies wäre natürlich mit erheblichen organisatorischen Schwierigkeiten und beträchtlichen Kosten bereits zu einem Zeitpunkt, an dem die wirtschaftliche Relevanz der Erfindung noch ungewiss ist, verbunden. Die Vorschriften der PVÜ regeln dieses Problem, indem jedem Anmelder, der in einem bestimmten Land eine erste Anmeldung eingereicht hat, für die Anmeldung desselben Schutzrechts in anderen Ländern eine sog. **Prioritätsfrist** zusteht. Wird die Folgeanmeldung also innerhalb dieser vorgesehenen Frist eingereicht, genießt sie den Zeitrang der Erstanmeldung, d. h., sie wird im Ausland im Innenverhältnis zu anderen Anmeldungen oder zu Veröffentlichungen so behandelt, als sei die Einreichung bereits zum Zeitpunkt der Erstanmeldung erfolgt. **Die Prioritätsfrist beträgt bei Patenten und Gebrauchsmustern ein Jahr, bei Marken und Geschmacksmustern sechs Monate**.

36.1.2
Aspekte des Patentrechts

Grundlage des heutigen Patentwesens in Deutschland ist das **Patentgesetz „1981"** in der Fassung der Bekanntmachung vom 16. Dezember 1980. Volkswirtschaftlich dient das Patentrecht dem Zweck, durch einen gezielten Eingriff in den freien Wettbewerb eine mögliche Benachteiligung von Erfindern zu vermeiden, wenn sie ihre Entwicklungsaufwendungen über den Preis der Produkte amortisieren müssten, während Wettbewerber das Entwicklungsergebnis einfach übernehmen könnten. Ohne ein wirksames Patentsystem könnten Erfinder gezwungen sein, ihre Erfindungen so weit wie möglich geheim zu halten, was letztlich nachteilig für den technischen Fortschritt wäre.

Anders als das Urheberrecht entsteht ein Patent nicht bereits mit der Schöpfung des Werks, sondern durch einen nationalen oder regionalen Erteilungsakt. Durch die Erteilung eines Patents gewährt die Öffentlichkeit, vertreten durch den Staat, dem Erfinder ein zeitlich befristetes Recht, das ihm deswegen gebührt, weil er seine Erfindung nicht geheim hält, sondern der Öffentlichkeit preisgibt. Der Gesetzgeber stellt somit sicher, dass Erfindungen schnell verbreitet werden und der Erfinder dafür „belohnt" oder zu weiteren Entwicklungsarbeiten angespornt wird. Nicht zuletzt kann sich der Patentinhaber damit für eine begrenzte Zeit **(maximal 20 Jahre ab Anmeldetag)** gegen Nachahmung schützen, z. B. indem er unter Ausnutzung von Rechtsmitteln (u. a. die Durchsetzung von Unterlassungs- oder Schadensersatzansprüchen in einer Klage) gegen Nachahmer vorgeht.

36.1.2.1 Kriterien für die Patentfähigkeit
Da mit dem angestrebten Patent ein möglichst weites Terrain geschützt werden, d. h. der Schutzbereich des Patents möglichst breit sein soll, werden vom Gesetzgeber strenge Maßstäbe für die Patentfähigkeit angelegt. Nach den nahezu harmonisierten europäischen Patentgesetzen müssen vier Voraussetzungen für die Erlangung eines Patents erfüllt sein:

- Vorliegen einer **Erfindung**,
- **Neuheit** der Erfindung,
- **Erfinderische Tätigkeit**, auf der die Erfindung beruht und
- **gewerbliche Anwendbarkeit** der Erfindung.

Die einzelnen Voraussetzungen sollen im Folgenden näher erläutert werden.

Das Patentrecht selbst liefert keine ausdrückliche positive Definition des Begriffs der **Erfindung**. Es bestimmt lediglich negativ, welche Gegenstände oder Verfahren keine Erfindungen darstellen und damit als nicht patentierbar gelten. Eine Vielzahl gerichtlicher und amtlicher Entscheidungen hat aber dennoch im Lauf der Jahre zu einer Definition geführt, die in der Praxis des Deutschen Patent- und Markenamtes (DPMA) oder des Europäischen Patentamtes (EPA) in Patentverfahren als Maßstab gilt. Demnach ist eine Erfindung im Sinne des Patentrechts „**eine Lehre zum praktischen Handeln, deren beanspruchter Gegenstand oder deren beanspruchte Tätigkeit technischer Natur, realisierbar und wiederholbar ist und die Lösung einer Aufgabe durch technische Überlegungen darstellt**". Allgemein wird daher unter einer Erfindung eine **technische Problemlösung** verstanden. Nichttechnische Innovationen, z. B. ein neues Marketingkonzept oder eine neue Verwaltungsstruktur, sind daher vom Patentschutz ausgeschlossen, auch wenn sie noch so originell sind. Das Erfordernis der Technikbezogenheit bedeutet nicht, dass die mit der Erfindung erzielte Wirkung auf technischem Gebiet liegen muss; sie kann vielmehr auf naturwissenschaftlichem, medizinischem, ästhetischem, betriebswirtschaftlichem oder sonst einem Gebiet liegen. Nur die Mittel, deren sich die Erfindung zur Lösung eines Problems bedient, müssen technisch sein. Zu den patentierbaren Erfindungen zählen alle Arten von Erzeugnissen wie Maschinen, Vorrichtungen, Gebrauchsgegenstände oder chemische Stoffe einschließlich Medikamenten sowie technische Verfahren wie Herstellungsverfahren, Sortierverfahren oder Screening-Verfahren. Ausdrücklich durch das Gesetz vom Patentschutz ausgeschlossen sind beispielsweise Entdeckungen, wissenschaftliche Theorien und mathematische Methoden, ästhetische Formschöpfungen, Pläne und Regeln für gedankliche Tätigkeiten. Schwierigkeiten bereitet vor allem in dem für die Biotechnologie relevanten Bereich der Naturstoffe die Abgrenzung einer Erfindung von einer nichtpatentierbaren Entdeckung. Nach anerkannter Auffassung soll eine Erfindung das Können bereichern, wohingegen eine Entdeckung das Wissen vervollkommnet, ohne dabei jemanden direkt in die Lage zum technischen Handeln zu versetzen. **Eine DNA-Sequenz *per se* ist im Allgemeinen nicht patentfähig** – nicht, weil sie in der Natur bereits vorhanden war, sondern weil ihr bloßes Auffinden, ihre Entdeckung, lediglich das Wissen bereichert. Kann der DNA-Sequenz jedoch eine Funktion zugewiesen werden oder enthält die Erfindung Methoden zu ihrer Herstellung, Isolierung und Verwendung, so ist sie dem Patentschutz zugänglich. Bei der für eine Erfindung erforderlichen **Lehre zum technischen Handeln** kommt es im Wesentlichen darauf an, dass es einer anderen Person ohne weiteres möglich sein muss, die aufgeschriebene Erfindung jederzeit selbst zu **wiederholen (das Gebot der Nacharbeitbarkeit; *enablement*)**.

Neuheit (*novelty*) wird einer Erfindung dann zugesprochen, wenn sie zum Prioritätszeitpunkt nicht zum Stand der Technik gehört, d.h. **der Öffentlichkeit vorher in keiner Weise bekannt oder zugänglich war**. Als Stand der Technik gelten alle Kenntnisse, die in irgendeiner Form veröffentlicht sind, sei es durch schriftliche oder mündliche Beschreibung, Benutzung oder auch durch Produkte, an denen die Erfindung erkennbar ist. **Durch eine öffentliche Bekanntmachung der Erfindung in Form von Werbebroschüren, Vorträgen, Postern oder wissenschaftlichen Publikationen bevor die Erfindung beim Patentamt angemeldet wurde, ist die Chance auf ein Patent verspielt.** Dabei kommt es nicht darauf an, ob diese Bekanntmachung durch den Erfinder selbst erfolgt ist oder nicht. Die Voraussetzung der Neuheit ist bei einer Erfindung jedoch meistens leicht erfüllt: Die Erfindung muss sich in der Regel nur in einem einzigen, oft auch trivialen Merkmal vom Stand der Technik unterscheiden.

Schwieriger ist es hingegen, dem Erfordernis der **erfinderischen Tätigkeit** (*inventive step* oder *non-obviousness*) gerecht zu werden. Dieses Kriterium ist im Patentgesetz und der Rechtsprechung nicht so klar fassbar wie das Kriterium der Neuheit und unterliegt bei der Beurteilung häufig dem Spielraum des Ermessens. Der Prüfung der erfinderischen Tätigkeit liegt derselbe Stand der Technik wie der Prüfung der Neuheit zugrunde. Allerdings können für die Beurteilung der erfinderischen Tätigkeit mehrere Veröffentlichungen herangezogen und miteinander kombiniert werden. Ausschlaggebend ist hierbei die Sicht des sog. „Durchschnittsfachmanns“, ein fiktiver, auf dem betreffenden Fachgebiet angemessen ausgebildeter (aber nicht besonders kreativer) Fachmann (*person skilled in the art*). Nach dem Gesetz wird eine erfinderische Tätigkeit im Allgemeinen verneint, wenn der Durchschnittsfachmann anhand des veröffentlichten Standes der Technik durch nahe liegende Überlegung zu der in der Erfindung verkörperten Problemlösung kommen würde. Ist z.B. aus einer Veröffentlichung ein Stuhl mit Rückenlehne und aus einer zweiten Veröffentlichung ein Stuhl mit Armstützen bekannt, so bedarf es offenbar keiner erfinderischen Tätigkeit mehr, einen Stuhl zu schaffen, bei dem sowohl eine Rückenlehne als auch Armstützen vorgesehen sind. Die Kombination von aus dem Stand der Technik bekannten Merkmalen kann allerdings dann als erfinderisch gelten, wenn dadurch ein überraschender Effekt erzielt wird. Um bei dem genannten Beispiel zu bleiben: Lassen sich die Armstützen sowohl an der Sitzfläche als auch an der Rückenlehne befestigen und erreicht der Stuhl dadurch eine unerwartete Stabilität, könnte darin unter Umständen eine erfinderische Tätigkeit gesehen werden. Inwieweit die schöpferischen Fähigkeiten des Durchschnittsfachmanns für das Zustandekommen einer Erfindung ausreichen oder nicht, hängt in der Regel vom Standpunkt des Betrachters ab. Wer eine Patentanmeldung einreicht oder ein Patent verteidigt, wird im Allgemeinen darlegen, welche hohe geistige Leistung zu der Erfindung geführt hat, und dass auch der fähigste Durchschnittsfachmann zur Lösung des Problems in der vorgeschlagenen Art und Weise nicht imstande gewesen sei. Umgekehrt wird man immer dann, wenn es darum geht, ein Patent eines Wettbewerbers anzugreifen, zur Untermauerung mangelnder erfinderischer Tätigkeit das schöpferische Können des Durchschnittsfachmanns eher niedrig ansetzen.

Im Gegensatz zu Neuheit und Erfinderischer Tätigkeit bezieht sich das Erfordernis der **gewerblichen Anwendbarkeit** (*industrial application*) einer Erfindung nicht auf den Stand der Technik. Gemeint ist hiermit, dass der Gegenstand der Erfindung auf irgendeinem gewerblichen Gebiet einschließlich der Landwirtschaft hergestellt oder benutzt werden kann. Mit dieser Regelung soll das Patentwesen von rein theoretischen Verfahren freigehalten und auf praktisch anwendbare Erfindungen beschränkt werden. Ein echter Nachweis, ob eine Erfindung gewerblich anwendbar ist, muss normalerweise nicht erbracht werden. Es bedarf nur dann einer entsprechenden Angabe, wenn nicht ersichtlich ist, ob die Erfindung überhaupt in der Technik verwendbar ist.

Während für die meisten technischen Gebiete das Erfordernis der gewerblichen Anwendbarkeit in der Praxis kaum eine Rolle spielt, da die meisten Erfindungen gewerblich anwendbar sind, kommt dieser Vorschrift für den Bereich der Biotechnologie eine besondere Bedeutung zu. **Das Patentrecht verneint z. B. ausdrücklich die gewerbliche Anwendbarkeit chirurgischer, therapeutischer und diagnostischer Verfahren an Mensch und Tier.** Nach gängiger Rechtsprechung soll die Krankheit des Menschen nicht kommerzialisiert werden, damit ein Arzt jederzeit geeignete Maßnahmen anwenden kann, um eine Krankheit durch Untersuchungsmethoden zu erkennen und zu beseitigen, ohne dabei durch Verfahrenspatente auf dem Gebiet der Medizin behindert zu sein. Ist das betreffende Verfahren außer zu Heilzwecken auch im gewerblichen Bereich anwendbar, so kann ein Patent erteilt werden, wenn in der Patentanmeldung das Verfahren eindeutig durch einen sog. *Disclaimer* auf den gewerblichen Teil beschränkt wird. Gewissermaßen als Ausnahme von der Ausnahme erklärt das Patenrecht jedoch Erzeugnisse, die in einem chirurgischen, therapeutischen oder diagnostischen Verfahren eingesetzt werden, für gewerblich anwendbar und damit patentierbar. Dazu zählen Arzneimittel, aber auch chirurgische Instrumente, Prothesen und künstliche Organe, Hör- und Sehhilfen. Beispielsweise kann ein Verfahren zur Empfängnisverhütung als therapeutisches Verfahren, und somit als nicht gewerblich anwendbar angesehen werden, obwohl Schwangerschaft keine Krankheit ist, denn das Verfahren beugt einer ungewollten Schwangerschaft, also gewissermaßen einer Befindlichkeitsstörung vor. Demgegenüber sind Stoffe mit kontrazeptiver Wirkung für die Anwendung bei der Empfängnisverhütung sehr wohl patentierbar.

36.1.2.2 Rechte aus dem Patent

Wie bereits in den einführenden Bemerkungen angedeutet, wird nach gängigem Patentrecht der Patentinhaber **durch sein Patent in die Lage versetzt, jedem anderen zu verbieten, seine für ihn geschützte Erfindung zu benutzen, d. h. das patentierte Erzeugnis herzustellen, anzubieten, in Verkehr zu bringen oder zu gebrauchen oder zu einem dieser Zwecke zu importieren oder in Besitz zu haben.** Nach dem Wortlaut der entsprechenden gesetzlichen Vorschrift im (deutschen) Patentgesetz soll allein der Patentinhaber befugt sein, die patentierte Erfindung zu benutzen. Indes räumt der Besitz eines Patents dem Patentinhaber kein absolutes Recht (also keinen „Freibrief") zur eigenen Benutzung ein. Bevor ein Patentinhaber von seiner eigenen Erfindung Gebrauch macht, ist zunächst zu überprüfen, ob die beabsichtigte Nutzung, beispielsweise die Herstellung eines Antikörpers gegen ein bestimmtes Protein, nicht verletzend in den Schutzbereich des Patents eines Dritten eingreift. Sind nämlich einzelne Bereiche des Proteins und die dagegen gerichteten Antikörper bereits von einem zweiten Schutzrecht erfasst, ist die Herstellung eines Antikörpers, der gegen das vollständige Protein gerichtet ist, nicht ohne Zustimmung des Inhabers dieses zweiten Patents möglich, da die einzelnen Bereiche untrennbare Bestandteile des vollständigen Proteins sind. Überdies unterliegt das Patentrecht in weiten Teilen der für das jeweilige Territorium geltenden, übergeordneten Spezialgesetzgebung (z. B. Embryonenschutzgesetz). Eine Patenterteilung bedeutet im Grunde nur, dass die Erfindung nach Auffassung des Patentamts die Kriterien für Patentfähigkeit erfüllt, sich also im Wesentlichen vom Stand der Technik unterscheidet – ein uneingeschränktes Benutzungsrecht lässt sich daraus nicht ableiten.

Wer eine Erfindung ohne Zustimmung des Patentinhabers in der geschilderten Weise benutzt, kann gezwungen werden, die Benutzung einzustellen (Anspruch des Patentinhabers auf Unterlassung). Außerdem muss er für bereits begangene Verletzungshandlungen möglicherweise Schadensersatz leisten. **Um nicht dem Vorwurf der Fahrlässigkeit ausgesetzt zu sein, wird daher von jedem, der eine Innovation auf den Markt bringt (z. B. ein neues Medikament), verlangt, sich vorher über in Kraft befindliche Patente zu informieren.**

Unter bestimmten Voraussetzungen kann dennoch die Benutzung einer patentierten Erfindung erlaubt sein. Dazu gehört beispielsweise die **Benutzung zu rein privaten, also nicht gewerblichen Zwecken**. Von großer Bedeutung, insbesondere für den Bereich der Biotechnologie, ist die Nutzung von geschützten Innovationen zu Versuchszwecken. Durch die als Versuchs- oder Forschungsprivileg bezeichnete Ausnahme darf eine patentierte Erfindung benutzt werden, um zu erforschen, wie die Erfindung funktioniert und wie man sie gegebenenfalls verbessern kann. Der Bundesgerichtshof (BGH) entschied 1995, dass der Einsatz eines patentierten Arzneimittelwirkstoffs bei „Klinischen Versuchen" mit dem Ziel, herauszufinden, ob mit dem Wirkstoff weitere Krankheiten behandelt werden können, keine Patentverletzung darstellt. **Damit hat der Gesetzgeber, dem Grundsatz der Forschungsfreiheit Rechnung tragend, durch Freistellung von bestimmten Handlungen zu Versuchszwecken eine Abwägung zwischen den Interessen des Patentinhabers am möglichst weitgehenden Schutz durch sein Patent und den Interessen der Allgemeinheit an der Fortentwicklung der Technik vorgenommen.**

36.2
Biotechnologische Erfindungen

Dass Patentschutz nicht auf die unbelebte Materie beschränkt ist, entschied der BGH bereits Ende der 60er Jahre. Diese auch für den Erfindungsbegriff wegweisende Entscheidung aus dem Jahre 1969, die der Patentfachwelt unter der Bezeichnung „Rote Taube" geläufig ist, hatte ein Verfahren zur Züchtung einer Taube mit rotem Gefieder zum Inhalt. Darin hält der BGH u. a. fest, **dass es „der Möglichkeit einer Patentierung nicht grundsätzlich entgegenstehe, dass lebende Organismen (einschließlich von Tieren) und die in ihnen wirksamen biologischen Kräfte Ausgang, Mittel und Ziel der angemeldeten Erfindung seien".** Seit der Entscheidung „Bäckerhefe" im Jahr 1975 können beispielsweise Mikroorganismen Gegenstand eines (Sach-)Patents und mikrobiologische Verfahren Gegenstand eines Verfahrenspatents sein. Mit der sog. „Chakrabarty"-Entscheidung hat der US Supreme Court im Jahr 1980 das erste für einen **gentechnisch veränderten Mikroorganismus erteilte Patent** bestätigt. Es handelte sich dabei um Bakterien, die aufgrund ihrer genetischen Veränderung in der Lage sind, Erdöl abzubauen. In neuerer Zeit erlangte Anfang der 90er Jahre **die „Harvard-Krebsmaus" als erstes patentiertes transgenes Säugetier** Berühmtheit. Das Tier wies aufgrund eines künstlichen Gendefekts eine erhöhte Neigung zur Entwicklung von Milchdrüsenkrebs auf und eignete sich daher als Labortier für Versuche in der Krebsforschung.

So wurden seit Beginn der 80er Jahre auf dem Gebiet der Biotechnologie allein etwa 20 000 europäische Patentanmeldungen eingereicht, von denen etwa 5000 der Gentechnik im engeren Sinn zuzurechnen sind. Den **Hauptanteil der biotechnologischen Patentanmeldungen bilden DNA-Sequenzen,** die aus dem menschlichen Genom isoliert und in der Entwicklung von Heilverfahren und Medikamenten eingesetzt werden. Um der rasanten Entwicklung der Biotechnologie gerecht zu werden, erließen das Europäische Parlament und der Rat der Europäischen Gemeinschaft im Juli 1998 die Richtlinie 98/44/EG über den rechtlichen Schutz biotechnologischer Erfindungen – die sog. **Biotechnologierichtlinie.** In der Ausführungsordnung zum Europäischen Patentübereinkommen (EPÜ), welches gewissermaßen das regionale europäische Pendant zum nationalen deutschen Patentgesetz darstellt, sind die Grundsätze der Patentierbarkeit von gentechnischen Erfindungen, die sich an der Vorgabe der Europäischen Richtlinie orientieren, bereits verwirklicht. Der auf deutscher Ebene verfasste Gesetzentwurf befindet sich zwar noch in der Beratung der parlamentarischen Ausschüsse, wiederholt aber im Wesentlichen die Vorgaben der Richtlinie.

36.2.1
Patentierbare biotechnologische Gegenstände

Grundsätzlich patentierbar sind biotechnologische Erfindungen nach der erwähnten Richtlinie auch dann, wenn sie **biologisches Material zum Gegenstand haben, das mithilfe eines technischen Verfahrens aus seiner natürlichen Umgebung isoliert oder hergestellt wird, auch wenn es in der Natur schon vorhanden war.** Unter biologischem Material ist hierbei Material zu verstehen, das genetische Information enthält und sich selbst reproduzieren oder in einem biologischen System reproduziert werden kann. Die Neuheit wird demnach nicht dadurch ausgeschlossen, dass der Stoff (eine Nucleinsäure oder ein Polypeptid) in der Natur bereits vorhanden war, sondern erst dadurch, dass er bereits bereitgestellt wurde. Bei der

Bereitstellung von in der Natur existierenden Stoffen kann beispielsweise in der Schwierigkeit der Isolierung/Synthese oder im Nachweis einer neuen, überraschenden Wirkung Erfinderische Tätigkeit begründet liegen. Nach dem Wortlaut der Richtlinie kann ein „**isolierter Bestandteil des menschlichen Körpers oder ein auf andere Weise durch ein technisches Verfahren gewonnener Bestandteil einschließlich der Sequenz oder Teilsequenz eines Gens eine patentierbare Erfindung sein, selbst wenn der Aufbau dieses Bestandteils mit dem Aufbau eines natürlichen Bestandteils identisch ist**". Die Betonung liegt hierbei auf dem Begriff des „isolierten Bestandteils", d.h., die der Erfindung zugrunde liegende biologische bzw. chemische Substanz muss aus ihrer natürlichen Umgebung herausgelöst und isoliert vorliegen.

36.2.1.1 Allgemeine Merkmale für patentierbare, biotechnologische Gegenstände

Als biologische oder medizinische Erfindungen **patentierbar** sind grundsätzlich **Eingriffe in biologische Vorgänge durch Mittel der unbelebten Natur** (z.B. ein chemischer Stoff, der in Patienten die Zellteilung beeinflusst), **Eingriffe in die unbelebte Natur durch biologische Mittel** (z.B. die Herstellung von Bier oder antibakteriellen Peptiden durch Mikroorganismen) und **die Veränderung biologischer Erscheinungen durch biologische Mittel** (z.B. die Beeinflussung des Erbmaterials und die daraus resultierenden Produkte wie DNA-Sequenzen, Bakteriophagen, transgene Tiere, Pflanzen, Viren usw.).

Besondere Bedenken im Bereich der Patentierung biotechnologischer Erfindungen wirft die Frage auf, ob reine DNA-Sequenzen, deren Auffinden und Isolieren durch automatisierte Sequenziertechnologie und moderne Bioinformatikprogramme problemlos möglich sind, ohne Angabe einer Funktion dem Patentschutz zugänglich sein sollen. Dies ist insbesondere für unvollständige Sequenzen eines Gens, beispielsweise sog. **ESTs** (*expressed sequence tags*), oder für Sequenzen, die möglicherweise pathologisch relevante **Nucleotidmutationen (SNPs,** *single nucleotide polymorphisms*) aufweisen, von Bedeutung. In den USA wurden auf ESTs von Anfang bis etwa Mitte der 90er Jahre durchaus Patente erteilt. Unter Betrachtung der heute gängigen Praxis der Patentämter sowohl in Europa als auch in den USA wird jedoch mittlerweile die allgemein anerkannte Auffassung vertreten, **dass ein Stoffschutz für DNA-Sequenzen ohne konkrete Funktionsangabe dem Sinn und Zweck des Patentrechts nicht gerecht wird.**

Arzneimittel nehmen im Patentrecht eine Sonderstellung ein, da für sie unterschiedliche Arten von Patenten erteilt werden können. Sofern der dem Arzneimittel zugrunde liegende Stoff noch patentfähig ist, kann darauf ein **Erzeugnispatent** erteilt werden. Ist der Stoff selbst bereits bekannt, aber seine medizinische Wirkung noch nicht, lässt er sich in Form eines sog. **zweckgebundenen Stoffpatents** schützen („Stoff X zur Verwendung als Arzneimittel"). Diesen Weg eines zweckgebundenen Stoffpatents bezeichnet man auch als **1. medizinische Indikation.** Darüber hinaus ist es möglich, sich das **Herstellungsverfahren** für ein Arzneimittel patentieren zu lassen. Schließlich gibt es für Arzneimittel noch die Besonderheit der **2. medizinischen Indikation,** die dann greift, wenn der Stoff und seine

Verwendung als Arzneimittel bereits bekannt sind, aber eine **neue therapeutische Anwendung** für eine andere Krankheit gefunden wurde. Im Gegensatz zur deutschen Patentrechtspraxis wird allerdings nach der Spruchpraxis des Europäischen Patentamts ein Patentanspruch auf die bloße Verwendung des Stoffes zur Behandlung einer bestimmten Krankheit nicht akzeptiert, da diese mit einem Verfahren zur therapeutischen Behandlung des menschlichen Körpers gleichgesetzt wird. Sie wäre daher, wie bereits ausgeführt, nicht gewerblich anwendbar und somit nicht patentierbar. Man bedient sich daher der Anspruchsformulierung „Verwendung des Stoffes X zur Herstellung eines Medikaments zur Behandlung der Krankheit A".

Eine Patentanmeldung bzw. das darauf erteilte Patent muss so abgefasst sein, dass jeder die darin beanspruchte Erfindung durchführen, also wiederholen kann. Eine dieser Vorgabe gerecht werdende, ausreichende Beschreibung von Mikroorganismen oder Zelllinien, die einen bestimmten Antikörper produzieren, ist jedoch häufig nicht möglich. Das Patentrecht sieht daher als ergänzenden Ersatz zur Beschreibung die Hinterlegung des biologischen, vermehrbaren Materials an einer wissenschaftlich anerkannten Hinterlegungsstelle vor. **Die Hinterlegungsstelle verpflichtet sich, den Mikroorganismus oder die Zelllinie unter Erhaltung der Lebensfähigkeit für mindestens 30 Jahre ab dem Zeitpunkt der Hinterlegung aufzubewahren und Dritten zugänglich zu machen.** In Deutschland übernimmt diese Aufgabe beispielsweise die **Deutsche Sammlung für Mikroorganismen und Zellkulturen GmbH (DSMZ)** in Braunschweig.

36.2.1.2 Beispiele aus der Praxis

Konkrete Beispiele aus der Praxis für patentierbare Entwicklungen sind u. a. Züchtungsverfahren, wenn es sich dabei um mikrobiologische oder überwiegend technische Verfahren handelt. Dazu zählen auch die hierbei anfallenden Zwischen- und Endprodukte, wie etwa **Plasmide und Enzyme**, aber auch **nichthumane Embryonen und Organismen**. Dem Patentschutz zugänglich sind außerdem Stoffe, Vorrichtungen oder Instrumente, die bei therapeutischen und diagnostischen Verfahren eingesetzt werden. **Darunter fallen Arzneimittel, Zellen, die in der Gentherapie als Medikament eingesetzt werden, Genabschnitte, Zelllinien, Antikörper und Hormone, sowie Verfahren zu deren Kultivierung.** Von besonderer Relevanz für den medizinischen Bereich sind **Verfahren zur nichtinvasiven Ermittlung** chemischer oder physikalischer Zustände von Mensch und Tier und an entnommenen Körpersubstanzen durchgeführte Diagnoseverfahren. In der Öffentlichkeit Beachtung fand Mitte der 90er Jahre auch die Patentierung des isolierten menschlichen Gens für Relaxin und dessen Einschleusung in das bakterielle Genom zum Zwecke der rekombinanten Herstellung.

Die Biotechnologierichtlinie sieht allgemein vor, dass **Pflanzen oder Tiere ebenfalls patentierbar** sind, sofern die Ausführung der Erfindung nicht auf eine bestimmte Pflanzensorte oder Tierrasse beschränkt ist. Somit sind auch **transgene Pflanzen**, denen durch Einschleusung eines Gens eine gewünschte Eigenschaft verliehen werden soll, grundsätzlich nicht vom Patentschutz ausgenommen. Zielrichtung von Pflanzenerfindungen zu gewerblichen Zwecken ist meistens die Ertragssteigerung (z. B. gentechnisch verändertes Hybridgetreide) oder die Entwicklung schädlingsresistenter Pflanzen.

36.2.2
Nichtpatentierbare biotechnologische Erfindungen

Im Gesetz ausdrücklich von der Patentierbarkeit ausgenommen sind Pflanzensorten oder Tierarten sowie im Wesentlichen **biologische Verfahren zur Züchtung von Pflanzen und Tieren**. Nach dem internationalen Übereinkommen zum Schutz von Pflanzenzüchtungen (UPOV) ist **eine Pflanzensorte eine pflanzliche Gesamtheit innerhalb eines einzigen botanischen Taxons der untersten Rangstufe, die aufgrund der sich aus einem bestimmten Genotyp oder einer bestimmten Kombination von Genotypen ergebenden Ausprägung ihrer Merkmale als Einheit angesehen werden kann.** Die Pflanzensorte ist demnach durch Homogenität und Stabilität der gemeinsamen Merkmale einer Pflanzenmehrheit gekennzeichnet und entsteht durch züchterische Verfahrensschritte (z. B. Kreuzungen, Rückkreuzungen, Selektion usw.), die als „im Wesentlichen biologische Verfahren" angesehen werden. Dass eine Pflanzensorte nicht patentierbar ist, hat allerdings weniger ethische Gründe, sondern liegt vielmehr an der mangelnden Wiederholbarkeit dieser Verfahrensschritte unter Gewähr, dass dieselbe Pflanze erhalten wird.

Von der Patentierung grundsätzlich ausgenommen sind nach der sog. Generalklausel im Patentrecht alle Erfindungen, **deren Veröffentlichung und Verwertung gegen die „öffentliche Ordnung" oder die „guten Sitten" verstoßen.** Die Biotechnologierichtlinie enthält besondere Regelungen für biotechnologische Erfindungen, die mit der Wahrung der öffentlichen Ordnung und der guten Sitten unvereinbar sind. Davon betroffen sind insbesondere Verfahren **zum Klonen menschlicher Lebewesen, Verfahren zur Veränderung der genetischen Identität der Keimbahn des menschlichen Lebewesens, die Verwendung menschlicher Embryonen zu industriellen oder kommerziellen Zwecken sowie Verfahren zur genetischen Veränderung der genetischen Identität von Tieren, die geeignet sind, Leiden dieser Tiere ohne wesentlichen Nutzen für den Menschen oder für das Tier zu verursachen, sowie die mithilfe dieser Verfahren erzeugten Tiere.** Einschränkend hierzu ist zu bemerken, dass die entsprechende gesetzliche Vorschrift ausdrücklich auf eine Gefährdung der öffentlichen Ordnung oder der guten Sitten bei Verwertung und Veröffentlichung der Erfindung abzielt. Damit wäre grundsätzlich die Möglichkeit zur Patentierung der genannten Verfahren gegeben, sofern eine entsprechende Verwertung nicht oder nicht mehr gegen die öffentliche Ordnung oder die guten Sitten verstößt.

Im Licht der in Artikel 1 des Grundgesetzes verankerten Unantastbarkeit der Menschenwürde muss vom Bundespatentgericht das **Patentrecht unter Wahrung der Grundprinzipien ausgeübt werden, die die Würde und die Unversehrtheit des Menschen gewährleisten.** Ausgehend von diesem Grundprinzip sind nach den Regelungen der Biotechnologierichtlinie der menschliche Körper in den einzelnen Phasen seiner Entstehung und Entwicklung sowie die bloße Entdeckung eines seiner Bestandteile vom Patentschutz ausgeschlossen, es sei denn, es handelt sich um einen durch ein technisches Verfahren gewonnenen Bestandteil. Zu den im Gesetz angesprochenen technischen Verfahren zählen beispielsweise chirurgische Verfahren (Abtrennen von Körperteilen), Entnahmeverfahren zur Gewinnung von Zellen oder Körperflüssigkeiten (z. B. Blut), Reinigungsverfahren zur Entnahme, Behandlung und Wiedereinführung menschlicher Körperflüssigkeiten (z. B. Blutwäsche) und Vermehrung menschlicher Substanzen (z. B. DNA oder Zellen), die aus dem menschlichen Körper gewonnen wurden, um sie nach Behandlung dem Körper wieder zuzuführen.

36.2.3
Ethische Überlegungen

In die kontroverse Diskussion geraten ist die Patentierung biologischen Materials wieder in jüngster Zeit durch das sog. „Edinburgh"-Patent, hinter dem sich ein Verfahren verbirgt, mit dem sich tierische Stammzellen so verändern lassen, dass sie gegenüber unerwünschten ausdifferenzierten Zellen bevorzugt überleben und von diesen getrennt werden können. Bei der Erteilung des Patents im Dezember 1999 wurde versäumt, den Begriff „Tier" so einzuschränken, dass er nicht auch Menschen mit umfasst, wie das für den englischen Begriff *animal* der Fall ist. Als Ergebnis eines Einspruchsverfahrens vor dem Europäischen Patentamt (EPA) wurde das angegriffene Patent im Juli 2002 in einer eingeschränkten Fassung aufrecht erhalten, wonach das Patent embryonale menschliche Stammzellen nicht mehr umfasst. Grundsätzlich steht bei der Patentierung biologischen Materials stets die Frage im Raum, ob mit einem solchen Patent ein „Recht am Leben" oder ein „Patent am Leben" entsteht. Leben bzw. Lebensfähigkeit eines Organismus beruht in erster Linie auf dem Erbmaterial, also dem Genom eines Organismus. Die Patentierung eines Genoms als solches ist schon allein deswegen ausgeschlossen, weil das Genom auch ohne menschliche Einflussnahme („technisches Handeln") in der Natur bereits vorhanden ist. Es würde sich somit um eine nicht patentfähige, bloße Entdeckung handeln.

Allgemein sollte das Patentrecht nicht der ethischen oder politischen Steuerung dienen. Sind bestimmte Technologien aus ethischen, politischen oder sonstigen Erwägungen nicht erwünscht, so muss der Gesetzgeber durch entsprechende spezielle Rechtsnormen außerhalb des Patentgesetzes die Verbietung der jeweiligen Technologien regeln. Ein Beispiel ist das Gentechnikgesetz, mit dem Leben und Gesundheit von Menschen sowie die Umwelt vor potenziellen Gefahren der Gentechnik geschützt werden sollen, oder das Embryonenschutzgesetz, das Straftatbestände für gentechnische Manipulationen am Embryo – nach dem Gesetz das Individuum von der befruchteten Eizelle bis zur Geburt – vorsieht.

36.3
Weiterführende Literatur

Ahrens, C. (2003) Genpatente – Rechte am Leben? – Dogmatische Aspekte der Patentierbarkeit von Erbgut. *Gewerblicher Rechtsschutz und Urheberrecht* **2**, 89–97.

Bösl, R., Teschemacher, A. (2001) Die unfertige Erfindung – ein Problem der gewerblichen Anwendbarkeit? *BIOforum.* **9**, 558–559.

Kleine, T., Klingelhöfer, T. (2003) Biotechnologie und Patentrecht – Ein aktueller Überblick. *Gewerblicher Rechtsschutz und Urheberrecht* **1**, 1–10.

Schatz, U. (1997) Zur Patentierbarkeit gentechnischer Erfindungen in der Praxis des Europäischen Patentamts. *Gewerblicher Rechtsschutz und Urheberrecht International* **7**, 588–595.

Schulte, R. (2001) *Patentgesetz,* 6. Aufl. Carl Heymanns Verlag, Köln.

Singer, M., Stauder, D. (2000) *Europäisches Patentübereinkommen*, 2. Aufl. Carl Heymanns Verlag, Köln.

37
Zusammenspiel zwischen Big Pharma und Biotech-Start-up-Unternehmen

Kleine Biotech-Firmen (Start-ups) und große „Big Pharmas", global agierende Pharmaunternehmen, unterscheiden sich prototypisch in vielen Faktoren: Fokus auf frühe Forschung (Biotech) versus Kernkompetenzen in späterer Entwicklung und Vermarktung (Pharma). Dadurch bedingt: Relativ flache Wertschöpfung (Biotech) versus Kapitalintensität und hoher Wertschöpfung (Pharma). Finanzierung durch Risikokapital und Umsatz versus Finanzierung über Fremdkapital/Börse bzw. Umsatz. Junge akademische Unternehmenskultur mit flachen Hierarchien und starken Motivationsfaktoren vs. hierarchisch geprägte Unternehmenskultur mit geringem persönlichen Freiraum. Die Zukunft wird zeigen, ob sich auf Dauer eine fruchtbare Arbeitsteilung zwischen kleinen, hochinnovativen Biotech-Firmen und großen, kapitalstarken Pharmakonzernen etablieren wird, in der beide Seiten einen ihrem Einsatz angemessenen Anteil an der Wertschöpfung zugewiesen bekommen.

37.1
Entwicklung der pharmazeutischen und der biotechnologischen Industrie

Die **pharmazeutische Industrie** entstand parallel zu der chemischen Industrie ab der zweiten Hälfte des 19. Jahrhunderts in den industriell damals fortschrittlichsten Ländern Europas, d.h. vor allem in England und in Deutschland. Die **Materia Medica**, also der traditionelle Schatz von Heilkräutern und Essenzen, der für die Behandlung von Krankheiten zur Verfügung steht, bestand bis 1870 ausschließlich aus Naturstoffen und -extrakten. Die rasanten Fortschritte auf dem Gebiet der Chemie, der Mikrobiologie und der Pharmakologie führten dazu, dass nach und nach **synthetische Substanzen**, vor allem Farbstoffe und Abfallprodukte aus dem Steinkohlenteer auf ihre Eignung als pharmakologische Wirkstoffe getestet werden konnten.

Die naturwissenschaftlich geprägte Chemie verfügte ab 1870 über die wesentlichen Theorien und Verfahren, um **rational geplante Analysen und Synthesen** durchführen zu können. August Kekulé formulierte 1865 seine bahnbrechende Theorie zur Aromatizität des Benzols, 1869 schlugen Julius Lothar Meyer und Dimitri Mendelejew unabhängig voneinander das **Periodensystem der Elemente** vor.

Molekulare Biotechnologie: Konzepte und Methoden.
Herausgegeben von M. Wink
Copyright © 2004 WILEY-VCH Verlag GmbH & Co. KGaA, Weinheim
ISBN: 3-527-30992-6

Fast zur gleichen Zeit entstanden die ersten chemischen Fabriken. So gründeten z. B. der Kaufmann Friedrich Bayer und der Färbermeister Johann Friedrich Weskott im Jahr 1863 in Barmen an der Wupper die Farbenfabrik F. Bayer & Co., die Vorläuferfirma der Bayer AG. Im gleichen Jahr entstanden in Hoechst am Main die „Theerfarbenfabrik Meister, Lucius & Co", die spätere Hoechst AG. Und nur zwei Jahre später, 1865, gründete Friedrich Engelhorn in Ludwigshafen die „Badischen Anilin- und Sodafabriken" kurz **BASF**.

Die junge chemische Industrie war sehr experimentierfreudig, heute würde man sagen **innovativ**. Die **Textilindustrie** verlangte nach immer neuen Farbstoffen für ihre Erzeugnisse, die eine stark wachsende Bevölkerung kleiden mussten. Somit „boomte" auch die chemische Industrie und brachte eine Vielzahl von neuen Farbstoffen, die auf einfachen organisch-chemischen Synthesen beruhten, hervor. Da die Regularien für die **Zulassung von neuen Medikamenten** damals bei weitem nicht so ausgeprägt waren wie heute, konnten Farbstoffe und Isolate aus dem Steinkohlenteer schnell und einfach auf ihre Eignung als pharmakologische Wirkstoffe getestet werden. So wurde früh das „**Phenacetin**" (p-Acetyl-Aminophenol, „Acetaminophen" oder „Paracetamol") als Antipyretikum (Fieber senkendes Mittel), das in Konkurrenz mit dem Naturstoff Chinin stand, auf den Markt gebracht. Auch die Derivatisierung von Naturstoffen mit einfachen Mitteln wurde benutzt, um Substanzen mit besseren pharmakologischen Eigenschaften, vor allem mit gesteigerter Bioverfügbarkeit und niedrigerer Metabolisierungsrate hervorzubringen. So wurden durch einfache Umsetzungen mit Acetanhydrid aus Salicylsäure **Acetylsalicylsäure** (ASS = „Aspirin"®, Felix Hoffmann, 1897) und aus Morphin das Diacetylmorphin, besser bekannt unter dem Namen **Heroin** (Heinrich Dreser, Markteinführung als Hustenmittel 1898) erhalten.

Diese Innovationsschübe zogen den wirtschaftlichen Erfolg nach sich. **Bayer, Hoechst, BASF** und andere vergleichbare Unternehmen wurden durch den Erfolg ihrer Farbstoffe und Medikamente innerhalb von wenigen Jahrzehnten zu **Global Players**. Bereits vor dem Ersten Weltkrieg waren die wichtigsten chemisch-pharmazeutischen Unternehmen mit Niederlassungen in der ganzen Welt, vor allem auch in Nordamerika vertreten.

Die Fortschritte auf den Gebieten der modernen Naturwissenschaften, der Medizin und damit dann auch der Pharmakologie als Grenzfläche zwischen den beiden bildeten die Grundlage für Firmengründungen wie auch für das rapide Wachstum dieser Unternehmen. Interessanterweise gab es gerade in der deutschen chemischen Industrie nach den vielen Gründungen Ende des 19. Jahrhunderts früh einen Trend zur Konzentration. Bereits vor 1914 kam es zu Fusionen und Firmenübernahmen, und die Kriegswirtschaft sowie die wirtschaftlichen Krisen der Zeit der frühen Weimarer Republik beschleunigten den Konzentrationsprozess. So entstand 1925 die „Interessengemeinschaft Farbenindustrie AG", besser bekannt unter der Abkürzung I.G. Farben, die dann ein unrühmliches Kapitel in der Zeit der nationalsozialistischen Diktatur schrieb.

Doch ähnliche Entwicklungen zu einer frühen Konzentration lassen sich auch in ganz anderen Industriezweigen nachvollziehen, wie z. B. in der Autoindustrie oder bei den Eisenbahngesellschaften. Doch während Autos mittlerweile so perfekt gebaut werden können, dass hier unter wirtschaftlichen Aspekten die Innovationskraft gegenüber der ökonomischen Organisation der Produktion und der Aufgabenaufteilung zwischen Zulieferern und Vermarktern zurücktritt, steht die pharmazeutische Industrie nach wie vor von großen Herausforderungen.

Die **Erfolge der Pharmakotherapie**, vor allem in den Bereichen Infektionsbekämpfung, Schmerzlinderung, und Insulinsubstitution bei Diabetes sind größtenteils vor langer Zeit begründet worden. Viele wichtige Krankheiten sind dennoch bis heute **nicht ausreichend therapierbar**, dazu gehören vor allem **verschiedene Krebsarten** oder **neurodegenerative Erkrankungen** wir M. Parkinson oder M. Alzheimer aber auch viele andere Krankheiten, vor allem in Nischengebieten. Mit der frühen Konzentration der Pharmaindustrie und dem Heranwachsen von ca. 30 großen internationalen Konzernen meist deutschen, britischen, amerikanischen oder schweizerischen Ursprungs nach dem Zweiten Weltkrieg ließ parallel zu der Globalisierung der pharmazeutischen Industrie ihre Innovationskraft erheblich nach.

Bis Mitte der 70er Jahre fehlten auch die Impulse aus der Wissenschaft. Zwar wurde die Struktur der DNA-Doppelhelix in den 50er Jahren aufgeklärt und der genetische Code in den 60ern „geknackt", doch all dies waren Erfolge der Grundlagenforschung und zunächst nicht in neue Produkte umsetzbar. Dies änderte sich mit den ersten Experimenten zur Erzeugung von rekombinanter DNA, die von **Stanley Cohen und Herbert Boyer 1973** in Kalifornien durchgeführt wurden. **Herbert Boyer**, **P. Berg**, **Walter Gilbert** und andere Wissenschaftler im Umfeld der University of California San Francisco (P. Seeburg, A. Ullrich, H.G. Khorana) bzw. der Harvard University in Boston (W. Gilbert, A. Efstradiadis) entwickelten – auch beflügelt durch den Wettbewerb zwischen Ost- und Westküste – innerhalb weniger Jahre das grundlegende Baukastensystem der modernen Molekularbiologie mit den Bausteinen und Werkzeugen, die heute als „Kits" in den Katalogen molekularbiologischer Zulieferer vorgefertigt gekauft werden können: Restriktionsenzyme, DNA-Polymerasen und -Ligasen, Plasmid- und Phagenvektoren, *E-coli*-Bakterienstämme für die effiziente DNA-Vermehrung usw. Beide, sowohl Boyer als auch Gilbert erkannten auch sofort das enorme ökonomische Potenzial, das in dem Methodensatz des *Genetic Engineering* schlummerte. Herb Boyer dachte bereits 1975 daran, Bakterien nicht nur zur Vermehrung rekombinanter DNA zu „missbrauchen", sondern sie auch für die Expression humaner Proteine zu nutzen. Er hatte das Glück, dass er früher als Wally Gilbert eine Person kennen lernte, die ihm half, seine Visionen in eine Firmengründung umzusetzen: Robert „Bob" Swanson hatte einen Abschluss in Biochemie vom *Massachusetts Institute of Technology* (M.I.T.), kehrte der wissenschaftlichen Laufbahn aber früh den Rücken und trat in die Venture-Capital-Firma Kleiner Perkins ein. Auch er begeisterte sich früh für die Möglichkeiten der neuen Gentechnologie, doch genau wie Boyer fand er bei etablierten Pharmafirmen und selbst bei renommierten Professoren zu dieser Zeit kein Gehör; zu visionär und phantastisch klangen die Ideen, zu wenig beweisbar war es, dass man damit Geld verdienen könne. Es war eine Frage der Zeit, bis sich Boyer und Swanson wie zwei „klebrige" Enden geschnittener DNA finden mussten. Der eine war der Pionier der rekombinanten DNA-Technologie, der andere war vom Charakter her eher Businessman als Wissenschaftler, war aber mit dem notwendigen Verständnis der molekularbiologischen Grundlagen ausgestattet. Boyer und Swanson gründeten **1976** mit Venture Capital von Kleiner Perkins in South San Francisco die „**Genentech Inc.**", die erste Biotechnologiefirma der Welt. Damit war eine Legende geboren.

Genentech verband herausragende wissenschaftliche Leistungen (u. a. erste rekombinante Expression von humanem Wachstumshormon und Insulin in *E. coli*, Isolierung und Klonierung des Insulin-Rezeptors) mit der schnellen und kommerziell erfolgreichen Umsetzung in die Entwicklung biotechnologischer Produkte. Genentech entwickelte zusammen mit der Pharmafirma Eli Lilly das erste rekombinante **Insulin**, ein Meilenstein in der Diabetestherapie. Dieses „Humulin" wurde Oktober 1982 in den USA als Medikament zugelassen, aber der kommerzielle Erfolg zeichnete sich bereits vorher ab. Genentech produzierte das Insulin und lizensierte es an Eli Lilly, eine auf dem Gebiet der Anwendung und Vermarktung von Insulin sehr kompetente Firma, die die klinischen Studien koordinierte. Bereits zwei bis drei Jahre vor der Markteinführung von Humulin war absehbar, dass das rekombinante humane Insulin dem bisherigen, vor allem aus Schweinepankreas gewonnenen Insulin, in vielen Punkten überlegen war. Humulin konnte in nahezu unbegrenzter Menge mit vergleichsweise niedrigen Produktionskosten hergestellt werden im Vergleich zum Insulin aus Schlachttieren. Dadurch konnte es auch mit einem ganz anderen Reinheitsgrad hergestellt werden. Und schließlich war es ja menschliches Insulin, denn Schweine- und Rinderinsulin unterscheiden sich in wenigen Aminosäuren vom humanen Insulin, was Immunreaktionen beim Patienten hervorrufen kann.

Der wissenschaftlich-technische Erfolg brachte damit auch den Durchbruch für das Geschäftsmodell der Biotechnologieindustrie: Ziemlich genau zwei Jahre vor der Marktzulassung von Humulin nutzte Genentech die positiven Berichte über die klinischen Erfolge und verkaufte 1,1 Millionen Aktien an ihrem Eigenkapital an der New Yorker Börse, um sich frisches Kapital für die weitere Expansion des Unternehmens zu besorgen. Damit schloss sich der Kreis des Investments, das Kleiner Perkins vier Jahre zuvor getätigt hatte. Die Venture-Capital-Firma hatte 100 000 US$ in einer ersten „Seed"-Runde in Genentech investiert und dafür einen Großteil der Aktien dieser Firma erhalten. Diese konnte sie nun frei über die New Yorker Börse zum Verkauf anbieten. Am Abend des Tags des Börsengangs von Genentech waren Kleiner Perkins Anteile aus dem „Seed"-Investment 78,25 Millionen wert: ein Vermehrungsfaktor von 782,5 für das eingesetzte Geld innerhalb von nur 4 Jahren!

Dieser kometenhafte Aufstieg des Vorzeigeunternehmens Genentech hatte mehrere Konsequenzen. Hauptsächlich wurde durch diese Erfolgsstory ein Rollenmodell geboren, dem Tausende anderer Wissenschaftler und Venture-Capital-Firmen nacheiferten … und sicherlich auch zu Tausenden scheiterten. Das Scheitern wurde aber verziehen, da es nach Genentech viele weitere neu gegründete Biotech-Firmen gab, die diesem Erfolgsmodell nachhaltig Ruhm verschafften: **Amgen, Biogen, Chiron, Immunex** sind nur einige Beispiele dafür, und da auch die Börsengänge dieser Firmen sehr hohe Renditen für ihre Investoren lieferten, flossen große Geldströme in die Venture-Industrie mit dem Auftrag, dieses Geld gezielt in die Erfolg versprechendsten Neugründungen zu investieren. **Von zehn Firmen durften neun scheitern**, wenn nur eine den erhofften „Exit" in Form eines Börsengangs oder eines Verkaufs an eine größere Firma erbrachte.

Diese Erfolge lösten einen **Wachstumsschub** von erheblicher volkswirtschaftlicher Bedeutung aus: Hunderttausende Arbeitsplätze wurden in den „**Innovationsregionen**", vor allem in der *Bay Area* um San Francisco und in Neuengland in der Region um Boston geschaffen. Die neuen Biotech-Firmen entwickelten Produkte, die heute Milliardenumsätze erzielen. Sie sicherten dieses Potenzial durch ganze Patentfamilien auf wichtige Moleküle und grundlegende Technologie. Sie überzeugten die großen Pharmafirmen, dass ihre Produkte den klassischen nicht nur ebenbürtig, sondern gar überlegen sind und es sich deshalb lohnt, mit ihnen zu kooperieren.

Aus europäischer Sicht muss man diesen Erfolgen noch hinzufügen, dass durch das Beispiel Genentech ab 1976 für die nächsten 30 Jahre und auch heute für die absehbare Zukunft die Vormachtstellung der Vereinigten Staaten in der Biotechnologie zementiert wurde. Es ist kein Zufall, dass gerade Kalifornien in diesem Wettstreit um eine frühe Vormachtstellung das Rennen machte. Walter Gilbert hatte im gebildeten, aber auch konservativen Boston große Schwierigkeiten, seine visionären Ideen umzusetzen. Viele Kritiker zweifelten nicht so sehr an der Machbarkeit, sahen aber unabsehbare Konsequenzen für Umwelt und Gesundheit, wenn sich die Gentechnologie ungehemmt ausbreiten würde. Genau diese Ängste waren es auch, die Kontinentaleuropa und vor allem Deutschland die 80er und 90er Jahre hindurch in Lähmung erstarren ließen, bevor sich auch hierzulande ein Biotechnologieboom abzeichnete.

In **Kalifornien** hingegen wurde nicht nur herausragende Spitzenforschung betrieben, dort werden die Chancen grundsätzlich höher gewichtet als die Risiken. Zwischen Universität und Technologieunternehmen gibt es viel Bewegung und Durchlässigkeit. Im Schatten von Stanford, UC Berkeley und UCSF haben junge innovative Unternehmer mindestens den gleichen Stellenwert wie altbekannte mit ausgewiesenem Erfahrungsschatz. Und dort ist auch Venture Capital verfügbar, das sich gerne in Richtung neue Technologien lenken lässt. Mit anderen Worten: In Kalifornien fanden sich in den 70er Jahren des 20. Jahrhunderts und finden sich bis heute ähnliche Bedingungen, die ein Jahrhundert zuvor die Innovationen und die Geburt der deutschen Chemieindustrie beflügelt haben.

Dieser Trend scheint unumkehrbar, dennoch wurde auch in Europa und Deutschland ab Anfang der 90er Jahre mehr und mehr die Innovationkultur Amerikas übernommen, was auch hierzulande zu einer stattlichen Anzahl Firmengründungen geführt hat. Eine Erfolgsgeschichte wie Genentech fehlt der europäischen Biotech-Industrie – leider! Deshalb ist es nach wie vor in Europa und besonders in Deutschland schwieriger, „konventionelle" Investoren von den Chancen einer florierenden Biotech-Industrie zu überzeugen.

37.2
Was unterscheidet Biotechnologie- von Pharmafirmen?

Das Beispiel Genentech zeigt, dass aus den Anfängen einer **kleinen „Laborfirma"** ein internationales Unternehmen mit tausenden Mitarbeitern und Milliardenumsätzen heranwachsen kann. Zwar ist Genentech nicht mehr eigenständig (60% der Aktien gehört der **Hofmann LaRoche Ltd**), aber es hat erfolgreich eigene Produkte am Markt etabliert. Andere Unternehmen wie **Amgen, Biogen, Chiron**, die ähnlich wie Genentech angefangen haben, sind heute eigenständige Pharmafirmen, die sich vor allem auf biotechnologische Produkte, d. h. vor allem therapeutisch eingesetzte Proteine spezialisiert haben. Mit anderen Worten: Mit dem Erfolg ihrer Forschungs- und Entwicklungsanstrengungen haben sich diese Firmen von jungen Biotech-Start-ups in Pharmafirmen gewandelt. Die Grenzen zwischen Biotech- und Pharmaindustrie sind damit fließend. **Amgen** und **Genentech** werden auch heute noch vorwiegend wegen ihres Produktportfolios als Biotech-Firmen bezeichnet. Was unterscheidet also nun Biotech- und Pharmafirmen? Es erscheint sinnvoll, wesentliche Charakteristika von Biotech-Start-ups (also frisch gegründeten kleinen Biotech-Firmen) mit denen der großen „Big Biotechs" und der etablierter Pharmaunternehmen (sog. „Big Pharma") zu vergleichen (Tab. 37.1; Abb. 37.1).

Tab. 37.1 Charakteristika von jungen Biotech-Start-ups, „Big Biotech" und „Big Pharma"

Biotech-Start-up	*Big Biotech*	*Big Pharma*
• Alter <5 Jahre	• Alter >5, meist >10 Jahre, aber <30 Jahre	• Alter meist >100 Jahre
• <100 Mitarbeiter	• 500–10000 Mitarbeiter	• >5000 Mitarbeiter
• Wenig Umsatz, nicht profitabel	• Umsatz von ca. 50 Mio. bis 3 Mrd. €	• Umsatz von 1 Mrd. bis 20 Mrd. €
• Sehr forschungsintensiv (F & E Kosten/Mitarbeiter >50000 €/Jahr)	• forschungsintensiv, viele Kooperationen mit Big Pharma, Akademia und anderen Biotechs	• Fokus auf Entwicklung und Vermarktung, größter Anteil Mitarbeiter in Vermarktung und Verwaltung
• Fokus auf Forschung und Entwicklung von Therapeutika, Diagnostika, Technologien, nicht auf Vermarktung	• Produkte in späten klinischen Phasen bzw. am Markt	• mehrere Produkte in klinischer Entwicklung bzw. am Markt mit Fokus auf sog. Blockbuster (Produkte >500 Mio. €/Jahr Umsatz)
• Häufig unkonventionelle Therapieansätze	• häufig Biologicals als Produkte	• häufig Börsen notiert, Finanzierung aus Umsatz bzw. sämtliche Finanzierungsinstrumente Börsen notierter Unternehmen (Sekundäremissionen, Anleihen)
• Finanzierung durch Venture Capital	• ursprünglich Venture finanziert, spätere Finanzierung über die Börse (*public companies*)	
• Nicht Börsen notierte AGs oder GmbHs		

F&E (Forschung und Entwicklung).

	Biotech Start-Up	Big Biotech	Big Pharma
Abteilungen	• Forschung • Entwicklung • evtl. Verwaltung	• Forschung • Präklin. Entwicklung • Klin. Entwicklung • Produktion • Marketing/Vertrieb • Verwaltung	• Forschung • Präklin. Entwicklung • Klin. Entwicklung • Produktion • Marketing/Vertrieb • Verwaltung
Produkte/ Umsatz	• Meist keine Produkte • Umsatz durch Forschungs-kooperationen • Meist nicht profitabel	• Meist „Biologicals" als Produkte; patentgeschützt • Häufig schon profitabel	• Meist konventionelle Pharmaka als Produkte, auch Generika • Profitabel • Großer Außendienst
Finanzierung	• Durch Venture Capital oder Business Angel (Eigenkapital)	• Ursprüngl. durch Venture Capital, dann meist Börsengang	• Private oder börsennotierte Firmen • Finanzierung über Börse oder durch Fremdkapital

Abb. 37.1 Vergleich zwischen Biotech-Start-ups, Big Biotech und Big Pharma.

Vereinfacht gesagt nutzen die jungen, kleinen forschungsintensiven Biotech-Start-ups fremdes Geld, um dieses in Know-how und patentgeschütztes Wissen zu verwandeln. Die etablierten Firmen verwandeln dieses geschützte Wissen dann wiederum in Geld, da sie über die „Vermarktungsapparate" in Form von großen Marketingabteilungen und großen Außendiensten mit einer globalen Präsenz verfügen. Die etablierten Big Pharma-Firmen besetzen somit die **Schlüsselposition zum Marktzugang**, denn ein zugelassenes Produkt *per se* macht noch keine Umsätze. Fachärzte und vor allem Meinungsbildner müssen von den Vorzügen des neuen Medikaments überzeugt werden – weltweit. Dazu bedarf es der sehr teuren und aufwändigen Organisation von Kongressen und der Reisetätigkeit von vielen Hundert Außendienstmitarbeitern. Datenmaterial muss anwendungsgerecht für Ärzte als die eigentlichen „Kunden" der Pharmaindustrie aufbereitet werden, denn die Ärzte verschreiben die neuen innovativen Arzneimittel; sie müssen vom Nutzen überzeugt sein.

Die Vorinvestitionen in diesen **Marketingaufwand** rechnen sich nur, wenn dem entsprechend hohe Umsätze in allen bedeutenden Pharmamärkten der Welt gegenüberstehen. Deshalb konzentrieren sich die Big Pharma-Unternehmen auf **Krankheitsgebiete, die ein entsprechend hohes Potenzial bieten wie z. B. häufige Krebsarten, Herz/Kreislauf, Stoffwechselstörungen wie Diabetes oder Fettsucht, Osteoporose u. Ä.** Für die kleinen Biotech-Firmen bedeutet dies enorm **hohe Markteintrittsbarrieren**. Wenn sie es geschafft haben, mit einem erheblichen finanziellen Aufwand ein neues Produkt zu etablieren, müssten sie noch einmal viel Geld investieren, um sich diesen Markteintritt zu verschaffen – eine schlimme Geduldsprobe für ihre Investoren.

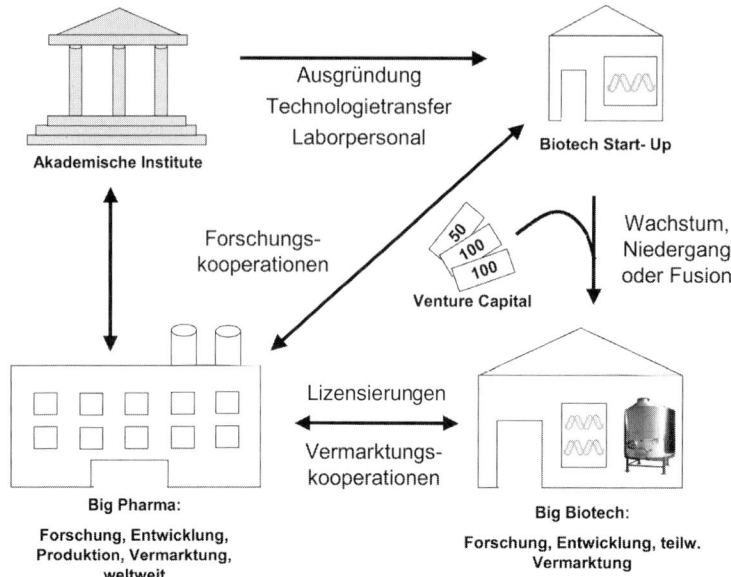

Abb. 37.2 Schema der „Arbeitsteilung" zwischen akademischen Institutionen, Biotechnologie- und Pharmafirmen.

Deshalb zeichnet sich zwischen den großen Pharma- und den kleinen Biotechnologiefirmen eine Arbeitsteilung ab: Die Big Pharma-Unternehmen werden sich in Zukunft mehr und mehr auf die Kernbereiche fokussieren, die sie am besten beherrschen, für die der höchste Kapitaleinsatz notwendig ist, gleichzeitig aber auch die höchste Wertschöpfung stattfindet. Das sind vor allem die **späten Phasen der klinischen Entwicklung, die Zulassung und Vermarktung von neuen Medikamenten**.

Umgekehrt beherrschen die kleinen Biotech-Firmen am besten **die frühen Phasen der Wirkstoffforschung und -entwicklung oder sie entwickeln neue Technologieplattformen**, die den Forschungsprozess besser und schneller machen. Auch Genentech hat für ihr erstes Produkt, das in *E. coli* produzierte Humaninsulin, frühzeitig einen Entwicklungspartner gesucht und in Eli Lilly gefunden. Das Geschäft für die Biotech-Firmen besteht dann aus Forschungskooperationen bzw. dem Auslizenzieren neuer Therapeutika oder neuer Technologieplattformen. In Abb. 37.2 ist das Zusammenspiel von Geldgebern, Unternehmen und Märkten schematisch zusammengefasst.

37.3
Kulturelle Unterschiede zwischen Big Pharma und Biotech

Für diese „natürliche" Arbeitsteilung gibt es neben den Unterschieden in der Ka-
pitalverfügbarkeit zwischen Big Pharma und Biotech noch mehrere andere, eher
„weiche", d.h. nicht quantifizierbare Faktoren. Eine große Organisation wie eine
global agierende Pharmafirma wird von geordneten, hierarchischen Entscheidungsprozessen dominiert. Forscher in einer großen Organisation verbringen einen großen Teil ihrer Arbeitszeit mit der Dokumentation und Präsentation ihrer
Ergebnisse, um ihre Abteilungs- und Projektbudgets zu halten bzw. zu verbessern. Gegenläufige Interessen zwischen verschiedenen Abteilungen werden häufig
„ausgesessen", d.h., man blockiert sich häufig gegenseitig, denn selbst wenn diese Blockaden zu erheblichen Verzögerungen führen, ficht das die eigene Position
nicht unbedingt an: Der Einfluss auf den Unternehmenserfolg ist weder bei
erhöhtem Einsatz noch bei nachlassender Aktivität mess- oder spürbar. In einem
solchen System tendieren viele Menschen je nach Charakter zur Einnischung auf
Gruppen- oder Abteilungsebene oder zum Ellbogendenken, d.h. Projekte werden
mit allen Mitteln gegen die interne Konkurrenz durchgeboxt.

**Innovation findet dann statt, wenn die Menschen, die diese Innovation voran-
treiben, auch die Früchte ihres Erfolges ernten können**. In einem System, wie
man es in den meisten Großunternehmen antrifft, ist dies nicht unbedingt der
Fall. In der Folge lassen Innovationskraft und Forschungsproduktivität erheblich
nach. Biotech-Firmen werden meistens von der Vision und der Überzeugung ihrer Gründer vorangetrieben. Dabei steht für die Wissenschaftler der rein monetäre Aspekt meist nicht einmal im Vordergrund. Bei Befragungen von Jungunter-
nehmern wurden als Hauptgründe für den Sprung in die Selbstständigkeit angegeben:

- Der Wunsch, unabhängig zu sein und sich nicht vom Willen anderer dominieren zu lassen („sein eigener Herr zu sein...")
- Die Möglichkeit, die eigenen Ideen in die Tat und damit in die sinnvolle Ver-
  wertbarkeit umzusetzen, also Grundlagenforschung in angewandte Produkte
  und Dienstleistungen umzusetzen, die – und das ist ein häufiges Motiv – auch
  einem sinnvollen Zweck dienen sollen (Krankheiten diagnostizieren, therapieren o. Ä.)
- Eine lockere Arbeitsatmosphäre, kurze Entscheidungswege, Entscheidungen,
  die nach rationalen Kriterien vollzogen werden, kurzum flache Hierarchien und
  eine angenehme Arbeitskultur sind ganz wichtige Faktoren, die junge Start-up-
  Unternehmen etablierten Firmen voraushaben. Kleine Biotech-Firmen pflegen
  häufig noch die jugendlichen Umgangsformen der akademischen Kultur, und
  damit wird für viele junge Wissenschaftler der „Kulturschock" beim Übergang
  von Studium, Doktorarbeit oder Postdoc zum industriellen Berufsleben vermieden.

Die Frage, ob die Möglichkeit mit einem jungen Biotech-Unternehmen reich zu
werden, ein wesentlicher Motivationsfaktor ist, wird in verschiedenen Ländern un-

terschiedlich beantwortet. Während in Deutschland die zuvor genannten Gründe vorherrschen, spielt in den USA die Möglichkeit, das eingesetzte Kapital in wenigen Jahren zu vervielfachen, eine sehr viel dominantere Rolle. Allerdings muss man hier auch zwischen den Firmengründern mit eher unternehmerisch geprägtem Hintergrund einerseits und den *„scientists turned into entrepreneurs"* unterscheiden, welche die finanziellen Aspekte meist hintanstellen. Für fast alle an kleinen Unternehmen beteiligten Mitarbeiter ist der Erfolg des eigenen Unternehmens aber ein wesentlicher Motivationsfaktor, allein schon, weil dadurch der Arbeitsplatz erhalten wird, aber auch weil man die Ergebnisse der eigenen Arbeit am Firmenerfolg ablesen kann.

Es darf aber auch nicht verschwiegen werden, dass der Job in einem Biotech-Unternehmen auch ein **hohes Risiko** mit sich bringt. Nur sehr wenige Biotech-Firmen haben die ersten sieben Jahre nach der Gründung als selbstständige Firmen überlebt – ein Jobwechsel ist fast vorprogrammiert. Die momentane Krise der Biotech-Industrie treibt deshalb viele Wissenschaftler und Unternehmer aus der Biotech-Industrie wieder in mehr etablierte Positionen, eine Umkehrung der Migrationsverhältnisse im Vergleich zum ersten „Boom" der Biotech-Industrie in Deutschland Mitte bis Ende der 90er Jahre.

38
Das kleine 1×1 der Firmengründung

In diesem Kapitel werden übersichtsartig die verschiedenen Aspekte erwähnt, die bei einer Firmengründung berücksichtigt werden müssen: Die ersten Schritte zur eigenen Firma erfordern die Erstellung eines Businessplans, die Sicherstellung der Finanzierung und die Rekrutierung geeigneter Mitarbeiter. Biotech-Firmen haben grundsätzlich einen hohen Kapitalbedarf über einen Zeitraum von 4–8 Jahren, der notwendig ist, um marktreife Produkte zu entwickeln. Fremdkapital, d.h. Kreditfinanzierungen sind für derartige Unternehmen nicht attraktiv, weil das Ausfallrisiko sehr hoch ist. Deshalb decken die meisten Biotech-Firmen ihren Kapitalbedarf durch Venture Capital (VC), eine auf Hochrisiko und Hochtechnologie spezialisierte Form der Eigenkapitalfinanzierung. Biotech-Firmen sind für VC-Investoren jedoch nur attraktiv, wenn sie langfristig ein außergewöhnliches Gewinnpotenzial versprechen. Das ist fast zwangsläufig mit der Entwicklung von Produkten für große Primärmärkte, d.h. Therapeutika oder Diagnostika gekoppelt. VC-Investoren können den Wertzuwachs der von ihnen erworbenen Anteile nur dann realisieren, wenn sie in Form eines „Exits" die Anteile an der Börse (IPO) oder an große Käufer im Zuge einer Übernahme (Trade Sale) verkaufen können. Zusätzlich besitzen sie die Möglichkeit, durch Fusionen oder Merger mit anderen Biotech-Firmen, die kritische Masse und damit den Wert ihres Investments zu erhöhen, um einen Exit wahrscheinlicher zu machen. Gründer sollten sich vor allem diese Denkweise von VC-Investoren zu Eigen machen, wenn sie auf der Suche nach einer Finanzierung sind.

38.1
Die ersten Schritte zur eigenen Firma

Man stelle sich eine typische Situation vor, die Anlass zu einer Biotech-Firmengründung geben könnte: Eine kleine Gruppe von Wissenschaftlern hat über die Jahre ihrer akademischen Arbeit eine interessante Methodik oder Technologie entwickelt, von der sie denken, dass sie ein kommerzielles Potenzial hat, z. B. eine interessante Assay/Screening-Kombination. Oder alternativ: Die Forscher haben Ansatzpunkte für eine neue Therapie gefunden, eine Form der Tumorvakzinierung, inhibitorische RNA-Moleküle oder gar Kleinmoleküle mit einem therapeuti-

Molekulare Biotechnologie: Konzepte und Methoden.
Herausgegeben von M. Wink
Copyright © 2004 WILEY-VCH Verlag GmbH & Co. KGaA, Weinheim
ISBN: 3-527-30992-6

schen Effekt. Die Forscher haben bekannte Namen von Nobelpreisträgern, die eigene erfolgreiche Firmen gegründet haben, vor Augen oder kennen einfach nur andere Wissenschaftler, die bereits aus einer ähnlichen Situation heraus erfolgreich Unternehmen gegründet haben. Häufig kommen die Träume vom eigenen Unternehmen nicht über das Stadium der Idee hinaus, weil zum einen die meisten potenziellen Gründer in ihren bisherigen Beruf eingebunden sind, der bereits viel von ihnen fordert, zum anderen, weil sie nicht wissen, wie sie exakt vorgehen sollen und wem sie bei der Beratung vertrauen können, ohne dass von vornherein viel Geld ausgegeben wird.

Es ist hier gut zu wissen, dass es in Deutschland und auch in den meisten anderen europäischen Ländern für junge Gründer mittlerweile viele kompetente Anlaufstellen gibt. Für konventionelle Unternehmen sind meistens die **Industrie- und Handelskammern (IHKs)** oder die kommunalen Wirtschaftsförderungen zuständig; speziell für Biotechnologiefirmen haben sich aber an den wichtigsten Forschungsstandorten in Deutschland die sog. **BioRegionen** etabliert. Diese Institutionen haben sich aus dem sehr erfolgreichen „BioRegio"-Wettbewerb des damaligen Bundesforschungsministeriums, der 1996 abgehalten wurde, entwickelt. Damals bildeten sich 17 BioRegionen, welche die Forschungs- und Gründungsaktivitäten in ihren Regionen bündelten. Später kamen noch weitere „Nachzügler"-Regionen hinzu (s. Abschnitt 35.4).

In den **Anlaufstellen der BioRegionen** bekommen junge Gründer kostenlos eine Beratung, wie man sinnvollerweise bei einer Gründung vorgeht. Man erhält weitere Adressen von Risikokapitalfirmen, Rechtsanwälten und weiteren öffentlichen Anlaufstellen, die mit Beratungsleistungen, Verträgen und nicht zuletzt mit Kapital der Gründung Form und Substanz verleihen können. Auch die Kontaktaufnahme zu erfahrenen Gründern oder bekannten Geschäftsleuten ist sehr sinnvoll. Manche Regionen organisieren Gründerforen, auf denen sich Gleichgesinnte untereinander austauschen können. Hinweise darüber erhält man auch bei den BioRegionen.

Es sollte aber ein wichtiger Hinweis bedacht werden. **Bevor man größere Aktivitäten in Richtung Finanzierung oder Firmengründung startet, sollte man Ordnung in die Ideen, Visionen und Träume über die eigene Firma bringen.** Dies geschieht am besten in einem **Geschäfts- oder Businessplan**, der nach einem bestimmten Schema aufgebaut sein sollte.

38.2
Businessplan

Ein Businessplan sollte zunächst dazu dienen, dem Gründerteam eine Vorstellung zu geben, ob man mit der Geschäftsidee mit einer vernünftigen Wahrscheinlichkeit überhaupt Erfolg haben kann. Die eigentlichen **Adressaten** eines in mehreren internen Runden „veredelten" Businessplans sind die **Geldgeber**, die in die eigene Firma investieren sollen. Eine **Marktanalyse** bzw. eine **seriöse Einschätzung des Marktpotenzials**, das der Firma zugänglich sein könnte, steht am Anfang jeder

Überlegung (s. Kap. 39). Ein Businessplan folgt jedoch meist einer anderen logischen Struktur, um den Leser, bei dem es sich häufig um einen Nichtwissenschaftler handelt, schnell und übersichtlich in die Thematik des Unternehmens einzuführen. Eine gute Übersicht, wie ein Businessplan aufgebaut sein sollte, gibt z. B. das Handbuch des „GeneStart"-Businessplan Wettbewerbe, das kostenlos von der Webpage *www.genestart.com* heruntergeladen bzw. direkt bei Cap Gemini Ernst & Young bezogen werden kann. Dieses „Manual" empfiehlt folgende Einteilung des Businessplans:

1. Executive Summary
2. Technologie, Produkt, Dienstleistung
3. Das Unternehmerteam
4. Markt und Wettbewerb
5. Marketing und Vertrieb
6. Betriebskonzeption und -organisation
7. Realisierungsplan
8. Finanzplan und Finanzierung

Die *Executive Summary*", d. h. die kurze, prägnante Zusammenfassung, was man mit dem Unternehmen erreichen will und wie man es vorhat, ist eigentlich das wichtigste Kapitel. Von potenziellen Interessenten wie Investoren oder Industriepartnern wird aus Zeitmangel meist nur diese maximal 3–4-seitige Zusammenfassung gelesen. Und diese Adressatengruppe interessiert hauptsächlich, wie das Unternehmen Geld verdienen will und aus welchen Gründen es sich vor der Konkurrenz behaupten kann. Deswegen steht hier der kommerzielle Aspekt vor allen technisch-wissenschaftlichen Details im Vordergrund. Die Executive Summary sollte erst am Schluss allen anderen Kapiteln des Businessplans vorangestellt werden, damit man die wesentlichen Aspekte der verschiedenen Bereiche dort zusammenfassen kann.

In dem ersten thematischen Einzelkapitel **„Technologie, Produkt, Dienstleistung"** sollte vorgestellt werden, was das Unternehmen überhaupt produzieren bzw. verkaufen will. Auch hier sollte beachtet werden: Der Businessplan richtet sich vor allem an Investoren, also auch Betriebswirte und Geschäftsleute, die erstens wenig Zeit (und meist auch wenig Geduld) und zweitens wenig Verständnis für langatmige und ausführliche wissenschaftliche Erklärungen haben. Nichtsdestotrotz sind viele Risikokapitalgeber auch von Haus aus Naturwissenschaftler oder Mediziner, und der Zufall mag es wollen, dass sie sich auf dem Gebiet, das die Firma bearbeiten will, gut auskennen. Damit der Balanceakt zwischen leichter Verständlichkeit, Prägnanz und inhaltlicher Korrektheit gelingen kann, sollte man sich an den Leitsatz halten, den Albert Einstein einmal zu dieser Thematik geprägt hat: **„Erkläre alles so einfach wie möglich, aber nicht einfacher!"**

Noch vor den beiden Abschnitten zu Marktpotenzial und Marketing/Vertrieb wird das Kapitel **„Gründer- oder Unternehmerteam"** gestellt. Hier suchen Investoren vor allem Antworten auf zwei Fragen:

1. Haben die Personen, die das Unternehmen führen wollen, die **notwendige Kompetenz und die Erfahrung**, um eine Erfolgsgeschichte zu produzieren? Es ist sicherlich von Vorteil, wenn hinter eine Biotech-Neugründung eine „grau-haarige Eminenz" steht, sei es auf der wissenschaftlichen oder der unternehmerischen Seite, doch ist das kein Muss. Venture-Capital-Firmen bezeichnen sich ja als Investoren mit *„smart money"*, d.h., dass sie mit ihrem Geld auch ihr Netzwerk aus Kontakten zu erfahrenen und kompetenten Leuten mit einbringen.

2. Ist die **Funktionsverteilung** innerhalb der Firma klar? Ist den Gründern bewusst, dass es womöglich Lücken in ihrer funktionellen Besetzung gibt, oder umgekehrt: Wenn drei gleichwertige Wissenschaftler gründen, wer übernimmt Geschäftsführung bzw. Vorstand, wer die wissenschaftliche Leitung, und wer kümmert sich um die Finanzen. Selbst langjährige Freunde können sich schnell zerstreiten, wenn die Kompetenzbereiche nicht eindeutig geklärt sind. Abbildung 38.1 zeigt schematisch ein idealisiertes Firmenorganigramm für eine Biotech-Firma.

Die beiden nächsten Kapitel „**Markt und Wettbewerb**" sowie „**Marketing und Vertrieb**" sind deshalb so wichtig, weil die Gründer bzw. der Verfasser des Businessplans beweisen müssen, dass sie mit Fachkompetenz und notwendiger Detailkenntnis ausgestattet sind, um nicht nur ihre Technologie, sondern auch die eigentlichen Märkte des Endproduktes in konkreten Umsatzzahlen einschätzen zu können. Da dieses Thema so zentral für den Unternehmenserfolg ist, wird ihm in diesem Lehrbuch ein eigenes Kapitel gewidmet (s. Kap. 39).

Im Abschnitt „**Betriebskonzeption und -realisation**" sollte das Zusammenspiel der verschiedenen Abteilungen innerhalb der Firma, die Rollenverteilung zwischen den Organen der Firma (z. B. Vorstand und Aufsichtsrat in ihrer konkreten

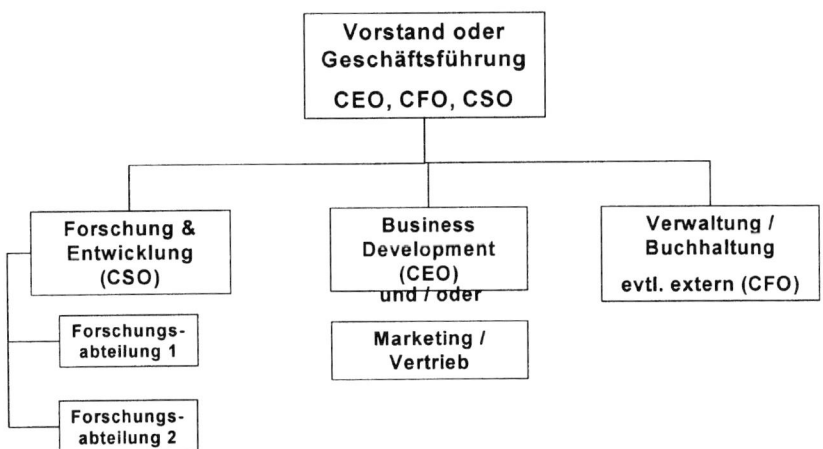

Abb. 38.1 Typisches, schematisiertes Organigramm einer Biotech-Firma.
CEO, Chief Executive Officer; CFO, Chief Financial Officer; CSO, Chief Scientific Officer.

Besetzung, eventuell wissenschaftlicher Beirat) und in Verbindung damit die Rechtsform des Unternehmens (Box 38.1; Tab. 38.1) dargelegt und begründet werden.

Box 38.1. PersG oder KapG? Welche Bedeutung hat die Rechtsform eines Unternehmens?

Bei Unternehmen unterscheidet man grundsätzlich zwischen Personen- und Kapitalgesellschaften (Tab. 38.1).

Tab. 38.1 Unterscheidungsmerkmale zwischen PersG und KapG

	Personengesellschaften	*Kapitalgesellschaften*
Rechtsform:	Gesellschaft Bürgerlichen Rechts (GbR) Offene Handelsgesellschaft (OHG) Kommanditgesellschaft (KG)	Gesellschaft mit beschränkter Haftung (GmbH) Aktiengesellschaft (AG)
Vertretung:	grundsätzlich durch Gesellschafter	durch gewählte Organe (Geschäftsführer, Vorstand)
Haftung:	unbeschränkte persönliche Haftung der Gesellschafter	Haftung auf Einlage beschränkt
Besteuerung:	Prinzip der Ergebniszurechnung	Besteuerung auf Unternehmensebene

---

Bei Personengesellschaften (PersG) gibt es keine faktisch gültige, rechtliche Grenze zwischen Unternehmen und den daran beteiligten Personen, sprich den Unternehmern oder Gesellschaftern. Personengesellschaften werden rechtlich gesehen wie eine Summe von Einzelunternehmern behandelt. Dies hat u. a. Auswirkung auf die Frage, wer das Unternehmen führt bzw. vertreten kann, wie erzielte Gewinne/Verluste steuerlich behandelt werden, sowie vor allem auch wie die Gesellschafter für Geschehnisse auf Ebene des Unternehmens haften. Personengesellschaften werden zum Ersten grundsätzlich durch alle Gesellschafter gemeinsam geführt bzw. vertreten, wenn keine anderweitigen Vertreterregelungen im Gesellschafterkreis getroffen sind. Eigenständige Organe, wie man dies in Form des Geschäftsführers oder des Vorstands bei Kapitalgesellschaften kennt, gibt es bei Personengesellschaften nicht. Personengesellschaften sind zweitens auch keine eigenständigen Steuersubjekte. Erzielte Gewinne/Verluste des Unternehmens werden bei Personengesellschaften zwar auf Ebene des Unternehmens im Rahmen einer eigenständigen Buchhaltung umfasst, danach aber den einzelnen darin beteiligten natürlichen Personen gemäß deren Anteilen zugewiesen. Sie haben jeweils die Gewinne/Verluste im Rahmen ihrer Einkommensteuer als gewerbliche Einkünfte zu versteuern. Entscheidend ist aber drittens, dass dieses

„Prinzip des Durchgriffs" vor allem auch in Haftungsfragen gilt. An Personengesellschaften Beteiligte haften persönlich unbeschränkt für alles, was auf Ebene der Gesellschaft geschieht. Dies ist auch die entscheidende Tatsache, warum Personengesellschaften im Rahmen von *per se* risikobehafteten Technologiegründungen keine Rolle spielen und die Rechtsform für eine Biotechnologiefirma aufgrund der persönlichen Risiken der Gesellschafter einerseits, sowie der Haftungsrisiken für mögliche Beteiligungsgeber (Risikokapital) andererseits ausdrücklich nicht zu empfehlen ist.

Standard im Rahmen von Biotechnologiegründungen sind Kapitalgesellschaften in Form von Gesellschaften mit beschränkter Haftung (GmbH) oder Aktiengesellschaften (AG). Diese unterscheiden sich erheblich von den dargestellten Personengesellschaften. Zum einen erlauben sie eine Trennung von Gesellschafterkreis einerseits sowie operative Führung des Unternehmens andererseits. Kapitalgesellschaften werden operativ von eigenständigen Organen der Gesellschaft vertreten. Im Fall der GmbH ist dies der Geschäftsführer, im Fall der Aktiengesellschaft der Vorstand. Diese Organe können im Rahmen des ihnen Erlaubten eigenständig für die Gesellschaft Verträge mit Dritten abschließen. Zum anderen gilt für Kapitalgesellschaften das oben dargestellte „Prinzip des Durchgriffs" auf die dahinter stehenden Gesellschafter sowohl in Besteuerungsfragen als auch in Haftungsfragen nicht. Kapitalgesellschaften sind grundsätzlich eigenständige Steuersubjekte. Die auf Unternehmensebene erfassten Gewinne/Verluste werden durch das Unternehmen erst einmal selbst versteuert. Was Haftungsfragen betrifft, gilt ebenfalls, dass kein Durchgriff auf die Gesellschafterebene erfolgt. Die Haftung der Gesellschaft beschränkt sich grundsätzlich auf das eingelegte Eigenkapital der Gesellschafter, was faktisch für den Gesellschafter bedeutet, dass er nur ein finanzielles Risiko in Höhe seiner Einlage übernimmt. GmbHs und AktG stellen bei risikobehafteten Technologiegründungen daher grundsätzlich die Regel dar.

Grundsätzlich eignen sich GmbH oder AG gleichermaßen für eine Biotechnologiegründung. Während die GmbH weniger administrativen Aufwand mit sich bringt, spricht für die Aktiengesellschaft die Flexibilität auf der Kapitalseite sowie die einfacheren Möglichkeiten der Mitarbeiterbeteiligung. Was die im Einzelfall bessere Wahl ist, sollte in einem intensiven Gespräch mit dem Rechtsanwalt oder Steuerberater des Vertrauens erörtert werden.

Der **Realisierungsplan** ist im Wesentlichen eine Zeitskala, die darlegen soll, wann die Investoren mit welchen Meilensteinen in der Produkt- oder Technologieentwicklung zu rechnen haben. Dieser Zeitplan sollte erst nach gründlicher Recherche und Überlegung erstellt werden, denn Investoren nehmen die dort gemachten Angaben als verbindlich an. Das ist auch verständlich, da die meisten Businesspläne in wenigen Jahren fantastische Umsätze und Profitabilität versprechen; die Praxis jedoch zeigt, dass diese Versprechen selten eingelöst werden. Gerade die Entwicklung eines Therapeutikums ist mit vielen Risiken verbunden und muss viele Hürden nehmen. An den entscheidenden Wegmarken, z. B. *Proof of Principle* des Therapeutikums im Tiermodell, Zulassung zu den klinischen **Prüfphasen I, II und III**, können Investoren checken, ob ihr Unternehmen im Zeitplan ist und wann sie mit einem Exit rechnen können.

Das letzte Kapitel des Businessplans **„Finanzplan und Finanzierung"** leitet auch gleich zu dem nächsten Abschnitt über.

38.3
Finanzierung und Risikokapital

Hiermit kommen wir zu dem ersten richtigen Prüfstein jeder Unternehmensgründung, der Finanzierung, oder genauer gesagt: der **Erstrundenfinanzierung**. Die wenigsten Wissenschaftler, die ihre Forschungsergebnisse in ihrer eigenen Firma vermarkten wollen, haben die finanziellen Mittel, die man benötigt, um marktfähige Produkte aus eigener Kraft zu entwickeln und sie zu vermarkten. Dazu werden in der Regel mindestens zweistellige Millionenbeträge benötigt. Und dieses Geld ist bei einer Investition in eine Biotech-Firma hohen Risiken ausgesetzt. Viele sind vom Nutzen der Biotechnologie für eine bessere Medizin oder Landwirtschaft überzeugt, doch gibt es – zumindest in Europa – Beispiele von Biotech-Firmen, die als echte Erfolgsstories in aller Munde sind? Viele Privatanleger haben in der „Hype"-Zeit des neuen Marktes einen großen Teil ihres Ersparten eingebüßt, wo also soll das Geld zur Finanzierung solcher Hochrisikounternehmen herkommen?

Das Beispiel von Genentech und ihrer VC-Firma Kleiner Perkins gibt den Grund an, warum immer noch Geld in die Biotechnologie fließt, auch wenn es nach den guten Jahren zwischen 1995 und 2000 im Moment sehr viel spärlicher tröpfelt: **Bei einem Unternehmenserfolg in Verbindung mit einem geglückten Exit für den Venture-Capital-Investor können sowohl Gründer als auch Venture-Investoren ihren Einsatz mit Faktoren von 20, 50 oder gar 100 vervielfachen.** Damit ist das VC, also das Risikokapitalgeschäft, nichts anderes als angewandte Wahrscheinlichkeitsrechnung. Die relativ niedrige Wahrscheinlichkeit, dass es bei einem Investment zu einem hohen Kapitalerlös kommt, wird durch die attraktive Höhe des Erlöses überkompensiert. Deshalb steigt die Erfolgswahrscheinlichkeit eines gesamten VC-Portfolios, also aller Unternehmen, in die eine bestimmte VC-Firma investiert hat, mit der Größe dieses Portfolios, weil sich die einzelnen Erfolgswahrscheinlichkeiten für jedes Einzelunternehmen addieren.

Doch die Voraussetzung dafür sind eben zwei Faktoren, zum einen der Erfolg des individuellen Portfoliounternehmens, aber auch – mindestens genauso wichtig – die Möglichkeit, die Anteile zum Zeitpunkt einer hohen Firmenbewertung auch zu attraktiven Konditionen veräußern zu können (Exit). In diesem letzten Punkt ist hauptsächlich die momentane, seit 2002 andauernde Krise der Biotech-Industrie in Deutschland begründet. Fehlte bis Mitte der 90er Jahre in Mitteleuropa ein grundsätzliches Verständnis, welche Produkte Biotechnologie hervorbringen kann und wie Biotech-Firmen zu finanzieren sind, ist dieses Know-how inzwischen eindeutig vorhanden. Doch mit dem Absturz des Neuen Marktes und der Umstrukturierung der Deutschen Börse in Frankfurt gibt es keinen sog. „Exitkanal" mehr, also einen vorgezeichneten Weg, wie man Anteile an Biotech-Firmen „fungibel", d. h. frei veräußerbar machen kann.

Für Biotech-Firmengründer ist es wichtig, die **Denkweise von Venture-Capital-Investoren** zu verstehen, damit sie beim Aufbau ihres Unternehmens den Bedingungen der VC-Investoren entgegenkommen. Wer früh die Randparameter von VC in sein Businesskonzept mit einbezieht, schafft sich Freiraum für die Gestaltung der Inhalte. Überlässt man die Ausgestaltung des Businesskonzepts nur den VC-Investoren, findet man sich schnell in der Rolle des Getriebenen, weil eigene Vorstellungen über die Forschung und Entwicklung mit den engen Zeitplänen der Investoren nicht zur Deckung zu bringen sind.

Deshalb sei hier kurz der Verlauf einer typischen VC-Investition in eine Biotech-Firma skizziert (Abb. 38.2). Grundsätzlich sind VC-Finanzierungen eine Form der Eigenkapitalfinanzierung. Eigenkapital, d. h. das in Form von GmbH-Anteilen oder Aktien gestückelte „der Firma gehörende" Kapital steht dem Fremdkapital, d. h. von Externen der Firma gegen Verzinsung z. B. in Form von Krediten geliehenem Kapital gegenüber. Klassische Fremdkapitalgeber sind Banken und Sparkassen, die Kreditvergaben an Biotech-Firmen wegen mangelnden Verständnisses der Branche, vor allem aber wegen der kaum vorhandenen Bonität junger Biotech-Firmen äußerst kritisch gegenüberstehen. Die Ausfallrisiken bei kaum Umsatz geschweige denn Gewinne produzierenden Start-up-Firmen sind viel zu

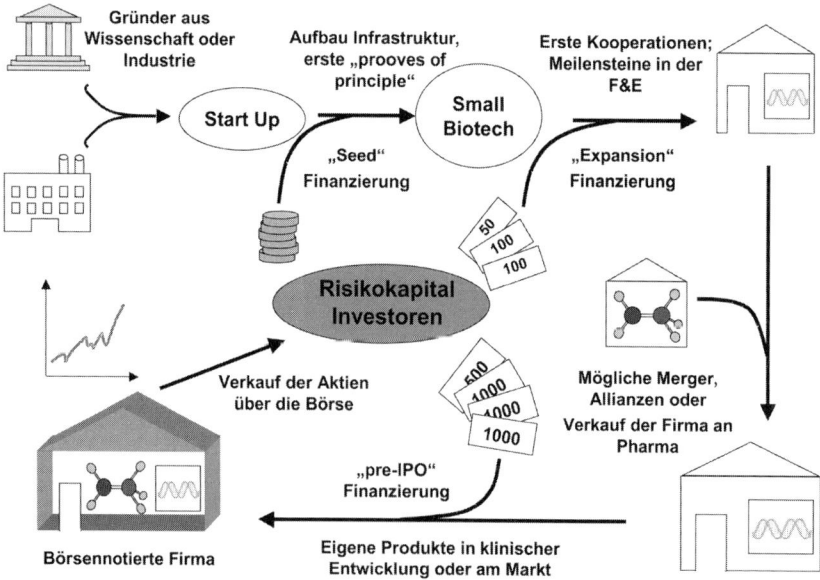

Abb. 38.2 Idealisierter Verlauf einer Biotech-Finanzierung.

hoch, als dass die klassischen Finanzierungsinstitute dafür in Frage kämen. Der „Biotech"-Boom um die Zeit der Veröffentlichung des humanen Genoms bis zum Sommer 2000 trieb jedoch auch solche Kreditinvestoren an, in Biotech-Firmen zu investieren, was sie häufig mit Totalverlusten ihrer Darlehen bezahlten. Deshalb kommen für **Biotech-Finanzierungen** eigentlich nur spezialisierte Risikokapital-(**Venture-Capital**)-Investoren mit dem notwendigen wissenschaftlichen Verständnis und auch Branchen-Know-how in Frage.

Biotech-Firmen benötigen über eine „**Durststrecke**" von 4–8 Jahren einen **signifikanten Kapitalzufluss**, bis ihre Produkte, meist Therapeutika oder Diagnostika, eine Marktzulassung haben. In dieser Zeit können sie über Forschungs- oder Technologiekooperationen zwar signifikant Umsatz machen und die hohen Kosten der Investitionen in ihre Produktentwicklungen zum Teil auffangen, doch gibt es kaum Beispiele, dass diese Umsätze in den frühen Stadien des „Firmenlebens" dazu ausreichen, das Unternehmen profitabel zu machen. **Investoren, Venture-Capital-Firmen wie auch private Business-Angel setzen deshalb nicht auf Dividenden aus ihren Anteilen, sondern nahezu ausnahmslos auf den sog. Exit, also den Verkauf ihrer Anteile mit einer hohen Gewinnmarge.** Dieser Exit kann folgende Formen annehmen:

1. Die Platzierung von Firmenanteilen an der **Börse** (der „Börsengang" oder **IPO**, *initial public offering*),
2. der Verkauf der gesamten Firma oder der Mehrheit der Anteile an ein Großunternehmen, meist eine Pharmafirma oder eine andere Biotech-Firma (der sog. *Trade Sale*)
3. das Verschmelzen der Firma mit einer anderen Biotech-Firma (der sog. Merger).

Der IPO ist sowohl von Gründern als auch von VC-Investoren die mit Abstand priorisierte Exitvariante. Warum? **Bei einem Börsengang (nur möglich bei einer Aktiengesellschaft oder einer KGaA) (Kommanditgesellschaft auf Aktienbasis) findet typischerweise eine Kapitalerhöhung statt,** und diese neu aufgelegten Aktien werden dann an Investoren verkauft, die verpflichtet sind, ihr Geld in Börsen notierten Unternehmen anzulegen. Diese sog. institutionellen Anleger sind entweder Fondsverwalter von Investmentgesellschaften oder, vor allem in angelsächsischen Ländern von sog. Pensionsfonds, welche die Altersrücklagen von Privatleuten mit einer möglichst hohen Rendite verzinsen sollen. Im „Emissions"-(„IPO")-Prospekt sind die Geschäftsfelder des Biotech-Unternehmens, die Erfolgsaussichten und geplanten Umsätze und Gewinne minutiös aufgeführt, nur übernimmt trotz aller mitgelieferter Warnungen an Anleger niemand eine Haftung dafür, dass der prophezeite Firmenerfolg auch wirklich eintritt. Die institutionellen Anleger betreiben deswegen aufwändige „Research"-Abteilungen, die nichts mit der Biotechnologieforschung gemeinsam haben, sondern deren Analysten sich ausschließlich darum kümmern, alle relevanten Fakten für Unternehmensbewertungen zusammenzutragen und in Modellrechnungen den „fairen" Wert eines Unternehmens zu bestimmen. Ist die aktuelle Stimmung an den Aktienmärkten generell positiv und sorgen positive Firmennachrichten anderer Biotech-Unternehmen dafür, dass die gesamte Branche im guten Licht dasteht, ist der Boden für einen IPO bereitet. Von dem Börsenkandidaten werden dann folgende Erfolgsfaktoren erwartet:

- Entweder schon Produkte am Markt oder in naher Zukunft am Markt,
- entweder schon profitabel oder in naher Zukunft profitabel,
- ein schlüssiges, Erfolg versprechendes Geschäftsmodell,
- Referenzen durch Kooperationen mit namhaften Unternehmen,
- ein branchenerfahrenes Management,
- eine saubere interne Bilanzierung und externe Prüfung der Unternehmenskennzahlen durch ausgewiesene Wirtschaftsprüfer nach IAS (International Accounting Standard) oder US-GAAP (US generally accepted accounting principles).

Sind diese Voraussetzungen – also positive Grundstimmung an den Börsen und alle firmenbezogenen Parameter in Ordnung – erfüllt, kann durch einen IPO eine sehr große Menge frisches Kapital in ein Unternehmen eingebracht werden. Emissionserlöse von 50, 100, teilweise sogar von über 200 Millionen € oder US$ waren in den letzten 20 Jahren durchaus möglich. Dieses Kapital sollte dann vor allem für die investitionsintensiven letzten Phasen der klinischen Prüfung, die Marktzulassung und Vermarktung von Produkten verwendet werden. Entwickeln sich Aktienkurs des Unternehmens und die Märkte als Ganzes gut, können in den folgenden Jahren über sog. Sekundäremissionen, d. h. Folgeemissionen weiterer Aktien oder Ausgabe von Anleihen, noch größere Kapitalmengen in das Unternehmen eingebracht werden.

Zusätzlich zu der Absicherung der internen Investitionen verfügt man mit Börsen notierten Aktien auch über eine „Akquisitionswährung", d. h., man kann andere Firmen dadurch kaufen, dass man die Alteigentümer mit Aktien der eigenen Firma abfindet. Dadurch dass die Aktien an der Börse frei gehandelt werden können, also im engeren Sinne „fungibel" sind, können sie direkt in Geld umgewandelt werden. Das gilt natürlich vor allem für die VC-Investoren und die aktienanteilshaltenden Gründer und Mitarbeiter der IPO-Firma. Damit VC-Investoren wie auch Firmengründer oder die Investmentbanken, die an dem IPO direkt verdienen, nicht einfach eine Firma nach der anderen an die Börse bringen, um durch den Verkauf ihrer dann fungibel gewordenen Aktien Kasse zu machen, sind bestimmte Regularien eingeführt worden, die den Altaktieninhabern die Freude etwas vergällen. So sind Inhaber signifikanter Aktienpakete durch einen sog. *Lock-up*, d. h. eine Sperrfrist von 6 Monaten bis zu 2 Jahren an dem Verkauf der Anteile gehindert. Dadurch sind sie gezwungen, dafür zu sorgen, dass auch nach dieser Sperrfrist der Aktienkurs noch eine für sie attraktive Höhe hat.

Trotz all dieser Beschränkungen gibt es viele Beispiele, wo IPOs den VC-Gesellschaften eine Vervielfachung ihres Kapitaleinsatzes beschert haben und Firmengründer zu mehrfachen Millionären gemacht haben. Leider ist seit dem **Niedergang des Neuen Marktes** die **Möglichkeit eines Exits durch einen IPO** in Deutschland fast nicht mehr gegeben, da die Bereitschaft institutioneller Anleger in Risikoaktien zu investieren, nicht mehr gegeben ist. Das hat die fatale Rückwirkung auf die VC-Gesellschaften, dass für sie die attraktivste Form des Exits auf absehbare Zeit verwehrt ist. Dies erscheint als der Hauptgrund für die Investitionszurückhaltung bei **Biotech-Erstrundenfinanzierungen** zurzeit.

Damit bleibt als derzeit mögliche Exitvariante nur noch der **Trade Sale** bzw. der **Merger** mit anderen Biotech-Firmen. **Eine Biotech-Firma wird für einen großen Käufer, also meist eine große Pharmafirma nur dann attraktiv, wenn sie etwas zu bieten hat, was der Käufer exklusiv für sich will.** Das sind meist **Produkte, also Medikamente in späten klinischen Entwicklungsphasen, viel seltener Technologien.** Warum sind Technologiefirmen für einen Trade Sale nicht so interessant? Weil man Technologien auch lizensieren oder in Form von Kooperationen zu sehr viel günstigeren Konditionen erhalten kann. Ausnahmefälle sind **Technologieplattformen**, die von strategischem Interesse für die Käuferfirma sind, und der Käufer den Zugang der Konkurrenz zu dieser Technologie unterbinden will. Ein gutes Beispiel für die Akquisition einer reiner Technologiefirma durch eine Pharmafirma zu dem sehr hohen Preis von 620 Millionen US$ war der Kauf von **Rosetta Inpharmatics**, einer auf Mikroarry-Technologie und Auswertungssoftware hoch spezialisierten Firma durch **Merck & Co** im Jahr 2001.

Viele andere Biotech-Firmen wurden nur wegen ihres **Produktportfolios** gekauft. Beispiele sind die Übernahme des Proteinkinase/Onkologie-Spezialisten **Sugen** durch **Pharmacia** für 650 Millionen US$ oder von **Agouron** durch **Warner Lambert** für 2,1 Milliarden US$. Das sind prominente Beispiele von Trade Sales, die für die Investoren sehr attraktiv waren; allerdings waren die VC-Investoren bei den beiden letztgenannten Biotech-Übernahmen schon längst ausgestiegen, weil es sich um bereits Börsen notierte Unternehmen handelte. **Viele andere Trade Sales verlaufen unspektakulär für meist niedrige ein- bis zweistellige Millionenbeträge.** Zwar können VC-Investoren dann einen Gewinn verbuchen, doch häufig nicht in der Größenordnung, die notwendig ist, um auf VC-Portfolioebene eine hohe Rendite zu gewährleisten.

Ein **Merger mit einer anderen Biotech-Firma** ist streng genommen gar kein richtiger Exit, zumindest nicht, wenn die andere Firma nicht Börsen notiert ist. Wenn Firma A mit Firma B in einem bestimmten Verhältnis „gemergt" wird, werden beispielsweise 100% Anteile an Firma A zu 40% in die neue Firma A + B eingebracht. Die Altinvestoren von A tauschen somit ihre Anteile an A im Verhältnis 2,5:1 in Anteile an der neuen Firma A + B. Ist diese Firma Börsen notiert und besitzen die Anteile keinen Lock-up (meistens haben sie einen), könnten die Altinvestoren theoretisch direkt Kasse machen. Bei solch erheblichen Volumina (40% der gesamten Firma) ist das aber nicht möglich, da sonst der Aktienkurs sofort zusammenbrechen würde. Der Altinvestor von A kann dann sein Aktienpaket nur *peu a peu* oder durch einen Paketverkauf, einen sog. *Block Trade* an einen Neuinvestor, meist zu schlechteren Konditionen verkaufen.

Häufiger werden nur Anteile an Privatfirmen getauscht, wobei die jeweiligen Altinvestoren hoffen, dass durch die Fusion zu einer neueren, größeren Firma eine kritische Masse entsteht, die dann wiederum durch einen Trade Sale oder einen IPO zum Exit gebracht werden kann.

Für die Gründer, die auf der Suche nach Venture Capital sind, gilt Folgendes zu beachten:

Der Businessplan sollte nicht nur wissenschaftliche Faszination vermitteln oder beeindruckende Umsatzzahlen in ferner Zukunft prognostizieren. Mindestens ebenso wichtig ist es, den Venture-Capital-Investoren ein Gefühl dafür zu geben, wann ihr Investment „reif" für einen Exit sein könnte, denn das bestimmt hauptsächlich ihre Investitionsbereitschaft.

38.4
Mitarbeiter: Rekrutierung, Entlohnung, Erfolgsbeteiligung

In diesem Abschnitt soll auf den wichtigsten Faktor bei der Firmengründung überhaupt eingegangen werden: **die Gründer und Mitarbeiter**, mit anderen Worten auf die Personen, die das Unternehmen vorantreiben und in die Erfolgszone bringen sollen. **Die Individuen, die ein Unternehmen vorantreiben, sind der wichtigste aber auch kritischste Erfolgsfaktor.**

Gerade die Investoren bestehen häufig auf Managern mit langjähriger Erfahrung in der Pharmaindustrie und vor allem auch mit „Business"-Erfahrung. Was ist damit eigentlich gemeint? Was benötigt ein Gründer(-team) denn neben dem technisch-wissenschaftlichen Know-how noch an Kompetenz außer dem gesunden Menschenverstand, um die Firma erfolgreich nach innen zu führen und nach außen darzustellen?

Diese Fragen zielen auf *„soft factors"*, also auf weiche Faktoren ab, die bei der Unterscheidung von Personentypen erhebliche Unterschiede aufzeigen können. Betrachten wir zunächst die **Führungsebene**: Die **Gründer** sollten zuallererst in dem wissenschaftlich-technischen Umfeld, in dem sie sich geschäftsmäßig bewegen, **absolut kompetent** sein; mehr sogar noch: Um von Investoren Geld einwerben zu können, müssen sie oder mindestens einer von ihnen zur internationalen Spitzenklasse gehören, damit man auf dem ureigensten Gebiet technologisch konkurrenzfähig ist. Das ist sozusagen die notwendige Bedingung für eine erfolgreiche Firmengründung. Die hinreichenden Bedingungen finden sich in ganz unterschiedlichen Kompetenzgebieten und persönlichen Eigenschaften, die hier in gegensätzlichen Ausformungen beispielhaft aufgezählt werden. Dabei zählt nicht nur allein das fachliche Können, z. B. in betriebswirtschaftlichen Dingen, oft ist es die Einstellung zu der Sache, die entscheidet, ob jemand als Projektmanager, Verkaufsleiter oder gar als CEO geeignet ist. Tab. 38.2 gibt eine Übersicht über wichtige Manager- und Personaleigenschaften.

Viele der Eigenschaften, die auf der „**Kompetenzseite**" stehen, können sich nur bei **langjähriger Erfahrung im Biotechnologie- oder Pharmageschäft** ausbilden. Deshalb setzen VC-Investoren häufig auf solch erfahrene Leute und setzen sie in Führungspositionen ein. Allerdings müssen diese Personen auch an die besonderen Bedingungen eines „Start-ups" gewöhnt sein, um auf die notwendige Akzeptanz zu stoßen, z. B. machen fehlende Infrastruktur oder Kapitalknappheit verwöhnten Industriemanagern das Leben in einer kleinen Biotech-Firma schwer. Die Gründer sollten auf jeden Fall mit neu hinzukommenden Führungspersonen 100%ig einverstanden sein, weil sich ansonsten die latent vorhandenen Interessenkonflikte zwischen Investoren und Gründern eher noch verstärken.

Tab. 38.2 „Business"-Einstellung und Erfahrung

Sozialkompetenz

Kompetent	weniger kompetent
• Geht aktiv auf Menschen zu	• verkriecht sich lieber im Labor
• Reist gerne	• bleibt lieber zu Hause
• Auf Ausgleich und Harmonie aus	• auf Konfrontation aus
• Hat lange Jahre mit Kunden gearbeitet	• musste nie auf Kundenwünsche eingehen
• Kann Denkansätze in bezahlbare Projekte oder Produkte umsetzen	• beherrscht das technische Prinzip, kann es aber nicht in eine verkaufbare Form umsetzen

Projektmanagement

Kompetent	weniger kompetent
• Kann Aufgaben klar strukturieren und planen	• legt erst mal los und sieht dann weiter
• Kommuniziert gerne, offen und direkt	• redet nicht gerne und wenn, dann ohne jemanden direkt anzusprechen
• Delegiert Aufgaben, benennt Verantwortliche und macht sie verantwortlich	• vertraut nur sich selbst und scheut sich, andere mit einzubeziehen

Führungskompetenz

Kompetent	weniger kompetent
• Kann Vision, Richtung, Ziele vermitteln	• spricht lieber über Details als über das Ziel
• Versteht Mitarbeiter menschlich und technisch, besitzt Akzeptanz der Mitarbeiter	• versteht Wissenschaft nicht, geht nicht auf Leute ein
• Verfügt über Kontakte zu Partnern aus allen notwendigen Kompetenzgebieten	• unerfahren und besitzt keine Industriekontakte
• Wirkt ausgleichend zwischen Wissenschaftlern, Investoren, Partnern	• vertritt einseitig die Interessen einer bestimmten Gruppe

Ohne **Mitarbeiter** läuft nichts. Meist müssen selbst in einer kleinen Start-up-Firma wesentlich mehr Fachbereiche abgedeckt sein als in einer akademischen Arbeitsgruppe. Wie organisiert man das? Wie kommt man an die entsprechen Leute heran?

Für ein kleines Unternehmen in der konventionellen Wirkstoffforschung, d. h. der Findung neuer therapeutisch aktiver Wirkstoffe (*small molecule drug discovery*), benötigt man z. B. folgende Kompetenzen, allein um ein Projekt bis zur klinischen Zulassung zu bringen (Tab. 38.3). Um allein für die als **Outsourcing** markierten Funktionen kompetente Partner zu finden, macht es Sinn, sich Personen mit entsprechend breiter Erfahrung in das Unternehmen zu holen. Ansonsten kann man viel Zeit und Lehrgeld bei der Suche nach dem richtigen Weg verbringen. Um qualifiziertes Fachpersonal für das Labor anzuwerben, kann man verschiedene Wege beschreiten. Der einfachste und meist auch effektivste Weg ist es, Anzeigen im Internet in entsprechenden Newsgroups zu schalten oder auch auf der eigenen Webpage. Darüber hinaus erscheint eine Anzeige in überregionalen Zeitungen (z. B. „FAZ", „Süddeutsche", „Die Zeit") als sinnvoll, weil es die Seriosität des Angebots unterstreicht. Viele Bewerber suchen in unsicheren Zeiten

Tab. 38.3 Notwendige Personalqualifikationen in einem Start-up-Unternehmen mit dem Ziel der Wirkstofffforschung

Kompetenz/Qualifikation	in house vs. Outsourcing
Biologen, Molekularbiologen, Biochemiker, Physiologen	in house
Mediziner mit klinischer Erfahrung	Kooperation
Medizinalchemiker, analyt. Chemiker	in house, Outsourcing begrenzt möglich
Bio- und Chemoinformatiker	in house
Systemadministrator	am besten in Personalunion mit Bio- und Chemieinformatiker
Galeniker	Outsourcing
Toxikologen, Pharmakologen	in house oder Outsourcing
Projektmanagement	in house
Buchhaltung, Controlling	eine Person in house, ansonsten Outsourcing
Business Development	in house
Marketing, Public Relations	begrenzt in house, Outsourcing
Finanzen	in house
Rechtsangelegenheiten	begrenzt in house, Outsourcing
Patente	Outsourcing

doch eher einen Job bei einer Firma, die zumindest so aussieht, als ob sie noch einige Jahre existieren würde. Eine **professionell gestaltete Zeitungsannonce** kann diesen Eindruck eher vermitteln als eine schnell gestaltete Internetanzeige.

Ein zunehmend gern beschrittener, wenn auch recht teurer Weg ist die Einschaltung von sog. **Recruiting-Firmen, Personalagenturen**, im Jargon auch „Headhunter" genannt. Wenn man sich einen für die Branche gut qualifizierten Headhunter aussucht, kann man auf diese Weise an hoch qualifizierte Personen herankommen, die auf eine Anzeige nicht reagieren würden, weil sie bereits einen guten Job haben. Und sehr gute Leute bekommt man meistens nur nach dem Motto „das Bessere ist der Feind des Guten", mit anderen Worten, mit einem überlegenen Jobangebot.

Hiermit kommen wir zum Thema **Vergütung**. Junge Biotech-Firmen zahlen sehr unterschiedlich hohe Gehälter, sowohl im Firmenvergleich als auch im Hierarchievergleich innerhalb der Firma. In den Zeiten der Biotech-Euphorie Ende der 90er Jahre wurden mit „geliehenem" Venture-Geld serienweise erfahrene Manager aus der Pharmaindustrie hinein in kleine Start-ups gelockt. Doch über die ordentlichen Gehälter hinaus gibt es vor allem ein Instrument, was gediente Manager und Fachexperten von einem guten sicheren Arbeitsplatz hinein in das Wagnis der Firmengründung lockt: **Stock Options oder gar direkte Aktien**!

Wie bereits in Abschnitt 38.3 erwähnt, ist die Aussicht auf die Vervielfachung des Unternehmenswertes innerhalb weniger Jahre einer der Hauptmotivationsfaktoren für Gründer wie auch für Investoren. Diese beiden Gruppen verfügen meistens über direkte Anteile am Unternehmen, im Fall einer AG also über Aktien. Weshalb benötigt man dann Aktienoptionen, sog. Stock Options?

Der Kauf von Aktien ist nur dann interessant, wenn der Kaufpreis nahe an dem Nominalwert der Aktie und der spätere Verkaufspreis sehr viel höher liegt. Wenn ein Unternehmen Aktien an Mitarbeiter oder andere Personen unter dem Preis abgibt, der sich durch die Stückelung aus dem Unternehmenswert ergibt, dann verschafft das Unternehmen dem Käufer einen sog. „geldwerten Vorteil", d. h. durch die offensichtliche Gewinnspanne beim Kauf und direkt anschließenden Verkauf würde der Käufer einen risikolosen Gewinn einstreichen. Das sieht das Finanzamt als versteckte Schenkung an und verlangt Einkommensteuern auf diesen geldwerten Vorteil. Kauft ein neuer Mitarbeiter jedoch zum realen Preis, so ist er wie jeder Venture-Investor, der auf der gleichen Bewertungsstufe einsteigt, dem sehr hohen Risiko des Totalverlustes ausgesetzt, wenn die Firma in den Konkurs geht.

Stock Options bieten die Vorteile von Aktien ohne die Nachteile, dass man sofort dafür bares Geld zahlen muss. Wenn eine Firma ein Stock-Option-Programm (SOP) auflegt, reserviert sie einen Teil des Firmenkapitals, also ein Aktienpaket für dieses SOP. Neue Mitarbeiter bekommen je nach Hierarchiestufe, Datum des Eintritts oder von individueller Performance abhängig jedes Jahr ein kleines Paket dieser Stock Options zugeteilt, d. h., sie bekommen das Recht, zu einem bestimmten Zeitpunkt diese Optionen in echte Aktien zu wandeln. Dafür müssen sie nichts zahlen, denn sie haben ja noch keinen festen Wert in der Hand. Die Stock Options werden aber auf der aktuell gültigen Bewertungsstufe ausgegeben. Steigt der Unternehmenswert bis zum (festgelegten) Ausübungsdatum der Option, kann der Mitarbeiter die Option wandeln, d. h., er bezahlt den niedrigen Preis zum Ausgabezeitpunkt und erhält Aktien zu einem dann höheren Wert. Sind die Aktien dann noch nicht fungibel, also ist das Unternehmen noch nicht Börsen notiert, oder ist der Unternehmenswert gar niedriger als zum Bezugszeitpunkt, kann der Mitarbeiter die Optionen einfach fallen lassen bzw. eventuell gegen neu aufgelegte Optionen tauschen. Dadurch ergibt sich für den Mitarbeiter nicht das Risiko des Anlageverlustes, er kann aber zumindest an der Wertsteigerung ab dem Zeitpunkt seines Eintritts in die Firma partizipieren.

Ein SOP kann ein sehr probates Mittel sein, um Anreize für Mitarbeiter, vor allem für Führungskräfte zu schaffen. Die Tatsache, dass bisher in Europa SOPs noch nicht weit verbreitet sind bzw. bis dato nur wenige Mitarbeiter mit SOPs wirklich „reich" geworden sind, mindert allerdings die Akzeptanz von SOPs bei Nichtführungskräften erheblich. Viele Mitarbeiter sagen sich, dass eine monatliche Gehaltsüberweisung in vernünftiger Höhe sehr viel mehr wert ist, als ein „Luftaktienprogramm". Doch auch über jährliche Zielvereinbarungen und an die individuelle Jahresleistung gekoppelte Zielerreichungsprämien kann man ein gewisses Leistungsdenken erzeugen.

Über all diese finanziellen Anreizmöglichkeiten hinaus darf man aber nicht vergessen, dass andere **Motivationsfaktoren** wie gutes Betriebsklima, kurze Entscheidungswege, klare Verantwortlichkeiten und Selbstbestimmung Faktoren sind, die das „Wohlfühlen" in einem Unternehmen viel entscheidender bestimmen können.

38.5
Die ersten Schritte mit der eigenen Firma, Erfolgsfaktoren

Es gibt zwar vieles beim Firmenstart zu bedenken, doch entscheidend ist der Leitsatz: **Wer nicht wagt, der nicht gewinnt!** Letztlich ist es nicht so schwierig, eine Firma aufzubauen, wenn man nicht alleine ist, sondern ein Gründerteam mit sich ergänzenden Fähigkeiten und Kompetenzen sowie klarer Aufgabenzuteilung hat. Das Schwierigste ist sicherlich, an das notwendige Kapital heranzukommen, und bei all den anderen notwendigen Schritten wie Ausarbeitung eines Gesellschaftervertrags, Eintragung der Gesellschaft, Technologietransfer, Patentierungen, Anwerben und Einstellen von Mitarbeitern können kompetente Kräfte aus den BioRegio-Büros oder den Technologietransfer-Abteilungen der Institute Hilfe leisten. Hier sei noch einmal eine kurze Checkliste zum Firmenstart aufgeführt:

- Gründerteam klar aufgestellt, Kompetenzen und Verantwortlichkeiten klar zugeteilt, auch wer „nur" mitgründet und wer konkret in der Firma arbeiten soll?
- Businessplan geschrieben und mit kompetenten Personen gegengeprüft?
- Wichtige Technologien oder Produktkandidaten mit Patenten geschützt? Bestehen konkurrierende Anmeldungen (Expertenmeinung)? Werden die Patente 1:1 in die Firma übertragen (eine exklusive Lizenz ist nicht das Gleiche)?
- Wurde im Vorfeld erkundet, ob man Investoren gewinnen kann?
- Besteht die Möglichkeit, durch eine kurzfristige Kooperation, durch den Verkauf nichtessenzieller Assets oder durch Dienstleistungen sofort Umsatz zu erwirtschaften?
- Ist man sich über die Gesellschaftsform und die Verteilung der Anteile einig?
- Konnten Labor- und Büroflächen zu günstigen Konditionen angemietet werden? Kann man mit dem Forschungsbetrieb sofort loslegen?

Damit es nicht nur bei der Idee zur Firmengründung bleibt, ist es wichtig, ab dem Zeitpunkt, ab dem die wichtigsten der oben genannten Kriterien erfüllt sind, den Sprung zu wagen. Ansonsten kann man nur allzu leicht den besten Moment für die Gründung verpassen.

„There is a tide in the affairs of men,
Which taken at the flood, leads on to fortune;
Omitted, all the voyage of their life
Is bound in shadows and miseries.
On such a full sea are we now afloat,
And we must take the current when it serves,
Or lose our ventures."

(Brutus in Shakespeare's Julius Caesar)

39
Marketing

Dieses Kapitel beleuchtet die Bedeutung des Marketing für junge Biotech-Unternehmen. Für Biotech-Firmen hat das klassische Marketing in Form von Marktforschung und Produktmarketing eine untergeordnete Rolle im Vergleich zum Business Development. Business Development umfasst Aspekte der Beobachtung der möglichen Auftraggeber und Dealpartner wie auch des Wettbewerbs genauso wie das eigentliche Dealmaking, also das Abschließen von Kooperations- und Lizensierungsverträgen. Bei Biotech-Biotech- und Biotech-Pharma-Deals gibt es drei unterschiedliche Typen, den Fee-for-Service-Deal, also bezahlte Auftragsforschung, zweitens den Technologietransfer oder Licensing Deal und im fließenden Übergang dazu drittens die strategische Allianz. Vom Business Development getrennt ist die Funktion der Unternehmenskommunikation, häufig unterteilt in Public Relations und Investor Relations, zu sehen. Für junge, noch nicht bekannte Biotech-Firmen ist Unternehmenskommunikation von essenziellem Wert für den Aufbau eines positiven Gesamtbildes bei Investoren, Pharmapartnern, in den Medien und bei den Mitarbeitern, zusammenfassend Stakeholder genannt.

39.1
Einführung

Marketing für Biotech-Firmen umfasst sehr viel mehr, als klassischerweise unter Marketing verstanden wird. Bei einer **etablierten Firma**, die ein bestimmtes Sortiment an Produkten anbietet, hat das Marketing folgende, relativ klar umrissene Aufgaben, wie z. B.:
- Die **Marktforschung** zur Identifizierung neuer Produktopportunitäten und zur Wettbewerberbeobachtung
- Das **Produktmarketing**, das frühzeitig die Produktentwicklung begleitet, indem es gemeinsam mit Entwicklern, also Technikern und Wissenschaftlern, kundennahe Spezifikationen für die neu zu entwickelnden Produkte definiert und bis zur Markteinführung so kontrolliert, dass diese Spezifikationen auch eingehalten werden. Dieses Produktmarketing legt dann auch die Parameter und Vorgaben für den Vertrieb fest.

Molekulare Biotechnologie: Konzepte und Methoden.
Herausgegeben von M. Wink
Copyright © 2004 WILEY-VCH Verlag GmbH & Co. KGaA, Weinheim
ISBN: 3-527-30992-6

Die Positionierung des Gesamtunternehmens hinsichtlich Wirtschaftsleistung und Strategie bleibt den **Stabsstellen** überlassen, die Kommunikation der Ergebnisse wird durch die **PR** (*public relations*)- bzw. die IR-(*investor relations*)-Abteilungen übernommen und ist damit vom eigentlichen Marketing getrennt.

Bei **jungen Biotech-Firmen** verschwimmen diese Funktionen zu einem „Marketing", das gleichzeitig mehrere Aufgaben wahrnehmen muss. Für die einzelnen hoch spezialisierten Marketing- oder PR-Funktionen in einem Großunternehmen stehen jeweils entsprechend ausgebildete Personen zur Verfügung. Marketing-Know-how ist bei normalen Konsumenten orientierten Produkten wichtiger als technisch-wissenschaftliches Verständnis. **Bei Biotech-Firmen reduzieren sich sämtliche Marketing- und PR-relevanten Aufgaben meist auf wenige, wenn nicht gar nur eine Person;** manchmal gibt es nicht einmal eine speziell dafür ausgeschriebene Position. Dafür gibt es einige Gründe:

- Die meisten Biotech-Firmen haben noch gar keine Produkte; sie definieren sich ja meistens als Forschungs- und Entwicklungsfirmen, die im Erfolgsfall ihre Produktvorstufen an große Unternehmen lizensieren. In diesen Fällen wird selbst kein Marketing, zumindest kein Produktmarketing benötigt.
- Zwar ist die Aufgabe sehr anspruchsvoll, wissenschaftlich fundierte Hochtechnologie zu vermarkten, es bedarf aber auch erheblicher wissenschaftlicher Fachkenntnisse dazu. Wenige qualifizierte Wissenschaftler arbeiten sich in die aus ihrer Sicht häufig wenig geachtete und meist als „BlaBla…" abqualifizierte Marketingmaterie ein und besitzen dann die dualen Fähigkeiten für Biotech-Vermarktung. Für klassische Marketingfachleute lohnt es sich finanziell und als Erfolgsbestätigung allemal mehr, in einem etablierten Unternehmen das Marketing zu betreuen.

Die Folge davon ist, dass das **eigentliche Marketing in den meisten Biotech-Firmen durch das sog.** *Business Development* ersetzt ist, das in jedem Unternehmen anders definiert wird. Business Development bedeutet eigentlich die Identifizierung von möglichen Kooperationspartnern, die Ausarbeitung von Kooperationsplänen, das *Deal Closing* und die anschließende Betreuung von Kooperationen. Business Development ist eigentlich eine typische Funktion in etablierten Pharmaunternehmen, aber der Begriff wurde mit deutlich erweiterten Aufgaben von Biotech-Firmen übernommen. Die Personen, die in einer Biotech-Firma die Funktion des Business Development wahrnehmen, können all die folgenden Aufgabenbereiche auf sich vereinen, weil sich meist unter den Wissenschaftlern niemand findet, der bereit wäre, sich in diese fremde Materie einzuarbeiten:

- Wettbewerberbeobachtung: Was machen die anderen Firmen auf dem Sektor?
- Marktanalysen: Wie groß sind die Zielmärkte, für die man neue Produkte oder Technologien entwickeln will?
- Ansprache von möglichen Kooperationspartnern, Ausarbeiten von Kooperationsverträgen und Abschließen von Kooperationen, meistens Dealmaking genannt.

Die ersten beiden Aufgaben stellen klassische Marketingfunktionen dar, während die dritte Tätigkeit eigentlich eine Vertriebsfunktion ist. Doch das Dealmaking ist die eigentliche Hauptfunktion des Business-Development-Verantwortlichen. Warum? Weil der erfolgreiche Abschluss und die konsequente Abarbeitung von Kooperationen meistens die einzige Umsatzquelle für Biotech-Firmen sind. Deshalb soll genau auf dieser Funktion des Business Development der Schwerpunkt dieses Kapitels liegen.

39.2
Welche Arten von Deals gibt es?

Man kann – mit fließenden Übergängen – drei Grundtypen an Kooperationen von Biotech-Firmen mit anderen Unternehmen unterscheiden:

- Reine sog. *Fee for Service*-Deals, d.h. Dienstleistungsvereinbarungen, bei denen der Biotech-Partner einen Auftrag ohne zusätzlichen Know-how- oder Technologietransfer gegen Bezahlung abarbeitet
- Technologietransfer oder *Licensing-Deals*: Der Biotech-Partner transferiert oder lizensiert seine Technologieplattform oder patentgeschützte neue Wirkstoffe oder ein Diagnostikum an einen Partner zur weiteren Entwicklung bzw. zur Vermarktung.
- **Strategische Allianzen**, bei denen zwei Partner einen erheblichen Teil ihrer Ressourcen bündeln; bei diesen weit reichenden Deals werden meistens auch Firmenanteile ausgetauscht oder verkauft.

Zum **Fee-for-Service-Deal** gibt es wenig zusätzlich zu erläutern: Art und Umfang der Dienstleistung bestimmen den Preis; die Schwierigkeit besteht darin, in einem kompetitiven Umfeld einen Preis zu erzielen, der nicht nur kostendeckend ist, sondern noch eine Gewinnmarge liefert. Das hört sich banal an, wird in der Biotech-Industrie aber kaum beachtet, weil vielen Hundert Biotech-Anbietern nur ca. 20–30 Pharmafirmen gegenüberstehen.

Licensing-Deals können unterschiedlich ausfallen. Wenn sich ein Therapeutikum noch in einem frühen präklinischen Stadium befindet (z.B. ein *Target*-Kandidat, eine *Lead*-Serie), wird meistens nicht nur eine Lizensierung, sondern auch eine Forschungszusammenarbeit vereinbart. Die Umsatzströme für die Biotech-Firma gliedern sich dann in mehrere Komponenten:

1. Eine **initiale Zahlung** zur Aufnahme der Arbeiten (sog. *Upfront-Payment*); sie soll die Vorinvestitionen der Biotech-Firma abdecken und ist meistens nicht rückzahlbar.
2. **Meilensteinzahlungen**, die fällig werden, wenn in dem Kooperationsprojekt wichtige Meilensteine der Entwicklung erreicht werden (*milestone payments*)
3. „**Royalties**", d.h. Lizenzgebühren, werden naturgemäß nur dann fällig, wenn es auch entsprechende Patente gibt. Zu unterscheiden sind Lizenzen auf Technologien, wo die Royalties während der Forschungskooperation fällig werden, und Lizensierungen von z.B. neuen Wirkstoffen, wo die Royalties erst nach Markteinführung des Medikaments fällig werden. Es sind genau diese letzt-

genannten Royalties, nach denen die meisten Biotech-Firmen trachten, und die Gründe dafür soll folgendes Beispiel aufzeigen.

39.2.1
Was wird an Meilensteinen bzw. Lizenzgebühren bei einer Biotech/Pharma-Kooperation wirklich gezahlt?

Nehmen wir an, dass Biotech-Firma A-Gen ein neues Therapeutikum, z.B. einen neuen niedermolekularen Tumorwirkstoff, an Pharma X lizensieren will. Ein Licensing-Deal könnte dann wie folgt aussehen: Wenn der Wirkstoff noch auf einer präklinischen Stufe ist, vereinbart Pharma X z.B. eine zweijährige Kooperation mit A-Gen, um herauszufinden, ob die Substanz überhaupt in die klinische Prüfung gebracht werden kann. Die Zahlungen könnten wie folgt berechnet werden:

Beispiel: Lizensierung eines neuen Tumorwirkstoffs gegen rezidivierenden Brustkrebs

- Gesamtes Marktpotenzial: ca. 8 Milliarden US$ in den 7 MPM (*seven major pharmaceutical markets*, das sind USA, Kanada, Japan, Deutschland, Großbritannien, Frankreich, Italien), steigend mit ca. 5% p.a.
- Marktdurchdringung (d.h. Anteil des geplanten Produkts am Markt): ca. 20%, d.h. *Peak Sales* von ca. $0,2 \times (8 \text{ Mrd.} \times 1,05)^n$ (n = Anzahl der Jahre bis zur Markteinführung, 5% Marktwachstum pro Jahr)

Die einforderbaren Lizenzgebühren berechnen sich aus dem Beitrag der Biotech-Firma, und der ist hauptsächlich von der Wertschöpfungsstufe abhängig, den der Wirkstoff bei Lizensierung erreicht hat. Tab. 39.1 nennt Größenordnungen, die eingefordert werden können.

Demnach macht es für alle Biotech-Unternehmen am meisten Sinn, alle Entwicklungsprojekte **mindestens bis zur Phase II** zu treiben, allein schon weil das

Tab. 39.1 Mögliche Gewinne bei der Veräußerung von entwickelten Wirkstoffen

Stufe	Prozent Royalties	Ergibt beim Beispiel Tumorwirkstoff jährliche Zahlungen von (nach Markteinführung in ca. 10 Jahren)
Validiertes Target	0,5–3%	20–130 Mio. €
Lead Compounds	0,5–3%	20–130 Mio. €
Drug Candidate (d.h. optimierte Compounds mit PK-Daten, Tox-Daten, *Proof of Principle* im Tiermodell)	1–10%	40–400 Mio. €
Phase I/II Drugs	5–20%	200–800 Mio. €
Phase III NDA	10–50%	400–1700 Mio. €

PK, Pharmakokinetik; Tox, Toxikologie; NDA, „New Drug Application", Martzulassung durch die amerik. Zulassungsbehörde FDA.

Interesse der Pharmaindustrie an nicht validierten Compounds sehr gering ist. Doch leider zwingt die Realität der knappen Finanzlagen Biotech-Firmen häufig schon viel früher zur Auslizensierung.

Die **Größe der Upfronts** und **Milestones** hängt natürlich auch von dem Marktpotenzial ab; Größenordnungen von mehreren Hunderttausend bis wenigen Millionen Euro sind übliche Dimensionen, wenn man sich in frühen Entwicklungsstadien befindet. Die Frage, welche Zahlen letztlich im Vertrag stehen, wird durch das Verhandlungsgeschick des Business-Development-Managers bestimmt. Ein erfahrener *Bus Dev Manager* auf der Biotech-Seite zeichnet sich eben dadurch aus, dass er für die Lizensierung genau den Partner aussucht, der den höchsten Bedarf in dem entsprechenden therapeutischen Gebiet hat und dementsprechend am meisten zahlt. Dadurch kann er auch die Prozentzahlen für die Royalties in die oberen Bereiche treiben.

Ein erfolgreicher Licensing-Deal liefert einer Biotech-Firma nicht nur Umsatz, sondern verändert die Grundlage für die Firmenbewertung erheblich. Das schlägt sich bei der nächsten Finanzierungsrunde in größeren Kapitalmengen zu besseren Konditionen nieder. **Das Dealmaking ist deshalb marktseitig** *die* zentrale Funktion in einer Biotech-Firma.

Eine **strategische Allianz** unterscheidet sich von einem Licensing-Deal eigentlich nur dadurch, dass meistens mehrere Komponenten lizensiert werden und dass der Partner, eine Pharmafirma oder eine andere Biotech-Firma, auch Anteile an dem Eigenkapital der auslizensierenden Firma kauft. Da sie dafür meist einen **Premiumpreis** zahlt, kann man eine strategische Allianz auch als versteckte Finanzierungsrunde auslegen, nur dass die Anteile nicht von einer Venture-Firma, sondern von einer Pharma- oder Biotech-Firma gehalten werden. Strategische Allianzen können auch zwischen zwei kleinen Unternehmen entstehen, die sich entlang der Wertschöpfungskette gut ergänzen. Entweder sind dies zwei Firmen, die über komplementäre Technologien auf dem gleichen Sektor verfügen und durch z.B. eine Kreuzlizensierung gegenseitig ihr Potenzial verbessern, oder es sind z.B. eine therapeutisch ausgelegte und eine Chemiefirma, die sich durch die jeweils fehlenden Kompetenzen in der Entwicklung neuer Wirkstoffe hervorragend ergänzen. In solchen Fällen sind strategische Allianzen meist Vorboten eines späteren Mergers oder einer Firmenübernahme.

39.3
Public Relations (PR) und Investor Relations (IR) für Biotech-Firmen

Auch wenn eine Biotech-Firma meistens keinen Kontakt zu echten „Endkunden" im Sinne von Verbrauchern oder Patienten hat, ist die **Unternehmenskommunikation**, das ist der zu PR und IR übergeordnete Begriff, von eminenter Wichtigkeit. **Der Bekanntheitsgrad einer Biotech-Firma wird meist in der Höhe der Firmenbewertung reflektiert**. Gerade Unternehmen, die sich auf einen Börsengang vorbereiten, müssen auf ihr „äußeres Erscheinungsbild" sehr achten.

Biotechnologie gilt als Hochtechnologie und als große Hoffnungsträgerin für zukünftige Wertschöpfung. In Zeiten wirtschaftlicher Krisen suchen Medien nach den wenigen hoffnungsvollen Beispielen für Wachstum und neue Arbeitsplätze. Biotech-Firmen können sich somit leicht zu Publikumslieblingen stilisieren lassen, wenn sie die Sehnsüchte von Politikern und der breiten Bevölkerung nach einer Gegenmacht zur Tristesse der Wachstumslosigkeit in den traditionellen Branchen der *„old economy"* befriedigen. Die hohen Bewertungen von mancher deutschen Biotech-Firma zur Zeit ihres Börsenganges erklären sich aus diesen vermeintlich gestillten Sehnsüchten. Der Fall (der Aktienkurse) war dann umso tiefer, als sich mit der Zeit zeigte, dass die Biotech-Firmen die unmäßig hohen Versprechungen nicht erfüllen konnten.

Die Beispiele der extremen Unterschiede in der Perzeption der Biotech-Industrie in Abhängigkeit vom Zeitpunkt zeigen, dass diese Unternehmen noch keine stabile Kommunikationsstrategie entwickelt hatten. Gerade wenn man jedoch im Blickpunkt des öffentlichen Interesses steht, ist eine solide Unternehmenskommunikation für die nachhaltig positive Einschätzung des Unternehmens wichtig.

Dies gilt nicht nur für börsennotierte Firmen, sondern auch für kleine Start-ups. Die Einschätzung eines Unternehmens durch Investoren oder mögliche Pharma-Kooperationspartner basiert immer auf Informationen, die aus verschiedenen Quellen erhalten werden. **Eine gute PR-Strategie zeichnet sich dadurch aus, dass sie regelmäßig den Status Quo des Unternehmens aufzeigt und wichtige Entscheidungen nicht nur erwähnt, sondern durch befugte Personen erläutern und kommentieren lässt.** Das Ziel jeglicher PR-Bemühungen ist es, einen positiv belegten Bekanntheitsgrad zu erreichen, sodass verschiedene **„Stakeholder" an einem Unternehmen, das sind Mitarbeiter, Anteilsinhaber, Investoren und Kooperationspartner, mit dem Namen des Unternehmens die gleichen positiven Werte assoziieren**, die das Management auch als die Grundlagen ihrer Handlungsmaximen ansieht.

Dem PR-Beauftragten im Unternehmen (häufig identisch mit dem **Business Development** bzw. dem Vorstand/Geschäftsführer) fallen damit folgende Aufgaben zu:

- Definition der Unternehmensziele und Unternehmenswerte
- Kommunikation derselben an Stakeholder des Unternehmens

Es ist erstaunlich, dass die meisten kleinen Start-up-Biotech-Firmen ihre Ziele meist nur vage definiert haben. Häufig sind die Ziele nur technisch-wissenschaftlich erfasst wie „Targets funktionell validieren" oder „Compounds für ZNS-Krankheiten finden". Die Unternehmensziele müssen unabhängig vom Erfolg oder Misserfolg eines Projekts sein, denn sonst variieren sie mit demselben. Mit dem inhaltlichen Unternehmensziel muss immer auch der ökonomische Erfolg des Unternehmens verbunden sein. Es mag ein hehres Ziel sein, unheilbare Krankheiten zu therapieren, aber wenn das nicht mit wirtschaftlichem Erfolg und einer ehrgeizigen Marktposition verbunden ist, wird sich kaum ein Investor dafür begeistern lassen. Es gibt aber auch den umgekehrten Fehler, dass nämlich der ökonomische Erfolg als einziges Ziel definiert wird und darüber vergessen wird, dass jeglichem wirtschaftlichen Erfolg einer Biotech-Firma ein wissenschaftlich-technischer Erfolg zugrunde liegen muss. Deshalb: Sind die Unternehmensziele nicht eindeutig (*ökonomisch z. B. als x Mio. Umsatz mit y% Rendite im Jahr 20xx*) definiert, können sie auch nicht erreicht und auch nicht kommuniziert werden.

Welche Kommunikationsmittel stehen dem PR-/IR-Beauftragten zur Verfügung?

- Pressemitteilungen (sog. *press releases*), die direkt an verschiedene Zeitschriften oder Journalisten gesendet werden;
- die Homepage als wichtiges Mittel zur permanenten Unternehmensdarstellung;
- Präsentationen vor Kunden oder auf Konferenzen;
- persönliche Ansprache von Zielpersonen.

Alle Mittel sollten aufeinander abgestimmt und so eingesetzt werden, dass sich ein kohärenter Fluss an Informationen ergibt. Neben der Abstimmung auf inhaltlicher Ebene in den verschiedenen Medien, aber auch unter verschiedenen Repräsentanten des Unternehmens kommt auch einem einheitlichen optischen Erscheinungsbild eine wichtige Rolle zu. Eine genaue Beleuchtung der Bedeutung von *Corporate Identity* würde den Rahmen dieses Lehrbuches bei weitem sprengen, doch sei zu bedenken gegeben, dass gerade eine wohltuende optische Unterscheidung in Form von Farbwahl und Logo aber auch gerade bei der Namenswahl hilft, sich von der Masse abzuheben.

39.4
Literatur zu Kap. 37–39

Businessplan Handbuch zum Genestart-Wettbewerb http://www.genestart.com/pages/de/wettbewerb/handbuch.html

COHEN, S. N., CHANG, A. C., BOYER, H. W., HELLING, R. B. (1973) Construction of biologically functional bacterial plasmids *in vitro. Proc. Natl. Acad. Sci. USA* **70**(11), 3240–3244.

DREWS, J. (1999) Research & development. Basic science and pharmaceutical innovation. *Nat. Biotechnol.* **17**(5), 406.

Drews, J. (2000) Drug discovery: a historical perspective. *Science* **287**(5460), 1960–1964.

Anonym (1990) Drug treatment of stroke and ischemic brain: from acetylsalicylic acid to new drugs – 100 years of pharmacology at Bayer Wuppertal-Elberfeld. Satellite symposium of the XIth Intern. Congress of Pharmacology, Scheveningen, NL. *Stroke* **21**(12 Suppl.), IV1–175.

HALL, S. S. (1987) *Invisible Frontiers: The Race to Synthesize a Human Gene.* Atlantic Monthly Press, New York, ASIN: 0871131471.

KREMOSER, C., ROHRBUSCH, T., BECKER, E. M. et al. (1998) *„Aufbruchstimmung", der erste Deutsche Biotechnologie-Report.* Selbstverlag, Stuttgart

SAZARO, D. et al. (2003) *„Beyond Borders", the Second Global Biotechnology Report.* Selbstverlag, Ernst & Young, www.ey.com.

SCHÜLER, J., BIALOJAN, S. (2003) *„Zeit der Bewährung", der dritte Deutsche Biotechnologie-Report* (ERNST, YOUNG, Hrsg.) Mannheim.

WERTH, B. (1996) *„Das Milliarden-Dollar Molekül".* VCH, Weinheim New York Basel Cambridge Tokyo.

Glossar

ABC-Transporter: Eine große Superfamilie von Membrantransportern, welche die Hydrolyseenergie von ATP nutzen, um niedermolekulare Substanzen durch Membranen zu schleusen.

Absorption: Aufnahme einer Substanz durch die Haut oder Schleimhaut (s. **Resorption**).

Acetylcholin: Neurotransmitter, der an nicotinergen und muscarinergen Acetylcholin-Rezeptoren (nAChR, mAChR) bindet. Der mAChR ist ein ligandengesteuerter Ionenkanal, der mAChR ein G-Protein-gekoppelter Neurorezeptor.

Actin: Häufiges Protein des Cytoskeletts in allen Eukaryotenzellen. Die monomere Form wird zuweilen globuläres oder G-Actin genannt, die polymere Form filamentöses oder F-Actin.

Actinfilamente (Mikrofilament): Fadenförmiges Polymer aus dem globulären Actinprotein; wesentlicher Bestandteil des Cytoskeletts aller Eukaryoten und der Sarkomere im Muskel.

Adenom: Geschwulst mit Ursprung in drüsenbildendem Epithel.

Adenoviren: DNA-haltige Viren, die Erkrankungen der Atmungsorgane verursachen können.

Adenylat-Cyclase: Membrangebundenes Enzym, das die Bildung von cyclischem AMP (cAMP) aus ATP katalysiert. Ein wesentlicher Bestandteil einiger intrazellulärer Signalwege.

ADME-T-*Absorption (distribution, metabolism, excretion and toxicity):* Zusammenfassung der pharmakokinetischen und toxikologischen Parameter einer Substanz.

Adrenalin (Epinephrin): Hormon des Nebennierenmarks, das von den chromaffinen Zellen und von bestimmten Neuronen als Antwort auf Stress abgegeben wird. Adrenalin bindet an adrenerge Rezeptoren und löst die Kaskadereaktion des Glykogenabbaus aus. Folge sind Kampf- oder Fluchtreaktionen, einschließlich Erhöhung der Pulsfrequenz und des Blutzuckers.

Molekulare Biotechnologie: Konzepte und Methoden.
Herausgegeben von M. Wink
Copyright © 2004 WILEY-VCH Verlag GmbH & Co. KGaA, Weinheim
ISBN: 3-527-30992-6

aerob: Vorgänge, die gasförmigen Sauerstoff (O_2) benötigten oder in dessen Gegenwart ablaufen.

Affinitätschromatographie: Trennung von Proteinen oder Nucleinsäuren aufgrund von Struktur-Wirkungsbeziehungen (z. B. Proteinisolierung über eine stationäre Phase mit kovalent gebundenen Liganden).

Agonist: Wirkstoff, der an Membranrezeptoren bindet und diese aktiviert.

AIDS: Erworbene Immunschwäche (*acquired immunodeficiency syndrome*), die durch Infektion mit HIV hervorgerufen wird.

Aktionspotenzial: Schnelle, vorübergehende und sich selbst fortpflanzende elektrische Erregung in der Cytoplasmamembran einer Nerven- oder Muskelzelle.

aktiver Transport: Bewegung einer Substanz durch die Membran gegen einen elektrochemischen oder Konzentrationsgradienten.

aktives Zentrum: Bindungszentrum, an das sich in einem Enzym ein Substratmolekül anlagert.

Aktivierungsenergie: Zusatzenergie, die Atome oder Moleküle zusätzlich zu ihrer Grundzustandsenergie erhalten müssen, um in eine bestimmte chemische Reaktion einzutreten.

Alge: Allgemeiner Begriff für eine große Zahl einfacher einzelliger oder vielzelliger photosynthetischer eukaryotischer Organismen. Keine systematische Einheit.

Alignment: Anordnung von zwei oder mehreren Sequenzen zueinander, sodass ähnliche oder identische Zeichen übereinander stehen. Man spricht von Alignment (nicht übersetzt), das zugehörige Verb heißt im Deutschen „alinieren".

Alkaloid: Niedermolekularer, Stickstoff enthaltender Sekundärstoff, der gegen Fraßfeinde oder Infektion schützt. Greift häufig an Targets im Nervensystem, an der DNA oder der Proteinbiosynthese an.

Alkylierung: Reaktive Wirkstoffe können kovalente Bindungen mit DNA und Proteinen eingehen.

Allel: In einer diploiden Zelle hat jeder Genlocus zwei Allele (ein mütterliches und ein väterliches); Genloci sitzen jeweils an der gleichen Stelle der homologen Chromosomen.

Allergen: Eine Substanz, die Allergien auslösen kann.

Allergie: Überempfindlichkeit gegenüber einer Substanz (z. B. Pollen), die zu Hautjucken und Schwellungen führen kann.

allgemeine Rekombination: Rekombinierung der DNA-Abschnitte zwischen zwei homologen Chromosomen (z. B. in der Meiose).

allosterisches Protein: Wenn neben dem Substrat ein zusätzliches Molekül an ein Protein bindet oder wenn es kovalent modifiziert wird, verändert sich die Proteinkonformation. Die Konformationsänderung beeinflusst die Aktivität des Proteins.

***α*-Helix:** Häufiges Faltungsmuster in Proteinen, in denen sich eine lineare Folge von Aminosäuren in eine rechtsgewendelte Schnecke (Helix) faltet, die durch interne Wasserstoffbrückenbindungen zwischen Gerüstatomen der Peptidkette stabilisiert wird.

alternatives RNA-Spleißen: Die Bildung verschiedener Proteine aus dem gleichen RNA-Transkript durch unterschiedliches Spleißen, d. h. die vorhandenen Exons werden nicht alle verwertet.

Aminoacyl-tRNA (aa-tRNA): Aktivierte Form einer Aminosäure, die über eine labile Esterbindung ihrer Carboxylgruppe mit einer Hydroxylgruppe der endständigen Ribose einer tRNA verbunden ist.

Aminoacyl-tRNA-Synthetase: Enzym, das die Kondensationsreaktion einer richtigen Aminosäure an ein tRNA-Molekül katalysiert, um eine aktivierte aa-tRNA zu bilden.

Aminoterminus (N-Terminus): Das Ende einer Peptidkette mit freier Aminogruppe.

Amöbiasis: Eine (sub-)tropische Protozoeninfektion durch *Entamoeba histolytica*.

amphipathisch: Molekül mit sowohl hydrophoben als auch hydrophilen Bereichen (z. B. Phospholipide oder Detergenzien).

Anabolismus: Aufbaustoffwechsel.

anaerob: Vorgänge, die in Abwesenheit von Luft, oder genauer, in der Abwesenheit von molekularem Sauerstoff (O_2) ablaufen.

Anaphase: Etappe der Mitose, in der die beiden Chromosomensätze getrennt werden.

Anästhetikum: Lokal oder generell betäubend wirkende Substanz.

Angiogenese: Die Bildung neuer Blutgefäße.

Antagonist: Wirkstoff, der die Aktivität eines Liganden an seinem Rezeptor hemmt.

Antibiotikaresistenz: Fähigkeit von Mikroorganismen, durch Synthese von bestimmten Stoffen oder durch enzymatische Modifizierung von Antibiotika die Wirkung von Antibiotika aufzuheben.

Antibiotika-Resistenzgene: Gene, die einer Zelle die Fähigkeit verleihen, in Gegenwart eines Antibiotikums zu leben und sich zu vermehren.

Antibiotikum: Wirkstoff (meist aus Bakterien oder Pilzen), der Bakterien abtötet oder ihr Wachstum hemmt.

Anticodon: Abfolge von drei Nucleotiden in einem tRNA-Molekül, die zu einem Codon in einem mRNA-Molekül komplementär ist.

Antigen: Molekül oder Molekülstruktur, das eine Immunantwort hervorrufen kann.

antigene Determinante (Epitop): Spezifischer Bezirk auf einem Antigenmolekül, der an einen Antikörper oder einen T-Zell-Rezeptor bindet.

Antigen-Therapie: Unterdrückung der Bildung eines krankheitsrelevanten Proteins durch Inhibition der Transkription des zugehörigen Gens in mRNA, das für dieses Protein codiert.

Antikörper (Immunglobulin): Protein, das von B-Zellen als Antwort auf ein Antigen oder einen eindringenden Mikroorganismus gebildet wird.

Antisense-Oligonucleotid: Einzelsträngiges kurzkettiges Oligomer aus (modifizierter) DNA mit einer Basenfolge, die genau komplementär zu der Sequenz der mRNA des Zielproteins ist und deren Funktion blockiert.

Antisense-Therapie: Unterdrückung der Bildung eines krankheitsrelevanten Proteins durch Abfangen der mRNA, die für dieses Protein codiert.

apikal: Spitze einer Zelle, einer Struktur oder eines Organs. Bei einer Epithelzelle ist die apikale Fläche nach außen gekehrt, entgegengesetzt zur basalen Seite.

Apoptose (programmierter Zelltod): „Selbstmord" von Zellen, gesteuert durch eigene Signalkaskaden und spezielle Proteine, die ein genau definiertes Programm ablaufen lassen. Das Apoptoseprogramm führt zum Tod einer Zelle durch Fragmentierung der DNA, Schrumpfen des Cytoplasmas und Änderungen der Membranen.

Archaea (*Sing.:* Archaeon): Mitglieder des einen der beiden großen Prokaryotenreiche (*s.* **Bacteria**).

Array: Ein geordnetes (meist mikroskopisches) Arrangement von Nucleinsäuren, Proteinen, Kleinmolekülen oder Zellen, das die parallele Analyse biologischer oder chemischer Proben ermöglicht.

Arteriosklerose: Ablagerung von Lipiden in den Blutgefäßen, die zur Einengung der Gefäßlichtung der Arterien und zu ihrer Verhärtung führt; Risikofaktor für Herzerkrankungen, zerebrale Durchblutungsstörung, Herz- und Gehirnschlag.

Arzneistoffresistenz: Zellen oder Mikroorganismen können gegenüber einem Wirkstoff unempfindlich werden, indem sie ihn vermehrt inaktivieren oder aus den Zellen hinauspumpen.

Assay: Testverfahren zur Bestimmung der Wirkung einer (chemischen) Substanz auf die Aktivität eines Targets. Dabei kann man die Aktivität des isolierten Targets in zellfreien Tests messen (z. B. Enzymaktivitätsmessungen) oder in zellulären Systemen, bei denen die zelluläre Reaktion auf die Aktivität des Targets bestimmt wird (z. B. Expression eines fluoreszierenden Proteins).

Atherosklerose: Die der Arteriosklerose zugrunde liegenden Veränderungen der Arterienwand.

Atmung (Respiration): Oxidation von Zuckern oder anderen organischen Molekülen in der Zelle; dabei wird O_2 aufgenommen und verbraucht, während CO_2 und H_2O als Abfallprodukte gebildet werden.

Atmungskette (Respirationskette): Elektronentransportkette in der Mitochondrien-Innenmembran, die Reduktionsäquivalente und damit Elektronen aus dem Zitronensäurezyklus erhält und den Protonengradienten über die Membran erzeugt, der benutzt wird, um die ATP-Synthese zu energetisieren.

ATP (Adenosin-5′-triphosphat): Hauptträger chemischer Energie in Zellen. Die endständigen Phosphatgruppen sind hochreaktiv in dem Sinn, dass ihre Hydrolyse oder Übertragung auf ein anderes Molekül unter Freisetzung einer großen Menge freier Energie vor sich geht.

ATPase: Enzym, das die Hydrolyse von ATP katalysiert.

ATP-Synthase: Enzymkomplex in der Innenmembran von Mitochondrien, Bakterien oder in den Thylakoidmembranen von Chloroplasten, der die Bildung von ATP aus ADP und anorganischem Phosphat katalysiert.

Autoradiographie: Radioaktiv markierte Moleküle schwärzen Röntgenfilme. Legt man einen Röntgenfilm auf ein Elektrophoresegel mit radioaktiv markierten Proteinen oder Nucleotiden, so erhält man ein Abbild, das Autoradiogramm oder Autoradiograph genannt wird.

Autosom: Alle Chromosomen, die nicht zu den Geschlechtschromosomen zählen.

Auxotrophie: Wuchsstoffbedürftigkeit: Ein Zellstamm ist auf einen oder mehrere Wuchsstoffe im Nährmedium angewiesen, weil er ihn nicht (mehr) selbst synthetisieren kann (Folge einer Mutation).

Axon: Langer Nervenzellfortsatz, der Nervenimpulse rasch über weite Strecken fortzuleiten vermag, um Signale an andere Zellen abzugeben. An den Enden eines Axons befinden sich die Synapsen.

Axonem: Bündel von Mikrotubuli (9+2-Muster) und assoziierten Proteinen, das das Innere eines Ciliums oder eines Flagellums in einer Eukaryotenzelle bildet und für die Schlagbewegung verantwortlich ist.

BAC (bakterielle künstliche Chromosomen): Klonierungsvektor, der große DNA-Abschnitte (bis zu 1 Million Basenpaare) aufnehmen kann.

Bacteria (*Sing.*: Bacterium): Mitglieder der Bakterien, eines der zwei großen Prokaryotenreiche; das andere sind die Archaea. Die meisten leben als Einzelzellen und einige verursachen Krankheiten.

Baculoviren: Große, diverse Gruppe von DNA-Viren, die ausschließlich pathogen für Evertebraten sind und bisher vorwiegend aus Insekten isoliert wurden. Sie haben ein doppelsträngiges zirkuläres Genom (100–180 kb).

Bakteriophage (Phage): Viren, die Bakterien infizieren. Bakteriophagen waren wichtig für den Fortschritt der Molekulargenetik; sie werden heute vielfach als Klonierungsvektoren eingesetzt.

Bakterium: Alle Bakterien bestehen aus einer einfachen Zelle, die von einer Zellwand umgeben ist; die DNA liegt als ringförmiges Chromosom vor; Bakterien enthalten keine inneren Membransysteme.

basal: An der Basis stehend. Die Basalfläche einer Zelle steht der Apikalfläche gegenüber.

Basalkörper: Kurze zylindrische Anordnung von Mikrotubuli und ihren assoziierten Proteinen, die sich an der Basis des Ciliums oder des Flagellums einer Eukaryotenzelle findet. Der Basalkörper fördert das Auswachsen des Axonems und ähnelt in seiner Struktur stark dem Centriol.

Base: Bestandteil von Nucleinsäuren. Es gibt vier verschiedene Basen: Adenin (A), Guanin (G) (Purinabkömmlinge), Cytosin (C) und Thymin (T) bzw. Uracil (U) (Pyrimidinabkömmlinge). In der RNA wird Thymin durch Uracil ersetzt.

Basenpaar: Die vier Basen liegen in der DNA-Doppelhelix immer als Paare vor. Aufgrund der chemischen Struktur ist eine Paarbildung nur zwischen A und T (DNA) bzw. A und U (RNA) sowie C und G möglich. A und T (U) sowie C und G werden deshalb auch als **komplementär** bezeichnet.

B-DNA: So wird die häufigste unter physiologischen Bedingungen stabile Konformation von DNA bezeichnet. Dabei bildet die DNA eine rechtshändige Doppelhelix, in der die planaren Basenpaare senkrecht zur Helixachse angeordnet sind. Die B-DNA entspricht der klassischen Struktur, die von Watson und Crick 1953 vorgeschlagen wurde.

Bead: Festphasenträger, an die Moleküle zur Durchführung von Assays gekoppelt werden.

Benzodiazepin-Rezeptor: Bindungsstelle der Benzodiazepine am GABA-Rezeptor; Angriffspunkt für diverse Beruhigungsmittel.

β-Faltblatt: Häufiges Strukturmotiv von Proteinen, in dem zwei oder mehrere lang gestreckte Polypeptidketten nebeneinander liegen und durch Wasserstoffbrückenbindungen zwischen Atomen des Polypeptidgerüsts verbunden sind.

betreute Datenbanken: Datenbanken, deren Inhalt nur von Kuratoren eingetragen oder verändert werden darf. Diese prüfen vorher jeden Eintrag auf Konsistenz und Übereinstimmung mit festgelegten Begriffssystemen.

Bildverarbeitung: Computerbearbeitung von mikroskopischen Aufnahmen, z.B. zur Rekonstruktion von 3D-Bildern.

Bindungsenergie: Stärke der chemischen Bindung zwischen zwei Atomen, gemessen durch die Energie (in Kilocalorien oder Kilojoule), die für ihre Spaltung nötig ist.

Biologicals (*protein drugs*): Proteine, die als Therapeutika genutzt werden können.

Biomembran: Permeationsschranke, die jede Zelle und jedes zelluläre Kompartiment umgibt; die Zellmembranen bestehen aus Phospholipiden, Cholesterol und Membranproteinen.

Biotechnologierichtlinie: Richtlinie 89/44/EG des Europäischen Parlaments und des Rates vom 6. Juli 1989 über den rechtlichen Schutz biotechnologischer Erfindungen.

Blastomer: Eine der Zellen, die bei der Teilung eines befruchteten Eies gebildet wird.

Blotting: Biochemische Methode, bei der Makromoleküle, die auf einem Agarose- oder Polyacrylamidgel getrennt wurden, auf eine Nylonfolie oder ein Papierblatt übertragen (*blot* = abklatschen) werden, wodurch sie für weitere Analysen immobilisiert sind. (*S.* **Northern-Blotting**, **Southern-Blotting**, **Western-Blotting**.)

Blut-Hirn-Schranke: Die Blutgefäße des Gehirns sind mit besonders dichten Kapillarendothelien ausgekleidet, über die nur ausgewählte Substanzen ins Gehirn gelangen können.

B-Zelle (B-Lymphocyt): Lymphocytenzelle, die Antikörper bildet.

Ca^{2+}-ATPase – Calciumpumpe: Transportprotein, das Ca^{2+} aus dem Cytoplasma in das Endoplasmatische Reticulum pumpt und dabei die Energie der ATP-Hydrolyse nutzt.

Ca^{2+}/Calmodulin-abhängige Proteinkinase (CaM-Kinase): Proteinkinase, deren Aktivität durch die Bindung von Calmodulin, das Ca^{2+} gebunden hat (Ca^{2+}/Calmodulin) gesteuert wird. Dadurch steuert Ca^{2+} indirekt die Phosphorylierung von anderen Proteinen.

Calmodulin: Calcium-Bindeprotein, dessen Aktivität durch Änderung der intrazellulären Ca^{2+}-Konzentration reguliert wird. Ca^{2+}/Calmodulin modifiziert die Aktivität vieler Zielenzyme und Membrantransporter.

Calvin-Zyklus (Assimilationszyklus): Haupt-Stoffwechselweg, durch den bei Pflanzen CO_2 während des zweiten Abschnitts der Photosynthese in Kohlenhydrate eingebaut wird (Kohlenstofffixierung).

cAMP (cyclisches AMP): Nucleotid, das aus ATP durch Adenylat-Cyclase als Antwort auf die Stimulierung von Cytoplasmamembran-Rezeptoren gebildet wird. cAMP wirkt als intrazelluläres Signalmolekül (*second messenger*), indem es cAMP-abhängige Kinasen (Proteinkinase A, PKA) aktiviert. Es wird durch Phosphodiesterasen zu AMP hydrolysiert. Eine analoge Verbindung ist cGMP.

cAMP-abhängige Proteinkinase: Proteinkinase, die durch cAMP aktiviert wird.

Capsid: Proteinhülle eines Virus; entsteht durch Selbstaggregation einer oder mehrerer Proteinuntereinheiten zu einer geometrisch-regulären Struktur.

Carboxylterminus (C-Terminus): Das Ende einer Polypeptidkette, das eine freie Carboxylgruppe trägt.

carcinogen: Eigenschaft einer Substanz oder von Strahlung, Krebs auslösen zu können.

Carcinom: Krebs von Epithelzellen. Die häufigste Form von Krebserkrankungen des Menschen.

Carrier-Protein: Membrantransporter, der einen gelösten Stoff (Solut) bindet und ihn durch die Membran schleust. Dabei durchläuft es eine Reihe von Konformationsänderungen.

Caspase: Familie von intrazellulären Proteasen, die am Beginn der Apoptosekaskade stehen.

CD4: Wird auf Helfer-T-Zellen gefunden und bindet an Klasse II-MHC-Moleküle außerhalb der Antigenbindungsstelle bindet.

CD8: Wird auf cytotoxischen T-Zellen gefunden und bindet an Klasse I-MHC-Moleküle außerhalb der Antigenbindungsstelle.

cDNA: Komplementäres DNA-Molekül, entstanden durch die reverse Transkription einer mRNA.

cDNA-Bibliothek: Die Gesamtheit aller cDNAs eines Zelltyps, eines Gewebes, eines Organs oder eines Organismus.

Centriol: Kleine zylindrische Anordnung von Mikrotubuli. Ein Centriolenpaar wird gewöhnlich im Zentrum eines Centrosoms bei Tierzellen gefunden.

Centromer: Ort auf dem Chromosom, an dem sich das Kinetochor bildet, das Mikrotubuli aus der Mitosespindel bindet. Schwesterchromatiden werden über das Centromer zusammengehalten.

Centrosom: Zentral angeordneter Multiproteinkomplex, von dem die Mikrotubuli während der Mitose ausgehen (Spindelpol). In den meisten Tierzellen enthält es ein Centriolenpaar.

Chaperon: Proteine (z. B. HSP 70), die anderen Proteinen helfen, Fehlfaltungen zu vermeiden, durch die inaktive oder aggregierte Polypeptide entstehen würden.

Chemotherapie: Behandlung von Krebs mit cytotoxischen Wirkstoffen.

Chiasma (*Pl.*: Chiasmata): X (griech.: = *chi*)-förmige Verbindung, die zwischen gepaarten Chromosomen während Teilung I der Mitose sichtbar wird und den Ort des Crossing-over darstellt.

Chinon (Q): (auch Ubichinon, Plastochinon) Kleine, lipophile Elektronenträger-moleküle der Atmungs- und der Photosynthese-Elektronentransportkette. (Engl.:=*quinone,* daher Abkürzung „Q".)

Chlorophyll: Licht absorbierendes grünes Pigment (enthält Mg als Zentralatom des Porphyrinsystems); wichtig für die Photosynthese von Bakterien, Pflanzen und Algen.

Chloroplast: Organell in grünen Algen und Pflanzen, das Chlorophyll enthält und Photosynthese ausführt. Es ist eine Differenzierung der Plastiden. Enthält eigene ringförmige DNA und Proteinbiosynthese.

Cholesterol: Das häufigste Steroid (ein Lipid) des menschlichen Körpers, das für die Fluidität von Biomembranen und als Hormonvorstufe wichtig ist; hoher Cholesterolspiegel ist häufig ein Risikofaktor für Herzerkrankungen.

Chromatid: Eine Kopie eines Chromosoms, die durch DNA-Replikation gebildet wird. Die beiden identischen Chromatide, die noch über das Centromer verbunden sind, werden Schwesterchromatide genannt.

Chromatin: Komplex von DNA, Histonen und Nicht-Histonproteinen in Chromosomen.

Chromatographie: Eine physikalische Methode zur Stofftrennung durch unterschiedliche Verteilung einen zu trennenden Gemisches zwischen einer mobilen Phase und einer stationären Phase.

Chromosom: Spezifische lineare Anordnung der DNA mit assoziierten Proteinen zu einem Makromolekülkomplex. Chromosomen sind lichtmikroskopisch besonders in der Mitose oder Meiose bei Pflanzen- und Tierzellen als kompakte Stäbchenstrukturen sichtbar.

Chromosomen-Crossing-over. Der Austausch von DNA zwischen gepaarten homologen Chromosomen (genetische Rekombination) bei der Teilung I der Meiose.

Cilium (*Pl.:* **Cilia):** Fadenförmige Strukturen auf der Außenseite von Eukaryotenzellen, die ein Kernbündel aus Mikrotubuli enthalten und regelmäßige Schlagbewegungen ausführen können. Cilien finden sich in großer Zahl auf der Oberfläche vieler Zellen (z. B. Bronchialepithelien) und sind für den Schwimmvorgang zahlreicher einzelliger Organismen verantwortlich.

Clathrin: Hüllprotein von endocytotischen Vesikeln, das eine polyedrische Hülle ausbildet.

Codon: Folge von drei Nucleotiden in einem DNA- oder mRNA-Molekül, die die Anweisung für den Einbau einer spezifischen Aminosäure in die wachsende Peptidkette enthält.

Coenzym: Niedermolekulare, mit einem Enzym fest assoziierte Verbindung, die an der Katalysereaktion teilnimmt, z. B. indem sie eine kovalente Bindung mit dem Substrat eingeht. Beispiele sind Biotin, NAD^+, Coenzym A.

Coils: „Windungen" von zumeist *a*-helikalen Abschnitten in Proteinen.

cRNA, complementary RNA: RNA, die durch *In-vitro*-Transkription aus cDNA gewonnen wurde. Dieser Schritt wird bei Hybridisierung mit manchen Oligonucleotid-Arrays durchgeführt, da so eine (lineare) Amplifikation der Moleküle erreicht werden kann. Aus einem cDNA-Template-Molekül entstehen mehrere Moleküle cRNA.

Crossing-over – *s.* **Chromosomen-Crossing-over**

CSF – *s.* **Kolonie-stimulierender Faktor**

C-Terminus – *s.* **Carboxylterminus**

Cyanglykoside: Sekundärstoffe, die bei Verletzung einer Pflanze in Blausäure (HCN) und einen Aldehyd gespalten werden.

Cycline: Proteine, die den Zellzyklus steuern, indem sie an Cyclin-abhängige Kinasen (CDKs) binden und dadurch deren Aktivität und Spezifität bestimmen.

Cyclooxygenase: Schlüsselenzym der Prostaglandinbiosynthese.

Cytokin: Extrazelluläres Signalprotein oder -peptid, das als lokaler Vermittler zur Zell/Zell-Kommunikation dient.

Cytoplasma – *s.* **Cytosol**

Cytoplasmamembran: Membran, die eine lebende Zelle umgibt.

Cytoskelett: System von Proteinfilamenten (Actinfilamente, Mikrotubuli und Intermediärfilamente) im Cytoplasma einer Eukaryotenzelle, das der Zelle Form und die Fähigkeit zu gerichteter Bewegung gibt.

Cytosol: Inhalt des Hauptkompartiments des Cytoplasmas ohne die membranabgegrenzten Organellen, wie Endoplasmatisches Reticulum, Mitochondrien und Zellkern.

cytostatisch: Cytostatische Stoffe hemmen das Wachstum und die Vermehrung von Zellen.

cytotoxisch: Cytotoxische Stoffe sind Zellgifte, welche die Zellteilung oder Proteinsynthese hemmen, die Energiegewinnung der Zelle blockieren oder aber auch den Ionenhaushalt stören. Sie führen zum Absterben von Zellen (*s.* **Apoptose**). Cytostatische Stoffe wirken auf lange Sicht cytotoxisch.

cytotoxische T-Zelle: Typ der T-Zelle, die für das Abtöten infizierter Zellen verantwortlich ist.

Dalton (Da): Einheit der Molekülmasse. Etwa gleich der Masse eines Wasserstoffatoms ($1{,}66 \times 10^{-24}$ g).

Deletion: Art einer Mutation, bei der ein einzelnes Nucleotid oder eine Sequenz von Nucleotiden aus der DNA entfernt wurde.

Denaturierung: Tiefgreifende Veränderung der Konformation eines Proteins oder einer Nucleinsäure durch Einwirkung von Hitze oder Chemikalien, die meist zum Verlust der biologischen Funktion führt.

Dendrit: Nervenzellen weisen Hunderte von Dendriten auf. Es handelt sich um meist kurze Verästelungen von Nervenzellen, die mit Synapsen anderer Nervenzellen kommunizieren.

dendritische Zelle: Immunzelle in Lymph- und anderem Gewebe, die auf die Aufnahme von Materialpartikeln durch Phagocytose spezialisiert ist und als „professionelle" antigenpräsentierende Zelle bei der Immunantwort wirkt.

Detergens: Tensid, grenzflächenaktive Verbindung, die Lipide in wässrige Lösung bringen kann; besteht aus einem polaren (hydrophilen) und einem apolaren (hydrophoben) Molekülteil.

2D-Gel: Methode, um möglichst viele Proteine (z. B. aus einem Zellaufschluss) voneinander zu trennen. Man kombiniert dazu meist eine Isoelektrische Fokussierung (Trennung der Proteine abhängig von ihrem isoelektrischen Punkt) mit einer denaturierenden SDS-Gelelektrophorese, die die Proteine nach Größe trennt. Die Laufrichtung der zweiten Elektrophorese ist senkrecht zur ersten, die Trennung daher zweidimensional.

Diabetes mellitus: Krankheit mit erhöhtem Blutzuckerspiegel, infolge Insulinmangel oder verminderter Insulinwirkung.

Diacylglycerol (DAG): Lipid, das bei der enzymatischen Spaltung von Inositolphospholipiden als Antwort auf extrazelluläre Signale entsteht. Zusammengesetzt aus zwei Fettsäureketten, die mit Glycerol verestert sind. Aktiviert als Signalmolekül die Proteinkinase C.

Differenzierung: Vorgang, durch den eine undifferenzierte Zelle in einen offensichtlich spezialisierteren Zelltyp übergeht.

Diffusion: Drift von Molekülen entlang eines Konzentrationsgradienten durch statistische thermische (Brown'sche) Bewegung.

diploid: Diploide Organismen enthalten zwei Sätze homologer Chromosomen und daher zwei Kopien eines jeden Gens oder Genlocus.

Distanz: Maß für den Abstand von Objekten. Die mathematischen Anforderungen sind: 1. Eine Distanz kann nur 0 oder einen positiven realen Wert annehmen. 2. Der Abstand eines Objekts zu sich selbst muss 0 betragen. 3. Der Abstand zwischen den Objekten A und B muss gleich dem Abstand zwischen B und A sein (Kommutivität). Für Distanzen, die den Ansprüchen einer Metrik gehorchen sollen, gilt die Dreiecksungleichung: $d\,(a,c) \leq d\,(a,b) + d\,(b,c)$.

Disulfidbindung (–S–S–): Kovalente Verbindung, die zwischen Sulfhydrylgruppen zweier Cysteinreste gebildet wird. Bei extrazellulären Proteinen wichtige Strategie, zwei Proteine oder verschiedene Teile des gleichen Proteins miteinander zu verbinden.

DNA, DNS (Desoxyribonucleinsäure): Polynucleotid aus kovalent verbundenen Desoxyribonucleotid-Einheiten. Sie dient als Speicher der Erbinformation in einer Zelle und überträgt diese Information von Generation zu Generation.

DNA-Bibliothek: Sammlung von geklonten DNA-Molekülen, die entweder ein vollständiges Genom (Genombibliothek) oder DNA-Kopien der mRNA, die von einer Zelle gebildet wird (cDNA-Bibliothek), darstellt.

DNA-Chip: Träger (Glasträger, Membran), auf den in regelmäßiger, rechteckiger Anordnung DNA-Fragmente aufgebracht sind. Diese hybridisieren spezifisch mit verschiedenen mRNA-Spezies. Die DNA-Fragmente können aus cDNA-Bibliotheken stammen (cDNA-Chips) oder synthetische Oligonucleotide sein. Sie können durch Roboter aufgebracht werden (*spotted/printed* Chips) oder direkt auf dem Chip synthetisiert werden (nur für Oligonucleotide).

DNA-Footprinting: Technik, um die DNA-Sequenz zu ermitteln, an die ein DNA-Bindeprotein bindet.

DNA-Ligase: Enzym, das DNA-Fragmente miteinander verknüpft; wird in der Gentechnik als molekularer „Kleber" eingesetzt.

DNA-Methylierung: Anfügen einer Methylgruppe an Nucleotidbasen (A und C). Umfangreiche Methylierung des Cytosins (Hypermethylierung) in CG-Sequenzen wird bei Eukaryoten benutzt, um Gene permanent abzuschalten.

DNA-Mikroarray: Methode, um die gleichzeitige Expression einer großen Anzahl Gene in Zellen zu analysieren, wobei isolierte zelluläre RNA mit kurzen DNA-Sonden hybridisiert wird, die in großer Anzahl einzeln auf Glasplatten immobilisiert wurden (s. **DNA-Chip**).

DNA-Polymerase: Enzym, das DNA durch Kondensation von Nucleotiden über Phosphodiesterbindungen synthetisiert. Die DNA-Polymerase benötigt einen komplementären Strang als Matrize und ein freies 3′-Doppelstrangende zum Start.

DNA-Primase: Enzym, das einen kurzen RNA-Strang komplementär zu einer DNA-Matrize synthetisiert.

DNA-Reparatur: Enzymatische Korrektur von Fehlern der Replikation oder von Mutationen.

DNA-Topoisomerase: Enzym, das an DNA bindet und eine Phosphodiesterbindung an einem (Topoisomerase I) oder beiden Strängen (Topoisomerase II) reversibel spaltet, sodass sich die DNA an dieser Stelle drehen kann. Es verhindert das Verdrillen während der Replikation.

Domäne: Strukturelle und funktionelle Einheit von Proteinen. Sie falten sich unabhängig von anderen Teilen eines Proteins, sind meist globulär und ihre Länge liegt in der Regel zwischen 40 und 150 Aminosäuren.

dominant: Bezieht sich bei der Vererbung auf die Hälfte des Allelpaars, die im Phänotyp des Organismus exprimiert wird, während das andere Allel dies nicht tut, obgleich beide vorhanden sind. Gegensatz zu rezessiv.

dorsal: Bezieht sich auf die Rückseite eines Tieres, auch auf die Oberseite eines Blatts, Flügels usw.

dorsoventral: Beschreibt die Achse, die vom Rücken zum Bauch eines Tieres oder von der Oberseite zur Unterseite einer Struktur verläuft.

Drugability: Eigenschaft eines Proteins, niedermolekulare chemische Substanzen zu binden und in der Aktivität dadurch beeinflussbar zu sein.

Durchschnittsfachmann: (Fiktiver) Mann der Praxis, der darüber unterrichtet ist, was zu einem bestimmten Zeitpunkt zum allgemein üblichen Wissensstand auf dem betreffenden Gebiet gehört.

dynamische Programmierung: Verfahren, bei dem alle möglichen Anordnungen zweier Sequenzen evaluiert werden und die Anordnung gefunden werden kann, die einen Score-Wert optimiert. Für jedes Subalignment werden die Werte in einer Tabelle gespeichert. Die Zellen der Tabelle werden über eine Rekursionsformel gefüllt. Das optimale Alignment ergibt sich durch Finden des Pfades durch die Tabelle, der in jedem Schritt einen optimalen Score liefert.

Dynein: Mitglied einer Familie großer Motorproteine, die ATP-abhängige Bewegung entlang Mikrotubuli ermöglichen. Bei Cilien bildet Dynein die Seitenarme der Axoneme, die benachbarte Mikrotubulidubletts aneinander entlanggleiten lassen.

EC_{50}: Effektive Konzentration, bei der 50% des erreichbaren maximalen Effekts gemessen wird.

Effizienz: Begriff zur Beschreibung des maximal erreichbaren Effekts einer Substanz bezüglich des biochemischen oder zellulären Assays.

Einzelnucleotid-Polymorphismus: s. *single nucleotide polymorphism,* **SNP**

Elastin: Hydrophobes Protein, das extrazellulär dehnbare (elastische) Fasern bildet, die Geweben ihre Streckbarkeit und Widerstandsfähigkeit geben.

elektrochemischer Gradient: Der summierte Einfluss der Konzentrationsdifferenz von Ionen auf den beiden Seiten der Membran (Konzentrationspotenzial) und der elektrischen Ladungsdifferenz über der Membran (Membranpotenzial). Er erzeugt die Treibkraft, die ein Ion eine Membran durchqueren lässt.

elektrochemischer Protonengradient: Die Summenresultante aus H^+-(Protonen-)Gradient und Membranpotenzial.

Elektronenakzeptor: Atom oder Molekül, das Elektronen verhältnismäßig leicht aufnimmt und dadurch reduziert wird (ein Oxidationsmittel).

Elektronendonator, Elektronendonor: Molekül, das leicht ein Elektron abgibt und dabei oxidiert wird (ein Reduktionsmittel).

Elektroporation: Die Verwendung von elektrischen Pulsen, um die Aufnahme von DNA in Zellen zu induzieren.

Embryogenese: Entwicklung eines Embryos aus einem befruchteten Ei oder einer Zygote.

embryonale Stammzelle (ES-Zelle): Zelle, die aus der inneren Zellmasse des frühen Säugerembryos gewonnen wurde. Sie ist noch omnipotent. Aus ihr können sich alle Zellen des Körpers entwickeln. Sie kann *in vitro* kultiviert, genetisch verändert und in eine Blastocyste eingebracht werden.

Endocytose: Aufnahme von Molekülen in eine Zelle durch Vesikelbildung aus der Cytoplasmamembran. (*S. auch* **Pinocytose** und **Phagocytose**.)

endokrine Zelle: Spezialisierte Tierzelle, die Hormone in das Blut abgibt.

Endoplasmatisches Reticulum: Endomembransystem, in dem Lipide synthetisiert und Membran- und Sekretionsproteine gebildet sowie viele Proteine posttranslational modifiziert werden.

Endoproteasen: Enzyme, die Peptidketten an definierten Sequenzen erkennen und schneiden.

Endosom: Membranumgebenes Organell in Tierzellen, das Endocytosevesikel aufnimmt und an die Lysosomen zum Abbau weitergibt.

Endothelzelle: Abgeflachter Zelltyp, der das Endothel bildet, eine Zellschicht, die alle Blutgefäße auskleidet.

energiereiche Bindung (Hochenergiebindung): Kovalente Bindung, deren Hydrolyse unter Zellbedingungen eine ungewöhnlich große Menge freier Energie liefert. Eine Gruppe, die durch eine solche Bindung mit einem Molekül verbunden ist, kann von einem Molekül auf ein anderes übertragen werden. Beispiele sind die Phosphodiesterbindungen in ATP und die Thioesterbindung in S-Acetyl-CoA.

Enhancer: Kontrollsequenz der DNA, an die Genregulatorproteine binden. Enhancer sind wichtig für die Rate der Transkription eines Strukturgens, das viele Tausend Basenpaare entfernt sein kann.

Entropie: Thermodynamische Größe, die die Unordnung in einem System misst: Je höher die Entropie, desto größer die Unordnung.

Entwicklung (Ontogenie): Folge von Differenzierungen und Änderungen, die vor sich gehen, wenn aus einer befruchteten Eizelle ein ausgewachsener Organismus (Pflanze oder Tier) wird.

Enzym: Protein, das spezifische chemische Reaktionen katalysiert, z. B. die Hydrolyse von Acetylcholin.

enzymgekoppelter Rezeptor: Haupttyp von Membranrezeptoren, deren cytoplasmatische Domäne entweder selbst Enzymaktivität besitzt oder mit einem intrazellulären Enzym in Verbindung stehen. Die enzymatische Aktivität wird ausgelöst, wenn ein Ligand am Rezeptor bindet.

Epidermis: Epithelschicht, die die Außenfläche des Körpers bedeckt. Auch die äußere Zellschicht von Pflanzengeweben wird Epidermis genannt.

Epinephrin – *s.* **Adrenalin**

Epithel, Epithelium (*Pl.:* **Epithelia**): Zusammenhängendes ein- oder mehrschichtiges Abschlussgewebe, das die Außenfläche eines Körpers abdeckt oder ein Hohlorgan auskleidet.

Epitop: Abschnitt oder Sequenz eines Proteins mit definierten Bindungseigenschaften, z. B. von einem Antikörper erkannt.

ER – *s.* **Endoplasmatisches Reticulum**

Erfinderische Tätigkeit: Voraussetzung für die Erlangung eines Patents; liegt vor, wenn sich die Erfindung für den Fachmann nicht in nahe liegender Weise aus dem Stand der Technik ergibt; Bewertung nach dem objektiven Erfindungsergebnis, nicht nach der subjektiven Leistung des Erfinders.

Erfindung: Lehre zum praktischen Handeln, deren beanspruchter Gegenstand oder beanspruchte Tätigkeit technischer Natur, realisierbar und wiederholbar ist und die Lösung einer Aufgabe durch technische Überlegungen darstellt.

ER-Retentionssignal: Kurze Aminosäuresequenz eines Proteins, die dieses daran hindert, das Endoplasmatische Reticulum (ER) zu verlassen. Es wird in residenten ER-Proteinen gefunden.

Erythrocyt (rote Blutzelle): Kleine, Hämoglobin enthaltende Blutzelle von Wirbeltieren, die Sauerstoff zum Gewebe hin- und Kohlendioxid von Geweben wegtransportiert.

Erythropoietin: Wachstumsfaktor, der in der Niere gebildet wird und im Knochenmark die Vorläuferzellen von Erythrocyten zur Differenzierung und Vermehrung anregt.

Escherichia coli, E. coli: Colibakterium, das im menschlichen Darm vorkommt. Varianten dieses Colibakteriums (*E. coli* K12), denen bestimmte für das Überleben in „freier Wildbahn" notwendige Eigenschaften des Wildtypbakteriums fehlen, werden in der Gentechnik häufig als sog. Empfängerorganismus für die Klonierung von rekombinanten DNA-Stücken eingesetzt.

Estradiol (Östrogen): Weibliches Sexualhormon.

Eukaryot: Ein- oder mehrzelliger Organismus, dessen Zellen einen Zellkern aufweisen (Protozoen, Pilze, Pflanzen, Tiere).

Europäisches Patentamt: Exekutivorgan der Europäischen Patentorganisation (EPO), einer auf der Basis des Europäischen Patentübereinkommens (EPÜ) gegründeten zwischenstaatlichen Einrichtung, deren Mitglieder die EPÜ-Vertragsstaaten sind; Tätigkeit wird vom Verwaltungsrat der Organisation überwacht, der sich aus Delegierten der Vertragsstaaten zusammensetzt.

Europäisches Patentübereinkommen: Übereinkommen über die Erteilung europäischer Patente, 1973 in München unterzeichnet.

Exocytose: Moleküle (z.B. Proteine) werden in kleine Vesikel verpackt, die mit der Plasmamembran verschmelzen und dabei ihren Inhalt nach außen sezernieren.

Exon: Teil eines Gens, der in RNA übersetzt wird und in prozessierter mRNA verbleibt. Die Exons enthalten die proteincodierenden Bereiche des Gens, außerdem die 5''- und 3''-untranslatierten Bereiche, die die Ribosomenbindungsstelle und Stopp-Signale enthalten. Ein Exon liegt im Allgemeinen neben einer nicht codierenden Region, die Intron genannt wird.

Expressionsvektor: Ein Klonierungsvektor mit den für eine Expression erforderlichen regulatorischen Sequenzen für eine effiziente Transkription und Translation in Organismen.

extrazelluläre Matrix: Komplexes Netzwerk von Oligosacchariden (wie Glucosaminoglucanen oder Zellulose) und Proteinen (wie Kollagen), die von Zellen ausgeschieden werden. Dient als Strukturelement von Bindegewebe.

Fas-Protein (Fas): Membrangebundener Rezeptor; nach der Bindung eines Fas-Liganden wird in der Zelle Apoptose ausgelöst.

Fc-Rezeptor: Mitglied einer Familie von Rezeptoren, die spezifisch die invariante, konstante Region (Fc-Region) in Immunglobulinen (außer IgM und IgD) erkennen können. Es gibt jeweils verschiedene Fc-Rezeptoren für IgG, IgA, IgE und ihre Unterklassen.

Fehlpaarungsreparatur (*mismatch repair*): DNA-Reparaturvorgang, der falsch zugeordnete Nucleotide, die während der DNA-Replikation eingefügt wurden, korrigiert.

Festphasensynthese: Sequenzielle chemische Synthese an einem festen Träger, hauptsächlich verwendet für Biopolymere wie DNA- oder RNA-Oligomere, Peptide und PNA-Oligomere.

Fettzelle (Adipocyt): Bindegewebszelle, die Fett bei Tieren bildet und speichert.

FGF (*fibroblast growth factor*): Proteinwachstumsfaktor, der die Zellteilung von Fibroblasten und anderen Zelltypen aktiviert.

Fibroblast: Vorherrschender Zelltyp des Bindegewebes. Sezerniert eine extrazelluläre Matrix, die reich an Kollagen und anderen extrazellulären Matrixmolekülen ist. Wandert in Wundgewebe und vermehrt sich leicht in Gewebekultur.

Flagellum (*Pl.:* **Flagella):** Lange peitschenartige Zelldifferenzierung, die eine Zelle durch Schlagbewegung durch ein flüssiges Medium treiben kann. Eukaryotenflagellen sind längere Formen der Cilien. Bakterienflagellen sind kleiner und in Aufbau und Bewegungsweise vollständig verschieden.

Fluorescein: Fluoreszenzfarbstoff, der bei Bestrahlung mit blauem oder Ultraviolettlicht grün fluoresziert.

Fluoreszenzfarbstoff: Molekül, das Licht bei einer Wellenlänge absorbiert und daraufhin Licht einer anderen (natürlich energieärmeren) Wellenlänge emittiert.

Flüssigkeitschromatographie: Bei der Flüssigkeitschromatographie werden als mobile Phase Lösungsmittelgemische oder Puffer verwendet.

Flüssigphasen-Endocytose: Endocytose, bei der kleine Vesikel von der Cytoplasmamembran nach innen abgeschnürt werden und dadurch extrazelluläre Flüssigkeit mit gelösten Substanzen in die Zelle einbringen. (*S. auch* **Pinocytose**.)

Follikelzelle: Eine der Zelltypen, die ein sich entwickelndes Ei oder eine Oocyte umhüllen.

FPLC, *Fast Performance Liquid Chromatography*: Niederdruckchromatographie-System, speziell zur Reinigung von Proteinen entwickelt.

freie Radikale: Instabile Sauerstoffspezies, die Zellen und Zellbestandteile schädigen können.

FRET, *Fluorescence Resonance Energy Transfer*: Methode, um die Bindung zweier fluoreszenzmarkierter Moleküle in Zellen nachzuweisen. Übergang von Anregungsenergie von einem Fluoreszenzfarbstoff auf einen zweiten Fluoreszenzfarbstoff.

GABA-Rezeptor: γ-Aminobuttersäure-Rezeptor.

Galenik: Die Galenik ist die Lehre der Darreichungsformen von Arzneimitteln.

Ganglion (*Pl.:* **Ganglia):** Gruppe zusammenliegender Nerven- und zugehöriger Gliazellen außerhalb des Zentralnervensystems.

Gärung: Anaerober Stoffwechselweg, auf dem z. B. Glucose über Pyruvat zu Lactat oder Ethanol umgewandelt wird.

GCP, *Good Clinical Practise*: Richtlinien, die ethische und wissenschaftliche Standards für klinische Versuche am Menschen setzen.

Geistiges Eigentum: Grundlage des Urheberrechts und des Erfindungsschutzes (immaterielles Recht); Theorie vom geistigen Eigentum im Zuge der Naturrechtslehre begründet.

Gelelektrophorese: Methode, um in ein Gel eingebettete Nucleinsäuremoleküle oder Proteine aufgrund ihrer Beweglichkeit in einem elektrischen Feld aufzutrennen. Die verwendeten Gele bestehen aus Agarose oder Polyacrylamid.

Gen: Teil der Erbinformation, der für die Ausprägung eines Merkmals verantwortlich ist. Es handelt sich hierbei um einen Abschnitt auf der DNA, der die genetische Information zur Synthese eines Proteins oder einer funktionellen RNA (z. B. tRNA) enthält.

genetischer Code: Zuordnung von Nucleotidtripletts (Codons) in DNA oder RNA zu Aminosäuren in Proteinen.

Genexpression: Transkription eines Gens in mRNA und anschließende Translation der mRNA in das zugehörige Protein.

Genkarte (gene mapping): Aufgliederung der einzelnen Chromosomen, in welcher der Abstand von Genen relativ zueinander durch die Häufigkeit der genetischen Rekombination zwischen ihnen beschrieben ist (genetischer Kartierungsabstand), gemessen in Centimorgan (cM).

Genklonierung: Isolierung und Einbau eines Gens in einen Klonierungsvektor zur Replikation der DNA.

Genkontrollregion: DNA-Sequenz, die nötig ist, um die Transkription eines gegebenen Gens freizugeben und die Geschwindigkeit dieses Startens zu kontrollieren.

Genkontrollelemente: Allgemeine Bezeichnung für jedes Protein, das an eine spezifische DNA-Sequenz bindet und dadurch die Expression eines Gens ändert.

Genkonversion: Vorgang, durch den DNA-Sequenzabfolgen von einer DNA-Helix (die unverändert bleibt) auf eine andere DNA-Helix (deren Sequenz sich ändert) übertragen werden. Sie geschieht zuweilen während der allgemeinen Rekombination. Durch Konversion werden unterschiedliche DNA-Sequenzen identisch gemacht.

Genom: Die Gesamtheit der genetischen Information, die zu einer Zelle oder einem Organismus gehört, insbesondere die DNA, die diese Information speichert.

Genomik (*genomics*): Die Fachrichtung, die DNA-Sequenzen und Eigenschaften vollständiger Genome untersucht.

genomische DNA: DNA, die das Genom einer Zelle oder eines Organismus darstellt. Oft im Gegensatz zu cDNA (durch reverse Transkription von Messenger-RNA gewonnene DNA) benutzt. Genomische DNA-Klone stellen DNA dar, die direkt von chromosomaler DNA geklont ist. Eine Sammlung solcher Klone von einem gegebenen Genom wird als eine genomische DNA-Bibliothek oder genomische DNA-Bank bezeichnet.

Genotyp: Genetische Ausstattung einer einzelnen Zelle oder eines Organismus (im Gegensatz zum Phänotyp).

Gerbstoffe: Sekundärstoffe mit vielen phenolischen OH-Gruppen, die Wasserstoffbrücken- und ionische Bindungen mit Proteinen eingehen und somit deren Konformation ändern; man unterscheidet zwischen Gallotanninen und Catechol-Gerb-stoffen, die sich von Epicatechin und Catechin ableiten.

gesättigte Fettsäuren: Fettsäuren ohne Doppelbindung (z. B. im Speicherfett der Tiere oder in Kokusnüssen weit verbreitet).

gewerbliche Anwendbarkeit: Voraussetzung für die Erlangung eines Patents; liegt vor, wenn der Gegenstand einer Erfindung auf irgendeinem gewerblichen Gebiet einschließlich der Landwirtschaft hergestellt oder benutzt werden kann.

Gewerblicher Rechtsschutz: Oberbegriff der Rechtsnormen, die dem Schutz der gewerblich-geistigen Leistung und den damit zusammenhängenden Interessen dienen (Patent-, Marken-, Gebrauchsmuster- und Geschmacksmusterrecht).

GFP – *s.* **grünes Fluoreszenzprotein**

glatte Muskelzelle: Form einer langen, spindelförmigen, einkernigen Muskelzelle (ohne quer gestreifte Muskelfibrillen), aus der das Muskelgewebe der Arterien-wand, der Darmwände und anderer Organe und Gewebe des Wirbeltierkörpers besteht.

glattes Endoplasmatisches Reticulum: Bereich des Endoplasmatischen Reticu-lums, der nicht mit Ribosomen besetzt ist. Wichtig für die Lipidsynthese.

Gliazelle: Stützzelle im Nervensystem, umfasst Oligodendrocyten und Astrocyten im Zentralnervensystem und Schwann'sche Zellen im peripheren Nervensystem der Wirbeltiere.

Glutathion-S-Transferase (GST): Enzym, das Glutathion auf verschiedene Substra-te überträgt; wird häufig zur Reinigung von GST-Fusionsproteinen mittels Gluta-thion-beschichteten Trägern benutzt.

Glykolyse: Weit verbreiteter Stoffwechselweg im Cytosol, durch den Zucker zu Pyruvat unter Bildung von ATP abgebaut werden (eigentlich: „Zuckerspaltung"). Bilanz: 2 Mol ATP und 2 Mol NADH pro Mol Glucose.

Glykosid: Naturstoff, der bei Hydrolyse mindestens ein einfaches Zuckermolekül abgibt.

Glykosylierung: Addition von einem oder mehreren Zuckern an ein Protein- oder Lipidmolekül.

Glykosylphosphatidylinositol-Anker (GPI-Anker): Mögliche Verankerung eines Proteins in der Biomembran; wird im Endoplasmatischen Reticulum an ein Pro-tein angehängt.

Golgi-Apparat: Schlauchartiges Kompartiment in Eukaryotenzellen, in dem Prote-ine und Lipide, die aus dem Endoplasmatischen Reticulum stammen, modifiziert und sortiert werden. Der Ort der Synthese vieler Zellwand-Polysaccharide bei Pflanzen und extrazellulärer Matrix-Glykosaminoglykane in Tierzellen.

G-Protein – *s.* **GTP-Bindeprotein**

G-Protein-verbundener Rezeptor (GPCR, *G-protein coupled receptor*): Cytoplasma-membran-Rezeptor, der sich nach Aktivierung durch spezifische extrazelluläre Liganden (Signalmoleküle) mit einem intrazellulären trimeren GTP-Bindeprotein (**G-Protein**) zusammenlagert. Diese Rezeptoren weisen 7 Transmembranbereiche auf.

Grana (*Sing.*: Granum): Gestapelte Membranschläuche (Thylakoide), die aus der inneren Chloroplastenmembran gebildet werden. Enthalten Chlorophyll und Proteine des Elektronentransports und stellen den Ort der Lichteinfangreaktionen der Photosynthese dar.

Granulocyt: Weiße Blutzelle, die durch deutliche cytoplasmatische Körnung (Granulierung) ausgezeichnet ist. Man unterscheidet neutrophile, basophile und eosinophile Granulocyten.

GRAS: Abkürzung von *generally regarded as safe*, eine Klassifizierung der amerikanischen FDA (*Food and Drug Administration*) für sichere Nahrungsmittel und pflanzliche Arzneidrogen.

Größenausschluss-Chromatographie (Gelfiltration): Die Fraktionierung von Proteinen erfolgt aufgrund von Größenunterschieden. Unter der Annahme, dass alle Proteine einer Mischung ähnliche kugelförmige Struktur aufweisen, ist die Reifenfolge der Elution umgekehrt proportional zu ihren Molekulargewichten.

grünes Fluoreszenzprotein (GFP): Fluoreszierendes aus einer Qualle isoliertes Protein (bzw. Gen). Wird in der Zellbiologie häufig als Marker- und Reporterprotein verwendet.

GTPase: Enzym, das GTP zu GDP hydrolysiert.

GTPase-aktivierendes Protein (GAP): Protein, das an ein GTP-Bindeprotein bindet und dieses durch Anregung seiner GTPase-Aktivität inaktiviert, indem es sein gebundenes GTP zu GDP spaltet.

GTP-Bindeprotein (G-Protein): Protein, das GTP bindet und dadurch in den aktiven Zustand versetzt wird. Seine innere GTPase-Aktivität hydrolysiert schließlich das gebundene GTP zu GDP, wodurch das Protein inaktiviert wird. G-Proteine sind wichtig für die interzelluläre Signaltransduktion. G-Proteine bestehen aus drei unterschiedlichen Untereinheiten (*α-*, *β-*, und *γ*-Untereinheit). Die Mitglieder der anderen, sehr großen Familie sind Monomere („kleine G-Proteine" oder „monomere GTPasen").

Hämoglobin: Das Hauptprotein roter Blutzellen, das Sauerstoff und CO_2 transportieren kann.

haploid: Mit nur einfachem Chromosomensatz, wie in einer Spermienzelle oder einem Bakterium, im Unterschied zu diploid mit doppelten Chromosomensätzen, wie in somatischen Zellen.

Helfer-T-Zelle: Wichtiger Typ einer T-Zelle, die B-Zellen hilft, Antikörper zu bilden und Makrophagen zu aktivieren, um eingedrungene Mikroorganismen zu töten.

Helix-Loop-Helix (HLH): Strukturmotiv in vielen Genregulatorproteinen, mit dem DNA-Sequenzen spezifisch erkannt werden.

Herpes simplex: Akute, primäre oder sekundäre Viruserkrankung der Haut und der Schleimhäute, z. B. der Lippen und Genitalien.

Heterochromatin: Chromosomenbereich mit ungewöhnlich stark kondensiertem Chromatin, der während der Interphase transkriptionsinaktiv ist.

Heterodimer: Proteinkomplex, der aus zwei unterschiedlichen Untereinheiten zusammengesetzt ist.

Heterozygote: Diploide Zelle oder Organismus mit zwei unterschiedlichen Allelen eines oder mehrerer Genloci.

Heuristik: Von griech.: ευρισκω, finden, raten. Bezeichnet Algorithmen in der Informatik, die ein Problem fast optimal lösen, d. h. die eine Lösung in der Nähe des Optimums oder in der Mehrzahl der Fälle liefern. Heuristiken können keine optimale Lösung garantieren. Sie werden in Fällen verwendet, in denen keine Algorithmen angegeben werden können, die ein Problem optimal lösen, oder in denen solche Algorithmen (z. B. wegen ungünstiger Komplexität) unpraktikabel sind.

Hinterlegung: Hinterlegung dient der Offenbarung einer Erfindung, deren Gegenstand biologisches, vermehrbares Material ist, und die infolgedessen durch Beschreibung in Wort und Bild nicht so beschrieben werden kann, dass ein Fachmann sie danach ausführen kann.

Histon: Vertreter einer Gruppe kleiner, häufig vorkommender basischer Proteine, die einen hohen Gehalt an Arginin und Lysin haben. Histone binden die negativ geladene DNA bei Eukaryoten; vier von ihnen bilden ein Nucleosom.

Hit: Substanz, die durch ein Screening-Verfahren identifiziert wurde.

Hitzeschockprotein: Protein, das als Reaktion auf erhöhte Temperaturen oder anderen Stress vermehrt gebildet wird. Wichtige Beispiele sind hsp60 und hsp70 sowie hsp90. Kann als Chaperon dienen.

HIV (*human immunodeficiency virus*): Virus, das AIDS verursacht.

Hodgkin-Syndrom: Bösartig verlaufende Krebserkrankung der lymphatischen Gewebe mit tumorartigen Wucherungen des reticuloendothelialen Systems und Granulombildung.

Homolog: 1. (*Adj.*) Bezeichnung für Organe oder Moleküle, die gleich sind, weil sie von einem gemeinsamen Vorläufer abstammen. 2. (*Subst.*) Eines von zwei oder mehreren Genen, die in ihrer Sequenz gleich sind, weil sie von demselben Ausgangsgen abstammen. Die Bezeichnung gilt für Orthologe und für Paraloge. 3. s. **homologes Chromosom**.

homologes Chromosom (Homolog): Eine von zwei Kopien eines bestimmten Chromosoms in einer diploiden Zelle; in jeder diploiden Zelle stammt eines der homologen Chromosomen von der Mutter, das andere vom Vater.

Homöobox: Kurze (180 Basenpaare lange) konservierte DNA-Sequenz, die für ein DNA-Bindeprotein-Motiv (**Homöodomäne**) codiert. Die Homöobox findet man in Genen, welche die frühen Entwicklungsvorgänge in sehr vielen Organismen steuern.

Homozygote: Diploide Zelle oder Organismus mit zwei identischen Allelen eines spezifischen Genlocus.

Hormon: Ein Wirkstoff, der von einer Hormondrüse produziert und in den Blutkreislauf entlassen wird, und der ein anderes Organ/Gewebe des Körpers in seiner Aktivität steuert.

HPLC, *High Performance Liquid Chromatography*: Hochleistungs-Flüssigkeitschromatographie, auch Hochdruck-Flüssigkeitschromatographie genannt; ein empfindliches Trennverfahren, um nichtflüchtige Substanzen in Extrakten oder Lösungen aufzutrennen und zu analysieren. Charakteristisch ist hier die Korngröße der stationären Phase mit 3, 5 oder 10 µm, daraus resultiert der hohe Gegendruck der mobilen Phase.

HTS, *High Throughput Screening*: Substanzsuche im Hochdurchsatz.

Hybridisierung: Bildung eines Doppelstranges (Duplex) aus zwei komplementären, eventuell auch modifizierten Nucleinsäure-Einzelsträngen. Grundlage für diagnostische und therapeutische Verfahren, um spezifische Nucleotidsequenzen zu finden.

Hybridom: Zelllinie, die für die Gewinnung von monoklonalen Antikörpern verwendet wird. Entsteht durch Fusion von antikörperbildenden B-Zellen mit Lymphocyten-Tumorzellen (Lymphom).

hydrophil: Eigenschaft eines polaren Moleküls, Wechselwirkungen (z. B. Wasserstoffbrückenbindungen) mit Wassermolekülen einzugehen; hydrophile Substanzen sind in Wasser gut löslich. (Von griech.: „Wasser-liebend".)

hydrophob (lipophil): Eigenschaft von unpolaren Molekülen, die keine Wasserstoffbrückenbindungen mit Wasser eingehen können und sich nicht in Wasser, sondern nur in unpolaren Lipiden lösen. (Von griech.: „Wasser-feindlich", „Lipidfreundlich".)

hydrophobe Interaktionschromatographie: Basiert auf der Wechselwirkung von hydrophoben Proteinbereichen mit hydrophoben Liganden des Chromatographiemediums. Die Proteine werden meist mit einem linear absteigenden Salzgradienten eluiert.

Hydrophobizität: Maß für die Unlöslichkeit einer Substanz in Wasser. Gemäß der Konvention ist die Solvatationsenthalpie die Energie, die benötigt wird, um eine Substanz in Wasser zu lösen. Für hydrophile Substanzen ist sie damit negativ (d. h. Energie wird frei).

Hypertonie, Hypertension: Erhöhter Blutdruck (> 140/90 mmHg).

Hypertrophie: Größenzunahme eines Gewebes oder Organs durch Zellvergrößerung.

Immunantwort: Reaktion des Immunsystems auf den Eintritt eines Antigens oder eines Mikroorganismus in den Körper.

Immunpräzipitation: Verwendung eines spezifischen Antikörpers, um ein entsprechendes Protein-Antigen zu isolieren. Mit diesem Verfahren können auch Komplexe von miteinander wechselwirkenden Proteinen in Zellextrakten durch Fällung mit einem spezifischen Antikörper gegen eine seiner Proteinkomponenten identifiziert werden.

Immunsystem: Zelluläres und humorales komplexes System im Wirbeltierkörper, das diesen gegen Infektionen schützt.

***In-situ*-Hybridisierung:** Technik, bei der eine Einzelstrang-RNA- oder -DNA-Sonde verwendet wird, um ein Gen oder ein mRNA-Molekül in einer Zelle oder einem Gewebe durch Hybridisieren zu lokalisieren.

***in vitro*:** „Im Reagenzglas" (lat.), d.h. außerhalb des Organismus.

***In-vitro*-Transkription:** Zellfreie Transkription, meist mittels der T7-RNA-Polymerase. Ausgangsmaterial sind doppelsträngige DNA-Moleküle, die T7-Promotoren enthalten müssen.

***In-vitro*-Translation:** Zellfreie Translation mittels Reticulocyten-, Weizenkeim- oder *E. coli*-Extrakten. Ausgangsmaterial ist mRNA oder *in-vitro*-transkribierte RNA.

***in vivo*:** „Im Leben" (lat.), d.h. in einem lebenden Organismus, Tier oder Menschen.

IND, *Investigational New Drug*: Status einer neuen Substanz nach erfolgter Genehmigung klinischer Versuche durch die Behörden.

Influenza: Echte Grippe; akute und hoch ansteckende Infektionskrankheit, die von Influenzaviren hervorgerufen wird. Die Viren befallen die Schleimhäute des Respirationstrakts.

Insert: DNA-Fragment, welches in einen Vektor zum Zwecke der Vermehrung bzw. der Expression eingebracht wird.

Insulin: Hormon des Pankreas (B-Zellen der Langerhans-Inseln), das die Glucosekonzentration im Blut reguliert. Insulin wird als Präprotein synthetisiert, aus dem dann ein Peptid herausgeschnitten wird.

Interkalation: Planare und lipophile Substanzen können sich zwischen die Basenstapel der DNA einlagern; können zu Frameshift-Mutationen führen.

Intermediärfilamente: Faserförmige Proteinfäden (etwa 10 nm Durchmesser), die, verseilt und verknüpft, Netze in Tierzellen bilden. Eine der drei wichtigen Arten von Cytoskelettfilamenten.

Intron: Genomischer Bereich eines Gens, der initial in RNA transkribiert wird, aber bei der Prozessierung der RNA durch Spleißen entfernt wird. Introns enthalten (meist) keine codierende Information. Die 5′-Seite (GT) und die 3′-Seite (AG) sind in gewissem Ausmaß konserviert, sowie ein Teil des internen Bereichs (*branch site*).

Inversion: Mutation, bei der ein DNA- oder Chromosomenabschnitt umgedreht wird.

Ionenaustausch-Chromatographie: Ionenaustauscher mit geladenen gebundenen Ionen und Gegenionen, die gegen andere Ionen austauschbar sind.

Ionenbindung: Nichtkovalente Bindung zwischen zwei Atomen, eines mit positiver, das andere mit negativer Ladung.

Ionenkanal: Transmembran-Proteinkomplex, der einen wassergefüllten Kanal durch die Biomembran bildet, durch den spezifische anorganische Ionen entsprechend ihrem elektrochemischen Gradienten hindurchdiffundieren können.

Isoelektrische Fokussierung: Elektrophoretische Auftrennung von Molekülen in einem Gel, in dem ein pH-Gradient besteht. Die Proteine wandern im elektrischen Feld bis in denjenigen Gelbereich, dessen pH-Wert mit dem isoelektrischen Punkt des Proteins übereinstimmt.

isoelektrischer Punkt: Der pH-Wert, bei dem ein Molekül keine Nettoladung mehr aufweist, weil die Anzahl der positiven und negativen Ladungen gleich groß ist.

Kanalprotein: Membranprotein, das eine wässrige Pore in der Biomembran bildet, durch die wasserlösliche Substanzen, meistens Ionen, passieren können.

Kanten: Menge aller Paare von Knoten in einem Graphen, die verbunden sein sollen. Kanten können gerichtet sein, und man kann Gewichtsfaktoren mit ihnen assoziieren. Bäume können als Untermenge aller mögliche Graphen betrachtet werden. Engl. Bezeichnung: *Arc* oder *Edge*.

Karyotyp: Gesamtsatz der Chromosomen einer Zelle, geordnet nach Größe, Form und Zahl.

Katabolismus: Stoffwechsel des Abbaus organischer Materie.

Keimbahn: Die Abstammungslinie von Keimzellen (die zur Bildung einer neuen Generation von Organismen beitragen) im Unterschied zu somatischen Zellen (die den Körper bilden und keine Nachkommen hinterlassen).

Kern (Nucleus): In der Eukaryotenzelle liegen die Chromosomen im Zellkern vor, der vom Endoplasmatischen Reticulum (daher mit einer doppelten Membran) als Kernhülle umgeben ist. Wichtig für den Transport von Substanzen in und aus dem Kern sind die Kernporenkomplexe.

Kerndichteschätzung: Methode in der Statistik, um die (kontinuierliche) Verteilung einer Zufallsvariablen aus einer Stichprobe zu schätzen. Dazu benutzt man Kern-Funktionen (z. B. Gauß-Funktionen), die linear zu einer Kerndichte kombiniert werden.

Kernexportsignal: Sortiersignal in Molekülen und Komplexen, wie z. B. RNA und neuen Ribosomenuntereinheiten, das diese für den Transport aus dem Kern durch Kernporenkomplexe in das Cytosol bestimmt.

Kernhülle: Doppelmembransystem, das den Kern umhüllt. Besteht aus einer äußeren und einer inneren Doppelschichtmembran (aus ER) und ist durch Kernporen durchbrochen.

Kernporenkomplex: Große Multiproteinkomplexe, die Kernporen in der Kernhülle bilden. Ermöglichen den Transport von ausgewählten Molekülen zwischen Kern- und Cytoplasmakompartiment.

Kernresonanz-Spektroskopie (*nuclear magnetic resonance spectroscopy*, NMR): Spektroskopische Methode zur Bestimmung von Molekülstrukturen, welche die Resonanz zwischen einzelnen Atomen nach Erregung in starken Magnetfeldern nutzt.

Kinesin: Eine Klasse der Motorproteine, welche die Energie der ATP-Hydrolyse nutzt, um sich entlang der Mikrotubuli zu bewegen.

Kinetochor: Proteinkomplex auf einem mitotischen Chromosom (als Centromer bezeichnet), der die Mikrotubuli bindet. Wichtig für den Transport der Schwesterchromatiden in die entstehenden neuen Zellen.

Kinetochorenmikrotubuli: Mikrotubuli in einer Mitose- oder Meiosespindel, deren Ende mit dem Kinetochor einer Chromatidenhälfte verbunden ist.

Klasse-I-MHC-Molekül: Auf der Oberfläche fast aller Zelltypen; präsentiert im Fall einer Virusinfektion Viruspeptide auf der Oberfläche der infizierten Zelle, die durch cytotoxische T-Zellen erkannt werden.

Klasse-II-MHC-Molekül: Eine der beiden Klassen von MHC-Molekülen. „Professionelle" antigenpräsentierende Zellen (z. B. Makrophagen) exprimieren MHC-II-Proteine auf ihren Cytoplasmamembranen und präsentieren darüber Fremdpeptide für Helfer-T-Zellen.

kleine Kern-RNA (*small nuclear RNAs*, snRNA): RNA-Moleküle, die mit Proteinen komplexiert sind, um die am RNA-Spleißen beteiligten Ribonucleoprotein-Partikel zu bilden.

Klinische Studien: Die Entwicklung neuer Arzneimittel umfasst 4 Stufen: 1. Präklinische Studien, 2. klinische Studien-Phase I, 3. klinische Studien-Phase II und 4. klinische Studien-Phase III.

Klon: Population von Zellen oder Organismen, die durch wiederholte (asexuelle) Teilungen aus einem gemeinschaftlichen Vorfahren entsteht.

Klonierung: Vervielfältigung eines beliebigen DNA-Fragments mittels rekombinanter DNA-Technologie.

Klonierungsvektor: Ein kleines, meist von einem Bakteriophagen oder Plasmid stammendes DNA-Molekül. Klonierungsvektoren bringen das zu klonierende DNA-Bruchstück in die Wirtszelle, um es dort zu vermehren.

Knock-in: Ersetzen eines Gens in einem Modellorganismus durch ein mutiertes Gen.

Knock-out: Zerstörung eines Gens in Modellorganismen.

Knoten: Elemente eines Graphen (neben den Kanten). Sie sind durch Kanten zum Graphen verbunden. Engl. Bezeichnung: *Vertex*. Bei Bäumen unterscheidet man interne Knoten (*internal node*) und die Wurzel (*root*, am weitesten innen liegender Knoten), während man die terminalen Knoten Blätter (*leaves*) nennt.

Kolonie stimulierender Faktor (CSF): Übergeordnete Bezeichnung für die zahlreichen Signalmoleküle, welche die Differenzierung von Blutzellen regulieren.

Kompartiment: Membranbegrenzter Bereich der Zelle (Cytoplasma, Mitochondrien, Kern usw.).

Kompetenz: Stadium einer Zelle, in der sie DNA aufnehmen kann, z. B. durch Transformation oder Transfektion.

komplementär: Zwei Nucleinsäuresequenzen werden komplementär genannt, wenn sie miteinander eine Doppelhelix mit perfekter Basenpaarung bilden können.

Komplexität: Beschreibt, wie die Laufzeit (Laufzeit-Komplexität) oder Speichernutzung (Speicher-Komplexität) mit der Größe der Eingabe zunimmt. Man unterscheidet Algorithmen, deren Komplexität sich durch ein Polynom (beliebigen Grades) beschreiben lässt (Klasse P), und solche, bei denen sich kein Polynom mehr angeben lässt, weil die Laufzeit z. B. exponentiell mit der Eingabegröße wächst. Die letzteren bezeichnet man als NP-hart. Die Komplexität wird mit einem großen **O** bezeichnet, das in Klammern den asymptotisch begrenzenden Faktor ohne Konstanten angibt, bei einem Polynom also z. B. die höchste Potenz. Ein Algorithmus, der unabhängig von der Eingabegröße ist, hat die Komplexität $O(1)$, und $O(n)$, wenn er linear mit der Eingabegröße wächst.

Konformation: Die dreidimensional-räumliche Anordnung von Atomen in einem Makromolekül, wie einem Protein oder einer Nucleinsäure.

Konsensussequenz: Durchschnittliche oder typischste Form einer Sequenz, die mit nur kleinen Änderungen in einer Gruppe einander verwandter DNA-, RNA- oder Proteinsequenzen vorhanden ist. Die Übereinstimmungssequenz zeigt das in jeder Position am häufigsten gefundene Nucleotid bzw. die häufigste Aminosäure.

konstitutiv: In konstanten Mengen permanent gebildet; Gegensatz zu reguliert.

Kontaktflächenneigung einer Aminosäure (*residue interface propensit*): Neigung einer Aminosäure, in einer Kontaktfläche zwischen zwei Proteinen vorzukommen.

kovalente Bindung: Stabile chemische Bindung zwischen zwei Atomen durch Anteiligkeit eines oder mehrerer Elektronenpaare.

Krebs: Bösartige Geschwülste, deren Zellteilung meist schnell und unkontrolliert verläuft.

LDL – *s. Low-Density-*Lipoprotein

Leitstruktur: Gemeinsame Grundstruktur einer Serie von Substanzen, die die gewünschte Aktivität in einem Assay zeigen und die sich durch chemische Modifikation für die weitere Optimierung derivatisieren lassen.

Lektin: Proteine, die fest an spezifische Zucker gebunden werden. Lektine aus Pflanzensamen (meist toxisch, z. B. Ricin aus *Ricinus communis*) werden sehr oft als Affinitätsreagenzien benutzt, um Glykoproteine zu reinigen oder sie auf der Zelloberfläche nachzuweisen.

Leserahmen (*reading frame*): Ein mRNA-Molekül kann theoretisch in jedem der drei Leseraster abgelesen werden, aber nur eines von ihnen gibt das funktionell „richtige" Protein. Das erste Codon ist AUG und codiert für Methionin (Eukaryoten) oder Formyl-Methionin (Prokaryoten).

Letalmutation: Eine Mutation, die den Tod der Zelle oder des Organismus, der sie enthält, bewirkt.

Leucin-Zipper: Strukturmotiv in vielen DNA-Bindeproteinen; zwei *a*-Helices von Einzelproteinen lagern sich zu einer Doppelwendel (*coiled coil*) ähnlich einem Reißverschluss (*zipper*) zusammen und bilden ein Proteindimer.

Leukämie: Krebs der weißen Blutzellen.

Leukocyt: Allgemeine Bezeichnung für alle kernhaltigen, hämoglobinlosen Blutzellen; dazu gehören Lymphocyten, Neutrophile, Eosinophile, Basophile und Monocyten.

Ligand: Jedes Molekül, das an eine spezielle Stelle eines Rezeptors oder eines anderen Moleküls bindet. (Lat.: *ligare* = binden.)

Ligase: Enzyme, die zwei Moleküle in einem Energie verbrauchenden Vorgang miteinander verbinden (ligieren). DNA-Ligase vereinigt z. B. zwei DNA-Moleküle durch Phosphodiesterbindungen.

Ligation: Kovalente Verknüpfung zweier DNA-Enden mittels eines speziellen Enzyms (DNA-Ligase).

Lipid: Substanz, die in einem unpolaren Lösungsmittel gut löslich ist, unlöslich in Wasser.

Lipid-Floß (*raft*): Lokale Bezirke der Plasmamembran, die reich an Sphingolipiden und Cholesterol sind.

lipophil: Eigenschaft einer Substanz, die sich gut in einem unpolaren Lösungsmittel oder in Öl löst.

Liposom: Künstliche Vesikel mit einem Phospholipid-Bilayer, die in einer Suspension von Phospholipidmolekülen in einem wässrigen Milieu hergestellt werden.

Locus, Loci (Genort): Lage eines Gens auf einem Chromosom. Da bei diploiden Organismen jeder Locus doppelt vorhanden ist, können die zugehörigen Gene (Allele) gleich sein oder sich leicht unterscheiden. In einer Population zeigen viele Genloci einen auffälligen Allelpolymorphismus.

***Low-Density*-Lipoprotein (LDL):** Komplex aus einem einzigen Proteinmolekül und vielen Molekülen von Cholesterolestern und anderen Lipiden, durch den Cholesterol im Blut transportiert und vom Gewebe aufgenommen wird.

Lymphocyten: Klasse der weißen Blutzellen, die für die Spezifität der adaptiven Immunantwort verantwortlich ist. Es gibt zwei Klassen: B- und T-Zellen. T-Zellen entwickeln sich im Thymus und sind Träger der zellvermittelten Immunität. B-Zellen entstehen bei Säugern im Knochenmark und bilden die zirkulierenden Antikörper.

Lyse: Zerstörung der Cytoplasmamembran einer Zelle, die zur Freisetzung des Cytoplasmas und zum Tod der Zelle führt.

Lysosom: Kompartiment in Pilz- und Tierzellen, das diverse Verdauungsenzyme enthält, die meist bei einem niedrigen pH-Wert aktiv sind. Protonen-ATPasen pumpen Protonen in die Lysosomen und sorgen für den sauren pH-Wert.

Makrophage: Phagocyten, die sich aus Blutmonocyten entwickeln und in allen Geweben vorkommen. Makrophagen fressen in den Körper eingedrungene Fremdorganismen und präsentieren deren Peptide den T-Zellen.

Malaria: Parasitäre Erkrankung, die durch den Einzeller *Plasmodium* ausgelöst wird; die Parasiten werden über *Anopheles*-Mücken übertragen.

maligne: Bezeichnet Tumoren und Tumorzellen, die invasiv (eindringend) wachsen und/oder fähig sind, Metastasen zu bilden. Ein maligner Tumor ist ein Krebs.

Mannose-6-phosphat (M6P): Modifikation der Oligosaccharide mancher Glykoproteine, die in die Lysosomen transportiert werden.

MAP – *s.* **Mikrotubulus-assoziiertes Protein**

MAP-Kinase-Signalweg: Signalweg, der von Zellmembranrezeptoren Signale über *Mitogen-aktivierte Protein*-(MAP)-Kinasen in den Zellkern weiterleitet und dort die Regulation von Genen steuert.

marginale Verteilung, auch: Randverteilung: Verteilung einer Zufallsvariablen X bei multivariaten Verteilungen unabhängig von den anderen Zufallsvariablen. Die marginale Verteilung kann durch Integration der gemeinsamen Verteilung erhalten werden, z. B. bei einer bivariaten Verteilung $P(x,y)$: $P(x) = \int_{-\infty}^{\infty} P(x,y)dy$.

Markergen: 1. Gen, das in einem fremden Organismus eine leicht erkennbare Eigenschaft vermittelt. 2. Gen, das stellvertretend für andere Gene bzw. das Genom untersucht wird, z. B. bei Phylogenie-Untersuchungen.

Materia medica: Die verschiedensten Materialien (aus Pflanzen, Tieren oder Mineralstoffe), die medizinisch genutzt wurden.

Matrixraum: 1. Zentrales Subkompartiment (Unterabteilung) eines Mitochondriums, durch dessen Innenmembran begrenzt. 2. Das entsprechende Kompartiment in einem Chloroplasten, auch als Stroma bezeichnet.

Matrize: Ein Einzelstrang von DNA oder RNA, dessen Nucleotidsequenz als Muster für die Synthese des komplementären Strangs dient (auch „*Template*", „Mater", „Patrize").

Maximum Likelihood (**ML**): Methode, bei der ein statistisches Modell anhand des Maximums einer Plausibilitätsfunktion (*likelihood*) gewählt wird. *Likelihood* wird eigentlich mit „Wahrscheinlichkeit" übersetzt, meint aber in der englischsprachigen Literatur durchaus etwas anderes als *probability* (eigentlicher Begriff für „Wahrscheinlichkeit" im statistischen Sinn).

Maximum Parsimony (**MP**): Methode zur Konstruktion phylogenetischer Bäume, die jeweils solche Sequenzen zusammenfasst, welche die wenigsten Änderungen erfordern, um eine Sequenz in die nächste zu überführen (Sparsamkeitsprinzip).

MDR-Protein – *s.* **Multidrug-Resistenzprotein**

medizinische Indikation: Kriterium für die Wahl der Patentkategorie für eine Arzneimittelerfindung, wenn die dem Arzneimittel zugrunde liegende Substanz zwar bekannt ist, jedoch nicht ihre Einsatzmöglichkeit auf dem Gebiet der Medizin oder zur Behandlung einer bestimmten Krankheit.

Meiose: Spezielle Form der Zellteilung, durch die Ei- und Spermienzellen gebildet werden. Sie besteht aus zwei aufeinander folgenden Teilungen mit nur einer Runde der DNA-Replikation, wodurch vier haploide Tochterzellen aus der diploiden Ausgangs-(Mutter)-Zelle entstehen.

Melanom: Gut- und bösartige Geschwulstbildungen der Haut und Schleimhäute, ausgehend von pigmentbildenden Geweben.

Membranpotenzial: Spannungsdifferenz über eine Membran durch einen kleinen Überschuss positiver Ionen auf der einen und negativer Ionen auf der anderen

Seite. Das typische Membranpotenzial für die Plasmamembran einer Tierzelle ist −60 mV (innen negativ relativ zur Umgebungsflüssigkeit).

Membranprotein: Protein, das normalerweise eng mit einer Zellmembran verbunden ist.

Membrantransport: Bewegung von Molekülen durch eine Membran, vermittelt durch ein Membrantransportprotein (Transporter, Carrier).

Meristem: Eine organisierte Gruppe von sich teilenden Zellen, deren Abkömmlinge zu den Geweben und Organen einer Blütenpflanze werden. Schlüsselbeispiele sind die Apikalmeristeme an den Spitzen von Schösslingen und Wurzeln.

Mesoderm: Embryonales Gewebe, das der Vorläufer von Muskel, Bindegewebe, Skelett und vielen anderen inneren Organen ist.

Messenger-RNA (mRNA): Die RNA-Polymerase kopiert ein Gen in die zugehörige mRNA. Die mRNA spezifiziert die Aminosäuresequenz eines Proteins. Sie wird (bei Eukaryoten) durch RNA-Spleißen aus einem größeren RNA-Molekül hergestellt.

Metabolismus: Die Summe aller chemischen Vorgänge, die in lebenden Zellen ablaufen.

Metaphase: Stadium der Mitose, bei dem die Chromatiden in der Äquatorialebene fest an die Mitosespindel geheftet sind, aber noch nicht begonnen haben, sich zu den gegenüberliegenden Polen zu bewegen.

Metastase: Ausstreuung von Krebszellen vom Ort des Entstehens an andere Orte des Körpers.

Methylphosphonat: DNA-Analogon; ein Sauerstoffatom der Phosphatgruppe von DNA ist durch eine Methylgruppe ersetzt. Die Nucleinsäure ist damit gegen enzymatischen Abbau geschützt.

MHC − *s. major histocompatibility complex*

Mikroarray: Andere Bezeichnung für DNA-Chip (*s.* **DNA-Chip**).

Mikrofilament − *s.* **Actinfilament**

Mikrosom: Membranbruchstücke des Endoplasmatischen Reticulums und des Golgi-Apparats, die beim Zellaufschluss entstehen und sich als Vesikelfraktion isolieren lassen.

Mikrotubuli: Lineare tubuläre Strukturen in höheren Zellen, die aus Tubulindimeren aufgebaut sind; wichtig für die Zellteilung (Spindelapparat) und den Vesikeltransport innerhalb einer Zelle.

Mikrotubulus-assoziiertes Protein (MAP): Ein Protein, das an Mikrotubuli bindet und deren Eigenschaften ändert. Es gibt viele verschiedene Arten, einschließlich Strukturproteinen, z. B. MAP-2, und Motorproteine, z. B. Dynein.

Mineralocorticoid: Steroidhormone der Nebennierenrinde (Aldosteron), die den Salzhaushalt des Körpers regulieren.

Mismatch: Im Sinne der Watson-Crick-Regeln (G hybridisiert mit C und A mit T bzw. U) nicht passendes Basenpaar in Doppelstrang-DNA oder -RNA, bzw. deren Analoga.

mismatch repair – s. **Fehlpaarungsreparatur**

Mitochondrien: Wichtiges Kompartiment der Eucyte, in dem z. B. der Citratzyklus und die Atmungskette (ATP-Synthese) ablaufen. Mitochondrien verfügen über eigene DNA, Replikations- und Transkriptionsenzyme sowie Ribosomen.

Mitose: Teilung des Kerns einer Eukaryotenzelle, wobei die DNA zu sichtbaren Chromosomen verdichtet wird und die verdoppelten Chromosomen zu zwei identischen Chromosomensätzen getrennt werden.

Mitosechromosom: Hoch verdichtetes, verdoppeltes Chromosom, wobei die neuen Chromosomen noch immer am Centromer als Schwesterchromatide zusammengehalten sind.

Mitosespindel: Anordnung von Mikrotubuli und zugehörigen Proteinen, die sich zwischen gegenüberliegenden Polen einer Eukaryotenzelle während der Mitose bildet und dazu dient, die verdoppelten Chromosomen auseinander zu ziehen.

Modul: Struktur- oder Funktionseinheiten bei Proteinen (Proteinmodul) oder Nucleinsäuren.

Monocyt: Klasse weißer Blutzellen, die den Blutkreislauf verlässt und in Geweben zu Makrophagen reift.

monoklonale Antikörper: Antikörper, die von einem einheitlichen Hybridomklon sezerniert werden. Da ein jeder derartiger Klon von einer einzelnen B-Zelle abstammt, sind sämtliche gebildeten Antikörpermoleküle identisch.

Monomer: Molekülbaustein, der sich mit anderen des gleichen Typs zu einem Polymer verbindet.

Motiv: Struktur- oder Funktionselement von Proteinen oder Nucleinsäuren.

Motorprotein: Protein, das Energie aus der ATP-Hydrolyse nutzt, um sich entlang eines Proteinfilaments oder eines anderen Polymermoleküls zu bewegen (z. B. Actin-Myosin-System des Muskels).

mRNA – s. **Messenger-RNA**

Multidrug-Resistenzprotein (MDR-Protein): Klasse von ABC-Transportern, die hydrophobe Wirkstoffe (Drogen, z. B. manche Krebsheilmittel) aus dem Cytoplasma von Eukaryotenzellen transportieren kann.

multiple Sklerose: Erkrankung des ZNS, die durch Abbau der Myelinscheiden der Axone hervorgerufen wird.

multiples Testen: Statistischer Test, der auf Unterschiede zwischen zwei Gruppen prüft, das aber unabhängig für viele Variablen durchführt. Der *P*-Wert aus der Testtheorie, der angibt, wie wahrscheinlich es ist, dass kein Unterschied existiert, ist dann so nicht mehr gültig und muss für die Vielzahl der Tests korrigiert werden.

Mutagen: Substanz, die Mutationen auslöst.

Mutation: Änderung der Nucleotidsequenz eines Chromosoms; vererbbar, wenn dies auf Keimbahnzellen geschieht.

Mutationshäufigkeit (Mutationsrate): Die Häufigkeit, mit der nachweisbare Änderungen in einer DNA-Sequenz auftreten.

Myofibrille: Langes, außerordentlich hoch geordnetes Faserbündel von Actin, Myosin und anderen Proteinen in Muskelzellen.

Na^+/K^+-Pumpe (Na^+/K^+-ATPase): Wichtige Ionenpumpe der tierischen Zelle, die Na^+-Ionen aus der Zelle hinaus und K^+-Ionen in die Zelle hinein pumpt, indem sie die Energie der ATP-Hydrolyse nutzt; wird von Herzglykosiden gehemmt.

Natürliche Killerzelle (NK-Zelle): Cytotoxische Zelle des angeborenen Immunsystems, die virusinfizierte Zellen töten kann.

Nekrose: Absterben von Zellen und Geweben.

Neuheit: Voraussetzung für die Erlangung eines Patents; liegt vor, wenn die Erfindung nicht zum Stand der Technik gehört, wobei der Stand der Technik alle technischen Lehren umfasst, die irgendwo in der Welt in irgendeiner Weise der Öffentlichkeit zugänglich gemacht worden sind.

Neuron (Nervenzelle): Zelle mit langen Axonfortsätzen und vielen Dendriten, spezialisiert darauf, Signale im Nervensystem aufzunehmen, zu leiten und weiterzugeben.

Neurotransmitter: Signalsubstanzen der Neuronen, die notwendig sind, um ein elektrisches Signal von einer Nervenzelle (Präsynapse) zur nächsten (Postsynapse) zu übertragen; wichtige Neurotransmitter sind: Acetylcholin, Noradrenalin, Adrenalin, Dopamin, Serotonin, Histamin, Glycin, GABA, Glutamat, Endorphine und andere Peptide.

Neurovesikel: Kleine Vesikel in der Präsynapse, die mit Neurotransmittern gefüllt sind.

nichtkovalente Bindung: Nichtkovalente Bindungen (Wasserstoffbrücken-, Ionenbindungen, hydrophobe Wechselwirkungen) sind verhältnismäßig schwach, können sich aber summieren, sodass starke, hochspezifische Wechselbeziehungen zwischen Molekülen entstehen.

NK-Zelle – *s.* **Natürliche Killerzelle**

NMR – *s.* **Kernresonanz-Spektroskopie**

NO – *s.* **Stickstoff(mon)oxid**

Northern-Blotting: Verfahren, in dem RNA-Fragmente durch Elektrophorese getrennt und dann auf eine Nylonmembran übertragen werden. Die gesuchte RNA wird durch Hybridisierung mit einer markierten Nucleinsäuresonde aufgefunden.

N-Terminus: Das Ende einer Polypeptidkette, das die freie Aminogruppe trägt.

Nucleolus: Lichtmikroskopisch erkennbare Struktur im Kern, in der ribosomale RNA transkribiert wird und Ribosomenuntereinheiten zusammengesetzt werden.

Nucleoporin: Proteine, die den Kernporenkomplex bilden.

Nucleosom: Rosenkranzartige Struktur im Eukaryotenchromatin. Es besteht aus einer kurzen Strecke DNA, die um eine Spule aus Histonproteinen gewickelt ist.

öffentliche Ordnung/gute Sitten: Tragende Grundsätze der Rechtsordnung (Grundlagen des staatlichen, wirtschaftlichen und sozialen Lebens), die dem „Anstandsgefühl aller billig und gerecht Denkenden" entsprechen (z. B. Gebot der Menschenwürde).

Okazaki-Fragmente: Kurze DNA-Stücke, die am Folgestrang (*lagging strand*) bei der DNA-Synthese gebildet werden. Sie werden anschließend durch DNA-Ligase miteinander zu einer kovalent verknüpften DNA-Kette verbunden.

Oligomer: Kurzes Polymer aus Aminosäuren (Oligopeptide), Zuckern (Oligosaccharide) oder Nucleotiden (Oligonucleotide). (Von griech.: *oligos* = wenig, klein.)

Onkogen: Ein verändertes Gen (z. B. bei Retroviren), dessen Produkt bewirken kann, dass eine Zelle sich unbegrenzt vermehrt. Typischerweise ist ein Onkogen eine mutierte Form eines normalen Gens (Proto-Onkogen), das bei der Kontrolle von Zellwachstum oder -vermehrung fungiert.

Operator: Bezeichnet eine kurze, spezifische DNA-Sequenz, Bindungsstelle für Transkriptionsregulatoren (positiv oder negativ).

Operon: Umfasst mehrere Strukturgene einer transkriptionellen Einheit, deren Expression positiv oder negativ kontrolliert wird.

ORF (*open reading frame*): Offenes Leseraster, Sequenz ohne Stopp-Codons.

Organell: Membranumschlossenes Kompartiment in einer Eukaryotenzelle mit einer ausgeprägten Struktur, Makromolekülausstattung und Funktion. Beispiele sind Kern, Mitochondrium, Chloroplast, Golgi-Apparat. Manchmal werden auch große Multiproteinkomplexe als Organell bezeichnet.

ortsgerichtete Mutagenese (*site-directed mutagenesis*): Methode, durch die eine Mutation an einer ganz bestimmten Stelle der DNA eingefügt werden kann.

ortsspezifische Rekombination: Art der Rekombination, die keine große Ähnlichkeit in den beiden DNA-Sequenzen erfordert. Kann zwischen zwei verschiedenen DNA-Molekülen oder innerhalb eines einzigen DNA-Moleküls vorkommen.

Östrogen – *s.* **Estradiol**

OTC (*over the counter*): Bezeichnung für Arzneimittel, die ohne Rezept verkauft werden.

p53: Tumorsuppressor-Gen, das bei vielen Krebsformen mutiert ist. Es codiert für ein Genregulatorprotein, das durch DNA-Schädigung aktiv wird und den weiterlaufenden Zellteilungszyklus hemmt.

parakrines Signal: Zell/Zell-Kommunikation über sezernierte Signalmoleküle, die auf Nachbarzellen wirken.

parenteral: Applikation eines Wirkstoffs unter Umgehung des Verdauungstrakts; intravenöse (i.v.), intramuskuläre (i.m.) oder subkutane Injektion (s.c.).

Parkinson: Neurologische Krankheit (Schüttellähmung) infolge der Degeneration der *Substantia nigra* und Verringerung der Dopaminkonzentration.

passiver Transport: Transport eines gelösten Stoffs durch eine Membran entlang seinem Konzentrationsgradienten oder seinem elektrochemischen Potenzial.

Patent: Staatlich erteiltes, geprüftes und befristetes Schutzrecht für eine innovative technische Entwicklung.

Patentgesetz (1981): Gesetz zur Erteilung deutscher Patente; maßgebliche Rechtsquelle des deutschen Patentrechts in der Fassung von 1981; begründet 1877 und nach Änderungen 1891, 1936 und 1967 durch das Inkrafttreten des europäischen Patentsystems Ende der 70er Jahre grundlegend reformiert.

Patentverletzung: Gewerbsmäßige Herstellung, Benutzung und Anbietung einer patentrechtlich geschützten Erfindung durch einen Dritten, ohne dass dieser durch Vorbenutzung, staatliche Anordnung oder durch eine Rechtshandlung des Patentinhabers (z. B. Lizenzvergabe) hierzu befugt ist.

Pathogen: Krankmachender Mikroorganismus.

PCR – *s.* **Polymerase-Kettenreaktion**

Peroxisom: Kleines membranumgrenztes Organell, das molekularen Sauerstoff benutzt, um organische Moleküle zu oxidieren. Enthält einige Enzyme, die Wasserstoffperoxid (H_2O_2) bilden, und solche (z. B. Katalase), die es zersetzen.

Phagemid: Ein Vektor, der genetische Elemente von Plasmiden und Bakteriophagen enthält.

Phagen-Display (*phage display*): Methode zur Identifizierung von interagierenden Proteinen und Peptiden, die auf der Expression von Peptiden in Phagenpartikeln beruht, die mit Antikörpern oder anderen Proteinen isoliert und damit vervielfältigt werden können.

Phagocyt: Allgemeiner Ausdruck für Makrophagen oder Neutrophile Granulocyten, die darauf spezialisiert sind, Partikel und Mikroorganismen durch Phagocytose aufzunehmen.

Phagocytose: Vorgang, durch den Bakterien und andere Partikel von Zellen aufgenommen werden (*s.* **Phagocyt**).

Phagosom: Großes intrazelluläres membranumschlossenes Vesikel (Endosom), das aufgenommenes extrazelluläres Material zum Lysosom transportiert und mit ihm verschmilzt.

Phänotyp: Die in Erscheinung tretende Ausprägung einer Zelle oder eines Organismus.

Pharmakodynamik: Teilgebiet der Pharmakologie, das sich mit der Frage beschäftigt, wie Arzneistoffe im Körper wirken, z.B. mit welchen Rezeptoren sie interagieren.

Pharmakokinetik: Teilgebiet der Pharmakologie, das sich mit der Frage beschäftigt, wie Arzneistoffe aufgenommen, im Körper verteilt, metabolisiert und wieder ausgeschieden werden.

Pharmakologie: Lehre von der Wirkung fremder und körpereigener Stoffe im Körper sowie der Anwendung von Arzneimitteln.

Pharmakovigilanz: Sammlung und Anzeige von Berichten über unerwünschte Nebenwirkungen von Medikamenten an die Behörden und deren wissenschaftliche Bewertung.

Phosphodiesterase: Enzym der Signaltransduktion; inaktiviert cAMP oder cGMP.

Phospholipase C: Enzym der Signaltransduktion; setzt Inositolphosphate, wie IP_3 und Diacylglycerol (DAG), frei.

Phospholipide: Bausteine der Biomembran, die mit einer Phosphatgruppe verestert sind.

Phosphorthioat: DNA-Analogon; ein Sauerstoffatom der Phosphatgruppe von DNA ist durch ein Schwefelatom ersetzt, die Nucleinsäure ist damit gegen enzymatischen Abbau geschützt.

Photosynthese: Vorgang, den Pflanzen, Algen und einige Bakterien benutzen, um mit Sonnenlichtenergie die Synthese von organischen Molekülen aus Kohlendioxid und Wasser zu betreiben.

pH-Wert: Allgemeines Maß der Acidität einer Lösung; „p" bezieht sich auf die negative Zehnerpotenz (lat.: *pondus*=Gewicht), „H" auf Wasserstoff. Definiert als der negative dekadische Logarithmus der Wasserstoffionen-Konzentration in Mol je Liter (M). Also ist auf der pH-Skala pH 7 (10^{-7} M H^+) neutral, pH 3 (10^{-3} M H^+) sauer und pH 9 (10^{-9} M H^+) alkalisch.

Phylogenese: Entwicklung und Abstammung der Arten voneinander. Kann auch auf die Evolution von Sequenzen bzw. Proteinen und Nucleinsäuren angewendet werden, die zwar der Artenentwicklung folgt, aber durch Genduplikation und horizontalen Gentransfer überlagert sein kann.

Phylogenie: Evolutionsgeschichte eines Organismus oder einer Gruppe von Organismen, oft in Form eines phylogenetischen Stammbaums oder als Kartierung der Abstammungszusammenhänge dargestellt.

Pinocytose: Form der Endocytose, bei der lösliche Materialien aus der Umgebung in Vesikel aufgenommen werden (buchstäblich: „Zell-Trinken" von griech.: *pinein* = trinken). (*S. auch* **Flüssigphasen-Endocytose**.)

PKA – *s.* **cAMP-abhängige Proteinkinase**

PKC – *s.* **Proteinkinase C**

Placebo: Wirkstofffreies, äußerlich nicht vom Original zu unterscheidendes Scheinmedikament; wichtig in doppelblinden Placebo-kontrollierten klinischen Studien.

Plaque: Eine Zone der Lyse oder Wuchsinhibition in einem Zell- oder Bakterienrasen bedingt durch ein Virus (bzw. Bakteriophagen).

Plasmid: Extrachromosomales, ringförmiges DNA-Molekül, das bei Bakterien und Hefen vorkommt und sich unabhängig vom Hauptchromosom vermehren kann. Häufig tragen Plasmide Gene für Resistenzfaktoren (z. B. gegen Antibiotika), die den Trägern einen Selektionsvorteil vermitteln. Plasmide stellen wichtige Vektoren für die Gentechnologie dar.

Plastid: Oberbegriff für pflanzliche Organellen, die von einer Doppelmembran umgeben sind, die eine eigene DNA besitzen und oft gefärbt sind (z. B. Chloroplasten).

PNA (*peptide nucleic acid*): Peptid-Nucleinsäure, DNA-Analogon mit sehr guten biophysikalischen Eigenschaften (feste Bindung an komplementäre DNA und RNA bei gleichzeitiger hoher Mismatch-Empfindlichkeit).

Polyhedrin: Ca. 29 kDa großes Protein, welches von Baculoviren codiert wird. Polyhedrin bildet eine stabile „Aufbewahrungs"-Matrix für die Baculoviren in der Umwelt.

Polylinker: DNA-Abschnitt in einem Vektor mit Schnittstellen für mehrere Restriktionsendonucleasen (*multiple cloning site* = MCS).

Polymerase-Kettenreaktion (PCR): Methode zur Amplifikation spezifischer DNA-Fragmente *in vitro*, in wiederholten Synthesezyklen unter Verwendung spezifischer Primer und einer thermostabilen DNA-Polymerase.

polymorph: Beschreibt ein Merkmal mit vielen Ausprägungen in einer Population, z. B. einen Genlocus mit vielen verschiedenen Allelen.

Polymorphismus: Das Vorkommen von zwei oder mehreren Allelen in der Bevölkerung, wobei das seltenere Allel mit einer Frequenz ≥1% vorkommt (*s. auch* SNP).

Polyribosom (Polysom): Messenger-RNA-Molekül, an das eine Anzahl von Ribosomen gebunden ist, die gleichzeitig ein Protein aktiv synthetisieren.

posttranslationale Modifikationen: Prozessierungsreaktionen, die während oder nach der Translation stattfinden. Beispiele sind: Glykosylierung, Acylierung, Phosphorylierung usw.

Primärstruktur: Sequenz der Monomereinheiten in einem linearen Polymer, wie die Aminosäuresequenz in Proteinen.

Primosom: Ein Komplex aus DNA-Primase und DNA-Helicase, der auf dem Folgestrang während der DNA-Replikation gebildet wird.

Prioritätsfrist: Frist, beginnend ab dem Tag einer Patentanmeldung, innerhalb derer dem Patentanmelder für eine weitere Anmeldung derselben Erfindung ein Prioritätsrecht zusteht, d.h. weitere Anmeldung hat den Zeitrang der Erstanmeldung, sofern der Erfindungsgegenstand gleich ist.

Prodrug: Arzneistoff, der erst im Körper zum aktiven Wirkstoff umgewandelt wird.

Prokaryot: Einzelliger Mikroorganismus, dessen Zelle keinen gut abgegrenzten, membranumschlossenen Kern besitzt. Die Prokaryoten umfassen zwei der großen Reiche der Lebewesen, die Bakterien und die Archaeen.

Promotor: DNA-Abschnitt, an dem die RNA-Polymerase und Transkriptionsfaktoren binden und die Transkription initiieren.

Prostaglandine: Körpereigene Botenstoffe, die vielfältige Wirkungen in den Geweben ausüben; stellen wichtige parakrine Gewebsmediatoren beim Entzündungsprozess dar.

Proteasom: Proteinkomplex mit eingebauten Proteasen, der vor allem defekte Proteine abbaut, die mit dem Protein Ubiquitin für den Abbau markiert wurden.

Proteindomäne: Teil eines Proteins, der eine eigene Tertiärstruktur und oft auch eigene Funktion besitzt. Große Proteine sind meist aus mehreren Domänen zusammengesetzt, die untereinander durch kurze flexible Abschnitte der Polypeptidkette verbunden sind.

Proteinglykosylierung: Posttranslationale Anfügung von Oligosacchariden an Seitenketten eines Proteins (N- und O-Glykosylierung).

Proteinkinase: Enzym, das die endständige Phosphatgruppe von ATP auf eine bestimmte Aminosäure (Serin/Threonin oder Tyrosin) eines Zielproteins überträgt. Wichtig sind die Proteinkinasen A und C.

Proteinkinase C (PKC): Ca^{2+}-abhängige Proteinkinase, die nach Aktivierung durch Diacylglycerol (DAG) Zielproteine an bestimmten Serin- oder Threoninresten phosphoryliert.

Proteom: Bezeichnung für die Gesamtheit der (aktuell vorhandenen) Proteine in einer Zelle oder einem Organismus. Die Proteomik beschäftigt sich mit der Analyse der Zusammensetzung des Proteoms sowie seiner dynamischen Entwicklung.

Proto-Onkogen: Normales Gen der Kontrolle der Zellproliferation, das durch Mutation in ein Krebs förderndes Onkogen verwandelt werden kann.

Protozoa: Frei lebende, parasitische, nicht photosynthetisierende, einzellige und bewegliche eukaryotische Organismen, wie *Paramecium* und *Amoeba*. Frei lebende Protozoen ernähren sich von Bakterien oder anderen Mikroorganismen.

Provirus (Prophage): Das Genom eines Virus, wenn es in der Wirts-DNA integriert ist und mit ihr repliziert wird (gewöhnlich ist es in diese integriert).

Pseudogen: Gen, das früher einmal aktiv war, aber im Verlauf der Evolution multiple Mutationen angesammelt hat, die es inaktiv und funktionslos gemacht haben.

Punktmutation: Änderung eines einzelnen Nucleotids in DNA.

Purin: Alkaloidklasse; die DNA und RNA-Basen Adenin und Guanin zählen zu den Purinen.

Pyrimidin: Alkaloidklasse; die DNA und RNA-Basen Cytosin, Uracil und Thymin zählen zu den Pyrimidinbasen.

Quartärstruktur (Quaternärstruktur): Die dreidimensionalen Beziehungen und Anordnung unterschiedlicher Polypeptidketten (Untereinheiten) in einem Protein.

gestreifter Muskel: Skelett- und Herzmuskel aus quer gestreiften Myofibrillen.

Rab-Protein: Vertreter einer großen Familie membranständiger monomerer GTPasen, die der Vesikelandockung Spezifität verleihen.

Ran: Monomere GTPase, die für den aktiven Im- und Export von Makromolekülen durch die Kernporenkomplexe nötig ist. Vermutlich liefert die Hydrolyse von GTP zu GDP die Energie für diesen Transport.

Ras-Protein: Der bekannteste Vertreter von monomeren GTPasen (oder kleinen G-Proteinen), der an der Signaltransduktion von der Cytoplasmamembran in den Kern beteiligt ist. Nach dem *ras*-Gen genannt, das zuerst in Retroviren identifiziert wurde, die bei Ratten Sarkome auslösen.

raues Endoplasmatisches Reticulum (raues ER): Endoplasmatisches Reticulum, das auf seiner cytosolischen Seite mit Ribosomen besetzt ist; ist an der Synthese von zu sezernierenden und membranbestimmten Proteinen beteiligt.

Reading Frame – *s.* **Leserahmen**

Redoxreaktion (Oxidations-/Reduktions-(Redox)-Reaktion): Eine Reaktion, in der eine Komponente oxidiert und die andere reduziert wird.

Reduktion (*Verb.***: reduzieren):** Zufügen von Elektronen zu einem Atom, wie es während der Addition von Wasserstoff an ein Molekül oder der Abspaltung von Sauerstoff von einem Molekül geschieht. Gegensatz: Oxidation.

Regulatorsequenz (Kontrollsequenz): DNA-Sequenz, an die ein Genregulatorprotein (Transkriptionsfaktor) bindet, bevor die Transkription beginnen kann.

rekombinante DNA: Experimentell verknüpfte DNA (z. B. Plasmid-DNA und neu zu exprimierende DNA aus einem anderen Organismus).

Rekombination (genetische Rekombination): Vorgang, durch den DNA-Moleküle geteilt und die Teilstücke in einer neuen Kombination wieder verbunden werden. Sie kann in der lebenden Zelle vor sich gehen, z. B. beim Crossing-over während der Meiose oder *in vitro* mit gereinigter DNA und Enzymen, die DNA-Stränge spalten und ligieren.

repetitive Sequenz: DNA-Sequenz, die sich häufig wiederholt.

Replikation: Verdopplung der DNA-Doppelhelix vor einer Zellteilung.

Replikationsursprung (*origin of replication***):** Stelle auf einem DNA-Molekül, an der die Verdoppelung der DNA beginnt.

Repressor: Protein, das an einen spezifischen Bereich der DNA (im Promotor) bindet; hemmt die Transkription des angrenzenden Gens.

Resorption: Aufnahme von Substanzen in Zellen oder in den Körper.

Restriktionsendonuclease (Restriktionsenzym): Enzym, das palindromische Sequenzen auf der DNA erkennt und endonucleolytisch spaltet.

Reticulocyten: Hoch spezialisierte, zellkernlose Blutzellen, deren Aufgabe in der Synthese von Hämoglobin besteht. Aus ihnen kann ein Reticulocytenlysat hergestellt werden, mit dem *in vitro* eine Proteinbiosynthese durchgeführt werden kann.

Retrotransposon: Art eines transponierbaren Elements (Transposon), das sich dadurch bewegt, dass es zunächst in eine RNA-Kopie transkribiert wird, die dann durch Reverse Transkriptase in DNA rückverwandelt und daraufhin an anderer Stelle in das Chromosom wieder eingebaut wird.

Retrovirus: RNA enthaltendes Virus, das in einer Zelle vermehrt wird, indem es zunächst eine doppelsträngige DNA-Zwischenstufe durch reverse Transkription ausbildet.

Reverse Transkriptase: Enzym der Retroviren, das Einzelstrang-RNA in Doppelstrang-DNA kopieren kann. Wichtig für die Herstellung von cDNA aus mRNA.

Rezeptor: Protein (oft ein Membranprotein), das eine Bindungsstelle für ein anderes Molekül („Ligand") aufweist; wichtig für die Signaltransduktion in der Zelle. Intrazelluläre Rezeptoren, wie die Steroidhormon-Rezeptoren, binden ihren Liganden und werden in den Zellkern transportiert.

rezeptorvermittelte Endocytose: Aufnahme von Rezeptor-Liganden-Komplexen durch die Cytoplasmamembran mittels Endocytose; dient der Aufnahme bestimmter Makromoleküle, z. B. mit Cholesterol beladener Lipoproteine.

rezessiv: Bezieht sich in der Genetik auf das Mitglied eines Allelpaares, das im Phänotyp des Organismus nicht in Erscheinung tritt, wenn das dominante Allel zugegen ist. Bezeichnet auch den Phänotyp eines Organismus, der nur das rezessive Gen trägt.

Ribosom: Multiproteinkomplex, zusammengesetzt aus rRNAs und ribosomalen Proteinen. Ribosomen binden mRNA und katalysieren die Synthese von Proteinen.

ribosomale RNA (rRNA): Spezifische RNA-Moleküle, die an der Teilstruktur eines Ribosoms und an der Proteinsynthese beteiligt sind. Oft durch ihren Sedimentationskoeffizienten als 28S rRNA oder 5S rRNA usw. unterschieden. Werden als gemeinsame Transkriptionseinheit transkribiert.

Ribozym: Katalytisch wirkendes RNA-Molekül zur sequenzspezifischen Degradation von mRNA.

RNA (Ribonucleinsäure): Polymer aus kovalent gebundenen Ribonucleotidmonomeren. (*S. auch* **mRNA, rRNA, tRNA**.)

RNA-Editing: Funktionales „Redigieren" oder „Zurechtstutzen" eines mRNA-Moleküls durch Einfügen oder Herausschneiden oder Ändern von Einzelnucleotiden nach der Synthese.

RNA-Interferenz (RNAi): Selektiver intrazellulärer Abbau von RNA, durch den Fremd-RNAs entfernt werden sollen, wie etwa solche von Viren. Teilstücke von freier Doppelstrang-RNA binden an ähnliche RNA-Sequenzen, die dann zerstört werden. RNAi wird vielfach angewandt, um die Expression von ausgewählten Genen zu hemmen.

RNA-Polymerase: Enzym, das die Synthese eines RNA-Moleküls aus Nucleosidtriphosphat-Vorläufern nach einer DNA-Matrize katalysiert.

RNA-Primer: Kurzer Abschnitt von RNA, der komplementär zur DNA synthetisiert wurde. Er wird von DNA-Polymerase benötigt, um mit ihrer DNA-Synthese zu beginnen.

RNAse H: Enzym, welches den RNA-Strang eines RNA-DNA-Doppelstranges abbaut.

RNA-Spleißen (RNA-Splicing): Vorgang, durch den Intronsequenzen aus primären RNA-Transkripten im Kern bei der Bildung der mRNA und anderer RNAs herausgeschnitten werden.

Röntgenstrukturanalyse: Physikalische Methode zur Strukturaufklärung von Proteinen und anderen Verbindungen, die auf der Beugung von Röntgenstrahlen an Kristallen beruht. Voraussetzung ist, dass die zu untersuchenden Proteine kristallin vorliegen müssen.

rRNA – *s.* **ribosomale RNA**

Saponine: Glykoside der Triterpene und Steroide; während die Aglyka meist lipophile Eigenschaften aufweisen, sind die Saponine amphiphil und wasserlöslich; unterschieden werden monodesmosidische Saponine mit 1 Zuckerkette und bidesmosidische Saponine mit 2 Zuckerketten.

Sarkom: Krebs des Bindegewebes.

Sarkomere: Kontraktile, 2,4 μm lange Funktionseinheit des Muskels, die hauptsächlich aus Actinfilamenten und Myosin, aber auch etlichen anderen Proteinen besteht.

Sarkoplasmatisches Reticulum: Schlauchsystem im Cytoplasma einer Muskelzelle, das hohe Konzentrationen an Ca^{2+} enthält, welches während Muskelerregung in das Cytosol abgegeben wird. Ca^{2+} wird durch eine Ca^{2+}-ATPase- in das Sarkoplasmatische Reticulum gepumpt.

Satelliten-DNA: Bereich hochrepetitiver DNA in einem Eukaryotenchromosom. Satelliten-DNA wird nicht transkribiert und hat bisher kaum eine bekannte Funktion.

Schmelztemperatur (T_m): Temperatur, bei der die Hälfte eines Nucleinsäure-Doppelstranges bereits zum Einzelstrang dissoziiert ist.

Score: Wert, der benutzt wird, um zwischen verschiedenen statistischen Modellen (oder auch verschiedenen Alignments) auszuwählen.

Score-Matrix: Beim Alignment von Proteinen benutzte Tabelle, die angibt, wie ein Paar von Aminosäuren in einem Alignment bewertet werden soll. Da der evolutionäre Druck auf Aminosäuren wegen der unterschiedlichen physikochemischen Eigenschaften sehr verschieden ist, beobachtet man Aminosäureaustausche mit unterschiedlichen Frequenzen. Solche beobachteten Häufigkeiten aus multiplen Alignments von Proteinfamilien werden zur Berechnung von Score-Matrizen verwendet.

Screening: Systematisches Durchsuchen von Substanzbibliotheken nach Substanzen mit bestimmten Eigenschaften.

SDS-Polyacrylamid-Gelelektrophorese (SDS-PAGE): Elektrophoreseverfahren, bei dem die zu trennende Proteinmischung mit dem Detergens Natriumdodecylsulfat (SDS) versetzt wurde und in einem Polyacrylamidgel aufgetrennt wird (SDS-PAGE).

Second Messenger: Kleines Molekül, das im Cytosol als Antwort auf ein extrazelluläres Signal gebildet oder freigesetzt wird und als Folgesignal (*second messenger*) hilft, das Primärsignal in das Innere der Zelle zu vermitteln und zu verstärken. Beispiele sind cAMP, IP$_3$ und Ca^{2+}.

Sekretion: Ausschüttung eines Proteins in den Extrazellularraum einer Zelle. Wird meist durch Sekretions-Signalsequenzen vermittelt.

Sekundärstoffe: Meist niedermolekulare Inhaltsstoffe mit großer Strukturvariabilität, die von den Pflanzen als Abwehr- und Signalsubstanzen genutzt werden. Ihr Vorkommen ist häufig auf wenige Pflanzengruppen beschränkt. Im Gegensatz dazu stehen die Primärstoffe, die von jeder Pflanze zum Leben benötigt werden und deshalb allgemein verbreitet sind.

Sekundärstruktur: α-Helices, β-Faltblätter, Schleifen (*loops*) bilden die Sekundärstrukturen eines Proteins.

Sensitivität: Maß, wie gut ein Klassifikator die richtige von zwei Klassen zuordnen kann. Wenn TP und TN die Anzahl der wahren positiven (*true positive*) und wahren negativen (*true negative*) Fälle ist, während FP und FN die Anzahlen der falsch Positiven bzw. falsch Negativen sind, ist die Sensitivität definiert als Sens = TP/(TP + FN), d. h. als der Anteil der tatsächlichen Fälle einer Klasse, denen diese Klasse zugeordnet wurde. Die Spezifität dagegen ist der Anteil der tatsächlich positiven Fälle an allen als positiv erkannten, also Spez = TP/(TP + FP). Zusammen geben Sensitivität und Spezifität die Güte eines Klassifikators an, die auch aus der ROC-Kurve (*receiver-operator characteristics*) abzulesen ist, das ist die Auftragung der Sensitivität gegen (1 – Spez.).

Sequenz-Clusterung: Gruppierung einer Menge von Sequenzen anhand ihrer Sequenzähnlichkeit. Wird benutzt, um die Redundanz in großen Klondatenbanken oder auch bei Sequenzierprojekten zu vermindern. Man wählt die Gruppierung so, dass in einer Gruppe Sequenzen enthalten sind, die weitgehend identische Sequenzabschnitte enthalten und damit redundante Information liefern. Von besonderer Bedeutung ist die Clusterung von *expressed sequence tags* (ESTs). Sie soll alle EST-Klone zusammenfassen, die von derselben mRNA abstammen. Diese Clusterung findet sich in der Unigene-Datenbank.

SH2-Domäne: Src-Homologieregion 2, eine Proteindomäne auf vielen Signalproteinen. Sie bindet eine kurze Aminosäuresequenz, die ein Phosphotyrosin enthält.

Shine-Dalgarno-Sequenz: Bakterielle Ribosomenbindungsstelle.

Shuttle-Vektor: Klonierungsvektor, der in verschiedenen Organismen replizieren kann.

Signalerkennungspartikel, *signal recognition particle* **(SRP):** Ribonucleoprotein-Partikel, das an ER-Signalsequenzen auf einer teilsynthetisierten Polypeptidkette bindet und das Polypeptid mit seinem anhängenden Ribosom zum Endoplasmatischen Reticulum lenkt.

Signalpeptidase: Enzym, das eine endständige Signalsequenz aus einem Protein entfernt, nachdem der Sortierungsvorgang abgeschlossen ist.

Signalpeptide: Teile einer Proteinsequenz, die für die Lokalisierung des Proteins entscheidende Signale tragen. Mitochondriale und plastidäre Signalpeptide sind z.B. N-terminal gelegen und werden nach dem Import in die Organellen abgespalten; Kernlokalisationssequenzen (*nuclear localization signals*, NLS) liegen C-terminal. Ein weiteres Beispiel ist die N-terminale Sequenz von etwa 20 Aminosäuren, die wachsende Sekretions- und Transmembranproteine zum Endoplasmatischen Reticulum lenkt.

Signalsequenz: N-terminale Signalsequenz, die Proteine in das Endoplasmatische Reticulum (ER) leiten. Sie wird anschließend von Signalpeptidasen abgeschnitten.

Signaltransduktion: Vorgang, durch den eine Zelle ein extrazelluläres Signal (einen Reiz) in eine meist intrazelluläre Antwort umwandelt.

siRNA (*small interfering RNA*): Natürlich vorkommende, kleine RNA-Oligomere (21–23mer), die sequenzspezifisch an mRNA binden und deren Zerstörung einleiten. Dieser natürliche Vorgang, die sog. RNA-Interferenz (RNAi), ist in Mechanismus und Wirkung der Antisense-Technik mit synthetischen Oligomeren vergleichbar.

site-directed mutagenesis – s. **ortsgerichtete Mutagenese**

SNAREs: Große Familie von Transmembranproteinen, die in Organellmembranen und den daraus gebildeten Vesikeln vorkommt. Sie sind daran beteiligt, die Vesikel zu ihrem richtigen Bestimmungsort zu bringen. Sie kommen in Paaren vor, einem v-SNARE in der Vesikelmembran, das spezifisch an das komplementäre t-SNARE an der Zielmembran andockt.

SNP (*single nucleotide polymorphism*) – Unterschied zwischen Individuen in bestimmten Nucleotidpositionen eines DNA-Abschnitts. SNPs können als molekulare Marker für die Erkennung von Individuen oder von defekten Genen genutzt werden; *s.a.* **Einzelnucleotid-Polymorphismus**

snRNA – *s.* **kleine Kern-RNA**

somatische Zelle: Jede Zelle einer Pflanze oder eines Tieres, die nicht die Keimzelle oder deren Vorläuferzelle ist. (Von griech.: *soma* = Körper.)

Sonde: Definierte RNA- oder DNA-Abschnitte, die radioaktiv oder chemisch markiert wurden und benutzt werden, um durch Hybridisierung spezifische Nucleinsäuresequenzen zu lokalisieren.

Southern-Blotting: Methode, bei der DNA-Fragmente, die durch Elektrophorese aufgetrennt wurden, auf eine Nylon- oder Nitrocellulosemembran übertragen werden. Die immobilisierten DNA-Stränge können dann mit einer markierten Nucleinsäuresonde nachgewiesen werden. (Benannt nach E. M. Southern, dem Erfinder des Verfahrens.)

Spleißosomen: RNA-prozessierende Proteinkomplexe, welche die Introns aus neu synthetisierten mRNAs herausschneiden.

Statistik: Verfahren, das eine Entscheidung über das Zutreffen oder Ablehnen einer Hypothese bei einem statistischen Test ermöglicht. Die Verteilung einer Statistik ermöglicht, Wahrscheinlichkeiten für das Zutreffen einer Hypothese anzugeben (P-Wert); ist die Wahrscheinlichkeit sehr klein, kann die Hypothese abgelehnt werden. Die Verteilung kann entweder theoretisch abgeleitet werden, wobei meist weitere Annahmen erforderlich sind, oder durch Permutationstests bestimmt werden. Wichtige Tests, bei denen die Verteilung abgeleitet wird, sind z. B. t-Test, F-test, χ^2-Test und Wilcoxon-Test.

Stickstoff(mon)oxid (NO): Gasförmiges radikalisches Signalmolekül in Tier- und Pflanzenzellen. Reguliert bei Tieren z. B. die Kontraktion glatter Muskulatur; bei Pflanzen ist es an Verletzungs- oder Infektionsreaktionen beteiligt.

Stroma: Der große Innenraum eines Chloroplasten, der die Enzyme enthält, die CO_2 in Zucker fixieren.

Strukturgen: Bereich der DNA, der für ein Protein- oder für ein RNA-Molekül codiert.

Symbiose: Enges Zusammenleben zwischen zwei unterschiedlichen Organismen, von dem beide Vorteile haben.

Symporter: Protein, das zwei unterschiedliche Moleküle durch die Membran in der gleichen Richtung entlang einem Konzentrationsgradienten transportiert.

Synapse: Neuronen sind mit anderen Neuronen oder Zielorganen durch Synapsen (am Ende von Axonen) verbunden; hier wird der elektrische Impuls (Aktionspotenzial) von der Präsynapse auf die Postsynapse übertragen, indem er kurzfristig in ein chemisches Signal (Neurotransmitter) umgewandelt wird.

Target: Molekularer Angriffsort für Wirkstoffe im menschlichen Körper oder in einer Zelle.

TATA-Box: Konsensussequenz in der Promotorregion vieler eukaryotischer Gene, durch die ein allgemeiner Transkriptionsfaktor gebunden wird.

Technisches Handeln: Kriterium für das Vorliegen einer Erfindung; planmäßige Benutzung von Naturkräften und Beherrschbarkeit derselben, d. h. die Ausnutzung einer erkannten oder angenommenen Gesetzmäßigkeit zwischen Ursache und Wirkung; Unmittelbarkeit zwischen Einsatz von Naturkräften und Erfolg der Erfindung.

Telomer: Ende eines Chromosoms, das durch hochrepetitive DNA charakterisiert wird. Telomeren verhindern, dass Exonucleasen Chromosomen schädigen. Wenn die Telomeren abgebaut sind, kommt es zum Ausfall zellulärer Funktionen und zum Zelltod.

Telomerase: Enzym, das Telomersequenzen in Chromosomen verlängert; ist in embryonalen und Krebszellen aktiv.

Terminator: Transkriptioneller Terminator in Prokaryoten. Rho-Faktor-unabhängig GC-reiches Stämmchen mit Schleife und Poly(U)-Schwanz. Rho-Faktor-abhängig keine spezifischen Motive.

Terpene: Umfassen eine sehr große Gruppe pflanzlicher Sekundärstoffe; u. a. Monoterpene (mit 10 Kohlenstoff-Atomen), Sesquiterpene (15 C-Atome), Diterpene (20 C-Atome), Triterpene (30 C-Atome), Steroide (27 oder weniger C-Atome), Tetraterpene (40 C-Atome) und Polyterpene.

Tertiärstruktur: Komplexe dreidimensionale Form einer gefalteten Polymerkette, insbesondere eines Proteins oder RNA-Moleküls.

Testosteron: Das männliche Geschlechtshormon.

Thylakoid: Flacher Membransack in einem Chloroplasten, der Chlorophyll und andere Pigmente enthält und die Lichteinfangreaktionen der Photosynthese ausführt. Stapel von Thylakoiden bilden die Grana der Chloroplasten.

TIM-Komplexe: Proteintranslokatoren in der Mitochondrien-Innenmembran. Der TIM23-Komplex vermittelt den Transport von Proteinen in die Matrix und den Einbau bestimmter Proteine in die Innenmembran; der TIM22-Komplex vermittelt die Insertion einer Untergruppe von Proteinen in die Innenmembran.

TOM-Komplex: Protein-Translokase, die Proteine durch die Mitochondrien-Außenmembran transportiert.

Toxikologie: Wissenschaft der Gifte und deren Wirkungen auf Mensch und Tier.

Transcytose: Die Aufnahme von Material an einer Stelle einer Zelle durch Endocytose, der vesikuläre Transport durch die Zelle und seine Abgabe an einer anderen Stelle durch Exocytose.

Transfektion: Das Einbringen von DNA in Eukaryotenzellen.

Transformation: Das Einbringen von „nackter DNA" in Bakterien mittels bestimmter Reagenzien oder elektrischen Stroms.

transgener Organismus: Pflanze oder Tier, die oder das ein oder mehrere Gene stabil aus einer anderen Zelle oder einem anderen Organismus aufgenommen hat.

Transkription: Übersetzung der Basensequenz eines Gens in die mRNA.

Transkriptionsfaktor: Unspezifisch verwendete Bezeichnung für jedes Protein, das nötig ist, um bei Eukaryoten die Transkription zu beginnen oder zu regeln. Dazu gehören sowohl Genregulatorproteine als auch allgemeine Transkriptionsfaktoren.

Transkriptom: Gesamtheit aller (aktuell vorhandenen) Transkripte in einer Zelle oder eines Organismus. Die Transkriptomik untersucht die Zusammensetzung und dynamische Veränderung des Transkriptoms.

Translation: Übersetzung der mRNA in die Aminosäuresequenz eines Proteins in den Ribosomen.

Transmembranprotein: Membranprotein, das durch die Lipid-Doppelschicht hindurchführt.

Transporter: Ein Membranprotein, das spezifisch den Transport eines Moleküls über eine Biomembran katalysiert.

Transfer-RNA (t-RNA): Codonspezifische tRNA-Moleküle, sind bei der Proteinbiosynthese Vermittler zwischen mRNA und Aminosäuresequenz.

t-SNARE – *s.* **SNAREs**

Tuberkulose: Bakterielle Infektion der Lunge und anderer Organe mit *Mycobacterium tuberculosis*; häufig chronisch und ohne Antibiotikabehandlung meist tödlich.

Tubulin: Die Proteinuntereinheiten von Mikrotubuli.

Tumor: Sichtbare Schwellung („Geschwulst") von Körpergeweben; kann gut- oder bösartig sein.

Tumor-Nekrose-Faktor (TNF): Signalprotein, das von Immunzellen (z.B. Makrophagen) als Antwort auf Infektionen gebildet wird und dann z.B. Entzündungen auslöst.

Tumorsuppressor-Gen: Gen, das die Bildung eines Krebses zu verhindern scheint. Defekte Gene verstärken die Anfälligkeit für Krebs.

T-Zelle (T-Lymphocyt): Lymphocyten, die für die zellvermittelte, natürliche Immunität verantwortlich sind; schließen sowohl cytotoxische T-Zellen als auch Helfer-T-Zellen ein.

Ubiquitin: Kleines, sehr hoch konserviertes Protein, das in allen Eukaryotenzellen vorkommt. Es wird enzymatisch an Lysinreste anderer Proteine gebunden. Die Anfügung einer kurzen Kette von Ubiquitinen („Ubiquitinierung") markiert ein Protein zum intrazellulären proteolytischen Abbau in einem Proteasom.

ungesättigte Fettsäuren: Fettsäuren mit einer oder mehreren Doppelbindungen.

Uniporter: Membrantransporter, der einen einzigen gelösten Stoff von der einen Seite der Membran zur anderen transportiert.

Vakuole: Sehr großes Kompartiment in den meisten Pflanzen- und Pilzzellen, das typischerweise mehr als ein Drittel des Zellvolumens ausmacht. Dient zur Speicherung von Ionen, Primär- und Sekundärstoffen. Spezifische Vakuolen speichern Reserveproteine.

van der Waals-Kräfte: Diese Anziehungskräfte von Atomen oder Molekülen beruhen auf der Bildung äußerst kurzlebiger ungleicher Ladungsverteilungen in Atomen oder Molekülen, die zu Dipolen führen. Van der Waals-Kräfte sind immer anziehend, sind aber relative schwach (maximal 20 KJ/mol).

Vektor: In der Zellbiologie die DNA oder ein Agens (Virus oder Plasmid), die benutzt werden, um Genmaterial in eine Zelle oder einen Organismus einzuführen. Die meisten Vektoren leiten sich von bakteriellen Plasmiden ab.

ventral: Nach der Unterseite eines Tieres (dem Bauch zu) gelegen oder die Unterseite eines Flügels oder Blatts.

Versuchs-(Forschungs-)privileg: Gesetzlich erlaubte Benutzung einer patentrechtlich geschützten Erfindung durch Dritte zu Versuchszwecken über die Funktionsweise und gegebenenfalls Verbesserung der geschützten Erfindung.

Vesikel: Kleines membranbegrenztes kugeliges Bläschen im Cytoplasma einer Eukaryotenzelle (lat.: *vesica* = Blase).

Virion: Das gesamte Viruspartikel, d. h. Nucleinsäure umgeben von einer Proteinhülle.

Virostatika: Wirkstoffe, die die Vermehrung von Viren hemmen.

Virulenzgen: Gen, das einem Organismus pathogen werden lässt.

Virus: Infektiöse Makromolekülkomplexe, die ihre Erbinformation in Form von DNA oder RNA enthalten; benötigen Zellen zur Vervielfältigung ihrer Erbsubstanz. Viele Viren verursachen Krankheiten (lat.: *virus* = Gift).

Wachstumsfaktor: Extrazelluläres Polypeptid-Signalmolekül, das eine Zelle zur Teilung anregen kann. Beispiele sind: Epidermaler Wachstumsfaktor (EGF) und Blutplättchen abgeleiteter Wachstumsfaktor (PDGF).

Wasserstoffbrückenbindung: Nichtkovalente Bindung, bei der ein elektropositives Wasserstoffatom von einem elektronegativen Atom einer anderen funktionellen Gruppe angezogen wird.

Western-Blotting: Wichtige diagnostische Methode, bei der Proteine durch Elektrophorese getrennt, dann auf einer Cellulose- oder Nylonmembran immobilisiert und dort, meist immunchemisch mithilfe eines markierten Antikörpers, nachgewiesen und analysiert werden.

Wildtyp: Normale, nicht mutierte Form eines Organismus; die Form, die in der Natur gefunden wird.

zellfreies System: Fraktioniertes Homogenat einer Zelle, das eine bestimmte biologische Funktion der intakten Zelle enthält und in dem biochemische Reaktionen und Zellvorgänge leichter (*in vitro*) untersucht werden können.

Zellteilung: Teilung einer Zelle in zwei Tochterzellen. Bei Eukaryotenzellen umfasst dies die Teilung des Kerns (Mitose) und die rasch folgende Teilung des Cytoplasmas (Cytokinese).

Zellwand: Mechanisch feste extrazelluläre Matrix, die von einer Zelle außerhalb der Cytoplasmamembran abgeschieden wird. Sie ist von beträchtlicher Dicke und bei fast allen Pflanzen, Bakterien, Algen und Pilzen, jedoch nicht bei den meisten Tierzellen vorhanden.

Zellzyklus (Zellteilungszyklus): Teilungszyklus einer Zelle: Die geordnete komplexe Abfolge von biochemischen Vorgängen, durch die eine Zelle ihren Inhalt verdoppelt und sich teilt.

Zentralnervensystem (ZNS): Hauptorgan der Informationsverarbeitung des Nervensystems. Bei Vertebraten besteht es aus Gehirn und Rückenmark.

Zinkfinger: DNA-Bindestruktur-Motiv in vielen Genregulatorproteinen; besteht aus einer Schlaufe der Polypeptidkette, die durch ein komplex gebundenes Zinkatom haarnadelförmig gebogen gehalten wird.

Zitronensäurezyklus (Tricarbonsäurezyklus, TCA-Zyklus, Krebs-Zyklus): Zentraler Stoffwechselweg in aeroben Organismen, der von H. Krebs entdeckt wurde. Er oxidiert Acetylgruppen, die aus Nahrungsmolekülen entstanden sind, zu CO_2 und H_2O. Die Reduktionsäquivalente NADH werden für die Atmungskettenphosphorylierung benötigt. Bilanz: 1 Mol Acetyl-CoA liefert 12 Mol ATP. In Eukaryotenzellen geschieht dies in den Mitochondrien.

ZNS– *s.* **zentrales Nervensystem**

Zwei-Hybrid-System (*two hybrid system*): Methode, um Proteine zu identifizieren, die miteinander in Beziehung stehen (*cross talk*).

Zygote: Diploide Zelle, die aus der Verschmelzung eines weiblichen und eines männlichen Gameten hervorgeht.

Register

a

AAV (adeno-assoziierte Vektoren)   572–575

Abberation   267

– chromatische   267

– sphärische   267

Abbott   678, 681

ABC-Transporter   45, 69

Abfallbeseitigung   687

Abrin-A-Kette   471

Abschlussgewebe   74

Abschnitt, regulatorischer   347

Abstoßung   489, 533

Abwasserreinigung, anaerobe   658

Acetat-CoA-Transferase   396–397

Acetolactat-Synthase-Gene   610

Aceton   624, 657

Acetosyringon   599

Acetylcholin-Rezeptor   50

– nicotinischer   252

Acetyl-CoA   58, 64

N-Acetylglucosamin   9, 11

Acetylierung   163

Acetylsalicylsäure (Asperin)   477, 702

Achromobacter sp.   610

Ackerschmalwand (*Arabidopsis thaliana*)   78, 80, 121, 313, 336, 405, 600–601

AcNPV (*Autographa californica nuclear polyhedrosis virus*)   239

Acrasimycota   123

Acridinorange   261, 643

ACRS („amplification-created restriction sites")   500

G-Actin   66

Actinfilament   66–67, 283, 386

Acyclovir   470

Acyl-CoA-Carboxylase   647

Acyldonoren   638

Acylglyceride   638

(Acyloxy)alkyl-Phosphonate   478

ADA (Adenosin-Desaminase)-Mangel   558

Adaptorproteine   576

Adaptorsequenzen   200

Adenin (N^6-Methyladenin)   29–30, 101

adeno-assoziierte

– Vektoren (AAV)   572–575

– Viren   564

Adenosin-Desaminase-(ADA)-Mangel   590, 558

Adenosin-Phosphorthioate   586

S-Adenosylmethionin (SAM)   189

Adenovirus   71, 223–225, 561, 564, 570–572

– AD5-Virus   223

– Expressionssystem, adenovirale   223–224

– Gentherapie, adenovirale   570

– Vektoren, adenovirale   570–572

– Wildtyp-Adenoviren   223

Adenovirusgenom   223

Adenylat-Cyclase   50–51, 70

ADEPT („antibody-directed enzyme pro-drug therapy")   529

Adhäsionsproteine   47

Adipocyt (Fettzelle)   75

ADME-T   462

Adneosin   31

ADP-Glucose   29

Adrenalin   48

Adsorptionschromatographie   173

Adventivsprossbildung   615

„adverse drug reactions"   666

AEC (Aminoethylcystein)   649

Aequorea victoria   222, 369, 603, 612

Aequorin   458

aerobe Organismen   56

Affinitätschromatographie   173–174, 217, 231, 498, 523

Affinitätssäulen   170

Molekulare Biotechnologie: Konzepte und Methoden.
Herausgegeben von M. Wink
Copyright © 2004 WILEY-VCH Verlag GmbH & Co. KGaA, Weinheim
ISBN: 3-527-30992-6